南京大学材料科学与工程系列丛书

材料电子性质基础

（上册）

陈晓原　编著

科学出版社
北　京

内 容 简 介

本套书旨在阐释理解材料电子性质所需要的基本概念和数学方法，全书分为上、下两册。本书为上册，分三个部分：第一部分为材料科学与工程及材料性质的简介；第二部分为物质及其运动和材料中的物质结构，该部分说明了更广泛的关于物质结构的概念，是理解电子性质的前提；第三部分为电子结构的基本问题和各种系统中的电子结构，是理解材料中电子性质的基础。

本书对许多概念的历史做了简要的说明；书中涉及大量的数学计算，都给出了详细的推导过程；且通过实例和简单的计算或估算来说明有关概念。

本书可作为固体物理、材料物理、量子化学以及计算材料科学等课程的参考书或教材。

图书在版编目（CIP）数据

材料电子性质基础（上册）/ 陈晓原编著. —北京：科学出版社，2020.10
（南京大学材料科学与工程系列丛书）

ISBN 978-7-03-066233-0

Ⅰ. ①材…　Ⅱ. ①陈…　Ⅲ. ①材料-电子-物理性质-高等学校-教材　Ⅳ. ①TB3

中国版本图书馆CIP数据核字（2020）第181471号

责任编辑：张　析　高　微 / 责任校对：杨　赛
责任印制：吴兆东 / 封面设计：王　浩

科学出版社 出版
北京东黄城根北街16号
邮政编码：100717
http://www.sciencep.com
北京中石油彩色印刷有限责任公司 印刷
科学出版社发行　各地新华书店经销
*
2020年10月第 一 版　开本：720×1000 1/16
2021年 1 月第二次印刷　印张：39 3/4
字数：780 000

定价：168.00 元

前　言

材料通常分为结构材料和功能材料，结构材料是指利用其力学性质的材料，功能材料则是指利用其热学、电学、光学、磁学以及化学等性质的材料，功能材料的这些性质通称为功能性质，本书第一部分对材料及其功能性质进行了概述。材料功能性质的理论不仅是材料科学与工程学科的核心内容，也是化学、能源、环境，以及电子与信息等学科不可或缺的基础，说明和解释这一理论是本书的主题。有关材料功能性质的书籍已经很多，例如《材料科学与工程概论》《材料物理学》《功能材料概论》《材料的电子性质》和《固体物理学》等教材都以不同的角度和深度讨论材料的功能性质，那为什么还要出版本书？这是由于作者注意到许多学生在学习完有关材料性质的课程后依然会有一些迷惑：例如，材料的热性质与晶格的振动相关，而晶格的振动经常用声子的概念来描述，既然晶格是原子或离子的集合，为什么需要一个非原子或离子的声子概念来描述晶格的振动？声子的本质是什么？固体能带论是材料中电子性质的基本理论，该理论表明在许多半导体中电子的有效质量只有自由电子质量的几分之一，这意味着能带电子并非自由电子，那么能带论中的电子究竟是什么？为什么能带论中需要引入玻恩-冯卡门边界条件？材料的光学性质常被描述为电子与光子的相互作用，那么光子到底是什么？为什么光子性质由其色散关系和玻色-爱因斯坦统计分布律决定？为什么磁矩是磁性材料系统中的基本物理量？等等。能准确回答这些问题是理解材料功能性质的基础，要回答这些问题则需要具有现代物理学的基础和现代材料性质理论的思想和方法，本书的特色就在于从最基本的物理原理出发，按照现代材料性质理论的方法系统地、深入地探讨材料功能性质，以期能回答学生常见的迷惑。

材料性质本质上是材料对外界刺激的响应特性，热学性质是材料对热的响应，电学、光学及磁学性质则是对电磁场的响应，化学性质是材料接触其他物质时的响应；现代物理学的发展使人们确立了所有材料都是由原子核和电子构成的观念，这导致从这些微观粒子的角度来理解材料的性质，也就是把材料性质看成是构成材料的微观粒子系统对外界刺激的响应，这种基于微观粒子的观念是现代材料功能性质理论的基础。在这种微观理论中，电子具有根本和核心的作用，其行为决定了材料的功能性质，因此功能性质常称为电子性质。现代材料性质的理论是一个定量理论，也就是能从微观粒子的行为确定材料的宏观功能性质，要完成这个任务需要解决两个层面的问题：一是如何描述微观粒子系统的行为，二是如何由微观粒子系统的行为定量确定材料的具体性质。

第一个问题的答案是理解材料性质的基础，它形成本书的上册以及下册少量的内容。第一个问题实际上包含两个方面的问题，一是描述单个微观粒子的运动，二是描述大量粒子的行为。单个微观粒子的描述方法取决于微观粒子的本性，经典粒子由牛顿方程描述，量子粒子由薛定谔方程描述，电磁场由麦克斯韦方程或量子化的光子描述，大量粒子的行为则由统计物理学方法描述；这些微观粒子涉及诸如微观粒子的波粒二象性、不可分辨性以及统计物理等概念和方法，对非物理专业的学生来说准确理解这些概念并非易事，本书第二部分从基本的物质运动方程和基本原理出发讨论这些问题。电子是材料中决定材料功能性质最重要的微观粒子，材料中电子的量子力学行为即电子结构是理解材料功能性质的重点，同时也是难点，本书的第三部分将系统地讨论电子结构问题，包括电子结构的基本问题、各种具体材料系统的电子结构以及用电子结构方法计算材料性质即计算材料科学的基础，其中计算材料科学的部分放在本书下册。

对第二个问题的回答构成了本书下册的主体，下册主要为材料功能性质各论，为本书的第四到第六部分。第四部分讨论介电和光学性质，第五部分讨论磁学性质，第六部分讨论输运性质即电导和热导的性质。

电子、光子、声子以及其他准粒子等物质结构的概念是理解材料性质的基石，而这些概念根本上来源于运动方程的解，现代材料性质理论是一个定量的理论，这意味着没有数学就不能真正理解物质结构和材料性质，实际上数学是推动物质结构观念形成和定量方法的根本动力，因此数学在本书中占据重要篇幅；对许多读者来说数学处理使学习变得枯燥和困难，为此本书尽可能详细地给出数学推导过程，部分数学方法和工具放在附录中以便选择性学习。材料性质理论是更广泛的物质结构及性质理论的一部分，是在漫长发展过程中形成的，了解相关历史无疑有助于深入和准确地理解材料性质理论本身，因此本书对重要概念及方法的历史进行了简要的介绍。

本书在写作过程中得到了李爱东教授的大力帮助以及南京大学研究生院和现代工程与应用科学学院的资助，在此表示衷心的感谢。

由于作者水平有限，因此书中一定有不少缺点和疏漏，诚恳地希望读者能给予批评指正。

作　者

2020 年 10 月

目　　录

第一部分　材料及其性质

第 1 章　材料及性质概论

1.1　材 料 概 论

1.1.1　材料科学与工程四要素

材料科学与工程作为一门学科大概形成于 20 世纪 50～60 年代[1,2]。这门学科研究的内涵可由如下的四要素关系(图 1.1)来说明[1]：即材料科学与工程是研究材料组成(composition)/结构(structure)、制备(preparation)/合成(synthesis)/生产(production)、性质(property)和性能(performance)关系的学科。组成是指材料的化学成分；结构是指材料的原子尺度的结构以及纳米、亚微米和微米尺度的结构，例如磁性材料的性质不仅依赖于原子尺度的自旋排列，还依赖于亚微米到微米尺度的磁畴结构；制备/合成/生产是指材料的制备、合成或生产方法和过程；性质是材料所具有的某种物理或化学特性；性能则是指材料在实际使用中所表现出的实际性质。性质和性能紧密相关但又有所不同，性质是在实验室条件下材料表现出的行为，而性能是指在实际使用环境下所表现出的性质，通常在基础研究阶段，人们关注的是性质，好的性质是材料好性能的前提，但好的性质不一定意味着有好的性能，因为很多性质敏感地依赖于使用环境，如某种材料具有很高的介电常数，可以考虑作为电容器材料使用，但它对潮湿的空气特别敏感，这样的材料虽然介电性质很好，但实际使用中性能并不好。图 1.1 还显示出这四要素之间的依赖关系。例如，材料的性质和性能不仅依赖于材料的组成和结构，还依赖于制备或合成方法和过程，这种性质和性能依赖于制备方法和过程是普遍的现象，人们经常会注意到，常规的成分和结构测量显示几乎相同的两个材料会有很大的性能差别，这是由于制备方法和过程会很微妙地影响材料最终的成分和结构，有些差别(如晶界和缺陷等)很难用常规的分析方法鉴别出来，但性能却敏感地依赖于这些差别。

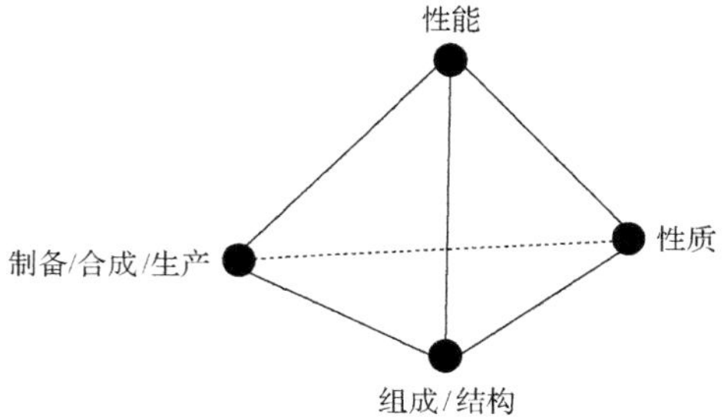

图 1.1　材料科学与工程四要素以及它们之间的关系

1.1.2 材料的分类和发展[1-7]

材料按成分结构分为四类：金属材料、无机非金属材料、聚合物材料和复合材料，下面对这些材料的发展做简要介绍。

金属材料是人类最早制造的材料之一。金属材料主要是作为结构材料，即因其力学性能而被利用的材料。例如，它被用来制造飞机、轮船、汽车等交通工具，大炮、坦克等武器，房屋、桥梁等建筑和设施。随着金属电子论的发展，某些金属成为功能材料，也就是具有某种电、光、磁或化学性质的材料。例如，临界温度较高的超导电性合金(如 Nb_3Sn，1961 年发现，临界温度 T_c 为 18K)可用来制作超导线圈以产生强磁场，性能优良的永磁合金(如 $Fe_{14}Nd_2B$，1984 年首次报道，磁能积达 20～40MGOe)已大规模使用；磁性合金的导电性质研究导致在 20 世纪 60 年代末发现了自旋相关的散射，并于 80 年代末在磁性金属异质结薄膜中发现巨磁电阻 (giant magnetoresistance, GMR)效应(2007 年诺贝尔物理学奖)，这直接导致了磁性存储器容量的巨大提升，并且催生了磁电子学的新领域。

传统的无机非金属材料可大致分为陶瓷、玻璃和水泥。它们的广泛应用可以追溯到人类历史早期，远古的陶器就属于这类材料，中国古代陶瓷制备技术非常发达，古罗马人能制造玻璃，水泥的使用也至少可追溯到古罗马，现代的硅酸盐水泥在 1850 年就已经开始广泛使用，这些材料主要作为结构材料使用。近一个世纪以来，特别是近半个多世纪以来，无机非金属材料的功能化取得广泛和深入的发展。例如，铁氧体陶瓷(如 $Fe_2O_3{\cdot}MO$，M 是 Cu、Zn、Co 等二价金属，1948 年开始商用)成为重要的软磁材料，压电陶瓷[如 $Pb(Zr,Ti)O_3$，1952 年报道]在换能器、压电马达等领域得到广泛应用，基于气敏陶瓷 SnO_2 的还原气体探测器在 70 年代初期就已经商业化，掺锡的氧化铟[indium tin oxide(ITO)，1950 年获得专利，70年代初商业化]因同时具有很好的导电性和可见光透过性而广泛用于平板显示器件和光伏器件，磷酸亚铁锂($LiFePO_4$，1997 年报道)是性能优良的锂离子电池材料，光催化材料(如 TiO_2)成为现在利用光能的重要候选材料。高温超导电性氧化物[如 $La_{2-x}(Ba,Sr)_xCuO_4$，1986 年被发现，T_c 约为 30K]和庞磁电阻氧化物(如 $La_{1-x}Sr_xMnO_3$)开辟了凝聚态物理新的研究领域。许多无机非金属材料通常不归于上述的三类，碳基材料是一个值得一提的例子。20 世纪 50～60 年代发明的碳纤维是力学性能优异的材料，与其他材料复合能大大提升材料的强度，获得质量轻而强度高的材料。1985 年发现的富勒烯 C_{60}(获 1996 年诺贝尔化学奖)，1992 年发现的碳纳米管，2004 年发现的石墨烯(获 2010 年诺贝尔物理学奖)等则有特殊和优异的力学和功能性质而成为有巨大应用或应用前景的材料。

从组分和结构角度，许多半导体材料属于无机非金属材料，但这类材料从开始就作为功能材料出现，因此它们常单独作为一类，称为半导体材料或电子材料[8]。

这类材料按组分分为以下三种：一是由元素周期表中位于ⅣA 族的元素形成的半导体，最重要的是硅和锗；二是由ⅢA 族金属和ⅤA 族非金属形成的ⅢA-ⅤA 族化合物(如 GaAs、GaN)半导体及由ⅡB 族金属和ⅥA 族非金属形成的ⅡB-ⅥA 族化合物(如 ZnS、ZnTe)半导体；三是氧化物半导体(如 ZnO、TiO_2、SnO_2)。1947 年半导体晶体管的发明极大地促进了电子器件特别是计算机的发展，使人类社会进入信息时代，而以硅为主体的半导体材料则成为信息社会的基石。

聚合物材料常可分为塑料、纤维和橡胶三类。早期的聚合物材料主要作为结构材料，如第一个实用化的橡胶材料(硫化橡胶，1839 年发明)用于制作轮胎，第一个实用化的塑料材料(酚醛树脂或电木，1909 年发明)用作电器的绝缘材料，第一个纤维材料(尼龙，1939 年发明)用于制作服饰。高分子作为功能材料始于 20 世纪 70 年代中期导电性聚乙炔(1976 年发现)的发现，并引发了聚合物作为功能材料的研究和发展，现在已形成了有机光电子学或聚合物电子学的新领域[2,9]，白川英树和 A.J.Heeger 因聚乙炔的工作被授予了 2000 年的诺贝尔化学奖。在聚合物中已发现发光特性(如聚对苯撑乙烯[poly(*p*-phenylene vinylene)，PPV]，1990 年报道)、铁电压电特性[如聚偏氟乙烯(polyvinylidene fluoride, PVDF)，1969 年报道]、压电和电致伸缩性以及磁性和超导特性等，其中由发光高分子制得的有机发光二极管(organic light emission diode, OLED)显示屏已经商业化。相比于无机功能材料，功能聚合材料的低制备处理温度和低成本等优点使其颇具应用前景。

复合材料是两种以上结构和性质不同的材料结合在一起而形成的全新性能和性能增强的材料，如钢筋和水泥复合得到钢筋混凝土，玻璃纤维和树脂复合得到玻璃钢。传统的复合材料也主要作为结构材料使用，复合材料的现代发展是在分子级、纳米级控制复合，特别是在无机和有机材料之间的复合，由此能得到一系列具有特殊电、磁、光和化学等多种功能的材料[10]，这些材料常又称杂化材料(hybrid materials)。

总之，在材料的发展过程中，不同组分和结构的材料都可能发展成功能化材料。从人类社会当前和将来的需要看，能源问题和绿色发展问题要求人们尽可能利用太阳能这种清洁能源，而这一问题的解决需要能把太阳能转化为电能或化学能的材料，这无疑会推动功能材料的巨大发展。

1.1.3　材料研究的原子层次性[2]

现在人们研究材料的一个根本特征是原子层次性，也就是在构成材料微观粒子(包括原子、离子以及电子)的水平上表征和理解材料的结构和性质。

首先，人们在原子层次上表征材料的成分和结构。分析一种材料通常先要确定它的成分和结构，确定成分就是要确定材料由什么原子组成，确定结构就是要确定材料中原子如何在空间排列，即原子在空间的位置(这里的位置指的是平衡位置)。现在，对大多数材料而言，确定其结构简单容易，这得益于 1905 年开始的 X 射线衍射技术发展，其他的技术如电子衍射和中子衍射也是确定材料原子结构的重要方法；另外，高分辨电子显微镜也能在原子层次上观察材料。除了确定材料中原子位置，很多材料性质还需要知道原子之间如何相互作用，也即原子之间的相互作用力，这种分析工作通常由红外光谱及拉曼光谱等技术完成。现在材料中电子的行为也能得到相当充分的测量。例如，利用紫外-可见吸收或发射光谱、X 射线光电子能谱(XPS)及紫外光电子能谱(UPS)等可以获知原子、分子和固体中的电子能级或能带的信息，利用时间分辨的光谱可测量电子态的寿命，角分辨的 XPS 和 UPS 技术则能用来测量固体中不同量子态电子的能量，即能带结构。中子衍射技术则可用来测量磁性材料中磁性离子自旋取向。总之，在原子层次上对材料中原子种类、原子位置、原子间作用力和电子的量子态及能量分布进行表征已成为材料分析表征的日常性工作。

其次，人们在原子层次上理解和解释材料的性质和性能。材料的力学性质如金属的强度在很大程度上取决于材料中原子排列的缺陷，即位错，这一原子论的认识和结论是金属材料学科发展中里程碑式的工作[2]，揭示了金属强度的本质。材料的热学性质如材料的熔点、沸点和材料的硬度是由材料中原子之间的相互作用力决定的，作用力越强，则熔点、沸点越高，硬度越大。材料的功能性质，即电学、光学、磁学以及化学的性质，则取决于材料中原子和电子的行为，特别是电子的行为。例如，材料的介电性质和光学性质即材料中原子(或离子)和电子在外加电磁场作用下的响应行为，如果一种材料中的原子(或离子)在受到外加电场作用时偏离平衡位置比较小，则这种材料的介电常数就比较小，反之则介电常数就比较大。材料的磁性行为是材料中的磁性原子(或离子)和电子在外加磁场作用下的响应行为，如果一种磁性材料中的磁性原子(或离子)的磁矩在外加磁场作用下容易改变方向或大小，则这种磁性材料的磁化率就比较大。材料的导电性质则被看成是材料中的电子在外加电场下的输运行为，如果材料中参与输运的电子数量越多，电子在输运过程中与材料中原子(或离子)碰撞的概率越小，则材料的电导就越大。p 型半导体的导电性质则主要由材料中的准粒子——空穴的浓度和运动的快慢决定。现在人们在原子及电子运动的基础上能够定量地解释甚至预测材料的性质。在化学领域，在原子层次上理解分子和物质性质是现代化学的基础。原子电子结构的理论解释了元素周期表；原来以经验为基础的酸碱性概念现在被理解为分子得失质子或得失电子难易的程度，如果一种物质容易失去质子(或得到电子)，那么这种物质的酸性就强，反之碱性就强。溶解性是溶质和溶剂分子相互作用的结果，如果溶质分子内部和溶剂分子内部的相互作用强于溶解后所形成的原子或离子之间的相互作用，那么这种溶质就不能在该溶剂中溶解，反之则可溶解。一个分子或物质系统的化学反应及催化性质能在物质电子理论基础上得到定量的说明，如半导体光催化分解水的研究主要基于对半导体和水系统的电子行为的理解。总之，化学上关心的分子结构、分子的各种物理性质以及化学反应性也能够在原子及电子运动的基础上对其进行定量的计算[11]。

1.2　材料性质的层次性、多样性和统一性

1.2.1　材料宏观性质的层次性

实际材料的宏观性质是极为复杂的，往往同时涉及不同尺度的结构。

(1) 最小的尺度是原子级尺度，也就是材料中原子的组成和排列，这个尺度的结构对材料的宏观性质有决定性意义。例如金属一般具有好的延展性和很高的电导率，离子晶体通常没有延展性和有很低的电导率，高分子通常有一定延展性和很低的电导率。由于原子级结构对材料性质的重要性，原子级的掺杂是改变和提升材料性质的最基本和最有效的方法之一。例如，对 Si 掺杂(如 P 或 B) 能调整载流子的类型和电导率，从而得到电导率不同的 n 型半导体或 p 型半导体，这是半导体多种性能和广泛应用的基础；对绝缘体 La_2CuO_4 掺入 Ba 所得到的是全新性能的高温超导化合物，目前超导转变温度最高的高温超导体 $HgBa_2Ca_2Cu_3O_8$ 就是通过掺杂这种方式发现的；$PbTiO_3$ 中掺入 Zr 可显著提升 $PbTiO_3$ 的压电性能，从而得到具有大压电系数的材料 $Pb(Zr,Ti)O_3$。

(2) 第二个尺度是纳米尺度，这个尺度跨越从几纳米到数十纳米甚至上百纳米的范围。很多材料的性质会显著依赖于纳米级的结构，特别是尺度在几纳米到数十纳米量级时。纳米级结构包括材料颗粒或晶粒的维度、大小、形状、表面及界面等。人们也发展了许多方法用于在纳米级尺度上调制和提升材料的性能，如把材料颗粒的尺度减小到几纳米到十几纳米，或改变材料的维度如制备一维的纳米线或棒和二维的超薄膜，或制备介孔或纳米孔材料，或调制材料中晶粒之间的晶界，或在纳米尺度上制备杂化或复合材料来获得新的性能。

(3) 第三个尺度就是亚微米到微米的尺度，许多材料的宏观性质与这个尺度的结构相关，如金属中的织构、某些铁电和铁磁材料中的电畴、磁畴结构等都在亚微米到微米尺度，它们也对材料有重要影响。

材料的最终性能往往由这三个尺度的结构共同决定，材料性质和不同尺度结构的依赖关系往往随材料不同而不同。原子层级的依赖关系是了解材料性质的基础，它往往是固体物理学研究的内容，本书主要在原子级尺度上阐述材料的性质。

1.2.2　材料电子性质的多样性

材料宏观性质是极为多样的，可以把它分为物理性质和化学性质两大类。物理性质又可以分为力学、热学、电学、光学和磁学等性质；化学性质通常指和

化学变化或反应相关的性质，如电解质材料中粒子的输运，光催化中物质在光辐照下的分解，气敏材料在外界气氛下电阻的变化，电致变色材料在电场下颜色的变化，氢气在储氢材料中的吸附等，材料的化学性质实质上也是一种功能性质。

材料的功能性质在很多情形下是由其中电子的行为决定的，因此材料功能性质常与材料的电子性质密切关联，甚至功能性质大体上等同于电子性质，而表述材料电子行为和性质的学科常称为电子学。材料的电子性质对组分和结构具有复杂的依赖关系，这就导致了不同领域的电子学。例如，按照对象的组成和结构，有有机和聚合物电子学[9,12,13]和氧化物电子学[14-16]；按照对象体系的大小，有分子电子学[17,18]、纳电子学[19,20]和微电子学，微电子学通常指半导体电子学，是发展最早的电子学；按照对象体系的性质，有超导电子学[21]和磁电子学或自旋电子学[22]。这形形色色的电子学反映了材料电子性质的多样性。

电子性质的研究涉及从基础研究到应用研究范围相当广泛的内容，因此关于电子性质的书大体上可分成两个层级：第一层级是基础物理层级的研究，其主要关心的是成分/结构与性质的关系，其内容常见于固体物理学[23-26]和比较偏向基础研究的半导体物理学方面的书籍[[8,27-29]；第二层级是器件层级的研究，其主要研究器件和应用方面的问题，常见于偏向应用或器件研究的半导体物理学方面的书籍[30-32]、一些面向应用的关于电子性质[33-35]或材料物理[36-39]的书籍和一些面向某一类材料或某个特定性质的书籍，如关于有机物中电子性质的书[40]。本书内容属于基础研究方面，最主要的目的是让初学者能准确理解材料电子性质中所涉及的基本概念。

1.2.3　材料性质的统一性

如上所述，材料呈现难以计数的多样性，材料的电子性质也呈现巨大的多样性。但从原子的角度看，无论什么样的材料和什么样的性质，材料宏观性质就是构成材料的原子及电子微观运动的体现，例如，介电性质、热释电性质、压电性质和铁电性质在原子级层面是相同的，它们都是在外加作用下材料中原子或离子偏离平衡位置的性质，只不过介电、热释电和压电对应的外加作用分别是外加电场、外加温度梯度和外加应力，铁电是不加任何外部作用情况下材料中的原子或离子自发偏离平衡位置的性质。材料的光学性质实质也是原子或电子在外加电磁场下响应的性质；半导体的气敏性能传统上是化学研究的对象，但其微观上是气体分子和半导体材料电子态相互作用的结果；光催化分解水微观上是水分子和光催化材料电子态、入射光子三者相互作用的结果。因此，许多不同的宏观性质其实在微观上有共同本质，从原子层次上理解材料性质则是理解共同本质的基础。例如，一个分子和一块晶体没有实质的区别，它们都是由原子和电子构成的多粒子系统，只是原子及电子种类和数量不同而已；对一个分子和一块固体来说，其红外性质本质都是相同的，都是原子系统和电磁波的相互作用；20 世纪 70 年代以前没有人觉得高分子能导电，作为固体物理学家的 A. J. Heeger 却思考为什么不能让高分子导电，于是与发现导电聚乙炔的白川英树合作发展了共轭高分子导电的理论，尽管高分子导电机制不同于传统的金属，但依然看成是载流子输运的结果，这和金属中的电子输运观念是一致的。传统上的电子学是基于半导体材料的微电子学，那么为什么不能在其他更小尺度的材料对象中实现电子学功能，这种想法导致出现纳米电子学和分子电子学。总之，从原子层级研究和理解材料性质使得可以从统一的方式去理解千差万别的材料和不同的性质，有助于面对当前材料种类和数量迅猛增长及物理、化学和材料日益深入的学科交叉所带来的挑战。

1.3　材料性质研究的微观理论

如上所述，从原子层次上解释材料性质是材料性质研究的根本方法，这就是材料性质的原子理论或者微观理论，这个理论的基本出发点就是：材料的宏观性质是构成材料的原子和电子等微观粒子运动的宏观表现，如图 1.2 所示。

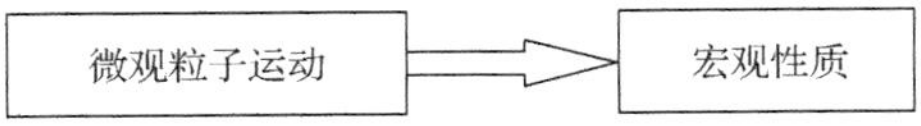

图 1.2　材料性质微观理论的基本观念

材料性质的理论是定量的理论，定量地从微观粒子的运动计算材料的宏观性质，要解决几个问题，如图 1.3 所示。首先，需要把本原系统抽象成一个模型系统，这个模型系统中的基本物理实体通常是一个新的概念实体，如一个分子或固体中电子实质上是无穷多个电子态构成的系统，电磁场的模型系统是无穷多个电磁模或光子构成的系统，晶格的模型系统是由简正模或声子构成的系统，介电材料的模型系统是由阻尼谐振子构成的系统(经典理论)或是由电子态构成的系统(量子理论)，磁性材料的模型系统是环形电流或磁矩构成的系统。这些电子态、电磁模和光子、简正模和声子、阻尼谐振子以及分子环流和磁矩等就是用来代表材料的概念实体，关于电磁模、简正模和电子态概念将在第 2 章讨论，光子和声子概念的产生在第 3 章讨论，其他的概念将在随后的章节中讨论。需要指出的是，在讨论材料性质时经常把这些概念实体和本原的原子与电子不加区分地使用，这常使初学者感到迷惑，例如当讨论晶体中的电子性质时，电子是指布洛赫电子，它是由晶体中薛定谔方程的解所描述的实体，而不是通常意义上的自由电子。实际上材料问题中的各种实体都是由运动方程解抽象而成的概念实体，因此求解原子、电磁场以及电子的运动方程是真正理解材料性质中各种概念的基础。电子是决定材料性质中最重要的基本粒子，理解由它所形成的各种概念是了解材料功能性质的基础和核心，本书的第三部分将讨论复杂多样的材料的电子态性质。

图 1.3　计算材料性质微观理论的基本步骤

定量了解材料的宏观性质还需要解决另一个问题：即材料中巨大粒子所带来的问题。通常的宏观材料所包含的微观粒子数量级为 10^{23}，宏观性质是这么多粒子平均的结果，因此必须处理大量粒子的平均问题，这个问题由统计物理学的系综方法解决。许多关于材料性质的基本概念如费米面或费米能、能态密度、德拜温度以及电子迁移率等都是采用统计物理方法定量计算材料性质过程中所产生的，不了解统计物理定量的处理方法，就不能真正理解材料的性质。因此本书第 3 章将对统计物理学的基本概念和方法进行详细的说明，特别是说明与电子相关的统计物理学。

材料性质微观理论的第三个问题是确定各具体宏观性质的微观本质并由此计算相应的宏观性质。例如，热的微观本质是微观粒子的动能，由此可计算比热性质是系统所有微观粒子总动能对温度的变化率；介电和光学性质是在外加电场作用下正负电荷分离的性质，介电常数或折射率则可由电荷分离程度对外加电场变化率来计算；材料磁性的本质是材料中所有分子环流所产生的磁场叠加的结果，磁化率是由所有分子环流磁场对外加磁场的变化率；电导与热导的微观理论在微观上可理解为电子被晶格或其他电子散射的结果，等等。本书将在下册讨论各种具体的性质。

参 考 文 献

[1] 师昌绪. 材料科学技术//李成功, 冯端, 颜鸣皋. 材料科学技术百科全书. 北京: 中国大百科全书出版社, 1995: 1-12

[2] Cahn R W. 走进材料科学. 杨柯, 等译. 北京: 化学工业出版社, 2007

[3] Callister W D, Rethwisch D G. Materials Science and Engineering: An Introduction. 9th ed. New York: John Wiley & Sons, 2014

[4] 郑子樵, 封孝信, 方鹏飞. 新材料概论. 长沙: 中南大学出版社, 2009

[5] 张骥华. 功能材料及其应用. 北京: 机械工业出版社, 2009

[6] 李廷希, 张文丽. 功能材料导论. 长沙: 中南大学出版社, 2011

[7] 马如璋, 蒋民华, 徐祖雄. 功能材料学. 北京: 冶金工业出版社, 1999

[8] Grundmann M. The Physics of Semiconductors. 2nd ed. Berlin: Springer, 2010

[9] Heeger A J, Sariciftci N S, Namdas E B. 半导性与金属性聚合物. 帅志刚, 曹镛, 译. 北京: 科学出版社, 2010

[10] Sanchez C, Belleville P, Popall M, et al. Applications of advanced hybrid organic-inorganic nanomaterials: From laboratory to market. Chem Soc Rev, 2011, 40: 696-753

[11] Atkins P, de Paula J, Friedman R. Quanta, Matter, and Change: A Molecular Approach to Physical Chemistry. New York: W. H. Freeman and Company, 2010
[12] 吴世康, 汪鹏飞. 有机电子学概论. 北京: 化学工业出版社, 2010
[13] 黄维, 密保秀, 高志强. 有机电子学. 北京: 科学出版社, 2012
[14] Wu J, Cao J, Han W, et al. Functional Metal Oxide Nanostructures. New York: Springer, 2012
[15] Ramanathan S. Thin Film Metal-Oxides: Fundamentals and Applications in Electronics and Energy. New York: Springer, 2010
[16] Barquinha P, Martins R, Pereira L, et al. Transparent Oxide Electronics: From Materials to Devices. Chichester: John Wiley & Sons, 2012
[17] Launay J P, Verdaguer M. Electrons in Molecules: From Basic Principles to Molecular Electronics. Oxford: Oxford University Press, 2014
[18] Petty M C. Molecular Electronics: From Principles to Practice. Chichester: John Wiley & Sons, 2007
[19] Mitin V V, Kochelap V A, Stroscio M A. Introduction to Nanoelectronics: Science, Nanotechnology, Engineering, and Applications. New York: Cambridge University Press, 2008
[20] Hanson G W. 纳米电子学基础. 北京: 科学出版社, 2012
[21] Buckel W, Kleiner R. Superconductivity: Fundamentals and Applications. 2nd ed. Weinheim: Wiley-VCH Verlag, 2004
[22] Fert A. Historical overview: From electron transport in magnetic materials to spintronics//TsymbalIgor E Y, Žutić I. Handbook of Spin Transport and Magnetism. Boca Raton: CRC Press, 2012: 3-17
[23] Omar M A. Elementary Solid State Physics: Principles and Applications. 北京: 世界图书出版公司, 2010
[24] Ashcroft N W, Mermin N D. Solid State Physics. New York: Saunders College Publishing, 1976
[25] 黄昆. 固体物理学. 北京: 北京大学出版社, 2009
[26] Sirdeshmukh D B, Sirdeshmukh L, Subhadra K G, et al. Electrical, Electronic and Magnetic Properties of Solids. Heidelberg: Springer, 2014
[27] Hamaguchi C. Basic Semiconductor Physics. 2nd ed. Berlin: Springer-Verlag, 2010
[28] Yu P Y, Cardona M. Fundamentals of Semiconductors: Physics and Materials Properties. 4th ed. Heidelberg: Springer, 2010
[29] Seeger K. Semiconductor Physics: An Introduction. 9th ed. Heidelberg: Springer, 2004
[30] 黄昆, 韩汝奇. 半导体物理学. 北京: 科学出版社, 2010
[31] Pierret R F. Semiconductor Device Fundamentals. 2nd ed. New York: Addison Wesley, 1996
[32] Neamen D A. Semiconductor Physics and Devices: Basic Principles. New York: McGraw-Hill, 2011
[33] Solymar L, Walsh D, Syms R R A. Electrical Properties of Materials. 9th ed. Oxford: Oxford University Press, 2014
[34] Hummel R E. Electronic Properties of Materials. 4th ed. New York: Springer, 2011
[35] Kasap S O. Principles of Electronic Materials and Devices. 3rd ed. 北京: 清华大学出版社, 2007
[36] 田莳. 材料物理性能. 北京: 北京航空航天大学出版社, 2004
[37] 龙毅, 李庆奎, 张文江. 材料物理性能. 长沙: 中南大学出版社, 2009
[38] 贾德昌, 宋桂明, 等. 无机非金属材料性能. 北京: 科学出版社, 2008
[39] 刘强, 黄新友. 材料物理性能. 北京: 化学工业出版社, 2009
[40] Pope M, Swenberg C E. Electronic Processes in Organic Crystals and Polymers. 2nd ed. New York: Oxford University Press, 1999

第二部分 物质结构

The whole thing is a number.

毕达哥拉斯(约 570 BC—495 BC)

The universe cannot be read until we have learned the language and become familiar with the characters in which it is written. It is written in mathematical language, and the letters are triangles, circles and other geometrical figures, without which means it is humanly impossible to comprehend a single word. Without these, one is wandering about in a dark labyrinth.

伽利略(1564—1642)

When you can measure what you are speaking about, and express it in number, you know something about it; but when you cannot measure it, when you cannot express it in number, your knowledge is of a meager and unsatisfactory kind; it may be the beginning of knowledge, but you have scarcely, in your own thoughts, advanced to the state of science.

开尔文(1824—1907)

第 2 章　物质的运动

There are things which seem incredible to most men who have not studied mathematics.

阿基米德(287 BC—212 BC)

2.1　引　　言

原子是材料的最基本构成，因此材料常被看成是原子核及电子的集合。然而，在讨论材料的性质时，我们遇到的和用到的却是诸如简正模、声子、电子态等名词和概念。例如，考虑材料中晶格的光学性质时，常用简正振动模这个概念，电磁波与晶格的作用被描述为电磁波与简正模的作用，也就是说把晶格看成是简正模的集合；考虑材料中晶格的比热性质时，则把晶格看成是若干个简谐振子的集合；考虑材料中电子的光学性质时，把光学性质理解成电子态的跃迁或转变，这相当于把材料中电子看成电子态的集合；在描述金属的电阻性质时，金属中的电子也看成是电子态的集合。这些例子说明，在研究材料的性质时材料被抽象成新的概念对象：简正模、简正振子及电子态等。那么，这些概念的实质是什么？为什么要用这些概念对象来说明材料的宏观性质？如果这些问题不能得到充分的理解，在理解与材料性质相关的许多问题时就会觉得迷惑，特别是定量研究材料的宏观性质时，例如，在材料比热理论中，一个包含 N 个原子的三维固体为什么用 $3N$ 个谐振子来代替？在晶体的能带理论中，为什么要对电子的薛定谔方程施加玻恩-冯卡门边界条件？

如前所述，现代的材料性质理论就是用统计物理方法从微观层次上定量研究材料的宏观性质，上述的概念是这一定量研究的基础。为此，这里先对统计物理研究材料性质的基本方法做概括性的说明，有关统计物理的较详细的原理和实例在第 3 章给出。在统计物理中，材料的宏观性质是构成材料的所有原子及电子的所有可能微观态的平均，这里所有可能微观态是指材料系统在一定外部条件下所允许的所有微观态总和，即所谓的系综。这就是说，在统计物理计算中，直接处理的对象是所有微观态的集合或者系综。微观态是统计物理的出发点，因此要从微观出发计算材料性质，就需要知道材料系统的微观态是什么以及如何定量描述。顾名思义，微观态是微观粒子的运动状态，其确切的数学描述取决于微观粒子的本性。在材料性质的研究中，涉及三种微观粒子或物质：一是经典粒子或者牛顿粒子，其状态由位置 $\boldsymbol{r}$ 和动量 $\boldsymbol{p}$ 描述，即由 $(\boldsymbol{r},\boldsymbol{p})$ 描述，经典粒子的运动表现为 $(\boldsymbol{r},\boldsymbol{p})$ 的变化，给定初始条件后，经典粒子的运动状态由牛顿方程决定；二是量子粒子，其状态由量子态描述，量子态包括波函数和能量两个方面，量子粒子的运动表现为波函数和能量的变化，波函数和能量由薛定谔方程决定；三是电磁场，电磁场的状态由电场强度 $\boldsymbol{E}$ 和磁感应强度 $\boldsymbol{B}$ 描述，即由 $(\boldsymbol{E},\boldsymbol{B})$ 描述，这里 $\boldsymbol{E}$ 和 $\boldsymbol{B}$ 都是空间坐标的函数，电磁场的运动表现为空间中 $(\boldsymbol{E},\boldsymbol{B})$ 的变化，给定初始和边界条件后，空间任何位置和时间的 $(\boldsymbol{E},\boldsymbol{B})$ 由麦克斯韦方程决定。由此可以看到，不同的微观粒子或物质有完全不同的本性和描述方法，因此确定微观粒子的微观态首先要确定微观粒子的本性。在量子力学发展以前，微观粒子总是被看成经典粒子，如金属的德鲁德理论就是把电子看成经典粒子；量子力学发展以后，微观粒子常被看成量子粒子，如金属的索末菲理论和能带理论中电子被看成量子粒子；在本性上属于量子粒子的微观粒子也经常被看作经典粒子，因为处理起来更简单，如晶格中的原子或离子常作为经典粒子。确定了微观粒子的本性后，求解微观粒子遵从的运动方程就能得到微观态，一个微观态实际上就是运动方程的一个解，系综是所有解的集合。例如，在金属的索末菲理论中，电子被看作量子粒子，处于一个由金属边界限定的自由空间中，电子之间无相互作用，这样每个电子运动方程就是一个三维无限深势阱中的薛定谔方程，金属中电子的一个单电子微观态就是该薛定谔方程的一个解，该方程所有的解则形成电子的单电子态系综，金属电子的宏观行为就是电子按统计规律在这些微观态中分布的结果，或者说金属的宏观性质是这个系综的统计平均。需要指出的是，在这个例子中单电子态并不是金属系统中所有电子的微观态，所有电子的微观态常用所有单电子态波函数构成的斯莱特行列式(Slater determinant)波函数来表示。在一般材料电子性质的理论中，电子态总是指单电子态，也常称为单粒子态，有关微观态的详细内涵在第 3 章给出。

晶格是晶态材料中原子的总体，其运动常由牛顿方程描述，在简谐近似下，也就是把原子间的作用力看成是弹性力的情形下，牛顿方程的每个解具有所谓的简正模的形式，因此一个简正模解代表一个晶格运动的微观态，所有解的集合代表晶格运动的所有微观态或系综，因此，简正模成为晶格运动的代名词，研究与晶格相关的性质时，常把晶体看成是简正模的集合。

晶体的许多性质(如导电性质)由公有化电子的行为决定，而公有化电子的运动由晶体势场中的薛定谔方程决定，在能带理论中晶体势场由一个周期势场所近似，而且电子之间的相互作用被忽略，于是薛定谔方程是一个周期势场中的单粒子薛定谔方程，这样薛定谔方程的解被称为布洛赫态(Bloch state)，也就是说布洛赫态表示一个单电子微观态，所有的布洛赫态则构成单电子系综。因此，布洛赫态成为能带电子的代名词，研究与能带电子相关的性质时，常把晶体看成是布洛赫态的集合。

电磁场的运动由麦克斯韦方程决定，而金属箱中的麦克斯韦方程的解具有简正模的形式，瑞利在研究黑体辐射问题时，把电磁场的每个简正模看成一个经典谐振子，这使得人们把金属箱中的电磁场看成是电磁简正模的集合，这个概念对发展黑体辐射理论以及以后的光子概念具有根本的意义。

由以上讨论可知，一个微观态即为运动方程的一个解，获得系统的微观态就是要求解微观粒子所满足的运动方程，本章将会通过几个简单的实例来研究电磁场、晶格和电子的运动方程及其解。正如下面将要详细讨论的，在特定的边界条件下，描述晶格运动的牛顿方程、描述电子运动的薛定谔方程和描述电磁场运动的麦克斯韦方程都具有类似的简正模解，因此，简正模的概念是描述材料中微观运动的一个基本的和普遍的概念。简正模描述的是所研究体系的整体性质，它具有波动的本性，为了理解这个概念，下面首先研究一维弦线的运动方程和简正模解，选择这个实例的原因是它的简单性，但其包含简正模所有的基本概念：简正模式、色散关系、模式和边界条件的关系、模式的能量、模式的激发等。和简正模紧密联系的是简正振动的概念，如果考察经典对象(如晶格、电磁场等)的一个简正模解的能量，会发现其能量表达式几乎等同于经典谐振子的能量，这个类似使得人们把晶格和电磁场等看成简谐振子集合，因此谐振子是另一个基本和普遍的概念，这里也对它做简要介绍。

2.2 简 谐 振 动

简谐振动是经典力学中最简单的周期性运动，但它出现在几乎所有波动的场合，本质在于它是最简单的动能-势能系统，而波动的本质就是动能和势能在时空中的转化。在材料性质研究中，晶格和电磁场都被看成是谐振子的集合，因此了解简谐振动是了解晶格运动和电磁场系统的基础。简谐振动包含经典形式和量子形式，下面分别说明其基本特性。

2.2.1 经典谐振子

经典谐振子是由质点和弹簧组成的系统，质点在弹性力或胡克力作用下围绕平衡点做往复周期运动，所谓弹性力或胡克力是指大小与偏离平衡点的位移成正比和方向指向平衡点的力，典型的一维谐振子示意图如图 2.1 所示，其中 O 为平衡点，振动方向沿 x 轴。如果质点偏离平衡位置的大小为 x，则其受力为 $-kx$，其中 k 称为弹簧的弹性系数，负号表示受力方向与位移方向相反，于是可以写出质点运动的牛顿方程：

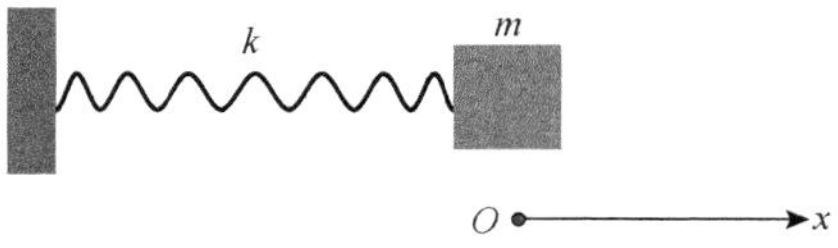

图 2.1 谐振子的示意图

$$m\ddot{x} = -kx \tag{2.1}$$

该方程常写为如下形式：

$$\ddot{x} + \omega^2 x = 0 \tag{2.2}$$

其中，$\omega = \sqrt{k / m}$ 称为谐振子的共振频率。该方程的通解为

$$x = x(t) = A\cos(\omega t + \delta) \tag{2.3}$$

其中，A 和 δ 分别称为振幅和初始位相。谐振子的周期运动本身与时间零点的选择没有关系，但如果把振子在振幅最大值时的时刻作为零时刻，即 $x(0) = A\cos\delta = A$，则解(2.3)中的初始位相 δ 就为零，这样式(2.3)就变为

$$x = x(t) = A\cos\omega t \tag{2.4}$$

这是方程(2.2)解的最简表达式。

谐振子系统的能量包含两部分，一是质点 m 的动能 E^{k}，其为

$$E^{\mathrm{k}} = \frac{1}{2}m\dot{x}^2 = \frac{1}{2}m\omega^2 A^2 \sin^2 \omega t \tag{2.5}$$

二是储存在弹簧中的势能 E^{p}，其为

$$E^{\mathrm{p}} = \frac{1}{2}kx^2 = \frac{1}{2}kA^2 \cos^2 \omega t \tag{2.6}$$

整个体系的总能量为

$$E = E^{\mathrm{k}} + E^{\mathrm{p}} = \frac{1}{2}m\omega^2 A^2 = \frac{1}{2}kA^2 \tag{2.7}$$

可以看到总能量正比于振幅平方，与时间无关，这表明谐振子的总能量在振动过程中是一常数。采用总能量 E，动能和势能可表达为

$$E^{\mathrm{k}} = E\sin^2 \omega t, \quad E^{\mathrm{p}} = E\cos^2 \omega t \tag{2.8}$$

由此可见谐振子系统总能量守恒，势能和动能不断相互转化，在平衡点处能量全部转化为动能，而在最大振幅处全部转化为势能。

2.2.2 量子谐振子

一维量子谐振子是指处在具有 $-\frac{1}{2}kx^2$ 形式势场中且遵从薛定谔方程的微观粒子，称其为谐振子是由于该势能表达式与经典谐振子的势能表达式相同。该势能通常写成 $-\frac{1}{2}m\omega^2 x^2$ 形式，m 为粒子的质量，ω 为表征势场的常数，具有频率的量纲，通过与经典谐振子的比较，ω 可以理解成势场中粒子的振动频率。粒子

的薛定谔方程为

$$\left(-\frac{\hbar^2}{2m}\frac{\mathrm{d}^2}{\mathrm{d}x^2}+\frac{1}{2}m\omega^2x^2\right)\psi(x)=E\psi(x) \tag{2.9}$$

其解为

$$\begin{cases}\psi_n(x)=N_n\mathrm{e}^{-\frac{1}{2}\alpha^2x^2}H_n(\alpha x)\\ E_n=\left(n+\dfrac{1}{2}\right)\hbar\omega\end{cases}\qquad n=0,1,2,\cdots \tag{2.10}$$

其中

$$\begin{aligned}&N_n=\left(\frac{\alpha}{\pi^{1/2}2^n n!}\right)^{\frac{1}{2}}\qquad \alpha=\sqrt{\frac{m\omega}{\hbar}}\\ &H_n(x)=(2x)^n-n(n-1)(2x)^{n-2}+\cdots+(-1)^{\left[\frac{n}{2}\right]}\frac{n!}{\left[\frac{n}{2}\right]}(2x)^{n-2\left[\frac{n}{2}\right]}\end{aligned} \tag{2.11}$$

式中，$\left[\dfrac{n}{2}\right]$为取整函数，其定义为

$$\left[\frac{n}{2}\right]=\begin{cases}\dfrac{n}{2} & n\text{为偶数}\\ \dfrac{n-1}{2} & n\text{为奇数}\end{cases} \tag{2.12}$$

有关量子谐振子的详细求解和讨论可见有关教科书[1]，这里只做简要说明。由上述解可见，量子谐振子由一系列量子态描述，量子态包含波函数和能量两个方面，每个量子态由整数 n 标识。与经典谐振子相比，描述谐振子态的是一个波函数，而描述经典谐振子态的是位置和速度。在能量方面，经典谐振子的能量是连续的，与振幅的平方成正比，而量子谐振子的能量为分立的，能量不再和波函数振幅有任何关系。

2.3　机　械　波

机械波通常是肉眼可见的最直观的波动形式，但它具有波动的几乎所有特性，因此研究它对于了解更复杂的电磁波、晶格波及电子波是有意义的。本节主要通过一维连续弦线系统和一维离散质点系统说明波动的基本性质和机械波中简正模的概念。

2.3.1 两端固定的一维弦线上的机械波[2]

两端固定弦线的运动是机械波动的最简单实例，但它能展示出波动的许多基本物理概念。这里所研究的弦线波动是小振幅的波动，小振幅导致两个结果：一是在弦线振动过程中弦线上任何位置的纵向位移都很小，也就是说任何位置的斜率都很小；二是弦线横向的运动可以忽略，因此只需考虑其纵向的运动。决定弦线运动的基本方程为牛顿方程。

2.3.1.1 方程的建立

图 2.2 是要研究的弦线系统，弦线长度为 L，单位长度质量为 ρ，弦线上的张力为常数，大小为 T；坐标系如图 2.2 所示，横向为 x，纵向为 y，原点 O 位于左端。考虑弦线上处于 x 和 $x+\mathrm{d}x$ 之间的弦线微元，如图 2.2(b)所示，该微元长度 $\mathrm{d}s$ 为

$$\mathrm{d}s=\left[1+\left(\frac{\partial y}{\partial x}\right)^2\right]^{\frac{1}{2}}\mathrm{d}x \tag{2.13}$$

式中，$\frac{\partial y}{\partial x}$ 表示弦线的斜率。在小幅度起伏的情形下，弦线所有位置处的 $\frac{\partial y}{\partial x}$ 值很小，其平方则更小，因此，忽略 $\frac{\partial y}{\partial x}$ 的平方项则近似有 $\mathrm{d}s=\mathrm{d}x$。由此弦线微元的质量可表示为

$$\rho \mathrm{d}s=\rho \mathrm{d}x \tag{2.14}$$

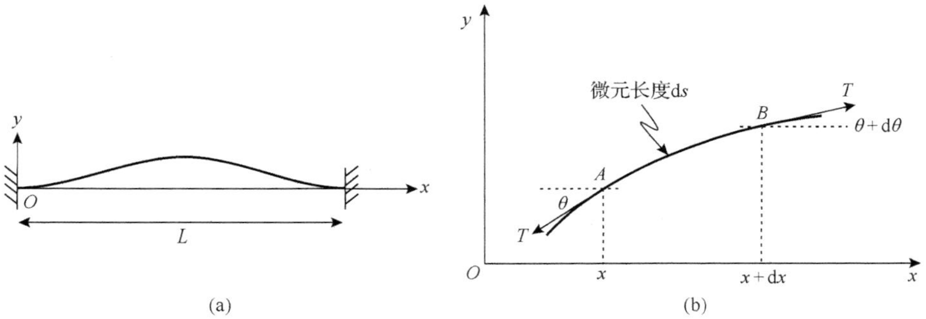

图 2.2 (a)一维弦线的示意图和坐标配置；(b)一维弦线的受力分析

下面考虑弦线微元的受力。弦线微元受到两端相邻弦线的张力和自身的重力，通常张力远大于重力，重力可以忽略，因此弦线微元的受力只考虑张力。弦线微元在垂直方向的受力为

$$
\begin{aligned}
& T\sin(\theta+\mathrm{d}\theta)-T\sin\theta \\
& \approx T\tan(\theta+\mathrm{d}\theta)-T\tan\theta=T\left[\left(\frac{\partial y}{\partial x}\right)_{x+\mathrm{d}x}-\left(\frac{\partial y}{\partial x}\right)_{x}\right] \\
& =T\frac{\partial^2 y}{\partial x^2}\mathrm{d}x
\end{aligned}
\tag{2.15}
$$

弦线微元在水平方向的受力为

$$
\begin{aligned}
& T\cos(\theta+\mathrm{d}\theta)-T\cos\theta \\
& =-T\cdot 2\sin\left(\frac{2\theta+\mathrm{d}\theta}{2}\right)\sin(\mathrm{d}\theta) \\
& \approx -2T\sin\theta\sin(\mathrm{d}\theta)\approx -2T\sin\theta\mathrm{d}\theta\approx -2T\tan\theta\mathrm{d}\theta \\
& =-2T\tan\theta\frac{\mathrm{d}\theta}{\mathrm{d}x}\mathrm{d}x=-2T\tan\theta\frac{1}{1+\tan^2\theta}\frac{\partial^2 y}{\partial x^2}\mathrm{d}x \\
& \approx -2T\tan\theta\frac{\partial^2 y}{\partial x^2}\mathrm{d}x
\end{aligned}
\tag{2.16}
$$

上式推导中利用了关系 $\frac{\mathrm{d}\theta}{\mathrm{d}x}=\frac{1}{1+\tan^2\theta}\frac{\partial^2 y}{\partial x^2}$，它是由 $\tan\theta=\frac{\partial y}{\partial x}$ 通过两边微分得到；由于 $\tan\theta$ 为很小的量，$\tan^2\theta$ 则为二阶小量，上面推导中则忽略了该项。由于 $\tan\theta$ 和 $\frac{\partial^2 y}{\partial x^2}$ 均为小量，在上式的最终结果中出现的两项乘积 $\tan\theta\frac{\partial^2 y}{\partial x^2}$ 为二阶小量，忽略该二阶小量，于是弦线微元在水平方向受力为零，也就是说弦线微元水平方向无运动。于是弦线微元的运动只考虑纵向运动，其牛顿方程为

$$
\rho\mathrm{d}x\cdot\frac{\partial^2 y}{\partial t^2}=T\frac{\partial^2 y}{\partial x^2}\mathrm{d}x \tag{2.17}
$$

即

$$
\frac{\partial^2 y}{\partial t^2}-\frac{\rho}{T}\frac{\partial^2 y}{\partial x^2}=0 \tag{2.18}
$$

引入 c：

$$
c=\sqrt{T/\rho} \tag{2.19}
$$

则方程变为

$$
\frac{\partial^2 y}{\partial x^2}-c^2\frac{\partial^2 y}{\partial t^2}=0 \tag{2.20}
$$

这是一个典型的波动方程，其中 c 具有速度量纲，表示弦线中的波速。

对于两端固定的弦线，有如下的边界条件：

$$\begin{cases} y(0,t)=0 \\ y(L,t)=0 \end{cases} \tag{2.21}$$

为完全确定弦线方程的解，还需要给出弦线的初始条件：

$$y(x,0)=y_0(x) \tag{2.22}$$

$y_0(x)$ 是弦线在 $t=0$ 时的形状。有了边界和初始条件，就可以通过求解波动方程(2.20)获得弦线在任何时间的位移分布 $y(x,t)$。

2.3.1.2　方程的简正模解

方程(2.20)的行波通解为

$$y=a\mathrm{e}^{\mathrm{i}(\omega t-kx)}+b\mathrm{e}^{\mathrm{i}(\omega t+kx)} \tag{2.23}$$

ω 和 k 分别表示波的角频率和波矢；a 和 b 为波的振幅。代入边界条件 $y(0,t)=0$，则得到 $a=-b$，由此有

$$y=-2\mathrm{i}a\mathrm{e}^{\mathrm{i}\omega t}\sin kx \tag{2.24}$$

把边界条件 $y(L,t)=0$ 代入式(2.24)，则得到 $\sin kL=0$，由此得到 k 必定满足下述条件：

$$k=k_n=\frac{n\pi}{L}\qquad n=1,2,3,\cdots \tag{2.25}$$

也就是说，k 只能取一系列离散的值 k_n，取值完全由边界条件决定。对式(2.24)做微分计算，则有 $\dfrac{\partial^2 y}{\partial t^2}=-\omega^2 y$ 和 $\dfrac{\partial^2 y}{\partial x^2}=-k_n y$，利用波动方程(2.20)，则有

$$\omega^2=c^2k^2 \tag{2.26}$$

或

$$\omega=\omega_n=ck_n=\sqrt{\frac{T}{\rho}}k_n \tag{2.27}$$

该式称为**弦线波动的色散关系**，它表明弦线波动的角频率也只能取一系列的离散值。于是弦线波动方程的解可写为

$$y_n = a_n \sin k_n x e^{i\omega_n t} \tag{2.28}$$

其中 a_n 为任意常数。该解为一复数解，实部和虚部都是原波动方程的解，这里取实部作为弦线波动方程最终的解。归纳上述结果，则弦线波动方程的解如下：

$$y_n = a_n \sin k_n x \cos \omega_n t \qquad n = 1, 2, 3, \cdots \tag{2.29}$$

这表明满足边界条件(2.21)的弦线波动方程(2.20)的解有无穷多个，每个解中包含两个特征数，一是波矢 k_n，二是角频率 ω_n。每个解由波矢标识，而波矢由边界条件决定；对于给定的波矢，角频率由色散关系给出。该解具有简单的 $\sin x$ 或 $\cos x$ 乘积形式，对于这样的解称为弦线的一个简正振动模解，或简正模(normal mode)，n 称为模态数。

图 2.3 给出了模态数 n=1～4 的几个最低频率简正模的图像。通常，把 n=1 的简正模称为基模(fundamental mode)或一次谐波(first harmonics)，相应的频率称为基频，n=2 的简正模称为二次谐波(second harmonics)，相应的频率称为二次谐频，等等。与简正模相关的一个概念是结点(node)，其定义为解的零点对应的位置，如图 2.3 所示。简正模的模态数越大，结点就越多。由图 2.3 可见，一维弦线结点数 N 与模态数 n 有如下关系：N=n−1。一般而言，一个简正模的结点数越多，则相应的能量就越大，如后面的章节所述，这一规律也适用于包括电子波等量子波的所有波动现象。

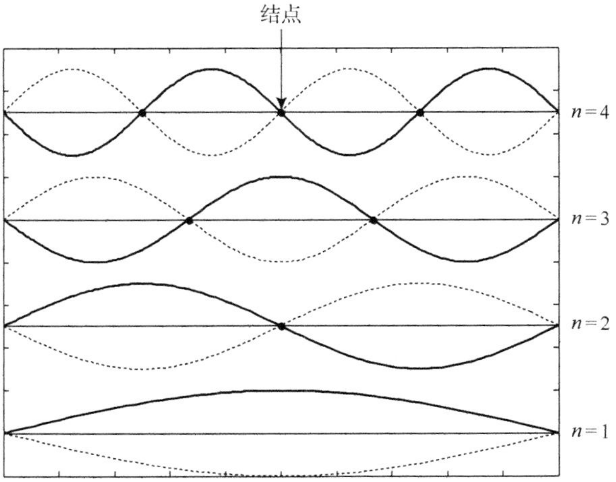

图 2.3　一维弦线最基本的四个简正模

实线和虚线表示同一个模在两个最大振幅处的情形

2.3.1.3　弦线实际振动与简正模关系

振动模是波动方程的解，但它通常并不是弦线在某时刻实际的位置，因为任何时刻弦线的位置分布依赖于初始时刻的弦线位移，也就是初始条件。下面考虑一个具体的初始条件下的弦线振动的解 $y(x,t)$ 。该初始条件如图 2.4 表示，其表达式如下：

$$y_0(x)=\begin{cases}\dfrac{2hx}{L} & 0\leqslant x\leqslant L/2\\[2ex] \dfrac{2h(L-x)}{L} & \dfrac{L}{2}\leqslant x\leqslant L\end{cases}\tag{2.30}$$

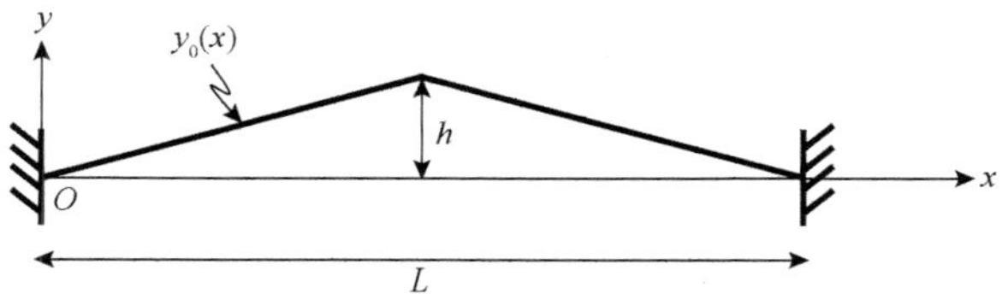

图 2.4　弦线的一个初始条件

求解方法的实质就是傅里叶分析方法。这种方法把弦线的 $y(x,t)$ 写为本征模的无穷级数和，即

$$y(x,t)=\sum_{n=1}^{\infty}y_n=\sum_{n=1}^{\infty}a_n\cos\omega_n t\sin k_n x\tag{2.31}$$

该解要求满足初始条件，即要求：

$$y(x,0)=y_0(x)=\sum_{n=1}^{\infty}a_n\sin k_n x\tag{2.32}$$

由方程(2.32)可以确定出所有系数 a_n ，于是由方程(2.31)就获得了方程的解 $y(x,t)$ 。将方程(2.32)两边乘以 $\sin k_m x$ ，并对 x 在 $[0,L]$ 区间积分，则有

$$\begin{aligned}\int_0^L y_0(x)\sin k_m x\mathrm{d}x&=\sum_{n=1}^{\infty}\int_0^L a_n\sin k_n x\sin k_m x\mathrm{d}x\\&=\sum_{n=1}^{\infty}a_n\int_0^L\sin k_n x\sin k_m x\mathrm{d}x\\&=\sum_{n=1}^{\infty}a_n\frac{L}{2}\delta_{nm}\\&=\frac{L}{2}a_n\end{aligned}\tag{2.33}$$

式(2.33)利用了如下结论：

$$\int_0^L \sin k_m x \sin k_n x \mathrm{d}x = \frac{L}{2}\delta_{nm} \tag{2.34}$$

其中 δ_{nm} 为克罗内克(Knonecker)符号，当 $n=m$ 时为 1，$n \neq m$ 时为 0，该公式称为**简正模的正交性**。由此，得到系数 a_n 的表达式：

$$a_n = \frac{2}{L}\int_0^L y_0(x)\sin k_n x \mathrm{d}x = \frac{8h}{n^2\pi^2}\sin\frac{n\pi}{2} = \begin{cases} 0 & n = 0,2,4,\cdots \\ \dfrac{8h}{n^2\pi^2} & n = 1,3,5,\cdots \end{cases} \tag{2.35}$$

由此得到任何时间和位置的弦线纵向位移 $y(x,t)$：

$$y(x,t) = \sum_{n=1}^{\infty} a_n \cos\omega_n t \sin k_n x = \sum_{n=\text{奇数}} \frac{8h}{n^2\pi^2}\cos\omega_n t \sin k_n x \tag{2.36}$$

上述结论说明，任何的弦线位置分布可表述为简正模的线性叠加，a_n 为叠加系数，由初始条件决定。这一结论具有十分重要的意义，它意味着，要考虑弦线的振动问题，只需要考虑它的简正模的分布就可以了。由式(2.35)可以看出，$a_n \propto \dfrac{1}{n^2}$，这意味着随着 n 的增加，a_n 迅速减小，当 $n=7$ 时，a_n 就减小到只有 a_1 的约 0.02，也就是说，在给定的初始条件下，只需考虑前面几个简正模就基本能决定弦线的实际运动。

2.3.1.4　简正模的能量

弦线的总能量包括弦线的动能和势能。考虑图 2.2 中的弦线微元，其能量包括动能和势能，其中动能为 $\dfrac{1}{2}\rho\mathrm{d}x \cdot \left(\dfrac{\mathrm{d}y}{\mathrm{d}t}\right)^2$，由此整个弦线的动能为

$$E^{\mathrm{k}} = \int_0^L \frac{1}{2}\rho\left(\frac{\mathrm{d}y}{\mathrm{d}t}\right)^2 \mathrm{d}x \tag{2.37}$$

把简正模解 $y_n = a_n \mathrm{e}^{\mathrm{i}\omega t}\sin k_n x$ 代入式(2.37)，得到模式 y_n 的动能为

$$E_n^{\mathrm{k}} = \int_0^L \frac{1}{2}\rho\left(\frac{\mathrm{d}y}{\mathrm{d}t}\right)^2 \mathrm{d}x = \frac{1}{4}\rho L\omega_n^2 a_n^2 \sin^2\omega_n t = \frac{1}{4}LTa_n^2 k_n^2 \sin^2\omega_n t \tag{2.38}$$

最后一个等式推导中利用了色散关系式(2.27)。

弦线微元的势能等于其长度由 $\mathrm{d}x$ 伸长到 $\mathrm{d}s$ 过程中，张力 T 做的功为 $T(\mathrm{d}s - \mathrm{d}x)$，由此整个弦线的势能为

$$E^{\mathrm{p}}=\int T(\mathrm{d}s-\mathrm{d}x)=\int T\left\{\left[1+\left(\frac{\partial y}{\partial x}\right)^2\right]^{\frac{1}{2}}-1\right\}\mathrm{d}x=\int_0^L\frac{1}{2}T\left(\frac{\partial y}{\partial x}\right)^2\mathrm{d}x \tag{2.39}$$

把简正模解 $y_n=a_n\mathrm{e}^{\mathrm{i}\omega t}\sin k_n x$ 代入式(2.39)，得到模式 y_n 的势能：

$$E_n^{\mathrm{p}}=\int_0^L\frac{1}{2}T\left(\frac{\partial y}{\partial x}\right)^2\mathrm{d}x=\frac{1}{4}LTa_n^2k_n^2\cos^2\omega_n t=\frac{1}{4}\rho La_n^2\omega_n^2\cos^2\omega_n t \tag{2.40}$$

最后一个等式推导中利用了色散关系式(2.27)。模式 y_n 的总能量 E_n 为

$$E_n=E_n^{\mathrm{k}}+E_n^{\mathrm{p}}=\frac{1}{4}LTa_n^2k_n^2=\frac{1}{4}\rho La_n^2\omega_n^2 \tag{2.41}$$

注意到 $\rho L=M$ 是弦线的总质量，则弦线在模式 y_n 的总能量为

$$E_n=\frac{1}{4}Ma_n^2\omega_n^2 \tag{2.42}$$

用总能量 E_n，模式 y_n 的动能 E_n^{k} 可表达为

$$E_n^{\mathrm{k}}=\frac{1}{4}\rho La_n^2\omega_n^2\sin^2\omega_n t=E_n\sin^2\omega_n t \tag{2.43}$$

模式 y_n 的势能 E_n^{p} 可表达为

$$E_n^{\mathrm{p}}=\frac{1}{4}\rho La_n^2\omega_n^2\cos^2\omega_n t=E_n\cos^2\omega_n t \tag{2.44}$$

从以上表达式可以看出，一个模式的能量与一个经典谐振子的能量具有十分类似的性质。①式(2.42)总能量的表达式与谐振子的总能量表达式(2.7)除了一个常数因子 2 外完全相同。②两者总能量都是一个常数，与时间无关，这表明一个弦线模式或谐振子的总能量守恒，这也说明在弦线振动过程中弦线模式之间没有能量的交换，或者说模式之间是相互独立的。③两者总能量都由动能和势能组成，而且动能和势能与总能量的关系有相同的表达式，这表明一个弦线模式像一个谐振子一样，其动能和势能在振动过程中相互转化，但保持总能量守恒。④弦线和经典谐振子的总能量都正比于简正模振幅平方，这是所有经典振动和波的共同特征，是区别量子波和经典波的一个标志。⑤一个谐振子可由质量、振动频率和振幅标识，一个简正模也由弦线质量、振动频率和振幅标识。这些类似性使得可以把一个简正模看成一个谐振子。这种弦线模与谐振子等价的观念在电磁波和晶体的晶

格波同样存在，这将在后面的章节中说明。

利用上述关于模式能量的结果，讨论在式(2.30)所表示的初始条件下，能量在不同模式中的分配。把式(2.35)中的 a_n 代入式(2.41)，得到第 n 个模式的能量 E_n：

$$E_n = \frac{1}{4}\rho L\omega_n^2 a_n^2 = \begin{cases} \dfrac{16Th^2}{\pi^2 L}\dfrac{1}{n^2} & n = 1,3,5,\cdots \\ 0 & n = 2,4,6,\cdots \end{cases} \tag{2.45}$$

弦线的总能量为

$$E = \sum_{n=1}^{\infty} E_n = \frac{16Th^2}{\pi^2 L}\sum_{n\text{为奇}}\frac{1}{n^2} = \frac{2Th^2}{L} \tag{2.46}$$

式(2.46)利用了公式 $\sum\limits_{n\text{为奇}}\dfrac{1}{n^2} = \dfrac{\pi^2}{8}$，容易分析得到这个总能量等于初始时弦线的势能。由于 a_n 由初始条件决定，而 a_n 又决定了每个模式的能量，因此，能量如何在每个模式中分配由初始条件决定。由于不同模式中的能量不会在振动过程中相互交换，因此一旦能量在初始时刻在各模式分配后，就永久保持不变。由式(2.45)可以看到，$E_n \propto \dfrac{1}{n^2}$，随着 n 的增加，E_n 迅速减小，因此能量主要分配在模态数较小的几个模式中，这从能量角度反映出频率最低的几个模式在弦线运动中起主要作用。

2.3.1.5　简正模的意义

从数学角度讲，弦线的简正模是弦线牛顿方程的特解，而且是最简单的特解。每个简正模由波矢标识，波矢由弦线长度或者边界条件决定，弦线的任何运动都可以表达成简正模的叠加，叠加系数由初始条件决定。这些结果有深刻的物理意义，它使我们能以简正模语言描述振动体系。这里通过钢琴的例子来说明简正模概念的应用。钢琴的发音基于弦线的振动，钢琴内部有 88 组弦线，每组弦线有固定长度，并通过机械机构与一个琴键连接。弹一个琴键的作用就是给相应弦线一个初始扰动，使其振动起来。弹某个琴键，不管用怎样的击键力度和速度，我们总是听到确定的音高(即频率)，而不会与其他键发出的声音混淆，这是由于钢琴弹奏中弦线振动的主要能量集中在基频和低次谐频的简正模上，而每根弦线有特有的基频和谐频频率；但是，弹同一个键，如果击键力度和速度不同，所听到的效果会很不相同，这是由于不同的击键力度和速度产生了弦线不同的初始扰动，因而导致了不同权重的简正模激发。人的耳朵往往对由某些特定频率的简正模组合成的声音感到愉悦，一个优秀钢琴家受欢迎的部分原因就在于他能在琴弦上制造特定的初始条件从而形成简正模能量分配的恰当比例。简正模的概念还适用于二维和三维对象的振动，不仅适用于描述固体的振动，还适用于气体以及液体的振动，如鼓面的振动是二维固体振动的实例，固体中的弹性波和晶格波是三维振动的实例，铜管乐器管腔中气体的运动是一维气体振动的实例。我们走路听到脚步声，实际上是因为激发了地面振动，我们甚至可以由脚步声判断谁来了，这是因为每个人所激发的振动模分布是特定的。当加热一块固体时，固体温度会升高，这是由于输入的热量导致了固体中晶格振动本征模的激发，以同样的热量加热不同的固体，通常升高的温度不同，原因就在于不同固体中会产生不同的本征模激发。

简正模的概念不但适用于基于牛顿方程的机械波，还扩展到基于麦克斯韦方程的电磁波和基于薛定谔方程的电子波，这种类似性对认识电磁场和电子的本质起到了巨大的促进作用。可以说简正模的概念是所有波动现象中一个核心的概念，尽管电磁波和电子波与机械波有根本的不同，但这种类似性表明这三者有某种共同性。

2.3.2 一维离散质点链的纵向振动[3]

2.3.2.1 方程的建立

这里研究与上述弦线类似的一维离散质点链的纵向振动，如图 2.5 所示，每个质点通过弦线连接起来，当质点在垂直于弦线的方向偏离平衡位置时，弦线上的张力会产生一个恢复力使质点恢复平衡位置，在这个恢复力作用下质点系统会形成振动。该系统与前一节的连续弦线系统的区别在于：弦线是连续质量系统，系统的自由度为无穷大，而这里的系统是离散质点系统，系统的自由度等于质点的个数。显然，该系统也可以看成是一个一维的简单原子晶格。

假定该系统包含 $N+2$ 个质量为 m、间距为 a 的质点，从左到右原子的编号为 $0\sim N+1$，编号用 i 标记，如图 2.5 所示。这里研究的是质点的纵向运动，即质点只在 y 方向会偏离平衡位置，因此这里的运动是一个一维问题；其次，只研究小振幅的运动，这并非会使结论失去价值，因为实际晶体中原子的运动通常总是在平衡位置的小振幅运动；再次，弦线的质量忽略不计，弦线上的张力系数 T 为常数；最后，两端的质点固定不动，这相当于边界条件。研究一个代表性质点 i 的受力，如图 2.5 所示，第 i 个原子受到两边弦线张力的作用。与前节分析类似，在一级近似下质点在水平方向受力为零，因此无需考虑。在垂直方向，受到的两个力为

$$\begin{aligned}\boldsymbol{F}_{i-1} &= -(T\cdot\sin\alpha)\boldsymbol{e}_y \\ \boldsymbol{F}_{i+1} &= -(T\cdot\sin\beta)\boldsymbol{e}_y\end{aligned} \tag{2.47}$$

其中 α 和 β 分别如图 2.5 所示，其为

$$\tan\alpha = \frac{y_i - y_{i-1}}{a}, \qquad \tan\beta = \frac{y_i - y_{i+1}}{a} \tag{2.48}$$

在小振幅运动前提下，α、β 都是小量，因此有 $\sin\alpha \approx \tan\alpha$ 和 $\sin\beta \approx \tan\beta$，两个受力为

$$\begin{aligned} \boldsymbol{F}_{i-1} &= -T\left(\frac{y_i - y_{i-1}}{a}\right)\boldsymbol{e}_y \\ \boldsymbol{F}_{i+1} &= -T\left(\frac{y_i - y_{i+1}}{a}\right)\boldsymbol{e}_y \end{aligned} \tag{2.49}$$

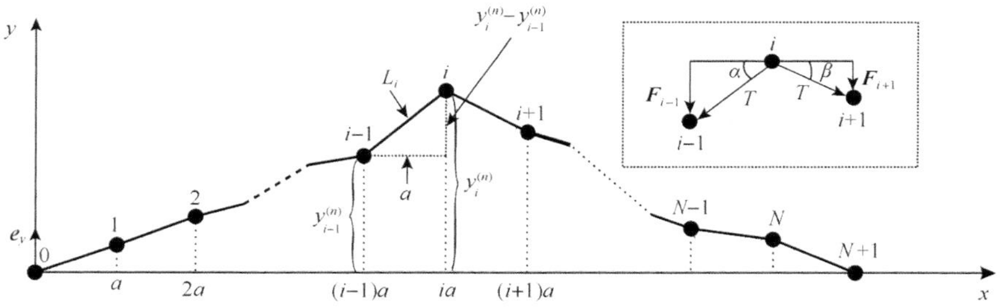

图 2.5　一维离散质点链和坐标配置

框图为质点的受力分析

于是第 i 个质点的牛顿方程为

$$\begin{aligned} m\frac{\mathrm{d}^2 y_i}{\mathrm{d}t^2} &= -T\left(\frac{y_i - y_{i-1}}{a}\right) - T\left(\frac{y_i - y_{i+1}}{a}\right) \\ &= \frac{T}{a}(y_{i-1} - 2y_i + y_{i+1}) \end{aligned} \tag{2.50}$$

特别地，由于 $i = 0$ 和 $i = N+1$ 的质点固定不动，即

$$\begin{aligned} y_0 &= 0 \\ y_{N+1} &= 0 \end{aligned} \tag{2.51}$$

把式(2.51)代入式(2.50)，则 $i = 1$ 和 $i = N$ 两个质点的牛顿方程为

$$\begin{aligned} m\frac{\mathrm{d}^2 y_1}{\mathrm{d}t^2} &= \frac{T}{a}(-2y_1 + y_2) \\ m\frac{\mathrm{d}^2 y_N}{\mathrm{d}t^2} &= \frac{T}{a}(y_{N-1} - 2y_N) \end{aligned} \tag{2.52}$$

2.3.2.2　方程的求解

类似上节一维弦线，研究如下的试探解：

$$y_i(t) = A_i \cos \omega t \qquad i = 1, 2, \cdots, N \tag{2.53}$$

把该试探解代入方程(2.50)和方程(2.52)，得到关于 A_i 和 ω 的方程：

$$\begin{cases} -A_{i-1} + \left(2 - \dfrac{ma\omega^2}{T}\right) A_i - A_{i+1} = 0 \qquad i = 2, 3, \cdots, N \\ \left(2 - \dfrac{ma\omega^2}{T}\right) A_1 - A_2 = 0 \\ -A_{N-1} + \left(2 - \dfrac{ma\omega^2}{T}\right) A_N = 0 \end{cases} \tag{2.54}$$

这个方程限制了试探解中 A_i 和 ω 的取值，也就是说满足这个方程的 A_i 和 ω 才能使试探解式(2.53)成为方程(2.50)和方程(2.52)有意义的解。为了简化标记，定义

$$c = \frac{2T - ma\omega^2}{T} \tag{2.55}$$

这个方程组可以简化为

$$\begin{cases} cA_1 - A_2 = 0 \\ -A_{i-1} + cA_i - A_{i+1} = 0 \qquad i = 2, 3, \cdots, N \\ -A_{N-1} + cA_N = 0 \end{cases} \tag{2.56}$$

该式可进一步写成如下矩阵形式：

$$\begin{pmatrix} c & -1 & 0 & 0 & 0 & \cdots & 0 & 0 & 0 \\ -1 & c & -1 & 0 & 0 & \cdots & 0 & 0 & 0 \\ 0 & -1 & c & -1 & 0 & \cdots & 0 & 0 & 0 \\ \vdots & \vdots & \vdots & \vdots & \vdots & & \vdots & \vdots & \vdots \\ 0 & 0 & 0 & 0 & 0 & 0 & -1 & c & -1 \\ 0 & 0 & 0 & 0 & 0 & 0 & 0 & -1 & c \end{pmatrix} \begin{pmatrix} A_1 \\ A_2 \\ A_3 \\ \vdots \\ A_{N-1} \\ A_N \end{pmatrix} = \begin{pmatrix} 0 \\ 0 \\ 0 \\ \vdots \\ 0 \\ 0 \end{pmatrix} \tag{2.57}$$

也就是说，有意义的 A_i 和 ω 要满足这个方程。这是一个典型的矩阵本征值问题，按照矩阵理论，只有当式(2.57)左边的 $N \times N$ 矩阵的行列式值为零时，满足方程的 $A_1, A_2, \cdots, A_N$ 才会不全为零，否则 $A_1, A_2, \cdots, A_N$ 全为零，这种解相当于所有原子没有任何运动，因此没有物理意义。因此，有物理意义的解必使上式的 $N \times N$ 矩

阵的行列式值为零，即

$$\begin{vmatrix} c & -1 & 0 & 0 & 0 & \cdots & 0 & 0 & 0 \\ -1 & c & -1 & 0 & 0 & \cdots & 0 & 0 & 0 \\ 0 & -1 & c & -1 & 0 & \cdots & 0 & 0 & 0 \\ \vdots & \vdots & \vdots & \vdots & \vdots & & \vdots & \vdots & \vdots \\ 0 & 0 & 0 & 0 & 0 & 0 & -1 & c & -1 \\ 0 & 0 & 0 & 0 & 0 & 0 & 0 & -1 & c \end{vmatrix} = 0 \tag{2.58}$$

这个行列式是关于 c 的一元 N 次方程组，也就是关于 ω 的一元 N 次方程，由此可求得有意义的 ω 值。具体求解过程在此从略，只把结果列出：

$$\omega = \omega_n = \sqrt{\frac{2T}{ma}\left(1-\cos\frac{n\pi}{N+1}\right)} = 2\sqrt{\frac{T}{ma}}\sin\frac{n\pi}{2(N+1)} \qquad n=1,2,\cdots,N \tag{2.59}$$

这是一维离散质点系统简正模的色散关系。该式表明 ω 有 N 个有物理意义值，每个值由 n 标识。对任意一个 $\omega_n (n=1,2,\cdots,N)$ 值，把它代入式(2.55)得到 c，然后计算式(2.57)中的 $N\times N$ 矩阵，于是得到一个关于 $A_1, A_2, \cdots, A_N$ 的方程组，解该方程组，则得到一组与 ω_n 对应的 $A_1^{(n)}, A_2^{(n)}, \cdots, A_N^{(n)}$ 值，求解过程在这里不再细述，只列出结果：

$$A_i = A_i^{(n)} = a_1^{(n)}\cos\frac{n\pi i}{N+1} + a_2^{(n)}\sin\frac{n\pi i}{N+1} \qquad i=1,2,\cdots,N \tag{2.60}$$

其中 $a_1^{(n)}$、$a_2^{(n)}$ 为求解过程中产生的系数，可取任何值。把由式(2.59)给出的 ω_n 和式(2.60)给出的 A_i 代入试探解式(2.53)，则试探解具有如下形式：

$$y_i(t) = y_i^{(n)}(t) = \left(a_1^{(n)}\cos\frac{n\pi i}{N+1} + a_2^{(n)}\sin\frac{n\pi i}{N+1}\right)\cos\omega_n t \quad i=1,2,\cdots,N;\quad n=1,2,\cdots,N \tag{2.61}$$

如果式(2.61)也能描述两端 $i=0$ 和 $i=N+1$ 的两个质点，则要求式(2.61)中 y_i 满足边界条件式(2.51)，即

$$\left.\begin{aligned} y_0(t) = y_0^{(n)}(t) &= \left(a_1^{(n)}\cos\frac{n\pi\cdot 0}{N+1} + a_2^{(n)}\sin\frac{n\pi\cdot 0}{N+1}\right)\cos\omega_n t = 0 \\ y_{N+1}(t) = y_{N+1}^{(n)}(t) &= \left(a_1^{(n)}\cos\frac{n\pi\cdot(N+1)}{N+1} + a_2^{(n)}\sin\frac{n\pi\cdot(N+1)}{N+1}\right)\cos\omega_n t = 0 \end{aligned}\right\} n=1,2,\cdots,N \tag{2.62}$$

由此得

$$a_1^{(n)} = 0 \qquad n=1,2,\cdots,N \tag{2.63}$$

于是，式(2.61)变为

$$y_i(t) = y_i^{(n)}(t) = a_n \sin\frac{n\pi i}{N+1} \cdot \cos\omega_n t \qquad i = 1, 2, \cdots, N; \quad n = 1, 2, \cdots, N \tag{2.64}$$

在该式中用 a_n 替代了式(2.61)中的 $a_2^{(n)}$。该式给出了原始方程的所有特解，具有简单的 $\sin x$ 或 $\cos x$ 乘积形式，因此称为系统的简正解。

下面讨论这个解的物理意义。首先注意指标 i 和 n 的区别，i 是指原子编号，n 是指简正解的编号。要说明本系统的运动，就要说明任何时刻所有质点的位移，本系统有 N 个质点，因此必须给出 N 个位移表达式，即 $y_i(t)$ 或 $y_i^{(n)}(t)(i = 1, 2, \cdots, N)$。简正解编号 n 最大值为 N，说明本系统有 N 个简正解。由式(2.64)可见，每个解对应一个 ω_n，在 ω_n 对应的解所描述的运动中所有的质点都以同一频率 ω_n 振动。考察某一时刻解 $y_i^{(n)}(t)$ 所描述的质点位移的分布，如 t=0 时刻的情形，此时质点 i 的位移 $y_i^{(n)}(0)$ 为：$y_i^{(n)}(0) = a_n \sin\dfrac{n\pi i}{N+1} = a_n \sin\dfrac{2\pi}{2(N+1)/n} i$，可见质点位移 $y_i^{(n)}(0)$ 随质点变化呈现正弦波动的形式，与常见的描述波动方程表达式 $y(x) = A\sin\dfrac{2\pi}{\lambda}x$ 相比较，可知在简正解 $y_i^{(n)}(t)$ 中质点位移波的波长 $\lambda_n = 2(N+1)/n \propto 1/n$，这意味着不同的解有不同的波长，不同的解呈现出不同的波形模式，因此常把这种简正解称为简正模。图 2.6 表示 n=1～4 的几种简正模的图像，该图与连续弦线的图 2.3 相类似，只不过连续的弦线变成了离散的质点。所有简正模的波长正比于 $(N+1)$，这个值实际上是质点链的长度(以质点间距 a 为单位)，因此简正模的波长由链的长度决定，这也与连续弦线系统相同。

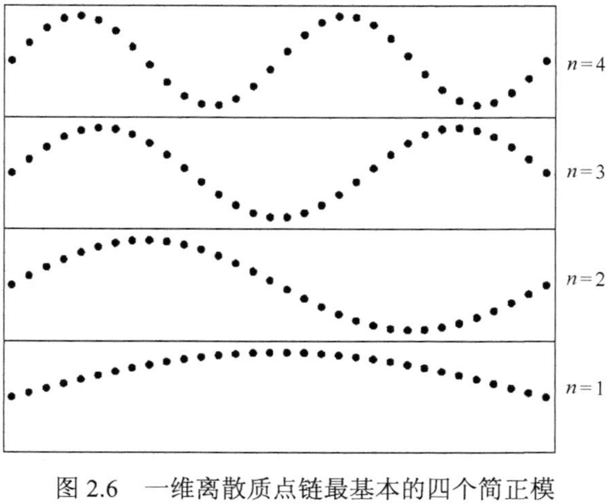

图 2.6　一维离散质点链最基本的四个简正模

2.3.2.3　模式的能量

与连续弦线系统一样，离散质点链系统的能量包含动能和势能。下面计算一个模式的动能、势能和总能量。一个模式的动能就是所有质点的动能总和，即模式 $y_i^{(n)}$ 的动能 E_n^{k} 为

$$E_n^{\mathrm{k}} = \sum_{i=1}^{N} \frac{1}{2} m \dot{y}_i^{(n)} \tag{2.65}$$

式中，$\dot{y}_i^{(n)}$ 表示模式 $y_i^{(n)}$ 中第 i 个质点的速度，由式(2.64)对时间求导数得到，于是式(2.65)变为

$$E_n^{\mathrm{k}} = \sum_{i=1}^{N} \frac{1}{2} m \dot{y}_i^{(n)} = \frac{1}{2} m \omega_n^2 \left(\sum_{i=1}^{N} \sin^2 \frac{n\pi i}{N+1} \right) \cdot a_n^2 \sin^2 \omega_n t \tag{2.66}$$

利用公式 $\sum_{i=1}^{N} \sin^2 \frac{n\pi i}{N+1} = \frac{1}{2} N$（证明见附录 A），式(2.66)变为

$$E_n^{\mathrm{k}} = \frac{1}{4} N m \omega_n^2 a_n^2 \sin^2 \omega_n t \tag{2.67}$$

下面考虑一个模式的势能。离散质点链系统的势能是质点之间的弦线在偏离平衡长度 a 时储存在弦线中的能量，如果弦线长度相对于平衡长度改变了 Δl，那么储存在弦线中的势能为 $T \cdot \Delta l$，T 为弦线的张力系数。由于在本系统中弦线由 N 段分立的弦线组成，因此系统的总势能等于所有 N 段弦线的势能和。下面考虑在模式 n 情形下第 i–1 个质点到第 i 个质点之间的弦线的势能，第 i–1 个质点和第 i 个质点在模式 n 时的位移分别用 $y_{i-1}^{(n)}$ 和 $y_i^{(n)}$ 表示，在这样的位移下，参见图 2.5，两质点之间弦线的长度 L_i 为

$$L_i = [a^2 + (y_i^{(n)} - y_{i-1}^{(n)})^2]^{1/2} = a \left[1 + \left(\frac{y_i^{(n)} - y_{i-1}^{(n)}}{a} \right)^2 \right]^{1/2} \tag{2.68}$$

在小振动情况下，$y_i^{(n)} - y_{i-1}^{(n)} \ll a$，则式(2.68)近似为

$$L_i = a \left[1 + \left(\frac{y_i^{(n)} - y_{i-1}^{(n)}}{a} \right)^2 \right]^{1/2} \approx a \left[1 + \frac{1}{2} \left(\frac{y_i^{(n)} - y_{i-1}^{(n)}}{a} \right)^2 \right] \tag{2.69}$$

由此该段弦线相对于平衡长度的长度改变值 ΔL_i 为

$$\Delta L_i = L_i - a = \frac{1}{2a}\left(y_i^{(n)} - y_{i-1}^{(n)}\right)^2 \tag{2.70}$$

于是整个体系在模式 $y_i^{(n)}$ 的势能 E_n^{p} 为

$$E_n^{\mathrm{p}} = \sum_{i=1}^{N} T\Delta L_i = \sum_{i=1}^{N} T\frac{1}{2a}\left(y_i^{(n)} - y_{i-1}^{(n)}\right)^2 \tag{2.71}$$

把式(2.64)代入式(2.71)，则得

$$E_n^{\mathrm{p}} = \sum_{i=1}^{N} T\frac{1}{2a}\left(y_i^{(n)} - y_{i-1}^{(n)}\right)^2 = \frac{2T}{a}\cdot\sin^2\frac{n\pi i}{2(N+1)}\cdot\left(\sum_{i=1}^{N}\cos^2\frac{n\pi i}{N+1}\right)\cdot a_n^2\cos^2\omega_n t \tag{2.72}$$

利用色散关系式(2.59)，式(2.72)可写为

$$\begin{aligned} E_n^{\mathrm{p}} &= \frac{m}{2}\cdot\frac{4T}{ma}\sin^2\frac{n\pi i}{2(N+1)}\cdot\left(\sum_{i=1}^{N}\cos^2\frac{n\pi i}{N+1}\right)\cdot a_n^2\cos^2\omega_n t \\ &= \frac{1}{2}m\omega_n^2\cdot\left(\sum_{i=1}^{N}\cos^2\frac{n\pi i}{N+1}\right)\cdot a_n^2\cos^2\omega_n t \end{aligned} \tag{2.73}$$

利用公式 $\sum_{i=1}^{N}\cos^2\frac{n\pi i}{N+1} = \frac{1}{2}N$，式(2.73)写为

$$E_n^{\mathrm{p}} = \frac{1}{4}Nm\omega_n^2 a_n^2\cos^2\omega_n t \tag{2.74}$$

于是模式 $y_i^{(n)}$ 的总能量 E_n 为

$$E_n = E_n^{\mathrm{k}} + E_n^{\mathrm{p}} = \frac{1}{4}Nm\omega_n^2 a_n^2 \tag{2.75}$$

以上结果表明一维离散质点链体系中每个简正模总能量 E_n 是一个常数，其动能 $E_n^{\mathrm{k}} = E_n\sin^2\omega_n t$ 和势能 $E_n^{\mathrm{p}} = E_n\cos^2\omega_n t$ 在振动过程中相互转化，其行为与一个谐振子的行为相同，因此一维离散质点体系的每个简正模也可以看成是一个经典谐振子。注意到 $Nm = M$ 为整个体系的总质量，则一个简正模的总能量为

$$E_n = \frac{1}{4}M\omega_n^2 a_n^2 \tag{2.76}$$

该式与一维连续弦线的总能量式(2.42)完全相同。

2.3.2.4　离散质点链与连续弦线简正模的关系

如果使本节的离散质点系统的原子间距 $a \to 0$ 和质点数量 $N \to \infty$，则质点链就趋于质量连续分布的弦线，因此连续弦线系统可以看成是离散质点链系统的极限。相应地，连续弦线系统的简正解应当是离散质点链系统简正解的连续极限，下面说明这个过渡关系。在离散情形下质点由其编号 i 或坐标 ia 标记，当 $a \to 0$ 和 $N \to \infty$ 时，质点数量变为无穷大，质点间距变为无穷小，离散的质点编号 i 或坐标 ia 就无法标记质点，而质点的坐标 ia 变成连续的，成为标识质点的合适变量，记其为 x。简正解式(2.64)中表达式的分子分母同时乘以 a，则有

$$\sin\frac{n\pi i}{N+1} = \sin\frac{n\pi i\cdot a}{(N+1)\cdot a} = \sin\frac{n\pi\cdot ia}{L} \tag{2.77}$$

式中，$L=(N+1)\cdot a$ 是质点链的长度，在连续化极限下，ia 变为连续的 x，因此有

$$\lim_{\substack{N\to\infty\\a\to 0}}\sin\frac{n\pi i}{N+1} = \lim_{\substack{N\to\infty\\a\to 0}}\sin\frac{n\pi\cdot ia}{L} = \sin\frac{n\pi x}{L} \tag{2.78}$$

于是简正模解由离散情形下的 $y_i^{(n)}(t)$ [式(2.64)]变为连续情形下的 $y_n(x,t)$，即

$$y_i^{(n)}(t) \to y_n(x,t) = a_n\sin\frac{n\pi x}{L}\cdot\cos\omega_n t \qquad n=1,2,\cdots,\infty \tag{2.79}$$

这里，$y_n(x,t)$ 是弦线位移的函数，能完整地说明弦线上每个点的位移，注意质点编号 i 不再出现，而是由 x 代替并出现在自变量中，这个结果与连续弦线系统的简正解式(2.29)完全相同；其次，解的编号 n 不再只是从 1 到 N，而是到∞，这是 N 趋于无穷大的结果，也就是说在连续系统中解的个数为无穷大，与连续弦线的结果一致。实际上，解的个数等于系统的自由度数，N 个做一维运动质点的系统总自由度为 N，因此解的个数为 N，而一维弦线为连续质量系统，自由度为无穷大，因而解的个数为无穷大。式(2.79)实际上表示的是连续弦线的解，其中的 ω_n 不再是式(2.59)中所表示的离散系统的 ω_n，而应当是该 ω_n 在连续化情形下的对应量。为求得连续化情形下的 ω_n，对式(2.59)做幂级数展开，有

$$\omega_n = 2\sqrt{\frac{T}{ma}}\sin\frac{n\pi}{2(N+1)} = 2\sqrt{\frac{T}{ma}}\left[\frac{n\pi}{2(N+1)} - \frac{1}{6}\left(\frac{n\pi}{2(N+1)}\right)^3 + \cdots\right] \qquad n=1,2,\cdots,N \tag{2.80}$$

当 $N \to \infty$ 时，$\dfrac{n\pi}{2(N+1)}$ 为无穷小量，忽略上式级数中第一项以后的高阶无穷小量，

则有

$$\omega_n = \sqrt{\frac{T}{ma}} \cdot \frac{n\pi}{N+1} \qquad n = 1, 2, \cdots, \infty \tag{2.81}$$

分子分母同乘以 a，则有

$$\begin{aligned}\omega_n &= \sqrt{\frac{T}{ma}} \cdot \frac{n\pi}{N+1} \\ &= \sqrt{\frac{T}{ma}} \cdot \frac{n\pi \cdot a}{(N+1) \cdot a} = \sqrt{\frac{T}{m/a}} \frac{n\pi}{(N+1) \cdot a} = \sqrt{\frac{T}{\rho}} \frac{n\pi}{L} \qquad n = 1, 2, \cdots, \infty\end{aligned} \tag{2.82}$$

式(2.82)用 L 代替了 $(N+1)a$，用 ρ 代替了 m/a，表示弦线的密度。该式与式(2.27)中的色散关系式完全相同。从以上讨论可见，一维连续弦线系统的简正解的确为离散质点系统简正解的极限情形。

2.3.3 三维固体中的弹性波和晶格波对应关系

上述所研究的一维连续系统和离散系统及其关系可用来说明三维固体中的弹性波与晶格波的关系。一方面，固体作为连续介质，其中存在弹性波，即介质微元偏离平衡位置的位移波，如果介质微元偏离平衡位置的恢复力为弹性力，这些波的简正模解是上述一维连续弦线简正模的三维对应物；另一方面，固体作为离散的原子集合或晶格，其中存在所谓的晶格波或格波，也就是原子偏离平衡位置的位移波，如果晶格原子偏离平衡位置时的恢复力为弹性力，这些格波的简正模则是一维离散质点链简正模的三维对应物。类比于 2.3.1 节和 2.3.2 节讨论的一维情形下连续弦线和离散质点链简正模对应关系，三维情形下连续的弹性波简正模和离散的原子格波简正模有下列对应关系：①连续的弹性波简正模是离散的格波简正模的连续极限；②由一维情形可见波动介质系统中简正模的个数等于系统自由度，连续的弹性波的简正模的数量为无穷大，N 个原子固体的波简正模数为 $3N$。对于三维固体，获得弹性波的简正模解只需要知道固体的横向声速和纵向声速，对许多材料这两个量都是可通过实验测量的量，而求解离散的格波的简正模解则要求解复杂的牛顿方程，这种关联性使得可以在某些情况下用弹性波近似代替格波来简化问题，这就是德拜理论中采取的方法，有关细节将在第 3 章的 3.9.3 节中描述。

2.4 电 磁 场

电磁场是一种特殊的物质形态，描述电磁场的基本方程式为麦克斯韦方程，金属腔中麦克斯韦方程的解在数学上类似于机械波的简正模解，这导致电磁简正模或电磁模概念的提出，电磁模的能量性质使它类似于一个经典谐振子，这导致电磁谐振子概念的提出，这个概念又进一步导致电磁场被看成谐振子的集合，这样的观念由瑞利在 1900 年用于解释黑体辐射。本节将说明什么是电磁模和为什么电磁模能被看成简谐振子，先通过一个一维的简单例子说明基本的方法，然后把它推广到三维情形。

2.4.1　一维金属腔中的电磁场

电磁场是一种新的物质形态，完全不同于上述的弦线，弦线用偏移平衡位置的位移 y 来描述，而电磁场用电场强度矢量 $\boldsymbol{E}$ 和磁感应强度矢量 $\boldsymbol{B}$ 来描述，描述弦线的运动要说明 y 在任何时间和位置的值，即求得 $y(x,t)$ ，而描述电磁场的运动则要说明电场强度 $\boldsymbol{E}$ 和磁感应强度 $\boldsymbol{B}$ 的时间和空间分布，即求得 $\boldsymbol{E}(x,t)$ 和 $\boldsymbol{B}(x,t)$ 。由电动力学理论可知，决定 $\boldsymbol{E}(x,t)$ 和 $\boldsymbol{B}(x,t)$ 的方程是麦克斯韦方程。尽管电磁场和弦线具有完全不同的本质，但从波动的角度，两者却是高度相似的，这里通过一维的简单例子来说明。

2.4.1.1　方程的建立及解

如图 2.7 所示，研究对象是一维金属腔中的电磁场，箱中空间为真空，真空的电磁特性由真空介电常数 ε_0 和真空磁导率 μ_0 表征。在图 2.7 所示的一维情形下，电磁场只能在 x 方向传播，按照电动力学，电场强度矢量和磁感应强度矢量总是垂直于传播方向，也就是电场强度矢量和磁感应强度矢量总是在 yz 轴形成的平面内。这里电场强度 $\boldsymbol{E}(x,t)$ 的方向沿 y 轴方向，用标量 $E(x,t)$ 标记其大小。由麦克斯韦方程[4]，电场强度 $\boldsymbol{E}$ 满足如下波动方程：

$$\frac{\partial^2 \boldsymbol{E}}{\partial x^2}-\frac{1}{c^2}\frac{\partial^2 \boldsymbol{E}}{\partial t^2}=0 \tag{2.83}$$

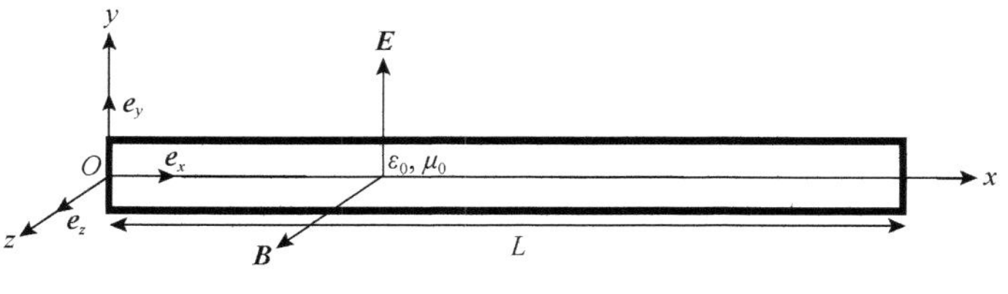

图 2.7　一维金属腔模型和坐标配置

式中，$c=1/\sqrt{\varepsilon_0\mu_0}$ 为真空中光速。按照电动力学理论，金属箱边界处的电场强度的切向分量连续，因为这里电场强度方向本身就在金属箱边界（$x=0$ 和 $x=L$）处的切向上，因此电场强度在 $x=0$ 和 L 处连续，由于箱外电场强度为零，因此 $\boldsymbol{E}$ 在两个边界处为零，即有

$$\begin{cases} \boldsymbol{E}(0,t)=0 \\ \boldsymbol{E}(L,t)=0 \end{cases} \tag{2.84}$$

注意到方程(2.83)与方程(2.20)数学形式相同，边界条件(2.84)与边界条件(2.21)完全相同，因此采用与求解方程(2.20)类似的方法，$\boldsymbol{E}$ 具有如下形式的解：

$$\boldsymbol{E}=\boldsymbol{E}_n=E_{0n}\cos\omega_n t\sin k_n x\boldsymbol{e}_y \tag{2.85}$$

该解具有简单的 $\sin x$ 或 $\cos x$ 乘积形式，称为电场的简正模解，其中 E_{0n} 为电场强度的振幅；k_n 称为简正模的波矢，其取值由下式给出：

$$k_n=\frac{n\pi}{L} \qquad n=1,2,3,\cdots \tag{2.86}$$

该取值由金属腔的长度 L 决定；ω_n 为简正模的圆频率，其取值为

$$\omega_n=ck_n=\frac{1}{\sqrt{\varepsilon_0\mu_0}}k_n \tag{2.87}$$

该式表征波矢和圆频率的关系，为**一维情形下电磁场的色散关系**。

按照电动力学理论，变化的电场会感生磁场，因此对上述的每个电场强度解所描述的电场分布，会导致相应的磁感应强度分布，其关系由麦克斯韦方程 $\nabla\times\boldsymbol{E}=-\dfrac{\partial\boldsymbol{B}}{\partial t}$ 决定。把上述的 $\boldsymbol{E}_n$ 的表达式代入 $\nabla\times\boldsymbol{E}$，经过简单的旋度计算得到：$\nabla\times\boldsymbol{E}=k_nE_{0n}\cos\omega_n t\cos k_n x\boldsymbol{e}_z$，其中 $\boldsymbol{e}_z$ 是 z 轴方向单位矢量，于是由电场 $\boldsymbol{E}=\boldsymbol{E}_n$ 感生磁场的磁感应强度 $\boldsymbol{B}$ 满足如下方程：

$$\frac{\partial\boldsymbol{B}}{\partial t}=-E_{0n}k_n\cos\omega_n t\cos k_n x\boldsymbol{e}_z \tag{2.88}$$

对该方程积分，略去常数，则得到 $\boldsymbol{B}$ 的简正模解：

$$\boldsymbol{B}=\boldsymbol{B}_n=-E_{0n}\frac{k_n}{\omega_n}\sin\omega_n t\cos k_n x=-\frac{E_{0n}}{c}\sin\omega_n t\cos k_n x\boldsymbol{e}_z \tag{2.89}$$

2.4.1.2　电磁模及其能量

每一组电场强度 $\boldsymbol{E}_n$ 和磁感应强度 $\boldsymbol{B}_n$ 一起形成了一维金属腔的麦克斯韦方程组的一个简正模解，记为($\boldsymbol{E}_n$, $\boldsymbol{B}_n$)，统称**电磁模**，这样的模有无穷多个，每个简正模由 k_n 标识。

考虑一个电磁模($\boldsymbol{E}_n$, $\boldsymbol{B}_n$)的能量。按照电动力学理论，电磁场的总能量密度

$u=\frac{\varepsilon_0}{2}\boldsymbol{E}_n^2+\frac{1}{2\mu_0}\boldsymbol{B}_n^2$，其中电场的能量密度 $u_E=\frac{\varepsilon_0}{2}\boldsymbol{E}_n^2$，磁场的能量密度 $u_M=\frac{1}{2\mu_0}\boldsymbol{B}_n^2$。把式(2.85)代入$\frac{\varepsilon_0}{2}\boldsymbol{E}_n^2$，得到电场的能量密度$u_E$：

$$u_E=\frac{\varepsilon_0}{2}E_{0n}^2\cos^2\omega_n t\sin^2 k_n x \tag{2.90}$$

整个金属腔的电场能U_E为

$$U_E=\int_0^L u_E \mathrm{d}x=L\cdot\frac{\varepsilon_0}{4}E_{0n}^2\cos^2\omega_n t \tag{2.91}$$

把式(2.89)代入$\frac{1}{2\mu_0}\boldsymbol{B}_n^2$，得到磁场的能量密度$u_M$：

$$u_M=\frac{\varepsilon_0}{2}E_{0n}^2\sin^2\omega_n t\cos^2 k_n x \tag{2.92}$$

整个金属腔的磁场能U_M为

$$U_M=\int_0^L u_M \mathrm{d}x=L\cdot\frac{\varepsilon_0}{4}E_{0n}^2\sin^2\omega_n t \tag{2.93}$$

整个金属腔的总电磁能U为

$$U=U_E+U_M=L\cdot\frac{\varepsilon_0}{4}E_{0n}^2 \tag{2.94}$$

利用总能量U，电场能和磁场能可写为$U_M=U\sin^2\omega_n t$和$U_E=U\cos^2\omega_n t$。这表明，每个电磁模的总能量是与时间无关的常数，该常数与简正模的振幅平方成正比，随着时间的变化，电场能和磁场能相互转化，这个结果与经典的谐振子的规律完全相同。这个类似导致瑞利在 1900 年把金属腔中的电磁模看成经典谐振子，把电磁场看成经典谐振子的理想气体，这个工作开辟了研究电磁场的新角度，并最终导致爱因斯坦提出光子观念，而光子延伸到固体物理中的晶格振动则出现声子的观念，这将在随后的章节中详述。

2.4.2　三维金属腔中的电磁场

2.4.2.1　方程的建立及解

这里研究三维金属腔中的电磁场问题，金属腔的几何及坐标选择如图 2.8 所示。根据电动力学理论[4]，三维金属腔的电磁场中电场强度矢量 $\boldsymbol{E}(x,y,z,t)$ 由如下麦克斯韦方程决定：

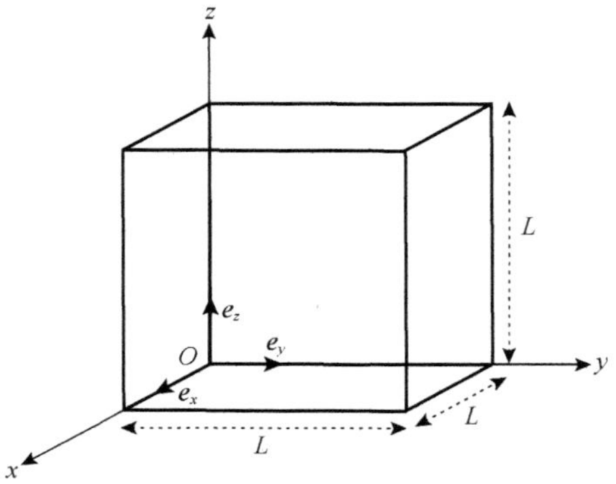

图 2.8　三维金属腔模型和坐标配置

$$\frac{\partial^2 \boldsymbol{E}}{\partial x^2}+\frac{\partial^2 \boldsymbol{E}}{\partial y^2}+\frac{\partial^2 \boldsymbol{E}}{\partial z^2}-\frac{1}{c^2}\frac{\partial^2 \boldsymbol{E}}{\partial t^2}=0 \tag{2.95}$$

在金属腔边界处电场的切向分量为零，把电场强度矢量 $\boldsymbol{E}$ 写成直角坐标形式，即 $\boldsymbol{E}=E_x\boldsymbol{e}_x+E_y\boldsymbol{e}_y+E_z\boldsymbol{e}_z$ ，其中 $\boldsymbol{e}_x$、$\boldsymbol{e}_y$、$\boldsymbol{e}_z$ 分别为 x、y、z 方向的单位矢量，E_x、E_y、E_z 表示电场 $\boldsymbol{E}$ 在 x、y、z 三个方向的分量，则边界条件表达为

$$\begin{aligned}
&E_x(x,y,z,t)=0 \qquad y=0,L;\ z=0,L\\
&E_y(x,y,z,t)=0 \qquad x=0,L;\ z=0,L\\
&E_z(x,y,z,t)=0 \qquad x=0,L;\ y=0,L
\end{aligned} \tag{2.96}$$

方程试探解可写为

$$\begin{aligned}
\boldsymbol{E}(x,y,z,t)&=\boldsymbol{E}_{k_x,k_y,k_z}(x,y,z,t)=\boldsymbol{E}_{\boldsymbol{k}}(x,y,z,t)\\
&=E_x(x,y,z,t)\boldsymbol{e}_x+E_y(x,y,z,t)\boldsymbol{e}_y+E_z(x,y,z,t)\boldsymbol{e}_z\\
&=E_{0x}\cos k_x x\sin k_y y\sin k_z z\cos\omega t\cdot\boldsymbol{e}_x\\
&\quad+E_{0y}\sin k_x x\cos k_y y\sin k_z z\cos\omega t\cdot\boldsymbol{e}_y\\
&\quad+E_{0z}\sin k_x x\sin k_y y\cos k_z z\cos\omega t\cdot\boldsymbol{e}_z
\end{aligned} \tag{2.97}$$

该解称为电场的简正模解，简称电场正则模或电场模。其中 E_{0x}、E_{0y}、E_{0z} 称为驻波的振幅分量，一起构成振幅矢量 $\boldsymbol{E}_0=E_{0x}\boldsymbol{e}_x+E_{0y}\boldsymbol{e}_y+E_{0z}\boldsymbol{e}_z$ ；k_x、k_y、k_z 称为波矢分量，一起构成波矢矢量 $\boldsymbol{k}=k_x\boldsymbol{e}_x+k_y\boldsymbol{e}_y+k_z\boldsymbol{e}_z$ ，其大小记为 k； ω 依赖于波矢，其关系为

$$\omega = c(k_x^2 + k_y^2 + k_z^2)^{\frac{1}{2}} = ck = \frac{1}{\sqrt{\varepsilon_0 \mu_0}} k \tag{2.98}$$

式(2.98)为**三维情形下电磁场的色散关系**。

试探解式(2.97)必须要满足边界条件(2.96)，这限制了 k_x、k_y、k_z 只能取某些特定的值，例如把 $\boldsymbol{E}_x(x,y,z,t) = E_{0x} \cos k_x x \sin k_y y \sin k_z z \cos \omega t$ 用于边界条件 $\boldsymbol{E}_x(x,L,z,t) = 0$，则得到 $E_{0x} \cos k_x x \sin k_y L \sin k_z z \cos \omega t = 0$，该式成立的条件是 $\sin k_y L = 0$，这要求 $k_y L$ 必须是 π 的整数倍，即 $k_y = \pi/L \cdot n_y$，其中 $n_y = 0,1,2,\cdots$。对所有边界条件进行这样的处理，则 k_x、k_y、k_z 的取值如下：

$$k_x = \frac{\pi}{L} n_x, \quad k_y = \frac{\pi}{L} n_y, \quad k_z = \frac{\pi}{L} n_z \qquad n_x, n_y, n_z = 0,1,2,\cdots \tag{2.99}$$

这意味着作为方程解的 $\boldsymbol{k}$ 必须有如下形式：

$$\boldsymbol{k} = k_{n_x,n_y,n_z} = \frac{\pi}{L} n_x \boldsymbol{e}_x + \frac{\pi}{L} n_y \boldsymbol{e}_y + \frac{\pi}{L} n_z \boldsymbol{e}_z \qquad n_x, n_y, n_z = 0,1,2,\cdots \tag{2.100}$$

按照电动力学理论，金属腔中无自由电荷，因此要求在金属腔中电场强度矢量的散度为零，即要求$\nabla \cdot \boldsymbol{E}=0$，把试探解式(2.97)代入$\nabla \cdot \boldsymbol{E}=0$，做简单散度计算则得到 $(k_x E_{0x} + k_y E_{0y} + k_z E_{0z}) \sin k_x x \sin k_y y \sin k_z z \cos \omega t = 0$，此即：$\boldsymbol{k} \cdot \boldsymbol{E}_0 \sin k_x x \sin k_y y \sin k_z z \cos \omega t = 0$，要使该式成立，则要求

$$\boldsymbol{k} \cdot \boldsymbol{E}_0 = k_x E_{0x} + k_y E_{0y} + k_z E_{0z} = 0 \tag{2.101}$$

这意味着试探解式(2.97)中的振幅 $\boldsymbol{E}_0$ 和波矢 $\boldsymbol{k}$ 要相互垂直，也就是说，对于一个给定的 $\boldsymbol{k}$，振幅 $\boldsymbol{E}$ 的选择不是任意的，而是必须垂直于 $\boldsymbol{k}$。例如，对某一特定的 $\boldsymbol{k}$，可以选择一个振幅 $\boldsymbol{E}_0^\alpha = E_{0x}^\alpha \boldsymbol{e}_x + E_{0y}^\alpha \boldsymbol{e}_y + E_{0z}^\alpha \boldsymbol{e}_z$，只要 $\boldsymbol{E}_0^\alpha$ 与 $\boldsymbol{k}$ 垂直，用其分量 $(E_{0x}^\alpha, E_{0y}^\alpha, E_{0z}^\alpha)$ 代替试探解式(2.97)中的振幅 (E_{0x}, E_{0y}, E_{0z}) 就得到一个解，此解表达了一个电场振动方向为 $\boldsymbol{E}_0^\alpha$ 的解。和任一 $\boldsymbol{k}$ 垂直的振幅 $\boldsymbol{E}_0$ 有无穷多个方向，每一个方向的 $\boldsymbol{E}_0$ 都可作为振幅得到一个解，因此对任何给定的 $\boldsymbol{k}$，式(2.97)有无穷多个不同振幅方向的解。但在这无穷多个不同振幅方向的解中，振幅方向相互垂直的两个解构成一组基函数，任何振幅方向的解都可以表达成这两个解的线性叠加，这其实只是数学上简单矢量叠加的结果，当然，基函数组选择不是唯一的，任何两个振幅方向垂直的解都构成一组基函数组。这意味着，在这无穷多个不同振幅方向的解中，有且仅有两个解是独立的，也就是说，对每个 $\boldsymbol{k}$ 有两个独立简正模解或电场模存在。在电动力学中，这就是常说的对于每个传播方向(由 $\boldsymbol{k}$ 的方向表征)有两个独立的偏振方向(由 $\boldsymbol{E}_0$ 的方向表征)。

和一维金属腔中电磁场的情形一样，按电动力学理论，对于上述的每一个由 k_x、k_y、k_z 标识的电场强度 $\boldsymbol{E}$ 解，存在着一个相关的磁感应强度 $\boldsymbol{B}$ 的解，代表由电场感生的磁场，两者之间由麦克斯韦方程组中的方程 $-\partial \boldsymbol{B} / \partial t = \nabla \times \boldsymbol{E}$ 相联系，由此可求出相应的磁感应强度 $\boldsymbol{B}$ 的表达式。为此，对式(2.97)中的 $\boldsymbol{E}$ 做旋度 $\nabla \times \boldsymbol{E}$ 运算，则得

$$\begin{aligned}
-\partial \boldsymbol{B} / \partial t &= \nabla \times \boldsymbol{E} \\
&= (k_z E_{0y} - k_y E_{0z}) \sin k_x x \cos k_y y \cos k_z z \cos \omega t \cdot \boldsymbol{e}_x \\
&\quad + (k_x E_{0z} - k_z E_{0x}) \cos k_x x \sin k_y y \cos k_z z \cos \omega t \cdot \boldsymbol{e}_y \\
&\quad + (k_y E_{0x} - k_x E_{0y}) \cos k_x x \cos k_y y \sin k_z z \cos \omega t \cdot \boldsymbol{e}_z
\end{aligned} \tag{2.102}$$

然后对上式各分量进行时间 t 的积分，略去积分常数，则得

$$\begin{aligned}
\boldsymbol{B} &= \boldsymbol{B}_{\boldsymbol{k}} = B_x \boldsymbol{e}_x + B_y \boldsymbol{e}_y + B_z \boldsymbol{e}_z \\
&= \frac{1}{\omega}[(k_y E_{0z} - k_z E_{0y}) \sin k_x x \cos k_y y \cos k_z z \sin \omega t \cdot \boldsymbol{e}_x \\
&\quad + (k_z E_{0x} - k_x E_{0z}) \cos k_x x \sin k_y y \cos k_z z \sin \omega t \cdot \boldsymbol{e}_y \\
&\quad + (k_x E_{0y} - k_y E_{0x}) \cos k_x x \cos k_y y \sin k_z z \sin \omega t \cdot \boldsymbol{e}_z] \\
&= \frac{1}{c\sqrt{k_x^2 + k_y^2 + k_z^2}}[(k_y E_{0z} - k_z E_{0y}) \sin k_x x \cos k_y y \cos k_z z \sin \omega t \cdot \boldsymbol{e}_x \\
&\quad + (k_z E_{0x} - k_x E_{0z}) \cos k_x x \sin k_y y \cos k_z z \sin \omega t \cdot \boldsymbol{e}_y \\
&\quad + (k_x E_{0y} - k_y E_{0x}) \cos k_x x \cos k_y y \sin k_z z \sin \omega t \cdot \boldsymbol{e}_z]
\end{aligned} \tag{2.103}$$

式(2.103)称为磁场的简正模解，或简称磁场简正模。

2.4.2.2　电磁模及其能量

由 $\boldsymbol{B}$ 的推导过程可见，由式(2.103)所表达的磁场分布是由式(2.97)所表达的电场分布感生而成，因此两者是一对关联、不可分割的统一整体。这就是说，对每个允许的 $\boldsymbol{k}$ 或 (k_x, k_y, k_z)，有一个电场强度 $\boldsymbol{E}_{\boldsymbol{k}}$ 解，同时伴随着磁感应强度 $\boldsymbol{B}_{\boldsymbol{k}}$ 解，两者一起构成一个完整的简正模解，这构成一个电磁模式，同一维情形一样记为 $(\boldsymbol{E}_{\boldsymbol{k}}, \boldsymbol{B}_{\boldsymbol{k}})$。由于对每一个 $\boldsymbol{k}$ 或 (k_x, k_y, k_z) 存在两个独立的 $\boldsymbol{E}$ 解，因此也伴随着两个独立的 $\boldsymbol{B}$ 解，这意味着对每一个 $\boldsymbol{k}$，存在两个电磁模。

考虑一个电磁模 $(\boldsymbol{E}_{\boldsymbol{k}}, \boldsymbol{B}_{\boldsymbol{k}})$ 的能量。电磁模的总能量包含电场能和磁场能。按电动力学理论，电场能密度为 $\frac{\varepsilon_0}{2}\boldsymbol{E}^2$，把式(2.97)中的 $\boldsymbol{E}$ 代入该式，并对整个体积积分，得电场能

$$
\begin{aligned}
U_E &= \int\limits_{\substack{\text{腔体}\\\text{体积}}} \frac{\varepsilon_0}{2}\boldsymbol{E}^2\mathrm{d}x\mathrm{d}y\mathrm{d}z = \int\limits_{\substack{\text{腔体}\\\text{体积}}} \frac{\varepsilon_0}{2}(E_x^2+E_y^2+E_z^2)\mathrm{d}x\mathrm{d}y\mathrm{d}z \\
&= \frac{\varepsilon_0}{2}\left[\int_0^L\int_0^L\int_0^L E_{0x}^2\cos^2 k_x x\sin^2 k_y y\sin^2 k_z z\mathrm{d}x\mathrm{d}y\mathrm{d}z\right. \\
&\quad + \int_0^L\int_0^L\int_0^L E_{0y}^2\sin^2 k_x x\cos^2 k_y y\sin^2 k_z z\mathrm{d}x\mathrm{d}y\mathrm{d}z \\
&\quad \left.+ \int_0^L\int_0^L\int_0^L E_{0z}^2\sin^2 k_x x\sin^2 k_y y\cos^2 k_z z\mathrm{d}x\mathrm{d}y\mathrm{d}z\right]\cos^2\omega t \\
&= \frac{\varepsilon_0}{16}L^3(E_{0x}^2+E_{0y}^2+E_{0z}^2)\cos^2\omega t \\
&= \frac{\varepsilon_0}{16}L^3\cdot E^2\cdot\cos^2\omega t
\end{aligned}
\tag{2.104}
$$

其中，$E=\sqrt{E_{0x}^2+E_{0y}^2+E_{0z}^2}$ 是电场强度 $\boldsymbol{E}$ 的振幅。电动力学给出的磁场能量密度为 $\dfrac{1}{2\mu_0}\boldsymbol{B}^2$，把式(2.103)的 $\boldsymbol{B}$ 代入，并对体积积分，则有

$$
\begin{aligned}
U_M &= \int\limits_{\substack{\text{腔体}\\\text{体积}}} \frac{1}{2\mu_0}\boldsymbol{B}^2\mathrm{d}x\mathrm{d}y\mathrm{d}z = \int\limits_{\substack{\text{腔体}\\\text{体积}}} \frac{1}{2\mu_0}(B_x^2+B_y^2+B_z^2)\mathrm{d}x\mathrm{d}y\mathrm{d}z \\
&= \frac{\varepsilon_0}{2}\left[\int_0^L\int_0^L\int_0^L \frac{(k_yE_{0z}-k_zE_{0y})^2}{k_x^2+k_y^2+k_z^2}\sin^2 k_x x\cos^2 k_y y\cos^2 k_z z\mathrm{d}x\mathrm{d}y\mathrm{d}z\right. \\
&\quad + \int_0^L\int_0^L\int_0^L \frac{(k_zE_{0x}-k_xE_{0z})^2}{k_x^2+k_y^2+k_z^2}\cos^2 k_x x\sin^2 k_y y\cos^2 k_z z\mathrm{d}x\mathrm{d}y\mathrm{d}z \\
&\quad \left.+ \int_0^L\int_0^L\int_0^L \frac{(k_xE_{0y}-k_yE_{0x})^2}{k_x^2+k_y^2+k_z^2}\cos^2 k_x x\cos^2 k_y y\sin^2 k_z z\mathrm{d}x\mathrm{d}y\mathrm{d}z\right]\sin^2\omega t \\
&= \frac{\varepsilon_0}{16}L^3\frac{(k_yE_{0z}-k_zE_{0y})^2+(k_zE_{0x}-k_xE_{0z})^2+(k_xE_{0y}-k_yE_{0x})^2}{k_x^2+k_y^2+k_z^2}\sin^2\omega t \\
&= \frac{\varepsilon_0}{16}L^3\cdot\frac{(k_x^2+k_y^2+k_z^2)(E_{0x}^2+E_{0y}^2+E_{0z}^2)-(k_{0x}E_{0x}+k_{0y}E_{0y}+k_{0z}E_{0z})^2}{k_x^2+k_y^2+k_z^2}\cdot\sin^2\omega t \\
&= \frac{\varepsilon_0}{16}L^3\cdot\frac{(k_x^2+k_y^2+k_z^2)(E_{0x}^2+E_{0y}^2+E_{0z}^2)}{k_x^2+k_y^2+k_z^2}\cdot\sin^2\omega t \\
&= \frac{\varepsilon_0}{16}L^3\cdot E^2\cdot\sin^2\omega t
\end{aligned}
\tag{2.105}
$$

在式(2.105)推导中用到了关系式(2.101)。于是每个电磁模的总能量为

$$U = U_E + U_M = \frac{\varepsilon_0}{16} L^3 \cdot \boldsymbol{E}^2 \tag{2.106}$$

可见每个电磁模的总能量仅与金属腔的体积L^3和电场强度平方成正比，而与时间无关。用总能量U表示的电场能$U_E = U\cos^2 \omega t$，磁场能$U_M = U\sin^2 \omega t$，与一维情形完全相同。按照一维情形的讨论，一个三维金属腔中的电磁模也完全类似于一个经典谐振子。

2.5 分子和晶格

材料中很多宏观性质都与其中原子的运动相关，如红外光谱及拉曼光谱等光学性质是材料中原子或离子与外来电磁波的相互作用的结果，晶格的比热及导热性质是晶格原子或离子对外部热或温度改变而运动改变的结果，材料的导电性质是原子或离子运动对电子运动影响的结果，因此，分析分子和晶体中原子或离子本身的运动是一个基本问题。因为所有原子(或离子)之间存在相互作用力，所以相应的牛顿运动方程是一个复杂的耦合运动方程，研究这个问题的学科属于晶格动力学。在通常情况下，原子(或离子)之间存在的相互作用力被看成是弹性力，这称为简谐近似，在这种近似下耦合方程就可转化为独立的方程，而且每个方程就是一个标准的简谐振子运动方程，这意味着分子或晶体中原子(或离子)的运动等价于若干个独立谐振子的运动，这称为分子或晶格的简正振动，由此分子或晶格的运动被看成一个无相互作用的简谐振子集合；而分子或晶格牛顿方程的最简单的特解具有简单的正弦和余弦函数乘积形式，称为分子或晶格的简正模。简正振动和简正模是理解材料光学、热学以及输运性质的基础。简正模量子化后，出现声子的观念。本节首先通过CO_2分子这一实例说明这两个概念，再通过一维单原子晶格的例子来说明晶体中的情形。更一般和复杂的讨论请参看晶格动力学的著作。

2.5.1 CO_2分子的简正振动和简正模

2.5.1.1 运动方程的建立

CO_2分子结构如图 2.9 所示，它展示了 C 原子和 O 原子在平衡位置时的原子位置。但任何时刻，C 原子和 O 原子实际上会偏离平衡位置，但不会偏离太远，因为一旦偏离，偏离原子就会受到一个恢复力，促使其恢复平衡位置。一个最常见的近似就是假设这个恢复力与偏移量成正比，这称为简谐近似，这个近似实际

上就是把原子之间的力当成经典谐振子中的弹性力或胡克力。C 原子和 O 原子的质量分别用 M 和 m 表示，弹性力常数用 k 表示，所取坐标系如图 2.9 所示，于是三个原子的牛顿方程为

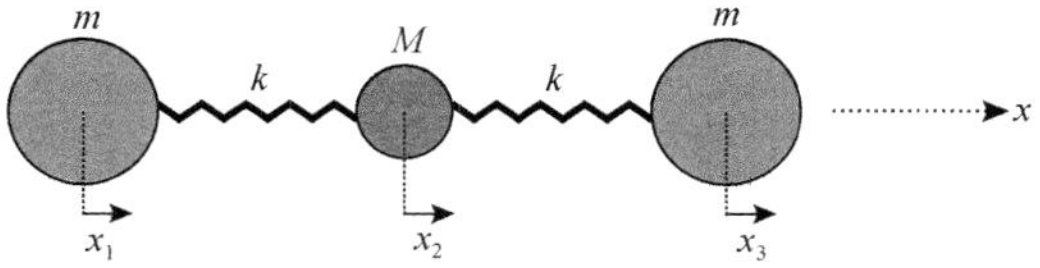

图 2.9　CO_2 分子的振动模型和坐标配置

$$\begin{cases} m\ddot{x}_1 = -k(x_1 - x_2) \\ M\ddot{x}_2 = -k(x_2 - x_3) - k(x_2 - x_1) \\ m\ddot{x}_3 = -k(x_3 - x_2) \end{cases} \tag{2.107}$$

其中，$\ddot{x}_i = \mathrm{d}^2 x / \mathrm{d}t^2 \, (i = 1,2,3)$ 表示 x_i 的二次时间导数。该式可写为

$$\begin{cases} \sqrt{m}\ddot{x}_1 = -\dfrac{k}{\sqrt{m}}(x_1 - x_2) \\ \sqrt{M}\ddot{x}_2 = -\dfrac{k}{\sqrt{M}}(x_2 - x_3) - \dfrac{k}{\sqrt{M}}(x_2 - x_1) \\ \sqrt{m}\ddot{x}_3 = -\dfrac{k}{\sqrt{m}}(x_3 - x_2) \end{cases} \tag{2.108}$$

2.5.1.2　简正坐标和简正振动方程

把式(2.108)写成矩阵形式，则是

$$\begin{pmatrix} \sqrt{m}\ddot{x}_1 \\ \sqrt{M}\ddot{x}_2 \\ \sqrt{m}\ddot{x}_3 \end{pmatrix} = \begin{pmatrix} -\dfrac{k}{m} & \dfrac{k}{\sqrt{mM}} & 0 \\ \dfrac{k}{\sqrt{mM}} & -\dfrac{2k}{M} & \dfrac{k}{\sqrt{mM}} \\ 0 & \dfrac{k}{\sqrt{mM}} & -\dfrac{k}{m} \end{pmatrix} \begin{pmatrix} \sqrt{m}x_1 \\ \sqrt{M}x_2 \\ \sqrt{m}x_3 \end{pmatrix} = \boldsymbol{A} \begin{pmatrix} \sqrt{m}x_1 \\ \sqrt{M}x_2 \\ \sqrt{m}x_3 \end{pmatrix} \tag{2.109}$$

上述的系数方阵 $\boldsymbol{A}$ 为一实对称矩阵，把式(2.107)写成式(2.108)的原因就是把牛顿方程写成矩阵形式时系数矩阵为一实对称矩阵，而实对称矩阵具有易于处理的数学特性。按照矩阵理论，对任何实对称矩阵存在一个矩阵 $\boldsymbol{P}$，使下式成立：

$$P^{-1}AP=\begin{pmatrix}\lambda_1 & 0 & 0\\ 0 & \lambda_2 & 0\\ 0 & 0 & \lambda_3\end{pmatrix} \tag{2.110}$$

其中，P^{-1} 是矩阵 P 的逆矩阵；$\lambda_i(i=1,2,3)$ 是矩阵 A 的本征值。这就是说可通过上述的变换使矩阵 A 对角化。求矩阵 P、P^{-1} 和本征值的方法是矩阵理论中的标准方法[5]，这里只给出结果。矩阵的本征值为

$$\lambda_1=0, \lambda_2=-\frac{k}{m}, \lambda_3=-\frac{k}{m}\left(1+\frac{2m}{M}\right) \tag{2.111}$$

矩阵 P 和 P^{-1} 为

$$P=\begin{pmatrix}1 & 1 & 1\\ \sqrt{\dfrac{M}{m}} & 0 & -2\sqrt{\dfrac{m}{M}}\\ 1 & -1 & 1\end{pmatrix},\qquad P^{-1}=\frac{1}{\dfrac{2m}{M}+1}\cdot\begin{pmatrix}\dfrac{m}{M} & \sqrt{\dfrac{m}{M}} & \dfrac{m}{M}\\ \dfrac{m}{M}+\dfrac{1}{2} & 0 & -\dfrac{m}{M}-\dfrac{1}{2}\\ \dfrac{1}{2} & -\sqrt{\dfrac{m}{M}} & \dfrac{1}{2}\end{pmatrix} \tag{2.112}$$

以 P^{-1} 乘以式(2.109)两边，并在等式右边矩阵乘积中间插入 PP^{-1}，即

$$P^{-1}\begin{pmatrix}\sqrt{m}\ddot{x}_1\\ \sqrt{M}\ddot{x}_2\\ \sqrt{m}\ddot{x}_3\end{pmatrix}=P^{-1}A\begin{pmatrix}\sqrt{m}x_1\\ \sqrt{M}x_2\\ \sqrt{m}x_3\end{pmatrix}=P^{-1}APP^{-1}\begin{pmatrix}\sqrt{m}x_1\\ \sqrt{M}x_2\\ \sqrt{m}x_3\end{pmatrix}=\begin{pmatrix}\lambda_1 & 0 & 0\\ 0 & \lambda_2 & 0\\ 0 & 0 & \lambda_3\end{pmatrix}P^{-1}\begin{pmatrix}\sqrt{m}x_1\\ \sqrt{M}x_2\\ \sqrt{m}x_3\end{pmatrix} \tag{2.113}$$

定义 $X_i(i=1,2,3)$ 为

$$\begin{pmatrix}X_1\\ X_2\\ X_3\end{pmatrix}=P^{-1}\begin{pmatrix}\sqrt{m}x_1\\ \sqrt{M}x_2\\ \sqrt{m}x_3\end{pmatrix} \tag{2.114}$$

则有

$$\begin{pmatrix}\ddot{X}_1\\ \ddot{X}_2\\ \ddot{X}_3\end{pmatrix}=P^{-1}\begin{pmatrix}\sqrt{m}\ddot{x}_1\\ \sqrt{M}\ddot{x}_2\\ \sqrt{m}\ddot{x}_3\end{pmatrix} \tag{2.115}$$

于是式(2.113)变为

$$\begin{pmatrix} \ddot{X}_1 \\ \ddot{X}_2 \\ \ddot{X}_3 \end{pmatrix} = \begin{pmatrix} \lambda_1 & 0 & 0 \\ 0 & \lambda_2 & 0 \\ 0 & 0 & \lambda_3 \end{pmatrix} \begin{pmatrix} X_1 \\ X_2 \\ X_3 \end{pmatrix} \tag{2.116}$$

此式即为

$$\begin{cases} \ddot{X}_1 + 0X_1 = 0 \\ \ddot{X}_2 + \dfrac{k}{m} X_2 = 0 \\ \ddot{X}_3 + \dfrac{k}{m}\left(1 + \dfrac{2m}{M}\right) X_3 = 0 \end{cases} \tag{2.117}$$

定义 $\omega_i\,(i = 1,2,3)$ 为

$$\omega_1 = 0, \quad \omega_2 = \sqrt{\frac{k}{m}}, \quad \omega_3 = \sqrt{\frac{k}{m}\left(1 + \frac{2m}{M}\right)} \tag{2.118}$$

则式(2.117)变为

$$\begin{cases} \ddot{X}_1 + \omega_1^2 X_1 = 0 \\ \ddot{X}_2 + \omega_2^2 X_2 = 0 \\ \ddot{X}_3 + \omega_3^2 X_3 = 0 \end{cases} \tag{2.119}$$

式(2.119)与式(2.2)完全相同，是标准的简谐振动方程。与原来的运动方程组(2.108)相比，这里每个运动方程是三个独立的谐振方程，而原来的运动方程(2.107)是一组耦合的方程。从数学上看，新的独立谐振方程和原来的耦合谐振方程是等价的，只不过是在不同坐标下而已。在新的坐标 $X_i\,(i = 1,2,3)$ 下变为独立的谐振方程，因此该坐标具有特殊意义，称其为简正坐标。作为标准的谐振方程(2.119)的解为

$$\begin{cases} X_1(t) = a_1 \cos \omega_1 t \\ X_2(t) = a_2 \cos \omega_2 t \\ X_3(t) = a_3 \cos \omega_3 t \end{cases} \tag{2.120}$$

其中 $a_i\,(i = 1,2,3)$ 分别代表三个谐振解的振幅。

2.5.1.3　简正模

利用 $x_i\,(i = 1,2,3)$ 与 $X_i\,(i = 1,2,3)$ 的关系式(2.114)，可得原方程(2.108)的解：

$$\begin{cases} x_1(t)=\dfrac{1}{\sqrt{m}}(a_1\cos\omega_1 t+a_2\cos\omega_2 t+a_3\cos\omega_3 t) \\ x_2(t)=\dfrac{1}{\sqrt{m}}\left(a_1\cos\omega_1 t-\dfrac{2m}{M}a_3\cos\omega_3 t\right) \\ x_3(t)=\dfrac{1}{\sqrt{m}}(a_1\cos\omega_1 t-a_2\cos\omega_2 t+a_3\cos\omega_3 t) \end{cases} \tag{2.121}$$

该解包含三个振幅系数。在普通物理课程中，通常要解决的是初值问题，即给定三个原子的初始速度，然后确定这三个系数，最后得到完全确定的解。在用统计力学研究材料性质的方法中，不会考虑初值问题的解，而是考虑解的种类和数量，在实际处于热力学平衡的材料系统中，决定系统性质的是系统的热平衡值，而与初始值无关。这里考虑一类特殊形式的解，在式(2.121)中任一组(a_1,a_2,a_3)值都会产生一个解，这里考虑的特殊形式的解是：三个系数(a_1,a_2,a_3)中只有一个不为零而其他两个均为零时所产生的解，这显然有三种情形：$a_1\neq 0,a_2=a_3=0$，$a_2\neq 0,a_1=a_3=0$和$a_3\neq 0,a_1=a_2=0$，这三种情形下的解分别称为三种**简正振动模**或**简正模**，下面分别讨论。

1) 简正模 1：$a_1\neq 0,a_2=a_3=0$

解为

$$\begin{cases} x_1(t)=a_1/\sqrt{m}\cos\omega_1 t=b_1 \\ x_2(t)=a_1/\sqrt{m}\cos\omega_1 t=b_1 \\ x_3(t)=a_1/\sqrt{m}\cos\omega_1 t=b_1 \end{cases} \tag{2.122}$$

它对应所有原子都以频率ω_1运动，由于$\omega_1=0$，因此该解表示三个原子以相同位移b_1的平动，如图 2.10 中的(a)所示。

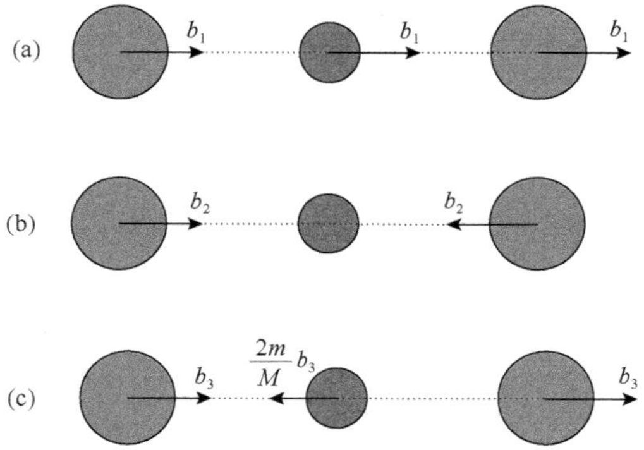

图 2.10　CO_2分子沿轴线方向振动的三个简正模

箭头表示原子的运动方向；虚线表示分子轴线方向

2) 简正模 2： $a_2 \neq 0, a_1 = a_3 = 0$

解为

$$\begin{cases} x_1(t) = a_2/\sqrt{m}\cos\omega_2 t = b_2\cos\omega_2 t \\ x_2(t) = 0 \\ x_3(t) = -a_2/\sqrt{m}\cos\omega_2 t = b_2\cos\omega_2 t \end{cases} \tag{2.123}$$

它对应所有原子都以频率 ω_2 运动，其中两个 O 原子以相同振幅比例相向运动，C 原子保持不动，如图 2.10 中的(b)所示。

3) 简正模 3： $a_3 \neq 0, a_1 = a_2 = 0$

解为

$$\begin{cases} x_1(t) = a_3\big/\sqrt{m}\cos\omega_3 t = b_3\cos\omega_3 t \\ x_2(t) = -\dfrac{2m}{M}a_3\big/\sqrt{m}\cos\omega_3 t = -\dfrac{2m}{M}b_3\cos\omega_3 t \\ x_3(t) = a_3\big/\sqrt{m}\cos\omega_3 t = b_3\cos\omega_3 t \end{cases} \tag{2.124}$$

它对应所有原子都以频率 ω_3 运动，其中两个 O 原子以相同振幅 b_3 同向运动，C 原子以振幅 $\dfrac{2m}{M}b_3$ 向其中一个 O 原子运动，如图 2.10 中的(c)所示。

从数学角度看，这三个简正模解是式(2.121)通解中最简单的情形。虽然这三个简正模是 CO_2 分子牛顿方程(2.107)的解，但并不意味着这三个解所描述的位移就是在某时刻实际观察到的原子的实际位移，因为原子的实际位移依赖于初始条件，而简正模解并没有和任何初始条件相关。

2.5.1.4　三个简正模的能量

下面说明三个简正模运动的能量等价于三个谐振子运动的能量。每个简正模运动中，系统的总动能为三个原子的动能和，即

$$E^{\mathrm{k}} = \frac{1}{2}m\dot{x}_1^2 + \frac{1}{2}M\dot{x}_2^2 + \frac{1}{2}m\dot{x}_3^2 \tag{2.125}$$

其中， $\dot{x}_i (i=1,2,3) = \mathrm{d}x/\mathrm{d}t$ 分别表示三个原子的速度，由每个模式下的解对时间微分即可得到。每个模式下系统的总势能包括两个 C 原子与 O 原子之间的弹性势能，其为

$$E^{\mathrm{p}} = \frac{1}{2}k(x_2 - x_1)^2 + \frac{1}{2}k(x_3 - x_2)^2 \tag{2.126}$$

下面具体计算每个模式下的能量。

1) 简正模 1

由式(2.122)可知在简正模 1 下 $x_i(i=1,2,3)$与时间无关，因此有 $\dot{x}_i=0(i=1,2,3)$，所以总动能为 0，即

$$E_1^{\mathrm{k}}=\frac{1}{2}m\dot{x}_1^2+\frac{1}{2}M\dot{x}_2^2+\frac{1}{2}m\dot{x}_3^2=0 \tag{2.127}$$

在简正模 1 下总有 $x_1=x_2=x_3$，因而总势能为

$$E_1^{\mathrm{p}}=\frac{1}{2}k(x_2-x_1)^2+\frac{1}{2}k(x_3-x_2)^2=0 \tag{2.128}$$

系统总能量

$$E_1^0=E_1^{\mathrm{k}}+E_1^{\mathrm{p}}=0 \tag{2.129}$$

2) 简正模 2

由式(2.123)可得在简正模 2 中系统的总动能为

$$\begin{aligned}E_2^{\mathrm{k}}&=\frac{1}{2}m\dot{x}_1^2+\frac{1}{2}M\dot{x}_2^2+\frac{1}{2}m\dot{x}_3^2=\frac{1}{2}mb_2^2\omega_2^2\sin^2\omega_2t+0+\frac{1}{2}mb_2^2\omega_2^2\sin^2\omega_2t\\&=mb_2^2\omega_2^2\sin^2\omega_2t=kb_2^2\sin^2\omega_2t\end{aligned} \tag{2.130}$$

总势能为

$$\begin{aligned}E_2^{\mathrm{p}}&=\frac{1}{2}k(x_2-x_1)^2+\frac{1}{2}k(x_3-x_2)^2=\frac{1}{2}kx_1^2+\frac{1}{2}kx_3^2\\&=\frac{1}{2}kb_2^2\cos^2\omega_2t+\frac{1}{2}kb_2^2\cos^2\omega_2t=kb_2^2\cos^2\omega_2t\end{aligned} \tag{2.131}$$

系统总能量为

$$E_2^0=E_2^{\mathrm{k}}+E_2^{\mathrm{p}}=kb_2^2 \tag{2.132}$$

3) 简正模 3

由式(2.124)可得在简正模 3 中系统的总动能为

$$\begin{aligned}E_3^{\mathrm{k}}&=\frac{1}{2}m\dot{x}_1^2+\frac{1}{2}M\dot{x}_2^2+\frac{1}{2}m\dot{x}_3^2\\&=\frac{1}{2}mb_3^2\omega_3^2\sin^2\omega_3t+\frac{1}{2}M\left(\frac{2m}{M}\right)^2b_3^2\omega_3^2\sin^2\omega_3t+\frac{1}{2}mb_3^2\omega_3^2\sin^2\omega_3t\\&=m\omega_3^2\left(1+\frac{2m}{M}\right)b_3^2\sin^2\omega_2t=k\left(1+\frac{2m}{M}\right)^2b_3^2\sin^2\omega_3t\end{aligned} \tag{2.133}$$

总势能为

$$\begin{aligned} E_3^{\mathrm{p}} &= \frac{1}{2}k(x_2 - x_1)^2 + \frac{1}{2}k(x_3 - x_2)^2 \\ &= \frac{1}{2}k\left(1+\frac{2m}{M}\right)^2 b_3^2 \cos^2 \omega_3 t + \frac{1}{2}k\left(1+\frac{2m}{M}\right)^2 b_3^2 \cos^2 \omega_3 t \\ &= k\left(1+\frac{2m}{M}\right)^2 b_3^2 \cos^2 \omega_3 t \end{aligned} \tag{2.134}$$

系统总能量为

$$E_3^0 = E_3^{\mathrm{k}} + E_3^{\mathrm{p}} = k\left(1+\frac{2m}{M}\right)^2 b_3^2 \tag{2.135}$$

以上三种模式中系统的总能量完全由振动的振幅 $b_i (i=1,2,3)$ 决定，一旦振幅确定，模式中的总能量 $E_i^0 (i=1,2,3)$ 即为守恒量，而所有模式中的动能和势能都可表述为

$$E_i^{\mathrm{k}} = E_i^0 \sin^2 \omega_i t, \qquad E_i^{\mathrm{p}} = E_i^0 \cos^2 \omega_i t \qquad i=1,2,3 \tag{2.136}$$

此式与标准谐振子的动能和与总能量的关系完全相同，因此，从能量角度看，每种模式的运动可以看成是一个谐振子，对应于简正坐标下同频的谐振子。

2.5.1.5　任何运动可表述为三个简正模的叠加

把系统的通解式(2.121)可表达为如下形式：

$$\begin{pmatrix} x_1(t) \\ x_2(t) \\ x_3(t) \end{pmatrix} = \underbrace{b_1 \begin{pmatrix} 1 \\ 1 \\ 1 \end{pmatrix} \cos \omega_1 t}_{\text{简正模1}} + \underbrace{b_2 \begin{pmatrix} 1 \\ 0 \\ -1 \end{pmatrix} \cos \omega_1 t}_{\text{简正模2}} + \underbrace{b_3 \begin{pmatrix} 1 \\ -\dfrac{2m}{M} \\ 1 \end{pmatrix} \cos \omega_1 t}_{\text{简正模3}} \begin{matrix} \leftarrow \text{第1行：原子O} \\ \leftarrow \text{第2行：原子C} \\ \leftarrow \text{第3行：原子O} \end{matrix} \tag{2.137}$$

这意味着 CO_2 的任何运动都可以表述为三个简正模式的和，其中的系数 $b_i (i=1,2,3)$ 由初始条件决定。下面说明系数和初始条件的关系。假定 $t=0$ 时三个原子的偏移量 $x_i(0)(i=1,2,3)$：

$$\begin{cases} x_1(0) = x_{10} \\ x_2(0) = x_{20} \\ x_3(0) = x_{30} \end{cases} \tag{2.138}$$

使式(2.137)中的$t=0$，则有

$$\begin{pmatrix} x_1(0) \\ x_2(0) \\ x_3(0) \end{pmatrix} = b_1\begin{pmatrix} 1 \\ 1 \\ 1 \end{pmatrix} + b_2\begin{pmatrix} 1 \\ 0 \\ -1 \end{pmatrix} + b_3\begin{pmatrix} 1 \\ -\dfrac{2m}{M} \\ 1 \end{pmatrix} = \begin{pmatrix} x_{10} \\ x_{20} \\ x_{30} \end{pmatrix} \tag{2.139}$$

式(2.139)表达了系数$b_i(i=1,2,3)$和初始值$x_i(0)(i=1,2,3)$的关系式，即

$$\begin{cases} b_1+b_2+b_3=x_{10} \\ b_1-\dfrac{2m}{M}b_3=x_{20} \\ b_1-b_2+b_3=x_{30} \end{cases} \tag{2.140}$$

这是一个简单线性代数方程，其解为

$$\begin{pmatrix} b_1 \\ b_2 \\ b_3 \end{pmatrix} = \begin{pmatrix} \dfrac{1}{2\left(1+\dfrac{M}{2m}\right)} & \dfrac{1}{1+\dfrac{2m}{M}} & \dfrac{1}{2\left(1+\dfrac{M}{2m}\right)} \\ \dfrac{1}{2} & 0 & -\dfrac{1}{2} \\ \dfrac{1}{2\left(1+\dfrac{2m}{M}\right)} & -\dfrac{1}{1+\dfrac{2m}{M}} & \dfrac{1}{2\left(1+\dfrac{2m}{M}\right)} \end{pmatrix} \begin{pmatrix} x_{10} \\ x_{20} \\ x_{30} \end{pmatrix} \tag{2.141}$$

对于任何给定的初始值$x_i(0)(i=1,2,3)$，即可由此式得到三个系数。由 2.5.1.4 节的讨论可知，一旦初始系数确定，三个模式中的总能量就完全确定而且保持不变，这意味着三个模式的运动之间是完全独立的。

如果能够控制初始原子的位移刚好符合某个模式下的位移，如符合模式 2 的位移，即$x_{10}=a, x_{20}=0, x_{30}=-a$，其中$a$是任意的值，那么由式(2.141)可得$b_1=0, b_2=a, b_3=0$，这意味着系统会永久处于模式 2 中，也说明了 3 个模式之间的独立性。

比较式(2.137)和式(2.31)可见，这两者在概念上是完全类似的。在两种情况下，系统的运动都表达成简正模的和，在一维弦线系统中有无穷多个简正模，而CO_2分子系统中则只有三个简正模，这与两个系统的自由度分别为无穷大和 3 是一致的。两种情形下每个简正模的结构都是相同的，都包含时间和空间部分，时间部分是完全相同的，具有最简单的$\sin\omega_n t$形式，而在空间部分则看起来不同。简正模中的空间部分表达了系统中各个质点之间的位置关系，体现了简正模的特

质。在一维弦线系统中，每个简正模由连续的 $\sin k_n x$ 函数描述，这是与弦线是一个连续的系统相一致的，而在 CO_2 分子系统中只包含三个质点，每个简正模则由包含三个量的列矩阵描述，每个列表达了一个质点的位移。由于这里在处理 CO_2 系统中假定所有原子只能沿着一维运动，因此描述每个原子偏移的量是一个标量，如果考虑更一般的三维运动，则表述偏移的量是一个矢量。更进一步地，如果考虑的是多原子分子，则描述简正模的列矩阵中行数等于分子中的原子数。

弦线系统和 CO_2 系统中简正模的能量也体现出高度的一致性，首先两个系统中的每个简正模都呈现出谐振子的特性，因此每个简正模可以看成是简谐振子，其次两个系统中简正模之间的能量都是不能交换的，这意味着简正模之间都是独立的，每个简正模中的能量由初始条件决定。最后需要说明简正模之间的独立性是原子之间的力简谐近似的结果。

2.5.1.6　简正振动及简正模的物理意义

以上的结果意味着当考虑 CO_2 分子振动的问题时，从能量的角度则可以把每个 CO_2 分子看成是三个独立的谐振子，如图 2.11 中(a)→(b)所示。简正振子概念的最重要特性是彼此之间独立性，因此一个 CO_2 分子振动的总能量等于三个简正振子能量的简单相加。从统计力学角度来看，一个含有 N 个 CO_2 分子的气体，原本是 $3N$ 个原子构成的相互作用的体系，抽象成简正振子后，该体系成为 $3N$ 个无相互作用的谐振子系统，也就是一个理想气体的体系，这使得统计力学的定量处理变得十分简单。

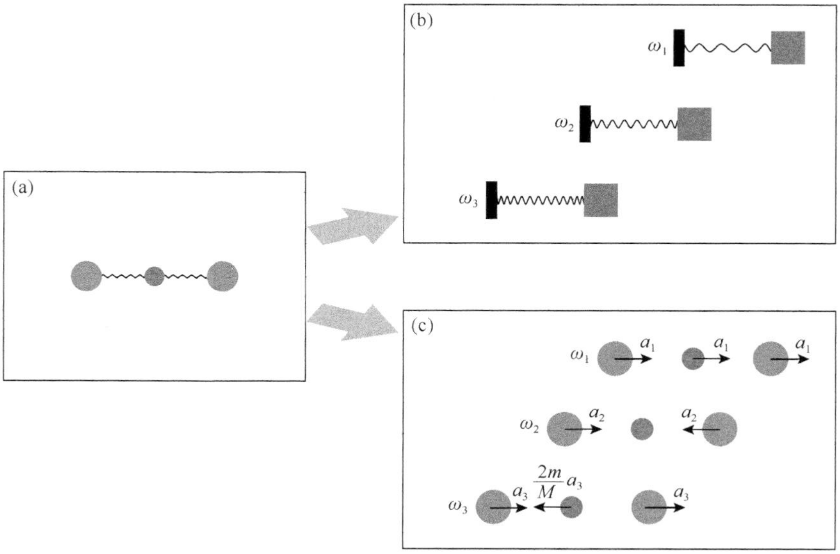

图 2.11　一个 CO_2 分子(a)的纵向振动可等价于三个谐振子(b)和三个简正模(c)

上面指出 CO_2 分子的三个简正模解是 CO_2 分子牛顿方程的最简单解，任何的实际运动或位移却可以表达为这三个简正模解的线性叠加，因此这三个简正模运动可以看成是 CO_2 分子的“元运动”，如图 2.11 中(a)→(c)所示。需要说明的是，三种简正模运动并非各原子的真实位移，但是它却能说明 CO_2 分子的红外吸收和拉曼散射实验中的活性问题。例如，上述的模式 2 是一个对称振动，也就是在振动过程中分子的偶极矩始终为零，该振动为红外非活性的，也就是说不能在 CO_2 的红外光谱中观察到相应的吸收。这意味着，尽管简正模运动只是 CO_2 牛顿方程的解，但把它看成实体却是极为有价值的，这再次说明数学在人们建立物质概念中的重要意义。

简谐振子以及简正模的概念是由分子振动抽象而来的概念，它们各有用处。在分子的红外和拉曼光谱中，简谐振子的概念可以说明红外或拉曼吸收的频率，这个频率就等于谐振子的频率，但只靠谐振子不能说明红外和拉曼吸收是否是活性的，要说明这个问题还需要考虑简正模式。

2.5.1.7 简正模和简正振动的数量

上述关于 CO_2 的运动研究中只考虑了原子沿分子轴线方向的运动，也就是每个原子的自由度为 1，因此 CO_2 分子的总自由度为 3，相应的运动方程有三个简正模解，对应于三个简正振动。一般地，简正模解的数量等于系统的自由度数。上述只考虑沿分子轴线的运动是为了在数学上处理简单，而实际上 CO_2 分子还可以垂直于轴线运动，也就是说每个原子的自由度为 3，整个 CO_2 分子的自由度则为 9，因此 CO_2 分子的运动方程应当有 9 个简正模解，具体的求解过程可参考有关文献[6,7]，但这 9 个简正模解中有 3 个对应于分子整体的平动和 2 个对应于分子的转动，因此实际的振动模式只有 4 个，其中两个模式由图 2.11(b)和(c)给出，这两个振动模式的振动频率 ν（这里的频率 ν 并非圆频率 ω，两者之间关系为 $\omega = 2\pi\nu$）分别是[8] $4.01\times10^{13}s^{-1}$（波数为 $1337cm^{-1}$，在光谱中频率通常由波数 $\tilde{\nu}$ 表示，频率 ν 与波数 $\tilde{\nu}$ 的关系为 $\nu = c\tilde{\nu}$）和 $7.05\times10^{13}s^{-1}$（波数为 $2349cm^{-1}$），另外两个简正模式由图 2.12 给出，这两个模式的振动频率相同，为 $2.00\times10^{13}s^{-1}$（波数为 $667cm^{-1}$）。一般而言，对于线形分子，其真正振动的模态数=分子总自由度数–5，而对于非线形分子，其真正振动的模态数=分子总自由度数–6[9]。

这里再说明水分子 H_2O 的简正振动模式。与上述求 CO_2 分子的情形完全相同，求水分子 H_2O 的振动模式和每个模式的振动频率需要求解水分子的牛顿运动方程，求解过程这里从略，只给出最后结果。H_2O 分子为非线形分子，分子的总自由度为 9，因此按上面的公式，真正振动的数目为 3，这三个真正振动的模式如图 2.13 所示，三个模式的频率分别为[10] $1.10\times10^{14}s^{-1}$（波数为 $3654.5cm^{-1}$）、$4.79\times10^{13}s^{-1}$（波数为 $1595.0cm^{-1}$）、$1.13\times10^{14}s^{-1}$（波数为 $3755.8cm^{-1}$）。

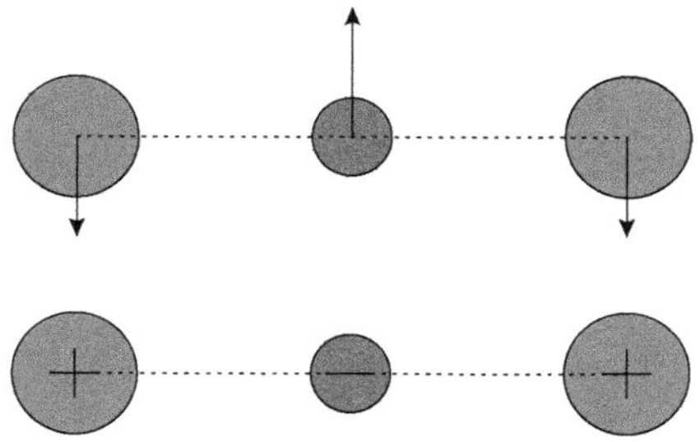

图 2.12　CO_2 分子垂直于分子轴线的两个简正模

箭头表示原子的运动方向；符号+和–分别表示原子垂直于纸面向外和向内方向的运动；虚线表示分子轴的方向

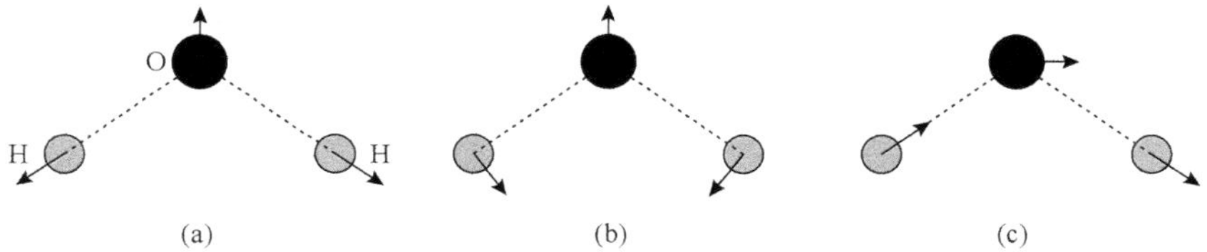

图 2.13　H_2O 分子三个简正模

箭头表示原子的运动方向

这里再给出一个更加复杂的甲烷分子(CH_4)简正振动的模式。甲烷含 5 个原子，每个原子自由度为 3，总自由度为 15，甲烷为非线形分子，因此真正振动的简正模数为 15–6=9，图 2.14 给出了这些简正模的图式，有关详细情况可参考有关文献[11]。

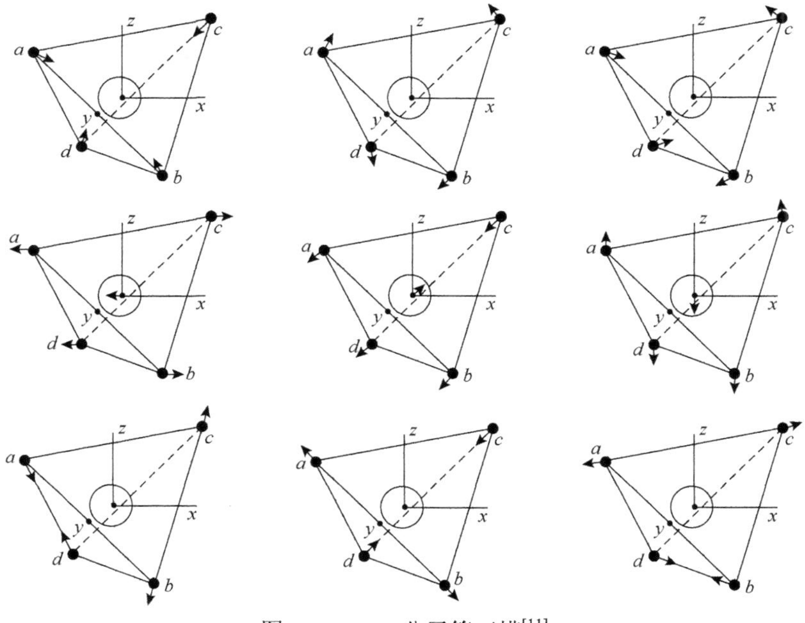

图 2.14　CH_4 分子简正模[11]

箭头表示原子运动的方向

2.5.2　一维单原子晶格

这里用 2.5.1 节的数学方法重新研究 2.3.2 节的一维离散质点链，这个系统实际上就是一维单原子晶格。重新处理该系统，就是为了突出晶格体系和分子体系的简正模及简正振动具有完全相同的处理方法和本质。质点 $1\sim N$ 的牛顿方程由式(2.50)和式(2.52)给出，把它们重新整理如下：

$$\begin{cases}\dfrac{\mathrm{d}^2y_1}{\mathrm{d}t^2}=\ddot{y}_1=\dfrac{T}{ma}(-2y_1+y_2)\\ \dfrac{\mathrm{d}^2y_2}{\mathrm{d}t^2}=\ddot{y}_2=\dfrac{T}{ma}(y_1-2y_2+y_3)\\ \dfrac{\mathrm{d}^2y_3}{\mathrm{d}t^2}=\ddot{y}_3=\dfrac{T}{ma}(y_2-2y_3+y_4)\\ \qquad\vdots\\ \dfrac{\mathrm{d}^2y_{N-1}}{\mathrm{d}t^2}=\ddot{y}_{N-1}=\dfrac{T}{ma}(y_{N-2}-2y_{N-1}+y_N)\\ \dfrac{d^2y_N}{dt^2}=\ddot{y}_N=\dfrac{T}{ma}(y_{N-1}-2y_N)\end{cases}\tag{2.142}$$

写成矩阵形式：

$$\begin{pmatrix}\ddot{y}_1\\ \ddot{y}_2\\ \ddot{y}_3\\ \vdots\\ \ddot{y}_{N-1}\\ \ddot{y}_N\end{pmatrix}=\frac{T}{ma}\begin{pmatrix}-2&1&0&0&\cdots&0\\ 1&-2&1&0&\cdots&0\\ 0&1&-2&1&\cdots&0\\ \vdots&\vdots&&\vdots&&\vdots\\ 0&0&\cdots&1&-2&1\\ 0&0&\cdots&0&1&-2\end{pmatrix}\begin{pmatrix}y_1\\ y_2\\ y_3\\ \vdots\\ y_{N-1}\\ y_N\end{pmatrix}=\boldsymbol{A}\begin{pmatrix}y_1\\ y_2\\ y_3\\ \vdots\\ y_{N-1}\\ y_N\end{pmatrix}\tag{2.143}$$

上式中的 $N\times N$ 的方阵 $\boldsymbol{A}$ 具有特殊的三对角形式，通常称为三对角矩阵(tridiagonal matrix 或 tridiagonal Toeplitz matrix)。引用该矩阵的相关数学理论(见附录 B)，该矩阵有 N 个特征值为

$$\mu_n=-4\frac{T}{ma}\sin^2\frac{n\pi}{2(N+1)}\qquad n=1,2,\cdots,N\tag{2.144}$$

本征值 μ_n 对应的本征矢量为

$$\boldsymbol{V}_n=\left(\sin\frac{n\pi\cdot 1}{N+1},\sin\frac{n\pi\cdot 2}{N+1},\cdots,\sin\frac{n\pi\cdot N}{N+1}\right)^{\mathrm{T}}\tag{2.145}$$

式中，上标 T 表示矩阵的转置。按照矩阵本征值问题的理论，由 N 个本征矢 $V_1,V_2,\cdots,V_N$ 可构成如下的矩阵

$$\boldsymbol{P}=\begin{pmatrix} \frac{1}{C_1}\sin\frac{\pi\times 1}{N+1} & \frac{1}{C_2}\sin\frac{2\pi\times 1}{N+1} & \cdots & \frac{1}{C_{N-1}}\sin\frac{(N-1)\pi\times 1}{N+1} & \frac{1}{C_N}\sin\frac{N\pi\times 1}{N+1} \\ \frac{1}{C_1}\sin\frac{\pi\times 2}{N+1} & \frac{1}{C_2}\sin\frac{2\pi\times 2}{N+1} & \cdots & \frac{1}{C_{N-1}}\sin\frac{(N-1)\pi\times 2}{N+1} & \frac{1}{C_N}\sin\frac{N\pi\times 2}{N+1} \\ \vdots & \vdots & & \vdots & \vdots \\ \frac{1}{C_1}\sin\frac{\pi\times(N-1)}{N+1} & \frac{1}{C_2}\sin\frac{2\pi\times(N-1)}{N+1} & \cdots & \frac{1}{C_{N-1}}\sin\frac{(N-1)\pi\times(N-1)}{N+1} & \frac{1}{C_N}\sin\frac{N\pi\times(N-1)}{N+1} \\ \frac{1}{C_1}\sin\frac{\pi\times N}{N+1} & \frac{1}{C_2}\sin\frac{2\pi\times N}{N+1} & \cdots & \frac{1}{C_{N-1}}\sin\frac{(N-1)\pi\times N}{N+1} & \frac{1}{C_N}\sin\frac{N\pi\times N}{N+1} \end{pmatrix} \tag{2.146}$$

其中，$C_j=\sum_{k=1}^{N}\sin\frac{j\pi}{N+1}\cdot k$ 为使矩阵 $\boldsymbol{P}$ 第 j 列归一化的常数，这样构造的矩阵 $\boldsymbol{P}$ 为正交矩阵，它的逆矩阵 $\boldsymbol{P}^{-1}$ 是 $\boldsymbol{P}$ 的转置矩阵，即

$$\boldsymbol{P}^{-1}=\begin{pmatrix} \frac{1}{C_1}\sin\frac{\pi\times 1}{N+1} & \frac{1}{C_1}\sin\frac{\pi\times 2}{N+1} & \cdots & \frac{1}{C_1}\sin\frac{\pi\times(N-1)}{N+1} & \frac{1}{C_1}\sin\frac{\pi\times N}{N+1} \\ \frac{1}{C_2}\sin\frac{2\pi\times 1}{N+1} & \frac{1}{C_2}\sin\frac{2\pi\times 2}{N+1} & \cdots & \frac{1}{C_2}\sin\frac{2\pi\times(N-1)}{N+1} & \frac{1}{C_2}\sin\frac{2\pi\times N}{N+1} \\ \vdots & \vdots & & \vdots & \vdots \\ \frac{1}{C_{N-1}}\sin\frac{(N-1)\pi\times 1}{N+1} & \frac{1}{C_{N-1}}\sin\frac{(N-1)\pi\times 2}{N+1} & \cdots & \frac{1}{C_{N-1}}\sin\frac{(N-1)\pi\times(N-1)}{N+1} & \frac{1}{C_{N-1}}\sin\frac{(N-1)\pi\times N}{N+1} \\ \frac{1}{C_N}\sin\frac{N\pi\times 1}{N+1} & \frac{1}{C_N}\sin\frac{N\pi\times 2}{N+1} & \cdots & \frac{1}{C_N}\sin\frac{N\pi\times(N-1)}{N+1} & \frac{1}{C_N}\sin\frac{N\pi\times N}{N+1} \end{pmatrix} \tag{2.147}$$

利用矩阵 $\boldsymbol{P}$ 和 $\boldsymbol{P}^{-1}$，方程(2.143)左乘以 $\boldsymbol{P}^{-1}$ 并在乘积中插入 $\boldsymbol{PP}^{-1}$，则有

$$\boldsymbol{P}^{-1}\begin{pmatrix} \ddot{y}_1 \\ \ddot{y}_2 \\ \ddot{y}_3 \\ \vdots \\ \ddot{y}_{N-1} \\ \ddot{y}_N \end{pmatrix}=\boldsymbol{P}^{-1}\boldsymbol{A}\begin{pmatrix} y_1 \\ y_2 \\ y_3 \\ \vdots \\ y_{N-1} \\ y_N \end{pmatrix}=\boldsymbol{P}^{-1}\boldsymbol{AP}\cdot\boldsymbol{P}^{-1}\begin{pmatrix} y_1 \\ y_2 \\ y_3 \\ \vdots \\ y_{N-1} \\ y_N \end{pmatrix} \tag{2.148}$$

按照矩阵特征值理论，式(2.148)中的 $\boldsymbol{P}^{-1}\boldsymbol{AP}$ 使 $\boldsymbol{A}$ 对角化，即

$$\boldsymbol{P}^{-1}\boldsymbol{A}\boldsymbol{P}=\begin{pmatrix}\mu_1 & 0 & \cdots & 0\\ 0 & \mu_2 & \cdots & 0\\ \vdots & \vdots & & \vdots\\ 0 & 0 & \cdots & \mu_N\end{pmatrix} \tag{2.149}$$

定义 $(Y_1,Y_2,\cdots,Y_N)^{\mathrm{T}}$ 为

$$\begin{pmatrix}Y_1\\ Y_2\\ \vdots\\ Y_N\end{pmatrix}=\boldsymbol{P}^{-1}\begin{pmatrix}y_1\\ y_2\\ \vdots\\ y_N\end{pmatrix} \tag{2.150}$$

$Y_i\ (i=1,2,\cdots,N)$ 称为简正坐标，对式(2.150)两边求时间二次导数，$\ddot{Y}_i=\mathrm{d}^2Y_i/\mathrm{d}t^2$ $(i=1,2,\cdots,N)$，则有

$$\begin{pmatrix}\ddot{Y}_1\\ \ddot{Y}_2\\ \vdots\\ \ddot{Y}_N\end{pmatrix}=\boldsymbol{P}^{-1}\begin{pmatrix}\ddot{y}_1\\ \ddot{y}_2\\ \vdots\\ \ddot{y}_N\end{pmatrix} \tag{2.151}$$

把式(2.149)～式(2.151)代入式(2.148)，则得

$$\begin{pmatrix}\ddot{Y}_1\\ \ddot{Y}_2\\ \vdots\\ \ddot{Y}_N\end{pmatrix}=\begin{pmatrix}\mu_1 & 0 & \cdots & 0\\ 0 & \mu_2 & \cdots & 0\\ \vdots & \vdots & & \vdots\\ 0 & 0 & \cdots & \mu_N\end{pmatrix}\begin{pmatrix}Y_1\\ Y_2\\ \vdots\\ Y_N\end{pmatrix} \tag{2.152}$$

该方程即为关于 $Y_i(i=1,2,\cdots,N)$ 的微分方程，写成易于辨认的形式：

$$\begin{cases}\ddot{Y}_1-\mu_1Y_1=0\\ \ddot{Y}_2-\mu_2Y_2=0\\ \qquad\vdots\\ \ddot{Y}_N-\mu_NY_N=0\end{cases} \tag{2.153}$$

定义 $\omega_n=\sqrt{-\mu_n}$，由式(2.144)知 $\mu_n\leqslant 0$，因此 ω_n 总是实数，把式(2.144)的 μ_n 代入 ω_n 定义式，则有

$$\omega_n=\sqrt{-\mu_n}=2\sqrt{\frac{T}{ma}}\sin\frac{n\pi}{2(N+1)} \tag{2.154}$$

该式实际上是**离散质点链的色散关系**，稍后还要进一步讨论。用 ω_n 代替式(2.153)中的 μ_n，则式(2.153)变为

$$
\begin{cases}
\ddot{Y}_1 + \omega_1^2 Y_1 = 0 \\
\ddot{Y}_2 + \omega_2^2 Y_2 = 0 \\
\qquad \vdots \\
\ddot{Y}_N + \omega_N^2 Y_N = 0
\end{cases}
\tag{2.155}
$$

该式是标准的谐振子方程。其简正解为

$$
\begin{cases}
Y_1 = b_1 \cos \omega_1 t \\
Y_2 = b_2 \cos \omega_2 t \\
\qquad \vdots \\
Y_N = b_N \cos \omega_N t
\end{cases}
\tag{2.156}
$$

其中，$b_i (i = 1, 2, \cdots, N)$ 为振幅。这些结果表明，在简正坐标下，原来相互作用的晶格原子系统变成了无相互作用的谐振子系统，这和 2.5.1.2 节讨论的 CO_2 分子中简正振动完全类似。这种数学上的等价性意味着在物理上可以用无相互作用的谐振子系统来代替有相互作用的晶格系统，而无相互作用的性质意味着可直接运用统计物理中有关理想气体的结果来讨论晶格的热性质，这是后面提到的晶格比热理论的基础。

基于以上的结果，可方便求解原来耦合的方程。利用变换式(2.150)，则得到用原来坐标 y 表示的解：

$$
\begin{pmatrix} y_1 \\ y_2 \\ \vdots \\ y_N \end{pmatrix} = \boldsymbol{P} \begin{pmatrix} Y_1 \\ Y_2 \\ \vdots \\ Y_N \end{pmatrix} = \begin{pmatrix}
\frac{1}{C_1} \sin \frac{\pi \times 1}{N+1} Y_1 + \frac{1}{C_2} \sin \frac{2\pi \times 1}{N+1} Y_2 + \cdots + \frac{1}{C_N} \sin \frac{N\pi \times 1}{N+1} Y_N \\
\frac{1}{C_1} \sin \frac{\pi \times 2}{N+1} Y_1 + \frac{1}{C_2} \sin \frac{2\pi \times 2}{N+1} Y_2 + \cdots + \frac{1}{C_N} \sin \frac{N\pi \times 2}{N+1} Y_N \\
\vdots \\
\frac{1}{C_1} \sin \frac{\pi \times N}{N+1} Y_1 + \frac{1}{C_2} \sin \frac{2\pi \times N}{N+1} Y_2 + \cdots + \frac{1}{C_N} \sin \frac{N\pi \times N}{N+1} Y_N
\end{pmatrix}
\tag{2.157}
$$

把式(2.156)中的 Y_i 代入式(2.157)，并把 $\frac{b_n}{C_n}$ 记为 a_n，写成非矩阵表达式，则有

$$
\begin{cases}
y_1 = a_1 \sin \frac{\pi \times 1}{N+1} \cos \omega_1 t + a_2 \sin \frac{2\pi \times 1}{N+1} \cos \omega_2 t + \cdots + a_N \sin \frac{N\pi \times 1}{N+1} \cos \omega_N t \\
y_2 = a_1 \sin \frac{\pi \times 2}{N+1} \cos \omega_1 t + a_2 \sin \frac{2\pi \times 2}{N+1} \cos \omega_2 t + \cdots + a_N \sin \frac{N\pi \times 2}{N+1} \cos \omega_N t \\
\qquad \vdots \\
y_N = a_1 \sin \frac{\pi \times N}{N+1} \cos \omega_1 t + a_2 \sin \frac{2\pi \times N}{N+1} \cos \omega_2 t + \cdots + a_N \sin \frac{N\pi \times N}{N+1} \cos \omega_N t
\end{cases}
\tag{2.158}
$$

这样就得到离散质点链牛顿方程(2.142)的一般解。

类似于 2.5.1.6 节的 CO_2 分子简正模的讨论，这里研究解(2.158)中最简单情形，即只有一个系数不为零，而其他系数全部为零的情形。例如，取除 a_1 外的所有系数全为零，则解为

$$\begin{cases} y_1 = a_1 \sin\dfrac{\pi \times 1}{N+1}\cos\omega_1 t \\ y_2 = a_1 \sin\dfrac{\pi \times 2}{N+1}\cos\omega_1 t \\ \quad\vdots \\ y_N = a_1 \sin\dfrac{\pi \times N}{N+1}\cos\omega_1 t \end{cases} \tag{2.159}$$

这个解是原始方程(2.142)的一个解，在这个解所表达的运动中，所有质点都以共同频率 ω_1 振动，所有质点的振幅形成一个正弦波分布。这样的解称为一维简单晶格的简正模解，或简称简正模，对应于频率 ω_1 。一般地，取式(2.158)中的第 n 个系数不为零，而其他系数为零，则得到第 n 个简正模解：

$$\begin{cases} y_1^{(n)} = a_n \sin\dfrac{n\pi \times 1}{N+1}\cos\omega_n t \\ y_2^{(n)} = a_n \sin\dfrac{n\pi \times 2}{N+1}\cos\omega_n t \\ \quad\vdots \\ y_N^{(n)} = a_n \sin\dfrac{n\pi \times N}{N+1}\cos\omega_n t \end{cases} \tag{2.160}$$

其对应的频率为 ω_n ，这里用右上角加 (n) 来标记第 n 个简正模解。上式可简记为

$$y_i^{(n)} = a_n \sin\frac{n\pi i}{N+1}\cos\omega_n t \qquad i = 1,2,\cdots,N \tag{2.161}$$

由于式(2.159)有 N 个系数，因此这样的简正模解有且仅有 N 个，每个分别对应一个特定的圆频率。这 N 个简正模解可统一写为

$$y_i^{(n)} = a_n \sin\frac{n\pi i}{N+1}\cos\omega_n t \qquad i = 1,2,\cdots,N; \quad n = 1,2,\cdots,N \tag{2.162}$$

这个解与式(2.64)完全相同。n=1～4，四个简正模的波形显示在图 2.6 中，可以看到不同的简正模有不同的波长，由此可以由波长来标识不同的简正模，也可用波矢来标识简正模式，因为波长 λ 和波矢 k 有着简单的关系：$k = 2\pi/\lambda$ ，所

以在许多情形下简正模常用波矢 k 标识。下面定量说明简正模式的波长和波矢表达式。为此，将式(2.162)中正弦函数自变量表达式中的分子和分母都乘以 a，于是有

$$y_i^{(n)} = a_n \sin\frac{n\pi ia}{(N+1)a}\cos\omega_n t \qquad i=1,2,\cdots,N;\quad n=1,2,\cdots,N \tag{2.163}$$

式中，$(N+1)a = L$ 为一维晶格的长度；ia 为第 i 个格点的坐标位置 x_i，于是上式可写为

$$y_i^{(n)} = a_n \sin\frac{n\pi\cdot x_i}{L}\cos\omega_n t = a_n \sin\frac{2\pi\cdot x_i}{\frac{2}{n}\cdot L}\cos\omega_n t \quad i=1,2,\cdots,N;\quad n=1,2,\cdots,N \tag{2.164}$$

把式(2.164)与标准的波动表达式 $y = A\sin qx\cos\omega t = A\sin\frac{2\pi}{\lambda}x\cos\omega t$ 比较，可见第 n 模式的波矢 q_n(在固体物理和材料性质中晶格振动波的波矢经常用记号 q，这样与电子波的波矢记号 k 就不会混淆)和波长 λ_n 分别为

$$q_n = \frac{\pi}{L}\cdot n,\qquad \lambda_n = \frac{2}{n}\cdot L \qquad n=1,2,\cdots,N \tag{2.165}$$

由以上两式可见，简正模的波矢和波长是由一维晶格的长度 L 决定的。用 q_n 表示式(2.164)的有关项，则其为

$$y_i^{(n)} = a_n \sin q_n x_i \cos\omega_n t \quad i=1,2,\cdots,N;\quad n=1,2,\cdots,N \tag{2.166}$$

该式即为一维单原子晶格波动简正模解的标准表达式。

现在说明一个简正模的振动圆频率和波矢的关系。由式(2.154)有

$$\omega_n = 2\sqrt{\frac{T}{ma}}\sin\frac{n\pi}{2(N+1)} = 2\sqrt{\frac{T}{ma}}\sin\frac{n\pi a}{2(N+1)a} = 2\sqrt{\frac{T}{ma}}\sin\frac{a}{2}\left(\frac{\pi}{L}\cdot n\right) \tag{2.167}$$

式中，$\frac{\pi}{L}\cdot n$ 即为波矢 q_n，由此有

$$\omega_n = 2\sqrt{\frac{T}{ma}}\sin\frac{a}{2}q_n \tag{2.168}$$

该式给出了简正模的波矢和其振动圆频率的关系，称为**一维单原子晶格的色散关系**。

一维单原子晶格振动由简正模所描述，它们是单原子晶格振动牛顿方程的最简特解，这样简正模解共有 N 个，等于系统的自由度数。每个简正模由波矢(或其波长)所标识，它刻画了简正模的空间周期性，波矢(或其波长)由晶体长度或边界决定，简正模的时间周期性由圆频率表征，圆频率与波矢(或其波长)的函数关系称为色散关系，它由体系的运动方程决定。每个简正模等价于一个相同振动频率的简谐振子，每个这样的谐振子之间是独立的，这种振动称为简正振动。

2.5.3 一般多原子分子和三维晶格的振动

上述晶格简正模和简正振动的观念具有普遍性，适用于任何数量的原子体系，只要原子间的作用力是弹性力作用。对于一个包含 N 个原子的体系，其中每个原子可以在空间任何方向运动，也就是说运动的自由度为 3，在弹性力的假设下，这个体系的牛顿运动方程就是类似方程(2.107)的 $3N$ 个耦合谐振方程组，这个方程组同样可写成形如方程(2.109)的矩阵形式，只不过系数矩阵是 $3N\times 3N$ 的实对称矩阵。根据矩阵理论，这个实对称矩阵可以对角化，意味着原来 $3N$ 个耦合方程能变成 $3N$ 个独立的谐振方程，每个谐振方程对应一个特定频率的谐振，这就是晶格动力学的基本结果。因此，当考察一个由 N 原子构成的体系的振动问题时，可以把该系统看成 $3N$ 个独立简谐振子的系统。晶格是一个这样多原子系统的特例，把 N 原子晶体看成 $3N$ 个独立简谐振子的系统是晶体振动比热理论的基础，这将在第 3 章 3.9 节说明。

与一维单原子晶格简正模的情况完全类似，对包含 N 原子三维晶体的牛顿方程也存在 $3N$ 个简正模特解，每个简正模由一个波矢 q 标识，它表达了简正模的空间周期性，在三维情况下波矢是一个矢量，包含三个分量 (q_x,q_y,q_z)，三个分量的取值也由晶体长度或边界条件决定，对边长为 L 的立方晶体，三个分量只能取如下形式的值：

$$q_x=\frac{\pi}{L}n_x,\quad q_y=\frac{\pi}{L}n_y,\quad q_z=\frac{\pi}{L}n_z \qquad (n_x,n_y,n_z)=0,1,2,\cdots,\sqrt[3]{3N} \tag{2.169}$$

需要指出的是，n_x,n_y,n_z 的取值并不是无穷多个，而独立 q 值个数为 $3N$ 个。每个简正模的时间周期性由其圆频率 ω 表征，对给定波矢 q 的简正模，其圆频率由色散关系 $\omega(q)$ 给出，色散关系由求解晶格运动方程给出。求解晶格运动方程和色散关系是晶格动力学研究的基础。晶格简正模的概念是声子概念的基础，这将在后面的章节说明。

2.6 电　　子

电子是材料性质特别是材料功能性质的根源。研究电子的运动和性质是材料性质研究的核心。电子属于量子粒子，其运动由薛定谔方程描述，任何材料中都包含大量的电子，因此求解电子的运动是极为复杂的，而且电子具有波粒二象性特性，既是波又是粒子，这也会带来理解上的问题。描述电子运动的基本概念是量子态，每个量子态包含波函数和能量两个方面，它给出了电子运动完全的信息，在数学上量子态就是薛定谔方程的解。尽管电子和电磁波与晶格是很不相同的，但在描述方面有某种共同性：描述电子的波函数也具有简正模的特性，简正模也由波矢来标识，波矢也由边界条件决定，电子的能量表达式实际就是简正模的色散关系。本节主要通过两个最简单的实例来说明量子态的基本概念，以及与电磁波和晶格波的类似性；实际体系的电子行为和性质将在本书第三部分研究。

2.6.1 一维箱中的电子

这里研究一维箱中电子的行为，箱的长度为 L，如图 2.15 所示。在这个模型中，电子只能局限在一维箱中，不能出现在箱外。这个极度简化的模型并非毫无实际意义，一个一维材料(如纳米线)中的电子就可以用这个模型近似描述。这个模型相当于一个长度为 L 的一维无限深势阱，势阱内势能为零，势阱外势能为无穷大。

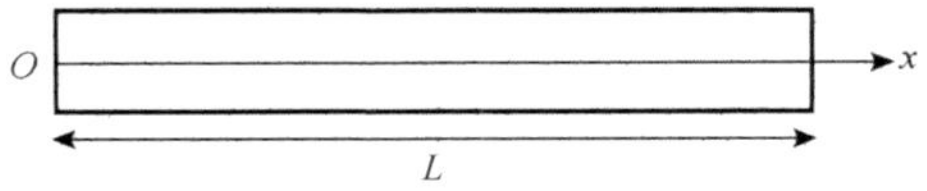

图 2.15　一维箱中的电子模型及坐标配置

一维箱中电子的薛定谔方程为

$$\mathrm{i}\hbar\frac{\partial\psi(x,t)}{\partial t}=-\frac{\hbar^2}{2m}\frac{\mathrm{d}^2\psi(x)}{\mathrm{d}x^2}+V(x)\psi(x) \tag{2.170}$$

其中，m 为电子的质量；$\hbar$ 为约化普朗克常量；$V(x)$ 为体系的势能。式(2.170)具有如下形式的解：

$$\psi(x,t)=\psi(x)\mathrm{e}^{-\mathrm{i}\frac{E}{\hbar}t} \tag{2.171}$$

E 表示电子的能量，把式(2.171)代入式(2.170)，则有

$$\frac{\mathrm{d}^2\psi(x)}{\mathrm{d}x^2}+\frac{2m}{\hbar^2}[E-V(x)]\psi(x)=0 \tag{2.172}$$

该式称为时间无关的薛定谔方程。对于这里的一维箱，相当于一维无限深势阱，取势阱内势能为零，则方程变为

$$\begin{cases}\dfrac{\hbar^2}{2m}\dfrac{\mathrm{d}^2\psi}{\mathrm{d}x^2}+E\psi=0 & 0\leqslant x\leqslant L\\ \psi=0 & x\leqslant 0, x\geqslant L\end{cases} \tag{2.173}$$

电子只能限制在箱内相当于对电子施加如下边界条件：

$$\begin{gathered}\psi(0)=0\\ \psi(L)=0\end{gathered} \tag{2.174}$$

下面求解方程(2.172)。引入新的记号 k：

$$k=\sqrt{\frac{2mE}{\hbar}} \tag{2.175}$$

方程(2.172)变为

$$\frac{\mathrm{d}^2\psi(x)}{\mathrm{d}x^2}+k^2\psi(x)=0 \tag{2.176}$$

这是一个波动方程。可以试探下述的行波解：

$$\psi(x)=a\mathrm{e}^{\mathrm{i}kx}+b\mathrm{e}^{-\mathrm{i}kx} \tag{2.177}$$

对式(2.177)运用边界条件 $\psi(0)=0$，可得 $a=-b$，于是解简化为

$$\psi(x)=2\mathrm{i}a\sin kx \tag{2.178}$$

对简化的解再运用边界条件 $\psi(L)=0$，可得 $\sin kL=0$，由此得到如下关系：

$$kL=n\pi \qquad n=1,2,3,\cdots \tag{2.179}$$

这个关系决定了 k 只能取一系列的离散值，即

$$k=k_n=\frac{n\pi}{L} \qquad n=1,2,3,\cdots \tag{2.180}$$

因此得到的解为

$$\psi(x)=\psi_n(x)=2\mathrm{i}a\sin\left(\frac{n\pi}{L}x\right) \tag{2.181}$$

按照量子力学，波函数要求归一化，即 $\psi_n(x)$ 要满足 $\int_0^L\psi_n^*(x)\psi_n(x)\mathrm{d}x=1$，由此可确定式(2.181)中的系数 a，最后得到不含时波函数

$$\psi_n(x)=\sqrt{\frac{2}{L}}\sin k_n x=\sqrt{\frac{2}{L}}\sin\left(\frac{n\pi}{L}x\right)\qquad n=1,2,3,\cdots \tag{2.182}$$

由式(2.175)可知，处于模数为 n 的量子态的电子能量 E_n 为

$$E_n=\frac{\hbar k_n^2}{2m}=\frac{\pi^2\hbar}{2mL^2}n^2\qquad n=1,2,3,\cdots \tag{2.183}$$

于是含时的完整波函数 $\psi(x,t)$ 为

$$\psi(x,t)=\psi_n(x,t)=\sqrt{\frac{2}{L}}\sin\left(\frac{n\pi}{L}x\right)\mathrm{e}^{\mathrm{i}\frac{E_n}{\hbar}t}\qquad n=1,2,3,\cdots \tag{2.184}$$

其实数部分为

$$\psi_n(x,t)=\sqrt{\frac{2}{L}}\sin\left(\frac{n\pi}{L}x\right)\cos\frac{E_n}{\hbar}t\qquad n=1,2,3,\cdots \tag{2.185}$$

定义圆频率

$$\omega_n=\frac{E_n}{\hbar}=\frac{k_n^2}{2m} \tag{2.186}$$

则式(2.185)变为

$$\psi_n(x,t)=\sqrt{\frac{2}{L}}\sin k_n x\cos\omega_n t\qquad n=1,2,3,\cdots \tag{2.187}$$

这即是薛定谔方程的最简单解，该解也具有简单的余弦和正弦函数乘积形式，与上述一维弦线上的机械波简正模和一维金属腔中的电磁波简正模完全一样，可看成电子的简正模解。式(2.183)和式(2.186)为**一维箱中电子的色散关系**。

因此，一维箱中的电子由一系列的量子态描述，它包括波函数 $\psi_n(x,t)$ 和相应的能量 E_n，$\psi_n(x,t)$ 最简形式可看成薛定谔方程的简正模解，能量 E_n 相当于简

正模的色散关系，每个模态或量子态由 k_n 标识，而 k_n 由边界条件决定。

2.6.2 三维箱中的电子

下面讨论边长为 L 的三维金属箱中电子的薛定谔方程的解，它是 2.6.1 节一维问题的推广。该系统时间相关的薛定谔方程和解分别与式(2.170)和式(2.171)相同。三维箱中时间无关的薛定谔方程为

$$\begin{cases}\dfrac{\hbar^2}{2m}\left(\dfrac{d^2\psi}{dx^2}+\dfrac{d^2\psi}{dy^2}+\dfrac{d^2\psi}{dz^2}\right)+E\psi=0 & 0\leqslant x,y,z\leqslant L\\ \psi=0 & x,y,z\leqslant 0;\ x,y,z\geqslant L\end{cases}\tag{2.188}$$

其解为

$$\begin{cases}\psi_{n_x,n_y,n_z}(x,y,z)=\sqrt{\dfrac{8}{L}}\sin\left(\dfrac{n_x\pi}{L}x\right)\sin\left(\dfrac{n_y\pi}{L}y\right)\sin\left(\dfrac{n_z\pi}{L}z\right)\\ E=E_{n_x,n_y,n_z}=\dfrac{\pi^2\hbar^2}{2mL^2}(n_x^2+n_y^2+n_z^2)\end{cases}\quad n_x,n_y,n_z=1,2,3,\cdots\tag{2.189}$$

式(2.189)表明电子所处的量子态由 n_x、n_y、n_z 标记，其中的第二式表达了能量和量子态参数的关系，相当于三维箱中电子的色散关系。定义 k_x、k_y、k_z 分别为

$$k_x=\frac{n_x\pi}{L},k_y=\frac{n_y\pi}{L},k_z=\frac{n_z\pi}{L}\qquad n_x,n_y,n_z=1,2,3,\cdots\tag{2.190}$$

k_x、k_y、k_z 具有动量的量纲，因此表示电子动量 $\boldsymbol{k}=(k_{n_x},k_{n_y},k_{n_z})$ 的分量，用 k_x、k_y、k_z 表示量子态，则式(2.189)为

$$\begin{cases}\psi_{n_x,n_y,n_z}(x,y,z)=\sqrt{\dfrac{8}{L}}\sin k_{n_x}x\sin k_{n_y}y\sin k_{n_z}z\\ E=E_{n_x,n_y,n_z}=\dfrac{\hbar^2}{2m}(k_{n_x}^2+k_{n_y}^2+k_{n_z}^2)=\dfrac{\hbar^2k_{n_x,n_y,n_z}^2}{2m}\end{cases}\quad n_x,n_y,n_z=1,2,3,\cdots\tag{2.191}$$

其中 $k=|\boldsymbol{k}|=\sqrt{k_{n_x}^2+k_{n_y}^2+k_{n_z}^2}$ 表示动量的大小，$\hbar^2k_{n_x,n_y,n_z}^2/2m$ 表示电子的动能即电子的总能量，这和经典粒子的动能表达式 $p^2/2m$ 完全一样。

于是包含时间的薛定谔方程解可表示为

$$\psi_{n_x,n_y,n_z}(x,y,z,t)=\psi_{n_x,n_y,n_z}(x,y,z)\mathrm{e}^{-\mathrm{i}\frac{E_{n_x,n_y,n_z}}{\hbar}t} \tag{2.192}$$

其中实数部分为

$$\psi_{n_x,n_y,n_z}(x,y,z,t)=\sqrt{\frac{8}{L}}\sin k_{n_x}x\sin k_{n_y}y\sin k_{n_z}z\cos\omega_{n_x,n_y,n_z}t \quad n_x,n_y,n_z=1,2,3,\cdots \tag{2.193}$$

该式即为三维箱中电子的简正模解。其中

$$\omega_{n_x,n_y,n_z}=\frac{E_{n_x,n_y,n_z}}{\hbar}=\frac{\hbar k^2_{n_x,n_y,n_z}}{2m} \tag{2.194}$$

式(2.194)为**三维箱中电子的色散关系**，该式与式(2.189)中能量式本质相同，只是表达方式不同。

类似于一维情形，三维箱中的电子由一系列的量子态描述，它包括波函数 ψ_{n_x,n_y,n_z} 和相应的能量 E_{n_x,n_y,n_z}，ψ_{n_x,n_y,n_z} 最简形式可看成薛定谔方程的简正模解，能量 E_{n_x,n_y,n_z} 相当于简正模的色散关系，每个模态或量子态由 k_{n_x},k_{n_y},k_{n_z} 标识，而 k_{n_x},k_{n_y},k_{n_z} 由边界条件决定。

上述一维和三维的结果乍看起来比较奇怪，电子的行为居然由其所处容器的尺寸所决定！这种奇怪性源于把电子看成点粒子，而如果把电子理解成波，这点就毫不奇怪，因为波的模式由边界条件决定是波的基本特性，如前述的机械波和电磁波。因此，材料的薛定谔方程的解不但依赖于材料中由于特定原子或离子分布所产生的电子势，而且依赖于晶体边界，这就是为什么在确定晶体中的电子态时要引入玻恩-冯卡门边界条件。当然，电子对于边界条件的依赖性在宏观上不会有什么显著表现，但当材料尺寸在数十纳米数量级以下时，这个效应通常就变得显著，这就是所谓的尺寸效应和维度效应。由式(2.189)可估算在不同材料尺度 L 时第一激发态 $n_x=n_y=1,n_z=2$ 和基态 $n_x=n_y=n_z=1$ 时的能量差 ΔE，结果列于表 2.1。由表可见，当尺度在 10nm 以下时能级差随尺度不同有显著的差异，而尺度在 100nm 以上时，能级差随尺度改变就变得小于 0.1meV，因此当材料尺度小于 100nm 时才开始显示尺寸效应，小于 10nm 时会有显著的尺寸效应。

表 2.1　不同尺寸三维箱中的电子在基态和激发态的能级差

尺度 L	1nm	10nm	100nm	1μm	1mm
能级差 ΔE/meV	1130	11.3	1.13×10^{-1}	1.13×10^{-3}	1.13×10^{-5}

2.7 简正模的波动性和粒子性

2.7.1 简正模的波动本质[2,12-14]

从前面关于机械波、电磁波、晶格波以及电子波的简正模讨论可见，虽然不同的简正模所描述的物质本质完全不同，但这些简正模在数学结构上具有共性。首先，简正模是基本运动方程的最简解，具有正弦函数和/或余弦函数乘积的形式，即 $A\sin kx\cos\omega t$ 的形式，其中 A 表示简正模的振幅，k 表示简正模的波矢，ω 表示简正模的圆频率；其次，每个简正模由波矢 k 所标识，波矢由研究对象的尺度或边界条件所决定，通常具有 $\frac{n\pi}{L}$ 的形式；再次，简正模的圆频率 ω 由色散关系确定，也就是说知道了简正模的波矢就能由色散关系计算其圆频率，色散关系是由系统中的相互作用确定，它包含系统的几乎所有信息；最后，一个经典系统(机械波和电磁波)简正模的能量正比于振幅的平方，而量子系统简正模的能量则完全由其频率决定。图 2.16 展示了简正模的基本属性。下面从四个方面说明简正模的波动性质。

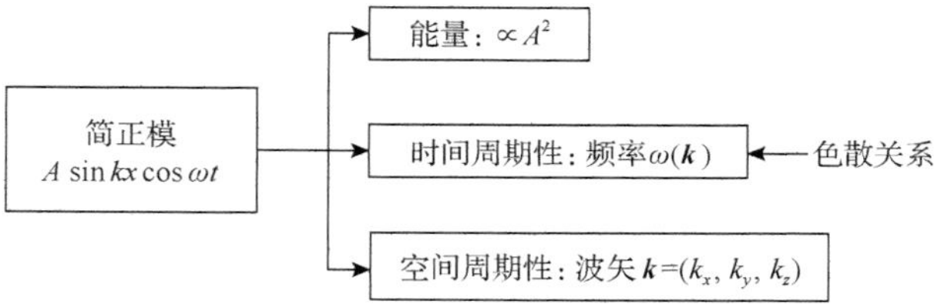

图 2.16 简正模的基本属性

A 表示简正模的振幅，经典波模的能量都正比于振幅的平方

2.7.1.1 波动的本性

在经典物理中，波动描述的是媒质的时空周期运动。这里强调波的运动是媒质的运动，如一维弦线的简正模描述的是弦线，晶格波描述的是晶格中的原子或离子，但电磁波和电子波究竟描述什么媒质或者是否存在媒质仍存在争议，最早认为电磁波描述的媒质是以太，随后又否定了以太，并认为电磁波在真空中传输，这意味着电磁波不依赖于媒质而存在，但现在的量子场论认为真空其实也是一种媒质，这是以太观念的某种回归。电子作为波的性质直到今天在理解上依然存在争议，但如果说电子波标识的是某种媒质的运动，那媒质究竟是什么？这涉及量子力学的基础问题，现在关于电子的正统解释即所谓的哥本哈根诠释，认为电子波函数表示电子的概率幅，其平方表示电子的密度，但电子的本质还没有得到真正理解。

2.7.1.2　空间周期性和时间周期性

波动是时空周期性的运动。空间的周期性表现为在空间上的重复性，这种重复性由波长 λ 表征，但用波矢 k 表示常常更方便，两者的关系为：$k = 2\pi/\lambda$。在稳态的条件下，一个波动系统中所存在波的空间周期性由边界限制，也就是波长要与边界相容，这就是为什么简正模的波长或波矢只能取由边界限定的值。时间周期性表现为时间上的重复性，这种重复性由时间周期 T 表征，但用圆频率 ω 表示常常更方便，两者的关系为：$\omega = 2\pi/T$。在数学中最简单的周期函数是正弦函数和余弦函数，而简正模就是正弦和/或余弦的乘积函数，因此简正模是运动方程最简单的周期特解。

2.7.1.3　时空周期运动的关联：色散关系

媒质中波动的时间和空间周期性是相互关联的，因此波矢 k 和圆频率 ω 是相互关联的。下面以机械波为例来说明 k 与 ω 的关系。机械波的传播是媒质的运动，而媒质中的质点之间存在相互作用，因此媒质中某一质点运动时会引起邻近质点的运动，假如某质点在时刻 $t=0$ 时处于平衡位置，当它经过一个时间周期 T 后会回到平衡位置，这时所引起的扰动会传播一定的距离，这个距离就是波长 λ；λ 的大小由媒质中质点的相互作用决定，相互作用越强，λ 就越大，反之 λ 就越小。因此，时间周期 T 与空间周期 λ 的关系是由媒质中质点之间相互作用决定的，也就是说波矢 k 与圆频率 ω 的关系是由媒质中质点相互作用决定的，波矢 k 与圆频率 ω 的关系即为色散关系，一般用函数 $\omega(k)$ 来表征，$\omega(k)$ 则由求解运动方程获得。一个系统的所有性质归根到底是由系统中物质的相互作用决定的，而这种作用包含于色散关系中，因此系统中几乎所有的性质都由色散关系决定。对于电磁波，虽然在物理上不能明确究竟是何媒质在运动或者是否有媒质在运动，但电磁波与机械波在数学上的类似性使得色散关系等的概念和方法可几乎不变地移植过来。对于电子，由于量子力学认为电子具有粒子性，而谈粒子的色散关系是没有意义的，因此电子的色散关系通常表述为能量-动量关系 $E(k)$ [如式(2.189)或式(2.194)]，但 $E(k)$ 也常被称为电子的色散关系。

2.7.1.4　波速

波动传播的速度即波速是波的一个重要特性，有关波速的详细说明参见附录 C。在机械波中波速的定义十分明确，它描述扰动在媒质中传播的速度，它由媒质中质点的惯性和质点间相互作用共同决定，质点惯性大意味着质点运动缓慢，因此媒质运动的时间周期 T 就长，质点间相互作用强就意味着扰动在一个时间周期的传播距离 λ 大，因此，波速定义为 $v_{\mathrm{p}} = \lambda/T$，这称为相速度，用波矢和圆频率表示，则**相速度**为

$$v_{\mathrm{p}} = \lambda / T = \omega / k \tag{2.195}$$

弦线上的相速度 $v_{\mathrm{p}} \propto \sqrt{T/\rho}$，这里 T 为弦线的张力系数，表示弦线中质点相互作用强弱；ρ 为弦线的密度，表示弦线中质点的惯性，这个公式对几乎所有机械波都适用，包括三维媒质中的机械波。在绝大多数媒质中，相速度与波长相关，即不同波长的波具有不同的速度，这样的媒质称为色散媒质。

在媒质中通常出现的扰动是多个单色波(即单波长波)的叠加，如一颗石头投于池塘中所激起的扰动，这种扰动通常称为波包，在色散媒质中波包中不同波长成分的波速不同，因此波包中的各波长成分的波会在空间分离而导致波包消失，但如果波包中所含的波长成分很少而且不同波长波的速度差别不是太大，波包就能存在很长时间，在存在期内波包作为一个整体具有特定的传播速度，这个速度并不等于其中所包含的单色波传播的速度，该速度称为**群速度**：

$$v_{\mathrm{g}} = \mathrm{d}\omega(k) / \mathrm{d}k \tag{2.196}$$

有关群速度和相速度的详细介绍可参考有关的参考书[2,12-14]，本书附录 C 给出了波包及群速度的基本说明。在三维情形下，群速度的公式为

$$v_{\mathrm{g}} = \nabla_k \omega(k) = \frac{\partial \omega(k)}{\partial k_x} \boldsymbol{e}_x + \frac{\partial \omega(k)}{\partial k_y} \boldsymbol{e}_y + \frac{\partial \omega(k)}{\partial k_z} \boldsymbol{e}_z \tag{2.197}$$

式中，$\omega(k)$ 是色散关系，$\boldsymbol{k} = k_x \boldsymbol{e}_x + k_y \boldsymbol{e}_y + k_z \boldsymbol{e}_z$ 是波矢，$\boldsymbol{e}_x$、$\boldsymbol{e}_y$、$\boldsymbol{e}_z$ 分别是 x、y、z 三个坐标方向的单位矢量，由式(2.197)可见群速度完全由媒质的色散关系确定。值得指出的是，在电磁波和电子系统中，虽然没有明确的传输介质，但人们仍然用同样的公式计算电磁波和电子的速度。

2.7.2 简正模的粒子性

从前面的讨论还可知，一维弦线、电磁波和分子及晶格的每个简正模的能量行为和一个同频率的谐振子的能量行为相同，这使得简正模可以被看成一个谐振子，这意味着可以把一根弦线、一个电磁场系统、一个分子及晶格系统看成是一个谐振子系统，这种观念使得各种经典的简正模具有粒子特性。在第 3 章将会进一步说明，当对这些简正模进行量子化的处理后，它们就获得了更为鲜明的粒子性质，也就是所谓的声子和光子。电子的情形则与声子及光子的情形相反，最初被认为是一个粒子，后来发现它具有波动的性质，因此通常称电子具有波粒二象性，但现在量子力学正统的哥本哈根解释依然认为电子的本质是一个粒子。

2.7.3 简正模的独立性

在简谐近似下，各个简正模之间是独立的，这种独立性可以从两个方面理解。

首先从能量角度看，每个简正模的能量由初始条件决定，这意味着一旦初始条件给定，分配在各简正模中的能量是守恒的，不随时间改变，也就是说简正模之间没有能量的交换。其次从简正模的模式看，假如在初始时刻系统处于某个简正模态，那么系统会永远处于这个简正模态，也就是说不会变成其他模态的线性叠加，这意味着简正模是“最基元”的运动。当然，独立性并不是严格的，实际上简正模之间总有能量的交换，否则系统就不能达到热平衡，然而在大多数情形下都可以认为简正模是独立的。由于简正模的粒子性，它经常被看成是谐振子或准粒子（声子、光子和电子），简正模的独立性则意味着谐振子或准粒子之间是独立的或无相互作用的，这意味着系统是一个无相互作用的系统，也即理想气体的系统，这使得系统的统计力学处理变得简单，有关详情将在第 3 章中讨论。

2.7.4　简正模的实体性

从数学上讲，简正模是系统运动方程的一系列最简特解，特解的个数等于系统的自由度。从物理上看，任何一个简正模所描述的运动是系统可能的运动，但通常并不是系统实际的运动，例如一维弦线的 $n=1$ 的模式相应的弦线的偏移通常并不是所看到的弦线的实际偏移，因为系统任何实际的运动还取决于初始条件。从数学上看，任何的实际运动都可以表达成简正模解的线性叠加，而叠加系数完全由初始条件决定。这意味着简正模是系统的“基元运动”，就如同任何颜色的光可以由“红”、“绿”和“蓝”三种颜色线性叠加而成，“红”、“绿”和“蓝”则是三种“基元色”。虽然基元运动通常并不代表系统的实际运动，但把简正模看成系统的基元，则对系统性质的理解就会变得简单。在量子力学发展以后，这个观念得到了更进一步的发展，元激发和准粒子实际上就是基于这种观念，如晶格简正模被称为声子，电磁模被称为光子，电子波动模被称为电子。这个观念在理解物质性质上有更一般和根本的意义。例如，在基本粒子领域，许多基本粒子的提出源于运动方程的数学解；在材料领域，我们经常所说的电子其实只是薛定谔方程解的粒子化抽象，而并非汤姆孙或密立根研究的自由电子。

把简正模看成基本实体，系统就可看成这些实体构成的系统，这使得对不同系统的相互作用的描述变得十分简单，也使得定量计算变得可能。例如，晶格的光学性质是电磁波和晶格相互作用的结果，电磁波是一个分布于一定空间范围的电磁场，晶格是分布于一定空间范围的相互作用的原子组合，两者的相互作用则是电磁场与其覆盖范围内所有晶体原子的相互作用，分析所有单个原子与电磁场相互作用是不可想象的；在简正模的概念下，晶格变成 $3N$ 个无相互作用的简正模或谐振子，电磁波也变成一组简正模或谐振子，电磁场与晶格的相互作用就变成电磁模和 $3N$ 个晶格模的相互作用，而每个晶格模和电磁模的相互作用的处理就变成两个粒子之间相互作用，处理它们的作用就如同处理牛顿力学中两个钢球之间的碰撞一样。另一个著名的例子就是用电子波模与晶格模的相互作用来定量计算材料的电阻，在这个例子中参与作用的两组简正模分别是晶格模和电子波模(如电子的布洛赫波模)，它们之间相互作用的处理方式同样类似于两个牛顿粒子的碰撞。

每个简正模具有两重属性，一是波动属性，它由波矢 $\boldsymbol{k}$ 表征；二是能量属性，即每个简正模具有确定的能量 E，因此完全描述一个简正模需要说明它的波矢和能量。由于波矢 $\boldsymbol{k}$ 和动量 $\hbar\boldsymbol{k}$ 是对应的，因此当简正模被量子化成准粒子后，简正模的波矢就自然转化为准粒子的动量，这意味着完整说明一个准粒子只需要说明其动量和能量。例如，分子的红外吸收可看成是简正振子与电磁波作用的结果，表征简正模波动属性的波矢 $\boldsymbol{k}$ 决定了该模式能否吸收红外辐射以及吸收的强度，简正模的能量属性决定了吸收峰的位置。在能带电子的光学性质中，表征电子波模波动属性的波矢 $\boldsymbol{k}$ 决定了电子能否吸收特定的电磁辐射以及吸收的强度，而电子波模的能量则决定了能吸收电磁波的波长。决定能否吸收的条件表示动量守恒，决定吸收位置的条件表示能量守恒。

参考文献

[1] 苏汝铿. 量子力学. 2 版. 北京: 高等教育出版社, 2002: 35-40

[2] 佩因 H J. 振动与波动物理学. 陈难先, 赫松安, 译. 北京: 人民教育出版社, 1980: 124-129

[3] Greiner W. Classical Mechanics. 2nd ed. Berlin: Springer, 2010: 88-94

[4] Griffiths D J. Introduction to Electrodynamics. 3rd ed. Englewood: Prentice Hall, 1999: 376-378

[5] 谢国瑞. 线性代数及应用. 北京: 高等教育出版社, 1999: 148-169

[6] Nakamoto K. Infrared and Raman Spectra of Inorganic and Coordination Compounds. Part A: Theory and Applications in Inorganic Chemistry. 6th ed. New Jersey: John Wiley & Sons, 2009: 1-147

[7] 赫兹堡 G. 分子光谱与分子结构(第二卷): 多原子分子光谱的红外光谱与拉曼光谱. 王鼎昌, 译. 北京: 科学出版社, 1986: 56-185

[8] 赫兹堡 G. 分子光谱与分子结构(第二卷): 多原子分子光谱的红外光谱与拉曼光谱. 王鼎昌, 译. 北京: 科学出版社, 1986: 159

[9] 赫兹堡 G. 分子光谱与分子结构(第二卷): 多原子分子光谱的红外光谱与拉曼光谱. 王鼎昌, 译. 北京: 科学出版社, 1986: 60

[10] 赫兹堡 G. 分子光谱与分子结构(第二卷): 多原子分子光谱的红外光谱与拉曼光谱. 王鼎昌, 译. 北京: 科学出版社, 1986: 262

[11] Dresselhaus M S, Dresselhaus G, Jorio A. Group Theory: Application to the Physics of Condensed Matter. Berlin: Springer-Verlag, 2008: 169

[12] King G C. Vibrations and Waves. Chichester: John Wiley & Sons, 2009

[13] Nettel S. Wave Physics: Oscillations-Solitons-Chaos. 4th ed. Berlin: Springer-Verlag, 2009

[14] Brillouin L. Wave Propagation and Group Velocity. New York: Academic Press, 1960

第3章　材料中的物质结构

It is my conviction that pure mathematical construction enables us to discover the concepts and the laws connecting them, which gives us the key to understanding nature…

Whether you can observe a thing or not depends on the theory which you use. It is the theory which decides what can be observed.

爱因斯坦(1879—1955)

第2章中把电磁场、晶格和电子系统转化成简正模或谐振子的系统，本章将利用统计物理方法计算系统的性质，在这个过程中将发展出量子粒子的概念，这些概念连同经典粒子形成材料中的物质结构概念，而这些概念是定量理解材料性质的基础。首先在3.1节～3.6节介绍统计物理特别是系综理论的基本思想和方法；然后运用这些方法在3.7节～3.9节分别计算电子、电磁场(光子)和晶格(声子)三种系统的热学或比热性质，通过这些计算说明统计方法的应用和量子粒子概念的形成；接着在3.10节和3.11节对材料性质中物质结构概念的形成和意义进行分析；最后说明电子的费米能及其应用。

3.1　统计物理基本思想和方法

3.1.1　基本思想[1-4]

统计物理研究的对象是大量微观粒子构成的系统(system)，其基本观念是：多粒子体系的宏观性质是构成这个体系的微观粒子运动的结果，因此能够从微观粒子的运动定量计算宏观性质。从微观运动到宏观性质的计算过程绝非直截了当，涉及众多的物理假设和数学方法，其理论核心为系综理论，这里对这个理论的基本思想和方法做简要的介绍。

对于一个多粒子体系，宏观上看来不变的状态，微观上其微观粒子处在不停的运动变化中。例如，考虑处于确定温度容器中的气体，在热平衡时气体在宏观上处于确定的状态(如可由气体粒子数 N、气体温度 T 和容器体积 V 所表征)，然而从微观上来看，其中的气体分子却在迅速且不停地运动变化，或者说不同时刻气体分子的微观状态(microscopic state)是不同的，这意味着一个确定的宏观态(macroscopic state)总是对应着无数的微观态。当我们测量该气体的某个宏观性质

(如压强)时，如把压力计放于气体中，压力计很快显示出压强的读数，从微观上看这个读数是由于气体分子碰撞压力计传感部分的结果，每次碰撞都会导致气体分子把动量转移给压力计，测量到的压强实际就是单位时间内单位面积获得的动量转移，即使测量的持续时间很短暂，有无数的气体分子与压力计传感部分也发生了碰撞，因此实际的压强读数是巨大数量碰撞的平均结果，要从气体分子的微观运动计算压强，就要计算这些微观碰撞中动量转移的时间平均，这个观念可以推广到一般情形，即多粒子体系的任何宏观量实际上是相应微观量的时间平均。要计算时间平均，就要追踪每个气体分子的行踪，考察哪些气体分子会碰撞到压力计传感部分，然后把所有碰撞产生的动量转移进行平均计算；而分子的运动轨迹由分子运动的牛顿方程来决定，因此，原则上需要求解牛顿方程才可获得每个分子的运动轨迹。然而，通常宏观体积中的分子数量在阿伏伽德罗常量的量级，也就是说决定宏观体系中分子运动的牛顿方程是数量级为 10^{23} 个微分方程组成的方程组，另外求解该方程还要确定同样数量级的初始条件，也就是要给出数量级为 10^{23} 个气体分子的初始位置和速度，这两项任务无论哪一项都是不可能完成的，这意味着要从微观上计算时间平均是不可能的。可以从另外的角度理解测量过程：气体分子与压力计传感部分碰撞的过程就是气体微观态改变过程，气体经历了无数次的碰撞就是经历了无数个微观态，时间平均是这无数个微观态的平均，或者说宏观量是许多微观态的平均；考虑到气体分子微观态变化很快，在通常的宏观测量的时间内系统很可能经历所有可能的微观态，如果是这样，对时间的平均就等于对所有可能微观态的平均；而确定系统所有微观态可以比较容易地解决，这样就避免了求解无数的牛顿方程的困难，通过确定系统所有可能微观态并由此计算系统的宏观量的理论即为系综理论。

系综理论第一个基本问题是：一个系统会在短的时间经历所有微观态吗？统计物理假设这是肯定的，这就是所谓的**各态历经假设**(ergodic hypothesis)。从理论上说，体系的运动方程决定系统的运动，也就是说运动的任何信息都包含在运动方程中，系统能否经历所有微观态可由运动方程决定，但这个假设直到现在还没有被严格数学证明，基于它在统计力学取得了巨大的成功，因此这个假设是个合理的假设。在统计物理中系统所有可能的微观态总体称为系综(ensemble)，在各态历经假设下对时间的平均就等于对系综的平均，这是统计物理的第一个基本原理。系综理论的第二个基本问题是：系综中所有微观态出现的概率是否相同？如果不同，那么进行平均计算时不同微观态就会有不同的权重，对于此问题，统计物理的基本假设是：一个孤立体系中所有的微观态是等概率出现的，称为**等概率原理**(principle of equal probability)或**先验概率假设**(assumption of a priori probability)。有了这两个原理，原则上就能够基于概率论方法从微观运动计算宏观性质，下面对此进行详细说明。

3.1.2　系综方法

3.1.2.1　三种系综简介

系综理论计算要解决的第一个问题是确定系统的所有微观态即系综，在解决这一问题中发展形成了三种系综方法，下面说明这三种系综以及它们之间的关系(图 3.1)。

图 3.1　系综的概念

第一种系综是微正则系综(micro-canonical ensemble)。如果一个系统的宏观态的热力学能 E、粒子数 N 和体积 V 都是守恒量，那么系统的宏观态用(N,V,E)表示，这种系统和外部环境没有任何的能量和粒子交换，这意味着系统是完全孤立的系统，这种孤立系统所形成的所有微观态集合称为微正则系综。

第二种系综是正则系综(canonical ensemble)。考虑一个系统具有确定的温度 T、粒子数 N 和体积 V，也就是说系统的宏观态用参量(N,V,T)描述，系统具有确定温度 T 意味着系统的总能量并不守恒，而是和外部环境有能量交换，确定的粒子数意味着系统和外部环境没有物质交换，这种和外部环境只有能量交换而无粒子交换的系统所形成的所有可能微观态集合称为正则系综。

第三种系综为巨正则系综(macrocanonical ensemble 或 grand canonical ensemble)，即与外部环境既有能量交换又有粒子数交换的系统所形成的所有可能微观态的集合。

系统可以和外界环境有能量交换，意味着系统中每个粒子的能量允许有巨大变化，原则上可以从零变为无穷大，也就是说正则系综会迥异于能量守恒系统中的微观态；系统中的粒子数可以变化，意味着这是一个开放的系统，原则上系统中的粒子数可以从零到无穷大变化，因此巨正则系综会显著不同于微正则系综及正则系综。这样看来，一个系统形成哪种系综完全由系统自身与环境的交换性质决定，这意味着用系综方法计算一个系统的宏观量平均值时，似乎只能选择与系统相应的系综，但实际上对于给定的系统却可以采用不同的系综来进行计算，选择何种系综本质上是一个计算方法选择问题，下面说明这一问题。

3.1.2.2　系综的本质

考虑一个完全孤立的巨大理想气体系统和其中一小块体积内气体构成的子系统，子系统和周围环境有能量和粒子的交换，因而子系统对应一个巨正则系综，而整个理想气体系统则对应一个微正则系综。但是，在热平衡时这个子系统中的理想气体性质和整个大系统中理想气体性质实际上完全相同，因此微正则系综和巨正则系综都可以用来描述子系统的性质。如果大系统是一个处于确定温度的系统，则大系统对应一个正则系综，而小系统对应一个巨正则系综，但两个系统的宏观性质完全相同，这意味着正则系综和巨正则系综也没有实质区别。再考虑处于确定温度 T 和包含 N 个粒子的理想气体系统，按上述定义，该系统所有可能微观态形成正则系综，原则上其热力学能可以在零到无穷大之间变化，但正如稍后所要证明的，实际上该系统几乎处在一个确定的能量 $\bar{E}=\dfrac{3}{2}Nk_{\mathrm{B}}T$，处在其他能量的概率几乎为零，如果用 ΔE 表示系统偏离平衡能量的平均值，则有 $\dfrac{\Delta E}{\bar{E}}=\left(\dfrac{2}{3N}\right)^{1/2}$，对于通常的宏观系统 $N\approx N_{\mathrm{A}}=6.02\times10^{23}$，可知 $\Delta E/\bar{E}\approx10^{-12}$，这表明实际上系统热力学能是守恒的，而热力学能守恒是微正则系综的特征，也就说正则系综和微正则系综没有本质上不同。既然这三种系综没有本质区别，那为什么还要有三种系综呢？如后面所要展示的，三种系综本质在于数学计算上具有不同的简便性。统计物理的核心计算就是计算所有微观态即系综的平均，不同系综的微观态是不同的，因此求和的数学计算就不同，采用某个系综数学计算很难，但采用另一个系综数学计算就很容易，归根结底系综方法是一个简便计算的数学概念。

3.2　统计物理中的温度、压强和化学势

统计物理的基本任务是从构成系统微观粒子的运动计算系统的宏观性质，如计算系统的温度和压强等，温度和压强等概念描述的是系统的宏观性质，而在微观层次并不存在温度和压强等概念，因此需要从微观角度定义温度和压强等宏观概念。在统计物理中，这些概念的定义是通过熵来完成的，熵是统计物理最基本和重要的概念，熵的微观意义最早由玻尔兹曼给出，准确的熵公式则由普朗克给出。本节将首先说明孤立系统，并通过该系统的各种平衡来说明温度、压强和化学势的微观定义。

3.2.1　孤立系统

孤立系统是指热力学能 E、体积 V 和粒子数 N 不变的系统，如密封于绝热腔中的气体可以看成孤立系统，孤立系统的宏观态用 E、V、N 表征，如图 3.2 所示。

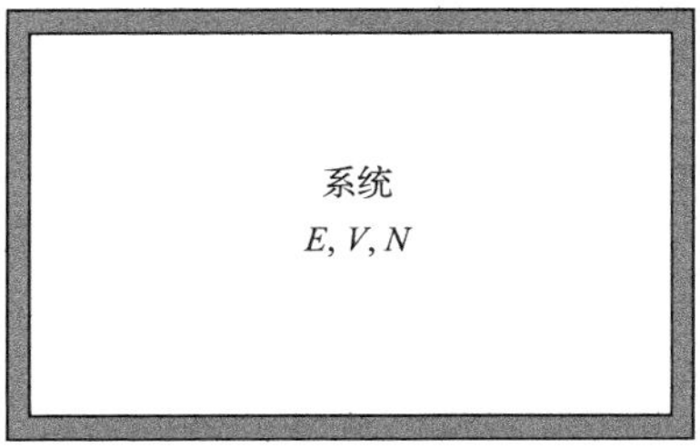

图 3.2　孤立系统由 E、V、N 表征

3.2.2　玻尔兹曼方程

处于宏观态 E、V、N 的孤立系统中所有微观态数记为 $\Omega(E,V,N)$，该量常被称为统计权重(statistical weight)，系统在该宏观态的熵由如下的玻尔兹曼方程

$$S = k_B \ln \Omega \tag{3.1}$$

给出，该公式是联系微观量和宏观量的桥梁，其他的宏观量与微观量的关系都由该式得到，下面将说明温度、压强和化学势如何通过熵由微观量定义。

3.2.3　温度、压强和化学势

考虑一个孤立的系统，它被分成两个子系统，如图 3.3 所示。这两个子系统之间可以存在如下三种关系：一是两个子系统之间的边界固定，两者之间只有热交换，这意味着两个子系统处于热平衡；二是两个子系统之间有热交换，两个子系统的边界不固定，也就是两者之间有体积的改变，这意味着两个子系统处于热平衡和力平衡；三是两个子系统之间除有热交换外还有物质之间的交换，但两个子系统的体积保持不变，这意味着两个子系统处于热平衡和物质平衡。在所有三种情形下，两子系统的能量、体积和粒子数与总系统的能量、体积和粒子数有如下的关系：

$$E_1 + E_2 = E, \qquad V_1 + V_2 = V, \qquad N_1 + N_2 = N \tag{3.2}$$

式中，E、V 和 N 分别是总系统的能量、体积和粒子数，其中系统总能量等于两个子系统的能量和的表达式，意味着忽略了两个子系统之间的相互作用能，这在通常情况下是正确的。

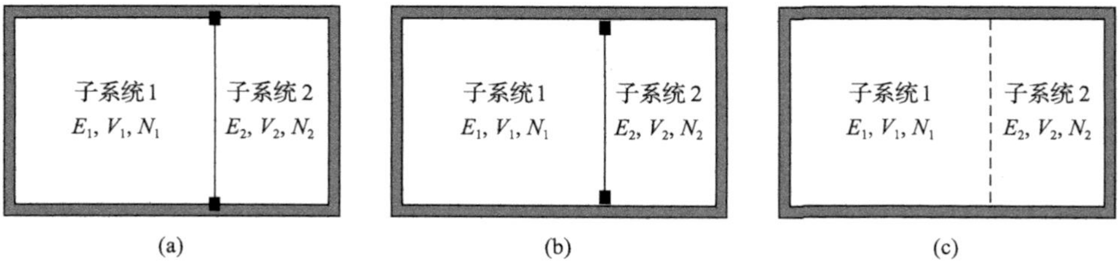

图 3.3　系统的平衡

(a)热平衡；(b)热平衡和力平衡；(c)热平衡和物质平衡

设 $\Omega_1(E_1,V_1,N_1)$ 和 $\Omega_2(E_2,V_2,N_2)$ 分别是子系统 1 和子系统 2 的统计权重，按照概率理论，两个无关子系统组成系统的统计权重为两个子系统统计权重的乘积，即孤立总系统的统计权重为

$$\Omega(E,V,N)=\Omega_1(E_1,V_1,N_1)\cdot\Omega_2(E_2,V_2,N_2) \tag{3.3}$$

由熵的定义式，孤立系统的熵 $S(E,V,N)$ 和两个子系统的熵 $S_1(E_1,V_1,N_1)$ 和 $S_2(E_2,V_2,N_2)$ 则有如下关系：

$$S(E,V,N)=S_1(E_1,V_1,N_1)+S_2(E_2,V_2,N_2) \tag{3.4}$$

下面分别考虑在上述三种平衡情形下两个子系统的性质。

3.2.3.1　热平衡情形

在热平衡情形下，两个子系统的体积 V_1、V_2 和粒子数 N_1、N_2 保持不变，两个子系统的能量则通过热交换发生变化，但总能量则保持不变。在热平衡下，孤立系统的熵达到最大值，这意味着下式成立：

$$\left(\frac{\partial S}{\partial E_1}\right)_{E,V,N,V_1,N_1}=0 \tag{3.5}$$

其中下标表示在微分运算中保持不变的量。由式(3.4)可得

$$\left(\frac{\partial S}{\partial E_1}\right)_{E,V,N,V_1,N_1}=\left(\frac{\partial S_1}{\partial E_1}\right)_{V_1,N_1}+\left(\frac{\partial S_2}{\partial E_1}\right)_{V_2,N_2}=\left(\frac{\partial S_1}{\partial E_1}\right)_{V_1,N_1}+\left(\frac{\partial S_2}{\partial E_2}\right)_{V_2,N_2}\frac{\mathrm{d}E_2}{\mathrm{d}E_1}=0 \tag{3.6}$$

由式(3.2)中的能量式可得 $\mathrm{d}E_2/\mathrm{d}E_1=-1$，于是由式(3.6)可得

$$\left(\frac{\partial S_1}{\partial E_1}\right)_{V_1,N_1}=\left(\frac{\partial S_2}{\partial E_2}\right)_{V_2,N_2} \tag{3.7}$$

由热力学可知，两个可交换热量的系统平衡的条件为温度相等，于是式(3.7)意味着温度相等，由此温度可定义为

$$\frac{1}{T_i} \equiv \left(\frac{\partial S_i}{\partial E_i}\right)_{V_i,N_i} \qquad i=1,2 \tag{3.8}$$

需要说明的是，由式(3.8)定义温度并非是唯一的，因为可用任何温度的函数代替 $1/T$，选择式(3.8)作为温度定义是由于这样的定义与理想气体中的温度能完全一致[5]。在这个定义下，式(3.7)所示的热平衡条件则表达为温度相等：

$$T_1 = T_2 \tag{3.9}$$

式(3.8)中定义的温度是系统熵对系统能量的偏导数，而在统计力学中系统的熵函数通过系统的微观态计算得到，因此式(3.8)为统计力学的温度定义式和计算式。

3.2.3.2　热平衡和力平衡情形

在热平衡和力平衡情形下，两个子系统的能量和体积都可以改变，于是孤立系统的熵变为

$$\mathrm{d}S = \left(\frac{\partial S_1}{\partial E_1}\right)_{V_1,N_1}\mathrm{d}E_1 + \left(\frac{\partial S_2}{\partial E_2}\right)_{V_2,N_2}\mathrm{d}E_2 + \left(\frac{\partial S_1}{\partial V_1}\right)_{E_1,N_1}\mathrm{d}V_1 + \left(\frac{\partial S_2}{\partial V_2}\right)_{E_2,N_2}\mathrm{d}V_2 \tag{3.10}$$

由式(3.2)中的能量和体积等式可得 $\mathrm{d}E_2 = -\mathrm{d}E_1$ 和 $\mathrm{d}V_2 = -\mathrm{d}V_1$，将其代入式(3.10)则有

$$\mathrm{d}S = \left[\left(\frac{\partial S_1}{\partial E_1}\right)_{V_1,N_1} - \left(\frac{\partial S_2}{\partial E_2}\right)_{V_2,N_2}\right]\mathrm{d}E_1 + \left[\left(\frac{\partial S_1}{\partial V_1}\right)_{E_1,N_1} - \left(\frac{\partial S_2}{\partial V_2}\right)_{E_2,N_2}\right]\mathrm{d}V_1 \tag{3.11}$$

按照孤立系统处于平衡时熵处于最大值，即 $\mathrm{d}S/\mathrm{d}E_1 = 0$ 和 $\mathrm{d}S/\mathrm{d}V_1 = 0$，将该极值式应用于式(3.11)并注意 $\mathrm{d}E_1/\mathrm{d}V_1 = 0$（由于 E_1 和 V_1 是独立的变量），则有

$$\left(\frac{\partial S_1}{\partial E_1}\right)_{V_1,N_1} - \left(\frac{\partial S_2}{\partial E_2}\right)_{V_2,N_2} = 0 \quad 或 \quad \left(\frac{\partial S_1}{\partial E_1}\right)_{V_1,N_1} = \left(\frac{\partial S_2}{\partial E_2}\right)_{V_2,N_2} \tag{3.12}$$

和

$$\left(\frac{\partial S_1}{\partial V_1}\right)_{E_1,N_1} - \left(\frac{\partial S_2}{\partial V_2}\right)_{E_2,N_2} = 0 \quad 或 \quad \left(\frac{\partial S_1}{\partial V_1}\right)_{E_1,N_1} = \left(\frac{\partial S_2}{\partial V_2}\right)_{E_2,N_2} \tag{3.13}$$

式(3.12)即为等式(3.7)，表达了两个子系统在平衡时温度相同即 $T_1 = T_2$，式(3.13)表达了两个子系统的力平衡条件，在热力学中力平衡用压强相等来描述，由此可定义如下压强：

$$P_i \equiv T_i \left(\frac{\partial S_i}{\partial V_i} \right)_{E_i, N_i} \qquad i = 1, 2 \tag{3.14}$$

仔细分析表明这样定义的压强与热力学上的压强完全一致[6]。在这样定义下，两个系统力学平衡的条件可表达为压强相等：

$$P_1 = P_2 \tag{3.15}$$

3.2.3.3 热平衡和物质平衡情形

在热平衡和物质平衡情形下，两个子系统的体积不变，但能量和粒子数可以改变。用类似于热平衡和力平衡中的推导方法，可得类似于式(3.12)和式(3.13)的两个等式，其中与式(3.12)对应的等式完全相同，即 $T_1=T_2$；与式(3.13)相对应的等式为

$$\left(\frac{\partial S_1}{\partial N_1} \right)_{E_1, V_1} = \left(\frac{\partial S_2}{\partial N_2} \right)_{E_2, V_2} \tag{3.16}$$

该式表达了两个子系统在粒子交换上的平衡，由此可定义化学势 μ_i：

$$\mu_i \equiv -\frac{1}{T_i} \left(\frac{\partial S_1}{\partial N_1} \right)_{E_1, V_1} \qquad i = 1, 2 \tag{3.17}$$

于是由式(3.16)可得两个可交换粒子的子系统之间物质平衡条件：

$$\mu_1 = \mu_2 \tag{3.18}$$

在 3.4.2.2 节中将会进一步讨论化学势。

3.2.4 微正则系综

孤立系统所有微观态的集合为微正则系综。如果能够计算系统在宏观态 E、V、N 的统计权重 $\Omega(E, V, N)$，那么就可以计算系统的熵，再由 3.2.3 节得到的公式就可以计算系统温度、压强等宏观量以及物态方程等系统的宏观性质。例如，经过并不太复杂的计算就能得到经典理想气体 $\Omega(E, V, N)$ 的解析表达式，从而可得到所有理想气体的宏观性质，有关计算可参考一般的统计物理教科书，这里不再赘述。

3.3　经典理想气体

本节用正则系综方法研究经典理想气体的性质。首先介绍正则系综的概念和方法；然后用该方法计算经典理想气体的性质；接着说明经典理想气体正则系综方法可以发展成更为简单的单粒子正则系综方法，并用它来计算理想气体性质；最后用单粒子正则系综方法计算经典谐振子系统的性质。

3.3.1　正则系综

图 3.4 是处于无限大热浴环境中的温度固定系统的示意图，处于温度固定热浴中的系统所有可能的微观态集合称为正则系综。该系统最主要特征是可以和环境热浴进行能量的交换但不能和环境进行物质交换，因此系统的热力学能 E 并不守恒，系统的不变量为温度 T、体积 V 和粒子数 N，可用这三个宏观参数表征该系统的宏观态。由于系统可以与环境热浴交换能量，而热浴被认为无限大，因此系统的热力学能可以在 0 到无穷大的范围内变化，其结果是系统所有的微观态与 3.2.4 节所述的微正则系综的微观态不同，使计算经典理想气体的微观态个数十分容易。如前面所述，统计物理中最根本的量是对所有微观态计数并计算其概率，这里的孤立并非孤立的系统，因此系统中所有微观态出现的概率并不相同，通过简单的数学分析可得出，在正则系综中系统一个微观态出现的概率由玻尔兹曼因子给出。下面将首先推导出该因子，随后由该因子引入正则配分函数，并说明系统的所有宏观热力学性质如何由该配分函数计算。

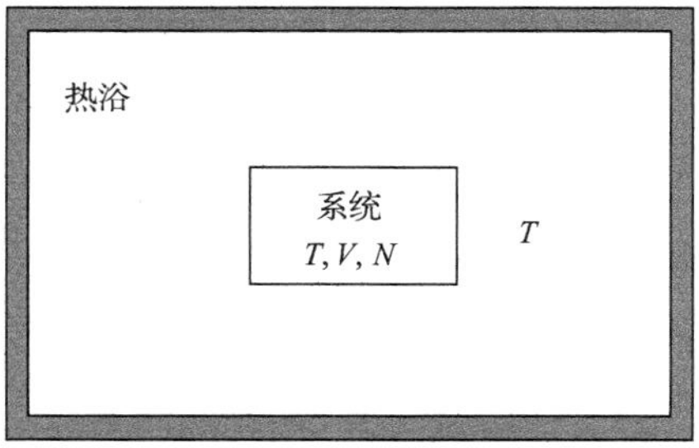

图 3.4　正则系综中的系统

3.3.1.1　玻尔兹曼分布

设图 3.4 中的系统具有一系列分立的微观态，分别标记为 $1,2,\cdots,r,\cdots$，与之对应的系统能量为 $E_1,E_2,\cdots,E_r,\cdots$，假设能量顺序为

$$E_1 \leqslant E_2 \leqslant \cdots \leqslant E_r \leqslant \cdots \tag{3.19}$$

热浴与系统构成的复合系统是一个孤立的系统，复合系统的能量 E_0、体积和粒子数为常数，由于系统和热浴之间只有能量交换，因此热浴的体积和其中的粒子数也为常数。系统处在某一状态 r(相应的能量为 E_r)的概率 p_r 正比于与此相容的热浴的状态数，当系统的能量为 E_r 时，热浴的能量为 E_0-E_r，与此相应的热浴状态数为 $\Omega_{热浴}(E_0-E_r)$，这里的自变量只写出热浴的能量，而省略了始终为常数的热浴体积和粒子数，因此

$$p_r = 常数 \times \Omega_{热浴}(E_0 - E_r) \tag{3.20}$$

利用熵表达式(3.1)，则式(3.20)可表达为

$$p_r = 常数 \times \exp\left[\frac{S_{热浴}(E_0 - E_r)}{k_B}\right] \tag{3.21}$$

其中，$S_{热浴}(E_0-E_r)$ 表示热浴处于能量为 E_0-E_r 态时的熵。把 $S_{热浴}(E_0-E_r)$ 展开成泰勒级数：

$$\begin{aligned} S_{热浴}(E_0 - E_r) &= S_{热浴}(E_0) - \frac{\partial S_{热浴}(E_0)}{\partial E_0} E_r + \frac{1}{2}\frac{\partial^2 S_{热浴}(E_0)}{\partial E_0^2} E_r^2 + \cdots \\ &= S_{热浴}(E_0) - \frac{1}{T} E_r + \frac{1}{2}\frac{\partial(1/T)}{\partial E_0} E_r^2 + \cdots \end{aligned} \tag{3.22}$$

式(3.22)第二行的推导中利用了温度的定义式(3.8)，其中的 T 表示系统和热浴的共同温度。由于在正则系综理论中假设热浴远大于系统，因此有 $E_0 \gg E_r$，在热平衡时系统及热浴的温度变化非常小，这意味着第三项及以后的 $\dfrac{\partial(1/T)}{\partial E_0}$ 项可忽略不计，于是式(3.22)变为

$$S_{热浴}(E_0 - E_r) = S_{热浴}(E_0) - \frac{1}{T} E_r \tag{3.23}$$

把式(3.23)代入式(3.21)，则有

$$p_r = 常数 \times \exp\left[\frac{S_{热浴}(E_0)}{k_B}\right] \exp\left(-\frac{E_r}{k_B T}\right) = 常数 \times \exp\left(-\frac{E_r}{k_B T}\right) \tag{3.24}$$

由此可得归一化的概率：

$$p_r = \frac{\exp\left(-\frac{E_r}{k_B T}\right)}{\sum_r \exp\left(-\frac{E_r}{k_B T}\right)} = \frac{e^{-\beta E_r}}{\sum_r e^{-\beta E_r}} = \frac{e^{-\beta E_r}}{Z} \tag{3.25}$$

其中引入的参数 β 定义为 $\beta \equiv 1/(k_B T)$，它称为**温度因子**，式中求和对系统所有的微观态进行。式(3.25)表达了一个系统在热平衡状态下处于某个能量为 E_r 微观态的概率，称为**玻尔兹曼分布**(Boltzmann distribution)，其中的 $e^{-\beta E_r}$ 则称为**玻尔兹曼因子**(Boltzmann factor)，表达了系统处于 E_r 微观态的相对概率。式(3.25)中的分母 Z 为

$$Z \equiv \sum_r e^{-\beta E_r} \tag{3.26}$$

它称为**正则配分函数**(partition function)，表示系统所有微观态的概率和，因此也称状态和[7]。它完全由系统的微观态决定，也就是如果知道了系统的所有微观态及其能量就能确定配分函数。

知道了系统处于微观态 r 的概率 p_r，系统某一物理量 A 的平均值 $\overline{A}$ 就可以由下式计算：

$$\overline{A} = \sum_r p_r A_r \tag{3.27}$$

其中 A_r 为系统处于能量为 E_r 的微观态时热力学量 A 的值，求和对系统所有允许态进行，也就是对整个正则系综进行，式(3.27)表明：系统任何一个宏观量是系统相应微观量的系综加权平均。

3.3.1.2　热力学量的计算

由式(3.27)，系统在热平衡温度 T 时的能量 $\overline{E}$ 为

$$\overline{E} = \sum_r p_r E_r = \frac{1}{Z}\sum_r e^{-\beta E_r} E_r \tag{3.28}$$

式(3.28)第二个等式是把式(3.25)代入的结果，由 Z 的数学性质可知 $\overline{E}$ 可写为如下形式：

$$\overline{E} = -\frac{\partial \ln Z}{\partial \beta} = k_B T^2 \frac{\partial \ln Z}{\partial T} \tag{3.29}$$

这意味着处在热平衡时系统的热力学能完全由系统的配分函数 Z 决定。

用正则配分函数对其他热力学量的计算见附录 D。

3.3.1.3 正则系综中的涨落

当一个给定的系统处于平衡态时其能量在宏观上处于确定的值，然而在正则系综方法中系统能量可以从零到无穷大的范围内变化，那么能量可无限变化的系统为什么会产生确定的能量呢？下面说明这个问题。在系综方法中系统在平衡时的能量是系统能量对所有可能微观态的平均值，但实际上系统总是以一定概率偏离这个平均值，这称为系统能量的**涨落**(fluctuation)，偏离可能大于平均值也可能小于平均值，即可能出现“涨”，也可能出现“落”。如果把所有偏离值直接加起来衡量涨落的大小，就可能出现如下的情形：高于平衡值的“涨”和低于平衡值的“落”都很大，但两者相加会相互抵消，因此直接把偏差值加起来不能反映涨落的大小，但如果把所有偏离量的平方加起来就能充分描述偏离平衡值的程度，此即统计方法中的**标准偏差**及**相对标准偏差**的概念。按照标准偏差的通用定义，系统能量的标准偏差定义为

$$\sigma_E \equiv \left[\sum_r p_r\left(E_r - \overline{E}\right)^2\right]^{1/2} \tag{3.30}$$

它反映了系统在所有微观态的能量偏离平均值的程度。由该定义可知只有系统在所有微观态的能量都很接近平均值 $\overline{E}$，标准偏差 σ_E 才会小。在实际中更重要的量是**相对能量标准偏差** $\bar{\sigma}_E$，其定义为

$$\bar{\sigma}_E = \frac{\sigma_E}{\overline{E}} \tag{3.31}$$

它表示能量标准偏差对平均能量的相对值，该值是衡量系统所有微观态能量偏离平均值或热力学值的根本标准。下面的论证将表明处于平衡态系统的 $\bar{\sigma}_E$ 大小在 10^{-11} 量级，也就是说处于热平衡的系统实际上完全处在能量 $\overline{E}$ 的状态，处于其他能量态的概率完全可忽略不计。

由式(3.30)可得

$$\begin{aligned}\sigma_E^2 &= \sum_r p_r(E_r^2 - 2\overline{E}E_r + \overline{E}^2) = \sum_r p_r E_r^2 - 2\overline{E}\sum_r p_r E_r + \overline{E}^2\sum_r p_r \\ &= \overline{E^2} - 2\overline{E}^2 + \overline{E}^2 = \overline{E^2} - \overline{E}^2\end{aligned} \tag{3.32}$$

式中，$\overline{E^2}$ 和 $\overline{E}^2$ 分别表示能量平方的平均值和能量平均值的平方。把 $\ln Z$ 对 β 微

分两次有

$$\frac{\partial^2 \ln Z}{\partial \beta^2} = \overline{E^2} - \overline{E}^2 \tag{3.33}$$

将式(3.33)与式(3.32)比较可得

$$\sigma_E^2 = \frac{\partial^2 \ln Z}{\partial \beta^2} = -\frac{\partial}{\partial}\left(-\frac{\partial \ln Z}{\partial \beta}\right) = -\frac{\partial \overline{E}}{\partial \beta} = -\frac{\partial \overline{E}}{\partial T}\frac{\mathrm{d}T}{\mathrm{d}\beta} = k_{\mathrm{B}}T^2\frac{\partial \overline{E}}{\partial T} = k_{\mathrm{B}}T^2 c_V \tag{3.34}$$

在其中第三个等式的推导中利用了式(3.29)，上式中的 c_V 为 $\dfrac{\partial \overline{E}}{\partial T}$，表示系统的比热容，由于所研究的系统具有不变的体积，因此 c_V 为系统的定容比热容。由式(3.34)可得系统能量的相对标准偏差：

$$\frac{\sigma_E}{\overline{E}} = \frac{\left(k_{\mathrm{B}}T^2 c_V\right)^{1/2}}{\overline{E}} \tag{3.35}$$

式(3.35)中的 c_V 和 $\overline{E}$ 都为广延量，也就是它们与系统中的分子数 N 成正比，即 $c_V \propto N, \overline{E} \propto N$，而 $k_{\mathrm{B}}T^2$ 与分子数无关，于是有

$$\frac{\sigma_E}{\overline{E}} \propto \frac{1}{N^{1/2}} \tag{3.36}$$

由此公式可知，系统能量的相对涨落正比于 $1/N^{1/2}$，对于 $N \approx 10^{-23}$ 的宏观系统，$\dfrac{\sigma_E}{\overline{E}} \sim 10^{-11}$。

3.3.2　经典理想气体的正则系综方法处理

本节利用上述的正则系综方法来计算理想气体在平衡温度 T 时单粒子的平均能量。值得指出的是理想气体不仅是指通常意义上的真实气体(如空气)，在统计力学中理想气体是指粒子间没有相互作用的粒子系统，如没有相互作用的磁矩系统也属于理想气体，后面将详细讨论的电子以及光子系统也属于理想气体。这里为直观起见，考虑处于盒子中的经典单原子气体(如氩气)，盒子是边长为 L 的立方体，气体和盒子都处于热平衡温度 T，盒子中包含 N 个单原子粒子，每个粒子质量为 m。正则系综方法的出发点就是计算系统的配分函数 Z，然后由它得到系统的各热力学量，下面说明该系统配分函数的计算。

计算配分函数要解决的第一个问题是确定系统宏观态和微观态的数学描述。

气体的宏观态由系统的温度 T、体积 $V=L^3$ 和系统中的粒子数 N 来描述。本系统中的粒子为经典粒子，这意味着每个粒子的微观态由粒子位置 $\boldsymbol{r}_i=(x_i,y_i,z_i)$ 和动量 $\boldsymbol{p}_i=(p_{ix},p_{iy},p_{iz})$ 描述，其中的下标 i 是对粒子的编号，x、y、z 分别表示三个直角坐标分量，也就是说第 i 个气体原子的微观态用 $(\boldsymbol{r}_i,\boldsymbol{p}_i)$ 表示，这是一个 6 维坐标，这种表示称为单粒子态表示，要说明整个气体的微观状态则要说明所有 N 个粒子的位置和动量，这可用如下的多维坐标

$$(\boldsymbol{r};\boldsymbol{p})\equiv(\boldsymbol{r}_1,\boldsymbol{r}_2,\cdots,\boldsymbol{r}_N;\boldsymbol{p}_1,\boldsymbol{p}_2,\cdots,\boldsymbol{p}_N) \tag{3.37}$$

表示，该坐标是一个 $6N$ 维坐标，$(\boldsymbol{r};\boldsymbol{p})$ 是该多维坐标的简化表示，这种表示称为系统态表示，其中 $\boldsymbol{r}$ 表示 $3N$ 维空间坐标，$\boldsymbol{p}$ 表示 $3N$ 维动量坐标，即

$$\boldsymbol{r}=(\boldsymbol{r}_1,\boldsymbol{r}_2,\cdots,\boldsymbol{r}_N),\qquad \boldsymbol{p}=(\boldsymbol{p}_1,\boldsymbol{p}_2,\cdots,\boldsymbol{p}_N) \tag{3.38}$$

现在讨论系统所有可能的微观态。装在盒子中温度为 T 的粒子系统并不是一个能量孤立的系统，原则上它可以和外部环境有能量的交换，这意味着系统的能量分布范围可以从零到无穷大，因此每个气体粒子能量 E_i 可能的范围为：$0<E_i<\infty$。这里考虑的粒子是单原子粒子，因此每个粒子的能量只有动能，即 $E_i=\dfrac{p_{ix}^2+p_{iy}^2+p_{iz}^2}{2m}$，$p_{ix}$、$p_{iy}$、$p_{iz}$ 是动量分量，取值可正可负，这意味着每个粒子的动量取值范围为 $-\infty<p_{ix},p_{iy},p_{iz}<\infty$。由于粒子可以到达盒子中的任何位置，因此粒子的位置取值范围在 $0<x_i,y_i,z_i<L$ 内的任何值。所有粒子位置和动量取值范围 $(\boldsymbol{r};\boldsymbol{p})$ 给出了所有可能的微观态，即

$$\begin{matrix}-\infty<p_{ix},p_{iy},p_{iz}<\infty\\ 0<x_i,y_i,z_i<L\end{matrix}\qquad i=1,2,\cdots,N \tag{3.39}$$

现在说明系统在各微观态的能量。系统在某一微观态的总能量为所有粒子动能和，即系统在微观态 $(\boldsymbol{r};\boldsymbol{p})$ 的总能量为

$$E(\boldsymbol{r};\boldsymbol{p})=\sum_{i=1}^{N}\frac{p_{ix}^2+p_{iy}^2+p_{iz}^2}{2m} \tag{3.40}$$

确定了系统所有可能的微观态和每个微观态的能量后就可以按照式(3.26)来计算系统的正则配分函数，计算的核心就是对所有允许的微观态求和。为了进行微观态求和，需要引入**相空间**(phase space)的概念，相空间定义为以 $(\boldsymbol{r};\boldsymbol{p})$ 为坐标形成的空间，如图 3.5 所示，它是一个 $6N$ 维空间，空间中每个点对应一个

微观态，因此相空间也称**态空间**。由于相空间中每一个点对应于一个微观态，相空间中体积越大，则其中包含的点就越多，也就是说相空间的体积正比于微观态数，这意味着对微观态的计数可以用计算相空间的体积来完成。相空间的体积和微观态数具有不同的量纲，因此需要知道相空间体积和微观态的比例系数，这个问题实际上只有在量子力学出现以后才得到解决，结果是单位相空间体积中的量子态数为 $\frac{1}{h^{3N}}$，其中 h 为普朗克常量，N 为系统中微观粒子的个数，如何得到这个系数参考附录 D。类似于常规三维空间中体积微元记法，相空间中一个点 $(\boldsymbol{r};\boldsymbol{p})$ 处的体积微元记为 $\mathrm{d}\boldsymbol{r}\mathrm{d}\boldsymbol{p}$，如图 3.5 所示，$\mathrm{d}\boldsymbol{r}\mathrm{d}\boldsymbol{p}$ 是 $6N$ 维的体积微元，把它完全写出则为：

$$\begin{aligned}\mathrm{d}\boldsymbol{r}\mathrm{d}\boldsymbol{p} &= \mathrm{d}\boldsymbol{r}_1\cdots\mathrm{d}\boldsymbol{r}_N\mathrm{d}\boldsymbol{p}_1\cdots\mathrm{d}\boldsymbol{p}_N \\ &= \mathrm{d}x_1\mathrm{d}y_1\mathrm{d}z_1\cdots\mathrm{d}x_N\mathrm{d}y_N\mathrm{d}z_N\mathrm{d}p_{1x}\mathrm{d}p_{1y}\mathrm{d}p_{1z}\cdots\mathrm{d}p_{Nx}\mathrm{d}p_{Ny}\mathrm{d}p_{Nz}\end{aligned} \tag{3.41}$$

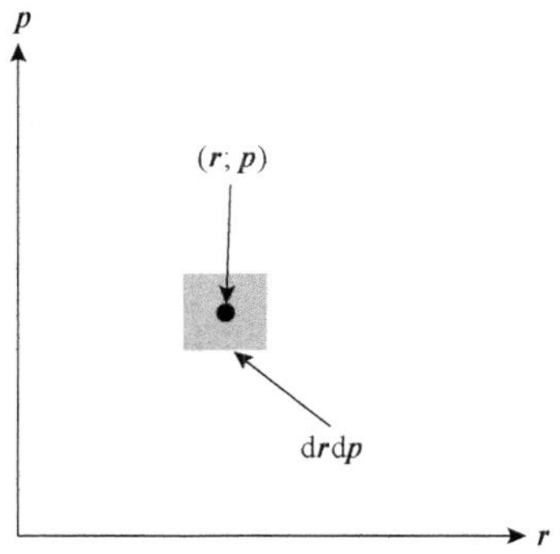

图 3.5　经典粒子系统的相空间和体积元

利用上述的比例系数可知体积微元 $\mathrm{d}\boldsymbol{r}\mathrm{d}\boldsymbol{p}$ 内的微观态数为

$$\frac{1}{h^{3N}}\mathrm{d}\boldsymbol{r}\mathrm{d}\boldsymbol{p} \tag{3.42}$$

于是配分函数可表述为如下积分：

$$Z=\sum_r \mathrm{e}^{-\beta E_r}=\iint\limits_{\text{允许的相空间}} \mathrm{e}^{-\beta E(\boldsymbol{r};\boldsymbol{p})}\frac{1}{h^{3N}}\mathrm{d}\boldsymbol{r}\mathrm{d}\boldsymbol{p} \tag{3.43}$$

其中积分区域“允许的相空间”由式(3.39)所确定，展开式(3.43)即

$$Z=\frac{1}{h^{3N}}\int\cdots\int e^{-\frac{\sum_{i=1}^{N}\frac{p_{ix}^2+p_{iy}^2+p_{iz}^2}{2m}}{k_BT}}\cdot dx_1dy_1dz_1\cdots dx_Ndy_Ndz_Ndp_{1x}dp_{1y}dp_{1z}\cdots dp_{Nx}dp_{Ny}dp_{Nz}$$

$$=\frac{1}{h^{3N}}\int_0^L\cdots\int_0^L dx_1dy_1dz_1\cdots dx_Ndy_Ndz_N\int_{-\infty}^{\infty}\cdots\int_{-\infty}^{\infty}e^{-\frac{\sum_{i=1}^{N}p_{ix}^2+p_{iy}^2+p_{iz}^2}{2mk_BT}}dp_{1x}dp_{1y}dp_{1z}\cdots dp_{Nx}dp_{Ny}dp_{Nz}$$

$$=\frac{1}{h^{3N}}\int_0^L\int_0^L\int_0^L dx_1dy_1dz_1\cdots\int_0^L\int_0^L\int_0^L dx_Ndy_Ndz_N\int_{-\infty0}^{\infty}\int_{-\infty}^{\infty}\int_{-\infty}^{\infty}e^{-\frac{(p_{1x}^2+p_{1y}^2+p_{1z}^2)}{2mk_BT}}dp_{1x}dp_{1y}dp_{1z}$$

$$\cdots\int_{-\infty}^{\infty}\int_{-\infty}^{\infty}\int_{-\infty}^{\infty}e^{-\frac{(p_{Nx}^2+p_{Ny}^2+p_{Nz}^2)}{2mk_BT}}dp_{Nx}dp_{Ny}dp_{Nz}$$

$$=\frac{1}{h^{3N}}\left[\int_0^L\int_0^L\int_0^L dx_1dy_1dz_1\right]^N\cdot\left[\int_{-\infty0}^{\infty}\int_{-\infty}^{\infty}\int_{-\infty}^{\infty}e^{-\frac{(p_{1x}^2+p_{1y}^2+p_{1z}^2)}{2mk_BT}}dp_{1x}dp_{1y}dp_{1z}\right]^N$$

$$=\frac{1}{h^{3N}}V^N(2\pi mk_BT)^{\frac{3}{2}N}=\left[V\left(\frac{2\pi mk_BT}{h^2}\right)^{\frac{3}{2}}\right]^N \tag{3.44}$$

式(3.44)中利用了如下的积分结果

$$\int_0^L\int_0^L\int_0^L dx_idy_idz_i=L^3=V \qquad i=1,2,\cdots,N \tag{3.45}$$

$$\begin{aligned}&\int_{-\infty}^{\infty}\int_{-\infty}^{\infty}\int_{-\infty}^{\infty}e^{-\frac{p_{1x}^2+p_{1y}^2+p_{1z}^2}{2mk_BT}}dp_{1x}dp_{1y}dp_{1z}\\&=\int_{-\infty}^{\infty}e^{-\frac{p_{1x}^2}{2mk_BT}}dp_{1x}\int_{-\infty}^{\infty}e^{-\frac{p_{1y}^2}{2mk_BT}}dp_{1y}\int_{-\infty}^{\infty}e^{-\frac{p_{1z}^2}{2mk_BT}}dp_{1z}=(2\pi mk_BT)^{\frac{3}{2}}\end{aligned} \tag{3.46}$$

式(3.46)中的第二个等式利用了积分公式

$$\int_{-\infty}^{\infty}e^{-ax^2}dx=\left(\frac{\pi}{a}\right)^{\frac{1}{2}} \tag{3.47}$$

于是得到配分函数:

$$Z^{\text{非G修正}}=\left(\frac{2\pi mk_BT}{h^2}\right)^{\frac{3}{2}N}V^N \tag{3.48}$$

需要说明的是，利用这个配分函数计算得到的熵不具有广延性质，这个问题称为**吉布斯佯谬**(Gibbs paradox)[8]，吉布斯发现如果这个配分函数乘以$1/N!$的因子就能得到正确的熵，$1/N!$被称为**吉布斯修正因子**，因此给式(3.48)中的配分函数右上角加“非 G 修正”，考虑修正后得到单原子理想气体正确的配分函数为

$$Z=\frac{1}{N!}\left(\frac{2\pi mk_{\mathrm{B}}T}{h^{2}}\right)^{\frac{3}{2}N}V^{N} \tag{3.49}$$

添加吉布斯修正因子的根本原因随着量子力学的发展而得到澄清，这就是微观粒子的不可分辨性。在经典物理中微观粒子是可以分辨的，N个粒子可以形成$N!$种排列，在粒子可分辨的情形下，这$N!$种排列代表不同的微观态，但如果粒子是不可分辨的，这$N!$种排列只代表一个微观态，因此经典物理中粒子可分辨性导致了对微观态过多的计数，只好通过人为地添加$1/N!$来进行修正。有关微观粒子不可分辨性更详细的讨论将在 3.9 节给出。

利用式(3.29)可得到系统能量的系综平均$\overline{E}$为

$$\overline{E}=kT^{2}\frac{\partial\ln Z}{\partial T}=\frac{3}{2}Nk_{\mathrm{B}}T=U \tag{3.50}$$

该能量也即系统的内能 U。理想气体的比热容是指系统总能量对温度的变化率，由此可得单原子理想气体的定容比热容c_V：

$$c_V=\frac{\partial U}{\partial T}=\frac{3}{2}Nk_{\mathrm{B}} \tag{3.51}$$

系统中粒子数为 1mol(即$N=N_{\mathrm{A}}=6.02\times10^{23}$，$N_{\mathrm{A}}$为阿伏伽德罗常量)时的比热容称为**摩尔比热容**，于是理想气体的摩尔比热容为

$$c_{V,\mathrm{m}}=\frac{3}{2}N_{\mathrm{A}}k_{\mathrm{B}}=\frac{3}{2}R \tag{3.52}$$

其中 R 为摩尔气体常量。由此可见所有单原子理想气体的摩尔比热容是相同的，为一普适常数。

由式(3.50)可得处于热平衡温度为 T 的理想气体的单粒子平均能量 u 为

$$u=\frac{U}{N}=\frac{3}{2}k_{\mathrm{B}}T \tag{3.53}$$

3.3.3 单粒子系综方法

3.3.2 节用正则系综方法计算了理想气体的热力学能，在这个计算中涉及对整个系统的所有微观态进行求和，体现在积分中涉及所有粒子的坐标和变量；然而对于理想气体系统而言，粒子之间是没有相互作用的或者说是独立的，因此实际上只需考虑单个粒子的统计，整个系统则是所有单粒子的简单加和，如系统能量就是单个粒子平均能量的直接相加。这种单粒子方法与多粒子方法的数学实质是完全相同的，只是单粒子方法中系统只包含一个粒子，因此系统的微观态就是单粒子的微观态，通过直接的类比可知，单粒子处于能量 ε_i 态的概率 $p_{\mathrm{s}}(\varepsilon_i)$ 为

$$p_{\mathrm{s}}(\varepsilon_i)=\frac{\mathrm{e}^{-\beta\varepsilon_i}}{\sum_i \mathrm{e}^{-\beta\varepsilon_i}}=\frac{\mathrm{e}^{-\beta\varepsilon_i}}{Z_{\mathrm{s}}} \tag{3.54}$$

下标 s 表示单粒子(single particle)，其中

$$Z_{\mathrm{s}}=\sum_i \mathrm{e}^{-\beta\varepsilon_i} \tag{3.55}$$

是单粒子配分函数，式中求和对所有允许单粒子态 i 进行，所有允许的单粒子态集合称为**单粒子系综**，因此求和对所有单粒子系综进行，式(3.54)和式(3.55)分别对应式(3.25)和式(3.26)。单粒子的热力学性质 $\overline{A}_{\mathrm{s}}$ 则是所有可能单粒子态的平均，即

$$\overline{A}_{\mathrm{s}}=\sum_i p_{\mathrm{s}}(\varepsilon_i)A_{\mathrm{s}} \tag{3.56}$$

该式则对应于式(3.27)。

单粒子系综方法中计算单粒子各热力学的公式与前述的计算多粒子对应热力学量的公式完全相同，只不过在公式中把 Z 换成 Z_{s} 即可。下面用这种方法再次研究单原子理想气体以说明该方法的应用。

在单粒子系综方法中系统只有一个粒子，因此系统的微观态是单粒子的微观态，经典单原子粒子的微观态用 6 维坐标 $(x,y,z;p_x,p_y,p_z)$ 表示，其中 x,y,z 表示三个空间坐标，p_x,p_y,p_z 表示三个动量坐标，因此系统的相空间是一个 6 维空间。相空间中的体积微元为

$$\mathrm{d}x\mathrm{d}y\mathrm{d}z\mathrm{d}p_x\,\mathrm{d}p_y\,\mathrm{d}p_z \tag{3.57}$$

由前面讨论可知[式(3.42)]，该微元内包含的微观态数为

$$\frac{1}{h^3}\mathrm{d}x\mathrm{d}y\mathrm{d}z\mathrm{d}p_x\,\mathrm{d}\,p_y\,\mathrm{d}\,p_z \tag{3.58}$$

类似于式(3.39)，单粒子态变量的范围为

$$\begin{gathered}-\infty < p_x, p_y, p_z < \infty \\ 0 < x, y, z < L\end{gathered} \tag{3.59}$$

它给出了系统所有允许微观态。处于微观态$(x, y, z; p_x, p_y, p_z)$的单粒子能量即为系统能量，因此系统的能量E_s为

$$E_s = \frac{p_x^2 + p_y^2 + p_z^2}{2m} \tag{3.60}$$

于是由式(3.26)可得单粒子系统的配分函数Z_s为

$$Z_s = \sum_i \mathrm{e}^{-\beta E_s} \tag{3.61}$$

这里求和中的i表示单粒子态，它由式(3.59)所确定，于是式(3.61)写为

$$\begin{aligned}Z_s &= \int \mathrm{e}^{-\beta E_s}\frac{1}{h^3}\mathrm{d}x\mathrm{d}y\mathrm{d}z\mathrm{d}p_x\,\mathrm{d}\,p_y\,\mathrm{d}\,p_z \\ &= \int_0^L \mathrm{d}x\int_0^L \mathrm{d}y\int_0^L \mathrm{d}z\int_{-\infty}^{\infty}\mathrm{e}^{-\frac{p_x^2}{2mk_BT}}\mathrm{d}p_x\int_{-\infty}^{\infty}\mathrm{e}^{-\frac{p_y^2}{2mk_BT}}\mathrm{d}p_y\int_{-\infty}^{\infty}\mathrm{e}^{-\frac{p_z^2}{2mk_BT}}\mathrm{d}p_z \\ &= L^3\left[\left(\frac{2\pi mk_BT}{h^2}\right)^{\frac{1}{2}}\right]^3 = \left(\frac{2\pi mk_BT}{h^2}\right)^{\frac{3}{2}}V\end{aligned} \tag{3.62}$$

这里运用了积分公式$\int_{-\infty}^{\infty}\mathrm{e}^{-ax^2}\mathrm{d}x = (\pi/a)^{\frac{1}{2}}$。由式(3.29)可得系统能量，即单粒子能量的系综平均值：

$$\overline{E}_s = k_BT^2\frac{\partial \ln Z_s}{\partial T} = \frac{3}{2}k_BT \tag{3.63}$$

这里的配分函数用了单粒子系综的配分函数，所得的能量即为单粒子能量的平均值，式(3.63)与式(3.53)所给出的结果完全一致。显然采用单粒子系综方法计算系统的能量要简单得多。

利用单粒子系综方法可以很简单证明能量均分定理，也就是在热平衡温度 T

时，原子在每个自由度都具有能量$\frac{1}{2}k_BT$，三维空间中的单原子有三个自由度，因而单原子总能量为$\frac{3}{2}k_BT$。能量均分定理也适用于振动和转动自由度，如双原子分子除具有三个平动自由度外，还有三个转动自由度和一个振动自由度，因此双原子分子在热平衡温度T时的总能量为$\frac{7}{2}k_BT$。

3.3.4　经典谐振子理想气体系统

这里用单粒子系综方法研究无相互作用的经典谐振子系统。如第 2 章所示，经典谐振子是一个很简单的模型，但它在物理中具有特别重要的意义，许多物质可以抽象成谐振子的系统，如电磁场可以抽象成谐振子的系统，晶格的运动也可抽象成谐振子的系统，材料介电性质的洛伦兹模型中材料也被抽象成谐振子。无相互作用谐振子系统也就是经典谐振子理想气体系统，下面采用单粒子正则系综方法计算这样的经典谐振子系统在热平衡时单个谐振子的平均能量以及系统的比热容。

考虑宏观态由温度T表征的经典谐振子系统。作为经典粒子，单个谐振子的微观态由位置和动量表示，即由(x,p)表示，每个谐振子的能量为：$E=\frac{p^2}{2m}+\frac{1}{2}kx^2$，其中$m$和$k$分别是谐振子的质量和弹性常数。在系统温度$T$为确定值的宏观态下，每个谐振子可以和外部环境交换任何大小的能量，因此微观态参量的取值由下式给出：

$$\begin{aligned}-\infty < x < \infty\\ -\infty < p < \infty\end{aligned}\tag{3.64}$$

式(3.64)确定了谐振子所有可能的微观态。因此，单个谐振子的正则配分函数为

$$Z_s^{\text{谐振子}}=\int_{-\infty}^{\infty}\int_{-\infty}^{\infty}e^{-\left(\frac{kx^2}{2k_BT}+\frac{p^2}{2mk_BT}\right)}\frac{1}{h}dxdp=\frac{1}{h}\int_{-\infty}^{\infty}e^{-\frac{kx^2}{2k_BT}}dx\int_{-\infty}^{\infty}e^{-\frac{p^2}{2mk_BT}}dp=\frac{2\pi k_BT}{h(k/m)^{1/2}}\tag{3.65}$$

其中$1/h$是单位相空间体积中的微观态数。运用式(3.29)可得单个谐振子在平衡温度T时的平均能量$\overline{E}_s$：

$$\overline{E}_s=k_BT^2\left(\frac{\partial\ln Z_s^{\text{谐振子}}}{\partial T}\right)_V=k_BT\tag{3.66}$$

由于谐振子具有两个自由度，分别对应动能和势能，因此总能量为 $k_B T$ 。

如果一个谐振子系统含 N 个谐振子，那么其内能 $U = Nk_B T$ ，其定容比热容 c_V 为

$$c_V = \left(\frac{\partial U}{\partial T}\right)_V = Nk_B \tag{3.67}$$

摩尔比热容则为

$$c_{V,\mathrm{m}} = N_A k_B = R \tag{3.68}$$

其正好等于理想气体常量 R。

3.4　量子理想气体

量子粒子和经典粒子具有本质不同，量子粒子统计物理的概念源于 1924 年玻色和爱因斯坦关于光子统计的工作，随后 1926 年费米和狄拉克提出关于电子的统计，这些工作确立了量子粒子的统计物理学，是认识材料系统性质尤其是电子系统的基础。量子粒子具有与经典粒子完全不同的本质和描述方法，因此本节先大致说明量子统计物理的基本思想；量子统计的工具是巨正则系综方法，因此本节随后说明巨正则系综方法；然后用该方法计算三种理想气体(经典粒子系统、玻色子系统和费米子系统)的巨配分函数，由此得到三种理想气体的统计分布律；最后比较经典和量子统计分布律的关系。

3.4.1　量子统计法

3.3 节所讨论的经典理想气体中，每个微观粒子的微观态由其位置和动量描述，整个系统的微观态则由所有粒子的位置和动量描述，然而对于材料性质研究中最重要的电子、声子和光子等粒子，这种描述是不可行的。首先，这些粒子都是量子粒子，按照量子力学的测不准原理不可能同时确定微观粒子的坐标和动量；其次，更本质的是量子粒子根本不能用坐标来描述，在后面的 3.9 节中将说明量子粒子实际上是一种分布于整个空间的模式，从而根本无法用位置坐标来描述；最后，能用位置坐标描述微观粒子就意味着这些粒子是可分辨的，但人们常说微观粒子根本上是不可分辨的，因此描述量子粒子和量子粒子系统的微观态需要新的方式，相应地也需要新的统计方法。值得指出的是，实际上不可分辨性与统计物理学紧密相关，正是统计物理学的研究推进了对不可分辨性的认识。历史上最初的量子统计法是玻色和爱因斯坦在 1924 年对电磁场的统计力学研究中所发展

的玻色-爱因斯坦统计法，它不但开启了新的量子统计物理学，而且推进了光子概念的发展和完善，并一般性地促进了对微观粒子的本质的认识。下面说明量子统计物理的基本思想。

量子粒子的根本性质之一在于其不可分辨性，也就是说从根本上不能追踪和标识单个微观粒子，因而无法通过说明每个粒子所处的单粒子态来说明系统的微观态，这个问题的本质是：单粒子态是量子系统中最基本的、第一性的概念，而粒子是衍生的、第二性的概念，关于这个问题更详细的讨论将在 3.9 节中给出。因此，在量子系统中描述一个微观态是通过说明每个单粒子态上有多少个粒子来完成的，因此量子统计要解决的基本问题是每个单粒子态被占据的概率或者每个单粒子态上平均占有数，后者即所谓的统计分布律。

把系统的各单粒子态按能量从低到高的顺序排列，即按 $\varepsilon_1 \leqslant \varepsilon_2 \leqslant \cdots \leqslant \varepsilon_i \leqslant \cdots$ 的顺序把各单粒子态标识为 $1,2,\cdots,i,\cdots$，于是系统的一个微观态则完全由所有**单粒子态占有数**即如下数组

$$(n_1, n_2, \cdots, n_i, \cdots) \tag{3.69}$$

来确定，其中 n_i 表示第 i 个单粒子态的粒子占有数，不同的数组 $(n_1, n_2, \cdots, n_r, \cdots)$ 则表示不同的系统微观态。系统所有的单粒子态由求解系统的运动方程给出，上述用来标识单粒子态的 i 实际上表示一个单粒子态的量子数，如索末菲金属电子模型中(见 3.7 节)标识 i 实际上对应一组量子数 (n_1, n_2, n_3) [见式(3.146)]。

粒子在每个单粒子态上允许的取值 n_i 是由单粒子的本性决定的，也就是说是由量子力学确定的。量子力学研究指出微观粒子可以分为两类，一类粒子称为玻色子，在玻色子系统中一个单粒子态上可容纳任意数量的粒子，也就是说 n_i 可以取任何非负整数即 $n_i = 0,1,2,\cdots,\infty$，光子和声子属于这类粒子；另一类粒子称为费米子，在费米子系统中一个单粒子态上可能最多容纳一个粒子，也就是说只能是 n_i=0,1，电子则属于这类粒子。量子力学研究指出玻色子总是具有整数的自旋，费米子总是具有半整数的自旋，例如，光子的自旋为 1，电子的自旋为 1/2。

各单粒子态上的粒子数总是变化不定的，但系统处于热平衡时，每个单粒子态上的粒子数的平均值 $\bar{n}_i (r = 1,2,\cdots)$ 是确定的，也就是形成一组确定的占有数分布 $(\bar{n}_1, \bar{n}_2, \cdots, \bar{n}_i, \cdots)$，这称为单粒子态**平均占有数**(average occupation number)，单粒子态平均占有数计算公式是量子统计法的基本公式，所谓的麦克斯韦-玻尔兹曼分布、玻色-爱因斯坦分布和费米-狄拉克分布就是指不同系统的单粒子态平均占有数。如果知道系统所有单粒子态及其能量，则由单粒子态平均占有数公式可直接计算系统所有热力学量，从而求解热平衡时的占有数分布是量子统计的一个基本任务。平均占有数从根本上由统计力学的等概率假设和各态历经假

设所决定，稍后所述的巨正则系综方法为求解单粒子态平均占有数提供了一种方法，另一种方法见附录 D。

下面说明单粒子态平均占有数难以用 3.3 节所述的正则系综方法实现。考虑 N 个不可分辨粒子组成的无相互作用粒子系统，用正则系综方法计算就意味着用式(3.26)计算系统的正则配分函数，也就是计算所有允许微观态相应的玻尔兹曼因子的和，为此要先确定系统所有可能的微观态和相应的能量。在量子统计法中系统微观态由单粒子态占有数表征，对于给定的单粒子占有数 $(n_1,n_2,\cdots,n_i,\cdots)$，系统的能量 E 为

$$E=\sum_i n_i\varepsilon_i \tag{3.70}$$

于是系统的配分函数为

$$Z=\sum_{(n_1,n_2,\cdots,n_i,\cdots)} \mathrm{e}^{-\sum_i n_i\varepsilon_i} \tag{3.71}$$

式(3.71)对 $(n_1,n_2,\cdots,n_i,\cdots)$ 的求和表示所有可能满足要求的占有数分布，但 $n_i(i=1,2,\cdots)$ 的取值不是随意的，除了受粒子数本性的限制(对费米子 n_i 只能是 0 或 1，对玻色子 n_i 可以是 0,1,2 等非负整数)外，还必须满足粒子数守恒的约束条件：

$$\sum_i n_i=N \tag{3.72}$$

由于这个约束，式(3.71)中对 $(n_1,n_2,\cdots,n_i,\cdots)$ 求和就变得十分困难，正则系综方法不能一般性地计算系统的配分函数，尽管可以对某些特殊系统进行处理[9]，而巨正则系综则为一般性地处理量子理想气体的统计问题提供了可行的方法。巨正则系综方法所研究的系统是粒子数可变的系统，也就是粒子数是从零到无穷大可变的，选择这一系统的实质在于它解除了对单粒子态上粒子数的约束，从而克服了上述的困难，巨正则系综方法将在 3.4.2 节讨论。利用巨正则系综方法就可以计算平衡态时量子理想气体的平均占有数，这将在 3.4.3 节中说明。最后在 3.4.4 节中说明利用平均占有数计算量子气体宏观性质的公式。

下面说明多粒子系统中的**单粒子微观态**和**系统微观态**的不同，为清楚起见，这里以电子系统为例。电子系统中单粒子微观态即为单电子微观态，通常情况下简称为单电子态，它是单个电子的量子态，每个单电子量子态实际上是系统单电子薛定谔方程的一个解，每个量子态由单电子波函数和单电子能量两个量表征，它们都由解薛定谔方程确定，例如晶体能带论中每个单电子态就是周期势场中单

电子薛定谔方程的一个解，其波函数和相应的能量通过求解这个方程获得。电子系统的微观态是指整个系统所有电子形成的量子态，它也由系统波函数和系统能量两方面表征；系统波函数应当包括所有单电子的分布信息，最常见的系统波函数由系统中所有单电子波函数组成的斯莱特行列式(见第 4 章 4.5 节)表达；系统能量则是指系统中所有电子的总能量，它不仅包括单电子的能量，还包括电子之间的相互作用。

3.4.2　巨正则系综方法

3.4.2.1　巨正则系综

考察如图 3.6 所示的处于热浴中的系统，它除可以和热浴进行能量交换外，还可以进行物质交换，这意味着不仅系统热力学能 E 是可变的，系统的粒子数 N 也是可变的，当系统和热浴在能量和物质交换达到平衡时，系统和热浴具有共同的温度 T 和化学势 μ，因此表征系统在平衡态的宏观参数为 T,V,μ，其中 V 是系统的体积。由于系统可以与环境热浴交换能量和物质，而热浴被认为远大于系统，因此系统的热力学能和粒子数可以看成在从零到无穷大的范围变化，这样系统所有可能的微观态形成巨正则系综。巨正则系综中一个微观态出现的概率由称为吉布斯分布的因子给出，下面将首先推导出该因子，随后由该因子引入巨正则配分函数，最后说明如何由该配分函数计算系统的所有宏观热力学性质。

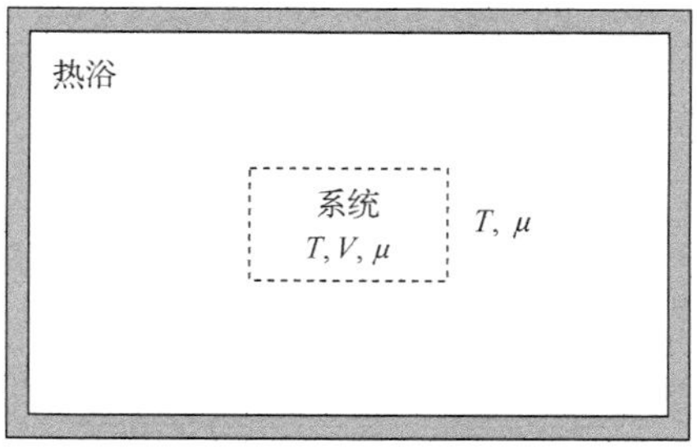

图 3.6　巨正则系综的系统和热浴

3.4.2.2　吉布斯分布

热浴连同系统形成一个孤立系统，其体积、粒子数和总能量分别记为 V_0、N_0 和 E_0，所研究系统的体积 V 是固定的，因此热浴的体积 V_0-V 也是固定的，由于系统和热浴之间有能量和粒子的交换，它们的能量和粒子数都是变化的，在热浴和系统达到平衡时，按照 3.2 节的结论，两者具有共同的温度 T 和化学势 μ。当

系统的粒子数为 N 时，热浴中的粒子数为 N_0-N。对于给定的系统粒子数 N 系统可以处于一系列的态，这些态记为 $N1,N2,\cdots,Nr,\cdots$，相应的能量记为 $E_{N1},E_{N2},\cdots,E_{Nr},\cdots$，当系统的能量为 E_{Nr} 时，则热浴的能量为 E_0-E_{Nr}。

用 $\Omega_{热浴}(E_0-E_{Nr},V_0-V,N_0-N)$ 表示热浴的统计权重，由等概率假设，系统处于 Nr 态的概率 p_{Nr} 为

$$p_{Nr}=常数\times\Omega_{热浴}(E_0-E_{Nr},V_0-V,N_0-N) \tag{3.73}$$

用热浴的熵 $S_{热浴}=k_B\ln\Omega_{热浴}(E_0-E_{Nr},V_0-V,N_0-N)$ 表示，则为

$$p_{Nr}=常数\times\exp\left[\frac{S_{热浴}(E_0-E_{Nr},V_0-V,N_0-N)}{k_B}\right] \tag{3.74}$$

把 $S_{热浴}$ 展开为泰勒级数，则有

$$S_{热浴}(E_0-E_{Nr},V_0-V,N_0-N)=S_{热浴}-\left(\frac{\partial S_{热浴}}{\partial E_0}\right)_{V,N}E_{Nr}-\left(\frac{\partial S_{热浴}}{\partial V_0}\right)_{E,N}V-\left(\frac{\partial S_{热浴}}{\partial N_0}\right)_{E,V}N \tag{3.75}$$

式中，$S_{热浴}$ 表示 $S_{热浴}(E_0,V_0,N_0)$，在求微分时另外两个变量保持不变。

利用式(3.8)所定义的温度和式(3.17)所定义的化学势，这里热浴的温度 T 和化学势 μ 分别为

$$\frac{1}{T}\equiv\left(\frac{\partial S_{热浴}}{\partial E_0}\right)_{V,N},\qquad \mu=-T\left(\frac{\partial S_{热浴}}{\partial N_0}\right)_{E,V} \tag{3.76}$$

在系统和热浴达到平衡时两者的温度和化学势是相等的，由此不再区分热浴与系统的温度和化学势，统一用式(3.76)定义的 T 和 μ 表示两者的温度和化学势。用上述定义的 T 和 μ，式(3.75)表达为

$$S_{热浴}(E_0-E_{Nr},V_0-V,N_0-N)=S_{热浴}-\left(\frac{\partial S_{热浴}}{\partial V_0}\right)_{E,N}V-\frac{E_{Nr}}{T}-\frac{\mu N}{T} \tag{3.77}$$

由于热浴的巨大性，$S_{热浴}$ 和 $\left(\frac{\partial S_{热浴}}{\partial V_0}\right)_{E,N}$ 可以认为是保持不变的，而系统的体积 V 也是不变的，也就是说式(3.77)前两项为常数，而系统和热浴在平衡时有相同的 T 和 μ，只有 E_{Nr} 和 N 是变化的，于是把式(3.77)代入式(3.74)则可得

$$p_{Nr}=常数\times\exp[\beta(\mu N-E_{Nr})] \tag{3.78}$$

其中 $\beta = 1/(k_B T)$，归一化的概率则为

$$p_{Nr} = \frac{e^{\beta(\mu N - E_{Nr})}}{\mathcal{Z}} \tag{3.79}$$

其中 $\mathcal{Z}$ 为归一化因子，其表达式为

$$\mathcal{Z}(T,V,\mu) \equiv \sum_{N=0}^{\infty} \sum_{n_1,n_2,\cdots}^{(N)} e^{\beta(\mu N - E_{Nr})} = \sum_{Nr} e^{\beta(\mu N - E_{Nr})} \tag{3.80}$$

其中的双重求和首先是粒子数为 N 时系统所有可能的微观态求和，然后再对粒子数即 N 从 0 到 ∞ 求和，也就是对系统所有允许的粒子数 N 求和，在式(3.80)中把双重求和简记为 $\sum_{Nr}()$，即

$$\sum_{Nr}() = \sum_{N=0}^{\infty} \sum_{n_1,n_2,\cdots}^{(N)} () \tag{3.81}$$

式(3.79)表达了系统处于粒子数为 N 时第 r 个微观态即 Nr 态的概率，该式称为**吉布斯分布**(Gibbs distribution)，$e^{\beta(\mu N - E_{Nr})}$ 称为**吉布斯因子**(Gibbs factor)。式(3.80)中的 $\mathcal{Z}$ 称为**巨配分函数**(grand partition function)，从后面的讨论可以看到由它可以计算所有系统的热力学量，因此计算它是巨正则系综方法的计算的出发点。由式(3.80)可知要计算巨配分函数 $\mathcal{Z}$ 需要确定两方面物理量：一是系统所有可能的微观态和相应的能量，二是系统的化学势 μ，前者由求解系统的运动方程获得，化学势是与系统粒子数交换相关联的量，它通常由平衡时求系统粒子数的计算公式来求解，这将稍后通过实例详细说明。

知道了系统处于微观态 Nr 的概率 p_{Nr}，则系统某一物理量 A 的平均值 $\overline{A}$ 就可以由下式计算：

$$\overline{A} = \sum_{Nr} p_{Nr} A_{Nr} \tag{3.82}$$

其中，A_{Nr} 为系统处于微观态 Nr 时物理量 A 的值，求和对系统所有允许态进行，也就是对整个巨正则系综进行，该式实际上表达了系统任何一个宏观量是系统相应微观量的系综平均。式(3.82)是计算系统所有的热力学量起始公式，但实际上直接计算系统热力学量是通过巨配分函数 $\mathcal{Z}$ 来实现的，下面给出由 $\mathcal{Z}$ 计算系统平均粒子数的公式，其他计算公式请参考附录 D。

由式(3.82)可知，系统在平衡态时的平均粒子数为

$$\overline{N}=\sum_{Nr}p_{Nr}N \tag{3.83}$$

将 $\ln \mathcal{Z}$ 对 μ 进行求导计算，则可得

$$\frac{\partial \ln \mathcal{Z}}{\partial \mu}=\frac{1}{\mathcal{Z}}\frac{\partial \mathcal{Z}}{\partial \mu}=\frac{1}{\mathcal{Z}}\frac{\partial}{\partial \mu}\left[\sum_{Nr}\mathrm{e}^{\beta(\mu N-E_{Nr})}\right]=\frac{1}{\mathcal{Z}}\frac{\partial}{\partial \mu}\left[\sum_{Nr}\beta N\mathrm{e}^{\beta(\mu N-E_{Nr})}\right]=\beta\sum_{Nr}p_{Nr}N \tag{3.84}$$

比较式(3.84)和式(3.83)可得

$$\overline{N}=k_{\mathrm{B}}T\left(\frac{\partial \ln \mathcal{Z}}{\partial \mu}\right)_{T,V} \tag{3.85}$$

对于具有确定粒子数的系统(如一块金属中所有的电子构成的系统)，其中的粒子数 $\overline{N}$ 是已知的，因此式(3.85)实际上是关于化学势 μ 的隐式方程，求解此方程即可得到 μ，有关化学势更详细的讨论及计算实例参见 3.6 节。

3.4.2.3　巨正则系综中的涨落

在巨正则系综方法中，系统的能量和粒子数都是变化的量，系统在平衡态时的能量 $\overline{E}$ 和粒子数 $\overline{N}$ 是系综的平均，下面证明在热平衡时系统处于偏离 $\overline{E}$ 和 $\overline{N}$ 的微观态的可能性是完全可忽略不计的。证明的方法和 3.3.1.3 节所用的方法完全类似，就是证明系统在所有微观态的**相对能量标准偏差**和**相对粒子数标准偏差**是一个极小的量，相对能量标准偏差的计算和处理与正则系综中的情形相类似(见 3.3.1.3 节)，这里不再讨论，这里只讨论相对粒子数标准偏差及其意义。相对粒子数标准偏差定义为

$$\bar{\sigma}_N\equiv\frac{\left(\overline{N^2}-\overline{N}^2\right)^{1/2}}{\overline{N}} \tag{3.86}$$

其中 $\overline{N}^2$ 和 $\overline{N^2}$ 分别是粒子数平均值 $\overline{N}$ 的平方和粒子数平方 N^2 的平均值：

$$\overline{N}^2=\left(\sum_{Nr}p_{Nr}N\right)^2,\qquad \overline{N^2}=\sum_{Nr}p_{Nr}N^2 \tag{3.87}$$

下面计算 $\bar{\sigma}_N$。利用巨正则系综方法中的巨势 $\varPhi$ 来计算和表达 $\bar{\sigma}_N$ 是最为简洁的方法，$\varPhi$ 的定义为(参看附录 D)：

$$\Phi \equiv \Phi(T,V,\mu) = -k_{\mathrm{B}}T\ln \mathcal{Z} \tag{3.88}$$

把巨势 Φ 对 μ 求一次导数，并与式(3.85)比较可得

$$\left(\frac{\partial \Phi}{\partial \mu}\right)_{T,V} = -\overline{N} \tag{3.89}$$

将该方程两边对 μ 求导数，则有

$$\left(\frac{\partial^2 \Phi}{\partial \mu^2}\right)_{T,V} = -\left(\frac{\partial \overline{N}}{\partial \mu}\right)_{T,V} = -\sum_{Nr} N\left(\frac{\partial p_{Nr}}{\partial \mu}\right)_{T,V} \tag{3.90}$$

而由式(3.79)可得

$$\frac{1}{p_{Nr}}\left(\frac{\partial p_{Nr}}{\partial \mu}\right)_{T,V} = \left(\frac{\partial \ln p_{Nr}}{\partial \mu}\right)_{T,V} = \beta N - \left(\frac{\partial \ln \mathcal{Z}}{\partial \mu}\right)_{T,V} = \beta N - \beta\overline{N} \tag{3.91}$$

式中最后一个等式的推导中利用了式(3.85)。把式(3.91)代入式(3.90)，并考虑式(3.87)则有

$$\left(\frac{\partial^2 \Phi}{\partial \mu^2}\right)_{T,V} = -\sum_{Nr} N p_{Nr}\left(\beta N - \beta\overline{N}\right) = -\beta\left(\sum_{Nr} p_{Nr}N^2 - \overline{N}\sum_{Nr} p_{Nr}N\right) = -\beta\left(\overline{N^2} - \overline{N}^2\right) \tag{3.92}$$

于是由式(3.86)可得

$$\overline{\sigma}_N = \frac{\left(\overline{N^2} - \overline{N}^2\right)^{1/2}}{\overline{N}} = \frac{\left[-k_{\mathrm{B}}T\left(\frac{\partial^2 \Phi}{\partial \mu^2}\right)_{T,V}\right]^{1/2}}{\left(\frac{\partial \Phi}{\partial \mu}\right)_{T,V}} \tag{3.93}$$

由化学势 μ 的定义式(3.76)和巨势 Φ 的定义式(3.88)可知，μ 是强度量，Φ 为广延量，也就是 μ 不直接与 N 相关而 Φ 正比于 N，因此有 $\left(\frac{\partial^2 \Phi}{\partial \mu^2}\right)_{T,V} \sim N$ 和 $\left(\frac{\partial \Phi}{\partial \mu}\right)_{T,V} \sim N$，由式(3.93)可得 $\frac{\sigma_N}{\overline{N}}$ 对 N 的依赖关系，可表达为

$$\frac{\sigma_N}{\overline{N}} \propto \frac{1}{N^{1/2}} \tag{3.94}$$

对于典型的宏观系统 $\overline{N}\sim 10^{23}$，相对涨落 $\dfrac{\sigma_N}{\overline{N}}\sim 10^{-11}$，这意味着实际上粒子数 $\overline{N}$ 是完全确定的。类似于 3.3 节中对正则系综中系统处于不同能量概率的讨论，上述结论意味着尽管在巨正则系综中系统的粒子数是可变的，但实际上在平衡时系统几乎完全处于粒子数为 $\overline{N}$ 的微观态，处于偏离 $\overline{N}$ 微观态的概率完全可忽略不计，这意味着允许改变系统中粒子数的巨正则系综方法实质上和粒子数保持不变的正则系综会导致相同的结果。

3.4.3 理想气体的巨配分函数

本节计算理想气体的巨配分函数，经典粒子系统的巨配分函数能很简单地直接求得，而量子粒子系统的巨配分函数的计算则要复杂得多，下面分别介绍。

3.4.3.1 经典理想气体

经典理想气体的巨配分函数 $\mathcal{Z}$ 可直接地计算。重写 $\mathcal{Z}$ 的定义式(3.80)如下：

$$\mathcal{Z}(T,V,\mu)=\sum_{N=0}^{\infty}\sum_{n_1,n_2,\cdots}^{(N)}\mathrm{e}^{\beta(\mu N-E_{Nr})} \tag{3.95}$$

在该式中 $\sum\limits_{n_1,n_2,\cdots}^{(N)}\mathrm{e}^{\beta(\mu N-E_{Nr})}$ 可写为

$$\sum_{n_1,n_2,\cdots}^{(N)}\mathrm{e}^{\beta(\mu N-E_{Nr})}=\mathrm{e}^{\beta\mu N}\sum_{n_1,n_2,\cdots}^{(N)}\mathrm{e}^{-\beta E_{Nr}} \tag{3.96}$$

而 $\sum\limits_{n_1,n_2,\cdots}^{(N)}\mathrm{e}^{-\beta E_{Nr}}$ 实际是含 N 粒子系统的配分函数，它由式(3.49)给出，将其代入则有

$$\sum_{n_1,n_2,\cdots}^{(N)}\mathrm{e}^{\beta(\mu N-E_{Nr})}=\mathrm{e}^{\beta\mu N}\frac{1}{N!}\left(\frac{2\pi mk_{\mathrm{B}}T}{h^2}\right)^{\frac{3}{2}N}V^N=\frac{1}{N!}\left[\mathrm{e}^{\beta\mu}\left(\frac{2\pi mk_{\mathrm{B}}T}{h^2}\right)^{\frac{3}{2}}V\right]^N \tag{3.97}$$

将式(3.97)代入式(3.95)，则有

$$\mathcal{Z}(T,V,\mu)=\sum_{N=0}^{\infty}\frac{1}{N!}\left[\mathrm{e}^{\beta\mu}\left(\frac{2\pi mk_{\mathrm{B}}T}{h^2}\right)^{\frac{3}{2}}V\right]^N=\mathrm{e}^{\mathrm{e}^{\beta\mu}\left(\frac{2\pi mk_{\mathrm{B}}T}{h^2}\right)^{\frac{3}{2}}V} \tag{3.98}$$

把式(3.98)代入式(3.85)，可得

$$\overline{N}=k_{\mathrm{B}}T\left(\frac{\partial\ln\mathcal{Z}}{\partial\mu}\right)_{T,V}=\mathrm{e}^{\beta\mu}\left(\frac{2\pi mk_{\mathrm{B}}T}{h^2}\right)^{\frac{3}{2}}V \tag{3.99}$$

$\overline{N}$即为平衡时系统中的粒子数，对于给定粒子数为N的系统$\overline{N}$即为N，于是有

$$\mathrm{e}^{\beta\mu}\left(\frac{2\pi mk_{\mathrm{B}}T}{h^2}\right)^{\frac{3}{2}}V=N \tag{3.100}$$

于是经典理想气体的巨配分函数为

$$\mathcal{Z}^{\mathrm{MB}}(T,V,\mu)=\mathrm{e}^N \tag{3.101}$$

这里加上标MB是因为经典系统的统计分布律称为麦克斯韦-玻尔兹曼分布。

3.4.3.2　量子理想气体

考虑处于温度T和化学势为μ的玻色子或费米子理想气体系统，系统中的单粒子态用i标识，单粒子态能量用ε_i标识，规定$\varepsilon_1\leqslant\varepsilon_2\leqslant\cdots\leqslant\varepsilon_i\leqslant\cdots$，每种单粒子态占有数$(n_1,n_2,\cdots,n_i,\cdots)$确定了系统的一个微观态。现在用巨配分函数$\mathcal{Z}$的定义式(3.80)计算$\mathcal{Z}$。先回顾一下式(3.80)中求和，求和通过两步完成：第一步，对一个包含N个粒子的系统的所有微观态求和，在该系统中每个微观态由单粒子态占有数$(n_1,n_2,\cdots,n_i,\cdots)$表征，但这些占有数必须满足$n_1+n_2+\cdots=N$的限制条件，满足这个限制条件的所有可能组合就表示系统所有允许的微观态，对每个微观态计算系统的能量$E_{Nr}=n_1\varepsilon_1+n_2\varepsilon_2+\cdots$，由此可得每个微观态的吉布斯因子$\mathrm{e}^{\beta(\mu N-E_{Nr})}$，最后把所有微观态的吉布斯因子加起来，这个结果记为S_N；第二步，改变N值，重复上一步的求和，也就是对从0到∞的每个N值进行上述的求和，于是得到一系列的$S_0,S_1,S_2\cdots$，然后把这些值加起来即得系统的巨配分函数，即$\mathcal{Z}=S_0+S_1+S_2+\cdots$。在第一步中的求和是对所有允许的$(n_1,n_2,\cdots,n_i,\cdots)$进行，但是这些$n_i$要受$n_1+n_2+\cdots=N$的约束，因此这里的求和就难以进行，这实际上就是正则系综中求和遇到的问题，所以发展巨正则系综就在于它巧妙地绕开了这个求和问题，下面说明之。

重新考察$\mathcal{Z}$的定义式可以注意到，$\mathcal{Z}$其实就是巨正则系综中系统所有可能微观态的吉布斯因子和，每个微观态完全由单粒子占有数$(n_1,n_2,\cdots,n_i,\cdots)$确定，也就是说巨配分函数可写为

$$\mathcal{Z} = \sum_{n_1, n_2, \cdots} \mathrm{e}^{\{\beta[\mu(n_1+n_2+\cdots)-(n_1\varepsilon_1+n_2\varepsilon_2+\cdots)]\}} \tag{3.102}$$

其中求和是对系统中任何允许的$(n_1, n_2, \cdots, n_i, \cdots)$进行。巨正则系综方法区别于正则系综方法的根本之处在于系统中粒子数是可变的，也就是说系统中的粒子数可以取任何值(非负整数)，这意味着每个单粒子态上的粒子数也可以取任何值，这意味着式(3.102)求和中的所有单粒子态占有数$n_i(i=1,2,\cdots)$除了量子力学限制外没有任何限制，即相互独立的。于是式(3.102)可写为

$$\mathcal{Z} = \sum_{n_1, n_2, \cdots} \mathrm{e}^{\{\beta[(\mu-\varepsilon_1)n_1+(\mu-\varepsilon_2)n_2+\cdots]\}} = \sum_{n_1}\sum_{n_2}\cdots \mathrm{e}^{\{\beta[(\mu-\varepsilon_1)n_1+(\mu-\varepsilon_2)n_2+\cdots]\}} \tag{3.103}$$

这里求和中$n_i(i=1,2,\cdots)$就是所有量子力学允许的单粒子态占有数。式(3.103)可进一步简化为

$$\mathcal{Z} = \sum_{n_1}\sum_{n_2}\cdots \mathrm{e}^{\beta[(\mu-\varepsilon_1)n_1}\mathrm{e}^{(\mu-\varepsilon_2)n_2}\cdots = \left[\sum_{n_1}\mathrm{e}^{\beta[(\mu-\varepsilon_1)n_1}\right]\left[\sum_{n_2}\mathrm{e}^{\beta[(\mu-\varepsilon_2)n_2}\right]\cdots \tag{3.104}$$

为了理解式(3.104)第二个等式的正确性，这里给出如下的数学等式：

$$\left[\sum_i A_i\right]\left[\sum_j B_j\right] = (A_1 + A_2 + \cdots)(B_1 + B_2 + \cdots) = \sum_i\sum_j A_i B_j \tag{3.105}$$

定义$\mathcal{Z}_i$为

$$\mathcal{Z}_i \equiv \sum_{n_i}\mathrm{e}^{\beta(\mu-\varepsilon_i)n_i} \tag{3.106}$$

$\mathcal{Z}_i$可看成是单粒子能态ε_i的巨配分函数，于是式(3.104)可表达为

$$\mathcal{Z}=\mathcal{Z}_1\mathcal{Z}_2\cdots=\prod_i^{\infty}\mathcal{Z}_i \tag{3.107}$$

式中，$\prod$表示连乘符号，连乘中的指标i表示第i个单粒子态，式(3.107)表明系统的巨正则配分函数是所有单粒子态巨配分函数的乘积。下面从式(3.107)出发计算费米子和玻色子理想气体系统的巨配分函数。

对于费米子系统，每个单粒子态的占有数n_i只有 0 和 1 两种取值，于是由式(3.106)可得费米子系统中单粒子能级的巨配分函数$\mathcal{Z}_i$：

$$\mathcal{Z}_i^{\mathrm{FD}} = \mathrm{e}^{\beta(\mu-\varepsilon_i)\cdot 0} + \mathrm{e}^{\beta(\mu-\varepsilon_i)\cdot 1} = 1 + \mathrm{e}^{\beta(\mu-\varepsilon_i)} \tag{3.108}$$

这里加上标 FD 是因为费米子的统计分布律称为费米-狄拉克分布，由此得费米子系统的巨配分函数 $\mathcal{Z}$：

$$\mathcal{Z}^{\mathrm{FD}}=\prod_{i}^{\infty}[1+\mathrm{e}^{\beta(\mu-\varepsilon_i)}] \tag{3.109}$$

对于玻色子理想气体系统，每个单粒子态的占有数 n_i 可以取 0,1,2,⋯，于是由式(3.106)可得单粒子能级 ε_i 的巨配分函数 $\mathcal{Z}_i$：

$$\mathcal{Z}_i^{\mathrm{BE}}=\mathrm{e}^{\beta(\mu-\varepsilon_i)\cdot 0}+\mathrm{e}^{\beta(\mu-\varepsilon_i)\cdot 1}+\mathrm{e}^{\beta(\mu-\varepsilon_i)\cdot 2}+\cdots=\frac{1}{1-\mathrm{e}^{\beta(\mu-\varepsilon_i)}} \tag{3.110}$$

这里加上标 BE 是因为玻色子的统计分布律称为玻色-爱因斯坦分布，由此得玻色子系统的巨配分函数 $\mathcal{Z}$：

$$\mathcal{Z}^{\mathrm{BE}}=\prod_{i}^{\infty}\left[\frac{1}{1-\mathrm{e}^{\beta(\mu-\varepsilon_i)}}\right] \tag{3.111}$$

3.4.4　三种统计分布律

按照巨正则系综的方法，知道了系统的巨正则配分函数就可以计算系统的任何热力学量，然而在实际应用中通常并不通过巨配分函数计算热力学量，而是通过所谓的统计分布律来计算热力学量，统计分布律是系统在平衡状态时单粒子态的平均占据率，不同本性的微观粒子具有不同的统计分布律，经典粒子的统计分布律称为麦克斯韦-玻尔兹曼分布，玻色子的统计分布律为玻色-爱因斯坦分布，费米子的统计分布律则称为费米-狄拉克分布。本节说明如何获得这三种统计分布律，如何由统计分布律计算系统的热力学量则在 3.4.5 节中说明。

3.4.4.1　玻色-爱因斯坦分布

把式(3.111)中的玻色子系统巨配分函数代入式(3.85)计算系统平衡时的粒子数，则有

$$\overline{N}=k_{\mathrm{B}}T\left(\frac{\partial\ln\mathcal{Z}^{\mathrm{BE}}}{\partial\mu}\right)_{T,V}=k_{\mathrm{B}}T\left(\frac{\partial\sum_i\ln\frac{1}{1-\mathrm{e}^{\beta(\mu-\varepsilon_i)}}}{\partial\mu}\right)_{T,V}=\sum_i\frac{1}{\mathrm{e}^{\beta(\varepsilon_i-\mu)}-1} \tag{3.112}$$

式中求和对所有单粒子态进行，式(3.112)的意义是：系统在平衡时的总粒子数是单粒子能级上粒子数的总和，因此 $\frac{1}{\mathrm{e}^{\beta(\varepsilon_i-\mu)}-1}$ 表示玻色子系统单粒子态(其能量

为 ε_i）上的平均粒子数 $\overline{n}_i^{\mathrm{BE}}$，即

$$\overline{n}_i^{\mathrm{BE}} = \frac{1}{\mathrm{e}^{\beta(\varepsilon_i-\mu)}-1} \tag{3.113}$$

式(3.113)称为**玻色-爱因斯坦分布**。

3.4.4.2　费米-狄拉克分布律

同样地，把式(3.109)中的 $\mathcal{Z}^{\mathrm{FD}}$ 代入式(3.85)可得在平衡状态下费米子系统中的平均粒子数为

$$\overline{N} = k_{\mathrm{B}}T\left(\frac{\partial \ln \mathcal{Z}^{\mathrm{FD}}}{\partial \mu}\right)_{T,V} = k_{\mathrm{B}}T\left(\frac{\partial \sum\limits_i \ln[1+\mathrm{e}^{\beta(\mu-\varepsilon_i)}]}{\partial \mu}\right)_{T,V} = \sum_i \frac{1}{\mathrm{e}^{\beta(\varepsilon_i-\mu)}+1} \tag{3.114}$$

因此 $\dfrac{1}{\mathrm{e}^{\beta(\varepsilon_i-\mu)}+1}$ 表示费米子系统单粒子态(其能量为 ε_i）上的平均粒子数 $\overline{n}_i^{\mathrm{FD}}$，即

$$\overline{n}_i^{\mathrm{FD}} = \frac{1}{\mathrm{e}^{\beta(\varepsilon_i-\mu)}+1} \tag{3.115}$$

式(3.115)称为**费米-狄拉克分布**。

3.4.4.3　麦克斯韦-玻尔兹曼分布

上述求解量子系统分布律的方法难以用在经典粒子系统中，因为经典粒子系统的巨配分函数 $\mathcal{Z}^{\mathrm{MB}}$ 中[式(3.101)]没有直接包含单粒子态的信息。这里用正则系综的方法来推导经典粒子系统的单粒子态平均占有数。处于热平衡的经典气体中一个单粒子处于能量为 ε_i 单粒子态的概率 $p(\varepsilon_i)$ 由式(3.54)给出：

$$p(\varepsilon_i) = \frac{\mathrm{e}^{-\beta\varepsilon_i}}{\sum\limits_i \mathrm{e}^{-\beta\varepsilon_i}} = \frac{\mathrm{e}^{-\beta\varepsilon_i}}{Z_{\mathrm{s}}} \tag{3.116}$$

其中，$\sum\limits_i \mathrm{e}^{-\beta\varepsilon_i}$ 为归一化因子，也即理想气体的单粒子配分函数 Z_{s}。假设系统中共有 N 个粒子，则系统中处于能态 ε_i 的平均粒子数 $\overline{n}_i$ 为

$$\overline{n}_i^{\mathrm{MB}} = Np(\varepsilon_i) = \frac{N}{\sum\limits_i \mathrm{e}^{-\beta\varepsilon_i}}\mathrm{e}^{-\beta\varepsilon_i} = \frac{N}{Z_{\mathrm{s}}}\mathrm{e}^{-\beta\varepsilon_i} \tag{3.117}$$

由式(3.62)的 $Z_s=\left(\frac{2\pi mk_BT}{h^2}\right)^{\frac{3}{2}}V$ 和式(3.100)的 $N=e^{\beta\mu}\left(\frac{2\pi mk_BT}{h^2}\right)^{\frac{3}{2}}V$ 可得 $N/Z_s=e^{\beta\mu}$，于是式(3.117)写为

$$\overline{n}_i^{MB}=e^{-\beta(\varepsilon_i-\mu)} \tag{3.118}$$

此即经典理想气体的**麦克斯韦-玻尔兹曼分布**。

3.4.5 系统宏观量的计算公式

量子理想气体系统某个热力学量 A(如系统能量 E)是系统中所有单粒子相应物理量(如单粒子能量)的和，而所有单粒子分布在各个单粒子态上，因而单粒子物理量 A 的取值由所在单粒子态的相应量 A_i(i 是单粒子态的标识)给出，在热平衡时各单粒子态上分布的粒子数由平均占有数 $\overline{n}_i$ 给出，于是在热平衡时系统的热力学量 A 则为

$$A=\sum_i \overline{n}_i A_i \tag{3.119}$$

求和对所有单粒子态进行。式(3.119)表明单粒子态是巨正则系综方法中的核心对象，一个系统所有的单粒子态称为**单粒子态系综**，巨正则方法把求系统的宏观量最后归结为对单粒子态系综的求和。

用式(3.119)计算系统在热平衡温度 T 时的宏观性质时，需要确定系统所有能态在温度 T 时的单粒子态分布函数 $\overline{n}_i$ 以及确定系统都有哪些单粒子态，由其计算式(3.113)或式(3.115)可知，确定 $\overline{n}_i$ 要确定两个量：一是确定所有单粒子态及其能量 ε_i，这由求解系统的运动方程解决；二是确定系统在温度 T 时的化学势 $\mu(T)$ (稍后说明化学势是温度的函数)，这将在 3.6 节中说明。

对初学者来说，式(3.119)与式(3.56)之间容易引起混淆，因为两者看起来都是从微观态求宏观热力学量，而且求和都是对所有单粒子态进行，但两者却是完全不同的。首先，式(3.56)基于经典统计方法，在这种方法中微观粒子是可分辨的，式(3.56)中处理的对象就是单粒子，计算的结果是单粒子平衡态性质，如单粒子的平均能量；而式(3.119)基于量子统计方法，在这种方法中根本不能分辨单个粒子，式(3.119)中处理的对象是单粒子态，计算的结果是整个系统的性质，如系统的总能量；其次，式(3.56)中的权重因子是单粒子态的概率 p_i，概率总是小于 1 的数；而式(3.119)中的权重因子是单粒子态的平均占有数，除费米子系统外，这个占有数可以是大于 1 的数。

3.5 经典系统和量子系统的关系

本节通过比较统计分布律说明什么情况下量子理想气体转变为经典理想气体，考察玻色子和费米子系统在单粒子态 ε_i 的平均粒子数公式：

$$\overline{n}_i = \frac{1}{\mathrm{e}^{\beta(\varepsilon_i-\mu)}+a} \tag{3.120}$$

其中，a=1 对应于费米子系统，a= –1 对应于玻色子系统。从该式可见当

$$\mathrm{e}^{\beta(\varepsilon_i-\mu)} \gg 1 \tag{3.121}$$

时，式(3.120)变为麦克斯韦-玻尔兹曼分布：

$$\overline{n}_i = \mathrm{e}^{-\beta(\varepsilon_i-\mu)} \tag{3.122}$$

因此式(3.121)表达了量子理想气体转化为经典理想气体的条件。把式(3.121)代入式(3.120)可得经典情形下单粒子态占有数的特征：

$$\overline{n}_i = \mathrm{e}^{-\beta(\varepsilon_i-\mu)} \ll 1 \tag{3.123}$$

也就是说在经典理想气体中所有单粒子态的占有数远小于 1，这意味着在经典情形中每个单粒子态几乎都是空的，而当单粒子态占有数接近 1 或远大于 1 时意味着量子效应很强，这时就必须用费米-狄拉克分布或玻色-爱因斯坦分布来描述粒子的分布。在某些电子系统中低能的单粒子态被完全占满，这时必须用费米-狄拉克分布来描述电子的分布，由于这种情形在量子力学中被称为是简并的，这种必须由费米-狄拉克分布描述的电子系统称为**简并电子气**(degenerate electron gas)，而由麦克斯韦-玻尔兹曼分布描述的电子系统则称为**非简并电子气**(nondegenerate electron gas)。从后面的讨论将会看到，在金属中费米能之下的单电子态几乎完全被占满，因此金属中的电子属于高度简并的电子系统。半导体中的电子分布随掺杂有很大的变化，当掺杂较少时属于简并电子系统，相应的半导体被称为**简并半导体**，掺杂很多时导带中的电子或价带中的空穴分布可以由麦克斯韦-玻尔兹曼分布描述，这样的半导体被称为**非简并半导体**。

利用式(3.100)，麦克斯韦-玻尔兹曼分布可写为

$$\overline{n}_i = \left[\frac{N}{V}\left(\frac{h}{\sqrt{2\pi m k_{\mathrm{B}} T}}\right)^3\right]\mathrm{e}^{-\beta\varepsilon_i} \tag{3.124}$$

定义粒子间平均距离 d 和热波长 λ，即

$$d \equiv (V/N)^{1/3}, \qquad \lambda \equiv h/\sqrt{2\pi m k_{\mathrm{B}} T} \tag{3.125}$$

则式(3.124)可以表达为

$$\overline{n}_i = \left(\frac{\lambda}{d}\right)^3 \mathrm{e}^{-\beta\varepsilon_i} \tag{3.126}$$

对式(3.126)用式(3.123)所示的条件，则有

$$\left(\frac{\lambda}{d}\right)^3 \mathrm{e}^{-\beta\varepsilon_i} \ll 1 \tag{3.127}$$

由于 $\mathrm{e}^{-\beta\varepsilon_i}$ 总是小于 1，所以如果

$$\lambda \ll d \tag{3.128}$$

则式(3.127)肯定成立，这就是说当热波长 λ 远小于粒子间平均距离时，经典情形总是成立。

下面说明热波长 λ 的意义。按量子力学物质的德布罗意波长 λ_{dB} 定义为

$$\lambda_{\mathrm{dB}} = h/p = h/\sqrt{2mE} = h/\sqrt{3mk_{\mathrm{B}}T} \tag{3.129}$$

其中，p 和 E 分别是粒子的动量和能量，在热平衡温度 T 时单原子的能量 $E = 3k_{\mathrm{B}}T/2$，比较热波长 λ 和德布罗意波长可得

$$\lambda = [3/(2\pi)]^{1/2} \lambda_{\mathrm{dB}} \sim 0.7\lambda_{\mathrm{dB}} \tag{3.130}$$

这表明热波长 λ 大致上等于德布罗意波长 λ_{dB}。

式(3.128)所示的条件意味着当粒子的热波长远小于粒子间平均距离时，粒子系统可以看成是一个经典理想气体系统，这是经典理想气体成立的另一种表述方式。处于室温的实际气体该条件总是成立的，例如对于 T=300K 和 P=10^5Pa 的氩气，Ar 原子之间的平均距离和热波长分别是 35Å 和 0.16Å，显然在这种情况下热波长远小于原子间距。德布罗意波长表示粒子的波动性，当粒子间平均距离远大于粒子的德布罗意波长时，粒子的波动性就可以忽略，这时粒子就可以看成是经典粒子，自然其统计就适合麦克斯韦-玻尔兹曼分布，否则粒子就必须看成是量子粒子，这时粒子的统计只能用量子统计分布律描述。

3.6 化　学　势

一个处于平衡系统的平衡态由两个量描述：一是温度，它表达了系统与外界环境之间的能量平衡；二是化学势，它表达了系统与外界环境之间的物质交换平衡。温度通常通过实验测量确定，所以温度通常不会引起迷惑。化学势则常常引起人们的迷惑，首先，它不像温度那样可以直接而简单地通过实验测量；其次，它是通过熵而定义的[式(3.17)或者式(3.76)]，而熵本身就是难以确定的，所以如何确定化学势通常是个令人困惑的问题；最后，化学势的性质及在实际中的应用没有得到足够的阐述。这里对化学势的一般性质做一些讨论，对电子的化学势更多的讨论将在 3.12 节进行。

3.6.1　单粒子吉布斯自由能

化学势 μ 的一个重要意义是：化学势是系统中单粒子的吉布斯自由能。这个结论可完全由热力学得到，下面说明这个推导过程。孤立系统的熵为 $S(U,V,N)$，微分得

$$\mathrm{d}S=\left(\frac{\partial S}{\partial U}\right)_{V,N}\mathrm{d}U+\left(\frac{\partial S}{\partial V}\right)_{U,N}\mathrm{d}V+\left(\frac{\partial S}{\partial N}\right)_{U,V}\mathrm{d}N=\frac{\mathrm{d}U}{T}+\frac{P\mathrm{d}V}{T}-\frac{\mu\mathrm{d}N}{T} \tag{3.131}$$

即

$$\mathrm{d}U=T\mathrm{d}S-P\mathrm{d}V+\mu\mathrm{d}N \tag{3.132}$$

在热力学中吉布斯自由能 G 的定义为

$$G=U+PV-TS \tag{3.133}$$

其中，U 为系统内能；P 为系统压强。对式(3.133)两边微分可得

$$\mathrm{d}G=\mathrm{d}U+P\mathrm{d}V+V\mathrm{d}P-T\mathrm{d}S-S\mathrm{d}T \tag{3.134}$$

用式(3.132)中的 $\mathrm{d}U$ 替换式(3.134)的 $\mathrm{d}U$，则有

$$\mathrm{d}G=-S\mathrm{d}T+V\mathrm{d}P+\mu\mathrm{d}N \tag{3.135}$$

由式(3.135)可得

$$\mu=\left(\frac{\partial G}{\partial N}\right)_{T,P} \tag{3.136}$$

考虑吉布斯自由能 G 具有广延性质，对于任意因子 λ，有

$$\lambda G(T,P,N)=G(T,P,\lambda N) \tag{3.137}$$

式(3.137)对λ微分有

$$G(T,P,N)=N\left(\frac{\partial G}{\partial N}\right)_{T,P} \tag{3.138}$$

联合式(3.138)和式(3.136)则有

$$G(T,P,N)=\mu N \tag{3.139}$$

这就证明了化学势μ即为单粒子的吉布斯自由能。由式(3.139)和式(3.135)可得，在等温等压条件下，化学势为μ的系统中每增加一个粒子，系统的吉布斯自由能增加μ。

3.6.2 化学势的求解和取值特性

在统计物理中，化学势μ是在巨正则系综方法中引进和定义的[式(3.76)]，它具有能量的量纲，是一个强度量，它与系统的粒子数N以乘积形式出现于吉布斯因子$e^{\beta(\mu N-E_{Nr})}$以及巨配分函数中，它表征了系统与外部环境进行物质交换的特性。下面分别讨论不同系统中化学势的求解方法和取值特性。

3.6.2.1 经典粒子系统

由式(3.100)可得经典单原子理想气体的化学势表达式：

$$\mu=k_{\mathrm{B}}T\ln\frac{\left(\dfrac{\sqrt{2\pi mk_{\mathrm{B}}T}}{h}\right)^3}{V/N}=-3k_{\mathrm{B}}T\ln\left(\frac{d}{\lambda}\right) \tag{3.140}$$

由于通常总是$d\geqslant\lambda$，因此经典单原子理想气体的化学势总是小于0。由该式也可见化学势是温度、体积和粒子数的函数，也就是说化学势通常可写为$\mu(T,V,N)$，对于体积和粒子数固定的系统，系统的化学势只依赖于温度，由式(3.140)可见，经典系统的化学势随温度升高而升高。对于处于温度T=300K和压力为$P=10^5$Pa的氩气，利用3.5节中计算的d和λ可得$\ln(d/\lambda)\approx 5.39$，而$k_{\mathrm{B}}T\approx 26\,\mathrm{meV}$，于是该气体的化学势约为–0.42eV。

3.6.2.2 费米子系统

对于其中微观粒子数确定的费米子系统(如金属中的电子系统)，化学势可以用计算系统粒子数的方程确定：按照巨正则系综方法计算系统某一物理量平均值[式(3.119)]，一个费米系统的宏观粒子数N可由下式计算：

$$N=\sum_i \overline{n}_i=\sum_i\frac{1}{e^{\beta(\varepsilon_i-\mu)}+1} \tag{3.141}$$

其中，N 是系统中的粒子，该式是关于 μ 的方程，求解该方程即可得到 μ，3.7 节将给出用该方法确定金属电子系统 μ 的例子。由于式(3.141)中包含温度因子 β，因此 μ 随温度改变而改变。由于单粒子能级的能量大小取决于参考零点，不同的参考零点会有不同的单粒子能量 ε_i，因而由式(3.141)决定的化学势的值也取决于能级参考零点的选择。对某些系统需要从更基本的巨配分函数计算来确定 μ，有关的例子见 3.12 节。

电子是材料中最重要的费米子，电子系统的化学势通常称为费米能。在 3.7 节中将证明：如果取能量最低的能级为能量零点，金属中电子系统的化学势总是大于 0，一般金属的费米能通常为几 eV。费米能是理解所有电子系统性质的一个基本量，它代表电子系统中能量较低的填满电子能级和较高的空能级之间的一个分界线，它是理解材料电子性质的基础，有关金属的费米能将在 3.7 节中讨论，分子和半导体的费米能及其应用则在 3.12 节中讨论。

3.6.2.3　玻色子系统

3.6.2.2 节所用的求费米子系统化学势的方法同样可用于具有确定粒子数的玻色子系统，如具有玻色-爱因斯坦凝聚行为的原子玻色子系统。

由于每个单粒子态的平均占有数不会小于 0，由玻色-爱因斯坦分布可知，这要求对任何能级 ε_i 必须有

$$e^{\frac{\varepsilon_i-\mu}{k_B T}}-1 \geqslant 0 \tag{3.142}$$

由此可得对所有能级必须有 $\varepsilon_i \geqslant \mu$，如果选择单粒子态基态的能量为 0，即 $\varepsilon_1 = 0$，则有

$$\mu \leqslant 0 \tag{3.143}$$

即当选玻色子基态为能量零点时，玻色子系统的化学势总是不大于 0。

在材料性质研究中两个重要的玻色子系统是光子系统和声子系统，它们的化学势为零：

$$\mu_{光子}=0, \qquad \mu_{声子}=0 \tag{3.144}$$

光子系统化学势为 0 才能和基于实验的普朗克辐射定律一致，声子系统化学势为 0 才能和基于实验的固体晶格比热实验一致。这两个系统的一个重要特征是系统中玻色子数量是不守恒的，而是随着外界环境变化而变化，当系统温度升高时，系统中的粒子数增加；当温度降低时，粒子数减少。在系综方法中，化学势是由于系统和热浴之间有粒子交换而引入的，它刻画了系统和热浴之间粒子交换，系

统中粒子不守恒意味着系统中粒子数无需经过与热浴之间的交换就能够增加或减少，化学势是在等温等压条件下系统增加一个粒子时系统吉布斯自由能的增加值，如果系统中粒子数无需外界输入粒子就能发生粒子数增加，这意味着系统中的粒子能自由地创生和湮灭，因此化学势必须为零，在附录 D 中采用另一种方法来推导分布律，在这种方法中化学势是作为拉格朗日因子而引入的，而引入的原因在于系统粒子数守恒的约束条件，如果系统的粒子数不守恒就不会有关于粒子数的约束条件，从而无需引入化学势，这意味着化学势为零。

3.7　金属中自由电子气的统计

1897 年，汤姆孙(J. J. Thomson)发现电子。1900 年，德鲁德把金属中的导电和导热问题归结于金属中电子的运动，他把金属中的电子看成是经典粒子的理想气体，部分说明了金属的导电、导热及比热性质，但仍有一些性质不能解释，如金属中电子比热容比预期的要小得多的问题。随着 20 世纪 20 年代中期量子力学和费米-狄拉克分布的发现，1927 年索末菲把金属中的电子看成是量子粒子即费米子的理想气体，解释了德鲁德理论不能解释的若干事实，如解释了电子的比热容为什么很小，德鲁德的经典自由电子气理论和索末菲的量子自由电子气理论是材料电子理论发展的里程碑。电子比热容问题是这两个理论能解决的最简单的问题，此即本节要讨论的内容。本节的重点在于说明如何处理金属中的电子以及如何应用统计物理方法进行定量计算，并说明能态密度和费米面的概念如何产生以及它们的意义。

3.7.1　德鲁德模型下的电子比热容

在德鲁德模型中，金属由离子芯和价电子构成，如金属 Na 由 Na^+离子芯和价电子构成，芯离子是不动的，价电子可以在金属内自由运动，价电子的本性为经典粒子，价电子之间是没有相互作用的；这个模型还假定芯离子的电荷均匀分布于整个金属中，换句话说芯离子形成均匀分布的背景电荷，在这样假设下，除了在边界处价电子受力处处为零；由于边界效应很小，这个模型中也忽略了边界效应。在这些假设下，金属中的电子就等同于经典的理想气体，由式(3.52)可知电子的比热容 $c_V = \dfrac{3}{2}Nk_B$，其中 N 为金属中的电子数。该比热容值与实验有两点不符：一是比由实验确定的值要大得多，二是与温度无关。

3.7.2　索末菲模型下的电子比热容

索末菲模型中的电子和德鲁德模型中的电子几乎一样，除了电子属于费米子外。索末菲模型中电子的运动方程为薛定谔方程，金属只是对电子运动范围施加了限制，假设金属是长度为 L 的立方体，那么该金属中电子运动方程为

$$\begin{cases} -\dfrac{\hbar^2}{2m}\left(\dfrac{\mathrm{d}^2\psi}{\mathrm{d}x^2}+\dfrac{\mathrm{d}^2\psi}{\mathrm{d}y^2}+\dfrac{\mathrm{d}^2\psi}{\mathrm{d}z^2}\right)=0 & 0\leqslant x,y,z\leqslant L \\ \psi=0 & x,y,z\leqslant 0;\ x,y,z\geqslant L \end{cases} \tag{3.145}$$

其中，m 为电子的质量，该方程解为[式(2.189)]

$$\begin{cases} \psi=\psi_{n_1,n_2,n_3}=\sqrt{\dfrac{8}{L}}\sin\left(\dfrac{n_1\pi}{L}x\right)\sin\left(\dfrac{n_2\pi}{L}y\right)\sin\left(\dfrac{n_3\pi}{L}z\right) \\ E=E_{n_1,n_2,n_3}=\dfrac{\pi^2\hbar^2}{2mL^2}(n_1^2+n_2^2+n_3^2) \end{cases} \quad n_1,n_2,n_3=1,2,3,\cdots \tag{3.146}$$

式中，ψ_{n_1,n_2,n_3} 和 E_{n_1,n_2,n_3} 分别是电子的波函数和能量，这个能量也就是电子的动能，因为这个系统中电子只有动能，该能量式相当于电子的色散关系。每个量子态由三个量子数 n_1、n_2、n_3 确定，所有可能的 n_1、n_2、n_3 的值给出了所有的量子态，这里的量子态是所谓的单电子态，这些是统计物理计算的基础。

统计物理的计算需要对微观态求和，与上述的经典理想气体类似，在量子统计物理中也需要引入相空间或态空间。对这里的电子问题，相空间是由三个量子数 n_1、n_2、n_3 为坐标形成的三维空间，也就是三个坐标轴分别对应于 n_1、n_2、n_3，如图 3.7 所示(为清晰起见这里只画了其中的二维空间)。在态空间中每个整数点对应一组 n_1,n_2,n_3，即对应一个微观态，因此对所有微观态的求和等价于对态空间中所有整数格点的求和。于是，微观态求和式(3.119)可写为

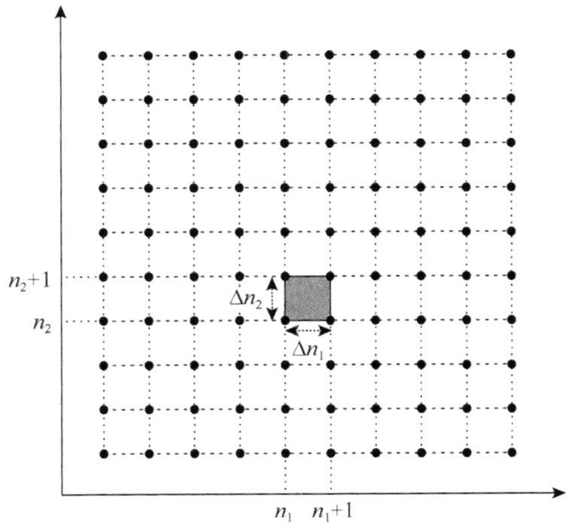

图 3.7　单电子态的相空间

每个态的体积为 1

$$
\begin{aligned}
A &= \sum_i A_i \overline{n}_i^{\mathrm{FD}} = \sum_{n_1,n_2,n_3} A_{n_1,n_2,n_3} \overline{n}_{n_1,n_2,n_3}^{\mathrm{FD}} \\
&= \sum_{n_1,n_2,n_3} A_{n_1,n_2,n_3} \overline{n}_{n_1,n_2,n_3}^{\mathrm{FD}} \cdot [(n_1+1)-n_1][(n_2+1)-n_2][(n_3+1)-n_3] \\
&= \sum_{n_1,n_2,n_3} A_{n_1,n_2,n_3} \overline{n}_{n_1,n_2,n_3}^{\mathrm{FD}} \cdot \Delta n_1 \Delta n_2 \Delta n_3
\end{aligned}
\tag{3.147}
$$

其中，$\overline{n}_{n_1,n_2,n_3}^{\mathrm{FD}}$ 为费米-狄拉克分布[式(3.115)]。式(3.147)用 n_1,n_2,n_3 代替了原式中的量子态标记 i，最后一个等式实际上就是高等数学中求积分 $\int \overline{n}_{n_1,n_2,n_3}^{\mathrm{FD}} A_i \mathrm{d}n_1 \mathrm{d}n_2 \mathrm{d}n_3$ 时所做的黎曼和，$\Delta n_1,\Delta n_2,\Delta n_3$ 就是沿三个坐标轴方向的分割区间，如图 3.7 所示，当分割区间趋于无穷小时，黎曼和等于积分。由于求和是对所有微观态进行，也就是求和范围遍及三个坐标轴的整个正半轴，与整个正半轴相比，$\Delta n_1,\Delta n_2,\Delta n_3$ 就变成无穷小量，因此求和实际上就等于积分，即

$$
A = \sum_{n_1,n_2,n_3} A_{n_1,n_2,n_3} \overline{n}_{n_1,n_2,n_3}^{\mathrm{FD}} \cdot \Delta n_1 \Delta n_2 \Delta n_2 = \int_0^{\infty}\int_0^{\infty}\int_0^{\infty} A_{n_1,n_2,n_3} \overline{n}_{n_1,n_2,n_3}^{\mathrm{FD}} \mathrm{d}n_1 \mathrm{d}n_2 \mathrm{d}n_3 \tag{3.148}
$$

这样，把对所有量子态的求和变为对态空间的积分，由于 $n_i (i=1,2,3)$ 只能取正整数，因此积分区域只限定态空间的第一象限，注意积分式中的 $n_i (i=1,2,3)$ 是积分变量，取连续的值，而不再是原来的取正整数值的量子态参数。

下面运用量子统计方法求电子的比热容。假定金属中共有 N 个电子，金属处于热平衡温度 T。求比热容的第一步是利用式(3.148)求出电子系统内能的表达式，再对其求温度的导数得到比热容。由于这里的电子系统是理想气体系统，也就是电子之间没有相互作用，因此系统的内能就等于所有电子的动能，于是由式(3.148)，电子系统的内能 U 为

$$
U = \int_0^{\infty}\int_0^{\infty}\int_0^{\infty} E_{n_1,n_2,n_3} \overline{n}_{n_1,n_2,n_3}^{\mathrm{FD}} \mathrm{d}n_1 \mathrm{d}n_2 \mathrm{d}n_3 \tag{3.149}
$$

式中，$\overline{n}_{n_1,n_2,n_3}^{\mathrm{FD}}$ 包含一个未知量 μ，因此需要先知道 μ 才能进行下一步的计算。为此，用式(3.148)计算总电子数 N，也就是取式(3.148)中的物理量 A 为粒子数，考虑到每个量子态包含自旋向上和自旋向下 2 个粒子，于是有

$$
N = \int_0^{\infty}\int_0^{\infty}\int_0^{\infty} 2 \cdot \overline{n}_{n_1,n_2,n_3}^{\mathrm{FD}} \mathrm{d}n_1 \mathrm{d}n_2 \mathrm{d}n_3 = \int_0^{\infty}\int_0^{\infty}\int_0^{\infty} 2 \cdot \frac{1}{\mathrm{e}^{\frac{E_{n_1,n_2,n_3}-\mu}{k_{\mathrm{B}}T}}+1} \mathrm{d}n_1 \mathrm{d}n_2 \mathrm{d}n_3 \tag{3.150}
$$

只有 μ 一个未知数，因此式(3.150)是一个关于 μ 的方程，求解此方程就能得到 μ，

该方程包含一个麻烦的积分计算，因此先要处理这个积分以使这个方程简化。

要进行上述积分，需要知道 E_{n_1,n_2,n_3} 对 n_1,n_2,n_3 的函数关系 $E_{n_1,n_2,n_3}(n_1,n_2,n_3)$，此即电子的色散关系，它由式(3.146)给出。考虑到色散关系中 E_{n_1,n_2,n_3} 正比于 n_1,n_2,n_3 的平方和，把态空间中直角坐标的积分换为球坐标的积分是最为方便的。为此，类比常见的 x,y,z 空间与这里由 n_1,n_2,n_3 表示的态空间。在 x,y,z 空间中直角坐标体积元 $\mathrm{d}x\mathrm{d}y\mathrm{d}z$ 与球坐标体积元的关系为：$\mathrm{d}x\mathrm{d}y\mathrm{d}z=4\pi r^2\mathrm{d}r$，其中 $x^2+y^2+z^2=r^2$。在态空间中，$x^2+y^2+z^2=r^2$ 相当于

$$(n_1^2+n_2^2+n_3^2)=\frac{2mL^2}{\pi^2\hbar^2}E_{n_1,n_2,n_3}=\frac{2mL^2}{\pi^2\hbar^2}E=\left(\sqrt{\frac{2mL^2}{\pi^2\hbar^2}E}\right)^2 \tag{3.151}$$

式(3.151)是色散关系式(3.146)的数学变形，E_{n_1,n_2,n_3} 简记为 E。可以看到 r 在态空间的对应量是 $\sqrt{\frac{2mL^2}{\pi^2\hbar^2}E}$。于是通过类比可得

$$\mathrm{d}n_1\mathrm{d}n_2\mathrm{d}n_3=4\pi\frac{2mL^2E}{\pi^2\hbar^2}\mathrm{d}\sqrt{\frac{2mL^2}{\pi^2\hbar^2}E}=2\pi\left(\frac{2mL^2}{\pi^2\hbar^2}\right)^{\frac{3}{2}}E^{\frac{1}{2}}\mathrm{d}E \tag{3.152}$$

把式(3.152)代入式(3.150)，则有

$$\begin{aligned}N&=\int_0^\infty\int_0^\infty\int_0^\infty\frac{2}{\mathrm{e}^{\frac{E_{n_1,n_2,n_3}-\mu}{k_\mathrm{B}T}}+1}\mathrm{d}n_1\mathrm{d}n_2\mathrm{d}n_3=\frac{1}{8}\int_0^\infty 2\cdot\frac{1}{\mathrm{e}^{\frac{E-\mu}{k_\mathrm{B}T}}+1}2\pi\left(\frac{2mL^2}{\pi^2\hbar^2}\right)^{\frac{3}{2}}E^{\frac{1}{2}}\mathrm{d}E\\&=\int_0^\infty\frac{1}{\mathrm{e}^{\frac{E-\mu}{k_\mathrm{B}T}}+1}\cdot\left(\frac{1}{2\pi^2}\left(\frac{2m}{\hbar^2}\right)^{\frac{3}{2}}\cdot L^3\cdot E^{\frac{1}{2}}\right)\mathrm{d}E\\&=\int_0^\infty\overline{n}^{\mathrm{FD}}(E)\cdot\rho(E)\mathrm{d}E\end{aligned} \tag{3.153}$$

其中，$\overline{n}^{\mathrm{FD}}(E)$ 为以能量表示的费米-狄拉克分布，即

$$\overline{n}^{\mathrm{FD}}(E)=\frac{1}{\mathrm{e}^{\frac{E-\mu}{k_\mathrm{B}T}}+1} \tag{3.154}$$

$\rho(E)$ 称为**能态密度**，其表达式为

$$\rho(E)=\frac{1}{2\pi^2}\left(\frac{2m}{\hbar^2}\right)^{\frac{3}{2}}\cdot L^3\cdot E^{\frac{1}{2}}=\frac{1}{2\pi^2}\left(\frac{2m}{\hbar^2}\right)^{\frac{3}{2}}\cdot V\cdot E^{\frac{1}{2}}=C\cdot E^{\frac{1}{2}} \tag{3.155}$$

其中，$V=L^3$ 是金属的体积；C 为引入的系数。从数学上看，上述过程只是把积分运算从直角坐标中的积分变成球坐标中的积分，但这具有很大的物理意义，即把原本对微观态求和变成了对能量的求和，这样就无需再考虑麻烦的微观态。对于系统内能 U 的计算式(3.149)也进行类似的坐标变换操作，则有

$$U=\int_0^\infty\int_0^\infty\int_0^\infty E_{n_1,n_2,n_3}\overline{n}_{n_1,n_2,n_3}^{\mathrm{FD}}\mathrm{d}n_1\mathrm{d}n_2\mathrm{d}n_3=\int_0^\infty E\cdot\overline{n}^{\mathrm{FD}}(E)\cdot\rho(E)\mathrm{d}E \tag{3.156}$$

考察式(3.156)的最后一个等式，其中 $\overline{n}^{\mathrm{FD}}(E)$ 为已知量，因此计算系统的内能只需知道能态密度 $\rho(E)$ 即可，也就说系统的能态密度唯一地确定了系统的总能量，或者说系统总能量的信息全包含在能态密度中，因此能态密度是一个系统的基本性质。从能态密度的数学计算过程可知，能态密度 $\rho(E)$ 是由式(3.146)中色散关系式决定的，而色散关系式由电子的微观运动方程决定，因此能态密度来自电子的运动方程，也就是它取决于微观粒子的运动，而由它计算出的内能是宏观量，因此能态密度是连接微观和宏观的桥梁。

到此为止我们所做的只是简化关于 μ 的方程，但依然没有简化到可以直接讨论 μ 的性质，因此需要进一步的处理，为此先讨论在系统温度为热力学零度情况下 μ 的性质，再考虑一般情形下的性质。

1) $T=0$ 的情形

定义 $T=0$ 时的 μ 值为 E_{F}，即

$$\mu(T=0)\equiv E_{\mathrm{F}} \tag{3.157}$$

E_{F} 称为电子系统的**费米能**。可以证明费米能 E_{F} 总是大于 0，即 $E_{\mathrm{F}}>0$，这里证明从略，有关证明请参考 Mandel 的书[10]。现在研究当温度趋于 0 时，费米-狄拉克分布 $\overline{n}^{\mathrm{FD}}(E)$ 的性质。当 $T\to 0$ 时，$\mu(T)\to E_{\mathrm{F}}$，如果 $E>E_{\mathrm{F}}$，则 $E-E_{\mathrm{F}}>0$，$\lim\limits_{T\to 0}\dfrac{E-E_{\mathrm{F}}}{k_{\mathrm{B}}T}\to\infty$，故 $\overline{n}^{\mathrm{FD}}(E)\to 0$；如果 $E\leqslant E_{\mathrm{F}}$，则 $E-E_{\mathrm{F}}\leqslant 0$，$\lim\limits_{T\to 0}\dfrac{E-E_{\mathrm{F}}}{k_{\mathrm{B}}T}\to -\infty$，故 $\overline{n}^{\mathrm{FD}}(E)\to 1$，因此在热力学零度时，费米-狄拉克分布为

$$\overline{n}^{\mathrm{FD}}(E)=\begin{cases}1 & E\leqslant E_{\mathrm{F}}\\ 0 & E>E_{\mathrm{F}}\end{cases} \tag{3.158}$$

这意味着能量在 E_F 以下的量子态全部被占据，而在 E_F 以上的态全空，E_F 就是一个能量分界。把热力学零度时的费米-狄拉克分布代入式(3.153)，则有

$$N=\int_0^{E_F}\rho(E)\mathrm{d}E=\int_0^{E_F}CE^{1/2}\mathrm{d}E=\frac{2}{3}CE_F^{3/2} \tag{3.159}$$

由此得到在 T=0 时的费米能 E_F：

$$E_F=(3\pi^2)^{2/3}\frac{\hbar^2}{2m}\left(\frac{N}{V}\right)^{2/3}=(3\pi^2)^{2/3}\frac{\hbar^2}{2m}n^{2/3} \tag{3.160}$$

其中，$n=\dfrac{N}{V}$ 表示单位体积中电子的个数即电子的数密度。由此可见，在热力学零度时金属的费米能完全由电子数密度决定。表 3.1 列出了一些金属的费米能。与通常温度的热能相比，所有金属的费米能要远大于热能，为此可定义费米温度 T_F：$k_BT_F=E_F$，也就是与费米能等价的热温度，由表 3.1 可以看出，金属的费米温度通常在 5×10^4K 以上，有些甚至在 1×10^5K 以上，而金属的熔点通常不超过 2×10^3K，因此，对几乎所有金属，直至熔化的温度，关系式 $k_BT\ll E_F$ 都是成立的。

热力学零度时电子的总能量 U 为

$$U=\int_0^{E_F}E\cdot2\rho(E)\mathrm{d}E=\frac{3}{5}N\cdot E_F=\frac{2}{5}C\cdot E_F^{5/2}=E_0 \tag{3.161}$$

因此热力学零度时单个电子的平均能量为 $\dfrac{E_0}{N}=\dfrac{3}{5}E_F$。

表 3.1　某些金属的费米能、费米温度和费米速度[11]

元素	电子密度/($10^{22}cm^{-3}$)	费米能/eV	费米温度/(10^4K)	费米速度/(10^8cm/s)
Li	4.7	4.7	5.5	1.3
Au	5.90	5.5	6.4	1.39
Cu	8.50	7.0	8.2	1.56
Hg(78K)	8.65	7.13	8.29	1.58
Zn	13.2	9.4	11.0	1.82
Bi	14.1	9.9	11.5	1.87
Fe	17.0	11.1	13.0	1.98
Al	18.1	11.7	13.6	2.03

2) $k_BT \ll E_F$ 的情形

下面考虑温度非绝对零度的情形，但温度范围满足关系 $k_BT \ll E_F$ 的情形。$k_BT \ll E_F$ 的条件并不意味着是温度很低的情形，由以上的讨论可知，在直至金属熔化的温度，关系式 $k_BT \ll E_F$ 都成立，因此这里讨论的结果实际上适用于几乎所有温度情形。既然这样为什么要限定这个条件？这是由于在具体计算中需要利用下述的索末菲展开公式，这个公式适用的条件为 $k_BT \ll E_F$。索末菲展开公式的推导见附录 E，其表达式是

$$\int_0^\infty \frac{\varphi(E)}{e^{\frac{E-\mu}{k_BT}}+1}dE = \int_0^\mu \varphi(z)dz + \frac{\pi^2}{6}(k_BT)^2\frac{d\varphi(\mu)}{d\mu}+\cdots \tag{3.162}$$

利用该式可以简化关于 μ 的方程式(3.153)，即

$$N = \int_0^\infty \frac{CE^{1/2}}{e^{\frac{E-\mu}{k_BT}}+1}dE \tag{3.163}$$

比较式(3.162)和式(3.163)可见式(3.163)是式(3.162)在 $\varphi(E)=CE^{1/2}$ 时的特例，于是由索末菲展开式可得

$$N = \frac{2}{3}C\mu^{\frac{3}{2}} + \frac{\pi^2}{12}C(k_BT)^2\mu^{-\frac{1}{2}} \tag{3.164}$$

该方程依然是一个复杂的代数方程，还可以进一步近似。在热力学零度至高达上千摄氏度的温度范围内，金属的化学势 μ 和其热力学零度下化学势 E_F 差别其实很小，因此化学势 μ 可写成

$$\mu = E_F + \Delta \tag{3.165}$$

其中 Δ 与 E_F 相比是一个很小的量，或者说 $\frac{\Delta}{E_F} \ll 1$。将 μ 在 E_F 处对 Δ 做级数展开，并略去 $(\Delta/E_F)^2$ 以上的高阶小项，则有

$$\begin{aligned}\mu^{\frac{3}{2}} &= (E_F+\Delta)^{\frac{3}{2}} \approx E_F^{3/2} + \frac{3}{2}E_F^{1/2}\cdot\Delta \\ \mu^{-\frac{1}{2}} &= (E_F+\Delta)^{-\frac{1}{2}} \approx E_F^{-1/2} - \frac{1}{2}E_F^{-3/2}\cdot\Delta\end{aligned} \tag{3.166}$$

将式(3.166)代入式(3.164)，则有

$$\begin{aligned}N &= \frac{2}{3}C\left(E_F^{3/2}+\frac{3}{2}E_F^{1/2}\varDelta\right)+\frac{\pi^2}{12}C(k_BT)^2\left(E_F^{-1/2}-\frac{1}{2}E_F^{-3/2}\varDelta\right)\\ &= \frac{2}{3}CE_F^{3/2}+CE_F^{1/2}\varDelta+\frac{\pi^2}{12}C(k_BT)^2E_F^{-1/2}-\frac{\pi^2}{24}C(k_BT)^2E_F^{-3/2}\varDelta \\ &= \frac{2}{3}CE_F^{3/2}+\frac{\pi^2}{12}C(k_BT)^2E_F^{-1/2}+C\left[1-\frac{\pi^2}{24}\left(\frac{k_BT}{E_F}\right)^2\right]E_F^{1/2}\cdot\varDelta\end{aligned}\tag{3.167}$$

由于 $k_BT \ll E_F$，因此 $\left(\dfrac{k_BT}{E_F}\right)^2$ 属于二级小量从而可以忽略，另外由式(3.159)可知 $\dfrac{2}{3}CE_F^{3/2}=N$，于是由式(3.167)可得

$$\varDelta=-\frac{\pi^2}{12}\frac{(k_BT)^2}{E_F}\tag{3.168}$$

我们对式(3.168)做一估算，室温(即 300K)下 $k_BT\approx 26\text{meV}$，而通常金属 E_F 为几 eV，如铜的 $E_F\approx 7\text{eV}$，可见 $\varDelta$ 与 E_F 相比确实是很小的一个量，即便是 2000K 的高温情况下也是小量，而铜的熔点只有 1356K。于是温度 T 时的电子化学势为

$$\mu=E_F-\frac{\pi^2}{12}\frac{(k_BT)^2}{E_F}\tag{3.169}$$

知道化学势 μ 后，下一步就可以计算系统总能量 U，由能量的积分式(3.156)得

$$U=\int_0^\infty E\cdot\bar{n}^{\text{FD}}(E)\rho(E)\text{d}E=\int_0^\infty\frac{CE^{3/2}}{\text{e}^{\frac{E-\mu}{k_BT}}+1}\text{d}E\tag{3.170}$$

式(3.170)是式(3.162)在 $\varphi(E)=CE^{3/2}$ 时的特例，于是由索末菲展开式可得

$$U=\frac{2}{5}C\mu^{5/2}+\frac{\pi^2}{4}C(k_BT)^2\mu^{1/2}\tag{3.171}$$

与处理式(3.164)类似，把 μ 写成式(3.165)所示的形式，然后把 $\mu^{5/2}$ 和 $\mu^{1/2}$ 在 E_F 处关于 $\varDelta$ 展开，并略去 $(\Delta/E_F)^2$ 以上的高阶小项，得

$$\begin{aligned}U &= \frac{2}{5}C\left(E_F^{5/2}+\frac{5}{2}E_F^{3/2}\varDelta\right)+\frac{\pi^2}{4}C(k_BT)^2\left(E_F^{1/2}+\frac{1}{2}E_F^{-1/2}\varDelta\right)\\ &= \frac{2}{5}CE_F^{5/2}+C\left[1+\frac{\pi^2}{8}\left(\frac{k_BT}{E_F}\right)^2\right]E_F^{3/2}\varDelta+\frac{\pi^2}{4}C(k_BT)^2E_F^{1/2}\end{aligned}\tag{3.172}$$

再略去式(3.172)中$\left(\frac{k_{\mathrm{B}}T}{E_{\mathrm{F}}}\right)^2$的二价小量，则有

$$U \approx \frac{2}{5}CE_{\mathrm{F}}^{5/2} + CE_{\mathrm{F}}^{3/2}\varDelta + \frac{\pi^2}{4}C(k_{\mathrm{B}}T)^2 E_{\mathrm{F}}^{1/2} \tag{3.173}$$

由式(3.161)可知式(3.173)中第一项$\frac{2}{5}CE_{\mathrm{F}}^{5/2}$为热力学零度时电子的总能量$E_0$，把式(3.168)中的$\varDelta$代入，则得到温度$T$时电子总能量：

$$U \approx E_0 + \frac{\pi^2}{6}C(k_{\mathrm{B}}T)^2 E_{\mathrm{F}}^{1/2} = E_0 + \frac{\pi^2}{6}\rho(E)(k_{\mathrm{B}}T)^2 \tag{3.174}$$

由此可得到电子的比热容：

$$c_V = \frac{\partial U}{\partial T} = \frac{\pi^2}{3}Ck_{\mathrm{B}}^2E_{\mathrm{F}}^{1/2}T = \frac{\pi^2}{3}k_{\mathrm{B}}^2\rho(E_{\mathrm{F}})T \tag{3.175}$$

利用式(3.159)的关系$N = \frac{2}{3}CE_{\mathrm{F}}^{3/2}$，式(3.175)改写为

$$c_V = \frac{\pi^2}{3}\frac{k_{\mathrm{B}}T}{E_{\mathrm{F}}}\left(\frac{3}{2}Nk_{\mathrm{B}}\right) \tag{3.176}$$

式中，$\frac{3}{2}Nk_{\mathrm{B}}$为德鲁德模型下的比热容，因此索末菲模型和德鲁德模型下的比热容比为

$$\frac{c_{V,\text{索末菲}}}{c_{V,\text{德鲁德}}} = \frac{\pi^2}{3}\frac{k_{\mathrm{B}}T}{E_{\mathrm{F}}} \tag{3.177}$$

与德鲁德模型相比，索末菲模型有两点显著不同：①索末菲模型的比热容与温度有关，而德鲁德模型的比热容与温度无关；②在金属保持固态的所有温度范围内，$\frac{k_{\mathrm{B}}T}{E_{\mathrm{F}}}$是一个很小的值，通常不超过 5%，因此由索末菲模型计算的比热容远小于由德鲁德模型计算的比热容。因此，索末菲模型很好解释了金属中电子比热容很小的实验事实。

下面在索末菲模型框架下采用更直观的方法来估算比热容。对于一般的金属，在室温到甚至 2000℃的温度范围，电子的热能只是电子费米能的 0.1%~5%，如铜的E_{F}约为 7.1eV，室温下$k_{\mathrm{B}}T \approx 25\mathrm{meV}$，也就是室温下热能只是费米能$E_{\mathrm{F}}$的 0.35%，1000℃时热能也只是费米能$E_{\mathrm{F}}$的 1.5%，而铜的熔点为 1085℃。因此，在金属保

持为固态的几乎任何温度，只有在费米面下能量范围很小的电子能够被热激发，如图 3.8 所示，根据泡利不相容原理，其他的电子不会参与热激发，因而不会对任何热扰动做出响应，从而对比热容没有贡献。由于能激发电子的能量范围窄，该能量范围内的能态密度不会有显著变化，和费米面处的能态密度基本相同，由此可估算出参与热激发的电子数为 $\rho(E_F)k_BT$。这些电子中每个电子的能量约为 k_BT，因此这些电子的总能量 U_{ex} 为

$$U_{ex} = \rho(E_F)k_BT \cdot k_BT = \rho(E_F)k_B^2T^2 \tag{3.178}$$

比热容为

$$c_V = \frac{\partial U_{ex}}{\partial T} = 2k_B^2\rho(E_F)T \tag{3.179}$$

式(3.179)与式(3.175)大体相同，只是比例系数上略有差别。这个估算清楚显示出实际电子比热容比经典自由电子气模型计算值小得多的原因在于：经典模型中所有电子都参与热激发，而在量子模型中参与热激发的电子数 N_{ex} 只是所有电子数 N 的一小部分，这个比例大体为

$$\frac{N_{ex}}{N} = \frac{\rho(E_F)k_BT}{N} = \frac{C \cdot E_F^{1/2}}{N}k_BT = \frac{3}{2}\frac{\frac{2}{3}C \cdot E_F^{3/2}}{N}\frac{T}{E_F / k_B} = \frac{3}{2}\frac{T}{T_F} \tag{3.180}$$

式(3.180)推导中利用了式(3.159)。式(3.180)表明参与热激发的电子数比例取决于环境温度与金属费米温度的比例，在室温至金属熔点，这一值通常为百分之几，与实验基本一致，另外也解释了为什么比热容不是一个常数而与温度成正比。

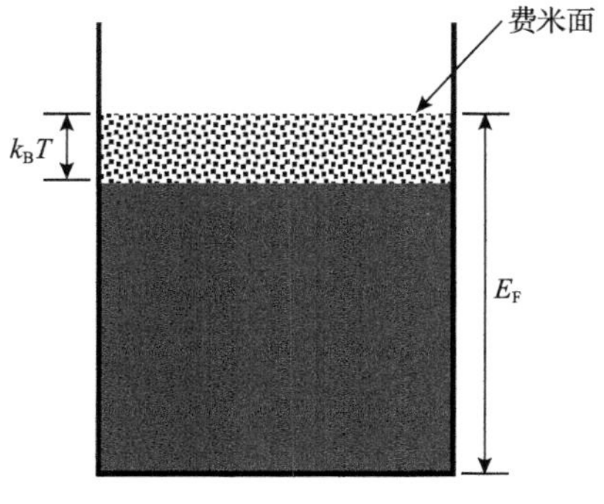

图 3.8　金属费米面附近的激发示意图

以上的讨论说明金属中能响应外部热激发的电子只是费米面附近的电子，同

样地，金属中能响应电场和磁场的激发也只有费米面附近的电子，因此费米能是描述金属性质的一个基本量，它大体上可看成是金属中电子的最高能量，这个能量为几 eV，相当于 5 万 K 到十几万 K 的温度。另外，人们常用费米速度表示费米能，其定义为与费米能等价的电子速度，即 $\frac{1}{2}mv_{\mathrm{F}}^2 = E_{\mathrm{F}}$，费米速度数量级通常为 10^8cm/s，有关具体数据可见表 3.1。

3.7.3 电子系统的小结

这里总结统计系综方法计算电子系统宏观性质整个过程中所涉及的基本思想和方法流程，整个过程包括三个阶段，如图 3.9 所示。第一是数学阶段，在这个阶段中要求解电子的运动方程，如果电子是经典粒子则实际上无需求解运动方程(牛顿方程)，如果看成是量子粒子就必须求解薛定谔方程。第二阶段是确定电子的基本物理性质，把薛定谔方程的每个解理解为一个量子态或电子态，每个电子态就是一个单粒子态，确定标识单粒子态的参数为 (k_x, k_y, k_z)，并确定所有可能的取值，也就是确定系统所有可能的微观态数，另外解出每个单粒子微观态的能量。第三阶段是统计物理阶段，包括由电子的基本物理性质确定其统计分布律，当把电子看成牛顿粒子时，电子遵守麦克斯韦-玻尔兹曼分布(MB 分布)，当把电子看成费米子时电子遵守费米-狄拉克分布(FD 分布)，由所有可能单粒子态总体形成单粒子系综，然后按统计物理方法对单粒子系综求和计算以得到最后结果。

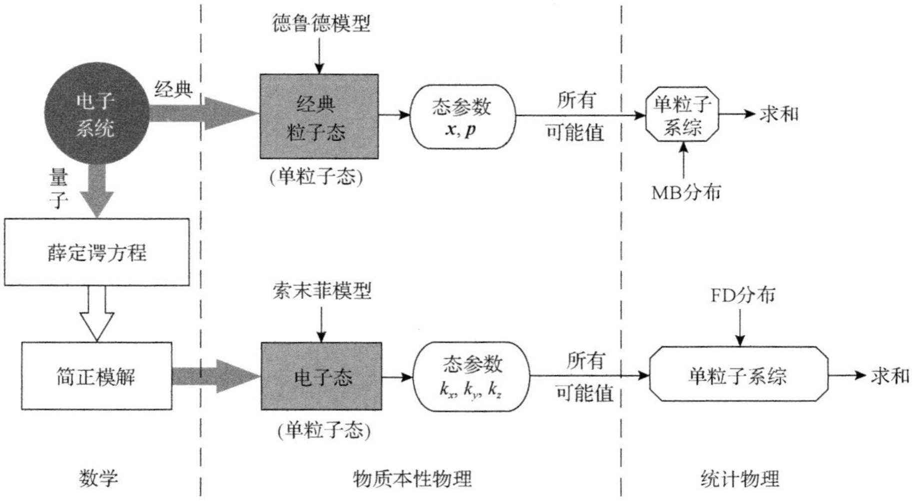

图 3.9　系综方法计算电子理想气体比热的流程

3.8　辐射场的统计和光子

物质都是由原子或分子构成的，除非在热力学零度，这些原子和分子处在不停振动中。按照电动力学理论，振动的电荷会辐射电磁波，因此物体总是会产生电磁辐射，这样的辐射称为热辐射。随着温度的改变，物体中原子或分子振动幅度和频率会发生改变，热辐射的强度和波长也会发生改变，因此温度和热辐射之间的关系是一个有趣的问题，能否从理论上预言在给定温度下物体辐射的频谱分布是一个基本的问题，所谓频谱分布就是辐射功率对波长的函数关系。由于一个物体的辐射除了热辐射之外，还有对外来光的反射及透射，因此要研究热辐射，最好消除反射和透射，也就是物体没有反射和透射，或者说物体对入射的辐射全部吸收，这样特性的物体为研究热辐射提供了一个理想模型，这样的物体被称为黑体。1859 年，基尔霍夫提出一个开有小孔的金属腔是一个理想的黑体，因为外来光一旦进入小孔，几乎不可能被再次反射出小孔，也就是说从小孔出来的辐射几乎只能来自金属腔的热辐射，此后带有小孔的金属腔成为黑体的理想对象和理论处理的标准模型。1900 年，瑞利提出了金属腔中的电磁场可看成是电磁模的集合，它把黑体辐射的问题变为处于热平衡的金属腔中电磁场的研究，摆脱了对腔壁中原子及分子运动的研究，这一认识开辟了黑体辐射理论研究新的方向，基于这一模型，瑞利和金斯运用经典的统计物理方法获得了一个黑体辐射公式，它在长波长端与实验相符，但在短波长端不符；同年普朗克提出量子化概念，推导出与实验全面符合的黑体辐射公式；1924 年，玻色提出了一种新的推导黑体辐射的方法，爱因斯坦由此注意到这种新的推导方法意味着一种新的电磁场观念即光子的观念，引申出微观粒子具有不可分辨性的观念，并由此开启了量子统计法。本节说明如何用统计物理方法推导黑体辐射公式，重点在于说明电磁模观念和光子观念的产生。

3.8.1　经典谐振子模型：瑞利-金斯公式

基尔霍夫的工作表明黑体辐射的理想模型是一个带有小孔的金属腔。瑞利关于黑体辐射的新思想是：金属腔中的电磁场可以看成其中所有允许的电磁模的集合(见 2.4 节)，黑体辐射实际上就是这些电磁模的辐射；在热平衡时，金属腔壁中由原子及分子的运动而产生的辐射和金属腔中的电磁场达到热平衡，也就是能量在这些电磁模上形成了确定的分配，黑体辐射的频谱就是由能量在这些电磁模上分布决定的。这个思想使人们不再考虑金属腔壁中的原子及分子的运动，而只需考虑金属腔中的电磁模。从金属腔系统求黑体辐射的频谱分布公式，只需计算热平衡时金属腔内的电磁场总能量 U，而 U 等于所有模式的能量和。考虑到每个电磁模的能量行为类似于谐振子(见 2.4 节)，瑞利把每个电磁模看成一个经典的谐振子，按照经典统计物理的结果，每个谐振子在热平衡温度 T 的平均能量为 $k_{\mathrm{B}}T$[见式(3.66)]，每个电磁模在温度 T 的能量为 $k_{\mathrm{B}}T$，计算金属腔内电磁场的总能量就是金属腔中的总模态数乘以 $k_{\mathrm{B}}T$，因此计算金属腔中的电磁模数是问题的关键。

从 2.4 节的讨论可知，金属腔中所允许的模态数由金属腔中的麦克斯韦方程决定，对于边长为 L 的三维金属腔，每个电磁模由三维数组(k_x,k_y,k_z)表征，k_x,k_y,k_z 可以取如下的值[式(2.99)]：

$$k_x=\frac{\pi}{L}n_x,\quad k_y=\frac{\pi}{L}n_y,\quad k_z=\frac{\pi}{L}n_z\qquad n_x,n_y,n_z=0,1,2,\cdots \tag{3.181}$$

为了方便计算电磁模数量，类似于上节所引入的相空间，这里引入以 n_x,n_y,n_z 为坐标所形成的相空间或态空间。在这个空间中，每个整数点对应一组(k_x,k_y,k_z)，也就是对应一个模态，对所有模态求和就相当于对第一象限中所有整数格点求和，由于整数格点均匀分布且间距为 1，相当于每个格点体积为 1，因此态空间中格点数等于其所占的体积，求格点数相当于求体积，于是所有的格点数为

$$\sum_{n_x,n_y,n_z}1=\int_0^{\infty}\int_0^{\infty}\int_0^{\infty}\mathrm{d}n_x\mathrm{d}n_y\mathrm{d}n_z \tag{3.182}$$

考虑到电磁波是横波，每组 n_x,n_y,n_z 对应两个偏振模式，因此系统的模态数要乘 2，于是系统中的模态数为

$$2\cdot\int_0^{\infty}\int_0^{\infty}\int_0^{\infty}\mathrm{d}n_x\mathrm{d}n_y\mathrm{d}n_z \tag{3.183}$$

为方便计算此积分，把式(3.183)中直角坐标的积分变为球坐标的积分，即

$$\mathrm{d}n_x\mathrm{d}n_y\mathrm{d}n_y=4\pi(n_x^2+n_y^2+n_z^2)\mathrm{d}n \tag{3.184}$$

其中，$n=\sqrt{n_x^2+n_y^2+n_z^2}$ 为球坐标中的矢径[相当于通常(x,y,z)坐标系中的 r]。把式(3.184)代入式(3.183)得到球坐标表示的模态数：

$$2\cdot\int_0^{\infty}\int_0^{\infty}\int_0^{\infty}\mathrm{d}n_x\mathrm{d}n_y\mathrm{d}n_z=\frac{1}{8}\cdot2\cdot\int_0^{\infty}4\pi(n_x^2+n_y^2+n_z^2)\mathrm{d}n=\int_0^{\infty}\pi(n_x^2+n_y^2+n_z^2)\mathrm{d}n \tag{3.185}$$

其中的因子 $\frac{1}{8}$ 是因为原积分的范围只有第一象限。由电磁模的色散关系式

[式 (2.98)]

$$\omega = c(k_x^2 + k_y^2 + k_z^2)^{\frac{1}{2}} \tag{3.186}$$

可得

$$\begin{gathered} n_x^2 + n_y^2 + n_z^2 = n^2 = \left(\frac{L}{\pi c}\omega\right)^2 \\ \mathrm{d}n = \frac{L}{\pi c}\mathrm{d}\omega \end{gathered} \tag{3.187}$$

于是总模态数表达式 (3.185) 变为

$$\int_0^\infty \pi(n_x^2 + n_y^2 + n_z^2)\mathrm{d}n = \int_0^\infty \frac{L^3}{\pi^2 c^3}\omega^2 \mathrm{d}\omega = \int_0^\infty \frac{V}{\pi^2 c^3}\omega^2 \mathrm{d}\omega = \int_0^\infty \rho(\omega)\mathrm{d}\omega \tag{3.188}$$

其中，$V=L^3$ 表示金属腔的体积；$\rho(\omega)$ 为态密度。由其推导过程可看出，态密度由色散关系决定。总模态数乘以 $k_\mathrm{B}T$ 即为整个金属腔中电磁场的总能量 U，于是有

$$U = k_\mathrm{B}T \cdot \int_0^\infty \rho(\omega)\mathrm{d}\omega = \int_0^\infty k_\mathrm{B}T \cdot \rho(\omega)\mathrm{d}\omega = \int_0^\infty u_\mathrm{RJ}(\omega)\mathrm{d}\omega \tag{3.189}$$

式中，$u_\mathrm{RJ}(\omega)$ 表示金属腔中电磁场的频谱关系，也就是黑体辐射公式，其为

$$u_\mathrm{RJ}(\omega) = \frac{L^3}{\pi^2 c^3}k_\mathrm{B}T\omega^2 = \frac{V}{\pi^2 c^3}k_\mathrm{B}T\omega^2 \tag{3.190}$$

该式即所谓的**瑞利-金斯公式**。该式在低频端与实验符合，但在高频端与实验不符合。可以看到，$u(\omega) \propto \omega^2 \propto 1/\lambda^2$，$\lambda$ 为电磁波波长，也就是说能量随着波长减小而不断增加，当 $\lambda \to 0$ 时，$u \to \infty$，常被称为紫外灾难，这显然明显地违背基本事实。这表明瑞利提出的关于金属腔中电磁场的思想和方法具有一定的正确性，但也有其不合理之处。其不合理之处由普朗克的量子化假设解决，并由此得到完全与实验符合的黑体辐射公式，这将在下节说明。

3.8.2　量子谐振子模型：普朗克公式

在瑞利模型中，电磁场被看成经典谐振子的模型，这意味着谐振子的能量由公式 $E = \dfrac{p^2}{2m} + \dfrac{1}{2}kx^2$ 描述，谐振子的统计分布为麦克斯韦-玻尔兹曼分布。按照普

朗克的假设，第一，这个等效谐振子的能量不是由上述经典的公式描述，而是只能取一系列的离散值：

$$E_i = i\hbar\omega \qquad i = 0,1,2,\cdots \tag{3.191}$$

其中，$\omega = \sqrt{k/m}$ 是谐振子的频率；第二，虽然谐振子能量不同于经典谐振子的能量，但其统计分布依然是麦克斯韦-玻尔兹曼分布。在麦克斯韦-玻尔兹曼分布假设下，一个谐振子温度为 T 时的能量平均值 $\bar{E}$ 为[式(3.56)]：

$$\bar{E} = \sum_i p_i E_i = \frac{\sum_{i=0}^{\infty} i\hbar\omega \cdot \mathrm{e}^{-\frac{i\hbar\omega}{k_\mathrm{B}T}}}{\sum_{i=0}^{\infty} \mathrm{e}^{-\frac{i\hbar\omega}{k_\mathrm{B}T}}} = \frac{\hbar\omega}{\mathrm{e}^{\frac{\hbar\omega}{k_\mathrm{B}T}} - 1} \tag{3.192}$$

其中，p_i 为一个谐振子处于 E_i 能级的概率[式(3.54)]，上式推导中利用了如下数学公式：

$$\sum_{i=0}^{\infty} \mathrm{e}^{-\frac{i\hbar\omega}{k_\mathrm{B}T}} = \frac{1}{1 - \mathrm{e}^{-\frac{\hbar\omega}{k_\mathrm{B}T}}}, \qquad \sum_{i=0}^{\infty} i\hbar\omega \cdot \mathrm{e}^{-\frac{i\hbar\omega}{k_\mathrm{B}T}} = k_\mathrm{B}T^2 \frac{\mathrm{d}}{\mathrm{d}T} \sum_{i=0}^{\infty} \mathrm{e}^{-\frac{i\hbar\omega}{k_\mathrm{B}T}} \tag{3.193}$$

其中第一项是等比级数，第二项由第一项求导而来。式(3.192)表明在普朗克新假设下谐振子的热平均能量不再是 $k_\mathrm{B}T$，把新的平均能量乘以式(3.188)所示的总模态数，则得整个电磁场的总能量：

$$\frac{\hbar\omega}{\mathrm{e}^{\frac{\hbar\omega}{k_\mathrm{B}T}} - 1} \cdot \int_0^{\infty} \rho(\omega)\mathrm{d}\omega = \int_0^{\infty} \frac{V}{\pi^2 c^3} \frac{\hbar\omega^3}{\mathrm{e}^{\frac{\hbar\omega}{k_\mathrm{B}T}} - 1} \mathrm{d}\omega = \int_0^{\infty} u_\mathrm{P}(\omega)\mathrm{d}\omega \tag{3.194}$$

其中

$$u_\mathrm{P}(\omega) = \frac{V}{\pi^2 c^3} \frac{\hbar\omega^3}{\mathrm{e}^{\frac{\hbar\omega}{k_\mathrm{B}T}} - 1} \tag{3.195}$$

此即为普朗克公式，该公式与实验完全吻合。

3.8.3 光子模型

在上述的普朗克方案中，电磁场仍然被看成谐振子的集合，该谐振子在能量方面与经典谐振子不同，而在统计方面则仍然与经典谐振子相同，也就是都服从经典的麦克斯韦-玻尔兹曼分布。爱因斯坦基于玻色的工作，提出对谐振子全新的理解：电磁场中的所谓谐振子无论从能量上和统计本性上都不能看成经典粒子，而应当看成一种新的实体，即光子，它具有如下的特征。①光子状态由波矢 $\boldsymbol{k}=(k_x,k_y,k_z)$ 描述，一个 $\boldsymbol{k}$ 值对应一个光子态，而 $\boldsymbol{k}$ 取值依然由金属腔的边界条件决定，即

$$k_x=\frac{\pi}{L}n_x, k_y=\frac{\pi}{L}n_y, k_z=\frac{\pi}{L}n_z \qquad n_x,n_y,n_z=0,1,2,\cdots \tag{3.196}$$

在瑞利和普朗克模型中，$\boldsymbol{k}$(等价于 n_x,n_y,n_z)只是谐振子的标记，不同的 $\boldsymbol{k}$ 表示不同的谐振子。②光子的能量为

$$\hbar\omega=\hbar\omega(k_x,k_y,k_z)=\hbar c\sqrt{k_x^2+k_y^2+k_z^2} \tag{3.197}$$

其中，圆频率 $\omega(\boldsymbol{k})$ 由电磁模的色散关系式(3.186)给出，因此式(3.186)也称光子的色散关系。③光子的动量为

$$\boldsymbol{p}=\hbar\boldsymbol{k} \tag{3.198}$$

其中，$\boldsymbol{k}=k_x\boldsymbol{e}_x+k_y\boldsymbol{e}_y+k_z\boldsymbol{e}_z$，$\boldsymbol{e}_x$、$\boldsymbol{e}_y$、$\boldsymbol{e}_z$ 分别是 x、y、z 三个方向的单位矢量。④爱因斯坦的光子具有一个完全新的特征：只能标识光子态而不能区分和标识单个光子，这就是所谓的光子不可分辨性，这意味着在爱因斯坦的观念下电磁场的微观态就不能通过罗列每个光子所处的微观态来确定，而只能通过每个单光子态上占据多少个光子来确定，这种性质导致了光子遵循全新的统计方法即量子统计法，在光子观念中描述系统的核心量是单光子态占有数，也就是玻色-爱因斯坦分布[式(3.113)]，即

$$\overline{n}^{\mathrm{BE}}(k_x,k_y,k_z)=\left.\frac{1}{\mathrm{e}^{\frac{\hbar\omega-\mu}{k_{\mathrm{B}}T}}-1}\right|_{\mu=0}=\frac{1}{\mathrm{e}^{\frac{\hbar\omega}{k_{\mathrm{B}}T}}-1} \tag{3.199}$$

光子的统计分布律中系统化学势 $\mu=0$ [式(3.144)]。

在这样的认识下，电磁场不再是瑞利或普朗克谐振子的集合，而是光子的集合，也就是一个玻色子的系统。因此，金属腔中的电磁场在热平衡温度 T 的总能量就直接由量子系统的式(3.119)计算，即

$$U=\sum_{k_x,k_y,k_z}2\hbar\omega(k_x,k_y,k_z)\overline{n}^{\mathrm{BE}}(k_x,k_y,k_z)=\sum_{k_x,k_y,k_z}\frac{2\hbar\omega}{\mathrm{e}^{\frac{\hbar\omega}{k_{\mathrm{B}}T}}-1} \tag{3.200}$$

式中，乘以因子 2 是每组 k_x,k_y,k_z 对应两个偏振方向不同的光子态，k_x,k_y,k_z 和 n_x,n_y,n_z 本质上是相同的，只是微观态的不同记法，因此式(3.200)中对微观态 k_x,k_y,k_z 的求和等同于对 n_x,n_y,n_z 的求和，即

$$U=\sum_{k_x,k_y,k_z}\frac{2\hbar\omega}{\mathrm{e}^{\frac{\hbar\omega}{k_BT}}-1}=\sum_{n_x,n_y,n_z}\frac{2\hbar\omega}{\mathrm{e}^{\frac{\hbar\omega}{k_BT}}-1} \tag{3.201}$$

利用在 3.3.1 节中在讨论过的关于求和的数学结论，得到：

$$U=\sum_{n_x,n_y,n_z}\frac{2\hbar\omega}{\mathrm{e}^{\frac{\hbar\omega}{k_BT}}-1}=\int\frac{\hbar\omega}{\mathrm{e}^{\frac{\hbar\omega}{k_BT}}-1}2\cdot\mathrm{d}n_x\mathrm{d}n_y\mathrm{d}n_z=\int_0^{\infty}\frac{\hbar\omega}{\mathrm{e}^{\frac{\hbar\omega}{k_BT}}-1}\rho(\omega)\mathrm{d}\omega \tag{3.202}$$

这和用普朗克方案得到的结果完全相同。

光子替代了旧的瑞利的经典谐振子和普朗克的半经典谐振子，它革新了对电磁场的根本认识，成为电磁场新的基本实体，图 3.10 显示了这一概念的基本性质及与经典理论的关系。可以看到光子概念来自电磁模，而电磁模来自麦克斯韦方程的解，电磁模作为波由波矢 $\boldsymbol{k}$、频率 ω 和振幅 E_0 表征，当电磁模被抽象成光子，其状态则完全由电磁模的波矢表达，其基本性质则由动量和能量表征，动量与波矢的关系由德布罗意关系确定，动能由色散关系给定，色散关系即电磁模的色散关系。光子的不可分辨性是光子不同于经典电磁模或普朗克振子的最根本性质，更详细的讨论将在 3.10 节中给出，这个性质导致光子具有玻色-爱因斯坦分布。

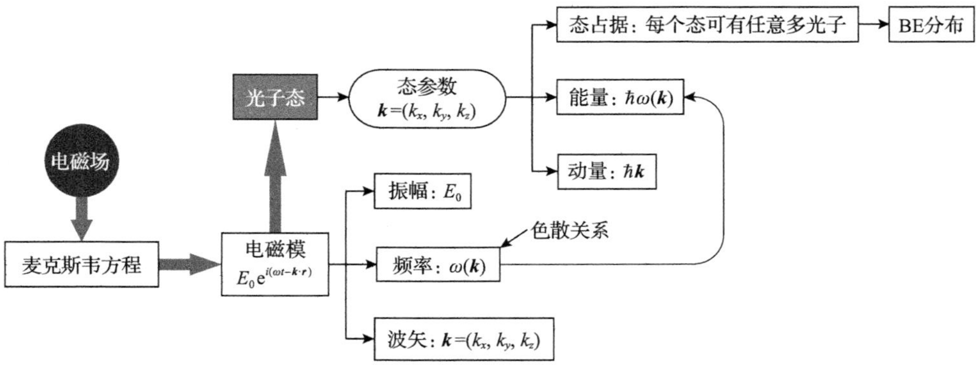

图 3.10　光子概念的形成和性质

3.8.4　电磁场系统的小结

这里简要总结统计系综方法计算电磁场热辐射性质中所涉及的思想和方法流

程，整个过程可分三个阶段，如图 3.11 所示。第一阶段是数学阶段，建立和求解金属腔中的麦克斯韦方程，获得一系列简正模解。第二阶段是把电磁场抽象为由某种微观对象构成的理想气体系统。这种抽象出发点是电磁场运动方程的解，麦克斯韦方程的每个简正模包含电场和磁场两个简正模解，这两方面的解被统一地理解为一个具有实体性质的对象：电磁模。由于每个电磁模的电场能和磁场能的转化行为和经典谐振子相同，因此每个电磁模又被看成一个经典谐振子，经典谐振子的运动态由位置和动量(x,p)标识，这一观念于 1900 年由瑞利提出，可称为瑞利模型。在瑞利谐振子概念基础上，普朗克假设谐振子的能量是量子化的，这样的谐振子实际上已经不再是经典谐振子，但它在统计上依然遵从经典的麦克斯韦-玻尔兹曼分布，因此可看成是半经典谐振子，也可称其为普朗克振子，其态参数是标识其能量态的 n 而不再是(x,p)。1924 年，爱因斯坦把电磁模解理解为光子态，标识电磁模的参数(k_x,k_y,k_z)则成为标识光子态的参数，并规定了光子的能量、动量以及全同性等基本性质，光子具有一个突出而奇异的性质，即不可分辨性，这意味着不能够标识光子，由电磁场的简正模解出发和其他物理考虑，电磁场可分别看成经典谐振子、半经典谐振子和光子的理想气体系统。第三阶段是统计物理阶段，包括确定不同实体对象的统计分布律，经典和半经典谐振子遵从麦克斯韦-玻尔兹曼分布，光子则遵从玻色-爱因斯坦分布，由所有可能微观态的取值确定系统的系综，然后按统计物理方法进行系综求和计算以得到最后结果。

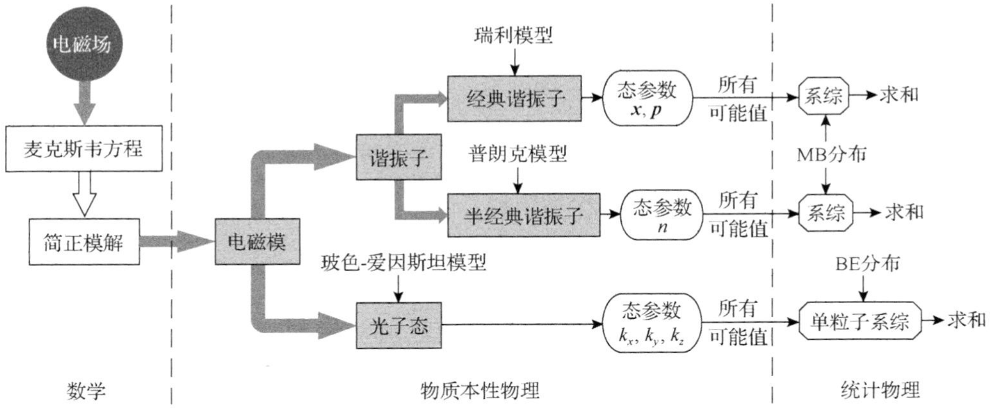

图 3.11　统计系综方法计算电磁场的热辐射性质流程

3.9　晶格振动的统计和声子

固体比热容的研究可以追溯到 1819 年法国科学家杜隆(P. L. Dulong)和珀蒂

(A. T. Petit)对固体比热容的测量，他们发现许多金属的比热容在常温下接近一常数，该常数表达为 $3R$，其中 R 为理想气体常量，这称为杜隆-珀蒂定律(Dulong-Petit law)，在晶体振动可以被看成是谐振子集合的观念下，这一结果能很容易由随后发展的经典统计物理学所解释。随后对比热容更细致测量发现在低温下固体比热容和温度有关，经典的统计物理学难以解释这个结果。1907 年，爱因斯坦借鉴普朗克的量子化观念把谐振子的能量量子化，利用统计物理方法得到了与实验结果定性符合的比热容公式，但该公式不能定量地与实验事实符合。1911 年，德拜延续爱因斯坦的量子化方法，但完善了爱因斯坦模型中过于简单的谐振子频率假设，使得晶格比热容理论能定量地符合实验事实。之后，在电磁场的光子理论提出后，经典的晶格谐振子观念发展成量子化的声子观念，在这种观念下晶格振动看成是声子的集合。

3.9.1 经典谐振子模型

晶格就是晶体中按几何点阵排列的所有原子的集合，在晶体中所有原子之间具有很强的相互作用力，正是这些原子间力使晶体形成晶格，晶格系统不能看成是无相互作用的理想气体系统，因此不能直接利用上述的理想气体比热容的结论。但是，按照 2.5 节的讨论，如果晶体中原子之间的作用力为弹性力，那么这个晶体的运动在数学上等价于无相互作用的谐振子系统，具体说来，如果一个三维晶体包含 N 个原子，那么该晶体的运动等价于 $3N$ 个无相互作用的谐振子的系统，这是统计物理处理晶格比热容问题的基础。如果这个谐振子看成是经典的谐振子，那么就可以利用 3.3.4 节的结论直接获得晶格比热容，即晶体的摩尔比热容为 $3R$，此即为杜隆-珀蒂定律，但这个结论在低温下与实验结果不符，这一问题的解决需要下述的量子化假设。

3.9.2 量子谐振子模型Ⅰ：爱因斯坦模型

爱因斯坦观察到了晶格振动比热容问题与黑体辐射问题的类似。在晶格比热容问题中晶格振动被看成经典谐振子的系统，在黑体辐射问题的瑞利模型中把电磁场也看成经典谐振子的系统，两者都没有得到令人满意的结果。在黑体辐射问题中把谐振子看成量子化的谐振子使黑体辐射问题得到满意解决，那么在晶格比热容问题中也可以尝试做类似量子化处理，即每个振子的能量具有如下形式：

$$E_{i,n} = n\hbar\omega_i \qquad n = 0,1,2,\cdots;i = 1,2,\cdots,3N \tag{3.203}$$

其中，i 是谐振子的编号，因为 N 原子晶格的谐振子系统包含 $3N$ 个谐振子，所以 i 的编号从 0 到 $3N$；n 是一个谐振子的能级编号，可以取 0 到 ∞ 的所有整数值；ω_i 是第 i 个谐振子的振动频率。这里谐振子和上述黑体辐射问题中的普朗克方案完全一样，依然假设谐振子的统计属于经典的麦克斯韦-玻尔兹曼统计，在这种假设下谐振子 i 在温度 T 的能量平均值 $\overline{E}_i$ 为[式(3.192)]：

$$\overline{E}_i = \frac{\hbar\omega_i}{e^{\frac{\hbar\omega_i}{k_B T}} - 1} \tag{3.204}$$

整个晶体的晶格振动在温度 T 的平均能量 E 则为

$$E = \sum_{i=1}^{3N} \overline{E}_i = \sum_{i=1}^{3N} \frac{\hbar\omega_i}{e^{\frac{\hbar\omega_i}{k_B T}} - 1} \tag{3.205}$$

爱因斯坦假定所有谐振子的频率 ω_i 都相同，这个频率被称为**爱因斯坦频率** ω_E，即

$$\omega_i = \omega_E \qquad i = 1, 2, \cdots, 3N \tag{3.206}$$

于是，式(3.205)求和为

$$E = \sum_{i=1}^{3N} \frac{\hbar\omega_i}{e^{\frac{\hbar\omega_i}{k_B T}} - 1} = \sum_{i=1}^{3N} \frac{\hbar\omega_E}{e^{\frac{\hbar\omega_E}{k_B T}} - 1} = \frac{3N\hbar\omega_E}{e^{\frac{\hbar\omega_E}{k_B T}} - 1} \tag{3.207}$$

为数学处理方便，引入记号 $x = \frac{\hbar\omega_E}{k_B T} = \frac{\Theta_E}{T}$，其中 $\Theta_E = \frac{\hbar\omega_E}{k_B}$ 称为**爱因斯坦温度**，于是有

$$E = 3Nk_B T \frac{x}{e^x - 1} \tag{3.208}$$

晶体的晶格比热容 c_V 则为

$$c_V = \frac{\partial E}{\partial T} = 3Nk_B \frac{x^2 e^x}{(e^x - 1)^2} \tag{3.209}$$

取 $N=N_A$，N_A 为阿伏伽德罗常量，则摩尔比热容为

$$c_V = 3Nk_B \frac{x^2 e^x}{(e^x - 1)^2} = 3R \frac{x^2 e^x}{(e^x - 1)^2} = 3R \cdot E(x) \tag{3.210}$$

其中，$R=k_B N_A$ 为理想气体常量；$E(x)$ 称为爱因斯坦函数，表达式为

$$E(x)=\frac{x^2\mathrm{e}^x}{(\mathrm{e}^x-1)^2} \tag{3.211}$$

这里考虑温度很高和很低的两种极限情形。先考虑温度很低的情形，即 $T\ll\Theta_{\mathrm{E}}$ 的情形，此时 $x=\frac{\Theta_{\mathrm{E}}}{T}\gg 1$，于是 $\mathrm{e}^x\gg 1$，由此 $E(x)\to\frac{x^2}{\mathrm{e}^x}$，即低温下的比热容为

$$c_V=3R\left(\frac{\Theta_{\mathrm{E}}}{T}\right)^2\mathrm{e}^{-\frac{\Theta_{\mathrm{E}}}{T}}\qquad T\ll\Theta_{\mathrm{E}} \tag{3.212}$$

由此式可见，当 $T\to 0$，比热容 c_V 趋于零，与实验一致。但低温下比热容随温度的变化与实验并不定量一致。再考虑温度很高的情形，即 $T\gg\Theta_{\mathrm{E}}$ 的情形。在这种情形下，$x\ll 1$，这时可把 $E(x)$ 展开为 x 的幂级数，有

$$E(x)=\frac{x^2\mathrm{e}^x}{(\mathrm{e}^x-1)^2}=\frac{x^2\left(1+x+\frac{1}{2}x^2+\cdots\right)}{\left(x+\frac{1}{2}x^2+\cdots\right)^2}=\frac{1+x+\frac{1}{2}x^2+\cdots}{\left(1+\frac{1}{2}x+\cdots\right)^2}\approx 1 \tag{3.213}$$

其中，约等号是由于略去了分子分母中 x^2 以上的项。于是高温下的比热容为

$$c_V=3R\qquad T\gg\Theta_{\mathrm{E}} \tag{3.214}$$

此即经典情形下的杜隆-珀蒂定律。

3.9.3 量子谐振子模型Ⅱ：德拜模型

求晶格的比热容，就要计算晶格振动的总能量 E:

$$E=\sum_{i=1}^{3N}\frac{\hbar\omega_i}{\mathrm{e}^{\frac{\hbar\omega_i}{k_{\mathrm{B}}T}}-1} \tag{3.215}$$

式(3.215)的求和是对所有 $3N$ 个谐振子进行，在爱因斯坦模型中所有谐振子的频率是一个值 ω_{E}，求和就变得很简单，但实际情况肯定不会如此，这就是爱因斯坦模型不够理想的原因。要对实际情况计算式(3.215)，就要知道每个谐振子的频率。每个谐振子实际上对应一个晶格振动模，而晶格振动模由波矢 $\boldsymbol{q}$ 或其三个分量 q_x,q_y,q_z 所标识，知道每个谐振子的频率需要知道标识参数 q_x,q_y,q_z 和圆频率 ω 的关系，此即晶格振动模的色散关系，因此知道晶格振动模的色散关系是上面求和的基础。而求色散关系则需要求解晶格的牛顿方程，这是晶格动力学

的基本问题，但在 1911 年晶格动力学的研究才开始起步[12,13]。为此德拜发展了一种新的方法来估算简正模的频率，这种方法的核心就是用晶体的弹性波的模态代替晶格振动的模态，所谓弹性波模态就是把晶体看成连续介质时的模态，有关更详细的介绍请参考 2.3.3 节。物质中的模态数等于物质中的自由度数，晶体作为连续介质，其自由度为无穷大，因而弹性波有无穷多个模态，而由 N 个原子构成的晶体，N 个原子的自由度为 $3N$，因而晶格振动模的模态数为 $3N$，两者模态数并不相等，那么就有一个问题：用哪些宏观模态来替代原子振动模态？为解决这个问题，德拜取弹性波模态的低频部分作为晶格振动的模态，也就是从弹性波模态中取频率最低的 $3N$ 个模态作为晶格振动的 $3N$ 个模态，然后就可以进行方程(3.215)的计算。这意味着只要知道晶体弹性波的色散关系就能进行计算，而晶体弹性波的色散关系仅由纵波声速和横波声速两个量就能确定，而这两个量很容易由力学实验测定，因此德拜方法为一种简单又相对准确计算比热容的方法。下面说明其中的计算过程。

每个谐振子是由三个数 q_x,q_y,q_z 标识的，由式(2.169)可知 q_x,q_y,q_z 取值如下：

$$q_x=\frac{\pi}{L}n_x,\quad q_y=\frac{\pi}{L}n_y,\quad q_z=\frac{\pi}{L}n_z \qquad (n_x,n_y,n_z)=0,1,2,\cdots,N_{\max} \tag{3.216}$$

$N_{\max}=N^{\frac{1}{3}}$ 表示每个波矢分量的最大允许取值，总能量计算中对所有谐振子的求和，实际上就是对所有 q_x,q_y,q_z 的求和，这和黑体辐射问题中的求和十分类似，只是这里 (q_x,q_y,q_z) 取值只有 $3N$ 个，在数学处理方面则几乎相同。这里也引入以 n_x,n_y,n_z 为坐标构成的相空间或态空间，由于每组 n_x,n_y,n_z 值对应一个谐振子，因此态空间每个整数点对应一个谐振子，对所有谐振子求和就是对所有点求和。通常情况下一个宏观材料中原子数 N 大约在 10^{23} 数量级，因此要求和的点数极为巨大，这时对所有点的求和就可以由积分代替，即

$$\sum_i 1=\iiint \mathrm{d}n_x\mathrm{d}n_y\mathrm{d}n_z \tag{3.217}$$

$\sum_i 1$ 和式(3.215)中求和意义完全相同，都表示对谐振子的计数求和，因此 $\sum_i 1$ 表示谐振子数，这里我们主要关心求和与积分的一般关系，暂不考虑求和的范围和积分的区域，这个问题稍后处理。把式(3.217)中 n_x,n_y,n_z 用 q_x,q_y,q_z 代替，则有

$$\iiint \mathrm{d}n_x\mathrm{d}n_y\mathrm{d}n_z=\iiint\left(\frac{L}{2\pi}\right)^3\mathrm{d}q_x\mathrm{d}q_y\mathrm{d}q_z \tag{3.218}$$

上式积分相当于在以q_x, q_y, q_z为坐标空间中的积分，这样的空间称为“$\boldsymbol{q}$ 空间”。把 $\boldsymbol{q}$ 空间中直角坐标积分变为球坐标积分，则式(3.218)变为

$$\iiint\left(\frac{L}{2\pi}\right)^3 \mathrm{d}q_x \mathrm{d}q_y \mathrm{d}q_z = \int\left(\frac{L}{2\pi}\right)^3 4\pi q^2 \mathrm{d}q \tag{3.219}$$

其中，$q=\sqrt{q_x^2+q_y^2+q_z^2}$ 为 $\boldsymbol{q}$ 空间中的径矢。于是得

$$\sum_i 1 = \int\left(\frac{L}{2\pi}\right)^3 4\pi q^2 \mathrm{d}q \tag{3.220}$$

式(3.220)是通过 $\boldsymbol{q}$ 空间中积分来计算对晶格谐振子计数求和的一般表达式。

在总能量计算式(3.215)中被积函数是圆频率 ω 的函数，要能进行积分还需要知道色散关系 $\omega(\boldsymbol{q})$。德拜提出用宏观弹性波的色散关系替代晶格波模或谐振子的色散关系。在弹性波中有两种波：纵波和横波，分别具有如下色散关系：

$$\begin{aligned} &\text{纵波：}\ \omega = c_{\mathrm{L}} q \\ &\text{横波：}\ \omega = c_{\mathrm{T}} q \end{aligned} \tag{3.221}$$

其中，c_{L}、c_{T} 分别是纵波和横波波速。先考虑纵波，由其色散关系有

$$q^2 = \frac{1}{c_{\mathrm{L}}^2}\omega^2, \qquad \mathrm{d}q = \frac{1}{c_{\mathrm{L}}}\mathrm{d}\omega \tag{3.222}$$

利用这个关系把式(3.220)的 q 替换为 ω，则有

$$\sum_{\text{纵波}i} 1 = \int\left(\frac{L}{2\pi}\right)^3 4\pi q^2 \mathrm{d}q = \int \frac{L^3}{2\pi^2}\frac{1}{c_{\mathrm{L}}^3}\omega^2 \mathrm{d}\omega \tag{3.223}$$

其中，$\sum\limits_{\text{纵波}i} 1$表达纵波的模态或谐振子数。对于横波，有类似的结果：

$$\sum_{\text{横波}i} 1 = 2\cdot\int\left(\frac{L}{2\pi}\right)^3 4\pi q^2 \mathrm{d}q = \int \frac{L^3}{\pi^2}\frac{2}{c_{\mathrm{T}}^3}\omega^2 \mathrm{d}\omega \tag{3.224}$$

其中，$\sum\limits_{\text{横波}i} 1$表达纵横波的模态或谐振子数，式(3.224)中的因子 2 是考虑对任何横波波矢 q 对应有两个不同偏振方向的横波模，因此总谐振子数为

$$\sum_i 1 = \sum_{\text{纵波}i} 1 + \sum_{\text{横波}i} 1 = \int \frac{L^3}{2\pi^2}\left(\frac{1}{c_{\mathrm{L}}^3}+\frac{2}{c_{\mathrm{T}}^3}\right)\omega^2 \mathrm{d}\omega \tag{3.225}$$

于是总能量式(3.215)为

$$E=\sum_{i=1}^{3N}\frac{\hbar\omega_i}{\mathrm{e}^{\frac{\hbar\omega_i}{k_B T}}-1}=\int\frac{\hbar\omega}{\mathrm{e}^{\frac{\hbar\omega}{k_B T}}-1}\cdot\frac{L^3}{2\pi^2}\left(\frac{1}{c_L^3}+\frac{2}{c_T^3}\right)\omega^2\mathrm{d}\omega \tag{3.226}$$

以上两式是以圆频率为积分变量计算总谐振子数(或模态数)和总能量的一般表达式。有了这两个结果，现在考虑具体的积分。按照德拜的假设，取弹性波中圆频率最低的 $3N$ 个模态(或谐振子)，也就是圆频率的选取从 0 到某一最大值 ω_D，使得在此范围内的模态数(或谐振子数)为 $3N$，即

$$\int_0^{\omega_D}\frac{L^3}{2\pi^2}\left(\frac{1}{c_L^3}+\frac{2}{c_T^3}\right)\omega^2\mathrm{d}\omega=3N \tag{3.227}$$

其中，ω_D 称为**德拜频率**，式(3.227)是一个关于 ω_D 的方程，解此方程就能得到 ω_D 的值。计算上述积分，并做简单代数运算，可得 ω_D：

$$\omega_D^3=18\pi^2\frac{N}{V}\left(\frac{1}{c_L^3}+\frac{2}{c_T^3}\right)^{-1} \tag{3.228}$$

式(3.226)与式(3.225)有相同的积分范围，于是总能量 E 的值为

$$E=\int_0^{\omega_D}\frac{\hbar\omega}{\mathrm{e}^{\frac{\hbar\omega}{k_B T}}-1}\frac{V}{2\pi^2}\left(\frac{1}{c_L^3}+\frac{2}{c_T^3}\right)\omega^2\mathrm{d}\omega \tag{3.229}$$

由此式，则晶格比热容 c_V 为

$$c_V=\frac{\partial E}{\partial T}=\int_0^{\omega_D}\hbar\omega\frac{\mathrm{e}^{\frac{\hbar\omega}{k_B T}}}{\left(\mathrm{e}^{\frac{\hbar\omega}{k_B T}}-1\right)^2}\left(\frac{\hbar\omega}{k_B}\right)\frac{1}{T^2}\frac{V}{2\pi^2}\left(\frac{1}{c_L^3}+\frac{2}{c_T^3}\right)\omega^2\mathrm{d}\omega \tag{3.230}$$

定义 $x=\dfrac{\hbar\omega}{k_B T}$，并把上式中的 $\left(\dfrac{1}{c_L^3}+\dfrac{2}{c_T^3}\right)$ 用式(3.228)中定义的 ω_D 代替，则得

$$c_V=9Nk_B\left(\frac{k_B T}{\hbar\omega_D}\right)^3\int_0^{\hbar\omega_D/k_B T}\frac{x^4\mathrm{e}^x}{(\mathrm{e}^x-1)^2}\mathrm{d}x \tag{3.231}$$

定义**德拜温度** $\Theta_D\equiv\dfrac{\hbar\omega_D}{k_B}$，则式(2.231)变为

$$c_V = 9Nk_B\left(\frac{T}{\Theta_D}\right)^3\int_0^{\Theta_D/T}\frac{x^4e^x}{(e^x-1)^2}dx \tag{3.232}$$

把式(2.232)中的积分定义为德拜函数 $D(x)$，即

$$D\left(\frac{\Theta_D}{T}\right)=\int_0^{\Theta_D/T}\frac{x^4e^x}{(e^x-1)^2}dx \tag{3.233}$$

则比热容表达式最终为

$$c_V = 9Nk_B\left(\frac{T}{\Theta_D}\right)^3 D\left(\frac{\Theta_D}{T}\right) \tag{3.234}$$

取 $N=N_A$ 则得到摩尔比热容：

$$c_{V,m} = 9N_Ak_B\left(\frac{T}{\Theta_D}\right)^3 D\left(\frac{\Theta_D}{T}\right)=9R\left(\frac{T}{\Theta_D}\right)^3 D\left(\frac{\Theta_D}{T}\right) \tag{3.235}$$

其中，N_A 为阿伏伽德罗常量；$R=k_BN_A$ 为理想气体常量。

考虑高温和低温两种极端情形。首先考虑高温的情形，即 $T\gg\Theta_D$，此时 $x=\frac{\Theta_D}{T}\ll 1$。把德拜函数 $D\left(\frac{\Theta_D}{T}\right)$ 中积分式中 e^x 按 x 展开，则有

$$D\left(\frac{\Theta_D}{T}\right)=\int_0^{\Theta_D/T}\frac{x^4e^x}{(e^x-1)^2}dx=\int_0^{\Theta_D/T}\frac{x^4\left(1+x+\frac{1}{2}x^2+\cdots\right)}{\left(x+\frac{1}{2}x^2+\cdots\right)^2}dx\approx\int_0^{\Theta_D/T}x^2dx=\frac{1}{3}\left(\frac{\Theta_D}{T}\right)^3 \tag{3.236}$$

由于 $x\ll 1$，略去 x^2 以上的项，则得约等号后的积分。把上述结果代入式(3.235)则得高温下的摩尔比热容为 $3R$，与经典结果一致，即所谓的杜隆-珀蒂定律。再考虑低温的情形，即 $T\ll\Theta_D$，此时 $x=\frac{\Theta_D}{T}\gg 1$。在这种情形下 $e^x\gg 1$，可略去被积函数分母中的 1，因此德拜函数 $D\left(\frac{\Theta_D}{T}\right)$ 可简化为

$$D\left(\frac{\Theta_D}{T}\right)=\int_0^{\Theta_D/T}\frac{x^4e^x}{(e^x-1)^2}dx\approx\int_0^{\Theta_D/T}x^4e^{-x}dx \tag{3.237}$$

由于被积函数随 x 增加迅速减小，在低温时把 $x=\dfrac{\Theta_D}{T}$ 看成无穷大对积分值不会有显著影响，于是式(3.237)变为

$$D\left(\frac{\Theta_D}{T}\right)\approx\int_0^{\Theta_D/T}x^4e^{-x}dx\approx\int_0^{\infty}x^4e^{-x}dx=\frac{4\pi^4}{15} \tag{3.238}$$

把它代入式(3.235)，得到低温下比热容：

$$c_V=\frac{12\pi^4}{5}\frac{R}{\Theta_D^3}T^3\propto T^3 \tag{3.239}$$

可见低温下比热与温度立方成正比，与实验结论符合得相当好[14]。

下面简要讨论德拜频率和德拜温度。可以把德拜频率写成如下的近似表达式：

$$\omega_D=(18\pi^2)^{\frac{1}{3}}\left(\frac{N}{V}\right)^{\frac{1}{3}}\left(\frac{1}{c_L^3}+\frac{2}{c_T^3}\right)^{-\frac{1}{3}}=(18\pi^2)^{\frac{1}{3}}n^{\frac{1}{3}}c \tag{3.240}$$

其中，$n=\dfrac{N}{V}$ 是晶体中原子的密度；$c=\left(\dfrac{1}{c_L^3}+\dfrac{2}{c_T^3}\right)^{-\frac{1}{3}}$，相当于晶体中纵波速度和横波速度的某种平均，可理解成晶体中弹性波的波速，由固体中波速一般表达式 $c\sim\sqrt{Y/\rho}$,Y 为固体中弹性模量，ρ 是固体的密度，符号 ~ 表示等价的关系，而密度 $\rho\sim n^{1/3}M$，其中 M 是晶体中原子的质量，由这些关系可得

$$\omega_D=(18\pi^2)^{\frac{1}{3}}n^{\frac{1}{3}}c\sim n^{\frac{1}{3}}\sqrt{\frac{Y}{\rho}}\sim n^{\frac{1}{6}}\sqrt{\frac{Y}{M}} \tag{3.241}$$

这表明 ω_D 与晶体弹性模量的平方根成正比，与原子质量的平方根成反比，与晶体原子密度的六分之一次方成正比，ω_D 与晶体密度的依赖性不是太敏感。如果把原子间作用力看成弹性力，弹性模量就是弹性系数，因此弹性模量就是原子间作用力的度量，原子间作用力越强，弹性模量越大。因此，晶体中所含原子的质量越小，原子间作用力越强，则 ω_D 会越大。

当晶体的温度为德拜温度 Θ_D 时，晶体中振子的平均热能为 $k_B\Theta_D$，按德拜温度的定义，这个能量相当于频率为德拜频率 ω_D 的谐振子的能量，由于德拜频率是晶体中简正模中能量最高的简正模，因此当晶体在德拜温度时，其中所有的简正振动刚好都能被激发，而低于德拜温度时，简正模开始被冷却，因此德拜温度是

所有简正模刚好被激发的温度，是一个表征晶体中简正模激发的参数。由以上简正模的讨论可知，如果构成晶体的原子质量较小，原子间作用力较强，则德拜温度会越高。原子间作用力越强，通常熔点会越高，因此，熔点能定性反映原子间作用力，表 3.2 列出了若干物质的德拜温度、原子量及熔点，可以看到这个定性关系基本成立。

表 3.2　一些材料的德拜温度、原子量、熔点和熔点/原子量比

物质	德拜温度/K[15]	原子量/u	熔点/℃	熔点/原子量比
Pb	102	207.2	327	1.6
Ag	226	107.9	962	8.9
Cu	343	63.5	1083	17
Al	428	27.0	660	24.4
Si	647	28.0	1410	50.4
C(金刚石)	1860	12.0	3550	296
KCl	230	37.3	770	20.6
NaCl	280	29.3	801	27.3
LiF	680	13.0	845	65

3.9.4　晶格的声子模型

类似于光子是电磁模的量子化抽象，可以把晶格振动简正模抽象为声子，它具有如下的基本性质。

(1) 每个声子态对应一个简正模，N 原子三维晶格振动包含 $3N$ 个简正模，因此包含 $3N$ 个声子态。

(2) 每个声子态由参数 $\boldsymbol{q}=(q_x,q_y,q_z)$ 所标识，态参数 $\boldsymbol{q}$ 取值由晶体的边界条件决定，对长度为 L 的立方晶体有

$$q_x=\frac{\pi}{L}n_x, q_y=\frac{\pi}{L}n_y, q_z=\frac{\pi}{L}n_z \qquad (n_x,n_y,n_z)=1,2,\cdots,(3N)^{1/3} \tag{3.242}$$

(3) 每个声子的能量由下式确定：

$$\hbar\omega=\hbar\omega(q_x,q_y,q_z) \tag{3.243}$$

其中 $\omega(q_x,q_y,q_z)$ 由简正模的色散关系确定，因此它也称为声子的色散关系。例如，一维单原子晶格的色散关系为：$\omega(q)=2\sqrt{T/ma}\sin(aq/2)$ [见式(2.154)]。

(4) 声子动量为

$$\boldsymbol{p}=\hbar\boldsymbol{q} \tag{3.244}$$

其中，$\boldsymbol{q}=q_x\boldsymbol{e}_x+q_y\boldsymbol{e}_y+q_z\boldsymbol{e}_z$，$\boldsymbol{e}_x,\boldsymbol{e}_y,\boldsymbol{e}_z$ 分别是 x,y,z 三个方向的单位矢量。

(5) 声子的统计分布属于化学势 $\mu=0$ 的玻色-爱因斯坦分布，即

$$\overline{n}^{\mathrm{BE}}(q_x,q_y,q_z)=\left.\frac{1}{\mathrm{e}^{\frac{\hbar\omega-\mu}{k_{\mathrm{B}}T}}-1}\right|_{\mu=0}=\frac{1}{\mathrm{e}^{\frac{\hbar\omega(q_x,q_y,q_z)}{k_{\mathrm{B}}T}}-1} \tag{3.245}$$

与光子的观念完全相同，声子是不可分辨粒子，也就是说不能对声子进行区分和标识，只能通过说明每个声子态的占有数来描述声子系统的微观态。初学者常会混淆声子态和声子数，一个声子态是指由一个 $\boldsymbol{q}$ 确定的、具有特定能量和动量的单个声子的状态，N 原子晶体只有 $3N$ 个声子态，相当于有 $3N$ 种声子，而处于某个声子态上“粒子数”则称为声子数，其值由式(3.245)给出，由该式可见声子数由该声子态的能量和系统温度决定，随着系统温度的提高，系统中的声子数量会增加。在声子观念中没有振幅的观念，振动或声音的强弱则由声子数量表征，振动越强烈或者声音越大，意味着声子数量越多，振动的频率或声音的高低则由声子态的圆频率或能量表征。

在声子的观念下，晶格比热容问题中的晶格抽象成声子的理想气体，晶体中晶格振动的总能量可直接由玻色子理想气体的式(3.119)计算，即

$$U=\sum_i E_i\overline{n}_{\mathrm{BE}}(i)=\sum_{q_x,q_y,q_z}\hbar\omega(q_x,q_y,q_z)\overline{n}_{BE}(q_x,q_y,q_z)=\sum_{q_x,q_y,q_z}\frac{\hbar\omega}{\mathrm{e}^{\frac{\hbar\omega}{k_{\mathrm{B}}T}}-1} \tag{3.246}$$

式(3.246)中求和是对所有声子态 (q_x,q_y,q_z) 进行，N 原子三维晶格振动包含 $3N$ 个声子态，所以式(3.246)的求和中实际包含对 $3N$ 个态的求和。式(3.246)实际就是式(3.215)，如果把式(3.246)中声子态 (q_x,q_y,q_z) 用 i 标记，则得到式(3.215)，在声子观念下式(3.246)的推导直截了当，而基于半经典的式(3.215)的推导却比较冗长，由此可以看到声子观念的优点。

图 3.12 显示了这一概念基本性质和经典理论的关系。可以看到声子概念来自晶格系统的简正模即晶格牛顿方程的解，作为波简正模由振幅 A_0、波矢 $\boldsymbol{q}$ 和圆频率 ω 表征，把每个简正模赋予如下特性则成为一个声子态：每个声子态同样由 $\boldsymbol{q}$ 标识，其动量和能量则分别由 $\hbar\boldsymbol{q}$ 和 $\hbar\omega(\boldsymbol{q})$ 确定，$\boldsymbol{q}$ 的取值和色散关系 $\omega(\boldsymbol{q})$ 与简正模的相应量完全形同。声子最根本性质是它的不可分辨性，

在 3.10 节中将对其进行更进一步讨论，这种性质导致了声子遵从玻色-爱因斯坦分布律。

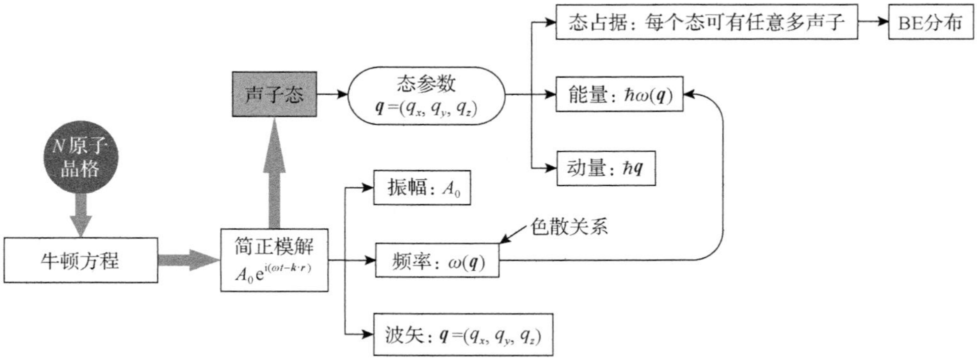

图 3.12　声子概念的形成和性质

3.9.5　晶格系统的小结

这里简要总结统计系综方法计算晶格比热容性质中所涉及的思想和方法流程，整个过程可分三个阶段，如图 3.13 所示。第一阶段是数学阶段，建立和求解晶格系统的牛顿方程。数学处理给出如下三个结果：①在简谐近似下 N 个相互作用原子的牛顿方程通过坐标变换可转化为 $3N$ 个独立的经典谐振子的方程；②N 个相互作用原子的牛顿方程存在 $3N$ 个简正模解，每个简正模解表达了晶体中所有原子以同一频率的集体振动；③这 $3N$ 个简正模解和 $3N$ 个简正振动一一对应，对应的一对简正模和简正振动有相同的频率。第二阶段是把晶格系统抽象为某种实体的理想气体系统。这种抽象的基础是求解晶格牛顿方程中的数学。首先，由于 N 个相互作用原子系统在数学上等价于 $3N$ 个独立的经典谐振子系统，由此相互作用的晶格系统被看成独立的经典谐振子系统，也就是谐振子的理想气体，基于这种观念就能很容易解释固体比热容的杜隆-珀蒂定律，但不能解释低温下的固体比热容性质；借鉴黑体辐射理论中量子化假设，1907 年爱因斯坦提出晶格谐振子的能量也是量子化的，也就是说谐振子成为类似黑体辐射理论中的半经典谐振子，晶格于是抽象成半经典谐振子的理想气体，这导致固体低温比热容性质得到比较满意解释。类似于电磁场的光子概念，$3N$ 个简正模解可直接被理解为 $3N$ 个声子态，每个态由简正模的标识参数(k_x, k_y, k_z)标识，于是晶格振动被抽象成声子的理想气。第三阶段是统计物理阶段，包括确定不同实体对象的统计分布律，经典和半经典谐振子遵从麦克斯韦-玻尔兹曼分布，声子则遵从玻色-爱因斯坦分布，由所有可能微观态的取值确定系统的系综，然后按统计物理方法进行系综求和计算以得到最后结果。

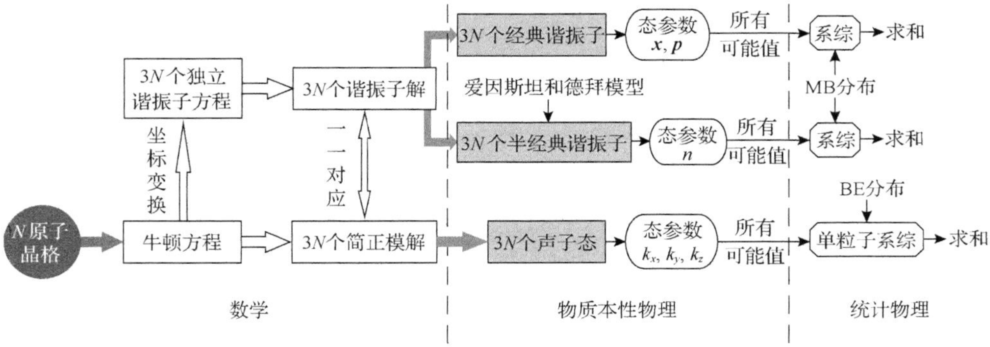

图 3.13　统计系综方法计算晶格比热容的流程

3.10　材料中微观粒子的本质

从以上电子、电磁场和晶格热学性质研究中可见：在理解和计算材料性质中直接处理的对象分别是电子或电子态、电磁模或电磁振子或光子、简正模或简正振子或声子，这些概念是理解材料性质的基石，它们是人们对物质本质认识的结果，所形成的这些观念通常称为**物质结构**，物质结构中存在一些令人迷惑从而很有争议性的问题，如微观粒子的波粒二象性以及不可分辨性等问题，本节将对此进行讨论。物质结构是人们在漫长的历史过程中逐步形成的，有关物质结构认识的历史和哲学将在 3.11 节中讨论。

3.10.1　物质结构的数学本质

本节先对第 2 章以及本章所述的三种物质系统即电子、电磁场和晶格的物质结构概念进行归纳和总结，为简单起见，选择一维系统作为实例，结果如表 3.3 所示。

对电子来说，自从被发现后最先被看成经典粒子，遵循牛顿运动定律，因此也称为牛顿粒子，随后的发展表明电子遵循薛定谔方程，电子的所有性质由薛定谔方程的解所确定，从数学角度看薛定谔方程的解是一个波模解，表明电子本质上是一个波，所以电子的行为由波矢 $\boldsymbol{k}$ 来表征，波矢由边界条件决定，电子的能量则由电子波模的色散关系给出，在正统量子力学中电子具有波粒二象性而并非完全的波。

表3.3　三种物质系统中的物质结构观念及其形成

	电子(一维宽L的无限深势阱)		电磁场(一维宽L的金属箱中电磁场)			晶格(一维N原子晶格)		
	经典	量子	经典	半经典	量子	经典	半经典	量子
方程：方程	牛顿方程	薛定谔方程	麦克斯韦方程	—	—	牛顿方程	—	—
方程：边界条件	$0<x<L$	$\psi(0)=\psi(L)=0$	$\boldsymbol{E}(0)=\boldsymbol{E}(L)=0$	—	—	$y(0)=y(L)=0$	—	—
本征解：名称	—	电子态	电磁模	—	—	简正模	—	—
本征解：公式	—	$\psi=\sqrt{1/L}\sin kx\cos\omega t$	$\boldsymbol{E}=E_0\sin kx\cos\omega t$ $\boldsymbol{B}=(E_0/c)\cos kx\sin\omega t$	—	—	$y=A\sin kx\cos\omega t$	—	—
单态粒子参数：名称	(x, p)	k	(E_0, B_0, k)	(i, k)	k	(A, k)	(i, k)	k
单态粒子参数：取值	$0<x<L$ $-\infty<p<\infty$	$k=k_n=\dfrac{n\pi}{L}, n=1,2,\cdots$		$k=k_n=\dfrac{n\pi}{L}, n=1,2,\cdots$ $i=1, 2,\cdots$			$k=k_n=\dfrac{n\pi}{L}, n=1,2,\cdots$ $i=1, 2,\cdots$	
色散关系	—	$\omega=\omega_n=\dfrac{\hbar^2k_n^2}{2m}, n=1,2,\cdots$		$\omega=\omega_n=ck_n, n=1,2,\cdots$			$\omega=\omega_n=2\sqrt{T/ma}\sin(ak_n/2), n=1,2,\cdots$	
能量	$\dfrac{p^2}{2m}$	$E_n=\dfrac{\hbar^2k_n^2}{2m}, n=1,2,\cdots$	$(1/4)LE_0^2$	$i\hbar\omega_n$	$\hbar\omega_n$	$A^2\omega_n^2=/2$	$i\hbar\omega_n$	$\hbar\omega_n$
物质特性	牛顿粒子	波	波	普朗克振子	光子	波	普朗克振子	声子
统计分布律	MB	FD	MB	MB	BE	MB	MB	BE

对电磁场而言，历史上电磁场最早被看成波，遵循麦克斯韦方程，方程每个解称为一个电磁模，电磁模包含电场和磁场两方面，每个电磁模由波矢 k、圆频率 ω 和振幅 (E_0, B_0) 确定，波矢 k 是电磁模的标识，波矢取值由边界条件确定，给定波矢 k 电磁模的圆频率 ω 由色散关系 $\omega(k)$ 确定，振幅则由初始条件确定。每个电磁模的能量是守恒的(其值为 $E_0^2 L/4$)，但其中的电场能和磁场能之间会像经典振子中动能和势能一样发生能量转化，由此瑞利把每个电磁模看成一个经典谐振子，每个谐振子由波矢 k 标识，每个振子状态则由 (E_0, B_0, k) 所确定，在瑞利观念下电磁场变成谐振子的理想气体。随后普朗克为解释热辐射定律修正了瑞利振子的性质，就是每个振子除了能量不再为经典的 $E_0^2 L/4$ 外，其他方面和经典振子并无差异，普朗克振子的能量可以取一系列的分立值 $i\hbar\omega, i=1,2,\cdots$，这意味着普朗克振子的状态由 (i,k) 所确定，k 用来标识不同振子，i 则用来标识振子 k 不同的能量态，振子 k 的圆频率 ω 依然由经典的色散关系 $\omega(k)$ 确定，普朗克振子除了能量量子化以外与经典振子是相同的，因此称为半经典振子。随后爱因斯坦基于玻色的工作提出电磁场是光子的理想气体，光子的状态由波矢 k 标识，k 的取值与经典振子中情形完全相同，每个光子的能量为 $\hbar\omega(k)$，$\omega(k)$ 为光子态 k 对应的圆频率，由经典色散关系确定。光子模型和两种振子模型最本质的区别是：两种模型中 k 的意义却是截然不同的。在振子模型中 k 用来标识不同的振子，这意味着在振子模型中振子是可分辨的，因而它遵循经典的麦克斯韦-玻尔兹曼分布；而在光子模型中光子是不可分辨的，根本不能识别光子，只能识别光子态，k 就是用来标识不同光子态的，不可分辨性导致光子遵循玻色-爱因斯坦分布。

晶格系统则与电磁场系统十分类似。在晶格的经典模型中，晶格中原子或离子的运动遵循牛顿运动定律，每个牛顿方程的解称为一个简正模，每个简正模由一个波矢 k 标识，k 由晶体的边界条件确定，每个简正模由振幅 A、波矢 k 和圆频率 ω 确定，其中的 ω 由色散关系 $\omega(k)$ 确定，而 $\omega(k)$ 通过求解运动方程得到，振幅 A 则由初始条件确定，每个简正模的能量为守恒量 $A^2\omega^2/2$。每个简正模中的动能和势能也像一个经典振子那样发生转化，因此每个简正模也可看成一个简正振子，简正振子和简正模从不同侧面描述了晶格的简正振动，简正振子表达了简正模的能量，而简正模则表达了晶格中原子位移。为解释固体的比热容，爱因斯坦采用普朗克的方法把经典简正振子的能量量子化，也就是用 (i,k) 标识一个振子状态，其中 i 表示振子 k 的能量状态，处于状态 (i,k) 的振子能量为 $i\hbar\omega(k)$，$\omega(k)$ 表示振子 k 的圆频率，$\omega(k)$ 与 k 的函数关系即为经典的色散关系。这里量子化的振子相当于晶格振动中的普朗克振子，遵循经典的麦克斯韦-玻尔兹曼分布，所以属于半经典振子。类似于电磁场中引入光子，晶格振动中可以引入声子，声子是具有不可分辨性的玻色子，不能区分和标识单个声子，只能分辨和标识声子态，声子态完全由 k 标识，处于声子态 k 的声子能量为 $\hbar\omega(k)$，$\omega(k)$ 依然由经典的色散关系给出。

由上述的讨论可知，三种物质既可以看成波(电子波函数、电磁模或简正模)，也可以看成“粒子”(经典谐振子、半经典谐振子或完全量子化的电子、光子或声子)，所有这些概念内涵和性质完全来自于运动方程的解，或者说这些概念是运动方程解的“波模化”或“粒子化”抽象，如图 3.14 所示。

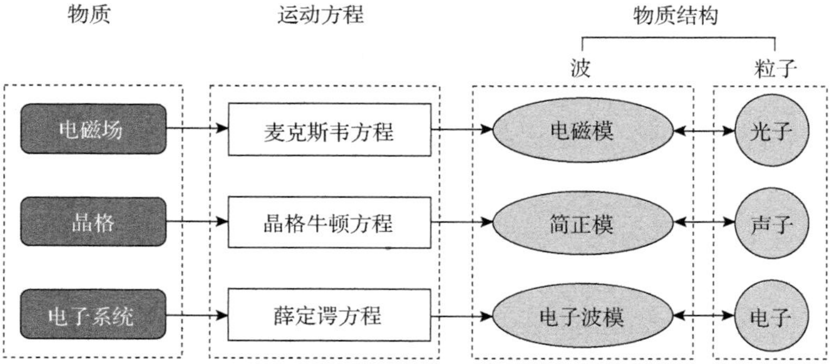

图 3.14　电磁场、晶格和电子系统的物质结构观念源于运动方程

上述由运动方程决定物质结构及其性质的原则同样适用于一般的材料，例如材料中的电子性质由材料中电子的运动方程的解决定，这里以晶体中的电子为例来说明。晶体中的能带电子实际上就是人们对周期势场中薛定谔方程解所赋予的粒子化理解，因此电子的所有性质都来自于这个解，如由解中的能带结构可以直接计算电子的质量和速度，材料与电子有关的比热容及导电性质也基于薛定谔方程的解。初学者常常把能带电子与自由电子混淆，如考虑半导体中电子的输运问题时会认为那就是自由电子在材料中的迁移，其实半导体中的电子并非自由电子，而是半导体中薛定谔方程解的“粒子化抽象”，所以砷化镓导带底电子的有效质量只是自由电子质量的 0.2 倍。

由于物质观念源于对运动方程解的理解，因而许多物质观念直至今日依然存在争议，下面对量子性、波粒二象性和不可分辨性这三个基本性质加以讨论。

3.10.2　量子粒子概念的来源和本质

从 3.10.1 节中关于电子、光子和声子的讨论来看，三种微观粒子的本质都是波，量子化的观念从简正模或谐振子中衍生而来，由描述简正模空间周期性的波矢 $\boldsymbol{k}$ 给出量子化动量 $\hbar\boldsymbol{k}$，由表征简正模时间周期性的圆频率 ω 给出量子化的能量 $\hbar\omega$，$\boldsymbol{k}$ 由系统的边界条件决定，ω 由色散关系 $\omega(\boldsymbol{k})$ 确定，而 $\omega(\boldsymbol{k})$ 由运动方程决定。由于用动量和能量来描述一个简正模的基本属性，这与经典物理中的对粒子性质的描述方式相一致，这意味着在量子化观念下简正模具有粒子属性，如图 3.15 所示。

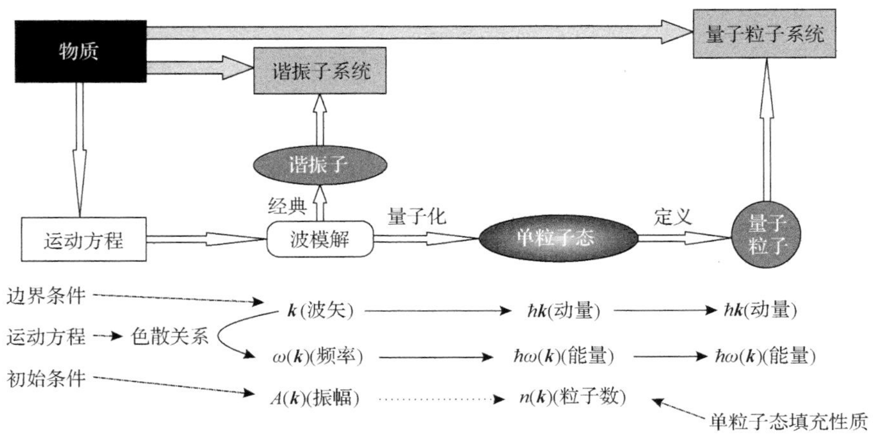

图 3.15　量子粒子概念的形成和物质结构

然而却不能把一个简正模看成一个粒子。每个简正模由振幅 A 和波矢 $\boldsymbol{k}$ 两个参数描述，其中 $\boldsymbol{k}$ 是简正模或谐振子的标识，振幅 A 则反映了简正模或谐振子的能量或强度，当量子化后简正模或谐振子的能量不再依赖于振幅，或者振幅这一概念不再存在，如果把量子化后的简正模或谐振子看成一个粒子，这就意味着动量为 $\hbar\boldsymbol{k}$ [相应能量为 $\hbar\omega(\boldsymbol{k})$]的粒子只有一个，这就无法解释与振幅相关的问题，如晶体红外吸收的强度问题(在经典物理中红外吸收的强度正比于简正模的振幅)。因此，在量子力学中一个简正模被抽象成一个单粒子态，而每个单粒子态上可以占据一定数量的粒子，粒子的动量和能量等于单粒子态的动量和能量，与振幅相关的问题则由单粒子态上的粒子数解决，相当于经典简正模或谐振子观念中的振幅 A 转化为单粒子态占有数 n。这种理解实际上引出了一种新的粒子概念，我们称这种粒子为**量子粒子**，通常所说的电子、光子和声子就是量子粒子。

运动方程的解被理解成单粒子态，因此单粒子态是描述系统最根本的概念，而量子粒子则由单粒子态概念衍生而来，也就是说量子粒子本质上只是一个概念抽象，其称为粒子是由于其基本性质像经典粒子那样用动量和能量来刻画，但是量子粒子和经典粒子有两个重要区别。区别之一是经典粒子具有点粒子属性，而量子粒子并没有这个属性，它本质上依然是系统运动方程的本征解，描述整个系统的一种整体行为，这就是量子粒子波粒二象性的来源和本质。光子和声子不能看成点粒子是显然的，电子是不是点粒子还依然是争论的问题。正统的量子力学把电子看成点粒子，波函数只是表达了电子处于空间某处的概率。电子作为点粒子的直接证据主要有两个：一是在汤姆孙的阴极射线管实验中荧光屏上的光点是点粒子的证据，二是在密立根的油滴实验中电荷的分立性是点粒子的证据，但这只是电子的宏观效应，并不表示电子本身，这如同一个站在河岸边的盲人将一块石头抛进水中，石头激起的水滴落在盲人的身上，它感受到的是颗粒状的水滴，但这并不代表河中的水是颗粒状的水滴。区别之二是量子粒子具有不可分辨性，这是由于量子粒子由单粒子态定义造成的，不同单粒子态由运动方程不同解标识，而同一单粒子态上的量子粒子则无法区分，因此这种不可分辨性源于量子粒子定义本身。量子粒子不可分辨性带来的后果是：不能通过说明系统中每个单粒子的状态来描述系统的微观态，而只能通过说明每个单粒子态上占据多少个粒子来描述系统的微观态。

3.10.3 物质结构概念的意义

各种波模表示系统整体的一个运动态，这意味着材料系统可看成是一个波模的系统，当无需考虑波模间的作用时，波模系统就是理想气体系统，波模成为系统的最基本单元，从实物系统到波模系统的抽象是材料性质研究中第一个重要的抽象，这个思想是极为重要的，它意味着无需再考虑无数的相互关联的原子或电子等的运动，这使得定量计算成为可能。例如，考虑电磁波和晶格的作用，当一束电磁波辐照到一块晶体上时，电磁波的电场会驱动晶体中被辐照区域中原子或离子的振动，由于原子或离子之间的强相互作用，这个振动会快速传遍整个晶体，因此与电磁波作用实际上导致整个晶体中原子或离子的运动，利用简正模的概念，我们无需关心电磁波和单个原子的作用以及这个作用如何传递，只需考虑电磁模和晶格简正模的作用，这通常被说成是电磁波激发了晶格简正模，因此模态的概念自然地引出了模态激发的概念，也就是一个简正模态可看成是从基态激发而得到的态，因此一个固体常被看成是激发的集合。在 Ziman 的 *Electrons and Phonons* 书中，第 1 章第 1 节的标题就是 Solid matter as a gas of excitations[16]。

每个波模可以进一步看成相应的量子粒子，于是材料系统可以看成量子粒子的系统，在理想情形下也就是量子粒子的理想气体，在这里量子粒子成为模型系统最基本的单元，从波模系统到粒子系统的抽象是材料性质研究中第二个重要的抽象。这里的量子粒子通常称为准粒子，波模和粒子之间是相互等价和对应的。对于电子系统需要做一点澄清，在材料性质研究中所说的电子并非通常意义上的自由电子，而是材料中电子态的粒子化抽象，电子态就是电子运动方程的解。决定电子态的基本方程是薛定谔方程，这是一个相互作用的多粒子方程，其严格求解是不可能的，因此在材料性质研究中决定电子态的基本方程是由薛定谔方程演化而来的所谓单粒子方程，即 Hartree-Fock 方程或 Kohn-Sham 方程，而且通常这两个方程中都包含着许多的近似，人们通常所说的电子实际上是这两个方程解的粒子化抽象，也就是说材料研究中通常所说的电子只是基于其运动方程的一个概念实体，但人们通常就把它看成是一个实在的物理实体。

用粒子来替代波模有许多优点。首先，波与波之间的相互作用可处理成粒子与粒子之间的作用，这在理解上更直观，在数学处理上更简单。例如，上述的电磁波和晶格的相互作用本质上是两个波的作用，如果用粒子的观念，这两个波的作用就可看作光子和声子之间作用，就像经典粒子之间的碰撞和散射一样，很多粒子散射的方法可直接移植过来计算波与波之间的作用。如果不采用粒子观念，在定量计算许多材料性质时就十分困难，如金属中电子的电导性质。在金属中电子是由波函数描述的波，它属于整个金属，在晶格是无缺陷的刚性晶格情形下，这个波会无中断地贯穿于整个金属，这意味着金属没有电阻，但实际情况不是这样，因为晶格实际上不停地做热振动，所以晶格不断偏离严格周期性，其结果就是对电子波造成了干扰，就是说没有一个电子波可以无中断地从金属一端贯穿到另一端，这就是电阻形成的微观机制。问题是如何从这一机制定量地计算金属的电导率？按照波模观念，电子波和晶格简正模是最基本的研究对象，上述电阻的形成原因看成是两个波相互作用的结果，但用波模观念理解电阻的形成就很不直观；如果把波模看成粒子，材料系统就抽象成一个粒子的理想气体系统，这样就在概念上和经典理想气体一致，于是材料中的诸如电导和热导等输运问题就相当于经典理想气体中的输运问题，上述的晶格热振动导致的电阻可看成声子对电子的散射问题；在经典理想气体中用散射概率来描述散射，那么在金属电阻问题中也可以引入声子对电子的散射概率来描述两者作用，而这个概率可通过求解薛定谔方程得到，通过这种类比的方式可以形式化地采用经典理想气体的概念和方法来讨论材料系统中的输运问题，如引入电子的平均自由程或平均自由飞行时间，于是通过这种类比，就可以方便地计算电导率，而且计算得到的结果能够定量解释实验事实，对此 Ziman 写道："The idea is that we treat the excitations unashamedly as particles, …" [17]。

上述波模和粒子的思想其实也出现在社会科学中。但分析社会现象时，人们常用阶级或者阶层的概念，如工人阶级、农民阶级、知识分子阶层等，这些概念其实就是社会系统中的模式，利用这些概念就能分析社会的总体性质。说到知识分子阶层，人们常用知识分子代替，似乎知识分子是一个独立的个体，这就是模式的粒子化。为什么人类社会和上述的自然界的系统有类似的观念，这是由于两者都是一个多粒子系统，换句话说，模式和粒子是描述多粒子体系的基本概念。

3.11　物质本性的历史和哲学

面对一块金属时，我们看到的是其坚韧的外表以及良好的热导和电导等性质，当讨论它的性质时，我们把它看成谐振子、声子和电子等的集合，用费米面来标识它的性质等，这些名词和概念与我们对金属的直观感受相差很远，对于初学者理解这些概念并非易事，所以这就有一个基本的问题：这些观念是怎样的？从以上的讨论中可以看到，这些概念源于用数学方法定量解释材料性质的过程。为什么会用这种抽象的方法研究材料？通过考察科学发展史可知，这是西方研究自然方法的一个特例，这种方法的核心思想就是用数学的方法定量解释自然，这种思想可以追溯到西方思想和哲学的初创时期。西方最早的哲学家泰勒斯(约 624BC—546BC)是一个数学家，据说曾根据金字塔在阳光下的影子计算它的高度；毕达哥拉斯(约 570BC—495BC)发现毕达哥拉斯定理，提出了一个万物皆数的论断；提出原子论的德谟克利特(460BC—370BC)写过许多数学著作，他能计算圆锥体积；柏拉图(429BC—347BC)也通晓数学，研究过柏拉图多面体，在其创办的学院门上写着“不懂几何者不得入内”；欧几里得(约 325BC—265BC)撰写了《几何原本》，为数学学科树立了逻辑推理的典范；阿基米德(287BC—212BC)能求曲线下的面积和物体的重心，发现了浮力定律和杠杆定律。可见在西方文化形成时期就有用数学研究自然的观念，这种观念发展到 17 世纪到达一个新的高度，牛顿(1643—1727)的《自然哲学的数学原理》使得以数学方法定量研究自然成为一种严密和系统的方法，这种思想随后的发展形成了现代自然科学，材料性质的研究只是其中一个分支。

基于数学的定量研究自然的方法能使人对自然的认识超越人的感官感觉，如电磁波的发现和应用、各种基本粒子的发现以及激光的发现和应用等。这种方法能揭示自然的本质，能使人对自然的认识不断深入，如对摩擦生热的定量分析促使人们认识到热的本质是微观粒子动能的体现，对化学反应的定量分析促使人们认识到化学反应中的质量守恒定律，这奠定了现代化学的基础，从牛顿力学到电动力学再到量子力学及量子场论的研究不断深化和揭示了物质的本性。这种方法使关于自然的观念和理论更可靠、更确定和更准确，历史上许多理论常常是模棱两可的，定量的方法为理论是否正确提供了检验的标准，这使得研究自然的步伐能不断推进而避免陷入无休止的争论。这种方法还能在更高级别和更本质的层次上对自然现象进行统一和分类，例如，日食月食、潮涨潮落、人造卫星和物体掉落本质是相同的，都是引力导致的，都遵从牛顿方程；刮风下雨、飞机飞行和各种音乐的本质都是相同的，都是流体的运动，都遵从纳维-斯托克斯方程；通过声学方程和电磁场方程的比较，瑞利看到了声场和电磁场的共同之处，由此提出把电磁场看成谐振子的集合；金属的导电性质和房间中一个气体分子从一端到另一端的扩散有共同的本性。这种对自然的认知方法极大地增强了人们对自然的认识能力，并塑造了人们的生产和生活方式。

定量研究的基础是数学，许多哲学家或自然科学家都表达过数学对了解自然的神奇作用，伽利略曾表达过天地万物是用数学语言写成的，不懂数学就不能理解天地万物，而只能在黑暗的迷宫里游荡。从第 2 章和本章所讨论的内容可以看到，运动方程在理解自然所起的根本作用，许多概念来自于对运动方程的理解和阐释，这在物理学中是普遍的，如前面提到的声子、光子和电子。从前面的讨论可知，声子和光子的概念来自于晶格及电磁场运动方程，材料性质中的电子同样是由其运动方程决定的物理实体，也就是由 Hartree-Fock 方程或 Kohn-Sham 方程决定的物理实体，此即通常所说的电子，有关电子的性质和电子与材料性质的关系将在第三部分讨论。正电子是一个著名例子，它是第一个被研究和发现的反粒子，它的提出出自狄拉克对数学方程的研究，此后各种基本粒子的发现几乎都来自于对相关数学方程的研究，然后再通过实验而发现和证实，如最近证实的马约拉纳(Majorana)费米子，之所以以这种方式发现粒子是因为在这个层次依靠人的感官已经无能为力了，在这里数学方程起着核心和决定性的作用。人们对自然的认识很大程度上依赖于自己的感官，在感官不起作用而由数学方程决定的情形下，就会产生所认识对象的本质到底是什么的问题，如电子的本质现在依然存在争议，虽然人们已经可以由电子运动方程准确地解释无数的物理现象甚至造出晶体管。可以说，人们所形成的对自然的基本概念其实就是自然本质在人类感官中的映像，在西方哲学中这种映像是通过数学或者运动方程实现的。两千年前毕达哥拉斯提出万物皆数的观念，这个看起来奇怪的论断在今天也许显得更加正确，除了我们对自然本质的理解在很大程度上建立在数学的基础上之外，现在人们生活中无处不在的网络世界归根结底都是以二进制数形式而存在的。这种对自然的哲学观念可能是数学在西方发展成一个惊人抽象且体系庞大的根本原因。

比较中西方对于自然认识的思想是有趣的。西方思想形成时期差不多也是中国思想的形成期或者重要发展期，如图 3.16 所示，这个时期中国出现了老子(571BC—471BC)、孔子(551BC—479BC)、墨子(约 468BC—376BC)、鬼谷子(约 400BC—270BC)、孟子(约 372BC—289BC)、庄子(约 369BC—286BC)、屈原(340BC—278BC)和韩非子(约 280BC—233BC)等思想家和哲学家，从这些哲学家和思想家的著作大致可以判断，没人以数学的和定量的方式去考察和解释自然，或者有类似的思想但并没有影响后世。中国解释自然的基本思想是阴阳五行，例如，按颜色对物性分类：红为阳，黑为阴，红色食物上火，黑色食物滋阴；或者按形状对物性分类：人参像人，吃人参有益健康；核桃像脑，吃核桃补脑等。这种研究方法实质上是把对自然的认识建立在感官感受和经验上，对自然认识的发展主要是经验的积累，而没有经过数学和定量的理解。由于缺乏定量的观念，对自然的认识难以深入，难以想象为理解固体的热性质或光学性质会发展出诸如声子这样的概念。

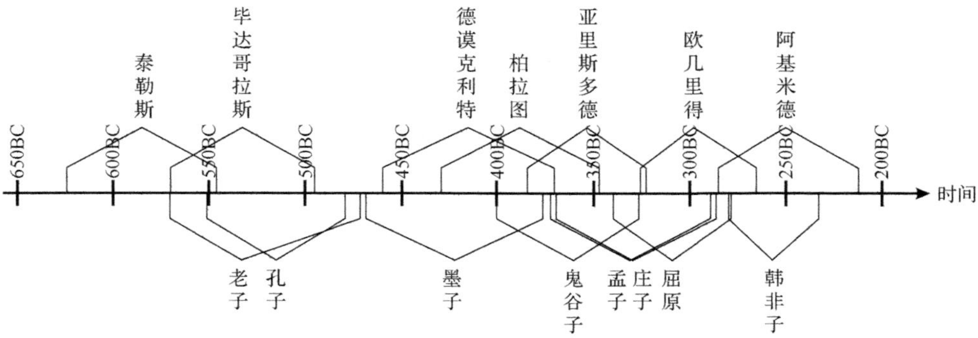

图 3.16　650 BC～200BC 西方和中国重要的哲学家或思想家

这个时期差不多是东西方各自文化的形成时期

3.12　电子的费米能及其应用

电子系统的化学势即费米能是所有电子系统的一个基本量，例如在金属的电子性质、半导体的性质、化学电池性质以及氧化还原反应等性质中，费米能都是不可或缺的概念。本节将说明费米能的意义，然后计算原子以及半导体等系统中的费米能，最后说明费米能和电压测量之间的关系。

3.12.1　费米能的意义

费米能本质上是一个统计力学概念，它是确定电子在系统中各单粒子态的分布概率的基础，其作用通过费米-狄拉克分布体现。由费米-狄拉克分布式可知当 $E=E_{\mathrm{F}}$ 时，$\overline{n}^{\mathrm{FD}}(E)=1/\left(\mathrm{e}^{\frac{E-E_{\mathrm{F}}}{k_{\mathrm{B}}T}}+1\right)=1/2$，这是费米能的数值特征，它表明电子在能量为费米能的能态的占据数为 1/2，也就是占据和空的概率刚好相等，人们常常把费米能看成是填满能级和空能级的分界线。但需要说明的是，费米能本质上并不是系统的真实的物理能级，金属的真实电子能级中确实有能级正好等于系统的费米能，但半导体材料系统中并没有等于费米能的实际能级。费米能作为电子填充能态和未填充能态的分界面在金属中的意义十分明确，在热力学零度时费米能以下的能级完全填满，而以上的能级则全空。对于半导体而言，费米能处于禁带中，因此半导体中费米能并不对应半导体的真实电子能级，但大体上费米能依然是填满能级和空能级的分界线，只不过在半导体中填满的价带和空的价带之间并不连续而有一个带隙，详细的讨论见 3.12.2 节。对于原子及分子等系统电子能级是分立的，费米能则在最高占据轨道能级和最低未占轨道能级中间，因此费米能也表达了填满能级和空能级之间的分界线，当然这里费米能也不对应原子或分子真实的能级，详细的讨论见 3.12.3 节。

费米能的本质是电子的化学势，因此它能用来判断电子流动方向，即在非平衡电子系统中电子将会从费米能高的位置流向费米能低的位置，而当系统处于平衡状态时，系统各处的费米能一定相等。例如，当 p 型半导体和 n 型半导体连接形成 pn 结时，由于 n 型半导体的费米能高于 p 型半导体的费米能，电子就会从 n 型半导体流向 p 型半导体，并且在平衡时整个半导体系统中费米能相等；两个不同金属连接时也会出现类似的情况。一个分子吸附到一个固体的表面时，如果分子中电子的费米能高于固体的费米能，则分子中的电子就会流向固体，从而一方面使分子自身电离，另一方面使固体导带中获得额外的电子，这导致两种可能效应：一是分子由于失去电子而变得不稳定并发生自身的分解，这即是表面催化的电子原理；二是固体导带中由于获得电子而电阻变小，这即是电阻型气敏传感器的基本原理。在化学电池中，电子从阴极(cathode)自发流向阳极(anode)的原因就在于阴极金属的费米能高于阳极的费米能，这两个费米能的差即为电池的电动势，需要指出的是阴极或阳极的费米能并非阴极或阳极裸金属的费米能，因为阳极或阴极总是浸泡在电解质溶液中，电解质溶液中的离子会和电极金属发生电子交换，从而使得金属电极的费米能不同于裸金属的费米能，例如在丹聂尔(Daniell)电池中，阴极是插在 $ZnSO_4$ 溶液中的金属 Zn 棒，阳极是插在 $CuSO_4$ 溶液中的金属 Cu 棒，在标准状态下(温度 25℃，溶液浓度 1mol/L，压强 100kPa)电池的电动势为 1.1V，金属 Zn 和 Cu 的费米能分别是 9.4eV 和 7.0eV，Zn 的费米能高于 Cu，这与电池中电子从 Zn 极流向 Cu 极一致，两个裸金属的费米能差为 2.4eV，意味着电动势为 2.4V，1.1V 的实际电池电动势是由于电解液导致金属电极的费米能发生了改变。

3.12.2 半导体的费米能

半导体能带的根本特征是能带中出现能隙，最高填满的价带和最低全空的导带以及两者之间的能隙决定了半导体的主要性质，如图 3.17 所示。由于这种能带特征，半导体中电子的分布与金属中的情形有很大的区别，非零温度下电子的热激发使得价带中总有部分电子进入导带，其结果是价带中留下少量空态，同时导带中存在少量电子，这些空态为价带中电子的运动提供了可能，整个价带中电子的运动由这些少量空态决定，把每个空态看成一个粒子，则价带中所有电子的运动等价于这些空态粒子的运动，这些空态粒子即所谓的空穴。另外，由于导带中有大量空态，导带中的少量电子可以运动，电子和空穴通称半导体中的载流子，半导体的宏观电学性质和光学性质实际上就是载流子在外加电磁场下的响应性质，载流子个体特性(如有效质量)和数量决定了半导体的宏观性质。单个空穴和电子的性质由能带论给出，空穴和电子在各单电子态分布则由费米统计分布律决定，而决定统计分布律中的量则是系统的费米能，下面求解该量。求解的基本原则是利用统计力学平均值公式计算系统的电子数，由于系统的电子数是一个确定的值，因此该公式是一个关于费米能的方程式，求解该方程式即可得到系统费米能。

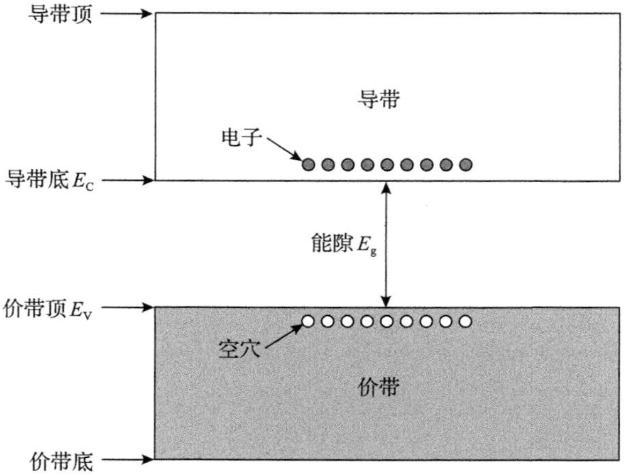

图 3.17　半导体能带结构

电子在各单粒子态的占有率 $\overline{n}_e$ 由如下的费米-狄拉克分布确定：

$$\overline{n}_e(E)=\frac{1}{e^{\frac{E-E_F}{k_BT}}+1} \tag{3.247}$$

空穴就是电子没有占据的单粒子态，因此空穴在各单粒子态的占有率 $\overline{n}_h$ 为

$$\overline{n}_h(E)=1-\overline{n}_e(E)=\frac{1}{e^{-\frac{E-E_F}{k_BT}}+1} \tag{3.248}$$

其中，E_F 为半导体系统的费米能。通常半导体材料满足 $e^{\frac{E-E_F}{k_BT}}\gg 1$，或者说导带中的电子和价带中的空穴数量是极少的，即半导体是非简并的，于是上述电子和空穴的费米-狄拉克分布变为麦克斯韦-玻尔兹曼分布：

$$\overline{n}_e(E)=e^{-\frac{E-E_F}{k_BT}},\qquad \overline{n}_h(E)=e^{\frac{E-E_F}{k_BT}} \tag{3.249}$$

由求解周期势场中单电子薛定谔方程可得电子和空穴的能态密度[18]：

$$\rho_{\mathrm{e}}(E)=\frac{1}{2\pi^2}\left(\frac{2m_{\mathrm{e}}}{\hbar^2}\right)^{3/2}(E-E_{\mathrm{C}})^{1/2},\qquad \rho_{\mathrm{h}}(E)=\frac{1}{2\pi^2}\left(\frac{2m_{\mathrm{h}}}{\hbar^2}\right)^{3/2}(E-E_{\mathrm{V}})^{1/2} \quad (3.250)$$

其中，m_{e} 和 m_{h} 分别表示价带底电子和导带顶空穴的有效质量。于是按照统计方法可得导带中的电子密度 n(单位体积中电子数)：

$$n=\int_{\text{导带底}}^{\text{导带顶}}\rho_{\mathrm{e}}(E)\bar{n}_{\mathrm{e}}(E)\mathrm{d}E\simeq\int_{E_{\mathrm{C}}}^{\infty}\rho_{\mathrm{e}}(E)\bar{n}_{\mathrm{e}}(E)\mathrm{d}E=2\left(\frac{2m_{\mathrm{e}}k_{\mathrm{B}}T}{2\pi\hbar^2}\right)^{3/2}\mathrm{e}^{\frac{E_{\mathrm{F}}-E_{\mathrm{C}}}{k_{\mathrm{B}}T}}=N_{\mathrm{C}}\mathrm{e}^{\frac{E_{\mathrm{F}}-E_{\mathrm{C}}}{k_{\mathrm{B}}T}} \quad (3.251)$$

上式中的积分范围从导带底到导带顶，但由于实际上 $\bar{n}_{\mathrm{e}}(E)$ 随着能量升高迅速减小，超过导带顶部分的 $\bar{n}_{\mathrm{e}}$ 十分小，因此积分范围取为无穷大对积分值并没有实际的影响，但积分限取为无穷大却可以使积分得到解析表达式，$\bar{n}_{\mathrm{e}}(E)$ 的取值特征意味着电子主要分布在导带底，上式中的 N_{C} 为指数因子前的系数，它表示导带底的能态密度。同样地，可得价带中的空穴密度：

$$p=\int_{\text{价带底}}^{\text{价带顶}}\rho_{\mathrm{h}}(E)\bar{n}_{\mathrm{h}}(E)\mathrm{d}E\simeq\int_{-\infty}^{E_{\mathrm{V}}}\rho_{\mathrm{h}}(E)\bar{n}_{\mathrm{h}}(E)\mathrm{d}E=2\left(\frac{2m_{\mathrm{h}}k_{\mathrm{B}}T}{2\pi\hbar^2}\right)^{3/2}\mathrm{e}^{-\frac{E_{\mathrm{F}}-E_{\mathrm{V}}}{k_{\mathrm{B}}T}}=N_{\mathrm{V}}\mathrm{e}^{-\frac{E_{\mathrm{F}}-E_{\mathrm{V}}}{k_{\mathrm{B}}T}} \quad (3.252)$$

上式中积分下限应当是价带底，但由于实际上 $\bar{n}_{\mathrm{h}}(E)$ 随着能量降低迅速减小，低于价带底部分的 $\bar{n}_{\mathrm{h}}(E)$ 十分小，所以积分范围取为负无穷大对积分值并没有实际的影响，$\bar{n}_{\mathrm{e}}(E)$ 的取值特征意味着空穴主要分布在价带顶，上式中的 N_{V} 表示价带顶的能态密度。下面利用式(3.251)和式(3.252)来确定系统的费米能，分两种情形讨论。

第一种情形是本征半导体(intrinsic semiconductor)，也就是不掺杂的半导体。在这种情况下导带中的电子全部来自价带中电子的激发，因此导带中电子密度等于价带中空穴密度，即有

$$n=p \quad (3.253)$$

于是由式(3.251)和式(3.252)有

$$N_{\mathrm{C}}\mathrm{e}^{\frac{E_{\mathrm{F}}-E_{\mathrm{C}}}{k_{\mathrm{B}}T}}=N_{\mathrm{V}}\mathrm{e}^{-\frac{E_{\mathrm{F}}-E_{\mathrm{V}}}{k_{\mathrm{B}}T}} \quad (3.254)$$

由该式可得本征半导体的费米能 $E_{\mathrm{F},i}$：

$$E_{\mathrm{F},i}\equiv E_{\mathrm{F}}=\frac{E_{\mathrm{C}}+E_{\mathrm{V}}}{2}+\frac{3}{4}k_{\mathrm{B}}T\ln\left(\frac{N_{\mathrm{V}}}{N_{\mathrm{C}}}\right)=\frac{E_{\mathrm{C}}+E_{\mathrm{V}}}{2}+\frac{3}{4}k_{\mathrm{B}}T\ln\left(\frac{m_{\mathrm{h}}}{m_{\mathrm{e}}}\right) \quad (3.255)$$

第一项表示半导体能隙中间位置的能量，第二项是一个比第一项小很多的值。例如，对硅而言上式中的参数为[19]： $N_C = 2.8\times10^{19}\,\text{cm}^{-3}$ ， $N_V = 1.04\times10^{19}\,\text{cm}^{-3}$ ， $m_e = 1.08m_0$ ， $m_h = 0.56m_0$ ，由这些数据可估算第二项约为 $-0.74k_BT$ ，在室温(300K， $k_BT = 26\text{meV}$)下该值约为–0.01eV，而硅的能隙宽度 E_g 为 1.1eV，这意味本征硅的费米能处于能隙的中线稍偏下的位置，由于偏下量很小，基本上可看成处于能隙中线，这个结论适用于一般本征半导体。本征半导体的两种载流子密度相等，一般统一记为 n_i，其为

$$n_i \equiv n = p = (np)^{1/2} = (N_C N_V)^{1/2}\,\mathrm{e}^{-\frac{E_C - E_V}{2k_BT}} = (N_C N_V)^{1/2}\,\mathrm{e}^{-\frac{E_g}{2k_BT}} \tag{3.256}$$

该值完全由能隙 E_g 决定，本征硅在室温下的载流子密度 $n_i = 1.5\times10^{10}\,\text{cm}^{-3}$ 。

第二种情形是掺杂半导体或者非本征半导体。本征硅中可以掺入五价元素(如磷)成为 n 型半导体，或者掺入三价元素(如铝)成为 p 型半导体，这里主要讨论 n 型半导体。在 n 型半导体中五价元素的五个价电子中的四个保持在掺杂位附近以满足电中性条件，另外一个电子则进入半导体的导带成为离域的导带电子，因此杂质的作用是给半导体施入电子，这种杂质称为施主(doner)，在这种情况下半导体中导带和价带中的载流子与本征情况出现差别：即由于杂质电离，导带中出现了额外的电子。从能级角度看，许多掺杂元素的价电子能级位于带隙中但距离导带底的间距很近，具有这种能级特性的杂质称为浅能级杂质，许多常用的半导体就属于这种情形。例如，在磷掺杂的硅中，磷的价电子能级位置在硅导带边以下约 45meV 处，这意味着在室温下(热能为 26meV)几乎所有的价电子全部电离而进入导带，下面求掺杂半导体的费米能仅考虑这种近乎全电离的情形。在这种情形下，导带中由于杂质电离而多出的电子数密度等于杂质的密度，于是导带中的电子数 n 等于杂质即施主的密度 N_D 和价带中空穴密度 p 的和，因此：

$$n = N_D + p \tag{3.257}$$

把式(3.251)和式(3.252)代入式(3.257)，则有

$$N_C\mathrm{e}^{\frac{E_F - E_C}{k_BT}} = N_D + N_V\mathrm{e}^{-\frac{E_F - E_V}{k_BT}} \tag{3.258}$$

将式(3.258)变化如下形式：

$$\mathrm{e}^{\frac{E_F}{k_BT}}\left(N_C\mathrm{e}^{\frac{E_{F,i} - E_C}{k_BT}}\right)\mathrm{e}^{-\frac{E_{F,i}}{k_BT}} = N_D + \mathrm{e}^{-\frac{E_F}{k_BT}}\left(N_V\mathrm{e}^{-\frac{E_{F,i} - E_V}{k_BT}}\right)\mathrm{e}^{\frac{E_{F,i}}{k_BT}} \tag{3.259}$$

与式(3.254)～式(3.256)对比可知，式(3.259)括号中的量等于 n_i，于是式(3.259)可写为

$$n_i e^{\frac{E_F - E_{F,i}}{k_B T}} = N_D + n_i e^{-\frac{E_F - E_{F,i}}{k_B T}} \tag{3.260}$$

由此得

$$n_i \left(e^{\frac{E_F - E_{F,i}}{k_B T}} - e^{-\frac{E_F - E_{F,i}}{k_B T}} \right) = N_D \tag{3.261}$$

利用双曲正弦函数 $\mathrm{sh}x = (e^x - e^{-x})/2$，式(3.261)可写为

$$2n_i \mathrm{sh}\left(\frac{E_F - E_{F,i}}{k_B T} \right) = N_D \tag{3.262}$$

于是在浅能级施主杂质掺杂情形下，费米能为

$$E_F = E_{F,i} + k_B T \mathrm{sh}^{-1}\left(\frac{N_D}{2n_i} \right) \tag{3.263}$$

其中，$\mathrm{sh}^{-1}\left(\frac{N_D}{2n_i} \right)$为双曲反正弦函数。在通常的掺杂情形下，在 n 型半导体中空穴浓度 p 远小于施主浓度 N_D(表 3.4)，因此在式(3.257)中可以忽略 p，即

$$n \simeq N_D \tag{3.264}$$

此时则有

$$N_C e^{\frac{E_F - E_C}{k_B T}} = N_D \tag{3.265}$$

即

$$e^{\frac{E_F}{k_B T}} \left(N_C e^{\frac{E_{F,i} - E_C}{k_B T}} \right) e^{-\frac{E_{F,i}}{k_B T}} = N_D \tag{3.266}$$

上式括号中量等于 n_i，因此有

$$e^{\frac{E_F - E_{F,i}}{k_B T}} n_i = N_D \tag{3.267}$$

由此可得浅能级施主掺杂半导体费米能表达式：

$$E_F = E_{F,i} + k_B T \ln \frac{N_D}{n_i} \tag{3.268}$$

由该式可见，随着杂质密度的提高，费米能逐步升高，图 3.18 显示了本征半导体、轻掺杂以及重掺杂 n 型半导体费米能的变化情况。

表 3.4　硅(300K)在不同掺杂情况下的载流子浓度　　(单位：cm^{-3})

项目	重掺杂 p 型	轻掺杂 p 型	本征	轻掺杂 n 型	重掺杂 n 型
掺杂浓度	$N_A=1.5\times10^{18}$	$N_A=1.5\times10^{14}$	0	$N_D=1.5\times10^{14}$	$N_D=1.5\times10^{18}$
电子浓度(n)	1.5×10^{2}	1.5×10^{6}	1.5×10^{10}	1.5×10^{14}	1.5×10^{6}
空穴浓度(p)	1.5×10^{18}	1.5×10^{14}	1.5×10^{10}	1.5×10^{6}	1.5×10^{2}

对于 p 型半导体有类似的公式：

$$E_F = E_{F,i} - k_B T \ln \frac{N_A}{n_i} \tag{3.269}$$

其中，N_A 为杂质浓度[在 p 型半导体中杂质用于提供空态而接受价带中的电子，因而杂质称为受主(accepter)]，由式(3.269)可知，在 p 型半导体中随着杂质密度的提高，费米能逐步下降，如图 3.18 所示。

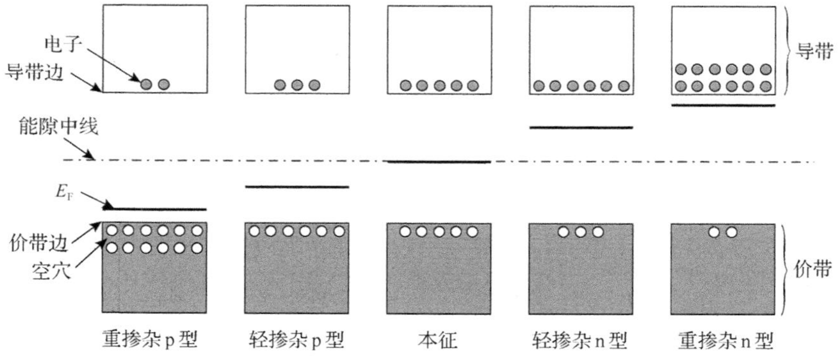

图 3.18　半导体的费米能级

用上述的费米能级概念可以说明 pn 结的形成和特性，如图 3.19 所示。当 p 型半导体和 n 型半导体接触形成结时，由于 n 型半导体的费米能高于 p 型半导体，于是电子从 n 型半导体流向 p 型半导体，这使得界面的 n 型半导体一侧出现正电性，而 p 型半导体一侧出现负电性，于是在界面处出现一个方向指向 p 型半导体的自建电场，该电场会抑制电子从 n 型半导体到 p 型半导体的流动，内建电场随着电子的定向流动逐步加强，对电子的流动抑制能力也随之增强，最后会完全抑制定向流动而达到平衡，如图 3.19(a)所示。从能量角度看，内建电场的建立提高了 p 型半导体的费米能，平衡时内建电场 n 型和 p 型半导体费米能相等，由此可以得到平衡时内建电场的电势差 $V_{内建}=E_{F,n}-E_{F,p}$，如图 3.19(b)所示。

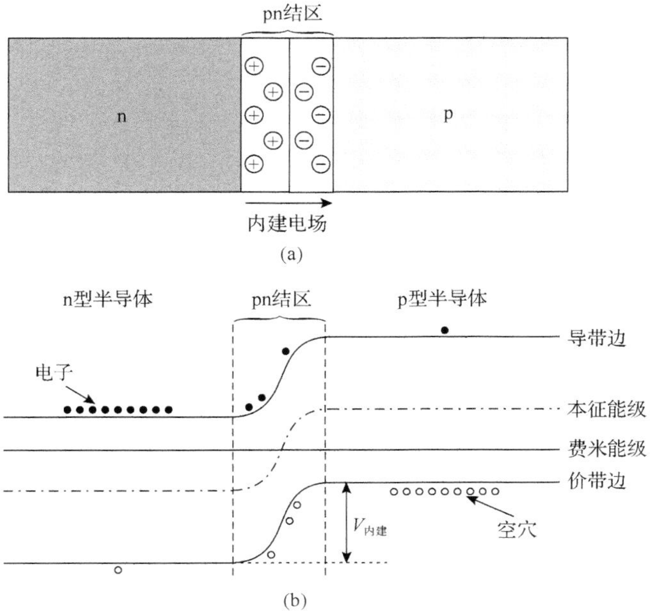

图 3.19　pn 结的结构和能带特征

3.12.3　原子系统的费米能

原子中的电子形成一个电子系统，其中的电子可以因电离而失去，也可以因获得电子而成为负离子，这相当于原子中电子形成一个与外界环境可进行物质交换的系统，所有不同的荷电态则形成一个巨正则系综，于是由巨正则系综方法可以计算原子中电子系统的费米能。

记原子在中性状态(记为态 1)时的电子数为 $N_1=Z$ 和能量为 $E_1=0$，能量为 0 意味着以中性态为能量参考点；原子处于一次电离状态(记为态 2)时的电子数为 $N_2=Z-1$，能量则为 $E_2=I$(ionization energy)，I 是电离能且总是大于 0；吸纳一个电子状态(记为态 3)时原子中电子数则为 $N_3=Z+1$，能量为 $E_3=-A$，A 为电子亲和能(electron affinity)也总是大于 0；原子还可以失去和吸纳两个或更多电子，但发生这些事件的概率很低，因此可以忽略，于是原子由于得失电子形成的微观态就只需考虑三个态或者说系综中只有三个态，这三个态的概率或吉布斯因子分别是

$$p_1=\frac{e^{-\beta(0-\mu Z)}}{\mathcal{Z}},\qquad p_2=\frac{e^{-\beta[I-\mu(Z-1)]}}{\mathcal{Z}},\qquad p_3=\frac{e^{-\beta[-A-\mu(Z+1)]}}{\mathcal{Z}}\tag{3.270}$$

其中，μ 为系统的化学势；$\mathcal{Z}$ 为归一化因子，也即巨配分函数：

$$\mathcal{Z}=\mathrm{e}^{-\beta(0-\mu Z)}+\mathrm{e}^{-\beta[I-\mu(Z-1)]}+\mathrm{e}^{-\beta[-A-\mu(Z+1)]} \tag{3.271}$$

按照巨正则系综方法，平衡态时，系统的平均粒子数 N 为[式(3.83)]：

$$N=\sum_{i=1}^{3}p_i N_i=\frac{Z+(Z-1)\mathrm{e}^{-\beta(I+\mu)}+(Z+1)\mathrm{e}^{\beta(A+\mu)}}{1+\mathrm{e}^{-\beta(I+\mu)}+\mathrm{e}^{\beta(A+\mu)}} \tag{3.272}$$

整理上式可得

$$(N-Z)(1+\mathrm{e}^{-\beta(I+\mu)}+\mathrm{e}^{\beta(A+\mu)})=\mathrm{e}^{\beta(A+\mu)}-\mathrm{e}^{-\beta(I+\mu)} \tag{3.273}$$

定义如下两个量：

$$x=\mathrm{e}^{-\beta\mu},\qquad \varDelta=N-Z \tag{3.274}$$

将这两个量代入式(3.273)，可得

$$(1+\varDelta)\mathrm{e}^{-\beta I}x^2+\varDelta x-(1-\varDelta)\mathrm{e}^{\beta A}=0 \tag{3.275}$$

这是一个关于 x 二元一次方程，考虑到 $x>0$，所以只取其正数解：

$$x=\frac{-\varDelta+\sqrt{\varDelta^2+4(1-\varDelta^2)\mathrm{e}^{-\beta(I-A)}}}{2(1+\varDelta)\mathrm{e}^{-\beta I}} \tag{3.276}$$

由此可得原子费米能 μ：

$$\mu=-\frac{1}{\beta}\ln x=-\frac{1}{\beta}\ln\frac{-\varDelta+\sqrt{\varDelta^2+4(1-\varDelta^2)\mathrm{e}^{-\beta(I-A)}}}{2(1+\varDelta)\mathrm{e}^{-\beta I}} \tag{3.277}$$

对于中性原子，有 $N=Z$，于是得 $\varDelta=N-Z=0$，于是可得中性原子系统电子的费米能：

$$\mu=-\frac{1}{2}(I+A) \tag{3.278}$$

将该值与原子的 Mulliken 电负性(electronegativity) $\chi^{\mathrm{M}}=\frac{1}{2}(I+A)$ 相比可见 $\chi^{\mathrm{M}}=-\mu$，即原子 Mulliken 电负性与原子中电子的化学势大小相等、符号相反，这表明 Mulliken 电负性的概念刻画了原子中电子的迁移能力，符号相反意味着吸引电子的能力。

3.12.4　离子对系统的费米能

从式(3.278)的推导过程可知，只要两次及两次以上的电离和吸纳电子的概率可以忽略，任何的能级离散的电子系统都可以应用该式，如分子系统和多离子对系统，下面说明由 Fe^{2+}和 Fe^{3+}两个离子组成的系统，如 Fe^{2+}/Fe^{3+}离子对系统在平衡条件的费米能级(图 3.20)。在该系统中可以发生如下的电子转移反应：$Fe^{3+}+e^{-}\longrightarrow Fe^{2+}$，这意味着在平衡时整个系统具有共同的费米能。系统的电离能即 Fe^{2+}/Fe^{3+}失去一个电子的能量，系统失去一个电子实际上是 Fe^{2+}失去一个电子，因此系统的电离能即 Fe^{2+}离子的电离能，取无限远的真空能级为参考零点可得该能量即为 Fe^{2+}离子的能级 $\varepsilon_{Fe^{2+}}$。系统的电子亲和能即 Fe^{2+}/Fe^{3+} 得到一个电子的能量，得到的电子会进入 Fe^{3+}离子轨道，因此系统的亲和能即 Fe^{3+}离子的亲和能，取无限远的真空能级为参考零点可得该能量(忽略离子中电子相互作用)，其为 Fe^{3+}离子的能级 $\varepsilon_{Fe^{3+}}$。在忽略 Fe^{2+}/Fe^{3+}系统失去或得到两个及两个以上电子的情况下，即由式(3.278)可得系统的费米能：$\varepsilon_F=(\varepsilon_{Fe^{2+}}+\varepsilon_{Fe^{3+}})/2$，也就是费米能在 Fe^{2+}和 Fe^{3+}两个离子能级的中间位置，当然这一费米能级值是以真空能级为参考零点。

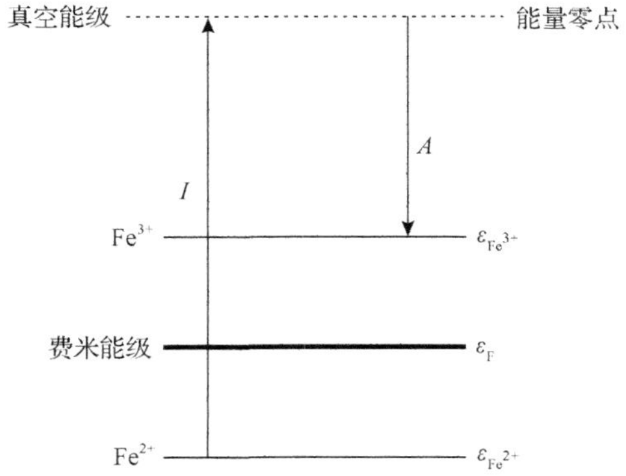

图 3.20　Fe^{2+}/Fe^{3+}离子对系统的费米能级

3.12.5　费米能与静电势差

在电磁学中常认为电流是受静电势差驱动形成，伏特计测量的是静电势差，但这种观念实际上并不准确，其原因在于没有考虑与热相关的效应。当考虑热效应时，驱动粒子运动的基本概念是化学势，对电子而言则是电子系统的费米能，也就是说驱动电流形成的是费米能差，伏特计测量的是费米能差。如果一个电路两点 A 和 B 的费米能分别是 $E_{F,A}$ 和 $E_{F,B}$，则伏特计测量的两点之间的电势差为

$$\Delta V_{A,B} = \frac{E_{F,A} - E_{F,B}}{-e} \tag{3.279}$$

其中，e 表示单个电子电荷大小，负号表示电子电荷为负值。在许多情况下，费米能差(除以$-e$)等于静电势差，这时伏特计测量得到的既是费米能差又是静电势差，但在一些情况下费米能差(除以$-e$)并不等于静电势差，这时伏特计所测量的就不是静电势差，pn 结就属于后一种情形。由 3.12.2 节的讨论可知，在热平衡情况下 pn 结的两端具有一定的静电势差，但 pn 结中并没有净电流，如果用万用表测量 pn 结两端自然也不会有电压，其原因在于整个 pn 结和半导体中费米能处处相等。另一个说明静电势差和费米能差关系的例子就是电容器两极板间的电势差和费米能差，如图 3.21 所示。在该例子中如果两极板的材料是相同的(如两个极板都是 Cu)，那么两极板间的费米能差(除以$-e$)就等于静电势差，这时伏特计测量的即为两极板静电势差；但如果两极板所用材料是不同的(如一个极板是 Cu，另一个极板是 Au)，那么两极板间的费米能差(除以$-e$)就不等于静电势差，伏特计测量的结果是两极板间的费米能差(除以$-e$)，而不是两极板之间的静电势差[20]。

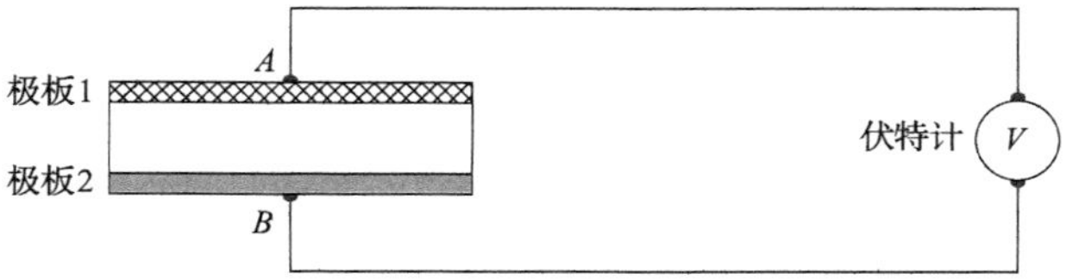

图 3.21 电压测量的本质

参 考 文 献

[1] Mandel F. 统计物理学. 范印哲, 译. 北京: 人民教育出版社, 1981

[2] Pathria R K. 统计力学. 上册. 湛垦华, 方锦清, 译. 北京: 高等教育出版社, 1985: 43-52

[3] Chandler D. Introduction to Modern Statistical Mechanics. New York: Oxford University Press, 1987: 54-79

[4] Greiner W, Neise L, Stöcker H. Thermodynamics and Statistical Mechanics. 北京: 世界图书出版公司, 2004: 123-158

[5] Mandel F. 统计物理学. 范印哲, 译. 北京: 人民教育出版社, 1981: 48

[6] Mandel F. 统计物理学. 范印哲, 译. 北京: 人民教育出版社, 1981: 50

[7] Pathria R K. 统计力学. 上册. 湛垦华, 方锦清, 译. 北京: 高等教育出版社, 1985: 84

[8] Pathria R K. 统计力学. 上册. 湛垦华, 方锦清, 译. 北京: 高等教育出版社, 1985: 32-39

[9] Mandel F. 统计物理学. 范印哲, 译. 北京: 人民教育出版社, 1981: 273-328

[10] Mandel F. 统计物理学. 范印哲, 译. 北京: 人民教育出版社, 1981: 313-314

[11] Aschroft N W, Mermin N D, Solid State Physics. New York: Saunders College Publishing, 1976: 38

[12] Born M. Reminiscences of my work on the dynamics of crystal lattices// Wallis R F. Lattice Dynamics. Amsterdam: Pergamon, 1965: 1-7

[13] Debye P. The early days of lattice dynamics// Wallis R F. Lattice Dynamics. Amsterdam: Pergamon, 1965: 9-13
[14] 黄昆. 固体物理学. 北京: 北京大学出版社, 2009: 87-89
[15] Omar M A. Elementary Solid State Physics: Principles and Applications. 北京: 世界图书出版公司, 2010: 84
[16] Ziman Z M. Electrons and Phonons: The Theory of Transport Phenomena in Solids. Oxford: Clarendon Press, 1960: 1
[17] Ziman Z M. Electrons and Phonons: The Theory of Transport Phenomena in Solids. Oxford: Clarendon Press, 1960: 257
[18] Neamen D. A. 半导体物理与器件. 赵毅强等, 译. 北京: 电子工业出版社, 2011: 89
[19] Neamen D. A. 半导体物理与器件. 赵毅强等, 译. 北京: 电子工业出版社, 2011: 113
[20] Riess I. What does a voltmeter measure? Solid State Commun, 1997, 95: 327-328

第三部分　电 子 结 构

The underlying physical laws necessary for the mathematical theory of a large part of physics and the whole chemistry are thus completely known, and the difficulty is only that the exact application of these laws leads to equations much too complicated to be soluble. It therefore becomes desirable that approximate practical methods of applying quantum mechanics should be developed, which can lead to the explanation of the main features of complex atomic systems without too much computations.

狄拉克(1902—1984)

It is by logic that we prove, but by intuition that we discover.

庞加莱(1854—1912)

第 4 章　电子结构基础

4.1　引　　言

4.1.1　电子结构的涵义

材料的力学性质、光学性质、磁学性质以及电导和热导性质等宏观性质都依赖于其中电子的性质，因此了解材料电子性质是理解材料性质的基础。电子性质由量子力学描述，在量子力学中电子的运动和性质由量子态表征，量子态也称电子态，电子态就是材料系统薛定谔方程的解，它包含两方面的内涵：波函数和相应的能量，所有这些量子态总和就是材料系统的电子结构。求解薛定谔方程以获得材料的电子结构是了解宏观性质的基础。

4.1.2　电子结构的意义

对电子结构的研究是现代凝聚态物理、现代化学和材料科学的基础。

运用量子力学对晶体中电子行为的研究导致了能带论，能带论促使人们认识到晶体中导电的本质，从而使人们能够解释晶体管中的放大现象，并最终发展成半导体电子学和微电子学[1,2]。晶体及材料中电子理论是理解所有物质结构及性质的基础，是现代凝聚态物理学的重要组成部分。

在化学方面，电子结构导致了对化学键理解的革命，使化学键理论成为定量的理论，鲍林(Linus Pauling)在 1954 年和马利肯(R. S. Mulliken)在 1996 年获得诺贝尔化学奖就是这方面的反映。电子结构的知识使人们对化学反应以及催化的认识达到新的高度，使人们在原子层次上理解化学反应和催化，霍夫曼(Ronald Hoffmann)和福井谦一在 1981 年和埃特尔(Gerhard Ertl)在 2007 年获诺贝尔化学奖则是这方面的反映。电子结构是了解分子性质特别是分子各种功能性质的基础，以电子结构计算为基础来研究分子结构及性能形成了量子化学和计算化学的新领域。

从材料学科的角度看，电子性质是了解材料结构和性质的基础，特别是理解功能材料性质的基础，它使得人们在原子层次上认识材料的性质，从而把材料性质的理解和控制提升到新的层级，如理解杂质、缺陷、表面和界面对材料性质的影响。正是对材料电子性质的深入认识使得几乎所有类型的材料都被发现功能性质，大大拓展了功能材料的范围。以密度泛函方法为核心的电子结构方法已发展为计算材料科学以及材料设计的新领域，成为可与实验并驾齐驱的材料研究手段。

1929 年，狄拉克预言：“大部分的物理和所有的化学所需要的基本原理已经完全具备了，剩下的困难只是解决这些原理应用时所产生的复杂数学问题"，这里所谓数学问题就是指求解多电子系统薛定谔方程以及相关的问题。研究薛定谔方程的求解及其物理理解是本书第三部分的主题。

4.1.3 电子结构研究的简史

4.1.3.1 1925～1926：量子力学的建立

1925 年，海森伯提出了量子力学的矩阵力学形式，创建了现代量子力学；1926 年，薛定谔创立了量子力学的波动力学形式，这种以微分方程为基础的量子力学成为电子结构问题的出发点。

4.1.3.2 1927～1932：电子结构问题的奠基

1927 年，哈特里(Douglas R. Hartree)首先研究了多电子原子的薛定谔方程，采用 n 个单电子波函数乘积作为原子薛定谔方程的近似解，然后利用薛定谔方程的变分原理得到这些单电子波函数满足的方程，即 Hartree 方程，于是求解薛定谔方程的问题变为求解更为简单的 Hartree 方程的问题，这种方法能够计算原子的电子结构。

同年，伦敦(Fritz W. London)和海特勒(Walter H. Heitler)研究了氢分子中的薛定谔方程，基于波函数要有反对称性的性质，他们提出用已知的氢原子波函数构造了一个氢分子波函数，由此可以计算氢分子的键长和离解能，所得的结果与实验值基本一致；这个工作显示了量子力学处理分子系统的有效性，标志着量子化学的起始；在这种方法中，由构造的分子波函数可知，电子主要处在两个质子之间并被两个质子所共享，这与人们关于化学键的观念一致，因此这种方法称为价键方法。同年，洪德提出另一种分子电子态的理解[3]：分子中的电子行为类似于原子中的电子，在原子中电子处在一系列原子轨道上，在分子中电子则处在一系列的分子轨道上；稍后 Robert S. Mulliken 也提出类似的观念[3]，并用原子轨道的线性组合来表达分子轨道，分子轨道即分子中薛定谔方程的解，用原子轨道线性组合表达分子轨道为求解分子波函数提供了一种可行的方法，相关的理论称为分子轨道理论。1931 年，休克尔(Erich A. Hückel)基于洪德的分子轨道思想计算了共轭分子中 π 电子的电子态，正确解释了共轭分子的光谱特征。

1928 年，布洛赫在海森伯指导下研究了晶体中电子的薛定谔方程[4,5]，指出晶体中的电子问题可以看成是一个周期结构中的单电子问题，由此开始了晶体能带论的研究。随后，派尔斯、布里渊以及威尔逊相继在海森伯指导下开始了晶体中电子性质的研究，到 1931 年能带论的基础基本形成。

1930 年，福克(Vladimir A. Fock)指出 Hartree 自洽场方法中所构造的波函数不满足泡利不相容原理，因而提出新的系统波函数形式[6]，建立 Hartree-Fock (HF)

方程，该方程是 Hartree 方程的完善，这样求解原始薛定谔方程的问题变为求解 HF 方程的问题，HF 方法求解的结果之一是系统的波函数，因此被称为基于波函数的从头计算方法。HF 方程的求解依然面临巨大的数学困难，只能用于原子系统。

4.1.3.3 1933～1959：能带和量子化学实际计算的发展[7]

晶体能带论的基本问题是计算各种晶体的能带结构，这方面的研究包括如下的重要进展。1933 年，魏格纳(Eugene P. Wigner)和塞茨(Frederick Seitz)发展了胞腔方法并计算了金属钠的能带，这是固体物理领域中第一个实际的能带计算，但这种方法难以推广。1937 年，斯莱特(John. C. Slater)发展了缀加平面波 APW(augmented plane wave)法，1940 年赫林(Conyers Herring)发展了正交化平面波(orthogonalized plane wave，OPW)法[8]，APW 和 OPW 的名称来自这两种方法所采用的基函数。APW 方法在 1975 年由 O. Krogh Andersen 发展成线性缀加平面波(linear augmented plane wave，LAPW)法，使得 APW 方法变得实用；OPW 则在 20 世纪 60～70 年代发展成经验和模型赝势方法，成为十分有效的能带计算方法。科林格(Jan Korringa)在 1947 年，科恩(W. Kohn)和 N. Rostoker 在 1954 年发展了用格林(Green)函数技术求解薛定谔方程的方法，这种方法以它们姓的首字母而被称为 KKR 方法，这种方法后来发展成线性糕模轨道(linear muffin tin orbital，LMTO)法。总体上说，在这个阶段的能带结构计算与实验有比较大的差距[9]。

在化学领域，1951 年罗特汉(Clemens C. J. Roothaan)和霍尔(George G. Hall)利用基函数展开方法将原来的 HF 方程变成了一组矩阵方程，即 Hartree-Fock-Roothaan(HFR)方程，这使得 HF 方法可以计算简单分子的电子结构[10]。由于分子可以看成是原子的集合，因此用原子波函数作为基函数是自然的选择，这就是斯莱特型的基函数，但采用这种形式的基函数使得 HFR 方程中包含大量的所谓三中心和四中心积分，计算这些积分的困难限制了 HFR 方法的发展。随后人们发展了高斯(Gauss)型的基函数，如由波普尔(John A. Pople)发展的 STO-3G 型基函数，大大减轻了求解多中心积分问题，使得 HFR 方程变成求解分子电子结构的基本工具。但即使如此，该方法当时只能计算一些简单的分子，例如，1953 年，Mulliken 的学生用 HFR 方程求解 N_2 分子的电子结构用了两年的时间[11]。

4.1.3.4 1960～1979：实际能带和量子化学计算的成熟

在这个阶段由于计算机的进步和电子结构理论的发展，能带计算和量子化学计算进入全面发展阶段，许多计算结果能和实验相当一致，20 世纪 60 年代中期计算的一些固体的能带结构甚至现在还在使用[12]，60 年代中期计算 N_2 分子的电子结构大约只需要几分钟[11]。

在固体能带计算中，发展了经验赝势(pseudo-potential, PP)方法，它大大地简化了能带的求解，在60～70年代获得巨大成功[13]。

在量子化学方面，许多后HF(post Hartree-Fock)方法得到发展，如耦合簇(coupled cluster，CC)方法(J. Čížek, 1966)、Möller-Plesset(MP)方法(Binkley和Pople，1975)以及组态相互作用(configuration interaction，CI)法等，这些方法只能计算一些简单分子的电子结构，但计算精度得到巨大提高。

1964年和1965年，科恩(W. Kohn)、霍恩伯格(Pierre C. Hohenberg)和沈吕九(Lu Jeu Sham)发展了密度泛函理论(density functional theory，DFT)[14]。这一理论把电子密度作为描述电子系统的第一基本量，它决定了包括波函数在内的电子系统的一切性质，因此DFT被称为基于电子密度的方法。DFT方法重铸了量子力学对电子系统的处理方法，它的根本优点是极大地降低了求解薛定谔方程的数学难度。早期的DFT在计算固体能带时取得成功，但在计算分子系统电子结构时却完全失败，导致DFT没有被量子化学领域所接受。DFT方法需要给定交换关联泛函，它决定了DFT的精度，但确定它却依赖于经验，这使得DFT方法被有些人认为并非是真正的从头计算方法。

1979年，D. H. Hamalm、M. Schluter和C. Chiang发表了模守恒的从头计算赝势(*ab initio* pseudopotential)方法，该方法能直接给出周期表中几乎所有原子的赝势，而晶体的赝势则是原子赝势的简单加和，这样就直接可以从晶体结构得到材料的赝势。利用材料的赝势可以极大地降低展开材料波函数所需要的平面波的个数，这意味着大大降低了求解薛定谔方程的数学难度。赝势方法与密度泛函方法相结合使得从头计算方法可处理包含大量原子的材料系统，因而成为计算材料科学的最重要方法之一[12,15]。

4.1.3.5　1980～1999：计算材料科学的形成和成熟

在这个时期，许多有效关联泛函被提出，这使得DFT在分子电子结构计算的准确性上甚至优于HF方法，因而DFT领域广泛地进入量子化学领域，成为可与HF方法并驾齐驱甚至更为实用的电子结构计算方法。

1985年，卡尔(Roberto Car)和柏林尼罗(Michele Parrinello)提出了一种把DFT理论和分子动力学统一起来的新方法，该方法不仅能更有效地计算给定位形原子系统的基态电子结构和性质，而且可以同时有效地获得能量最低时的原子位形。它使得DFT能够处理的材料系统从不到10个原子扩展到数十个乃至上百个原子，这使得DFT能够处理复杂的和真实的材料体系，从而推动DFT成为一种堪与实验并驾齐驱的材料研究方法，是DFT领域里程碑式的工作[16]。由于它在计算基态电子结构的同时能模拟材料中核或离子的运动，开辟了所谓的从头计算分子动力学(*ab initio* molecular dynamics)新领域，这意味着可以采用电子结构方法计算材料的结构以及动力学过程，如可以计算晶体表面的原子结构、化学反应以及催化，计算液体的原子结构等[17,18]，这意味着计算材料科学的形成。

原本的 DFT 方法只能处理基态的性质，这个阶段发展了处理激发态的方法，包括时间相关的 DFT[19]和与多体微扰理论相结合的方法[20]，还发展了可以处理强关联系统的方法，如 DFT+U 方法[21]。

4.1.3.6 2000 至今：计算材料科学的普及和兴盛

2000 年以来，计算机变得十分普及且计算能力日益强大，与电子结构计算相关的商业和免费软件包变得简单易用，这使得基于电子结构的材料性质计算不再限于纯理论家而是一般材料研究者可以使用的工具。现在，一般的桌上计算机可以处理包含数十个原子的系统，也就是可以处理包含数十个原子的分子或者晶胞中含数十个原子的晶体，上百个到数百个原子的系统则需要计算机工作站完成，上千个原子的系统则需要超级计算机完成。2000 年以来，计算材料科学研究在深度和广度上都得到空前的发展，深度方面表现为在计算激发态的性质、强关联系统的性质等方面获得巨大的发展；广度方面表现为计算材料科学可计算从力学性质到各种功能性质和化学性质等几乎所有的材料性质，如在光伏电池、锂离子电池、催化材料等应用领域，基于电子结构的计算还进入其他的学科，如地球科学、分子生物科学以及药物科学，而且也不再局限于学术研究范围，在工业研究的领域也得到应用[22]。

在此期间，材料设计的概念得到发展[23,24]，材料设计的概念意味着不只是由给定的材料结构来计算材料的性质，而是发现和设计原来不存在的新材料。

4.2 电子结构的基本问题

一个电子系统可以是一个原子、离子、数十个原子构成的分子或电离化分子、数百个到数万个原子构成的团簇或纳米颗粒，也可以是摩尔数量级原子构成的宏观固体。这些不同尺度和组分的系统呈现出相当不同的电子行为，这导致不同系统电子态的描述会采用不同的概念和术语，如在原子物理中用主量子数、角动量量子数和磁量子数以及原子轨道来描述电子态，在分子中用分子轨道来描述电子态，而在晶体中则用波矢和布洛赫态来描述电子态，此外固体中还有表面态、杂质态、激子态、色心态等来描述电子态。虽然电子态呈现出如此的多样性，但其本质却只有一个，那就是它们都是薛定谔方程的解，本节对薛定谔方程及其求解进行一般性和基础性的说明。

完整的薛定谔方程是含时的薛定谔方程，但在与材料性质相关的许多情形下，只需考虑不含时的薛定谔方程。本节从系统的不含时薛定谔方程出发，通过玻恩-奥本海默近似给出材料系统中电子的薛定谔方程，然后从材料电子结构求解的角度说明该方程求解方法的分类，最后说明求解该方程所涉及的基本数学方法。

4.2.1 电子系统薛定谔方程

4.2.1.1 系统总薛定谔方程

一个包含N个原子核和n个电子的多粒子体系的不含时薛定谔方程一般地写为

$$H^{\text{Total}}\Psi^{\text{Total}}(\{\boldsymbol{R}_I;\boldsymbol{r}_i\})=E^{\text{Total}}\Psi^{\text{Total}}(\{\boldsymbol{R}_I;\boldsymbol{r}_i\}) \tag{4.1}$$

其中，$\Psi^{\text{Total}}(\{\boldsymbol{R}_I;\boldsymbol{r}_i\})$是体系的总波函数；$\{\boldsymbol{R}_I;\boldsymbol{r}_i\}=(X_1,Y_1,Z_1,\cdots X_N,Y_N,Z_N;x_1,y_1,z_1,\cdots,x_n,y_n,z_n)$表示所有的核与电子坐标，$(X_i,Y_i,Z_i)$和$(x_i,y_i,z_i)$分别是核与电子空间坐标的分量；$H^{\text{Total}}$是系统总哈密顿量，表达式为

$$\begin{aligned}H^{\text{Total}}=&\overbrace{\underbrace{-\sum_I^N\frac{\hbar^2}{2M_I}\nabla_I^2}_{\text{核动能}}+\underbrace{\frac{1}{2}\sum_I^N\sum_{\substack{J=1\\J\neq I}}^N\frac{Z_IZ_Je^2}{4\pi\varepsilon_0|\boldsymbol{R}_I-\boldsymbol{R}_J|}}_{\text{核间库仑排斥能}}}^{\text{核项}}\\&\underbrace{-\sum_i^n\frac{\hbar^2}{2m}\nabla_i^2}_{\text{电子动能}}+\underbrace{\frac{1}{2}\sum_i^n\sum_{\substack{j=1\\j\neq i}}^n\frac{e^2}{4\pi\varepsilon_0|\boldsymbol{r}_i-\boldsymbol{r}_j|}}_{\text{电子间库仑排斥能}}\underbrace{-\sum_i^n\sum_I^N\frac{Z_Ie^2}{4\pi\varepsilon_0|\boldsymbol{r}_i-\boldsymbol{R}_I|}}_{\text{离子-电子间库仑吸引能}}\end{aligned}, \tag{4.2}$$

其中，I和i分别是核与电子的编号；M_I和Z_I分别表示体系中第I个核的质量和电荷数；m表示电子质量；$\boldsymbol{R}_I$和$\boldsymbol{r}_i$分别表示第I个核和第i个电子的位矢或坐标。这个哈密顿中第一项和第二项属于核项，前者代表核动能，后者代表核间库仑排斥能。需要说明的是，这个哈密顿忽略了自旋相关的项，在许多情形下它可以忽略，但在研究和磁性相关的材料性质中，与电子自旋和外加磁场相关的能量往往是不能忽略的。

4.2.1.2 玻恩-奥本海默近似和电子薛定谔方程

最轻的核是质子，其质量是电子质量的1830倍，因而任何核的质量总是远大于电子的质量。相对于轻得多的电子，一个原子、分子或者固体中的核可认为是固定不动的，只是为电子提供了一个框架势场，这意味着在整个离子和电子形成的系统中无需考虑离子的运动，只需考虑电子的运动，于是体系的波函数就只需考虑电子的波函数，当然这个波函数依赖于核的分布，所以记其为$\Psi(\{\boldsymbol{R}_I;\boldsymbol{r}_i\})$。在这种情况下，上面哈密顿中的离子项(第一项和第二项)只是一个常数，不会影响电子的波函数，只是相当于改变了系统能量的零点位置，因此，这两个离子

项可以去除。于是系统的哈密顿可简化为

$$\begin{aligned} H &= -\sum_i^n \frac{\hbar^2}{2m}\nabla_i^2 - \sum_i^n\sum_I^N \frac{Z_I e^2}{4\pi\varepsilon_0 \left|\boldsymbol{r}_i - \boldsymbol{R}_I\right|} + \frac{1}{2}\sum_i^n\sum_{\substack{j=1\\ j\neq i}}^n \frac{e^2}{4\pi\varepsilon_0\left|\boldsymbol{r}_i - \boldsymbol{r}_j\right|} \\ &= -\sum_i^n \frac{\hbar^2}{2m}\nabla_i^2 - \frac{e^2}{4\pi\varepsilon_0}\sum_i^n\sum_I^N \frac{Z_I}{\left|\boldsymbol{r}_i - \boldsymbol{R}_I\right|} + \frac{1}{2}\frac{e^2}{4\pi\varepsilon_0}\sum_i^n\sum_{\substack{j=1\\ j\neq i}}^n \frac{1}{r_{ij}} \end{aligned} \tag{4.3}$$

上式引入 $r_{ij} = \left|\boldsymbol{r}_i - \boldsymbol{r}_j\right|$ 是为了标记更简单，这个哈密顿实际上表达了电子的哈密顿，是研究电子问题的出发点，除非特别指出，本书后面提到的哈密顿指的就是该哈密顿。把式(4.3)的核势能算符用 V_{ne} 表示，即

$$V_{\text{ne}} = V_{\text{ne}}(\boldsymbol{r}_1, \boldsymbol{r}_2, \cdots, \boldsymbol{r}_n) = -\frac{e^2}{4\pi\varepsilon_0}\sum_i^n\sum_I^N \frac{Z_I}{\left|\boldsymbol{r}_i - \boldsymbol{R}_I\right|} = \sum_i^n v_{\text{ne}}(\boldsymbol{r}_i) \tag{4.4}$$

其中，$v_{\text{ne}}(\boldsymbol{r}_i)$ 表示单电子与核之间的库仑势，也即单电子核势：

$$v_{\text{ne}}(\boldsymbol{r}_i) = -\frac{e^2}{4\pi\varepsilon_0}\sum_I^N \frac{Z_I}{\left|\boldsymbol{r}_i - \boldsymbol{R}_I\right|} \tag{4.5}$$

电子库仑排斥能算符 V_{ee}：

$$V_{\text{ee}} = V_{\text{ee}}(\boldsymbol{r}_1, \boldsymbol{r}_2, \cdots, \boldsymbol{r}_n) = \frac{1}{2}\frac{e^2}{4\pi\varepsilon_0}\sum_i^n\sum_{\substack{j=1\\ j\neq i}}^n \frac{1}{\left|\boldsymbol{r}_i - \boldsymbol{r}_j\right|} = \frac{1}{2}\frac{e^2}{4\pi\varepsilon_0}\sum_i^n\sum_{\substack{j=1\\ j\neq i}}^n \frac{1}{r_{ij}} \tag{4.6}$$

则整个体系的哈密顿为

$$H = -\sum_i^n \frac{\hbar^2}{2m}\nabla_i^2 + V_{\text{ne}} + V_{\text{ee}} \tag{4.7}$$

不含时的电子系统的薛定谔方程则为

$$H\Psi(\{\boldsymbol{R}_I; \boldsymbol{r}_i\}) = E\Psi(\{\boldsymbol{R}_I; \boldsymbol{r}_i\}) \tag{4.8}$$

其中，E 表示电子的总能量。在许多求解电子结构的研究中，假定核是固定不变的，这时可以略去坐标中的核坐标，把 $\Psi(\{\boldsymbol{R}_I; \boldsymbol{r}_i\})$ 记为 $\Psi(\{\boldsymbol{r}_i\})$，其中 $\{\boldsymbol{r}_i\} = (x_1, y_1, z_1, \cdots, x_n, y_n, z_n)$ 表示所有的电子坐标，于是薛定谔方程写为

$$H\Psi(\{\boldsymbol{r}_i\}) = E\Psi(\{\boldsymbol{r}_i\}) \tag{4.9}$$

在玻恩-奥本海默近似下核动能被忽略，这时整个体系的总能量包括两项：电子的总能量和核之间的库仑势能，即整个体系的总能量 E^{Total} 为

$$E^{\text{Total}} = E + E_{\text{nn}} \tag{4.10}$$

其中核之间的库仑排斥能 $E_{\text{nn}}(\boldsymbol{R}_1, \boldsymbol{R}_2, \cdots, \boldsymbol{R}_N)$ 为

$$E_{\text{nn}} = E_{\text{nn}}(\boldsymbol{R}_1, \boldsymbol{R}_2, \cdots, \boldsymbol{R}_N) = \frac{1}{2}\sum_{I}^{N}\sum_{\substack{J=1 \\ J \neq I}}^{N} \frac{Z_I Z_J e^2}{4\pi\varepsilon_0 \left|\boldsymbol{R}_I - \boldsymbol{R}_J\right|} \tag{4.11}$$

4.2.2　时间依赖性、温度依赖性和自旋依赖性

作为电子结构计算的基本方程(4.9)是一个与时间无关的方程，所以所得到的是系统的定态，这意味着它不能说明与时间相关的现象。在常见的材料性质中，很多性质是材料的稳态性质，即与时间无关的性质，这种情形下定态就足以说明问题。然而，还有一些材料性质，如光学性质、介电性质和输运性质本质上是材料系统在电磁场作用下量子态的改变，这些过程本质上与时间有关，但在处理这些性质时，量子态的跃迁看成是定态之间的跃迁，所要计算的只是这些定态之间跃迁概率的时间平均，在这种情形下也只需知道定态即可，而无需研究量子态的时间依赖关系。通常光学性质研究中的光场或电磁场相对于材料内部的库仑场是一个十分小的量，因此外加辐射场的作用只是导致材料在定态之间的跃迁问题，通常用量子力学的微扰论处理，这意味着方程(4.9)给出的定态解足以描述材料光学等性质中所涉及的量子态。

方程(4.9)中的哈密顿中核位置是固定的，这相当于所研究系统处于热力学零度，因此由方程(4.9)所得到的电子态相当于热力学零度下的电子态，然而我们考虑的材料性质通常是室温或一定温度范围内的性质，因此要求解的应当是这些温度下的电子结构。温度对电子态的影响是由于温度能改变原子核的运动，也就是温度改变了方程(4.9)中的核-电子之间的库仑势。在任何非热力学零度的温度下，核围绕其平衡位置做幅度很小的振动，温度升高使振动的幅度增加，其热平衡动能可以由 $k_{\text{B}}T$ 表征，假如核振动的频率为 ω，则核在温度 T 情形下的最大振幅 x 可由 $\frac{1}{2}m\omega^2 x^2 = k_{\text{B}}T$ 来估算，其中 m 为核的质量，对一般分子和固体，ω 值在～10^{13}s^{-1} 量级，由此在高到 1000℃的温度范围内，核的热运动振幅在 0.01Å 的数量级，而在一般材料(包括分子和固体)中核之间的距离在 1～3Å 的量级，因此由温度导致的核位置变化是一个小量，通常温度下的方程(4.9)与热力学零度时的方程区别不大，这意味着温度效应只是一个微扰，非零度情形下的电子态和热力学零

度下电子态没有太大区别。当然对于强关联系统，电子间的相互作用会随温度变化而出现全新性质的电子态，如超导态，这些不在本书讨论范围内。

方程(4.9)中也没有明确包含自旋相关的相互作用，因此它不能描述材料在磁场下的响应，从而不能充分表述材料的磁性质。

4.2.3　电子结构的求解方法分类

一个电子系统的量子态由方程(4.9)的解给出，该方程是一个包含多个自变量的偏微分方程，求解它是一个十分困难的问题，因此对不同电子系统形成了不同求解方法，由此导致了电子结构在不同领域呈现出不同的概念。例如，在以分子为研究对象的化学领域形成诸如分子轨道以及轨道相互作用等概念；而在晶体为研究对象的固态物理领域形成诸如布洛赫态轨道以及能带等概念。材料中的电子结构问题可按处理方法分为三类，如图 4.1 所示。

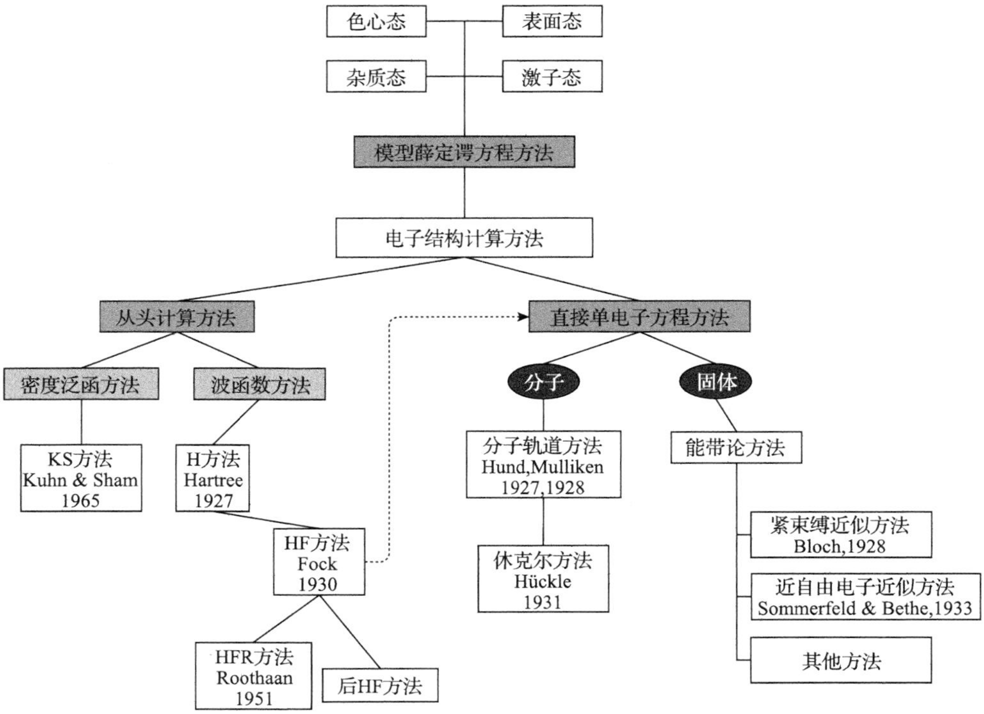

图 4.1　电子结构方法的分类

第一类方法是直接求解系统的薛定谔方程(4.9)，这种方法称为从头计算(*ab initio*，拉丁语，意为“从头开始的”)方法或者一级原理(first principle)方法，这种方法的优点在于无需任何经验参数，缺点是对计算量要求很大，因此只能处理包含原子数比较小的系统。从头计算方法可分为两大类，一类是波函数方法，该方法计算系统的波函数和能量；另一类是密度泛函方法，该方法计算系统的电子密度和能量。基于波函数的方法包括 Hartree 方法(1927 年)和 Hartree-Fock (HF)(1930 年)方法，后者是前者的发展和完善，HF 方法在发展之初只能计算原子的电子结构，HF 方法后来又进一步发展形成 Hartree-Fock-Roothaan(HFR)(1951 年)方法，它可以计算分子的电子结构，然后又发展了能更精确计算分子电子结构的后 HF(post-HF)方法，但该方法只能计算很小的分子系统，HFR 方法和后 HF 方法依然是量子化学电子结构计算中的重要方法，有关 Hartree 方法、HF 方法和 HFR 将在 4.4 节～4.6 节中说明。密度泛函方法是另一种从头计算方法，它实际上并不是直接求解方程(4.9)，而是把求解方程(4.9)的问题重塑成另外一个关于系统电子密度和能量的问题，这种方法大大减小了 HF 所需要的计算量，从而可以计算包含许多原子的系统，该方法现在成为计算材料电子结构最重要的方法，这种方法将在 4.7 节中说明。

第二类方法并不直接求解方程(4.9)，而是假定系统中电子态由一个单电子薛定谔方程描述，因此该方法可称为直接单电子方法。该方法要解决两个问题：一是确定单电子方程中的单电子势；二是求解该单电子方程。第一个问题通常通过理论和经验相结合的方法来解决，最常见的方法是由理论分析确定单电子势的形式，但其中包含未知的参数，然后通过与实验比较确定这些参数，因此这种方法属于半经验方法，该方法具有简单的优点，量子化学中的分子轨道方法以及固体物理中的能带论方法都属于这一方法。分子轨道方法是分子电子结构及化学键理论基本方法之一，其中的休克尔方法是其中一个特例，分子轨道方法及其意义将在第 6 章说明。能带论方法则是现代晶体电子理论及电子性质的基石，能带论方法中包含许多不同的方法，如紧束缚近似方法、近自由电子近似方法以及其他方法，相关内容将在第 7 章说明。

第三类方法用来处理材料中一些特殊对象的电子行为，如晶体中的杂质、缺陷、电子-空穴对以及表面等的电子态。该方法用一个模型化的薛定谔方程来描述特定的电子态，因此该方法称为模型薛定谔方程方法，这种模型化方法具有物理概念直观和求解简单的特点，但它却能很好表述所研究对象的性质。第 8 章将用这种方法讨论材料中某些特殊的电子态。

4.2.4　方程求解中的数学问题

方程(4.9)求解会遇到巨大的数学困难，解决困难的基本数学思想有两个：一是把多变量的偏微分方程变为单变量的偏微分方程，如 Hartree 方法和 HF 方法就是采用不同的方案来达到这个目的，最后得到关于单变量函数的偏微分方程组即 Hartree 方程和 HF 方程；二是把单变量的偏微分方程变成矩阵方程，如 HFR 方法是把 HF 方程变为矩阵方程，DFT 方法中最后也把其基本方程 Kohn-Sham 变为矩阵方程，分子轨道理论中的原子轨道线性组合，能带论中各种不同方法实际上就是采用不同的基函数将单电子偏微分方程变为矩阵方程来求解。下面分别对这两个思想做更详细的说明。

为了把薛定谔方程变为单变量的偏微分方程，Hartree 方法中把薛定谔方程的解近似表示为一组待定的单变量函数的乘积，HF 方法则将其近似表示为一组待定的单变量函数的斯莱特行列式，然后利用薛定谔变分原理(即变分形式的薛定谔方程)得到这一组单变量函数满足的偏微分方程(实际上是一组方程)，此即 Hartree 方程和 HF 方程。在数学上这个单变量的微分方程组相对容易求解，解这个方程组得到所有单变量函数，然后将它们按乘积或斯莱特行列式组合起来就得到系统的波函数，并能同时得到系统的能量。把薛定谔方程的解用一组单变量函数的乘积或斯莱特行列式来表示只能是一个近似，因此所得到的系统波函数和能量也只能是一个近似，由此导致的误差称为**物理误差**。从原始薛定谔方程建立 Hartree 方程和 HF 方程，需要变分法及薛定谔变分原理这一数学工具，这在 4.3 节详细说明。

求解单变量函数的偏微分方程或方程组依然是一个十分困难的数学问题，解决这一问题的有效方法是将其变为矩阵方程[25]。转化的基本过程是：把要求解的单变量函数表示为一组(理论上通常是无穷多个)已知函数的线性组合，这组函数称为基函数或函数基(function basis)，于是每个单变量函数就由一组系数表示，把单变量函数的基函数表示式代入它满足的偏微分方程，则该方程就转化为一个关于系数的线性代数方程，于是求解微分方程组的问题就变成一个求解线性代数方程的问题，这即为线性代数方程系数矩阵的本征值问题。解决了这个问题则得到矩阵的本征向量，本征向量就是单变量函数对基函数的展开系数，得到展开系数自然就得到单变量函数，由此即可得到系统的能量和波函数。

不含时薛定谔方程本身是一个函数本征值方程，此即量子力学的薛定谔表述形式，通过基函数表达函数本征值问题变为一个矩阵本征值方程，此即量子力学的海森伯表述形式。薛定谔形式更适合电子系统的理论研究，而电子结构的实际计算几乎都是用矩阵形式完成的。在数学上求解矩阵的本征值实际上就是矩阵的对角化(diagonalization)，因此常常把求解薛定谔方程称为薛定谔方程对角化。因为矩阵对角化问题特别适宜于通过计算机完成，人们对此已经发展了相当成熟和有效的算法与计算机程序。

利用基函数表示任意函数类似于在坐标空间中用坐标基矢来表示空间中的点，通过基函数表示方法来求解微分方程则相当于用解析几何方法来研究坐标空间中的图形，因此基函数相当于坐标空间中的基矢，以基函数为基矢形成的空间称为函数空间，一个函数相当于函数空间中一个点，一个函数对基函数的展开系数相当于该函数在函数空间中的坐标，函数空间通常是无穷维的。量子力学中的波函数具有积分归一化性质，也就是波函数之间具有特定的积分性质，为表征波函数的这一特性，在数学上定义两个函数 $f(\boldsymbol{r})$ 和 $g(\boldsymbol{r})$ 之间的标积为 $\int f^*(\boldsymbol{r})g(\boldsymbol{r})\mathrm{d}\boldsymbol{r}$，可以证明薛定谔方程的本征函数的标积满足 $\int \psi_i^*(\boldsymbol{r})\psi(\boldsymbol{r})\mathrm{d}\boldsymbol{r} = \delta_{ij}$，这称为波函数的正交归一性。在数学上把定义有两个函数标积运算的函数空间称为希尔伯特(Hilbert)空间，标量积相当于坐标空间中两个矢量之间的点积。在坐标空间中经常选择直角坐标系中的 $\boldsymbol{i},\boldsymbol{j},\boldsymbol{k}$ 作为基矢来表示坐标空间中的点，$\boldsymbol{i},\boldsymbol{j},\boldsymbol{k}$ 之所以这样选择是因为它们具有完备性(completeness)、正交性(orthogonality)和归一性(normalization)，其中完备性是指坐标空间中任何点都可以用这三个基矢表达，如果只有 $\boldsymbol{i},\boldsymbol{j}$ 那就不能表达三维空间中任意点，这时基矢就是不完备的；正交性和归一性是指任何基矢之间的点积满足 $\boldsymbol{e}_i \cdot \boldsymbol{e}_j = \delta_{ij}(\boldsymbol{e}_i, \boldsymbol{e}_j = \boldsymbol{i},\boldsymbol{j},\boldsymbol{k})$。与此类似，希尔伯特空间中的基函数也必须具有完备性，这意味着任意的连续函数都可以表示为基函数的线性组合；另外，为数学计算方便，常选择满足正交性和归一性的函数基。在电子结构求解中，经常用上述希尔伯特空间的概念和方法表述和处理问题。

可以成为函数基的函数集合很多，原则上任何一个完备函数集合都可以作为函数基，但对于给定的单变量函数，达到同样的表示精度所需的基函数个数却会差别很大，如果所用基函数在数学上比较接近要表示的单变量函数，则少数几项就能很好地表示单电子波函数，如果基函数和单变量函数差别很大，则需要很多项基函数才能同样精确地表示。达到同样表示精度所需基函数个数越多意味着本征值矩阵的阶越小，求解矩阵本征值所需要的计算量就越小，如果基函数选择不当，最后会因矩阵太大而导致计算无法进行。例如，用平面波函数为基函数表示 Si 原子中的内层轨道波函数需要大约 10^6 个平面波，这意味着求解 10^6 阶的矩阵本征值问题，这是日常所用计算机不能完成的任务，因此选择合适的基函数在实际计算中是至关重要的。单电子波函数的数学性质是由材料系统本身决定的，因此对不同的材料系统需要选择不同的基函数，这就是为什么针对不同材料系统会有不同的计算方法。例如，许多分子中分子轨道接近原子轨道的简单加和，这时经常用原子轨道作为基函数，这就是分子轨道中的原子轨道线性组合(linear combination of atomic orbitals，LCAO)法；在金属晶体中电子的行为接近平面波，因此在金属能带的计算中常选择平面波函数作为基函数，此即能带中的近自由电子近似方法；在离子晶体中原子相互作用比较弱，晶体中的波函数就接近原子轨道的简单加和，因此在这种晶体中常选用原子轨道作为基函数，这种方法即为能带论中的紧束缚近似；能带论中的正交化平面波(OPW)法和缀加平面波(APW)法的区别仅在于采用不同的基函数。

在用基函数表示单变量函数的方法中，要做到绝对的数学严格性意味着需要无穷多个基函数和系数，这又意味着求解无穷阶的矩阵本征值问题，这当然是不可能实现的，因此实际上总是选取有限个基函数，这意味着这种方法总是存在误差，这种误差称为**数学误差**，它可以通过增加基函数的数量来消除。

4.3 变 分 法

变分法是从头计算电子结构方法的数学基础。基于变分法，薛定谔方程可以表达为另一种等价的形式，即所谓的薛定谔变分原理。从数学角度看，薛定谔方程是微分形式的表述方式，薛定谔变分原理是变分形式的表述方式。薛定谔变分原理可概括为：系统的真实波函数一定使系统的总能量取极小值，而系统能量就是这个极小值。变分形式表达的意义在于为求解量子系统的近似波函数和能量提供了一个新途径。本节先说明变分法基本思想，然后介绍线性变分法和一个计算实例，最后介绍 Hartree 方法和 Hartree-Fock 方法变分的基本程序。

4.3.1 薛定谔变分原理

首先说明薛定谔变分原理及其与薛定谔方程的等价性。一个哈密顿为 H 的电子系统由波函数 ψ 和能量 E 表征，它们分别由如下薛定谔方程决定：

$$H\psi = E\psi \tag{4.12}$$

薛定谔方程是一个微分方程，这种把波函数和能量归结为一个微分方程的方法称为微分表述方法。除此之外，还有一种变分表述方法，在这种方法中系统的波函数和能量由如下规则决定：系统归一化的波函数 ψ 一定是使积分

$$E[\psi(\boldsymbol{r})] = \int \psi^*(\boldsymbol{r}) H \psi(\boldsymbol{r}) \mathrm{d}\boldsymbol{r} \tag{4.13}$$

取极小值的函数，积分极小值 E 就是系统的能量。这种变分表述方法在数学上意味着泛函 $E[\psi(\boldsymbol{r})]$ 的变分为零，即

$$\delta E[\psi(\boldsymbol{r})]=0 \tag{4.14}$$

该式实际上也是一个关于函数 ψ 的微分方程，其详细的数学意义见附录 F。电子系统的微分表述和变分表述是等价的，也就是说变分方程(4.14)和薛定谔方程(4.12)可以互相推导，下面对此加以证明。

首先证明可以从薛定谔方程(4.12)推导出式(4.14)。设 ψ 是薛定谔方程的解，则它满足 $H\psi = E\psi$，且满足归一化条件 $\int \psi^* \psi \mathrm{d}\boldsymbol{r} = 1$。假定 ψ 有微小变化 $\delta\psi$ 而变

为 $\psi+\delta\psi$，ψ^* 则相应地也有微小变化 $\delta\psi^*$ 而变为 $\psi^*+\delta\psi^*$，则归一化条件变为

$$\int(\psi+\delta\psi)(\psi^*+\delta\psi^*)\mathrm{d}\boldsymbol{r}=1 \tag{4.15}$$

即

$$\int(\psi^*\delta\psi+\psi\delta\psi^*+\delta\psi\delta\psi^*)\mathrm{d}\boldsymbol{r}=0 \tag{4.16}$$

略去其中二阶小项 $\delta\psi\delta\psi^*$，则有

$$\int(\psi^*\delta\psi+\psi\delta\psi^*)\mathrm{d}\boldsymbol{r}=0 \tag{4.17}$$

另外，当波函数 ψ 有微小变化 $\delta\psi$ 而变为 $\psi+\delta\psi$ 时，这意味其对应的能量 E 也会有微小变化 δE 而变为 $E[\psi(\boldsymbol{r})]+\delta E[\psi(\boldsymbol{r})]$：

$$\begin{aligned}E[\psi(\boldsymbol{r})]+\delta E[\psi(\boldsymbol{r})]&=\int(\psi^*+\delta\psi^*)H(\psi+\delta\psi)\mathrm{d}\boldsymbol{r}\\&=\int(\psi^*H\psi+\delta\psi^*H\psi+\psi^*H\delta\psi+\delta\psi^*H\delta\psi)\mathrm{d}\boldsymbol{r}\end{aligned} \tag{4.18}$$

把 $H\psi=E\psi$ 代入式(4.18)，消去两边的 E，略去二价小量 $\delta\psi^*H\delta\psi$，则得 E 的变分 δE：

$$\delta E[\psi(\boldsymbol{r})]=\int(\delta\psi^*H\psi+\psi^*H\delta\psi)\mathrm{d}\boldsymbol{r}=\int(\delta\psi^*H\psi+(H\psi)^*\delta\psi)\mathrm{d}\boldsymbol{r} \tag{4.19}$$

考虑到哈密顿算符 H 的厄米特性，即如下等式成立：

$$\int\psi^*H\delta\psi\mathrm{d}\boldsymbol{r}=\int(H\psi)^*\delta\psi\mathrm{d}\boldsymbol{r} \tag{4.20}$$

于是式(4.19)变为

$$\delta E[\psi(\boldsymbol{r})]=\int(\delta\psi^*\psi+\psi^*\delta\psi)\mathrm{d}\boldsymbol{r} \tag{4.21}$$

由式(4.17)可得

$$\delta E[\psi(\boldsymbol{r})]=0 \tag{4.22}$$

此式即变分形式的薛定谔方程，或者称**薛定谔变分原理**，它意味着满足薛定谔方程的波函数 $\psi(\boldsymbol{r})$ 必然使 $E[\psi(\boldsymbol{r})]$ 取极小值，而最小值 E 即为系统的能量。变分形式的薛定谔方程(4.22)实际上也是一个关于函数 $\psi(\boldsymbol{r})$ 的微分方程。这意味着可从薛定谔方程(4.12)推导出变分方程(4.14)，即有

$$H\psi = E\psi \;\Rightarrow\; \delta E[\psi(\boldsymbol{r})] = 0 \tag{4.23}$$

下面证明从式(4.14)推导薛定谔方程(4.12)。注意到式(4.14)中的变分极值是约束条件下的变分极值，约束条件为归一化条件，即

$$\int \psi^* \psi \mathrm{d}\boldsymbol{r} - 1 = 0 \tag{4.24}$$

按照泛函的数学理论(见附录 F)，约束条件下变分的泛函极值等于如下泛函无约束条件下的泛函极值：

$$K[\psi] = \int \psi^* H\psi \mathrm{d}\boldsymbol{r} - \lambda\left(\int \psi^* \psi \mathrm{d}\boldsymbol{r} - 1\right) \tag{4.25}$$

即

$$\delta K[\psi] = 0 \tag{4.26}$$

把式(4.25)代入式(4.26)，并运用附录 F 中式(F.18)则有

$$\begin{aligned}
\delta K[\psi] &= \delta\left[\int \psi^* H\psi \mathrm{d}\boldsymbol{r} - \lambda\int \psi^*\psi \mathrm{d}\boldsymbol{r}\right] \\
&= \int [\delta\psi^* H\psi + \psi^* H\delta\psi - \lambda(\delta\psi^*\psi + \psi^*\delta\psi)]\mathrm{d}\boldsymbol{r} \\
&= \int [\delta\psi^*(H\psi - \lambda\delta\psi) + (\psi^* H - \lambda\psi^*)\delta\psi]\mathrm{d}\boldsymbol{r} \\
&= \int [\delta\psi^*(H\psi - \lambda\delta\psi) + (H^*\psi^* - \lambda\psi^*)\delta\psi]\mathrm{d}\boldsymbol{r} = 0
\end{aligned} \tag{4.27}$$

由于 $\delta\psi$ 和 $\delta\psi^*$ 表示任意的函数，因此式(4.27)成立的条件为

$$H\psi = \lambda\psi \tag{4.28}$$

和

$$H^*\psi^* = \lambda\psi^* \tag{4.29}$$

式(4.29)是式(4.28)的复共轭形式，两者表达的实质是同一方程。式(4.28)实际就是薛定谔方程，拉格朗日因子 λ 就是能量 E。这说明由变分形式表达式(4.14)可推出薛定谔方程(4.12)，即

$$H\psi = E\psi \qquad \Leftarrow \qquad \delta E[\psi(\boldsymbol{r})] = 0 \tag{4.30}$$

综合式(4.23)和式(4.30)，可知微分形式和变分形式是等价的，即

$$H\psi = E\psi \quad \Leftrightarrow \quad \delta\int \psi^* H\psi d\boldsymbol{r}=0 \tag{4.31}$$

符号 $\Leftrightarrow$ 表示薛定谔方程和变分方程可互相推导或者等价，这里的 ψ 要满足归一化条件。

变分形式的薛定谔方程为求解多电子系统的近似波函数和能量提供了一个新的途径，是 Hartree 方法和 Hartree-Fock 方法的基础。这一方法的基本思想是：①猜测或构造一个试探波函数 $\phi(\boldsymbol{r})$ 作为真实波函数的近似，如把试探波函数表达为若干个已知基函数的线性组合，每个基函数前的系数则是要确定的量，基于这种试探波函数的方法称为线性变分法，或者把试探波函数表达为若干个单变量函数(待确定)组合而成的函数，下面所述的 Hartree 方法和 Hartree-Fock 方法则采用这种类型的试探波函数；②按照变分原理，试探波函数如果是真实的或者接近真实的波函数，那么它所形成的 $E[\phi(\boldsymbol{r})]$ 值必然取极小值，也就是说它满足变分形式的薛定谔方程(4.22)，这个方程实际上是一个关于组合系数的代数方程(线性变分法)或者关于单变量函数的偏微分方程(如 Hartree 方法和 Hartree-Fock 方法)；③求解第②步得到的方程以得到所有组合系数或者所有单变量函数，然后按照试探波函数的形式将其组合起来则是系统的波函数，用这个波函数则可直接计算出系统的能量。变分法有效的原因在于最后要求的变分方程或者是代数方程或者是单变量的微分方程，这要比原始的多变量薛定谔方程简单。但变分法依赖于所构造的试探波函数，因此变分法所得到的系统波函数和能量只是一个近似值，如果试探波函数构造得合理，那么所得到的结果就很接近真实值，如果构造得不够合理，那么所得的结果就会有很大的误差。经过多年的实践，变分法已经成为电子结构计算根本性的方法。下面两节通过线性变分法的实例说明变分法的有效性。

4.3.2 线性变分法

线性变分法的出发点就是把电子系统的波函数看成一组已知基函数的线性组合，系统的试探波函数则由组合系数确定，变分原理给出最佳系数所满足的线性代数方程，求解这个方程则得到最佳系数。因此，线性变分法实际上把求解薛定谔方程的问题转化成求解线性代数方程的问题，当然所得到的系统波函数和能量是系统实际波函数和能量的近似值，但实践表明对于很多电子系统，这是一个很好的近似。下面首先说明线性变分法的一般数学程序，再用变分法求解一维无限深势阱问题来说明这一方法完全可以与严格解比拟。

4.3.2.1 线性变分法基础

记 $\chi_1(\boldsymbol{r}), \chi_2(\boldsymbol{r}), \cdots, \chi_n(\boldsymbol{r})$ 为所选的基函数组，n 是基函数的个数。所研究的电

子系统的试探波函数用 $\psi(\boldsymbol{r})$ 表示，线性变分法把 $\psi(\boldsymbol{r})$ 写为

$$\psi(\boldsymbol{r}) = \sum_{i=1}^{n} c_i \chi_i(\boldsymbol{r}) \tag{4.32}$$

其中，$c_1, c_2, \cdots, c_n$ 为待定的系数。对试探波函数 $\psi(\boldsymbol{r})$ 计算 $\bar{H}[\psi(\boldsymbol{r})]$，则有

$$\bar{H} = \bar{H}[\psi(\boldsymbol{r})] = \frac{\int \psi^*(\boldsymbol{r}) H \psi(\boldsymbol{r}) \mathrm{d}\boldsymbol{r}}{\int \psi^*(\boldsymbol{r}) \psi(\boldsymbol{r}) \mathrm{d}\boldsymbol{r}} = \frac{\sum_{i=1}^{n}\sum_{j=1}^{n} c_i^* c_j \int \chi_i^*(\boldsymbol{r}) H \chi_j(\boldsymbol{r}) \mathrm{d}\boldsymbol{r}}{\sum_{i=1}^{n}\sum_{j=1}^{n} c_i^* c_j \int \chi_i^*(\boldsymbol{r}) \chi_j(\boldsymbol{r}) \mathrm{d}\boldsymbol{r}} = \frac{\sum_{i=1}^{n}\sum_{j=1}^{n} c_i^* c_j H_{ij}}{\sum_{i=1}^{n}\sum_{j=1}^{n} c_i^* c_j S_{ij}} \tag{4.33}$$

其中：

$$H_{ij} = \int \chi_i^*(\boldsymbol{r}) H \chi_j(\boldsymbol{r}) \mathrm{d}\boldsymbol{r}, \qquad S_{ij} = \int \chi_i^*(\boldsymbol{r}) \chi_j(\boldsymbol{r}) \mathrm{d}\boldsymbol{r} \tag{4.34}$$

式(4.22)所示的极值条件在这里变为对系数的微分，即

$$\frac{\partial \bar{H}}{\partial c_k^*} = 0 \qquad k = 1, 2, \cdots, n \tag{4.35}$$

把式(4.33)代入式(4.35)，则有

$$\begin{aligned}\frac{\partial \bar{H}}{\partial c_k^*} &= \frac{\dfrac{\partial \sum_{i=1}^{n}\sum_{j=1}^{n} c_i^* c_j H_{ij}}{\partial c_k^*} \cdot \sum_{i=1}^{n}\sum_{j=1}^{n} c_i^* c_j S_{ij} - \left(\sum_{i=1}^{n}\sum_{j=1}^{n} c_i^* c_j H_{ij}\right) \cdot \dfrac{\partial \sum_{i=1}^{n}\sum_{j=1}^{n} c_i^* c_j S_{ij}}{\partial c_k^*}}{\left(\sum_{i=1}^{n}\sum_{j=1}^{n} c_i^* c_j S_{ij}\right)^2} \\ &= \frac{\sum_{j=1}^{n} c_j H_{kj} \cdot \sum_{i=1}^{n}\sum_{j=1}^{n} c_i^* c_j S_{ij} - \left(\sum_{i=1}^{n}\sum_{j=1}^{n} c_i^* c_j H_{ij}\right) \cdot \sum_{j=1}^{n} c_j S_{kj}}{\left(\sum_{i=1}^{n}\sum_{j=1}^{n} c_i^* c_j S_{ij}\right)^2} = 0\end{aligned} \tag{4.36}$$

这意味着上式的分子为零，即

$$\sum_{j=1}^{n} c_j H_{kj} \cdot \sum_{i=1}^{n}\sum_{j=1}^{n} c_i^* c_j S_{ij} = \left(\sum_{i=1}^{n}\sum_{j=1}^{n} c_i^* c_j H_{ij}\right) \cdot \sum_{j=1}^{n} c_j S_{kj} \tag{4.37}$$

两边除以 $\sum_{i=1}^{n}\sum_{j=1}^{n}c_i^* c_j S_{ij}$ ，则有

$$\sum_{j=1}^{n}c_j H_{kj}=\frac{\left(\sum_{i=1}^{n}\sum_{j=1}^{n}c_i^* c_j H_{ij}\right)}{\sum_{i=1}^{n}\sum_{j=1}^{n}c_i^* c_j S_{ij}}\cdot\sum_{j=1}^{n}c_j S_{kj}=\bar{H}\sum_{j=1}^{n}c_j S_{kj} \tag{4.38}$$

即

$$\sum_{j=1}^{n}(H_{kj}-\bar{H}S_{kj})c_j=0 \tag{4.39}$$

此式是关于系数 $c_j(j=1,2,\cdots,n)$ 的 n 元一次线性方程，这样的方程对 $k=1,2,\cdots,n$ 都成立，因此上述的方程共有 n 个，它们组成 n 个关于系数 $c_j(j=1,2,\cdots,n)$ 的 n 元一次线性方程组，即

$$\sum_{j=1}^{n}(H_{kj}-\bar{H}S_{kj})c_j=0\qquad k=1,2,\cdots,n \tag{4.40}$$

因为 $\bar{H}$ 表示的是能量，所以下面将用记号 E 表示。为清楚起见，把式(4.40)写成展开形式，即

$$\begin{cases}(H_{11}-ES_{11})c_1+(H_{12}-ES_{12})c_2+\cdots+(H_{1n}-ES_{1n})c_n=0\\(H_{21}-ES_{21})c_1+(H_{22}-ES_{22})c_2+\cdots+(H_{2n}-ES_{2n})c_n=0\\\qquad\vdots\\(H_{n1}-ES_{n1})c_1+(H_{n2}-ES_{n2})c_2+\cdots+(H_{nn}-ES_{nn})c_n=0\end{cases} \tag{4.41}$$

下面讨论该方程的解。显然所有 $c_i=0\ (i=1,2,\cdots,n)$ 是方程的一个解，这样的解为平凡解，它意味着体系波函数为零，没有物理意义。有意义的解是非平凡解，按照线性方程组的数学理论，这要求上述方程系数组成的行列式为零，即下式成立：

$$\begin{vmatrix}H_{11}-ES_{11} & H_{12}-ES_{12} & \cdots & H_{1n}-ES_{1n}\\H_{21}-ES_{21} & H_{22}-ES_{22} & \cdots & H_{2n}-ES_{2n}\\\vdots & \vdots & & \vdots\\H_{n1}-ES_{n1} & H_{n2}-ES_{n2} & \cdots & H_{nn}-ES_{nn}\end{vmatrix}=0 \tag{4.42}$$

这是关于 E 的一元 n 次方程，给出 E 的 n 个解。对每个解 E，把它代入方程(4.41)

得到对应的一个方程组，但这个方程组只有 $n-1$ 个独立方程，这意味着还不能完全确定 n 个系数，还需一个方程才能完全确定，这个方程就是归一化条件。确定 n 个系数 c_i $(i=1,2,\cdots,n)$ 后，由式(4.32)就完全确定了一个量子态的波函数，相应的 E 则是该量子态的能量。由于 E 有 n 个解，因此这样会得到 n 个波函数和能量，对应 n 个量子态，通常人们把这 n 个量子态按能量 E 从小到大排列，能量最小的对应于基态，其他能量高的对应于各激发态。

4.3.2.2　实例：一维无限深势阱问题的变分法求解

作为一个简单的例子，这里用线性变分法求解无限深方势阱中电子的量子态。无限深方势阱体系的薛定谔方程有严格解(见第 2 章 2.6.1 节)，因此可以比较线性变分解和严格解之间的差异以了解变分法的有效性和准确性。为简单起见，这里取势阱的宽度为 1。无限深势阱的电子只能处于势阱中，而势阱中的势能为零，因此势阱中的电子只有动能，于是该体系的哈密顿为

$$H=-\frac{\hbar^2}{2m}\frac{\mathrm{d}^2}{\mathrm{d}x^2} \tag{4.43}$$

薛定谔方程为

$$\begin{cases}-\dfrac{\hbar^2}{2m}\dfrac{\mathrm{d}^2\psi}{\mathrm{d}x^2}=E\psi & 0\leqslant x\leqslant 1\\ \psi=0 & x\leqslant 0,x\geqslant 1\end{cases} \tag{4.44}$$

波函数和能量的严格解为(见 2.6.1 节)：

$$\begin{cases}\psi_n(x)=\begin{cases}\sqrt{2}\sin(n\pi x)\\ 0\end{cases}\\ E_n=\dfrac{\pi^2\hbar^2}{2m}n^2\end{cases}\qquad n=1,2,3,\cdots \tag{4.45}$$

下面用变分法处理这个问题。第一步是构造波函数。注意到在势阱边缘即 $x=0$ 和 $x=1$ 处波函数为零，因此构造的波函数要满足这个边界条件，一个满足这个条件的波函数为

$$\psi(x)=cx(1-x)\qquad 0\leqslant x\leqslant 1 \tag{4.46}$$

其中，c 为系数。该试探波函数只有一个参数 c，只需利用归一化条件：

$$\int_0^1 c^2x^2(1-x)^2\,\mathrm{d}x=1 \tag{4.47}$$

就可确定$c=\sqrt{30}$，于是试探波函数就完全确定。这个波函数对应的能量为

$$E=\int_0^1\psi^*(x)H\psi(x)\mathrm{d}x=\int_0^1\sqrt{30}x(x-1)-\frac{\hbar^2}{2m}\frac{\mathrm{d}^2}{\mathrm{d}x^2}\sqrt{30}x(x-1)\mathrm{d}x=5\frac{\hbar^2}{m}\quad(4.48)$$

由式(4.45)的严格解能量式可知基态能量的严格解为：$\dfrac{\pi^2\hbar^2}{2m}\approx4.9348\dfrac{\hbar^2}{m}$，可见上述由所构造的波函数得到的能量值与严格值的相对误差为1.3%。在上述构造的波函数中只含有一个参数，确定它只是利用了边界条件和归一化条件，甚至都没有用到变分原理，但能量误差之小却令人惊异。下面可进一步构造如下包含两个参数的波函数：

$$\psi(x)=c_1x(1-x)+c_2x^2(1-x)^2\quad(4.49)$$

其中，c_1、c_2为待定参数。与波函数式(4.46)相比，该波函数多了一项$c_2x^2(1-x)^2$，显然该项也满足在势阱边缘为零的边界条件，因此新构造的波函数也满足边界条件。为表达方便，这两个函数分别记为

$$f_1(x)=x(1-x),\qquad f_2(x)=x^2(1-x)^2\quad(4.50)$$

于是构造的波函数表达为

$$\psi(x)=c_1f_1(x)+c_2f_2(x)\quad(4.51)$$

$f_1(x)$和$f_2(x)$可看成是两个基函数，这是具有标准格式的线性变分法波函数，因此可用式(4.41)求解最佳系数。其中的矩阵元按定义式(4.34)计算，计算结果为

$$\begin{aligned}
H_{11}&=\int_0^1 f_1Hf_1\mathrm{d}x=\frac{\hbar^2}{6m}\\
H_{12}&=\int_0^1 f_1Hf_2\mathrm{d}x=H_{21}=\int_0^1 f_2Hf_1\mathrm{d}x=\frac{\hbar^2}{30m}\\
H_{22}&=\int_0^1 f_2Hf_2\mathrm{d}x=\frac{\hbar^2}{105m}\\
S_{11}&=\int_0^1 f_1f_1\mathrm{d}x=\frac{1}{30}\\
S_{12}&=S_{21}=\int_0^1 f_1f_2\mathrm{d}x=\frac{1}{140}\\
S_{22}&=\int_0^1 f_2f_2\mathrm{d}x=\frac{1}{630}
\end{aligned}\quad(4.52)$$

于是方程(4.41)为

$$\begin{cases} \left(\frac{1}{6}\frac{\hbar^2}{m}-\frac{1}{30}E\right)c_1+\left(\frac{1}{30}\frac{\hbar^2}{m}-\frac{1}{140}E\right)c_2=0 \\ \left(\frac{1}{30}\frac{\hbar^2}{m}-\frac{1}{140}E\right)c_1+\left(\frac{1}{105}\frac{\hbar^2}{m}-\frac{1}{630}E\right)c_2=0 \end{cases} \tag{4.53}$$

这是一个关于 c_1、c_2 的二元一次方程组。按照线性代数理论，要使该方程组的两个解不是全为零，那么其系数行列式必须为零，即必须满足式(4.42)，即

$$\begin{vmatrix} \frac{1}{6}\frac{\hbar^2}{m}-\frac{1}{30}E & \frac{1}{30}\frac{\hbar^2}{m}-\frac{1}{140}E \\ \frac{1}{30}\frac{\hbar^2}{m}-\frac{1}{140}E & \frac{1}{105}\frac{\hbar^2}{m}-\frac{1}{630}E \end{vmatrix}=0 \tag{4.54}$$

该式是关于 E 的一元二次方程，它决定了 E 的取值。该方程给出的 E 值为

$$E=\frac{56\pm 46.13025}{2}\frac{\hbar^2}{m} \tag{4.55}$$

因此其中更小的值代表基态的能量，其为

$$E_1=4.93487\frac{\hbar^2}{m} \tag{4.56}$$

该值与基态严格解的相对误差仅为 0.0015%，可见新的试探波函数(4.49)所产生的基态能量比上述单参数试探波函数所得到的能量要精准得多。把该 E_1 值代入式(4.53)得到关于 c_1、c_2 的方程组，解此方程组得

$$\frac{c_1}{c_2}=0.88250 \tag{4.57}$$

于是试探波函数(4.49)可表达为

$$\psi(x)=c_2[0.88250x(1-x)+x^2(1-x)^2] \tag{4.58}$$

用归一化条件：

$$\begin{aligned} 1&=\int_0^1\psi^*(x)\psi(x)\,\mathrm{d}x=\int_0^1[c_1f_1(x)+c_2f_2(x)]^2\mathrm{d}x \\ &=c_2^2\left[0.88250^2\int_0^1 f_1^2\mathrm{d}x+2\times 0.88250\int_0^1 f_1f_2\mathrm{d}x+\int_0^1 f_2^2\mathrm{d}x\right] \\ &=c_2^2\left(0.88250^2\times\frac{1}{30}+2\times 0.88250\times\frac{1}{70}+\frac{1}{630}\right) \end{aligned} \tag{4.59}$$

可确定出这个参数的值为：$c_2 = 4.990$，于是最终的基态波函数为

$$\psi(x) = 4.404x(1-x) + 4.990x^2(1-x)^2 \tag{4.60}$$

图 4.2 展示了严格解波函数与式(4.60)给出的波函数的比较，可以看到两者几乎完全相同。

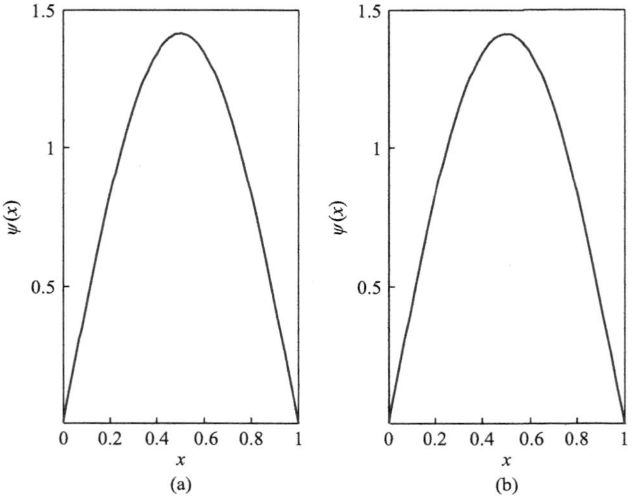

图 4.2　(a)严格解波函数；(b)式(4.60)给出的波函数

式(4.55)中另一个较大的能量值为 $E_2 = 51.065\dfrac{\hbar^2}{m}$ 表示的是第一激发态的能量，这个值与第一激发态的严格值$19.74\dfrac{\hbar^2}{m}$相差甚大，这不是说明这种方法只能计算基态波函数，而是因为基函数的个数太少而导致误差太大，增加基函数的个数会增加激发态的精度。例如，把基函数个数增加到 4，第一激发态误差可降到 0.059%，有关计算可见相关文献[26]。

4.3.3　Hartree 和 Hartree-Fock 方法中的变分法

本节说明 Hartree 方法和 Hartree-Fock (HF)方法的变分法，这两种方法把系统波函数表达为多个单变量函数特定数学组合，每个单变量函数称为单电子波函数，利用变分原理得到这些单电子波函数满足的方程，它们实际上是一组关于单电子波函数的微分方程组，求解这个方程组得到单电子波函数，再把它们按照所假设的组合方式组合起来就得到系统近似的波函数，其基本流程由图 4.3 表示，下面予以详细说明。

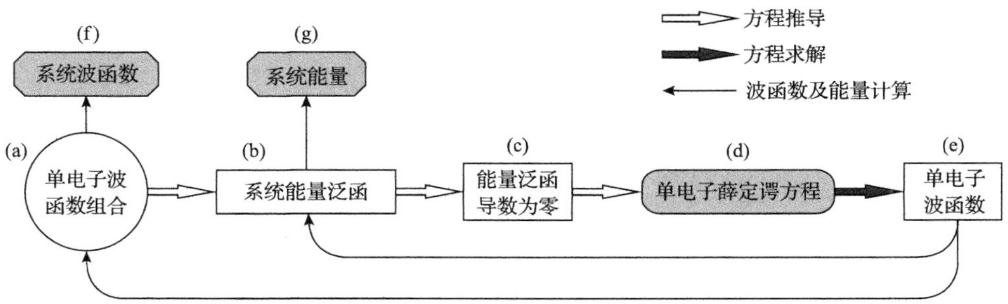

图 4.3　Hartree 和 HF 方法的数学流程

Hartree 和 HF 方法的出发点是用 n 个待定的单电子波函数的数学组合来作为系统波函数[图 4.3(a)]，n 是所研究系统中的电子数。然后，用这个构造的系统波函数计算系统的能量，得到的能量表达式则是这些单电子波函数的泛函[图 4.3(b)]。按薛定谔变分原理，所有单电子波函数应当使系统能量最小，即能量泛函对这些单电子波函数的变分为零[图 4.3(c)]，该变分为零的方程实际上是一组关于单电子波函数的微分方程，可看成单电子的薛定谔方程[图 4.3(d)]，该方程的解即为最佳的单电子波函数[图 4.3(e)]，Hartree 方法和 HF 方法的主要数学任务就是求解这组微分方程。获得最佳单电子波函数后把它代入最初所构造的试探波函数就得到系统的波函数[图 4.3(f)]，代入系统的能量表达式就得到系统的能量[图 4.3(g)]。

按照量子力学基本原理，系统波函数要满足归一化条件，这就导致用来构造系统波函数的单电子波函数要满足正交归一化条件，因此，上述的总能量泛函对单电子波函数变分为零的极值问题就是一个约束条件下的泛函极值问题。按照约束条件下的泛函极值问题的拉格朗日方法，图 4.3(c)中的变分为零的方程中的泛函其实不是能量泛函而是包含约束的能量泛函，有关的数学方法请参考附录 F，具体的数学处理则在随后的两节中给出。

4.4　Hartree 方法

Hartree 方法是 1927 年由 Hartree 提出的一种求解多电子体系薛定谔方程的近似方法，是第一种求解多电子体系薛定谔方程的一般方法，但作为其基础的 Hartree 波函数不满足量子力学的反对称要求，1930 年发展为 HF 方法，自此后 Hartree 方法为 HF 方法所代替。两者的处理流程是完全相同的，这里对其进行介绍，4.5 节介绍 HF 方法。Hartree 方法的出发点是把电子系统的波函数写为单电子波函数的乘积，再利用薛定谔变分原理得到关于单电子波函数的微分方程即

Hartree 方程，于是求解系统量子态的问题转化为求解 Hartree 方程的问题。

4.4.1　Hartree 方法的波函数

对于一个含 n 个电子的体系，Hartree 方法的出发点就是把系统的波函数 $\Psi(\{\boldsymbol{r}_i\})$ 写成 n 个单电子波函数的乘积：

$$\Psi^{\mathrm{H}}(\{\boldsymbol{r}_i\}) = \psi_1^{\mathrm{H}}(\boldsymbol{r}_1)\psi_2^{\mathrm{H}}(\boldsymbol{r}_2)\cdots\psi_n^{\mathrm{H}}(\boldsymbol{r}_n) \tag{4.61}$$

$\{\boldsymbol{r}_i\}$ 表示所有电子的空间坐标，$\boldsymbol{r}_i$ 为第 i 个电子的空间坐标，$\psi_i^{\mathrm{H}}(\boldsymbol{r})$ 称为 Hartree 单电子波函数或 Hartree 单电子轨道，每个单电子波函数要满足归一化条件，即

$$\int \psi_i^{\mathrm{H}*}(\boldsymbol{r})\psi_i^{\mathrm{H}}(\boldsymbol{r})\mathrm{d}\boldsymbol{r} = 1 \qquad i = 1, 2, \cdots, n \tag{4.62}$$

其中，$\psi_i^{\mathrm{H}*}(\boldsymbol{r})$ 是 $\psi_i^{\mathrm{H}}(\boldsymbol{r})$ 的复共轭，该条件满足后，系统的波函数 $\Psi^{\mathrm{H}}(\{\boldsymbol{r}_i\})$ 自然满足归一化条件。

4.4.2　Hartree 方程的建立

Hartree 方法的基本思想简述如下：利用变分原理建立所有单电子波函数所满足的微分方程，即所谓的 Hartree 方程，求解该方程得到 n 个单电子波函数及相应的单电子能量，然后由式(4.61)得到体系总波函数，并直接计算得到系统总能量。下面说明 Hartree 方程的建立过程。

当 n 电子体系的波函数由式(4.61)描述时，系统电子的总能量为

$$\begin{aligned}
E^{\mathrm{H}} &= \int \Psi^{\mathrm{H}*} H \Psi^{\mathrm{H}} \mathrm{d}\tau \\
&= \int\cdots\int \psi_1^{\mathrm{H}*}(\boldsymbol{r}_1)\cdots\psi_n^{\mathrm{H}*}(\boldsymbol{r}_n)\left[-\sum_{i=1}^{n}\frac{\hbar^2}{2m}\nabla_i^2 + V_{\mathrm{ne}} + V_{\mathrm{ee}}\right]\psi_1^{\mathrm{H}}(\boldsymbol{r}_1)\cdots\psi_n^{\mathrm{H}}(\boldsymbol{r}_n)\mathrm{d}\boldsymbol{r}_1\cdots\mathrm{d}\boldsymbol{r}_n \\
&= -\sum_{i=1}^{N}\int \psi_1^{\mathrm{H}*}(\boldsymbol{r}_1)\left[-\frac{\hbar^2}{2m}\nabla_i^2 + v_{\mathrm{ne}}(\boldsymbol{r}_i)\right]\psi_i^{\mathrm{H}}(\boldsymbol{r}_i)\mathrm{d}\boldsymbol{r}_i \\
&\quad + \frac{1}{2}\sum_{i=1}^{n}\sum_{\substack{j=1 \\ j\neq i}}^{n}\iint \psi_i^{\mathrm{H}*}(\boldsymbol{r}_i)\psi_j^{\mathrm{H}*}(\boldsymbol{r}_j)\frac{e^2}{4\pi\varepsilon_0\left|\boldsymbol{r}_i - \boldsymbol{r}_j\right|}\psi_i^{\mathrm{H}}(\boldsymbol{r}_i)\psi_j^{\mathrm{H}}(\boldsymbol{r}_j)\mathrm{d}\boldsymbol{r}_i\mathrm{d}\boldsymbol{r}_j
\end{aligned} \tag{4.63}$$

其中 $\Psi^{\mathrm{H}*}$ 为 Ψ^{H} 的复共轭；$\mathrm{d}\tau = \mathrm{d}\boldsymbol{r}_1\cdots\mathrm{d}\boldsymbol{r}_n$ 表示体积元。从微积分的数学性质可知，积分结果与积分变量选择无关，也就是说可以任意选择积分变量，据此改变上式

中的积分变量，即用 $\boldsymbol{r}$、$\boldsymbol{r}'$ 分别代替 $\boldsymbol{r}_i$、$\boldsymbol{r}_j$ 作为新的积分变量，于是上式变为

$$\begin{aligned}E^{\mathrm{H}} &= -\sum_{i=1}^{n}\int \psi_i^{\mathrm{H}*}(\boldsymbol{r})\frac{\hbar^2}{2m}\nabla^2\psi_i^{\mathrm{H}}(\boldsymbol{r})\mathrm{d}\boldsymbol{r} + \sum_{i=1}^{n}\int \psi_i^{\mathrm{H}*}(\boldsymbol{r})v_{\mathrm{ne}}(\boldsymbol{r})\psi_i^{\mathrm{H}}(\boldsymbol{r})\mathrm{d}\boldsymbol{r} \\ &\quad + \frac{1}{2}\sum_{i=1}^{n}\sum_{\substack{j=1\\ j\neq i}}^{n}\iint \psi_i^{\mathrm{H}*}(\boldsymbol{r})\psi_j^{\mathrm{H}*}(\boldsymbol{r}')\frac{e^2}{4\pi\varepsilon_0\left|\boldsymbol{r}-\boldsymbol{r}'\right|}\psi_i^{\mathrm{H}}(\boldsymbol{r})\psi_j^{\mathrm{H}}(\boldsymbol{r}')\mathrm{d}\boldsymbol{r}\mathrm{d}\boldsymbol{r}' \\ &\equiv T^{\mathrm{H}} + E_{\mathrm{ne}}^{\mathrm{H}} + E_H^{\mathrm{H}}\end{aligned} \tag{4.64}$$

由于积分变量的变换，算符 $\nabla_i^2 = \dfrac{\partial^2}{\partial x_i^2} + \dfrac{\partial^2}{\partial y_i^2} + \dfrac{\partial^2}{\partial z_i^2}$ 变为 $\nabla^2 = \dfrac{\partial^2}{\partial x^2} + \dfrac{\partial^2}{\partial y^2} + \dfrac{\partial^2}{\partial z^2}$，表示对新变量的求偏导运算。上式中的符号“≡”表示定义，即第二个等式表示对 T^{H}、$E_{\mathrm{ne}}^{\mathrm{H}}$ 和 E_H^{H} 的定义，分别表示电子系统的动能、电子与核的库仑能和 Hartree 能，Hartree 能表达了电子之间库仑排斥能的平均。这些能量记号中的上标 H 表示 Hartree 方法，下标表示具体的能量种类，无下标的 E^{H} 表示 Hartree 方法所得到的总电子能量。在本书的符号标记中，总是用正体字格式的上标标示方法，下标标示不同能量或不同势的种类。

按照变分原理，满足条件的波函数 $\psi_i^{\mathrm{H}}(\boldsymbol{r})(i=1,2,\cdots,n)$ 就是使总能量 E 取极小值的函数，但这些函数要满足式(4.62)所显示的归一化条件，因此这是一个有约束条件的变分极值问题。约束条件写成标准形式：

$$\int \psi_i^{\mathrm{H}*}(\boldsymbol{r})\psi_i^{\mathrm{H}}(\boldsymbol{r})\mathrm{d}\boldsymbol{r} - 1 = 0 \qquad i=1,2,\cdots,n \tag{4.65}$$

注意总的约束实际上包含 n 个约束条件。按变分的数学性质(见附录 F.6 节)，该问题等价于泛函

$$K^{\mathrm{H}}[\psi] = E^{\mathrm{H}}[\psi] - \sum_{i=1}^{n}\lambda_i\left(\int \psi_i^{\mathrm{H}*}(\boldsymbol{r})\psi_i^{\mathrm{H}}(\boldsymbol{r})\mathrm{d}\boldsymbol{r} - 1\right) \tag{4.66}$$

无约束的极值问题，其中 $\lambda_i(i=1,\cdots,n)$ 为 n 个拉格朗日因子，为待定的量。泛函 $K[\psi]$ 取极值的条件可表述为

$$\frac{\delta K^{\mathrm{H}}}{\delta\psi_i^{\mathrm{H}*}} = \frac{\delta E^{\mathrm{H}}[\psi]}{\delta\psi_i^{\mathrm{H}*}} - \frac{\delta}{\delta\psi_i^{\mathrm{H}*}}\sum_{i=1}^{n}\lambda_i\left(\int \psi_i^{\mathrm{H}*}\psi_i^{\mathrm{H}}(\boldsymbol{r})\mathrm{d}\boldsymbol{r} - 1\right) = 0 \qquad i=1,2,\cdots,n \tag{4.67}$$

这里选择对 $\psi_i^{\mathrm{H}*}$ 进行变分，当然也可选择对 ψ_i^{H} 进行变分，选择前者进行变分得到的方程与选择后者得到的方程互为复共轭，两者本质上是一样的，选择前者的好

处是所得到的方程形式上就是常见的薛定谔方程。

先计算 $\dfrac{\delta E^{\mathrm{H}}[\psi]}{\delta \psi_i^{\mathrm{H}*}}$。由式(4.64)有

$$\frac{\delta E^{\mathrm{H}}}{\delta \psi_i^{\mathrm{H}*}}=\frac{\delta T^{\mathrm{H}}}{\delta \psi_i^{\mathrm{H}*}}+\frac{\delta E_{\mathrm{ne}}^{\mathrm{H}}}{\delta \psi_i^{\mathrm{H}*}}+\frac{\delta E_H^{\mathrm{H}}}{\delta \psi_i^{\mathrm{H}*}} \tag{4.68}$$

下面分别计算上式三项。由附录 F 中的式(F.63)，可得

$$\frac{\delta T^{\mathrm{H}}}{\delta \psi_i^{\mathrm{H}*}}=\frac{\delta}{\delta \psi_i^{\mathrm{H}*}}\left(-\sum_{i=1}^{n}\int \psi_i^{\mathrm{H}*}(\boldsymbol{r})\frac{\hbar^2}{2m}\nabla^2\psi_i^{\mathrm{H}}(\boldsymbol{r})\mathrm{d}\boldsymbol{r}\right)=-\frac{\hbar^2}{2m}\nabla^2\psi_i^{\mathrm{H}}(\boldsymbol{r}) \tag{4.69}$$

由附录 F 中的欧拉方程(F.51)有

$$\frac{\delta E_{\mathrm{ne}}^{H}}{\delta \psi_i^{\mathrm{H}^*}}=\frac{\delta}{\delta \psi_i^{\mathrm{H}^*}}\sum_{i=1}^{n}\int \psi_i^{\mathrm{H}^*}(\boldsymbol{r})v_{\mathrm{ne}}(\boldsymbol{r})\psi_i^{\mathrm{H}}(\boldsymbol{r})\mathrm{d}\boldsymbol{r}=v_{\mathrm{ne}}(\boldsymbol{r})\psi_i^{\mathrm{H}}(\boldsymbol{r}) \tag{4.70}$$

式中，$v_{\mathrm{ne}}(\boldsymbol{r})$ 为单电子核势[式(4.5)]。

由附录 F 中的欧拉公式(F.14)有

$$\begin{aligned}\frac{\delta E_H^{\mathrm{H}}}{\delta \psi_i^{\mathrm{H}*}}&=\frac{\delta}{\delta \psi_i^{\mathrm{H}*}}\frac{1}{2}\sum_{i}^{n}\sum_{\substack{j=1\\ j\neq i}}^{n}\iint \psi_i^{\mathrm{H}*}(\boldsymbol{r})\psi_j^{\mathrm{H}*}(\boldsymbol{r})\frac{e^2}{4\pi\varepsilon_0\left|\boldsymbol{r}-\boldsymbol{r}'\right|}\psi_i^{\mathrm{H}}(\boldsymbol{r})\psi_j^{\mathrm{H}}(\boldsymbol{r}')\mathrm{d}\boldsymbol{r}\mathrm{d}\boldsymbol{r}'\\&=\left[\sum_{\substack{j=1\\ j\neq i}}^{n}\int \psi_j^{\mathrm{H}*}(\boldsymbol{r}')\frac{e^2}{4\pi\varepsilon_0\left|\boldsymbol{r}-\boldsymbol{r}'\right|}\psi_j^{\mathrm{H}}(\boldsymbol{r}')\mathrm{d}\boldsymbol{r}'\right]\psi_i(\boldsymbol{r})\equiv v_{H,i}^{\mathrm{H}}(\boldsymbol{r})\psi_i^{\mathrm{H}}(\boldsymbol{r})\end{aligned} \tag{4.71}$$

式(4.71)第二个等式定义了 Hartree 势 $v_{H,i}^{\mathrm{H}}(\boldsymbol{r})$，它表达所有其他电子对第 i 个电子所产生的平均库仑势，即

$$v_{H,i}^{\mathrm{H}}(\boldsymbol{r})\equiv\sum_{\substack{j=1\\ j\neq i}}^{n}\int \psi_j^{\mathrm{H}*}(\boldsymbol{r}')\frac{e^2}{4\pi\varepsilon_0\left|\boldsymbol{r}-\boldsymbol{r}'\right|}\psi_j^{\mathrm{H}}(\boldsymbol{r}')\mathrm{d}\boldsymbol{r}' \tag{4.72}$$

综合式(4.69)～式(4.71)，式(4.68)变为

$$\frac{\delta E^{\mathrm{H}}}{\delta \psi_i^{\mathrm{H}*}}=\frac{\delta T^{\mathrm{H}}}{\delta \psi_i^{\mathrm{H}*}}+\frac{\delta E_{\mathrm{ne}}^{\mathrm{H}}}{\delta \psi_i^{\mathrm{H}*}}+\frac{\delta E_H^{\mathrm{H}}}{\delta \psi_i^{\mathrm{H}*}}=\left[-\frac{\hbar^2}{2m}\nabla^2+v_{\mathrm{ne}}(\boldsymbol{r})+v_{H,i}^{\mathrm{H}}(\boldsymbol{r})\right]\psi_i^{\mathrm{H}}(\boldsymbol{r}) \tag{4.73}$$

对于式(4.67)中约束部分的导数，由附录 F 中的欧拉方程(F.51)可得

$$\frac{\delta}{\delta\psi_i^{H*}}\sum_{i=1}^{n}\lambda_i\left(\int\psi_i^{H*}(\boldsymbol{r})\psi_i^{H}(\boldsymbol{r})\mathrm{d}\boldsymbol{r}-1\right)=\lambda_i\psi_i^{H}(\boldsymbol{r})\equiv\varepsilon_i^{H}\psi_i^{H}(\boldsymbol{r}) \tag{4.74}$$

式(4.74)最后一个等式中 λ_i 写成了常见的表示能量的 ε_i^{H}，这是由于 λ_i 表示的是单电子态的能量，这可以从稍后的讨论中看到。于是式(4.67)变为

$$\left[-\frac{\hbar^2}{2m}\nabla^2+v_{ne}(\boldsymbol{r})+v_{H,i}^{H}(\boldsymbol{r})\right]\psi_i^{H}(\boldsymbol{r})=\varepsilon_i^{H}\psi_i^{H}(\boldsymbol{r}) \qquad i=1,2,\cdots,n \tag{4.75}$$

该式具有薛定谔方程的形式，显见 ε_i^{H} 相当于单电子态 $\psi_i^{H}(\boldsymbol{r})$ 的能量，这就是 **Hartree 方程**。

更进一步定义如下 Hartree 等效势算符 $v_i^{H}(\boldsymbol{r})$：

$$v_i^{H}(\boldsymbol{r})=v_{ne}(\boldsymbol{r})+v_{H,i}^{H}(\boldsymbol{r}) \tag{4.76}$$

则 Hartree 方程变为

$$\left[-\frac{\hbar^2}{2m}\nabla^2+v_i^{H}(\boldsymbol{r})\right]\psi_i^{H}(\boldsymbol{r})=\varepsilon_i^{H}\psi_i^{H}(\boldsymbol{r}) \qquad i=1,2,\cdots,n \tag{4.77}$$

下面对 Hartree 方程做一些说明。①Hartree 方程是关于 n 个单电子波函数 $\psi_i^{H}(\boldsymbol{r})(i=1,2,\cdots,n)$ 的微分方程组，由 n 个微分方程组成，每个方程形式上是一个有效势 $v_i^{H}(\boldsymbol{r})$ 中的单电子薛定谔方程。②任何关于一个 $\psi_i^{H}(\boldsymbol{r})$ 的方程中都包含 Hartree 势 $v_i^{H}(\boldsymbol{r})$，而 $v_i^{H}(\boldsymbol{r})$ 由其他 $n-1$ 个 $\psi_i^{H}(\boldsymbol{r})$ 决定，因此在数学上 HF 方程是一个耦合的微分-积分方程组。由于是一个耦合的方程组，它的求解比较复杂，尽管如此，该方程要比原始的薛定谔方程求解容易得多。

每个 Hartree 方程中包含三项：动能项 $-\frac{\hbar^2}{2m}\nabla^2$、核-电子势项 $v_{ne}(\boldsymbol{r})$ 和电子间的 Hartree 势项 $v_{H,i}^{H}(\boldsymbol{r})$，它们分别来自于电子的动能 T^{H}、电子与核之间的库仑势能 E_{ne}^{H}、电子之间的 Hartree 能 E_H^{H}，而这些能量项又源于所假设的 Hartree 方程的系统总波函数 $\Psi^{H}(\{\boldsymbol{r}_i\})$，图 4.4 所示的 Hartree 方法流程图清楚地表明了这一关系。由这个关系可见，总波函数的形式实际上最终决定了系统的性质。Hartree 方法的核心问题是求解 Hartree 方程组，其解给出 n 个 Hartree 单电子波函数或单电子轨道，由此获得系统波函数和系统能量。

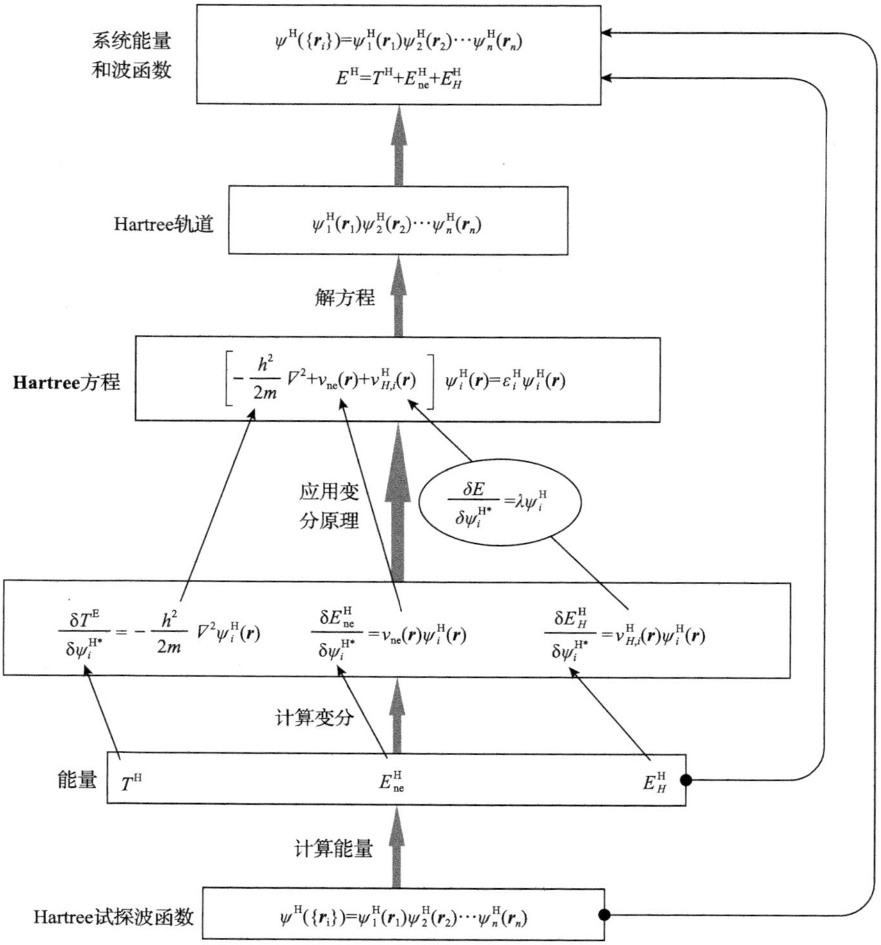

图 4.4　Hartree 方法的流程以及其中的波函数、能量和势的关系

4.4.3　Hartree 方程的求解过程

求解 Hartree 方程的方法称为自洽场方法，图 4.5 所示是这种方法的流程图。首先要确定 n 个单电子波函数 $\psi_i^{H,0}(r_i)$ $(i=1,2,\cdots,n)$ 作为最初的波函数或称零级波函数，这里上标的第二个符号“0”表示零级波函数，用此波函数按照式(4.71)计算 n 个 Hartree 势，把所得的 Hartree 势代入方程(4.75)，就得到 n 个微分方程，用数值方法求解每个微分方程，给出 n 个一级单电子波函数 $\psi_i^{H,1}$ $(i=1,2,\cdots,n)$ 和能量 $\varepsilon_i^{H,1}$，用这些一级波函数作为新的试探波函数再做同样的计算，得到二级波函数 $\psi_i^{H,2}$ $(i=1,2,\cdots,n)$ 和二级能量 $\varepsilon_i^{H,2}$，比较二级能量与一级能量的差别，如果

差值大，则进行下一个循环的计算，如果足够小，这时得到的单电子波函数和能量称为自洽波函数和能量。

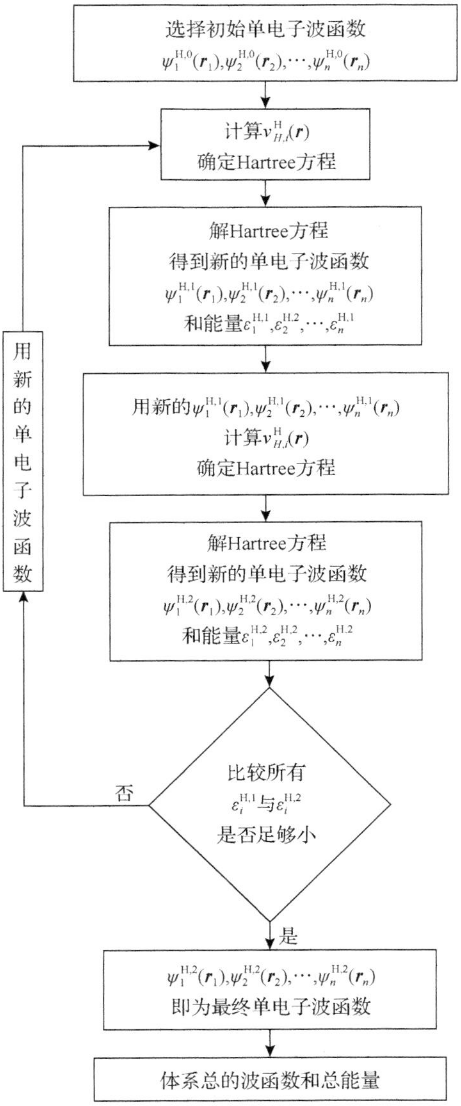

图 4.5　求解 Hartree 方程的流程图

求解 Hartree 方程得到系统的 n 个自洽的单电子波函数 $\psi_i^{\mathrm{H}}(\boldsymbol{r})$ 后，即可由式(4.61)得到系统的总波函数。把该自洽波函数代入式(4.64)，并利用式(4.69)～式(4.71)和 Hartree 方程(4.75)，可得系统的总能量：

$$
\begin{aligned}
E^{\mathrm{H}} &= T^{\mathrm{H}} + E_{\mathrm{ne}}^{\mathrm{H}} + E_{H}^{\mathrm{H}} \\
&= \sum_{i=1}^{n} \int \psi_i^{\mathrm{H}*}(\boldsymbol{r}) \left[-\frac{\hbar^2}{2m}\nabla^2 + v_n(\boldsymbol{r}) + \frac{1}{2} v_{H,i}^{\mathrm{H}}(\boldsymbol{r}) \right] \psi_i^{\mathrm{H}}(\boldsymbol{r}) \mathrm{d}\boldsymbol{r} \\
&= \sum_{i=1}^{n} \int \psi_i^{\mathrm{H}*}(\boldsymbol{r}) \left[-\frac{\hbar^2}{2m}\nabla^2 + v_n(\boldsymbol{r}) + v_{H,i}^{\mathrm{H}}(\boldsymbol{r}) \right] \psi_i^{\mathrm{H}}(\boldsymbol{r}) \mathrm{d}\boldsymbol{r} - \frac{1}{2} \sum_{i=1}^{n} \int \psi_i^{\mathrm{H}*}(\boldsymbol{r}) v_{H,i}^{\mathrm{H}}(\boldsymbol{r}) \psi_i^{\mathrm{H}}(\boldsymbol{r}) \mathrm{d}\boldsymbol{r} \\
&= \sum_{i=1}^{n} \varepsilon_i^{\mathrm{H}} - E_H^{\mathrm{H}}
\end{aligned}
\tag{4.78}
$$

下面通过氦原子的实例来说明这种方法。氦原子中包含两个电子，因此其原子系统的 Hartree 波函数为

$$
\Psi^{\mathrm{H}}(\boldsymbol{r}_1, \boldsymbol{r}_2) = \psi_1^{\mathrm{H}}(\boldsymbol{r}_1) \psi_2^{\mathrm{H}}(\boldsymbol{r}_2) \tag{4.79}
$$

其中，$\psi_1(\boldsymbol{r}_1)$、$\psi_2(\boldsymbol{r}_2)$ 分别是两个电子的单电子波函数。氦原子中只有一个原子核，核电荷数为 $2e$，由式(4.5)可知核势 $v_{\mathrm{ne}}(\boldsymbol{r})$ 为

$$
v_{\mathrm{ne}}(\boldsymbol{r}) = -\frac{1}{4\pi\varepsilon_0} \frac{2e^2}{r} \tag{4.80}
$$

由式(4.72)可知电子 1 对应的 Hartree 势 $v_{H,1}^{\mathrm{H}}(\boldsymbol{r})$ 为

$$
v_{H,1}^{\mathrm{H}}(\boldsymbol{r}) = \frac{e^2}{4\pi\varepsilon_0} \int \frac{\left|\psi_2^{\mathrm{H}}(\boldsymbol{r}')\right|^2}{|\boldsymbol{r}' - \boldsymbol{r}|} \mathrm{d}\boldsymbol{r}' \tag{4.81}
$$

于是由式(4.75)得到 $\psi_1(\boldsymbol{r})$ 满足的 Hartree 方程：

$$
\left[-\frac{\hbar^2}{2m}\nabla^2 - \frac{1}{4\pi\varepsilon_0} \frac{2e^2}{r} + \frac{e^2}{4\pi\varepsilon_0} \int \frac{\left|\psi_2^{\mathrm{H}}(\boldsymbol{r}')\right|^2}{|\boldsymbol{r}' - \boldsymbol{r}|} \mathrm{d}\boldsymbol{r}' \right] \psi_1^{\mathrm{H}}(\boldsymbol{r}) = \varepsilon_1^{\mathrm{H}} \psi_1^{\mathrm{H}}(\boldsymbol{r}) \tag{4.82}
$$

类似地，可得 $\psi_2^{\mathrm{H}}(\boldsymbol{r})$ 满足的 Hartree 方程：

$$
\left[-\frac{\hbar^2}{2m}\nabla^2 - \frac{1}{4\pi\varepsilon_0} \frac{2e^2}{r} + \frac{e^2}{4\pi\varepsilon_0} \int \frac{\left|\psi_1^{\mathrm{H}}(\boldsymbol{r}')\right|^2}{|\boldsymbol{r}' - \boldsymbol{r}|} \mathrm{d}\boldsymbol{r}' \right] \psi_2^{\mathrm{H}}(\boldsymbol{r}) = \varepsilon_2^{\mathrm{H}} \psi_2^{\mathrm{H}}(\boldsymbol{r}) \tag{4.83}
$$

这两个方程一起构成了氦原子的 Hartree 方程组，求解这个方程组就能够得到 $\psi_1^{\mathrm{H}}(\boldsymbol{r})$ 和 $\psi_2^{\mathrm{H}}(\boldsymbol{r})$。

下面通过求解氦原子基态的波函数和能量说明这一方法的基本过程。氦原子基态时，氦原子中两个电子的状态应当相同，因此如果把 $\psi_1^{\mathrm{H}}(\boldsymbol{r})$ 和 $\psi_2^{\mathrm{H}}(\boldsymbol{r})$ 看成是两个单电子基态的波函数，那么基态时 $\psi_1^{\mathrm{H}}(\boldsymbol{r})=\psi_2^{\mathrm{H}}(\boldsymbol{r})$，统一记为 $\psi^{\mathrm{H}}(\boldsymbol{r})$，相应的能量也会相同，统一记为 ε^{H}，因此关于 $\psi_1^{\mathrm{H}}(\boldsymbol{r})$ 和 $\psi_2^{\mathrm{H}}(\boldsymbol{r})$ 的两个 Hartree 方程变得相同，即

$$\left[-\frac{\hbar^2}{2m}\nabla^2-\frac{1}{4\pi\varepsilon_0}\frac{2e^2}{r}+\frac{e^2}{4\pi\varepsilon_0}\int\frac{\left|\psi^{\mathrm{H}}(\boldsymbol{r}')\right|^2}{\left|\boldsymbol{r}'-\boldsymbol{r}\right|}\mathrm{d}\boldsymbol{r}'\right]\psi^{\mathrm{H}}(\boldsymbol{r})=\varepsilon^{\mathrm{H}}\psi^{\mathrm{H}}(\boldsymbol{r}) \tag{4.84}$$

由于氦原子与氢原子比较接近，猜测 $\psi^{\mathrm{H}}(\boldsymbol{r})$ 与氢原子的基态波函数比较接近，因此用氢原子基态波函数 e^{-r/a_0} 作为 $\psi^{\mathrm{H}}(\boldsymbol{r})$ 的零级波函数 $\psi^{\mathrm{H},0}(\boldsymbol{r})$，即 $\psi^{\mathrm{H},0}(\boldsymbol{r})=\mathrm{e}^{-r/a_0}$。把它代入上式的积分中进行计算，这样上式中的积分项就变成一个已知的数，于是式(4.84)就变成一个左边完全确定的微分方程，用数值方法容易求解。其解给出一级波函数 $\psi^{\mathrm{H},1}(\boldsymbol{r})$ 和相应的一级能量 $\varepsilon^{\mathrm{H},1}$，把 $\psi^{\mathrm{H},1}(\boldsymbol{r})$ 代入方程(4.84)再进行重复计算，得到二级波函数 $\psi^{\mathrm{H},2}(\boldsymbol{r})$ 和二级能量 $\varepsilon^{\mathrm{H},2}$，如果 $\varepsilon^{\mathrm{H},1}$ 和 $\varepsilon^{\mathrm{H},2}$ 差值比较小，就表明计算收敛，于是氦原子基态波函数则为 $\Psi(\boldsymbol{r}_1,\boldsymbol{r}_2)=\psi^{\mathrm{H},2}(\boldsymbol{r}_1)\psi^{\mathrm{H},2}(\boldsymbol{r}_2)$，则能量为

$$E^{\mathrm{H}}=2\varepsilon^{\mathrm{H},2}-\frac{e^2}{4\pi\varepsilon_0}\iint\frac{\left|\psi^{\mathrm{H},2}(\boldsymbol{r})\right|^2\left|\psi^{\mathrm{H},2}(\boldsymbol{r}')\right|^2}{\left|\boldsymbol{r}-\boldsymbol{r}'\right|}\mathrm{d}\boldsymbol{r}\mathrm{d}\boldsymbol{r}' \tag{4.85}$$

如果 $\varepsilon^{\mathrm{H},1}$ 和 $\varepsilon^{\mathrm{H},2}$ 差值比较大，再以 $\psi^{\mathrm{H},2}(\boldsymbol{r})$ 进行新一轮重复，直到连续得到的能量差值足够小。

4.4.4 Hartree 方法的问题

量子力学的基本原理要求系统波函数有反对称性的性质，就是说当交换系统中两个电子位置时，系统的波函数会变成它的负值，然而 Hartree 方法中系统波函数并不满足这一要求。Hartree 方法中的系统波函数为 $\psi_1^{\mathrm{H}}(\boldsymbol{r}_1)\psi_2^{\mathrm{H}}(\boldsymbol{r}_2)\cdots\psi_n^{\mathrm{H}}(\boldsymbol{r}_n)$，当交换两个电子时，如交换电子 1 和电子 2，系统波函数变为 $\psi_2^{\mathrm{H}}(\boldsymbol{r}_2)\psi_1^{\mathrm{H}}(\boldsymbol{r}_1)\cdots\psi_n^{\mathrm{H}}(\boldsymbol{r}_n)$，该波函数与变换前完全一样，并没有变成原来波函数的负值。因此，Hartree 方法很快被更精确的 HF 方法所取代。

4.5　Hartree-Fock 方法

量子力学的一个基本结果是电子系统的波函数要有反对称性，也就是如果两个单电子波函数互换，系统的波函数变成它的负值。上述的 Hartree 波函数并不满足这个要求，为此，Fock 在 1930 年提出斯莱特多项式型的波函数作为系统的试探波函数，由此发展了所谓的 Hartree-Fock (HF)方法，它是 Hartree 方法的改进版本，成为现在从头计算电子结构的两大基本方法之一，另一种基本方法是密度泛函方法，前者以波函数作为表述系统的基本量，而后者以电子密度作为表述系统的基本量，因此 HF 方法被称为基于波函数的方法，密度泛函方法被称为基于电子密度的方法。

4.5.1　单电子量子态的全波函数

1896 年，塞曼发现原子光谱线在磁场中会发生分裂，这意味着磁场能改变电子能量；1925 年，乌愣贝克和古德施密特提出这可以理解为电子具有一个内禀(intrinsic)的运动，并称其为自旋运动，与之关联的动量称为自旋角动量，自旋运动能够被磁场所激发。这意味着仅用三个空间坐标不能够完整描述一个电子，还需要一个新的自由度来标记其内部的自旋状态，这个自由度称为自旋自由度。空间自由度由电子的**空间坐标** $\boldsymbol{r}=(x,y,z)$ 描述，自旋自由度相应地由**自旋坐标** ζ 描述，于是描述一个电子的完整的坐标为 $\boldsymbol{x}=(\boldsymbol{r},\zeta)=(x,y,z,\zeta)$，通常称为**电子坐标**。一个电子状态不仅取决于其空间态，还取决于其自旋态，因此完整的电子波函数 $\phi(\boldsymbol{x})$ 可写成如下形式：

$$\phi(\boldsymbol{x})=\psi(\boldsymbol{r})\sigma(\zeta) \tag{4.86}$$

其中 $\psi(\boldsymbol{r})$ 是空间波函数，也就是通常的波函数，在量子化学中常称为**轨道**(orbital)或者**轨道波函数**；$\sigma(\zeta)$ 是**自旋**(spin)**波函数**，它反映了电子内部状态。波函数 $\phi(\boldsymbol{x})$ 全面描述了电子的运动状态，在量子化学中常称为**自旋轨道**(spin orbital)，因此可称为电子的**自旋轨道波函数**或**全波函数**。

轨道波函数表达的是电子的概率幅，具有确定的数值。自旋波函数却比较特别，它没有具体的数值，而且仅有两种自旋函数，通常记为 α 和 β，分别表示所谓的自旋向上和向下两种自旋态。自旋波函数看起来有些奇怪，源于人们对于其本质的理解还不够深入，但它是完整电子波函数不可或缺的一部分。自旋态波函数的性质是通过它满足的规则描述的，其中之一是自旋波函数也要满足正交归一化条件。为理解这点，考察空间波函数的正交归一化。一个空间波函数 $\psi(x,y,z)$ 的归一化可表达为

$$\int \psi^*(x,y,z)\psi(x,y,z)\mathrm{d}x\mathrm{d}y\mathrm{d}z = 1 \tag{4.87}$$

两个空间波函数 $\psi_1(x,y,z)$ 和 $\psi_2(x,y,z)$ 正交可表达为

$$\int \psi_1^*(x,y,z)\psi_2(x,y,z)\mathrm{d}x\mathrm{d}y\mathrm{d}z = 0 \tag{4.88}$$

因此正交归一化是波函数乘积对整个坐标空间积分的一种性质。为了处理自旋波函数的正交归一化，需要引入自旋空间的概念：由自旋坐标 ζ 形成的空间称为自旋空间，它是一个一维空间。由于自旋态只有两个态，这意味着自旋空间中只有两个点，通常定义为 $\zeta = 1,-1$，这个值只是起标记自旋态的作用，取值本身没有什么意义，因此也可以取其他的值，如有的书中取为 $\zeta = \frac{1}{2},-\frac{1}{2}$[27]。有了自旋空间，自旋波函数 σ（α 或 β）的归一化可表达为

$$\int \sigma^*(\zeta)\sigma(\zeta)\mathrm{d}\zeta = \sum_{\zeta=\pm 1} \sigma^*(\zeta)\sigma(\zeta) = \left|\sigma(1)\right|^2 + \left|\sigma(-1)\right|^2 = 1 \tag{4.89}$$

该式是自旋波函数归一化规则或定义。另一个规定是两个不同的自旋波函数 α 和 β 的正交性规则，其为

$$\int \alpha^*(\zeta)\beta(\zeta)\mathrm{d}\zeta = \sum_{\zeta=\pm 1} \alpha^*(\zeta)\beta(\zeta) = \alpha^*(1)\beta(1)+\alpha^*(-1)\beta(-1)=0 \tag{4.90}$$

或

$$\int \beta^*(\zeta)\alpha(\zeta)\mathrm{d}\zeta = \sum_{\zeta=\pm 1} \beta^*(\zeta)\alpha(\zeta) = \beta^*(1)\alpha(1)+\beta^*(-1)\alpha(-1)=0 \tag{4.91}$$

上面三个公式可以统一地表达为

$$\int \sigma_1^*(\zeta)\sigma_2(\zeta)\mathrm{d}\zeta = \delta_{\sigma_1,\sigma_2} = \begin{cases} 1 & \sigma_1 = \sigma_2 \\ 0 & \sigma_1 \neq \sigma_2 \end{cases} \tag{4.92}$$

其中 $\delta_{\sigma_1,\sigma_2}$ 为克罗内克符号。

类似于坐标空间和自旋空间，把由电子坐标 $\boldsymbol{x} = (x,y,z,\zeta)$ 形成的空间称为全空间，一个电子的全波函数 $\phi(\boldsymbol{x})$ 是全空间中点的函数。与以前熟悉的坐标空间和电子空间波函数相比，全空间及全波函数完善了对电子量子态的描述。类似于在坐标空间中常要计算空间波函数的积分，对于全波函数则常要计算全波函数对全空间的积分，为此这里对全空间中的积分做一些定义和说明。全空间中体积元记

为 d$\boldsymbol{x}$，其为

$$\mathrm{d}\boldsymbol{x} \equiv \mathrm{d}\boldsymbol{r}\mathrm{d}\zeta = \mathrm{d}x\mathrm{d}y\mathrm{d}z\mathrm{d}\zeta \tag{4.93}$$

如果一个函数 $f(\boldsymbol{x})$ 是位置坐标和自旋坐标的函数，那么定义 $f(\boldsymbol{x})$ 在全空间的积分为

$$\int f(\boldsymbol{x})\,\mathrm{d}\boldsymbol{x} = \int f(\boldsymbol{r},\zeta)\,\mathrm{d}\boldsymbol{x} \equiv \sum_{\zeta=\pm 1}\int f(\boldsymbol{r},\zeta)\mathrm{d}\boldsymbol{r} \tag{4.94}$$

利用这些定义，电子全波函数 $\phi(\boldsymbol{x}) = \psi(\boldsymbol{r})\sigma(\zeta)$ 对全空间的积分在形式上就如同通常的轨道波函数对坐标空间的积分一样处理。例如，全波函数 $\phi(\boldsymbol{x})$ 的归一化为

$$\begin{aligned}\int \phi^*(\boldsymbol{x})\phi(\boldsymbol{x})\mathrm{d}\boldsymbol{x} &= \sum_{\zeta=\pm 1}\int \phi^*(\boldsymbol{x})\phi(\boldsymbol{x})\mathrm{d}\boldsymbol{r} = \sum_{\zeta=\pm 1}\int \psi^*(\boldsymbol{r})\psi(\boldsymbol{r})\sigma^*(\zeta)\sigma(\zeta)\mathrm{d}\boldsymbol{r}\\ &= \int \psi^*(\boldsymbol{r})\psi(\boldsymbol{r})\mathrm{d}\boldsymbol{r}\sum_{\zeta=\pm 1}\sigma^*(\zeta)\sigma(\zeta) = \int \psi^*(\boldsymbol{r})\psi(\boldsymbol{r})\mathrm{d}\boldsymbol{r} = 1\end{aligned} \tag{4.95}$$

式(4.95)中对自旋态的求和利用了自旋态归一化的式(4.89)。式(4.95)还表明：单电子空间波函数和全波函数归一化是一致的，也就是说只要轨道波函数是归一化的，则全波函数就自动是归一化的。在计算系统的能量时要用全波函数计算，但最终的表达式中却只包含空间波函数部分，这是由于自旋波函数在计算中会通过归一化而消去。

4.5.2 Hartree-Fock 方法中的系统波函数

在 HF 方法中，系统的波函数为

$$\Psi^{\mathrm{HF}}(\{\boldsymbol{x}_i\}) \equiv \frac{1}{\sqrt{n!}}\begin{vmatrix} \phi_1^{\mathrm{HF}}(\boldsymbol{x}_1) & \phi_2^{\mathrm{HF}}(\boldsymbol{x}_1) & \cdots & \phi_n^{\mathrm{HF}}(\boldsymbol{x}_1)\\ \phi_1^{\mathrm{HF}}(\boldsymbol{x}_2) & \phi_2^{\mathrm{HF}}(\boldsymbol{x}_2) & \cdots & \phi_n^{\mathrm{HF}}(\boldsymbol{x}_2)\\ \vdots & \vdots & & \vdots\\ \phi_1^{\mathrm{HF}}(\boldsymbol{x}_n) & \phi_2^{\mathrm{HF}}(\boldsymbol{x}_n) & \cdots & \phi_n^{\mathrm{HF}}(\boldsymbol{x}_n)\end{vmatrix} \tag{4.96}$$

其中，$\phi_i^{\mathrm{HF}}(\boldsymbol{x}_i) = \psi_i^{\mathrm{HF}}(\boldsymbol{r}_i)\sigma(\zeta_i)(i=1,2,\cdots,n)$ 为 n 个待定的正交归一化的单电子全波函数，$\psi_i^{\mathrm{HF}}(\boldsymbol{r})\,(i=1,2,\cdots,n)$ 称为 HF 单电子空间波函数或单电子轨道，其中每个单电子波函数的空间部分 $\psi_i^{\mathrm{HF}}(\boldsymbol{r})$ 满足正交归一化条件：

$$\int \psi_i^{\mathrm{HF}*}(\boldsymbol{r})\psi_j^{\mathrm{HF}}(\boldsymbol{r})\mathrm{d}\boldsymbol{r} = \delta_{ij} \qquad i,j=1,2,\cdots,n \tag{4.97}$$

如果该条件满足，则单电子全波函数 $\phi_i^{\mathrm{HF}}(\boldsymbol{x})$ 和系统总波函数 $\Psi^{\mathrm{HF}}(\{\boldsymbol{x}_i\})$ 自动满足归一化条件，这也就是 $\Psi^{\mathrm{HF}}(\{\boldsymbol{x}_i\})$ 中引入 $1/\sqrt{n!}$ 的原因。

这种行列式形式的波函数最初由海森伯和狄拉克于 1926 年提出，1928 年由斯莱特首先使用[6]，现在这种波函数常称为斯莱特行列式波函数。在该波函数中互换两个电子的电子坐标，相当于行列式的两行互换，按行列式的数学性质，行列式变成其原来值的负值，因此这个波函数具有反对称性，它弥补了 Hartree 波函数的不足。如果这个行列式波函数中有两个单电子态相同，就相当于行列式中的两列相同，按行列式数学性质可知该行列式为零，也就是这样的系统波函数实际上不存在，因此这个波函数也满足泡利不相容原理。

完全类似于 Hartree 方法，HF 方法就是依据变分原理建立关于行列式中 n 个单电子波函数 $\psi_i^{\mathrm{HF}}(\boldsymbol{r})$ 的微分方程组，即所谓的 HF 方程，求解 HF 方程就得到 n 个单电子波函数，再由式(4.96)构建出系统的基态波函数，由能量计算式则得到相应的能量。

4.5.3　Hartree-Fock 方程的建立

与 Hartree 方程建立类似，HF 方程的建立也基于变分原理，即 $\Psi^{\mathrm{HF}}(\{\boldsymbol{x}_i\})$ 中单电子波函数是使系统能量取极小值的函数，这个原理决定了这些单电子波函数满足的方程。为此，首先计算系统能量。对于由波函数 $\Psi^{\mathrm{HF}}(\{\boldsymbol{x}_i\})$ 描述的系统，其系统能量为

$$E^{\mathrm{HF}}=\int \Psi^{\mathrm{HF}*}H\Psi^{\mathrm{HF}}\mathrm{d}\tau \tag{4.98}$$

其中，H 由(4.3)给出；$\mathrm{d}\tau=\mathrm{d}\boldsymbol{x}_1\mathrm{d}\boldsymbol{x}_2\cdots\mathrm{d}\boldsymbol{x}_n$ 表示体积元。

为简化式(4.98)，先对 $\Psi^{\mathrm{HF}}(\{\boldsymbol{x}_i\})$ 做一些说明。由 $\Psi^{\mathrm{HF}}(\{\boldsymbol{x}_i\})$ 的定义式(4.96)和行列式的数学性质，$\Psi^{\mathrm{HF}}(\{\boldsymbol{x}_i\})$ 可写为：

$$\Psi^{\mathrm{HF}}(\{\boldsymbol{x}\})=\frac{1}{\sqrt{n!}}\sum_{P}(-1)^{p}P[\phi_1^{\mathrm{HF}}(\boldsymbol{x}_1)\phi_2^{\mathrm{HF}}(\boldsymbol{x}_2)\cdots\phi_n^{\mathrm{HF}}(\boldsymbol{x}_n)] \tag{4.99}$$

该式的证明从略，这里只是简要说明其意义，有关证明可参考有关的书籍[28]，式中 P 表示对序列 $\phi_1^{\mathrm{HF}}(\boldsymbol{x}_1)\phi_2^{\mathrm{HF}}(\boldsymbol{x}_2)\cdots\phi_n^{\mathrm{HF}}(\boldsymbol{x}_n)$ 的一个置换操作，例如，(12)是这样一个置换：它表示将 $\phi_1^{\mathrm{HF}}(\boldsymbol{x}_1)\phi_2^{\mathrm{HF}}(\boldsymbol{x}_2)\cdots\phi_n^{\mathrm{HF}}(\boldsymbol{x}_n)$ 中第 1 个和第 2 个电子互换，也就是将 $\phi_1^{\mathrm{HF}}(\boldsymbol{x}_1)$ 与 $\phi_2^{\mathrm{HF}}(\boldsymbol{x}_2)$ 的下标互换，于是置换(12)使 $\phi_1^{\mathrm{HF}}(\boldsymbol{x}_1)\phi_2^{\mathrm{HF}}(\boldsymbol{x}_2)\cdots\phi_n^{\mathrm{HF}}(\boldsymbol{x}_n)$ 变为 $\phi_1^{\mathrm{HF}}(\boldsymbol{x}_2)\phi_2^{\mathrm{HF}}(\boldsymbol{x}_1)\cdots\phi_n^{\mathrm{HF}}(\boldsymbol{x}_n)$，该置换中有 1 对电子坐标发生了互换，于是 $p=1$，p

是置换操作的个数；(123)表示另一个置换，它表示先将第 1 个和第 2 个电子互换，再将第 2 个和第 3 个电子互换，在这个变换下 $\phi_1(\boldsymbol{x}_1)\phi_2(\boldsymbol{x}_2)\phi_3(\boldsymbol{x}_3)\cdots\phi_n(\boldsymbol{x}_n)$ 变为 $\phi_1(\boldsymbol{x}_2)\phi_2(\boldsymbol{x}_3)\phi_3(\boldsymbol{x}_1)\cdots\phi_n(\boldsymbol{x}_n)$，该置换中发生了两对电子的互换，因此 $p=2$。对于包含 n 个位置的序列，这样的置换操作共有 $n!$ 个，上式中的求和表示对所有 $n!$ 个置换操作求和，因此 $\Psi^{\mathrm{HF}}(\{\boldsymbol{x}_i\})$ 中波函数包含 $n!$ 个单电子波函数乘积项的和。

把式(4.99)代入式(4.98)，有

$$
\begin{aligned}
E^{\mathrm{HF}} &= \int \Psi^{\mathrm{HF}*} H \Psi^{\mathrm{HF}} \mathrm{d}\tau \\
&= \frac{1}{n!}\int\cdots\int \sum_P (-1)^p P[\phi_1^{\mathrm{HF}*}(\boldsymbol{x}_1)\cdots\phi_n^{\mathrm{HF}*}(\boldsymbol{x}_n)] H \sum_P (-1)^p P[\phi_1^{\mathrm{HF}}(\boldsymbol{x}_1)\cdots\phi_n^{\mathrm{HF}}(\boldsymbol{x}_n)]\mathrm{d}\boldsymbol{x}_1\mathrm{d}\boldsymbol{x}_2\cdots\mathrm{d}\boldsymbol{x}_n
\end{aligned} \tag{4.100}
$$

式中，$\Psi^{\mathrm{HF}*}$ 表示 Ψ^{HF} 的复共轭，把式(4.3)所示的哈密顿 H 代入式(4.100)，考虑式(4.96)中单电子全波函数 $\phi_i^{\mathrm{HF}}(\boldsymbol{x}_i)$ 是正交归一的，即下式成立：

$$
\int \phi_i^{\mathrm{HF}*}(\boldsymbol{x})\phi_j^{\mathrm{HF}}(\boldsymbol{x})\mathrm{d}\boldsymbol{x} = \delta_{ij} \tag{4.101}
$$

式中，$\phi_i^{\mathrm{HF}*}(\boldsymbol{x})$ 表示 $\phi_i^{\mathrm{HF}}(\boldsymbol{x})$ 的复共轭，于是式(4.100)可简化为

$$
\begin{aligned}
E^{\mathrm{HF}} &= \sum_i \int \phi_i^{\mathrm{HF}*}(\boldsymbol{x}_i)\left[-\sum_i^n \frac{\hbar^2}{2m}\nabla_i^2 - \frac{e^2}{4\pi\varepsilon_0}\sum_i^n\sum_I^N \frac{Z_I}{|\boldsymbol{r}_i - \boldsymbol{R}_I|}\right]\phi_i^{\mathrm{HF}}(\boldsymbol{x}_i)\mathrm{d}\boldsymbol{x}_i \\
&\quad + \frac{1}{2}\frac{e^2}{4\pi\varepsilon_0}\sum_i^n\sum_{\substack{j=1\\j\neq i}}^n \iint [\phi_i^{\mathrm{HF}*}(\boldsymbol{x}_i)\phi_j^{\mathrm{HF}*}(\boldsymbol{x}_j) - \phi_i^{\mathrm{HF}*}(\boldsymbol{x}_j)\phi_j^{\mathrm{HF}*}(\boldsymbol{x}_i)]\frac{1}{r_{ij}}\phi_i^{\mathrm{HF}}(\boldsymbol{x}_i)\phi_j^{\mathrm{HF}}(\boldsymbol{x}_j)\mathrm{d}\boldsymbol{x}_i\mathrm{d}\boldsymbol{x}_j \\
&= \sum_i \int \phi_i^{\mathrm{HF}*}(\boldsymbol{x}_i)\left[-\frac{\hbar^2}{2m}\nabla_i^2 + v_{\mathrm{ne}}(\boldsymbol{r}_i)\right]\phi_i^{\mathrm{HF}*}(\boldsymbol{x}_i)\mathrm{d}\boldsymbol{x}_i \leftarrow \mathrm{I} \\
&\quad + \frac{1}{2}\frac{e^2}{4\pi\varepsilon_0}\sum_i^n\sum_{\substack{j=1\\j\neq i}}^n \iint \frac{1}{r_{ij}}\left|\phi_i^{\mathrm{HF}}(\boldsymbol{x}_i)\right|^2\left|\phi_j^{\mathrm{HF}}(\boldsymbol{x}_j)\right|^2 \mathrm{d}\boldsymbol{x}_i\mathrm{d}\boldsymbol{x}_j \leftarrow \mathrm{II} \\
&\quad - \frac{1}{2}\frac{e^2}{4\pi\varepsilon_0}\sum_i^n\sum_{\substack{j=1\\j\neq i}}^n \iint \frac{1}{r_{ij}}\phi_i^{\mathrm{HF}*}(\boldsymbol{x}_j)\phi_j^{\mathrm{HF}*}(\boldsymbol{x}_i)\phi_i^{\mathrm{HF}}(\boldsymbol{x}_i)\phi_j^{\mathrm{HF}}(\boldsymbol{x}_j)\mathrm{d}\boldsymbol{x}_i\mathrm{d}\boldsymbol{x}_j \leftarrow \mathrm{III}
\end{aligned} \tag{4.102}
$$

式(4.102)中三项分别记为Ⅰ、Ⅱ和Ⅲ，下面分别处理它们。

项Ⅰ可简化为

$$
\begin{aligned}
\mathrm{I} &= \sum_{i=1}^{n}\sum_{\zeta_i=\pm 1}\int \psi_i^{\mathrm{HF}*}(\boldsymbol{r}_i)\sigma^*(\zeta_i)\left[-\frac{\hbar^2}{2m}\nabla_i^2+v_{\mathrm{ne}}(\boldsymbol{r}_i)\right]\psi_i^{\mathrm{HF}}(\boldsymbol{r}_i)\sigma(\zeta_i)\mathrm{d}\boldsymbol{r}_i \\
&= \sum_{i=1}^{n}\int \psi_i^{\mathrm{HF}*}(\boldsymbol{r}_i)\left[-\frac{\hbar^2}{2m}\nabla^2+v_{\mathrm{ne}}(\boldsymbol{r}_i)\right]\psi_i^{\mathrm{HF}}(\boldsymbol{r}_i)\mathrm{d}\boldsymbol{r}_i\sum_{\zeta_i=\pm 1}\sigma^*(\zeta_i)\sigma(\zeta_i) \\
&= \sum_{i=1}^{n}\int \psi_i^{\mathrm{HF}*}(\boldsymbol{r}_i)\left[-\frac{\hbar^2}{2m}\nabla_i^2+v_{\mathrm{ne}}(\boldsymbol{r}_i)\right]\psi_i^{\mathrm{HF}}(\boldsymbol{r}_i)\mathrm{d}\boldsymbol{r}_i \\
&= \sum_{i=1}^{n}\int \psi_i^{\mathrm{HF}*}(\boldsymbol{r})\left[-\frac{\hbar^2}{2m}\nabla_i^2+v_{\mathrm{ne}}(\boldsymbol{r})\right]\psi_i^{\mathrm{HF}}(\boldsymbol{r})\mathrm{d}\boldsymbol{r}
\end{aligned}
\tag{4.103}
$$

式中，$\psi_i^{\mathrm{HF}*}(\boldsymbol{x})$表示$\psi_i^{\mathrm{HF}}(\boldsymbol{x})$的复共轭，在式(4.103)最后一个等式推导中把积分变量$\boldsymbol{r}_i$换成了$\boldsymbol{r}$，算符$\nabla_i^2=\frac{\partial^2}{\partial x_i^2}+\frac{\partial^2}{\partial y_i^2}+\frac{\partial^2}{\partial z_i^2}$也相应地变为$\nabla^2=\frac{\partial^2}{\partial x^2}+\frac{\partial^2}{\partial y^2}+\frac{\partial^2}{\partial z^2}$，这是由于积分变量和算符变量只是个记号，改变它们并不改变积分的值。通过这样的改变可以使得求和指标 i 的含义明确，也即求和是对所有单电子或单电子波函数进行，而与单电子的坐标无关。可以看到项Ⅰ表示的是动能和电子与核的库仑势能，该能量只由空间波函数决定而与自旋波函数无关，积分也只对空间坐标进行而与自旋坐标无关。

在项Ⅰ简化过程中可以看到对自旋波函数积分自动归一，因此自旋相关部分自动消去，最终的简化结果形式和初始式形式相同，只是空间波函数代替了全波函数，空间坐标代替了电子坐标。项Ⅱ的简化程序完全类似，这里略去过程，只给出结果，其为

$$
\begin{aligned}
\mathrm{II} &= \frac{1}{2}\frac{e^2}{4\pi\varepsilon_0}\sum_{i}^{n}\sum_{\substack{j=1\\ j\neq i}}^{n}\iint\left|\psi_i^{\mathrm{HF}}(\boldsymbol{r}_i)\right|^2\frac{1}{r_{ij}}\left|\psi_j^{\mathrm{HF}}(\boldsymbol{r}_j)\right|^2\mathrm{d}\boldsymbol{r}_i\mathrm{d}\boldsymbol{r}_j \\
&= \frac{1}{2}\frac{e^2}{4\pi\varepsilon_0}\sum_{i}^{n}\sum_{\substack{j=1\\ j\neq i}}^{n}\iint\left|\psi_i^{\mathrm{HF}}(\boldsymbol{r})\right|^2\frac{1}{|\boldsymbol{r}-\boldsymbol{r}'|}\left|\psi_j^{\mathrm{HF}}(\boldsymbol{r}')\right|^2\mathrm{d}\boldsymbol{r}\mathrm{d}\boldsymbol{r}'
\end{aligned}
\tag{4.104}
$$

类似于项Ⅰ中的处理，这里在推导中也在最后把积分变量$\boldsymbol{r}_i$、$\boldsymbol{r}_j$分别换成$\boldsymbol{r}$、$\boldsymbol{r}'$。可以看到该项能量表达的是电子间的库仑排斥能的平均。

下面简化项Ⅲ，该项比前两项要复杂，需要特别处理。首先考虑$\phi_i^{\mathrm{HF}}(\boldsymbol{x}_i)$和$\phi_j^{\mathrm{HF}}(\boldsymbol{x}_j)$中的自旋波函数相同的情形，如都为$\alpha$，即$\phi_i^{\mathrm{HF}}(\boldsymbol{x}_i)=\psi_i^{\mathrm{HF}}(\boldsymbol{r}_i)\alpha(\zeta_i)$和$\phi_j^{\mathrm{HF}}(\boldsymbol{x}_j)=\psi_j^{\mathrm{HF}}(\boldsymbol{r}_j)\alpha(\zeta_j)$，这时项Ⅲ中积分为

$$\begin{aligned}&\sum_{\zeta_i=\pm1}\sum_{\zeta_j=\pm1}\iint\frac{1}{r_{ij}}\psi_i^{\mathrm{HF}*}(\boldsymbol{r}_j)\psi_j^{\mathrm{HF}*}(\boldsymbol{r}_i)\psi_i^{\mathrm{HF}}(\boldsymbol{r}_i)\psi_j^{\mathrm{HF}}(\boldsymbol{r}_j)\left|\alpha(\zeta_i)\right|^2\left|\alpha(\zeta_j)\right|^2\mathrm{d}\boldsymbol{r}_i\mathrm{d}\boldsymbol{r}_j\\&=\iint\frac{1}{r_{ij}}\psi_i^{\mathrm{HF}*}(\boldsymbol{r}_j)\psi_j^{\mathrm{HF}*}(\boldsymbol{r}_i)\psi_i^{\mathrm{HF}}(\boldsymbol{r}_i)\psi_j^{\mathrm{HF}}(\boldsymbol{r}_j)\mathrm{d}\boldsymbol{r}_i\mathrm{d}\boldsymbol{r}_j\sum_{\zeta_i=\pm1}\left|\alpha(\zeta_i)\right|^2\sum_{\zeta_j=\pm1}\left|\alpha(\zeta_j)\right|^2\\&=\iint\frac{1}{r_{ij}}\psi_i^{\mathrm{HF}*}(\boldsymbol{r}_j)\psi_j^{\mathrm{HF}*}(\boldsymbol{r}_i)\psi_i^{\mathrm{HF}}(\boldsymbol{r}_i)\psi_j^{\mathrm{HF}}(\boldsymbol{r}_j)\mathrm{d}\boldsymbol{r}_i\mathrm{d}\boldsymbol{r}_j\end{aligned}\tag{4.105}$$

上式中关于自旋波函数的求和为 1 是自旋波函数归一化式(4.89)的结果。其次考虑 $\phi_i^{\mathrm{HF}}(\boldsymbol{x}_i)$ 和 $\phi_j^{\mathrm{HF}}(\boldsymbol{x}_j)$ 自旋相反的情形，即 $\phi_i^{\mathrm{HF}}(\boldsymbol{x}_i)=\psi_i^{\mathrm{HF}}(\boldsymbol{r}_i)\alpha(\zeta_i)$，$\phi_i^{\mathrm{HF}}(\boldsymbol{x}_j)=\psi_i^{\mathrm{HF}}(\boldsymbol{r}_j)\alpha(\zeta_j)$，$\phi_j^{\mathrm{HF}}(\boldsymbol{x}_i)=\psi_j^{\mathrm{HF}}(\boldsymbol{r}_i)\beta(\zeta_i)$ 和 $\phi_j^{\mathrm{HF}}(\boldsymbol{x}_j)=\psi_j^{\mathrm{HF}}(\boldsymbol{r}_j)\beta(\zeta_j)$，这种情形下项Ⅲ中的积分为

$$\begin{aligned}&\sum_{\zeta_i=\pm1}\sum_{\zeta_j=\pm1}\iint\frac{1}{r_{ij}}\psi_i^{\mathrm{HF}*}(\boldsymbol{r}_j)\psi_j^{\mathrm{HF}*}(\boldsymbol{r}_i)\psi_i^{\mathrm{HF}}(\boldsymbol{r}_i)\psi_j^{\mathrm{HF}}(\boldsymbol{r}_j)\alpha^*(\zeta_j)\beta^*(\zeta_i)\alpha(\zeta_i)\beta(\zeta_j)\mathrm{d}\boldsymbol{r}_i\mathrm{d}\boldsymbol{r}_j\\&=\iint\frac{1}{r_{ij}}\psi_i^{\mathrm{HF}*}(\boldsymbol{r}_j)\psi_j^{\mathrm{HF}*}(\boldsymbol{r}_i)\psi_i^{\mathrm{HF}}(\boldsymbol{r}_i)\psi_j^{\mathrm{HF}}(\boldsymbol{r}_j)\mathrm{d}\boldsymbol{r}_i\mathrm{d}\boldsymbol{r}_j\sum_{\zeta_i=\pm1}\alpha(\zeta_i)\beta^*(\zeta_i)\sum_{\zeta_j=\pm1}\alpha^*(\zeta_j)\beta(\zeta_j)\\&=0\end{aligned}\tag{4.106}$$

式(4.106)中关于自旋波函数的求和为 0 是自旋波函数正交性公式(4.90)及公式(4.91)的结果，该式表明如果两个电子的自旋不同，那么项Ⅲ相应的值就为零。综合上面两种情形，项Ⅲ可以统一表达为

$$\begin{aligned}\mathrm{III}&=-\frac{1}{2}\frac{e^2}{4\pi\varepsilon_0}\sum_{\substack{i=1\\ \text{自旋平行}}}^{n}\sum_{\substack{j=1\\ j\neq i}}^{n}\iint\psi_i^{\mathrm{HF}*}(\boldsymbol{r}_j)\psi_j^{\mathrm{HF}*}(\boldsymbol{r}_i)\frac{1}{r_{ij}}\psi_i^{\mathrm{HF}}(\boldsymbol{r}_i)\psi_j^{\mathrm{HF}}(\boldsymbol{r}_j)\mathrm{d}\boldsymbol{r}_i\mathrm{d}\boldsymbol{r}_j\\&=-\frac{1}{2}\frac{e^2}{4\pi\varepsilon_0}\sum_{\substack{i=1\\ \text{自旋平行}}}^{n}\sum_{\substack{j=1\\ j\neq i}}^{n}\iint\psi_i^{\mathrm{HF}*}(\boldsymbol{r})\psi_j^{\mathrm{HF}*}(\boldsymbol{r}')\frac{1}{\left|\boldsymbol{r}-\boldsymbol{r}'\right|}\psi_i^{\mathrm{HF}}(\boldsymbol{r}')\psi_j^{\mathrm{HF}}(\boldsymbol{r})\mathrm{d}\boldsymbol{r}\mathrm{d}\boldsymbol{r}'\end{aligned}\tag{4.107}$$

式中求和号下面的**自旋平行**表示求和仅对自旋平行的电子对之间进行，而不计及自旋相反的电子对之间的作用。上式在推导中也对积分变量做了替换：$\boldsymbol{r}_j\to\boldsymbol{r},\boldsymbol{r}_i\to\boldsymbol{r}'$。求和中的每一项涉及(由 ψ_i^{HF} 和 ψ_j^{HF} 标识)两个电子，积分中包含因子 $\frac{1}{\left|\boldsymbol{r}-\boldsymbol{r}'\right|}$，表明该积分源于电子间的库仑作用，该能量称为**交换能**，求和中只包含自旋平行电子对的作用意味着交换能中只包含自旋平行的电子间的相互作用。交换能为负值，这表明交换能不是经典的电子间的排斥作用，这将在稍后的

4.5.5 节中说明。

把式(4.103)、式(4.104)和式(4.107)所表示的各能量项加起来得到系统能量：

$$
\begin{aligned}
E^{\mathrm{HF}} =& \sum_{i=1}^{n}\int \psi_i^{\mathrm{HF}*}(\boldsymbol{r})\left[-\frac{\hbar^2}{2m}\nabla_i^2 + v_{\mathrm{ne}}(\boldsymbol{r})\right]\psi_i^{\mathrm{HF}}(\boldsymbol{r})\mathrm{d}\boldsymbol{r} \\
&+\frac{1}{2}\frac{e^2}{4\pi\varepsilon_0}\sum_{i=1}^{n}\sum_{\substack{j=1\\ j\neq i}}^{n}\iint\left|\psi_i^{\mathrm{HF}}(\boldsymbol{r})\right|^2\frac{1}{|\boldsymbol{r}-\boldsymbol{r}'|}\left|\psi_j^{\mathrm{HF}}(\boldsymbol{r}')\right|^2\mathrm{d}\boldsymbol{r}\mathrm{d}\boldsymbol{r}' \\
&-\frac{1}{2}\frac{e^2}{4\pi\varepsilon_0}\sum_{\substack{i=1\\ \text{自旋平行}}}^{n}\sum_{\substack{j=1\\ j\neq i}}^{n}\iint\psi_i^{\mathrm{HF}*}(\boldsymbol{r})\psi_j^{\mathrm{HF}*}(\boldsymbol{r}')\frac{1}{|\boldsymbol{r}-\boldsymbol{r}'|}\psi_i^{\mathrm{HF}}(\boldsymbol{r}')\psi_j^{\mathrm{HF}}(\boldsymbol{r})\mathrm{d}\boldsymbol{r}\mathrm{d}\boldsymbol{r}'
\end{aligned} \tag{4.108}
$$

比较上式的第二项和第三项，如果 $i=j$，两项积分中的被积函数相同，但这两项正负号相反，这意味着去掉两项求和中 $i\neq j$ 的限制条件不改变 E^{HF} 的取值，因为这相当于给第二项加了 $\iint\left|\psi_i^{\mathrm{HF}}(\boldsymbol{r})\right|^2\frac{1}{|\boldsymbol{r}-\boldsymbol{r}'|}\left|\psi_i^{\mathrm{HF}}(\boldsymbol{r}')\right|^2\mathrm{d}\boldsymbol{r}\mathrm{d}\boldsymbol{r}'$，而给第三项加了其负值，于是电子总能量的表达式可写为

$$
\begin{aligned}
E^{\mathrm{HF}} =& \sum_{i=1}^{n}\int \psi_i^{\mathrm{HF}*}(\boldsymbol{r})\left[-\frac{\hbar^2}{2m}\nabla_i^2\right]\psi_i^{\mathrm{HF}}(\boldsymbol{r})\mathrm{d}\boldsymbol{r} \quad \leftarrow T^{\mathrm{HF}} \\
&+\sum_{i=1}^{n}\int \psi_i^{\mathrm{HF}*}(\boldsymbol{r})v_{\mathrm{ne}}(\boldsymbol{r})]\psi_i^{\mathrm{HF}}(\boldsymbol{r})\mathrm{d}\boldsymbol{r} \quad \leftarrow E_{\mathrm{ne}}^{\mathrm{HF}} \\
&+\frac{1}{2}\frac{e^2}{4\pi\varepsilon_0}\sum_{i=1}^{n}\sum_{j=1}^{n}\iint\left|\psi_i^{\mathrm{HF}}(\boldsymbol{r})\right|^2\frac{1}{|\boldsymbol{r}-\boldsymbol{r}'|}\left|\psi_j^{\mathrm{HF}}(\boldsymbol{r}')\right|^2\mathrm{d}\boldsymbol{r}\mathrm{d}\boldsymbol{r}' \quad \leftarrow E_H^{\mathrm{HF}} \\
&-\frac{1}{2}\frac{e^2}{4\pi\varepsilon_0}\sum_{\substack{i=1\\ \text{自旋平行}}}^{n}\sum_{j=1}^{n}\iint\psi_i^{\mathrm{HF}*}(\boldsymbol{r})\psi_j^{\mathrm{HF}*}(\boldsymbol{r}')\frac{1}{|\boldsymbol{r}-\boldsymbol{r}'|}\psi_i^{\mathrm{HF}}(\boldsymbol{r}')\psi_j^{\mathrm{HF}}(\boldsymbol{r})\mathrm{d}\boldsymbol{r}\mathrm{d}\boldsymbol{r}' \quad \leftarrow E_{\mathrm{x}}^{\mathrm{HF}} \\
=& T^{\mathrm{HF}} + E_{\mathrm{ne}}^{\mathrm{HF}} + E_H^{\mathrm{HF}} + E_{\mathrm{x}}^{\mathrm{HF}}
\end{aligned} \tag{4.109}
$$

从式(4.109)可见，系统能量表达式中就不再包含自旋波函数，积分只对空间进行，也就是说虽然最初的系统波函数包含自旋波函数部分，但最终的能量表达式中却不包含自旋波函数，因此系统总能量 E^{HF} 只是单电子空间波函数 ψ_i 的泛函，即 $E^{\mathrm{HF}}=E^{\mathrm{HF}}[\{\psi_i^{\mathrm{HF}}\}]$，这里 $\{\psi_i^{\mathrm{HF}}\}$ 表示所有 HF 单电子波函数。式(4.109)中定义的各能量项 T^{HF}、$E_{\mathrm{ne}}^{\mathrm{HF}}$、$E_H^{\mathrm{HF}}$ 和 $E_{\mathrm{x}}^{\mathrm{HF}}$ 分别为系统的动能、核-电子库仑能、Hartree 能和电子间交换(exchange)能，上标 HF 表示这些能量是 HF 方法计算所得，有关

它们的物理意义见 4.5.5 节。

按照变分原理，满足条件的波函数 $\psi_i^{\mathrm{HF}}(\boldsymbol{r})\,(i=1,2,\cdots,n)$ 就是使总能量 E^{HF} 取极小值的函数，但这些函数要满足式(4.62)所示的归一化条件，因此这是一个有约束条件的变分极值问题。把约束条件(4.97)写成标准形式：

$$\int \psi_i^{\mathrm{HF}*}\psi_j^{\mathrm{HF}}\mathrm{d}\boldsymbol{r}-\delta_{ij}=0 \qquad i,j=1,2,\cdots,n \tag{4.110}$$

注意这里有 n^2 个约束条件。按变分的数学性质(见附录 F.6 节)，该问题等价于泛函

$$K^{\mathrm{HF}}[\{\psi_i^{\mathrm{HF}}\}]=E^{\mathrm{HF}}[\{\psi_i^{\mathrm{HF}}\}]-\sum_{\substack{i=1\\j=1}}^{n}\lambda_{ij}\left(\int \psi_i^{\mathrm{HF}*}\psi_i^{\mathrm{HF}}\mathrm{d}\boldsymbol{r}-\delta_{ij}\right) \tag{4.111}$$

无约束的极值问题，其中 $\lambda_{ij}(i,j=1,2,\cdots,n)$ 为 n^2 个待定的拉格朗日因子，这里的求和是对 i、j 的双重求和。泛函 $K^{\mathrm{HF}}[\{\psi_i^{\mathrm{HF}}\}]$ 取极值的条件可表述为

$$\frac{\delta K}{\delta\psi_i^{\mathrm{HF}*}}=\frac{\delta E^{\mathrm{HF}}[\{\psi_i^{\mathrm{HF}}\}]}{\delta\psi_i^{\mathrm{HF}*}}-\frac{\delta}{\delta\psi_i^{\mathrm{HF}*}}\sum_{i,j=1}^{n}\lambda_{ij}\left(\int \psi_i^{\mathrm{HF}*}\psi_i^{\mathrm{HF}}\mathrm{d}\boldsymbol{r}-\delta_{ij}\right)=0 \qquad i=1,2,\cdots,n \tag{4.112}$$

该式实际上是 n 个关于单电子波函数 ψ_i^{HF} 的微分方程组，现在简化上式。

先求式(4.112)第一项变分。由式(4.109)有

$$\frac{\delta E^{\mathrm{HF}}[\{\psi_i^{\mathrm{HF}}\}]}{\delta\psi_i^{\mathrm{HF}*}}=\frac{\delta T^{\mathrm{HF}}}{\delta\psi_i^{\mathrm{HF}*}}+\frac{\delta E_{\mathrm{ne}}^{\mathrm{HF}}}{\delta\psi_i^{\mathrm{HF}*}}+\frac{\delta E_{H}^{\mathrm{HF}}}{\delta\psi_i^{\mathrm{HF}*}}+\frac{\delta E_{\mathrm{x}}^{\mathrm{HF}}}{\delta\psi_i^{\mathrm{HF}*}} \tag{4.113}$$

由附录 F 中的式(F.63)，上式中第一项为

$$\frac{\delta T^{\mathrm{HF}}}{\delta\psi_i^{\mathrm{HF}*}}=\frac{\delta}{\delta\psi_i^{\mathrm{HF}*}}\sum_{i}\int \psi_i^{\mathrm{HF}*}(\boldsymbol{r})\left(-\frac{\hbar^2}{2m}\right)\nabla^2\psi_i^{\mathrm{HF}}(\boldsymbol{r})\mathrm{d}\boldsymbol{r}=-\frac{\hbar^2}{2m}\nabla^2\psi_i^{\mathrm{HF}}(\boldsymbol{r}) \tag{4.114}$$

显然该项表示动能。

由附录 F 中的欧拉方程(F.51)，式(4.113)中第二项为

$$\frac{\delta E_{\mathrm{ne}}^{\mathrm{HF}}}{\delta\psi_i^{\mathrm{HF}*}}=\frac{\delta}{\delta\psi_i^{\mathrm{HF}*}}\sum_{i=1}^{n}\int \psi_i^{\mathrm{HF}*}(\boldsymbol{r})v_{\mathrm{ne}}(\boldsymbol{r})\psi_i^{\mathrm{HF}}(\boldsymbol{r})\mathrm{d}\boldsymbol{r}=v_{\mathrm{ne}}(\boldsymbol{r})\psi_i^{\mathrm{HF}}(\boldsymbol{r}) \tag{4.115}$$

该项表示核所产生的势 v_{ne}。

由附录 F 中的式(F.14)，式(4.113)中第三项为

$$
\begin{aligned}
\frac{\delta E_H^{\mathrm{HF}}}{\delta \psi_i^{\mathrm{HF}*}} &= \frac{\delta}{\delta \psi_i^{\mathrm{HF}*}} \frac{1}{2} \sum_{i=1}^{n} \sum_{j=1}^{n} \iint \psi_i^{\mathrm{HF}*}(\boldsymbol{r}) \psi_j^{\mathrm{HF}*}(\boldsymbol{r}') \frac{e^2}{4\pi\varepsilon_0 |\boldsymbol{r}-\boldsymbol{r}'|} \psi_i^{\mathrm{HF}}(\boldsymbol{r}) \psi_j^{\mathrm{HF}}(\boldsymbol{r}') \mathrm{d}\boldsymbol{r} \mathrm{d}\boldsymbol{r}' \\
&= \left[\sum_{j=1}^{n} \int \frac{e^2}{4\pi\varepsilon_0} \frac{\psi_j^{\mathrm{HF}*}(\boldsymbol{r}') \psi_j^{\mathrm{HF}}(\boldsymbol{r}')}{|\boldsymbol{r}-\boldsymbol{r}'|} \mathrm{d}\boldsymbol{r}' \right] \psi_i^{\mathrm{HF}}(\boldsymbol{r}) \equiv v_H^{\mathrm{HF}}(\boldsymbol{r}) \psi_i^{\mathrm{HF}}(\boldsymbol{r})
\end{aligned} \tag{4.116}
$$

该项十分类似于 Hartree 方法中式(4.72)所示的 Hartree 势 $v_{H,i}^{\mathrm{H}}(\boldsymbol{r})$，但是这里求和中不再限制 $j \neq i$，这意味着在 HF 方法中该项对所有电子相同，无需再按电子区分，因此这里记为 $v_H^{\mathrm{HF}}(\boldsymbol{r})$，其为

$$
v_H^{\mathrm{HF}}(\boldsymbol{r}) \equiv \frac{e^2}{4\pi\varepsilon_0} \sum_{j=1}^{n} \int \frac{\psi_j^*(\boldsymbol{r}') \psi_j(\boldsymbol{r}')}{|\boldsymbol{r}-\boldsymbol{r}'|} \mathrm{d}\boldsymbol{r}' \tag{4.117}
$$

由附录 F 中的式(F.14)，式(4.113)中第四项为

$$
\begin{aligned}
\frac{\delta E_{\mathrm{x}}^{\mathrm{HF}}}{\delta \psi_i^{\mathrm{HF}*}} &= \frac{\delta}{\delta \psi_i^{\mathrm{HF}*}} \left[-\frac{1}{2} \frac{e^2}{4\pi\varepsilon_0} \sum_{\substack{i=1 \\ \text{自旋} \\ \text{平行}}}^{n} \sum_{j=1}^{n} \iint \psi_i^{\mathrm{HF}*}(\boldsymbol{r}) \psi_j^{\mathrm{HF}*}(\boldsymbol{r}') \frac{1}{|\boldsymbol{r}-\boldsymbol{r}'|} \psi_i^{\mathrm{HF}}(\boldsymbol{r}') \psi_j^{\mathrm{HF}}(\boldsymbol{r}) \mathrm{d}\boldsymbol{r} \mathrm{d}\boldsymbol{r}' \right] \\
&= -\frac{e^2}{4\pi\varepsilon_0} \sum_{\substack{j=1 \\ \psi_j^{\mathrm{HF}}\text{的自旋} \\ \text{平行于} \\ \psi_i^{\mathrm{HF}}\text{的自旋}}} \int \frac{\psi_j^{\mathrm{HF}*}(\boldsymbol{r}') \psi_i^{\mathrm{HF}}(\boldsymbol{r}') \psi_j^{\mathrm{HF}}(\boldsymbol{r})}{|\boldsymbol{r}-\boldsymbol{r}'|} \mathrm{d}\boldsymbol{r}' \\
&= -\frac{e^2}{4\pi\varepsilon_0} \sum_{\substack{j=1 \\ \psi_j^{\mathrm{HF}}\text{的自旋} \\ \text{平行于} \\ \psi_i^{\mathrm{HF}}\text{的自旋}}} \int \frac{\psi_j^{\mathrm{HF}*}(\boldsymbol{r}') \psi_i^{\mathrm{HF}}(\boldsymbol{r}') \psi_j^{\mathrm{HF}}(\boldsymbol{r})}{|\boldsymbol{r}-\boldsymbol{r}'| \psi_i^{\mathrm{HF}}(\boldsymbol{r})} \mathrm{d}\boldsymbol{r}' \psi_i^{\mathrm{HF}}(\boldsymbol{r}) \equiv v_{\mathrm{x},i}^{\mathrm{HF}}(\boldsymbol{r}) \psi_i^{\mathrm{HF}}(\boldsymbol{r})
\end{aligned} \tag{4.118}
$$

从第二个等式到第三个等式中，分子分母同乘 $\psi_i^{\mathrm{HF}}(\boldsymbol{r})$，以便式(4.118)也能写成势乘以波函数的形式，其中的势 $v_{\mathrm{x},i}^{\mathrm{HF}}(\boldsymbol{r})$ 称为交换势，下标 x 来自英文单词 exchange 中的 x，其为

$$
v_{\mathrm{x},i}^{\mathrm{HF}}(\boldsymbol{r}) \equiv -\frac{e^2}{4\pi\varepsilon_0} \sum_{\substack{j=1 \\ \psi_j^{\mathrm{HF}}\text{的自旋} \\ \text{平行于} \\ \psi_i^{\mathrm{HF}}\text{的自旋}}} \int \frac{\psi_j^{\mathrm{HF}*}(\boldsymbol{r}') \psi_i^{\mathrm{HF}}(\boldsymbol{r}') \psi_j^{\mathrm{HF}}(\boldsymbol{r})}{|\boldsymbol{r}-\boldsymbol{r}'|} \mathrm{d}\boldsymbol{r}' \cdot \frac{1}{\psi_i^{\mathrm{HF}}(\boldsymbol{r})} \tag{4.119}
$$

该项势在 Hartree 方法中不存在。

由附录 F 中的欧拉方程(F.51)，式(4.112)中第二项变分为

$$\frac{\delta}{\delta\psi_i^{\mathrm{HF}*}}\sum_{i=1,j=1}^{n}\lambda_{ij}\left(\int\psi_i^{\mathrm{HF}*}\psi_i^{\mathrm{HF}}\mathrm{d}\boldsymbol{r}-\delta_{ij}\right)=\sum_{j=1}^{n}\lambda_{ij}\psi_j^{\mathrm{HF}}(\boldsymbol{r}) \tag{4.120}$$

综合式(4.112)～式(4.120)，则得变分极值条件：

$$\left[-\frac{\hbar^2}{2m}\nabla^2+v_{\mathrm{ne}}(\boldsymbol{r})+v_H^{\mathrm{HF}}(\boldsymbol{r})+v_{\mathrm{x},i}^{\mathrm{HF}}(\boldsymbol{r})\right]\psi_i^{\mathrm{HF}}(\boldsymbol{r})=\sum_{j=1}^{n}\lambda_{ij}\psi_j^{\mathrm{HF}}(\boldsymbol{r})\qquad i=1,2,\cdots,n \tag{4.121}$$

式(4.121)是关于单电子波函数$\psi_i^{\mathrm{HF}}(\boldsymbol{r})(i=1,2,\cdots,n)$的方程，有多组解，每组解对应不同的拉格朗日因子。在电子结构计算中，人们选择拉格朗日因子具有$\lambda_{ij}=\delta_{ij}\varepsilon_i^{\mathrm{HF}}$的形式，在这样的选择下，式(4.121)变为

$$\left[-\frac{\hbar^2}{2m}\nabla^2+v_{\mathrm{ne}}(\boldsymbol{r})+v_H^{\mathrm{HF}}(\boldsymbol{r})+v_{\mathrm{x},i}^{\mathrm{HF}}(\boldsymbol{r})\right]\psi_i^{\mathrm{HF}}(\boldsymbol{r})=\varepsilon_i^{\mathrm{HF}}\psi_i^{\mathrm{HF}}(\boldsymbol{r})\qquad i=1,2,\cdots,n \tag{4.122}$$

该式具有通常薛定谔方程的形式，此即为 **Hartree-Fock 方程**，或简称为 **HF 方程**。其解为单电子空间轨道$\psi_i^{\mathrm{HF}}(\boldsymbol{r})$，$\varepsilon_i^{\mathrm{HF}}$对应相应轨道的能量。

如果定义 Hartree-Fock 有效势$v_i^{\mathrm{HF}}(\boldsymbol{r})$：

$$v_i^{\mathrm{HF}}(\boldsymbol{r})\equiv v_{\mathrm{ne}}(\boldsymbol{r})+v_H^{\mathrm{HF}}(\boldsymbol{r})+v_{\mathrm{x},i}^{\mathrm{HF}}(\boldsymbol{r}) \tag{4.123}$$

则 HF 方程可简写为

$$\left[-\frac{\hbar^2}{2m}\nabla^2+v_i^{\mathrm{HF}}(\boldsymbol{r})\right]\psi_i^{\mathrm{HF}}(\boldsymbol{r})=\varepsilon_i^{\mathrm{HF}}\psi_i^{\mathrm{HF}}(\boldsymbol{r})\qquad i=1,2,\cdots,n \tag{4.124}$$

HF 方程在形式上是关于$\psi_i^{\mathrm{HF}}(\boldsymbol{r})\ (i=1,2,\cdots,n)$的由 n 个偏微分方程构成的联立方程组，每个方程在形式上类似于一个在有效场$v_i^{\mathrm{HF}}(\boldsymbol{r})$中运动的单电子薛定谔方程。在数学上，这 n 个方程中的每一个都包含所有的单电子$\psi_i^{\mathrm{HF}}(\boldsymbol{r})\ (i=1,2,\cdots,n)$波函数，因此它是一个耦合的偏微分方程组。

图 4.6 归纳了 HF 方法的流程以及其中的波函数、能量和势的关系。每个 HF 方程中包含四项：动能项$-\frac{\hbar^2}{2m}\nabla^2$和三项势能项$v_{\mathrm{ne}}(\boldsymbol{r})$、$v_H^{\mathrm{HF}}(\boldsymbol{r})$和$v_{\mathrm{x},i}^{\mathrm{HF}}(\boldsymbol{r})$，它们分别来自于电子的动能$T^{\mathrm{H}}$、电子与核之间的库仑势能$E_{\mathrm{ne}}^{\mathrm{HF}}$、电子之间的 Hartree 能$E_H^{\mathrm{HF}}$和电子之间的交换能$E_{\mathrm{x}}^{\mathrm{HF}}$，而它们又源于所假设的 HF 方程的系统总波函数$\Psi^{\mathrm{HF}}(\{\boldsymbol{x}_i\})$。与 Hartree 方法比较，由于采用了满足交换对称性的 HF 波函数，在

系统能量中出现了新的交换能项，这使得 HF 方法比 Hartree 方法更为精确。HF 方法的核心问题是求解 HF 方程组，其解为 n 个 HF 单电子波函数或单电子轨道，由此最终获得系统波函数和系统能量。

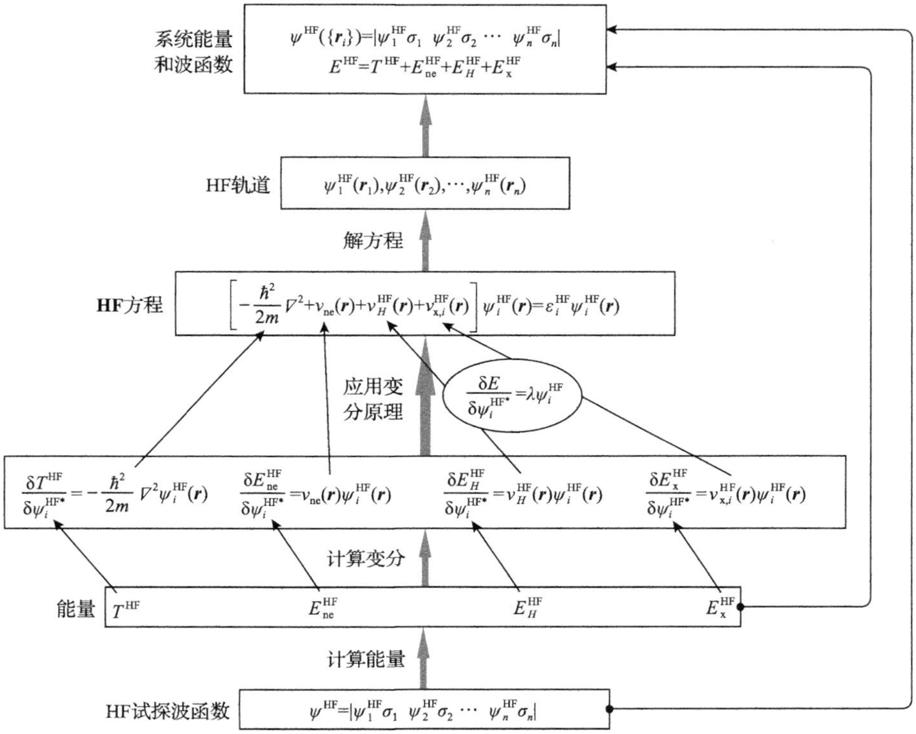

图 4.6　HF 方法的流程以及其中的波函数、能量和势的关系

4.5.4　Hartree-Fock 方程的求解过程

HF 方程的求解与 Hartree 方程的求解类似，也是采用自洽场方法，即先给出所有 n 个单电子波函数的初始值也即零级近似解 $\psi_i^{HF,0}(\boldsymbol{r})\ (i=1,2,\cdots,n)$，然后由式(4.117)计算 $v_H^{HF}(\boldsymbol{r})$，由式(4.119)计算 $v_{x,i}^{HF}(\boldsymbol{r})$，由系统的结构得到 $v_{ne}(\boldsymbol{r})$，于是 HF 方程(4.122)就完全确定，求解该方程得到一级近似波函数 $\psi_i^{HF,1}(\boldsymbol{r})\ (i=1,2,\cdots,n)$ 和单电子能量 $\varepsilon_i^{HF,1}(i=1,2,\cdots n)$；用一级近似解 $\psi_i^{HF,1}(\boldsymbol{r})\ (i=1,2,\cdots,n)$ 重新计算 $v_H^{HF}(\boldsymbol{r})$ 和 $v_{x,i}^{HF}(\boldsymbol{r})$，于是得到新的 HF 方程，解此方程得到二级近似波函数 $\psi_i^{HF,2}(\boldsymbol{r})\ (i=1,2,\cdots,n)$ 和单电子能量 $\varepsilon_i^{HF,2}(i=1,2,\cdots n)$，比较所有 $\varepsilon_i^{HF,1}(i=1,2,\cdots n)$ 与对应的 $\varepsilon_i^{HF,2}(i=1,2,\cdots n)$，如果差值足够小，这时就称系统的解已经自洽(self-consistency)，那么 $\psi_i^{HF,2}(\boldsymbol{r})\ (i=1,2,\cdots,n)$ 就是要求的单电子波函数；如果

$\varepsilon_i^{\mathrm{HF},1}(i=1,2,\cdots n)$ 和 $\varepsilon_i^{\mathrm{HF},2}(i=1,2,\cdots n)$ 的差值比较大，把 $\psi_i^{\mathrm{HF},2}(\boldsymbol{r})$　$(i=1,2,\cdots,n)$ 作为新的初始波函数重复进行上述过程，直到连续两次得到的系统能量差别都足够小。求解 HF 方程得到系统的自洽的 n 个单电子波函数 $\psi_i^{\mathrm{HF}}(\boldsymbol{r})$ 后，即可由式(4.96)得到系统的总波函数。

系统的总能量 E^{HF} 则由式(4.109)可得。E^{HF} 还可以有如下的表达式：

$$
\begin{aligned}
E^{\mathrm{HF}} &= T^{\mathrm{HF}} + E_{\mathrm{ne}}^{\mathrm{HF}} + E_H^{\mathrm{HF}} + E_{\mathrm{x}}^{\mathrm{HF}} \\
&= \sum_{i=1}^{n} \int \psi_i^{\mathrm{HF}*}(\boldsymbol{r}) \left[-\frac{\hbar^2}{2m}\nabla^2 + v_{\mathrm{ne}}(\boldsymbol{r}) + \frac{1}{2}v_H^{\mathrm{HF}}(\boldsymbol{r}) + \frac{1}{2}v_{\mathrm{x},i}^{\mathrm{HF}}(\boldsymbol{r}) \right] \psi_i^{\mathrm{HF}}(\boldsymbol{r})\mathrm{d}\boldsymbol{r} \\
&= \sum_{i=1}^{n} \underbrace{\int \psi_i^{\mathrm{HF}*}(\boldsymbol{r}) \left[-\frac{\hbar^2}{2m}\nabla^2 + v_{\mathrm{ne}}(\boldsymbol{r}) + v_H^{\mathrm{HF}}(\boldsymbol{r}) + v_{\mathrm{x},i}^{\mathrm{HF}}(\boldsymbol{r}) \right] \psi_i^{\mathrm{HF}}(\boldsymbol{r})\mathrm{d}\boldsymbol{r}}_{\varepsilon_i^{\mathrm{HF}}} \\
&\quad \underbrace{-\sum_{i=1}^{n} \int \psi_i^{\mathrm{HF}*}(\boldsymbol{r}) \left[\frac{1}{2}v_H^{\mathrm{HF}}(\boldsymbol{r}) \right] \psi_i^{\mathrm{HF}}(\boldsymbol{r})\mathrm{d}\boldsymbol{r}}_{E_H^{\mathrm{HF}}} - \underbrace{\sum_{i=1}^{n} \int \psi_i^{\mathrm{HF}*}(\boldsymbol{r}) \left[\frac{1}{2}v_{\mathrm{x},i}^{\mathrm{HF}}(\boldsymbol{r}) \right] \psi_i^{\mathrm{HF}}(\boldsymbol{r})\mathrm{d}\boldsymbol{r}}_{E_{\mathrm{x}}^{\mathrm{HF}}} \\
&= \sum_{i=1}^{n} \varepsilon_i^{\mathrm{HF}} - E_H^{\mathrm{HF}} - E_{\mathrm{x}}^{\mathrm{HF}}
\end{aligned}
\tag{4.125}
$$

表达式(4.125)的特点是用单电子轨道能 $\varepsilon_i^{\mathrm{HF}}$ 和电子间的相互作用能 E_H^{HF} 和 $E_{\mathrm{x}}^{\mathrm{HF}}$ 来表达总能量 E^{HF}。

E^{HF} 还可以表达为单电子轨道能 $\varepsilon_i^{\mathrm{HF}}$ 和电子动能 T^{HF} 及核势能 $E_{\mathrm{ne}}^{\mathrm{HF}}$ 的和。由式(4.125)的最后一个等式可得

$$
E_H^{\mathrm{HF}} + E_{\mathrm{x}}^{\mathrm{HF}} = \sum_{i=1}^{n} \varepsilon_i^{\mathrm{HF}} - E^{\mathrm{HF}} \tag{4.126}
$$

把式(4.126)代入式(4.125)第一个等式可得

$$
E^{\mathrm{HF}} = T^{\mathrm{HF}} + E_{\mathrm{ne}}^{\mathrm{HF}} + \sum_{i=1}^{n} \varepsilon_i^{\mathrm{HF}} - E^{\mathrm{HF}} \tag{4.127}
$$

整理式(4.127)可得 E^{HF} 的另一种表述方式：

$$
E^{\mathrm{HF}} = \frac{1}{2}\left(T^{\mathrm{HF}} + E_{\mathrm{ne}}^{\mathrm{HF}} + \sum_{i=1}^{n} \varepsilon_i^{\mathrm{HF}} \right) \tag{4.128}
$$

该式在第 6 章的 Hartree-Fock-Roothaan 方法中用来计算分子的总能量。

4.5.5 HF 方法中的系统和能量

HF 方法给出的系统能量由式(4.109)给出，即

$$E^{\mathrm{HF}} = T^{\mathrm{HF}} + E_{\mathrm{ne}}^{\mathrm{HF}} + E_H^{\mathrm{HF}} + E_{\mathrm{x}}^{\mathrm{HF}} \tag{4.129}$$

其中，T^{HF} 为电子的动能；E_{ne} 为核与电子的库仑吸引能；E_H^{HF} 为电子之间平均库仑排斥能；$E_{\mathrm{x}}^{\mathrm{HF}}$ 为交换能，如图 4.7(a)所示。这种理解实质上是一种基于单电子观念的理解，就是把每个 HF 单电子波函数看成描述一个单电子，可以称其为 HF 电子，而系统则看成是 HF 电子形成的集合，HF 电子可看成所谓的准粒子(quasiparticle)。

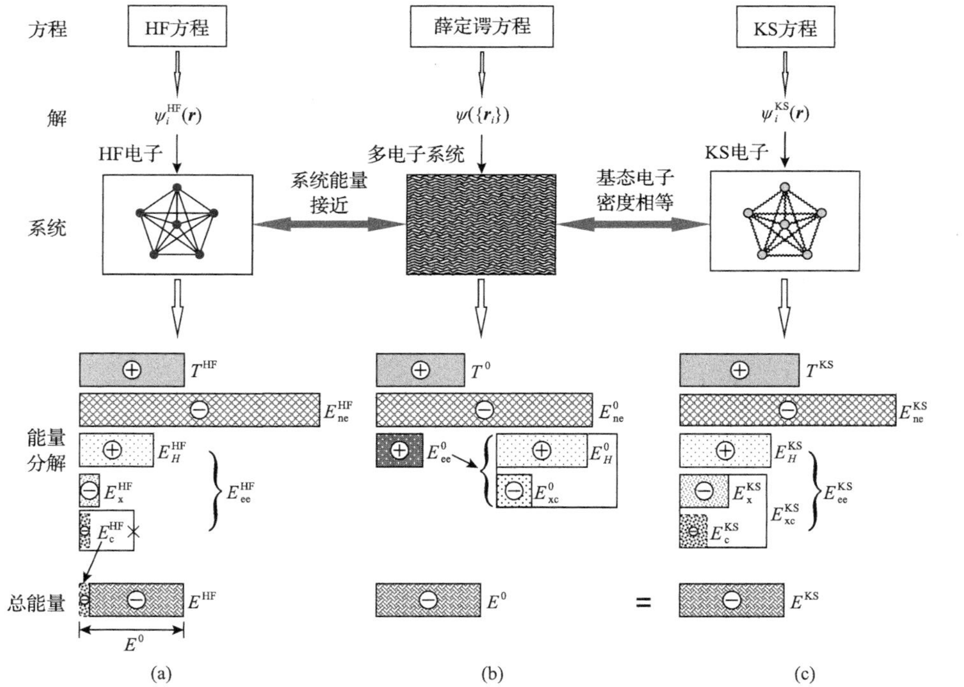

图 4.7　HF 方法(a)、准确多电子方法(b)和 KS 方法(c)中物理系统和各种能量

从 E_H^{HF} 的定义式(4.109)可见，它表示两个 HF 电子之间的库仑排斥能，常称为 Hartree 能。由表达式中的 $\dfrac{1}{4\pi\varepsilon_0}\dfrac{e^2}{|\boldsymbol{r}_1-\boldsymbol{r}_2|}$ 因子可知 Hartree E_H^{HF} 是电子相互作用能 E_{ee} 的一部分。经典电动力学中两个点电子间的库仑能是 $\dfrac{1}{4\pi\varepsilon_0}\dfrac{e^2}{|\boldsymbol{r}_1-\boldsymbol{r}_2|}>0$，这里 Hartree 能 E_H^{HF} 也大于零，因此称其为经典的库仑能。这里指出的是，HF 方法中

Hartree 能 E_H^{HF} 和势 $v_H^{\mathrm{HF}}(\boldsymbol{r})$ [式(4.117)]不同于 Hartree 方法中的 Hartree 能 E_H^{H} [式(4.64)]和势 $v_{H,i}^{\mathrm{H}}(\boldsymbol{r})$ [式(4.72)]： E_H^{HF} 和势 $v_H^{\mathrm{HF}}(\boldsymbol{r})$ 表达式中的求和包含 $j=i$ 的项，而 E_H^{H} 和 $v_{H,i}^{\mathrm{H}}(\boldsymbol{r})$ 则不包含 $j=i$ 的项。 E_H^{HF} 中 $j=i$ 的项表示一个单电子与其电荷分布的相互作用，也就是所谓的自相互作用(self-interaction，SI)，这当然没有物理意义，但在 HF 方法中人们在交换能 $E_{\mathrm{x}}^{\mathrm{HF}}$ 中加入了与该项相抵消的项，因而不影响系统总能量，但这样的操作使得在 HF 方法中势 $v_H^{\mathrm{HF}}(\boldsymbol{r})$ 对所有电子是相同的，在 Hartree 方法中势 $v_{H,i}^{\mathrm{H}}(\boldsymbol{r})$ 因电子而异，因此在 Hartree 方法中势 $v_{H,i}^{\mathrm{H}}(\boldsymbol{r})$ 需要一个标志电子的下标 i，而在 HF 方法中只用 $v_{\mathrm{H}}^{\mathrm{HF}}(\boldsymbol{r})$ 即可。

从 $E_{\mathrm{x}}^{\mathrm{HF}}$ 的定义式(4.109)可见，$E_{\mathrm{x}}^{\mathrm{HF}}$ 中也有因子 $\dfrac{e^2}{4\pi\varepsilon_0|\boldsymbol{r}_1-\boldsymbol{r}_2|}$，因此该项也源于电子之间的库仑作用，也就是说它是 E_{ee} 的一部分，但它的取值总为负值，因此该能量与总为正值的经典的库仑能不同，因此称它是非经典的或者量子的电子库仑能。两个电子之所以能产生出负的库仑作用能是因为这里的电子并不是原本系统的电子，而是 HF 电子。交换能 $E_{\mathrm{x}}^{\mathrm{HF}}$ 小于零表明 E_H^{HF} 过高地估计了 HF 电子之间的相互作用，负的 $E_{\mathrm{x}}^{\mathrm{HF}}$ 则起修正的作用。从 $E_{\mathrm{x}}^{\mathrm{HF}}$ 的计算式可知， $E_{\mathrm{x}}^{\mathrm{HF}}$ 只在自旋平行的电子之间才存在，这源于 HF 波函数所要求的反对称性，HF 波函数禁绝了两个自旋平行电子处在同一位置的可能性。HF 波函数的反对称性是一对电子交换时系统波函数变成它的负值的性质，也就是反对称性是与电子交换相关的性质，因此称 $E_{\mathrm{x}}^{\mathrm{HF}}$ 为交换能(exchange energy)。在 Hartree 方法中，由于 Hartree 波函数没有反对称性，因而 Hartree 方法中的系统能量 E^{H} 中没有 $E_{\mathrm{x}}^{\mathrm{HF}}$ 项。

由于 HF 波函数只是真实波函数的近似，因此 HF 方法所给出的系统总能量 E^{HF} 只是准确系统总能量的近似，那么两者的差别有多大呢？为此，先考察准确的系统能量。由量子力学可知，对于 H 由式(4.7)所示的电子系统，如果系统波函数为 $\Psi^0(\boldsymbol{r}_1,\cdots,\boldsymbol{r}_n)$，则准确的系统能量为

$$
\begin{aligned}
E^0 &= \int\cdots\int \Psi^{0*}(\boldsymbol{r}_1,\cdots,\boldsymbol{r}_n)\left(-\frac{\hbar^2}{2m}\sum_{i=1}^{n}\nabla_i^2 + v_{\mathrm{ne}} + v_{\mathrm{ee}}\right)\Psi^0(\boldsymbol{r}_1,\cdots,\boldsymbol{r}_n)\mathrm{d}\boldsymbol{r}_1\cdots\mathrm{d}\boldsymbol{r}_n \\
&= -\frac{\hbar^2}{2m}\int\cdots\int \Psi^*(\boldsymbol{r}_1,\cdots,\boldsymbol{r}_n)\sum_{i=1}^{n}\nabla_i^2\Psi(\boldsymbol{r}_1,\cdots,\boldsymbol{r}_n)\mathrm{d}\boldsymbol{r}_1\cdots\mathrm{d}\boldsymbol{r}_n \\
&\quad + \int\cdots\int \Psi^*(\boldsymbol{r}_1,\cdots,\boldsymbol{r}_n)v_{\mathrm{ne}}(\boldsymbol{r}_1,\cdots,\boldsymbol{r}_n)\Psi(\boldsymbol{r}_1,\cdots,\boldsymbol{r}_n)\mathrm{d}\boldsymbol{r}_1\cdots\mathrm{d}\boldsymbol{r}_n \\
&\quad + \frac{1}{2}\frac{1}{4\pi\varepsilon_0}\int\cdots\int \Psi^*(\boldsymbol{r}_1,\cdots,\boldsymbol{r}_n)v_{\mathrm{ee}}\Psi(\boldsymbol{r}_1,\cdots,\boldsymbol{r}_n)\mathrm{d}\boldsymbol{r}_1\cdots\mathrm{d}\boldsymbol{r}_n \\
&\equiv T^0 + E_{\mathrm{ne}}^0 + E_{\mathrm{ee}}^0
\end{aligned}
\tag{4.130}
$$

式中，T^0、E_{ne}^0 和 E_{ee}^0 分别表示电子的动能、电子与核之间的库仑能和电子之间的库仑能，上标“0”表示准确值。由此式可知准确的系统能量分解成三部分，如图 4.7(b)所示，图中长方形的长度定性表示能量的大小，长方形中的正负号表示该能量是正值或负值。由于 HF 波函数只是真实波函数的近似，因此 HF 方法所给出的系统总能量 E^{HF} [式(4.109)]只是准确系统总能量 E^0 的近似，其差别用 E_c^{HF} 表示，即

$$E_c^{HF} \equiv E^0 - E^{HF} \tag{4.131}$$

如图 4.7(a)所示，这就是说 E_c^{HF} 表达了 HF 方法在系统能量计算上的误差。这个误差源于 HF 波函数与准确波函数的误差，是一种物理误差。在实际 HF 计算中还会由于数值方法而带来数学误差，HF 方法计算得到的系统总能量与准确系统能量的误差不会比 E_c^{HF} 更小，因此 $E^0 - E_c^{HF}$ 被称为 HF 极限(HF limit)，也就是 HF 方法所能给出的最精确的系统总能量值。

下面考察 E_c^{HF} 的物理本质。在 HF 方法中，交换能 E_x^{HF} 只涉及自旋平行的两个 HF 电子之间的相互作用，没有包含自旋反平行电子之间的相互作用，这种自旋反平行 HF 电子之间的相互作用能被称为关联能(correlation energy)，E_c^{HF} 其实就是表达这部分能量。于是准确的系统总能量 E^0 可以表达为

$$E^0 = E^{HF} + E_c^{HF} = T^{HF} + E_{ne}^{HF} + E_H^{HF} + E_x^{HF} + E_c^{HF} \tag{4.132}$$

图 4.7(a)表示各能量的相对大小及正负。式(4.132)后三项一起表达了 HF 电子之间的相互作用能，表达了 HF 方法中的电子相互作用能，定义其为 E_{ee}^{HF}，即

$$E_{ee}^{HF} \equiv E_H^{HF} + E_x^{HF} + E_c^{HF} \tag{4.133}$$

需要指出的是 HF 方法并不能计算 E_c^{HF}。

这里举一个 N_2 分子的例子以说明 HF 方法中所计算的各项能量值的具体数值[29]，计算结果如表 4.1 所示。表 4.1 还列举了个各项能量所占的百分比，这里的百分比是能量大小的百分比，就是不考虑能量正负所得到的百分比。由表 4.1 可见，核-电子之间的能量所占比例最大(60.59%)，其他依次是电子动能 T^{HF} (21.75%)、Hartree 能 E_H^{HF} (14.95%)、交换能 E_x^{HF} (2.62%)，图 4.8(a)用饼图方式表示各个能量的比例。系统总能量 E^{HF} 为−132.61Hartree，该值为负值表示 N_2 是个稳定分子。

表 4.1 HF 方法计算的 N_2 分子中各项能量值[29](单位为 Hartree，1 Hartree = 27.211eV)

项目	T^{HF}	E_{ne}^{HF}	E_H^{HF}	E_x^{HF}	E_c^{HF}	E^{HF}
HF 方法能量值	108.774	–303.07	74.794	–13.108	–0.469	–132.61
占总能量百分比	21.75%	60.59%	14.95%	2.62%	0.09%	
与准确值差	0.625	–0.558				

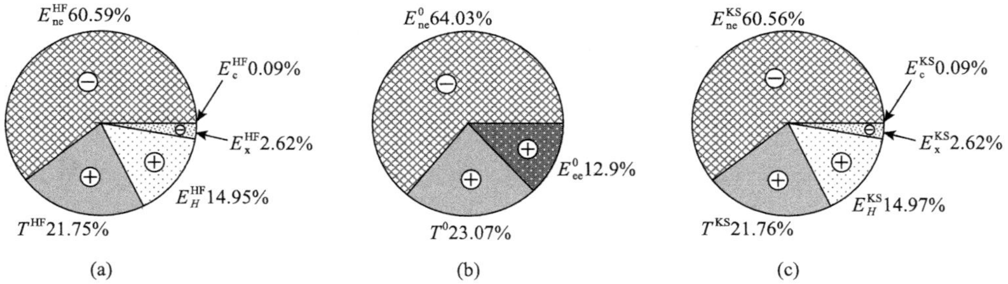

图 4.8 HF 方法(a)、后 Hartree 方法(b)和 KS 方法(c)所计算的 N_2 分子中的各项能量

按定义，E_c^{HF} 是 HF 所计算的系统总能量与准确能量的差别，因此要知道它就得知道系统总能量的准确值，对于 N_2 分子，后 HF 方法中能给出相当准确的能量值，这些值可以作为能量准确值。表 4.2 给出了采用位形相互作用方法(configuration interaction, CI，后 HF 方法的一种)计算得到的 N_2 分子中的各项能量，图 4.8(b) 用饼图方式表示 HF 方法各能量的比例。比较 HF 计算结果与 CI 方法计算的结果，就可得 N_2 分子的 E_c^{HF} 为–0.469Hartree，该值与 HF 总能量 E^{HF} 的百分比为 0.09%，E_c^{HF} 小说明 HF 所给出总能量值比较准确。

表 4.2 用 CI 方法计算的 N_2 分子中各项能量值[26](这些值可作为能量的准确值，单位为 Hartree)

项目	T^0	E_{ne}^0	E_{ee}^0	E^0
准确解(CI 方法)	109.399	–303.628	61.15	–133.079
占总能量百分比	23.07%	64.03%	12.9%	

由表 4.1 可见，Hartree 能 E_H^{HF} 比交换能 E_x^{HF} 大数倍，而交换能 E_x^{HF} 是关联能 E_c^{HF} 十几倍，因此 HF 关联能只占电子相互作用能的很小部分。尽管如此，N_2 分子关联能的绝对值为 0.469Hartree，也就是 12.76eV，该值已经大于 N_2 分子的离解能(9.76eV)，因此关联能准确计算对于理解分子性质是十分重要的。

以上讨论中涉及两套能量，一是动能 T^0、核-电子库仑能 E_{ne}^0 和电子间能量 E_{ee}^0，另一套是相应的 T^{HF}、E_{ne}^{HF} 和 E_{ee}^{HF}，这两套能量中的前者表示本原系统中电子的能量，而后者表示 HF 电子的能量，因此其值并不相等，即

$$T^0 \neq T^{\mathrm{HF}}, \qquad E_{\mathrm{ne}}^0 \neq E_{\mathrm{ne}}^{\mathrm{HF}} \qquad E_{\mathrm{ee}}^0 \neq E_{\mathrm{ee}}^{\mathrm{HF}} \tag{4.134}$$

尽管如此，它们却是非常接近的。表 4.1 还列出了 N_2 分子的 $T^0 - T^{\mathrm{HF}}$ 和 $E_{\mathrm{ne}}^0 - E_{\mathrm{ne}}^{\mathrm{HF}}$，两者的取值分别为 0.625Hartree 和–0.558Hartree，这与 T^{HF} 和 $E_{\mathrm{ne}}^{\mathrm{HF}}$ 的值相比是很小的量。由表 4.1 中的数据和式(4.133)可得到 HF 电子间的作用能 $E_{\mathrm{ee}}^{\mathrm{HF}}$ (61.217Hartree)，该值非常接近表 4.2 所给出的 E_{ee}^0 值(61.15Hartree)。$E_{\mathrm{ee}}^{\mathrm{HF}}$ 虽然不等于 E_{ee}^0，但两者有一定关系。由式(4.132)、式(4.133)和式(4.130)有

$$E^0 = T^{\mathrm{HF}} + E_{\mathrm{ne}}^{\mathrm{HF}} + E_{\mathrm{ee}}^{\mathrm{HF}} = T^0 + E_{\mathrm{ne}}^0 + E_{\mathrm{ee}}^0 \tag{4.135}$$

由此得

$$E_{\mathrm{ee}}^{\mathrm{HF}} = (T^0 - T^{\mathrm{HF}}) + (E_{\mathrm{ne}}^0 - E_{\mathrm{ne}}^{\mathrm{HF}}) + E_{\mathrm{ee}}^0 \tag{4.136}$$

由式(4.136)可知，$E_{\mathrm{ee}}^{\mathrm{HF}}$ 不仅包含原本系统中电子之间的相互作用能，还包括两个系统动能差 $T^0 - T^{\mathrm{HF}}$ 和核-电子之间的势能差 $E_{\mathrm{ne}}^0 - E_{\mathrm{ne}}^{\mathrm{HF}}$，这意味着 HF 电子之间的相互作用中包含本原系统中电子部分动能和核-电子相互作用能，这相当于 HF 电子之间的相互作用不同于本原系统电子间的相互作用，所以在图 4.7(a)中用不同的连线来反映。

4.5.6　HF 轨道的理解：Koopmans 定理

在 HF 方法中，HF 方程有 n 个单电子波函数 $\psi_i^{\mathrm{HF}}(\boldsymbol{r})$ 解，每个波函数有相应的能量 $\varepsilon_i^{\mathrm{HF}}$，这个波函数及能量可以看成一个电子实体，称为 HF 电子，然而本质上单电子波函数只是一个用以获得系统波函数和系统能量的数学工具。尽管如此，以上对 N_2 各项能量的讨论说明，HF 电子近似于本原系统中的电子，因此人们希望这些 HF 电子具有某种意义，下面说明单电子态的能量可以近似看成系统的电离能。

考虑一个包含 n 个电子的系统，HF 方法通过式(4.125)给出系统能量 $E^{\mathrm{HF}}(n)$。现在考虑从该系统中移除一个 HF 电子，该电子由 $\psi_{\mathrm{k}}^{\mathrm{HF}}(\boldsymbol{r})$ 标识。假设移除这个电子不会改变其他电子的波函数，移除的结果是此系统变成 $n-1$ 电子的新系统，$n-1$ 电子的波函数和移除前的波函数相同。这个假设只是一个近似，实际情况是移除一个电子后整个电子系统会发生变化而弛豫到一个新的状态，也就是说系统的波函数发生变化，但对于一个包含大量电子的体系，移除一个或少量电子，这个变化就可以忽略，在这种情况下上述的假设就成立。移除电子后所得到的新的 $n-1$ 电子系统的能量 $E^{\mathrm{HF}}(n-1)$ 也可由式(4.125)计算获得，在上述假设下通过计算可得到如下关系：

$$E^{\mathrm{HF}}(n)-E^{\mathrm{HF}}(n-1)=\varepsilon_{\mathrm{k}}^{\mathrm{HF}} \tag{4.137}$$

其中，$\varepsilon_{\mathrm{k}}^{\mathrm{HF}}$ 为轨道 $\psi_{\mathrm{k}}^{\mathrm{HF}}(\boldsymbol{r})$ 的能量，详细的证明请参考相关文献[30]。该关系由 Koopmans 在 1933 年首先证明，因此称为 Koopmans 定理，它意味着 HF 方法中的单电子轨道能可以理解为分子的电离能。

4.5.7　HF 方法的应用和发展

尽管解 HF 方程比原始的薛定谔方程容易，但该方法只能直接计算原子系统，实际上成为计算原子电子结构的标准方法[31]。这是由于一般原子系统的单电子波函数和已知的氢原子波函数不会相差太远，因此用氢原子波函数为零级波函数能较快地得到自洽解。

对于分子体系，上述方法实际上并不适用，因为分子的波函数更为复杂，所以猜测的零级近似波函数可能会与分子实际的波函数相差太远，从而导致自洽过程难以收敛。对于分子体系，需要采用基函数展开的方法来表达单电子波函数，从而使 HF 方程变为矩阵方程，这就是 1953 年 C. C. J. Roothaan 及 G. G. Hall 发展的方法，现在一般称为 Hartree-Fock-Roothaan 方法，这将在 4.6 节说明。

对于晶体，求解 HF 方程变得完全不可能，因为晶体中电子数量在阿伏伽德罗常数量级，因此晶体的 HF 方程是由阿伏伽德罗常数个微分方程组成的方程组，这意味着宏观晶体的 HF 方程是不可能求解的。因此，处理晶体中电子态的方法是直接把晶体中的电子态看成是周期势场中的单电子薛定谔方程的解，这就是能带论的基本思想，因此能带论有两个基本问题：一是确定单电子薛定谔方程中的单电子有效势；二是求解该方程。与 HF 方程类比可知，第一个问题中的单电子有效势除了包含核-电子之间的库仑势外，还包含由电子之间作用所导致的势，如何近似而有效地表达电子之间的作用势是能带论中的一个难点，HF 方法为确定该势提供了基本的物理原则，这将在后面固体电子结构的章节中说明。

对于分子系统，HF 方法的精度还是不够精确，例如，在以上考虑的 N_2 分子的情形中，HF 所得到的总能量不确定性要比 N_2 分子的离解能还要大，因此需要发展更精确的方法。从 HF 方法的讨论中可知，提高精度需要更加精确的试探波函数，按照这个思路，人们设计了更为复杂的试探波函数，相关的方法称为后 HF 方法，有关的知识请参考量子化学的文献[32, 33]。

4.6　Hartree-Fock-Roothaan 方法

4.6.1　概述

HF 方法最后归结为求解 HF 方程，它是一个联立的微分-积分方程组，尽管这个方程组的求解要比原始的薛定谔方程容易，但实际上只能直接处理原子系统的 HF 方程，求解分子系统或更复杂系统的 HF 方程依然是不切实际的。1951 年 Roothaan 和 Hall 各自独立地提出一种数学方法，把这个求解 HF 方程的问题转化为一个求解矩阵特征值的问题，Roothaan 对该方法的阐述更全面和详细，因此这种方法常称为 Roothaan 方法。Roothaan 方法的基本思想是用一组已知的基函数来表达 HF 方法中的单电子波函数，于是每个单电子波函数就由一组系数表示，由此求 HF 方程被变为求解关于系数所形成矩阵的特征值问题，如此处理使得可以在 20 世纪 50 年代用从头计算方法来求解一些简单分子的电子结构，成为量子化学发展史上的一个里程碑，由于这种方法是 HF 方法的发展，因而它常被称为 Hartree-Fock-Roothaan(HFR) 方法。

在分子轨道理论中，分子轨道通常表达为原子轨道的线性组合，因此在 HFR 方法的初期，基函数就选择类似于氢原子轨道的波函数，也即斯莱特型轨道函数，采用斯莱特型基函数会导致 HFR 方法在计算许多分子电子结构中遇到巨大的积分计算困难，成为 HFR 计算的瓶颈。60 年代末，John. A. Pople 采用 S. F. Boys 于 1951 年提出的高斯型的轨道函数及其组合为基函数，并发展了新的积分算法，使得积分计算效率提高两个数量级，从而使得 HFR 方法成为一种计算分子电子结构的实用方法。

一般的 HFR 方法可以研究任何分子的电子结构，但这里只限于说明 HFR 方法如何求解闭壳层分子(closed-shell molecule)的电子结构。所谓闭壳层分子是指包含偶数个电子且每个轨道上占据 2 个电子的分子，这类分子的 HF 波函数以及求解最为简单，这类分子的例子包括 H_2、N_2、H_2O 和 CH_4 等。由于对轨道占据电子的限制，该方法又被称为限制的 HF(restricted Hartree-Fock) 方法或 RHF 方法。本节主要说明 RHF 方法的基本思想。

4.6.2　闭壳层系统中的 HF 方程

闭壳层系统包含 $2n$ 个电子，它们分布在 n 个 HF 单电子轨道 $\psi_i(\boldsymbol{r})(i=1,2,\cdots,n)$ 上，于是由式(4.83)可得闭壳层系统的 HF 总波函数 $\varPsi$：

$$\varPsi=\frac{1}{\sqrt{(2n)!}}\begin{vmatrix}\psi_1(\boldsymbol{r}_1)\alpha(\zeta_1) & \psi_1(\boldsymbol{r}_1)\beta(\zeta_1) & \psi_2(\boldsymbol{r}_1)\alpha(\zeta_1) & \psi_2(\boldsymbol{r}_1)\beta(\zeta_1) & \cdots & \psi_n(\boldsymbol{r}_1)\beta(\zeta_1)\\ \psi_1(\boldsymbol{r}_2)\alpha(\zeta_2) & \psi_1(\boldsymbol{r}_2)\beta(\zeta_2) & \psi_2(\boldsymbol{r}_2)\alpha(\zeta_2) & \psi_2(\boldsymbol{r}_2)\beta(\zeta_2) & \cdots & \psi_n(\boldsymbol{r}_2)\beta(\zeta_2)\\ \vdots & \vdots & \vdots & \vdots & & \vdots\\ \psi_1(\boldsymbol{r}_{2n})\alpha(\zeta_{2n}) & \psi_1(\boldsymbol{r}_{2n})\beta(\zeta_{2n}) & \psi_2(\boldsymbol{r}_{2n})\alpha(\zeta_{2n}) & \psi_2(\boldsymbol{r}_{2n})\beta(\zeta_{2n}) & \cdots & \psi_1(\boldsymbol{r}_{2n})\beta(\zeta_{2n})\end{vmatrix}\tag{4.138}$$

其中，$\alpha(\zeta_i)$ 和 $\beta(\zeta_i)$ 分别表示两种自旋波函数，这里为简便省去了 HF 总波函数的上标。HF 方法的根本任务就是确定单电子轨道波函数 $\psi_i(\boldsymbol{r})(i=1,2,\cdots,n)$，从而得到系统的总波函数$\Psi$和能量。所有单电子轨道由求解 HF 方程[方程(4.122)]得到。为方便讨论，这里把方程(4.122)重写如下：

$$\left[-\frac{\hbar^2}{2m}\nabla^2+v_{\mathrm{ne}}(\boldsymbol{r})+v_H^{\mathrm{HF}}(\boldsymbol{r})+v_{\mathrm{x},i}^{\mathrm{HF}}(\boldsymbol{r})\right]\psi_i^{\mathrm{HF}}(\boldsymbol{r})=\varepsilon_i^{\mathrm{HF}}\psi_i^{\mathrm{HF}}(\boldsymbol{r})\qquad i=1,2,\cdots,n \tag{4.139}$$

其中各项分别是

$$v_{\mathrm{ne}}(\boldsymbol{r})=-\frac{e^2}{4\pi\varepsilon_0}\sum_I^N\frac{Z_I}{|\boldsymbol{r}-\boldsymbol{R}_I|} \tag{4.140}$$

$$v_H^{\mathrm{HF}}(\boldsymbol{r})=\frac{e^2}{4\pi\varepsilon_0}\sum_{j=1}^n\int\frac{\psi_j^*(\boldsymbol{r}')\psi_j(\boldsymbol{r}')}{|\boldsymbol{r}-\boldsymbol{r}'|}\mathrm{d}\boldsymbol{r}' \tag{4.141}$$

$$v_{\mathrm{x},i}^{\mathrm{HF}}(\boldsymbol{r})=-\frac{e^2}{4\pi\varepsilon_0}\sum_{\substack{j=1\\ \psi_j^{\mathrm{HF}}\text{的自旋}\\ \text{平行于}\\ \psi_i^{\mathrm{HF}}\text{的自旋}}}\int\frac{\psi_j^{\mathrm{HF}*}(\boldsymbol{r}')\psi_i^{\mathrm{HF}}(\boldsymbol{r}')\psi_j^{\mathrm{HF}}(\boldsymbol{r})}{|\boldsymbol{r}-\boldsymbol{r}'|}\mathrm{d}\boldsymbol{r}'\cdot\frac{1}{\psi_i^{\mathrm{HF}}(\boldsymbol{r})} \tag{4.142}$$

注意式(4.139)～式(4.142)所描述的是包含n个电子的系统，每个电子的空间轨道为$\psi_i^{\mathrm{HF}}(\boldsymbol{r})(i=1,2,\cdots n)$，$N$是系统中的原子核数，式(4.140)中的$v_{\mathrm{ne}}(\boldsymbol{r})$表示电子与核之间的库仑势，其中的求和是对系统中所有原子核进行，式(4.141)中的$v_H^{\mathrm{HF}}(\boldsymbol{r})$表示电子之间的 Hartree 势，其中的求和是对系统中所有的电子进行，$v_{\mathrm{x},i}^{\mathrm{HF}}(\boldsymbol{r})$表示第$i$个电子感受到的交换势，其中的求和是对自旋平行于第$i$个电子的所有电子求和。下面求式(4.139)及其附属式(4.140)、式(4.141)和式(4.142)在含$2n$个电子的闭壳层系统中所对应的表达式。

首先式(4.140)中不涉及电子个数，因此该式在闭壳层下表达式不变。对于式(4.141)，在闭壳层情形下，$2n$个电子占据n个空间轨道$\psi_i(\boldsymbol{r})(i=1,2,\cdots,n)$，每个轨道包含自旋相反的一对电子，同一轨道内的两个电子的$\frac{\psi_j^*(\boldsymbol{r}')\psi_j(\boldsymbol{r}')}{|\boldsymbol{r}-\boldsymbol{r}'|}$值是相同的，因此式中对所有电子求和等于所有$n$个轨道求和的两倍，因此$v_{\mathrm{H}}^{\mathrm{HF}}(\boldsymbol{r})$在这里的闭壳层情形下变为

$$v_H(\boldsymbol{r})=2\cdot\frac{e^2}{4\pi\varepsilon_0}\sum_{j=1}^n\int\frac{\psi_j^*(\boldsymbol{r}')\psi_j(\boldsymbol{r}')}{|\boldsymbol{r}-\boldsymbol{r}'|}\mathrm{d}\boldsymbol{r}' \tag{4.143}$$

再考虑式(4.142)中的$v_{\mathrm{x},i}^{\mathrm{HF}}(\boldsymbol{r})$，在闭壳层情形下每个轨道都刚好有一个自旋向上

和一个自旋向下的电子，也就是说每个轨道刚好有一个与第 i 个电子自旋平行的电子，因此原式中的求和变为对所有轨道的求和，在这里闭壳层情形下，$v_{x,i}^{HF}(\boldsymbol{r})$ 变为

$$v_{x,i}(\boldsymbol{r}) = -\frac{e^2}{4\pi\varepsilon_0}\sum_{j=1}^{n}\int\frac{\psi_j^*(\boldsymbol{r}')\psi_i(\boldsymbol{r}')\psi_j(\boldsymbol{r})}{|\boldsymbol{r}-\boldsymbol{r}'|}\mathrm{d}\boldsymbol{r}'\cdot\frac{1}{\psi_i(\boldsymbol{r})} \tag{4.144}$$

最后，在闭壳层情形下，$2n$ 个电子系统只有 n 个不同的轨道波函数 $\psi_i(\boldsymbol{r})(i=1,2,\cdots,n)$，因此 HF 方程(4.139)简化为

$$\left[-\frac{\hbar^2}{2m}\nabla^2 + v_{\mathrm{ne}}(\boldsymbol{r}) + v_H(\boldsymbol{r}) + v_{x,i}(\boldsymbol{r})\right]\psi_i(\boldsymbol{r}) = \varepsilon_i\psi_i(\boldsymbol{r}) \qquad i=1,2,\cdots,n \tag{4.145}$$

或

$$\begin{aligned}\left[-\frac{\hbar^2}{2m}\nabla^2 + v_{\mathrm{ne}}(\boldsymbol{r})\right]\psi_i(\boldsymbol{r}) + 2\cdot\frac{e^2}{4\pi\varepsilon_0}\sum_{j=1}^{n}\int\frac{\psi_j^*(\boldsymbol{r}')\psi_j(\boldsymbol{r}')}{|\boldsymbol{r}-\boldsymbol{r}'|}\psi_i(\boldsymbol{r})\mathrm{d}\boldsymbol{r}' \\ -\frac{e^2}{4\pi\varepsilon_0}\sum_{j=1}^{n}\int\frac{\psi_j^*(\boldsymbol{r}')\psi_i(\boldsymbol{r}')\psi_j(\boldsymbol{r})}{|\boldsymbol{r}-\boldsymbol{r}'|}\mathrm{d}\boldsymbol{r}' = \varepsilon_i\psi_i(\boldsymbol{r}) \qquad i=1,2,\cdots,n\end{aligned} \tag{4.146}$$

式(4.146)连同式(4.140)、式(4.143)和式(4.144)即为闭壳层系统中的 HF 方程，也就是决定系统波函数和能量的基本方程，下面推导的 HFR 方程即由此方程出发。由于 Roothaan 方法主要用于分子系统，因此在 Roothaan 方法中单电子轨道通常称为分子轨道。

4.6.3 Hartree-Fock-Roothaan 方程

Roothaan 方法的最根本特征是引入一组已知的基函数来表达分子轨道，从而使得求分子轨道的问题变为求系数的问题，也就是从求解微分-积分方程组的问题变为求解关于系数的代数方程组问题，尽管这个代数方程组是非线性的，但求解难度也大大降低，使得分子系统的 HF 计算变得可行，下面阐述这一转化的过程。

为了清楚起见，对分子轨道以及基函数的编号要加以区分，较早的文献及书籍中[34]通常以罗马字母表示分子轨道编号，而以希腊字母表示基函数编号，后来的文献和书籍[35,36]则常以 i,j,k,l 表示分子轨道的编号，r,s,t,u 表示基函数的编号，本书采用后者的编号以与较新的文献一致。本书用 χ 表示基函数，用 b 表示基函数的个数。如果所选的一组基函数为

$$\chi_1, \chi_2, \cdots, \chi_b \tag{4.147}$$

则 HF 分子轨道用基函数可展开为

$$\psi_i(\boldsymbol{r}) = \sum_{s=1}^{b} c_{si}\chi_s(\boldsymbol{r}) \qquad i = 1, 2, \cdots n \tag{4.148}$$

把式(4.148)代入式(4.145)可得

$$\begin{aligned}&\left[-\frac{\hbar^2}{2m}\nabla^2 + v_{\text{ne}}(\boldsymbol{r})\right]\sum_{s=1}^{b} c_{si}\chi_s(\boldsymbol{r}) + 2\frac{e^2}{4\pi\varepsilon_0}\sum_{j=1}^{n}\int\frac{\psi_j^*(\boldsymbol{r}')\psi_j(\boldsymbol{r}')}{|\boldsymbol{r}-\boldsymbol{r}'|}\sum_{s=1}^{b} c_{si}\chi_s(\boldsymbol{r})\mathrm{d}\boldsymbol{r}'\\ &-\frac{e^2}{4\pi\varepsilon_0}\sum_{j=1}^{n}\int\frac{\psi_j^*(\boldsymbol{r}')\sum_{s=1}^{b} c_{si}\chi_s(\boldsymbol{r}')\psi_j(\boldsymbol{r})}{|\boldsymbol{r}-\boldsymbol{r}'|}\mathrm{d}\boldsymbol{r}' = \varepsilon_i\sum_{s=1}^{b} c_{si}\chi_s(\boldsymbol{r}) \qquad i = 1, 2, \cdots, n\end{aligned} \tag{4.149}$$

对式(4.149)两边乘以 $\chi_r^*(\boldsymbol{r})(r = 1, 2, \cdots, b)$ 并做全空间积分，整理得

$$\begin{aligned}\sum_{s=1}^{b} c_{si}\Bigg\{&\overbrace{\int\chi_r^*(\boldsymbol{r})\left[-\frac{\hbar^2}{2m}\nabla^2 + v_{\text{ne}}(\boldsymbol{r})\right]\chi_s(\boldsymbol{r})\mathrm{d}\boldsymbol{r}}^{\text{I}} + \overbrace{\frac{e^2}{4\pi\varepsilon_0}\sum_{j=1}^{n}2\iint\frac{\chi_r^*(\boldsymbol{r})\chi_s(\boldsymbol{r})\psi_j^*(\boldsymbol{r}')\psi_j(\boldsymbol{r}')}{|\boldsymbol{r}-\boldsymbol{r}'|}\mathrm{d}\boldsymbol{r}\mathrm{d}\boldsymbol{r}'}^{\text{II}}\\ &\underbrace{-\frac{e^2}{4\pi\varepsilon_0}\sum_{j=1}^{n}\iint\frac{\chi_r^*(\boldsymbol{r})\psi_j^*(\boldsymbol{r}')\chi_s(\boldsymbol{r}')\psi_j(\boldsymbol{r})}{|\boldsymbol{r}-\boldsymbol{r}'|}\mathrm{d}\boldsymbol{r}\mathrm{d}\boldsymbol{r}'}_{\text{III}}\Bigg\} = \varepsilon_i\sum_{s=1}^{b} c_{si}\int\chi_r^*(\boldsymbol{r})\chi_s(\boldsymbol{r})\mathrm{d}\boldsymbol{r} \qquad i = 1, 2, \cdots, n\end{aligned} \tag{4.150}$$

下面分别简化式中的Ⅰ、Ⅱ和Ⅲ项。定义 T_{rs} 和 V_{rs} 分别为

$$T_{rs} = \int\chi_r^*(\boldsymbol{r})\left(-\frac{\hbar^2}{2m}\nabla^2\right)\chi_s(\boldsymbol{r})\mathrm{d}\boldsymbol{r} \tag{4.151}$$

$$V_{rs} = \int\chi_r^*(\boldsymbol{r})v_{\text{ne}}(\boldsymbol{r})\chi_s(\boldsymbol{r})\mathrm{d}\boldsymbol{r} \tag{4.152}$$

该积分中包含一个电子坐标，因此称其为**单电子积分**，定义两个积分和为 H_{rs}^{core}，于是第一项Ⅰ为

$$\text{I} = H_{rs}^{\text{core}} = T_{rs} + V_{rs} \tag{4.153}$$

显然 T_{rs} 、 V_{rs} 和 H_{rs}^{core} 完全由分子结构和所选的基函数决定。

现在简化项II。首先把II中的分子轨道 $\psi_j(\boldsymbol{r}')$ 表达为基函数的线性组合，即

$$\psi_j(\boldsymbol{r}') = \sum_{u=1}^{b} c_{uj}\chi_u(\boldsymbol{r}'),\quad \psi_j^*(\boldsymbol{r}') = \sum_{t=1}^{b} c_{tj}^*\chi_t^*(\boldsymbol{r}') \tag{4.154}$$

将式(4.154)代入项II，则有

$$\begin{aligned}
\text{II} &= \frac{e^2}{4\pi\varepsilon_0}\sum_{j=1}^{n} 2\iint \frac{\chi_r^*(\boldsymbol{r})\psi_j^*(\boldsymbol{r}')\psi_j(\boldsymbol{r}')\chi_s(\boldsymbol{r})}{|\boldsymbol{r}-\boldsymbol{r}'|}\mathrm{d}\boldsymbol{r}\mathrm{d}\boldsymbol{r}' \\
&= \frac{e^2}{4\pi\varepsilon_0}\sum_{j=1}^{n}\sum_{t=1}^{b}\sum_{u=1}^{b} 2c_{tj}^*c_{uj}\iint \frac{\chi_r^*(\boldsymbol{r})\chi_s(\boldsymbol{r})\psi_t^*(\boldsymbol{r}')\psi_u(\boldsymbol{r}')}{|\boldsymbol{r}-\boldsymbol{r}'|}\mathrm{d}\boldsymbol{r}\mathrm{d}\boldsymbol{r}' \\
&= \sum_{j=1}^{n}\sum_{t=1}^{b}\sum_{u=1}^{b} 2c_{tj}^*c_{uj}\left(rs|tu\right)
\end{aligned} \tag{4.155}$$

其中 $(rs\,|\,tu)$ 定义为

$$(rs\,|\,tu) \equiv \frac{e^2}{4\pi\varepsilon_0}\iint \frac{\chi_r^*(\boldsymbol{r})\chi_s(\boldsymbol{r})\psi_t^*(\boldsymbol{r}')\psi_u(\boldsymbol{r}')}{|\boldsymbol{r}-\boldsymbol{r}'|}\mathrm{d}\boldsymbol{r}\mathrm{d}\boldsymbol{r}' \tag{4.156}$$

由于该积分中包含两个电子坐标，因此称其为**双电子积分**，显然 $(rs\,|\,tu)$ 完全由所选的基函数确定。类似地可简化项III，把式(4.154)代入项III并整理可得

$$\begin{aligned}
\text{III} &= -\frac{e^2}{4\pi\varepsilon_0}\sum_{j=1}^{n}\iint \frac{\chi_r^*(\boldsymbol{r})\psi_j^*(\boldsymbol{r}')\chi_s(\boldsymbol{r}')\psi_j(\boldsymbol{r})}{|\boldsymbol{r}-\boldsymbol{r}'|}\mathrm{d}\boldsymbol{r}\mathrm{d}\boldsymbol{r}' \\
&= -\frac{e^2}{4\pi\varepsilon_0}\sum_{j=1}^{n}\sum_{t=1}^{b}\sum_{u=1}^{b} c_{tj}^*c_{uj}\iint \frac{\chi_r^*(\boldsymbol{r})\chi_u(\boldsymbol{r})\chi_t^*(\boldsymbol{r}')\chi_s(\boldsymbol{r}')}{|\boldsymbol{r}-\boldsymbol{r}'|}\mathrm{d}\boldsymbol{r}\mathrm{d}\boldsymbol{r}' \\
&= -\sum_{j=1}^{n}\sum_{t=1}^{b}\sum_{u=1}^{b} c_{tj}^*c_{uj}(ru\,|\,ts)
\end{aligned} \tag{4.157}$$

其中 $(ru\,|\,ts)$ 定义为

$$(ru\,|\,ts) \equiv \frac{e^2}{4\pi\varepsilon_0}\iint \frac{\chi_r^*(\boldsymbol{r})\chi_u(\boldsymbol{r})\chi_t^*(\boldsymbol{r}')\chi_s(\boldsymbol{r}')}{|\boldsymbol{r}-\boldsymbol{r}'|}\mathrm{d}\boldsymbol{r}\mathrm{d}\boldsymbol{r}' \tag{4.158}$$

同样 $(ru\,|\,ts)$ 也完全由所选基函数确定。

将项II与项III相加，即式(4.155)与式(4.157)相加可得

$$
\begin{aligned}
\text{II+III} &= \sum_{j=1}^{n}\sum_{t=1}^{b}\sum_{u=1}^{b} 2c_{tj}^{*}c_{uj}(rs\,|\,tu) - \sum_{j=1}^{n}\sum_{t=1}^{b}\sum_{u=1}^{b} c_{tj}^{*}c_{uj}(ru\,|\,ts) \\
&= \sum_{t=1}^{b}\sum_{u=1}^{b}\left(\sum_{j=1}^{n} 2c_{tj}^{*}c_{uj}\right)(rs\,|\,tu) - \sum_{t=1}^{b}\sum_{u=1}^{b}\left(\sum_{j=1}^{n} c_{tj}^{*}c_{uj}\right)(ru\,|\,ts) \\
&= \sum_{t=1}^{b}\sum_{u=1}^{b}\left(\sum_{j=1}^{n} 2c_{tj}^{*}c_{uj}\right)\left[(rs\,|\,tu) - \frac{1}{2}(ru\,|\,ts)\right] \\
&= \sum_{t=1}^{b}\sum_{u=1}^{b} \boldsymbol{P}_{tu}\left[(rs\,|\,tu) - \frac{1}{2}(ru\,|\,ts)\right]
\end{aligned}
\tag{4.159}
$$

其中 $\boldsymbol{P}_{tu}$ 定义为

$$
\boldsymbol{P}_{tu} \equiv \sum_{j=1}^{n} 2c_{tj}^{*}c_{uj} \tag{4.160}
$$

$\boldsymbol{P}_{tu}$ 称为**密度矩阵**，该名称来自 $\boldsymbol{P}_{tu}$ 决定了分子中的电子密度，为看清楚这点，下面说明 $\boldsymbol{P}_{tu}$ 与分子电子密度的关系。分子中电子的密度 $\rho(\boldsymbol{r})$ 为所有分子轨道的电子密度的叠加，即

$$
\rho(\boldsymbol{r})=\sum_{j=1}^{n} 2\psi_j^{*}(\boldsymbol{r})\psi_j(\boldsymbol{r}) \tag{4.161}
$$

式中，因子 2 是由于在闭壳层分子体系中每个分子轨道都包含 2 个电子。把式(4.154)中的分子轨道表达式代入式(4.161)则有

$$
\rho(\boldsymbol{r})=\sum_{j=1}^{n} 2\psi_j^{*}(\boldsymbol{r})\psi_j(\boldsymbol{r}) = \sum_{t=1}^{b}\sum_{u=1}^{b}\sum_{j=1}^{n} 2c_{tj}^{*}c_{uj}\chi_t^{*}(\boldsymbol{r})\chi_u(\boldsymbol{r}) = \sum_{t=1}^{b}\sum_{u=1}^{b} \boldsymbol{P}_{tu}\chi_t^{*}(\boldsymbol{r})\chi_u(\boldsymbol{r}) \tag{4.162}
$$

可见分子中电子密度的分布的确由 $\boldsymbol{P}_{tu}$ 决定。由密度矩阵的定义式(4.160)可见，密度矩阵完全由分子轨道的展开系数决定，而这些系数正是要求的量，因此 $\boldsymbol{P}_{tu}$ 是个未知量。

将 I、II 和 III 的总和定义为 F_{rs}，于是有

$$
F_{rs} \equiv \text{I} + \text{II} + \text{III} = H_{rs}^{\text{core}} + \sum_{t=1}^{b}\sum_{u=1}^{b} \boldsymbol{P}_{tu}\left[(rs\,|\,tu) - \frac{1}{2}(ru\,|\,ts)\right] \tag{4.163}
$$

将式(4.150)右边的积分定义为 S_{rs}，即

$$
S_{rs} \equiv \int \chi_r^{*}(\boldsymbol{r})\chi_s(\boldsymbol{r})\mathrm{d}\boldsymbol{r} \tag{4.164}
$$

S_{rs} 称为交叠积分，显然它完全由所选的基函数确定。

于是式(4.150)可表达为

$$\sum_{s=1}^{b}\left\{H_{rs}^{\mathrm{core}}+\sum_{t=1}^{b}\sum_{u=1}^{b}\boldsymbol{P}_{tu}\left[(rs\mid tu)-\frac{1}{2}(ru\mid ts)\right]\right\}c_{si}=\varepsilon_i\sum_{s=1}^{b}S_{rs}c_{si}\qquad i=1,2,\cdots,n \tag{4.165}$$

或简写为

$$\sum_{s=1}^{b}F_{rs}c_{si}=\varepsilon_i\sum_{s=1}^{b}S_{rs}c_{si}\qquad i=1,2,\cdots,n \tag{4.166}$$

式(4.166)是关于系数 c_{si} 的方程组,共包含 n 个方程。注意到式(4.166)由式(4.149)两边乘以任一个基函数 $\chi_r^*(\boldsymbol{r})(r=1,2,\cdots b)$ 并做全空间积分所得，而基函数 $\chi_r^*(\boldsymbol{r})$ 有 b 个，因此它对所有 $r=1,2,\cdots,b$ 都成立，因此有

$$\sum_{s=1}^{b}F_{rs}c_{si}=\varepsilon_i\sum_{s=1}^{b}S_{rs}c_{si}\qquad i=1,2,\cdots,n;\ r=1,2,\cdots,b \tag{4.167}$$

式(4.167)是包含 $n\times b$ 个方程的关于系数 c_{si} 的方程组，由它可确定所有的 $n\times b$ 个系数 c_{si}，此方程即为 **Hartree-Fock-Roothaan 方程**，简称 **HFR 方程**。在该方程中，要求的系数 c_{si} 不仅出现在方程的右边，还通过 $\boldsymbol{P}_{tu}$(包含在 F_{rs} 中)出现在方程的左边，因此这是一个关于 c_{si} 的非线性方程组。

HFR 方程可以写成十分简洁和易于处理的矩阵形式:

$$\boldsymbol{FC}=\boldsymbol{SC\varepsilon} \tag{4.168}$$

其中的各矩阵定义由下式给出:

$$\boldsymbol{F}\equiv\begin{pmatrix}F_{11}&F_{12}&\cdots&F_{1b}\\F_{21}&F_{22}&\cdots&F_{2b}\\\vdots&\vdots&&\vdots\\F_{b1}&F_{b2}&\cdots&F_{bb}\end{pmatrix}\qquad\boldsymbol{C}\equiv\begin{pmatrix}c_{11}&c_{12}&\cdots&c_{1n}\\c_{21}&c_{22}&\cdots&c_{2n}\\\vdots&\vdots&&\vdots\\c_{b1}&c_{b2}&\cdots&c_{bn}\end{pmatrix}$$
$$\boldsymbol{S}\equiv\begin{pmatrix}S_{11}&S_{12}&\cdots&S_{1b}\\S_{21}&S_{22}&\cdots&S_{2b}\\\vdots&\vdots&&\vdots\\S_{b1}&S_{b2}&\cdots&F_{bb}\end{pmatrix}\qquad\boldsymbol{\varepsilon}\equiv\begin{pmatrix}\varepsilon_1&&&\\&\varepsilon_2&&\\&&\ddots&\\&&&\varepsilon_n\end{pmatrix} \tag{4.169}$$

方程(4.168)即为**矩阵形式的 HFR 方程**。可以证明矩阵 $\boldsymbol{F}$ 和 $\boldsymbol{S}$ 都是 $b\times b$ 阶厄米矩阵[37]。

下面证明方程(4.168)的正确性。把式(4.169)中的矩阵代入方程(4.168)做矩阵计算，等式左边 $\boldsymbol{FC}$ 是一个 $b\times n$ 阶的矩阵，第 $i(i=1,2,\cdots,b)$ 行、第 $j(j=1,2,\cdots,n)$ 列的矩阵元 $(\boldsymbol{FC})_{ij}=\sum_{s=1}^{b}F_{is}c_{sj}$ ，等式右边 $\boldsymbol{SC\varepsilon}$ 也是一个 $b\times n$ 阶的矩阵，第 $i(i=1,2,\cdots,b)$ 行、第 $j(j=1,2,\cdots,n)$ 列的矩阵元 $(\boldsymbol{SC\varepsilon})_{ij}=\varepsilon_j\sum_{s=1}^{b}S_{is}c_{sj}$ ，与式(4.167)比较可知 $(\boldsymbol{FC})_{ij}=(\boldsymbol{SC\varepsilon})_{ij}$ ，也就是式(4.168)两边矩阵中的每个对应矩阵元都相等，从而式(4.168)成立。

在实际应用中，需要很大的基函数数量才能满意地表达分子轨道，这意味着大量的展开系数或者矩阵 $\boldsymbol{F}$ 的阶数很大，这时 HFR 方程(4.167)或其矩阵方程(4.168)的求解就变得困难，于是该方程被数学转化成另一种等价的但能更有效求解的形式，下面说明这一新形式的推导。

4.6.4　HFR 方程的新形式及求解

首先，将矩阵 $\boldsymbol{S}$ 对角化。由于 $\boldsymbol{S}$ 是厄米矩阵，按照矩阵理论它可以对角化，即可以找到矩阵 $\boldsymbol{P}$ 使得 $\boldsymbol{P}^{-1}\boldsymbol{SP}=\boldsymbol{D}$ ，其中 $\boldsymbol{D}$ 为对角矩阵，如何求 $\boldsymbol{P}$ 可由标准的矩阵对角化方法完成。由于 $\boldsymbol{D}$ 为对角矩阵，可以利用矩阵 $\boldsymbol{P}$ 方便地计算出矩阵 $\boldsymbol{S}^{-1/2}$ 和 $\boldsymbol{S}^{1/2}$ ，即

$$\boldsymbol{S}^{-1/2}=\boldsymbol{PD}^{-1/2}\boldsymbol{P}^{-1},\qquad \boldsymbol{S}^{1/2}=\boldsymbol{PD}^{1/2}\boldsymbol{P}^{-1}\tag{4.170}$$

其次，方程(4.168)左右两边分别乘以矩阵 $\boldsymbol{S}^{-1/2}$ 则得

$$\boldsymbol{S}^{-1/2}\boldsymbol{FC}=\boldsymbol{S}^{-1/2}\boldsymbol{SC\varepsilon}=\boldsymbol{S}^{1/2}\boldsymbol{C\varepsilon}\tag{4.171}$$

然后在 $\boldsymbol{FC}$ 之间插入单位矩阵 $\boldsymbol{S}^{-1/2}\boldsymbol{S}^{1/2}$ 可得

$$\boldsymbol{S}^{-1/2}\boldsymbol{FS}^{-1/2}\boldsymbol{S}^{1/2}\boldsymbol{C}=\boldsymbol{S}^{1/2}\boldsymbol{C\varepsilon}\tag{4.172}$$

定义 $\boldsymbol{F}'$ 和 $\boldsymbol{C}'$ 为

$$\boldsymbol{F}'\equiv\boldsymbol{S}^{-1/2}\boldsymbol{FS}^{-1/2},\qquad \boldsymbol{C}'\equiv\boldsymbol{S}^{1/2}\boldsymbol{C}\tag{4.173}$$

于是式(4.172)变为

$$\boldsymbol{F}'\boldsymbol{C}'=\boldsymbol{C}'\boldsymbol{\varepsilon}\tag{4.174}$$

其中 $\boldsymbol{F}'$ 、$\boldsymbol{C}'$ 和 $\boldsymbol{\varepsilon}$ 分别是 $b\times b$ 阶、$b\times n$ 阶和 $n\times n$ 阶矩阵。方程(4.174)看起来就是矩阵 $\boldsymbol{F}'$ 的本征方程，但实际上却与矩阵 $\boldsymbol{F}'$ 本征方程有所差异，下面说明两者的

异同。矩阵 $\boldsymbol{F}$ 和 $\boldsymbol{S}$ 都是 $b\times b$ 阶厄米矩阵，因此 $\boldsymbol{F}'$ 是一个 $b\times b$ 的厄米矩阵。按照矩阵理论，一个 $b\times b$ 阶厄米矩阵 $\boldsymbol{F}'$ 的本征方程为

$$\boldsymbol{F}'\boldsymbol{V}=\boldsymbol{V}\boldsymbol{\lambda} \tag{4.175}$$

其中 $\boldsymbol{V}$ 和 $\boldsymbol{\lambda}$ 的形式为

$$\boldsymbol{V}=\begin{pmatrix} V_{11} & V_{12} & \cdots & V_{1b} \\ V_{21} & V_{22} & \cdots & V_{2b} \\ \vdots & \vdots & & \vdots \\ V_{b1} & V_{b2} & \cdots & V_{bb} \end{pmatrix},\qquad \boldsymbol{\lambda}=\begin{pmatrix} \lambda_1 & & & \\ & \lambda_2 & & \\ & & \ddots & \\ & & & \lambda_b \end{pmatrix} \tag{4.176}$$

两者都是 $b\times b$ 阶矩阵，其中 $\boldsymbol{\lambda}$ 为对角矩阵。矩阵 $\boldsymbol{\lambda}$ 的对角元 $\lambda_1,\lambda_2,\cdots,\lambda_b$ 分别是矩阵 $\boldsymbol{F}'$ 的 b 个本征值；矩阵 $\boldsymbol{V}$ 为 $\boldsymbol{F}'$ 的本征向量矩阵，其第 $1,2,\cdots,n$ 列则分别是与本征值 $\lambda_1,\lambda_2,\cdots,\lambda_b$ 对应的本征向量。比较方程(4.175)与方程(4.174)可见：两者不同之处在于本征向量矩阵 $\boldsymbol{V}$ 与 $\boldsymbol{C}'$ 之间以及本征值矩阵 $\boldsymbol{\lambda}$ 与 $\boldsymbol{\varepsilon}$ 之间矩阵阶的不同。b 是基函数的个数，而 n 是分子轨道的个数，实际情形中总是 $b\geqslant n$，因此方程(4.175)中的特征值和特征向量个数总是大于式(4.174)中的特征值和特征向量个数。由于特征值表示的是分子轨道的能量，因此方程(4.175)中能量最小的 n 个特征值和相应的 n 个本征向量则是方程(4.174)的特征值和特征矢，它表示能量最低的 n 个分子轨道，由它构成的斯莱特行列式则是分子的 HF 基态波函数，方程(4.175)中其他的本征值和本征向量则可理解为激发态分子轨道的能量和波函数的基函数展开系数[38]。这意味着求解 HFR 方程(4.168)或方程(4.174)的问题就转化为 $\boldsymbol{F}'$ 的对角化问题，由于在实际情形中矩阵 $\boldsymbol{F}'$ 的阶数通常很大，$\boldsymbol{F}'$ 的对角化则可以利用更为有效的矩阵对角化技术来实现，有关 $\boldsymbol{F}'$ 的对角化的更详细介绍可参考有关文献[39]。

得到本征值矩阵 $\boldsymbol{\varepsilon}$ 和本征矢矩阵 $\boldsymbol{C}'$ 后，由式(4.173)可得到矩阵 $\boldsymbol{C}$：

$$\boldsymbol{C}=\boldsymbol{S}^{-1/2}\boldsymbol{C}' \tag{4.177}$$

其中 $\boldsymbol{S}^{-1/2}$ 由式(4.170)给出，矩阵 $\boldsymbol{C}$ 中的第 $i(i=1,2,\cdots,n)$ 列即是和能量 ε_i 对应的本征矢，由它给出分子轨道对基函数的展开系数。

4.6.5　系统的能量

这里推导 HFR 方法中系统能量的计算公式。利用式(4.128)可以方便计算分子中电子的总能量，重写该式为

$$E^{\mathrm{HF}}=\frac{1}{2}\left(T^{\mathrm{HF}}+E_{\mathrm{ne}}^{\mathrm{HF}}+\sum_{i=1}^{n}\varepsilon_i^{\mathrm{HF}}\right) \tag{4.178}$$

注意该式是针对包含 n 个电子的系统，其中 T^{HF} 和 $E_{\mathrm{ne}}^{\mathrm{HF}}$ 分别表示系统中电子的总动能和核-电子库仑能，$\sum_{i=1}^{n}\varepsilon_i^{\mathrm{HF}}$ 表示所有单电子轨道能之和。对于这里的闭壳层系统，总电子数为 $2n$，分布在 n 个分子轨道 $\psi_j(\boldsymbol{r})(j=1,2,\cdots,n)$ 中，每个轨道有两个电子，下面求式(4.178)右边各项对于该系统的值。

对于闭壳层系统，式(4.178)中右边第一项即电子总动能为

$$T=2\sum_{j=1}^{n}\int\psi_j^*(\boldsymbol{r})\left(-\frac{\hbar^2}{2m}\nabla^2\right)\psi_j(\boldsymbol{r})\mathrm{d}\boldsymbol{r} \tag{4.179}$$

把分子轨道的基函数表达式(4.154)代入可得

$$\begin{aligned}T&=2\sum_{j=1}^{n}\int\psi_j^*(\boldsymbol{r})\left(-\frac{\hbar^2}{2m}\nabla^2\right)\psi_j(\boldsymbol{r})\mathrm{d}\boldsymbol{r}=\sum_{j=1}^{n}\sum_{r=1}^{b}\sum_{s=1}^{b}c_{rj}^*c_{sj}\int\chi_r^*(\boldsymbol{r})\left(-\frac{\hbar^2}{2m}\nabla^2\right)\chi_s(\boldsymbol{r})\mathrm{d}\boldsymbol{r}\\&=\sum_{r=1}^{b}\sum_{s=1}^{b}\left(\sum_{j=1}^{n}c_{rj}^*c_{sj}\right)T_{rs}=\sum_{r=1}^{b}\sum_{s=1}^{b}P_{rs}T_{rs}\end{aligned} \tag{4.180}$$

类似地，式(4.178)中右边第二项即电子-核之间的库仑能为

$$\begin{aligned}E_{\mathrm{ne}}&=2\sum_{j=1}^{n}\int\psi_j^*(\boldsymbol{r})v_{\mathrm{ne}}(\boldsymbol{r})\psi_j(\boldsymbol{r})\mathrm{d}\boldsymbol{r}=\sum_{j=1}^{n}\sum_{r=1}^{b}\sum_{s=1}^{b}c_{rj}^*c_{sj}\int\chi_r^*(\boldsymbol{r})v_{\mathrm{ne}}(\boldsymbol{r})\chi_s(\boldsymbol{r})\mathrm{d}\boldsymbol{r}\\&=\sum_{r=1}^{b}\sum_{s=1}^{b}\left(\sum_{j=1}^{n}c_{rj}^*c_{sj}\right)V_{rs}=\sum_{r=1}^{b}\sum_{s=1}^{b}P_{rs}V_{rs}\end{aligned} \tag{4.181}$$

式(4.178)中右边第三项即所有单电子轨道的总能量为 $2\sum_{i=1}^{n}\varepsilon_i$。于是 $2n$ 个电子的闭壳层系统的电子总能量 E 为

$$\begin{aligned}E&=\frac{1}{2}\left(T+E_{\mathrm{ne}}+2\sum_{i=1}^{n}\varepsilon_i\right)=\frac{1}{2}\left(\sum_{r=1}^{b}\sum_{s=1}^{b}P_{rs}T_{rs}+\sum_{r=1}^{b}\sum_{s=1}^{b}P_{rs}V_{rs}\right)+\sum_{i=1}^{n}\varepsilon_i\\&=\sum_{i=1}^{n}\varepsilon_i+\frac{1}{2}\sum_{r=1}^{b}\sum_{s=1}^{b}P_{rs}H_{rs}^{\mathrm{core}}\end{aligned} \tag{4.182}$$

考虑分子中核与核之间的库仑排斥能 E_{nn} 为[即式(4.11)]

$$E_{\text{nn}}=\frac{1}{2}\sum_{I}^{N}\sum_{\substack{J=1\\J\neq I}}^{N}\frac{Z_I Z_J e^2}{4\pi\varepsilon_0\left|\boldsymbol{R}_I-\boldsymbol{R}_J\right|}\tag{4.183}$$

于是分子系统的总能量 E_{Total} 为

$$E_{\text{Total}}=E+E_{\text{nn}}=\sum_{i=1}^{n}\varepsilon_i+\frac{1}{2}\sum_{r=1}^{b}\sum_{s=1}^{b}P_{rs}H_{rs}^{\text{core}}+\frac{1}{2}\sum_{I}^{N}\sum_{\substack{J=1\\J\neq I}}^{N}\frac{Z_I Z_J e^2}{4\pi\varepsilon_0\left|\boldsymbol{R}_I-\boldsymbol{R}_J\right|}\tag{4.184}$$

4.6.6　HFR 方法的基本流程

由以上的讨论，HFR 求解分子轨道的基本流程可概括为如下步骤：

(1) 确定分子的势 $v_{\text{ne}}(\boldsymbol{r})$。确定每个核的坐标 $\boldsymbol{R}_I$ 和电荷 Z_I，从而写出核-电子之间的 $v_{\text{ne}}(\boldsymbol{r})$。

(2) 选定基函数组 $\chi_1,\chi_2,\cdots,\chi_b$。

(3) 计算所有积分 S_{rs} [式 (4.164)]、T_{rs} [式 (4.151)]、V_{rs} [式 (4.152)] 和 $(rs|tu)$ [式 (4.156)]，把 T_{rs} 和 V_{rs} 归并为 $H_{rs}^{\text{core}}=T_{rs}+V_{rs}$。基函数给定后，这些积分就被完全确定。

(4) 猜测一组 (共 b^2 个) 系数 $c_{tu}(t,u=1,2,\cdots,b)$，由此计算密度矩阵 $\boldsymbol{P}_{tu}$ [式 (4.160)]：

$$\boldsymbol{P}_{tu}=\sum_{j=1}^{n}2c_{tj}^{*}c_{uj}\tag{4.185}$$

(5) 计算矩阵 $\boldsymbol{F}$。即计算矩阵 $\boldsymbol{F}$ 的各矩阵元[式 (4.163)]：

$$F_{rs}=T_{rs}+V_{rs}+\sum_{t=1}^{b}\sum_{u=1}^{b}\boldsymbol{P}_{tu}\left[(rs|tu)-\frac{1}{2}(ru|ts)\right]\tag{4.186}$$

(6) 计算 $\boldsymbol{S}^{-1/2}$ 和 $\boldsymbol{S}^{1/2}$。①用矩阵对角化方法找到转换矩阵 $\boldsymbol{P}$ 和 $\boldsymbol{D}$ 使矩阵 $\boldsymbol{S}$ 对角化，即 $\boldsymbol{P}^{-1}\boldsymbol{SP}=\boldsymbol{D}$，$\boldsymbol{D}$ 为对角化后的矩阵；②用 $\boldsymbol{P}$ 和 $\boldsymbol{D}$ 计算 $\boldsymbol{S}^{-1/2}=\boldsymbol{PD}^{-1/2}\boldsymbol{P}^{-1}$；③用 $\boldsymbol{P}$ 和 $\boldsymbol{D}$ 计算 $\boldsymbol{S}^{1/2}=\boldsymbol{PD}^{1/2}\boldsymbol{P}^{-1}$。

(7) 计算矩阵 $\boldsymbol{F}'$。$\boldsymbol{F}'=\boldsymbol{S}^{-1/2}\boldsymbol{FS}^{-1/2}$。

(8) 对角化 $\boldsymbol{F}'$。利用矩阵对角化方法得到 $\boldsymbol{F}'$ 对角矩阵 $\boldsymbol{\varepsilon}_i$ 和本征值矩阵 $\boldsymbol{C}'$，注意确保矩阵 $\boldsymbol{\varepsilon}_i$ 按本征值从大到小顺序排列和矩阵 $\boldsymbol{C}'$ 中列的排列与本征值的顺序相一致。

(9) 计算系数矩阵 $\boldsymbol{C}$。计算公式为 $\boldsymbol{C}=\boldsymbol{S}^{-1/2}\boldsymbol{C}'$，$\boldsymbol{C}$ 的矩阵元即为分子轨道的基

函数展开系数 $(\boldsymbol{C})_{tu} = c_{tu}(t,u=1,2,\cdots,b)$，矩阵 $\boldsymbol{C}$ 中前 n 列分别对应 n 个分子轨道的展开系数，每列的 m 个值分别对应 m 个基函数。

(10)判定是否需要循环。比较所得的系数与第(4)步中选定的系数差异，如果差别很小，则所得的系数即为最后所求的 n 个分子轨道的展开系数，于是转到下一个计算系统的能量。如果新的系数与旧的系数差异比较大，则用矩阵 $\boldsymbol{C}$ 中前 n 列系数重新计算 $\boldsymbol{P}_{tu}$，即从第(4)步开始新的循环。前后两组系数差异大小的判断具有一定主观性，下式定义的量 δ 可以成为一个判断标准：

$$\delta = \left[b^{-2} \sum_{r=1}^{b} \sum_{s=1}^{b} (P_{rs}^{(i)} - P_{rs}^{(i-1)})^2 \right]^{1/2} \tag{4.187}$$

其中，$P_{rs}^{(i)}$ 和 $P_{rs}^{(i-1)}$ 分别是连续两次的密度矩阵元，δ 实际上就是连续两次所得到的密度矩阵元的标准偏差，$\delta \leqslant 10^{-6}$ 就可以被认为先后两次计算的结果差别足够小[40]，也就是说计算收敛。

(11)计算系统的电子能量 E。利用前面计算的结果，可得系统的能量[式(4.182)]：

$$E = \sum_{i=1}^{n} \varepsilon_i + \frac{1}{2} \sum_{r=1}^{b} \sum_{s=1}^{b} P_{rs} H_{rs}^{\text{core}} \tag{4.188}$$

用 HFR 方法最简单的实例是计算 H_2 分子和 He^+离子的电子结构，通过它可以熟悉 HFR 方法的流程，但即使这样的计算也是比较冗长的，这里不再给出，可以参考文献[41]和[42]了解详情。关于用 HFR 方法计算分子结构及性质的实例可参考文献[43]。

4.6.7 HFR 方法中的数学困难

Roothaan 方程提供了一个完整的数学模型来处理分子中的电子态，它把 HF 方法中求解耦合的微分积分方程的挑战变成了两个挑战：①求双电子积分；②解代数本征方程。求解代数本征方程问题实际上最终变为矩阵对角化问题，这个问题对于计算分子系统已经不再是计算的瓶颈。在 HFR 方法中需要猜测一组展开系数的初始值，如果这组值猜测得不够好，在自洽循环中系数的差别会越来越大，也就是说得不到收敛的结果，这个问题也经过多年的实践而得到很好的解决。50 年代，HFR 计算中的主要困难是计算多中心的双电子积分 $(ru|st)$。困难的原因首先是所要计算的积分数量十分巨大，若基函数个数为 b，则要计算的双电子积分个数为 $b^4/8$，其中的分母因子 8 是由于对于给定的四个基函数 r,u,s,t 积分 $(ru|st)$ 中任意交换两个函数位置积分值是不变的[见式(4.158)]，也就是说

$(ru|st)$、$(ur|st)$、$(ru|ts)$、$(ur|ts)$ 等 8 个积分值是相同的。例如，计算阿司匹林分子(Aspirin, $C_9H_8O_4$)需要的基函数数量 $b=133$ [44]，那么就要计算 $133^8/8$ 个即 3.9×10^7 个积分。其次，在 HFR 方法的早期所用的基函数为斯莱特型的原子轨道，如果双电子积分中的基函数分别是以三个或四个不同原子为中心的原子轨道，这时的积分称为三中心或四中心双电子积分，这每个积分的计算十分耗时，被称为积分计算的噩梦[45]。高斯型基函数的发展使得积分计算的困难得到有效解决，有关基函数的更多介绍将在 4.6.8 节给出。

4.6.8　HFR 中的基函数

HFR 方法的根本特征就是采用基函数来表示分子轨道，在实际计算中基函数的选择至关重要。尽管原则上基函数可以是任何函数，早期基函数通常为与氢原子波函数类似的波函数也即所谓斯莱特型的原子轨道，这类函数会导致积分计算困难，于是后来发展了高斯型的轨道函数，即用几个高斯型的数学函数的线性组合来近似替代斯莱特型的轨道函数，它带来积分计算上的简便，下面分别说明这两类基函数。

斯莱特型轨道(Slater-type orbital，STO)基函数是类氢原子轨道函数，其通式可表示如下[46]：

$$\chi_{A,nlm}^{STO}(\boldsymbol{r})=\frac{(2\zeta)^{n+1/2}}{[(2n)!]^{1/2}}\left|\boldsymbol{r}-\boldsymbol{R}_A\right|^{n-1}e^{-\zeta\left|\boldsymbol{r}-\boldsymbol{R}_A\right|}Y_{lm}(\theta_A,\varphi_A) \tag{4.189}$$

其中，上标 STO 表示斯莱特轨道；n、l、m 为轨道指数，相当于氢原子中的三个量子数；A 用来标记原子，$\boldsymbol{R}_A$ 为原子 A 原子核的位置矢量，因此每个原子都有自己的一套轨道；ζ 为斯莱特轨道参数，对于不同原子和同一原子的不同轨道，该值都会不同。例如，$1s(n=1,l=0)$ 轨道的形式为

$$\chi_{A,1s}^{STO}=\left(\frac{\zeta^3}{\pi}\right)^{1/2}e^{-\zeta\left|\boldsymbol{r}-\boldsymbol{R}_A\right|} \tag{4.190}$$

对于 H 原子，$\zeta=1.24$。需要说明的是式(4.189)和式(4.190)中采用了原子单位。

高斯型的轨道(Gauss-type orbital, GTO)通式可写为[47]

$$\chi_{A,nlm}^{GTO}(\boldsymbol{r})=Nx_A^i y_A^j z_A^k e^{-\alpha\left|\boldsymbol{r}-\boldsymbol{R}_A\right|^2} \tag{4.191}$$

其中，GTO 表示高斯型轨道；n、l、m 为轨道指数，相当于氢原子中的三个量子数；A 用来标记原子，$\boldsymbol{R}_A$ 为原子 A 原子核的位置矢量；N 为归一化系数：

$$N=\left(\frac{2\alpha}{\pi}\right)^{3/4}\left[\frac{(8\alpha)^{i+j+k}i!j!k!}{(2i)!(2j)!(2k)!}\right]^{1/2} \tag{4.192}$$

α 为高斯轨道指数，对不同原子和同一原子的不同轨道，该值都会不同。例如，对于 1s 轨道，$i=j=k=0$，于是由式(4.191)和式(4.192)可得

$$\chi_{\mathrm{A,1s}}^{\mathrm{GTO}}(\boldsymbol{r})=\left(\frac{2\alpha}{\pi}\right)^{3/4}\mathrm{e}^{-\alpha|\boldsymbol{r}-\boldsymbol{R}_{\mathrm{A}}|^2} \tag{4.193}$$

对于 H 原子，$\alpha=0.4166$。式(4.191)和式(4.193)中采用了原子单位。

STO 基函数与 GTO 基函数各有优缺点，STO 基函数的优点在于用它作基函数时所需的基函数的个数比较少，也就是需要较少数量的 STO 轨道就能比较充分地表达分子轨道，其结果就是 $\boldsymbol{F}$ 矩阵的阶数小，因此它的对角化问题就比较容易解决。GTO 基函数的优点是能够大大简化双电子积分的计算，下面简单说明这一简化的基本原理。假设 $\chi_{\mathrm{A}}(\boldsymbol{r})$ 和 $\chi_{\mathrm{B}}(\boldsymbol{r})$ 属于原子 A 和 B 的 GTO 型的 1s 轨道，即

$$\chi_{\mathrm{A,1s}}(\boldsymbol{r})=a_{\mathrm{A}}\mathrm{e}^{-\alpha_{\mathrm{A}}|\boldsymbol{r}-\boldsymbol{R}_{\mathrm{A}}|^2},\qquad \chi_{\mathrm{B,1s}}(\boldsymbol{r})=a_{\mathrm{B}}\mathrm{e}^{-\alpha_{\mathrm{B}}|\boldsymbol{r}-\boldsymbol{R}_{\mathrm{B}}|^2} \tag{4.194}$$

其中，a_{A}、a_{B} 是系数，不难证明两个函数 $\chi_{\mathrm{A,1s}}(\boldsymbol{r})$ 和 $\chi_{\mathrm{B,1s}}(\boldsymbol{r})$ 的乘积具有如下的等式：

$$\chi_{\mathrm{A,1s}}(\boldsymbol{r})\cdot\chi_{\mathrm{B,1s}}(\boldsymbol{r})=a_{\mathrm{A}}a_{\mathrm{B}}\mathrm{e}^{-\alpha_{\mathrm{A}}|\boldsymbol{r}-\boldsymbol{R}_{\mathrm{A}}|^2-\alpha_{\mathrm{B}}|\boldsymbol{r}-\boldsymbol{R}_{\mathrm{B}}|^2}=a_{\mathrm{C}}\mathrm{e}^{-\alpha_{\mathrm{C}}|\boldsymbol{r}-\boldsymbol{R}_{\mathrm{C}}|^2} \tag{4.195}$$

其中

$$\begin{aligned}a_{\mathrm{C}}&=a_{\mathrm{A}}a_{\mathrm{B}}\mathrm{e}^{-\frac{\alpha_{\mathrm{A}}\alpha_{\mathrm{B}}}{\alpha_{\mathrm{A}}+\alpha_{\mathrm{B}}}|\boldsymbol{R}_{\mathrm{A}}-\boldsymbol{R}_{\mathrm{B}}|^2}\\ \alpha_{\mathrm{C}}&=\alpha_{\mathrm{A}}+\alpha_{\mathrm{B}}\\ \boldsymbol{R}_{\mathrm{C}}&=(\alpha_{\mathrm{A}}\boldsymbol{R}_{\mathrm{A}}+\alpha_{\mathrm{B}}\boldsymbol{R}_{\mathrm{B}})/(\alpha_{\mathrm{A}}+\alpha_{\mathrm{B}})\end{aligned} \tag{4.196}$$

这意味着两个高斯函数的乘积还是一个高斯函数，只是函数中心移动到 $\boldsymbol{R}_{\mathrm{C}}$，轨道指数变为 α_{C}，系数变为 a_{C}，这一性质能使多中心的双电子积分的计算简化。考虑一般的双电子积分：

$$(rs\,|\,tu)\equiv\frac{e^2}{4\pi\varepsilon_0}\iint\frac{\chi_r^*(\boldsymbol{r})\chi_s(\boldsymbol{r})\chi_t^*(\boldsymbol{r}')\chi_u(\boldsymbol{r}')}{|\boldsymbol{r}-\boldsymbol{r}'|}\mathrm{d}\boldsymbol{r}\mathrm{d}\boldsymbol{r}' \tag{4.197}$$

如果积分中的四个基函数是以不同原子为中心的轨道函数，则称该积分为**多中心双电子积分**，例如，四个基函数属于两个不同原子的轨道，则称该积分为**二中心双电子积分**，如果四个基函数属于三个不同原子的轨道，则称该积分为**三中心双**

电子积分，等等。假如式(4.197)中的四个基函数分别属于四个不同的原子，分别记其为 A、B、C、D，相应的四个基函数分别记为 $\chi_{r,\mathrm{A}}^{*}(\boldsymbol{r})$、$\chi_{s,\mathrm{B}}(\boldsymbol{r})$、$\chi_{t,\mathrm{C}}^{*}(\boldsymbol{r}')$、$\chi_{u,\mathrm{D}}(\boldsymbol{r}')$，于是式(4.197)表达为

$$(rs\,|\,tu)\equiv\frac{e^2}{4\pi\varepsilon_0}\iint\frac{\chi_{r,\mathrm{A}}^{*}(\boldsymbol{r})\chi_{s,\mathrm{B}}(\boldsymbol{r})\chi_{t,\mathrm{C}}^{*}(\boldsymbol{r}')\chi_{u,\mathrm{D}}(\boldsymbol{r}')}{|\boldsymbol{r}-\boldsymbol{r}'|}\mathrm{d}\boldsymbol{r}\mathrm{d}\boldsymbol{r}' \tag{4.198}$$

由于高斯函数的乘积性质，$\chi_{r,\mathrm{A}}^{*}(\boldsymbol{r})\chi_{s,\mathrm{B}}(\boldsymbol{r})$ 是一个位于新中心(记为 P)的高斯函数，记为 $\chi_P(\boldsymbol{r})$，同样 $\chi_{t,\mathrm{C}}^{*}(\boldsymbol{r}')\chi_{u,\mathrm{D}}(\boldsymbol{r}')$ 也是一个位于另一个中心(记为 Q)的高斯函数，记其为 $\chi_Q(\boldsymbol{r}')$，于是式(4.198)可以表达为

$$(rs\,|\,tu)\equiv\frac{e^2}{4\pi\varepsilon_0}\iint\frac{\chi_P(\boldsymbol{r})\chi_Q(\boldsymbol{r}')}{|\boldsymbol{r}-\boldsymbol{r}'|}\mathrm{d}\boldsymbol{r}\mathrm{d}\boldsymbol{r}' \tag{4.199}$$

该积分是一个双中心积分，这意味着利用高斯函数可以把多中心积分简化，从而提高积分计算的效率。高斯型基函数的应用是从头量子计算的一个重要里程碑，它使得许多分子的电子结构和性质计算变得切实可行。

在实际计算中，人们很少使用单个高斯函数作为基函数，而是使用多个高斯函数的线性组合作为基函数，这样得到的基函数称为缩合的高斯函数(contracted Gaussian function)。一个著名的例子就是 $\chi^{\text{STO-3G}}(\boldsymbol{r})$ 型的基函数，函数名称中的 3G 表示该基函数由 3 个高斯型函数线性组合而成，名称中的 STO 表示该基函数是用高斯函数的线性组合来拟合斯莱特函数，因此 $\chi^{\text{STO-3G}}(\boldsymbol{r})$ 既有高斯函数能简化积分的优点又有斯莱特函数能减少所用基函数个数的优点，因而得到广泛的应用。例如 $\chi^{\text{STO-3G}}(\boldsymbol{r})$ 形式的 1s 轨道，其表达式为

$$\chi^{\text{STO-3G}}=c_1\left(\frac{2\alpha_1}{\pi}\right)^{3/4}\mathrm{e}^{-\alpha_1 r^2}+c_2\left(\frac{2\alpha_2}{\pi}\right)^{3/4}\mathrm{e}^{-\alpha_2 r^2}+c_3\left(\frac{2\alpha_3}{\pi}\right)^{3/4}\mathrm{e}^{-\alpha_3 r^2} \tag{4.200}$$

对于氢原子，其中的参数为[48] $c_1=0.4446$，$c_2=0.5353$，$c_3=0.1543$，$\alpha_1=0.1689$，$\alpha_2=0.6239$，$\alpha_3=3.4253$。基函数的定义、选择和使用是一个繁杂的主题，这里只是给出最基本的介绍，更多细节请参考文献[49]和[50]。

4.7 密度泛函理论

密度泛函理论(density functional theory，DFT)是一种完全不同于 HF 方法的电子结构计算方法，HF 方法描述的系统的基本量是波函数和能量，其核心问题是

确定系统的波函数和能量，因此 HF 方法被称为基于波函数的方法，而在 DFT 中描述电子系统的基本量是电子密度和能量，其核心问题就是确定一个系统基态的电子密度和能量，因此 DFT 重铸了电子结构问题，它被称为基于电子密度的方法。DFT 方法作为普遍的电子结构计算方法始于 1963 年 Hohenberg 和 Kohn 的工作以及 1964 年 Kohn 和 Sham 的工作，Kohn 由于发展密度泛函方法而获得 1998 年的诺贝尔化学奖[51,52]。

波函数是所有电子三维坐标的函数，如果一个电子系统包含 n 个电子，则其系统波函数 $\Psi(\boldsymbol{r}_1,\boldsymbol{r}_2,\cdots,\boldsymbol{r}_n)$ 为 $3n$ 个坐标的函数，而电子密度 $\rho(\boldsymbol{r})$ 只是 3 个空间坐标的函数，因此求解系统波函数的计算量会随系统中电子数而迅速地增加，而求解系统电子密度所需的计算量则对电子数的依赖性要温和得多，这使得 HF 方法实际只能处理数十个电子的系统[51]，也就是说 HF 方法实际上只能计算原子和简单的分子系统。而采用密度泛函方法则大大地增加了可处理系统的原子数，现在在普通的台式计算机上也可以处理数十个到上百个原子的系统，依赖于现在的超级计算机密度泛函方法可以处理包含上千个原子的系统，因此密度泛函方法成为计算材料电子结构的主要方法，并且由此形成了计算材料科学的新学科[16,53-57]。

相比于 HF 方法是近似方法，密度泛函方法原则上是准确的方法，前提是知道系统交换关联泛函的精确表达式；然而人们无法知道完全精确的交换关联泛函，因此在实际计算中密度泛函的计算总是近似的。随着密度泛函多年的发展，人们在这方面取得了巨大进步，使得密度泛函方法的计算精度在很多方面完全可以与实验比较。

4.7.1　概述

在量子力学中描述一个系统的基本量是系统的波函数和能量，波函数和能量是薛定谔方程的解，量子力学的基本任务就是求解系统的薛定谔方程以获得系统的波函数和能量。密度泛函理论重新铸造了量子力学，它把电子密度和能量作为表述系统最根本的量，系统电子密度甚至决定系统的波函数，密度泛函理论的基本任务就是求解系统的电子密度和能量，特别是基态的电子密度和能量。因此理解密度泛函理论就要理解两个基本问题：①电子密度为什么能成为一个电子系统的最基本的量，或者说一个系统的电子密度为什么能决定一个系统基态所有的性质？②如何求解一个系统的基态电子密度和能量？第一个问题由两个 Hohenberg-Kohn 定理回答，将在 4.7.2 节中讨论，第二个问题由 Kohn-Sham(KS)方程解决，将在 4.7.4 节中讨论。Hohenberg-Kohn 定理表明电子系统的基态能量是其电子密度的泛函，但这个泛函表达式并不是已知的，为了能够确定该泛函表达式，需要从单电子相互作用角度理解系统能量，这是 KS 方程建立的基础，这个将在 4.7.3 节中讨论。有了 KS 方程，就可以求解系统基态的电子密度和能量，KS 方程是密度泛函理论中的基本方程，但这个方程中包含一个需要从其他方法确定的所谓交换关联泛函，这个量确定后，就完全确定了 KS 方程，剩下的问题只是求解微分方程。交换关联泛函是决定密度泛函方法精度的最关键的量，尽管原则上它有一个准确的值，但这个值却难以确定，实际上该量由其他的理论和经验确定，再由实际的计算结果来判断其有效性，在这种意义上密度泛函理论并非一个严格的从头计算方法，实际上人们提出并尝试了大量不同泛函以适用于不同的系统，这将在 4.7.5 节中讨论。现在密度泛函理论还推广到计算电子系统激发态性质和与时间相关的性质，这些在本书中将不会讨论，有兴趣者可参阅有关文献[58,59]。这里仅介绍密度泛函理论的基础，用它计算实际材料的电子结构还需要解决其他的问题，这些将在后面的第 9 章说明。

4.7.2　密度泛函理论的基础：两个 Hohenberg-Kohn 定理

4.7.2.1　Hohenberg-Kohn 第一定理

Hohenberg-Kohn 第一定理：一个电子系统的基态性质是该系统电子密度的唯一泛函。用数学方式表达为：电子系统的能量 E 是电子密度 $\rho(\boldsymbol{r})$ 的泛函，即能量 E 可写成：

$$E = E[\rho(\boldsymbol{r})] \tag{4.201}$$

下面证明这一定理。

考虑一个 n 电子系统，其哈密顿为

$$H = -\sum_{i=1}^{n}\frac{1}{2}\nabla_i^2 + V_{\text{ext}}(\boldsymbol{r}_1,\boldsymbol{r}_2,\cdots,\boldsymbol{r}_n) + V_{\text{ee}}(\boldsymbol{r}_1,\boldsymbol{r}_2,\cdots,\boldsymbol{r}_n) = T + V_{\text{ext}} + V_{\text{ee}} \tag{4.202}$$

其中，T 为动能算符；V_{ext} 为外部势能：

$$V_{\text{ext}} = V_{\text{ext}}(\boldsymbol{r}_1,\boldsymbol{r}_2,\cdots,\boldsymbol{r}_n) \tag{4.203}$$

外部势能包括系统中所有原子核所产生的库仑势，即由式(4.4)所表示的电子与核之间的库仑势，还可包括外部电场等产生的势[60]，在本书中除非特别声明的情况之外，外部势能就是指电子与核之间的势 V_{ne}，V_{ee} 表示电子之间的相互作用势，即由式(4.6)所表示的势。对于这样的系统，可以证明如下结论：基态的电子密度 $\rho(\boldsymbol{r})$ 唯一地确定了系统的外部势能 V_{ext}，也就是说，对于给定的系统，不可能有两个不同的势能(差别不仅仅是一个常数)，基态电子密度相同。下面用反证法来证明这一结论，就是假定两个不同的外部势能 $V_{\text{ext-1}}$ 和 $V_{\text{ext-2}}$ 能产生相同的电子密度 $\rho(\boldsymbol{r})$，然后证明这一假定自相矛盾。这两个不同的外部势能对应的哈密顿量分别

记为

$$H_1 = \sum_{i=1}^{n} \frac{1}{2}\nabla_i^2 - V_{\text{ext-1}}(\boldsymbol{r}_1, \boldsymbol{r}_2, \cdots, \boldsymbol{r}_n) + V_{\text{ee}}(\boldsymbol{r}_1, \boldsymbol{r}_2, \cdots, \boldsymbol{r}_n)$$
$$H_2 = \sum_{i=1}^{n} \frac{1}{2}\nabla_i^2 - V_{\text{ext-2}}(\boldsymbol{r}_1, \boldsymbol{r}_2, \cdots, \boldsymbol{r}_n) + V_{\text{ee}}(\boldsymbol{r}_1, \boldsymbol{r}_2, \cdots, \boldsymbol{r}_n) \tag{4.204}$$

Ψ_1、Ψ_2 分别是这两个哈密顿量对应的归一化基态波函数，由薛定谔方程则有

$$H_1\Psi_1 = E_1\Psi_1$$
$$H_2\Psi_2 = E_2\Psi_2 \tag{4.205}$$

由于两个哈密顿量不同，因此波函数会不同，即 $\Psi_1 \neq \Psi_2$，但按先前的假定，这两个波函数会产生相同的基态电子密度，即

$$\rho(\boldsymbol{r}) = \Psi_1^*\Psi_1 = \Psi_2^*\Psi_2 \tag{4.206}$$

由变分原理可知，对任何归一化波函数 Ψ 有：

$$\int \Psi^* H_1 \Psi \mathrm{d}\tau \geqslant \int \Psi_1^* H_1 \Psi_1 \mathrm{d}\tau = E_1 \tag{4.207}$$

选择 $\Psi = \Psi_2$，则有

$$\int \Psi_2^* H_1 \Psi_2 \mathrm{d}\tau \geqslant \int \Psi_1^* H_1 \Psi_1 \mathrm{d}\tau = E_1 \tag{4.208}$$

由式(4.204)有

$$\begin{aligned}
\int \Psi_2^* H_1 \Psi_2 \mathrm{d}\tau &= \int \Psi_2^* (H_1 - H_2 + H_2)\Psi_2 \mathrm{d}\tau \\
&= \int \Psi_2^* (H_1 - H_2)\Psi_2 \mathrm{d}\tau + \int \Psi_2^* H_2 \Psi_2 \mathrm{d}\tau \\
&= \int \Psi_2^* [V_{\text{ext-1}} - V_{\text{ext-2}}]\Psi_2 \mathrm{d}\tau + E_2 \\
&= \int \rho(\boldsymbol{r})[V_{\text{ext-1}} - V_{\text{ext-2}}]\mathrm{d}\tau + E_2 \geqslant E_1
\end{aligned} \tag{4.209}$$

由式(4.209)可得

$$E_1 - E_2 \leqslant \int \rho(\boldsymbol{r})[V_{\text{ext-1}} - V_{\text{ext-2}}]\mathrm{d}\tau \tag{4.210}$$

交换 Ψ_1 和 Ψ_2，重复以上论证，则有

$$E_1 - E_2 \geqslant \int \rho(\boldsymbol{r})[V_{\text{ext-1}} - V_{\text{ext-2}}]\mathrm{d}\tau \tag{4.211}$$

比较式(4.210)和式(4.211)可知，两式是相互矛盾的，除非 $E_1 = E_2$ 和 $V_{\text{ext-1}} = V_{\text{ext-2}}$。这就意味着相同的基态电子密度一定对应相同的外部势能。由式(4.202)可知相同的外部势能意味着相同的哈密顿量，而相同的哈密顿量就意味着相同的基态波函数和能量以及其他性质，因此有如下关系：

$$\rho(\boldsymbol{r}) \Rightarrow V_{\text{ext}} \Rightarrow H \Rightarrow \psi \tag{4.212}$$

由此关系可知，电子密度是描述电子系统的最根本的量，知道它就能决定电子系统所有的性质，包括系统的波函数和能量，因此系统能量 E 由电子密度确定，也就是说能量 E 是电子密度的泛函，即 $E[\rho(\boldsymbol{r})]$。

电子密度甚至决定了系统的波函数的结论看起来令人吃惊。众所周知，在量子力学中波函数是表述电子系统的基本量，它由薛定谔方程决定，波函数决定了电子密度。另外，n 个电子系统的波函数是包含 $3n$ 个自变量的函数 $\psi(\boldsymbol{r}_1,\boldsymbol{r}_2,\cdots,\boldsymbol{r}_n)$，而同样系统的电子密度只是空间 3 个自变量的函数 $\rho(\boldsymbol{r})$，一个包含更少信息的函数 $\rho(\boldsymbol{r})$ 如何能决定更多信息的函数 $\psi(\boldsymbol{r}_1,\boldsymbol{r}_2,\cdots,\boldsymbol{r}_n)$ 呢？这说明波函数中有很多冗余的信息，或者说波函数并不是表示电子系统状态的最理想的量。

4.7.2.2　Hohenberg-Kohn 第二定理：Hohenberg-Kohn 变分原理

上述的结论表明电子密度是表征电子系统的基本量，因此计算系统电子密度是首先要确定的量，Hohenberg 和 Kohn 提出的电子密度的变分原理为解决这一问题奠定了基础，这就是所谓的 Hohenberg-Kohn 第二定理，它可表述为：一个电子系统基态的电子密度使系统的总能量取最小值。用数学方式表达为：假定 $E[\rho(\boldsymbol{r})]$ 是给定电子系统的能量泛函，$\rho_0(\boldsymbol{r})$ 为该体系基态的电子密度，那么对体系任何可能的电子密度 $\rho(\boldsymbol{r})$，下式成立：

$$E[\rho(\boldsymbol{r})] \geqslant E[\rho_0(\boldsymbol{r})] \tag{4.213}$$

所谓可能的电子密度是指满足如下总电子数守恒条件的任何数学函数：

$$\int \rho(\boldsymbol{r})\mathrm{d}\boldsymbol{r} = n \tag{4.214}$$

其中，n 表示系统中的总电子数。

下面证明这一定理，证明过程就是从薛定谔变分原理推导出式(4.213)。薛定谔变分原理是：对于一个给定哈密顿量为 H 的电子系统，如果 ψ_0 是满足薛定谔方程的归一化基态波函数，那么对任何归一化波函数 ψ，下式成立：

$$\int \psi^* H\psi \mathrm{d}\tau \geqslant \int \psi_0^* H\psi_0 \mathrm{d}\tau \tag{4.215}$$

由 Hohenberg-Kohn 第一定理可知，如果知道系统的电子密度 $\rho(\boldsymbol{r})$，那么就由它唯一地决定了系统的外部势能 V_{ext} 以及系统的哈密顿量 H，从而唯一地决定了系统的波函数 $\psi(\boldsymbol{r})$。这里设 $\rho(\boldsymbol{r})$ 是一个给定的电子密度，由它决定的波函数为 $\psi(\boldsymbol{r})$。按照波函数变分原理，则有

$$\int \psi^* H\psi \mathrm{d}\tau = E_{\mathrm{k}}[\rho(\boldsymbol{r})] + E_{\text{ext}}[\rho(\boldsymbol{r})] + E_{\text{ee}}[\rho(\boldsymbol{r})] = E[\rho(\boldsymbol{r})] \tag{4.216}$$

而对于基态的电子密度 $\rho_0(\boldsymbol{r})$ 和波函数 $\psi_0(\boldsymbol{r})$，上式也成立，即

$$\int \psi_0^* H\psi_0 \mathrm{d}\tau = E_{\mathrm{k}}[\rho_0(\boldsymbol{r})] + E_{\text{ext}}[\rho_0(\boldsymbol{r})] + E_{\text{ee}}[\rho_0(\boldsymbol{r})] = E[\rho_0(\boldsymbol{r})] \tag{4.217}$$

由式(4.215)则得

$$E[\rho(\boldsymbol{r})] \geqslant E[\rho_0(\boldsymbol{r})] \tag{4.218}$$

式(4.218)对任何电子密度 $\rho(\boldsymbol{r})$ 都成立，按照变分的数学理论，这意味着泛函 $E[\rho(\boldsymbol{r})]$ 的变分导数在 $\rho(\boldsymbol{r}) = \rho_0(\boldsymbol{r})$ 时为零(见附录 F)，即

$$\delta E[\rho(\boldsymbol{r})]\big|_{\rho(\boldsymbol{r})=\rho_0(\boldsymbol{r})} = 0 \qquad \text{或} \qquad \left.\frac{\delta E[\rho]}{\delta \rho}\right|_{\rho(\boldsymbol{r})=\rho_0(\boldsymbol{r})} = 0 \tag{4.219}$$

该式是关于基态电子密度 $\rho_0(\boldsymbol{r})$ 的微分方程。从数学上看，求基态电子密度 $\rho_0(\boldsymbol{r})$ 的问题就是在约束条件(4.214)下解微分方程(4.219)的问题，或者说就是一个约束条件下的极值问题。式(4.214)所示的约束条件通常写为标准的约束条件形式：

$$\int \rho(\boldsymbol{r})\mathrm{d}\boldsymbol{r} - n = 0 \tag{4.220}$$

按照泛函的数学理论(见附录 F)，该问题等价于如下泛函 $K[\rho]$ 的无约束极值问题：

$$K^{\text{DFT}}[\rho] = E[\rho] - \lambda\left[\int \rho(\boldsymbol{r})\mathrm{d}\boldsymbol{r} - n\right] \tag{4.221}$$

其中，λ 为拉格朗日因子，体现了电子数守恒的约束条件，也就是基态 $\rho_0(\boldsymbol{r})$ 由下式决定：

$$\frac{\delta K^{\text{DFT}}[\rho]}{\delta \rho} = 0 \tag{4.222}$$

把式(4.221)代入式(4.222)可得

$$\frac{\delta K^{\mathrm{DFT}}[\rho]}{\delta \rho}=\frac{\delta E[\rho]}{\delta \rho}-\delta\left\{\lambda\left[\int \rho(\boldsymbol{r})\mathrm{d}\boldsymbol{r}-n\right]\right\}=\frac{\delta E[\rho]}{\delta \rho}-\lambda=0 \tag{4.223}$$

因此方程(4.223)变为

$$\frac{\delta E[\rho]}{\delta \rho}=\lambda \tag{4.224}$$

该方程常称为 **Hohenberg-Kohn 变分原理**。该方程是关于基态电子密度 $\rho(\boldsymbol{r})$ 的微分方程，λ 为在求解方程过程中确定的量，如果知道能量泛函 $E[\rho]$ 的表达式，求解该方程就能得到基态的电子密度 $\rho_0(\boldsymbol{r})$，把该电子密度代入 $E[\rho_0(\boldsymbol{r})]$ 就得到系统的基态能量。但通常总能量的密度泛函 $E[\rho]$ 并不能完全准确地知道，Kohn 和 Sham 于 1965 提出了一个方案能求解系统的基态电子密度和基态能量，这将在 4.7.3 节说明。从物理方面考察式(4.224)可知，λ 具有电子化学势的意义，该式也说明一个电子系统电子的化学势完全由其电子密度决定，一个简单的例子就是自由电子气的化学势[式(3.160)和式(3.169)]，对于电子密度相同的系统则化学势相同。

4.7.3 Kohn-Sham 方法

Kohn-Sham 方法把求解系统的基态电子密度和能量最终归结于求解 Kohn-Sham 方程，而 Kohn-Sham 方程的建立基于 Kohn 和 Sham 对系统能量的细致分析，从而把系统能量分解成能直接表达成电子密度泛函的部分和其余部分，他们发现能直接表达成电子密度泛函的部分占了系统能量的绝大部分，而其余部分只占系统能量的很小部分，对于这个很小部分人工地可以给出它的近似值，这样就能完全得到系统能量作为电子密度的泛函。下面说明对系统能量的分解。

从前面的 4.5.5 节讨论可知，一个电子系统的准确总能量 E^0 [式(4.130)]为

$$E^0=T^0+E_{\mathrm{ne}}^0+E_{\mathrm{ee}}^0 \tag{4.225}$$

在密度泛函理论中，上式中各项都是系统电子密度的泛函，于是式(4.225)写成如下形式：

$$E^0[\rho]=T^0[\rho]+E_{\mathrm{ne}}^0[\rho]+E_{\mathrm{ee}}^0[\rho] \tag{4.226}$$

下面分别讨论右边各项。

对于系统的动能 T^0，除了一些简单特殊系统，一般情况下不能将其写成电子密度的解析表达式。

式(4.225)第二项核-电子之间的库仑能则可以直接写成电子密度的泛函。由式(4.130)可得核-电子间的库仑势能 E_{ne}^0：

$$\begin{aligned}
E_{\mathrm{ne}}^0 &= \int\cdots\int \Psi^{0*}(\boldsymbol{r}_1,\cdots,\boldsymbol{r}_n)V_{\mathrm{ne}}(\boldsymbol{r}_1,\cdots,\boldsymbol{r}_n)\Psi^0(\boldsymbol{r}_1,\cdots,\boldsymbol{r}_n)\mathrm{d}\boldsymbol{r}_1\cdots\mathrm{d}\boldsymbol{r}_n \\
&= \int\cdots\int \Psi^{0*}(\boldsymbol{r}_1,\cdots,\boldsymbol{r}_n)\left[\sum_i^n v_{\mathrm{ne}}(\boldsymbol{r}_i)\right]\Psi^0(\boldsymbol{r}_1,\cdots,\boldsymbol{r}_n)\mathrm{d}\boldsymbol{r}_1\cdots\mathrm{d}\boldsymbol{r}_n \\
&= \int\cdots\int \Psi^{0*}(\boldsymbol{r}_1,\cdots,\boldsymbol{r}_n)\left[\sum_i^n \int v_{\mathrm{ne}}(\boldsymbol{r})\delta(\boldsymbol{r}_i-\boldsymbol{r})\mathrm{d}\boldsymbol{r}\right]\Psi^0(\boldsymbol{r}_1,\cdots,\boldsymbol{r}_n)\mathrm{d}\boldsymbol{r}_1\cdots\mathrm{d}\boldsymbol{r}_n \\
&= \int\left[\int\cdots\int \Psi^{0*}(\boldsymbol{r}_1,\cdots,\boldsymbol{r}_n)\sum_i^n \delta(\boldsymbol{r}_i-\boldsymbol{r})\Psi^0(\boldsymbol{r}_1,\cdots,\boldsymbol{r}_n)\mathrm{d}\boldsymbol{r}_1\cdots\mathrm{d}\boldsymbol{r}_n\right]v_{\mathrm{ne}}(\boldsymbol{r})\mathrm{d}\boldsymbol{r} \\
&= \int \rho(\boldsymbol{r})v_{\mathrm{ne}}(\boldsymbol{r})\mathrm{d}\boldsymbol{r} \\
&= E_{\mathrm{ne}}^0[\rho]
\end{aligned} \tag{4.227}$$

上式第四个等式右边方括号中的项为 $\rho(\boldsymbol{r})$，这是由于电子密度表示某一空间位置的电子数，所以其算符为 $\sum_{i=1}^n \delta(\boldsymbol{r}-\boldsymbol{r}_i)$，因此当系统的波函数为 $\Psi^0(\boldsymbol{r}_1,\cdots,\boldsymbol{r}_n)$ 时，则电子密度 $\rho(\boldsymbol{r})$ 为

$$\rho(\boldsymbol{r}) = \int\cdots\int \Psi^{0*}(\boldsymbol{r}_1,\cdots,\boldsymbol{r}_n)\sum_{i=1}^n \delta(\boldsymbol{r}-\boldsymbol{r}_i)\Psi^0(\boldsymbol{r}_1,\cdots,\boldsymbol{r}_n)\mathrm{d}\boldsymbol{r}_1\cdots\mathrm{d}\boldsymbol{r}_n \tag{4.228}$$

由此可见核-电子库仑能 E_{ne}^0 能表达为电子密度的泛函。

式(4.225)第三项为电子之间的库仑能，从前面关于 HF 方法的讨论中见 4.5.5 节，电子间的库仑能常分解为三个部分：Hartree 能、交换能和关联能。其中 Hartree 能 E_H^{HF} [式(4.109)]可以直接写成系统电子密度的泛函，即

$$\begin{aligned}
E_H^{\mathrm{HF}} &= \frac{1}{2}\frac{e^2}{4\pi\varepsilon_0}\sum_i^n\sum_{j=1}^n \iint \left|\psi_i^{\mathrm{HF}}(\boldsymbol{r})\right|^2 \frac{1}{|\boldsymbol{r}-\boldsymbol{r}'|}\left|\psi_j^{\mathrm{HF}}(\boldsymbol{r}')\right|^2 \mathrm{d}\boldsymbol{r}\mathrm{d}\boldsymbol{r}' \\
&= \frac{1}{2}\frac{e^2}{4\pi\varepsilon_0}\iint \frac{1}{|\boldsymbol{r}-\boldsymbol{r}'|}\sum_{i=1}^n\sum_{j=1}^n \left|\psi_i^{\mathrm{HF}}(\boldsymbol{r})\right|^2 \left|\psi_j^{\mathrm{HF}}(\boldsymbol{r}')\right|^2 \mathrm{d}\boldsymbol{r}\mathrm{d}\boldsymbol{r}' \\
&= \frac{1}{2}\frac{e^2}{4\pi\varepsilon_0}\iint \frac{1}{|\boldsymbol{r}-\boldsymbol{r}'|}\sum_{i=1}^n \left|\psi_i^{\mathrm{HF}}(\boldsymbol{r})\right|^2 \sum_{j=1}^n \left|\psi_j^{\mathrm{HF}}(\boldsymbol{r}')\right|^2 \mathrm{d}\boldsymbol{r}\mathrm{d}\boldsymbol{r}' \\
&= \frac{1}{2}\frac{e^2}{4\pi\varepsilon_0}\iint \frac{\rho(\boldsymbol{r})\rho(\boldsymbol{r}')}{|\boldsymbol{r}-\boldsymbol{r}'|}\mathrm{d}\boldsymbol{r}\mathrm{d}\boldsymbol{r}'
\end{aligned} \tag{4.229}$$

从 4.5.5 节的讨论可知 Hartree 能代表电子之间作用能 E_{ee}^0 的主要部分，因此可把 E_{ee}^0 分成两部分：Hartree 能部分 E_H^0 和剩余部分 E_{xc}^0，即

$$E_{\mathrm{ee}}^0[\rho]=E_H^0[\rho]+E_{\mathrm{xc}}^0[\rho] \tag{4.230}$$

其中 $E_H^0[\rho]$ 定义为

$$E_H^0[\rho]\equiv\frac{1}{2}\frac{e^2}{4\pi\varepsilon_0}\iint\frac{\rho(\boldsymbol{r})\rho(\boldsymbol{r}')}{|\boldsymbol{r}-\boldsymbol{r}'|}\mathrm{d}\boldsymbol{r}\mathrm{d}\boldsymbol{r}' \tag{4.231}$$

其余部分 $E_{\mathrm{xc}}^0[\rho]$ 则统称为交换关联能，这部分能量的特点是它只占电子相互作用能的一小部分。

综上所示，系统能量可表示为

$$E^0=T^0[\rho]+E_{\mathrm{ne}}^0[\rho]+E_H^0[\rho]+E_{\mathrm{xc}}^0[\rho] \tag{4.232}$$

该表达式中 $T^0[\rho]$ 和 $E_{\mathrm{xc}}^0[\rho]$ 不能写成电子密度的泛函，Kohn 和 Sham 方法的天才之处在于找到一种方法能直接计算 $T^0[\rho]$ 中的主要部分，而把剩余的一小部分与 $E_{\mathrm{xc}}^0[\rho]$ 合并在一起用近似值替代，下面说明这一方法。

对式(4.232)所示的系统能量运用 Hohenberg-Kohn 变分原理，即把式(4.232)代入变分方程式(4.224)，则有

$$\frac{\delta E^0[\rho]}{\delta\rho}=\frac{\delta T^0[\rho]}{\delta\rho}+\frac{\delta}{\delta\rho}\int v_{\mathrm{ne}}(\boldsymbol{r})\rho(\boldsymbol{r})\mathrm{d}\boldsymbol{r}+\frac{\delta}{\delta\rho}\left[\frac{1}{2}\frac{e^2}{4\pi\varepsilon_0}\iint\frac{\rho(\boldsymbol{r}_1)\rho(\boldsymbol{r}_2)}{|\boldsymbol{r}_1-\boldsymbol{r}_2|}\mathrm{d}\boldsymbol{r}_1\mathrm{d}\boldsymbol{r}_2\right]+\frac{\delta E_{\mathrm{xc}}^0[\rho]}{\delta\rho}=\lambda \tag{4.233}$$

其中，λ 为待定的拉格朗日因子。考虑到

$$\frac{\delta}{\delta\rho}\int v_{\mathrm{ne}}(\boldsymbol{r})\rho(\boldsymbol{r})\mathrm{d}\boldsymbol{r}=v_{\mathrm{ne}}(\boldsymbol{r}) \tag{4.234}$$

$$\frac{\delta}{\delta\rho}\frac{1}{2}\frac{e^2}{4\pi\varepsilon_0}\iint\frac{\rho(\boldsymbol{r}_1)\rho(\boldsymbol{r}_2)}{|\boldsymbol{r}_1-\boldsymbol{r}_2|}\mathrm{d}\boldsymbol{r}_1\mathrm{d}\boldsymbol{r}_2=\frac{e^2}{4\pi\varepsilon_0}\int\frac{\rho(\boldsymbol{r}')}{|\boldsymbol{r}-\boldsymbol{r}'|}\mathrm{d}\boldsymbol{r}'\equiv v_H^{\mathrm{KS}}(\boldsymbol{r}) \tag{4.235}$$

则式(4.233)可写为

$$\frac{\delta T^0[\rho]}{\delta\rho}+v_{\mathrm{ne}}(\boldsymbol{r})+v_H^{\mathrm{KS}}(\boldsymbol{r})+\frac{\delta E_{\mathrm{xc}}^0[\rho]}{\delta\rho}=\lambda \tag{4.236}$$

这是一个关于电子密度 $\rho(\boldsymbol{r})$ 的微分方程。该式中动能泛函 $T^0[\rho]$ 和交换关联能泛函 $E_{\text{xc}}^0[\rho]$ 都没有明确的表达式，因此该方程实际上只有形式上的意义，而无法真正求解，Kohn 和 Sham 提出了一种解决这个问题的方法。他们考虑了一个虚拟的无相互作用的电子系统，这个系统和所研究的系统有相同的基态电子密度，自然地这两个系统有相同的电子数，这个无相互作用(non-interacting，NI)系统简称 NI 系统。对 NI 系统与所研究系统具有相同基态电子密度的要求意味着 NI 系统处在一个特定的外部势中，该外部势由基态电子密度决定。考虑这个 NI 系统，由于该系统中电子间的相互作用能为零，因此其系统能量包含两项：电子的动能和电子在外部势场中的势能，如果用 $v^{\text{KS}}(\boldsymbol{r})$ 表示这个 NI 系统中的外部势，则 NI 系统的能量为

$$E^{\text{NI}}[\rho]=T^{\text{KS}}[\rho]+\int v^{\text{KS}}(\boldsymbol{r})\rho(\boldsymbol{r})\text{d}\boldsymbol{r} \tag{4.237}$$

其中，$T^{\text{KS}}[\rho(\boldsymbol{r})]$ 是这个虚拟系统的动能，它自然是电子密度的泛函，第二项表达在外部势中的势能。值得指出的是，NI 系统的能量并不一定等于实际系统的能量，两个系统唯一的共同点是相同的基态电子密度。对这个 NI 系统利用变分原理，即对式(4.237)所表示的系统能量进行式(4.224)所示的变分计算，则有

$$\frac{\delta T^{\text{KS}}[\rho]}{\delta\rho}+v^{\text{KS}}(\boldsymbol{r})=\lambda \tag{4.238}$$

该方程是关于 NI 系统电子密度 $\rho(\boldsymbol{r})$ 的微分方程。由于式(4.238)和式(4.236)实际上表达的是同样电子密度所满足的方程，因此两式是相同的。从另一个角度看，式(4.236)和式(4.238)中的 λ 分别是各自系统的化学势，而化学势完全由电子密度决定，两个系统有相同的电子密度，因此两个系统的 λ 相同，则

$$\frac{\delta T^{\text{KS}}[\rho]}{\delta\rho}+v^{\text{KS}}(\boldsymbol{r})=\lambda=\frac{\delta T^0[\rho]}{\delta\rho}+v_{\text{ne}}(\boldsymbol{r})+v_H^{\text{KS}}(\boldsymbol{r})+\frac{\delta E_{\text{xc}}^0[\rho]}{\delta\rho} \tag{4.239}$$

由此得到 NI 系统的有效势 $v^{\text{KS}}(\boldsymbol{r})$：

$$\begin{aligned}v^{\text{KS}}(\boldsymbol{r})&=v_{\text{ne}}(\boldsymbol{r})+v_H^{\text{KS}}(\boldsymbol{r})+\left(\frac{\delta T^0[\rho]}{\delta\rho}-\frac{\delta T^{\text{KS}}[\rho]}{\delta\rho}+\frac{\delta E_{\text{xc}}^0[\rho]}{\delta\rho}\right)\\&=v_{\text{ne}}(\boldsymbol{r})+v_H^{\text{KS}}(\boldsymbol{r})+\frac{\delta(T^0[\rho]-T^{\text{KS}}[\rho]+E_{\text{xc}}^0[\rho])}{\delta\rho}\\&=v_{\text{ne}}(\boldsymbol{r})+v_H^{\text{KS}}(\boldsymbol{r})+\frac{\delta E_{\text{xc}}^{\text{KS}}[\rho]}{\delta\rho}\end{aligned} \tag{4.240}$$

其中 $E_{\mathrm{xc}}^{\mathrm{KS}}[\rho]$ 定义为

$$E_{\mathrm{xc}}^{\mathrm{KS}}[\rho] \equiv T^0[\rho] - T^{\mathrm{KS}}[\rho] + E_{\mathrm{xc}}^0[\rho] \tag{4.241}$$

$\dfrac{\delta E_{\mathrm{xc}}^{\mathrm{KS}}[\rho]}{\delta\rho}$ 实际上表达的是势，记为 $v_{\mathrm{xc}}^{\mathrm{KS}}(\boldsymbol{r})$，即

$$v_{\mathrm{xc}}^{\mathrm{KS}}(\boldsymbol{r}) \equiv \frac{\delta E_{\mathrm{xc}}^{\mathrm{KS}}[\rho]}{\delta\rho} \tag{4.242}$$

于是，$v^{\mathrm{KS}}(\boldsymbol{r})$ 表达为

$$v^{\mathrm{KS}}(\boldsymbol{r}) = v_{\mathrm{ne}}(\boldsymbol{r}) + v_H^{\mathrm{KS}}(\boldsymbol{r}) + v_{\mathrm{xc}}^{\mathrm{KS}}(\boldsymbol{r}) \tag{4.243}$$

式(4.243)中，未知量只有 $v_{\mathrm{xc}}^{\mathrm{KS}}(\boldsymbol{r})$，因此只要知道了泛函 $E_{\mathrm{xc}}^{\mathrm{KS}}[\rho]$ 就能完全确定有效势。$E_{\mathrm{xc}}^{\mathrm{KS}}[\rho]$ 称为交换关联泛函，由式(4.241)可知它包含三项，而且都是未知的，但 KS 并不是通过一一确定这三项得到 $E_{\mathrm{xc}}^{\mathrm{KS}}[\rho]$，而是通过基本物理考虑和经验直接给出 $E_{\mathrm{xc}}^{\mathrm{KS}}[\rho]$。确定了 $E_{\mathrm{xc}}^{\mathrm{KS}}[\rho]$ 后，虚拟系统的有效势就变成一个完全确定的量。

虚拟系统是一个无相互作用的电子系统，因此系统的哈密顿量为

$$H = \sum_{i=1}^{n}\left[-\frac{\hbar^2}{2m}\nabla_i^2 + v^{\mathrm{KS}}(\boldsymbol{r}_i)\right] = \sum_{i=1}^{n} h^{\mathrm{KS}}(\boldsymbol{r}_i) \tag{4.244}$$

式中，$\nabla_i^2 = \dfrac{\partial^2}{\partial x_i^2} + \dfrac{\partial^2}{\partial y_i^2} + \dfrac{\partial^2}{\partial z_i^2}$ 表示对 $\boldsymbol{r}_i$ 的拉普拉斯算符；$h^{\mathrm{KS}}(\boldsymbol{r}_i)$ 为第 i 个电子的单电子哈密顿量；n 为系统中电子数。于是体系的薛定谔方程为

$$H\Psi^{\mathrm{KS}} = E\Psi^{\mathrm{KS}} \tag{4.245}$$

其中，Ψ^{KS} 为虚拟系统的总波函数。和 Hartree-Fock 方法一样，波函数 Ψ 可用斯莱特行列式形式的波函数表示：

$$\Psi^{\mathrm{KS}}(\{\boldsymbol{x}_i\}) = \frac{1}{\sqrt{N!}}\begin{vmatrix} \phi_1^{\mathrm{KS}}(\boldsymbol{x}_1) & \phi_2^{\mathrm{KS}}(\boldsymbol{x}_1) & \cdots & \phi_n^{\mathrm{KS}}(\boldsymbol{x}_1) \\ \phi_1^{\mathrm{KS}}(\boldsymbol{x}_2) & \phi_2^{\mathrm{KS}}(\boldsymbol{x}_2) & \cdots & \phi_n^{\mathrm{KS}}(\boldsymbol{x}_2) \\ \vdots & \vdots & & \vdots \\ \phi_1^{\mathrm{KS}}(\boldsymbol{x}_n) & \phi_2^{\mathrm{KS}}(\boldsymbol{x}_n) & \cdots & \phi_n^{\mathrm{KS}}(\boldsymbol{x}_n) \end{vmatrix} \tag{4.246}$$

其中，$\phi_i^{\mathrm{KS}}(\boldsymbol{x}_i)=\psi_i^{\mathrm{KS}}(\boldsymbol{r}_i)\sigma(\zeta_i)\ (i=1,2,\cdots,n)$ 是包含自旋波函数 $\sigma(\zeta_i)$ 的第 i 个电子的单电子全波函数，$\psi_i^{\mathrm{KS}}(\boldsymbol{r}_i)$ 称为第 i 个电子的 Kohn-Sham 单电子空间波函数或单电子轨道。按照 4.5 节中的 HF 方法，$\psi_i^{\mathrm{KS}}(\boldsymbol{r}_i)$ 满足如下的方程：

$$\left[-\frac{\hbar^2}{2m}\nabla_i^2+v^{\mathrm{KS}}(\boldsymbol{r}_i)\right]\psi_i^{\mathrm{KS}}(\boldsymbol{r})=\varepsilon_i^{\mathrm{KS}}\psi_i^{\mathrm{KS}}(\boldsymbol{r}) \tag{4.247}$$

这实际就是虚拟系统的 Hartree-Fock 方程。把有效势 $v^{\mathrm{KS}}(\boldsymbol{r})$ [式(4.243)]中各项代入，则有

$$\left[-\frac{\hbar^2}{2m}\nabla^2+v_{\mathrm{ne}}(\boldsymbol{r})+v_H^{\mathrm{KS}}(\boldsymbol{r})+v_{\mathrm{xc}}^{\mathrm{KS}}(\boldsymbol{r})\right]\psi_i^{\mathrm{KS}}(\boldsymbol{r})=\varepsilon_i^{\mathrm{KS}}\psi_i^{\mathrm{KS}}(\boldsymbol{r}) \tag{4.248}$$

该方程称为 **Kohn-Sham 方程**或 **KS 方程**。

KS 方程看起来是一个在有效场 $v^{\mathrm{KS}}(\boldsymbol{r})$ 中运动的单电子薛定谔方程，在数学上它是关于 KS 单电子波函数 $\psi_i^{\mathrm{KS}}(\boldsymbol{r})$ 的偏微分方程。这个方程在数学上类似于 HF 方程，但更简单，KS 方程只是一个方程，而 HF 方程是包含 n 个偏微分方程的方程组。在 HF 方程中，Hartree 势和交换势都表达成单电子波函数 $\psi_i^{\mathrm{HF}}(\boldsymbol{r})$ 的泛函，而 KS 方程中的 Hartree 势 $v_H^{\mathrm{KS}}(\boldsymbol{r})$ 和交换关联势 $v_{\mathrm{xc}}^{\mathrm{KS}}(\boldsymbol{r})$ 却表达成 $\rho(\boldsymbol{r})$ 的泛函，它们与单电子波函数 $\psi_i^{\mathrm{KS}}(\boldsymbol{r})$ 的关系是通过下式关联的：

$$\rho(\boldsymbol{r})=\sum_{i=1}^{n}\left|\psi_i^{\mathrm{KS}}(\boldsymbol{r})\right|^2 \tag{4.249}$$

HF 方程中的 $v_{\mathrm{xc}}^{\mathrm{KS}}(\boldsymbol{r})$ 需要直接给出，通常是给定系统的交换关联泛函 $E_{\mathrm{xc}}^{\mathrm{KS}}[\rho]$，再由式(4.242)得到 $v_{\mathrm{xc}}^{\mathrm{KS}}(\boldsymbol{r})$，有关 $E_{\mathrm{xc}}^{\mathrm{KS}}[\rho]$ 的内容在 4.7.8 节中说明。

图 4.9 概括了 KS 方法建立的流程图。KS 方法的技巧在于把实际的电子系统转化为一个无相互作用的虚拟电子系统，两个系统的共同点在于具有相同的基态电子密度，获得了虚拟系统的电子密度也就获得了真实系统的电子密度。由于虚拟系统中电子无相互作用，因此它的特性完全由外部势表征，通过两个系统具有相同电子密度的特性，可以获得无相互作用虚拟系统的等效外部势。这个外部势中包含未知的交换关联密度泛函 $E_{\mathrm{xc}}^{\mathrm{KS}}[\rho]$，$E_{\mathrm{xc}}^{\mathrm{KS}}[\rho]$ 不能在 KS 理论框架内获得，通常由多体理论及经验等来确定。确定了 $E_{\mathrm{xc}}^{\mathrm{KS}}[\rho]$，就完全确定了虚拟系统中电子的薛定谔方程即 KS 方程。求解 KS 方程得到单电子波函数，由此可以获得系统的电子密度和系统总能量。

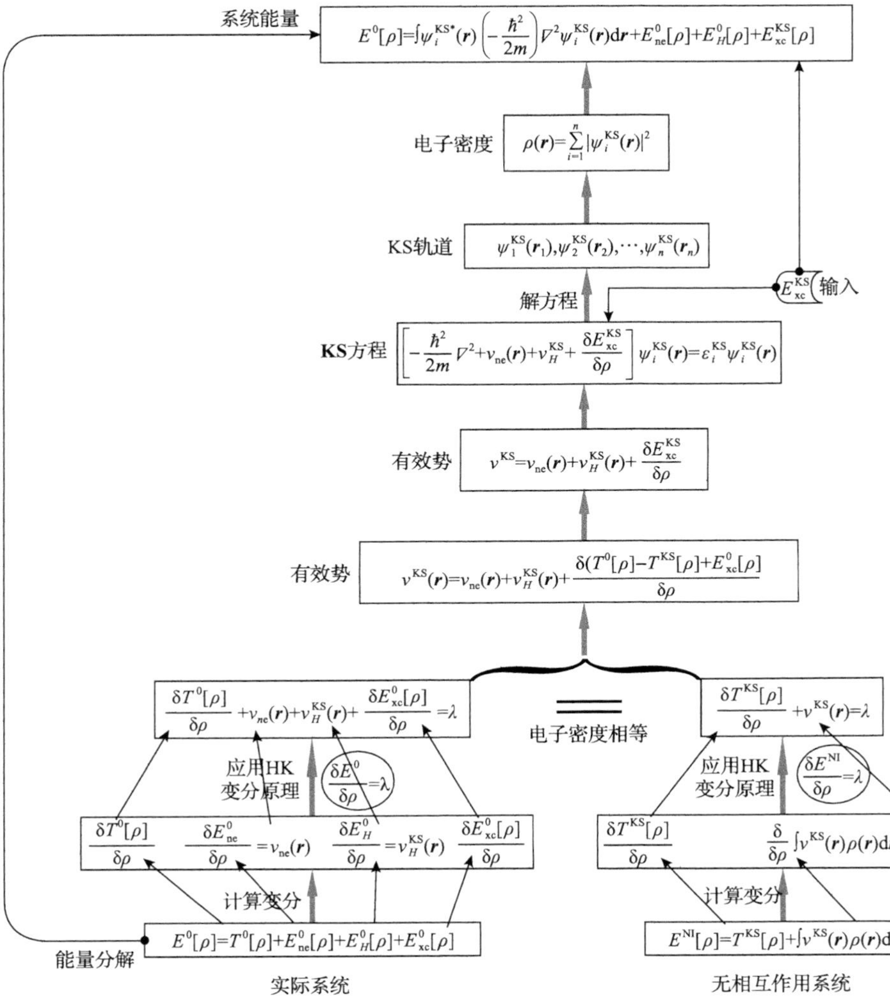

图 4.9　KS 方法的流程图

采用无相互作用系统的核心意义在于通过它提供了近似计算电子动能的方法。由于真实系统的电子动能 T^0 不能表达为系统电子密度的泛函，因而无法计算 T^0，但虚拟系统的电子动能 T^{KS} 却可以计算，考虑到 T^0 和 T^{KS} 差别很小，因此可以用 T^{KS} 作为 T^0 的近似，而把两者的差 T^0-T^{KS} 归并到本来就未知的交换关联能 E_{xc}^0 中，从而把所有的未知量都包含在 $E_{xc}^{KS}=T^0-T^{KS}+E_{xc}^0$ 中，而该量则由其他方法给出。由于 T^0-T^{KS} 相对于动能 T^0 是十分小的量，E_{xc}^0 相对于电子相互自由能 E_{ee}^0 是十分小的量，两者合并在一起形成的 E_{xc}^{KS} 相对于总能量是十分小的量，因此即使给出的 E_{xc}^{KS} 不够精确，也不会显著影响总能量。

4.7.4 Kohn-Sham 方程的求解过程

KS 方程的求解与 HF 方程的求解类似，也是用自洽场方法，但是它更简单，如图 4.10 所示。求解的第一步是选择系统的初始或零级电子密度 $\rho^0(\boldsymbol{r})$，初始电子密度一个好的近似就是把构成所研究系统中原子的电子密度按系统结构直接加起来，而原子的电子密度可从相关的手册中得到；第二步，由系统结构和式(4.5)确定 $v_{\mathrm{ne}}(\boldsymbol{r})$，由 $\rho^0(\boldsymbol{r})$ 和式(4.235)计算 $v_H^{\mathrm{KS}}(\boldsymbol{r})$，用 $\rho^0(\boldsymbol{r})$、$E_{\mathrm{xc}}^{\mathrm{KS}}[\rho]$ 和式(4.242)计算 $v_{\mathrm{xc}}^{\mathrm{KS}}(\boldsymbol{r})$，三者相加得到 $v^{\mathrm{KS}}(\boldsymbol{r})$，这样就确定了一级 KS 方程；第三步，数值求解此方程得到一级波函数 $\psi_i^{\mathrm{KS}}(\boldsymbol{r})\ (i=1,\cdots,n)$，用式(4.249)计算电子密度 $\rho(\boldsymbol{r})$；第四步，比较 $\rho(\boldsymbol{r})$ 与 $\rho^0(\boldsymbol{r})$ 大小，如果两者差别较大，则用 $\rho(\boldsymbol{r})$ 作为新的试探电子密度进行新一轮的计算，如果两者差别较小，则 $\rho(\boldsymbol{r})$ 即为最终的电子密度；第五步，把所得 $\rho(\boldsymbol{r})$ 代入下述的式(4.254)则得到系统能量。比较 KS 和 HF 自洽求解过程可见，在 HF 方法中要选择出 n 个零级单电子波函数，而在 KS 方法中只需给出一个电子密度函数，这是 KS 简单性和有效性的基础。

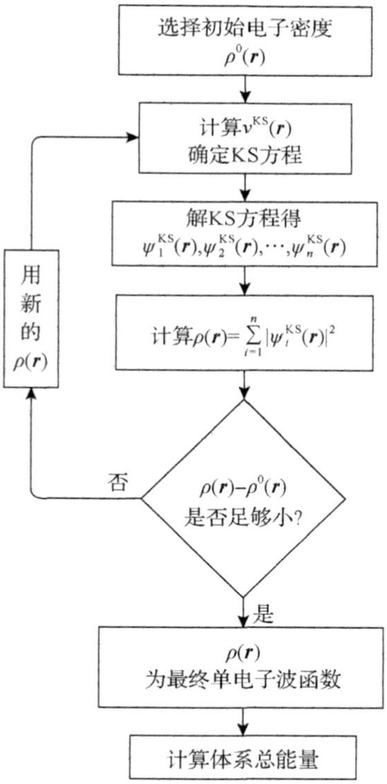

图 4.10　求解 KS 方程的流程

下面推导 KS 中系统能量的计算公式。由式(4.237)定义的 $T^{\mathrm{KS}}[\rho]$ 和式(4.241)

定义的 $E_{xc}^{KS}[\rho]$，可把由式(4.232)表达的系统总能量写为

$$\begin{aligned}E^0 &= T^0[\rho] + E_{ne}^0 + E_H^0 + E_{xc}^0[\rho] \\ &= T^{KS}[\rho] + E_{ne}^0 + E_H^0 + \left[E_{xc}^0[\rho] + (T^0[\rho] - T^{KS}[\rho])\right] \\ &= T^{KS}[\rho] + E_{ne}^0 + E_H^0 + E_{xc}^{KS}[\rho]\end{aligned} \tag{4.250}$$

式(4.250)表达了准确的系统总能量。式(4.250)中第一项 $T^{KS}[\rho]$ 为

$$T^{KS}[\rho] = \sum_i \int \psi_i^{KS*}(\boldsymbol{r}) \left[-\frac{\hbar^2}{2m}\nabla^2 \psi_i^{KS}(\boldsymbol{r})\right] d\boldsymbol{r} \tag{4.251}$$

表示电子的动能，该动能实际是无相互作用的虚拟电子的动能，因此 KS 方法中电子的动能是通过波函数的方式计算出来的，这是 KS 的核心技巧。第二项和第三项分别表示系统准确的核-电子库仑能和电子间的 Hartree 能，分别由式(4.227)和式(4.231)给出，这两项中的上标“0”表示准确值，然而实际计算所用的电子密度是通过求解 KS 获得的，因此它并不是系统的严格值，从而用式(4.227)和式(4.231)算出的核-电子库仑能和 Hartree 能只是近似值，为了能和准确值有所区分，这里用上标“KS”来标识实际计算得到的核-电子库仑能和 Hartree 能，即定义 E_{ne}^{KS} 为

$$E_{ne}^{KS} \equiv \int \rho(\boldsymbol{r}) V_{ne}(\boldsymbol{r}) d\boldsymbol{r} \tag{4.252}$$

和 E_H^{KS} 为

$$E_H^{KS} \equiv \frac{1}{2}\frac{e^2}{4\pi\varepsilon_0} \iint \frac{\rho(\boldsymbol{r})\rho(\boldsymbol{r}')}{|\boldsymbol{r}-\boldsymbol{r}'|} d\boldsymbol{r} d\boldsymbol{r}' \tag{4.253}$$

式(4.250)中的第四项交换关联泛函 $E_{xc}^{KS}[\rho]$ 是必须预先给出的，把基态电子密度代入该表达式即可得到该项能量，即系统交换关联能。于是，获得自洽解的 $\psi_i^{KS}(\boldsymbol{r})(i=1,2,\cdots,n)$ 和相应的基态电子密度 $\rho(\boldsymbol{r})$ 后，KS 方法给出的系统总能量 E^{KS} 的计算式为

$$\begin{aligned}E^{KS} &= T^{KS}[\rho] + E_{ne}^{KS} + E_H^{KS} + E_{xc}^{KS}[\rho] \\ &= \sum_i \int \psi_i^{KS*}(\boldsymbol{r}) \left[-\frac{\hbar^2}{2m}\nabla^2 \psi_i^{KS}(\boldsymbol{r})\right] d\boldsymbol{r} \\ &\quad + \int v_{ne}(\boldsymbol{r})\rho(\boldsymbol{r}) d\boldsymbol{r} + \frac{1}{2}\frac{e^2}{4\pi\varepsilon_0} \iint \frac{\rho(\boldsymbol{r})\rho(\boldsymbol{r}')}{|\boldsymbol{r}-\boldsymbol{r}'|} d\boldsymbol{r} d\boldsymbol{r}' + E_{xc}^{KS}[\rho]\end{aligned} \tag{4.254}$$

这里再推导另一个总能量计算式。由式(4.237)，NI 系统的总能量为

$$
\begin{aligned}
E^{\mathrm{NI}} &= T^{\mathrm{KS}}[\rho]+\int v^{\mathrm{KS}}(\boldsymbol{r})\rho(\boldsymbol{r})\mathrm{d}\boldsymbol{r} \\
&= T^{\mathrm{KS}}[\rho]+\int v_{\mathrm{ne}}(\boldsymbol{r})\rho(\boldsymbol{r})\mathrm{d}\boldsymbol{r}+\int v_{H}^{\mathrm{KS}}(\boldsymbol{r})\rho(\boldsymbol{r})\mathrm{d}\boldsymbol{r}+\int v_{\mathrm{xc}}^{\mathrm{KS}}(\boldsymbol{r})\rho(\boldsymbol{r})\mathrm{d}\boldsymbol{r} \\
&= T^{\mathrm{KS}}[\rho]+\int v_{\mathrm{ne}}(\boldsymbol{r})\rho(\boldsymbol{r})\mathrm{d}\boldsymbol{r}+\frac{e^2}{4\pi\varepsilon_0}\iint\frac{\rho(\boldsymbol{r}_1)\rho(\boldsymbol{r}_2)}{|\boldsymbol{r}_1-\boldsymbol{r}_2|}\mathrm{d}\boldsymbol{r}_1\mathrm{d}\boldsymbol{r}_2+\int v_{\mathrm{xc}}^{\mathrm{KS}}(\boldsymbol{r})\rho(\boldsymbol{r})\mathrm{d}\boldsymbol{r} \\
&= T^{\mathrm{KS}}[\rho]+E_{\mathrm{ne}}^{\mathrm{KS}}[\rho]+2E_{H}^{\mathrm{KS}}[\rho]+\int v_{\mathrm{xc}}^{\mathrm{KS}}(\boldsymbol{r})\rho(\boldsymbol{r})\mathrm{d}\boldsymbol{r} \\
&= (T^{\mathrm{KS}}+E_{\mathrm{ne}}^{\mathrm{KS}}+E_{H}^{\mathrm{KS}}+E_{\mathrm{xc}}^{\mathrm{KS}})+E_{H}^{\mathrm{KS}}-E_{\mathrm{xc}}^{\mathrm{KS}}+\int v_{\mathrm{xc}}^{\mathrm{KS}}(\boldsymbol{r})\rho(\boldsymbol{r})\mathrm{d}\boldsymbol{r} \\
&= E^{\mathrm{KS}}+E_{H}^{\mathrm{KS}}-E_{\mathrm{xc}}^{\mathrm{KS}}+\int v_{\mathrm{xc}}^{\mathrm{KS}}(\boldsymbol{r})\rho(\boldsymbol{r})\mathrm{d}\boldsymbol{r}
\end{aligned}
\tag{4.255}
$$

因此 NI 系统的总能量 E^{NI} 并不等于真实系统的总能量 E^{KS}。NI 系统的总能量还可表达为

$$
\begin{aligned}
E^{\mathrm{NI}} &= T^{\mathrm{KS}}[\rho]+\int v^{\mathrm{KS}}(\boldsymbol{r})\rho(\boldsymbol{r})\mathrm{d}\boldsymbol{r} \\
&= T^{\mathrm{KS}}[\rho]+\int v_{\mathrm{ne}}(\boldsymbol{r})\rho(\boldsymbol{r})\mathrm{d}\boldsymbol{r}+\int v_{H}^{\mathrm{KS}}(\boldsymbol{r})\rho(\boldsymbol{r})\mathrm{d}\boldsymbol{r}+\int v_{\mathrm{xc}}^{\mathrm{KS}}(\boldsymbol{r})\rho(\boldsymbol{r})\mathrm{d}\boldsymbol{r} \\
&= \sum_{i=1}^{n}\int \psi_i^{\mathrm{KS}*}(\boldsymbol{r}_i)h_i^{\mathrm{KS}}(\boldsymbol{r}_i)\psi_i^{\mathrm{KS}}(\boldsymbol{r}_i)\mathrm{d}\boldsymbol{r}_i \\
&= \sum_{i=1}^{n}\varepsilon_i^{\mathrm{KS}}
\end{aligned}
\tag{4.256}
$$

该式表明 NI 系统的总能量等于所有单粒子能量 $\varepsilon_i^{\mathrm{KS}}$ 的简单加和。由以上两式可得到真实系统总能量的另一种表达式：

$$
E^0=\sum_{i=1}^{n}\varepsilon_i^{\mathrm{KS}}+E_{\mathrm{xc}}^{\mathrm{KS}}-E_{H}^{\mathrm{KS}}-\int v_{\mathrm{xc}}^{\mathrm{KS}}(\boldsymbol{r})\rho(\boldsymbol{r})\mathrm{d}\boldsymbol{r}
\tag{4.257}
$$

上述的自洽方法只是给出了一般性的原理，用它求解分子系统及固体系统 KS 方程是不现实的。对于分子系统通常要采用类似于 HFR 方法，即把 KS 单电子波函数展开为基函数的线性组合，从而把 KS 方程变为矩阵方程，再利用计算机进行数值求解。对于晶体，还有更多的问题需要解决，这将在第 9 章说明。

4.7.5 Kohn-Sham 方法中的系统和能量

在 KS 方法中，系统总能量由式(4.254)给出，即

$$E^0[\rho]=T^{KS}+E_{ne}^{KS}+E_H^{KS}+E_{xc}^{KS} \tag{4.258}$$

通常 T^{KS} 被理解为电子的动能，E_{ne}^0 为核与电子的库仑吸引能，E_H^{KS} 为电子之间平均库仑排斥能，E_{xc}^{KS} 则被称为交换关联能，如图 4.7(c)所示。与 HF 方法中的情形类似，这种理解实质上也是一种基于单电子观念的理解，就是把每个 KS 单电子波函数看成描述一个单电子，系统则看成是由这些单电子形成的集合，这样的单电子称为 KS 电子，当然它不再是原本系统中的自由电子，而是一个新的对象，可以看成准粒子。值得指出的是，这种 KS 电子系统不是指 KS 方法中的 NI 系统，因为在 NI 系统中电子之间是没有相互作用的，而 KS 电子间有相互作用；KS 电子系统和真实系统有相同的电子密度和能量，而 NI 系统和原本系统只是基态电子密度相同而系统能量却不同。

在 KS 方法中，计算的前提是知道系统的交换关联能量泛函 $E_{xc}^{KS}[\rho]$，通常 $E_{xc}^{KS}[\rho]$ 总是分成交换泛函 $E_x^{KS}[\rho]$ 和关联 $E_c^{KS}[\rho]$ 两项而分别给出，即

$$E_{xc}^{KS}[\rho]=E_x^{KS}[\rho]+E_c^{KS}[\rho] \tag{4.259}$$

这样在 KS 所计算的能量中包含如下的能量：电子动能 T^{KS}、核-电子间库仑能 E_{ne}^{KS}、电子之间的 Hartree 能 E_H^{KS}、电子之间的交换能 E_x^{KS} 和电子之间的关联能 E_c^{KS}，后三项组成电子之间的总作用能 E_{ee}^{KS}，即

$$E_{ee}^{KS}=E_H^{KS}+E_x^{KS}+E_c^{KS} \tag{4.260}$$

这里的能量都由 KS 轨道 $\psi_i^{KS}(\boldsymbol{r})(i=1,2,\cdots,n)$ 或其形成的电子密度得出，意味着所有电子指的是 KS 电子，所以都有“KS”的上标标识。图 4.7(c)表示各能量的相对大小及正负。

表 4.3 是用 KS 方法计算的 N_2 分子能量的例子，这里只给出结果，具体的细节参考有关的文献[29]。由表中数据可知，KS 方法计算出的 KS 电子的各项能量中，核-电子之间的库仑作用能最大(60.56%)，其他依次是电子动能(21.76%)、Hartree 能(14.97%)、交换能(2.62%)和关联能(0.09%)，图 4.8(c) 以饼图方式表示 KS 方法计算的各个能量的比例。把交换能 E_x^{KS} 和关联能 E_c^{KS} 加起来就得到交换关联能 E_{xc}^{KS}，可见其为−13.589Hartree，与值为 75.068Hartree 的 Hartree 能 E_H 相比大约为后者的 18.1%，占总能量的比例则为 2.71%，表明 E_{xc}^{KS} 确实只是一个相对小量。KS 计算的 KS 电子动能为 109.070Hartree，真实系统的电子动能为 109.399Hartree (表 4.2)，因此 $T^{KS}-T^0=-0.329$ 是很小的量，甚至比 E_c^{KS} (−0.475 Hartree)还要小，这说明 $T^{KS}-T^0$ 只是 $E_{xc}^{KS}=(T^{KS}-T^0)+E_{xc}^0$ 中很小一部分，这是 E_{xc}^{KS} 为相对小量的

另一个基础。

表 4.3 KS 方法计算的 N_2 分子中各能量项的值(单位为 Hartree)[29]

项目	T	E_{ne}	E_H	E_x	E_c	总能量
KS 方法能量值	109.070	–303.628	75.068	–13.114	–0.475	–133.079
占总能量百分比	21.76%	60.56%	14.97%	2.62%	0.09%	
与 HF 方法的差值	0.296	–0.558	0.274	–0.006	–0.006	0.469
差值的百分数	0.27%	0.18%	0.37%	0.046%	1.3%	0.35%

4.7.6 DFT 方法和 HF 方法的比较

DFT 方法和 HF 方法既有某些类似也有某些不同。两个方法最核心的任务是求解各自的单电子方程，即 KS 方程和 HF 方程，下面概括这两个方程的异同。相同点包括：①它们都可看成是单电子薛定谔方程；②方程中的动能项、核-电子势和 Hartree 势是相同的；③两个方程的求解都是用自洽的方法。不同点有：①HF 方程是包含 n 个方程的微分方程组，而 KS 方程只是一个微分方程；②两个方程中包含不同的势，HF 方程中包含交换势 $v_{x,i}^{HF}(\boldsymbol{r})$，而 KS 方程中包含交换关联势 $v_{xc}^{KS}(\boldsymbol{r})$，前者在解方程中自洽地确定，而后者必须人工给出；③在求解方程中，自洽求解 HF 方程需要 n 个初始波函数，而求解 KS 方程仅需要一个初始电子密度即可。

在物理理解方面两种方法根本不同：①HF 是基于波函数的方法，它的目的是计算系统的总波函数和能量，而 KS 方法是基于电子密度的方法，它的目的是计算系统的电子密度和能量；②HF 方法中所计算的系统总能量是近似的，而 KS 中计算的总能量原则上是精确的；③HF 轨道和 KS 轨道的意义是不同的，或者说两个轨道表示不同本质的准粒子，每个 HF 轨道相应的能量可以看成系统的电离能，而 KS 轨道的能量则没有这个意义，除非是能量最高的 KS 轨道[61]。虽然 KS 轨道和 HF 轨道本质上是不同的，但每个轨道所对应的动能、Hartree 能和交换能等却相差不多。这里以两种方法计算的 N_2 分子的各项能量为例来说明，如表 4.3 所示，表中第三行显示了 KS 计算结果与 HF 计算结果(表 4.1)的差异，由此可见各能量项的差十分小，比如，动能的差值为 0.296Hartree，与 KS 所计算的动能 109.070Hartree 比较，差值的百分误差为 0.27%。比较图 4.8(c)和图 4.8(a)可以直观看到 KS 方法和 HF 方法中对应的各能量比较接近。

4.7.7 自旋密度泛函理论简介[62]

当一个系统处于外加磁场中时，系统的总能量不仅依赖于总电子密度 ρ，而且依赖于两种不同自旋电子的电子密度 ρ_α 和 ρ_β。对于某些电子系统，如在其基态时两种自旋电子的数量并不相等的铁磁系统，即使没有外加磁场系统的总能量也同时依赖于两种不同自旋电子的电子密度 ρ_α 和 ρ_β；对于许多一般的非磁性系统，人们发现系统的交换关联能既可以写成总电子密度的泛函，也可以写成两种不同自旋的电子密度泛函，但后者往往能更准确地描述交换关联能。在所有这些情形下，需要区分不同自旋的电子密度，这就需要对上述的 KS 方法进行扩展，这就是所谓的自旋密度泛函理论(spin-density functional theory)。

这一理论的根本目标和上述的密度泛函理论一样，就是求系统的电子密度和系统总能量，只不过这里电子密度包含两个量：自旋向上的电子密度 ρ_α 和自旋向下的电子密度 ρ_β。解决问题的基本方法和上述的 KS 方法完全类似，就是建立和求解 KS 方程，所不同的是这里的 KS 方程包括两个方程：一个是关于自旋向上电子系统的 KS 方程，另一个是关于自旋向下电子系统的 KS 方程，两个方程通过总电子数守恒联系在一起。这里只是给出这个方程，有关的推导见相关的文献[62]。方程为：

$$\left[-\frac{\hbar^2}{2m}\nabla^2+v_{\text{ne}}(\boldsymbol{r})+\frac{e^2}{4\pi\varepsilon_0}\int\frac{\rho(\boldsymbol{r}')}{|\boldsymbol{r}-\boldsymbol{r}'|}\mathrm{d}\boldsymbol{r}'+\frac{\delta E_{\text{xc}}^{\text{KS}}[\rho_\alpha,\rho_\beta]}{\delta\rho_\alpha}\right]\psi_{\alpha,i}^{\text{KS}}(\boldsymbol{r})=\varepsilon_{\alpha,i}^{\text{KS}}\psi_{\alpha,i}^{\text{KS}}(\boldsymbol{r})\quad i=1,2,\cdots,n_\alpha$$

$$\left[-\frac{\hbar^2}{2m}\nabla^2+v_{\text{ne}}(\boldsymbol{r})+\frac{e^2}{4\pi\varepsilon_0}\int\frac{\rho(\boldsymbol{r}')}{|\boldsymbol{r}-\boldsymbol{r}'|}\mathrm{d}\boldsymbol{r}'+\frac{\delta E_{\text{xc}}^{\text{KS}}[\rho_\alpha,\rho_\beta]}{\delta\rho_\beta}\right]\psi_{\beta,i}^{\text{KS}}(\boldsymbol{r})=\varepsilon_{\beta,i}^{\text{KS}}\psi_{\beta,i}^{\text{KS}}(\boldsymbol{r})\quad i=1,2,\cdots,n_\beta$$

(4.261)

这里的 KS 波函数分为自旋向上 KS 单电子波函数 $\psi_{\alpha,i}^{\text{KS}}(\boldsymbol{r})$ 和自旋向下 KS 单电子波函数 $\psi_{\beta,i}^{\text{KS}}(\boldsymbol{r})$ 两类，分别由两个方程表述，每个方程中的交换关联泛函 $E_{\text{xc}}^{\text{KS}}[\rho_\alpha,\rho_\beta]$ 必须人工给出，与上面讨论的 $E_{\text{xc}}^{\text{KS}}[\rho]$ 不同的是这里的 $E_{\text{xc}}^{\text{KS}}[\rho_\alpha,\rho_\beta]$ 是两种电子密度 ρ_α 和 ρ_β 的泛函，上式 Hartree 势中的 $\rho(\boldsymbol{r})=\rho_\alpha(\boldsymbol{r})+\rho_\beta(\boldsymbol{r})$ 表示总的电子密度。每个方程解的个数 n_α 和 n_β 并不是确定量，而是由下式依赖于两种电子密度：

$$\begin{aligned}n_\alpha&=\int\rho_\alpha(\boldsymbol{r})d\boldsymbol{r}\\n_\beta&=\int\rho_\beta(\boldsymbol{r})d\boldsymbol{r}\\n_\alpha+n_\beta&=n\end{aligned}\tag{4.262}$$

式(4.262)第三个等式表达了系统的总电子数守恒。两种自旋电子的电子密度 ρ_α 和 ρ_β 与 n_α 和 n_β 以及 $\psi_{\alpha,i}^{\text{KS}}(\boldsymbol{r})$ 和 $\psi_{\beta,i}^{\text{KS}}(\boldsymbol{r})$ 的关系为

$$\rho_\alpha = \sum_{i=1}^{n_\alpha} \left|\psi_{\alpha,i}^{\text{KS}}(\boldsymbol{r})\right|^2, \qquad \rho_\beta = \sum_{i=1}^{n_\beta} \left|\psi_{\beta,i}^{\text{KS}}(\boldsymbol{r})\right|^2 \tag{4.263}$$

式(4.263)的求解类似于普通的KS方程的求解，即用自洽方法求解，这里不再讨论。

4.7.8　交换关联泛函实例和分类

KS计算的前提是知道$E_{\text{xc}}^{\text{KS}}[\rho]$或$E_{\text{xc}}^{\text{KS}}[\rho_\alpha,\rho_\beta]$，它们的精度决定了最终计算结果的精度，在某种意义上采用DFT求系统准确能量的麻烦转化成求$E_{\text{xc}}^{\text{KS}}[\rho]$的麻烦。原则上有了精确的$E_{\text{xc}}^{\text{KS}}[\rho]$，就有了精确的电子密度和系统能量，但实际上几乎没有精确和通用的$E_{\text{xc}}^{\text{KS}}[\rho]$，精确的$E_{\text{xc}}^{\text{KS}}[\rho]$是密度泛函理论的“圣杯”(Holy Grail)[56]。不难理解获得精确的$E_{\text{xc}}^{\text{KS}}[\rho]$值的困难，因为电子系统的根本问题是求解多体薛定谔方程的问题，KS方法将其转化为一个单电子问题，多体问题所涉及的复杂性则集中到交换关联泛函$E_{\text{xc}}^{\text{KS}}[\rho]$中，因此求精确的$E_{\text{xc}}^{\text{KS}}[\rho]$值无异于求解多体薛定谔方程。如何获取$E_{\text{xc}}^{\text{KS}}[\rho]$并不能在DFT理论框架内解决，而且也没有系统和严格的方法来获得它，物理中的多体理论方法是获得精确$E_{\text{xc}}^{\text{KS}}[\rho]$的基础，经验和试错也是不可或缺的。经过大量的实践，人们发展了许多的$E_{\text{xc}}^{\text{KS}}[\rho]$，不同的$E_{\text{xc}}^{\text{KS}}[\rho]$用于不同的系统，这里对此做一简单介绍，其目的在于展示常见的$E_{\text{xc}}^{\text{KS}}[\rho]$，从而对$E_{\text{xc}}^{\text{KS}}[\rho]$有直观的理解，而不说明获得这些$E_{\text{xc}}^{\text{KS}}[\rho]$所涉及的物理本质，有关$E_{\text{xc}}^{\text{KS}}[\rho]$的深入知识请参阅有关的文献[56,63, 64]。

人们通常按$E_{\text{xc}}^{\text{KS}}[\rho]$表达式中$\rho$的形式将$E_{\text{xc}}^{\text{KS}}[\rho]$分为梯级逐步升高的类别，在第一梯级的$E_{\text{xc}}^{\text{KS}}[\rho]$中$\rho$只以自身的某种数学函数出现，但不包括$\rho$的梯度，这样的$E_{\text{xc}}^{\text{KS}}[\rho]$通常称为LDA型的交换关联泛函；在第二梯级的$E_{\text{xc}}^{\text{KS}}[\rho]$中$\rho$会以$\rho$和梯度$\nabla\rho$的形式出现，这样的$E_{\text{xc}}^{\text{KS}}[\rho]$通常称为GGA型的交换关联泛函；第三梯级的$E_{\text{xc}}^{\text{KS}}[\rho]$中则包含$\nabla^2\rho$项，这样的$E_{\text{xc}}^{\text{KS}}[\rho]$通常称为meta-GGA型的交换关联泛函；第四梯级的$E_{\text{xc}}^{\text{KS}}[\rho]$中不但包含密度$\rho$，而且包含KS轨道，采用这种形式的$E_{\text{xc}}^{\text{KS}}[\rho]$实际上违背了DFT理论中任何量都是电子密度泛函的原则，因此称其为杂化密度泛函，也常称为hyper-GGA型的交换关联泛函。

$E_{\text{xc}}^{\text{KS}}[\rho]$通常分解成交换泛函$E_{\text{x}}^{\text{KS}}[\rho]$与关联泛函$E_{\text{c}}^{\text{KS}}[\rho]$两部分，并以如下形式给出：

$$E_{\text{xc}}^{\text{Name}}[\rho] = E_{\text{x}}^{\text{Name}}[\rho] + E_{\text{c}}^{\text{Name}}[\rho] \equiv \int \rho(\boldsymbol{r})[\varepsilon_{\text{x}}^{\text{Name}}(\rho) + \varepsilon_{\text{c}}^{\text{Name}}(\rho)]d\boldsymbol{r} \tag{4.264}$$

其中$\varepsilon_{\text{x}}^{\text{Name}}(\rho)$和$\varepsilon_{\text{c}}^{\text{Name}}(\rho)$分别称为交换能密度和关联能密度，上标“Name”用来

标识不同的交换能、关联能及其密度，对来自均匀电子气的交换和关联泛函通常以 LDA 或 LSDA 标识，对更高级的通常以提出者加提出年代所标识。

4.7.8.1　LDA(LSDA)型泛函

局域密度近似(local density approximation，LDA)型的泛函或局域自旋密度近似(local-spin-density approximation，LSDA)型的泛函是最早使用的交换泛函和关联泛函，它们实际上是均匀电子气(uniform electron gas，UEG)系统的交换和关联泛函。Kohn 等最早的计算就是以 LDA 泛函作为金属系统中的交换关联泛函，证明了密度泛函理论的有效性。

UEG 系统的交换能密度可由多体理论精确算出，其为

$$\varepsilon_{\mathrm{x}}^{\mathrm{LSDA}}[\rho_\alpha,\rho_\beta]=-\frac{3}{4}\left(\frac{6}{\pi}\right)^{1/3}[\rho_\alpha^{1/3}(\boldsymbol{r})+\rho_\beta^{1/3}(\boldsymbol{r})] \tag{4.265}$$

对于自旋非极化(spin-unpolarized)的 UEG，有 $\rho_\alpha=\rho_\beta$，式(4.265)简化为

$$\varepsilon_{\mathrm{x}}^{\mathrm{LDA}}[\rho]=-\frac{3}{4}\left(\frac{3}{\pi}\right)^{1/3}\rho^{1/3}(\boldsymbol{r}) \tag{4.266}$$

UEG 系统的关联能没有严格解。一个早期被广泛使用的关联能表达式由 S. H. Vosko、L. Wilk 和 M. Nusair 于 1980 年提出[65]，1991 年 J. D. Perdew 和 Y.Wang 对此公式进行了简化，得到如下的关联能密度式[66]：

$$\varepsilon_{\mathrm{c}}^{\mathrm{LSDA}}(r_{\mathrm{s}},\zeta)=\varepsilon_{\mathrm{c}}(r_{\mathrm{s}},0)+\alpha_{\mathrm{c}}(r_{\mathrm{s}})\frac{f(\zeta)}{f''(0)}(1-\zeta^4)+[\varepsilon_{\mathrm{c}}(r_{\mathrm{s}},1)-\varepsilon_{\mathrm{c}}(r_{\mathrm{s}},0)]f(\zeta)\zeta^4 \tag{4.267}$$

式中

$$r_{\mathrm{s}}=\frac{3}{4\pi}\frac{1}{\rho^{1/3}}=\frac{3}{4\pi}\left(\frac{1}{\rho_\alpha+\rho_\beta}\right)^{1/3} \tag{4.268}$$

它表示 UEG 中每个电子所占体积的等效半径，常称为 UEG 参数，是电子密度的另一种表示形式，交换能和关联能密度更常被表达成 r_{s} 的函数而不是 ρ 的函数。式(4.267)中的 ζ 为

$$\zeta=\frac{\rho_\alpha-\rho_\beta}{\rho_\alpha+\rho_\beta} \tag{4.269}$$

它表示 UEG 中两种自旋的电子的数量差与总电子数的比值，称为自旋极化率，ζ

取值范围为$0 \leqslant \zeta \leqslant 1$，当$\zeta = 0$时两种自旋的电子数相同，表示 UEG 处于无极化自旋状态，当$\zeta = 1$时所有电子自旋取向完全相同，表示 UEG 处于完全极化自旋的状态。式(4.267)中$f(\zeta)$是极化率ζ的函数：

$$f(\zeta) = \frac{[(1+\zeta)^{4/3} + (1-\zeta)^{4/3} - 2]}{(2^{4/3} - 2)} \tag{4.270}$$

当$\zeta = 0$时，$f(\zeta) = 0$，当$\zeta = 1$时，$f(\zeta) = 1$。函数$\varepsilon_{\mathrm{c}}(r_{\mathrm{s}}, 0)$和$\varepsilon_{\mathrm{c}}(r_{\mathrm{s}}, 1)$分别表示无极化和完全极化时 UEG 的关联能密度，$\alpha_{\mathrm{c}}(r_{\mathrm{s}})$是一个函数，这三个函数可以统一用下式表达：

$$G(r_{\mathrm{s}}) = -A(1 + \alpha r_{\mathrm{s}}) \ln[1 + \frac{1}{A\left(\beta_1 r_{\mathrm{s}}^{\frac{1}{2}} + \beta_2 r_{\mathrm{s}} + \beta_3 r_{\mathrm{s}}^{\frac{2}{3}} + \beta_4 r_{\mathrm{s}}^2\right)}] \tag{4.271}$$

只是不同的函数分别由一组参数确定，三组参数由表 4.4 给出。

表 4.4　三个函数中的参数

函数	A	α	β_1	β_2	β_3	β_4
$\varepsilon_c(r_s, 0)$	0031091	0.21370	7.5957	3.5876	1.6382	0.49294
$\varepsilon_c(r_s, 1)$	0.015545	0.20548	14.1189	6.1977	3.3662	0.62517
$-\alpha_c(r_s)$	0.016887	0.11125	10.357	3.6231	0.88026	0.49671

4.7.8.2　GGA 型泛函

UEG 中电子密度是均匀的，但原子、分子和固体中电子密度通常是不均匀的，原子和分子尤其如此，因此用上述的 UEG 中的泛函来作为这些系统中交换关联泛函必然产生很大的偏差，从而导致 KS 方法在原子和分子系统中的失败。于是人们发展了新的泛函，其主要特征是包含电子密度的梯度，这种泛函称为广义梯度近似(generalized-gradient approximation, GGA)泛函。GGA 泛函在原子尤其分子领域获得成功，促使 DFT 理论 1990 年以后在化学领域得到发展。

1986 年，A. D. Becke 首先引入包含电子密度梯度的关联泛函[67]：

$$\varepsilon_{\mathrm{x}}^{\mathrm{B86}} = \varepsilon_{\mathrm{x}}^{\mathrm{LSDA}} + \Delta\varepsilon_{\mathrm{x}}^{\mathrm{B86}} = \varepsilon_{\mathrm{x}}^{\mathrm{LSDA}} - 0.0036 \sum_{\sigma=\alpha,\beta} \frac{\rho_\sigma^{1/3} s_\sigma^2}{1 + 0.004 s_\sigma^2} \tag{4.272}$$

该式称为 Becke86 交换泛函，其中第二项表示对 LSDA 泛函的梯度修正，$\sigma = \alpha, \beta$分别表示向上和向下两种自旋，ρ_α、ρ_β表示两种自旋电子的密度，s_σ称为约化密度梯度(reduced density gradient)，表达式为

$$s_\sigma = \frac{|\nabla \rho_\sigma|}{\rho_\sigma^{4/3}} \tag{4.273}$$

对于 UEG，$s_\sigma = 0$，即梯度修正项为零。

1988 年，A. D. Becke 又提出如下交换泛函密度[68]

$$\varepsilon_{\mathrm{x}}^{\mathrm{B88}} = \varepsilon_{\mathrm{x}}^{\mathrm{LSDA}} + \Delta\varepsilon_{\mathrm{x}}^{\mathrm{B88}} = \varepsilon_{\mathrm{x}}^{\mathrm{LSDA}} - b\sum_{\sigma=\alpha,\beta} \frac{\rho_\sigma^{1/3} s_\sigma^2}{1 + 6bs_\sigma \ln[s_\sigma + (s_\sigma^2 + 1)^{1/2}]} \tag{4.274}$$

该式称为Becke88交换泛函，其中第二项表示对LSDA泛函的梯度修正，$b = 0.0042$。

1991 年，J. P. Perdew 和 Y. Wang 提出包含密度梯度的关联能泛函[69]，即所谓的 PW91 关联泛函，其密度表达式为

$$\varepsilon_{\mathrm{c}}^{\mathrm{PW91}}[\rho_\alpha, \rho_\beta, \nabla\rho_\alpha, \nabla\rho_\beta] = \varepsilon_{\mathrm{c}}^{\mathrm{LSDA}}(r_{\mathrm{s}}, \zeta) + \Delta\varepsilon_{\mathrm{c}}^{\mathrm{PW91}}(t, r_{\mathrm{s}}, \zeta) \tag{4.275}$$

其中，$\varepsilon_{\mathrm{c}}^{\mathrm{LSDA}}(r_{\mathrm{s}}, \zeta)$ 表示 LSDA 关联能密度，r_{s} 和 ζ 意义同上，t 为

$$t = \frac{1}{4\left(\frac{3}{\pi}\right)^{\frac{1}{6}}} \frac{1}{g(\zeta)} \frac{\nabla\rho}{\rho^{\frac{7}{6}}} \tag{4.276}$$

是另一种形式的约化电子密度梯度，其中 $g(\zeta)$ 为 ζ 的函数，表达式为

$$g(\zeta) = g = [(1+\zeta)^{2/3} + (1-\zeta)^{2/3}]/2 \tag{4.277}$$

PW91 关联泛函式中的第二项 $\Delta\varepsilon_{\mathrm{c}}^{\mathrm{PW91}}(t, r_{\mathrm{s}}, \zeta)$ 是对 LSDA 关联能密度 $\varepsilon_{\mathrm{c}}^{\mathrm{LSDA}}(r_{\mathrm{s}}, \zeta)$ 的修正，它由两项组成：

$$\Delta\varepsilon_{\mathrm{c}}^{\mathrm{PW91}} = H_0 + H_1 \tag{4.278}$$

式(4.278)第一项 H_0 为

$$H_0 = 0.024736g^3 \ln\left(1 + 2.697586\frac{t^2 + At^2}{1 + At^2 + A^2t^4}\right) \tag{4.279}$$

其中 A 为

$$A = 2.697586\exp[40.426908\varepsilon_{\mathrm{c}}^{\mathrm{LSDA}}(r_s, \zeta)/g^3] \tag{4.280}$$

式(4.278)中的第二项 H_1 为

$$H_1 = 15.75592[C_s(r_s) - 0.004949]g^3 t^2 \exp\left(-41.156312\rho^{-\frac{1}{3}} g^4 t^4\right) \tag{4.281}$$

其中系数 $C_s(r_s)$ 为

$$C_s(r_s) = 10^{-3}\frac{2.568 + 23.266r_s + 0.007389r_s^2}{1 + 8.723r_s + 0.472r_s^2 + 0.07389r_s^3} + 0.001667 \tag{4.282}$$

1996 年，J. P. Perdew、K. Burke 和 M.Ernzerholf 提出新的 GGA 型的交换泛函和关联泛函[70]，交换能密度为

$$\varepsilon_x^{PBE} = \varepsilon_x^{LSDA} + \nabla\varepsilon_x^{PBE} = \varepsilon_x^{LSDA} + 0.804\varepsilon_x^{LSDA}\left(1 - \frac{1}{1 + 0.273s^2}\right) \tag{4.283}$$

其中 $s = |\nabla\rho| / [2(3\pi^2)^{1/3}\rho^{4/3}]$。关联能密度为

$$\varepsilon_c^{PBE} = \varepsilon_c^{LSDA} + \Delta\varepsilon_c^{PBE} \tag{4.284}$$

其中 ε_c^{LSDA} 由式(4.267)给出，$\Delta\varepsilon_c^{PBE}$ 为

$$\Delta\varepsilon_c^{PBE} = 0.031091g^3 \ln\left[1 + 2.146119t^2\left(\frac{1 + At^2}{1 + At^2 + A^2t^4}\right)\right] \tag{4.285}$$

其中 g 和 t 的意义同上，A 为

$$A = 2.146119[\exp(-32.163649g^{-3}\varepsilon_c^{LSDA}) - 1]^{-1} \tag{4.286}$$

4.7.8.3　meta-GGA 型泛函

meta-GGA 型泛函意为后 GGA 泛函，其特征是包含电子密度的二级梯度 $\nabla^2\rho$。这类泛函中一个著名的例子是 C. Lee、W. Yang 和 R. G. Parr 在 1988 年提出的关联能泛函[71]：

$$E_c^{LYP} = -a\int \frac{\gamma(\boldsymbol{r})}{1 + d\rho^{-1/3}}\left\{\rho + 2b\rho^{-5/3}\left[2^{2/3}C_F\rho_\alpha^{8/3} + 2^{2/3}C_F\rho_\beta^{8/3} - \rho t^W + \frac{1}{9}(\rho_\alpha t_\alpha^W + \rho_\beta t_\beta^W)\right.\right.$$
$$\left.\left. + \frac{1}{18}(\rho_\alpha\nabla^2\rho_\alpha + \rho_\beta\nabla^2\rho_\beta)\right]e^{-c\rho^{-1/3}}\right\}d\boldsymbol{r} \tag{4.287}$$

其中 $C_F = \frac{3}{10}(3\pi^2)^{2/3}$，其他常数分别为 $a = 0.04918, b = 0.132, c = 0.2533, d = 0.349$，

$\gamma(\boldsymbol{r})$ 为

$$\gamma(\boldsymbol{r})=2\left[1-\frac{\rho_\alpha^2(\boldsymbol{r})\rho_\beta^2(\boldsymbol{r})}{\rho^2(\boldsymbol{r})}\right] \tag{4.288}$$

t^{W} 为 Weitzsäcker 动能泛函密度：

$$t^{\mathrm{W}}[\rho]=\frac{1}{8}\frac{|\nabla\rho|^2}{\rho^2}-\frac{1}{4}\frac{\nabla^2\rho}{\rho} \tag{4.289}$$

对自旋非极化的电子气，式(4.287)简化为

$$E_{\mathrm{c}}^{\mathrm{LYP}}=-a\int\frac{1}{1+d\rho^{-1/3}}\left[\rho+b\rho^{-2/3}\left(C_{\mathrm{F}}\rho^{5/3}-\frac{17}{9}t^{\mathrm{W}}+\frac{1}{18}\nabla^2\rho\right)\mathrm{e}^{-c\rho^{-1/3}}\right]\mathrm{d}\boldsymbol{r} \tag{4.290}$$

4.7.8.4　杂化泛函或 hyper-GGA 型泛函

A. D. Beck 于 1993 年提出一个新的泛函形式，其特征是包含严格的交换能 $E_{\mathrm{x}}^{\mathrm{exact}}$，也就是泛函不再完全依赖于电子密度，也依赖于 KS 轨道，这种泛函被称为杂化泛函(hybrid functional)，也被看成是 hyper-GGA 型泛函。采用这种形式的泛函意味着与 DFT 的基本观念(任何量都是电子密度的泛函)偏离，但这一泛函方案使得计算精度显著提高，现在成为极为重要和最广泛应用的泛函之一。

Beck 于 1993 年提出的杂化泛函具有如下形式[72]：

$$E_{\mathrm{xc}}^{\mathrm{B3PW91}}=(1-a_0-a_{\mathrm{x}})E_{\mathrm{x}}^{\mathrm{LSDA}}+a_0E_{\mathrm{x}}^{\mathrm{exact}}+a_{\mathrm{x}}E_{\mathrm{x}}^{\mathrm{B88}}+(1-a_{\mathrm{c}})E_{\mathrm{c}}^{\mathrm{LSDA}}+a_{\mathrm{c}}E_{\mathrm{c}}^{\mathrm{PW91}} \tag{4.291}$$

上标中的“B”表示该泛函来自 Beck，“3”表示该泛函中包含三个参数，PW91 表示该泛函中关联能来自 PW 关联泛函。该泛函实际上是多种能量的结合，包括一级近似的交换能 $E_{\mathrm{x}}^{\mathrm{LSDA}}$ 和关联能 $E_{\mathrm{c}}^{\mathrm{LSDA}}$，二级近似的 GGA 型的交换能 $E_{\mathrm{x}}^{\mathrm{B88}}$ 和关联能 $E_{\mathrm{c}}^{\mathrm{PW91}}$，以及精确的交换能 $E_{\mathrm{x}}^{\mathrm{exact}}$。精确关联能由下式给出：

$$E_{\mathrm{x}}^{\mathrm{exact}}\equiv-\frac{1}{4}\frac{e^2}{4\pi\varepsilon_0}\sum_{i=1}^{n}\sum_{j=1}^{n}\iint\psi_i^{\mathrm{KS}*}(\boldsymbol{r})\psi_j^{\mathrm{KS}*}(\boldsymbol{r}')\frac{1}{|\boldsymbol{r}-\boldsymbol{r}'|}\psi_i^{\mathrm{KS}}(\boldsymbol{r}')\psi_j^{\mathrm{KS}}(\boldsymbol{r})\mathrm{d}\boldsymbol{r}\mathrm{d}\boldsymbol{r}' \tag{4.292}$$

该关联能的形式与 HF 方法中的交换能形式完全相同，只是用 KS 轨道代替了 HF 轨道而已。式(4.291)中的三个参数 a_0、a_{x} 和 a_{c} 分别表示精确关联能 $E_{\mathrm{x}}^{\mathrm{exact}}$、交换能 $E_{\mathrm{x}}^{\mathrm{B88}}$ 和关联能 $E_{\mathrm{c}}^{\mathrm{PW91}}$ 所占的比例，三个参数的最佳值由与实验结果相比较而得，Beck 最后确定的几个参数为：$a_0=0.20, a_{\mathrm{x}}=0.72, a_{\mathrm{c}}=0.81$。

现在最普遍使用的杂化泛函是依照 Beck 方案发展而成的 $E_{\mathrm{xc}}^{\mathrm{B3LYP}}$ 泛函，它与上述的 $E_{\mathrm{xc}}^{\mathrm{B3PW91}}$ 泛函的唯一差别是用关联能 $E_{\mathrm{c}}^{\mathrm{LYP}}$ 代替了关联能 $E_{\mathrm{c}}^{\mathrm{PW91}}$，即

$$E_{\mathrm{xc}}^{\mathrm{B3LYP}} = (1-a_0-a_{\mathrm{x}})E_{\mathrm{x}}^{\mathrm{LSDA}} + a_0 E_{\mathrm{x}}^{\mathrm{exact}} + a_{\mathrm{x}} E_{\mathrm{x}}^{\mathrm{B88}} + (1-a_{\mathrm{c}})E_{\mathrm{c}}^{\mathrm{LSDA}} + a_{\mathrm{c}} E_{\mathrm{c}}^{\mathrm{LYP}} \tag{4.293}$$

三个参数与泛函 $E_{\mathrm{xc}}^{\mathrm{B3PW91}}$ 中的值相同。

杂化泛函中包含精确关联能 $E_{\mathrm{x}}^{\mathrm{exact}}$，要确定它需要 n 个 KS 轨道，因此在自洽求解 KS 方程过程中，需要提供 n 个初始的零级 KS 轨道，而在标准 KS 方法中只需提供一个零级电子密度，这就在很大程度上失去了 DFT 方法求解简单的优点。

杂化泛函之所以能提高能量计算的精度是因为精确关联能弥补了自能的误差。在 KS 方法中，Hartree 能 E_H^{KS} 中包含没有物理意义的自能，也就是一个电子与其自身电荷分布之间的库仑能，包含的原因在于当包含自能时 E_H^{KS} 可以表达成电子密度的泛函。在 HF 方法中，交换能精确地抵消自能，因此自能不是问题。但在 KS 方法中，E_H^{KS} 中自能的误差需要在交换关联能 $E_{\mathrm{xc}}^{\mathrm{KS}}$ 中修正，然而通过多体理论以及经验方法获得的 $E_{\mathrm{xc}}^{\mathrm{KS}}$ 并不能充分地抵消自能，这就对最后的结果带来误差。杂化技术实际上通过给 $E_{\mathrm{xc}}^{\mathrm{KS}}$ 泛函中加入参数化的严格交换能，与实验值比较优化参数，其实质就是能有效抵消 E_H^{KS} 中的自能。自能的问题对于所谓的强关联电子系统(如过渡金属氧化物)尤其重要，因此在密度泛函方法处理这些系统时采用杂化型的泛函常常能提高计算的精度，如能提高氧化物能带带隙精度的 HSE 屏蔽杂化泛函[73,74]和称为 TB-mBJ 的泛函[75]都具有杂化泛函的特征。

4.7.9 DFT 方法的缺点和发展[55,57]

KS 方法有如下几个缺点：①难以处理激发态的性质；②处理强关联系统的误差太大；③所计算的固体能带的带隙普遍偏小；④不能处理范德瓦耳斯作用。第一个缺点是由于 KS 方程只包含一个方程，它原则上只能计算电子系统的基态。对此，人们发展了两种方法来解决此问题[76]：一是时间相关的密度泛函理论(time-dependent DFT，TDDFT)[19]；二是和多体格林函数理论相结合的所谓 GW 近似方法[20,58,59,77,78]，但这两种方法目前还限于处理比较小的系统。第二个缺点是由于强关联系统中准确的交换关联泛函难以获得，对此人们有两种方法来提高计算精度，一是所谓的 LDA+U 方法[21]；二是发展和利用新的杂化交换关联泛函，如 HSE 泛函和 TB-mBJ 泛函。第三个问题其实和激发态问题紧密相关，带隙实质上是基态和激发态的能量差，因此计算带隙实际上需要能计算激发态。第四个问题是指如果利用目前的交换关联泛函，分子之间不存在色散力，其原因目前还不是很清楚。

参 考 文 献

[1] Bardeen J. Semiconductor research leading to the point contact transistor. Nobel Prize Lecture, 1956
[2] Riordan M, Hoddeson L. Crystal Fire. New York: W. W. Norton & Company, 1998
[3] Kutzelnigg W. Friedrich Hund and chemistry. Angew Chem Int Ed, 1996, 35: 573-586
[4] Bloch P. Memories of electrons in crystals. Proc R Soc Lond 1980, A371: 24-27
[5] Hoddeson L, Baym G, and Eckert M. The development of the quantum mechanical electron theory of metals, 1926-1933//Hoddeson L, Braun E, Teichmann, et al. Out of the Crystal Maze: Chapters from the History of Solid-State Physics. New York: Oxford University Press, 1992: 88-181
[6] Slater J C. The electronic structure of atoms the Hartree-Fock method and correlation. Rev Mod Phys, 1963, 35: 484-487
[7] Hoch P. The development of the band theory of solids, 1933-1960//Hoddeson L, Braun E, Teichmann, et al. Out of the Crystal Maze: Chapters from the History of Solid-State Physics. New York: Oxford University Press, 1992: 182-135
[8] Herring C. Recollections. Proc R Soc Lond 1980, A371: 67-76
[9] Cohen M L. The theory of real materials. Annu Rev Mater Sci, 2000, 30: 1-26
[10] Roothaan C C J. My life as a physicist. J Mol Struct, 1991, 234: 1-12
[11] Mulliken R. Spectroscopy, molecular orbitals, and chemical bonding. Nobel Prize Lecture, 1966
[12] Cohen M L. The Theory of real materials. Annu Rev Mater Sci, 2000, 30: 1-26
[13] Cohen M L. The pseudopotential panacea. Physics Today, 1979, 32:40-47
[14] Zangwill A. A half century of density functional theory. Phys Today, 2015: 34-39
[15] Saad Y, Chelikowsky J R, Shontz S M. Numerical methods for electronic structure calculations of materials. SIAM Rev, 2010, 52: 3-54
[16] Hafner J. A joint effort with lasting impact. Nat Mater, 2010, 9: 690-692
[17] Gillan M J. The virtual matter laboratory. Contemp Phys, 1997, 38: 115-130
[18] Payne M C, Teter M P, Allan D C, et al. Iterative minimization techniquies for *ab initio* total energy calculations: molecular dynamics and conjugate gradients. Rev Mod Phys, 1992, 64: 1045-1096
[19] Runge E, Gross E K U. Density-functional theory for time-dependent systems. Phys Rev Lett, 1984, 52: 997-1000
[20] Hybertsen M S, Louie S G. First-principles theory of quasiparticles: calculation of band gaps in semiconductors and insulators. Phys Rev Lett, 1985, 55: 1418-1421
[21] Anisimov V I, Zaanen J, Andersen O K. Band theory and Mott insulators: Hubbard U instead of Stoner I. Phys Rev B, 1991, 44: 943-954
[22] Wimmer E. Summary of workshop 'Theory Meets Industry' – the impact of *ab initio* solidstate calculations on industrial materials research. J Phys: Condens Matter, 2008, 20: 064243:1-9
[23] Hautier G, Jain A, Ong S P. From the computer to the laboratory: materials discovery and design using first-principles calculations. J Mater Sci, 2012, 47: 7317-7340
[24] Curtarolo S, Hart G L W, Nardelli M B, et al. The high-throughput highway to computational materials design. Nat Mater, 2013, 12: 191-201
[25] Arfken G B, Weber H J, Harris F E. Mathematical Methods for Physicists. 7th ed. Oxford: Elsevier, 2013: 251-297
[26] Levine I N. Quantum Chemistry. 7th ed. Boston: Pearson Education, 2014: 214
[27] Levine I N. Quantum Chemistry. 7th ed. Boston: Pearson Education, 2014: 265-268

[28] Sprinborg M. Methods of Electronic Structure Calculations: From Molecules to Solids. New Jersey: John Wiley & Sons, 2000: 86-95

[29] Gritsenko O V, Schipper P R T, and Baerends E J. Exchange and correlation energy in density functional theory: comparison of accurate density functional theory quantities with traditional Hartree-Fock based ones and generalized gradient approximations for the molecules. J Chem Phys, 1997, 107: 5007-5015

[30] Sprinborg M. Methods of Electronic Structure Calculations: From Molecules to Solids. New Jersey: John Wiley & Sons, 2000: 98-101

[31] Herman F, Skillman S. Atomic Structure Calculations. Englewood: Prentice-Hall, 1963

[32] Lewars E. G. 计算化学. 2 版. 北京: 科学出版社, 2012: 255-280

[33] Sprinborg M. Methods of Electronic Structure Calculations: From Molecules to Solids. New Jersey: John Wiley & Sons, 2000: 151-168

[34] Szabo A, Ostlund N S. Modern Quantum Chemistry. Toronto: Dover Publications, 1989: 136

[35] Lewars E. G. 计算化学. 2 版. 北京: 科学出版社, 2012: 197

[36] Levine I N. Quantum Chemistry.7th ed. Boston: Pearson Education, 2014: 409

[37] Szabo A, Ostlund N S. Modern Quantum Chemistry. Toronto: Dover Publications, 1989: 137

[38] Roothaan C C J. New developments in molecular orbital theory. Rev Mod Phys, 1951, 23: 69-89

[39] Levine I N. Quantum Chemistry. 7th ed. Boston: Pearson Education, 2014: 221

[40] Szabo A, Ostlund N S. Modern Quantum Chemistry. Toronto: Dover Publications, 1989: 149

[41] Lewars E. G. 计算化学. 2 版. 北京: 科学出版社, 2012: 214-232

[42] Szabo A, Ostlund N S. Modern Quantum Chemistry. Toronto: Dover Publications, 1989: 152-180

[43] Szabo A, Ostlund N S. Modern Quantum Chemistry. Toronto: Dover Publications, 1989: 190-205

[44] Lewars E. G. 计算化学. 2 版. 北京: 科学出版社, 2012: 237

[45] Mulliken R. Spectroscopy, molecular orbitals and chemical bonding. Nobel Prize Lecture, 1966

[46] Levine I N. Quantum Chemistry. 7th ed. Boston: Pearson Education, 2014: 293

[47] Levine I N. Quantum Chemistry. 7th ed. Boston: Pearson Education, 2014: 442

[48] Szabo A, Ostlund N S. Modern Quantum Chemistry. Toronto: Dover Publications, 1989: 159

[49] Szabo A, Ostlund N S. Modern Quantum Chemistry. Toronto: Dover Publications, 1989: 180-190

[50] Lewars E. G. 计算化学. 2 版. 北京: 科学出版社, 2012: 232-255

[51] Kohn W. Noble lecture: electronic structure of matter-wave functions and density functionals. Rev Mod Phys, 1999, 71: 1253-1266

[52] Zangwill A. The education ofWalter Kohn and the creation of density functional theory. Arch Hist Exact Sci, 2014, 68: 775-848

[53] Lee J M. Computational Materials Science: An Introduction. Boca Raton: Taylor & Francis Group, 2012

[54] Sholl D S, Steckel J A. Density Functional Theory. Hoboken: John Wiley & Sons, 2009

[55] Burke K. Perspective on density functional theory. J Chem Phys, 2002, 136: 150901-1~9

[56] Becke A D. Perspective: Fifty years of density-functional theory in chemical physics. 2014, 140: 18A301-1~17

[57] Jones R O. Density functional theory: Its origins, rise to prominence, and future. Rev Mod Phys, 2015, 87: 897-923

[58] Bendavid L I, Carter E A. Status in calculating electronic excited states in transition metal oxides from first principles. Top Curr Chem, Berlin: Pringer-Verlag, 2014: 47-98

[59] Louie S G. Predicting materials and properties: Theory of the ground and excited state//Louie S G, Cohen M L. Contemporary Concepts of Condensed Matter Physics. Amsterdam: Elsevier, 2006: 9-53

[60] Parr R G, Yang W. Density-Functional Theory of Atoms and Molecules. New York: Oxford University Press, 1989: 271-276

[61] Sprinborg M. Methods of Electronic Structure Calculations: From Molecules to Solids. New Jersey: John Wiley & Sons, 2000: 205

[62] Parr R G, Yang W. Density-Functional Theory of Atoms and Molecules. New York: Oxford University Press, 1989: 169-176

[63] Staroverov V N. Density-Functional Approximations for Exchange and Correlation//Sukumar N. A Matter of Density: Exploring the Electron Density Concept in the Chemical, Biological, and Materials Science. New Jersey: John-Wiley & Sons, 2013: 125-156

[64] Levine I N. Quantum Chemistry. 7th ed. Boston: Pearson Education, 2014: 558-569

[65] Vosko S H, Wilk L, Nusair M. Accurate spin-dependent electron liquid correlation energies for local spin density calculations: a critical analysis. Can J Phys, 1980, 58: 1200-1211

[66] Perdew J P, Wang Y. Accurate and simple analytic representation of the electron-gas correlation energy. Phys Rev B, 1992, 45: 13224-13249

[67] Becke A D. Density functional calculations of molecular bond energies. J Chem Phys, 1986, 84: 4524-4529

[68] Becke A D. Correlation energy of an inhomogeneous electron gas: A coordinate-spacemodel. J Chem Phys, 1986, 84: 1053-1062

[69] Perdew J P, Chevary J A, Vosko S H, et al. Atoms, molecules, solids, and surfaces: Applications of the generalized gradient approximation for exchange and correlation. Phys Rev B, 1992, 46: 6671-6687

[70] Perdew J P, K. Burke K, and Ernzerhof M. Generalized gradient approximation made simple. Phys. Rev. Lett., 77, 1996: 3865-3868

[71] Lee C, Yang W, Yang R G. Development of the Colle-Salvetti correlation-energy formula into a functional of the electron density. Phys Rev, 1988, 37: 785-789

[72] Becke A D. Density-functional thermochemistry. III. The role of exact exchange. J Chem Phys, 1993, 84: 5648-5652

[73] Heyd J, Scuseria G E, Ernzerhof M. Hybrid functionals based on a screened Coulomb potential. J Chem Phys, 2003, 118: 8207-8215

[74] Krukau A V, Vydrov O A, Izmaylov A F, et al. Influence of the exchange screening parameter on the performance of screened hybrid functionals. J Chem Phys, 2006, 125: 224106

[75] Tran F, Blaha P. Accurate band gaps of semiconductors and insulators with a semilocal exchange-correlation potential. Phys Rev Lett, 2009, 102: 226401

[76] Liao P, Carter E A. New concepts and modeling strategies to design and evaluate photo-electro-catalysts based on transition metal oxides. Chem Soc Rev, 2013, 42: 2401-2422

[77] van Schilfgaarde M, Kotani T, Faleev S. Quasiparticle self-consistent GW theory. Phys Rev Lett, 1985, 96: 226402-226405

[78] Rohlfing M, Louie S G. Electron-hole excitations in semiconductors and insulators. Phys Rev Lett, 1998, 81: 2312-2315

第5章 原子的电子结构

5.1 引 言

原子的电子结构是指原子薛定谔方程的所有解，每个解包括波函数和能量两个方面，波函数也常称为原子轨道，对原子电子结构的计算和理解是定性和定量理解各种原子性质的基础。原子的价态、电负性、电子亲和力及离子半径都由原子的电子结构决定，而这些概念是理解材料中原子成键和相互作用的基础；原子光谱与电子能谱也都由原子电子结构决定，它们是材料中元素和成分分析技术[如X射线能谱分析、电感耦合等离子体(ICP)、X射线光电子能谱(XPS)等]的基础。在理解和计算分子和固体的电子性质方面，原子的电子结构也是不可或缺的基础。例如，在分子轨道理论以及能带论的紧束缚近似中，通常以原子轨道的线性组合来表示分子和晶体的电子态；在晶体能带论计算中需要知道晶体中的周期势，一种近似的方法就是把周期势看成是构成晶体的原子在自由原子状态时所形成的势的简单叠加，这可以通过原子的电子结构和原子的电荷分布来获得。原子赝势是现在材料电子结构计算中不可或缺的部分，获得原子赝势的问题归结为求解原子的HF方程或KS方程的问题。

原子的电子结构取决于其薛定谔方程中的势，而势代表原子中的相互作用。原子中相互作用包括：①电子与核以及电子之间的库仑作用；②电子自旋-轨道耦合作用，称为精细相互作用；③核自旋与电子之间的相互作用，称为超精细相互作用；④对库仑作用的量子场论修正。在化学及材料研究中所关心的原子性质通常不需考虑后两项相互作用的效应，这时原子的电子结构就是包含前两项相互作用下薛定谔方程的解。方程求解的基本方法为HF方法，它本质上是一个单电子化方法，也就是把原本的薛定谔方程变成一组单电子方程，每个单电子方程的解称为一个单电子态，通常所说的电子实际上就是指由单电子态所描述的粒子。对单电子解的阐释导致了诸如原子轨道形状、壳层、电子组态、谱项、谱项支项、电子组态等原子物理中的基本概念。本章的主要内容就是从求解电子结构入手阐明这些概念的形成和意义。

5.2 氢 原 子

氢原子是最简单的原子，它的薛定谔方程有解析解，正是由于薛定谔方程对氢原子的准确描述，薛定谔方程成为量子力学的基本方程。

5.2.1 薛定谔方程及其求解

5.2.1.1 薛定谔方程

氢原子是由一个质子核和一个电子构成的两体系统，两者之间的相互作用势为

$$V^{\mathrm{H}}(r)=\frac{1}{4\pi\varepsilon_0}\frac{Ze}{r} \tag{5.1}$$

其中，Z=1 表示质子核和电子的电荷数，其薛定谔方程为

$$\left(-\frac{2\mu}{\hbar^2}\nabla^2+V^{\mathrm{H}}(r)\right)\psi=H_0^{\mathrm{H}}\psi=E\psi \tag{5.2}$$

其中，μ 为质子核与电子的折合质量：

$$\mu=\frac{m_{\mathrm{e}}m_{\mathrm{n}}}{m_{\mathrm{e}}+m_{\mathrm{n}}}\approx m_{\mathrm{e}} \tag{5.3}$$

由于质子核的质量 m_{n} 远大于电子的质量 m_{e}（$m_{\mathrm{n}}\approx 1830m_{\mathrm{e}}$），因此折合质量约等于电子的质量，即 $\mu\approx m_{\mathrm{e}}$。该系统的势仅与距离 r 相关，因此在球坐标系下求解此方程最为简单，球坐标如图 5.1 所示。

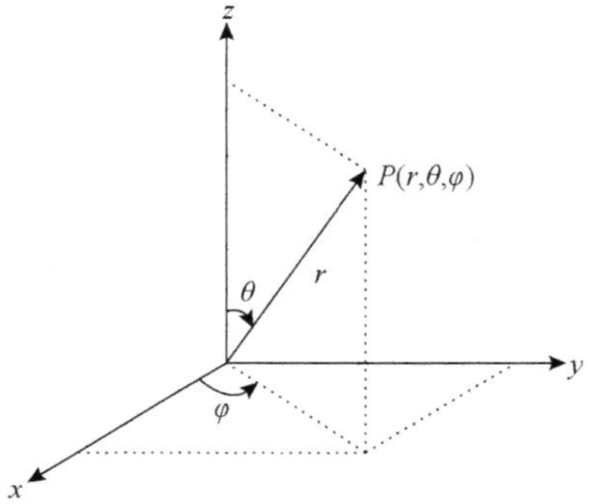

图 5.1　球坐标及直角坐标示意图

r 为径向坐标；θ 为极角(polar angle)坐标；φ 为方位角(azimuthal angle)坐标

球坐标下的拉普拉斯算符为

$$\nabla^2=\frac{1}{r^2}\left[\frac{\partial}{\partial r}\left(r^2\frac{\partial}{\partial r}\right)+\frac{1}{\sin\theta}\frac{\partial}{\partial\theta}\left(\sin\theta\frac{\partial}{\partial\theta}\right)+\frac{1}{\sin^2\theta}\frac{\partial^2}{\partial\varphi^2}\right] \tag{5.4}$$

于是方程(5.2)为

$$\frac{\partial}{\partial r}\left(r^2\frac{\partial\psi}{\partial r}\right)+\frac{1}{\sin\theta}\frac{\partial}{\partial\theta}\left(\sin\theta\frac{\partial\psi}{\partial\theta}\right)+\frac{1}{\sin^2\theta}\frac{\partial^2\psi}{\partial\varphi^2}+\frac{2mr^2}{\hbar^2}\left(E-V^{\mathrm{H}}(r)\right)\psi=0 \quad (5.5)$$

该方程求解可用分离变量法，即采用如下形式的波函数：

$$\psi(r,\theta,\varphi)=R(r)\Theta(\theta)\Phi(\varphi) \quad (5.6)$$

该表达式表明总波函数分为三部分：$R(r)$ 表示与径向坐标 r 相关的部分，常称为径向波函数；$\Theta(\theta)$ 为与极角 θ 相关的部分，可称为极角函数；$\Phi(\varphi)$ 为与方位角 φ 相关的部分，称为方位角函数。下面分步说明该方程的求解。

5.2.1.2 方位角函数 $\Phi(\varphi)$ 的求解

将分离变量解式(5.6)代入方程(5.5)，可得

$$\frac{\sin^2\theta}{R}\frac{\mathrm{d}}{\mathrm{d}r}\left(r^2\frac{\mathrm{d}R}{\mathrm{d}r}\right)+\frac{\sin\theta}{\Theta(\theta)}\frac{\mathrm{d}}{\mathrm{d}\theta}\left(\sin\theta\frac{\mathrm{d}\Theta}{\mathrm{d}\theta}\right)+\frac{2m}{\hbar^2}\left(E-V^{\mathrm{H}}(r)\right)r^2\sin^2\theta=-\frac{1}{\Phi(\varphi)}\frac{\mathrm{d}^2\Phi}{\mathrm{d}\varphi^2}=C_1$$

(5.7)

上式中用微分符号 d 代替式(5.5)中的偏微分符号 ∂，这是由于 $R(r)$、$\Theta(\theta)$、$\Phi(\varphi)$ 分别只是 r、θ、φ 的函数。等号左边仅与 r、θ 相关，而等号右边仅与 φ 相关，说明上式等于一个与 r、θ、φ 无关的常数，这里以 C_1 表示。于是由方程(5.7)有

$$-\frac{1}{\Phi(\varphi)}\frac{\mathrm{d}^2\Phi}{\mathrm{d}\varphi^2}=C_1 \quad (5.8)$$

该方程的解为

$$\Phi=A\mathrm{e}^{\pm\sqrt{C_1}\varphi} \quad (5.9)$$

有意义的 $\Phi(\varphi)$ 应当满足单值性，也就是对于给定的 φ 只能有同一个值，因此对所有允许的 φ 值有

$$\Phi(\varphi+p\cdot2\pi)=\Phi(\varphi) \quad (5.10)$$

式中，p 为任意的整数。式(5.10)意味着

$$\mathrm{e}^{\pm\sqrt{C_1}\cdot p\cdot2\pi}=1 \quad (5.11)$$

由此得

$$\sqrt{C_1} = m = \text{任意整数} \tag{5.12}$$

于是解 Φ 可表达为

$$\Phi(\varphi) = \Phi_m(\varphi) = A\mathrm{e}^{\mathrm{i}m\varphi}, \qquad m\text{为任意整数} \tag{5.13}$$

其中，A 为任意的常数。考虑归一化的 $\Phi_m(\varphi)$，即要求

$$\int_0^{2\pi} \Phi_m^*(\varphi)\,\Phi_m(\varphi)\mathrm{d}\varphi = 1 \tag{5.14}$$

可得 $A = 1/\sqrt{2\pi}$。于是归一化的 $\Phi_m(\varphi)$ 为

$$\Phi_m(\varphi) = \frac{1}{\sqrt{2\pi}}\mathrm{e}^{\mathrm{i}m\varphi} \qquad m\text{为任意整数} \tag{5.15}$$

可以证明该 $\Phi_m(\varphi)$ 也满足正交化条件，即

$$\int_0^{2\pi} \Phi_m^*(\varphi)\,\Phi_n(\varphi)\mathrm{d}\varphi = \delta_{mn} \qquad m\text{、}n\text{为任意整数} \tag{5.16}$$

5.2.1.3　极角函数 $\Theta(\theta)$ 的求解

把上述得到的关于 $C_1=m^2$ 的取值代入方程(5.7)，并做简单整理，则有

$$\frac{1}{R}\frac{\mathrm{d}}{\mathrm{d}r}\left(r^2\frac{\mathrm{d}R}{\mathrm{d}r}\right) + \frac{2mr^2}{\hbar^2}\left(E - V^{\mathrm{H}}(r)\right) = -\frac{1}{\sin\theta\,\Theta(\theta)}\frac{\mathrm{d}}{\mathrm{d}\theta}\left(\sin\theta\frac{\mathrm{d}\Theta}{\mathrm{d}\theta}\right) + \frac{m^2}{\sin^2\theta} = C_2 \tag{5.17}$$

式中左边只与 r 相关，而右边只与 θ 相关，因此该等式是一个与 r、θ 无关的常数，记其为 C_2。式(5.17)包含两个方程，一是关于 $R(r)$ 的方程，稍后讨论，另一个是关于 $\Theta(\theta)$ 的方程，其为

$$\frac{1}{\sin\theta\,\Theta(\theta)}\frac{\mathrm{d}}{\mathrm{d}\theta}\left(\sin\theta\frac{\mathrm{d}\Theta}{\mathrm{d}\theta}\right) - \frac{m^2}{\sin^2\theta} = -C_2 \tag{5.18}$$

为简化此方程，定义记号 $x = \cos\theta$，而 $\Theta(\theta)$ 则记为 $P(x)$，即 $\Theta(\theta) = P(x)$，则方程(5.18)变为

$$(1-x^2)\frac{\mathrm{d}^2P}{\mathrm{d}x^2} - 2x\frac{\mathrm{d}P}{\mathrm{d}x} + \left[C_2 - \frac{m^2}{1-x^2}\right]P = 0 \tag{5.19}$$

该方程称为缔合勒让德方程(associated Legendre equation)[1]。为说明该方程的解，先考虑该方程在 m=0 时的特例，此时方程变为

$$(1-x^2)\frac{\mathrm{d}^2P}{\mathrm{d}x^2}-2x\frac{\mathrm{d}P}{\mathrm{d}x}+C_2P=0 \tag{5.20}$$

该方程称为勒让德常微分方程(Legendre ordinary differential equation 或 Legendre ODE)[1]。对该方程考虑如下级数形式的解：

$$P(x)=a_0+a_1x+a_2x^2+\cdots \tag{5.21}$$

其中，$a_i(i=0,1,2,\cdots)$ 为待定系数。把该级数解代入方程(5.20)，则得到如下的系数递归关系：

$$a_{k+2}=\frac{k(k+1)-C_2}{(k+2)(k+1)}a_k \qquad k=0,1,2,\cdots \tag{5.22}$$

考虑该级数解应当对所有允许的 θ 值有意义，因此对 $\theta=0,\pi$ 也应当有意义，即对 $x=\pm1$ 有意义，这就要求该级数解只能是有限项级数，否则在 $x=\pm1$ 时得到的解为无穷大。级数为有限项意味着待定系数 a_i 必须在某一项以后变为零，设最后不为零的项为 a_lx^l，则 $a_{l+2}x^{l+2}$ 项为零，由式(5.22)可得 $l(l+1)-C_2=0$，即

$$C_2=l(l+1) \tag{5.23}$$

这表明为使级数解对所有 θ 值有意义解，C_2 只能取由式(5.23)形式的特定值。经过一定的数学推导后[1]，方程(5.20)的解可写为

$$P(x)=\sum_{k=0}^{[l/2]}(-1)^k\frac{(2l-2k)!}{2^lk!(l-k)!(l-2k)!}x^{l-2k}=P_l(x) \tag{5.24}$$

其中 $[l/2]$ 表示小于 $l/2$ 的最大的整数值，该解多项式称为勒让德多项式(Legendre polynomials)，通常记为 $P_l(x)$，由该式可见解中 x 的最高次幂为 x^l。

下面考虑 $m\neq0$ 情形下方程(5.19)的解。这里只给出结果，详情见参考文献[2]，其解可表达为

$$P(x)=(-1)^m(1-x^2)^{m/2}\frac{\mathrm{d}^m}{\mathrm{d}x^m}P_l(x)=P_l^m(x) \tag{5.25}$$

该式表明一般情形下的解可由 m=0 情形下的解 $P_l(x)$ 进行 m 次微分运算得到，该解称为缔合勒让德函数(associated Legendre functions)，每个解由 l、m 两个参数标识，通常记为 $P_l^m(x)$。由于 $P_l(x)$ 中 x 的最高次幂为 x^l，因此 m 取值要满足 $m\leqslant l$，式(5.25)才是非零的。在方程(5.19)中，m 是以 m^2 形式出现的，因此方程的解对于 $\pm m$ 是相同的，也就是说 $m\leqslant l$ 的条件实际上为 $|m|\leqslant l$，即

$$-l \leqslant m \leqslant l \tag{5.26}$$

该条件说明 m 和 l 的取值要满足上述的约束关系。数学研究表明 $P_l^m(x)$ 为非归一化的函数，通常对其乘以一个常数使其归一化，这个归一化的函数通常作为方程(5.18)的解，其为[3]

$$\Theta(\theta)=\Theta_{lm}(\theta)=\sqrt{\frac{2l+1}{2}\frac{(l-m)!}{(l+m)!}}P_l^m(\cos\theta) \tag{5.27}$$

$\Theta(\theta)$ 和式(5.15)中 $\varPhi_m(\varphi)$ 乘积在数学中称为球谐函数 $Y_l^m(\theta,\varphi)$：

$$Y_l^m(\theta,\varphi)=\Theta_{lm}(\cos\theta)\cdot\varPhi_m(\varphi) \tag{5.28}$$

球谐函数本身满足正交归一化的条件[3]，即

$$\int_0^{\pi}\int_0^{2\pi}\left(Y_{l_1}^{m_1}(\theta,\varphi)\right)^* Y_{l_2}^{m_2}(\theta,\varphi)\sin\theta\mathrm{d}\theta\mathrm{d}\varphi=\delta_{l_1l_2}\delta_{m_1m_2} \tag{5.29}$$

利用球谐函数氢原子薛定谔方程的解(5.6)可表达为

$$\psi(r,\theta,\varphi)=R(r)Y_l^m(\theta,\varphi) \tag{5.30}$$

该式表明氢原子的总波函数可分为径向部分 $R(r)$ 和角度部分 $Y_l^m(\theta,\varphi)$。得到该解的过程中并不需要势的具体形式，只需要势具有球形对称性即具有 $V(r)$ 的形式，因此该形式的解对所有球形对称性的势都适用。

5.2.1.4　径向波函数 $R(r)$ 的求解

下面求解 $R(r)$。把式(5.23)对 C_2 的取值代入关于 $R(r)$ 的方程(5.17)，则有

$$\frac{1}{R}\frac{\mathrm{d}}{\mathrm{d}r}\left(r^2\frac{\mathrm{d}R}{\mathrm{d}r}\right)+\frac{2\mu r^2}{\hbar^2}\left(E-V^{\mathrm{H}}(r)\right)=l(l+1) \tag{5.31}$$

把 $V^{\mathrm{H}}(r)$ 的表达式(5.1)代入式(5.31)并做简单数学整理，可得

$$\frac{\mathrm{d}^2R}{\mathrm{d}r^2}+\frac{2}{r}\frac{\mathrm{d}R}{\mathrm{d}r}+\left[\frac{2\mu}{\hbar^2}\left(E-\frac{1}{4\pi\varepsilon_0}\frac{Ze}{r}\right)-\frac{l(l+1)}{r^2}\right]R=0 \tag{5.32}$$

该方程的求解过程不再说明，只给出相关的结果，有关细节可参考相关文献[4,5]。该方程归一化的解为

$$R(r)=R_{nl}(r)=\sqrt{\left(\frac{2}{na_0}\right)^3\frac{(n-l-1)}{2n[(n+l)!]^3}}\mathrm{e}^{-x}(2x)^l L_{n-l-1}^{2l+1}(2x) \tag{5.33}$$

其中的各符号表达式如下：

$$x = r / na_0$$
$$a_0 = 4\pi\varepsilon_0 \frac{\hbar^2}{\mu e^2} \approx 0.53\,\text{Å} \tag{5.34}$$
$$L_{n-l-1}^{2l+1}(2x) = \sum_{k=0}^{n-l-1} (-1)^{k+1} \frac{(n+k)!}{(n-l-1-k)!(2l+1+k)!k!}(2x)^k$$

$R_{nl}(r)$ 中的下标表明径向波函数由 n、l 标识，a_0 称为玻尔半径，$L_{n-l-1}^{2l+1}(2x)$ 为缔合拉盖尔多项式(associated Laguerre polynomials)[6]，$n = 1,2,3,\cdots$ 为正整数。该解满足如下归一化条件：

$$\int_0^\infty R_{nl}^*(r) R_{nl}(r) r^2 \mathrm{d}r = \int_0^\infty R_{nl}^2(r) r^2 \mathrm{d}r = 1 \tag{5.35}$$

在获得该解的过程中，得到如下数学关系：

$$l \leqslant n-1 \tag{5.36}$$

系统的能量 E 满足如下表达式：

$$E = E_n^{\mathrm{H}} = -\frac{\mu Z^2 e^4}{8\varepsilon_0^2 h^2}\frac{1}{n^2} = -\frac{1}{n^2}\mathrm{Ryd} \approx -13.6\frac{1}{n^2}\mathrm{eV} \tag{5.37}$$

其中，$\mathrm{Ryd}=\dfrac{\mu Z^2 e^4}{8\varepsilon_0^2 h^2} \approx 13.6\,\mathrm{eV}$，为原子中常用的能量单位。

5.2.1.5　总波函数

把式(5.33)中的 $R_{nl}(r)$ 和式(5.28)中的 $Y_l^m(\theta,\varphi)$ 代入式(5.30)得到氢原子薛定谔方程的完整波函数解：

$$\psi(r,\theta,\varphi) = \psi_{nlm}(r,\theta,\varphi) = R_{nl}(r) Y_l^m(\theta,\varphi) \tag{5.38}$$

$\psi_{nlm}(r,\theta,\varphi)$ 的下标表明每个量子态由一组量子数 (nlm) 标识，这三个量子数分别称为主量子数、角动量量子数和磁量子数，综合式(5.12)、式(5.23)和式(5.36)以及它们的取值可把三个量子数的取值及关系归纳如下：

$$\begin{aligned} &n = 0,1,2,\cdots \\ &l = 0,1,\cdots,n-1 \\ &m = -l,-l+1,\cdots,0,\cdots,l-1,l \end{aligned} \tag{5.39}$$

量子态 (nlm) 的能量由式(5.37)给出，该式表明能量仅与主量子数 n 有关。由式(5.39)可见，对于给定的 n，对应的 l 有 n 个取值，而每个 l 对应的 m 有 $2l+1$ 个取值，因此量子数 n 对应 $\sum_{l=0}^{n-1}(2l+1)=n^2$ 个量子态，如 $n=2$ 对应 ψ_{200}、ψ_{211}、ψ_{210} 和 ψ_{21-1} 等四个量子态，这意味着氢原子中的量子态是 n^2 重简并的。

下面说明角动量量子数和磁量子数的物理意义。在经典力学中角动量为 $\boldsymbol{l}=\boldsymbol{r}\times\boldsymbol{p}$，在量子力学中，把 $\boldsymbol{p}$ 用其对应的算符 $-i\hbar\nabla$ 代替，则得到角动量算符 $\hat{\boldsymbol{l}}=\boldsymbol{r}\times -i\hbar\nabla=-i\hbar\boldsymbol{r}\times\nabla$，用球坐标表示的三个分量表达式为

$$
\begin{aligned}
\boldsymbol{l}_x &= i\hbar\left(\sin\varphi\frac{\partial}{\partial\theta}+\cot\theta\cos\varphi\frac{\partial}{\partial\varphi}\right)\\
\boldsymbol{l}_y &= -i\hbar\left(\cos\varphi\frac{\partial}{\partial\theta}-\cot\theta\sin\varphi\frac{\partial}{\partial\varphi}\right)\\
\boldsymbol{l}_z &= -i\hbar\frac{\partial}{\partial\varphi}
\end{aligned}
\tag{5.40}
$$

角动量平方算符 $\boldsymbol{l}^2$ 则定义为

$$
\boldsymbol{l}^2=\boldsymbol{l}_x^2+\boldsymbol{l}_y^2+\boldsymbol{l}_z^2=-\hbar^2\left(\frac{\partial^2}{\partial\theta^2}+\cot\theta\frac{\partial}{\partial\theta}+\frac{1}{\sin^2\theta}\frac{\partial^2}{\partial\varphi^2}\right)
\tag{5.41}
$$

如果把算符 $\boldsymbol{l}^2$ 和 $\boldsymbol{l}_z$ 作用于式(5.38)所表示的氢原子的波函数 ψ_{nlm} 则得到如下结果：

$$
\boldsymbol{l}^2\psi_{nlm}=l(l+1)\hbar^2\psi_{nlm},\qquad \boldsymbol{l}_z\psi_{nlm}=m\hbar\psi_{nlm}
\tag{5.42}
$$

该式表明 ψ_{nlm} 是算符 $\boldsymbol{l}^2$ 和 $\boldsymbol{l}_z$ 的本征函数，$l(l+1)\hbar^2$ 和 $m\hbar$ 分别是 $\boldsymbol{l}^2$ 和 $\boldsymbol{l}_z$ 在量子态 ψ_{nlm} 的取值。由于 $\boldsymbol{l}^2$ 表达的是角动量平方，因此角动量的大小 $|\boldsymbol{l}|=\sqrt{l(l+1)}$，这表明在量子态 ψ_{nlm} 中角动量大小是确定的量，而量子数 l 表达了原子角动量的性质，因此被称为角动量量子数。需要指出的是 ψ_{nlm} 并不是 $\boldsymbol{l}$ 的本征函数，这意味着在量子态 ψ_{nlm} 中角动量 $\boldsymbol{l}$ 并没有确定的值。量子态 ψ_{nlm} 是角动量分量 $\boldsymbol{l}_z$ 的本征函数，说明在量子态 ψ_{nlm} 中角动量分量 $\boldsymbol{l}_z$ 具有确定的值，该值为 $m\hbar$。上述的三个事实可理解为：在量子态 ψ_{nlm} 中角动量大小不变，但绕 z 轴旋转。由于 z 轴的选取是随意的，这意味对于任何给定的方向，角动量绕着该轴旋转。如果把氢原子放在磁感应强度为 $\boldsymbol{B}$ 的磁场中，以 $\boldsymbol{B}$ 的方向为给定的方向，则量子态 ψ_{nlm} 中的角动量矢量 $\boldsymbol{l}$ 绕着 $\boldsymbol{B}$ 旋转，在没有磁场时该量子态的能量为 $-13.6/n^2\,\mathrm{eV}$，当施加磁场后该量子态的能量发生 $m\mu_{\mathrm{B}}\boldsymbol{B}$ 的改变，μ_{B} 是一个常数，称为玻尔磁子(见 5.4.2 节)，因此量子数 m 表征原子与磁场的相互作用，被称为磁量子数。

5.2.1.6　原子轨道

式(5.38)表示的总波函数 $\psi_{nlm}(r,\theta,\varphi)$ 由径向波函数 $R_{nl}(r)$ 和球谐函数 $Y_l^m(\theta,\varphi)$ 的乘积给出，其中 $R_{nl}(r)$ 为实函数，而球谐函数在 m=0 时为实函数，在 $m\neq 0$ 时为复函数(l,m 取值较小的球谐函数的具体表达式可见相关文献[7])，如 $Y_1^0(\theta,\varphi)=\sqrt{3/4\pi}\cos\theta$ ，$Y_1^1(\theta,\varphi)=\sqrt{3/8\pi}\sin\theta e^{i\varphi}$ ，$Y_1^{-1}(\theta,\varphi)=\sqrt{3/8\pi}\sin\theta e^{-i\varphi}$ 。当波函数为复函数时，不能在三维空间中画出其图像，因此人们构造了实函数形式的波函数，当然这样的波函数必须是氢原子薛定谔方程的解。由于总波函数中只有 $m\neq 0$ 时球谐函数 Y_l^m 和 Y_l^{-m} 为复函数，因此只需找到这些函数的替代函数，就可得到实函数形式的波函数，下面说明这样波函数的构造。

当 $m\neq 0$ 时，球谐函数 Y_l^m 和 Y_l^{-m} 通常用如下的两个函数

$$\frac{1}{\sqrt{2}}(Y_l^m+Y_l^{-m})\qquad \text{和}\qquad \frac{1}{i\sqrt{2}}(Y_l^m-Y_l^{-m}) \tag{5.43}$$

代替，易于证明如此构造的两个函数为实数函数，且满足归一化条件。例如，$l=1,m=\pm 1$ 情形下两个球谐函数 Y_1^1 和 Y_1^{-1} 为复数，按上述方法构造的两个函数为

$$\begin{aligned}\frac{1}{\sqrt{2}}(Y_1^1+Y_1^{-1})&=\sqrt{\frac{3}{4\pi}}\sin\theta\cos\varphi\equiv p_x(\theta,\varphi)\\ \frac{1}{i\sqrt{2}}(Y_1^1-Y_1^{-1})&=\sqrt{\frac{3}{4\pi}}\sin\theta\sin\varphi\equiv p_y(\theta,\varphi)\end{aligned} \tag{5.44}$$

可见它们为实函数。利用球谐函数的正交归一化式(5.29)，可证明 p_x 和 p_y 满足如下的归一化条件：

$$\begin{aligned}&\int_0^{\pi}\int_0^{2\pi}p_x^*p_x\sin\theta d\theta d\varphi=\int_0^{\pi}\int_0^{2\pi}p_x^2\sin\theta d\theta d\varphi\\ &=\frac{1}{2}\left\{\int_0^{\pi}\int_0^{2\pi}\left(Y_1^1(\theta,\varphi)\right)^*Y_1^1(\theta,\varphi)\sin\theta d\theta d\varphi+\int_0^{\pi}\int_0^{2\pi}\left(Y_1^{-1}(\theta,\varphi)\right)^*Y_1^{-1}(\theta,\varphi)\sin\theta d\theta d\varphi\right\}\\ &\quad+\frac{1}{2}\left\{\int_0^{\pi}\int_0^{2\pi}\left(Y_1^1(\theta,\varphi)\right)^*Y_1^{-1}(\theta,\varphi)\sin\theta d\theta d\varphi+\int_0^{\pi}\int_0^{2\pi}\left(Y_1^{-1}(\theta,\varphi)\right)^*Y_1^1(\theta,\varphi)\sin\theta d\theta d\varphi\right\}\\ &=1\end{aligned} \tag{5.45}$$

p_x 和 p_y 由具有相同 l 但不同 m 的球谐函数线性叠加而成，因而意味着具有确定的 l，但没有相同的 m，因此 p_x 和 p_y 只能用 l 标识而不能用 m 标识。$l=1,m=0$ 的

球谐函数 $Y_1^0(\theta,\varphi)=\sqrt{3/4\pi}\cos\theta=p_z$ 本身就为实函数，因此该球谐函数可直接作为波函数角度部分，为了与上述的 p_x 和 p_y 记法一致，通常记为 p_z，p_z 有确定的 l 和 m=0。利用 p_x、p_y 和 p_z，可得到 $n=2,l=1$ 对应的实函数形式的波函数分别为 $\psi_{p_x}=R_{21}(r)p_x(\theta,\varphi)$、$\psi_{p_y}=R_{21}(r)p_y(\theta,\varphi)$ 和 $\psi_{p_z}=R_{21}(r)p_z(\theta,\varphi)$，易于证明这三个波函数满足氢原子的薛定谔方程(5.2)，而且也满足波函数正交归一化的性质，这样的波函数称为**原子轨道**。由上述的构造式(5.43)可知，p_x、p_y 和 p_z 对应的 l=1，因而原子轨道 ψ_{p_x}、ψ_{p_y} 和 ψ_{p_z} 具有和 ψ_{211}、ψ_{210} 和 ψ_{21-1} 相同的 l，这意味着原子轨道所代表的量子态与原始解(5.38)所代表的量子态有相同的角动量。由于氢原子的能量仅与 n 相关，原子轨道 ψ_{p_x}、ψ_{p_y} 和 ψ_{p_z} 表示的量子态与 ψ_{211}、ψ_{210} 和 ψ_{21-1} 表示的量子态的能量相同。原子轨道能够以图像方式在三维空间显示，因此在分子和固体的结构及性质研究中通常总是用原子轨道作为原子中电子的波函数。

式(5.38)形式的波函数用 (nlm) 来定义和标识，而原子轨道有确定的主量子数 n 和角动量量子数 l，但诸如 ψ_{p_x} 和 ψ_{p_y} 的原子轨道没有确定的 m，因此原子轨道用 nl 来标识却不能用 m 来标识。在原子轨道的标记中，对 n 直接写出其数值，对 l 则采用字母表示，也就是对每个 l 值指定一个字母，l 值和对应字母的对照表列于表 5.1。由于不能用 m 标识原子轨道，对 n 和 l 相同的不同原子轨道则用专门的符号来标识，该标识符号以 l 的下标形式出现。例如上述的原子轨道 ψ_{p_x}、ψ_{p_y} 和 ψ_{p_z} 分别通常标记为：$2p_x$、$2p_y$ 和 $2p_z$，其中 2 表示主量子数 n，p 表示 l=1，p 的下标 x、y 和 z 则标识不同的原子轨道。一般地，下标能够反映原子轨道的取向和正负，有关详细的例子见 5.2.2 节。

表 5.1　角动量量子数 l 的对应字母

l	1	2	3	4	5	6	7	8
字母	s	p	d	f	g	h	i	k

$2p_x$ 和 $2p_y$ 所表达的量子态是由 $m=\pm1$ 的两个态 ψ_{211} 和 ψ_{21-1} 组合而成的，ψ_{211} 和 ψ_{21-1} 是轨道角动量分量算符 $\boldsymbol{l}_z$ 的本征函数，相应的本征值分别为 1 和−1，组合的结果是 $2p_x$ 和 $2p_y$ 不再是 $\boldsymbol{l}_z$ 的本征函数，换句话说，在 $2p_x$ 和 $2p_y$ 描述的态中 $\boldsymbol{l}_z$ 并没有确定的值。$2p_z$ 实际即是 ψ_{210}，因此它是 $\boldsymbol{l}_z$ 的本征函数。

5.2.2　原子轨道的讨论

本节对原子轨道及能量进行详细的讨论，首先讨论原子轨道角度部分，然后讨论径向部分，再说明波函数的总体特征，最后对波函数的能量进行简单说明。

5.2.2.1　原子轨道角函数

原子轨道的角度部分由式(5.43)给出，通常称为**原子轨道角函数**。每个原子轨道角函数与主量子数无关，只由量子数 l 和两个 m(当 $m \neq 0$ 时)或一个 m（当 $m=0$ 时)决定。最初的几个 l 值的原子轨道角函数如表 5.2 所示，该表中列出了原子轨道角函数在球坐标和直角坐标两种坐标中的表示。从中可以看出原子轨道角函数的名称由两部分构成：字母和下标，前者代表量子数 l，后者用来区分属于同一 l 值的不同轨道，该下标来自该轨道角函数直角坐标的表示函数。例如，p_x 代表 l=1 的原子轨道角函数，下标 x 来自轨道角函数直角坐标表示 $\sqrt{3/4\pi}x/r$ 的特征变量 x，$d_{x^2-y^2}$ 代表 $l=2$ 的原子轨道角函数，下标 x^2-y^2 来自轨道角函数直角坐标表示式 $1/4\sqrt{15/\pi}(x^2-y^2)/r^2$ 中的特征变量 x^2-y^2。

表 5.2　最初几个 l 值对应的原子轨道角函数

l	m	名称	极坐标表示	直角坐标表示
0	0	s	$1/\sqrt{4\pi}$	$1/\sqrt{4\pi}$
1	0	p_z	$\sqrt{3/(4\pi)}\cos\theta$	$\sqrt{3/(4\pi)}z/r$
	1	p_x	$\sqrt{3/(4\pi)}\sin\theta\cos\varphi$	$\sqrt{3/(4\pi)}x/r$
		p_y	$\sqrt{3/(4\pi)}\sin\theta\sin\varphi$	$\sqrt{3/(4\pi)}y/r$
2	0	d_{z^2}	$1/4\sqrt{5/\pi}(3\cos^2\theta-1)$	$1/4\sqrt{5/\pi}(3z^2-r^2)/r^2$
	1	d_{xz}	$1/4\sqrt{15/\pi}\sin 2\theta\cos\varphi$	$1/4\sqrt{15/\pi}xz/r^2$
		d_{yz}	$1/4\sqrt{15/\pi}\sin 2\theta\sin\varphi$	$1/4\sqrt{15/\pi}yz/r^2$
	2	$d_{x^2-y^2}$	$1/4\sqrt{15/\pi}\sin^2\theta\cos 2\varphi$	$1/4\sqrt{15/\pi}(x^2-y^2)/r^2$
		d_{xy}	$1/4\sqrt{15/\pi}\sin^2\theta\sin 2\varphi$	$1/2\sqrt{15/\pi}xy/r^2$
3	0	f_{z^3}	$1/4\sqrt{7/\pi}(5\cos^3\theta-3\cos\theta)$	$1/4\sqrt{7/\pi}z(5z^2-3r^2)/r^3$
	1	f_{xz^2}	$1/8\sqrt{42/\pi}\sin\theta(5\cos^2\theta-1)\cos\varphi$	$1/8\sqrt{42/\pi}x(5z^2-r^2)/r^3$
		f_{yz^2}	$1/8\sqrt{42/\pi}\sin\theta(5\cos^2\theta-1)\sin\varphi$	$1/8\sqrt{42/\pi}y(5z^2-r^2)/r^3$
	2	f_{xyz}	$1/4\sqrt{105/\pi}\sin^2\theta\cos\theta\sin 2\varphi$	$1/2\sqrt{105/\pi}xyz/r^3$
		$f_{z(x^2-y^2)}$	$1/4\sqrt{105/\pi}\sin^2\theta\cos\theta\cos 2\varphi$	$1/4\sqrt{105/\pi}y(5z^2-r^2)/r^3$
	3	$f_{x(x^2-3y^2)}$	$1/8\sqrt{70/\pi}\sin^3\theta\cos 3\varphi$	$1/8\sqrt{70/\pi}z(x^2-3y^2)/r^3$
		$f_{x(3x^2-y^2)}$	$1/8\sqrt{70/\pi}\sin^3\theta\sin 3\varphi$	$1/8\sqrt{70/\pi}(3x^2-y^2)/r^3$

原子轨道角函数表达了波函数空间分布的方向特性。图 5.2 和图 5.3 为原子轨道角函数的图像展示。可以看到 s 轨道角函数为球形对称的，在整个区域的值为正。p 轨道角函数为轴对称的哑铃形状，三个不同 p 轨道分别对应对称轴的不同取向，这则由下标反映，例如 p_x 就是对称轴沿 x 方向。另外，角函数 p_x 在正轴区域为正和在负轴区域为负，这也与角函数下标函数 x 的正负一致，也就是说下标函数的正负也反映了角函数的正负。d 轨道角函数有五种，其中 d_{z^2} 是以 z 轴为对称轴的旋转对称体，旋转体两头为哑铃形，其值为正，中间为圆环形，其值为负；其他四个 d 轨道角函数空间分布则类似，都是具有四个“瓣”的分布，但空间取向不同，角函数下标反映了取向，如 d_{xy} 表示这四个“瓣”分别位于 x、y 坐标轴之间，这四个“瓣”的正负也可由下标反映。角函数 d_{xy} 中在正 x 和正 y 轴之间的“瓣”为正，与该区域 xy 乘积为正一致；在正 x 轴和负 y 轴之间的“瓣”为负，与该区域 xy 乘积为正一致；角函数 $d_{x^2-y^2}$ 中的四个“瓣”分别位于正负 x,y 共四个半坐标轴上，位于 x 轴上的两个“瓣”无论处于正半 x 轴还是负半 x 轴皆为正，这与角函数的下标 x^2 取值相一致，位于 y 轴上的两个“瓣”无论处于正半 y 轴还是负半 y 轴皆为负，这与角函数的下标 $-y^2$ 取值相一致。总体来说，角函数的名称反映了角函数的形状，而下标反映了角函数的取向和正负。图 5.3 显示了 7 个 f 轨道角函数，它们显示出更复杂的空间分布。例如，角函数 f_{xyz} 包含 8 个对称分布的“瓣”，这些瓣分别分布在由正负 x、y 和 z 八个半坐标轴所夹的 8 个象限中，在每个象限的“瓣”的正负与该区域的 xyz 乘积(即角函数符号的下标)的取值一致。

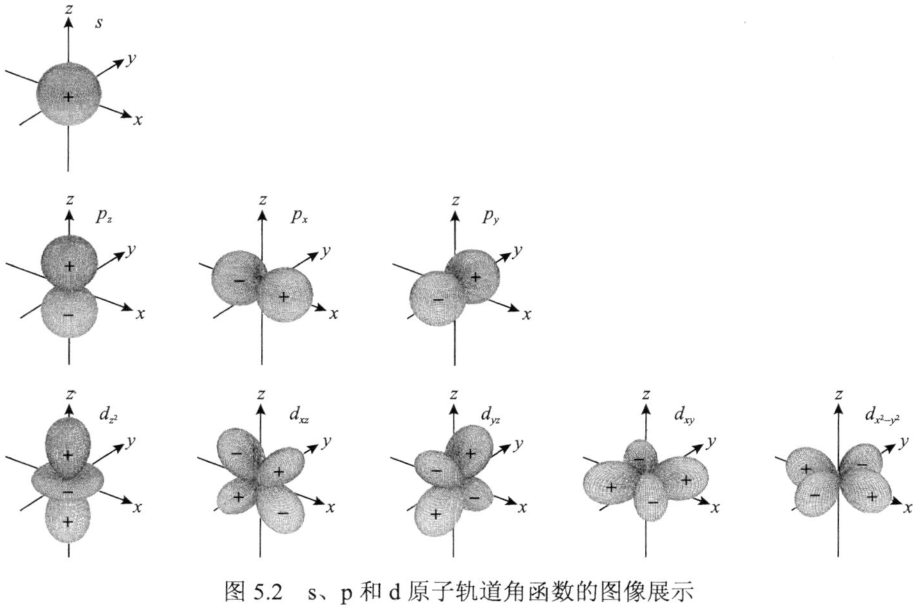

图 5.2　s、p 和 d 原子轨道角函数的图像展示

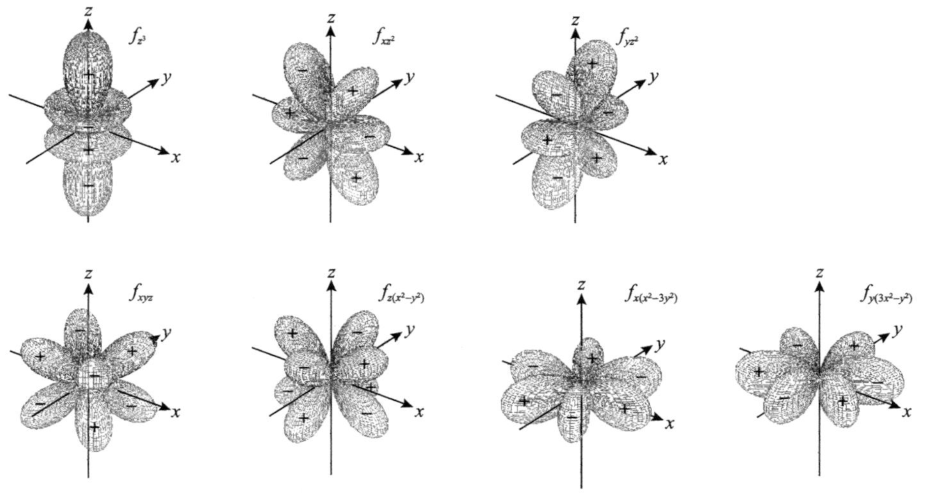

图 5.3　f 原子轨道角函数的图像展示

角函数的这种特定和对称的空间分布特性是原子轨道的基本特性，可以理解为薛定谔方程的简正模式，这类似于一维弦线上的各种简正模式或者圆形鼓面上的各种模式，前者是一维固定边界条件下的牛顿方程的简正模式，后者是二维圆形边界条件下的牛顿方程的简正模式，这里的轨道角函数的分布则是薛定谔方程的三维简正模式，因此这样的空间模式源于薛定谔方程的波动本质。

当原子结合成分子和固体时，归根到底是原子轨道之间的相互作用决定了分子和固体的结构与性质，而轨道之间的相互作用依赖于其空间分布特性，如分子的形状及固体的各向异性就源于这些原子轨道的空间分布特性。

5.2.2.2　径向波函数和径向分布函数

原子轨道中的径向部分 $R_{nl}(r)$ 刻画了原子轨道沿半径方向的分布特征，最初的若干个 n 和 l 值的径向波函数如表 5.3 所示，图 5.4 展示了这些径向波函数的图像。对于所有的 n 和 l，$R_{nl}(r)$ 的总趋势是随 r 的增大而减小，在 r 很大时则趋于零。但随着 n 和 l 不同，$R_{nl}(r)$ 会出现起伏，起伏的一个标志就是 $R_{nl}(r)$ 曲线穿越横轴与横轴形成交点，在交点处 $R_{nl}(r)=0$，因此在交点处 $\psi_{nlm}(\boldsymbol{r})=0$，这样的交点称为结点，这与第 2 章中的结点定义完全相同。可以证明 $R_{nl}(r)$ 的结点数为 $n-l-1$。例如，$n=1, l=0$ 时 $R_{nl}(r)$ 的结点数为 0，$n=3, l=0$ 时 $R_{nl}(r)$ 的结点数为 2，图 5.4 也展示了各 $R_{nl}(r)$ 的结点。由结点数公式可知，n 越大，结点数越多，由氢原子的能量公式可知这意味着一个波函数的结点数越多，则相应的量子态的能量就越高，这与经典波动中的对应关系是完全一致的(见第 1 章)，这也反映了波函数的波动本质。由于 $R_{nl}(r)$ 值在过结点时会发生正负的变化，因此波函数随着径向距离的变化会发生正负的变化。

表 5.3　最初几个 *n* 和 *l* 值对应的径向波函数 $R_{nl}(r)$ [其中 $x=r/na_0$，$A=1/(na_0)^{3/2}$]

n	l	R_{nl}	n	l	R_{nl}
1	0	$2Ae^{-x}$	3	2	$4/(3\sqrt{10})Ae^{-x}x^2$
2	0	$2Ae^{-x}(1-x)$	4	0	$2Ae^{-x}(1-3x+2x^2-x^3/3)$
	1	$2/\sqrt{3}Ae^{-x}x$		1	$2\sqrt{5/3}Ae^{-x}x(1-x+x^2/5)$
3	0	$2Ae^{-x}(1-2x+2x^2/3)$		2	$2/\sqrt{5}Ae^{-x}x^2(1-x/3)$
	1	$2\sqrt{2}/3Ae^{-x}x(2-x)$		3	$2/(3\sqrt{35})Ae^{-x}x^3$

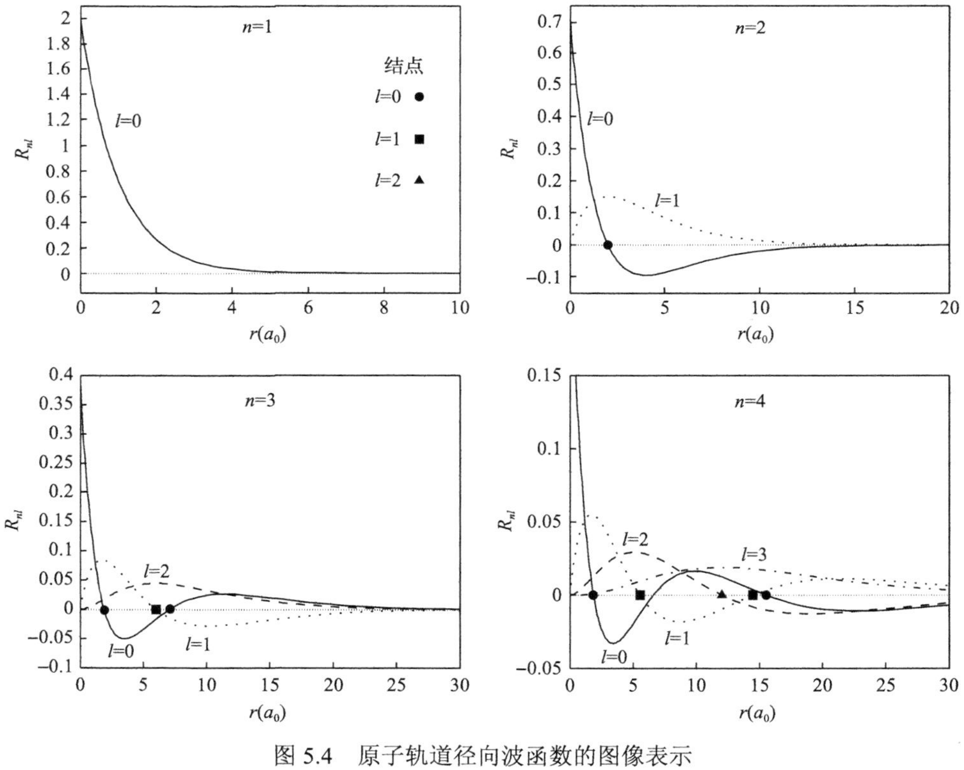

图 5.4　原子轨道径向波函数的图像表示

横轴单位为玻尔半径 a_0

$R_{nl}(r)$ 值并不能充分反映电子沿 r 方向的径向概率分布。为了理解这个问题，我们考察原子轨道的归一化，以原子轨道 $2p_x$ 为例来说明。该原子轨道的完整波函数为 $R_{21}(r)p_x(\theta,\varphi)$，其在球坐标的归一化表达式为

$$
\begin{aligned}
1 &= \iiint \left(R_{21}(r)p_x(\theta,\varphi)\right)^* (R_{21}(r)p_x(\theta,\varphi))r^2 \sin\theta \mathrm{d}r\mathrm{d}\theta\mathrm{d}\varphi \\
&= \int_0^{\infty} R_{21}^2(r)r^2\mathrm{d}r \int_0^{\pi}\int_0^{2\pi} p_x^2(\theta,\varphi)\sin\theta \mathrm{d}\theta\mathrm{d}\varphi \\
&= \int_0^{\infty} R_{21}^2(r)r^2\mathrm{d}r
\end{aligned}
\tag{5.46}
$$

上式的推导中利用了 p_x 的归一化公式(5.45)。因此表征电子在径向分布概率的量是 $R_{21}^2(r)r^2$， $4\pi R_{21}^2(r)r^2$ 则反映了在球壳 r 到球壳 $r+\mathrm{d}r$ 之间电子的分布概率，该量称为**径向分布函数**，图 5.5 展示了若干个小值 n、l 的径向分布函数。从图可见，1s 轨道的径向分布函数有一尖锐的最大值，最大值的径向位置正好就是玻尔半径 a_0，这意味着电子主要集中在玻尔半径 a_0 处，由于这个特征，人们通常把 a_0 称为电子 1s 轨道的轨道半径。比较 1s～4s 轨道的径向分布函数可见，l=0 的径向分布函数具有如下的特征：①轨道分布函数的峰值数与 n 相同，这意味着电子集中

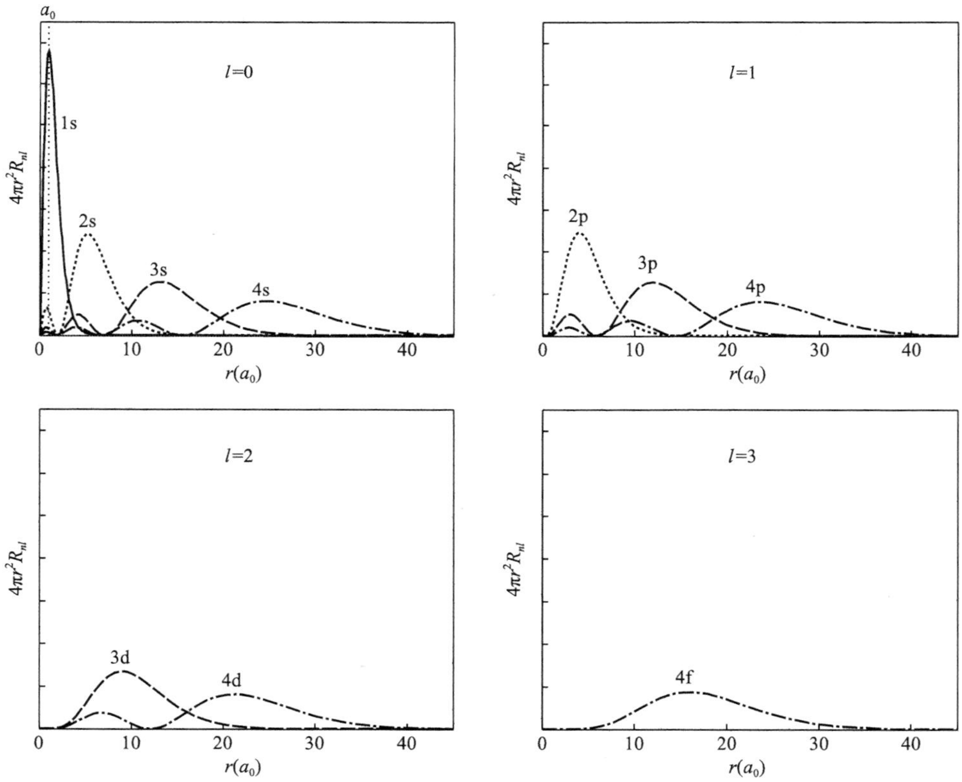

图 5.5　原子轨道径向分布函数的图像表示

横轴单位为玻尔半径 a_0

在 n 个不同半径的同心球面上，也就是不同壳层上；②随着 n 的增加，径向分布函数最大的峰值逐步外移到更大的半径处，也就是电子更多地分布在距核更远的壳层中，这也意味着电子和核的库仑作用减弱或者量子态能量更高；③随着 n 的增加，径向分布函数最高峰的半高宽显著增加，这意味着电子的分布更加弥散。比较 4s、4p、4d 和 4f 轨道的径向分布函数可以看到相同 n 值的轨道径向分布函数随量子数 l 的变化规律：①径向分布函数峰值数为 $n-l-1$，也就是随着 l 的增加，壳层数较少；②最大峰值在最远处，最大峰值远比其他峰值大许多，这意味着电子分布主要集中在最外的壳层；③随着 l 的增加，最外壳层位置向近核方向移动，这意味着电子与核的库仑能增强，有利于降低量子态能量，另外，l 的增加导致壳层数减少，而这意味着电子与核的库仑能的减弱，有利于升高量子态能量，两者综合作用结果是在氢原子中量子态的能量与 l 无关。

5.2.2.3　原子轨道的总波函数和图像表示

原子轨道是上述的角函数和径向波函数的乘积，表达了完整的总波函数，常见的原子轨道波函数列于表 5.4。图 5.6 显示了能量最低的几个原子轨道在 xy、yz 或 xz 平面的截面图。考虑图中 1s～3s 三个 s 轨道。由轨道角函数的讨论可知，所有 s 轨道的角函数为 $1/\sqrt{4\pi}$，它决定了轨道具有球形的空间分布，由径向波函数的

表 5.4　原子轨道的总波函数

$1s=\dfrac{1}{\pi^{1/2}}\left(\dfrac{1}{a_0}\right)^{3/2}\mathrm{e}^{-r/a_0}$	$3p_x=\dfrac{2^{1/2}}{81\pi^{1/2}}\left(\dfrac{1}{a_0}\right)^{5/2}\left(6-\dfrac{r}{a_0}\right)r\mathrm{e}^{-\frac{1}{3}r/a_0}\sin\theta\cos\varphi$
$2s=\dfrac{1}{4(2\pi)^{1/2}}\left(\dfrac{1}{a_0}\right)^{3/2}\left(2-\dfrac{r}{a_0}\right)\mathrm{e}^{-\frac{1}{2}r/a_0}$	$3p_y=\dfrac{2^{1/2}}{81\pi^{1/2}}\left(\dfrac{1}{a_0}\right)^{5/2}\left(6-\dfrac{r}{a_0}\right)r\mathrm{e}^{-\frac{1}{3}r/a_0}\sin\theta\sin\varphi$
$2p_z=\dfrac{1}{4(2\pi)^{1/2}}\left(\dfrac{1}{a_0}\right)^{5/2}r\mathrm{e}^{-\frac{1}{2}r/a_0}\cos\theta$	$3d_{z^2}=\dfrac{1}{81(6\pi)^{1/2}}\left(\dfrac{1}{a_0}\right)^{7/2}r^2\mathrm{e}^{-\frac{1}{3}r/a_0}(3\cos^2\theta-1)$
$2p_x=\dfrac{1}{4(2\pi)^{1/2}}\left(\dfrac{1}{a_0}\right)^{5/2}r\mathrm{e}^{-\frac{1}{2}r/a_0}\sin\theta\cos\varphi$	$3d_{xz}=\dfrac{2^{1/2}}{81\pi^{1/2}}\left(\dfrac{1}{a_0}\right)^{7/2}r^2\mathrm{e}^{-\frac{1}{3}r/a_0}\sin\theta\cos\theta\cos\varphi$
$2p_y=\dfrac{1}{4(2\pi)^{1/2}}\left(\dfrac{1}{a_0}\right)^{5/2}r\mathrm{e}^{-\frac{1}{2}r/a_0}\sin\theta\sin\varphi$	$3d_{yz}=\dfrac{2^{1/2}}{81\pi^{1/2}}\left(\dfrac{1}{a_0}\right)^{7/2}r^2\mathrm{e}^{-\frac{1}{3}r/a_0}\sin\theta\cos\theta\sin\varphi$
$3s=\dfrac{1}{81(3\pi)^{1/2}}\left(\dfrac{1}{a_0}\right)^{3/2}\left[27-18\dfrac{r}{a_0}+2r\left(\dfrac{r}{a_0}\right)^2\right]\mathrm{e}^{-\frac{1}{3}r/a_0}$	$3d_{x^2-y^2}=\dfrac{1}{81\pi^{1/2}}\left(\dfrac{1}{a_0}\right)^{7/2}r^2\mathrm{e}^{-\frac{1}{3}r/a_0}\sin^2\theta\cos2\varphi$
$3p_z=\dfrac{2^{1/2}}{81\pi^{1/2}}\left(\dfrac{1}{a_0}\right)^{5/2}\left(6-\dfrac{r}{a_0}\right)r\mathrm{e}^{-\frac{1}{3}r/a_0}\cos\theta$	$3d_{xy}=\dfrac{1}{81\pi^{1/2}}\left(\dfrac{1}{a_0}\right)^{7/2}r^2\mathrm{e}^{-\frac{1}{3}r/a_0}\sin^2\theta\sin2\varphi$

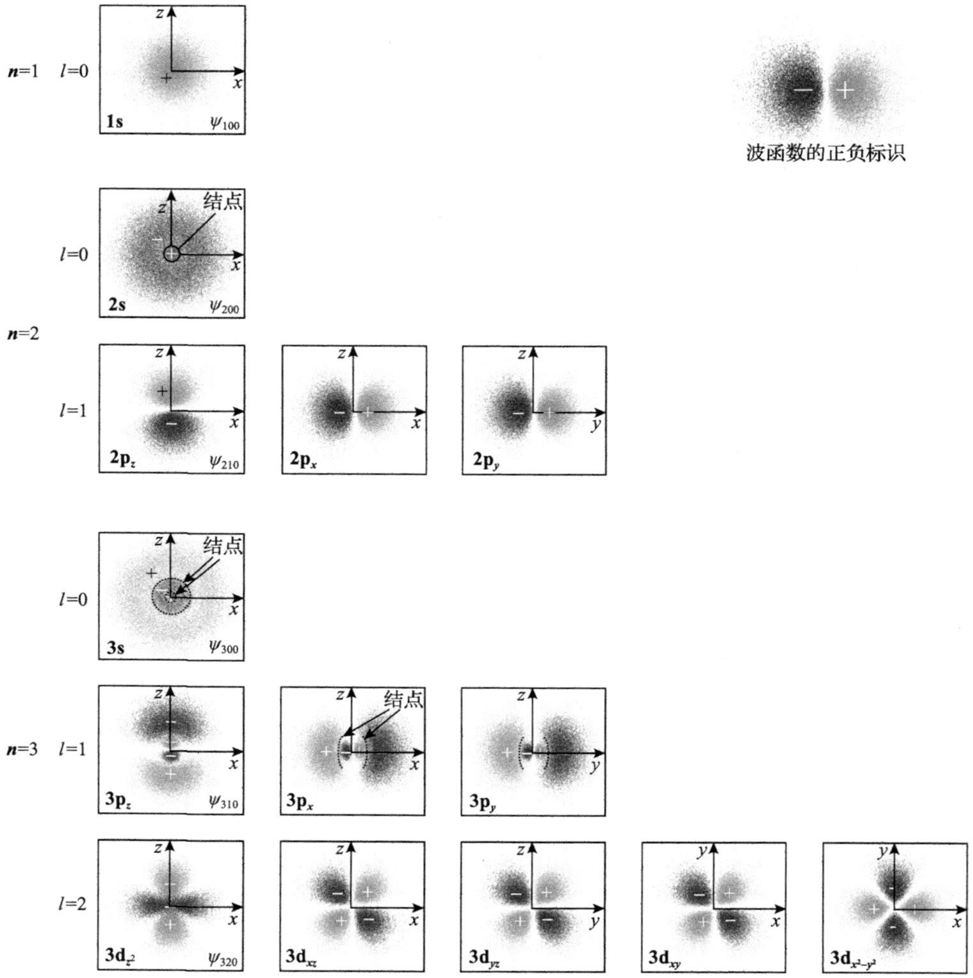

图 5.6　能量最低的几个原子轨道在 xy、yz 或 xz 平面的截面图

讨论可知不同 n 值的径向波函数 $R_{n0}(r)$ 导致波函数在径向具有不同结点结构和壳层分布，两者相乘的结果就是 1s～3s 三个 s 轨道都具有球形空间分布，但随着 n 的增加，球形分布内出现 0 个(n=1)、1 个(n=2)和 2 个(n=3)结点面(在三维情形下结点实际上形成特定的曲面，通常称为结面)，表明径向电子波函数分别出现 0 次、1 次和 2 次正负改变。比较 $2p_x$ 和 $3p_x$ 两个原子轨道，可以看到两个轨道总体轮廓都呈现沿着 x 轴的哑铃形结构，在 $2p_x$ 轨道中的每个哑铃形轮廓内无结点出现，而 $3p_x$ 轨道中的每个哑铃形轮廓内出现特定结构的结面分布。其他的轨道也呈现出类似的性质，因此可以归纳为：原子轨道的角函数决定了原子轨道的形状，径向波函数决定了原子轨道的径向分布细节。

5.2.2.4 能量

氢原子轨道的能量完全由主量子数 n 决定[式(5.37)]，图 5.7 展示了一些最低能级的分布。氢原子中电子的能量都为负值，当 $n \to \infty$ 时，电子能量 $E_n^{\mathrm{H}} \to 0$，表示电子完全摆脱与核的库仑作用，即电子被电离，因此氢原子的基态电离能约为 13.6eV。

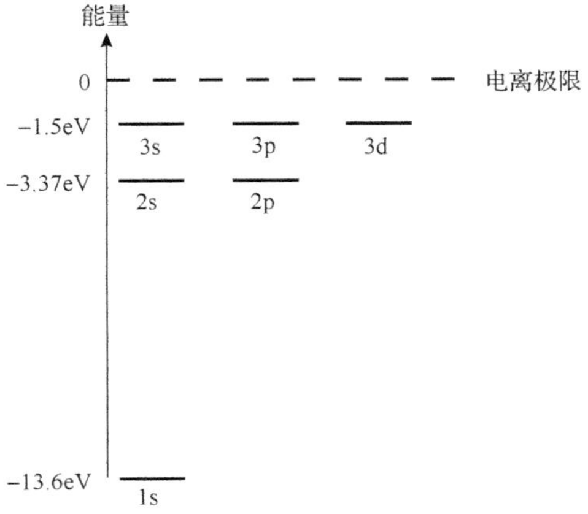

图 5.7 氢原子能级示意图

5.2.2.5 几个公式

这里不加证明地给出几个关于类氢原子半径平均值的公式。r^k (k 为整数)在量子态 $\psi_{nlm}(\boldsymbol{r})$ 的平均值 $\left\langle r^k \right\rangle$ 为

$$\left\langle r^k \right\rangle = \int \psi_{nlm}^*(\boldsymbol{r}) r^k \psi_{nlm}(\boldsymbol{r}) \mathrm{d}\boldsymbol{r} = \int_0^{\infty} r^{k+2} R_{nl}^2(r) \mathrm{d}r \tag{5.47}$$

由此式可得如下结果[8]：

$$\begin{aligned} &\left\langle r \right\rangle = \frac{a_0}{2Z}[3n^2 - l(l+1)], \qquad &&\left\langle r^2 \right\rangle = \frac{a_0^2 n^2}{2Z^2}[5n^2 + 1 - 3l(l+1)] \\ &\left\langle \frac{1}{r} \right\rangle = \frac{Z}{a_0 n^2}, &&\left\langle \frac{1}{r^2} \right\rangle = \frac{Z^2}{a_0^2 n^3 (l+1/2)} \\ &\left\langle \frac{1}{r^3} \right\rangle = \frac{Z^3}{a_0^2 n^3 l(l+1/2)(l+1)} \end{aligned} \tag{5.48}$$

5.3　多电子原子

理解多电子原子的许多性质，既要考虑电子与核及电子之间的库仑作用，也要考虑电子的自旋-轨道耦合作用。前一种相互作用是原子中占主导的相互作用，导致原子的壳层结构，这是本节要说明的内容，后一种相互作用将在稍后的 5.6 节讨论。

5.3.1　薛定谔方程及其 HF 方法求解

5.3.1.1　薛定谔方程

一个原子只有一个核，取核位置为坐标零点，则由多粒子系统的哈密顿量式(4.4)～式(4.6)可得原子系统的哈密顿量：

$$H_0 = -\sum_{i=1}^{n}\frac{\hbar^2}{2m}\nabla_i^2 - \sum_{i=1}^{n}\frac{Ze^2}{4\pi\varepsilon_0}\frac{1}{r_i} + \sum_{i=1}^{n}\frac{Ze^2}{4\pi\varepsilon_0}\frac{1}{\left|\boldsymbol{r}_i - \boldsymbol{r}_j\right|} \tag{5.49}$$

其中，n 为原子或离子中的电子数；Z 为核的电荷数；$r_i = \left|\boldsymbol{r}_i\right|$ 为第 i 个电子与核的距离。求解该哈密顿量的薛定谔方程的基本方法是第 4 章所讲的 HF 方法(4.5 节)，该方法的基本思想是把原子总的电子波函数写为由 n 个待定的单电子波函数构成的斯莱特行列式，而每个单电子波函数则由如下的 HF 方程组[式(4.124)]决定：

$$\left[-\frac{\hbar^2}{2m}\nabla^2 + v_i^{\mathrm{HF}}(\boldsymbol{r})\right]\psi_i^{\mathrm{HF}}(\boldsymbol{r}) = \varepsilon_i^{\mathrm{HF}}\psi_i^{\mathrm{HF}}(\boldsymbol{r}) \qquad i = 1, 2, \cdots, n \tag{5.50}$$

方程组中每个方程是一个单电子薛定谔方程，其中的 $v_i^{\mathrm{HF}}(\boldsymbol{r})$ 称为 HF 单电子势，相当于第 i 个电子所感受到的有效势，该势由三项组成[式(4.123)]：

$$v_i^{\mathrm{HF}}(\boldsymbol{r}) = v_{\mathrm{ne}}(\boldsymbol{r}) + v_H^{\mathrm{HF}}(\boldsymbol{r}) + v_{\mathrm{x},i}^{\mathrm{HF}}(\boldsymbol{r}) = \frac{Ze^2}{4\pi\varepsilon_0}\frac{1}{r} + v_{\mathrm{eff},i}^{\mathrm{HF}}(\boldsymbol{r}) \tag{5.51}$$

其中，$v_{\mathrm{ne}}(\boldsymbol{r}) = \dfrac{1}{4\pi\varepsilon_0}\dfrac{1}{r} = v_{\mathrm{ne}}(r)$ 为库仑势；$v_H^{\mathrm{HF}}(\boldsymbol{r})$ 和 $v_{\mathrm{x},i}^{\mathrm{HF}}(\boldsymbol{r})$ 分别为 Hartree 势和交换势，两者一起组成 HF 有效势 $v_{\mathrm{eff},i}^{\mathrm{HF}}(\boldsymbol{r})$，即

$$v_{\mathrm{eff},i}^{\mathrm{HF}}(\boldsymbol{r}) = v_H^{\mathrm{HF}}(\boldsymbol{r}) + v_{\mathrm{x},i}^{\mathrm{HF}}(\boldsymbol{r}) \tag{5.52}$$

在原子或离子系统中，如果原子或离子中电子数构成所谓满的子壳层(如电子组态

为 $1s^22s^22p^6$ 的 Na^+ 的 2p 子壳层，子壳层概念在本节稍后给出，电子组态的概念见后面的 5.6.2.1 节），可以证明 $v_{\mathrm{eff},i}^{\mathrm{HF}}(\boldsymbol{r})$ 有球对称性[9]，即 $v_{\mathrm{eff},i}^{\mathrm{HF}}(\boldsymbol{r})$ 只是 r 的函数。对于非完全填充的壳层，$v_{\mathrm{eff},i}^{\mathrm{HF}}(\boldsymbol{r})$ 不再具有球对称性，但详细的研究表明它依然很接近球对称性，因此在原子结构计算中通常总是假定 $v_{\mathrm{eff},i}^{\mathrm{HF}}(\boldsymbol{r})$ 具有球对称性，即

$$v_{\mathrm{eff},i}^{\mathrm{HF}}(\boldsymbol{r}) = v_{\mathrm{eff},i}^{\mathrm{HF}}(r) \tag{5.53}$$

这个近似称为中心势场近似。在此近似下，总的单电子势 $v_i^{\mathrm{HF}}(\boldsymbol{r})$ 也只与核-电子之间距离相关，即

$$v_i^{\mathrm{HF}}(\boldsymbol{r}) = v_i^{\mathrm{HF}}(r) \tag{5.54}$$

为了标记方便，去掉上标，即用 $v_{\mathrm{eff},i}(r)$、$v_i(r)$、$\psi_i(r)$ 和 ε_i 分别代替 $v_{\mathrm{eff},i}^{\mathrm{HF}}(r)$、$v_i^{\mathrm{HF}}(r)$、$\psi_i^{\mathrm{HF}}(r)$ 和 $\varepsilon_i^{\mathrm{HF}}$，则 HF 方程变为

$$\left[-\frac{\hbar^2}{2m}\nabla^2 + \frac{Ze^2}{4\pi\varepsilon_0}\frac{1}{r} + v_{\mathrm{eff},i}(r)\right]\psi_i(\boldsymbol{r}) = \varepsilon_i\psi_i(\boldsymbol{r}) \qquad i = 1,2,\cdots,n \tag{5.55}$$

或

$$\left[-\frac{\hbar^2}{2m}\nabla^2 + v_i(r)\right]\psi_i(\boldsymbol{r}) = \varepsilon_i\psi_i(\boldsymbol{r}) \qquad i = 1,2,\cdots,n \tag{5.56}$$

该方程的求解十分类似于氢原子的薛定谔方程，只是多了一项由电子之间作用导致的单电子有效势项 $v_{\mathrm{eff},i}(r)$。由于单电子势的球形对称性，该方程的解也可以表达为仅与 r 相关的径向波函数和仅与角度相关的球谐函数的乘积[式(5.30)]，即

$$\psi_i(\boldsymbol{r}) = R_i(r)Y_l^m(\theta,\varphi) \tag{5.57}$$

这意味着在中心力场近似下多电子原子的波函数和氢原子的波函数只是径向波函数不同，角度部分完全一样，都由球谐函数 $Y_l^m(\theta,\varphi)$ 给出，下面说明径向波函数 $R_i(r)$ 的求解和性质。

5.3.1.2　径向波函数方程和求解

$R_i(r)$ 满足的方程可直接通过与方程(5.32)对比得到：

$$\frac{\mathrm{d}^2R_i}{\mathrm{d}r^2} + \frac{2}{r}\frac{\mathrm{d}R_i}{\mathrm{d}r} + \left[\frac{2\mu}{\hbar^2}(\varepsilon_i - v_i(r)) - \frac{l(l+1)}{r^2}\right]R_i = 0 \qquad i = 1,2,\cdots,n \tag{5.58}$$

定义函数 $P_i(r)$ 为

$$P_i(r) \equiv R_i(r) \cdot r \tag{5.59}$$

则方程(5.58)变为形式更简单和更易于数值求解的方程：

$$\frac{\mathrm{d}^2 P_i}{\mathrm{d}r^2} + \left[\frac{2\mu}{\hbar^2}(\varepsilon_i - v_i(r)) - \frac{l(l+1)}{r^2}\right]P_i = 0 \qquad i = 1, 2, \cdots, n \tag{5.60}$$

由式(5.60)确定 $P_i(r)$ 后，就可由式(5.59)和式(5.57)得到单电子波函数，并在求解该径向波函数方程中确定单电子能量 ε_i，最后按照 HF 方法得到原子或离子的总波函数和总能量[见 4.5 节]。由此可见，用 HF 方法求解原子电子结构的问题变为求解二阶常微分方程(5.60)的问题，这是 HF 方法求解原子电子结构的基本方程，有关该方程更详细的说明和应用实例见有关文献[9]，这里仅对方程的求解做定性的说明。

该方程中的单电子有效势 $v_i(r)$ 包含三项：库仑势、Hartree 势和交换势，其中后两项需要知道原子的单电子径向波函数 $P_i(r)(i = 1, 2, \cdots, n)$ 才能确定(具体的计算公式见文献[9])，但径向波函数 $P_i(r)(i = 1, 2, \cdots, n)$ 正是要求的量，这就是说方程(5.60)是一个耦合的微分积分方程。解决这一方程通常采用自洽方法，有关细节已在 4.4.3 节进行了说明，这里简单概括其主要思想：①选择一组初始径向波函数，通常采用氢原子相应的径向波函数作为最初的径向波函数；②用这个初始的径向波函数计算 Hartree 势和交换势，从而得到单电子势 $v_i(r)$，这时方程(5.60)就变为简单的二阶常微分方程；③用通常的数值方法完成该方程的求解得到单电子径向波函数 $P_i(r)(i = 1, 2, \cdots, n)$ 和相应的能量 $\varepsilon_i(i = 1, 2, \cdots, n)$，完成第一轮计算，数值方法的数学细节可参考文献[10]；④用新得的 $P_i(r)(i = 1, 2, \cdots, n)$ 计算新的单电子势 $v_i(r)$ 并进行第二轮计算；⑤比较两轮计算中得到的单电子径向波函数和能量，如果两次所得的径向波函数和能量差别较大，就用第二轮计算中所得的径向波函数开始第三轮的计算，当两轮计算结果足够接近时称计算收敛，这时所得的径向波函数和能量即为最终所求的波函数和能量。

这里给出 D. R. Hartree 等在 1936 年用 HF 方法计算 Cu^+ 基态电子结构的实例[11,12]。Cu^+ 包含 28 个电子，其电子组态为 $1s^2 2s^2 2p^6 3s^2 3p^6 3d^{10}$，$3d^{10}$ 以内的子壳层全满，因此该离子的单电子有效势 $v_i(r)$ 完全满足球形对称性。计算得到的单电子态径向波函数和能量如图 5.8 所示。比较图 5.8 所示的径向波函数与氢原子的同 nl 值的径向波函数(图 5.4)可见，两者的定性特征是相同的，如 Cu^+ 与 H 原子的 1s 径向波函数都没有结点，2s 径向波函数只有一个结点，3s 径向波函数有两个结点，等等。与 H 原子类似的径向波函数 $R(r)$ 决定了 Cu^+ 基态具有与 H 原子基态类似的径向分布函数，这意味着两者相类似的径向电子密度分布。

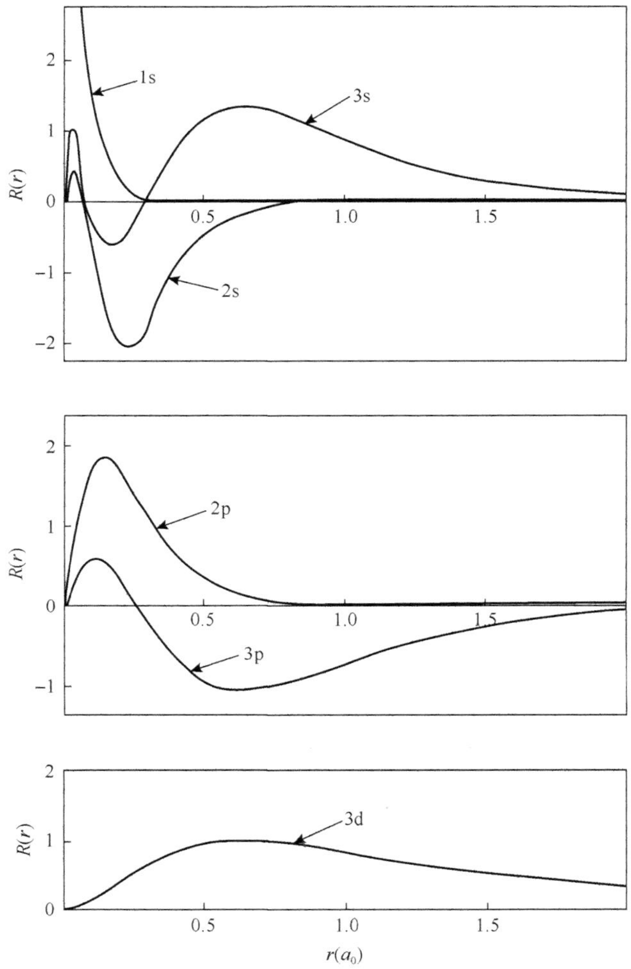

图 5.8　HF 方法计算的 Cu^{+}的径向波函数 [12]

氢原子含一个电子，其波函数用量子数 (nlm) 标识，在中心势场近似下，多电子原子中的电子实际上被处理成独立的单电子，每个电子也用 $(n_i l_i m_{l_i})$ 标识，标识整个原子(含 n 个电子)的量子态则需要所有电子的 $(n_i l_i m_{l_i})(i=1,2,\cdots n)$ ，即需要 $3n$ 个量子数。

多电子原子的单电子波函数或轨道与氢原子一样都表达为径向波函数与球谐函数的乘积，差别仅在于径向波函数在定量的细节(如结点的位置)不同。因此定性而言，多电子原子中电子轨道十分类似氢原子的轨道，特别是在空间分布方面两者高度相似，例如多电子原子的 2p 轨道通常用氢原子的哑铃状分布来描述。

中心势场近似下的多电子原子的电子分布都表现出壳层分布的特征。图 5.9 为 Na 原子沿径向的电子密度分布图，从该图可以看到电子密度分布曲线有两个尖锐的峰，对应于电子集中分布在以两个特定半径位置为中心的薄层内，第一个峰值主要来自量子数 n=1 的量子态[即量子数(nlm)为(100)的量子态]中的电子，第二个峰值主要来自量子数 n=2 的量子态[包括量子态(200)、(211)、(210)和(21–1)]中的电子。一般地，多电子原子中 n 值相同的所有量子态的电子分布在一个比较集中的径向范围或**壳层**(shell)内，n 值较小的壳层距核比较近而且壳层厚度更小。通常用字母 K、L、M、N 和 O 分别代表 n 为 1、2、3、4、5 的壳层，例如图 5.9 中 K 和 L 分别表示 n 为 1 和 2 的电子壳层。此外，人们把量子数 n 和 l 都相同的电子说成是处于同一**支壳层**(subshell)，如 Na 原子的 2s、2p 以及 3s、3p 和 3d 支壳层等。

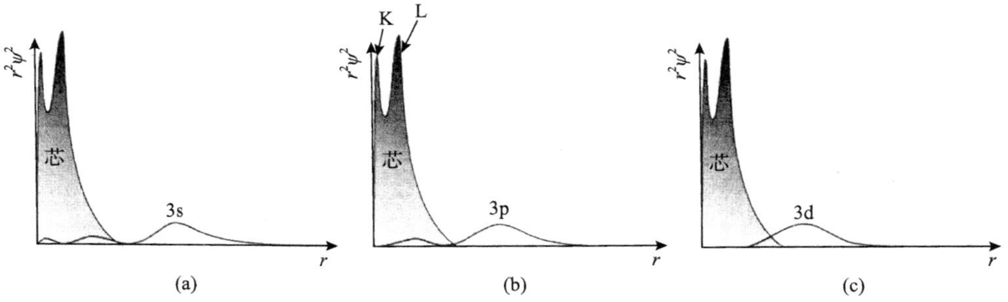

图 5.9　Na 原子的电子密度的径向分布 [13]

可以证明支壳层完全填满原子的电子分布具有球对称性，壳层填满原子的电荷分布也具有球对称性。人们发现壳层填满的原子或离子具有高度的稳定性，如惰性气体原子都具有填满的壳层。Na^+也具有完全填满的壳层，因此当 Na 原子失去一个电子而成为 Na^+时也具有十分稳定的特性，例如，NaCl 中，钠就是以 Na^+存在。通常人们把一个原子中全满的内部壳层中的电子称为芯电子，而外部不满壳层中的电子称为价电子，由于全满壳层的稳定性，芯电子经常不参与与其他原子的相互作用，与其他原子起化学作用的主要为价电子。特别地，在固体电子性质的研究中，这个效应可使得把固体看成离子芯(芯电子+核)和价电子的集合，从而大大减少要处理的电子数量。

氢原子能量是在解径向方程过程中决定的，多电子原子中的单电子态能量也是在求解径向方程(5.60)中决定的，表 5.5 是用 HF 计算的 Cu^+中几个能量最低的单电子态的能量。氢原子的单电子态仅依赖于量子数 n，而多电子原子中单电子态能量 ε_i 则不仅与 n_i 有关也与 l_i 相关。确定了原子的单电子态能量，就可以确定所有电子在单电子轨道的占据情况，一个原子的基本性质就取决于单电子态的占据情况。在计及自旋及泡利不相容原理的情况下，中心势场近似所计算的电子结构能很好地说明原子的许多基本性质，如原子的电离能、元素周期表等[14]。

表 5.5　HF 方法计算的 Cu^+ 的轨道能量[12]

轨道	1s	2s	2p	3s	3p	3d
能量/eV	–658.4	–82.30	–71.83	–10.651	–7.279	–1.613

5.3.1.3　径向波函数的斯莱特表达式

一个多电子原子的径向波函数 $R_{nl}(r)$ 由式(5.60)和式(5.59)决定，这意味着要求解微分方程。斯莱特基于对大量数值结果的模拟分析提出可用一个通用的解析表达式近似地表达径向波函数，该表达式为[15,16]

$$R_{nl}^{\mathrm{STO}}(r)=\frac{(2\zeta/a_0)^{n^*+\frac{1}{2}}}{[(2n^*)!]^{1/2}}r^{n^*-1}\mathrm{e}^{-\zeta r/a_0} \tag{5.61}$$

其中，n^* 为主量子数；$\zeta=(Z-\sigma)/n$ 为轨道指数，Z 为原子核电荷数，σ 称为屏蔽常数。该式包含两个参数 n^* 和 σ，通常人们把不同的原子和不同的轨道这两个参数列成表以供查阅。上述的斯莱特型径向波函数只是实际的径向波函数的近似，一个主要的差异在于斯莱特型径向波函数没有结点，因此它不能很好地近似距核较近位置的径向波函数，但在距核较远的位置则能很好地接近实际的径向波函数。由斯莱特型径向波函数得到原子轨道[即 $R_{nl}^{\mathrm{STO}}(r)Y_{lm}(\theta,\varphi)$]称为斯莱特型原子轨道(Slater-type orbital，STO)，它最早曾被用作原子轨道来表达分子轨道。

5.3.2　HF 方法中的误差

上述 HF 计算的核心是求解一组中心势场中的单电子方程(5.55)，这实际上意味着用如下的中心势场哈密顿量 H_{CF} (CF 表示 central field)

$$H_{\mathrm{CF}}=\sum_{i=1}^{n}-\frac{\hbar^2}{2m}\nabla_i^2-\sum_{i=1}^{n}\frac{Ze^2}{4\pi\varepsilon_0}\frac{1}{r_i}+\sum_{i=1}^{n}v_{\mathrm{eff},i}(r_i) \tag{5.62}$$

代替严格的哈密顿量 H_0，两者之间的差别为

$$H_{\mathrm{Re}}=H_0-H_{\mathrm{CF}}=\sum_{i=1}^{n}\frac{Ze^2}{4\pi\varepsilon_0}\frac{1}{|\boldsymbol{r}_i-\boldsymbol{r}_j|}-\sum_{i=1}^{n}v_{\mathrm{eff},i}(r_i) \tag{5.63}$$

H_{Re} 为电子间库仑作用与总的单电子有效势的差，因此称为**剩余(remanent)库仑作用**，它描述了上述 HF 方法中的误差。对于原子序数较小的原子，剩余库仑作用相应的能量大致在几 eV 以内，相比于原子十几 eV 到数百 eV 的基态能量(如氢

原子基态能–13.6eV)，该值是一个小量，表明 HF 基本上是准确的。为了得到更加精确的原子能级，人们发展了诸如位形相互作用(configuration interaction)等更精确的方法来计算原子的量子态，有关细节可参考有关文献[17]。

电子除了电荷属性外，还有自旋属性，这导致原子中除库仑作用外还有自旋-轨道耦合作用，这对于理解原子基本性质是不可或缺的，将在随后的几节中说明。

5.4 自旋和自旋-轨道耦合作用

5.4.1 电子的内在运动：自旋

在 5.3 节的讨论中电子被看成一个点电荷粒子，只具有电荷属性，从而原子中的相互作用只有电子与核和电子之间的库仑作用。然而，磁场能显著影响原子光谱性质的事实即塞曼效应使人们认识到电子本身不能简单看成无内部结构的点电荷粒子，而是具有内在的运动和结构的实体，人们把这种内部的运动称为自旋。用自旋这一名称是由于最初人们把电子看成是一个有一定半径的荷电球体，球体的自转是塞曼效应的根源，虽然后来证明这一假设违反相对论的基本假定[18]，但电子内在的运动依然沿用自旋这一名称。1929 年狄拉克提出相对论性的氢原子方程，电子自旋可以从该方程“推导出”，从此电子自旋被认为是一个相对论效应。电子自旋的引入表明电子与核的相互作用和电子之间的相互作用不仅仅是点电荷间的库仑作用，还包含自旋-轨道耦合作用，这个相互作用也常被称为精细相互作用，这个名称源于该相互作用的能量大致在 10^{-5}～10^{-4}eV 的数量级，远低于库仑作用十几 eV 到数百 eV 的数量级。

除了上述的库仑作用和自旋-轨道耦合作用外，原子中的相互作用还包括核自旋与电子之间的相互作用，这源于原子核本身具有内在的自旋运动，这个相互作用被称为超精细相互作用，该作用能量的数量级在 10^{-8}～10^{-7}eV。此外，量子电动力学表明电子与原子核之间的经典库仑作用并不精确，它忽略了电磁场本身的量子效应，这导致对原子的能量的修正，这称为兰姆(Lamb)效应。在材料科学中所涉及的原子性质的理论一般无需考虑这两项相互作用，因此这里不再讨论。

本小节首先以氢原子为例说明电子-轨道耦合作用的物理本质和表达式，然后由此给出多电子原子中电子-轨道耦合作用的表达式。

5.4.2 氢原子中的自旋-轨道耦合作用

从经典物理的观念看氢原子，电子绕核做圆周运动，如图 5.10 所示。圆周运动的特征量是运动周期 T，即绕核一圈所需的时间，由此可得电子的运动速度为 $|\boldsymbol{v}| = 2\pi r / T$，于是电子绕核的角动量为：$\boldsymbol{l} = \boldsymbol{r} \times \boldsymbol{p} = \boldsymbol{r} \times m\boldsymbol{v} = 2\pi m_e r^2 \boldsymbol{e}_n / T$，其中 $\boldsymbol{e}_n$ 为运动圆周所在平面的法向单位矢量，是一个不变的矢量，由此可见角动量充分

地表征了圆周运动。在量子力学中，上述的角动量用角动量算符 $\hat{\boldsymbol{l}} = \hat{\boldsymbol{r}} \times \hat{\boldsymbol{p}} = \boldsymbol{r} \times -i\hbar\nabla = -i\hbar\boldsymbol{r} \times \nabla$ 代替，通过作用于波函数来获得角动量数值[19]，氢原子的波函数 $\psi_{nlm}(\boldsymbol{r})$ [式(5.38)]不是 $\hat{\boldsymbol{l}}$ 的本征态，也就是说量子态 $\psi_{nlm}(\boldsymbol{r})$ 没有确定的角动量 $\boldsymbol{l}$ 值，只有确定的角动量大小 $|\boldsymbol{l}|$ 和确定的 z 轴方向分量值 l_z（见 5.2.1.6 节），分别是

$$\begin{aligned} |\boldsymbol{l}| &= \sqrt{l(l+1)}\hbar \\ l_z &= m\hbar \qquad -l \leqslant m \leqslant l \end{aligned} \tag{5.64}$$

其中，l 和 m 分别为量子态 $\psi_{nlm}(\boldsymbol{r})$ 的角动量量子数和磁量子数，m 取值范围来自式(5.39)。

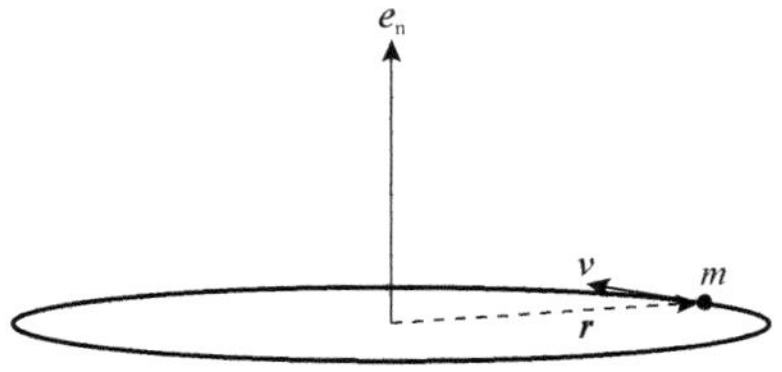

图 5.10　角动量的定义

在经典观念下，当电子绕核做圆周运动时电子就形成一个环形电流。按照经典电磁学理论，这样的环形电流由磁矩矢量 $\boldsymbol{\mu}_l$ 表征，下标 l 用来标识轨道运动，$\boldsymbol{\mu}_l$ 的定义为：$\boldsymbol{\mu}_l = IS\boldsymbol{e}_\mathrm{n}$，其中 $I = -e/T$ 和 $S = \pi r^2$ 分别是环形电流的电流强度和所包围的面积，$\boldsymbol{e}_\mathrm{n}$ 意义同上，经过简单的推导可得知

$$\boldsymbol{\mu}_l = IS\boldsymbol{e}_\mathrm{n} = \frac{-e}{2m_\mathrm{e}}\boldsymbol{l} = -\mu_\mathrm{B}\boldsymbol{l}/\hbar \tag{5.65}$$

其中 $\boldsymbol{l}$ 即为电子轨道角动量，$\mu_\mathrm{B}=e\hbar/(2m_\mathrm{e})$ 为玻尔磁子，其单位与磁矩单位相同，在材料物理中一个原子或离子的磁矩经常以玻尔磁子为度量单位。在量子力学观念下，电子轨道运动的磁矩仍然由式(5.65)给出，只不过公式中的角动量被量子力学的角动量代替。

按照经典电动力学，磁场不能对电荷做功，也就是不能改变电荷的能量，但磁场却能够对封闭的电流做功，因此磁场能够改变电子的轨道运动并改变其能量，当磁场的磁感应强度为 $\boldsymbol{B}$ 时，磁矩为 $\boldsymbol{\mu}$ 的电子环流与磁场的相互作用能为

$$-\boldsymbol{\mu}\cdot\boldsymbol{B} \tag{5.66}$$

对于轨道运动形成的环流 $\boldsymbol{\mu} = \boldsymbol{\mu}_l$，假如磁场 $\boldsymbol{B}$ 沿 z 轴方向，则相互作用能为

$$-\boldsymbol{\mu}_l \cdot \boldsymbol{B} = -\mu_{\mathrm{B}} \boldsymbol{l}/\hbar \cdot \boldsymbol{B} = -\frac{\mu_{\mathrm{B}}}{\hbar} \boldsymbol{l} \cdot \boldsymbol{B} = -\frac{\mu_{\mathrm{B}} B}{\hbar} l_z = -\mu_{\mathrm{B}} B m \tag{5.67}$$

式(5.67)推导中运用了式(5.65)和式(5.64)。由于 m 是满足 $-l \leqslant m \leqslant l$ 条件的整数，因此氢原子中电子轨道运动的磁相互作用能是以 $\mu_{\mathrm{B}} B$ 为单位的一系列分立的能量。

类比于电子外在的轨道运动用轨道角动量描述，人们定义了自旋角动量矢量 $\boldsymbol{s}$ 来表征电子的自旋运动，它具有一般的角动量性质，也就是用其大小 $|\boldsymbol{s}|$ 和沿某方向(通常记为 z 轴)的分量 s_z 描述它，这个量的取值为

$$\begin{aligned} |\boldsymbol{s}| &= \sqrt{s(s+1)}\hbar \\ s_z &= m_s \hbar \qquad -s \leqslant m_s \leqslant s \end{aligned} \tag{5.68}$$

其中，s 为自旋量子数；m_s 为自旋磁量子数，m_s 的取值限定意味着 m_s 可取如下值：

$$m_s = -s, -s+1, \cdots, s-1, s \tag{5.69}$$

自旋运动的后果是电子本身可以和磁场相互作用，类比于轨道运动与磁场的作用，电子的这个磁性质由自旋磁矩 $\boldsymbol{\mu}_s$ 描述，它与自旋角动量 $\boldsymbol{s}$ 的关系为

$$\boldsymbol{\mu}_s = -g_s \cdot \mu_{\mathrm{B}} \boldsymbol{s}/\hbar \approx -2\mu_{\mathrm{B}} \boldsymbol{s}/\hbar \tag{5.70}$$

这里的比例系数与 $\boldsymbol{\mu}_l \sim \boldsymbol{l}$ 之间的比例系数相比有所不同，多了一个因子 g_s，称为自旋朗德因子，量子力学的研究给出 $g_s \approx 2$。在外加磁场下，自旋运动和磁场 $\boldsymbol{B}$ 之间相互作用能仍遵从普遍的电磁学规律，即相互作用能为 $-\boldsymbol{\mu}_s \cdot \boldsymbol{B}$。

现在考虑电子自旋与轨道的耦合作用。在经典物理模型下，氢原子中的电子绕核做圆周运动，但如果从电子角度看则是核绕着电子做圆周运动，也就是说核形成一环形电流，而环形电流就会产生一个磁场。当电子本身有内在的自旋磁矩时，自旋磁矩就会和核运动产生的磁场相互作用，从而使电子的能量发生改变，这个相互作用称为自旋-轨道耦合作用。按照经典电动力学的毕奥-萨伐尔定律，当电子的轨道角动量为 $\boldsymbol{l}$ 时核运动所产生的磁场的磁感应强度为[20]

$$\boldsymbol{B}_l = \frac{\hbar}{m_{\mathrm{e}} c^2} \left(\frac{1}{er} \frac{\partial v^{\mathrm{H}}}{\partial r} \right) \boldsymbol{l} \tag{5.71}$$

其中，$v^{\mathrm{H}}(r)$ 是电子与核之间的库仑势，于是自旋-轨道耦合作用的能量为

$$-\boldsymbol{\mu}_s \cdot \boldsymbol{B}_l = \frac{g_s \hbar^2}{2m_{\mathrm{e}}^2 c^2} \frac{1}{r} \frac{\partial v^{\mathrm{H}}}{\partial r} \boldsymbol{s} \cdot \boldsymbol{l} \tag{5.72}$$

经过相对论修正后式(5.72)增加了一个 1/2 的因子，因此自旋-轨道耦合作用的能

量 $H_{\text{S-O}}$ 的最终表达式为

$$H_{\text{S-O}} = -\boldsymbol{\mu}_s \cdot \boldsymbol{B}_l = \frac{g_s \hbar^2}{4m_e^2 c^2} \frac{1}{r} \frac{\partial v^{\text{H}}}{\partial r} \boldsymbol{s} \cdot \boldsymbol{l} \approx \frac{\hbar^2}{2m_e^2 c^2} \frac{1}{r} \frac{\partial v^{\text{H}}}{\partial r} \boldsymbol{s} \cdot \boldsymbol{l} \tag{5.73}$$

把氢原子 $v^{\text{H}}(r)$ [式(5.1)]的库仑势代入式(5.73)可得氢原子中自旋-轨道耦合作用：

$$H_{\text{S-O}}^{\text{H}} = -\boldsymbol{\mu}_s \cdot \boldsymbol{B}_l \approx \frac{\hbar^2 e^2}{8\pi\varepsilon_0 m_e^2 c^2} \frac{1}{r^3} \boldsymbol{s} \cdot \boldsymbol{l} \tag{5.74}$$

5.4.3　多电子原子的电子轨道耦合作用[20]

对于多电子原子，每个电子的轨道运动都会形成一个磁场，因此每个电子除了受到由于核相对运动产生的磁场外，还受到其他电子轨道运动所产生的磁场，因此系统总的自旋-轨道的哈密顿量为所有电子之间和电子与核之间自旋-轨道耦合作用的和，即

$$H_{\text{S-O}} \approx \frac{1}{2} \sum_{i=1}^{n} \sum_{j=1}^{n} \frac{g_s \hbar^2}{4m_e^2 c^2} \frac{1}{r} \frac{\partial v_i(r)}{\partial r} \boldsymbol{s}_i \cdot \boldsymbol{l}_j \tag{5.75}$$

其中，n 为原子或离子中的电子数；$v_i(r)$ 为式(5.56)中的单电子有效势，它由 HF 方法解方程(5.56)中得到。

5.5　含自旋的氢原子

在 5.2 节关于氢原子的量子理论中，电子是无内部结构的点粒子，但实际上电子还具有内部的运动即自旋运动，这意味着电子具有新的自由度，因而需要新的能描述自旋运动的量子数才能完整描述电子的波函数。如 5.4.2 节所述，自旋由其角动量 $\boldsymbol{s}$ 和其分量 s_z 表征，相应的量子数分别为 s 和 m_s [式(5.68)]。氢原子中只有一个电子，量子数 s=1/2，m_s 可取–1/2 和 1/2 两个值，m_s 取两个值表示自旋的两种取向或者两种自旋内部状态。在非相对论的量子理论中，电子的全波函数为 $\phi(\boldsymbol{r},\xi)=\psi_{nlm}(\boldsymbol{r})\sigma(\xi)$（见 4.5.1 节），其中 $\psi_{nlm}(\boldsymbol{r})$ 为全波函数的空间部分，$\sigma(\xi)$ 为自旋部分。$\sigma(\xi)$ 只有 α 和 β 两种情形，分别对应于 $m_s=1/2$ 和 $m_s=-1/2$ 自旋状态，于是一个氢原子的全波函数为

$$\phi_{nlmm_s}(\boldsymbol{r},) = \psi_{nlm}(\boldsymbol{r})\sigma_{m_s}(\xi) \tag{5.76}$$

因此完整标识氢原子的量子数则是 $(nlmm_s)$ 。

下面考虑每个量子态 $(nlmm_s)$ 的能量。考虑自旋-轨道耦合作用后，氢原子的

哈密顿则为

$$H^{\mathrm{H}} = H_0^{\mathrm{H}} + H_{\text{S-O}}^{\mathrm{H}} \tag{5.77}$$

其中，H_0^{H} 为只含库仑作用的哈密顿量[式(5.2)]，$H_{\text{S-O}}^{\mathrm{H}}$ 是氢原子中轨道-自旋耦合作用哈密顿量[式(5.74)]。按照量子力学理论，量子态$(nlmm_s)$的能量 $E_{nlmm_s}^{\mathrm{H}}$ 为

$$\begin{aligned}
E_{nlmm_s}^{\mathrm{H}} &= \int \phi_{nlmm_s}^*(\boldsymbol{r},\xi) H \phi_{nlmm_s}(\boldsymbol{r},\xi)\mathrm{d}\boldsymbol{r}\mathrm{d}\xi \\
&= \int \psi_{nlm}^*(\boldsymbol{r}) H \psi_{nlm}(\boldsymbol{r})\mathrm{d}\boldsymbol{r} \sum_{m_s=\pm 1/2} \int \sigma_{m_s}^*(\xi)\sigma_{m_s}(\xi)\mathrm{d}\xi \\
&= \int \psi_{nlm}^*(\boldsymbol{r}) H \psi_{nlm}(\boldsymbol{r})\mathrm{d}\boldsymbol{r} = \int \psi_{nlm}^*(\boldsymbol{r})(H_0 + H_{\text{S-O}})\psi_{nlm}(\boldsymbol{r})\mathrm{d}\boldsymbol{r} \\
&= \int \psi_{nlm}^*(\boldsymbol{r}) H_0 \psi_{nlm}(\boldsymbol{r})\mathrm{d}\boldsymbol{r} + \int \psi_{nlm}^*(\boldsymbol{r}) H_{\text{S-O}}^{\mathrm{H}} \psi_{nlm}(\boldsymbol{r})\mathrm{d}\boldsymbol{r} \\
&= E_0^{\mathrm{H}} + (E_{\text{S-O}}^{\mathrm{H}})_{nlm}
\end{aligned} \tag{5.78}$$

式(5.78)在计算自旋波函数积分中运用了自旋波函数 $\sigma_{m_s=1/2}=\alpha$ 和 $\sigma_{m_s=-1/2}=\beta$ 的正交归一化条件[式(4.92)]，式中 E_0^{H} 是只考虑库仑作用时量子态(nlm)的能量[式(5.37)]，第二项$(E_{\text{S-O}}^{\mathrm{H}})_{nlm}$是由于自旋-轨道耦合作用导致的能量，下面说明该项的计算。

首先引入总角动量矢量 $\boldsymbol{j}$:

$$\boldsymbol{j} = \boldsymbol{l} + \boldsymbol{s} \tag{5.79}$$

$\boldsymbol{j}$ 也具有一般角动量的性质，即

$$\begin{aligned}
|\boldsymbol{j}| &= \sqrt{j(j+1)}\hbar \\
j_z &= m_j\hbar \qquad -j \leqslant m_j \leqslant j
\end{aligned} \tag{5.80}$$

其中，j 和 m_j 为总角动量量子数和总角动量磁量子数。由量子力学角动量性质，对于给定的 l 和 s，j 可取值如下：

$$j = -|l-s|, -|l-s|+1, \cdots, |l+s|-1, |l+s| \tag{5.81}$$

由式(5.79)、式(5.80)、式(5.68)和式(5.64)可得如下公式：

$$\boldsymbol{s}\cdot\boldsymbol{l} = \frac{1}{2}(\boldsymbol{j}^2 - \boldsymbol{l}^2 - \boldsymbol{s}^2) = \frac{1}{2}\hbar^2[j(j+1) - l(l+1) - s(s+1)] \tag{5.82}$$

于是式(5.74)变为

$$H_{\text{S-O}}^{\text{H}} \approx \frac{a}{2}[j(j+1)-l(l+1)-s(s+1)], \qquad a=\frac{\mu_0 Ze^2\hbar^2}{8\pi m_e^2}\frac{1}{r^3} \tag{5.83}$$

其中，a 称为自旋-轨道耦合常数。于是 $E_{\text{S-O}}$ 中积分的计算归结于计算 a 的积分，即

$$\langle a\rangle_{nlm}=\frac{\mu_0 Ze^2\hbar^2}{8\pi m_e^2}\int \psi_{nlm}^{*}(\boldsymbol{r})\frac{1}{r^3}\psi_{nlm}(\boldsymbol{r})\text{d}x\text{d}y\text{d}z=-E_n\frac{Z^2\alpha^2}{nl(l+1/2)(l+1)} \tag{5.84}$$

其中，$\alpha=\mu_0 ce^2/(4\pi\hbar)\approx 1/137$ 为精细结构常数，上式积分计算中利用了式(5.48)的结果，于是有

$$(E_{\text{S-O}}^{\text{H}})_{nlm}=\frac{\langle a\rangle_{nlm}}{2}[j(j+1)-l(l+1)-s(s+1)] \tag{5.85}$$

氢原子中只有一个电子，s=1/2，按角动量 j 取值法则[式(5.81)]，对给定的 (nlm) 总角动量子数 j 有两种取值：$j=l+1/2$ 和 $j=l-1/2$，分别对应两种不同的自旋。把这两个 j 值代入式(5.85)可得到两个不同的自旋-轨道耦合作用能，代表当考虑自旋-轨道耦合作用时两种不同自旋电子会产生不同能量改变。对于氢原子 2p 能级所对应的量子态，n=2，l=1，两个不同的 j 值为 3/2 和 1/2，把这些 n、l、s 和 j 的值代入式(5.84)和式(5.85)可得两个自旋-轨道耦合作用能约为：$1.5\times10^{-5}\text{eV}$ 和 $-3.0\times10^{-5}\text{eV}$，与 2p 能级大小为–3.4eV 的库仑能相比，自旋-轨道耦合作用能确实是十分小的能量。

5.6　包含自旋-轨道耦合作用的多电子原子

要理解和描述原子的光谱，必须考虑电子自旋-轨道耦合作用，本节将定性讨论多电子原子中的相互作用以及由这些相互作用导致的电子结构以及原子态、电子组、原子谱项和谱项支项等概念。

5.6.1　包含自旋-轨道耦合作用的薛定谔方程及其求解方案

包含自旋-轨道耦合作用的多电子原子的哈密顿量为

$$H=H_0+H_{\text{S-O}} \tag{5.86}$$

由式(5.63)，H 可表达为如下三项：

$$H=H_{\text{CF}}+H_{\text{Re}}+H_{\text{S-O}} \tag{5.87}$$

对于原子序数比较小的原子和离子，三项相互作用的能量大致满足如下关系：$H_{\text{CF}}\gg H_{\text{Re}}\gg H_{\text{S-O}}$，在这种情形下，求解薛定谔方程的基本方案是：①先求解

以 H_{CF} 为哈密顿量的薛定谔方程，这已在 5.3 节中用 HF 方法解决；②在此基础上把 H_{Re} 作为一级微扰来得到一级修正解；③在一级微扰基础上把 $H_{S\text{-}O}$ 作为二级微扰得到二级修正解，这种求解的方案称为 **LS 耦合**方案。对于原子序数比较大的原子和离子，三项相互作用的能量大致满足 $H_{CF} \gg H_{S\text{-}O} \gg H_{Re}$，这时把 $H_{S\text{-}O}$ 作为一级微扰而把 H_{Re} 作为二级微扰来求解薛定谔方程，这样的方案称为 **JJ 耦合**方案。无论是哪种方案，定量的计算都十分复杂，但更常遇到和使用的是诸如原子态、电子组态、原子谱项、谱项支项等概念，因此这里主要说明这些概念如何在 LS 耦合方案形成，对于 JJ 耦合方案上述的概念是类似的，有关细节可参考文献[21]。

5.6.2 LS 耦合方案

5.6.2.1 中心势场近似和电子组态

LS 耦合方案第一步是用 HF 方法求解以 H_{CF} 为哈密顿量的薛定谔方程，其实质是把相互作用的多电子问题变成中心势场中的单电子问题，然后通过自洽的方法得到单电子的波函数、能量和单电子的有效势场。在中心势场近似下电子之间是相互独立的，每个电子在一个有效中心势场下运动，因此每个单电子遵循的薛定谔方程都类似于氢原子的薛定谔方程，差别在于中心势的形式。在氢原子中只有一个电子，电子态用四个量子数 $(nlmm_s)$ 标识，而多电子原子包含多个电子，每个单电子方程的解也用四个量子数 $(n_i l_i m_{l_i} m_{s_i})$ 标识，标识整个原子的量子态则需要说明所有电子的 $(n_i l_i m_{l_i} m_{s_i})(i=1,2,\cdots,n)$。

在许多场合主要关心的是原子的能量，如光谱中谱线的波长由原子的能级决定，因此常用能量状态来标识原子的状态，这称为原子能量态简称**原子态**。由于在中心势场近似下每个单电子态的能量 $\varepsilon_i(n_i,l_i)$ 仅与其量子数 n_i、l_i 相关，因此原子态只与所有单电子态的 $(n_i,l_i)(i=1,2,\cdots,n)$ 相关，也就是说只需标出所有电子的 n 和 l 即可唯一确定原子态。为此，人们采用**电子组态**(electronic configuration)的方式来标识原子态，就是标识出所有占据的 nl 单电子态，其中 n 直接用数字表示，l 用表 5.1 所示的对应字母表示，并把占据该单电子态的电子数写在 l 的右上角。这里以基态碳原子为例说明电子组态的概念。对基态碳原子中心力场近似给出一系列的单电子量子态或单电子轨道，按能量从低到高的顺序依次是 (nl) 值为 (10)、(20) 和 (21) 的三组轨道，其中 (10) 即 1s 组包括 $\left(100\frac{1}{2}\right)$ 和 $\left(100-\frac{1}{2}\right)$ 两个轨道(括号中的数是单电子轨道的量子数 $n_i l_i m_{l_i} m_{s_i}$)，(20) 即 2s 组包括 $\left(200\frac{1}{2}\right)$ 和 $\left(200-\frac{1}{2}\right)$ 两个轨道，(21) 即 2p 组包括 $\left(211\frac{1}{2}\right)$、$\left(211-\frac{1}{2}\right)$、$\left(210\frac{1}{2}\right)$、$\left(210-\frac{1}{2}\right)$、

$\left(21-1\frac{1}{2}\right)$和$\left(21-1-\frac{1}{2}\right)$等六个轨道。按能量最低原理，1s 和 2s 组的 4 个轨道先被 4 个电子占据，碳原子中剩余的 2 个电子则占据 2p 组的 6 个轨道，因此用电子组态表示，则为 $1s^2 2s^2 2p^2$。在中心力场近似下，2p 组的六个轨道能量相同，因此无论这 2 个电子在这 6 个轨道上如何分布原子的能量都相同，也就是导致相同的原子态。但每种不同的方式都代表一种不同量子态，考虑到电子的全同性并运用数学中的排列组合算法容易得到 2 个电子占据 6 个轨道有 $(6\times5)/2=15$ 种方式，这意味着电子组态 $1s^2 2s^2 2p^2$ 标识的原子态的简并度为 15。从以上讨论看出，原子态表示的是原子的能量状态，它通常对应多个量子态。

电子组态概念能非常方便地说明原子的填充属性，如 Na 原子的电子组态是 $1s^2 2s^2 2p^6 3s^1$，$1s^2$ 表示壳层 K 中全填满，$2s^2 2p^6$ 表示壳层 L 中全填满，$3s^1$ 表示 M 壳层只有 1 个电子。

5.6.2.2　一级微扰：剩余库仑作用和原子谱项

当考虑剩余库仑作用时，原子的哈密顿量变为 $H_{\mathrm{CF}}+H_{\mathrm{Re}}$，但$[H_{\mathrm{CF}}+H_{\mathrm{Re}}\ \boldsymbol{l}_i]\neq0$，按量子力学的基本理论，这意味着在中心势场近似中的单电子态不再是 $H_{\mathrm{CF}}+H_{\mathrm{Re}}$ 的本征函数，这时角动量 $\boldsymbol{l}_i$ 不再是守恒量，即 $\boldsymbol{l}_i$ 不再是确定的量，因此用电子组态来描述原子态已经没有意义。原则上需要重新求解以 $H_{\mathrm{CF}}+H_{\mathrm{Re}}$ 为哈密顿量的薛定谔方程得到系统新的波函数和能量，但这在数学上却很困难，解决这一问题的有效方法是采用量子力学的微扰论方法，就是以中心力场近似中得到单电子波函数、能量和单电子有效势为基础，把剩余库仑作用作为微扰计算原子的波函数和能量，这意味着原来的单电子态变成一系列新的单电子态。按照量子力学的基本理论，利用在剩余库仑作用下的守恒量作为参数，无需定量计算就能对这些新的单电子态进行标识和分类，从而了解原子能量的定性结构，下面说明这一方法。

首先说明原子中电子的总轨道角动量和总自旋角动量构成守恒量。原子总轨道角动量 $\boldsymbol{L}$ 定义为

$$\boldsymbol{L}\equiv\sum_{i=1}^{n}\boldsymbol{l}_i \tag{5.88}$$

$\boldsymbol{l}_i$ 为中心势场近似下单电子态的轨道角动量矢量，$\boldsymbol{L}$ 的大小$|\boldsymbol{L}|$和分量 L_z 满足一般的角动量性质，即

$$\begin{aligned}|\boldsymbol{L}|&=\sqrt{L(L+1)}\hbar\\ L_z&=m_L\hbar,\qquad -L\leqslant m_L\leqslant L\end{aligned} \tag{5.89}$$

其中，L 和 m_L 分别是总轨道角动量量子数和角动量分量量子数。总自旋轨道角动量 $\boldsymbol{S}$ 为

$$\boldsymbol{S} \equiv \sum_{i=1}^{n} \boldsymbol{s}_i \tag{5.90}$$

$\boldsymbol{s}_i$ 为单电子的自旋角动量，$\boldsymbol{S}$ 的大小 $|\boldsymbol{S}|$ 和分量 S_z 满足：

$$\begin{aligned} |\boldsymbol{S}| &= \sqrt{S(S+1)}\hbar \\ S_z &= m_S\hbar \qquad -S \leqslant m_S \leqslant S \end{aligned} \tag{5.91}$$

其中 S 和 m_S 分别是总自旋角动量量子数和角动量分量量子数。可以证明 $\boldsymbol{L}$ 和 $\boldsymbol{S}$ 分别满足 $[\boldsymbol{L}\ H_{\text{FC}} + H_{\text{Re}}] = 0$ 和 $[\boldsymbol{S}\ H_{\text{FC}} + H_{\text{Re}}] = 0$ [22]，按量子力学基本理论，这表明 $\boldsymbol{L}$ 和 $\boldsymbol{S}$ 与 $H_{\text{FC}} + H_{\text{Re}}$ 有共同本征函数，也就是说用这些本征函数表述原子的量子态时，原子的能量、总轨道角动量 $\boldsymbol{L}$ 和自旋角动量 $\boldsymbol{S}$ 是确定的或者说是守恒量，这意味着在给定电子组态的前提下原子的能量可完全由 (LS) 标识，而原子的量子态可由量子数 (LSm_Lm_S) 标识。按角动量一般理论，任何的 L 有 $-L,-L+1,\cdots,L-1,L$ 等共 $2L+1$ 个分量，S 有 $-S,-S+1,\cdots,S-1,S$ 等共 $2S+1$ 个分量，因此由 (LS) 标记的原子态的简并度为 $(2L+1)(2S+1)$。对于给定的电子组态，可以得到若干个 (LS) 组合，每个组合又包含 $(2L+1)(2S+1)$ 个量子态，所有这些组合所包含的量子态正好等于给定电子组态所包含的量子态，关于这个结论的证明从略。这个结论表明用上述由 $\boldsymbol{L}$ 和 $\boldsymbol{S}$ 量子数确实能完整地说明所有的量子态。下面以碳原子基态为例来说明如何从单电子态 $n_il_im_{l_i}m_{s_i}$ 来确定原子态的 LS 值和对原子态进行分类。

首先从基态碳原子的电子组态求原子的总轨道角动量和自旋角动量。基态碳原子的电子组态为 $1s^2 2s^2 2p^2$，其中 1s 和 2s 支壳层填满四个电子，这四个单电子态的量子数 $(n_il_im_{l_i}m_{s_i})$ 分别为 $\left(100\frac{1}{2}\right)$、$\left(100-\frac{1}{2}\right)$ 和 $\left(200\frac{1}{2}\right)$、$\left(200-\frac{1}{2}\right)$，因此这四个电子的轨道角动量分量和 $m_L = \sum_i m_{l_i} = 0$，按照角动量量子数 L 与分量 m_L 的关系，这四个电子总轨道角动量的量子数 $L=0$，类似地这四个电子总自旋角动量量子数 $S=0$。一般地，全满支壳层中的 m_{l_i} 可取 $-l_i \sim l_i$ 之间所有值，因此总有 $m_L = \sum_i m_{l_i} = 0$，即任何全满支壳层的总轨道角动量为 0。全满支壳层中的电子自旋总是成对出现，即 m_{s_i} 总是以成对的 $\pm 1/2$ 出现，所以总有 $m_S = \sum_i m_{s_i} = 0$，即任何全满支壳层的总自旋角动量为 0。因此，求一个原子总轨道角动量和总自旋

角动量只需要求未满壳层中的电子轨道角动量和自旋角动量。对于基态碳原子，未满壳层中的电子为两个 $2p^2$ 电子，这两个电子的总轨道角动量量子数 L 与总自旋角动量量子数 S 可通过计算相应分量量子数 m_L 和 m_S 得到，即按公式 $m_L = m_{l_1} + m_{l_2}$ 和 $m_S = m_{s_1} + m_{s_2}$ 计算总轨道角动量和总自旋角动量的分量，然后按照角动量的基本性质得到相应的 L 和 S 值。两个 $2p^2$ 电子 m_{l_1} 和 m_{l_2} 的可能取值为 -1、0、1 三个值，m_{s_1} 和 m_{s_2} 可能取值为 $-\dfrac{1}{2}$、$\dfrac{1}{2}$ 两个值，把这些分量按图 5.11 所示的方式排列，每对 m_{l_1} 与 m_{l_2} 之和 m_L 写在它们交叉方格的左下角，每对 m_{s_1} 与 m_{s_2} 之和 m_S 写在它们交叉方格的右上角。由于两个电子的全同性，只需要计算表格中一半的方格，对角线上的方格对应于量子数 m_{l_1} 与 m_{l_2} 以及 m_{s_1} 与 m_{s_2} 相同，泡利不相容原理要求排除它们，因而无需计算。于是有效的方格为 15 个，对应于 15 个量子态，这正好是在中心势场近似下基态碳原子的简并度。考察紧邻对角线的斜线上的 5 个方格中的 $(m_L\ m_S)$ 值对，分别为 (20)、(10)、(00)、(−10)、(−20)，这 5 对值的 $m_S = 0$，m_L 分别为 2、1、0、−1、−2，这表明这 5 对值对应 $S = 0$ 和 $L = 2$ 或 $(LS) = (20)$，5 个 m_L 值对应总轨道角动量的 5 个分量。最左下角的 $(m_L\ m_S)$ 值对为 (00)，则对应 $(LS) = (00)$。其他 $(m_L\ m_S)$ 值对共有 9 个，是 $m_L = 1, 0, -1$ 三个值与 $m_S = 1, 0, -1$ 三个值形成的 9 种组合，这相当于 m_L 和 m_S 各有三个分量，因而这 9 个方格对应于 $(LS) = (11)$ 的 9 个量子态。

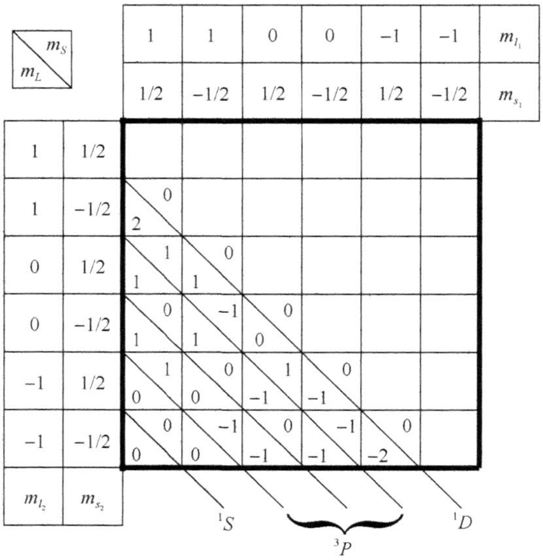

图 5.11　基态碳原子的 L 和 S 的求解

以上的讨论表明，当考虑剩余库仑作用时，碳原子基态包含三种 (LS) 组合：

(20)、(11)和(00)，也就是三种原子态。类似于氢原子中用字母来标记不同的角动量 l，人们也用特定的字母来标记总轨道角动量量子数 L，两者的对应关系见表 5.6，并用如下的形式标记 LS 的组合：

$$^{2S+1}L \tag{5.92}$$

在这种标记形式下上述的基态碳原子三种 LS 组合分别为 ^1D、^3P 和 ^1S，这种标记形式源于对原子光谱的标记，因而称为**原子谱项**(Term)(也译作**光谱项**[23])，其中的 $2S$+1 称为多重因子。由角动量分量取值的性质可知，以 ^{2S+1}L 标识的原子态的简并度为 $(2L+1)(2S+1)$，则原子态 ^1D、^3P 和 ^1S 的简并度分别为 5、9 和 1。

表 5.6　角动量量子数 L 的对应字母

L	1	2	3	4	5	6	7	8
字母	S	P	D	F	G	H	I	K

5.6.2.3　二级微扰：自旋-轨道耦合和谱项支项

当考虑自旋-轨道耦合时，原子的哈密顿量为 $H = H_{\mathrm{CF}} + H_{\mathrm{Re}} + H_{\mathrm{S\text{-}O}}$，可以证明此时 $[H\ \boldsymbol{L}] \neq 0$ 和 $[H\ \boldsymbol{S}] \neq 0$，这意味着 $\boldsymbol{L}$、$\boldsymbol{S}$ 不再守恒，因此 $\boldsymbol{L}$、$\boldsymbol{S}$ 不再能用来标识原子态。从物理角度看这是由于自旋-轨道之间有角动量的交换，因而 $\boldsymbol{L}$,$\boldsymbol{S}$ 不再能保持守恒不变，但总角动量 $\boldsymbol{J}$=$\boldsymbol{L}$+$\boldsymbol{S}$ 却不因 $\boldsymbol{L}$ 与 $\boldsymbol{S}$ 之间的交换而改变，因而 $\boldsymbol{J}$ 是考虑自旋-轨道耦合时的守恒量，实际上可以从数学上证明 $[H\ \boldsymbol{J}] = 0$，按量子力学的基本理论，这意味着 H 和 $\boldsymbol{J}$ 有共同的本征函数，当用该本征函数描述量子态时系统的能量和 $\boldsymbol{J}$ 守恒，属于同一 $\boldsymbol{J}$ 值的量子态能量相同，因此可以用 $\boldsymbol{J}$ 和其量子数标识和分类原子态。总角动量 $\boldsymbol{J}$ 具有一般的角动量性质，即其大小 $|\boldsymbol{J}|$ 和分量 J_z 如下：

$$\begin{aligned} |\boldsymbol{J}| &= \sqrt{J(J+1)}\hbar \\ J_z &= m_J\hbar, \qquad -J \leqslant m_J \leqslant J \end{aligned} \tag{5.93}$$

其中，J 和 m_J 分别为总角动量量子数和总角动量磁量子数。J 值的计算基于剩余库仑作用下原子态的 (LS) 值，计算的基本法则就是一般的角动量合成法则，即 J 的取值为

$$-|L-S|, -|L-S|+1, \cdots, |L+S|-1, |L+S| \tag{5.94}$$

下面以碳原子基态为例来说明如何求原子的 J 值以及原子态如何按 J 值的分类。

上面给出在剩余库仑作用下基态碳原子的原子态分为三种：^1D、^3P 和 ^1S，对

应于三组不同的(LS)值。对于原子态^1D，$L=2$，$S=0$，可得$|L-S|=2$和$|L+S|=2$，所以J的取值为 2。通常人们把J值写在谱项的右下角，即

$$^{2S+1}L_J \tag{5.95}$$

该表达式称为**谱项支项**，有的书中把谱项和谱项支项不加区分地称为谱项。^1D只有一个$J=2$的值，因此只有一个谱项支项$^1D_2$。量子数为J的角动量$\boldsymbol{J}$分量有$-J,-J+1,\cdots,J-1,J$等$2J+1$个，因此由$^{2S+1}L_J$表达的原子态的简并度为$2J+1$，由此可知原子态$^1D_2$的简并度为$2\times2+1=5$。这些结果表明原先属于^1D的所有量子态在考虑自旋-轨道耦合作用下能量依然彼此相同，或者说自旋-轨道耦合作用使属于^1D的所有量子态能量产生了相同的移动，因此$^1D_2$的简并度与^1D的简并度相同。对于原子态^3P，$L=1$，$S=1$，可得$|L-S|=0$和$|L+S|=2$，所以J的取值为 0、1、2，这表明原先由^3P标识的 9 个量子态在自旋-轨道耦合作用下分为三组能量不同的原子态，用谱项支项则分别表示为$^3P_0$、$^3P_1$和$^3P_2$，按相应的简并度分别是 1、3 和 5，总和正好等于原子态^3P的简并度。对于原子态^1S，$L=0$，$S=0$，可得$|L-S|=0$和$|L+S|=0$，所以J的取值为 0，因此^1S只有一个谱项支项$^1S_0$，该原子态的简并度为 1 或者说是非简并的。

5.6.2.4　原子态完整描述及其能量

上述的讨论表明，如果一个原子能够用 LS 耦合方案处理，那么完整描述一个原子的能量态要说明其电子组态和 L、S、J，或者说需要如下的形式才能完整描述原子的原子态：

$$(1s^2 2s^2 \cdots)^{2S+1}L_J \tag{5.96}$$

原子态标识原子的不同能量状态，具体的能量数值则需要微扰论的定量计算。幸运的是几乎所有原子态的能量数据已被编辑成表，如由美国国家标准与技术研究院(National Institute of Standards and Technology)所编辑的原子光谱数据(网站为https://physics.nist.gov/PhysRefData/ASD/lines_form.html)就是这样的一个数据库，在使用时只需查阅即可。表 5.7 为从该网站选取的碳原子若干低能级的原子能级。可以看到，该表包含四列，分别是电子构型、谱项、谱支项的J值和能级，在这个表中总是以原子最低能级作为能量零点，这与前面讨论的氢原子以距核无穷远处作为能量零点不同。由该表可见，不同电子组态之间的能量差异大约在几 eV 以上，如电子组态 $2s^22p^2$ 中的能量最低态和电子组态 $2s2p^3$ 之间能量差为 4.18eV；同一电子组态下能量又按谱项分成不同组，不同谱项间的差异大约在 1eV 的量级，如 $2s^22p^2$ 电子组态下的^3P能级和^1D能级的能量差大约为 1.26eV；同一谱项下又

分为不同的谱项支项，谱项支项间的能量差大约是几 meV，如 ^3P 能级下谱项支项 $^3P_0$ 和 $^3P_1$ 之间的能量差约 2meV。这个实例说明，原子的能级先分成间隔大的不同电子组态，每个电子组态下又分成间隔较小的不同谱项，每个谱项中再分成间隔更小的不同谱项支项。

表 5.7　碳原子的原子能级

电子构型	谱项	J	能级/eV	电子构型	谱项	J	能级/eV
$2s^22p^2$	^3P	0	0.000	$2s^12p^3$	^5S	2	4.182631
		1	0.002033				
		2	0.005381	$2s^22p^13s^1$	^3P	0	7.48039
						1	7.482772
$2s^22p^2$	^1D	2	1.263725			2	7.487795
$2s^22p^2$	^1S	0	2.684011	$2s^22p^13s^1$	^1P	1	7.684766

图 5.12 展示了碳原子 $2s^22p^2$ 电子组态、谱项、谱项支项的能级相对位置、简并度等以及与原子中相互作用的关系。电子组态是中心势场近似下的原子态，谱

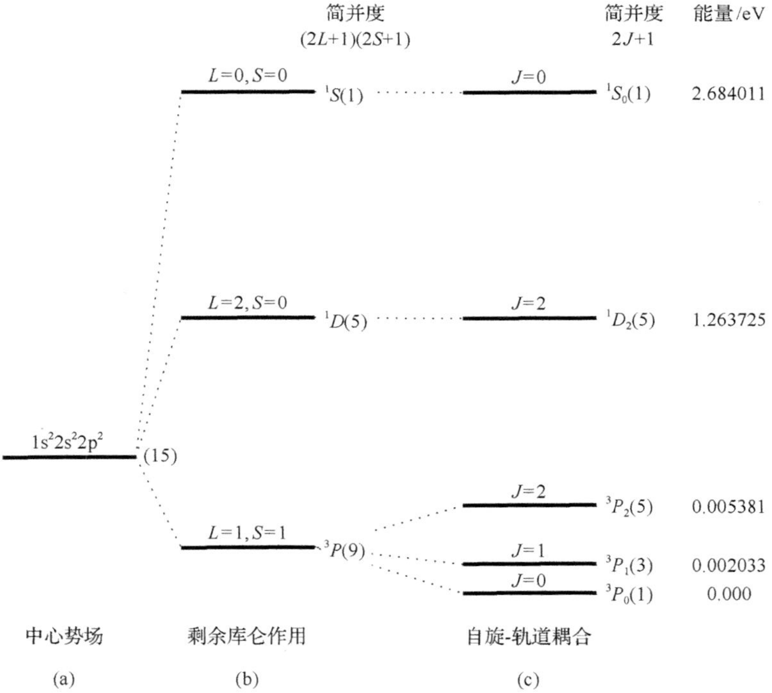

图 5.12　基态碳原子中的相互作用和原子态能级及简并度

本图中的能级位置是定性的，括号中的数是左边所表示原子态的简并度。最右边的谱项支项所对应的能量来自网站 https://physics.nist.gov/PhysRefData/ASD/lines_form.html

项是进一步考虑剩余作用下的原子态，谱项支项是更进一步考虑自旋-轨道耦合作用的原子态，电子组态之间大的能量间隔表明中心势场近似中的单电子库仑能确实占据原子能量的主体，谱项间较小的能量差表明剩余库仑作用对应较小的能量，而谱项支项间很微小的能量间隔则表明自旋-轨道耦合作用是一个更弱的相互作用，这正好是 LS 耦合方案的基本前提。

参 考 文 献

[1] Arfken G B, Weber H J, Harris F E. Mathematical Methods for Physicists. 7th ed. Oxford: Elsevier, 2013: 716-718

[2] Arfken G B, Weber H J, Harris F E. Mathematical Methods for Physicists. 7th ed. Oxford: Elsevier, 2013: 741-748

[3] Arfken G B, Weber H J, Harris F E. Mathematical Methods for Physicists. 7th ed. Oxford: Elsevier, 2013: 757

[4] Haken H, Wolf H C. The Physics of Atoms and Quanta: Introduction to Experiments and Theory. 7th ed. Berlin: Springer, 2005: 161-168

[5] Arfken G B, Weber H J, Harris F E. Mathematical Methods for Physicists. 7th ed. Oxford: Elsevier, 2013: 896-897

[6] Arfken G B, Weber H J, Harris F E. Mathematical Methods for Physicists. 7th ed. Oxford: Elsevier, 2013: 892

[7] Arfken G B, Weber H J, Harris F E. Mathematical Methods for Physicists. 7th ed. Oxford: Elsevier, 2013: 760

[8] Gasiorowicz S. Quantum Physics. 北京：高等教育出版社, 2006: 139

[9] Bransden B H, Joachain C J. Physics of Atoms and Molecules. Essex:Longman Scientific and Technique, 1983:332-339

[10] Johnson W R. Atomic Structure Theory. Berlin: Springer, 2007: 29-97

[11] Hartree D R, Hartree W. Self-consistent field, with exchange, for Cu^+. Proc Roy Soc, 1936, A157: 490-502

[12] Morrison M A, Estle T A, Lane N F. Quantum States of Atoms, Molecules and Solids. New Jersey: Prentice-Hall, 1976: 239-241

[13] Foot C J. Atomic Physics. New York: Oxford University Press, 2005: 62

[14] 凯格纳克 B, 裴贝-裴罗拉 J C. 近代原子物理学(下册). 北京：科学出版社, 1980: 41-44

[15] Levine I N. Quantum Chemistry. 7th ed. Boston: Pearson Education, 2014: 293-295

[16] 江元生. 结构化学. 北京：高等教育出版社, 1997: 48-49

[17] Johnson W R. Atomic Structure Theory. Berlin: Springer, 2007: 195-234

[18] Demtröer W. Atoms, Molecules and Photons: An Introduction to Atomic-, Molecular and Quantum-Physics. Berlin: Springer, 2006: 191-192

[19] Demtröer W. Atoms, Molecules and Photons: An Introduction to Atomic-, Molecular and Quantum-Physics. Berlin: Springer, 2006: 150-153

[20] 凯格纳克 B, 裴贝-裴罗拉 J C. 近代原子物理学(下册). 北京：科学出版社, 1980: 49-54

[21] 凯格纳克 B, 裴贝-裴罗拉 J C. 近代原子物理学(下册). 北京：科学出版社, 1980: 59-62

[22] Foot C J. Atomic Physics. New York: Oxford University Press, 2005: 81

[23] 徐光宪, 王祥云. 物质结构. 2 版. 北京：高等教育出版社, 1987: 94

第 6 章　分子的电子结构

6.1　分子和电子结构

6.1.1　概述

分子是具有特定结构和功能的最小原子组合。元素周期表中包含 100 多种元素，这些元素又能按不同比例和空间结构组合，形成从无机分子、有机分子、有机金属分子、超分子到生物及药物分子等极为多样而神奇的物质形态，理解分子的结构和性质是理解物质的重要组成部分[1]。

分子和宏观材料的结构与性质虽然有很大差异，但也有很多的一致性，研究分子的电子结构还可以看到分子性质和固体性质的关联性。一个小分子的电子态可以用分子轨道描述，而晶体中的电子态则用晶体轨道描述；在分子中可以用原子之间的轨道相互作用来理解分子的电子性质，这同样适用于宏观固体；小分子分立的电子能级和宏观固体连续的电子能带之间具有直接的对应关系；在分子中有最低未占分子轨道(lowest unoccupied molecular orbital，LUMO)和最高占据分子轨道(highest occupied molecular orbital，HOMO)，在晶体中则对应有导带和价带，前者对分子的化学反应性质具有重要作用，后者对晶体的导电性具有决定作用。因此，研究分子的电子性质有助于更一致地理解材料的电子性质。

从应用角度看，分子是材料的重要组成部分。首先，基于分子独特性质的材料已经成为材料的重要门类，如高分子材料、液晶材料、金属有机分子材料等；其次，许多材料应用中包含分子或涉及分子，如在染料敏化的光伏电池中人们利用无机材料(如 TiO_2)和染料分子(如含 Ru 的配合物分子)协同作用以实现将光能有效地转化为电能，气敏材料中核心问题就是气敏材料与气体分子之间电子相互作用的问题，自清洁材料中的核心问题是有机物分子与自清洁材料之间的氧化还原问题，光分解水制氢材料的核心问题是材料对水分子发生氧化还原反应，杂化材料则是研究把无机材料和有机分子在分子级或者纳米尺度上嫁接在一起以获得新的功能，等等。因此，理解分子的电子性质对于解决材料应用具有重要的意义。

6.1.2　化学键简史

在现代电子理论出现以前，理解分子的结构和性质的主要概念是化学键，现在化学键也依然是理解分子不可或缺的概念基础，电子结构的理论是对传统化学键观念的发展，因此理解化学键的历史对于理解分子性质以及分子的电子结构理论是有益的，本节对此作简要说明。

19 世纪早期，人们就提出了原子价的理论以解释分子的特定组成，这个理论提出每个化学元素都有一个“价”(valence)，一个分子中各元素的比例就是由原子价决定的，如 H 和 O 的价分别为 1 和–2，因此 H 和 O 组成的 H_2O 中 H 与 O 的比例是 2∶1。19 世纪后半叶人们提出了“键”(bond)的理论，认为分子的形成是由于原子之间存在键的作用，原子之间的键有确定的夹角，它们决定了分子的结构。1913 年，玻尔提出原子的量子理论，确定了当原子的核外电子数为 2、8 或 18 等时原子特别稳定，这时原子处于满壳层状态。基于这个结果，路易斯(Gilbert N. Lewis, 1875—1946)于 1916 年发表了共价键(covalence)理论，提出分子中的原子通过共享电子而成键，当分子中每个原子由于电子共享而使其核外电子数达到满壳层状态时，分子就处于最稳定状态，这决定了分子的组成和结构，如 HCl 分子中孤立 $\mathrm{H}\cdot$ 原子中有一个电子，孤立 $\cdot\underset{\cdot\cdot}{\ddot{\mathrm{Cl}}}:$ 原子中有 7 个电子，形成 HCl 分子时则会共享一个电子，路易斯结构式为 $\mathrm{H}:\underset{\cdot\cdot}{\ddot{\mathrm{Cl}}}:$，于是 HCl 分子中的 H 原子达到核外 2 个电子的满壳层结构，同时 Cl 原子也达到核外 8 个电子的满壳层结构。上述的价键理论在化学领域得到广泛的认可和接受，能够解释许多分子的组成和结构，然而依然有很多分子的结构和性能并不能被解释，另外这些解释只是定性的。

1925 年和 1926 年海森伯和薛定谔提出矩阵形式和波动形式的量子力学，为描述电子等微观粒子的运动奠定了基础。1927 年，W. Heitler(1904—1981)和伦敦(F. London，1900—1954)用量子力学研究了 H_2 分子，计算了 H_2 的键长和离解能，得到的结果与实验大体上一致，表明了量子力学在理解分子问题上的可行性，开启了量子化学的新时代。这个理论的一个基本结论是参与成键的电子对主要处在成键的两个原子之间，因此是一个局域的电子理论，这与路易斯的共价键理论是一致的，因此可以看成是量子力学的价键理论。1931 年，鲍林(L. Pauling，1901—1994)基于量子力学提出杂化轨道理论，更进一步完善了价键理论，特别是杂化轨道理论能简单地解释许多有机分子(如甲烷、乙烯及乙炔等)的结构。1927 年，洪德提出了另外一种分子的量子理论即分子轨道理论，其基本思想源于原子轨道理论，在原子轨道理论中电子处于一系列的原子轨道上，原子轨道则是原子薛定谔方程的解，分子轨道理论是对原子轨道理论的扩展，它认为分子中的电子处于一系列的分子轨道上，而分子轨道则是分子薛定谔方程的解。由分子轨道理论可以计算分子中的电子分布和键能，因此提出了一种新的理解和定量计算化学键的方法。1931 年，休克尔(Erich A. Hückel，1896—1980)发展了半经验的方法计算共轭分子的电子结构，这个理论本质上是分子轨道理论的一个特例。分子轨道理论随后经 Mulliken 发展成比较完善和系统的化学键的量子理论。分子轨道理论与价键理论的基本区别是它是一个离域的电子理论，在 20 世纪 30 年代离域的观念与传统的局域性电子对的共价键观念不一致，因此在化学领域没有被接受。两个理论各有优缺点，人们发现在有机分子中尽管整个分子中 C—C 链的长度和结构很不相同，但 C—C 之间的距离基本变化不大，这意味着 C—C 键的键长主要由成键的两个原子决定而与其他原子的关系不大，这与价键理论的局域性质一致，价键理论确实在计算分子的键长等有关分子结构方面表现得更好，然而在计算分子的光谱方面分子轨道理论则表现得更佳，这是由于分子中的光学性质实际上是分子电子态的改变，而引起这种转变的电磁波的波长(如可见光波长范围为 400～700nm)通常远大于分子中原子间的键长(典型的键长在 0.1～0.2nm)，也就是说电磁波对分子的作用是一个整体作用，在这种情形下作为离域电子理论的分子轨道理论则表现出更准确的计算结果。现在价键理论与分子轨道理论一起构成化学键理论的两大基本理论。

量子力学把原子价、分子结构、性质以及化学反应等问题变为一个求解薛定谔方程的数学问题[2-4]。从量子力学角度看，价键方法和分子轨道方法不过是计算分子电子结构的两种不同方法而已，现在从头计算方法不仅可以求解分子中原子的“价”(电荷分布)和分子中的“键”(键能)，而且可以计算分子的几乎所有性质，不仅能计算简单分子，还能计算诸如生物和药物分子等复杂的大分子，现在分子轨道理论和价键理论则更多地作为一种定性讨论分子结构和性质的方法，尽管如此，由它们发展而成的概念依然是人们理解分子结构和性质的基础。本章将在 6.2 节～6.6 节讨论分子轨道理论，6.7 节和 6.8 节分别讨论价键理论和杂化轨道理论。

6.2　分子轨道理论

6.2.1　分子轨道理论概要

分子轨道(molecular orbital，MO)理论的基本出发点是：①分子中电子处于一系列分子轨道中，分子轨道属于整个分子；②分子中的电子按照能量最低原理、泡利不相容原理和洪德规则分布在各分子轨道上；③分子轨道由量子力学中半经验或近似的方法来确定。分子轨道理论的本质是一个单电子理论，每个分子轨道即为一个单电子的薛定谔方程的解。求解分子轨道理论有两种基本方法：一是求解分子的 HF 方程，所得到的 HF 单电子轨道即为分子轨道，由于 HF 方法属于自洽场的方法，这样得到的分子轨道称为自洽场分子轨道(self-consistent field molecular orbital，SCF-MO)；二是直接单电子方程法，认为分子中波函数是一个单电子薛定谔方程的解，然后通过其他方法确定这个方程中的势从而确定该方程，最后解这个方程得到分子轨道及其能量。在很多情况下采用半经验的方法来求解单电子势的问题，休克尔方法就是这种方法的实例，它把求解分子轨道最终归结为确定两个参数(见 6.5 节)。在很多情况下无需求解单电子势的确切形式就可以得到许多定性的结论和概念，定性分析方法形成的概念已经成为分析分子电子结构以及分子结构和性质的基础，下面将主要采用这种定性的方法来说明分子轨道理论。定性方法的基本点可概括为：①无需写出单电子哈密顿量的具体形式；②单电子分子轨道的波函数通常写为分子中所包含原子的原子轨道波函数的线性组合即 LCAO(linear combination of atomic orbitals)；③基于量子力学的基本规则就可以定性甚至半定量得到分子轨道与原子轨道的依赖关系。这些依赖关系即为原子轨道相互作用原则，它从量子力学的角度解释分子的形成和性质。

下面将通过氢分子离子来说明分子轨道理论所给出的重要结果，然后在随后的几节将这些结果应用于不同的分子。

6.2.2 氢分子离子的分子轨道理论

氢分子离子(H_2^+)是最简单的分子系统，其中只含有一个电子，因此它是一个单电子系统，它的单电子哈密顿量能够准确地写出来，而且其薛定谔方程有解析解。尽管如此，用 LCAO 方法求解 H_2^+ 的电子结构却能获得分子轨道方法许多具有普遍意义的重要结果，H_2^+ 在分子轨道理论中的作用就像 H 原子在原子物理中的作用一样。H_2^+ 的结构如图 6.1 所示，有关 H_2^+ 的实验数据为：两个原子核的平衡间距为 1.06Å，分解能为 2.79eV[5]。

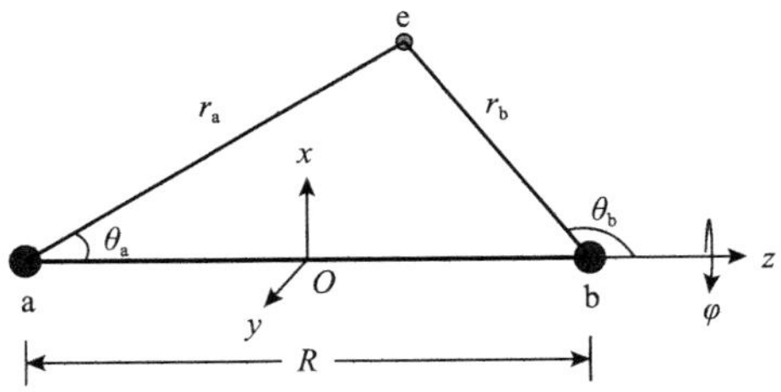

图 6.1 氢分子离子的示意图及坐标设置

6.2.2.1 H_2^+ 的薛定谔方程及求解

由图 6.1 可得 H_2^+ 的哈密顿量：

$$H = -\frac{\hbar^2}{2m_e}\nabla^2 - \frac{\hbar^2}{2m_e}\nabla_a^2 - \frac{\hbar^2}{2m_e}\nabla_b^2 - \frac{1}{4\pi\varepsilon_0}\frac{1}{r_a} - \frac{1}{4\pi\varepsilon_0}\frac{1}{r_b} + \frac{1}{4\pi\varepsilon_0}\frac{1}{R} \tag{6.1}$$

由于电子运动远快于两个核的运动，因此可以忽略核的运动，此即玻恩-奥本海

默近似，这意味着可使式(6.1)中第二项与第三项的核动能项为零，由此哈密顿量变为

$$H=-\frac{\hbar^2}{2m_e}\nabla^2-\frac{1}{4\pi\varepsilon_0}\frac{1}{r_a}-\frac{1}{4\pi\varepsilon_0}\frac{1}{r_b}+\frac{1}{4\pi\varepsilon_0}\frac{1}{R} \tag{6.2}$$

于是 H_2^+ 的薛定谔方程为

$$H\psi=E\psi \tag{6.3}$$

分子轨道波函数和能量则为式(6.3)的解。

分子轨道方法把分子轨道波函数近似表达为原子轨道的线性组合，即

$$\psi=c_a\varphi_a+c_b\varphi_b \tag{6.4}$$

其中，c_a、c_b 为组合系数，是待确定的量；φ_a 和 φ_b 为两个氢原子轨道，即它们满足氢原子薛定谔方程：

$$\left(\frac{\hbar^2}{2m_e}\nabla^2-\frac{e^2}{4\pi\varepsilon_0}\frac{1}{r_a}\right)\varphi_a=E_a^0\varphi_a,\qquad \left(\frac{\hbar^2}{2m_e}\nabla^2-\frac{e^2}{4\pi\varepsilon_0}\frac{1}{r_b}\right)\varphi_b=E_b^0\varphi_b \tag{6.5}$$

其中 E_a^0 和 E_b^0 分别是与原子轨道 φ_a 和 φ_b 相对应的能量。在这种分子轨道形式下，求分子轨道的问题就变为求两个组合系数的问题，而系数由系统的总能量最低这一规则决定。由量子力学可知，系统的总能量为

$$E(c_a,c_b)=\frac{\int\psi^*H\psi\mathrm{d}\boldsymbol{r}}{\int\psi^*\psi\mathrm{d}\boldsymbol{r}} \tag{6.6}$$

可见总能量是两个组合系数的函数，由变分原理可知最佳系数应当使系统的能量取极小值，即两个系数由如下两式决定：

$$\frac{\partial E}{\partial c_a}=0,\qquad \frac{\partial E}{\partial c_b}=0 \tag{6.7}$$

把式(6.4)中的 ψ 代入，可得关于 c_a、c_b 的二元一次方程组：

$$\begin{cases}(H_{aa}-ES_{aa})c_a+(H_{ab}-ES_{ab})c_b=0\\(H_{ba}-ES_{ba})c_a+(H_{bb}-ES_{bb})c_b=0\end{cases} \tag{6.8}$$

上述的推导中假设 φ_a、φ_b 为实数，对于所有的氢原子轨道，该条件是完全满足的

(见表 5.2)，推导的详细过程见参考文献[6]。式(6.8)中的 $S_{ij}(i,j=\mathrm{a,b})$ 为

$$
\begin{aligned}
S_{\mathrm{aa}} &= \int \varphi_{\mathrm{a}}^{*}\varphi_{\mathrm{a}}\mathrm{d}\boldsymbol{r} = 1 \\
S_{\mathrm{ab}} &= \int \varphi_{\mathrm{a}}^{*}\varphi_{\mathrm{b}}\mathrm{d}\boldsymbol{r} = \int \varphi_{\mathrm{b}}^{*}\varphi_{\mathrm{a}}\mathrm{d}\boldsymbol{r} = S \\
S_{\mathrm{bb}} &= \int \varphi_{\mathrm{b}}^{*}\varphi_{\mathrm{b}}\mathrm{d}\boldsymbol{r} = 1
\end{aligned} \tag{6.9}
$$

其中，$S_{\mathrm{aa}}=S_{\mathrm{bb}}=1$ 表示孤立原子轨道 φ_{a} 和 φ_{b} 的归一化；S_{ab} 表示两个原子轨道 φ_{a} 和 φ_{b} 交叠的程度，因而称为**交叠积分**，记为 S。式(6.8)中的 $H_{ij}(i,j=a,b)$ 为

$$
\begin{aligned}
H_{\mathrm{aa}} &= \int \varphi_{\mathrm{a}}^{*} H \varphi_{\mathrm{a}}\mathrm{d}\boldsymbol{r} = \int \varphi_{\mathrm{a}}^{*}\left(-\frac{\hbar^2}{2m_{\mathrm{e}}}\nabla^2 - \frac{e^2}{4\pi\varepsilon_0}\frac{1}{r_{\mathrm{a}}} - \frac{e^2}{4\pi\varepsilon_0}\frac{1}{r_{\mathrm{b}}} + \frac{e^2}{4\pi\varepsilon_0}\frac{1}{R}\right)\varphi_{\mathrm{a}}\mathrm{d}\boldsymbol{r} \\
&= \int \varphi_{\mathrm{a}}^{*}\left(\frac{\hbar^2}{2m_{\mathrm{e}}}\nabla^2 - \frac{e^2}{4\pi\varepsilon_0}\frac{1}{r_{\mathrm{a}}}\right)\varphi_{\mathrm{a}}\mathrm{d}\boldsymbol{r} + \frac{e^2}{4\pi\varepsilon_0}\int \varphi_{\mathrm{a}}^{*}\frac{1}{R}\varphi_{\mathrm{a}}\mathrm{d}\boldsymbol{r} - \frac{e^2}{4\pi\varepsilon_0}\int \varphi_{\mathrm{a}}^{*}\frac{1}{r_{\mathrm{b}}}\varphi_{\mathrm{a}}\mathrm{d}\boldsymbol{r} \\
&= \int \varphi_{\mathrm{a}}^{*} E_{\mathrm{a}}^{0}\varphi_{a}\mathrm{d}\boldsymbol{r} + \frac{e^2}{4\pi\varepsilon_0}\frac{1}{R} - \frac{e^2}{4\pi\varepsilon_0}\int \frac{\varphi_{\mathrm{a}}^{*}\varphi_{\mathrm{a}}}{r_{\mathrm{b}}}\mathrm{d}\boldsymbol{r} \\
&= E_{\mathrm{a}}^{0} + \frac{e^2}{4\pi\varepsilon_0}\frac{1}{R} + J_{\mathrm{a}}
\end{aligned} \tag{6.10}
$$

其中 J_{a} 为

$$
J_{\mathrm{a}} = -\frac{e^2}{4\pi\varepsilon_0}\int \frac{\varphi_{\mathrm{a}}^{*}\varphi_{\mathrm{a}}}{r_{\mathrm{b}}}\mathrm{d}\boldsymbol{r} \tag{6.11}
$$

在式(6.10)中第一个积分的化简中利用式(6.5)，类似可得 H_{bb}：

$$
\begin{aligned}
H_{\mathrm{bb}} &= \int \varphi_{\mathrm{b}}^{*} H \varphi_{\mathrm{b}}\mathrm{d}\boldsymbol{r} = \int \varphi_{\mathrm{b}}^{*}\left(-\frac{\hbar^2}{2m_{\mathrm{e}}}\nabla^2 - \frac{e^2}{4\pi\varepsilon_0}\frac{1}{r_{\mathrm{a}}} - \frac{e^2}{4\pi\varepsilon_0}\frac{1}{r_{\mathrm{b}}} + \frac{1}{R}\right)\varphi_{\mathrm{b}}\mathrm{d}\boldsymbol{r} \\
&= \int \varphi_{\mathrm{b}}^{*}\left(\frac{\hbar^2}{2m_{\mathrm{e}}}\nabla^2 - \frac{e^2}{4\pi\varepsilon_0}\frac{1}{r_{\mathrm{b}}}\right)\varphi_{\mathrm{b}}\mathrm{d}\boldsymbol{r} + \frac{e^2}{4\pi\varepsilon_0}\int \varphi_{\mathrm{a}}^{*}\frac{1}{R}\varphi_{\mathrm{a}}\mathrm{d}\boldsymbol{r} - \frac{e^2}{4\pi\varepsilon_0}\int \varphi_{\mathrm{b}}^{*}\frac{1}{r_{\mathrm{a}}}\varphi_{\mathrm{b}}\mathrm{d}\boldsymbol{r} \\
&= \int \varphi_{\mathrm{b}}^{*} E_{\mathrm{b}}^{0}\varphi_{\mathrm{b}}\mathrm{d}\boldsymbol{r} + \frac{e^2}{4\pi\varepsilon_0}\frac{1}{R} - \frac{e^2}{4\pi\varepsilon_0}\int \frac{\varphi_{\mathrm{b}}^{*}\varphi_{\mathrm{b}}}{r_{\mathrm{a}}}\mathrm{d}\boldsymbol{r} \\
&= E_{\mathrm{b}}^{0} + \frac{e^2}{4\pi\varepsilon_0}\frac{1}{R} + J_{\mathrm{b}}
\end{aligned} \tag{6.12}
$$

其中 J_{b} 为

$$J_{\mathrm{b}}=-\frac{e^{2}}{4\pi\varepsilon_{0}}\int\frac{\varphi_{\mathrm{b}}^{*}\varphi_{\mathrm{b}}}{r_{\mathrm{a}}}\mathrm{d}\boldsymbol{r}\tag{6.13}$$

H_{ab} 和 H_{ba} 为

$$\begin{aligned}H_{\mathrm{ab}}=H_{\mathrm{ba}}&=\int\varphi_{\mathrm{a}}^{*}H\varphi_{\mathrm{b}}\mathrm{d}\boldsymbol{r}\\&=\int\varphi_{\mathrm{a}}^{*}\left(-\frac{\hbar^{2}}{2m_{\mathrm{e}}}\nabla^{2}-\frac{e^{2}}{4\pi\varepsilon_{0}}\frac{1}{r_{\mathrm{a}}}-\frac{e^{2}}{4\pi\varepsilon_{0}}\frac{1}{r_{\mathrm{b}}}+\frac{e^{2}}{4\pi\varepsilon_{0}}\frac{1}{R}\right)\varphi_{\mathrm{b}}\mathrm{d}\boldsymbol{r}\\&=\int\varphi_{\mathrm{a}}^{*}\left(\frac{\hbar^{2}}{2m_{\mathrm{e}}}\nabla^{2}-\frac{e^{2}}{4\pi\varepsilon_{0}}\frac{1}{r_{\mathrm{b}}}\right)\varphi_{\mathrm{b}}\mathrm{d}\boldsymbol{r}+\frac{e^{2}}{4\pi\varepsilon_{0}}\int\varphi_{\mathrm{a}}^{*}\frac{1}{R}\varphi_{\mathrm{b}}\mathrm{d}\boldsymbol{r}-\frac{e^{2}}{4\pi\varepsilon_{0}}\int\varphi_{\mathrm{a}}^{*}\frac{1}{r_{\mathrm{a}}}\varphi_{\mathrm{b}}\mathrm{d}\boldsymbol{r}\\&=\int\varphi_{\mathrm{a}}^{*}E_{\mathrm{b}}^{0}\varphi_{\mathrm{b}}\mathrm{d}\boldsymbol{r}+\frac{e^{2}}{4\pi\varepsilon_{0}}\frac{1}{R}\int\varphi_{\mathrm{a}}^{*}\varphi_{\mathrm{b}}\mathrm{d}\boldsymbol{r}-\frac{e^{2}}{4\pi\varepsilon_{0}}\int\frac{\varphi_{\mathrm{a}}^{*}\varphi_{\mathrm{b}}}{r_{\mathrm{a}}}\mathrm{d}\boldsymbol{r}\\&=E_{\mathrm{b}}^{0}\int\varphi_{\mathrm{a}}^{*}\varphi_{\mathrm{b}}\mathrm{d}\boldsymbol{r}+\frac{e^{2}}{4\pi\varepsilon_{0}}\frac{1}{R}\int\varphi_{\mathrm{a}}^{*}\varphi_{\mathrm{b}}\mathrm{d}\boldsymbol{r}-\frac{e^{2}}{4\pi\varepsilon_{0}}\int\frac{\varphi_{\mathrm{a}}^{*}\varphi_{\mathrm{b}}}{r_{\mathrm{a}}}\mathrm{d}\boldsymbol{r}\\&=\left(E_{\mathrm{b}}^{0}+\frac{e^{2}}{4\pi\varepsilon_{0}}\frac{1}{R}\right)S+K=\beta\end{aligned}\tag{6.14}$$

其中 K 为

$$K=-\frac{e^{2}}{4\pi\varepsilon_{0}}\int\frac{\varphi_{\mathrm{a}}^{*}\varphi_{\mathrm{b}}}{r_{\mathrm{a}}}\mathrm{d}\boldsymbol{r}\tag{6.15}$$

式(6.14)中 H_{ab} 等于 H_{ba} 的证明由原子轨道 φ_{a} 和 φ_{b} 为实数以及 H 的厄米性可获得，从后面的讨论可知这两个积分表示两个轨道成键能，因而 H_{ab} 和 H_{ba} 称为**成键积分**，记为 β 。利用所定义的积分记号，方程(6.8)可表达为

$$\begin{cases}(H_{\mathrm{aa}}-E)c_{\mathrm{a}}+(H_{\mathrm{ab}}-ES)c_{\mathrm{b}}=0\\(H_{\mathrm{ab}}-ES)c_{\mathrm{a}}+(H_{\mathrm{bb}}-E)c_{\mathrm{b}}=0\end{cases}\tag{6.16}$$

按矩阵理论，该方程有非零解的条件是系数行列式为零，即

$$\begin{vmatrix}H_{\mathrm{aa}}-E & H_{\mathrm{ab}}-ES\\H_{\mathrm{ab}}-ES & H_{\mathrm{bb}}-E\end{vmatrix}=0\tag{6.17}$$

式(6.17)是关于 E 的一元二次方程。于是求解分子轨道的问题由式(6.16)和式(6.17)决定，后者给出分子轨道的能量，而前者则给出分子轨道波函数中的组合系数。

6.2.2.2　氢分子离子结构的计算和解释

现在由上面的方程求解 H_2^+ 的电子态以及由此说明 H_2^+ 的结构。在以上讨论中原子轨道 φ_a 和 φ_b 可以是任何的氢原子轨道，对于 H_2^+ 的基态，合理的假设是两个原子轨道都为氢原子基态轨道，即

$$\varphi_a(r_a)=\pi^{-1/2}a_0^{-3/2}e^{-r_a/a_0},\qquad \varphi_b(r_b)=\pi^{-1/2}a_0^{-3/2}e^{-r_b/a_0} \tag{6.18}$$

其能量记为 E_a^0。当两个原子轨道 φ_a 和 φ_b 形式相同时有 $H_{aa}=H_{bb}$，于是方程(6.16)和方程(6.17)可得到简化。方程(6.17)变为

$$\begin{vmatrix} H_{aa}-E & H_{ab}-ES \\ H_{ab}-ES & H_{aa}-E \end{vmatrix}=0 \tag{6.19}$$

此方程即

$$(H_{aa}-E)^2-(H_{ab}-ES)^2=0 \tag{6.20}$$

由此可得两个能量解：

$$E_+=\frac{H_{aa}+H_{ab}}{1+S},\qquad E_-=\frac{H_{aa}-H_{ab}}{1-S} \tag{6.21}$$

把 E_- 和 E_+ 分别代入方程(6.16)，对 E_- 有 $c_a/c_b=-1$，对 E_+ 有 $c_a/c_b=1$，由此可得 E_- 和 E_+ 对应的分子轨道波函数分别为

$$E_+:\quad \psi_+=N_+(\varphi_a+\varphi_b)\qquad E_-:\quad \psi_-=N_-(\varphi_a-\varphi_b) \tag{6.22}$$

其中，N_+ 和 N_- 为归一化常数，由归一化条件决定，如 N_+ 由下式决定：

$$\begin{aligned}1&=\int\psi_+^*\psi_+\mathrm{d}\boldsymbol{r}=N_+^2\int(\varphi_a+\varphi_b)^2\,\mathrm{d}\boldsymbol{r}=N_+^2\left(\int\varphi_a^2\mathrm{d}\boldsymbol{r}+2\int\varphi_a\varphi_b\mathrm{d}\boldsymbol{r}+\int\varphi_b^2\mathrm{d}\boldsymbol{r}\right)\\&=2(S+1)N_+^2\end{aligned} \tag{6.23}$$

N_- 也由同样方法确定，于是两个分子轨道归一化波函数为

$$E_+:\ \psi_+=\frac{1}{\sqrt{2(1+S)}}(\varphi_a+\varphi_b),\qquad E_-:\ \psi_-=\frac{1}{\sqrt{2(1-S)}}(\varphi_a-\varphi_b) \tag{6.24}$$

下面利用式(6.18)所给的原子轨道计算 S、H_{aa} 和 H_{ab} 的具体数值，由它们的

表达式(6.9)、式(6.10)和式(6.14)可知，只需计算 S 、 J_a 和 K 即可。这些量的计算涉及稍微复杂的积分计算，有关计算过程请参考有关文献[7]，这里只给出结果：

$$S = \int \varphi_a^* \varphi_b \mathrm{d}\boldsymbol{r} = \mathrm{e}^{-R/a_0}\left[1 + R/a_0 + \frac{1}{3}(R/a_0)^2\right] \tag{6.25}$$

$$J_a = -\frac{e^2}{4\pi\varepsilon_0}\int \frac{\varphi_a^* \varphi_a}{r_b}\mathrm{d}\boldsymbol{r} = -\frac{e^2}{4\pi\varepsilon_0}\frac{1}{a_0}\left[\frac{1}{R/a_0} - \mathrm{e}^{-2R/a_0}\left(1 + \frac{1}{R/a_0}\right)\right] \tag{6.26}$$

$$K = -\frac{e^2}{4\pi\varepsilon_0}\int \frac{\varphi_a^* \varphi_b}{r_a}\mathrm{d}\boldsymbol{r} = -\frac{e^2}{4\pi\varepsilon_0}\frac{1}{a_0}(1 + R/a_0)\mathrm{e}^{-R/a_0} \tag{6.27}$$

利用式(6.10)和式(6.14)可得用 S 、 J_a 和 K 表示的分子轨道能量：

$$E_+ = E_a^0 + \frac{e^2}{4\pi\varepsilon_0}\frac{1}{R} + \frac{J_a + K}{1+S}, \qquad E_- = E_a^0 + \frac{e^2}{4\pi\varepsilon_0}\frac{1}{R} + \frac{J_a - K}{1-S} \tag{6.28}$$

这样氢分子离子的能量和波函数就完全由式(6.28)和式(6.24)给出，下面对此进行讨论。

氢分子离子包含两个量子态 ψ_+ 和 ψ_- ，由式(6.28)可知两个态的能量是核间距 R 的函数，如图 6.2 所示，下面分别讨论两个态的能量与核间距的依赖关系。

(1)态 ψ_- 。在 R 很大(超过 $7a_0$)时，态 ψ_- 的能量基本是孤立原子的能量，这表示 R 很大时两个原子没有形成分子而只是一个孤立氢原子和一个质子；随着 R

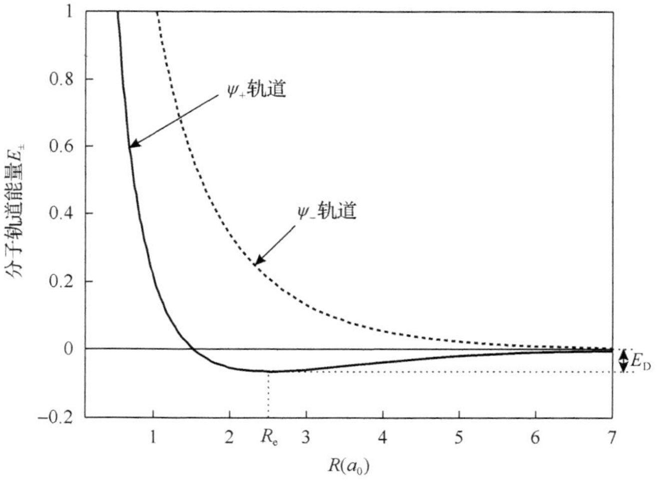

图 6.2 氢分子离子能量随核间距 R 的变化关系

该曲线由式(6.28)得到，计算中取 $E_a^0 = 0$ ，相当于以孤立原子的能级为零点

的增大，分子轨道的能量单调增加，这表明系统的能量随着核间距的减小而增加，因此态 ψ_- 是一个不稳定的状态，它会自发分解成孤立原子的状态，该态通常理解为分子的激发态。

(2) 态 ψ_+。态 ψ_+ 的能量在核间距很大时与态 ψ_- 的能量一样，表明系统也处于两个孤立粒子状态；随着 R 的减小，态 ψ_+ 系统的能量逐渐降低，在 $R = R_e = 1.32\,\text{Å}$ 处达到最低值，随后随着 R 的减小而增加，这表明系统在 R_e 处达到最稳定状态，该距离对应于 H_2^+ 的平衡核间距，此处分子轨道能为 1.76eV，这意味着要把 H_2^+ 分解成孤立的原子和质子需要付出 1.76eV 的能量，该值即 H_2^+ 的离解能 $E_D = 1.76\,\text{eV}$，因此态 ψ_+ 表达了一个稳定的分子态，通常称为 H_2^+ 的基态。把上述计算得到的 R_e 和 E_D 与相应的实验值(1.06Å 和 2.79eV)比较可知与实验的相对误差分别是 25%和 37%，尽管仍然有一定的误差，但半定量地与实验一致，表明了量子力学方法的有效性。

由分子轨道的波函数可计算其电子密度的分布，图 6.3 显示了在核间轴方向的电子密度，该图也显示了两个孤立 H 原子的电子密度分布。由图可见(相比于两个孤立的原子态)，在基态 ψ_+ 时电子更多地集中于两核之间，在激发态 ψ_- 时电子更多地分布在两核的外侧，图 6.4 则以二维方式显示了电子云的分布。由式(6.25)可得当 $R \to \infty$ 时，$S \to 0$，这时分子波函数[式(6.24)]变为两个独立的原子波函数的简单代数加和。

上述的结果显示以氢原子的基态原子轨道来构造分子轨道所得到的 R_e 和 E_D 与实验值有较大的误差，为此人们尝试了用如下形式的原子轨道来构造分子轨道：

$$\varphi_a(r_a) = \pi^{-1/2}(a_0/\alpha)^{-3/2}\mathrm{e}^{-\alpha r_a/a_0}, \qquad \varphi_b(r_b) = \pi^{-1/2}(a_0/\alpha)^{-3/2}\mathrm{e}^{-\alpha r_b/a_0} \quad (6.29)$$

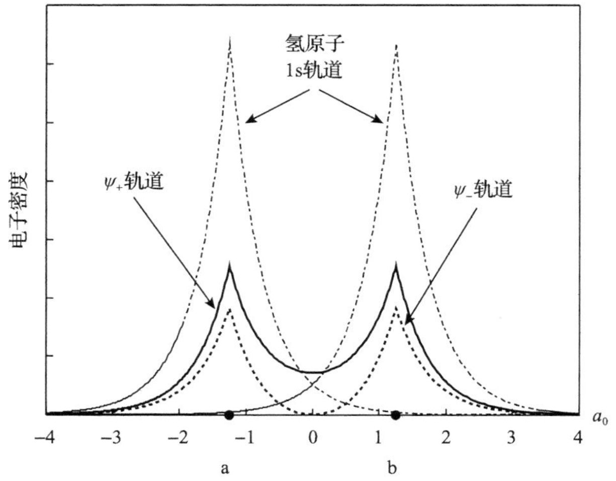

图 6.3　两个分子轨道及原子轨道在核间轴方向上的电子密度分布图

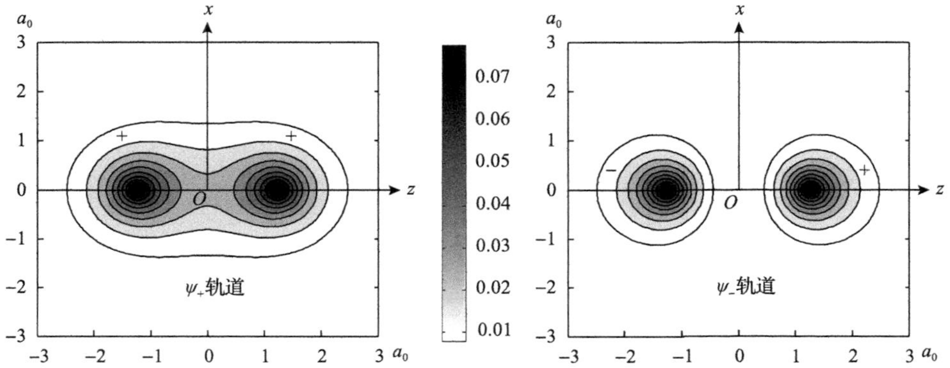

图 6.4　两个分子轨道电子密度在 xz 平面内的分布图

该轨道与通常氢原子基态轨道相比多了一个参数 α，可以通过优化 α 使得所得到的 R_e 和 E_D 接近实验值，有关计算给出当 $\alpha = 1.24$ 时得到最佳的 R_e 和 E_D，分别是 1.06Å 和 2.36eV，其中 R_e 与实验值基本相同，但 E_D 仍有 15%误差，这表明新的原子轨道选择导致了更好的结果。

人们还采用了更复杂的原子轨道[8]：

$$\varphi_a(r_a) = \left[1s_a + c(2p_0)_a\right] + \left[1s_b + c(2p_0)_b\right] \tag{6.30}$$

$$1s_a = \pi^{-1/2}(a_0/\alpha)^{-3/2} e^{-\alpha r_a/a_0}, \quad (2p_0)_a = (2p_z)_a = \frac{\beta^{5/2}}{4(2\pi)^{1/2}} r_a e^{-\beta r_a/2} \cos\theta_a \tag{6.31}$$

当 $\alpha = 1.246$，$\beta = 2.965$，$c = 0.138$ 时，R_e 和 E_D 分别为 1.06Å 和 2.73eV，这里 E_D 的误差降到 2.2%。这两个例子说明用于构造分子轨道的原子轨道具有一定的任意性，这种做法也显示出分子轨道方法的经验性质，但也说明了分子轨道方法能半定量甚至定量地解释 H_2^+ 的结构。

6.2.3　分子轨道相互作用一般原理

在 6.2.2 节讨论中用于构造分子轨道的两个原子轨道是相同的，本节讨论两个原子轨道为任意两个原子轨道时情形，由此导出原子轨道相互作用的一般原理，讨论的出发点是决定分子轨道波函数和能量的方程(6.16)和方程(6.17)。

由式(6.17)可得分子轨道能量一般解：

$$E_{\pm} = \frac{(H_{aa} + H_{bb} - 2H_{ab}S) \mp [(H_{aa} + H_{bb} - 2H_{ab}S)^2 - 4(1-S^2)(H_{aa}H_{bb} - H_{ab}^2)]^{1/2}}{2(1-S^2)} \tag{6.32}$$

首先讨论其中各参量的意义及其取值，然后基于这些讨论化简该式。

1) 交叠积分 S

式(6.32)中的 S 称为两个原子轨道的交叠积分，它表示两个原子轨道的交叠程度，通常情况下 S 值很小，因而 S^2 就更小，可近似认为

$$1-S^2 \approx 1 \tag{6.33}$$

在上节的特例中，S 值由式(6.25)给出，对于 H_2^+ 有 $R=R_e=2a_0$，于是由该式得 $S=0.586$，从而 $S^2=0.34$。尽管在这个例子中 S^2 值并不是很小，但在式(6.32)的讨论中，作为近似可认为 $1-S^2\approx 1$ 成立。

2) 库仑积分 H_{aa} 和 H_{bb}

H_{aa} 和 H_{bb} 两个量的表达式类似，因此只需讨论一个即可。H_{aa} [式(6.10)]表达式为

$$H_{aa}=\int \varphi_a^* H\varphi_b = E_a^0+\frac{e^2}{4\pi\varepsilon_0}\frac{1}{R}-J_a, \qquad J_a=-\frac{e^2}{4\pi\varepsilon_0}\int\frac{\varphi_a^*\varphi_a}{r_b}\mathrm{d}\boldsymbol{r} \tag{6.34}$$

该项由三项组成，第一项 E_a^0 表示孤立原子态 φ_a 的能量，第二项为两个原子核之间的库仑排斥能，第三项 J_a [式(6.11)]表示电子 a 在核 b 库仑势场中的能量。由于第二项为正值和第三项为负值，两者会很大程度上抵消，这导致如下的近似：

$$H_{aa}\approx E_a^0, \qquad H_{bb}\approx E_b^0 \tag{6.35}$$

例如在 6.2.2 节特例中，J_a 有解析表达式[式(6.26)]，将其代入式(6.34)，则 H_{aa} 为

$$H_{aa}=E_a^0+\frac{e^2}{4\pi\varepsilon_0}\frac{1}{a_0}\mathrm{e}^{-2R/a_0}\left(1+\frac{1}{R/a_0}\right) \tag{6.36}$$

对于 H_2^+，$R_e=1.06\,\text{Å}$，即 $R_e/a_0=2$，则由式(6.36)得

$$H_{aa}=E_a^0+\frac{e^2}{4\pi\varepsilon_0}\frac{1}{a_0}\times 0.027=E_a^0+27.2\times 0.027\text{eV}=E_a^0+0.73\text{eV}\approx E_a^0 \tag{6.37}$$

其中，$\dfrac{e^2}{4\pi\varepsilon_0}\dfrac{1}{a_0}\simeq 27.2\text{eV}$，为能量的原子单位，氢原子基态的能量 E_a^0 约为 -13.6eV。这意味着式(6.35)中近似确实成立。

3) 成键积分 H_{ab}、H_{ba}

H_{ab} 和 H_{ba} 的表达式为[式(6.14)]:

$$H_{ab}=H_{ba}=\left(E_b^0+\frac{e^2}{4\pi\varepsilon_0}\frac{1}{R}\right)S+K=\beta,\qquad K=-\frac{e^2}{4\pi\varepsilon_0}\int\frac{\varphi_a^*\varphi_b}{r_a}\mathrm{d}\boldsymbol{r}\tag{6.38}$$

它们的意义可以从稍后的讨论中看出，这里只是指出它大致上表达了化学键的能量，因此常称为**成键积分**。作为实例这里给出 6.2.2 节特例中成键积分的值，把式(6.27)中的 K 代入式(6.38)有

$$H_{ab}=H_{ba}=\beta=\left(E_b^0+\frac{e^2}{4\pi\varepsilon_0}\frac{1}{R}\right)S-\frac{e^2}{4\pi\varepsilon_0}\frac{1}{a_0}(1+R/a_0)\mathrm{e}^{-R/a_0}\pi\tag{6.39}$$

式中，R 取 H_2^+ 的平衡值 $R_e=1.06=2a_0$ Å，可得 $H_{ab}=H_{ba}=\beta=-7.36\text{eV}$。利用上面得到的 $S=0.586$，于是有 $H_{ab}S\approx-4.3\text{eV}$，这个值比 E_a^0 值要小许多，这意味着可做如下近似：

$$H_{aa}+H_{bb}-2H_{ab}S\approx H_{aa}+H_{bb}\tag{6.40}$$

在通常的化学文献中用 β 表示 H_{ab} 和 H_{ba}，在以下的讨论中也采用这一标记。

通过上述的三个近似，式(6.32)表达为

$$\begin{aligned}E_\pm&=\frac{(E_a^0+E_b^0)\mp[(E_a^0+E_b^0)^2-4(E_a^0E_b^0-\beta^2)]^{1/2}}{2}\\&=\frac{(E_a^0+E_b^0)\mp[(E_a^0-E_b^0)^2+4\beta^2)]^{1/2}}{2}\end{aligned}\tag{6.41}$$

定义如下 h:

$$h=\frac{1}{2}\{[(E_b^0-E_a^0)^2+4\beta^2]^{1/2}-(E_b^0-E_a^0)\}=\frac{1}{2}[(\Delta E^2+4\beta^2)^{1/2}-\Delta E]\tag{6.42}$$

其中，$\Delta E=E_b^0-E_a^0$ 表示两个孤立原子轨道 φ_a 和 φ_b 的能级差，则方程(6.41)的两个根可表达为

$$E_+=E_a^0-h,\qquad E_-=E_b^0+h\tag{6.43}$$

采用上述的三个近似后，关于分子轨道系数的方程(6.8)则变为

$$\begin{cases}(E_a^0 - E)c_a + (\beta - ES)c_b = 0 \\ (\beta - ES)c_a + (E_b^0 - E)c_b = 0\end{cases} \tag{6.44}$$

把两个能量 E_+ 和 E_- 分别代入方程则得到两个系数比，即

$$E_+:\quad \frac{c_a}{c_b} = \frac{h}{\beta}, \qquad E_-:\quad \frac{c_a}{c_b} = -\frac{h}{\beta} \tag{6.45}$$

由此可得两个能量对应的分子轨道：

$$E_+:\quad \psi_+ = N_+\left(\varphi_a + \frac{h}{\beta}\varphi_b\right), \qquad E_-:\quad \psi_- = N_-\left(\frac{h}{\beta}\varphi_a - \varphi_b\right) \tag{6.46}$$

其中，N_+ 和 N_- 分别是两个分子轨道的归一化常数，由归一化可得

$$N_+ = [1 + 2S(h/\beta) + (h/\beta)^2]^{-1/2}, \qquad N_- = [1 - 2S(h/\beta) + (h/\beta)^2]^{-1/2} \tag{6.47}$$

式(6.43)和式(6.46)则给出了在任意选定两个原子轨道情形下所得到分子轨道的能量和波函数，是下面讨论分子轨道性质的出发点。

不失一般性，假定原子轨道的能级 $E_b^0 > E_a^0$，由式(6.43)可得到分子轨道和孤立原子轨道能级的示意图，如图 6.5 所示。由图可见分子轨道 ψ_+ 的能量比两个孤立原子轨道能量都要低，也就是说当孤立原子结合成分子时系统的总能量下降，这意味着分子是一个更加稳定的系统，把这个系统分解成两个孤立原子需要至少 h 的能量，h 反映成键的能量，因此轨道 ψ_+ 称为**成键轨道**。分子轨道 ψ_- 的能量比任何一个孤立的原子轨道能量都要高，意味着这是一个不稳定的分子态，这个态通常理解为分子的激发态，轨道 ψ_- 称为**反键轨道**。

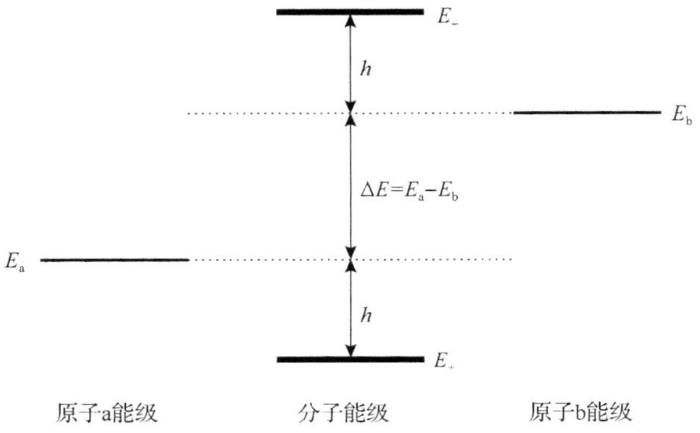

图 6.5　分子轨道和孤立原子轨道的能级关系图

h 反映了分子的稳定性，可称为**分子稳定化能**，它反映分子化学键的强度，下面讨论它与原子轨道的关系。

(1) h 与孤立原子能级差 ΔE 的关系。由式(6.42)可知，当 ΔE 远大于 β 时，h 就趋于零，这说明如果两个孤立原子轨道的能级差很大，那么它们不能形成一个稳定的分子轨道，由式(6.46)可知此时 $E_+ \to E_a^0$ 和 $E_- \to E_b^0$，由式(6.46)可知 $\psi_+ \to \varphi_a$ 和 $\psi_- \to \varphi_b$，这说明两个原子轨道之间实际并没有相互作用。由式(6.42)还可见 h 值随 ΔE 的减小而增加，当 ΔE 趋于零时，h 趋于最大值 β，这意味着两个原子轨道的能量越接近则形成的分子轨道越稳定，在两个原子能级相等时所形成的分子最稳定。这意味着：如果原子能级差比成键积分大就难以形成分子轨道，原子轨道能级越接近越容易形成稳定分子，此即**能量相近原则**。

(2) h 与成键积分 β 的关系。由式(6.42)可知 h 随着 β 的增加而单调增加，这表明成键积分越大，分子越稳定，如果 $\beta = 0$，则 $h = 0$，这意味着分子根本不能存在。因此 β 值反映化学键的强弱，故而把 β 称为成键积分。这意味着：当原子轨道形成分子轨道时通常要有尽可能大的成键积分，一般而言由于两个轨道在空间的交叠越大则成键积分越大，因此这个原则可称为**最大交叠原则**。

(3) h 与轨道对称性的关系。成键积分 β 是两个原子轨道之间的积分，因此它的值与两个轨道的对称性有关。如图 6.6 所示的两个原子轨道分别是球形的 s 轨道和哑铃形的 p 轨道，由于 s 轨道总为正而 p 轨道上下两半部分正负相反，因此这两个轨道的成键积分 β 为零，即

$$\beta = \int_{\mathrm{I}+\mathrm{II}} \varphi_a^* H \varphi_b \mathrm{d}\boldsymbol{r} = \int_{\mathrm{I}} \varphi_a^* H \varphi_b \mathrm{d}\boldsymbol{r} + \int_{\mathrm{II}} \varphi_a^* H \varphi_b \mathrm{d}\boldsymbol{r} = 0 \tag{6.48}$$

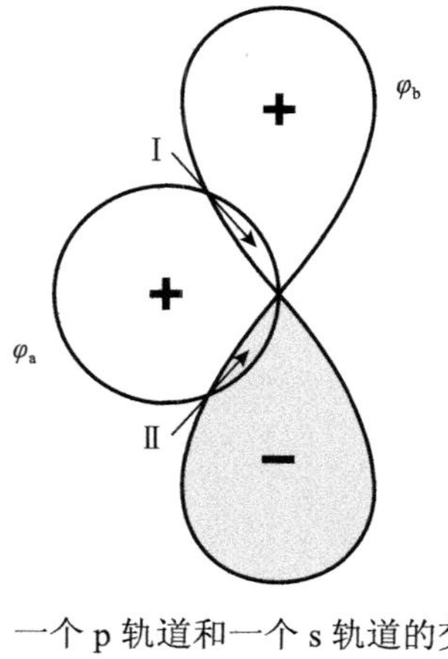

图 6.6　一个 p 轨道和一个 s 轨道的交叠图

这个事实意味着两个原子结合成分子时总是从特定的空间方向结合从而使得轨道之间有最大的成键积分以获得最大的分子稳定性，这是分子有特定几何结构的量子力学原因。这也意味着当两个原子结合形成分子时，并不是任何两个轨道都能够组合成一个分子轨道，能组合成分子轨道的前提就是原子轨道间的成键积分不为零。按照群论的结论(见附录 G 的 G.8 节)，两个原子轨道成键积分不为零的必要条件是两个原子轨道都必须属于分子对称群的同一不可约表示的基，这就是形成分子轨道的**对称性匹配原则**。

最终形成的分子轨道数等于参与构建分子轨道的原子轨道数，这是数学运算的自然结果，它表达了原子轨道作用前后轨道数守恒，称为**轨道数守恒原则**。

以上从能量角度讨论了分子轨道，现在从波函数角度讨论分子轨道。由式(6.46)可知，分子轨道是两个原子轨道的线性组合，组合系数分别为

成键轨道

$$\varphi_a\text{系数}:\frac{1}{[1+2S(h/\beta)+(h/\beta)^2]^{-1/2}},\qquad \varphi_b\text{系数}:\frac{h/\beta}{[1+2S(h/\beta)+(h/\beta)^2]^{-1/2}}$$

反键轨道

$$\varphi_a\text{系数}:\frac{h/\beta}{[1-2S(h/\beta)+(h/\beta)^2]^{-1/2}},\qquad \varphi_b\text{系数}:\frac{-1}{[1-2S(h/\beta)+(h/\beta)^2]^{-1/2}} \tag{6.49}$$

系数 φ_a 和 φ_b 分别表示原子轨道 φ_a 和 φ_b 在分子轨道波函数中所占的比例。由前面的讨论可知，两个原子轨道的能级差越大，h 值就越小，于是成键轨道的 φ_a 系数越接近 1，φ_b 系数越接近 0，同时反键轨道的 φ_a 系数越接近 0，φ_b 系数越接近 1，这就是说，随着两个原子轨道能量差越大，分子轨道中的低能级轨道更接近能级低的原子轨道，而分子轨道中的高能级轨道更接近能级高的原子轨道；在极限情况下，能级较低的分子轨道就是低能级的原子轨道，能级较高的分子轨道就是高能级的原子轨道，这时整个系统实际上是两个孤立的原子，不再是真正意义上的分子，因此分子轨道理论虽然是离域的电子理论，它与局域的电子理论也不矛盾。HCl 分子可被理解成 H^+ 和 Cl^- 通过静电作用而形成的分子，在这种理解中 H^+ 只是一个质子，电子完全处于 Cl^- 中，这是离子键的观点；HCl 分子可被理解成 H 原子与 Cl 原子共享电子而形成的分子，这是共价键的观点；从分子轨道观点看，电子属于整个 HCl 分子，在这种意义上分子轨道观点看起来与共价键观念一致，然而考虑到 H^+ 和 Cl^- 的电子亲和能分别为 0.75eV 和 3.6eV，也就是 H^+ 的 1s 轨道能和 Cl^- 的 3p 轨道能分别是 0.75eV 和 3.6eV，这个大的轨道能差别意味着 HCl 中的成键分子轨道很接近 Cl^- 的 3p 原子轨道，而 HCl 中的反键分子轨道很接近 H^+ 的 1s 原子轨道，也就是说两个分子轨道实质上差不多就是两个原子轨道，这与离子键的观念一致。对于 H_2 分子和 Cl_2 分子，只能用电子共享的共价键来解释而不能用离子键来解释，从分子轨道理论看，这是由于这两个分子中的分子轨道是两个原子轨道等权重“混合”而成，因而其空间分布不再偏向任何原子，而是分布在两个原子中间，这种情况自然不能用离子键来理解。

上述轨道作用的四个原则虽然是基于氢分子离子的例子得出，但它实际上适

用于任何的轨道相互作用，它可以看成是原子形成分子的量子力学原理，对于定性理解分子的电子结构及相关性质具有很大价值。由于固体实际上是一个宏观分子，因此这四个原则对于定性理解晶体的电子结构也具有很大的价值，下面几节将分别通过一些实例来说明。

6.3 双原子分子

同核双原子分子是结构最简单的分子之一，本节首先说明如何用分子轨道理论来获得这类分子轨道，并一般地说明原子轨道的相互作用规则在理解分子结构和性质中的作用；然后说明分子态、电子组态以及双原子分子中分子谱项的概念，它们是理解分子光谱的基础。

6.3.1 氧分子的分子轨道

本小节利用上述的轨道原则定性讨论氧分子(O_2)的分子轨道。O_2 分子由两个氧原子构成，实验测定分子中 O—O 间的距离为 1.2Å，离解能为 5.12eV[5]。O 原子的电子构型为 $1s^2 2s^2 2p^4$，也就是说 O 原子包含 8 个电子，它们分布在 5 个轨道上，这些轨道的电离能分别为 1s 544eV、2s 28.5eV 和 2p 13.6eV，其中 3 个 2p 轨道的电离能相同。轨道能量是轨道电离能的负值，因此这 5 个原子轨道的轨道能分别是 $E_{1s}^0 \sim -544\text{eV}$、$E_{2s}^0 \sim -28.5\text{eV}$ 和 $E_{2p}^0 \sim -13.6\text{eV}$ (3 个 2p 轨道)。O_2 分子中包含两个 O—O 键，因此每个键的能量大约为离解能的一半即 2.06eV，也就是说 O_2 分子中的成键积分 $\beta \approx 2\text{eV}$，这些数据表明成键积分远小于任何一个轨道能的大小。按照上述的能量相近原则，在 O_2 中只有同名的原子轨道能组合成有效的分子轨道，即 O_2 中的分子轨道只能是 $1s_a \sim 1s_b$、$2s_a \sim 2s_b$ 和 $2p_a \sim 2p_b$，其中 $2p_a$ 与 $2p_b$ 轨道中包含 3 对轨道之间的相互作用；按照轨道守恒原则，这意味着最终可以形成 2+2+6=10 个分子轨道。由分子轨道的表达式(6.46)可直接写出 $1s_a \sim 1s_b$ 和 $2s_a \sim 2s_b$ 轨道的波函数形式(在以下的表达式中忽略了归一化系数)：

$$
\begin{aligned}
&1s_a \sim 1s_b: \quad \sigma_g 1s = 1s_a + 1s_b, \qquad \sigma_u^* 1s = 1s_a - 1s_b \\
&2s_a \sim 2s_b: \quad \sigma_g 2s = 2s_a + 2s_b, \qquad \sigma_u^* 2s = 2s_a - 2s_b
\end{aligned} \tag{6.50}
$$

其中，$\sigma_g 1s$ ($\sigma_g 2s$)和 $\sigma_u^* 1s$ ($\sigma_u^* 2s$)分别是分子轨道的记号，其中 σ 表示轨道角动量在分子对称轴方向的分量(其详细意义见下节)，$1s(2s)$ 表示 1s(2s) 原子轨道的波函数，g 和 u 表示分子轨道波函数是对称的和反对称的，*则用来表示反键态。对于 $2p_a \sim 2p_b$ 轨道之间的相互作用是三个轨道之间的相互作用，因而需要更细致的考虑。记两个原子核之间的连线方向为 z 方向，当两个 O 原子接近时，首先是

沿 z 方向的轨道 $(2p_z)_a$ 和 $(2p_z)_b$ 以“头碰头”方式接近，同时 $(2p_x)_a$ 和 $(2p_y)_a$ 分别与 $(2p_x)_b$ 和 $(2p_y)_b$ 以“肩并肩”方式接近，因此 $2p_a \sim 2p_b$ 轨道作用形成的 6 个分子轨道为

$$\begin{aligned}
&(2p_z)_a \sim (2p_z)_b: \quad \sigma_g 2p_z = (2p_z)_a + (2p_z)_b, \quad \sigma_u^* 2p_z = (2p_z)_a - (2p_z)_b \\
&(2p_x)_a \sim (2p_x)_b: \quad \pi_u 2p_x = (2p_x)_a + (2p_x)_b, \quad \pi_g^* 2p_x = (2p_x)_a - (2p_x)_b \\
&(2p_y)_a \sim (2p_y)_b: \quad \pi_u 2p_y = (2p_y)_a + (2p_y)_b, \quad \pi_g^* 2p_y = (2p_y)_a - (2p_y)_b
\end{aligned} \tag{6.51}$$

其中符号 π 形象地表示“肩并肩”方式交叠形成的分子轨道，其他符号的意义与上述的 σ 轨道的意义相同，在下一节可以看到 π 分子轨道的角动量在分子对称轴方向的分量为 $\hbar$。由于氧原子的 1s、2s 和 2p 轨道与氢原子的相应轨道在轮廓外形上基本相同，因而可以用氢原子的轨道函数代替氧原子的相应轨道函数来定性绘制 O_2 分子轨道，绘制结果如图 6.7 所示。

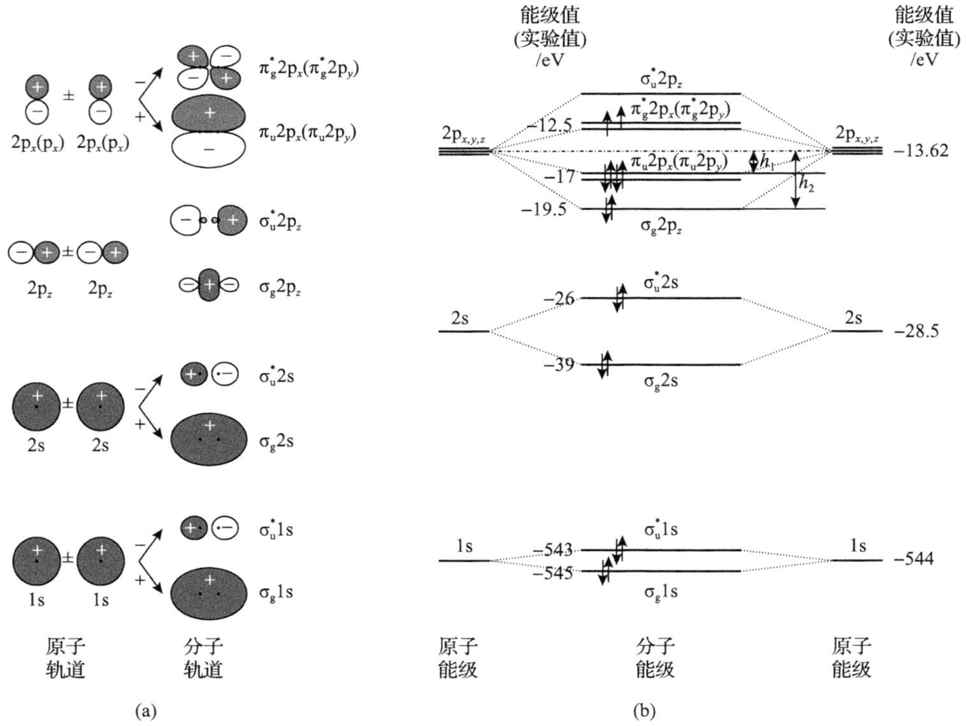

图 6.7　氧分子的分子轨道图像表示和能级结构示意图

下面讨论各分子轨道的能量。由式(6.43)可知每个成键分子轨道的能量等于孤立原子轨道能量减去稳定化能，反键分子轨道的能量则等于原子轨道的能量加上稳

定化能。而稳定化能大体上正比于原子轨道的交叠程度，交叠程度越大则稳定化能越大，这些定性的规律可以用来定性判断各分子轨道的能量。氧原子的1s轨道能量最低，其电子云在空间的扩展性最小，氧分子中两个1s原子轨道的交叠程度最小，因此$\sigma_g 1s$和$\sigma_u^* 1s$两个分子轨道的能级变化比1s原子轨道的能级变化小，这两个分子轨道处于能级的最下端，如图6.7所示。2s原子轨道能级比1s原子轨道能级更高，而2s原子轨道处于1s原子轨道的更外层位置，因而它们的空间交叠更大，稳定化能更大，因此$\sigma_g 2s$和$\sigma_u^* 2s$两个分子轨道的能量在分子轨道$\sigma_g 1s$和$\sigma_u^* 1s$之上，且两者间距更大一些。原子轨道的三个2p轨道的能级是简并的，能级位置比1s和2s能级更高；在轨道交叠式上出现两种情形：一是原子轨道$(2p_x)_a \sim (2p_x)_b$和$(2p_y)_a \sim (2p_y)_b$之间以肩并肩方式发生交叠且两者的交叠程度相同，因此形成的成键轨道($\pi_u 2p_x$与$\pi_u 2p_y$)和反键轨道($\pi_g^* 2p_x$与$\pi_g^* 2p_y$)的能级是二重简并的；二是$(2p_z)_a \sim (2p_z)_b$轨道之间以头碰头方式发生交叠，因而比$(2p_x)_a \sim (2p_x)_b$轨道之间有更大的交叠，因此它们形成的成键轨道$\sigma_g 2p_z$比$\pi_u 2p_x$及$\pi_u 2p_y$更低，而反键轨道$\sigma_g 2p_z$比$\pi_g^* 2p_x$和$\pi_g^* 2p_y$更高，如图6.7所示。

下面考虑电子在各分子轨道中的分布。两个氧原子一共有16个电子，按照能量最低原理和泡利不相容原理从最低的分子能级向上填充电子，其中14个电子填充能量较低的7个分子态，每个分子态由自旋相反的两个电子占据，最后两个电子填充简并的分子态$\pi_g^* 2p_x$和$\pi_g^* 2p_y$，这时电子的填充遵循洪德规则，也就是两个电子分别占据两个不同的分子态并且自旋相同，其结果如图6.7所示。由于前14个电子自旋两两相反，自旋相互抵消，最后两个电子自旋相同，因此所有电子的总自旋值为$\frac{1}{2}\hbar + \frac{1}{2}\hbar = \hbar$，也就是说每个氧分子具有值为$\hbar$的净磁矩，氧气具有顺磁性质。这个论断与实验完全一致，这是分子轨道理论早期的重要成就之一，说明了分子轨道理论的正确性。

由以上的分析可以得到，当两个孤立氧原子结合成一个O_2分子时，整个系统的能量下降，因此O_2分子是一个稳定的系统。由图6.7可知，能量最下面的四个分子轨道实际上对分子的稳定性没有贡献，相对于孤立的原子轨道，成键轨道的能量降低正好等于反键轨道的能量升高，因此在这些轨道被电子全部填满的情形下，成键轨道引起的能量降低刚好等于反键轨道引起的能量升高，从而对总能量没有影响。能量较高的6个分子轨道形成能量降低的3个成键轨道和能量升高的3个反键轨道，6个电子分布在成键轨道中，2个电子分布在反键轨道中，因此系统的总能量降低。通过简单的计算可得降低的能量为$2(h_1 + h_2)$，其中h_1和h_2分别是分子轨道$\sigma_g 2p_z$和$\pi_u 2p_x$的能量稳定化值，也即这两个分子轨道相对于2p原子轨道的能量降低值，$2(h_1+h_2)$ 就是 O_2 分子的离解能。值得说明的是，这里对分子稳定性的解释是由于形成具有离域性质的分子轨道会导致系统总能量降低，而不是传统的基于具有局域性质的电子配对的化学键观念，因此分子轨道理论为化学键提供了新的认识视角，尽管在早期上述的 $2(h_1+h_2)$ 定量计算并非易事，但原则上它是一个定量的理论。

6.3.2　一般双原子的分子轨道标识和电子组态

双原子分子轨道方法是一个单电子理论，这个理论假定双原子中的电子处在一个势场中，这个势场确定了一个单电子薛定谔方程，这个方程的所有解就是分子轨道，双原子中的电子则按照能量最低原理、泡利不相容原理和洪德规则占据这些轨道，整个分子的电子性质则由电子在这些轨道的占据决定，因此这个假定的单电子势是决定双原子分子电子性质的根本。在定性的讨论中，无需求出这个势而只要给出这个势的对称性质就可以获得其解的许多性质，也就是分子轨道的许多性质，如解的能级结构。双原子分子的最基本特征是轴对称性，也就是具有沿着核间轴旋转不变性，因此一个合理的假设是单电子势具有轴对称性，于是双原子分子中的分子轨道的性质就由一个轴对称势场中的单电子薛定谔方程解的性质决定。6.3.1 节的分子轨道的标记和分类实际上来自该薛定谔方程的数学特性，下面通过该方程的求解来说明这一问题。

由于方程的势具有轴对称性，因此方程在柱坐标中讨论最为简便，柱坐标的三个自变量分别为 z、ρ 和 φ，即任何的空间点由 (z,ρ,φ) 标记；在讨论双原子分子时通常选取两个原子核的连线即核间轴方向为 z 轴，这时 ρ 表示到核间轴的垂直距离，φ 为绕 z 轴的方位角。在这样的柱坐标下，算符 ∇^2 为 $\dfrac{\partial^2}{\partial z^2}+\dfrac{\partial^2}{\partial \rho^2}+\dfrac{1}{\rho}\dfrac{\partial^2}{\partial \rho}+\dfrac{1}{\rho^2}\dfrac{\partial^2}{\partial \varphi^2}$，于是薛定谔方程表达为

$$\frac{\partial^2\psi}{\partial z^2}+\frac{\partial^2\psi}{\partial \rho^2}+\frac{1}{\rho}\frac{\partial^2\psi}{\partial \rho}+\frac{1}{\rho^2}\frac{\partial^2\psi}{\partial \varphi^2}+\frac{2m}{\hbar^2}(E-V)\psi=0 \tag{6.52}$$

双原子分子的轴对称特性意味着 V 只与 z 和 ρ 相关，而与 φ 无关，即势 V 可表达为 $V=V(z,\rho)$，由于这一特性，可把这个方程解写成一个 z 和 ρ 的函数和一个仅是 φ 的函数的乘积，即

$$\psi=\chi(z,\rho)f(\varphi) \tag{6.53}$$

把该波函数代入式(6.52)，并乘以 $\rho^2/[\chi(z,\rho)f(\varphi)]$，则方程(6.52)变为

$$\frac{\rho^2}{\chi}\frac{\partial^2\chi}{\partial z^2}+\frac{\rho^2}{\chi}\frac{\partial^2\chi}{\partial\rho^2}+\frac{\chi}{\rho}\frac{\partial^2\chi}{\partial\rho}+\frac{2m\rho^2}{\hbar^2}[E-V(z,\rho)]\chi=-\frac{1}{f}\frac{\partial^2 f}{\partial\varphi^2}=\lambda^2 \tag{6.54}$$

式(6.54)左边只与 z、ρ 相关，而右边只与 φ 相关，因此两边必须等于一个常数，记该常数为 λ^2，于是由式(6.54)右边部分得到关于 $f(\varphi)$ 的方程

$$\frac{\mathrm{d}f(\varphi)}{\mathrm{d}\varphi}+\lambda^2 f(\varphi)=0 \tag{6.55}$$

该方程的解为

$$f(\varphi)=\mathrm{e}^{\pm\mathrm{i}\lambda\varphi} \tag{6.56}$$

由于 ψ 在任何点必须是只能取一个值，因此必须有 $f(\varphi+2\pi)=f(\varphi)$，由式(6.56)可知 λ 必须为整数，即 λ 取值只能是 $0,\pm1,\pm2,\cdots$，于是对每个 λ 有 $f(\varphi)=\mathrm{e}^{\mathrm{i}\lambda\varphi}$ 和 $\mathrm{e}^{-\mathrm{i}\lambda\varphi}$ 两个解。例如，当 $\lambda=1$ 时，$f(\varphi)$ 有两个解 $\mathrm{e}^{\mathrm{i}\lambda\varphi}$ 和 $\mathrm{e}^{-\mathrm{i}\lambda\varphi}$；当 $\lambda=-1$ 时，$f(\varphi)$ 有两个解 $\mathrm{e}^{-\mathrm{i}\lambda\varphi}$ 和 $\mathrm{e}^{\mathrm{i}\lambda\varphi}$，这两个解实际上是相同的，只是排列顺序不同，也就是说 $\lambda=\pm1$ 实际上表示相同的解，这意味着 λ 的取值只需考虑非负整数，也就是有意义的 λ 取值只能是

$$\lambda=0,1,2,\cdots \tag{6.57}$$

给定 λ 后，方程(6.54)左边部分的方程为

$$\frac{\rho^2}{\chi}\frac{\partial^2\chi}{\partial z^2}+\frac{\rho^2}{\chi}\frac{\partial^2\chi}{\partial\rho^2}+\frac{\chi}{\rho}\frac{\partial^2\chi}{\partial\rho}+\frac{2m\rho^2}{\hbar^2}[E-V(z,\rho)]\chi=\lambda^2 \tag{6.58}$$

在不知 $V(z,\rho)$ 的具体形式和定量求解上述方程的情况下，由微分方程就可以定性确定方程(6.58)只对某些特定的 E 值才有解，对每个有意义的 E 值会求解得到一个相应的解 $\chi(z,\rho)$，这些 E 就是双原子分子的量子态能级，$\chi(z,\rho)$ 就是波函数 ψ 中与坐标 z,ρ 相关的部分。于是由式(6.53)可得总的波函数：

$$\psi=\chi(z,\rho)\mathrm{e}^{\pm\mathrm{i}\lambda\varphi} \tag{6.59}$$

这就是说，对于给定的每一个非零的 λ 值和与之相关的每一个 E 值，双原子分子有两个不同的波函数 $\chi(z,\rho)\mathrm{e}^{\mathrm{i}\lambda\varphi}$ 和 $\chi(z,\rho)\mathrm{e}^{-\mathrm{i}\lambda\varphi}$，因此双原子分子的量子态对非零的 λ 是二重简并的；而当 $\lambda=0$ 时，$\mathrm{e}^{\mathrm{i}\lambda\varphi}=\mathrm{e}^{-\mathrm{i}\lambda\varphi}=1$，波函数 $\chi(z,\rho)\mathrm{e}^{\mathrm{i}\lambda\varphi}$ 和 $\chi(z,\rho)\mathrm{e}^{-\mathrm{i}\lambda\varphi}$ 变得相同，表达的是相同的量子态。

在量子力学中，角动量在 z 轴分量的算符为 $\boldsymbol{l}_z = -i\hbar\partial / \partial\varphi$，因此角动量的本征方程为

$$\boldsymbol{l}_z\psi = k\psi \tag{6.60}$$

其中，ψ 为系统的本征波函数；k 为相应的角动量分量的本征值。把式(6.59)中的波函数 ψ 代入式(6.60)，则有

$$-i\hbar\frac{\partial\chi(z,\rho)\mathrm{e}^{\pm\mathrm{i}\lambda\varphi}}{\partial\varphi} = -i\hbar\chi(z,\rho)\cdot(\pm i\lambda)\mathrm{e}^{\pm\mathrm{i}\lambda\varphi} = k\chi(z,\rho)\mathrm{e}^{\pm\mathrm{i}\lambda\varphi} \tag{6.61}$$

由此可见，角动量分量的本征值 k 为

$$k = \pm\lambda\hbar \tag{6.62}$$

可见 λ 为描述角动量分量的量子数，它描述了角动量在核间轴方向分量的大小。对给定的非零 λ，角动量分量有 $\pm\lambda\hbar$ 两个值，它们分别与上述的两个量子态 $\chi(z,\rho)\mathrm{e}^{\pm\mathrm{i}\lambda\varphi}$ 对应，这两个角动量分量值分别对应于角动量在核间轴正负两个方向的投影。

可以证明 $[\boldsymbol{l}_z\ H]=0$，按照量子力学的一般理论，角动量在核间轴的分量是一个守恒量，因此可以用 λ 来标识不同的量子态[9]。

在不计自旋的情形下，完整标识一个单电子的量子态所需的参数等于电子的空间自由度，这如同描述一个经典粒子的空间位置所需参数等于它的空间自由度一样。双原子分子的轨道理论实际上把电子看成无相互作用的单个电子集合，每个电子的空间自由度是 3，因此描述一个电子也需要三个量子数。上述的 λ 只提供了一个量子数，这意味着还需要另外的两个量子数才能完全描述一个电子，但对于双原子分子，这两个量子数却难以简单地确定，为解决这个问题可以参考氢原子三个量子数 (n,l,m) 如何产生。氢原子中三个量子数来源于氢原子的薛定谔方程进行变量分离，分别形成三个独立变量的方程(见第 5 章 5.2 节)，三个量子数 n、l 和 m 分别来自三个方程，而能进行变量分离是由于氢原子中独特的库仑势，然而在双原子情形中，轴对称势不能使变量 r 和 θ 分离，从而难以找到两个独立的量子数来标识双原子分子中电子的量子态，于是人们通过两种极限情况的量子数来近似地标识双原子分子中的电子态，下面分述之。

一种极限是假想双原子中两个原子距离逐渐接近直到变为零，这时两个原子的原子核融合成一个原子核，也就是说双原子成为一个所谓的联合原子(united atom)，在这个过程中双原子分子的分子轨道则逐步过渡到联合原子的原子轨道，这意味着当双原子的核间距很小时，双原子分子的分子轨道与联合原子的原子轨道很接近，也就说两者有一一对应的关系，当核间距变为零时，分子轨道态则就

完全变成了原子轨道。因此，在核间距很小的情形下，可以用原子的量子数 nlm 来描述双原子分子中的分子轨道。量子数 m 是角动量分量 $\boldsymbol{l}_z$ 的本征值，描述原子轨道角动量在 z 轴方向的分量，m 的取值为 $0,\pm1,\pm2,\cdots,\pm l$，量子数 λ 则描述分子轨道角动量分量 $\boldsymbol{l}_z$ 在核间轴也即 z 轴方向分量的大小，λ 的取值为 $0,1,2,\cdots$，也就是每对 $\pm m$ 和 $\lambda=|m|$ 一一对应，这意味着在核间距很近时可用原子的量子数 nl 作为标识分子量子态的另外两个量子数，也就是说用 $nl\lambda$ 这三个量子数来标识一个分子态。需要说明的是量子数 λ 适用于任何核间距的情形，因此在任何核间距时 λ 都是描述双原子的分子轨道的恰当量子数。与原子物理中的情形类似，人们对不同的 λ 值定义了不同的符号表示之，如表 6.1 所示。一些小 n 和 l 值情形下的分子轨道及其符号表示则由表 6.2 给出，由表可见，除 $\lambda=0$ 的情形外，由 $nl\lambda$ 标识的分子轨道实际上包含 $nl\lambda$ 和 $nl-\lambda$ 两个简并的分子轨道。这里把表示原子轨道属性的量子数 nl 置于 λ 的前面显示出分子轨道源于原子轨道，表达分子属性的量子数 λ 则表示分子轨道可看成原子态被扰动而形成的新量子态。

表 6.1　λ 值和表示符号的对照表

λ	0	1	2	3	4
符号	σ	π	δ	φ	γ

表 6.2　n=3 以内的原子轨道和近核分子轨道的关系及轨道符号

n	1	2			3						4
l	0	0	1		0	1		2			…
λ	0	0	0	1	0	0	1	0	1	2	…
m	0	0	0	1　−1	0	0	1　−1	0	1　−1	2　−2	…
分子轨道符号	1sσ	2sσ	2pσ	2pπ	3sσ	3pσ	3pπ	3dσ	3dπ	3dδ	…

虽然双原子分子的分子轨道态和联合原子的原子轨道态很接近，但毕竟两者还是有差别的，在轨道能级方面这种差别表现为：一是分子轨道的能级比相应的原子轨道的能级要低，这是由于在分子中电子有更大的空间范围，电子能量降低；二是分子比原子有更低的对称性，因而原来简并的原子轨道能级会发生分裂，也就是说当联合原子过渡到双原子分子状态时，原来对量子数 m 简并的原子轨道会按量子数 λ 发生能量劈裂，不同 λ 值的原子轨道会产生能量差异，如图 6.8 左端所示，如联合原子的 2p (简并度为 3) 原子轨道转化为能级稍有不同的 2pσ (简并度为 1) 和 2pπ (简并度为 2) 分子轨道，当然在这个过程中总轨道个数保持不变。图 6.8 还显示分子轨道能级的顺序与相应的原子轨道能级的顺序基本一致。

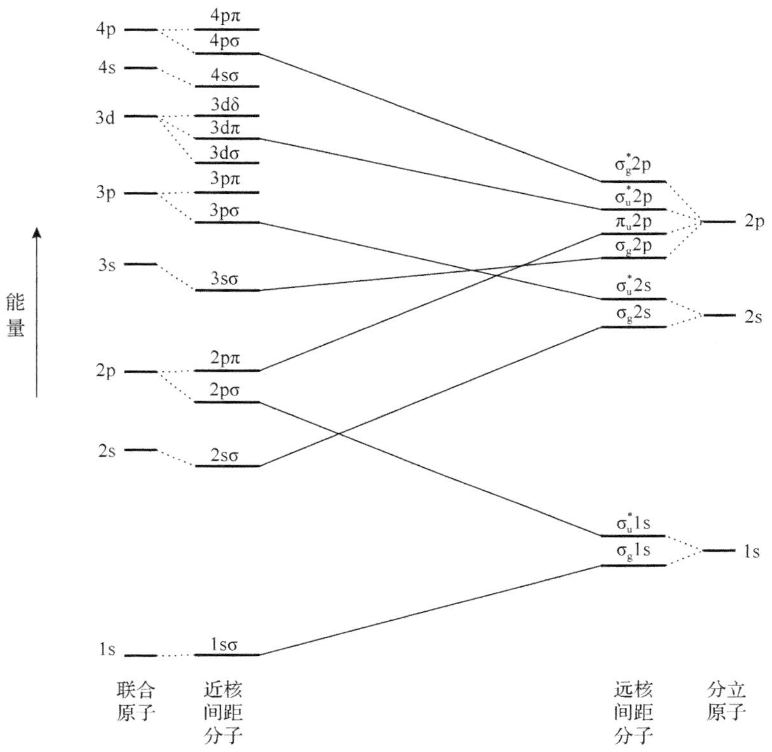

图 6.8　同核双原子分子在近核间距和远核间距情形下的分子轨道及其能级示意图
同一实线连接的两个分子轨道表示当核间距变化时其中一个就会转化为另一个，
这里只是绘出了部分轨道的这种对应关系

另一种极限是两个原子的距离无穷远的情形，这时双原子分子实际上就是两个孤立原子，每个孤立原子的原子轨道可以用量子数 nlm 描述。当双原子分子的两个原子从其平衡位置逐渐远离直至最后变为两个孤立原子的过程中，双原子分子的分子轨道则转化为两个孤立的原子轨道，在核间距比较大的情形下双原子分子的分子轨道就可以写为两个孤立的原子轨道的线性组合，这种情况已在 6.3.1 节中加以说明，这时标识一个分子轨道可用量子数 $\lambda n_1l_1n_2l_2$ 加以标识，其中 λ 意义同上，n_1l_1 和 n_2l_2 分别是两个孤立的原子轨道量子数，如果两个孤立的原子轨道的量子数相同，可以只标出其中一组，即标记为 λn_1l_1，例如 6.3.1 节中 O_2 中的分子轨道 $\sigma_g 1s$ 中 σ 表示分子轨道的 $\lambda=0$，1s 表示该分子轨道由两个 $nl=10$ 的原子轨道组成。在分子轨道标识中把表征分子轨道属性的量子数 λ 置于表征孤立原子轨道属性的量子数 $n_1l_1n_2l_2$ 之前显示出分子轨道的分子电子态本性，后面的原子轨道的量子数显示出分子轨道来自原子轨道的组合特性，因此这种标记在分子轨道中更多地被采用，如上节所述的 O_2 分子轨道标记。在这种标记中，通常还在表示

λ 值符号的右下角标以“g”或“u”以示分子轨道波函数是否具有反演对称性，在左上角标以“*”表示非成键态。同核双原子分子在核间距较大时的部分分子轨道及其能量顺序如图 6.8 的右端所示。

上面讨论的两种极限情况下的分子轨道自然应当具有关联对应性，也就是当核间距从很近到很远变化时两套分子轨道有确定的对应关系，有关关联性的具体讨论可见有关参考文献[10]。这里只是指出，近核间距下的分子轨道和远核间距下的分子轨道可通过以下几个规则关联起来：①对应的轨道有相同的 λ 值；②对应的轨道有相同的对称性，也就是有相同的“g”或“u”；③在上述两个原则基础上按能级高低的顺序即可得到对应关系。例如图 6.8 中近核情形下的 $1s\sigma$ 对应远核情形下的 $\sigma_g 1s$，具有相同的 $\lambda = 0$ 及相同的反演对称性“g”；远核情形下的 $\sigma_g 2s$ 也具有这两个性质但却不能对应 $1s\sigma$，这是由于 $\sigma_g 2s$ 要比 $\sigma_g 1s$ 能量高，不符合上述的第三个原则。

在原子中把相同 n 值的所有原子轨道称为一个壳层(shell)，把相同 n 值和 l 值的原子轨道称为一个子壳层(subshell)，人们把电子在各子壳层的分布称为电子构型，电子构型在单电子近似假设下完整地说明原子的能量状态，如氧原子基态的电子构型为 $1s^2 2s^2 2p^4$。描述分子的电子态也采用类似的概念：把每组能量相同的分子轨道称为构成一个**分子壳层**(molecular shell)，例如分子轨道 $\sigma 2p_z$ 形成一个分子壳层，该壳层可以填充 2 个电子，分子轨道 $\pi_u 2p_x$ 和 $\pi_u 2p_y$ 构成一个分子壳层，通常称为 $\pi_u 2p$ 壳层，该壳层可以填充 4 个电子，分子轨道 $\pi_g^* 2p_x$ 和 $\pi_g^* 2p_y$ 构成一个分子壳层，通常称为 $\pi_g^* 2p$ 壳层，该壳层可以填充 4 个电子，等等。与原子情形不同的是在分子情形中只有分子壳层的概念。

类似地，人们定义了**分子电子构型**(molecular electronic configuration)来说明分子的电子性质，也就是分子中所有电子在分子各壳层中的分布情况，如氧分子基态的电子构型为 $(\sigma_g 1s)^2(\sigma_g^* 1s)^2(\sigma_g 2s)^2(\sigma_g^* 2s)^2(\sigma_g 2p_z)^2(\pi_u 2p)^4(\pi_g^* 2p)^2$。与原子情形一样，在单电子近似下电子构型完全确定分子的能量状态。

6.3.3 双原子分子的分子态和电子谱项

分子电子组态表达的是分子的能量态，但每个电子组态通常包含分子的多个量子态，在单电子近似下这些量子态的能量是相同的，然而单电子近似忽略了电子之间相互作用，这意味着属于同一电子组态的不同量子态能量并非完全相同，在许多情形下这种差异就会体现出来，如精细的光谱结构就能揭示出这些差异，因此需要对属于同一电子组态下但实际能量不同的分子态加以区分和标识。通常按分子的能量来对分子的量子态进行分组，具有相同能量的所有量子态形成一个**分子态**，一个分子态可能包含多个能量相同的量子态，这时就说分子态是简并的，一个分子态中包含的分子量子态数则称为该分子态的简并度，一个分子态也可能只包含一个量子态，这时就称为分子态是非简并的或者称简并度为 1。

一个分子态中各量子态的能量差别由电子之间相互作用决定。与原子中电子相互作用类似(见 5.3 节)，分子中电子的相互作用包含两类：一是电子之间存在库仑作用，单电子近似中把一个电子所受到的库仑作用看成是其他电子相互作用的平均，这意味着它只是部分地考虑了电子之间的库仑作用，没有考虑到的部分则称为剩余库仑作用；二是电子轨道和自旋之间的相互作用，电子自旋描述电子内在的运动，它使得电子能够和磁场发生相互作用，对于给定的电子，分子中的原子核和其他电子都会和该电子产生相对运动，按照运动电荷产生磁场的电动力学基本规律，这种相对运动使得原子核和其他电子会在给定的电子处产生磁场，该磁场与给定电子的自旋相互作用于是导致自旋-轨道耦合作用。通常情形下，剩余库仑作用远大于自旋-轨道耦合作用，也就是说剩余库仑作用是导致分子量子态能量偏离单电子近似值的主要因素，而自旋-轨道耦合作用则是次要因素，因此在分子的光谱研究中通常只需要考虑剩余库仑作用所引起的能量偏差。下面通过 O_2 分子的实例说明在剩余库仑作用下如何对同一电子组态中各量子态的能量进行区分和命名。

利用量子力学角动量的基本理论就可以对给定电子组态中所包含的分子的量子态进行分类和标识，把它们按能量分成不同的分子态，每个分子态通常由一个称为电子谱项的符号所标识。分子态的分类及电子谱项与原子中的原子态及原子谱项是完全类似的，在原子物理中原子态是指原子的能量态，而原子中的谱项就是指原子的电子谱项。下面将说明分子态和分子电子谱项的概念。

6.3.3.1　由电子构型确定分子态

基态氧分子的电子构型为

$$(\sigma_g 1s)^2(\sigma_g^* 1s)^2(\sigma_g 2s)^2(\sigma_g^* 2s)^2(\sigma_g 2p_z)^2(\pi_u 2p)^4\underline{(\pi_g^* 2p)^2} \tag{6.63}$$

其中下划线部分表示最外层的分子壳层。在该电子构型中，除最外层(即能量最高)的壳层外其他壳层都处于电子填满的状态，最外壳层 $\pi_g^* 2p$ 包含两个分子轨道 $\pi_g^* 2p_x$ 和 $\pi_g^* 2p_y$，但只包含两个电子，也就是最外分子壳层是半满的。考虑每个电子自旋有自旋向上和向下两个态 α 和 β，因此两个分子轨道与两个自旋态形成四个不同的量子态，它们的波函数或者说自旋轨道可表达为：$\pi_g^* 2p_x \cdot \alpha$、$\pi_g^* 2p_x \cdot \beta$、$\pi_g^* 2p_y \cdot \alpha$ 和 $\pi_g^* 2p_y \cdot \beta$，最外壳层的两个电子填入这四个自旋轨道相当于把两个球装入四个篮子，共有 $(4\times 3)/2=6$ 种方式，算式中除 2 则是考虑到两个电子的全同性。这意味着上述的电子组态包含 6 个量子态。

在单电子假设下，两个轨道的能量是完全相同的，因此任何一种填充方式所导致的系统能量是完全相同的，也就是说这六个量子态的能量是相同的。当考虑电子之间的相互作用时，这六个量子态的能量就会有差异，于是可按能量将这六个量子态分成不同的组，属于同一组的量子态能量相同，而不同组中的量子态能量不同。按照量子力学的基本原理，这样的分组无需做定量的计算，而只要按照量子力学的角动量理论就能完成，当然这种分组并不能给出每个组中量子态具体的能量值。下面说明如何进行分组。

如上所述，导致同一电子组态中各量子态能量出现差异的原因是电子之间的库仑作用和自旋-轨道耦合作用，这里忽略次要的自旋-轨道耦合作用，在这种情形下电子内部的自旋运动和外在的轨道运动是独立的，因此分子的总自旋角动量和轨道角动量在核间轴的分量都是守恒量，这意味着可以用这两个量标识不同的量子态。总轨道角动量在核间轴的分量为

$$\boldsymbol{\Lambda}=\left|\sum\boldsymbol{\lambda}_i\right| \tag{6.64}$$

其中，$\boldsymbol{\lambda}_i$ 为单电子分子轨道角动量在核间轴的分量，它是一个矢量(用黑体字表示)，它的取值或量子数 λ_i 是一个数(用非黑体字表示)，对于给定的 $\lambda_i \neq 0$，$\boldsymbol{\lambda}_i$ 有 λ_i 和 $-\lambda_i$ 两个取值，当 λ_i=0 时 $\boldsymbol{\lambda}_i$ 只有一个取值，式(6.64)中求和对所有电子进行。总自旋角动量为

$$\boldsymbol{S}=\sum\boldsymbol{s}_i \tag{6.65}$$

其中，$\boldsymbol{s}_i$ 为单个电子的自旋角动量，求和也对所有电子进行。任何填满的分子壳层中电子总是成对的，按 $\boldsymbol{\Lambda}$ 和 $\boldsymbol{S}$ 的定义式(6.64)和式(6.65)，满壳层中电子的 $\boldsymbol{\Lambda}$ 和 $\boldsymbol{S}$ 为零，因此对于一个给定的电子组态，$\boldsymbol{\Lambda}$ 和 $\boldsymbol{S}$ 式中的求和只需对未满壳层中电子进行。

对于式(6.63)所示的电子组态，未满壳层的电子组态为$(\pi_g^* 2p)^2$，也就是两个电子占据两个分子轨道 $\pi_g^* 2p$，这两个轨道的 λ 值为 λ_1=λ_2=1，也就是两个电子的轨道角动量核间轴分量 $\boldsymbol{\lambda}_i (i=1,2)$ 可取 1 和 -1 两个值，图 6.9 给出了两个角动量核间轴分量的矢量合成，可见 $\boldsymbol{\Lambda}$ 有 0 和 2 两种取值，对每种取值都各对应两种情形，分别代表两种轨道状态。两个电子的自旋量子数为 $s_1=1/2$ 和 $s_2=1/2$，所以总角动量 $\boldsymbol{S}$ 的量子数有 $S=0,1$ 两个取值。于是角动量量子数 Λ 和 S 可以形成如下组合：$(\Lambda,S)=(0,0)$、$(0,1)$、$(2,0)$ 和 $(2,1)$ 四种组合。这四种组合表示对由式(6.63)所示的电子组态下的 6 个量子态可按量子数 Λ 和 S 分成四个组，每个组中包含一个或多个量子态，同一组中各个量子态的能量是相同的，不同组中量子态的能量一般不同，因此每种组合表达了一种分子态。

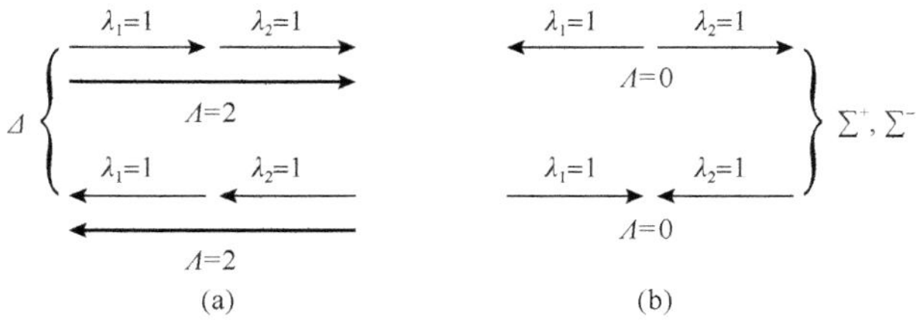

图 6.9　由两个分子轨道的 λ 相加得到 Λ 的矢量加法

为标记这些不同的分子态，人们定义了如下的符号：

$$^{2S+1}\Lambda \tag{6.66}$$

此即分子的**电子谱项**(electronic term)。$\Lambda = 0, 1, 2, \cdots$ 分别用记号 $\Sigma, \Pi, \Delta, \cdots$ 标记，表示分子轨道角动量在对称轴方向的分量，左上角的值 S 称为多重性因子(multiplicity factor)，它表达了自旋态的多重性或者说自旋态的简并度。这种标记方法完全类似于原子用 ^{2S+1}L 来表示原子谱项，只不过在分子中用量子数 Λ 代替了 L。利用电子谱项标记法，则上述的四个分子态标记为 $^1\Sigma$、$^3\Sigma$、$^1\Delta$ 和 $^3\Delta$。一个分子完整的波函数是空间波函数和自旋波函数的乘积，也就是说分子的量子态包含空间态与自旋态两部分。由上一节中对量子数 Λ 的讨论可知，对于不等于 0 的 Λ 值对应 2 个空间态，而等于 0 的 Λ 值则只对应一个空间态，或者说由量子数 Λ 所描述的空间态的简并度为 2($\Lambda \neq 0$)或 1(Λ=0)。分子态 $^1\Delta$ 和 $^3\Delta$ 对应的量子数 $\Lambda = 2$，该值反映每个分子态都对应两个空间态，即轨道角动量核间轴分量 Λ 可取 $2\hbar$ 和 $-2\hbar$ 两个值，分别表示正反两个方向，如图 6.9(a)所示；但对于分子态 $^1\Sigma$ 和 $^3\Sigma$，它们的量子数 $\Lambda = 0$，这意味着每个分子态都只对应一个空间态，但由图 6.9(b)可知，由 $(\Lambda, S) = (0,0)$ 和 $(0,1)$ 所形成的两种组合都各自包含两种空间态，也就是说采用记号 $^1\Sigma$ 和 $^3\Sigma$ 来表示 $\Lambda = 0$ 的两种分子态组合会漏掉两种态，为此人们在符号 Σ 的右上角分别添加“+”和“−”来表示图 6.9(b)所示的两种轨道态，有关符号“+”和“−”的意义稍后说明。于是，上述的四种角动量组合形成由如下 6 个电子谱项符号 $^1\Sigma^+$、$^1\Sigma^-$、$^3\Sigma^+$、$^3\Sigma^-$、$^1\Delta$ 和 $^3\Delta$ 表示的分子态。

一个完整的分子波函数是轨道波函数与自旋波函数的乘积，因此一个分子态的简并度就等于相应轨道态简并度和自旋态简并度的乘积。由以上讨论可知，Σ 型轨道($\Lambda = 0$)的空间态简并度为 1，Δ 型轨道($\Lambda = 2$)的空间的简并度为 2；由角动量的一般理论可知自旋量子数为 S 的自旋态的简并度为 $(2S+1)$，因此 $^{2S+1}\Sigma$ 型谱项和 $^{2S+1}\Delta$ 型谱项所标识的分子态的简并度分别为 $(2S+1)$ 和 $2(2S+1)$。于是上述 6 个分子谱项 $^1\Sigma^+$、$^1\Sigma^-$、$^3\Sigma^+$、$^3\Sigma^-$、$^1\Delta$ 和 $^3\Delta$ 分别包含的量子态数为 1、1、3、3、2 和 6，共包含 16 个量子态，也就是由式(6.63)所表示的电子构型包含 16 个量子态，但从前面的讨论知道该电子构型只有 6 个量子态，这意味着多出 10 个量子态。

出现这个结果的原因是在求电子谱项的过程中只是按照角动量的数学规则去求分子的总自旋角动量和轨道角动量的核间轴分量，而没有考虑泡利不相容原理。考虑这一原理则要去除上述六个谱项中的$^1\Sigma^-$、$^3\Sigma^+$和$^3\Delta$三项，$^1\Sigma^-$项和$^3\Sigma^+$两个谱项违背泡利不相容原理的原因稍后说明(见 6.3.3.2 节最后一段)，这里说明$^3\Delta$如何违反泡利不相容原理。$^3\Delta$谱项中$\Lambda=2$和$S=1$，这表明处于最外壳层π_u^*2p中的两个电子的量子数$(nl\lambda s_z)$都是$(211\frac{1}{2})$，也就是描述一个单电子的四个量子数完全相同或者说这两个电子处于完全相同的量子态，这显然违背泡利不相容原理。于是，最后有物理意义的分子态为$^1\Sigma^+$、$^3\Sigma^-$和$^1\Delta$，这三项所表示的分子态所包含的量子态数分别是 1、3 和 2，总和刚好是 6 个。这个结果意味着：电子构型由式(6.63)所描述的分子包含 6 个量子态，这 6 个量子态在不考虑电子相互作用时能量是相同的；当考虑电子之间的剩余库仑作用时，这 6 个量子态的能量分成三个不同的组：一是由$^3\Sigma^-$描述的组，其中包含 3 个量子态；二是由$^1\Delta$描述的组，其中包含 2 个量子态；三是由$^1\Sigma^+$描述的组，其中包含 1 个量子态。这个结论的得到只是基于量子力学的角动量理论和泡利不相容原理，而无需做定量的计算，但它给出了分子能量的定性结构，是理解分子电子光谱的基础，当然要知道每个分子态的具体能量数值则要进行定量的计算。

人们又在三个电子谱项$^1\Sigma^+$、$^3\Sigma^-$和$^1\Delta$的右下角添加了“g”，于是它们变为[11] $^1\Sigma_g^+$、$^3\Sigma_g^-$和$^1\Delta_g$，这是双原子光谱实验中通用的光谱项符号。下面说明谱项符号中右上角的“+”和“−”以及“g”的涵义。简单来说，谱项中右上角和右下角的符号是为了说明相应的分子轨道波函数的对称性。在量子力学中任何一个系统的全波函数ϕ由轨道波函数ψ和自旋波函数σ的乘积构成(见第 4 章 4.5.1 节)，即$\phi=\psi(\boldsymbol{r})\sigma(\zeta)$，其中$\boldsymbol{r}$和$\zeta$分别是空间坐标和自旋坐标。按量子力学的要求，全波函数必须具有交换对称性，也就是如果互换任两个电子的空间坐标则全波函数变为它的负值，分子的波函数也必须满足这一性质。此外，O_2分子具有特殊的几何对称性，系统全波函数中的轨道部分$\psi(\boldsymbol{r})$还要满足特有的空间对称性，谱项中右上角和右下角的符号则是描述波函数$\psi(\boldsymbol{r})$的空间对称性。右上角的“+”和“−”用来表示$\psi(\boldsymbol{r})$具有对过核间轴平面的镜像对称性，该对称性的具体定义如下：如果存在一个过核间轴的平面，对这个平面做镜像对称操作把坐标$\boldsymbol{r}$变换为$\boldsymbol{r}'$，相应的波函数由$\psi(\boldsymbol{r})$变换为$\psi(\boldsymbol{r}')$，如果$\psi(\boldsymbol{r}')=\psi(\boldsymbol{r})$，则称轨道$\psi(\boldsymbol{r})$具有**镜像对称性**，如果$\psi(\boldsymbol{r}')=-\psi(\boldsymbol{r})$，则称轨道$\psi(\boldsymbol{r})$具有**镜像反对称性**。电子谱项右上角的“+”和“−”则分别表示分子轨道波函数的镜像对称性和反对称性。对于像O_2分子这样的同核双原子分子，轨道波函数还存在另外一个反演变换(inversion)，反演变换是以两原子核连线的中点为坐标原点把坐标$\boldsymbol{r}$变为$-\boldsymbol{r}$的变换，在反演变换下波

函数 $\psi(\boldsymbol{r})$ 变为 $\psi(-\boldsymbol{r})$，如果波函数 $\psi(-\boldsymbol{r})=\psi(\boldsymbol{r})$ 则称轨道 $\psi(\boldsymbol{r})$ 具有**反演对称性**，如果 $\psi(-\boldsymbol{r})=-\psi(\boldsymbol{r})$ 则称轨道 $\psi(\boldsymbol{r})$ 具有**反演反对称性**。电子谱项右下角的“g”则表示同核双原子轨道波函数具有反演对称性，对有些波函数具有反演反对称性，则用“u”来表示，g 和 u 是德语单词 gerade 和 ungerade 的首字母，分别表示“偶的”和“奇的”。下面给出三个谱项中的各量子态的波函数形式并阐明这些对称性。

6.3.3.2 波函数及其对称性

如上所述，当 O_2 分子处在由式(6.63)所描述的电子构型时，系统所形成的量子态由最外壳层的两个电子在最外壳层的两个轨道的占据情况决定，共有 6 种可能方式，对应着 6 个量子态和 6 个波函数，本节说明这 6 个波函数的求法和它们的对称性质。首先需要说明的是这里给出的各分子态的波函数只是一个近似波函数，它们由分子轨道通过组合的方式构造而得，构造的基本原则是分子波函数所要满足的量子力学对称性规则；其次，分子的总波函数应当包含所有的电子波函数，但在这里 O_2 分子基态的情形中内壳层电子的波函数在 6 个量子态中是相同的，它们就是内层单电子轨道的乘积，因此对这部分波函数不再考虑，而只考虑总波函数中与 $\pi_g^* 2p_x$ 和 $\pi_g^* 2p_y$ 相关的部分。下面说明如何构造这些波函数。

6 种波函数是由于 $\pi_g^* 2p_x$ 和 $\pi_g^* 2p_y$ 两个分子轨道的相互作用而产生，因此它们可以表达为这两个分子轨道波函数的线性组合。作为描述分子态的波函数应当是角动量分量 $\boldsymbol{l}_z$ 的本征函数，然而 $\pi_g^* 2p_x$ 和 $\pi_g^* 2p_y$ 都是由氧原子的 $2p_x$ 轨道和 $2p_y$ 轨道线性组合而成，而这两个原子轨道不是 $\boldsymbol{l}_z$ 的本征函数(见第 5 章 5.2.1.5 节)，因此 $\pi_g^* 2p_x$ 和 $\pi_g^* 2p_y$ 不是 $\boldsymbol{l}_z$ 的本征函数，由它们线性组合成的函数不是 $\boldsymbol{l}_z$ 的本征函数，这意味着不能用它们的线性组合形成要求的 6 个分子波函数。由第 5 章 5.2.1.6 节和 5.3.1.1 节可知，$2p_x$ 轨道和 $2p_y$ 轨道按照下式产生：

$$\begin{aligned}2p_x&=[R_{21}(r)Y_1^1(\theta,\varphi)+R_{21}(r)Y_1^{-1}(\theta,\varphi)]/\sqrt{2}=(2p_+ + 2p_-)/\sqrt{2}\\2p_y&=[R_{21}(r)Y_1^1(\theta,\varphi)-R_{21}(r)Y_1^{-1}(\theta,\varphi)]/(\mathrm{i}\sqrt{2})=(2p_+ - 2p_-)/(\mathrm{i}\sqrt{2})\end{aligned}\tag{6.67}$$

其中，$R_{21}(r)$ 是氧原子波函数(量子数 $n=2,l=1$)的径向部分；$Y_1^1(\theta,\varphi)$ 和 $Y_1^{-1}(\theta,\varphi)$ 为球谐函数；$2p_+$ 和 $2p_-$ 分别为

$$\begin{aligned}2p_+&=R_{21}(r)Y_1^1(\theta,\varphi)=\sqrt{\frac{3}{8\pi}}R_{21}(r)\sin\theta\mathrm{e}^{\mathrm{i}\varphi}\\2p_-&=R_{21}(r)Y_1^{-1}(\theta,\varphi)=\sqrt{\frac{3}{8\pi}}R_{21}(r)\sin\theta\mathrm{e}^{-\mathrm{i}\varphi}\end{aligned}\tag{6.68}$$

实际上 $2p_+$ 和 $2p_-$ 即为(中心势场近似下)原子薛定谔方程的原始解，它们是 $\boldsymbol{l}_z$ 的

本征函数(见第 5 章 5.2.1.5 节),用 $2p_+$ 和 $2p_-$ 构造出 $2p_x$ 和 $2p_y$ 是因为 $2p_+$ 和 $2p_-$ 为虚函数难以在三维空间用图像表示，而 $2p_x$ 和 $2p_y$ 为实函数则可以图像表示。由此，可以用 $2p_+$ 和 $2p_-$ 构造分子轨道 $\pi_g^* 2p_x$ 和 $\pi_g^* 2p_y$，再用它们构造上述的 6 个分子波函数。把式(6.51)中 $\pi_g^* 2p_x$ 和 $\pi_g^* 2p_y$ 构造式中的 $2p_x$ 和 $2p_y$ 用 $2p_+$ 和 $2p_-$ 代替，则得到如下的两个分子轨道：

$$\begin{aligned}\pi_g^* 2p_+ &= (2p_+)_a - (2p_+)_b = R_{21}(r_a)\sin\theta_a e^{i\varphi_a} - R_{21}(r_b)\sin\theta_b e^{i\varphi_b} \\ &= [R_{21}(r_a)\sin\theta_a - R_{21}(r_b)\sin\theta_b]e^{i\varphi} \\ \pi_g^* 2p_- &= (2p_-)_a - (2p_-)_b = R_{21}(r_a)\sin\theta_a e^{-i\varphi_a} - R_{21}(r_b)\sin\theta_b e^{-i\varphi_b} \\ &= [R_{21}(r_a)\sin\theta_a - R_{21}(r_b)\sin\theta_b]e^{-i\varphi}\end{aligned} \tag{6.69}$$

上式的坐标如图 6.10(a)所示，(r_a,θ_a,φ_a) 和 (r_b,θ_b,φ_b) 分别是电子 e 对核 a 和 b 的矢径、极角和方位角，由图可见 $\varphi_a=\varphi_b=\varphi$，所以上式中可以把 $e^{i\varphi_a}$ 和 $e^{i\varphi_b}$ 作为公因子 $e^{i\varphi}$ 提出来。由于 $2p_+$ 和 $2p_-$ 为 $\boldsymbol{l}_z$ 的本征函数，所以它们的线性组合 $\pi_g^* 2p_+$ 和 $\pi_g^* 2p_-$ 是 $\boldsymbol{l}_z$ 的本征函数，前述的 $\pi_g^* 2p_x$ 和 $\pi_g^* 2p_y$ 实际上是它们的实数形式。下面由这两个分子轨道构造各分子态的波函数。

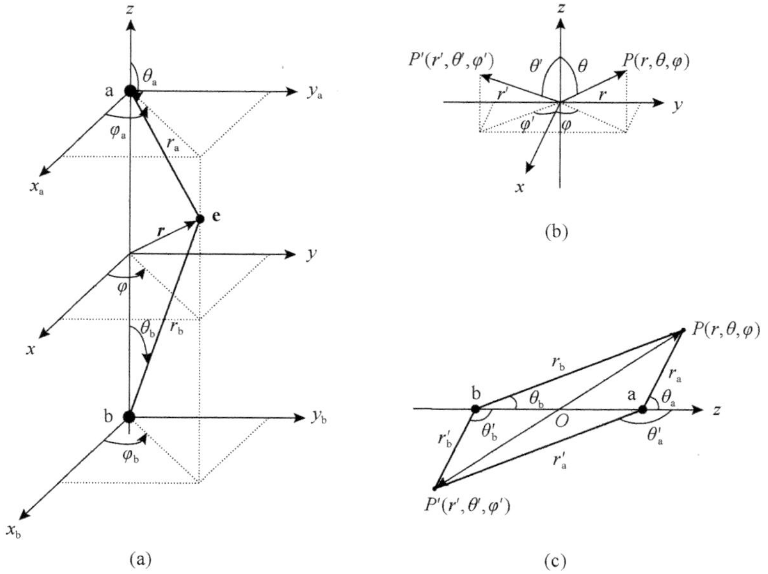

图 6.10 (a)双原子分子中的球坐标系，a 和 b 分别表示分子中的两个原子核，z 轴取为两个核连线的方向；(b)以 xz 平面为镜面的镜像反射操作对点的变换关系，在该径向反射下点 P 变为了 P'；(c)以原点 O 为中心的反演操作对点的变换关系

1) $^1\Sigma_g^+$ 态

谱项 $^1\Sigma_g^+$ 所描述的分子态只包含一个量子态。由其自旋多重性因子 $2S+1=1$ 可知自旋量子数 $S=0$，因此自旋波函数 σ 一定是自旋单重态波函数 χ_{00}（参见附录 H)，该波函数具有交换反对称性。由于分子的全波函数必须有交换反对称性，空间波函数 ψ 必定具有交换对称性质，因此可构造如下 $\psi(\boldsymbol{r}_1,\boldsymbol{r}_2)$：

$$\psi(\boldsymbol{r}_1,\boldsymbol{r}_2)=\pi_g^*2p_+(\boldsymbol{r}_1)\cdot\pi_g^*2p_-(\boldsymbol{r}_2)+\pi_g^*2p_+(\boldsymbol{r}_2)\cdot\pi_g^*2p_-(\boldsymbol{r}_1) \tag{6.70}$$

其中，$\boldsymbol{r}_1$ 和 $\boldsymbol{r}_2$ 分别表示两个电子的坐标；$\pi_g^*2p_+(\boldsymbol{r}_1)$ 的表达式为

$$\pi_g^*2p_+(\boldsymbol{r}_1)=[R_{21}(r_{a1})\sin\theta_{a1}-R_{21}(r_{b1})\sin\theta_{b1}]e^{i\varphi_1} \tag{6.71}$$

其中，$(r_{a1},\theta_{a1},\varphi_1)$ 分别表示电子 1 对核 a 的矢径、极角和方位角；$(r_{b1},\theta_{b1},\varphi_1)$ 分别表示电子 1 对核 b 的矢径、极角和方位角，类似地，其他几项的详细表达式为

$$\begin{aligned}
\pi_g^*2p_-(\boldsymbol{r}_2)&=[R_{21}(r_{a2})\sin\theta_{a2}-R_{21}(r_{b2})\sin\theta_{b2}]e^{-i\varphi_2}\\
\pi_g^*2p_+(\boldsymbol{r}_2)&=[R_{21}(r_{a2})\sin\theta_{a2}-R_{21}(r_{b2})\sin\theta_{b2}]e^{i\varphi_2}\\
\pi_g^*2p_-(\boldsymbol{r}_1)&=[R_{21}(r_{a1})\sin\theta_{a1}-R_{21}(r_{b1})\sin\theta_{b1}]e^{-i\varphi_1}
\end{aligned} \tag{6.72}$$

其中各项意义与式(6.71)中各项意义类似。把式(6.71)和式(6.72)代入式(6.70)中并化简，则得到

$$\begin{aligned}
\psi(\boldsymbol{r}_1,\boldsymbol{r}_2)=2[&R_{21}(r_{a1})R_{21}(r_{a2})\sin\theta_{a1}\sin\theta_{a2}+R_{21}(r_{b1})R_{21}(r_{b2})\sin\theta_{b1}\sin\theta_{b2}\\
&-R_{21}(r_{a1})R_{21}(r_{b2})\sin\theta_{a1}\sin\theta_{b2}-R_{21}(r_{b1})R_{21}(r_{a2})\sin\theta_{b1}\sin\theta_{a2}]\cos(\varphi_1-\varphi_2)
\end{aligned} \tag{6.73}$$

显然式(6.70)所示的轨道波函数在互换 $\boldsymbol{r}_1$ 和 $\boldsymbol{r}_2$ 时保持不变，因而满足交换对称性。由式(6.73)可证明该波函数具有对过核间轴平面的镜像反射对称性。例如，镜像反射的对称面是 xz 平面，对该面镜像做反射对称操作的结果是把一个点 $P(r,\theta,\varphi)$ 变为 $P'(r',\theta',\varphi')$，如图 6.10(b)所示，则对称操作前后坐标关系为

$$r\to r'=r,\ \theta\to\theta'=\theta,\ \varphi\to\varphi'=-\varphi \tag{6.74}$$

可见只是 φ 变为它的负值，其他坐标不变。由式(6.73)可见 $\psi(\boldsymbol{r}_1,\boldsymbol{r}_2)$ 是 $\cos(\varphi_1-\varphi_2)$ 的函数，而上述镜像反射的结果只是 $\varphi_1\to-\varphi_1,\varphi_2\to-\varphi_2$，因此 $\psi(\boldsymbol{r}_1,\boldsymbol{r}_2)$ 在该镜像反射下保持不变，对任何过核间轴的平面做镜像反射操作，该结果都成立，所以在谱项 $^1\Sigma_g^+$ 右上角加“+”以表示这个对称性。

下面证明波函数$\psi(\boldsymbol{r}_1,\boldsymbol{r}_2)$具有反演对称性。如图 6.10(c)所示，对原点的反演对称操作导致如下对应关系：

$$r_a \to r_a' = r_b, \theta_a \to \theta_a' = \pi - \theta_b, r_b \to r_b' = r_a, \theta_b \to \theta_b' = \pi - \theta_a$$
$$\varphi_a = \varphi_b = \varphi \to \varphi_a' = \varphi_b' = \varphi' = \pi + \varphi \tag{6.75}$$

也就是说在反演操作下r_a、$\sin\theta_a$分别与r_b、$\sin\theta_b$发生互换，$\cos\varphi$保持不变，把这个关系代入式(6.73)即可见在反演对称操作下$\psi(\boldsymbol{r}_1,\boldsymbol{r}_2)$不变，因此谱项$^1\Sigma_g^+$的右下标以“g”。

谱项$^1\Sigma_g^+$对应的全波函数为$\psi(\boldsymbol{r}_1,\boldsymbol{r}_2)\chi_{00}$，这相当于两个电子分别处于$2p_+$和$2p_-$轨道上，自旋相反。由于$2p_x$和$2p_y$与$2p_+$和$2p_-$的等同性，因此可以理解为在分子态中两个电子分别处于$2p_x$和$2p_y$分子轨道，自旋相反，如图 6.11(a)所示。

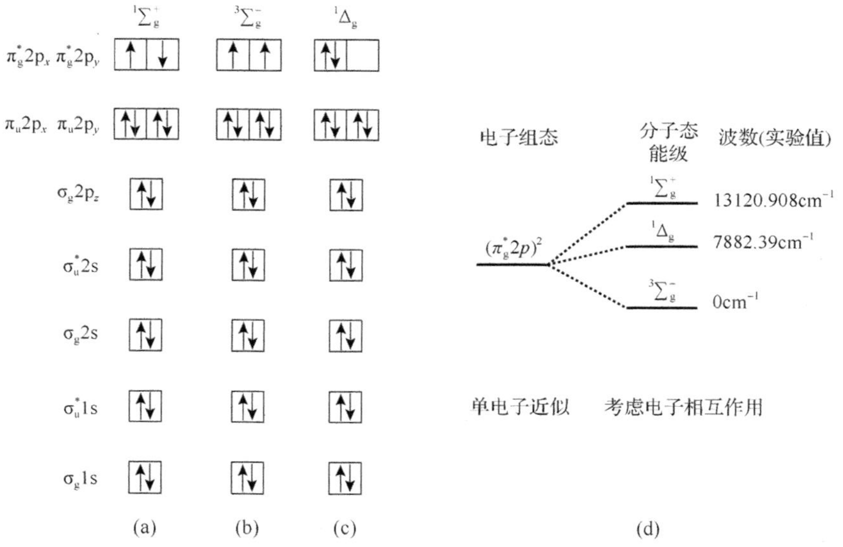

图 6.11　(a)～(c) O_2的三个分子态中电子在分子轨道中的分布；(d)这三个分子态相应的能级数值，以基态$^3\Sigma_g^-$能量为零，波数的值来自文献[11]

2) $^3\Sigma_g^-$ 谱项

$^3\Sigma_g^-$所描述的分子态包含三个量子态。由其自旋多重性因子$2S+1=3$可知自旋量子数$S=1$，因此自旋波函数σ为三个自旋三重态波函数χ_{11}、χ_{10}、$\chi_{1\bar{1}}$(参见附录 H)，它们具有交换对称性，由此空间波函数ψ必定具有交换反对称性质，因此可构造如下ψ：

$$\psi(\boldsymbol{r}_1,\boldsymbol{r}_2)=\pi_{\mathrm{g}}^*2p_+(\boldsymbol{r}_1)\cdot\pi_{\mathrm{g}}^*2p_-(\boldsymbol{r}_2)-\pi_{\mathrm{g}}^*2p_+(\boldsymbol{r}_2)\cdot\pi_{\mathrm{g}}^*2p_-(\boldsymbol{r}_1) \tag{6.76}$$

互换 $\boldsymbol{r}_1$ 和 $\boldsymbol{r}_2$ 可导致 $\psi(\boldsymbol{r}_1,\boldsymbol{r}_2)$ 变为 $-\psi(\boldsymbol{r}_1,\boldsymbol{r}_2)$，因此该波函数满足交换反对称性要求。该波函数的表达式为

$$\begin{aligned}\psi(\boldsymbol{r}_1,\boldsymbol{r}_2)=2[&R_{21}(r_{\mathrm{a1}})R_{21}(r_{\mathrm{a2}})\sin\theta_{\mathrm{a1}}\sin\theta_{\mathrm{a2}}+R_{21}(r_{\mathrm{b1}})R_{21}(r_{\mathrm{b2}})\sin\theta_{\mathrm{b1}}\sin\theta_{\mathrm{b2}}\\&-R_{21}(r_{\mathrm{a1}})R_{21}(r_{\mathrm{b2}})\sin\theta_{\mathrm{a1}}\sin\theta_{\mathrm{b2}}-R_{21}(r_{\mathrm{b1}})R_{21}(r_{\mathrm{a2}})\sin\theta_{\mathrm{b1}}\sin\theta_{\mathrm{a2}}]\sin(\varphi_1-\varphi_2)\end{aligned} \tag{6.77}$$

易见该波函数具有镜像反射反对称性和反演对称性，因而谱项中含有“ − ”和“g”标识。于是得到谱项 ${}^3\Sigma_{\mathrm{g}}^-$ 所包含的三个全波函数为 $\psi(\boldsymbol{r}_1,\boldsymbol{r}_2)\chi_{11},\psi(\boldsymbol{r}_1,\boldsymbol{r}_2)\chi_{10}$，$\psi(\boldsymbol{r}_1,\boldsymbol{r}_2)\chi_{1\bar{1}}$，这可以理解为两个电子分别处于 $2\mathrm{p}_x$ 和 $2\mathrm{p}_y$ 轨道上，自旋相同，如图 6.11(b)所示，这正符合洪德规则所描述的基态，因而 ${}^3\Sigma_{\mathrm{g}}^-$ 谱项所描述的态为基态。

3) ${}^1\Delta_{\mathrm{g}}$ 态

谱项 ${}^1\Delta_{\mathrm{g}}$ 所描述的分子态包含两个量子态。由其自旋多重性因子 $2S+1=1$ 可知自旋量子数 $S=0$，因此自旋波函数 σ 为一个自旋单重态波函数 χ_{00}，该波函数具有交换反对称性，由此空间波函数 ψ 必定具有交换对称性质，因此可构造如下 ψ：

$$\psi_1(\boldsymbol{r}_1,\boldsymbol{r}_2)=\pi_{\mathrm{g}}^*2p_+(\boldsymbol{r}_1)\pi_{\mathrm{g}}^*2p_+(\boldsymbol{r}_2)\quad 或\quad \psi_2(\boldsymbol{r}_1,\boldsymbol{r}_2)=\pi_{\mathrm{g}}^*2p_-(\boldsymbol{r}_1)\pi_{\mathrm{g}}^*2p_-(\boldsymbol{r}_1) \tag{6.78}$$

易见这两个空间波函数具有交换对称性，它们的表达式分别为

$$\begin{aligned}&[R_{21}(r_{\mathrm{a1}})\sin\theta_{\mathrm{a1}}-R_{21}(r_{\mathrm{b1}})\sin\theta_{\mathrm{b1}}][R_{21}(r_{\mathrm{a2}})\sin\theta_{\mathrm{a2}}-R_{21}(r_{\mathrm{b2}})\sin\theta_{\mathrm{b2}}]\mathrm{e}^{\mathrm{i}(\varphi_1+\varphi_2)}\\&[R_{21}(r_{\mathrm{a1}})\sin\theta_{\mathrm{a1}}-R_{21}(r_{\mathrm{b1}})\sin\theta_{\mathrm{b1}}][R_{21}(r_{\mathrm{a2}})\sin\theta_{\mathrm{a2}}-R_{21}(r_{\mathrm{b2}})\sin\theta_{\mathrm{b2}}]\mathrm{e}^{-\mathrm{i}(\varphi_1+\varphi_2)}\end{aligned} \tag{6.79}$$

易见在过核间轴平面的镜像反射下既不是不变又不是变成它的负数，因此左上角不标“ + ”或“ − ”号，表明它不具有镜像反射对称性或反对称性，而它在反演对称操作下保持不变，因而标以“g”以表明它具有反演对称性。谱项 ${}^1\Delta_{\mathrm{g}}$ 所包含的两个量子态全波函数为 $\psi_1(\boldsymbol{r}_1,\boldsymbol{r}_2)\chi_{00}$ 和 $\psi_2(\boldsymbol{r}_1,\boldsymbol{r}_2)\chi_{00}$，这可理解为两个电子都处于 $2\mathrm{p}_x$ 或 $2\mathrm{p}_y$ 轨道，自旋相反，如图 6.11(c)所示。

图 6.11(d)给出了这三个分子态相应的实验能级，其中以分子态 ${}^3\Sigma_{\mathrm{g}}^-$ 的能级为零，能级单位以光谱中常用的波数 ν ($\nu=1/\lambda$，λ 为波长，常以 cm^{-1} 为单位)形式给出。波数 ν 对应的能量为 $hc\nu$，因此 $1\mathrm{cm}^{-1}$ 的波数相当于 0.124meV 的能量，由此可得分子态 ${}^1\Delta_{\mathrm{g}}$ 和 ${}^1\Sigma_{\mathrm{g}}^+$ 的能量分别约为 0.977eV 和 1.627eV。

现在解释谱项 ${}^1\Sigma^-$ 和 ${}^3\Sigma^+$ 所表达的分子态为什么违背了泡利不相容原理。先说

明谱项$^1\Sigma^-$。由其自旋多重性因子$2S+1=1$可知自旋量子数$S=0$，因此自旋波函数σ为具有交换反对称性的自旋波函数χ_{00}，这就要求空间轨道波函数ψ必定具有交换对称性质，也就是具有类似式(6.70)所示的空间轨道波函数ψ，而该类型的波函数ψ具有对过核间轴平面的镜像反射对称性，这与谱项$^1\Sigma^-$所要求的镜像反射反对称性“－”是矛盾的，因而谱项$^1\Sigma^-$是没有物理意义的。由于同样的原因，谱项$^3\Sigma^+$也是没有物理意义的。

6.4 多原子分子的分子轨道理论

6.3 节用原子轨道的线性组合方法研究了O_2的分子轨道，这种方法无需定量计算单电子的哈密顿和求解单电子的薛定谔方程就可以获得O_2分子的能级结构，然后可以通过实验确定各能级的数值。O_2分子是一个双原子分子，利用原子轨道的线性组合来定性确定分子轨道实际上只需考虑能量相近和最大交叠两个轨道作用原则，然而对于多原子分子，就不能简单地仅由这两个原则得到分子轨道，这里分子轨道相互作用的对称性匹配原则对简化求解过程尤其重要，本节通过用原子轨道线性组合方法求解H_2O的分子轨道来说明这一原则的应用，有关更复杂的分子轨道的求法可参考有关的书籍[12]。

6.4.1 H_2O分子

6.4.1.1 分子轨道波函数

理论上获得H_2O分子电子态要解薛定谔方程，但这是一个十分困难的问题。分子轨道理论认为H_2O分子中的所有电子处在一系列的分子轨道上，每个分子轨道可容纳自旋相反的两个电子，分子轨道的基本任务就是求解这些分子轨道波函数和相应的能量。这些分子轨道并不是真正H_2O分子薛定谔方程的解，而是某个有效单电子势中薛定谔方程的解。求解单电子方程的一种基本方法是前述的LCAO方法，就是把每个分子轨道波函数用两个H原子和一个O原子的原子轨道的线性组合来近似，不同的分子轨道由不同的组合系数来表示。于是求解分子轨道的问题归结于两个问题：①确定H_2O分子的有效单电子哈密顿；②求解一组关于组合系数的线性代数方程组。第二个问题中要求解的线性方程组的阶数等于参与形成分子轨道的原子轨道个数，H_2O分子涉及2个H原子轨道和5个O原子轨道共7个原子轨道，因此方程组的阶数为7。求解这个方程组给出7个本征值，每个本征值对应一组系数，每个本征值代表一个分子轨道的能量，而与该本征值相应的系数则给出一个分子轨道波函数。第一个问题是一个更为困难的问题，通常的解决方法为近似方法或经验方法。这里并不对此做定量的计算(定量的计算可用从头计算方法方便地实现），而是应用 6.2.4 节的轨道作用原理定性地讨论分子轨道的性质，特别是分子轨道的能级结构，这样的方法能更清楚地展现分子轨道与构成它的原子轨道的关系。

H_2O 分子包含两个 H 原子和一个 O 原子，H 原子的基态电子构型为 $1s^1$，也就是基态时其中有电子的原子轨道为 1s 轨道，两个 H 原子的 1s 轨道分别记为 $1s_{H_1}$ 和 $1s_{H_2}$，轨道能量为–13.6eV，O 原子的基态电子构型为 $1s^2 2s^2 2p^4$，其基态时其中有电子的原子轨道为：1s 轨道、2s 轨道以及 $2p_x$、$2p_y$、$2p_z$ 三个 2p 轨道，其轨道能量分别为：–544eV、–28.5eV 和–13.6eV（三个 2p 轨道）。由于涉及三个原子，因此不能像处理 O_2 分子中那样简单地应用能量相近原则，例如不能判断只有 H 的 1s 轨道和 O 的 2p 轨道之间可以形成分子轨道，或者判断 H 的 1s 轨道与 O 的 2s 轨道不能形成分子轨道，原因在于两个 H 的 $1s_{H_1}$ 和 $1s_{H_2}$ 轨道可以一起与 O 的某个轨道相互作用，两个 H 的 1s 轨道的能量加和可以达到–27.2eV，这与 O 2s 轨道–28.5eV 的能量已经十分接近，也就是说两个 H 的 $1s_{H_1}$ 和 $1s_{H_2}$ 轨道可以先组合成一个能量为–27.2eV 的混合轨道，然后再与 O 的 2s 轨道相互作用；但这个混合轨道依然与能量为–544eV 的 O 的 1s 轨道能量差距太大，因而难以与之作用。因此从能量相近原则考虑，可以认为 O 的 1s 轨道不参与分子轨道的形成，参与分子轨道形成的是如下 6 个原子轨道：$1s_{H_1}$、$1s_{H_2}$、2s、$2p_x$、$2p_y$ 和 $2p_z$。

为了构造多原子分子的分子轨道，可以采用**分子片法**（fragment method）[12]：即把分子分解为两个更小的子系统，每个子系统称为分子片，要求的分子轨道则是两个分子片轨道波函数的线性组合，分子片轨道间的相互作用遵循 6.3 节所述的轨道之间相互作用的四个原理，于是问题变为如何把多原子分子分解为两个分子片和求两个分子片的轨道波函数。下面说明 H_2O 分子中的分子片分解和其轨道波函数的求得。

H_2O 分子可以分成两个分子片：氧分子片和氢分子片，前者即为单个氧原子，后者由两个氢原子构成。氧分子片只包含一个 O 原子，因而它的轨道就是原子轨道：2s、$2p_x$、$2p_y$ 和 $2p_z$；氢分子片包括两个氢原子，参与形成的分子轨道为 $1s_{H_1}$ 和 $1s_{H_2}$，因此氢分子片包含两个轨道，它由两个氢原子轨道线性组合而成。尽管在这个问题中可以直接猜测出氢分子片的两个轨道波函数，但我们给出一般的方法获得这两个波函数，这就是利用群论的方法获得所谓对称性适配的波函数，下面说明这种方法。

按照群论对薛定谔方程的研究（附录 G），H_2O 分子的对称群为 $\boldsymbol{C}_{2v}$ 群，H_2O 分子的本征函数一定属于点群 $\boldsymbol{C}_{2v}$ 某一不可约表示的基。要求解的 H_2O 分子的分子轨道是 H_2O 分子本征函数的近似，因而它们也要具有本征函数的对称性，也就是要求的分子轨道波函数必须是点群 $\boldsymbol{C}_{2v}$ 不可约表示的基。由于分子轨道由氧分子片和氢分子片的轨道线性组合而成，只有属于同一不可约表示的氧分子片波函数和氢分子片波函数才能线性组合形成分子轨道，所形成的分子轨道与两个分子片波函数都属于相同的不可约表示。这个结论使得不需要对所有的原子轨道进行线性组合，而只需要组合属于同一不可约表示的分子片波函数。由此求多原子分子的分子轨道的一般程序是：①求属于分子对称群不可约表示的两个分子片的波函数；②把这些波函数按群的不可约表示进行分类；③把属于同一不可约表示的两个分子片波函数进行线性组合以得到分子轨道波函数。对于 H_2O 分子而言，其对称群 $\boldsymbol{C}_{2v}$ 一共有 4 个不可约表示，分别标记为 A_1、A_2、B_1和B_2。H_2O 分子可分解为氧分子片和氢分子片，其中氧分子片即为 O 原子，包含 5 个原子轨道，它们分属于三个不可约表示(见附录 G)，如图 6.12 所示，其中 2s、$2p_z$ 属于 A_1 表示，$2p_x$ 属于 B_1 表示，$2p_y$ 属于 B_2 表示。氢分子片的波函数由两个氢原子的原子轨道 $1s_{H_1}$ 和 $1s_{H_2}$ 线性组合而成，由这两个原子轨道可以用群论方法得到两个满足水分子对称性的氢分子片轨道，也就是它们属于特定的群 $\boldsymbol{C}_{2v}$ 的不可约表示，这两个氢分子片轨道称为对称性适配的轨道(symmetry-adapted orbital，SAO)，具体求解它们的程序请参考附录 G。这两个 SAO 分别是 $\varphi_{A_1}=1s_{H_1}+1s_{H_2}$ 和 $\varphi_{B_2}=1s_{H_1}-1s_{H_2}$，它们分属于不可约表示 A_1 和 B_2，它们所属的不可约表示标于函数右下角。两个分子片的轨道波函数按对称性的分类列于图 6.12 中。

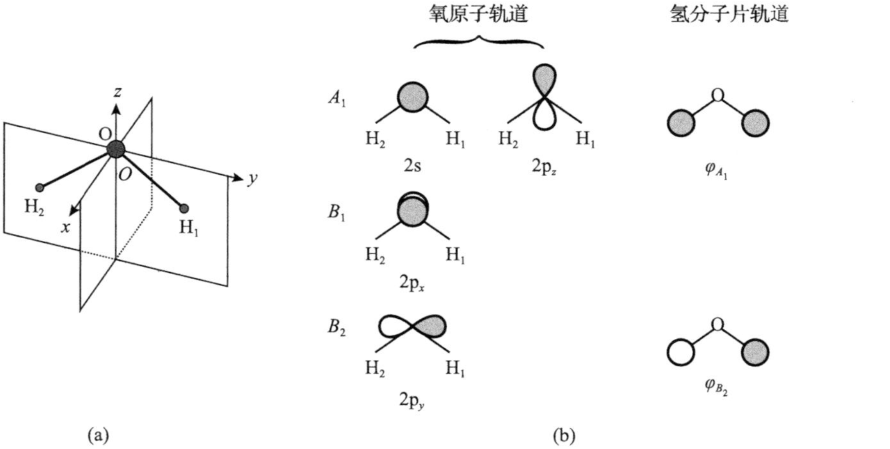

图 6.12 氧分子片和氢分子片轨道波函数按照 H_2O 分子对称群 $\boldsymbol{C}_{2v}$ 不可约表示的分类

(a) 这些轨道波函数所采用的坐标系；(b) 这些波函数的空间示意图。其中轨道波函数的灰色部分表示波函数大于零部分即为“+”部分，而白色部分表示波函数小于零部分即为“−”部分

现在可以用上面得到的两个分子片的 SAO 来构造 H_2O 的分子轨道。

1) 属于 A_1 的分子轨道

属于群 $\boldsymbol{C}_{2\mathrm{v}}$ 不可约表示 A_1 的两个分子片的轨道波函数分别为 $2s$、$2p_z$ 和 φ_{A_1}，它们的线性组合写为 $\psi = c_1 2s + c_2 2p_z + c_3\varphi_{A_1}$，$c_1$、$c_2$、$c_3$ 为组合系数，ψ 为属于不可约表示 A_1 的分子轨道的一般形式。要完全确定这三个分子轨道，则要先确定 H_2O 分子的单电子哈密顿，然后得到一个关于这三个系数的三阶线性方程组，解这个方程组得到三个特征值和相应的三组系数，这三个特征值对应于三个分子轨道的能量，由三组系数则确定了三个轨道的波函数，即 H_2O 分子属于不可约表示 A_1 的三个分子轨道。然而单分子哈密顿的确定无法用简单的方法来获得，因此很难定量地获得三个分子轨道的能量和波函数，但是可以用另一种方法定性地得到分子轨道，下面说明该方法。这种方法不是用 2s 和 $2p_z$ 来直接构造分子轨道，而是用它们的线性组合 $\chi = (2s - 2p_z)/\sqrt{2}$ 和 $\chi' = (2s + 2p_z)/\sqrt{2}$ 来构造分子轨道。可以证明 χ 和 χ' 这两个轨道函数是正交归一化的轨道，它们的空间图像如图 6.13 所示，这两个轨道的能量等于 $(E_{2s} + E_{2p})/2$，E_{2s} 和 E_{2p} 分别是 O 原子轨道 2s 和 2p 的能量。之所以用 χ 和 χ' 轨道来构建分子轨道在于它们特有的空间分布性质，这两个轨道实际上是 O 原子 2s 和 $2p_z$ 原子轨道所形成的杂化轨道(详细讨论见稍后的 6.8.3.1 节)，与构成它们的两个轨道 2s 和 $2p_z$ 相比，它们在空间分布更加集中，形成很大的“+的头部”(轨道中的灰色部分)和极小“–的尾巴”(轨道中的白色部分)的空间分布。

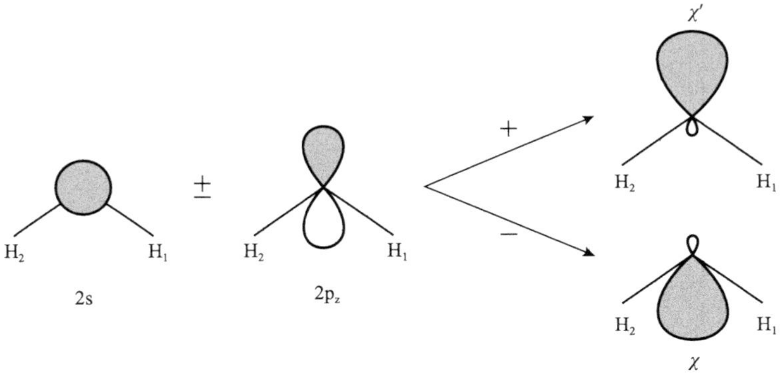

图 6.13　2s 和 $2p_z$ 两个轨道线性组合形成的新的轨道 χ 和 χ'

采用 χ 和 χ' 作为 O 原子轨道，属于不可约表示 A_1 的分子轨道波函数的一般形式则表达为

$$\psi = c_1\chi_1 + c_2\chi' + c_3\varphi_{A_1} \tag{6.80}$$

下面从 χ、χ' 和 φ_{A_1} 三个轨道波函数的空间分布来考察这三个轨道的相互作用，如图 6.14 所示。可以注意到轨道 χ' 的波函数几乎全部分布在 O 原子的上方，下

方只是一个极小的“–的尾巴”，而 φ_{A_1} 波函数则完全在 O 原子的下方，也就是说轨道 χ' 与轨道 φ_{A_1} 几乎没有相互交叠，这意味着两个轨道几乎没有相互作用，也就是说轨道 χ' 直接形成了分子轨道，这种没有与其他轨道相互作用而形成的分子轨道称为**非键轨道**，记其为 $3a_1$(为什么采用该记法稍后说明)，这种分子轨道几乎保持了原来原子轨道的基本性质，也就是能量和波函数与原来的原子轨道几乎相同，如图 6.14 所示。这样，氧原子中只有轨道 χ 和氢分子片的 φ_{A_1} 轨道相互作用，也就是式(6.80)中可以略去与 χ' 相关的项，即分子轨道表达式变为

$$\psi = c_1\chi_1 + c_3\varphi_{A_1} \tag{6.81}$$

这实际上是一个 6.2.4 节中所讨论的两个轨道相互作用的问题，类比上节讨论的结果可知，轨道 χ 和 φ_{A_1} 所形成的一个能量降低的成键轨道 $2a_1$ 和一个能量升高的反键轨道 $4a_1$，它们的波函数可分别写为 $N_{2a_1}(\chi+\mu\varphi_{A_1})$ 和 $N_{4a_1}(\mu\chi-\varphi_{A_1})$ [见式(6.46)]，N_{2a_1} 和 N_{4a_1} 分别是两个轨道归一化常数，μ 是表示原子轨道权重的常数，当然确定这里的三个常数需要定量的计算，这里只是形式地写出它们。成键轨道 $2a_1$ 的波函数是两个原子轨道相加，反键轨道 $4a_1$ 是两个原子轨道相减，如图 6.14 所示，在 $2a_1$ 轨道中 φ_{A_1} 为表示波函数为正的灰色圆，而在 $4a_1$ 轨道中 φ_{A_1} 为表示波函数为负的白色圆。

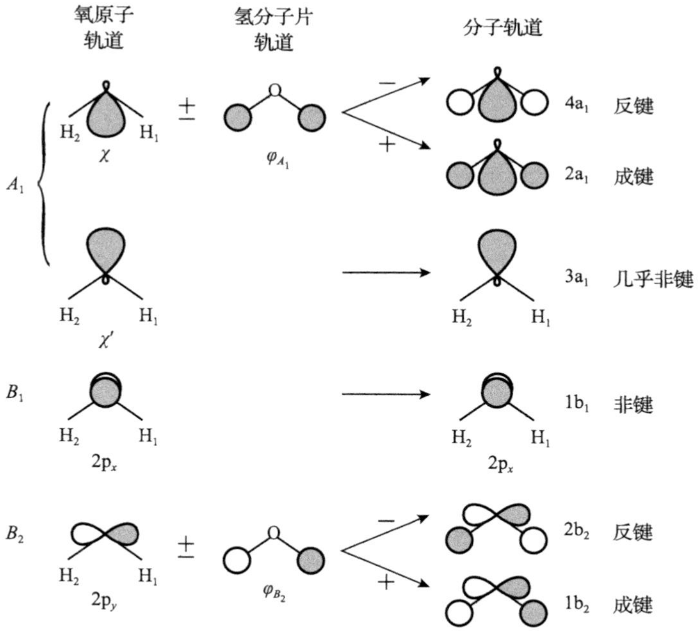

图 6.14 分子轨道波函数的示意图

2) 属于 B_1 的分子轨道

由图 6.12 可知，氢分子片没有属于不可约表示 B_1 的轨道，这意味着氧原子中属于不可约表示 B_1 的轨道没有轨道可以相互作用，因而它直接形成一个非键分子轨道，记为 $1b_1$，如图 6.14 所示。

3) 属于 B_2 的分子轨道

由图 6.12 可知，属于不可约表示 B_2 的氧原子轨道为 $2p_y$，氢分子片轨道为 φ_{B_2}，由它们形成的分子轨道一般表达式为

$$\psi = c_1 2p_y + c_2\varphi_{B_2} \tag{6.82}$$

其中，c_1、c_2 为组合系数。这也是一个两轨道相互作用的问题，直接借用上节的结果可知这两个原子轨道组合的结果是形成一个成键轨道 $1b_2$ 和一个反键轨道 $2b_2$，它们的波函数可分别写为 $N_{1b_2}(2p_y + \lambda\varphi_{B_2})$ 和 $N_{2b_2}(\lambda 2p_y - \varphi_{B_2})$，$N_{1b_2}$ 和 N_{1b_2} 分别是两个轨道归一化常数，λ 是一个表示原子轨道权重的常数，这两个分子轨道的空间分布如图 6.14 所示。

6.4.1.2　H_2O 分子的分子轨道能量

综上所述，H_2O 中一共形成 6 个分子轨道，通常氧原子的 1s 原子轨道被看成非键的分子轨道(标记为 $1a_1$)，这样 H_2O 中共有 7 个分子轨道，它们的能级列于图 6.15 中。由该图可见各分子轨道命名的意义，命名中带下标的字母是分子轨道波函数所属不可约表示的名称，前面的数字是该轨道在同一不可约表示下的编号，编号的顺序是按照能量从低到高的顺序进行的，例如分子轨道 $1a_1$ 实际上是氧原子的 1s 原子轨道，它的波函数属于 $\boldsymbol{C}_{2v}$ 群的 A_1 不可约表示，在所有属于 A_1 的分子轨道中能量最低，因此编号为 1。下面对该能级图进行定性分析和解释。

由 6.2.4 节的讨论可知，分子轨道能量取决于两个因素，一是形成分子轨道的原子轨道的能量大小，它决定了分子轨道能量的重心位置；二是形成分子轨道的两个原子轨道的交叠程度，交叠越大，分子轨道相对于原子轨道的能量变化就越大，也就是成键轨道有更大的能量降低，同时反键轨道有更大的能量升高，如果两个原子轨道没有交叠，则形成的分子轨道就是没有能量变化的非键轨道。由图 6.14 可见，7 个分子轨道中交叠最大的两个原子轨道为 χ 和 φ_{A_1}，因此它们形成的成键轨道 $2a_1$ 和反键轨道 $4a_1$ 分别有最大的能量降低和升高，因而形成能量第二低的分子轨道 $2a_1$ 和能量最高的分子轨道 $4a_1$，由实验数据可知成键轨道 $2a_1$ 相对于轨道 χ 能量下降 11.15eV；χ 和 φ_{A_1} 巨大的交叠是由于轨道 χ 是一个杂化轨道，杂化的结果是使得 χ 的波函数在空间定向和集中分布，从而与轨道 φ_{A_1} 可以巨大交

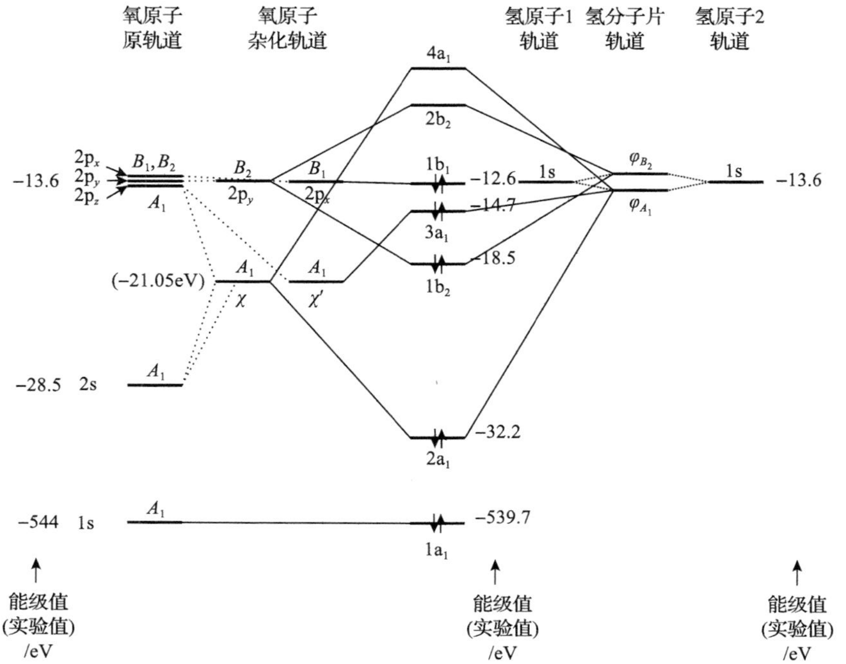

图 6.15　H_2O 中分子轨道以及相关原子轨道的能级

其中分子能级的数值来自于光电子能谱实验[13]

叠。原子轨道 $2p_y$ 和 φ_{B_2} 之间的交叠较小，因而它们形成的成键轨道 $1b_2$ 的能量升高和反键轨道 $2b_2$ 的能量降低要相对都低一些，由实验数据可知成键轨道 $1b_2$ 相对于原子轨道 $2p_y$ 能量下降 4.9eV，结果是 $1b_2$ 成为能量第三低的轨道而 $2b_2$ 成为能量第二高的轨道。在 7 个分子轨道中，$1a_1$ 和 $1b_1$ 为非键轨道，因而它们几乎保持了其原子轨道的能量，只是分别有 0.3eV 和 1eV 的能量上移，非键轨道本质上也是交叠为零或很小的结果，其中 $1a_1$ 轨道为 O 原子内层的轨道，因而与氢的轨道交叠极小，$1b_1$ 轨道实际上就是 O 原子的 $2p_x$ 轨道，它沿着 x 轴的方向，而氢原子的轨道在 yz 平面内[图 6.12(a)]，因此交叠很小。$3a_1$ 分子轨道由原子轨道 χ' 和 φ_{A_1} 作用而形成，但由于轨道 χ' 波函数高度定向的空间分布导致它们的交叠较小，在上述讨论中把它归为几乎非键轨道，但毕竟还有一定的交叠，因此它的能量相对于 χ' 的能量有了约 6.35eV 的上移，相对于 φ_{A_1} 轨道的能量有了约 1.1eV 的下移。需要指出的是，分子轨道是人们假定的单电子量子态，但它确实可以用来解释光电子能谱的实验，这一事实的理论根据是第 4 章中所述的 Koopmans 定理，也就是每个分子轨道能级的能量可以理解为电离能的负值。

确定了能级顺序后就可以按照能量最低原理、泡利不相容原理和洪德规则确定电子的排布。H_2O 中共有 18 个电子，按照这些排列规则所得到的电子排布如图 6.15 所示。由图可见电子占据的最高两个轨道为 $3a_1$ 和 $1b_1$，它们都填满了电子，这两个轨道有很高的能量和外伸的空间分布，当遇到具有空轨道的金属离子时(如在含 Co^{2+}的水溶液中)，这两个轨道会与金属离子中空的轨道(如 Co^{2+}中的 3d 轨道)交叠，由于轨道 $3a_1$ 和 $1b_1$ 的能级通常高于金属离子中空轨道的能量，因而这两个轨道中的电子会进入金属离子空的轨道，从而形成某种程度的电子共用，形成水与金属离子的混合体即所谓的水合离子，这种相互作用是金属离子水溶液化学中最根本的作用之一。

6.4.2　八面体过渡金属络离子的电子结构

在许多包含过渡金属的分子及固体中，如某些过渡金属配合物(也称络合物)和几乎所有过渡金属氧化物[如 TiO_2、$(La_{1-x}Ca_x)MnO_3$ 和 $YBa_2Cu_3O_{7-x}$ 等]，过渡金属离子和六个特定的配体(如 NH_3 分子、H_2O 分子和 O^{2-} 等)结合形成具有八面体结构的分子或离子，这些分子或离子的电子行为对整个分子的电子性质具有决定性的作用，这里用分子轨道方法来研究此类分子的电子结构，本节讨论的对象是经典的配合物离子 $[Co(NH_3)_6]^{3+}$，氧化物中过渡金属与氧离子形成的氧八面体结构将在 6.6.5 节做简要的讨论。

$[Co(NH_3)_6]^{3+}$ 配离子是由一个 Co^{3+} 离子和六个氨分子组成的复合离子，它可存在于晶体中(如晶体 $[Co(NH_3)_6]Cl_3$ 中)，也可存在于溶液中(如 $[Co(NH_3)_6]Cl_3$ 的水溶液)，无论在哪种环境中配离子基本保持同样的结构。配离子的电子性质很大程度上决定了配合物的性质，如 $[Co(NH_3)_6]^{3+}$ 的水溶液呈橙黄色就是由配离子的性质决定的。图 6.16(a)显示了配离子 $[Co(NH_3)_6]^{3+}$ 的结构，Co^{3+} 处在正八面体的中心，因而称为中心离子，六个顶点为氨分子，它们称为配体(ligand)。每个氨分子中 N 原子的一个 2s 和三个 2p 轨道杂化成 4 个 sp^3 杂化轨道(见 6.8.3.3 节)，分别指向四面体的四个顶点，其中三个轨道分别与三个氢原子共享一个电子从而形成三个 N—H 键，第四个轨道则含两个电子形成所谓的孤对电子，如图 6.16(b)和(c)所示。在配离子 $[Co(NH_3)_6]^{3+}$ 中这个含孤对电子的轨道与中心离子的 d 轨道相互作用形成配离子的分子轨道，这些分子轨道的性质决定了配离子的电子性质，下面通过分子片法来求 $[Co(NH_3)_6]^{3+}$ 分子轨道的波函数和能级结构。

Co^{3+} 的电子构型为 $1s^2 2s^2 2p^6 3s^2 3p^6 3d^6 4s^0 4p^0$，内层轨道局域于原子内部，因而与配体轨道的交叠很小，可以认为不参与与配体轨道的相互作用，因此 Co^{3+} 中参与形成分子轨道的原子轨道为 3d、4s 和 4p，即 5 个 3d 轨道、1 个 4s 轨道和 3 个 4p 轨道共 9 个轨道，Co^{3+} 的这 9 个轨道中共有 6 个电子，因此参与填充分子轨道的电

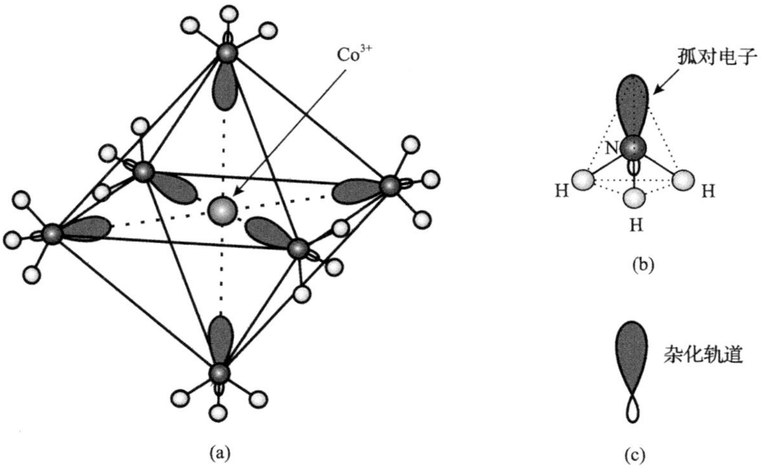

图 6.16　(a) $[Co(NH_3)_6]^{3+}$配离子的示意图；(b) 氨分子 NH_3；
(c) NH_3 中的孤对电子杂化轨道，它参与形成分子轨道

子数为 6。配体中只有孤对电子轨道和中心离子的距离较近，所以只有该轨道参与分子轨道形成，每个配体提供一个孤对电子轨道，因而共有 6 个轨道参与形成分子轨道，这 6 个配体轨道分别记为 $\sigma_i(i=1,2,\cdots,6)$，每个轨道包含两个电子，因此参与填充分子轨道的配体电子数为 12。分子轨道则由上述的 9 个中心离子轨道和 6 个配体轨道线性组合而成。按照分子片法求分子轨道的基本思路，把$[Co(NH_3)_6]^{3+}$离子可分成两个分子片：一是中心离子 Co^{3+} 形成分子片 1，二是 6 个配体分子形成分子片 2，分子片 1 的轨道即为 Co^{3+} 的原子轨道，分子片 2 的轨道则是 6 个 NH_3 中的 6 个 $\sigma_i(i=1,2,\cdots,6)$ 轨道线性组合而成的轨道。

分子轨道的基本出发点是把要求的分子轨道表达为原子轨道的线性组合，也就是说任一个分子轨道是所包含的所有原子轨道的线性组合，确定分子轨道的问题就变为求组合系数的问题，而组合系数最后变为求解关于系数的线性方程组问题，方程组的阶数与分子中所含的原子轨道数相同。由于所求的分子轨道必须符合分子的对称性，群论方法研究的结果表明：在一个分子轨道的表达式中，只有属于同一不可约表示的轨道才能够线性组合成分子轨道，也就是说在一个分子轨道的原子轨道线性组合表达式中，只有某些特定对称性的原子轨道才会出现，此即轨道作用的对称性原理，它不但使轨道之间相互作用的定性分析变得简单，也意味着最终要求解的系数线性方程组的阶数大大降低，因此在分子轨道的求解中总是借助群论来简化问题。利用群论求$[Co(NH_3)_6]^{3+}$离子分子轨道线性组合表达式的基本程序是：①首先把分子片 1(中心离子) 的 9 个轨道和分子片 2(6 个配体) 的 6 个轨道按$[Co(NH_3)_6]^{3+}$离子所属对称群的不可约表示进行分类；②把属于用一

类的轨道进行线性组合以得到分子轨道的形式。$[Co(NH_3)_6]^{3+}$ 离子具有正八面体结构，其所属的点群为 O_h [14]。下面分别对两个分子片轨道按对称性分类。

中心离子的 9 个轨道按 O_h 的不可约表示可分为四类：一是 4s 轨道，属于不可约表示 A_{1g}；二是 3 个 4p 轨道，属于不可约表示 T_{1u}；三是 $d_{x^2-y^2}$ 轨道和 d_{z^2} 轨道，属于不可约表示 E_g；四是 d_{xy}、d_{yz} 和 d_{xz} 轨道，属于不可约表示 T_{2g}，这 9 个轨道的能级顺序遵循通常的原子轨道能级顺序，如图 6.17 所示。

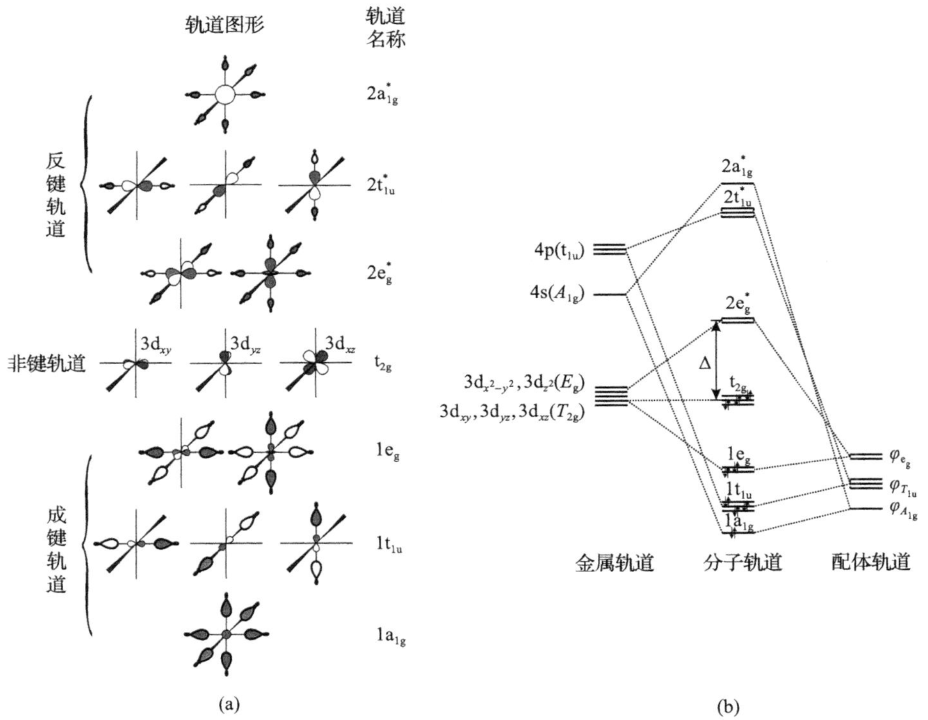

图 6.17　过渡金属配位八面体中的分子轨道及其能级

按照群论方法，6 个配体轨道 $\sigma_i (i=1,2,\cdots,6)$ 可以组合成三类对称性适配的轨道[14]：一是属于不可约表示 A_{1g} 的轨道：$\varphi_{A_{1g}}=(\sigma_1+\sigma_2+\cdots+\sigma_6)/\sqrt{6}$；二是属于不可约表示 T_{1u} 的轨道 $\varphi_{T_{1u}}(1)=(\sigma_1-\sigma_3)/\sqrt{2}$、$\varphi_{T_{1u}}(2)=(\sigma_2-\sigma_4)/\sqrt{2}$ 和 $\varphi_{T_{1u}}(3)=(\sigma_5-\sigma_6)/\sqrt{2}$，三是属于 E_g 的轨道 $\varphi_{E_g}(1)=(\sigma_1-\sigma_2+\sigma_3-\sigma_4)/2$ 和 $\varphi_{E_g}(2)=(-\sigma_1-\sigma_2-\sigma_3-\sigma_4+2\sigma_5+2\sigma_6)/\sqrt{12}$，如图 6.18 所示。下面分析这 6 个轨道的能级顺序。由图 6.18 可见，轨道 $\varphi_{A_{1g}}$ 中 6 个配体轨道 $\sigma_i (i=1,2,\cdots,6)$ 之间都是成键相互作用；每个 T_{1u} 轨道 $\varphi_{T_{1u}}(i)(i=1,2,3)$ 中两个 σ_i 轨道都是反式(*trans-*)反键相互

作用，但由于两个 σ_i 轨道之间距离很远，这个反键作用很弱，基本上是非键的；E_g 轨道的 $\varphi_{E_g}(1)$ 中有四个 σ_i 轨道，如果忽略反式成键，它们之间两两形成顺式(*cis*-)反键作用，同样地，$\varphi_{E_g}(2)$ 中有六个 σ_i 轨道，它们形成更多的反键作用，因此，属于 E_g 的两个轨道形成反键作用。成键作用有利于轨道能量降低，反键作用有利于能量升高，因此轨道 $\varphi_{A_{1g}}$ 的能级最低，三个 $\varphi_{T_{1u}}(i)(i=1,2,3)$ 能级居中，两个 $\varphi_{E_g}(i)(i=1,2)$ 轨道能量最高。中心离子的轨道能级和三组对称性适配的配体轨道能级定性高低序列如图 6.18 所示，注意该图中配体轨道比金属轨道的能级更低，这是由于配体通常具有更大的吸引电子的能力。

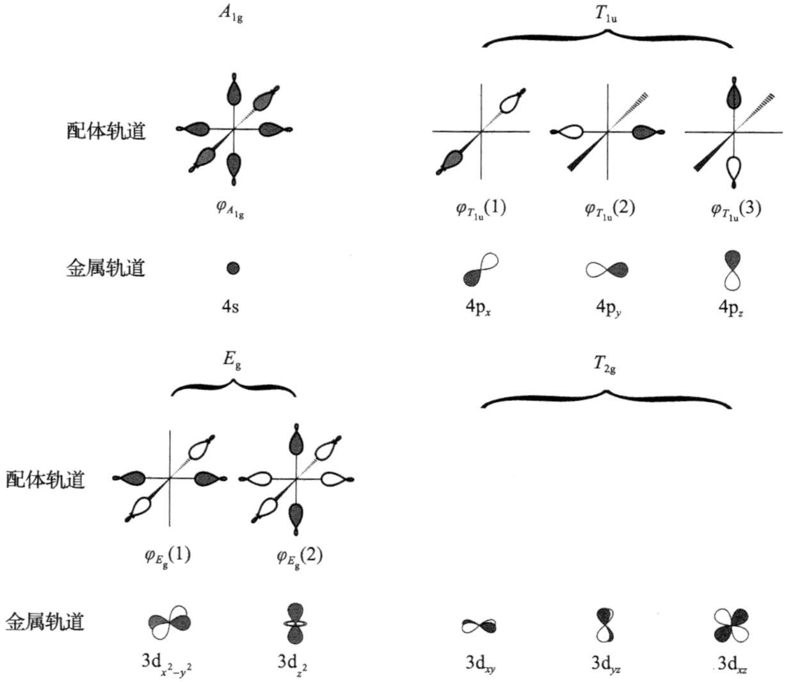

图 6.18　过渡金属配位八面体结构中对称性适配的金属轨道和配体轨道

下面说明 $[Co(NH_3)_6]^{3+}$ 离子中分子轨道及其能级排列。按照群论的方法，属于同一不可约表示的中心离子的轨道和配体轨道才能线性叠加成分子轨道，如属于 A_{1g} 的分子轨道只能是 $\psi_{A_{1g},+}=N_+(4s+k\varphi_{A_{1g}})$ 或 $\psi_{A_{1g},-}=N_-(k4s-\varphi_{A_{1g}})$（其中 N_+、N_-和k 为特定系数)；其次，当属于同一不可约表示的中心离子轨道和对称性适配的配体轨道包含一个以上的轨道时，只有非正交的轨道才能组合在一起形成有意义的轨道，如同属于 T_{1u} 的配体轨道有 $\varphi_{T_{1u}}(1)$、$\varphi_{T_{1u}}(2)$ 和 $\varphi_{T_{1u}}(3)$ 三个，而属

于 T_{1u} 的中心离子轨道有 $4p_x$、$4p_y$ 和 $4p_z$ 三个，考虑到正交性，$\varphi_{T_{1u}}(1)$ 只能与 $4p_x$ 线性组合而不能与 $4p_y$ 和 $4p_z$ 组合，因为它与后两个轨道正交。图 6.17(a)给出了按不可约表示分类的所有的 15 种分子轨道组合，分子轨道数等于参与组成分子轨道的中心离子轨道和配体轨道数总和，按照轨道数守恒原则，这意味着图 6.17(a)列出了所有的分子轨道。这些分子轨道的能级则列于图 6.17(b)。下面说明分子轨道的命名和能级序列。

首先分子轨道的名称由其所属的不可约表示作为主标识，然后再按能级从小到大的顺序在主标识符号前加序号“1,2,⋯”来区分属于同一表示但不同的分子轨道，最后再在主标识符号的右上角加“*”以表示反键轨道。例如，分子轨道 $1a_{1g}$ 和 $2a_{1g}^*$ 为属于不可约表示 A_{1g} 的分子轨道，$1a_{1g}$ 和 $2a_{1g}^*$ 分别是成键态和反键态。对许多分子轨道的能级排序无需定量计算，只需根据中心离子轨道与对称性适配轨道之间的图像交叠情况即可获得，但也有些能级排序需要定量计算才能确定。考察图 6.17(a)，轨道 $1a_{1g}$ 和轨道 $2a_{1g}^*$ 由属于 A_{1g} 的中心离子轨道和配体轨道组合而成，在轨道 $1a_{1g}$ 中中心离子轨道和配体轨道形成六个成键作用，在轨道 $2a_{1g}^*$ 中则有六个反键作用，因此这两个分子轨道包含最多的成键和反键作用，因而它们的能级分别处于最低和最高位置。轨道 $1t_{1u}$ 和轨道 $2t_{1u}^*$ 由属于 T_{1u} 的中心离子轨道和配体轨道组合而成，它们都包含三个简并的分子轨道，每个 $1t_{1u}$ 轨道中包括两个成键作用，每个 $2t_{1u}^*$ 中包含两个反键作用。轨道 $1e_g$ 和轨道 $2e_g^*$ 由属于 E_g 的中心离子轨道和配体轨道组合而成，这两组轨道中同时包括成键作用和反键作用。轨道 $1t_{1u}$ 与 $1e_g$（或 $2t_{1u}^*$ 与 $2e_g^*$）的能级排序不能由轨道图像的定性讨论来确定，而需要定量处理才能确定。对于配离子 $[Co(NH_3)_6]^{3+}$，人们确定的顺序为 $1t_{1u}$ 低于 $1e_g$，相应地则有 $2t_{1u}^*$ 高于 $2e_g^*$。属于 T_{2g} 的三个分子轨道没有配体轨道与之相互作用，因而它们属于非键轨道，其能级高于最高的成键轨道 $1e_g$ 但低于最低的反键轨道 $2e_g^*$。

下面考虑配离子 $[Co(NH_3)_6]^{3+}$ 中 18 个电子在这些分子轨道中的填充情况。按照能量最低原理和泡利不相容原理，18 个电子的填充情况如图 6.17(b)所示，可见最高填充轨道为非键的 t_{2g} 轨道，由于成键轨道的能量比孤立原子轨道的能量低，因此这种填充意味着该配离子的总能量比其处于孤立原子或离子态时的能量低，因而该离子是一个稳定的离子。吸收光谱实验表明含该配离子的溶液有一个位于约 437nm 的吸收峰，这是位于 t_{2g} 轨道的电子吸收光子跃迁到能量轨道 $2e_g^*$ 轨道所致，波长为 437nm 光子的能量约为 2.8eV，它对应于 t_{2g} 轨道和 $2e_g^*$ 轨道的能级差。

从能级图 6.17(b)可见，三组成键轨道的能级接近配体轨道的能级，而非键能级 t_{2g} 和反键轨道则更接近金属 3d 轨道的能级，按照 6.2.4 节的讨论，这意味着所有成键的三组分子轨道中包含更多的配体轨道成分，而非键和所有反键轨道中包含更多的中心离子轨道的成分，基于这个原因，在图 6.17(a)中成键轨道图像中的配体轨道画得比中心离子轨道更大，而在反键轨道中则相反。在图 6.17(b)中，$2e_g^*$ 分子轨道的能级比中心离子在孤立原子态的 d 轨道能级显著提升，这是由于中心离子的 d 轨道与配体轨道作用的结果，也就是说尽管 $2e_g^*$ 轨道包含更多的中心离子 d 轨道的成分，但所包含的配体轨道的成分是不可忽略的，这种考虑了配体轨道效应的理论即为**配位场理论**(ligand field theory)。与此理论相关联的另一个理论是所谓的晶体场理论(crystal field theory)，它认为 $2e_g^*$ 能级描述的是中心离子 d 轨道的能级，它比孤立原子态时的 3d 轨道能级要高是由于配体静电场的作用，该理论将在 6.6 节做更进一步讨论。

6.5　共轭分子的休克尔方法

本节用分子轨道方法定性讨论共轭分子的电子态问题，这种方法源于休克尔在 1931 年提出的方法，在这种方法中共轭分子中公有化电子的能级结构完全由两个参数决定，而这两个参数可以通过实验拟合得到，这意味着无需进行定量的计算即可获得分子的能级结构。本节的重点在于通过这种方法说明当许多原子共享电子时原子的能级就变为能带。

6.5.1　共轭分子及其中的离域化电子

在化学中共轭分子通常定义为具有交替单双键的分子，如丁二烯[图 6.19(b)]、苯[图 6.19(c)]、聚乙炔[图 6.19(d)]以及联五苯[图 6.19(e)]等。图 6.19(b)中还显示了丁二烯的原子轨道及成键情况，由图可见每个碳原子最外层的四个原子轨道($2s$、$2p_x$、$2p_y$、$2p_z$)形成两组轨道：一组是由 $2s$、$2p_x$、$2p_y$ 组合成三个 sp^2 杂化轨道，另外一组是 p_z 轨道。碳原子之间存在两种轨道交叠和成键：一是每个碳原子以 sp^2 杂化轨道通过“头碰头”方式交叠形成 σ 键，二是每个碳原子以 p_z 轨道通过“肩并肩”方式交叠形成 π 键。杂化轨道作用形成的 σ 键主要集中在碳-碳原子或碳-氢原子之间，因而该类键具有定域性质，而 p_z 轨道相互作用形成的 π 键属于整个分子，也就说具有离域性质。苯中的成键情形与丁二烯中情形十分类似，sp^2 杂化轨道相互作用形成定域的 σ 键，p_z 轨道相互作用形成离域的 π 键，这些 π 键中的电子属于整个苯环，所以在苯分子的结构式中常用一个圆圈以代表离域化

的 π 键，如图 6.19(c)所示。这种离域化或者说公有化的属于整个分子的 π 键是所有共轭分子的根本特征，只要具有单双键交替的键结构都会有这种性质，包括图 6.19 中的聚乙炔、联五苯以及乙烯分子，尽管乙烯[图 6.19(a)]并不具有单双键交替的成键模式，但它可以看成共轭分子的特例。共轭分子具有许多共同的性质，休克尔从量子力学的角度说明这些性质源于上述的离域化 π 键，本节的内容就是从分子轨道论角度来说明这些 π 键。

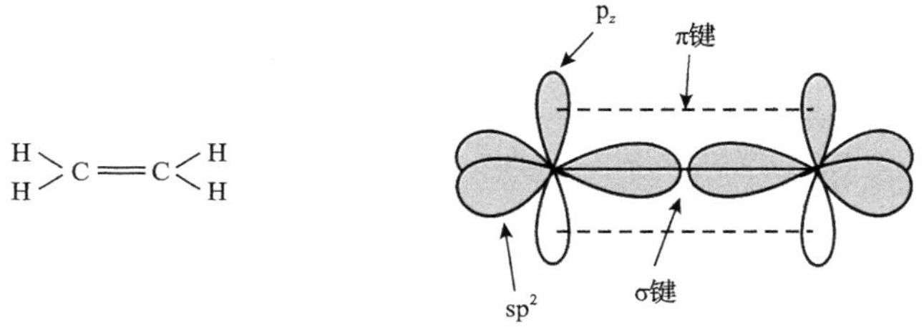

(a)

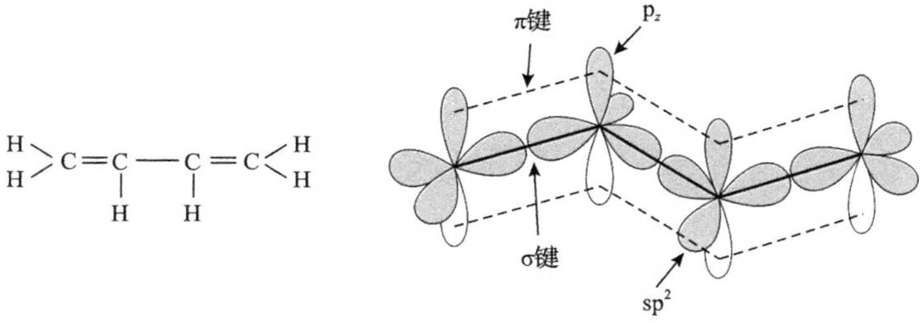

(b)

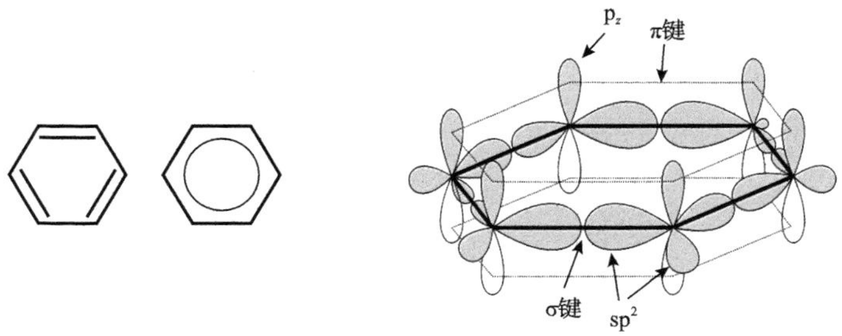

(c)

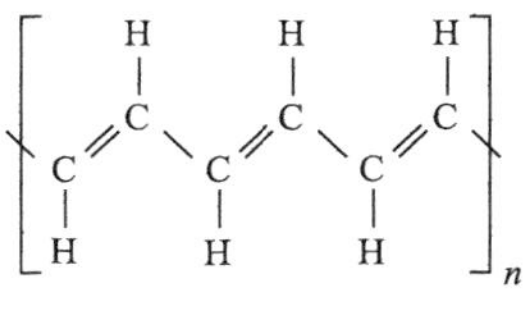

(d)

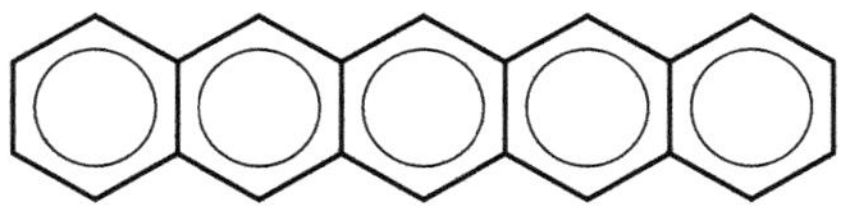

(e)

图 6.19　共轭分子的实例

(a)乙烯分子及其原子轨道；(b)丁二烯分子及其原子轨道；(c)苯及其原子轨道；(d)聚乙炔分子；(e)联五苯分子

6.5.2　一维原子链的休克尔理论

休克尔理论一般性地考虑了由 n 个原子构成的一维链中的离域 π 电子的量子力学问题，如图 6.20(a)所示。休克尔方法的基本观念是：原子链中各原子的原子核、内层电子以及定域的 σ 键中的电子形成离域电子的“骨架场”，每个离域 π 电子则在这个骨架场和其他 π 电子形成的有效势场 $V(\boldsymbol{r})$ 中运动，如图 6.20(b)所示。这种假设意味着共轭分子中的离域 π 电子问题是一个单电子问题，或者说离域 π 电子的量子态是单电子薛定谔方程 $H\psi(\boldsymbol{r})=[-\hbar^2\nabla^2/2m+V(\boldsymbol{r})]\psi(\boldsymbol{r})=E\psi(\boldsymbol{r})$ 的解，由于有效势 $V(\boldsymbol{r})$ 描述的是整个分子的势分布，该方程的每个解波函数所描述的电子分布属于整个分子，这正是分子轨道的观念，因此休克尔的理论是分子轨道理论的特例。

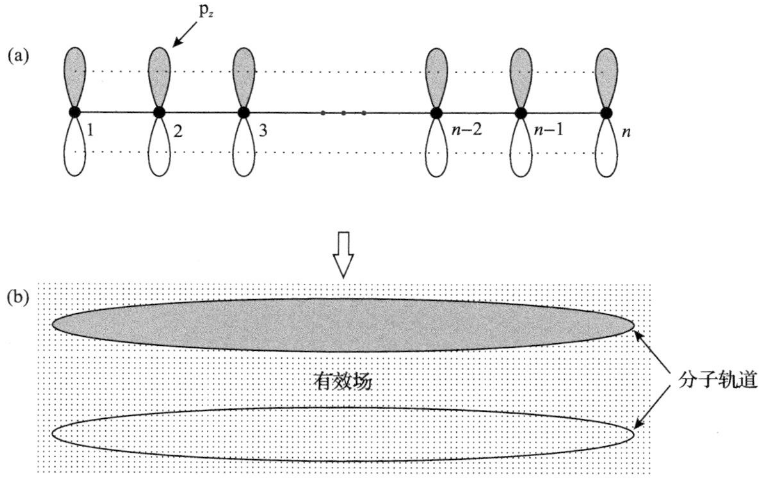

图 6.20　一维 n 原子链(a)及其休克尔模型(b)

如前所述，离域 π 电子的波函数 ψ 和能量 E 由薛定谔方程决定：

$$H\psi=E\psi \tag{6.83}$$

式中，$H=-\hbar^2\nabla^2/2m+V(\boldsymbol{r})$ 是系统的哈密顿量，求解这个方程的基本思想依然是原子轨道线性组合方案，就是把分子轨道波函数 ψ 表达为原子轨道线性组合，即

$$\psi=c_1\varphi_1+c_2\varphi_2+\cdots+c_n\varphi_n \tag{6.84}$$

其中，$c_i(i=1,2,\cdots,n)$ 为组合系数；$\varphi_i(i=1,2,\cdots,n)$ 为各原子中参与形成 π 键的原子轨道，如丁二烯和苯中的 p_z 轨道。把式(6.84)代入式(6.83)则有

$$(H-E)\varphi_1 c_1 + H\varphi_2 c_2 + \cdots + H\varphi_n c_n = 0 \tag{6.85}$$

对式(6.85)逐次乘以 $\varphi_i^*(i=1,2,\cdots,n)$ 并积分则得到如下关于系数 $c_i(i=1,2,\cdots,n)$ 的 n 元一次方程组：

$$\begin{cases} (H_{11}-E)c_1+(H_{12}-ES_{12})c_2+\cdots+(H_{1n}-ES_{1n})c_n=0 \\ (H_{21}-ES_{21})c_1+(H_{22}-ES_{22})c_2+\cdots+(H_{2n}-ES_{2n})c_n=0 \\ \vdots \\ (H_{n1}-ES_{n1})c_1+(H_{n2}-ES_{n2})c_2+\cdots+(H_{nn}-ES_{nn})c_n=0 \end{cases} \tag{6.86}$$

其中，H_{ij} 和 $S_{ij}(i,j=1,2,\cdots,n)$ 分别是

$$H_{ij}=\int \varphi_i^* H\varphi_j \mathrm{d}\boldsymbol{r}, \qquad S_{ij}=\int \varphi_i^*\varphi_j \mathrm{d}\boldsymbol{r} \tag{6.87}$$

它们分别称为**成键积分**和**交叠积分**。式(6.86)可以写成矩阵形式：

$$\begin{pmatrix} H_{11}-ES_{11} & H_{12}-ES_{12} & \cdots & H_{1n}-ES_{1n} \\ H_{21}-ES_{21} & H_{22}-ES_{22} & \cdots & H_{2n}-ES_{2n} \\ \vdots & \vdots & & \vdots \\ H_{n1}-ES_{n1} & H_{n2}-ES_{n2} & \cdots & H_{nn}-ES_{nn} \end{pmatrix} \begin{pmatrix} c_1 \\ c_2 \\ \vdots \\ c_n \end{pmatrix} = 0 \tag{6.88}$$

该方程即为确定离域 π 电子量子态的本征方程，其中的系数矩阵是一个 $n\times n$ 的方阵。求解该方程原则上需要经过两步：①获得哈密顿量 H 的形式，然后用式(6.87)得到所有的 H_{ij} 和 S_{ij}，从而完全确定方程(6.86)或方程(6.88)；②求解该方程，方程(6.86)是一个关于系数 $c_i(i=1,2,\cdots,n)$ 的代数方程，解该方程会得到 n 个能量 E，对每个 E 得到一组系数，把这组系数代入式(6.84)则得到一个函数，这个函数就是一个分子轨道波函数，相应的 E 则表示该分子轨道的能量，最后得到 n 个波函数和能量，分别表示 n 个分子轨道。然而求单电子有效势和单电子哈密顿量 H 是极为困难的，休克尔的方法巧妙之处在于通过合理的近似把方程(6.88)中的 H_{ij} 和 S_{ij} 参数化，也就是仅用两个参数就能完全表示所有的 $n\times n$ 个 H_{ij} 和 S_{ij}，而这两个参数可由实验拟合给出，这样就避免了求 H 而直接得到可与实验比较的结果。

考察式(6.87)中 H_{ij} 的定义可知，H_{ij} 表示第 i 个原子的原子轨道与第 j 个原子的原子轨道之间的相互作用能，显然该能量与两个原子之间的距离相关，两个原子之间的距离越大，该能量就会越小，基于这个事实休克尔做了如下近似：只有同一原子之间和相邻原子之间的 H_{ij} 非零，同一原子间的 $H_{ii}=\alpha$，相邻原子间的 $H_{ij}=\beta(i=j\pm1)$，其他原子间的 $H_{ij}=0(i\neq j,j\pm1)$，这意味着只考虑了近邻原子

轨道之间的相互作用。由 S_{ij} 的定义可知 S_{ij} 表示第 i 个原子的原子轨道与第 j 个原子的原子轨道之间的波函数交叠，显然该量也随着原子之间的远离而减小，基于此休克尔对 S_{ij} 做了如下近似：只有同一原子之间的 S_{ij} 非零，其他原子之间(包括相邻原子之间)的 S_{ij} 都为 0，即 $S_{ij}=0(i \neq j)$。同一原子之间的 S_{ii} 即是原子轨道的归一化积分，如果所选的原子轨道波函数是归一化的，则 $S_{ii}=1$。

在上述休克尔的假设下，方程(6.88)变为

$$\begin{pmatrix} \alpha-E & \beta & & & & \\ \beta & \alpha-E & \beta & & & \\ & \beta & \ddots & \ddots & & \\ & & \ddots & \ddots & \beta & \\ & & & \beta & \alpha-E & \beta \\ & & & & \beta & \alpha-E \end{pmatrix} \begin{pmatrix} c_1 \\ c_2 \\ \vdots \\ \vdots \\ c_{n-1} \\ c_n \end{pmatrix} = 0 \tag{6.89}$$

该 $n \times n$ 系数矩阵只有对角元和近邻对角元的矩阵元不为 0，其他矩阵元均为 0，可见系数矩阵中只含有两个参数 α 和 β，参数 α 称为**库仑积分**(coulomb integral)，表达参与形成离域 π 键的原子轨道的能量，参数 β 被称为**成键积分**(bond integral)，它反映相邻原子之间的相互作用，从传统的成键角度看它表达相邻原子间成键的强弱。按线性代数的理论，式(6.88)有非零解的条件是系数行列式为 0，即

$$\begin{vmatrix} \alpha-E & \beta & & & & \\ \beta & \alpha-E & \beta & & & \\ & \beta & \ddots & \ddots & & \\ & & \ddots & \ddots & \beta & \\ & & & \beta & \alpha-E & \beta \\ & & & & \beta & \alpha-E \end{vmatrix} = 0 \tag{6.90}$$

该式是一个关于 E 的一元 n 次方程，求解它给出 n 个 E 值。注意到该项列式是矩阵

$$\begin{pmatrix} \alpha & \beta & & & & \\ \beta & \alpha & \beta & & & \\ & \beta & \ddots & \ddots & & \\ & & \ddots & \ddots & \beta & \\ & & & \beta & \alpha & \beta \\ & & & & \beta & \alpha \end{pmatrix} \tag{6.91}$$

的本征值方程，E 即为本征值，因此求解式(6.90)等于求矩阵(6.91)的本征值，由附录 B 可知，式(6.91)所示的矩阵是一个三对角矩阵，它的 n 个本征值为

$$E_p = \alpha + 2\beta\cos\frac{p\pi}{n+1} \qquad p = 1, 2, \cdots, n \tag{6.92}$$

每个本征值 E_p 对应一个离域分子轨道的能量。把得到的每个本征值代入方程(6.89)则得到一个关于系数的 n 元一次方程组，解方程组则得到与对应本征值相应的一组系数，线性代数的理论指出这组系数即是矩阵(6.91)的本征矢。由附录 B 可知，与本征值 E_p 相应的矩阵(6.91)本征矢为

$$\left(\sin\frac{p\pi}{n+1}, \sin\frac{2p\pi}{n+1}, \cdots, \sin\frac{np\pi}{n+1}\right)^{\mathrm{T}} \tag{6.93}$$

上式右上角的“T”表示行矩阵的转置，也就是说本征矢是一个列向量。本征矢表示轨道的组合系数，因此 n 个离域分子轨道的波函数为

$$\psi_p = \sin\frac{p\pi}{n+1}\varphi_1 + \sin\frac{2p\pi}{n+1}\varphi_2 + \cdots + \sin\frac{np\pi}{n+1}\varphi_n \qquad p = 1, 2, \cdots, n \tag{6.94}$$

下面由式(6.92)讨论离域分子轨道的能量。当 $n = 1$ 时，系统中只有一个原子，这时分子轨道即为原子轨道，轨道的能量 $E = \alpha + 2\beta\cos\dfrac{\pi}{2} = \alpha$，表明 α 是原子轨道的能量；当 $n = 2$ 时，系统中包含两个原子(如乙烯分子)，轨道能量有两个值，分别是 $\alpha + \sqrt{3}\beta$ 和 $\alpha - \sqrt{3}\beta$；当 $n = 3$ 时，分子包含三个原子，轨道能量有三个值，分别是 $\alpha + \sqrt{2}\beta$、α 和 $\alpha - \sqrt{2}\beta$；当 $n = 4$ 时，分子包含四个原子(如丁二烯)，轨道能量有四个值，分别是 $\alpha + 2\cos(\pi/5)\beta$、$\alpha + 2\cos(2\pi/5)\beta$、$\alpha - 2\cos(2\pi/5)\beta$、$\alpha - 2\cos(\pi/5)\beta$；等等。图 6.21 给出了共轭分子中离域分子轨道能量与分子中原子数 n 的关系，由图 6.21 和式(6.92)可把轨道能级和原子数的关系归纳为：①共轭分子中的离域分子轨道数量与分子中所含原子数相等，这表达了轨道数守恒；②当分子中包含奇数个原子时，离域分子轨道包含一个能级为 α 的分子轨道，而 α 为孤立原子的能级，这意味着这个分子轨道是一个非键轨道，其他分子轨道的能级对称地分布在该非键轨道能级两侧，即一半轨道的能级大于 α，这部分轨道为反键轨道，另一半轨道的能级小于 α，这部分分子轨道为成键轨道；③当分子中包含偶数个原子时，离域分子轨道中没有非键轨道，所有轨道的能级对称地分布在能级 α 的两侧，表示有一半成键分子轨道和一半反键分子轨道。

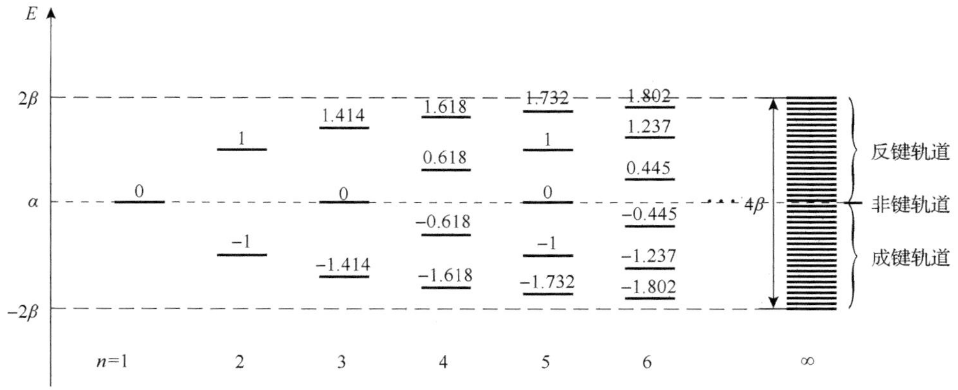

图 6.21　共轭分子中离域分子轨道能量与分子中原子数 n 的关系

图中横线上的数值是 $2\cos[p\pi/(n+1)]$ 的值

6.5.3　能级-能带对应规则

由式(6.92)可得一个 n 原子分子的离域分子轨道的最高能级轨道和最低能级轨道之间的能级差为

$$W_n = (x_1 - x_n)\beta = 4\beta\cos\frac{\pi}{n+1} \xrightarrow{n\to\infty} 4\beta \tag{6.95}$$

可见最大能级差值会随着分子中原子数 n 的增加而有所增加,但不会无限增加,当原子数趋于无穷大时，能级差最大极限为 4β 。分子轨道之间的平均能级间距为

$$\Delta_n = \frac{W_n}{n} = 4\beta\frac{1}{n}\cos\left(\frac{\pi}{n+1}\right) \xrightarrow{n\to\infty} 0 \tag{6.96}$$

可见能级间距随着 n 的增加而减小，当 n 值非常大时，能级之间的间距就会变得非常小。考虑一个分子包含阿伏伽德罗常数个原子，这时分子实际上是一个宏观的固体，这时得到平均能级间距大约为 $\beta\times10^{-23}$ ，成键积分 β 的值通常不会超过 10eV，这意味着固体中离域电子的能级间隔小于 10^{-22} eV，这时能级其实是连续的，也就是形成一个能带，能带宽度即为 4β ，如图 6.21 中 $n=\infty$ 的情形所示。这一结果表明当宏观数量级的原子相互靠近时形成能量连续分布的系统，能带是大量原子轨道交叠的结果，能带宽度则由相邻原子间的成键积分决定，这一结果构成轨道作用的**能级转化能带原则**，即轨道相互作用的第五规则。

休克尔的假设实际上是假设原子轨道之间的“连接性”决定了离域电子态的性质，“连接性”是一种局域性质，而分子轨道的性质是一种离域性质，局域的轨道相互作用决定了离域的分子轨道性质，这意味着从构成材料的原子性质(它决定了轨道的性质)以及材料的结构(它决定了轨道之间的“连接性”)来推断材料的电子性质。在一般情形下，原子之间的距离减小时原子轨道的交叠就会增加，相应的成键积分就会增加，因此能带宽度就会变大，由此可以定性判断压缩固体会导致能带宽度增加，这是实验中广泛观察到的现象。实验发现非晶态硅的能带结构和晶态硅有很大的相似性，这可以从非晶态硅和晶态硅中原子的局部环境十分类似来理解，两种材料中硅原子都是四配位结构，而且硅原子之间的距离也大致相同，因此两种材料中硅原子的连接性比较接近。

在固体能带论中(见第 7 章)晶体的电子性质是由周期势场中的薛定谔方程决定的，也就是说能带是整个晶体中周期性势场的结果，而休克尔的理论则说明能带是原子轨道交叠的结果，尽管出发点有所不同，但都得到了能带的结果。

本节的实例中原子链是一维的，也就是每个原子只有 2 个近邻，或者说配位数为 2。如果系统是一个二维或三维的系统，则每个原子有 4 个或 6 个近邻，或者说配位数为 4 或 6，在这种情况下离域电子态同样形成能带。在第 7 章的 7.7.5 节将证明所有维度情形下能带宽度 W 可统一地写为

$$W = 2z\beta \tag{6.97}$$

其中 z 为配位数。对于一维原子链，$z=2$，能带宽度为 4β，正是式(6.95)所描述的情形。由式(6.97)可见，在同样的轨道之间的相互作用参数 β 下，原子之间更多的配位会导致更大的能带宽度。

6.6　固体的分子轨道

前面的讨论阐明了当由原子构成分子时可以通过原子轨道之间相互作用来理解分子的电子性质，晶体实际上是一个宏观分子，因此也可以用分子轨道理论来解释晶体的电子性质。宏观的晶体中包含阿伏伽德罗常数量级的原子，如果用原子轨道线性组合的方法来构造晶体的波函数，这就意味着要求解阿伏伽德罗常数阶的矩阵本征值问题，这是不可能完成的任务。然而，采用前面所述的轨道相互作用原则可以定性地获得晶体的电子性质，这就是本节的任务。

按照晶体学的观念，晶体可看成是最小结构单元在空间的重复堆砌，最小结构单元称为基元(basis)，把基元抽象成几何点，则晶体就变为纯几何对象的布拉维格子(Bravais lattice)，它反映了晶体的重复堆砌方式。为了运用分子轨道方法理解晶体的电子结构，采用如下两个步骤：①把基元看成分子，以下称其为基元分子，用轨道相互作用原则确定基元分子的分子轨道；②把所得的分子轨道按照晶体布拉维格子的模式在空间交叠，由休克尔的轨道交叠规则来确定晶体的电子

能带，也就是说布拉维格子决定了分子轨道的“连接性”。这种方法的优点在于只需通过若干定性地讨论就能获得晶体的许多电子性质，下面通过几个实例来说明。

6.6.1　NaCl的能带结构

NaCl的晶体结构如图6.22(a)所示，晶格常数 $a = 5.6250Å$ 。如果按图中方式选取 Na^+ 离子和 Cl^- 离子作为基元，并得到NaCl的布拉维格子，它是一个面心立方晶格，如图6.22(b)所示。

Na^+ 离子和 Cl^- 离子的电子构型分别为 $1s^2 2s^2 2p^6 3s^0$ 和 $1s^2 2s^2 2p^6 3s^2 3p^6$ ，在由离子结合成晶体的过程中，两个离子内层的轨道由于和原子核很强的库仑作用而束缚于距原子核比较近的区域，因而称为芯态，它们在形成晶体过程中和近邻的轨道交叠较少，因而可以认为和孤立原子态时基本相同，而最外层的轨道则与近邻的轨道有较大交叠而形成全新的量子态，这些态的行为决定了一个原子的化学价性质，因此这些态称为价态。形成晶体时价态不再局域于原子而成为离域轨道态，它的性质决定了晶体的电子性质，因此这里只考虑价态或轨道，也就是 Na^+ 离子3s轨道和 Cl^- 离子3p轨道。Na原子3s轨道的电离能约为 5.1eV[15]，这意味着孤立 Na^+ 离子的3s轨道能为–5.1eV，Cl原子的电子亲和能为3.6eV[16]，所以孤立 Cl^- 离子3p轨道的能量为–3.6eV，如图6.23所示。

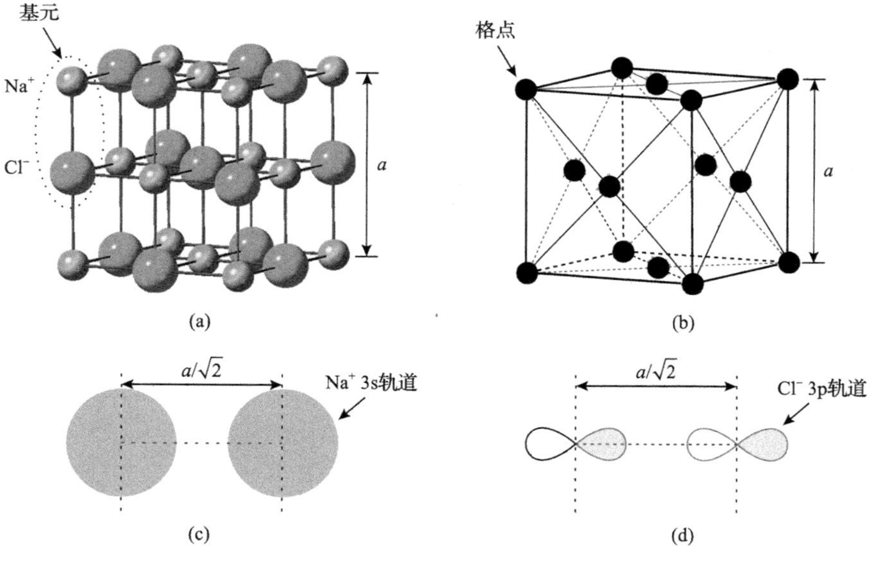

图6.22　NaCl的晶体结构(a)、布拉维格子(b)和分子轨道之间的相互作用(c，d)

然而，在NaCl晶体中任何一个 Na^+ 和 Cl^- 并不处于孤立的状态，而是处在其他离子的静电场中，第 i 个离子感受到的静电势为

$$V_i = \frac{1}{4\pi\varepsilon_0}\sum_{j\neq i}\frac{Z_j e}{r_{ij}} \tag{6.98}$$

求和对除第 i 个离子外的所有离子(用 j 表示)进行，Z_j 为第 j 个离子的电荷，r_{ij} 为第 i 个离子和第 j 个离子的距离，该势即为马德隆势。对于 NaCl 而言，其为

$$V_i = \frac{e}{4\pi\varepsilon_0}\frac{M}{a/2} \tag{6.99}$$

其中，a 为 NaCl 的晶格常数；$M = 1.748$，为 NaCl 的马德隆能[17]，于是可得 $V_i \approx 9\text{V}$。由此可得第 i 个离子的静电能：

$$E_i = Z_i e V_i \tag{6.100}$$

对 Na^+ 而言，$Z_{Na^+} = 1$，所以 Na^+ 的静电能为 9eV，这意味着 Na^+ 离子 3s 轨道的能量较孤立状态时的能量上移了 9eV；对 Cl^- 而言，$Z_{Cl^-} = -1$，所以 Cl^- 的静电能为–9eV，这意味着 Cl^- 的 3p 轨道的能量较孤立状态时的能量下移了 9eV，因此考虑静电能后 Na^+ 的 3s 轨道和 Cl^- 的 3p 轨道的能量分别是 3.9eV 和–12.6eV，如图 6.23 所示。

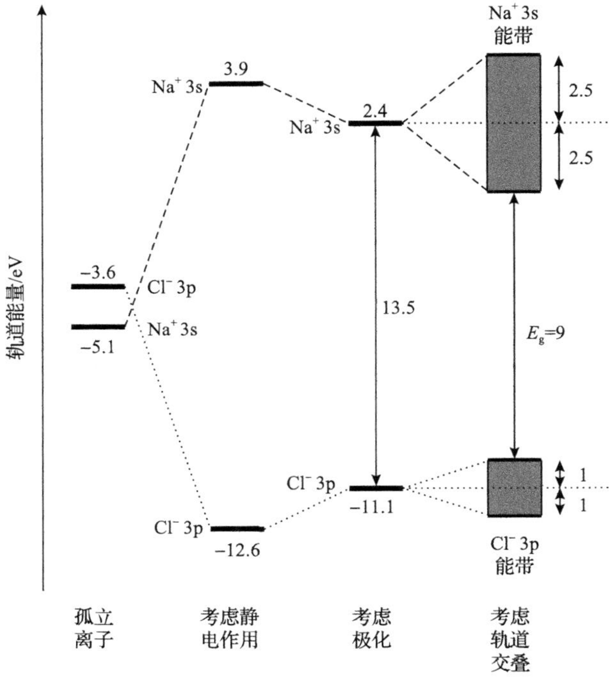

图 6.23　NaCl 中能带的形成

上述马德隆能是基于理想的刚性晶格，然而实际上 Na^+ 离子总是会吸引近邻的 Cl^- 离子同时排斥近邻的 Na^+ 离子，从而造成两种离子轻微偏离平衡位置，这种效应称为晶格的极化。极化导致静电能的减小，也就是导致离子间库仑作用的减少，极化的宏观后果是晶体具有一定的静态介电常数，极化越大，则晶体的静态介电常数越大。极化的效果相当于真空中离子间的库仑相互作用变为静态介电常数为 ε_{st} 的连续媒质中离子间的库仑相互作用。这时式(6.99)变为

$$V_i = \frac{e}{4\pi\varepsilon_0}\frac{1}{\varepsilon_{st}}\frac{M}{a/2} \tag{6.101}$$

该式表示极化引起的静电势的修正。NaCl 的静态介电常数 $\varepsilon_{st}=6$，这意味着考虑极化时每个离子感受到的静电势修正量为刚性晶格近似时的 1/6，由于静电能等于静电势乘以电荷[式(6.100)]，因此考虑极化时 NaCl 中离子的静电能要做 $9\text{eV}/6=1.5\text{eV}$ 的修正，即 Na^+ 离子的 3s 轨道较未考虑极化时下降 1.5eV，Cl^- 的 3p 轨道的能量则较未考虑极化时上升 1.5eV，结果是 Na^+ 离子 3s 轨道和 Cl^- 的 3p 轨道的能量分别是 2.4eV 和−11.1eV，两者的能级差为 13.5eV，如图 6.23 所示。

现在考虑 Na^+ 离子和 Cl^- 离子构成的基元分子的分子轨道。由于两个轨道的能级差为 13.5eV，这比数个 eV 的成键能要大很多，按照能量相近原则，Na^+ 离子的 3s 轨道和 Cl^- 离子的 3p 轨道之间不能组合形成新的分子轨道，也就是说 Na^+-Cl^- 基元分子中的分子轨道大致上即为两个离子的轨道。由此，当 Na^+ - Cl^- 基元在空间重复时，交叠的轨道就是 Na^+ 离子的 3s 轨道之间以及 Cl^- 离子的 3p 轨道之间的交叠，面心四方的布拉维格子格点最近的距离为 $a/\sqrt{2}$，因此相互作用的轨道间作用的有效距离为 $a/\sqrt{2}$，如图 6.22(c)和(d)所示。按照轨道交叠使能级变为能带的原则，因此 Na^+ 离子的 3s 能级和 Cl^- 离子的 3p 能级分别转化为相应的能带，如图 6.23 所示。这里定性的考虑当然不能给出能带的宽度，尽管如此，考虑到 Na^+ 的核电荷比 Cl^- 的核电荷更小，从而对核外电子的束缚会更小，故 Na^+ 的 3s 轨道比 Cl^- 的 3p 轨道在空间的伸展会更大，这意味着 Na^+ 的 3s 轨道比 Cl^- 的 3p 轨道之间有更大的交叠，从而 Na^+ 的 3s 能带比 Cl^- 的 3p 能带更宽。图 6.23 中给出的定性的能带宽度反映了这一情况，另外还标出了两个能带宽度分别是 5eV 和 2eV，这是由实验值确定的。按照轨道交叠原则，能带对称地分布在相应能级的两侧，于是由所给出的能带宽度实验值和由估算给出的能级值可确定两个能带之间的带隙 E_g 为 9eV，该值与实验值基本一致。

最后考虑电子在能带中的分布。按照总量子态数守恒的原则，3s 能带和 3p 能带中所包含的晶体量子态数分别等于晶体中所有 3s 原子量子态数和 3p 原子量子态数总和，考虑共包含 n 个基元的晶体，则所有 3s 原子量子态数和 3p 原子量子态数分别为 $2n$ 和 $6n$，也就是说 3s 能带和 3p 能带分别包含 $2n$ 和 $6n$ 个量子态。每个

Cl^- 的 3p 轨道含 6 个电子，每个 Na^+ 的 3s 轨道中没有电子，因此所有 Cl^- 的 3p 轨道和 Na^+ 的 3s 轨道中共有 $6n$ 个电子。按照能量最低原理和泡利不相容原理，这 $6n$ 个电子首先填充 3p 能带对应的 $6n$ 个量子态，导致 3p 能带全满，而 3s 能带则全空。按照能带论的一般结论，最高全满的能带称为价带，最低全空的能带称为导带，因此 3p 能带和 3s 能带分别为价带和导带，考虑到两个能带间 9eV 的带隙，这意味着 NaCl 是一个很好的绝缘体。

6.6.2　简单过渡金属氧化物

TiO_2 通常有三种晶体形态，分别为金红石(rutile)、板钛矿(brookite)和锐钛矿(anatase)结构，这里以金红石结构的 TiO_2 来说明如何通过组成原子的性质和晶体结构来定性获得晶体的电子性质。金红石 TiO_2 晶体结构如图 6.24(a)所示，属于四方晶系，晶格常数为 $a = 4.5937$Å, $c = 2.9587$ Å 。TiO_2 基元包含三个离子，即一个 Ti^{4+} 和两个不等价的 O^{2-} ，(a)中的 $O^{2-}1$ 和 $O^{2-}2$ 离子为两个不等价的 O^{2-} ，它们与 Ti^{4+} 距离 Ti^{4+}-$O^{2-}1$ 和 Ti^{4+}-$O^{2-}2$ 距离分别为 1.949Å 和 1.979Å。如果按照图中的方式选取这三个离子作为基元，则得到如图 6.24(b)所示的体心四方布拉维格子。

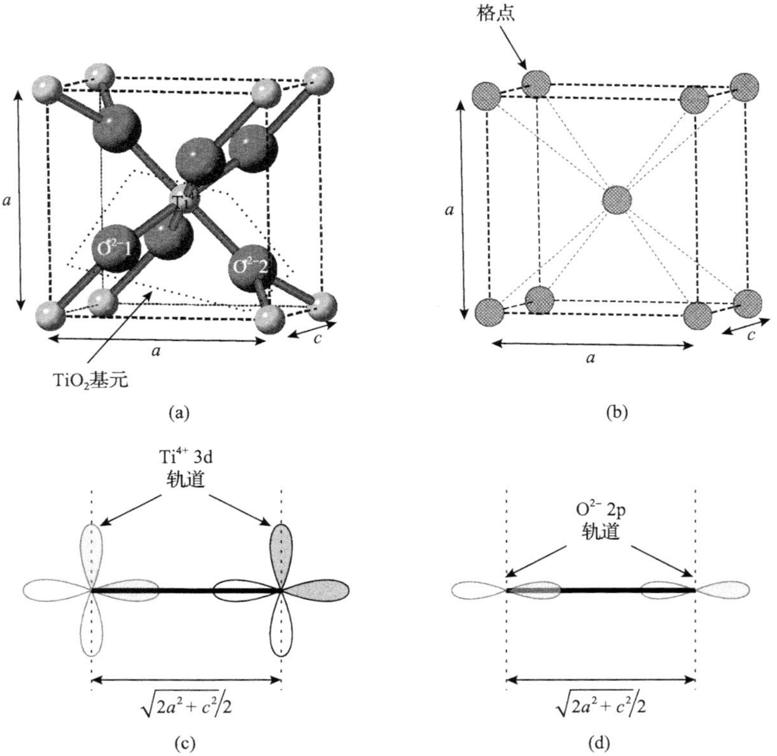

图 6.24　TiO_2 的晶体结构(a)、布拉维格子(b)和分子轨道之间的相互作用(c，d)

首先说明基元分子 TiO_2 的分子轨道。与 NaCl 情形中同样的原因，这里只考虑 Ti^{4+} 最外层的 3d 轨道和 O^{2-} 最外层的 2p 轨道形成的分子轨道。类似于 NaCl 的情形，Ti^{4+} 的 3d 轨道和 O^{2-} 的 2p 轨道有巨大的能量差，因此两个轨道之间不会形成新的混合轨道，基元分子两个 O^{2-} 的轨道的能级基本相同，按理应当形成新的分子轨道，但两个 O^{2-} 之间的距离为 2.778Å，这个值远大于 Ti^{4+} 与 O^{2-} 之间约 1.9Å 的间距，这意味着两个 O^{2-} 的 2p 轨道之间的交叠会比较弱，作为近似可以认为这两个轨道之间没有相互作用。综合这些结果，可以得到 TiO_2 基元分子中的分子轨道包含 Ti^{4+} 的 3d 轨道(共 6 个)、O^{2-}1 的 2p 轨道(共 3 个)和 O^{2-}2 的 2p 轨道(共 3 个)。这三类轨道按照布拉维格子的结构与同类的轨道相互交叠，即 Ti^{4+} 的 3d 与 Ti^{4+} 的 3d 相互交叠、O^{2-}1 的 2p 轨道与 O^{2-}1 的 2p 轨道交叠以及 O^{2-}2 的 2p 轨道与 O^{2-}2 的 2p 轨道相互交叠分别形成晶体轨道，由于体心四方的布拉维格子格点最近的距离为 $\sqrt{2a^2+c^2}/2$，因此相互作用的轨道间的有效距离为 $\sqrt{2a^2+c^2}/2$，如图 6.24(c)和(d)所示。轨道的大量交叠导致能级转化为能带，其对应关系如图 6.25 所示，Ti^{4+} 的 3d 能级形成 3d 能带，O^{2-} 的 2p 能级形成 2p 能带。尽管基元分子中有两个 O^{2-}，但它们的原子轨道性质及交叠方式是完全相同的，其原子能级和相应的能带是相同的，因此图 6.25 统一地表达为 O^{2-} 2p 能级和能带。由于 O^{2-} 离子中的 2p 轨道全满，相应的 2p 能带也属于全填满带，Ti^{4+} 离子中的 3d 轨道全空，相应的 3d 能带全空，这样 2p 能带形成全满的价带，3d 能带形成全空的导带。按照能带理论，TiO_2 是一个绝缘体。

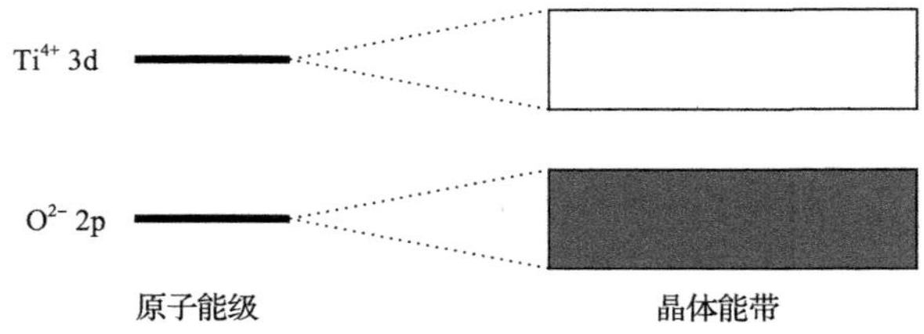

图 6.25　TiO_2 的能级-能带对应关系

上述的讨论可以推广到一般的过渡金属氧化物 M_xO_y。对于氧化物 M_xO_y 有如下结论：①氧离子的 2p 轨道交叠形成填满的价带；②过渡金属离子的 d 轨道交叠形成导带，该导带的填充情况与过渡金属离子轨道填充情况一致。这个结论虽然简单，但可以定性说明一大类氧化物的导电属性，下面通过几个实例来说明。TiO_2 除了具有上面讨论的金红石结构外，还具有另外两种结构即板钛矿和锐钛矿结构，这三种结构的差别只是 TiO_6 八面体的连接方式不同，钛离子都是以 Ti^{4+} 的形式存在，因此三种形式 TiO_2 的导带都是由 Ti^{4+} 的 3d 轨道交叠形成的能带，由

于 Ti^{4+} 的3d轨道为空轨道，因此其形成的3d能带全空，所以三种结构的 TiO_2 都是绝缘体，这与实验结果一致。人们发现，如果在还原气氛(如氢气)中热处理 TiO_2 就会得到 Ti_2O_3 和TiO两种氧化物，这两种氧化物中钛分别以 Ti^{3+} 和 Ti^{2+} 的形式存在，它们的3d轨道的电子构型分别为 $3d^1$ 和 $3d^2$，即3d轨道分别有1个和2个电子，因此 Ti_2O_3 和TiO的导带3d能带中并非全空，由此判断这两种氧化物属于导体，这个结论也与实验结果符合。

需要说明的是上述的规则并不能说明所有过渡金属氧化物的导电属性。一个典型的例子就是氧化物NiO，其中的Ni以二价离子 Ni^{2+} 存在，其3d轨道电子构型为 $3d^8$，按照上述规则NiO的导带为3d轨道叠加而成的3d能带，其中80%填满，也即为部分填满的导带，由此判断NiO应为一导体，但实验发现它是一绝缘体。这表明前述规则在NiO中失效，仔细的分析表明这是由于NiO中强的电子相互作用所致，这种机制导致的绝缘体称为莫特绝缘体。

6.6.3　钙钛矿氧化物

钙钛矿氧化物是包含两个以上金属元素的氧化物，通常写为 ABO_3，其中A是离子半径比较大的碱金属、碱土金属或稀土元素，B是离子半径比较小的过渡金属元素，如 $SrTiO_3$ 就是典型的钙钛矿氧化物，A位和/或B位的元素可以是两种以上的元素，如铁电和压电氧化物 $Pb(Zr_xTi_{1-x})O_3$ 就是B位包含Zr和Ti两种元素，介电和铁电氧化物 $(Ba_{1-x}Sr_x)TiO_3$ 则是A位包含Ba和Sr两种元素。钙钛矿氧化物种类极为多样，如庞磁电阻磁性氧化物[如 $(La_{1-x}Ca_x)MnO_3$]和高温超导氧化物(如 $YBa_2Cu_3O_{7-x}$)等。这里通过两个实例说明钙钛矿结构中的轨道相互作用。

6.6.3.1　$SrTiO_3$ 的导电性

这里以 $SrTiO_3$ 为例说明钙钛矿的晶体结构，如图6.26(a)所示，常温下 $SrTiO_3$ 是一个立方结构，晶格常数 $a = 3.905Å$。钙钛矿结构的基本特征是每个 Ti^{4+} 与6个 O^{2-} 配位形成配位八面体，这些配位八面体以共顶点的方式连接形成钙钛矿结构的框架，如图6.26(b)所示；Sr^{2+} 则处于这个框架所形成的截角八面体空隙中，如图6.26(c)所示。Ti^{4+} 与 O^{2-} 之间的距离为1.9525Å，Sr^{2+} 与 O^{2-} 之间的距离为3.382Å，也就是 Ti^{4+} 与 O^{2-} 之间存在很大的轨道交叠，而 Sr^{2+} 与 O^{2-} 之间的轨道交叠则很小，这意味着 Ti^{4+} 与 O^{2-} 形成的八面体及其连接性决定了钙钛矿氧化物的电子性质，而 Sr^{2+} 只是起到维持结构电中性和稳定八面体框架的作用，实际上有些钙钛矿氧化物中A位没有原子而只是个空位，如 WO_3 和 ReO_3，当然这也不是说A位原子对钙钛矿氧化物的电子性质毫无影响，如离子半径比较大的A位原子会“撑大”截角八面体的体积，从而影响B离子与氧离子之间的距离和夹角，由此影响 B 离子与氧离子之间的轨道交叠和相互作用，利用这一机制，在 A 位掺入不同价态和半径的离子可以改变钙钛矿氧化物的电子性质。总之，钙钛矿氧化物电子性质主要由 Ti^{4+} 与 O^{2-} 之间轨道相互作用确定。

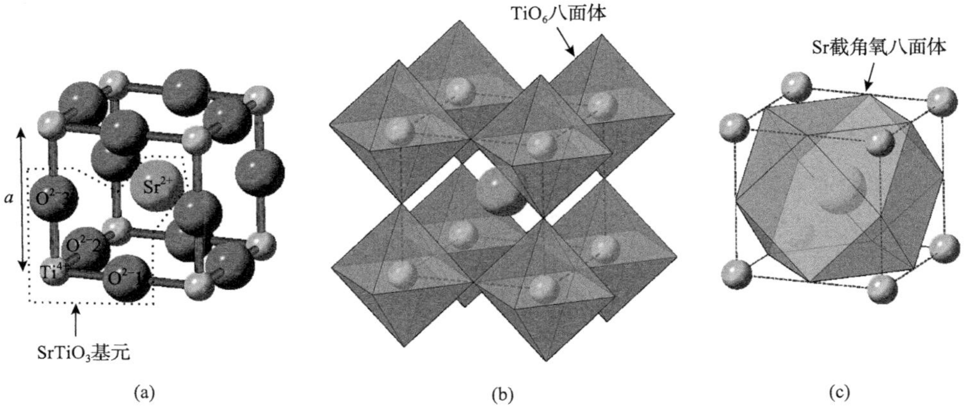

图 6.26　钙钛矿的结构

(a) 虚线包围的 Ti^{4+}、Sr^{2+} 和 $O^{2-}1$、$O^{2-}2$ 及 $O^{2-}3$ 表示一个基元；(b) TiO_6 八面体及其连接，Sr^{2+} 则处于八面体之间的空隙中，该空隙是一个如图 (c) 表示的截角八面体空间

钙钛矿氧化物晶体的基元为 ABO_3，也就是包含两个金属离子和三个氧离子，例如，图 6.26(a) 中所标的 Ti^{4+}、Sr^{2+} 和三个 O^{2-} 离子构成 $SrTiO_3$ 的一个基元，把所选择的基元用一个几何点替代则可得到 $SrTiO_3$ 的布拉维格子，这是一个简单立方晶格，如图 6.27(a) 所示。下面考虑基元的分子轨道，由上面的讨论可知，这里只需讨论 Ti^{4+} 和 O^{2-} 离子轨道间的相互作用所形成的分子轨道。类似于 TiO_2 的情形，Ti^{4+} 的 3d 轨道和 O^{2-} 的 2p 轨道的能量差别很大，而 O^{2-}-O^{2-} 之间的距离远大于 Ti^{4+}-O^{2-} 之间的距离，作为近似 O^{2-}-O^{2-} 之间的作用可以忽略，于是 $SrTiO_3$

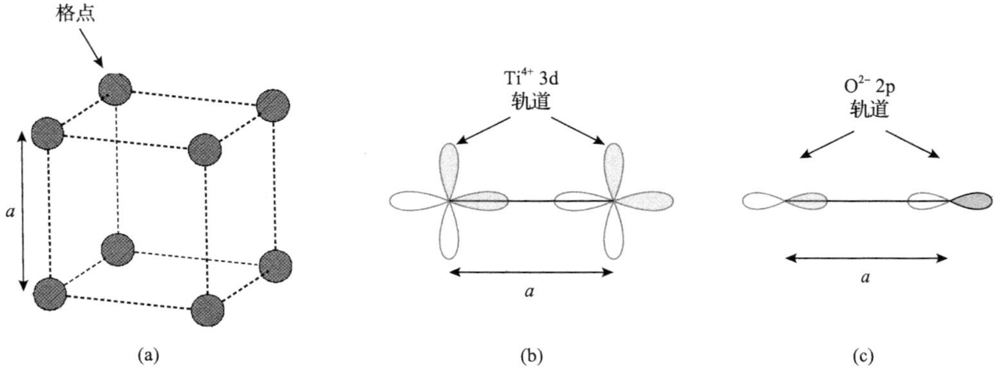

图 6.27　(a) $SrTiO_3$ 的布拉维格子；(b) Ti^{4+} 的 3d 轨道之间的交叠；(c) O^{2-} 的 2p 轨道之间的交叠

基元分子中的分子轨道可以看成是 Ti^{4+} 离子的 3d 轨道和 3 个 O^{2-} 离子的 2p 轨道。在从基元到晶体的过程中，Ti^{4+} 离子的 3d 轨道之间相互交叠形成 3d 能带，同一类 O^{2-} 离子的 2p 轨道之间(如 $O^{2-}1$ 离子的 2p 轨道与相邻的 $O^{2-}1$ 离子的 2p 轨道之间)相互交叠形成 2p 能带，分别如图 6.27(b)和(c)所示。类似于 TiO_2，在 $SrTiO_3$ 中钛的 3d 能带和氧的 2p 能带分别形成 $SrTiO_3$ 的导带和价带，前者全空，后者全满，因而 $SrTiO_3$ 为绝缘体。

上述的讨论说明在钙钛矿氧化物 ABO_3 中电子性质主要由 BO_3 八面体及其连接性决定，这意味着 ABO_3 的定性的能带结构特征是由 B 离子 d 轨道交叠形成的导带和 O^{2-} 离子 2p 轨道形成的价带，而导电性则由导带的填充情况决定。在钙钛矿氧化物 WO_3 中，B 位离子为 W^{6+}，其 d 轨道电子构型为 $5d^0$，因此可以确定 WO_3 的导带全空，从而 WO_3 为绝缘体；在类似的钙钛矿氧化物 ReO_3 中，B 位离子为 Re^{6+}，其 d 轨道电子构型为 $5d^1$，因此可以确定 ReO_3 的导带中 1/10 填满，从而 ReO_3 为导体。另一个例子是钙钛矿氧化物 $LaNiO_3$，B 位离子为 Ni^{3+}，其 d 轨道电子构型为 $3d^7$，由此可得 $LaNiO_3$ 的导带为部分填满的 Ni 的 3d 能带，所以 $LaNiO_3$ 为导体。$YBa_2Cu_3O_7$(YBCO)也属于钙钛矿氧化物，其中的 Y 和 Ba 处于 A 位，Cu 处于 B 位[18]，因此 YBCO 的电子性质由其中 Cu 的性质决定；在 YBCO 中，Cu 处于 Cu^{2+} 态或 Cu^{3+} 态，其 d 轨道电子构型分别为 $3d^9$ 和 $3d^8$，这意味着 YBCO 的导带为部分填满的 Cu 的 3d 能带，因而 YBCO 具有金属导电性。上述这些基于轨道作用所得的结果与实验一致，证明了轨道作用方法的正确性和有效性。

6.6.3.2　$LaCoO_3$ 的导电性

$LaCoO_3$ 是一种钙钛矿氧化物，B 位离子为 Co^{3+}，其 d 轨道电子构型为 $3d^6$，按照上述的规则，$LaCoO_3$ 的导带为 Co^{3+} 的 3d 轨道交叠而成的 3d 能带，该能带部分填满，因此 $LaCoO_3$ 应当具有金属导电性，然而实验表明 $LaCoO_3$ 在高温及室温下为半导体，出现这一结果的原因在于晶体场效应，下面说明这一效应。所有钙钛矿氧化物 ABO_3 中，B 位离子处于氧八面体的中心，由于氧离子的存在，B 离子的 d 轨道会处在它们所产生的静电场中，这个静电场称为晶体场(crystal field)。原子的 d 轨道一共包含 5 个轨道，分别是 d_{xy}、d_{yz}、d_{xz}、$d_{x^2-y^2}$ 和 d_{z^2}，当原子处于孤立状态时，所有 5 个轨道的能量是相同的，当原子处于氧八面体所产生的晶体场中时，由于不同的轨道相对于 6 个氧离子的空间位置不同，不同的轨道所受的晶体场作用不同，从而使得不同轨道能量发生不同的改变。

由第 5 章关于原子轨道的讨论可知，d_{xy}、d_{yz} 和 d_{xz} 具有四个“瓣”的空间分布，这四个“瓣”分别处于 *xy* 轴、*yz* 轴和 *xz* 轴的轴间隙中，图 6.28(a)展示了氧八面体中 d_{xy} 轨道；$d_{x^2-y^2}$ 轨道也具有四个“瓣”的空间分布，但它的四个“瓣”

沿着 x 轴和 y 轴，如图 6.28(b)所示；d_{z^2} 轨道具有沿着 z 轴的旋转体空间分布，如图 6.28(c)所示。由图 6.28 可见，$d_{x^2-y^2}$ 和 d_{z^2} 轨道的四个“瓣”与四个 O^{2-} 离子更近，因而与 O^{2-} 有很强的库仑排斥作用，因此这两个轨道的能量会显著升高；d_{xy}、d_{yz} 和 d_{xz} 三个轨道的四个“瓣”处在四个 O^{2-} 离子之间间隙，它们受到六个 O^{2-} 离子的库仑排斥要弱一些，因此 d_{xy} 轨道的能量升高要比 $d_{x^2-y^2}$ 和 d_{z^2} 轨道的能量升高小。于是在晶体场作用下 B 离子中 5 个 d 轨道的能量分为能量升高较小的 d_{xy}、d_{yz} 和 d_{xz} 与能量升高较大的 $d_{x^2-y^2}$ 和 d_{z^2}，如图 6.29 所示。按照群论的标记方法，这两组轨道分别标记为 e_g 轨道和 t_{2g} 轨道(见 6.4.2 节)，两个轨道之间的能量差 Δ 称为静电相互作用能，表达晶体场作用的强弱，它可由光谱实验测定。

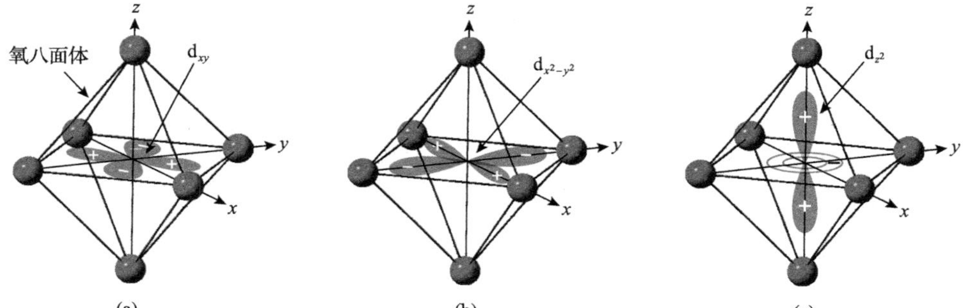

图 6.28　氧八面体中的 d_{xy} 轨道(a)、$d_{x^2-y^2}$ 轨道(b)和 d_{z^2} 轨道(c)

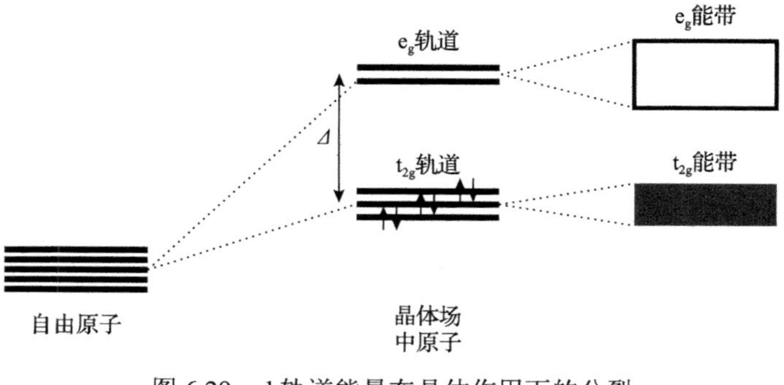

图 6.29　d 轨道能量在晶体作用下的分裂

在 $LaCoO_3$ 中需要考虑晶体场导致的 d 轨道劈裂，在这种情况下晶体的能带是劈裂后的 e_g 轨道和 t_{2g} 轨道分别交叠形成的，即 e_g 轨道交叠形成 e_g 能带，t_{2g} 轨道交叠形成 t_{2g} 能带，如图 6.29 所示。由于 $LaCoO_3$ 中 Co^{3+} 离子 d 轨道上有 6 个电子，按能量最低原理，它们首先填充 t_{2g} 轨道，三个 t_{2g} 轨道填满，而两个 e_g 轨道全空，这就导致 t_{2g} 能带为满带，而 e_g 能带为全空。由于两个能带之间有不大的带隙，因此 $LaCoO_3$ 是半导体。晶体场效应的另一个类似的例子是 $LaRhO_3$。

6.6.4　硅晶体

硅是一个共价晶体，其晶体结构如图 6.30(a)所示，晶格常数 $a = 5.4311Å$ 。晶体硅的基元包含两个硅原子，硅的布拉维格子为面心立方结构，如图 6.30(b)所示。下面说明硅基元分子的分子轨道。在硅基元分子中，两个硅原子对应轨道的能量是完全相同的，因而它们能形成完全不同于硅原子轨道的分子轨道。硅原子的电子构型为 $1s^2 2s^2 2p^6 3s^2 3p^2$，由硅原子通过轨道交叠形成硅晶体过程中，起主要作用的是外层的 $3s^2 3p^2$ 电子，因此只需考虑这些轨道的交叠。硅晶体中每个硅原子都是四配位，每个硅原子通过四个 sp^3 杂化轨道与最邻近的硅原子轨道相互交叠，如图 6.30(c)所示，因此每个基元分子就是两个 sp^3 杂化轨道相互交叠。按照 6.2 节所讨论的轨道作用原则，这两个杂化轨道形成两个分子轨道：一是能

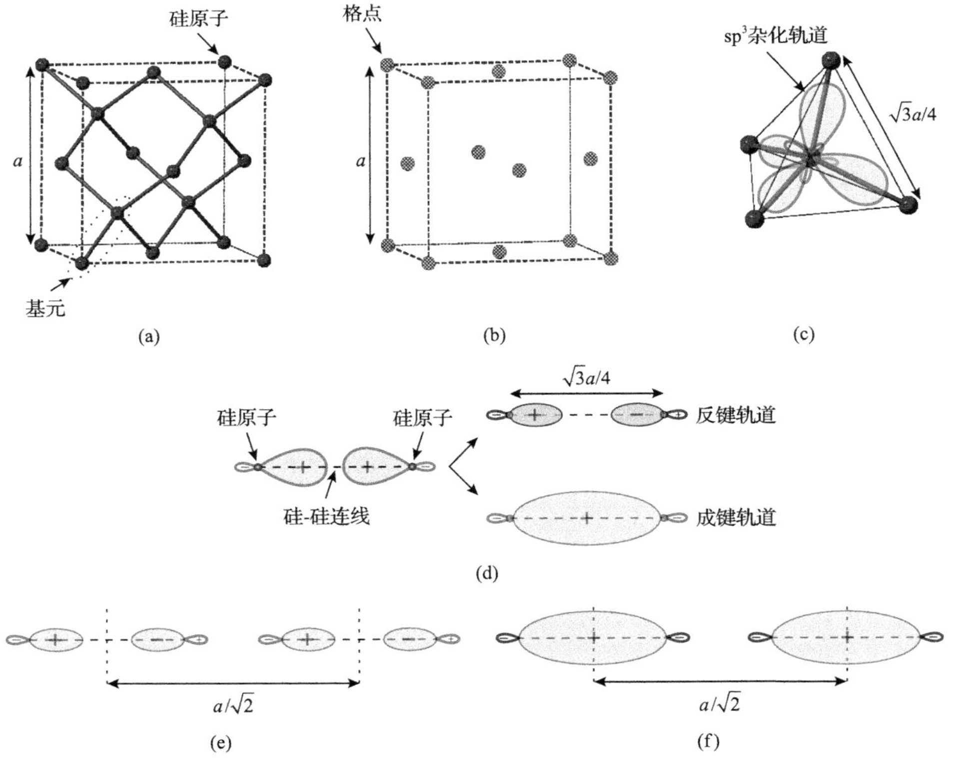

图 6.30　(a)硅的晶体结构；(b)布拉维点阵；(c)硅晶体中硅原子的配位结构和轨道；(d)硅基元分子的分子轨道和相邻分子轨道的交叠；(e，f)反键轨道和成键轨道的交叠

量降低的成键轨道，二是能量升高的反键轨道，如图 6.30(d)所示。最后，这两个轨道按照布拉维格子的重复规律在空间交叠形成硅的能带，硅的布拉维格子是面心立方晶格，最近的格点距离为 $\sqrt{3}a/4$，因此分子轨道间的有效距离为 $\sqrt{3}a/4$，如图 6.30(e)和(f)所示。

现在考虑从孤立原子轨道到能带演变过程中的能量变化，如图 6.31 所示。孤立硅原子外层 3s 轨道的能量低于 3p 轨道的能量；在硅晶体中，3s 轨道和 3p 轨道杂化成四个能量相同的 sp^3 杂化轨道，其能量处于 3s 轨道和 3p 轨道的能量之间；两个能量相同的 sp^3 杂化轨道相互作用形成一个成键轨道和一个反键轨道，前者的能量低于 sp^3 杂化轨道，而后者则高于杂化轨道，根据轨道数守恒原则，成键轨道和反键轨道各包含四个轨道；当形成晶体时成键轨道和反键轨道通过交叠分别形成成键能带和反键能带。每个基元分子中包含两个硅原子，每个硅原子的 $3s^2 3p^2$ 轨道含 4 个电子，因此基元分子共包含 8 个电子，按照能量最低原理和泡利不相容原理，这 8 个电子填入由成键轨道交叠形成的能带，并且能带全满，而由反键轨道形成的能带则全空，因此两个能带分别是硅的价带和导带。由于导带和价带之间具有带隙，因而硅是绝缘体或半导体。实验测定该带隙大约为 1.1eV，硅为半导体。

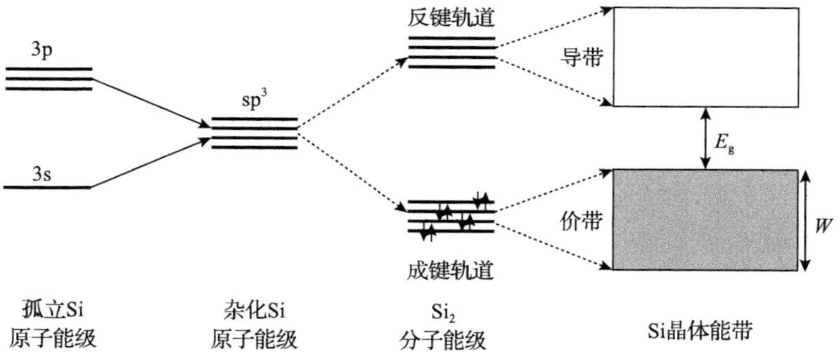

图 6.31　从孤立硅原子到形成硅晶体过程中的能量

6.6.5　氧化物基元分子轨道的再讨论

在上述讨论中把晶体中的电子轨道看成是基元分子的分子轨道在空间交叠而形成。在氧化物晶体中基元分子轨道被近似成金属离子和氧离子的原子轨道，这个近似是基于轨道相互作用的基本规则和事实：如果相互作用的两个原子轨道能量差距很大时，它们所形成的分子轨道基本上就是两个原子轨道，而晶体中金属离子和氧离子轨道之间的能量差通常十分巨大。这样近似的优点是比较简单，但忽略了金属离子轨道和氧离子轨道之间的相互作用，这就导致金属离子的 5 个 d

轨道和氧的 3 个 2p 都是简并的，因而不能解释诸如 $LaCoO_3$ 的导电性等问题。晶体场方法能够近似地考虑金属离子轨道和氧离子轨道之间的相互作用，它把两者的相互作用处理成静电作用，由此可以说明金属离子 5 个 d 轨道的解简并和它对氧化物电子性质的影响。另一种考虑金属离子与氧离子轨道相互作用的方法是**配位场方法**，其基本观念是：氧化物可以被看成是氧八面体在空间按特定几何方式的连接和重复，也就是说氧八面体是氧化物的基本单元，八面体的分子轨道构成基元的分子轨道，这些分子轨道的交叠形成氧化物晶体的晶体轨道。因此配位场方法的出发点是确定金属离子与氧离子构成的氧八面体的分子轨道，具体求解方法与 6.4.2 节中所讨论的八面体配合物分子轨道方法基本相同，因此该方法从开始就自然地纳入了金属离子轨道与氧离子轨道的相互作用，自然所得到的 t_{2g} 和 e_g 轨道不再是纯的金属离子轨道，而是包含氧离子的 2p 轨道成分，采用这种方法来求解氧化物晶体轨道的实例可参见有关文献[19]，其基本结果与对本节所得的能级结构是定性一致的，可看成是由于考虑金属离子轨道和氧离子轨道相互作用而得到的更精细的结果。

6.6.6　晶体中的巡游电子

本节所描述的方法能够从构成晶体原子的性质和晶体的结构来定性说明晶体的电子性质，其中的核心观念是基元分子轨道通过轨道交叠而形成遍及整个晶体的晶体轨道。从电子角度看，这意味着电子本来属于单个基元分子，通过在交叠轨道间的跃迁而属于整个晶体，这种观念下的电子称为**巡游电子**(itinerant electron)。巡游电子的观念为电子的迁移率提供了一个很直观的解释，晶体中电子的输运理论指出电子的迁移率反比于电子的有效质量，在第 7 章的能带论中将会看到电子的有效质量与能带宽度成反比，因此能带宽度越大，电子迁移率越大，而由式(6.97)可知能带宽度直接正比于相邻轨道间的成键积分，因此迁移率与相邻轨道间的成键积分成正比，也就是说电子迁移率由相邻轨道间的轨道交叠决定，交叠越大，电子的迁移就越通畅，就越容易“巡游”。

6.7　价 键 理 论

价键理论(valence bond theory)是用量子力学研究分子电子结构的另一种方法，它源于 1927 年 W. Heitler 和 F. London 用量子力学研究 H_2 分子，它是人们第一次把量子力学用于研究分子的电子问题，成为量子力学研究分子性质和化学键的开端。它与分子轨道理论一起构成用量子力学研究化学键的两大基本方法。本节主要目标在于从求解 H_2 分子的薛定谔方程的角度说明价键理论的基本思想。

6.7.1　H_2 分子的价键理论

氢分子包含两个质子和两个电子，如图 6.32 所示，它的哈密顿量为

$$H = \overbrace{-\frac{\hbar^2}{2m_H}\nabla_a^2 - \frac{\hbar^2}{2m_H}\nabla_b^2}^{\text{两个核的动能}} \overbrace{-\frac{\hbar^2}{2m_e}\nabla_1^2 - \frac{\hbar^2}{2m_e}\nabla_2^2}^{\text{两个电子的动能}}$$
$$\underbrace{-\frac{e^2}{4\pi\varepsilon_0}\frac{1}{r_{a1}} - \frac{e^2}{4\pi\varepsilon_0}\frac{1}{r_{b2}} - \frac{e^2}{4\pi\varepsilon_0}\frac{1}{r_{a2}} - \frac{e^2}{4\pi\varepsilon_0}\frac{1}{r_{b1}}}_{\text{核-电子间库仑吸引能}} + \underbrace{\frac{e^2}{4\pi\varepsilon_0}\frac{1}{R_{ab}}}_{\text{核间库仑排斥能}} + \underbrace{\frac{e^2}{4\pi\varepsilon_0}\frac{1}{r_{12}}}_{\text{电子间库仑排斥能}} \tag{6.102}$$

于是薛定谔方程为 $H\psi = E\psi$。显然该方程的求解是十分困难的，Heitler 和 London 没有直接求解该方程，而是提出了一种特别的方法来研究 H_2 分子的性质，这种方法可分解成如下三步：①基于量子力学的基本规则直接构造 H_2 分子的波函数；②用该波函数和式(6.102)中的哈密顿量 H 去计算 H_2 分子的总能量 E，由于 H 是两个核间距 R_{ab} 的函数，因此总能量 E 也是 R_{ab} 的函数，即 $E = E(R_{ab})$，计算不同 R_{ab} 值时的 $E(R_{ab})$；③以 R_{ab} 为横轴和以 $E(R_{ab})$ 为纵轴画出 $E(R_{ab})$ 对 R_{ab} 的依赖曲线，发现在某个 R_{ab}^* 处 $E(R_{ab}^*)$ 取最小值(负值)，于是 R_{ab}^* 对应 H_2 分子的平衡核间距，$E(R_{ab}^*)$ 值则代表 H_2 分子的离解能，它们可以和实验结果加以比较。因此，Heitler 和 London 方法的基础和核心是构造 H_2 分子的波函数，下面说明如何构造波函数。

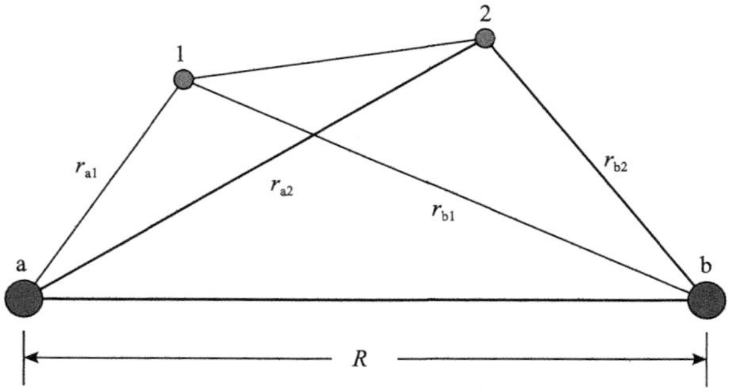

图 6.32　氢分子的示意图

按照量子力学的基本原则，电子系统的全波函数 ϕ 由空间波函数 ψ 和自旋波函数 χ 相乘而成，即

$$\phi = \psi \cdot \chi \tag{6.103}$$

下面考察自旋波函数 χ 的可能形式。H_2 分子中共有两个电子，按照附录 H 中的结果，两个电子可以形成四个自旋波函数，它们分别是

$$
\begin{aligned}
&\text{单重态：}\quad \chi_{00}=\frac{1}{\sqrt{2}}[\alpha(1)\beta(2)-\alpha(2)\beta(2)] \\
&\text{三重态：}\begin{cases}\chi_{11}=\alpha(1)\alpha(2)\\ \chi_{10}=\dfrac{1}{\sqrt{2}}[\alpha(1)\beta(2)+\alpha(2)\beta(2)]\\ \chi_{1-1}=\beta(1)\beta(2)\end{cases}
\end{aligned}
\tag{6.104}
$$

其中，α 和 β 表示单电子自旋波函数，分别表示自旋向上态和自旋向下态，α 和 β 后面括号中的 1 或 2 标记电子 1 或电子 2。上述的自旋单态波函数具有交换反对称性，也就是当互换电子 1 和电子 2 时，它就变成自己的负值，三个自旋三重态波函数具有交换对称性，也就是当互换电子 1 和电子 2 时，它们保持不变。按照量子力学基本原理，电子系统的全波函数必须具有交换反对称性，于是可以构造四个如下的 H_2 分子的全波函数：

$$
\phi_1=\psi_g\chi_{00},\quad \phi_2=\psi_u\chi_{11},\quad \phi_3=\psi_u\chi_{10},\quad \phi_4=\psi_u\chi_{1-1} \tag{6.105}
$$

其中，ψ_g 和 ψ_u 分别是具有交换对称性和反对称性的波函数空间部分。

下面构造 ψ_g 和 ψ_u。氢分子由两个氢原子构成，设想当两个氢原子相距很远时，这时的系统实际上就是两个孤立的氢原子。在孤立原子状态时系统有两种可能的情形，情形Ⅰ：核 a 与电子 1 形成一个原子，记为 (a,1)，同时核 b 与电子 2 形成另一个原子，记为 (b,2)；情形Ⅱ：核 a 与电子 2 形成一个原子，记为 (a,2)，同时核 b 与电子 1 形成另一个原子，记为 (b,1)。假设两个孤立原子都处于基态，则原子的波函数就是氢原子的基态波函数(即 $\varphi(r)=\pi^{-1/2}a_0^{-3/2}e^{-r/a_0}$)，记原子 (a,1) 的基态波函数为 $\varphi_a(r_{a1})$，下标 a 用来表示原子核 a，下标 1 用来标识电子 1，其他原子波函数的标记遵循同样的规则，于是情形Ⅰ下的系统波函数为 $\varphi_a(r_{a1})\varphi_b(r_{b2})$，情形Ⅱ下的系统波函数为 $\varphi_a(r_{a2})\varphi_b(r_{b1})$，在无论哪种情形下系统的总能量等于两个基态氢原子的能量和，即 $2E_0$。这就是说，当两个氢原子相距很远时，系统的空间波函数为 $\varphi_a(r_{a1})\varphi_b(r_{b2})$ 或 $\varphi_a(r_{a2})\varphi_b(r_{b1})$，系统的能量都是 $2E_0$。按照量子力学的基本原理，这两个波函数的任何线性组合：

$$
c_1\cdot\varphi_a(r_{a1})\varphi_b(r_{b2})+c_2\cdot\varphi_a(r_{a2})\varphi_b(r_{b1}) \tag{6.106}
$$

仍然是系统的一个态，取 $c_1=1,c_2=1$ 和 $c_1=1,c_2=-1$ 可得到如下两个系统波函数 ψ_g 和 ψ_u：

$$\begin{aligned}\psi_g &= \varphi_a(r_{a1})\varphi_b(r_{b2}) + \varphi_a(r_{a2})\varphi_b(r_{b1}) \\ \psi_u &= \varphi_a(r_{a1})\varphi_b(r_{b2}) - \varphi_a(r_{a2})\varphi_b(r_{b1})\end{aligned} \tag{6.107}$$

容易验证它们分别具有交换对称性和反对称性。Heitler 和 London 把这两个波函数作为 H_2 分子全波函数的空间部分，它们和式(6.104)所示的自旋部分一起形成四个全波函数[式(6.105)]，分别表示 H_2 分子的四个量子态，然后用它们计算 H_2 分子的总能量。

按照量子力学，量子态 $\phi_r(r=1,2,3,4)$ 的能量表达式为

$$E_r = \frac{\int \phi_r^* H \phi_r \mathrm{d}\boldsymbol{x}_1 \mathrm{d}\boldsymbol{x}_2}{\int \phi_r^* \phi_r \mathrm{d}\boldsymbol{x}_1 \mathrm{d}\boldsymbol{x}_2} \qquad r=1,2,3,4 \tag{6.108}$$

其中，H 为式(6.102)所给出的哈密顿量；$\mathrm{d}\boldsymbol{x}_i = \mathrm{d}\boldsymbol{r}_i \mathrm{d}\zeta_i (i=1,2)$ 表示第 i 个电子全坐标积分微元，其中 $\mathrm{d}\boldsymbol{r}_i = \mathrm{d}x_i \mathrm{d}y_i \mathrm{d}z_i (i=1,2)$ 表示第 i 个电子的空间积分微元，$\mathrm{d}\zeta_i (i=1,2)$ 表示第 i 个电子的自旋积分微元。对式(6.108)的自旋坐标积分，则积分中与自旋有关的部分自然消去(参考 4.5.1 节)，于是 E_r 只有两个取值，即

$$E_g = \frac{\int \psi_g^* H \psi_g \mathrm{d}\boldsymbol{r}_1 \mathrm{d}\boldsymbol{r}_2}{\int \psi_g^* \psi_g \mathrm{d}\boldsymbol{r}_1 \mathrm{d}\boldsymbol{r}_2}, \qquad E_u = \frac{\int \psi_u^* H \psi_u \mathrm{d}\boldsymbol{r}_1 \mathrm{d}\boldsymbol{r}_2}{\int \psi_u^* \psi_u \mathrm{d}\boldsymbol{r}_1 \mathrm{d}\boldsymbol{r}_2} \tag{6.109}$$

E_g 表示量子态 ϕ_1 的能量，E_u 表示量子态 ϕ_1、ϕ_2 和 ϕ_3 的能量，这三个态的能量是相同的。把式(6.102)中 H 与式(6.107)中的波函数 ψ_g 和 ψ_u 代入式(6.109)即可进行积分运算以获得具体的数值。这些积分的计算过程是相当麻烦的，有关的细节可参考有关文献[20]。值得说明的是：H 的表达式中含有一个不确定量 R_{ab}，积分中的波函数 $\varphi_a(r_{a1})$、$\varphi_b(r_{b1})$、$\varphi_a(r_{a2})$ 和 $\varphi_b(r_{b2})$ 等的表达式也依赖于 R_{ab}，因此要给出 R_{ab} 值才能进行积分计算，为此需要从小到大选取一系列的 R_{ab} 值，对每个值计算积分，才能得到能量与 R_{ab} 的依赖关系。

图 6.33 展示了根据上述计算方法得到的各量子态在不同核间距的能量，该图以孤立氢原子的基态为能量零点。由图可见，对于空间波函数为 ψ_g 的量子态，在核间距为 R_0 时，总能量最低且为负值，大小为 E_D，这意味着量子态 $\psi_g\chi_{00}$ 是一个稳定的分子态，称它为成键态，该态是非简并的，因此它是一个单重态。R_0 为该量子态下 H_2 分子的平衡核间距，也就是实验测到的核间距，E_D 则为把 H_2 分子变成两个独立的氢原子所付出的能量，也就是 H_2 分子的离解能，由该图可以确定 $R_0 = 0.87\ \text{Å}$ 和 $E_D = 3.14\ \text{eV}$，而实验给出的 $R_0 = 0.74\ \text{Å}$ 和 $E_D = 4.48\ \text{eV}$，因此 Heitler 和 London 的方法大体上给出了氢分子的核间距和离解能。考虑到这是量

子力学理论第一次被用于研究分子性质，可以说它表明量子力学在分子问题上的正确性。除了成键态外，还有另外三个能量简并的量子态$\psi_u\chi_{11}$、$\psi_u\chi_{10}$和$\psi_u\chi_{1-1}$，由于简并性它们被称为三重态，由图可见这三个态的能量随着核间距的减小而单调升高，因此被称为反键状态，这三个态被看成是H_2分子的激发态。按照双原子分子态的标记符号，成键态和反键态分别记为$^1\Sigma_g^+$和$^3\Sigma_u^+$(这两个符号意义见 6.3.3 节)。

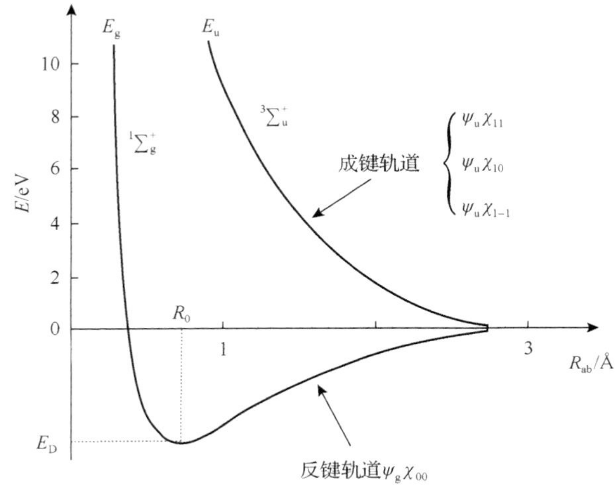

图 6.33　H_2分子总能量与核间距关系

6.7.2　价键理论的要点

价键理论最根本特征是采用两个原子轨道波函数乘积的和或差作为其全波函数的空间部分，因此价键理论被称为**电子对波函数法**。对于一般的双原子分子 AB，如果 A 原子中有一个未成对电子，其原子轨道为$\psi_A(\boldsymbol{r})$，B 原子中有一个未成对电子，其原子轨道为$\psi_B(\boldsymbol{r})$，则这两个电子可以形成一个共价键，该键的波函数为

$$\psi_{AB}(\boldsymbol{r}_1,\boldsymbol{r}_2)=\frac{\psi_A(\boldsymbol{r}_{A1})\psi_B(\boldsymbol{r}_{B2})+\psi_A(\boldsymbol{r}_{A2})\psi_B(\boldsymbol{r}_{B1})}{\sqrt{2(1+S^2)}},\qquad S=\int\psi_A^*(\boldsymbol{r}_{A1})\psi_B(\boldsymbol{r}_{B1})\mathrm{d}\boldsymbol{r}_1 \quad (6.110)$$

分母是为了保证波函数$\psi_{AB}(\boldsymbol{r}_1,\boldsymbol{r}_2)$的归一化，$S$是两个轨道的交叠积分。从波函数的构造可得到价键理论的几个要点：①参与构成共价键的电子必须是未成对电子；②一个电子形成共价键后就不能与其他电子形成共价键，这决定了共价键具有饱和性；③一个原子可以形成多个共价键，形成的共价键数取决于未成对的电子数，一个原子可形成的共价键数即为原子的原子价。

用电子对波函数方法计算键能的数学过程中，可以得到如下的定性结论，列为价键理论的第 4 个要点，即④两个原子轨道的交叠越大，所形成的共价键就越强。这个要点决定了原子轨道在交叠时会按照特定的角度以获得最大交叠从而使系统最稳定，这表明了共价键的方向性。

6.7.3　价键理论与分子轨道理论的区别

价键理论的基础是式(6.104)、式(6.105)和式(6.107)所决定的波函数，这个波函数具有两个特征：一是它包含自旋部分；二是它的空间波函数是两个原子轨道波函数乘积的和，而分子轨道理论中的波函数不包括自旋部分，空间波函数是原子轨道波函数的和。第一个特征意味着价键理论从根本上考虑了电子之间的自旋关联问题，而分子轨道理论则没有考虑这一问题，它是确定电子在分子轨道的分布时按照泡利不相容原理来考虑电子的自旋相关问题。

价键理论强调电子在两个原子之间的共享，而不是在整个分子中的共享，因此价键理论大体上是一个局域的电子理论。多原子分子中的成键则看成是原子两两之间价键作用的总和，如 H_2O 分子中的键是两个 O—H 之间的价键，因此价键理论着眼于两个原子之间的成键，这种观念与人们已经形成的关于化学键的观念大体一致，因而在化学键量子理论的早期更受化学家的青睐。比较而言，分子轨道理论是一个离域的电子理论，这不同于传统的化学键观念，因而在其发展早期没能被化学家们广泛地接受[21]。价键理论难以推广到多原子的分子，因而没有能发展成为普遍的定量计算的理论，然而价键理论以其直观简单的特性成为定性理解各种分子结构和性质的基本理论。

6.7.4　特殊的共价键：配位键

上述的共价键例子中，参与成键的两个原子各提供一个电子形成共享的状态，但在许多配位分子中参与成键的原子一方提供两个电子而另一个原子只提供一个空轨道，这种情形下的电子共享形成的共价键称为配位键，因此配位键可以看成是共价键的一个特例。配位键是配位化合物或配合物中最重要的化学键，它决定了配合物的根本性质。在 6.4.2 节中用分子轨道理论理解了配离子或络离子 $[Co(NH_3)_6]^{2+}$中的化学键，该理论的一个基本点是电子属于整个离子，或者说这是一个离域电子的理论，作为共价键特例的配位键则是一个定域电子的理论，它把 $[Co(NH_3)_6]^{2+}$中的化学键看成是 Co^{2+}与 NH_3 之间形成了配位键，其中 NH_3 中有一个包含两个电子的孤对电子轨道(见 6.8.4 节)，Co^{2+}则有未填满的空的 3d 轨道，当 Co^{2+}离子和 NH_3 分子相遇时 NH_3 中的孤对电子进入 Co^{2+}离子的 3d 轨道从而形成配位键。与通常的共价键相比，配位键的键能比较小，因此配合物的稳定性要比普通共价键化合物差，例如在$[Co(NH_3)_6]^{2+}$离子溶液中，实际上存在着如下的平衡反应：$[Co(NH_3)_6]^{2+} \rightleftharpoons Co^{2+} + 6NH_3$，也就是说$[Co(NH_3)_6]^{2+}$离子实际上处在不停地显著分解中，根本原因就在于配位键比较弱。

6.8 杂化轨道

杂化轨道方法由鲍林等在 1931 年前后发展[22]。该理论并非严格的量子力学理论，而是一种有效的具有经验性质的方法。杂化轨道理论是价键理论不可或缺的重要组成部分，成为理解分子结构尤其是有机分子结构的基本方法。本节从量子力学角度对这种方法做一些说明和列举出常见的几种杂化轨道并说明它们在解释分子结构中的应用。

6.8.1 杂化轨道方法对 CH_4 分子结构的解释

CH_4 分子中 C 原子的电子构型为 $1s^2 2s^2 2p^2$，由此可知其未成对电子为 2p 轨道上的两个电子，按照价键理论只有未成对电子才能形成共价键的规则，C 原子只能形成两个价键，这两个键必然是 H 原子球形的 1s 轨道与 C 原子哑铃形 2p 轨道交叠，按照轨道最大交叠的规则，交叠必然沿着 2p 轨道的轴向进行，这意味着两个 C—H 键之间的夹角为 90°，然而实验研究表明 CH_4 分子中存在 4 个 C—H 键，而且四个键形成正四面体的分布，也就是说 C—H 键之间的夹角为 109.5°。为了说明这一结构，鲍林考虑到孤立 C 原子的 2s 轨道和 2p 轨道的能量差别并不大，当 C 原子处于一定的分子环境中时，2s 轨道上的 2 个电子会跃迁到 2p 轨道上，这样就形成 4 个未成对电子，按价键理论就可以形成四个键，这就解释了 CH_4 分子中为什么有四个键。为了更进一步说明 CH_4 分子的四面体结构，鲍林提出如下的解释：①在分子环境中 C 原子的 2s 轨道和 2p 轨道的能量可以认为是完全相同的，按照量子力学的基本原理，2s 轨道和 2p 轨道的线性组合依然是 C 原子的轨道；② 2s 轨道和 2p 轨道都由径向部分和角度部分组成，即 $2s = R_{20}(r)s$ 和 $2p_i = R_{21}(r)p_i(i = x, y, z)$，$s$ 和 $p_i(i = x, y, z)$ 分别表示两组轨道的角度部分(参看第 5 章)，两组轨道的径向部分 $R_{20}(r)$ 和 $R_{21}(r)$ 差别很小，因此也可以看成是相同的，因此 2s 轨道和 2p 轨道的线性叠加就变成角度部分的线性叠加；③鲍林给出一个 s 函数和三个 $p_i(i = 1,2,3)$ 可以线性组合形成四个新的轨道，即四个杂化轨道，这四个轨道恰好形成正四面体的取向，这样就解释了 CH_4 分子的四面体结构。下面从量子力学的角度对这种方法进行更详细说明。

6.8.2 杂化轨道理论的量子力学解释

首先要明确的是轨道杂化是原子轨道而并非分子轨道，其特别之处在于它是在分子环境下的原子轨道，或者说杂化轨道是与其他原子共价成键时的原子轨道。就数学性质来讲，杂化轨道是原子中特定的某些能量相近的原子轨道的线性组合，如上述的 C 原子中的 2s 轨道和 2p 轨道。2s 轨道和 2p 轨道线性组合为什么还是原子的轨道呢？这是基于在分子环境中参与杂化的原子轨道能量变得相同的假设。假如 H 是原子的有效哈密顿量，而 $\varphi_i(i=1,2,\cdots n)$ 是 H 的 n 个具有相同能量 E 的本征函数，也就是说 $H\varphi_i=E\varphi_i(i=1,2,\cdots,n)$，那么对于 $\varphi_i(i=1,2,\cdots,n)$ 的线性组合 $\varphi=c_1\varphi_1+c_2\varphi_2+\cdots+c_n\varphi_n$ 可得

$$\begin{aligned}H\varphi&=H(c_1\varphi_1+c_2\varphi_2+\cdots+c_n\varphi_n)\\&=c_1H\varphi_1+c_2H\varphi_2+\cdots+c_nH\varphi_n=E(c_1\varphi_1+c_2\varphi_2+\cdots+c_n\varphi_n)\\&=E\varphi\end{aligned}\tag{6.111}$$

这表明任何线性组合依然是原子的一个薛定谔方程的解，即依然是一个原子轨道。

在分子环境中原子轨道为什么要杂化？其根本原因在于通过轨道杂化可以增大成键轨道之间的交叠，从而降低分子的总能量，这里以相同壳层的 s 轨道和 p 轨道杂化为例说明。相同壳层的 s 轨道和 p 轨道波函数的径向部分是接近的，因此鲍林在原子轨道的线性叠加中认为径向部分波函数是相同的，只需考虑角度部分波函数的叠加，尽管这是一个近似，但它很好地说明了分子的结构，这是鲍林构造杂化轨道的基本近似，下面的讨论也遵循这一近似，也就是所说的原子轨道波函数是指其中的角度部分。价键理论的一个基本结论是交叠越大，成键能越大，交叠能力可以大致上由轨道波函数的最大值来度量，这也是一个近似，它实际上是用轨道的几何特性来近似表达轨道作用的能量本性。基于这种近似，鲍林定义了孤立原子轨道的成键能力，它以球形的 s 轨道的成键能力为 1，其他轨道的成键能力则是轨道波函数最大值对 s 轨道波函数最大值的比，如表 6.3 所示，在该表格中，p 轨道和 d 轨道的波函数分别只给出了 p_z 和 d_{z^2} 的实例，其他的 p 轨道和 d 轨道波函数可参看表 5.2，所有三个 p 轨道和五个 d 轨道的成键能力是相同的。

表 6.3　各原子轨道角度部分和成键能力

	s	p	d	f_{z^3}
轨道角度部分实例	$1/\sqrt{4\pi}$	$p_z=\sqrt{3}/\sqrt{4\pi}\cos\theta$	$d_{z^2}=\sqrt{5}/(2\sqrt{4\pi})(3\cos^2\theta-1)$	$\sqrt{7}/(2\sqrt{4\pi})(5\cos^3\theta-3\cos\theta)$
成键能力 f	1	$\sqrt{3}$	$\sqrt{5}$	$\sqrt{7}$

下面说明杂化轨道比孤立原子轨道能形成更大的成键能力。用 s 和 p_x 分别表示一个 s 和一个 p_x 轨道，s 和 p_x 分别满足：

$$Hs=E_s s,\qquad Hp_x=E_p p_x\tag{6.112}$$

E_s 和 E_p 分别是 s 和 p_x 轨道的能量，s 和 p_x 的线性组合形成杂化轨道 φ^{sp_x}，即

$$\varphi^{sp_x} = as + bp_x \tag{6.113}$$

其中，a和b为组合系数。作为波函数φ^{sp_x}需要满足归一化条件，即$\int (\psi^{sp_x})^* \psi^{sp_x} d\boldsymbol{r}=1$，把式(6.113)代入该归一化式并考虑$s$和$p_x$也满足归一化条件，可得$a^2+b^2=1$。记$a^2=\alpha$，由式(6.113)可见$\alpha$表示杂化轨道$\varphi^{sp_x}$中$s$轨道所占的比例，称为$s$**轨道成分**，于是式(6.113)可写为

$$\varphi^{sp_x} = \sqrt{\alpha}s + \sqrt{1-\alpha}\,p_x \tag{6.114}$$

φ^{sp_x}在p_x的对称轴上有最大值，其为

$$f_{\varphi^{sp}} = \sqrt{\alpha}f_s + \sqrt{1-\alpha}f_p \tag{6.115}$$

$f_s=1$和$f_p=\sqrt{3}$分别是 s 和 p 轨道的最大值或成键能力，因此轨道φ^{sp_x}的成键能力为

$$f_{\varphi^{sp_x}} = \sqrt{\alpha} + \sqrt{3(1-\alpha)} \tag{6.116}$$

可见杂化轨道φ^{sp_x}的成键能力与α有关，不同α值的成键能力列于表 6.4。$\alpha=0$和$\alpha=1$分别对应非杂化的 p 轨道和 s 轨道，sp、sp^2和sp^3分别对应$\alpha=1/2$、$1/3$和$1/4$的杂化轨道，可见杂化轨道的成键能力显著提高，特别地当$\alpha=1/4$时杂化轨道成键能力达到 2。由$df_{\varphi^{sp_x}}/d\alpha=0$可确定$\alpha=1/4$时 s-p 轨道杂化的成键能力达到最大。这三种 s-p 型杂化轨道的波函数和能量将在 6.8.3 节中给出，由波函数可以看出杂化轨道成键能力的增大是由于杂化轨道比非杂化轨道的波函数在空间更加向特定的方向聚集，从而提高了轨道之间的交叠。

现在考虑轨道φ^{sp_x}的能量E，其计算式为

$$\begin{aligned} E &= \int (\varphi^{sp_x})^* H \varphi^{sp_x} d\boldsymbol{r} = \int (\sqrt{\alpha}s^* + \sqrt{1-\alpha}\,p_x^*) H (\sqrt{\alpha}s + \sqrt{1-\alpha}\,p_x) d\boldsymbol{r} \\ &= \alpha \int s^* H s^* d\boldsymbol{r} + \sqrt{\alpha(1-\alpha)}\left(\int s^* H p_x d\boldsymbol{r} + \int p_x^* H s d\boldsymbol{r}\right) + (1-\alpha)\int p_x^* H p_x d\boldsymbol{r} \\ &= \alpha E_s + (1-\alpha)E_p \end{aligned} \tag{6.117}$$

上式利用了原子轨道s和p_x正交化的条件即$\int s^* H p_x d\boldsymbol{r} = \int p_x^* H s d\boldsymbol{r}=0$。由上式可见，杂化轨道的能量是组成杂化轨道的原子轨道能量的加权平均，单个原子轨道能量的权重即为该轨道的轨道成分。值得说明的是，在计算杂化轨道的能量时并没有把参与杂化轨道的原子轨道能量看成是相同的，而在考虑杂化轨道的波函数时却把参与的原子轨道的能量看成是相同的，这其实只是近似处理的方法，相当

于对波函数做一级近似，而对能量做二级近似，量子力学的微扰论在计算量子态波函数和能量时就采用这种处理方法。

表 6.4　s-p 型杂化轨道中成键能力与 s 成分 α 的关系

α	0	1/4	1/3	1/2	3/4	1
轨道名称	p	sp^3	sp^2	sp	—	s
成键能力	$\sqrt{3}=1.732$	2	1.991	1.933	$\sqrt{3}=1.732$	1

杂化轨道由原子轨道线性组合而成，按照量子力学的基本原理，这意味着形成的杂化轨道数等于所有参与形成杂化轨道的原子轨道数，也就是杂化前后轨道数守恒。

6.8.3　常见的等性杂化轨道

下面给出常见的几种等性杂化轨道的波函数和能量。**等性杂化轨道**是指所有杂化轨道的能量是相同的。杂化轨道波函数不是通过求解薛定谔方程而获得，而是能量接近的原子轨道的线性组合，组合系数最终决定了杂化轨道的数学表达式，而数学表达式决定了杂化轨道之间的夹角；反过来说，如果知道杂化轨道间的夹角就可以确定组合系数。实际上人们通过测量一个分子中的化学键的键角来确定杂化轨道之间的夹角，然后再反推出杂化轨道的组合系数，从而确定杂化轨道波函数的表达式和能量。由此可见，杂化轨道波函数具有经验性质，甚至不是唯一的，也就是说杂化轨道是分子中原子轨道的近似，但它能说明许多分子的结构。下面通过三种 s-p 型等性杂化轨道的实例说明如何确定杂化轨道的波函数，对于较复杂的具有八面体结构的 d^2sp^3 杂化轨道只给出波函数及能量表达式。

s-p 型杂化轨道由 s 轨道波函数和 p 轨道波函数两个波函数线性叠加而成，前者是一个球形对称的波函数，而后者是一个具有轴对称的波函数，p 轨道的方向即为对称轴的方向。s 轨道和 p 轨道线性叠加所形成的杂化轨道也具有轴对称性质，杂化轨道方向即是 p 轨道的方向。在分子结构由 s-p 型杂化轨道成键决定的分子中，化学键的方向就是杂化轨道的方向，而化学键之间的夹角可以由测量分子结构获得，这意味着杂化轨道之间的夹角可以由测量分子结构获得。由杂化轨道之间的夹角可以反推出杂化轨道中两个原子轨道组合系数，就等于确定了杂化轨道的波函数，再由波函数即可获得杂化轨道的能量，这就是下面求杂化轨道的基本思路。

首先研究任意取向 p 轨道波函数的表达。如图 6.34(a)所示，一个任意 p 轨道的方向可由其对称轴与三个坐标轴的夹角表征，对称轴与三个坐标轴夹角为 θ_x、θ_y和θ_z 的 p 轨道波函数表示为

$$p = p_x \cos\theta_x + p_y \cos\theta_y + p_z \cos\theta_z \tag{6.118}$$

其中，$\cos\theta_x$、$\cos\theta_y$和$\cos\theta_z$分别称为方向余弦；p_x、p_y和p_z分别是 x、y和z 方向的轨道波函数。一个由 s 轨道和上述 p 轨道线性叠加而成的杂化轨道波函数为

$$\varphi^{\mathrm{sp}} = \sqrt{\alpha}s + \sqrt{1-\alpha}p = \sqrt{\alpha}s + \sqrt{1-\alpha}(p_x\cos\theta_x + p_y\cos\theta_y + p_z\cos\theta_z) \quad (6.119)$$

其中，α 为杂化轨道中 s 轨道成分。该杂化轨道也具有轴对称性，其方向与参与杂化的 p 轨道方向一致，如图 6.34(b)所示。容易验证上述形式的杂化轨道自动满足归一性，不同的杂化轨道之间还要满足正交性的要求，由此可以确定α。下面通过实例来说明如何确定三种 s-p 型杂化轨道的波函数。

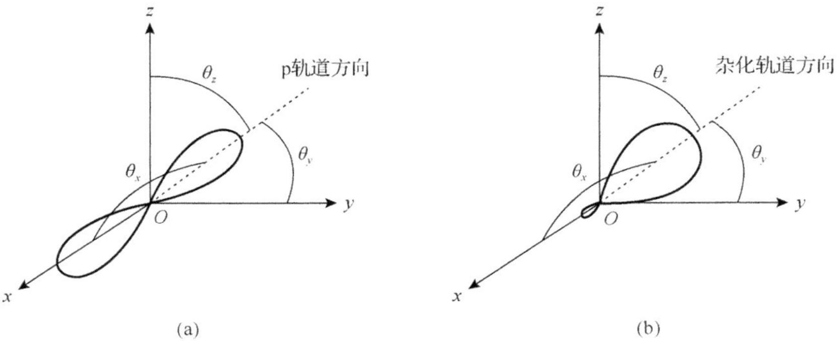

图 6.34　p 轨道和 s-p 型杂化轨道的方向及其示意图

6.8.3.1　sp 杂化轨道

sp 杂化轨道是由 1 个 s 轨道和 1 个 p 轨道线性组合而成的两个轨道，这两个杂化轨道之间的夹角为 180°，乙炔是这种杂化轨道成键的例子。图 6.35(a)是两个 sp 杂化轨道的示意图，两个轨道的方向分别是 OA 和 OB，在图中的坐标系下两个轨道对称轴的方向余弦分别是$(1,0,0)$和$(-1,0,0)$，由式(6.119)可写出这两个杂化轨道的波函数：

$$\begin{aligned}\varphi_1^{\mathrm{sp}} &= \sqrt{\alpha}s + \sqrt{1-\alpha}(1\times p_x + 0\times p_y + 0\times p_z) = \sqrt{\alpha}s + \sqrt{1-\alpha}p_x \\ \varphi_2^{\mathrm{sp}} &= \sqrt{\alpha}s + \sqrt{1-\alpha}(-1\times p_x + 0\times p_y + 0\times p_z) = \sqrt{\alpha}s - \sqrt{1-\alpha}p_x\end{aligned} \quad (6.120)$$

其中，α 是 s 轨道成分。这两个轨道要满足正交性，即要求：

$$\begin{aligned}0 &= \int(\varphi_1^{\mathrm{sp}})^*\varphi_2^{\mathrm{sp}}\mathrm{d}\boldsymbol{r} \\ &= \alpha\int s^*s\mathrm{d}\boldsymbol{r} + \sqrt{\alpha}\sqrt{1-\alpha}\int(s^*p_x + p_x^*s)\mathrm{d}\boldsymbol{r} - (1-\alpha)\int p_x^*p_x\mathrm{d}\boldsymbol{r} \\ &= 2\alpha - 1\end{aligned} \quad (6.121)$$

由此可得 $\alpha = 1/2$ 。于是得到两个杂化轨道的正交归一化的波函数：

$$\begin{cases} \varphi_1^{\mathrm{sp}} = \dfrac{1}{\sqrt{2}}(s + p_x) \\ \varphi_2^{\mathrm{sp}} = \dfrac{1}{\sqrt{2}}(s - p_x) \end{cases} \tag{6.122}$$

图 6.35(b)给出了这两个轨道的空间分布图，可以看到该杂化轨道的电子云在两个方向形成很大的“头部”，从而提升了空间交叠的能力。利用式(6.112)可得两个杂化轨道的能量相同，统一记为 E^{sp} ，其为

$$E^{\mathrm{sp}} = \int (\varphi_1^{\mathrm{sp}})^* H \varphi_1^{\mathrm{sp}} \mathrm{d}\boldsymbol{r} = \int (\varphi_2^{\mathrm{sp}})^* H \varphi_2^{\mathrm{sp}} \mathrm{d}\boldsymbol{r} = \frac{1}{2}(E_{\mathrm{s}} + E_{\mathrm{p}}) \tag{6.123}$$

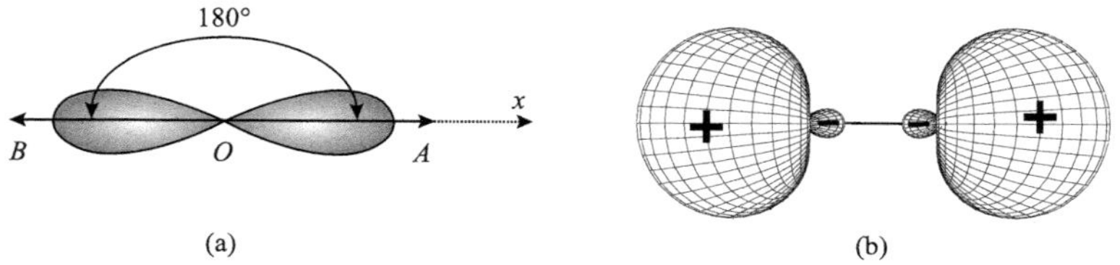

图 6.35　sp 杂化轨道

(a)两个杂化轨道的夹角示意图；(b)由式(6.122)中波函数表达式所得到两个 sp 轨道的空间分布，为清楚起见图中两个轨道分开绘制，图中的+、−号分别表示波函数的正负

6.8.3.2　sp^2 杂化轨道

sp^2 杂化轨道是由 1 个 s 轨道和 2 个 p 轨道线性组合而成的三个轨道，这三个杂化轨道的对称轴在同一平面内，轨道间夹角为 120°，乙烯及苯等分子是这种杂化轨道成键的例子。如图 6.36(a)所示，三个轨道的方向分别是 *OA*、*OB* 和 *OC*，在图中的坐标系下三个轨道对称轴的方向余弦分别是 $(1,0,0)$ 、 $(-1/2,\sqrt{3}/2,0)$ 和 $(-1/2,-\sqrt{3}/2,0)$ ，由式(6.119)可写出这三个杂化轨道的波函数：

$$\begin{aligned} \varphi_1^{\mathrm{sp}^2} &= \sqrt{\alpha}s + \sqrt{1-\alpha}\,p_x \\ \varphi_2^{\mathrm{sp}^2} &= \sqrt{\alpha}s + \sqrt{1-\alpha}\left(-\frac{1}{2}p_x + \frac{\sqrt{3}}{2}p_y\right) \\ \varphi_3^{\mathrm{sp}^2} &= \sqrt{\alpha}s + \sqrt{1-\alpha}\left(-\frac{1}{2}p_x - \frac{\sqrt{3}}{2}p_y\right) \end{aligned} \tag{6.124}$$

其中， α 是 s 轨道成分。由轨道 $\varphi_1^{\mathrm{sp}^2}$ 和 $\varphi_2^{\mathrm{sp}^2}$ 要满足正交性有：

$$0 = \int (\varphi_1^{\mathrm{sp}^2})^* \varphi_2^{\mathrm{sp}^2} \mathrm{d}\boldsymbol{r} = \alpha - \frac{1}{2}(1-\alpha) \tag{6.125}$$

由此可得 $\alpha = 1/3$，于是得到三个 sp^2 杂化轨道的波函数：

$$
\begin{aligned}
\varphi_1^{sp^2} &= \frac{1}{\sqrt{3}} s + \frac{\sqrt{2}}{\sqrt{3}} p_x \\
\varphi_2^{sp^2} &= \frac{1}{\sqrt{3}} s - \frac{1}{\sqrt{6}} p_x + \frac{1}{\sqrt{2}} p_y \\
\varphi_3^{sp^2} &= \frac{1}{\sqrt{3}} s - \frac{1}{\sqrt{6}} p_x - \frac{1}{\sqrt{2}} p_y
\end{aligned}
\tag{6.126}
$$

图 6.36(b)给出了这三个轨道的空间分布图。这三个杂化轨道的能量 E^{sp^2} 相同，经过类似于式(6.123)的简单计算，可得

$$
E^{sp^2} = \int (\varphi_{i1}^{sp^2})^* H \varphi_i^{sp^2} d\boldsymbol{r} = \frac{1}{3}(E_s + 2E_p) \qquad i = 1,2,3 \tag{6.127}
$$

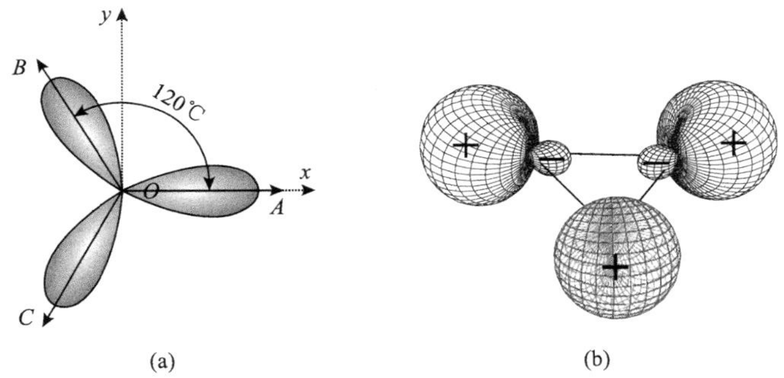

图 6.36　sp^2 杂化轨道

(a)三个 sp^2 杂化轨道的方向和夹角；(b)由波函数表达式(6.126)所得到的三个 sp^2 轨道的空间分布，为清楚起见图中两个轨道分开绘制，图中的+、−号分别表示波函数的正负

6.8.3.3　sp^3 杂化轨道

sp^3 杂化轨道是由 1 个 s 轨道和 3 个 p 轨道线性组合而成的四个轨道。这四个杂化轨道的对称轴方向指向一个正四面体的四个顶点，图 6.37 中 *OA*、*OB*、*OC* 和 *OD* 分别表示这四个轨道的轴向，为了计算这四个轴向方向余弦，将这四个轴绘制于一个正四面体中。在图中所示的坐标下，这四个轴向的方向余弦分别是

$$
\begin{aligned}
&OA\text{:}\left(\frac{1}{\sqrt{3}}, -\frac{1}{\sqrt{3}}, \frac{1}{\sqrt{3}}\right) \qquad OB\text{:}\left(-\frac{1}{\sqrt{3}}, \frac{1}{\sqrt{3}}, \frac{1}{\sqrt{3}}\right) \\
&OC\text{:}\left(\frac{1}{\sqrt{3}}, \frac{1}{\sqrt{3}}, -\frac{1}{\sqrt{3}}\right) \qquad OD\text{:}\left(-\frac{1}{\sqrt{3}}, -\frac{1}{\sqrt{3}}, -\frac{1}{\sqrt{3}}\right)
\end{aligned}
\tag{6.128}
$$

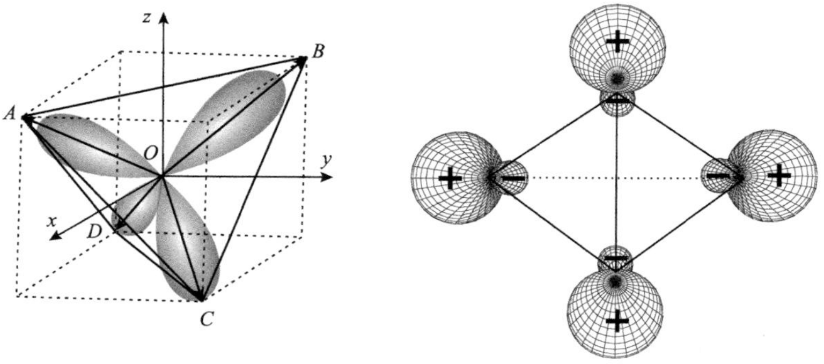

(a)　　(b)

图 6.37　sp^3 杂化轨道

(a) 四个 sp^3 杂化轨道的方向和夹角；(b) 由波函数表达式(6.131)所得到的四个 sp^3 轨道的空间分布，为清楚起见图中两个轨道分开绘制，图中的+、−号分别表示波函数的正负

于是由式(6.119)可写出这四个杂化轨道的波函数：

$$\begin{aligned}
\varphi_1^{sp^3} &= \alpha s + \sqrt{1-\alpha}\left(\frac{1}{\sqrt{3}}p_x - \frac{1}{\sqrt{3}}p_y + \frac{1}{\sqrt{3}}p_z\right) \\
\varphi_2^{sp^3} &= \alpha s + \sqrt{1-\alpha}\left(-\frac{1}{\sqrt{3}}p_x + \frac{1}{\sqrt{3}}p_y + \frac{1}{\sqrt{3}}p_z\right) \\
\varphi_3^{sp^3} &= \alpha s + \sqrt{1-\alpha}\left(\frac{1}{\sqrt{3}}p_x + \frac{1}{\sqrt{3}}p_y - \frac{1}{\sqrt{3}}p_z\right) \\
\varphi_4^{sp^3} &= \alpha s + \sqrt{1-\alpha}\left(-\frac{1}{\sqrt{3}}p_x - \frac{1}{\sqrt{3}}p_y - \frac{1}{\sqrt{3}}p_z\right)
\end{aligned} \tag{6.129}$$

其中，α 是 s 轨道成分。由轨道 $\varphi_1^{sp^3}$ 和 $\varphi_2^{sp^3}$ 要满足正交性有

$$0 = \int (\varphi_1^{sp^3})^* \varphi_2^{sp^3} \mathrm{d}\boldsymbol{r} = \alpha - \frac{1}{3}(1-\alpha) \tag{6.130}$$

由此可得 $\alpha = 1/4$，于是得到四个 sp^3 杂化轨道的波函数：

$$\begin{aligned}
\varphi_1^{sp^3} &= \frac{1}{2}(s + p_x - p_y + p_z) \\
\varphi_2^{sp^3} &= \frac{1}{2}(s - p_x + p_y + p_z) \\
\varphi_3^{sp^3} &= \frac{1}{2}(s + p_x + p_y - p_z) \\
\varphi_4^{sp^3} &= \frac{1}{2}(s - p_x - p_y - p_z)
\end{aligned} \tag{6.131}$$

图 6.37(b)给出了四个杂化轨道的空间分布图。这四个杂化轨道的能量 E^{sp^3} 相同，经过类似于式(6.123)的简单计算可得

$$E^{sp^3}=\int(\varphi_i^{sp^3})^* H\varphi_i^{sp^3}\mathrm{d}\boldsymbol{r}=\frac{1}{4}(E_s+3E_p)\qquad i=1,2,3,4 \tag{6.132}$$

6.8.3.4　d^2sp^3 杂化轨道

d^2sp^3 杂化轨道是由第 n 壳层的 2 个 d 轨道和第 $n+1$ 壳层的 1 个 s 轨道和 3 个 p 轨道线性组合而成的 6 个轨道，它们的求解稍微复杂，这里只是给出其波函数和能量表达式，如式(6.133)所示。图 6.38(a)显示了 6 个 d^2sp^3 杂化轨道的空间分布图。如果把原子核取为中心，则这 6 个杂化轨道分别指向正八面体的 6 个顶点，也就是说这 6 个轨道形成一个正八面体结构，轨道轴之间的夹角为 90°。许多络合物具有正八面体结构，如在 6.4 节中所讨论过的络离子$[Co(NH_3)_6]^{3+}$，可以理解为 Co^{3+} 中形成 d^2sp^3 杂化轨道，每个杂化轨道与 NH_3 中的孤对电子形成共价键。此外，许多金属氧化物中具有氧八面体结构，可以理解为其中的金属离子形成 d^2sp^3 杂化轨道，通过杂化轨道与氧离子的 2p 电子形成共价键。值得说明的是，在 6.4 节中以分子轨道的理论说明八面体络合物及氧化物的结构，这里提供了八面体结构的另一种解释，这种解释更为简单。

$$\begin{cases}\varphi_1^{d^2sp^3}=\sqrt{\frac{1}{6}}\left(s+\sqrt{3}p_z+\sqrt{2}d_{z^2}\right),\\ \varphi_2^{d^2sp^3}=\sqrt{\frac{1}{6}}\left(s+\sqrt{3}p_y-\sqrt{\frac{1}{2}}d_{z^2}+\sqrt{\frac{3}{2}}d_{x^2-y^2}\right),\\ \varphi_3^{d^2sp^3}=\sqrt{\frac{1}{6}}\left(s+\sqrt{3}p_y-\sqrt{\frac{1}{2}}d_{z^2}-\sqrt{\frac{3}{2}}d_{x^2-y^2}\right),\\ \varphi_4^{d^2sp^3}=\sqrt{\frac{1}{6}}\left(s-\sqrt{3}p_z-\sqrt{\frac{1}{2}}d_{z^2}+\sqrt{\frac{3}{2}}d_{x^2-y^2}\right),\\ \varphi_5^{d^2sp^3}=\sqrt{\frac{1}{6}}\left(s-\sqrt{3}p_y-\sqrt{\frac{1}{2}}d_{z^2}-\sqrt{\frac{3}{2}}d_{x^2-y^2}\right),\\ \varphi_6^{d^2sp^3}=\sqrt{\frac{1}{6}}\left(s-\sqrt{3}p_z+\sqrt{2}d_{z^2}\right)\end{cases}\qquad E^{d^2sp^3}=\frac{1}{6}(E_s+3E_p+2E_d) \tag{6.133}$$

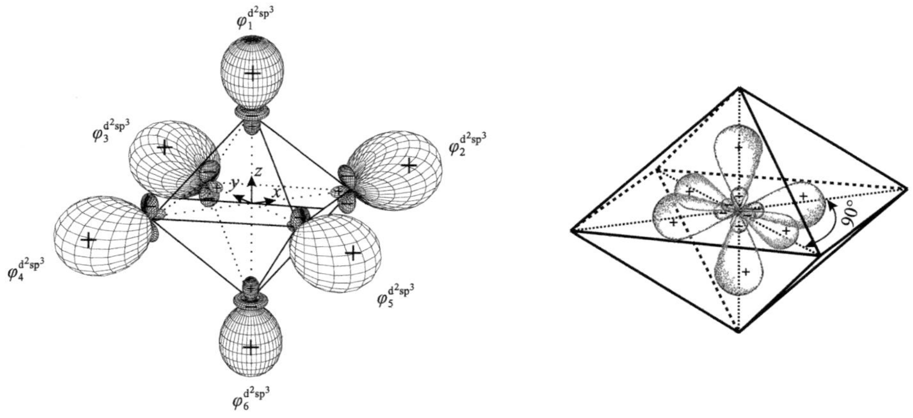

(a) (b)

图 6.38 d^2sp^3 杂化轨道

(a)把两个 d^2sp^3 轨道分开绘制以显示单个轨道的空间分布；(b)两个杂化轨道的相对位置示意图以及它们之间的夹角。图中+、–号分别表示波函数的正负

6.8.4 不等性杂化轨道理论

除了上述的 s-p 型等性杂化轨道，s 轨道和 p 轨道还可以形成不等性杂化轨道。不等性杂化轨道与等性杂化轨道的区别体现在两方面：①在等性杂化轨道中所有杂化轨道的成分是相同的，而不等性杂化轨道中却不是完全相同的；②在等性杂化轨道中所有杂化轨道的能量是相同的，而不等性杂化轨道的能量却不完全相同。H_2O 分子和 NH_3 分子是两个不等性杂化轨道的例子，这里详细说明 NH_3 分子中的不等性杂化轨道及其构造，而对 H_2O 分子中的不等性杂化轨道仅作简单讨论。

6.8.4.1 NH_3 分子

NH_3 分子的分子结构如图 6.39 所示，NH_3 分子是一个三角锥形分子，三个 N—H 键的键长是 101.7pm，键之间夹角为 107.8°，这个夹角并不准确等于 sp^3 杂化轨道间 109°的键角，这意味着在 NH_3 分子中 N 并不是形成 sp^3 等性杂化轨道。为说明这种结构，人们提出不等性杂化轨道的理论：①N 原子的 2s 轨道和 3 个 2p 轨道线性组合成四个杂化轨道，与等性杂化轨道不同的是，这四个杂化轨道中 2s 轨道成分不完全相同，其中三个轨道中的相同的杂化轨道 2s 轨道成分相同，而另一个轨道中的 2s 轨道成分不同，三个 2s 轨道成分记为 α，这组轨道称为 α 杂化轨道，另一个 2s 轨道成分不同的杂化轨道记为 β，该轨道称为 β 杂化轨道；② β 轨道的能量较低，因而 N 原子最外层的五个电子中的两个首先占据 β 轨道，另外三个电子则占据能量较高的三个 α 轨道，三个 α 轨道的能量相同，按照洪德规则，每个轨道包含一个电子；③当 N 原子与 H 原子形成 NH_3 分子时，三个 α 轨道分别与三个 H 原子 1s 轨道通过共享电子形成三个共价键，而 β 轨道中因含有 2 个电子而不能与 H 原子形成共价键，在 NH_3 分子中以孤对电子出现。

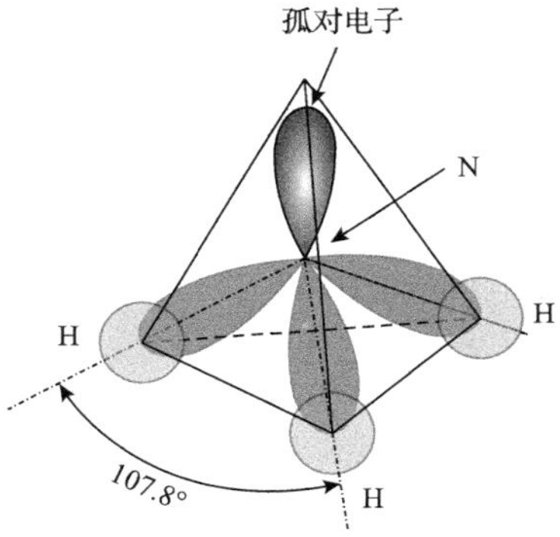

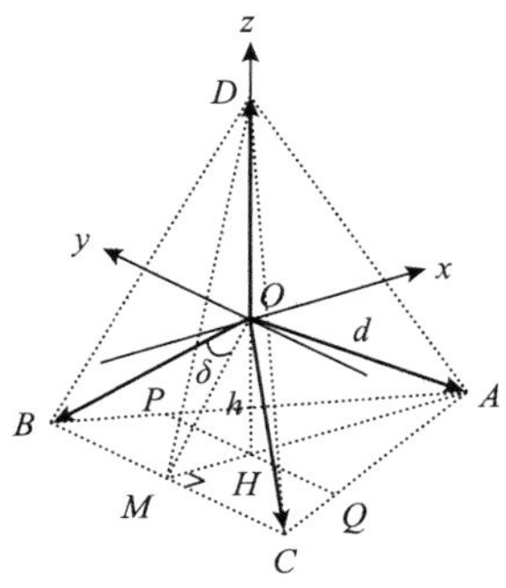

图 6.39　NH_3 分子的结构不等性杂化轨道(a)及几何关系(b)

NH_3 分子为三角锥形分子，三个 N—H 键的键长 $d=OA=OB=OC$=101.7pm，N—H 键之间的键角 2δ=107.8°，N 原子到 H 原子平面的垂直距离 $h=OH$=36.7pm。在图(b)中，A、B 和 C 分别表示三个氢原子的位置，O 表示 N 原子的位置，因此三个 N—H 键的方向分别由 OA、OB 和 OC 表示，OD 表示未成键的杂化轨道的方向。ABC 形成一个等边三角形，H 是该三角形的中心，PQ 是过 H 且平行于边 BC 的直线，M 是 BC 的中点。图(b)中直角坐标系的设置为：原点位于 O 点，x 轴平行于 AM，y 轴平行于 PQ，z 轴为 OD 方向

下面说明不等性杂化波函数和能量的求解方法。首先这里所有四个杂化轨道都是由 s 轨道和 p 轨道形成的 s-p 型杂化轨道，因而其波函数形式与前述的 s-p 型等性杂化轨道的形式相同，所不同的是这里的四个波函数中的三个具有相同的 s 轨道成分 α，而另一个具有 s 轨道成分 β。如图 6.39(b)所示，三个 α 杂化轨道取向分别是 OA、OB 和 OC，另一个 β 轨道取向为 OD，在图 6.39(b)所示的坐标系中，OD 的方向余弦为(0,0,1)，因此 β 轨道的波函数为

$$\varphi^{\beta}=\sqrt{\beta}s+\sqrt{1-\beta}p_z \tag{6.134}$$

为了求 OA、OB 和 OC 的方向余弦，写出三个矢量的直角坐标表达式

$$\begin{aligned}\boldsymbol{OA}&=HA\boldsymbol{i}-OH\boldsymbol{k}=\sqrt{d^2-h^2}\,\boldsymbol{i}-h\boldsymbol{k}\\ \boldsymbol{OB}&=-MH\boldsymbol{i}+BM\boldsymbol{j}-OH\boldsymbol{k}=\sqrt{d^2\cos^2\delta-h^2}\,\boldsymbol{i}+d\sin\delta\,\boldsymbol{j}-h\boldsymbol{k}\\ \boldsymbol{OC}&=-MH\boldsymbol{i}-MC\boldsymbol{j}-OH\boldsymbol{k}=\sqrt{d^2\cos^2\delta-h^2}\,\boldsymbol{i}-d\sin\delta\,\boldsymbol{j}-h\boldsymbol{k}\end{aligned} \tag{6.135}$$

由此可得 OA 的三个方向余弦($\cos\theta_x$，$\cos\theta_y$，$\cos\theta_z$)：

$$\cos\theta_x = \frac{\boldsymbol{OA}\cdot\boldsymbol{i}}{|\boldsymbol{OA}|} = \sqrt{1-(h/d)^2},\quad \cos\theta_y = \frac{\boldsymbol{OA}\cdot\boldsymbol{j}}{|\boldsymbol{OA}|} = 0,\quad \cos\theta_z = \frac{\boldsymbol{OA}\cdot\boldsymbol{k}}{|\boldsymbol{OA}|} = h/d \quad (6.136)$$

类似地，可得 OB 和 OC 两个方向的余弦为

$$\begin{aligned} OB&:\ (-\sqrt{\cos^2\delta-(h/d)^2}, \sin\delta, -h/d) \\ OC&:\ (-\sqrt{\cos^2\delta-(h/d)^2}, -\sin\delta, -h/d) \end{aligned} \quad (6.137)$$

于是与三个方向对应的三个杂化轨道波函数为

$$\begin{aligned} \varphi_1^\alpha &= \sqrt{\alpha}s + \sqrt{1-\alpha}\left[\sqrt{1-(h/d)^2}p_x - (h/d)p_z\right] \\ \varphi_2^\alpha &= \sqrt{\alpha}s + \sqrt{1-\alpha}\left[-\sqrt{\cos^2\delta-(h/d)^2}p_x + \sin\delta p_y - (h/d)p_z\right] \\ \varphi_3^\alpha &= \sqrt{\alpha}s + \sqrt{1-\alpha}\left[-\sqrt{\cos^2\delta-(h/d)^2}p_x - \sin\delta p_y - (h/d)p_z\right] \end{aligned} \quad (6.138)$$

上式的 α 和式(6.134)中的 β 可由轨道波函数间正交化条件决定。由 φ_2^α 和 φ_3^α 正交可得

$$0 = \int (\varphi_2^\alpha)^* \varphi_3^\alpha \mathrm{d}\boldsymbol{r} = \alpha + (1-\alpha)(\cos^2\delta - \sin^2\delta) \quad (6.139)$$

把 δ 的数值代入，则得

$$\alpha = 1 - \frac{1}{2\sin^2\delta} = 0.2341 \quad (6.140)$$

由 φ_1^α 与 φ^β 正交，可得

$$0 = \int (\varphi_1^\alpha)^* \varphi^\beta \mathrm{d}\boldsymbol{r} = \sqrt{\alpha\beta} - \sqrt{(1-\alpha)(1-\beta)}\cdot(h/d) \quad (6.141)$$

由此可得 β=0.2897。把所得到的 α 和 β 值以及 h、d 和 δ 代入式(6.134)和式(6.138)即可得到四个不等性杂化轨道的波函数：

$$\begin{aligned} \varphi_1^\alpha &= 0.4838s + 0.8162p_x - 0.3158p_z \\ \varphi_2^\alpha &= 0.4838s - 0.4076p_x + 0.7071p_y - 0.3158p_z \\ \varphi_3^\alpha &= 0.4838s - 0.4076p_x - 0.7071p_y - 0.3158p_z \\ \varphi^\beta &= 0.5465s + 0.8374p_z \end{aligned} \quad (6.142)$$

可以验证这些波函数满足正交归一化的要求。

三个 α 轨道 $\varphi_i^\alpha\,(i=1,2,3)$ 的能量 E^α 和 β 轨道 φ^β 的能量 E^β 分别为

$$
\begin{aligned}
E^{\alpha} &= \int (\varphi_i^{\alpha})^* H \varphi_i^{\alpha} \mathrm{d}\boldsymbol{r} = 0.2341E_{\mathrm{s}} + 0.7659E_{\mathrm{p}}, \quad i = 1,2,3 \\
E^{\beta} &= \int (\varphi^{\beta})^* H \varphi^{\beta} \mathrm{d}\boldsymbol{r} = 0.2987E_{\mathrm{s}} + 0.7013E_{\mathrm{p}}
\end{aligned} \tag{6.143}
$$

由此可得杂化前后轨道的能量分布如图 6.40 所示，其中三个 φ_i^{α} 的能量较高，而 φ^{β} 的能量较低，按照能量最低原理，φ^{β} 轨道填有两个电子，余下的三个电子填入 φ_i^{α} 轨道，由于这三个轨道能量相同，按照洪德规则，三个电子分别占据一个轨道。在这种情况下最外层电子的总能量为

$$
E_{\text{不等性}} = 3E^{\alpha} + 2E^{\beta} = 1.2997E_{\mathrm{s}} + 3.7001E_{\mathrm{p}} \tag{6.144}
$$

杂化前 N 原子最外层电子的总能量为 $E_0=2E_{\mathrm{s}}+3E_{\mathrm{p}}$，由于杂化前后 N 原子内层的 1s 轨道的能量变化很小，因而认为其杂化前后 N 原子的总能量变化就是杂化前后最外层电子的能量差，由此可得杂化前后的原子总能量差 $\Delta E_{\text{不等性}}$：

$$
\Delta E_{\text{不等性}} = E_{\text{不等性}} - E_0 = 0.700(E_{\mathrm{p}} - E_{\mathrm{s}}) \tag{6.145}
$$

由于 $E_{\mathrm{p}} > E_{\mathrm{s}}$，因而 $\Delta E_{\text{不等性}} > 0$，这表明不等性杂化使原子的总能量有所提高。下面考虑 N 原子最外层电子以 sp^3 等性杂化时原子能量的变化，sp^3 等性杂化下每个杂化轨道的能量为 $(E_{\mathrm{s}} + 3E_{\mathrm{p}})/4$，于是 5 个最外层电子的总能量为 $E_{\text{等性}} = 5(E_{\mathrm{s}} + 3E_{\mathrm{p}})/4$，在等性杂化下 N 原子总能量变化 $\Delta E_{\text{等性}} = E_{\text{等性}} - E_0 = 0.75(E_{\mathrm{p}} - E_{\mathrm{s}}) > 0$。比较等性杂化和不等性杂化下原子能量的变化可见，两种情形下杂化都导致原子能量的升高，但不等性杂化情形下原子能量升高的值更小一些。

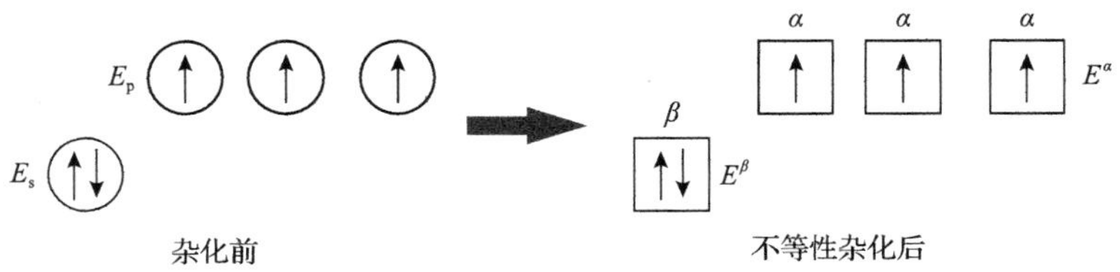

图 6.40　NH_3 分子中 N 原子 2s-2p 轨道不等性杂化前后各轨道能量示意图

6.8.4.2　H_2O 分子

实验指出 H_2O 分子的 O—H 键之间的夹角为 104.5°，这与 sp^3 杂化轨道间 109° 的键角并不完全一致，因此在 H_2O 分子中 O 并不是按照 sp^3 等性杂化形成杂化轨道。为此人们提出 H_2O 分子的不等性杂化轨道：①H_2O 分子中 O 原子 2s 和 2p 轨道线性组合成四个 s-p 型不等性杂化轨道，这四个杂化轨道分成两组，每组包含两个轨道，同一组内的两个轨道成分和能量相同，不同组的轨道成分和能量则不

同；②O 原子中的最外层的 6 个电子先占据能量较低的两个杂化轨道，每个轨道容纳两个电子，另外两个电子则占据能量较高的两个杂化轨道，每个轨道容纳一个电子；③当 O 原子与两个 H 原子形成 H_2O 时，两个能量较高的杂化轨道则分别与 H 原子的 1s 轨道共享电子而形成两个共价键，另外两个能量较低的杂化轨道因电子全满而不能与 H 原子的轨道成键因而形成两个孤对电子轨道，如图 6.41 所示。H_2O 中不等性杂化轨道波函数的求解方法与 NH_3 中的情形完全相同，这里不再讨论。

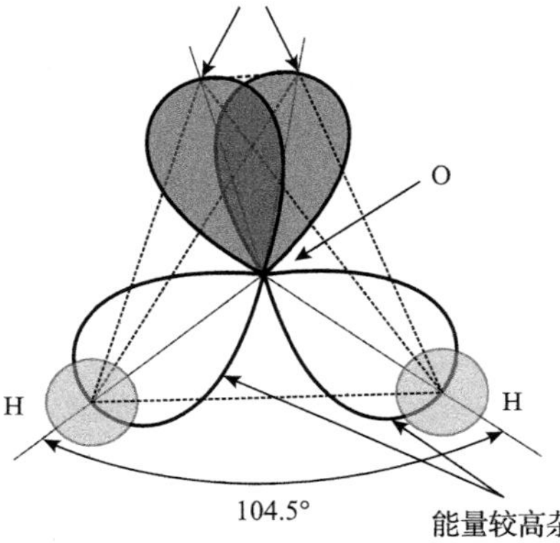

图 6.41　H_2O 分子中的杂化轨道和成键

四个不等性杂化轨道分成能量较高和较低两组，四个轨道的对称轴分别指向特定的方向，两个能量较高轨道的对称轴夹角为 104.5°，它决定了两个 O—H 键之间的键角

参考文献

[1] Greenberg A. Chemistry: Decade by Decade. New York: Facts On File, 2007

[2] 库尔森 C A, 麦克威尼 R. 原子价. 佘敬曾, 译. 北京: 科学出版社, 1978

[3] 默雷尔. 原子价理论. 文振翼, 译. 北京: 科学出版社, 1978

[4] 卡特迈尔 E, 富勒斯 G W A. 原子价与分子结构. 宁世光, 译. 北京: 人民教育出版社, 1981

[5] Levine I N. Quantum Chemistry. 7th ed. Boston: Pearson Education, 2014: 373

[6] Levine I N. Quantum Chemistry. 7th ed. Boston: Pearson Education, 2014: 209-212

[7] 江元生. 结构化学. 北京: 高等教育出版社, 2010: 91-92

[8] Levine I N. Quantum Chemistry. 7th ed. Boston: Pearson Education, 2014: 364-365

[9] 赫兹堡 G. 分子光谱与分子结构. 第一卷. 双原子分子光谱. 王鼎昌, 译. 北京: 科学出版社, 1983: 254-262

[10] 赫兹堡 G. 分子光谱与分子结构. 第一卷. 双原子分子光谱. 王鼎昌, 译. 北京: 科学出版社, 1983: 248-261

[11] 赫兹堡 G. 分子光谱与分子结构. 第一卷. 双原子分子光谱. 王鼎昌, 译. 北京: 科学出版社, 1983: 454

[12] Jean Y. Molecular Orbitals of Transition Metal Complexes. Oxford: Oxford University Press, 2005: 16-24

[13] Levine I N. Quantum Chemistry. 7th ed. Boston: Pearson Education, 2014: 465

[14] Jean Y. Molecular Orbitals of Transition Metal Complexes. Oxford: Oxford University Press, 2005: 240-242

[15] Haynes W M, et al. CRC Handbook of Chemistry and Physics. 14th ed. London: CRC Press, 2014: 10-197

[16] Haynes W M, et al. CRC Handbook of Chemistry and Physics.14th ed. London: CRC Press, 2014: 10-148

[17] Ibach H, Lüth H. Solid-State Physics: An Introduction to Principles of Materials Science. Berlin: Springer-Verlag, 2009: 11

[18] Pool C P. et al. Superconductivity. 2nd ed. London: Elsevier, 2007: 202-208

[19] Lalena J N, Cleary D A. Principles of Inorganic Materials Design. 2nd ed. New York: John Wiley & Sons, 2010: 193-194

[20] Haken H, Wolf H C. Molecular Physics and Elements of Quantum Chemistry: Introduction to Experiments and Theory. 2nd ed. Berlin: Springer-Verlag, 2003: 66-75

[21] Kutzelnigg W. Friedrich Hund and chemistry. Angew Chem Int Edition Engl, 1996, 35: 573-586

[22] Pauling L. The nature of the chemical bond. Application of results of obtained from the quantum mechanics and from a theory of paramagnetic susceptibility to the structure of molecules. J Am Chem Soc, 1931, 53: 1367-1400

第 7 章　固体能带论

To make my life easy, I began by considering wavefunctions in a one-dimensional periodic potential. By straight Fourier analysis I found to my delight that the wave differed from the plane wave of free electrons only by a periodic modulation. This was so simple that I didn't think it could be much of a discovery, but when I showed it to Heisenberg he said right away "that's it!" Well, that wasn't quite it yet, and my calculations were only completed in the summer when I wrote my thesis on "The Quantum Mechanics of Electrons in Crystal Lattices."

布洛赫(1905—1983)

The hole is really an abstraction which gives a convenient way of describing the behavior of the electrons. The behavior of the holes is essentially a shorthand way of describing the behavior of all the electrons.

肖克利(1910—1989)

7.1　固体电子理论的简史

7.1.1　经典自由电子气理论[1,2]

1897 年，汤姆孙发现电子。1900 年，德鲁德(P. Drude, 1863—1906)把金属中的电子看成经典粒子形成的理想气体，金属的电导及热导等性质用理想气体的统计物理方法来处理，1904 年洛伦兹(H. A. Lorentz, 1853—1928)在数学上进一步完善该理论，这个理论的核心观念为电子是经典粒子，粒子间没有相互作用，因此该理论被称为经典自由电子气理论。经典自由电子气理论能够定性甚至半定量解释金属的许多性质，如它能说明热导和电导比值为一常数的 Wiedemann-Franz 定律。但它不能解释许多结果，如它给出的金属的电子比热容只有实验值的百分之几；按照这个理论，金属电子的平均自由程大致上等于晶格常数即几埃量级，但由金属电导率估算的金属中电子的平均自由程在数十纳米到数百纳米；按照该理论，金属中电子密度越高，导电性越大，因此过渡金属的电导率应当大于主族金属，但实际情况却往往相反。

7.1.2　量子自由电子气理论[2]

1925～1926 年量子力学建立，1925 年泡利提出泡利不相容原理，表明电子与经典粒子具有本质的差别，1926 年费米和狄拉克分别提出电子遵循与经典粒子不同的统计分布律，这些工作确立了电子是一种由量子力学规律描述的粒子。1927 年泡利用新的统计分布律说明了碱金属中的泡利顺磁性现象，1928 年索末菲进一步利用电子的新特性解释了金属的电子比热容很小以及过渡金属电导率比主族金属低的问题，阐明其根本原因在于金属中只有金属费米面附近的电子对电导和热导有贡献，经典自由电子气理论的错误则在于它认为金属中所有电子都有贡献。索末菲的理论把金属中的电子依然看成是理想气体的集合，只是电子的统计分布遵循费米-狄拉克统计，因此该理论被称为量子的自由电子气理论。在处理电子输运问题中，电子实质上仍然被看成一个点粒子而不是量子力学的波。索末菲的理论仍然面临一些问题，如它不能说明有些金属的反常霍尔效应。

7.1.3　能带论[2-6]

1927 年底，布洛赫(F. Bloch)成为海森伯的研究生，开始在海森伯的建议下研究晶体中的电子问题，布洛赫把这个问题简化成周期势场中单粒子的薛定谔方程问题，很快布洛赫就用傅里叶方法获得周期势场中薛定谔方程解的基本形式，即布洛赫态。由布洛赫态描述的电子在本质上是波，也就是说电子的平均自由程原则上和晶体尺度同样大，这意味着金属没有电阻，为解决这个问题布洛赫提出金属电阻形成的机制：晶体中总是存在晶格缺陷或杂质，晶格也总是处于不停振动之中，这两个因素导致实际的晶格偏离严格的周期性，相当于在周期势场中引入了扰动，扰动造成布洛赫波被散射，这等价于经典输运理论中的碰撞，因此电阻是布洛赫电子被散射的结果，布洛赫由此采用电子波包的方法和玻尔兹曼输运方程定量地计算了金属的电阻，为电子波观念下电阻计算问题奠定了基础[4]。布洛赫提出用原子轨道的线性组合来近似晶体中电子波函数，此即紧束缚近似方法，基于这种方法，他确立了晶体中电子的能带结构和带隙的存在，这种处理方法使得他把能带看成是晶体中原子轨道相互交叠展宽的结果，带隙则是原子能级展宽后所留下的间隙，他最初并没有充分认识到带隙在晶体导电性中所起的本质作用，他认为导体和绝缘体的区别是定性的，相邻原子之间轨道交叠比较大时晶体则为导体，相邻原子轨道交叠比较小时则为绝缘体。

1928 年夏天，派尔斯(R. Peierls, 1907—1995)加入海森伯的研究组，开始研究反常霍尔效应，即具有正系数的霍尔效应。基于布洛赫的研究结果，他发现价带顶部附近的电子在外电场作用下会表现出与常规电子方向相反的加速度，这个发现很好地解释了反常霍尔效应；另外他确定了满带电子不会对电流有贡献，这些工作最终使海森伯在 1931 年提出空穴的概念。派尔斯从新的角度研究了周期势场对电子的影响，也就是假定电子原来是索末菲的自由电子，晶体周期势则是施加在索末菲电子上的微扰，他在一维模型下确定了即使是很微弱的周期势也会导致带隙的出现，实际上提出了另一种研究晶体中电子态的方法，即近自由电子近似方法，在这种方法中带隙被理解成晶格对电子布拉格衍射的结果。1930 年夏季，布里渊沿着这一思想研究了一般三维晶体中薛定谔方程的解，提出现在称为布里渊区的概念。

1931 年初，威尔逊(A. H. Wilson, 1906—1995)加入海森伯的研究组，仔细研究布洛赫和派尔斯的工作后，他指出金属-半导体-绝缘体的差别在于其能带结构的不同：如果一个晶体含有部分填充的能带则这个晶体为金属，如果晶体所有能带不是全满或全空则该晶体为绝缘体或者半导体。这个结果看起来可由满带电子不会形成电流而直接得到，但布洛赫和派尔斯都没有得到这个结论，威尔逊在后来的回忆文章中指出可能的原因在于他们总是从金属性质的角度去考虑能带性质，而从来没有从绝缘体的角度去考虑能带性质，从而没注意到不同导电性材料的能带差异[7]。在当时人们还没有半导体的概念，因此威尔逊的工作实际上预言了半导体的存在。

1928～1931 年围绕以海森伯为中心的关于晶体电子性质的研究确立了现代固体电子论基本概念和理论框架，为定量解释晶体中的电子输运性质奠定了基础，特别是为理解后来发现的晶体管提供了基础，从而成为微电子学的基石。

7.2　晶体结构、晶格和倒易晶格

晶体是原子在空间以某种周期重复排列的材料，一个晶体中所有原子的种类及在空间位置的信息称为晶体结构，晶体结构可以通过各种衍射技术来确定。尽管晶体结构几乎是无限多的，但晶体中原子在空间中的重复模式却是有限的，为了说明晶体中原子的重复模式，人们去掉晶体具体的原子属性而把晶体抽象成一个纯几何对象，此即为布拉维晶格或布拉维格子，常简称为晶格，晶格是理解晶体结构的基本概念。在确定晶体结构的 X 射线衍射技术中，人们发展了倒易晶格或倒易格子(reciprocal lattice)的概念，它是布拉维格子的一种数学变换，由于这种对应关系晶格也常被称为正晶格或正格子(direct lattice)。倒易晶格是所有衍射(X 射线衍射、电子衍射以及中子衍射)理论中的基本概念。下面分别说明晶体结构、晶格以及倒易晶格这三个概念的基础。

7.2.1　从晶体结构到布拉维格子

晶体结构(crystal structure)即晶体中原子在空间的排列。图 7.1(a)是金属铜

(a=3.61Å)的晶体结构，该结构称为面心立方结构，是金属常见的晶体结构[如 Al(a=4.05Å)和 Au(a=4.08Å)]；图 7.1(b)是金属铁(a=2.87Å)的晶体结构，该结构称为体心立方结构，也是金属常见的晶体结构[如 V(a=3.16Å)和 Nb(a=3.30Å)]；图 7.1(c)是氯化钠(a=5.64Å)的晶体结构，该结构称为 NaCl 结构，许多金属卤化物具有这种结构[如 LiF(a=4.02Å)]；图 7.1(d)是硅(a=5.43Å)的晶体结构，该结构称为金刚石结构，金刚石(a=3.57Å)和锗(a=5.66Å)都具有这种结构；图 7.1(e)是 GaAs(a=5.65Å)的晶体结构，该结构称为闪锌矿结构(zincblende structure)，许多半导体具有这种结构[如 ZnS(a=5.41Å)和 SiC(a=4.35Å)]；图 7.1(f)是 $SrTiO_3$ 的晶体结构，该结构称为钙钛矿结构(perovskite structure)，通常写为 ABO_3 形式，其中 A 为离子半径较大的碱金属、碱土金属或稀土元素等，B 为离子半径较小的过渡金属元素，这类结构包括许多重要的氧化物，如铁电体 $BaTiO_3$、高温超导体 $YBa_2Cu_3O_{7-x}$ 以及高效率的光伏材料 $(CH_3NH_3)PbI_3$。

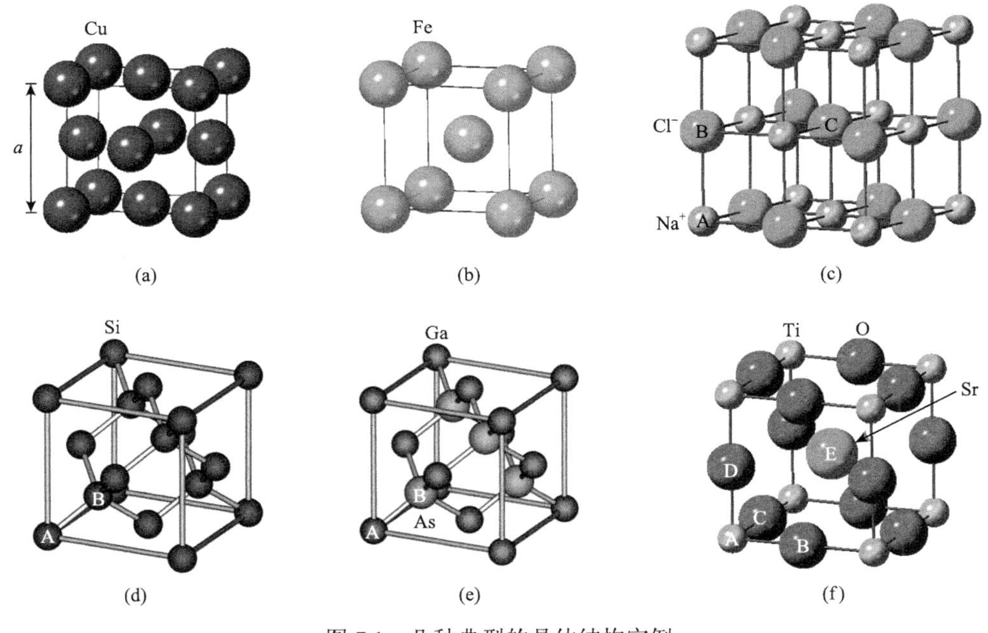

图 7.1　几种典型的晶体结构实例

(a)金属铜；(b)金属铁；(c)NaCl；(d)金刚石；(e)GaAs；(f)$SrTiO_3$

布拉维格子是晶体结构的抽象，是一个几何对象，描述了晶体中原子周期性排列的模式。把一个晶体结构抽象为一个布拉维格子的基本思想是：把晶体中重复排列的原子或原子团用一个几何点表示，然后按照晶体中原子排列的模式排列这些点，得到的无穷点阵对象称为布拉维格晶格(Bravais lattice)或晶格，重复的原子或原子团称为基或基元(basis)，抽象成的点称为格点(lattice)。基元的大小可以有不同的选择，通常总是选择最小的重复单元作为基元。下面说明图 7.1 所示晶体对应的布拉维格子。

对于金属铜和金属铁，每个原子可由一个格点表示，这样得到的布拉维格子与晶体结构的形式完全一样，只是原子变成了格点，也就是说铜的布拉维格子为面心立方晶格，而铁的布拉维格子为体心立方晶格，分别如图 7.2(b)和(c)所示。在晶体的几何理论中如果每个格点只表示一个原子，那么相应的晶体称为简单晶体(simple crystal)，与之对应的布拉维格子则称为简单晶格(simple lattice)，因此这里铜和铁的布拉维格子为简单晶格。

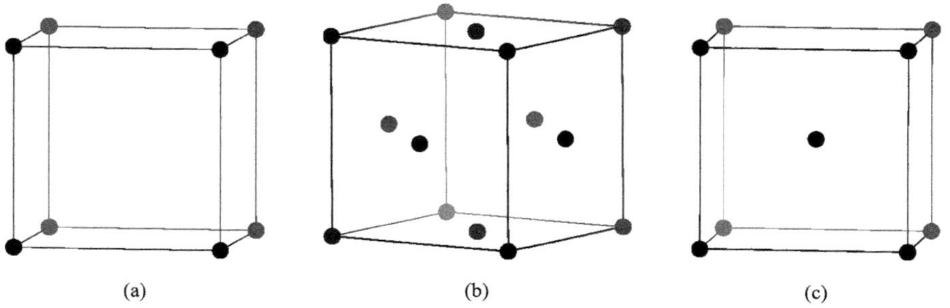

图 7.2 三种立方晶格的惯用单胞

(a)简单立方；(b)面心立方；(c)体心立方

对于 NaCl 晶体，它包含两个不同的原子，因此它的最小基元包括一个 Na^+离子和一个 Cl^-离子，如果选择分别由 A 和 B 标识的 Na^+离子和 Cl^-离子为基元，且 Na 的位置作为代表基元的格点位置，就得到一个面心立方的布拉维格子，如图 7.2(b)所示，该格子相当于把晶格结构中 Na^+离子用格点代替并去掉所有 Cl^-离子所得到的结构，需要指出的是布拉维格子与用基元中什么位置表示格点的位置没有关系，如取 Cl^-离子的位置作为格点位置同样得到一个面心立方的布拉维格子。晶体的布拉维格子形式与基元选择无关，如在本例中选择分别由 A 和 C 标识的 Na^+离子和 Cl^-离子为基元会得到同样的布拉维格子。虽然氯化钠和铜具有完全不同的晶体结构，但有相同的布拉维晶格。在晶格的布拉维格子理论中，如果每个格点对应两个或两个以上原子，则晶体称为复式晶体(composite crystal)，相应的布拉维格子则称为复式晶格(composite lattice)，因此氯化钠的布拉维格子是复式晶格。

对于硅晶体，虽然它包含一种原子，但 Si 原子有两种不等价的位置，如图 7.1(d)中标志为 A 和 B 的两个原子位置，这意味着硅晶体最小基元包括两个 Si 原子，可以看到图中晶胞顶点和面心处的原子属于同一种等价位置，而处于晶胞内的原子属于另一种等价位置，如果选择原子 A 和 B 的两个原子作为硅晶体的基元并取 A 的位置作为代表基元的格点位置，就得到一个面心立方的布拉维格子，如图 7.2(b)所示，该格子相当于把晶格结构中处于顶点的原子和处于面心的原子用格点代替并去掉处于晶格内部的原子所得到的结构。显然硅的布拉维格子是复式晶格。

GaAs 的结构与硅的结构非常相似，相当于硅晶体结构中 A 位的原子变成了 Ga，而 B 位的原子变成了 As，因此 GaAs 晶体中的基元包含一个 Ga 原子和一个 As 原子，采用同样的分析可见 GaAs 的布拉维格子仍然是面心立方晶格，而且是复式晶格。

$SrTiO_3$ 晶体中有三种原子：Sr 原子、Ti 原子和 O 原子，其中 O 原子具有三种不同的等价位置，因此 $SrTiO_3$ 晶体中有 5 种不同的原子位，从而 $SrTiO_3$ 晶体的基元包含 5 个原子。如果取图 7.1(f) 中的 A～E 的 5 个原子为基元并取 A 原子的位置作为代表基元的格点位置，则 $SrTiO_3$ 晶体的布拉维格子是一简单立方晶格，如图 7.2(a) 所示，显然这是一个复式简单立方晶格。

7.2.2　布拉维格子的几何学

布拉维格子是一个无限的周期格点系统，描述周期系统时只需要描述重复单元即可，重复单元可以有不同的选择方式，这里先通过一个二维例子说明重复单元的选择，如图 7.3 所示。对于图 7.3 中的二维晶格，P1～P4 四个平行四边形都可以作为重复单元，矩形 C 也可以作为重复单元，注意到属于每个格点的面积等于平行四边形 P1 的面积，因此 P1～P4 四个平行四边形面积相等，P1～P4 这四种重复单元的每一个只包含一个格点，而重复单元 C 面积是 P1 面积的 2 倍，意味着该重复单元包含 2 个格点，这种只包含一个格点的重复单元称为**初级单胞**(primitive unit cell)或初级胞(primitive cell)，通常翻译为**原胞**，而包含 2 个及 2 个以上格点的重复单元称为**单胞**(unit cell)，可见原胞是单胞的一个特例，是布拉维格子的最小重复单元。由该例子可见一个布拉维格子的原胞并非是唯一的，而是有无穷多种可能，但通常情况下总是选择具有最高对称性的原胞，如该例子中的 P1 作为原胞。布拉维格子可以由如 P1 的原胞表征，也可以由如 C 的单胞表征，单胞 C 不是最小的重复单元，但却具有更高的对称性，能更好地反映晶格的对称性质，这种具有更高对称性的单胞称为**惯用单胞**(conventional unit cell)或**惯用胞**(conventional cell)，通常选择它来作为晶格的基本表示。

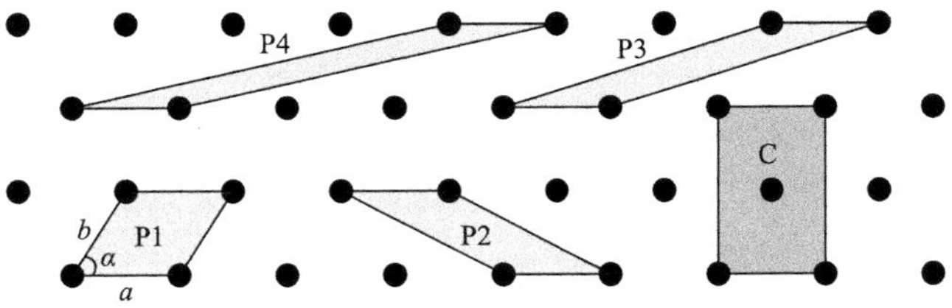

图 7.3　二维情形下布拉维格子中的单胞和原胞

图中 P1～P4 为不同的但都包含一个格点的原胞，C 为包含两个格点的单胞

晶体的布拉维格子或晶格由原胞或惯用胞表征，而原胞或惯用胞则由其几何参数表征，在图 7.3 所示的例子中原胞 P1 由平行四边形的边长 a 和 b 以及两边之间的夹角 α 表征。对于实际的三维晶体，常用惯用胞来表示和分类晶格，惯用胞的一般形式则是平行六面体，表征它需要 6 个参数，即三个边长 a、b、c 和三个边长之间的夹角 α、β、γ。根据惯用胞的这些参数，晶格可分为 7 个大类即 7 个晶系，每个晶系中又可能有底心、体心或面心的不同形式，晶体所有可能的布拉维格子共 14 种，这个结论最早由布拉维(Auguste Bravais, 1811—1863)于 1850 年确定。例如，$a=b=c$ 和 $\alpha=\beta=\gamma=90°$ 时的晶格属于立方晶系，该类晶格包含简单立方、体心立方和面心立方三个不同形式，如图 7.2 所示。有关这些布拉维格子的详细介绍可参阅一般的固体物理学或晶体学的书。

为了在晶格中表示位置和方向等量需要建立坐标系。一般地，坐标系的三个坐标基矢按如下方式确定：三个基矢方向分别沿着原胞六面体三个边的方向，基矢的大小则分别等于三个边方向的晶格常数。下面以立方晶格为例来说明晶格中的坐标系。立方晶格包含简单立方、面心立方和体心立方三种晶格，图 7.2 所示是这三种晶格的惯用胞，然而这三种单胞中只有简单立方晶格的惯用胞是原胞，面心立方和体心立方晶格的惯用胞并不是原胞，这意味着三种立方晶格的原胞是不同的，相应的三种晶格的坐标系也会不同。为了说明晶格坐标系，先在三种立方晶格中建立通常的 $Oxyz$ 直角坐标系，按照惯例 x、y、z 三个方向的单位基矢记为 $\boldsymbol{i}$、$\boldsymbol{j}$、$\boldsymbol{k}$。如图 7.4(a)所示，简单立方晶格的惯用胞本身就是原胞，因此简单立方晶格坐标的三个基矢 $\boldsymbol{a}_1$、$\boldsymbol{a}_2$、$\boldsymbol{a}_3$ 依然是

$$\boldsymbol{a}_1 = a\boldsymbol{i}, \qquad \boldsymbol{a}_2 = a\boldsymbol{j}, \qquad \boldsymbol{a}_3 = a\boldsymbol{k} \tag{7.1}$$

面心立方晶格最常见的原胞的选取方式如图 7.4(b)所示，也就是分别以原点到三个最近邻的面心格点连线为原胞的三个边，即以图 7.4(b)矢量 $\boldsymbol{a}_1$、$\boldsymbol{a}_2$、$\boldsymbol{a}_3$ 为三个边的平行六面体作为原胞，$\boldsymbol{a}_1$、$\boldsymbol{a}_2$、$\boldsymbol{a}_3$ 则是面心立方晶格中的三个坐标基矢，可表示为

$$\boldsymbol{a}_1 = \frac{a}{2}(\boldsymbol{j}+\boldsymbol{k}), \qquad \boldsymbol{a}_2 = \frac{a}{2}(\boldsymbol{k}+\boldsymbol{i}), \qquad \boldsymbol{a}_3 = \frac{a}{2}(\boldsymbol{i}+\boldsymbol{j}) \tag{7.2}$$

体心立方晶格最常见的原胞的选取方式如图 7.4(c)所示，也就是分别以原点到最近邻的体心格点连线为原胞的三个边，即以图 7.4(b)中矢量 $\boldsymbol{a}_1$、$\boldsymbol{a}_2$、$\boldsymbol{a}_3$ 为三个边的平行六面体作为原胞，$\boldsymbol{a}_1$、$\boldsymbol{a}_2$、$\boldsymbol{a}_3$ 则是体心立方晶格中的三个坐标基矢，可表示为

$$\boldsymbol{a}_1 = \frac{a}{2}(\boldsymbol{j}+\boldsymbol{k}-\boldsymbol{i}), \qquad \boldsymbol{a}_2 = \frac{a}{2}(\boldsymbol{k}+\boldsymbol{i}-\boldsymbol{j}), \qquad \boldsymbol{a}_3 = \frac{a}{2}(\boldsymbol{i}+\boldsymbol{j}-\boldsymbol{k}) \tag{7.3}$$

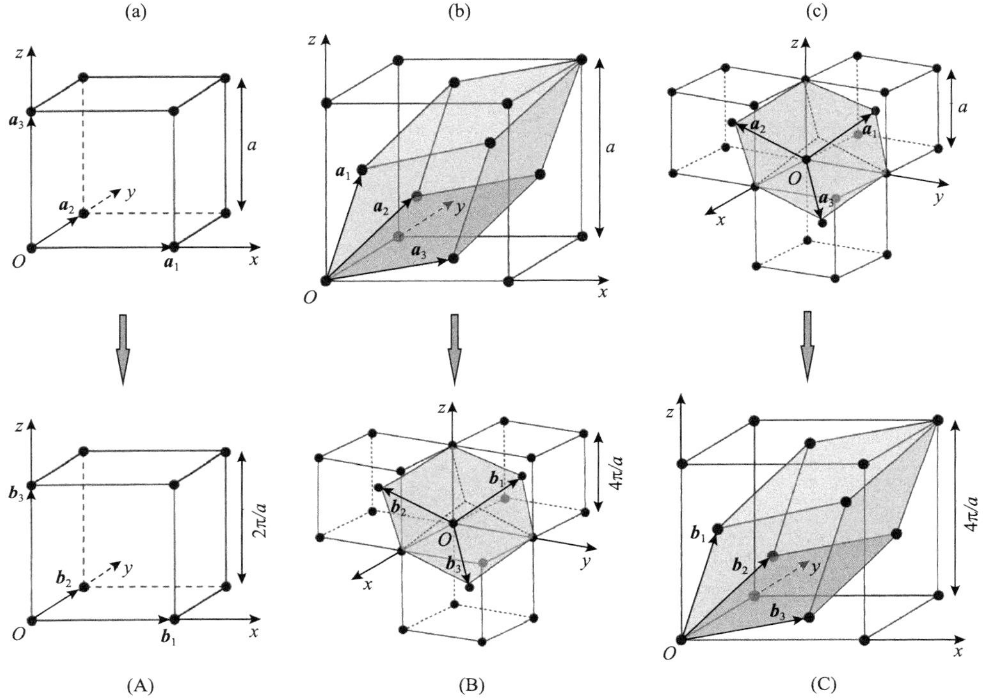

图 7.4　立方布拉维格子系统中的坐标系

(a)～(c) 简单立方、面心立方和体心立方布拉维格子；(A)～(C) 以上三种布拉维格子对应的倒易晶格

以上的 $\boldsymbol{a}_1$、$\boldsymbol{a}_2$、$\boldsymbol{a}_3$ 称为**初级基矢**(primitive vector)或简称**基矢**，由它们形成的空间通常称为正格矢空间或简称为正空间，利用初级基矢，晶格中任何一个格点都可以由一个矢量 $\boldsymbol{R}_{n_1n_2n_3}$ 来表示：

$$\boldsymbol{R}_n \equiv \boldsymbol{R}_{n_1n_2n_3} \equiv n_1\boldsymbol{a}_1 + n_2\boldsymbol{a}_2 + n_3\boldsymbol{a}_3 \qquad n_1,n_2,n_3\text{为整数} \tag{7.4}$$

其中，n_1,n_2,n_3 表示与 $\boldsymbol{R}_{n_1n_2n_3}$ 对应的格点的坐标，$\boldsymbol{R}_{n_1n_2n_3}$ 称为正格矢，通常把 $\boldsymbol{R}_{n_1n_2n_3}$ 简记为 $\boldsymbol{R}_n$，也就是用 $n \equiv (n_1,n_2,n_3)$ 来简化标记一个格点坐标。

由 $\boldsymbol{a}_1$、$\boldsymbol{a}_2$、$\boldsymbol{a}_3$ 为基矢形成的原胞体积 Ω 可以一般地表达为

$$\Omega = \boldsymbol{a}_1 \cdot (\boldsymbol{a}_2 \times \boldsymbol{a}_3) \tag{7.5}$$

7.2.3　原子位置

从逻辑上讲确定晶体的电子结构要知道晶体的势，而晶体的势是由晶体中所包含的原子及其位置决定的，实际计算中常常并不需要由原子位置信息确定晶体势，但在晶体电子结构研究中却常常需要确定原子的位置，如在紧束缚近似方法

中(见 7.7 节)。晶体被抽象成晶格，每个格点的位置由式(7.4)给出，而每个格点代表的是由一个或多个原子构成的基元，因此要表征基元中原子的位置中还需要在基元中建立坐标系，这样任何一个格点对应的基元中任一个原子则由晶格坐标和基元坐标共同表示，如图 7.5 所示，对应格点 n 的基元中原子 i 的位置 $\boldsymbol{r}_{n,i}$ 可表达为

$$\boldsymbol{r}_{n,i} = \boldsymbol{R}_n + \boldsymbol{t}_i \tag{7.6}$$

其中，$\boldsymbol{R}_n$ 表示晶格坐标系中格点 n 的坐标；$\boldsymbol{t}_i$ 表示基元坐标系中原子 i 的坐标。基元坐标系的选择原则上是任意的，但通常基于如下的规则：①三个坐标基矢与晶体的三个正晶格基矢相同；②坐标原点通常选在某一个原子的位置上或者某一高对称的位置。下面通过实例来说明。

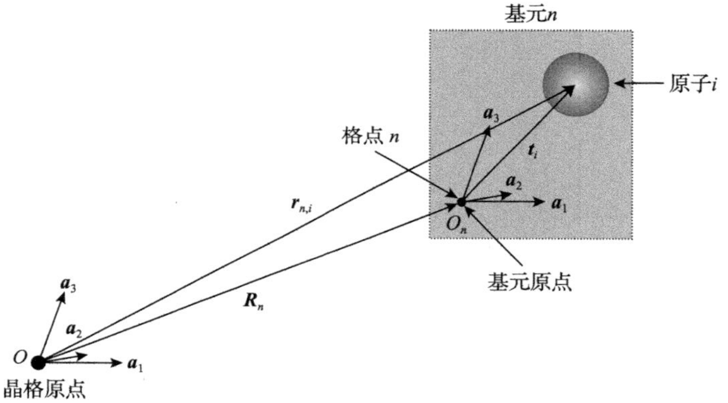

图 7.5　晶格坐标和基元坐标以及原子位置示意图

对于图 7.1 中所示的金属铜和铁晶体，每个基元只包含一个原子，因此基元中原子位置即为格点的位置，原子的坐标为 $(0,0,0)$，即 $\boldsymbol{t} = 0\boldsymbol{a}_1 + 0\boldsymbol{a}_2 + 0\boldsymbol{a}_3$。对于 NaCl 晶体，基元中有两个离子，可以取 Na^+离子所在位置作为基元坐标系的原点，于是 Na^+ 离子坐标为 $(0,0,0)$，Cl^- 离子坐标为 $(1/2,0,0)$，这意味着 $\boldsymbol{t}_{Na^+} = 0\boldsymbol{a}_1 + 0\boldsymbol{a}_2 + 0\boldsymbol{a}_3$ 和 $\boldsymbol{t}_{Cl^-} = 1/2\boldsymbol{a}_1 + 0\boldsymbol{a}_2 + 0\boldsymbol{a}_3$。如果取 Na^+离子和 Cl^-离子的中点为基元坐标系的原点，则 Na^+离子和 Cl^-离子的坐标分别为 $(0,0,-1/2)$ 和 $(0,0,1/2)$，可见原子坐标与基元坐标系的原点选择有关。原子坐标还与基元的选择有关，例如选择图 7.1(c)中 A 位 Na^+离子和 C 位 Cl^-离子组成基元，并选 Na^+离子的位置为基元坐标系的原点，那么 Na^+离子和 Cl^-离子的坐标分别为 $(0,0,0)$ 和 $(1/2,1/2,1/2)$。对于硅晶体，基元中有两个 Si 原子，如果选择其中一个 Si 原子位置为基元坐标系的原点，那么两个 Si 原子的坐标为 $(0,0,0)$ 和 $(1/4,1/4,1/4)$，如果选基元中两个 Si 原子连线的中点为基元坐标系的原点，那么两个 Si 原子的坐标分别为

$(-1/8,-1/8,-1/8)$ 和 $(1/8,1/8,1/8)$，这后一种原点选择用于经验赝势方法计算硅的电子结构，它使得计算更为简单。在 $SrTiO_3$ 晶体中每个基元有 5 个原子，如果选 Ti 原子位置为基元坐标系的原点，那么 5 个原子的坐标为：Ti 原子为 $(0,0,0)$，Sr 原子为 $(1/2,1/2,1/2)$，三个氧原子分别为 $(1/2,1/2,0)$、$(1/2,0,1/2)$ 和 $(0,1/2,1/2)$。

7.2.4 倒易晶格和倒空间

倒易晶格简称倒晶格，它是一个几何对象，是正晶格的数学变换。采用倒易晶格的概念能非常方便地说明衍射现象，一个晶体对 X 射线或电子所产生的衍射斑点与该晶体倒易晶格格点一一对应，实际上倒易晶格的概念正是来自于对衍射问题的分析。与正格基矢为 $\boldsymbol{a}_1$、$\boldsymbol{a}_2$、$\boldsymbol{a}_3$ 对应的**倒格基矢**为

$$\boldsymbol{b}_1 = 2\pi\frac{\boldsymbol{a}_2\times\boldsymbol{a}_3}{\boldsymbol{a}_1\times(\boldsymbol{a}_2\times\boldsymbol{a}_3)},\quad \boldsymbol{b}_2 = 2\pi\frac{\boldsymbol{a}_3\times\boldsymbol{a}_1}{\boldsymbol{a}_1\times(\boldsymbol{a}_2\times\boldsymbol{a}_3)},\quad \boldsymbol{b}_3 = 2\pi\frac{\boldsymbol{a}_1\times\boldsymbol{a}_2}{\boldsymbol{a}_1\times(\boldsymbol{a}_2\times\boldsymbol{a}_3)} \tag{7.7}$$

由倒格基矢生成的空间称为倒易空间，简称倒空间，倒空间中的任何整数点称为**倒格点**，坐标为 (m_1,m_2,m_3) 的倒格点对应一个矢量 $\boldsymbol{G}_{m_1m_2m_3}$：

$$\boldsymbol{G}_{m_1m_2m_3} = m_1\boldsymbol{b}_1 + m_2\boldsymbol{b}_2 + m_2\boldsymbol{b}_3 \qquad m_1,m_2,m_2\text{为整数} \tag{7.8}$$

该矢量称为**倒格矢**，通常简记为 $\boldsymbol{G}_m$，其中 $m=(m_1,m_2,m_3)$ 是对坐标点的简记。以三个倒格基矢为边形成的平行六面体称为倒易原胞，其体积 Ω_k 为

$$\Omega_k = \boldsymbol{b}_1\cdot(\boldsymbol{b}_2\times\boldsymbol{b}_3) = \frac{(2\pi)^3}{\Omega} \tag{7.9}$$

可以证明正格基矢与倒格基矢有如下关系：

$$\boldsymbol{a}_i\cdot\boldsymbol{b}_j = 2\pi\delta_{ij} \tag{7.10}$$

由此结果可得到任何的正格矢 $\boldsymbol{R}_n$ 和倒格矢 $\boldsymbol{G}_m$ 乘积是 2π 的整数倍，即

$$\boldsymbol{R}_n\cdot\boldsymbol{G}_m = 2\pi l \qquad l\text{为整数} \tag{7.11}$$

倒格基矢大小具有 $2\pi/a$ 的形式，因此倒格矢具有波矢的量纲，晶体中电子的量子态由波矢来标识(见 7.4 节)，因此倒空间也称波矢空间或者状态空间，是表达晶体量子态的基本工具。在求解晶体单电子薛定谔方程的傅里叶展开方法中，晶体的波函数表示为无穷个平面波的线性组合，而每个平面波的波矢正好就是晶体对应倒易晶格的一个倒格矢(见 7.5 节)，对应于每个平面的组合系数则是晶体

势在相应倒格矢的傅里叶变换，因此倒易晶格及倒空间是研究晶体电子结构的基本工具。

下面说明上述三种立方晶格的倒易晶格。确定倒易晶格实际上就是确定倒格基矢。利用式(7.7)可以得到三种立方晶格的倒格基矢：

$$
\begin{aligned}
&\text{简单立方：}\ \boldsymbol{b}_1=\frac{2\pi}{a}\boldsymbol{i}, && \boldsymbol{b}_2=\frac{2\pi}{a}\boldsymbol{j}, && \boldsymbol{b}_3=\frac{2\pi}{a}\boldsymbol{k} \\
&\text{面心立方：}\ \boldsymbol{b}_1=\frac{2\pi}{a}(\boldsymbol{j}+\boldsymbol{k}-\boldsymbol{i}), && \boldsymbol{b}_2=\frac{2\pi}{a}(\boldsymbol{k}+\boldsymbol{i}-\boldsymbol{j}), && \boldsymbol{b}_3=\frac{2\pi}{a}(\boldsymbol{i}+\boldsymbol{j}-\boldsymbol{k}) \\
&\text{体心立方：}\ \boldsymbol{b}_1=\frac{2\pi}{a}(\boldsymbol{j}+\boldsymbol{k}), && \boldsymbol{b}_2=\frac{2\pi}{a}(\boldsymbol{k}+\boldsymbol{i}), && \boldsymbol{b}_3=\frac{2\pi}{a}(\boldsymbol{i}+\boldsymbol{j})
\end{aligned}
\tag{7.12}
$$

由这三组倒格基矢生成的倒易原胞和倒易晶格分别如图 7.4(A)、(B)和(C)所示，由图可见简单立方晶格的倒易晶格依然是简单立方晶格，面心立方晶格的倒易晶格是体心立方晶格，而体心立方晶格的倒易晶格是面心立方晶格，也就是面心立方和体心立方的正晶格和倒易晶格正好互换，这也可以通过比较正格基矢公式(7.2)和(7.3)与倒格基矢公式(7.12)看到。

7.2.5 魏格纳-塞茨单胞

1933 年，魏格纳(Eugene Wigner, 1902—1995)和塞茨(Fredrick Seitz, 1911—2008)在金属钠晶体的能带计算中提出把晶体分割成胞腔，这种胞腔现在称为魏格纳-塞茨单胞(Wigner-Seitz unit cell)或魏格纳-塞茨胞。在晶体电子结构理论中重要的是倒空间中的魏格纳-塞茨胞，它表达了需要计算的独立波矢(见 7.4 节)。为便于说明这里以二维晶格为例，如图 7.6(a)所示，对于一个格点(如 O)，做它与所有最近邻格点连线(如 OR)的垂直平分线(如 AB)，则所有垂直平分线包围起来的区域称为魏格纳-塞茨胞。

上述定义可以推广到三维情形，在三维情形下垂直平分线变为垂直平分面。设 O 是晶格原点，其一个最近邻格点的正格矢是 $\boldsymbol{R}_n$，如图 7.6(b)所示，那么 O 与 $\boldsymbol{R}_n$ 格点之间的垂直平分面方程为

$$\boldsymbol{R}_n\cdot\left(\boldsymbol{r}-\frac{1}{2}\boldsymbol{R}_n\right)=0 \tag{7.13}$$

即垂直平分面是满足式(7.13)的点 $\boldsymbol{r}$ 的集合。对 O 的每个最近邻格点 $\boldsymbol{R}_n$ 都有一个形如式(7.13)的方程，每个方程确定一个平面，所有这些平面包围起来的空间体积即为包围格点 O 的魏格纳-塞茨胞。三种立方晶格的魏格纳-塞茨胞如图 7.7 所示。

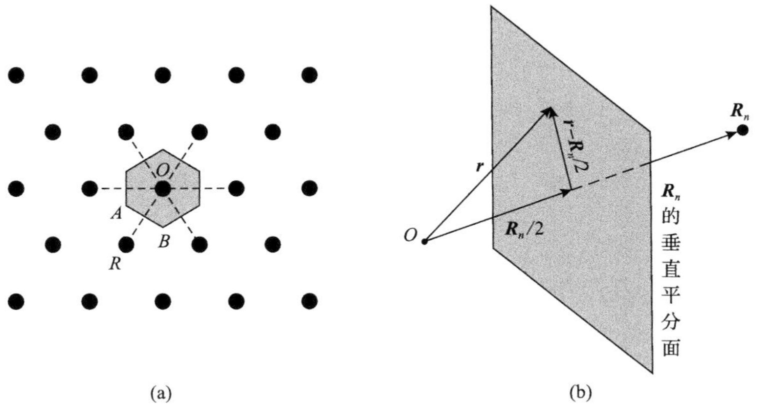

图 7.6　魏格纳-塞茨胞的定义

(a) 二维晶格中魏格纳-塞茨胞；(b) 魏格纳-塞茨胞边界面的几何示意图

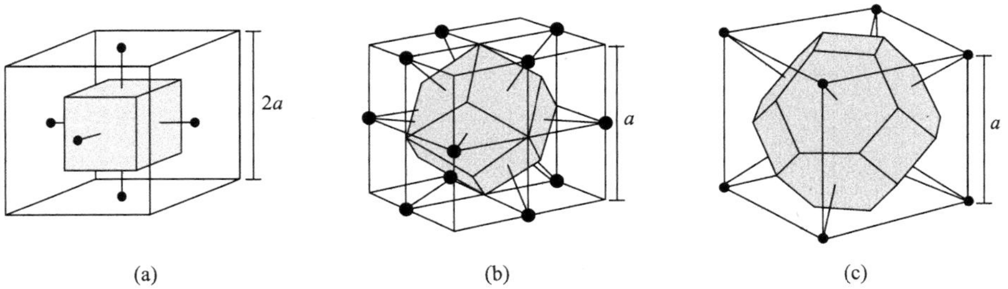

图 7.7　三种立方晶格的魏格纳-塞茨胞

(a) 简单立方晶格；(b) 面心立方晶格；(c) 体心立方晶格

7.3　能带论的基本方程

7.3.1　基本思想和基本方程

晶体中的电子态是由晶体的薛定谔决定的，然而晶体是一个含有巨大数量电子的多电子系统，直接求解它的薛定谔方程是不可能的。能带论解决晶体电子态的基本思想是：晶体中电子态由周期势场中单电子方程决定，也就是说晶体中的电子态由如下的单电子薛定谔方程决定：

$$\left[-\frac{\hbar^2}{2m}\nabla^2 + V^{\mathrm{SP}}(\boldsymbol{r})\right]\psi(\boldsymbol{r}) = E\psi(\boldsymbol{r}) \tag{7.14}$$

其中的哈密顿量称为单粒子哈密顿量 H^{SP} (single particle，SP)：

$$H^{\mathrm{SP}} \equiv -\frac{\hbar^2}{2m}\nabla^2 + V^{\mathrm{SP}}(\boldsymbol{r}) \tag{7.15}$$

哈密顿量中的势能称为**单电子势**，它满足晶格的周期性条件，即对晶体的任何正格矢 $\boldsymbol{R}_n$ 晶体势 $V(\boldsymbol{r})$ 满足：

$$V^{\mathrm{SP}}(\boldsymbol{r}+\boldsymbol{R}_n) = V^{\mathrm{SP}}(\boldsymbol{r}) \tag{7.16}$$

式(7.14)～式(7.16)是能带论的基本方程，能带论的所有结论均来自该方程。

从数学上讲求解能带论基本方程(7.14)需要解决两个问题：一是确定晶体的周期势，二是求解该偏微分方程，前一个问题本质上是个物理问题，后一个问题则更多地是一个数学问题，前者比后者更难以解决，这两个问题分别在下面两小节说明。

7.3.2　单电子薛定谔方程中的势

把晶体的多电子薛定谔方程近似为一个单电子的薛定谔方程时首先要解决的问题就是确定单电子方程中的单电子势 $V^{\mathrm{SP}}(\boldsymbol{r})$，而这就需要理解晶体中电子所感受到的所有相互作用。对于晶体而言，每个原子中的内层电子基本上与其在孤立原子中的状态大致相同，也就是说这些电子基本上处于局域状态，它们与原子核一起形成一个离子芯(ionic core)，这些属于原子内层且局域化的电子称为芯电子(core electron)；原子中的外层电子则完全脱离原子而属于整个晶体，这些公有化的电子称为价电子(valence electron)，还有一些电子处于局域化和完全离域化的中间状态，这些电子称为半芯电子(semicore electron)，晶体中一个电子所感受到的作用主要来自上述的三种对象，下面分别说明。

一个电子感受到离子芯的作用记为 $V_I(\boldsymbol{r})$，对于给定结构的晶体，该项可写为

$$V_I(\boldsymbol{r}) = \sum_{\boldsymbol{R}_n,\boldsymbol{t}_j} v(\boldsymbol{r}-\boldsymbol{R}_n-\boldsymbol{t}_j) \tag{7.17}$$

其中 $v(\boldsymbol{r}-\boldsymbol{R}_n-\boldsymbol{t}_j)$ 表示在 $\boldsymbol{R}_n$ 处基元中位于 $\boldsymbol{t}_j$ 的离子实所产生的势，对所有 $\boldsymbol{R}_n$ 和 $\boldsymbol{t}_j$ 求和表示对晶体中所有离子实求和，由于晶体的周期结构势 $V_I(\boldsymbol{r})$ 具有周期性。一个电子还会受到价电子和半芯电子的相互作用，要确定这个相互作用就意味着要知道价电子和半芯电子的量子态，但这正是需要求解的，因此一个电子感受到其他电子的势 $V_{\mathrm{e}}(\boldsymbol{r})$ 是一个未知量。根据在第 4 章的讨论，$V_{\mathrm{e}}(\boldsymbol{r})$ 可以分解为三部分：Hartree 势、交换势和关联势，这三种势都小于离子实势，尤其是后两种势。势 $V_{\mathrm{e}}(\boldsymbol{r})$ 并没有晶体的周期性，但由于 $V_{\mathrm{e}}(\boldsymbol{r})$ 一般小于 $V_I(\boldsymbol{r})$，单电子势 $V^{\mathrm{SP}}(\boldsymbol{r}) = V_I(\boldsymbol{r}) + V_{\mathrm{e}}(\boldsymbol{r})$ 大致上来说具有周期性。

由以上讨论可见，单电子势V^{SP}不能直接从晶体结构获得，因此在能带论早期，人们总是通过近似的方法来获得$V^{\mathrm{SP}}(\boldsymbol{r})$。例如，在 20 世纪 50 年代计算金刚石和锗的能带中曾这样确定$V^{\mathrm{SP}}(\boldsymbol{r})$[7]：①把其中的$V_I(\boldsymbol{r})$近似成所有硅原子静电势按原子位置的叠加，硅原子的静电势则根据原子的电荷分布由解泊松方程决定，而硅原子的电荷分布则近似成孤立硅原子的电荷分布；②其中的$V_{\mathrm{e}}(\boldsymbol{r})$由斯莱特提出的具有解析表达式的电子交换势来近似，该势由晶体电子密度决定，而晶体电子密度又近似成所有孤立硅原子电荷密度按原子位置的叠加；因此给定孤立硅原子的电荷密度后就能完全确定$V_I(\boldsymbol{r})$和$V_{\mathrm{e}}(\boldsymbol{r})$，而孤立硅原子的电荷分布则可由求解其薛定谔方程得到。在早期计算某些金属的能带结构中，用一个有解析表达式的模型势来表示每个原子的势，晶体势则是所有原子模型势按原子位置的叠加[8]。一种简单实用且取得丰硕成果的方法是 20 世纪 60 年代发展的经验赝势法[9]，该方法并不直接给出$V^{\mathrm{SP}}(\boldsymbol{r})$，而是把$V^{\mathrm{SP}}(\boldsymbol{r})$归结于少数几个参数，最后再通过实验结果来拟合这几个参数，例如该方法计算硅的能带结构只需要三个参数就能得到相当满意的结果。稍后将要讨论的近自由电子近似和紧束缚近似方法中也体现了这种把单电子势归结于少数几个参数的方法，如近自由电子近似中少数几个参数就能说明能带中色散关系和带隙。尽管难以获得准确的单电子势，但由于抓住了晶体中周期势场这一根本性质，基于各种近似方法的能带论取得了丰硕的成果。

作为单电子近似的能带论只是平均化地考虑了电子之间的相互作用，这就使得它不能解释许多由电子之间相互作用产生的现象，如莫特绝缘体现象、超流现象以及高温超导现象等，这样的现象称为强关联电子现象，对它们的解释不在本书讨论范围内。

7.3.3　方程求解方法简介

确定了晶体势$V^{\mathrm{SP}}(\boldsymbol{r})$后求解方程(7.14)就变成一个纯数学问题，人们发展了许多方法来求解该方程，如紧束缚近似方法、正交平面波方法、赝势方法、缀加平面波方法以及 KKR 方法等，这些方法中除 KKR 方法外，其他方法实际上都属于基函数展开法，下面对此方法的一般思路加以简单说明。这种方法的基本步骤是：①采用一组基函数，把要求解的晶体波函数写成基函数的线性组合，晶体波函数则由线性组合的系数确定，上述几种方法的区别在于所采用的基函数不同；②把线性组合式代入方程(7.14)并进行简单的数学处理则得到关于组合系数的矩阵特征值方程；③求解矩阵特征值方程则得到一系列本征值，对每个本征值则有一组组合系数，本征值即为晶体量子态的能量，而组合系数则给出量子态的波函数。下面将要讨论的近自由电子近似方法实际上就是以平面波为基函数的方法，紧束缚近似则是以由原子轨道构造成的函数(即布洛赫和)为基函数的方法。

采用何种基函数取决于$V^{SP}(\boldsymbol{r})$的性质，对于给定的$V^{SP}(\boldsymbol{r})$，如果基函数选取得好，则少数几个基函数就能够很好地表达晶体波函数，这时要求解的矩阵本征值问题就是一个比较小阶的矩阵本征值问题，如果选取得不好，本征值矩阵的阶就很大，甚至根本无法求解。由于$V^{SP}(\boldsymbol{r})$是由材料决定的，这意味着对不同材料要采用不同的基函数，如对于金属，$V^{SP}(\boldsymbol{r})$的值往往很小，这种情况下采用平面波作为基函数就是一个很好的选择，对于许多离子晶体，采用原子轨道的布洛赫和则是一个好的选择。有关各种能带计算方法的详细介绍可参考有关文献[10]。

7.4　方程解的结构

本节说明方程(7.14)的一般数学结构，晶体波函数的形式、表征晶体量子态的量子数波矢$\boldsymbol{k}$和能带指数 n、布里渊区等概念都源于单电子薛定谔方程的数学结构。

7.4.1　布洛赫定理：晶体波函数的形式

布洛赫定理可表述为：晶体中的量子态波函数[即方程(7.14)的解波函数]具有如下的形式：

$$\psi_{\boldsymbol{q}}(\boldsymbol{r})=\mathrm{e}^{\mathrm{i}\boldsymbol{q}\cdot\boldsymbol{r}}u_{\boldsymbol{q}}(\boldsymbol{r}) \tag{7.18}$$

其中$u_{\boldsymbol{q}}(\boldsymbol{r})$满足如下晶格周期性关系：

$$u_{\boldsymbol{q}}(\boldsymbol{r}+\boldsymbol{R}_n)=u_{\boldsymbol{q}}(\boldsymbol{r}) \qquad \boldsymbol{R}_n\text{为任何正格矢} \tag{7.19}$$

下面运用群论方法证明这一定理。按照量子力学和群论的基本结论，晶体中的平移对成操作$T(\boldsymbol{R}_n)$和系统哈密顿H^{SP}具有如下性质：

$$T(\boldsymbol{R}_n)H^{SP}=H^{SP}T(\boldsymbol{R}_n) \tag{7.20}$$

两算符对易，则两者有共同的本征函数，所以$T(\boldsymbol{R}_n)$和H^{SP}有共同本征函数。设$\psi(\boldsymbol{r})$是$T(\boldsymbol{R}_n)$的本征函数，则有

$$T(\boldsymbol{R}_n)\psi(\boldsymbol{r})=\lambda(\boldsymbol{R}_n)\psi(\boldsymbol{r}) \tag{7.21}$$

其中，$\lambda(\boldsymbol{R}_n)$ 是与 $T(\boldsymbol{R}_n)$ 相应的本征值；$T(\boldsymbol{R}_n)$ 表示平移 $\boldsymbol{R}_n$ 的操作，因此有

$$T(\boldsymbol{R}_n)\psi(\boldsymbol{r}) = \psi(\boldsymbol{r} + \boldsymbol{R}_n) \tag{7.22}$$

比较式(7.21)和式(7.22)则有

$$\psi(\boldsymbol{r} + \boldsymbol{R}_n) = \lambda(\boldsymbol{R}_n)\psi(\boldsymbol{r}) \tag{7.23}$$

考虑波函数具有归一性，则有

$$\int \left|\psi(\boldsymbol{r} + \boldsymbol{R}_n)\right|^2 \mathrm{d}\boldsymbol{r} = \int \left|\psi(\boldsymbol{r})\right|^2 \mathrm{d}\boldsymbol{r} = 1 \tag{7.24}$$

把式(7.23)中波函数代入式(7.24)，则得

$$\left|\lambda(\boldsymbol{R}_n)\right|^2 = 1 \tag{7.25}$$

由此可得 $\lambda(\boldsymbol{R}_n)$ 具有如下形式：

$$\lambda(\boldsymbol{R}_n) = \mathrm{e}^{\mathrm{i}\beta(\boldsymbol{R}_n)} \tag{7.26}$$

其中，$\beta(\boldsymbol{R}_n)$ 是 $\boldsymbol{R}_n$ 的一个函数。平移操作具有如下性质：

$$T(\boldsymbol{R}_n)T(\boldsymbol{R}_m)\psi(\boldsymbol{r}) = T(\boldsymbol{R}_n)\lambda(\boldsymbol{R}_m)\psi(\boldsymbol{r}) = \lambda(\boldsymbol{R}_n)\lambda(\boldsymbol{R}_m)\psi(\boldsymbol{r}) \tag{7.27}$$

$$T(\boldsymbol{R}_n)T(\boldsymbol{R}_m)\psi(\boldsymbol{r}) = T(\boldsymbol{R}_n + \boldsymbol{R}_m)\psi(\boldsymbol{r}) = \lambda(\boldsymbol{R}_n + \boldsymbol{R}_m)\psi(\boldsymbol{r}) \tag{7.28}$$

比较式(7.27)和式(7.28)可得

$$\lambda(\boldsymbol{R}_n)\lambda(\boldsymbol{R}_m) = \lambda(\boldsymbol{R}_n + \boldsymbol{R}_m) \tag{7.29}$$

式(7.26)中 $\lambda(\boldsymbol{R}_n)$ 的函数形式要满足式(7.29)，则要求 $\beta(\boldsymbol{R}_n) = \boldsymbol{q}\cdot\boldsymbol{R}_n$，$\boldsymbol{q}$ 是一个常数，也就是 $\lambda(\boldsymbol{R}_n)$ 具有如下形式：

$$\lambda(\boldsymbol{R}_n) = \mathrm{e}^{\mathrm{i}\boldsymbol{q}\cdot\boldsymbol{R}_n} \tag{7.30}$$

由式(7.23)可得单电子薛定谔方程的解 $\psi(\boldsymbol{r})$ 具有如下性质：

$$\psi(\boldsymbol{r} + \boldsymbol{R}_n) = \mathrm{e}^{\mathrm{i}\boldsymbol{q}\cdot\boldsymbol{R}_n}\psi(\boldsymbol{r}) \tag{7.31}$$

假设 $\psi(\boldsymbol{r})$ 可以表达成 $\psi(\boldsymbol{r}) = \mathrm{e}^{\mathrm{i}\boldsymbol{q}\cdot\boldsymbol{r}}u(\boldsymbol{r})$ 的形式，通常给 $\psi(\boldsymbol{r})$ 和 $u(\boldsymbol{r})$ 加下标 $\boldsymbol{q}$ 以区别不同的量子态，即假设 $\psi(\boldsymbol{r})$ 具有如下形式：

$$\psi_{\boldsymbol{q}}(\boldsymbol{r})=\mathrm{e}^{\mathrm{i}\boldsymbol{q}\cdot\boldsymbol{r}}u_{\boldsymbol{q}}(\boldsymbol{r}) \tag{7.32}$$

则由上式可得如下关系：

$$\psi_{\boldsymbol{q}}(\boldsymbol{r}+\boldsymbol{R}_n)=\mathrm{e}^{\mathrm{i}\boldsymbol{q}\cdot(\boldsymbol{r}+\boldsymbol{R}_n)}u_{\boldsymbol{q}}(\boldsymbol{r}+\boldsymbol{R}_n)=\mathrm{e}^{\mathrm{i}\boldsymbol{q}\cdot\boldsymbol{r}}\mathrm{e}^{\mathrm{i}\boldsymbol{q}\cdot\boldsymbol{R}_n}u_{\boldsymbol{q}}(\boldsymbol{r}+\boldsymbol{R}_n) \tag{7.33}$$

另外，在$\psi_{\boldsymbol{q}}(\boldsymbol{r})=\mathrm{e}^{\mathrm{i}\boldsymbol{q}\cdot\boldsymbol{r}}u_{\boldsymbol{q}}(\boldsymbol{r})$假设下有如下关系：

$$\mathrm{e}^{\mathrm{i}\boldsymbol{q}\cdot\boldsymbol{R}_n}\psi_{\boldsymbol{q}}(\boldsymbol{r})=\mathrm{e}^{\mathrm{i}\boldsymbol{q}\cdot\boldsymbol{R}_n}\mathrm{e}^{\mathrm{i}\boldsymbol{q}\cdot\boldsymbol{r}}u_{\boldsymbol{q}}(\boldsymbol{r}) \tag{7.34}$$

比较式(7.32)～式(7.34)可得

$$u_{\boldsymbol{q}}(\boldsymbol{r}+\boldsymbol{R}_n)=u_{\boldsymbol{q}}(\boldsymbol{r}) \tag{7.35}$$

这样就证明了布洛赫定理。

布洛赫定理表明$\boldsymbol{q}$是表征晶体量子态的量子数。当$u_{\boldsymbol{q}}(\boldsymbol{r})=$常数时，布洛赫态函数即变为自由电子平面波函数，$\boldsymbol{q}$则表示平面波的波矢，由此可以看出$\boldsymbol{q}$具有波矢的意义。对于波矢为$\boldsymbol{q}$的自由电子平面波量$\hbar\boldsymbol{q}$表示电子的动量，但是对晶体态电子$\hbar\boldsymbol{q}$并不表示电子的动量，下面对此进行说明。电子的动量算符为$\boldsymbol{p}=(\hbar/\mathrm{i})\nabla$，对晶体中电子，其波函数由$\psi_{\boldsymbol{q}}(\boldsymbol{r})=\mathrm{e}^{\mathrm{i}\boldsymbol{q}\cdot\boldsymbol{r}}u_{\boldsymbol{q}}(\boldsymbol{r})$表征，则电子的动量为

$$\boldsymbol{p}\psi_{\boldsymbol{q}}(\boldsymbol{r})=\frac{\hbar}{\mathrm{i}}\nabla\left[\mathrm{e}^{\mathrm{i}\boldsymbol{q}\cdot\boldsymbol{r}}u_{\boldsymbol{q}}(\boldsymbol{r})\right]=\hbar\boldsymbol{q}\psi_{\boldsymbol{q}}(\boldsymbol{r})+\mathrm{e}^{\mathrm{i}\boldsymbol{q}\cdot\boldsymbol{r}}\frac{\hbar}{i}\nabla u_{\boldsymbol{q}}(\boldsymbol{r})\neq\hbar\boldsymbol{q}\psi_{\boldsymbol{q}}(\boldsymbol{r}) \tag{7.36}$$

尽管$\hbar\boldsymbol{q}$并不表示电子的动量，但它在某些场合依然是一个有用的量，特别是在光辐射导致晶体中电子从一个量子态$\boldsymbol{q}$到另一个量子态$\boldsymbol{q}'$转变过程中要遵循$\boldsymbol{q}=\boldsymbol{q}'$的规则，在这种情况下$\boldsymbol{q}$大体上可理解为晶体中的电子动量，$\boldsymbol{q}=\boldsymbol{q}'$则可理解为动量守恒。这表明$\hbar\boldsymbol{q}$具有某种动量性质，因此$\hbar\boldsymbol{q}$被称为**晶体动量**(crystal momentum)。

7.4.2 玻恩-冯卡门边界条件：$\boldsymbol{q}$的取值

第 2 章研究了不同类型波动方程的求解，由这些研究可知波动方程的解由波矢表征，而波矢由边界条件决定，也就是由研究对象的长度决定。方程(7.14)的求解过程与第 2 章中方程的求解过程是类似的。首先，作为微分方程只有给定边界条件才能得到确定的值，对于晶体而言，晶体有自然的边界条件，但如果采用自然的边界条件就会使方程的数学求解变得困难，这实际上相当于必须考虑晶体的表面效应，但晶体表面效应一般仅在表面几个晶格层范围，即不超过 1nm 的尺

度，即使晶体的尺度为 1μm，表面效应也是很微小的，因此完全可以不考虑表面效应；其次，方程(7.14)的解由布洛赫态描述，而布洛赫态中的波矢 $\boldsymbol{q}$ 由晶体在三个不同维度方向上的长度决定，因此为了确保同样的波矢值就意味着不能改变晶体在三个不同维度方向上的长度；同时解决这两个问题的方法就是采用循环边界条件，假定晶体的波函数以晶体在三个不同维度方向上的长度为周期，这样晶体就没有边界，但是却能保持晶体的长度，这种边界条件最早由玻恩(Max Born)和冯卡门(Theodore von Kármán)在研究晶格的运动方程中提出，因此称为玻恩-冯卡门边界条件，下面说明单电子薛定谔方程中的玻恩-冯卡门边界条件和由此导致的 $\boldsymbol{q}$ 的取值。

玻恩-冯卡门边界条件可表达如下：

$$\psi_{\boldsymbol{q}}(\boldsymbol{r}+N_i\boldsymbol{a}_i)=\psi_{\boldsymbol{q}}(\boldsymbol{r}) \qquad i=1,2,3 \tag{7.37}$$

其中，$\boldsymbol{a}_i(i=1,2,3)$ 为晶体三个正格基矢；$N_i(i=1,2,3)$ 为三个正格基矢方向的原胞数。该条件意味着波函数是以晶体长度为循环周期，因此也称循环边界条件，下面说明它如何决定布洛赫波矢取值。把 $\psi_{\boldsymbol{q}}(\boldsymbol{r})=\mathrm{e}^{\mathrm{i}\boldsymbol{q}\cdot\boldsymbol{r}}u_{\boldsymbol{q}}(\boldsymbol{r})$ 代入边界条件式(7.37)，并由布洛赫定理可得

$$\psi_{\boldsymbol{q}}(\boldsymbol{r})=\psi_{\boldsymbol{q}}(\boldsymbol{r}+N_i\boldsymbol{a}_i)=\mathrm{e}^{\mathrm{i}\boldsymbol{q}\cdot N_i\boldsymbol{a}_i}\psi_{\boldsymbol{q}}(\boldsymbol{r}) \qquad i=1,2,3 \tag{7.38}$$

由此可得

$$\mathrm{e}^{\mathrm{i}\boldsymbol{q}\cdot N_i\boldsymbol{a}_i}=1 \qquad i=1,2,3 \tag{7.39}$$

式(7.39)意味着 $\boldsymbol{q}\cdot N_i\boldsymbol{a}_i$ 是 2π 的整数倍，此即

$$\boldsymbol{q}\cdot\boldsymbol{a}_i=\frac{m_i}{N_i}\cdot 2\pi \qquad m_i(i=1,2,3)\text{为任何整数} \tag{7.40}$$

利用倒格基矢[式(7.7)]由式(7.40)确定的 $\boldsymbol{q}$ 可表达为

$$\boldsymbol{q}=\frac{m_1}{N_1}\boldsymbol{b}_1+\frac{m_2}{N_2}\boldsymbol{b}_2+\frac{m_3}{N_3}\boldsymbol{b}_3=m_1\frac{\boldsymbol{b}_1}{N_1}+m_2\frac{\boldsymbol{b}_2}{N_2}+m_3\frac{\boldsymbol{b}_3}{N_3} \tag{7.41}$$

该表达式很容易用关系式 $\boldsymbol{a}_i\cdot\boldsymbol{b}_j=2\pi\delta_{ij}$ 来验证。这表示布洛赫波矢只能取一系列的分立值，即以 $\boldsymbol{b}_1/N_1$、$\boldsymbol{b}_2/N_2$、$\boldsymbol{b}_3/N_3$ 为基矢的格点，这些格点可以称为布洛赫格点，如图 7.8(a)所示。

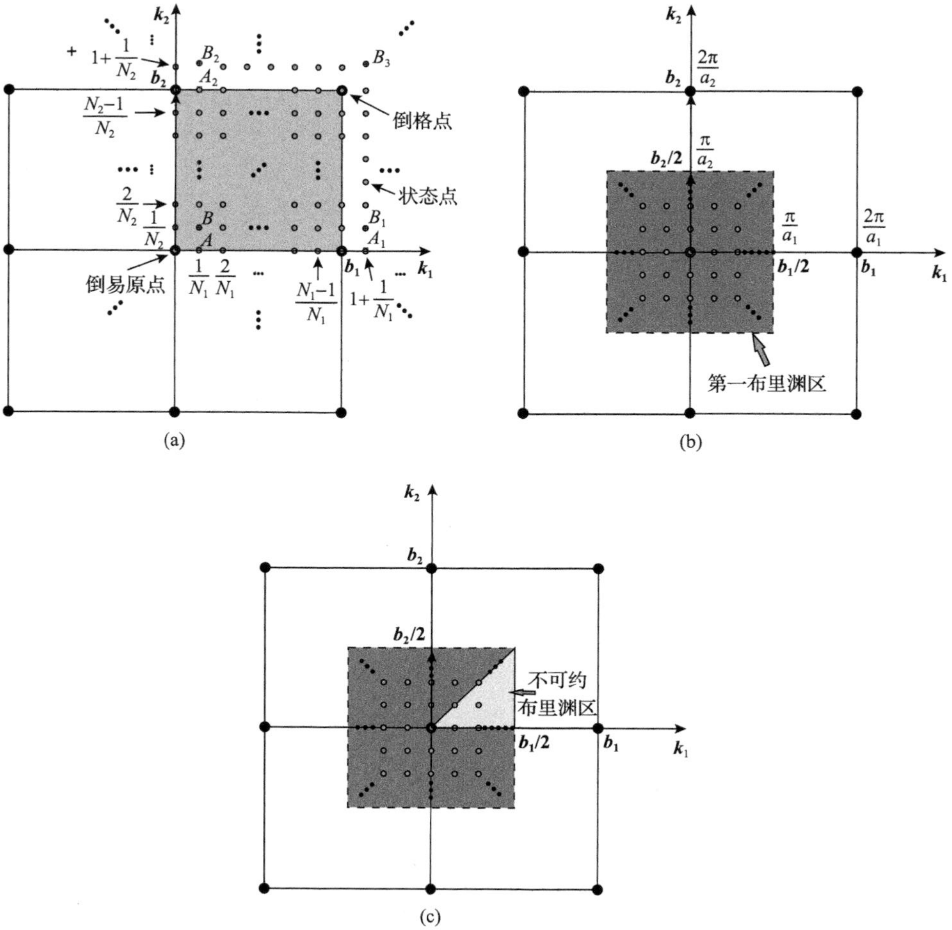

图 7.8　二维情形下布洛赫波矢和倒格点(a)、布里渊区(b)以及不可约布里渊区(c)

图中小的灰色圆点表示布洛赫格点，大的黑色圆点表示倒格点

布洛赫格点在倒空间中是均匀分布的，相邻布洛赫格点在倒格基矢 $\boldsymbol{b}_i$ 方向上的距离为 $2\pi/(N_i a_i)$，因此每个布洛赫格点在倒空间所占的体积为

$$\frac{\boldsymbol{b}_1}{N_1}\cdot\left(\frac{\boldsymbol{b}_2}{N_2}\times\frac{\boldsymbol{b}_3}{N_3}\right)=\frac{1}{N_1 N_2 N_3}\boldsymbol{b}_1\cdot(\boldsymbol{b}_2\times\boldsymbol{b}_3) \tag{7.42}$$

由倒格基矢与正格基矢的关系可得

$$\boldsymbol{b}_1\cdot(\boldsymbol{b}_2\times\boldsymbol{b}_3)=\frac{(2\pi)^3}{\boldsymbol{a}_1\cdot(\boldsymbol{a}_2\times\boldsymbol{a}_3)}=\frac{(2\pi)^3}{\Omega} \tag{7.43}$$

其中 $\Omega = \boldsymbol{a}_1 \cdot (\boldsymbol{a}_2 \times \boldsymbol{a}_3)$ 表示正格矢原胞的体积，把式(7.43)代入式(7.42)可得每个布洛赫格点在倒空间所占体积：

$$\frac{1}{N_1 N_2 N_3}\frac{(2\pi)^3}{\Omega} = \frac{(2\pi)^3}{N \cdot \Omega} = \frac{(2\pi)^3}{V} \tag{7.44}$$

其中，$N = N_1 N_2 N_3$ 是晶体中包含的原胞数；$V = N \cdot \Omega$ 为晶体体积，由式(7.44)可得倒空间中布洛赫格点密度：

$$\frac{V}{(2\pi)^3} \tag{7.45}$$

由于每个布洛赫格点表示一个晶体态，因此式(7.45)即表示倒空间中量子态密度。晶格常数 a_i 通常为几埃量级，而 N_i 通常在阿伏伽德罗常数量级，因此相邻布洛赫倒格点之间的距离在10^{-23} Å^{-1}的量级，因此布洛赫格点常看成是准连续的，也就是说倒空间中量子态密度可看成波矢 $\boldsymbol{q}$ 的连续函数，布洛赫格点的求和问题中常将其处理成对倒空间体积的积分，即有如下的对应式：

$$\sum_{\boldsymbol{k}} \rightarrow \frac{V}{(2\pi)^3}\int \mathrm{d}\boldsymbol{k} \tag{7.46}$$

7.4.3　布里渊区：独立的 $\boldsymbol{q}$ 值

由图 7.8(a)可见，在由倒格矢 $\boldsymbol{b}_1$ 和 $\boldsymbol{b}_2$ 围成的倒格矢原胞中共有 $N_1 \times N_2$ 个倒格点，而倒格矢原胞外的任何一个布洛赫格点一定可以通过平移一个倒格矢变为倒格矢原胞中的一个布洛赫格点，如图中的 A_1 点和 A_2 点可以分别通过平移 $-\boldsymbol{b}_1$ 和 $-\boldsymbol{b}_2$ 而变为倒格矢原胞中的 A 点，图中的 B_1、B_2 和 B_3 点可以分别通过平移 $-\boldsymbol{b}_1$、$-\boldsymbol{b}_2$和 $-\boldsymbol{b}_1-\boldsymbol{b}_2$ 而变为倒格矢原胞中的 B 点。这就是说倒易原胞外的任何一个布洛赫格点 $\boldsymbol{q}$ 一定可以和一个倒易原胞内的布洛赫格点 $\boldsymbol{q}_0$ 通过一个倒格矢 $\boldsymbol{G}$ 相联系，即

$$\boldsymbol{q} = \boldsymbol{q}_0 + \boldsymbol{G} \tag{7.47}$$

实际上考察布洛赫波矢式(7.41)可见，当 $m_i \geqslant N_i (i=1,2,3)$ 时 $\boldsymbol{q}$ 处于倒易原胞外，这时 m_i 可分成两部分：一是整数部分$[m_i / N_i]$(方括号表示取整运算)；二是小于 N_i 的部分即 $m_i - [m_i / N_i]$，于是式(7.41)可表达为

$$\begin{aligned}\boldsymbol{q} &= \left(m_1 - \left[\frac{m_1}{N_1}\right]\right)\boldsymbol{b}_1 + \left(m_2 - \left[\frac{m_2}{N_2}\right]\right)\boldsymbol{b}_2 + \left(m_3 - \left[\frac{m_3}{N_3}\right]\right)\boldsymbol{b}_3 + \left[\frac{m_1}{N_1}\right]\boldsymbol{b}_1 + \left[\frac{m_2}{N_2}\right]\boldsymbol{b}_2 + \left[\frac{m_3}{N_3}\right]\boldsymbol{b}_3 \\ &= \boldsymbol{q}_0 + \boldsymbol{G}\end{aligned} \tag{7.48}$$

其中

$$\boldsymbol{q}_0=\left(m_1-\left[\frac{m_1}{N_1}\right]\right)\boldsymbol{b}_1+\left(m_2-\left[\frac{m_2}{N_2}\right]\right)\boldsymbol{b}_2+\left(m_3-\left[\frac{m_3}{N_3}\right]\right)\boldsymbol{b}_3 \tag{7.49}$$

表示在倒易原胞中的布洛赫波矢，而

$$\boldsymbol{G}=\left[\frac{m_1}{N_1}\right]\boldsymbol{b}_1+\left[\frac{m_2}{N_2}\right]\boldsymbol{b}_2+\left[\frac{m_3}{N_3}\right]\boldsymbol{b}_3 \tag{7.50}$$

是一个倒格矢，式(7.48)说明任何一个布洛赫波矢 $\boldsymbol{q}$ 可以分解成一个倒易原胞内的布洛赫波矢 $\boldsymbol{q}_0$ 与一个倒格矢 $\boldsymbol{G}$ 的和。

下面证明两个布洛赫波矢如果相差一个倒格矢，那么与之对应的量子态是相同的，也就是说波矢 $\boldsymbol{q}$ 和波矢 $\boldsymbol{q}+\boldsymbol{G}$ 对应的布洛赫函数 $\psi_{\boldsymbol{q}}(\boldsymbol{r})=\mathrm{e}^{\mathrm{i}\boldsymbol{q}\cdot\boldsymbol{r}}u_{\boldsymbol{q}}(\boldsymbol{r})$ 和 $\psi_{\boldsymbol{q}+\boldsymbol{G}}(\boldsymbol{r})=\mathrm{e}^{\mathrm{i}(\boldsymbol{q}+\boldsymbol{G})\cdot\boldsymbol{r}}u_{\boldsymbol{q}+\boldsymbol{G}}(\boldsymbol{r})$ 是相同的，即 $\psi_{\boldsymbol{q}+\boldsymbol{G}}(\boldsymbol{r})=\psi_{\boldsymbol{q}}(\boldsymbol{r})$。对 $\psi_{\boldsymbol{q}+\boldsymbol{G}}(\boldsymbol{r})$ 有

$$\psi_{\boldsymbol{q}+\boldsymbol{G}}(\boldsymbol{r})=\mathrm{e}^{\mathrm{i}(\boldsymbol{q}+\boldsymbol{G})\cdot\boldsymbol{r}}u_{\boldsymbol{q}+\boldsymbol{G}}(\boldsymbol{r})=\mathrm{e}^{\mathrm{i}\boldsymbol{q}\cdot\boldsymbol{r}}[\mathrm{e}^{\mathrm{i}\boldsymbol{G}\cdot\boldsymbol{r}}u_{\boldsymbol{q}+\boldsymbol{G}}(\boldsymbol{r})]=\mathrm{e}^{\mathrm{i}\boldsymbol{q}\cdot\boldsymbol{r}}w(\boldsymbol{r}) \tag{7.51}$$

其中 $w(\boldsymbol{r})$ 为方括号中的量，对 $w(\boldsymbol{r})$ 有

$$w(\boldsymbol{r}+\boldsymbol{R})=\mathrm{e}^{\mathrm{i}\boldsymbol{G}\cdot(\boldsymbol{r}+\boldsymbol{R})}u_{\boldsymbol{q}+\boldsymbol{G}}(\boldsymbol{r}+\boldsymbol{R})=\mathrm{e}^{\mathrm{i}\boldsymbol{G}\cdot\boldsymbol{r}}u_{\boldsymbol{q}+\boldsymbol{G}}(\boldsymbol{r}+\boldsymbol{R})=\mathrm{e}^{\mathrm{i}\boldsymbol{G}\cdot\boldsymbol{r}}u_{\boldsymbol{q}+\boldsymbol{G}}(\boldsymbol{r})=w(\boldsymbol{r}) \tag{7.52}$$

上式推导中利用了 $\mathrm{e}^{\mathrm{i}\boldsymbol{G}\cdot\boldsymbol{R}}=1$ 以及布洛赫定理的结果。式(7.51)表明 $w(\boldsymbol{r})$ 就如同式(7.18)中的 $u_{\boldsymbol{q}}(\boldsymbol{r})$，因此 $\psi_{\boldsymbol{q}+\boldsymbol{G}}(\boldsymbol{r})$ 与 $\psi_{\boldsymbol{q}}(\boldsymbol{r})$ 有相同的形式，即

$$\psi_{\boldsymbol{q}+\boldsymbol{G}}(\boldsymbol{r})=\psi_{\boldsymbol{q}}(\boldsymbol{r}) \tag{7.53}$$

这意味着 $\psi_{\boldsymbol{q}+\boldsymbol{G}}(\boldsymbol{r})$ 与 $\psi_{\boldsymbol{q}}(\boldsymbol{r})$ 表示同一量子态，因此相应的能量必然相等，即

$$E(\boldsymbol{q}+\boldsymbol{G})=E(\boldsymbol{q}) \tag{7.54}$$

式(7.53)和式(7.54)的另一个证明见下面 7.5.3 节。

以上的结果表明虽然布洛赫波矢有无穷多个，但并非每个波矢都对应一个独立的量子态，在图 7.8 所示的例子中处于倒格原胞中的所有布洛赫波矢对应的量子态是相互独立的，而倒格原胞外的任一个波矢对应的量子态必然与原胞内某个波矢对应的量子态相同，倒易原胞中有 $N_1\cdot N_2$ 个布洛赫波矢，这意味着实际上晶体有且只有 $N_1\cdot N_2$ 个独立量子态，也就是独立的量子态个数等于晶体中原胞的个数，这一结论也适用于三维晶体，只不过在三维晶体情形中原胞个数等于 $N_1\cdot N_2\cdot N_3$。这意味着在求解晶体单电子薛定谔方程中只取确定 $N_1\cdot N_2\cdot N_3$ 个独

立 $\boldsymbol{q}$ 值的波函数。

晶体中 $N_1 \cdot N_2 \cdot N_3$ 个独立布洛赫波矢有无穷多种取法，如在图 7.8 所示例子中取倒易原胞中所有布洛赫波矢，但这种取法并非最佳取法，因为它没有利用晶体能量 $E(\boldsymbol{k})$ 具有 $E(-\boldsymbol{k}) = E(\boldsymbol{k})$ 的性质(证明在 7.4.5 节给出)，即能带结构在倒空间中具有中心反演对称性，如果选取倒易原胞为所有独立布洛赫波矢区域就会失去能量中心反演对称性。如果取图 7.8(b) 中的灰色区域作为所有布洛赫波矢所在区域就能体现该对称性，在图 7.8 所示的例子中晶体量子态能量对倒易原点有四次旋转对称性，这意味只需考虑其中八分之一区域，即只需考虑图 7.8(c) 中的不可约布里渊区中的布洛赫波矢，也就是说只需求解与该区域中波矢相应的量子态能量就能得到所有量子态的能量，从而使求解方程的工作量减少到 1/8。这表明选择充分体现对称性的布洛赫波矢区域能大大减少求解方程的工作量，这样的区域称为布里渊区，准确地说是第一布里渊区，其定义为：由所有倒格原点最近邻倒格矢的垂直平分面所包围的区域，这个区域也称倒空间中的魏格纳-塞茨胞(见 7.2.5 节)。对比式(7.13)可知，倒空间中倒格矢 $\boldsymbol{G}_n$ 的垂直平分面由下式确定：

$$\boldsymbol{k} \cdot \boldsymbol{G}_n = \frac{1}{2}\left|\boldsymbol{G}_n\right| \tag{7.55}$$

由式(7.55)定义的平面是与倒格矢 $\boldsymbol{G}_n$ 相应的布里渊区边界。当式(7.55)中的 $\boldsymbol{G}_n$ 为倒易原点最近邻的倒格点时，其所定义的平面包围的区域称为第一布里渊区，例如图 7.8(b) 中的灰色区域即为二维平方晶格的第一布里渊区。如果 $\boldsymbol{G}_n$ 是倒易原点次近邻的倒格点，则由式(7.55)所定义的平面包围的区域除去第一布里渊区所形成的区域称为第二布里渊区，其他依次类推可定义更高阶的布里渊区。图 7.9 给出了简单立方晶格、面心立方晶格和体心立方晶格的第一布里渊区结构。

第一布里渊区确定了电子结构计算中所有需要求解量子态的布洛赫波矢，对高对称性晶体往往只需对第一布里渊区中部分区域的波矢求解薛定谔方程，这会大大减小要处理的布洛赫波矢数，如在三维简单立方晶格中实际要处理的布洛赫波矢数只占所有独立布洛赫波矢数的 1/48。即使如此，由于第一布里渊区中的布洛赫波矢数等于晶体所包含的初级原胞的数量，对一般宏观晶体而言原胞数在阿伏伽德罗常数量级，这意味着即使考虑对称性，要处理的布洛赫波矢数也是一个极为巨大的值，因此这依然是一个不可能完成的任务，实际上只需考虑对称区域中有限个布洛赫波矢，这是由于 $E(\boldsymbol{k})$ 是 $\boldsymbol{k}$ 的连续函数，只考虑有限个 $\boldsymbol{k}$ 点就足以描述量子态的能量性质，当然选取哪些 $\boldsymbol{k}$ 点需要专门的技巧和方法。有关第一布里渊区在晶体能带结构描述中的实际应用将在 7.10 节中给出。由于在电子结构中只需处理第一布里渊区中的布洛赫波矢，本书中第一布里渊区中的布洛赫波矢用 $\boldsymbol{k}$ 表示，而一般的布洛赫波矢用 $\boldsymbol{q}$ 表示。

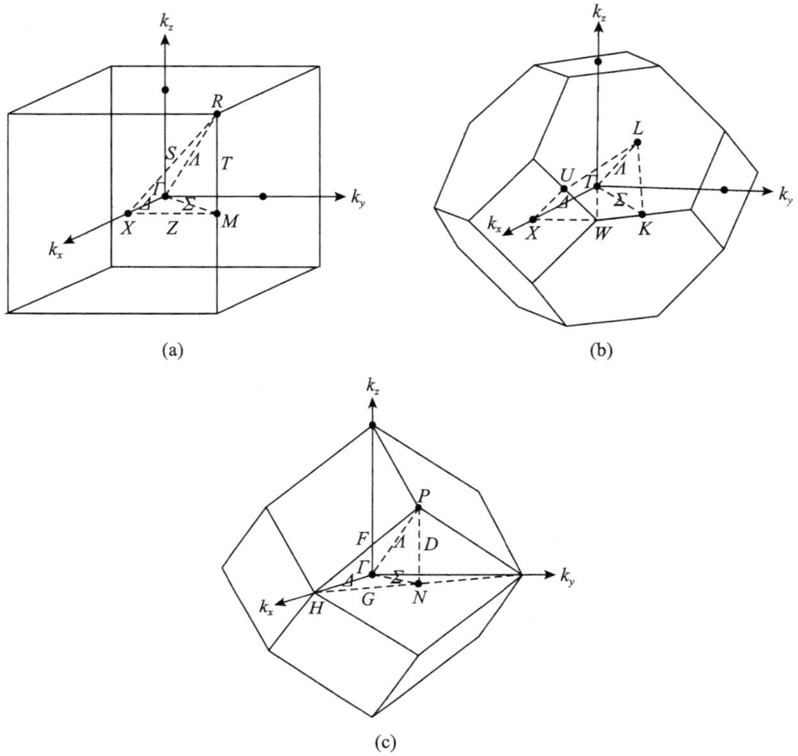

图 7.9　简单立方晶格(a)、面心立方晶格(b)和体心立方晶格(c)的第一布里渊区结构

图中的希腊字母表示第一布里渊区内部的高对称点或线，例如 Γ 表示倒易原点，Λ、Σ、Δ 表示内部的高对称线；罗马字母表示第一布里渊区表面的高对称点或线，如(a)中的 M 表示点，Z 表示线

7.4.4　能带指数 n：能量高低的标识指数

以上讨论了布洛赫态中波矢 $\boldsymbol{q}$ 和 $\boldsymbol{k}$ 的取值，但这只是标识晶体量子态的一个量子数，完全表示一个晶体态还需要另外一个量子数即能带指数 n，本节说明这个量子数的引入和取值。把布洛赫解 $\psi_{\boldsymbol{k}}(\boldsymbol{r})=\mathrm{e}^{\mathrm{i}\boldsymbol{k}\cdot\boldsymbol{r}}u_{\boldsymbol{k}}(\boldsymbol{r})$ 代入单电子方程，则得到关于 $u_{\boldsymbol{k}}(\boldsymbol{r})$ 的微分方程：

$$\left[-\frac{\hbar^2}{2m}(\nabla+\mathrm{i}\boldsymbol{k})^2+V(\boldsymbol{r})\right]u_{\boldsymbol{k}}(\boldsymbol{r})=E(\boldsymbol{k})u_{\boldsymbol{k}}(\boldsymbol{r}) \tag{7.56}$$

该方程自然满足 $u_{\boldsymbol{k}}(\boldsymbol{r}+\boldsymbol{R}_n)=u_{\boldsymbol{k}}(\boldsymbol{r})$，因而它对所有原胞都是相同的，它是单个原胞中的薛定谔方程，称为**原胞方程**。对于给定的 $\boldsymbol{k}$，该方程有无穷多个解，不同的解具有不同的能量，为了区分 $u_{\boldsymbol{k}}(\boldsymbol{r})$ 不同的解，通常按照能量从低到高的顺序用 $n=1,2,\cdots$ 加以标识，也就是用 $u_{n,\boldsymbol{k}}(\boldsymbol{r})$ 表示方程(7.56)的每个解。方程(7.56)具有

无穷多个解是微分方程的普遍性质，如方盒子中的薛定谔方程或者氢原子的薛定谔方程。

由于 $u_{\boldsymbol{k}}(\boldsymbol{r})$ 要写成 $u_{n,\boldsymbol{k}}(\boldsymbol{r})$，因此布洛赫态 $\psi_{\boldsymbol{k}}(\boldsymbol{r})$ 和能量 $E(\boldsymbol{k})$ 也要引入新的标识而写成：

$$\psi_{n,\boldsymbol{k}}(\boldsymbol{r}) = \mathrm{e}^{\mathrm{i}\boldsymbol{k}\cdot\boldsymbol{r}} u_{n,\boldsymbol{k}}(\boldsymbol{r}) \qquad n = 1, 2, \cdots \tag{7.57}$$

相应的能量也要写成 $E_n(\boldsymbol{k})$ 的形式，由于不同的 n 表示不同的能带，因此 n 称为能带指数。以上结果表明描述一个布洛赫态需要 n 和 $\boldsymbol{k}$ 两个量子数，n 取值是正整数，$\boldsymbol{k}$ 是第一布里渊区中的布洛赫波矢值，其数量等于晶体中的原胞数。

7.4.5 能带结构：电子波的色散关系

在能带论中晶体量子态的能量包含在 $E_n(\boldsymbol{k})$ 中，$E_n(\boldsymbol{k})$ 称为晶体的能带结构(energy band structure)，它表示电子结构的能量部分，它由求解单电子薛定谔方程给出。从波动的角度看，$E_n(\boldsymbol{k})$ 是电子波的色散关系，晶体中电子许多重要的性质都由 $E_n(\boldsymbol{k})$ 决定，如晶体电子的有效质量、群速度以及电子态的能态密度。能带结构是讨论晶体电子性质最重要的量，如晶体的某些光学性质和导电特性由带隙决定，晶体迁移率由有效质量决定，而这些最终都取决于能带结构。由于 $\boldsymbol{k}$ 值是准连续的，因此同一 n 值下 $E_n(\boldsymbol{k})$ 对 $\boldsymbol{k}$ 形成一个连续的函数，由于 $\boldsymbol{k}$ 是三维倒空间中的变量，因此 $E_n(\boldsymbol{k})$ 是三维倒空间的函数，这对理解晶体中电子能量的分布很不直观，为此人们发展了在二维平面表示 $E_n(\boldsymbol{k})$ 的方法，在该方法中同一 n 值的 $E_n(\boldsymbol{k})$ 表现为一条连续曲线，因此同一 n 值的 $E_n(\boldsymbol{k})$ 称为一个能带，具体的实例将在 7.10 节给出。

下面证明对相同的 n 能带 $E_n(\boldsymbol{k})$ 具有性质 $E_n(-\boldsymbol{k}) = E_n(\boldsymbol{k})$，即能带结构对倒易原点具有反演不变性。证明从式(7.56)出发，对该式两边取复共轭，则有

$$\left[-\frac{\hbar^2}{2m}(\nabla - \mathrm{i}\boldsymbol{k})^2 + V(\boldsymbol{r})\right] u_{n,\boldsymbol{k}}^*(\boldsymbol{r}) = E_n^*(\boldsymbol{k}) u_{n,\boldsymbol{k}}^*(\boldsymbol{r}) \tag{7.58}$$

这里假定势 $V(\boldsymbol{r})$ 为实函数，因此复共轭为其自身。另外，把式(7.56)中的 $\boldsymbol{k}$ 用 $-\boldsymbol{k}$ 代替则有

$$\left[-\frac{\hbar^2}{2m}(\nabla - \mathrm{i}\boldsymbol{k})^2 + V(\boldsymbol{r})\right] u_{n,-\boldsymbol{k}}(\boldsymbol{r}) = E_n(-\boldsymbol{k}) u_{n,-\boldsymbol{k}}(\boldsymbol{r}) \tag{7.59}$$

方程(7.58)和方程(7.59)都是算符 $\hat{O} = -\dfrac{\hbar^2}{2m}(\nabla - \mathrm{i}\boldsymbol{k})^2 + V(\boldsymbol{r})$ 的本征方程，因此有

$E_n^*(\boldsymbol{k}) = E_n(-\boldsymbol{k})$。把算符 $\hat{O}$ 展开则有

$$\hat{O} = -\frac{\hbar^2}{2m}\nabla^2 + \frac{\hbar}{m}\boldsymbol{k}\cdot(\mathrm{i}\hbar\nabla) + \frac{\hbar^2}{2m}\boldsymbol{k}^2 + V(\boldsymbol{r}) \tag{7.60}$$

式中第一项是动能算符，第二项相当于动量算符($\mathrm{i}\hbar\nabla$)，第三项和第四项为普通的数，因此式(7.60)中每一项都是厄米算符，所以算符 $\hat{O}$ 是一个厄米算符[11]。厄米算符的本征值总为实数，因此有 $E_n(\boldsymbol{k}) = E_n^*(\boldsymbol{k})$，与前面得到的 $E_n^*(\boldsymbol{k}) = E_n(-\boldsymbol{k})$ 比较即得

$$E_n(\boldsymbol{k}) = E_n(-\boldsymbol{k}) \tag{7.61}$$

7.4.6　晶体波函数的定性特征

晶体波函数 $\psi_{n,\boldsymbol{k}}(\boldsymbol{r}) = \mathrm{e}^{\mathrm{i}\boldsymbol{k}\cdot\boldsymbol{r}}u_{n,\boldsymbol{k}}(\boldsymbol{r})$ 由两部分组成，一是原胞部分 $u_{n,\boldsymbol{k}}(\boldsymbol{r})$，它对每个原胞是相同的，图 7.10(a)所示的是一个单原子链中的 $u_{n,\boldsymbol{k}}(\boldsymbol{r})$ 示意图，它表示 $u_{n,\boldsymbol{k}}(\boldsymbol{r})$ 在原子附近具有典型的原子波函数的振荡行为；二是平面波部分 $\mathrm{e}^{\mathrm{i}\boldsymbol{k}\cdot\boldsymbol{r}}$，如图 7.10(b)所示，它体现了晶体波函数的波性质；两者相乘得到的晶体波函数如图 7.10(c)所示。由图可见，在两个原子之间的区域晶体波函数接近平面波的波函数，这是由于原子之间的区域距所有原子都比较远，因而相当于势场为常数的区域，波函数自然就接近平面波函数；在原子附近晶体波函数具有原子波函数的特征，这其实是一个自然的结果，因为在原子附近的势场主要由该原子的库仑势决

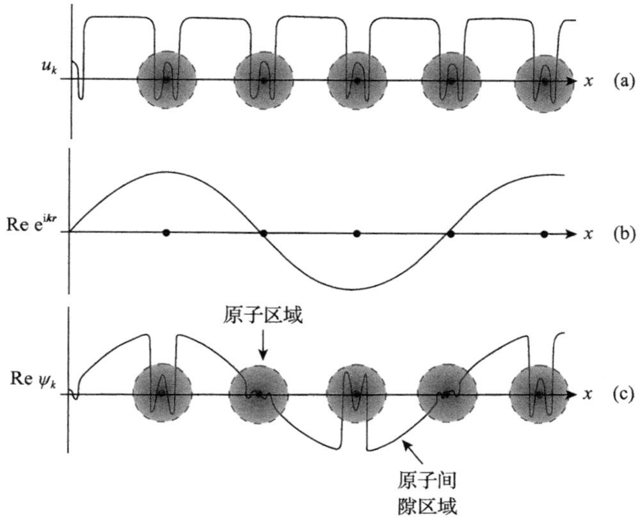

图 7.10　一维单原子链中晶体波函数的定性特征

定，其他原子的势场由于较远的距离只能起到微扰的作用，但是由于平面波部分 $e^{i\boldsymbol{k}\cdot\boldsymbol{r}}$ 对原胞部分 $u_{n,\boldsymbol{k}}(\boldsymbol{r})$ 的调制，晶体波函数在原子附近随着平面波的位相而被调制，体现出晶体波函数的连续性质。

原子的波函数具有一个定性的性质：能量越高，原子态的电子距离原子核越远，于是由以上的讨论可见，能量越高，晶体态中的电子也会距离原子核越远。设想电子在一个三维晶体中运动，能量越低的电子总是在距核较近的轨道上，而能量越高的电子总是在距核较远的轨道上，在距核较近的轨道上电子会感受到核更大的吸引力，也就是说电子在运动过程中会受到更大的阻力，而在核之间轨道上的电子则受到更小的阻力，这与管道中的流体有某种相似：接近管壁的流体会受到更大的管壁阻尼力因而速度较小即动能较小，而在管中心区域的流体则因受到更小的管壁阻尼力而有更大的流速即动能较大，局域于每个原子核附近的电子相当于管壁附近的流体，即所谓的流体边界层，在各原子核中间的电子则相当于管中心区域的流体。

7.5　傅里叶展开方法

傅里叶展开方法是求解微分方程的重要方法之一，该方法在晶体电子结构理论中有重要意义。首先，布洛赫最先采用该方法证明了布洛赫定理；其次，该方法是近自由电子近似方法的基础，而近自由电子近似是能带理论的重要组成部分；最后，该方法是现在从头计算电子结构方法——平面波赝势方法的基础。该方法的实质就是以平面波作为基函数来表示晶体波函数，而每个平面波函数的波矢即为晶体倒空间中的倒格矢，决定晶体波函数和能量的矩阵元是晶体单粒子势的傅里叶展开系数，本节说明采用该方法如何求解晶体的电子结构，并用该方法推导布洛赫定理和能带结构在倒空间中的周期性。

7.5.1　傅里叶展开方法基础

把单电子势 $V(\boldsymbol{r})$ 展开为傅里叶级数(见附录 I)：

$$V(\boldsymbol{r})=\sum_{\boldsymbol{G}}V_{\boldsymbol{G}}e^{i\boldsymbol{G}\cdot\boldsymbol{r}} \tag{7.62}$$

其中 $\boldsymbol{G}$ 是晶体的倒格矢[由附录 I 中的式(I.22)和式(I.24)给出]；$V_{\boldsymbol{G}}$ 为傅里叶展开系数[附录 I 中的式(I.27)]：

$$V_{\boldsymbol{G}}=\frac{1}{\Omega}\int_{原胞}e^{-i\boldsymbol{G}\cdot\boldsymbol{r}}V(\boldsymbol{r})d\boldsymbol{r} \tag{7.63}$$

波函数展开为

$$\psi(\boldsymbol{r})=\sum_{\boldsymbol{q}} c_{\boldsymbol{q}} \mathrm{e}^{\mathrm{i}\boldsymbol{q}\cdot\boldsymbol{r}} \tag{7.64}$$

其中，$\boldsymbol{q}$ 是晶体波函数的波矢[由附录 I 中的式(I.41)和式(I.43)给出]，它具有如下形式：

$$\boldsymbol{q}=\frac{m_1}{N_1}\boldsymbol{b}_1+\frac{m_2}{N_2}\boldsymbol{b}_2+\frac{m_3}{N_3}\boldsymbol{b}_3 \qquad m_1,m_2,m_3\text{为任何整数} \tag{7.65}$$

该形式的波矢是晶体晶格周期性和玻恩-冯卡门边界条件所导致的结果，式(7.64)中 $c_{\boldsymbol{q}}$ 为傅里叶展开系数，为要求解的量。把式(7.62)和式(7.64)代入单粒子薛定谔方程(7.14)，则得到下式：

$$\left[-\frac{\hbar^2}{2m}\nabla^2+\sum_{\boldsymbol{G}} V_{\boldsymbol{G}} \mathrm{e}^{\mathrm{i}\boldsymbol{G}\cdot\boldsymbol{r}}\right]\sum_{\boldsymbol{q}} c_{\boldsymbol{q}} \mathrm{e}^{\mathrm{i}\boldsymbol{q}\cdot\boldsymbol{r}}=E\sum_{\boldsymbol{q}} c_{\boldsymbol{q}} \mathrm{e}^{\mathrm{i}\boldsymbol{q}\cdot\boldsymbol{r}} \tag{7.66}$$

左边第一项动能项的运算结果为

$$-\frac{\hbar^2}{2m}\nabla^2\sum_{\boldsymbol{q}} c_{\boldsymbol{q}} \mathrm{e}^{\mathrm{i}\boldsymbol{q}\cdot\boldsymbol{r}}=\sum_{\boldsymbol{q}}\frac{\hbar^2 q^2}{2m} c_{\boldsymbol{q}} \mathrm{e}^{\mathrm{i}\boldsymbol{q}\cdot\boldsymbol{r}} \tag{7.67}$$

其中 $q=|\boldsymbol{q}|$ 表示 $\boldsymbol{q}$ 的大小，左边第二项势能项的运算结果是

$$\sum_{\boldsymbol{G}} V_{\boldsymbol{G}} \mathrm{e}^{\mathrm{i}\boldsymbol{G}\cdot\boldsymbol{r}}\sum_{\boldsymbol{q}} c_{\boldsymbol{q}} \mathrm{e}^{\mathrm{i}\boldsymbol{q}\cdot\boldsymbol{r}}=\sum_{\boldsymbol{G}}\sum_{\boldsymbol{q}} V_{\boldsymbol{G}} c_{\boldsymbol{q}} \mathrm{e}^{\mathrm{i}(\boldsymbol{G}+\boldsymbol{q})\cdot\boldsymbol{r}}=\sum_{\boldsymbol{G}}\sum_{\boldsymbol{q}'} V_{\boldsymbol{G}} c_{\boldsymbol{q}'-\boldsymbol{G}} \mathrm{e}^{\mathrm{i}\boldsymbol{q}'\cdot\boldsymbol{r}}=\sum_{\boldsymbol{G}}\sum_{\boldsymbol{q}} V_{\boldsymbol{G}} c_{\boldsymbol{q}-\boldsymbol{G}} \mathrm{e}^{\mathrm{i}\boldsymbol{q}\cdot\boldsymbol{r}} \tag{7.68}$$

在式(7.68)中定义了新的波矢 $\boldsymbol{q}'=\boldsymbol{q}+\boldsymbol{G}$，由附录 I 中式(I.22)、式(I.41)和式(I.43)可知，$\boldsymbol{q}'$ 依然具有式(I.43)的形式，也就是说它依然是波函数傅里叶展开中一个波矢，为方便起见分别把 $\boldsymbol{q}'$ 重新记为 $\boldsymbol{q}$ 则得到最后的等式。把以上两式的最终结果代入式(7.66)并做数学简化，则得

$$\sum_{\boldsymbol{q}}\left[\left(\frac{\hbar^2 q^2}{2m}-E\right)c_{\boldsymbol{q}}+\sum_{\boldsymbol{G}} V_{\boldsymbol{G}} c_{\boldsymbol{q}-\boldsymbol{G}}\right]\mathrm{e}^{\mathrm{i}\boldsymbol{q}\cdot\boldsymbol{r}}=0 \tag{7.69}$$

式(7.69)对于任何的位置矢量 $\boldsymbol{r}$ 成立，而式中方括号中的量与 $\boldsymbol{r}$ 无关，因此意味着方括号中量为零，于是有

$$\left[\frac{\hbar^2 q^2}{2m}-E(\boldsymbol{q})\right]c_{\boldsymbol{q}}+\sum_{\boldsymbol{G}} V_{\boldsymbol{G}} c_{\boldsymbol{q}-\boldsymbol{G}}=0 \qquad \text{对任何}\boldsymbol{q}. \tag{7.70}$$

式中，$E(\boldsymbol{q})$ 表示与 $\boldsymbol{q}$ 相关的能量。式(7.70)是关于展开系数 $c_{\boldsymbol{q}}$ 的线性方程组，其中 $V_{\boldsymbol{G}}$ 是晶体势的傅里叶展开系数，原则上要由晶体势计算出 $V_{\boldsymbol{G}}$ 从而得到完全确定的方程，该方程实际上是薛定谔方程在倒空间的表示。在数学上方程(7.70)是关于无穷多个系数 $c_{\boldsymbol{q}}$ 的线性方程组，当然方程组中也包含无穷多个线性方程，因此在实际计算中必须进行截断处理，就是只考虑有限个系数，从而把上述含无穷个系数和线性方程的方程组变成一个有限个系数和方程的方程组，截断相当于用有限个平面波的叠加来近似晶体的波函数。下面先一般性地讨论由该方程确定的晶体量子态的波函数和能量性质，然后说明如何求解该方程组并获得晶体的波函数及其能量。

傅里叶展开方法的基本出发点就是把要求解的波函数展开为不同波矢(用 $\boldsymbol{q}$ 表示)平面波的叠加[式(7.64)]，而叠加系数 $c_{\boldsymbol{q}}$ 则由方程组(7.70)决定。由该方程组可见出现在方程中的所有系数为 $c_{\boldsymbol{q}},c_{\boldsymbol{q}-\boldsymbol{G}},c_{\boldsymbol{q}-\boldsymbol{G}'},\cdots$，也就是说如果某一晶体波函数含有波矢为 $\boldsymbol{q}$ 的平面波，那么该波函数傅里叶展开式中的其他平面波的波矢只能是 $\boldsymbol{q},\boldsymbol{q}-\boldsymbol{G},\boldsymbol{q}-\boldsymbol{G}',\cdots$，或者说只有那些波矢和 $\boldsymbol{q}$ 相差一个倒格矢的平面波才会出现在傅里叶展开中，而那些波矢与 $\boldsymbol{q}$ 相差不是倒格矢的平面波不出现在展开式中，也就是说实际上出现在傅里叶展开中的平面波集合只是原先傅里叶展开式(7.64)中平面波集合的一个子集，这是晶体周期性势场导致的结果。这一结果意味着波函数的傅里叶展开式(7.64)简化为

$$\psi(\boldsymbol{r})=\sum_{\boldsymbol{G}}c_{\boldsymbol{q}-\boldsymbol{G}}\mathrm{e}^{\mathrm{i}(\boldsymbol{q}-\boldsymbol{G})\cdot\boldsymbol{r}}=\mathrm{e}^{\mathrm{i}\boldsymbol{q}\cdot\boldsymbol{r}}\sum_{\boldsymbol{G}}c_{\boldsymbol{q}-\boldsymbol{G}}\mathrm{e}^{-\mathrm{i}\boldsymbol{G}\cdot\boldsymbol{r}} \tag{7.71}$$

由式(7.71)可见对每个 $\boldsymbol{q}$ 有一个对应的晶体波函数，为此给波函数加下标 $\boldsymbol{q}$ 来标识不同的波函数，即

$$\psi_{\boldsymbol{q}}(\boldsymbol{r})\equiv\mathrm{e}^{\mathrm{i}\boldsymbol{q}\cdot\boldsymbol{r}}\sum_{\boldsymbol{G}}c_{\boldsymbol{q}-\boldsymbol{G}}\mathrm{e}^{-\mathrm{i}\boldsymbol{G}\cdot\boldsymbol{r}} \tag{7.72}$$

式中，$\boldsymbol{q}$ 值是满足式(7.65)的任何值，它既包括处于第一布里渊区中的 $\boldsymbol{q}$，也包括处于布里渊区以外的 $\boldsymbol{q}$。由上一节的讨论可知一个晶体所有的量子态只有 N 个独立的 $\boldsymbol{q}$ 值，N 是晶体中的原胞个数，这 N 个 $\boldsymbol{q}$ 值一般取第一布里渊区中的值，处于布里渊区中的 $\boldsymbol{q}$ 值特别地用 $\boldsymbol{k}$ 表示，即 $\boldsymbol{k}\in BZ$，也就是说任一处于第一布里渊区以外的晶体波态 $\psi_{\boldsymbol{q}}(\boldsymbol{r})$ 一定等于处于第一布里渊区以内的晶体态 $\psi_{\boldsymbol{k}}(\boldsymbol{r})$，即当 $\boldsymbol{q}$ 和 $\boldsymbol{k}$ 相差一个倒格矢 $\boldsymbol{G}$ 时两个波函数相同，即

$$\boldsymbol{k}=\boldsymbol{q}-\boldsymbol{G}\quad\rightarrow\quad\psi_{\boldsymbol{q}}(\boldsymbol{r})=\psi_{\boldsymbol{k}}(\boldsymbol{r}) \tag{7.73}$$

如果 $\boldsymbol{G}=0$ 就意味着 $\boldsymbol{q}$ 已经在第一布里渊区内。这意味着只需计算 N 个晶体态

$\psi_{\boldsymbol{k}}(\boldsymbol{r})$，而无须计算无穷多个$\psi_{\boldsymbol{q}}(\boldsymbol{r})$。$\boldsymbol{k}$表示的式(7.72)为

$$\psi_{\boldsymbol{k}}(\boldsymbol{r}) = \mathrm{e}^{\mathrm{i}\boldsymbol{k}\cdot\boldsymbol{r}} \sum_{\boldsymbol{G}} c_{\boldsymbol{k}-\boldsymbol{G}} \mathrm{e}^{-\mathrm{i}\boldsymbol{G}\cdot\boldsymbol{r}} \tag{7.74}$$

7.5.2 布洛赫定理的第二个证明

从式(7.74)出发可以证明几个有用的定理和关系式。首先证明式(7.74)所示的波函数满足布洛赫定理。为此定义如下$u_{\boldsymbol{k}}(\boldsymbol{r})$：

$$u_{\boldsymbol{k}}(\boldsymbol{r}) \equiv \sum_{\boldsymbol{G}} c_{\boldsymbol{k}-\boldsymbol{G}} \mathrm{e}^{-\mathrm{i}\boldsymbol{G}\cdot\boldsymbol{r}} \tag{7.75}$$

由此可把式(7.74)中的晶体波函数$\psi_{\boldsymbol{k}}(\boldsymbol{r})$表达为

$$\psi_{\boldsymbol{k}}(\boldsymbol{r}) = \mathrm{e}^{\mathrm{i}\boldsymbol{k}\cdot\boldsymbol{r}} u_{\boldsymbol{k}}(\boldsymbol{r}) \tag{7.76}$$

因此只要证明$u_{\boldsymbol{k}}(\boldsymbol{r})$具有晶格周期性即可。这由$u_{\boldsymbol{k}}(\boldsymbol{r})$的定义可得，即对于任何的正格矢$\boldsymbol{R}$有

$$u_{\boldsymbol{k}}(\boldsymbol{r}+\boldsymbol{R}) = \sum_{\boldsymbol{G}} c_{\boldsymbol{k}-\boldsymbol{G}} \mathrm{e}^{-\mathrm{i}\boldsymbol{G}\cdot(\boldsymbol{r}+\boldsymbol{R})} = \sum_{\boldsymbol{G}} c_{\boldsymbol{k}-\boldsymbol{G}} \mathrm{e}^{-\mathrm{i}\boldsymbol{G}\cdot\boldsymbol{r}} \mathrm{e}^{-\mathrm{i}\boldsymbol{G}\cdot\boldsymbol{R}} = \sum_{\boldsymbol{G}} c_{\boldsymbol{k}-\boldsymbol{G}} \mathrm{e}^{-\mathrm{i}\boldsymbol{G}\cdot\boldsymbol{r}} = u_{\boldsymbol{k}}(\boldsymbol{r}) \tag{7.77}$$

式(7.77)推导中利用了$\boldsymbol{G}\cdot\boldsymbol{R} = 2\pi\times$整数 的结论。这个结论给出了布洛赫定理的第二种证明，在历史上布洛赫最早用这种方法证明了布洛赫定理[3]。

7.5.3 晶体波函数和能量的倒空间平移不变性

从式(7.71)出发可得

$$\psi_{\boldsymbol{k}+\boldsymbol{G}}(\boldsymbol{r}) = \sum_{\boldsymbol{G}'} c_{\boldsymbol{k}+\boldsymbol{G}-\boldsymbol{G}'} \mathrm{e}^{\mathrm{i}(\boldsymbol{k}+\boldsymbol{G}-\boldsymbol{G}')\cdot\boldsymbol{r}} = \sum_{\boldsymbol{G}''} c_{\boldsymbol{k}-\boldsymbol{G}''} \mathrm{e}^{\mathrm{i}(\boldsymbol{k}-\boldsymbol{G}'')\cdot\boldsymbol{r}} = \psi_{\boldsymbol{k}}(\boldsymbol{r}) \tag{7.78}$$

在式(7.78)推导中定义了$\boldsymbol{G}'' = \boldsymbol{G}' - \boldsymbol{G}$，$\boldsymbol{G}''$相当于$\boldsymbol{G}'$平移了一个倒格矢$\boldsymbol{G}$，因此它依然是一个倒格矢，由于倒格矢的循环周期性，对所有的$\boldsymbol{G}'$求和与对$\boldsymbol{G}''$的求和是相同的，式(7.78)表明晶体中波函数具有倒格矢平移不变性。

晶体波函数$\psi_{\boldsymbol{k}}(\boldsymbol{r})$和$\psi_{\boldsymbol{k}+\boldsymbol{G}}(\boldsymbol{r})$必定满足单电子薛定谔方程，即

$$H^{\mathrm{SP}} \psi_{\boldsymbol{k}}(\boldsymbol{r}) = E(\boldsymbol{k}) \psi_{\boldsymbol{k}}(\boldsymbol{r}) \tag{7.79}$$

和

$$H^{\mathrm{SP}} \psi_{\boldsymbol{k}+\boldsymbol{G}}(\boldsymbol{r}) = E(\boldsymbol{k}+\boldsymbol{G}) \psi_{\boldsymbol{k}+\boldsymbol{G}}(\boldsymbol{r}) \tag{7.80}$$

利用式(7.78)和式(7.79)则可得如下等式：

$$H^{\mathrm{SP}}\psi_{\boldsymbol{k}+\boldsymbol{G}}(\boldsymbol{r}) = H^{\mathrm{SP}}\psi_{\boldsymbol{k}}(\boldsymbol{r}) = E(\boldsymbol{k})\psi_{\boldsymbol{k}}(\boldsymbol{r}) = E(\boldsymbol{k})\psi_{\boldsymbol{k}+\boldsymbol{G}}(\boldsymbol{r}) \tag{7.81}$$

比较式(7.81)和式(7.80)可得如下关系：

$$E(\boldsymbol{k}+\boldsymbol{G}) = E(\boldsymbol{k}) \tag{7.82}$$

该式表明晶体的能带函数 $E(\boldsymbol{k})$ 也具有倒格矢平移不变性。

7.5.4　傅里叶展开方法中的单电子方程

计算 $\psi_{\boldsymbol{k}}(\boldsymbol{r})$ 和与之相关的能量就是求解方程组(7.70)，为此首先把该式修改成适用于第一布里渊区中波矢 $\boldsymbol{k}$ 的方程。对于任何的波矢 $\boldsymbol{q}$，总存在一个波矢 $\boldsymbol{G}$ 使得 $\boldsymbol{k}=\boldsymbol{q}-\boldsymbol{G}$ 在第一布里渊区，由此得 $\boldsymbol{q}=\boldsymbol{k}+\boldsymbol{G}$，把该式代入式(7.70)则有

$$\left[\frac{\hbar^2(\boldsymbol{k}+\boldsymbol{G})^2}{2m} - E(\boldsymbol{k}+\boldsymbol{G})\right]c_{\boldsymbol{k}+\boldsymbol{G}} + \sum_{\boldsymbol{G}'} V_{\boldsymbol{G}'}c_{\boldsymbol{k}+\boldsymbol{G}-\boldsymbol{G}'} = 0 \qquad \boldsymbol{k}\in BZ, \boldsymbol{G}\text{为任意倒格矢} \tag{7.83}$$

由式(7.82)的结果，式(7.83)变为

$$\left[\frac{\hbar^2(\boldsymbol{k}+\boldsymbol{G})^2}{2m} - E(\boldsymbol{k})\right]c_{\boldsymbol{k}+\boldsymbol{G}} + \sum_{\boldsymbol{G}'} V_{\boldsymbol{G}'}c_{\boldsymbol{k}+\boldsymbol{G}-\boldsymbol{G}'} = 0 \qquad \boldsymbol{k}\in BZ, \boldsymbol{G}\text{为任意倒格矢} \tag{7.84}$$

记 $\boldsymbol{G}-\boldsymbol{G}'=\boldsymbol{G}''$，用 $\boldsymbol{G}''$ 代替上式 $c_{\boldsymbol{k}+\boldsymbol{G}-\boldsymbol{G}'}$ 下标中的 $\boldsymbol{G}-\boldsymbol{G}'$，则有

$$\left[\frac{\hbar^2(\boldsymbol{k}+\boldsymbol{G})^2}{2m} - E(\boldsymbol{k})\right]c_{\boldsymbol{k}+\boldsymbol{G}} + \sum_{\boldsymbol{G}'} V_{\boldsymbol{G}'}c_{\boldsymbol{k}+\boldsymbol{G}''} = 0 \qquad \boldsymbol{k}\in BZ, \boldsymbol{G}\text{为任意倒格矢} \tag{7.85}$$

由倒格矢性质可知 $\boldsymbol{G}''$ 仍然是一个倒格矢，它相当于 $\boldsymbol{G}'$ 只做了一个平移，由于倒格矢具有循环性质，因此式(7.85)中对 $\boldsymbol{G}'$ 的求和相当于对 $\boldsymbol{G}''$ 的求和，于是有

$$\left[\frac{\hbar^2(\boldsymbol{k}+\boldsymbol{G})^2}{2m} - E(\boldsymbol{k})\right]c_{\boldsymbol{k}+\boldsymbol{G}} + \sum_{\boldsymbol{G}''} V_{\boldsymbol{G}-\boldsymbol{G}''}c_{\boldsymbol{k}+\boldsymbol{G}''} = 0 \qquad \boldsymbol{k}\in BZ, \boldsymbol{G}\text{为任意倒格矢} \tag{7.86}$$

把展开系数 $c_{\boldsymbol{k}+\boldsymbol{G}}$ 重新记为 $c_{\boldsymbol{G}}(\boldsymbol{k})$，即

$$c_{\boldsymbol{G}}(\boldsymbol{k}) \equiv c_{\boldsymbol{k}+\boldsymbol{G}} \tag{7.87}$$

并在式(7.86)中用 $\boldsymbol{G}'$ 代替 $\boldsymbol{G}''$，则式(7.86)变为

$$\left[\frac{\hbar^2(\boldsymbol{k}+\boldsymbol{G})^2}{2m}-E(\boldsymbol{k})\right]c_{\boldsymbol{G}}(\boldsymbol{k})+\sum_{\boldsymbol{G}'}V_{\boldsymbol{G}-\boldsymbol{G}'}c_{\boldsymbol{G}'}(\boldsymbol{k})=0 \qquad \boldsymbol{k}\in BZ, \boldsymbol{G}\text{为任意倒格矢} \tag{7.88}$$

式(7.88)是关于傅里叶展开系数的线性方程组，是傅里叶展开方法计算晶体波函数和能量的基本计算公式。

在新的展开系数标记 $c_{\boldsymbol{G}}(\boldsymbol{k})$ 下，晶体的波函数 $\psi_{\boldsymbol{k}}(\boldsymbol{r})$ 傅里叶展开[式(7.72)]则表达为

$$\psi_{\boldsymbol{k}}(\boldsymbol{r})=\mathrm{e}^{\mathrm{i}\boldsymbol{k}\cdot\boldsymbol{r}}\sum_{\boldsymbol{G}}c_{-\boldsymbol{G}}(\boldsymbol{k})\mathrm{e}^{-\mathrm{i}\boldsymbol{G}\cdot\boldsymbol{r}}=\mathrm{e}^{\mathrm{i}\boldsymbol{k}\cdot\boldsymbol{r}}\sum_{\boldsymbol{G}}c_{\boldsymbol{G}}(\boldsymbol{k})\mathrm{e}^{\mathrm{i}\boldsymbol{G}\cdot\boldsymbol{r}} \tag{7.89}$$

式(7.89)推导中也利用了倒格矢的循环性质。

下面说明式(7.88)的求解。把所有倒格点进行编号排序为 $\boldsymbol{G}_1,\boldsymbol{G}_2,\boldsymbol{G}_3,\cdots$，于是式(7.88)可以表达为矩阵形式

$$\begin{pmatrix}\frac{\hbar^2(\boldsymbol{k}+\boldsymbol{G}_1)^2}{2m}-E(\boldsymbol{k})-V_0 & V_{\boldsymbol{G}_1-\boldsymbol{G}_2} & V_{\boldsymbol{G}_1-\boldsymbol{G}_3} & \cdots \\ V_{\boldsymbol{G}_2-\boldsymbol{G}_1} & \frac{\hbar^2(\boldsymbol{k}+\boldsymbol{G}_2)^2}{2m}-E(\boldsymbol{k})-V_0 & V_{\boldsymbol{G}_2-\boldsymbol{G}_3} & \cdots \\ V_{\boldsymbol{G}_3-\boldsymbol{G}_1} & V_{\boldsymbol{G}_3-\boldsymbol{G}_2} & \frac{\hbar^2(\boldsymbol{k}+\boldsymbol{G}_3)^2}{2m}-E(\boldsymbol{k})-V_0 & \cdots \\ \vdots & \vdots & \vdots & \end{pmatrix}\begin{pmatrix}c_{\boldsymbol{G}_1}(\boldsymbol{k})\\ c_{\boldsymbol{G}_2}(\boldsymbol{k})\\ c_{\boldsymbol{G}_3}(\boldsymbol{k})\\ \vdots\end{pmatrix}=0 \tag{7.90}$$

式中

$$V_0\equiv V_{\boldsymbol{G}_i-\boldsymbol{G}_i}=\frac{1}{\Omega}\int_{\text{原胞}}V(\boldsymbol{r})\mathrm{d}\boldsymbol{r} \qquad \text{所有}\boldsymbol{G}_i \tag{7.91}$$

是晶体势傅里叶展开的零阶($\boldsymbol{G}=0$)系数，表示晶体势在原胞中的平均值，其取值只影响能量取值的零点，通常将其取为零，即令

$$V_0=0 \tag{7.92}$$

于是式(7.90)变为

$$\begin{pmatrix}\frac{\hbar^2(\boldsymbol{k}+\boldsymbol{G}_1)^2}{2m}-E(\boldsymbol{k}) & V_{\boldsymbol{G}_1-\boldsymbol{G}_2} & V_{\boldsymbol{G}_1-\boldsymbol{G}_3} & \cdots \\ V_{\boldsymbol{G}_2-\boldsymbol{G}_1} & \frac{\hbar^2(\boldsymbol{k}+\boldsymbol{G}_2)^2}{2m}-E(\boldsymbol{k}) & V_{\boldsymbol{G}_2-\boldsymbol{G}_3} & \cdots \\ V_{\boldsymbol{G}_3-\boldsymbol{G}_1} & V_{\boldsymbol{G}_3-\boldsymbol{G}_2} & \frac{\hbar^2(\boldsymbol{k}+\boldsymbol{G}_3)^2}{2m}-E(\boldsymbol{k}) & \cdots \\ \vdots & \vdots & \vdots & \end{pmatrix}\begin{pmatrix}c_{\boldsymbol{G}_1}(\boldsymbol{k})\\ c_{\boldsymbol{G}_2}(\boldsymbol{k})\\ c_{\boldsymbol{G}_3}(\boldsymbol{k})\\ \vdots\end{pmatrix}=0 \tag{7.93}$$

对给定的布里渊区中每个 $\boldsymbol{k}$ 都有形如式(7.93)的矩阵方程，于是求晶体量子态(波函数和能量)的问题就变为求解矩阵(7.93)的本征值问题，能量 $E(\boldsymbol{k})$ 即系数矩阵的本征值，它由系数矩阵行列式为零确定，对每个能量解矩阵方程会得到一组展开系数，把展开系数代入式(7.89)则得到波函数 $\psi_{\boldsymbol{k}}(\boldsymbol{r})$。式(7.93)中矩阵的阶数为倒格点 $\boldsymbol{G}$ 的个数，严格的傅里叶展开是对倒空间中所有整数点求和，也就是包含无穷多个倒格点，因此矩阵是无穷阶的，实际上只能求解有限阶的矩阵，这意味着傅里叶展开中只考虑有限个不同波矢的平面波的求和，对于给定的晶体，到底需要取多少个平面波项才能比较好地表达晶体波函数取决于晶体势的性质，这将在 7.5.5 节讨论。

7.5.5　傅里叶展开方法中的问题及发展

上述求解晶体电子结构的方法看起来直接而简单，但实际中并不总是可行的，问题在于需要处理的矩阵阶数太高。要求解矩阵的阶等于展开波函数所需要的平面波的个数，为了使所得到的波函数达到足够高的精度意味着需要足够多的平面波，下面通过简单估算来说明展开硅晶体中的芯电子态波函数所需的平面波个数。硅晶体中有很多能量不同的电子态，其波函数的一般形式为 $\psi_{n,\boldsymbol{k}}(\boldsymbol{r})=\mathrm{e}^{\mathrm{i}\boldsymbol{k}\cdot\boldsymbol{r}}u_{n,\boldsymbol{k}}(\boldsymbol{r})$，其中 $u_{n,\boldsymbol{k}}(\boldsymbol{r})$ 表示原胞波函数，大致可理解为原子的波函数，所谓芯电子波函数相当于 $u_{n,\boldsymbol{k}}$ 为原子内层电子波函数时对应的晶体波函数 $\psi_{n,\boldsymbol{k}}(\boldsymbol{r})$。假设 $u_{n,\boldsymbol{k}}(\boldsymbol{r})$ 是硅的最内层的 1s 轨道波函数，那么它的轨道半径 $a_{1\mathrm{s}}$ 大致为 $a_{1\mathrm{s}}=3a_0/(2Z)$ [见第 5 章式(5.48)]，这里 $a_0=0.53\text{Å}$ 为玻尔半径，Z=14 为硅的原子核的电荷数，$a_{1\mathrm{s}}$ 的值是硅晶体芯态波函数 $\psi_{n,\boldsymbol{k}}(\boldsymbol{r})$ 的特征尺度，如果用傅里叶展开表示该波函数，那么所用平面波的最短波长 λ 必须比 $a_{1\mathrm{s}}$ 小，即 $\lambda\leqslant a_{1\mathrm{s}}$，用波矢表示则是 $k=2\pi/\lambda\geqslant 2\pi/a_{1\mathrm{s}}$，这意味着展开平面波的波矢 k 至少要考虑到 $k_{\mathrm{cut}}\equiv 2\pi/a_{1\mathrm{s}}$，$k_{\mathrm{cut}}$ 称为**截断波矢**(cut-off wave vector)。在傅里叶展开中每个平面波对应一个倒格矢，因此展开需要的最少平面波数为绝对值比 k_{cut} 小的倒格矢的个数，也就是倒空间中半径为 k_{cut} 的球所包围的倒格点数，如图 7.11 所示。硅晶体的晶格常数为 $a=5.43\text{Å}$，倒空间中点密度为

$$\Omega/(2\pi)^3=a^3/(2\pi)^3 \tag{7.94}$$

其中 Ω 表示硅晶体原胞的体积，于是半径为 k_{cut} 的球所包围的倒格点数为

$$\frac{4}{3}\pi k_{\mathrm{cut}}^3\cdot a^3/(2\pi)^3=\frac{32}{81}\pi Z^3\left(\frac{a}{a_0}\right)^3\sim 10^6 \tag{7.95}$$

式(7.95)结果表明展开晶体硅的芯电子波函数需要大约 10^6 个平面波，这意味着要求解 10^6 阶的矩阵本征值问题，这个矩阵包含 10^{12} 个矩阵元，从计算的角度这意味着

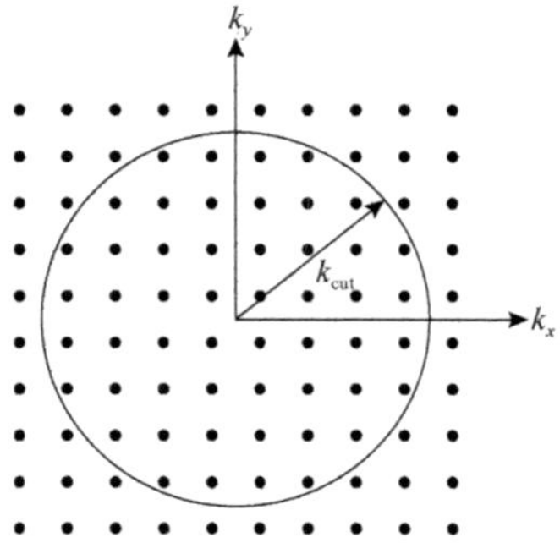

图 7.11　半径为 k_{cut} 的球内的倒格点

需要$10^{12} \simeq 1000G$ 量级的计算机内存，满足这个要求的计算机即使在今天也是远未普及的。

上述问题是芯电子态的问题，芯电子态是距原子核很近的电子态，而距核很近意味着很强的库仑势，这导致了波函数快速变化，从而导致了波函数很小的特征尺度，因此归根到底是核附近强的晶体势导致的。但人们发现决定晶体性质的主要是距核较远的电子态，由于距核较远的这些电子所感受到的势是很弱的，因此这些电子的波函数比较平滑，只需要很小数量的平面波就可以表示，于是人们发展了赝势方法，就是把芯电子和核统一看成离子实，晶体则由离子实和外层电子构成，这样晶体只有外层电子，它们只感受到弱的晶体势即赝势，从而使得平面波展开方法成为一种实用的方法。采用适当的赝势，闪锌矿结构半导体中的截断波矢可小到倒易原点第 10 级近邻倒格点位置，而第 10 级近邻倒格点以内的倒格点为 137 个，这意味着在赝势方法下大约只需要 137 个平面波就能满意地表示晶体的波函数，要求解的矩阵特征值问题是 137 阶矩阵的特征值问题，这是计算机很容易解决的问题。特别地，在经验赝势方法中本征值矩阵实际上可以低到 41 阶，而且只需要三个参数就能得到相当满意的能带结构。赝势方法随后发展成从头计算赝势方法，也就是只要给定晶体结构就能确定弱的离子势，它连同密度泛函方法一起形成平面波赝势方法，该方法成为材料电子结构计算最重要的方法之一，这将在第 9 章说明。

7.6　近自由电子近似

近自由电子近似方法就是 7.5 节所讨论的傅里叶展开方法的近似处理，因此就数学方面而言它是以平面波作为基函数的方法。在历史上该方法是晶体自由电子模型的自然发展，就是考虑晶体中单粒子势如何影响和改变原为自由电子的电子态，派尔斯在 1929 年最先用此方法研究了一维情形，并说明能隙的存在，随后该方法由布里渊于 1930 年完善，说明了三维带隙结构以及现在称为布里渊区的概念。采用平面波为基函数意味着近自由电子近似方法把晶体波函数看成是不同平面波函数的叠加，而平面波本身就属于整个晶体，因此近自由电子近似中的电子观念从根本上是公有化电子的观念，晶体电子态以及能隙形成是电子波被晶格衍射的结果，这是近自由电子关于晶体电子态的基本观念。因此，这种方法特别适用于电子高度公有化和单粒子势比较弱的晶体，尤其是金属晶体。本节说明近自由电子近似方法，7.6.1 节先简要说明自由电子模型下的电子态，随后的几个小节则用上节的结果求解晶体势较弱时晶体中的电子态，最后比较自由电子和近自由电子的异同，并总结近自由电子近似方法的意义。

7.6.1　自由电子的电子态：空晶格模型

能带论的根本特征是晶体中的单粒子周期势，近自由电子近似就是考虑单粒子势很弱情形下的晶体态，这里先考虑一种极限情形：即单粒子势为零(或者为常数)的情形。这种情形即索末菲的自由电子模型，单粒子势处处为零的情形意味着实际上没有晶格，因此这种模型也称为空晶格模型(empty lattice model)。一维情形下空晶格模型中的电子波函数为

$$\psi_k = \frac{1}{\sqrt{L}}\mathrm{e}^{\mathrm{i}kx} \tag{7.96}$$

其中 L 为晶体长度，电子的能量则为

$$E(k) = \frac{\hbar^2 k^2}{2m} \tag{7.97}$$

该能量关系即为自由电子的能量色散关系，如图 7.12(a)所示。在真实晶格情形下，描述晶体的量子态只需描述第一布里渊区波矢对应的量子态即可，这是由于晶体满足晶格平移不变性和波函数满足玻恩-冯卡门边界条件的结果，空晶格中实际上等于没有晶格，因此它具有连续平移不变性，自然它满足晶格平移不变性和波函

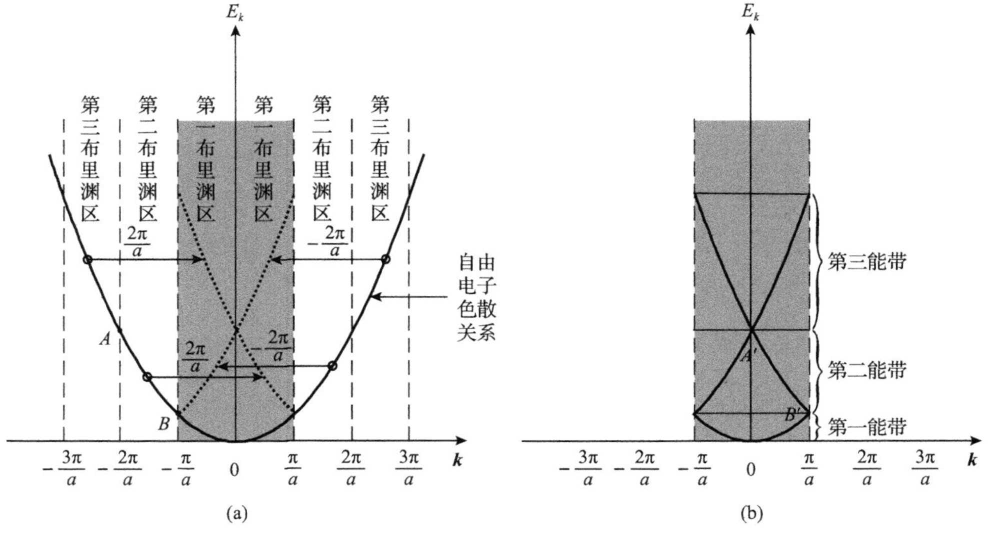

图 7.12　一维自由电子的色散关系

(a)扩展布里渊区表示；(b)简约布里渊区表示

数满足玻恩-冯卡门边界条件，因此空晶格的电子态也可以在第一布里渊区中表达，只不过空晶格中电子态非常简单而无需引入布里渊区来表达，如色散关系直接用图 7.12(a)所示的方式表达，这种表达称为扩展布里渊区表示；但为了与真正晶格的色散关系比较，空晶格中的色散关系也可以在第一布里渊区中表达，如图 7.12(b)所示，称为简约布里渊区表示。将扩展布里渊区表示转化为简约布里渊区表示的方法并不复杂：用布里渊区边界把扩展布里渊区表示中的色散关系分割成段，然后按图中所示的方向平移一个倒格矢即可，例如把第二布里渊区中的 AB 段右移一个倒格矢 $2\pi/a$ 到 $A'B'$就使得色散曲线进入第一布里渊区，这样就得到图 7.12(b)所示的色散关系的简约布里渊区表示。

7.6.2　近自由电子近似下的本征方程

下面考虑单粒子势很弱但不为零的情形。单粒子势弱意味着晶体中的电子接近自由电子，这种情形下势的傅里叶展开系数值比较小，因此只需要考虑少数几个倒易原点近邻倒格点相应的傅里叶展开系数即可，这意味着决定能量和波函数本征值方程(7.93)的只是一个低阶矩阵本征值方程，这种弱势情形下的傅里叶展开方法称为近自由电子近似。这里进一步假设晶体势的傅里叶展开系数中只有一个系数 $V_{\boldsymbol{G}}$ 值得考虑，而其他系数则全等于零，这意味着在晶体的波函数 $\psi_{\boldsymbol{k}}(\boldsymbol{r})$ 的傅里叶展开中只考虑 0 和 $\boldsymbol{G}$ 两个格点，于是式(7.89)中的 $\psi_{\boldsymbol{k}}(\boldsymbol{r})$ 变为下面的表达式：

$$\begin{aligned}\psi_{\boldsymbol{k}}(\boldsymbol{r}) &= c_0(\boldsymbol{k})\mathrm{e}^{\mathrm{i}\boldsymbol{kr}} + c_{\boldsymbol{G}}(\boldsymbol{k})\mathrm{e}^{\mathrm{i}(\boldsymbol{k}+\boldsymbol{G})\boldsymbol{r}} = c_0(\boldsymbol{k})\left[\mathrm{e}^{\mathrm{i}\boldsymbol{kr}} + \frac{c_{\boldsymbol{G}}(\boldsymbol{k})}{c_0(\boldsymbol{k})}\mathrm{e}^{\mathrm{i}(\boldsymbol{k}+\boldsymbol{G})\boldsymbol{r}}\right] \\ &= A\left[\mathrm{e}^{\mathrm{i}\boldsymbol{kr}} + \frac{c_{\boldsymbol{G}}(\boldsymbol{k})}{c_0(\boldsymbol{k})}\mathrm{e}^{\mathrm{i}(\boldsymbol{k}+\boldsymbol{G})\boldsymbol{r}}\right]\end{aligned} \tag{7.98}$$

式中决定 $\psi_{\boldsymbol{k}}(\boldsymbol{r})$ 性质的是 $c_{\boldsymbol{G}}(\boldsymbol{k})/c_0(\boldsymbol{k})$，而 $c_0(\boldsymbol{k})$ 只是归一化系数，记为 A。晶体波函数和能量矩阵方程(7.93)在这种近似下则变成一个二阶矩阵，考虑到 $V_{-\boldsymbol{G}} = V_{\boldsymbol{G}}^*$(见附录 I)，则二阶矩阵为

$$\begin{pmatrix} \dfrac{\hbar^2\boldsymbol{k}^2}{2m} - E(\boldsymbol{k}) & V_{\boldsymbol{G}}^* \\ V_{\boldsymbol{G}} & \dfrac{\hbar^2(\boldsymbol{k}+\boldsymbol{G})^2}{2m} - E(\boldsymbol{k}) \end{pmatrix}\begin{pmatrix} c_0(\boldsymbol{k}) \\ c_{\boldsymbol{G}}(\boldsymbol{k}) \end{pmatrix} = 0 \tag{7.99}$$

该式决定了晶体的波函数和能量，其中晶体能量由如下矩阵本征值方程决定：

$$\begin{vmatrix} \dfrac{\hbar^2 k^2}{2m} - E(\boldsymbol{k}) & V_{\boldsymbol{G}}^* \\ V_{\boldsymbol{G}} & \dfrac{\hbar^2 (\boldsymbol{k}+\boldsymbol{G})^2}{2m} - E(\boldsymbol{k}) \end{vmatrix} = 0 \tag{7.100}$$

定义 $E_0(\boldsymbol{k})$和$E_0(\boldsymbol{k}+\boldsymbol{G})$ 为

$$E_0(\boldsymbol{k}) \equiv \frac{\hbar^2 \boldsymbol{k}^2}{2m}, \qquad E_0(\boldsymbol{k}+\boldsymbol{G}) \equiv \frac{\hbar^2 (\boldsymbol{k}+\boldsymbol{G})^2}{2m} \tag{7.101}$$

可见它们分别表示两个平面波的能量，用这两个能量方程(7.100)可表示为

$$E^2(\boldsymbol{k}) - \left[E_0(\boldsymbol{k}) + E_0(\boldsymbol{k}+\boldsymbol{G})\right]E(\boldsymbol{k}) + E_0(\boldsymbol{k}) \cdot E_0(\boldsymbol{k}+\boldsymbol{G}) - \left|V_{\boldsymbol{G}}\right|^2 = 0 \tag{7.102}$$

该式有如下的两个解：

$$E_{\pm}(\boldsymbol{k}) = \frac{1}{2}\left[E_0(\boldsymbol{k}) + E_0(\boldsymbol{k}+\boldsymbol{G})\right] \pm \frac{1}{2}\sqrt{\left[E_0(\boldsymbol{k}) - E_0(\boldsymbol{k}+\boldsymbol{G})\right]^2 + 4\left|V_{\boldsymbol{G}}\right|^2} \tag{7.103}$$

每个解给出一个能带结构。

由式(7.98)可知晶体波函数由展开系数比 $c_{\boldsymbol{G}}(\boldsymbol{k})/c_0(\boldsymbol{k})$ 决定，A 只是起到归一化因子的作用，$c_{\boldsymbol{G}}(\boldsymbol{k})/c_0(\boldsymbol{k})$ 由方程式(7.99)给出，其为

$$\frac{c_{\boldsymbol{G}}(\boldsymbol{k})}{c_0(\boldsymbol{k})} = \frac{V_{\boldsymbol{G}}}{E(\boldsymbol{k}) - E_0(\boldsymbol{k}+\boldsymbol{G})} \tag{7.104}$$

或者

$$\frac{c_0(\boldsymbol{k})}{c_{\boldsymbol{G}}(\boldsymbol{k})} = \frac{V_{\boldsymbol{G}}^*}{E(\boldsymbol{k}) - E_0(\boldsymbol{k})} \tag{7.105}$$

下面由式(7.103)、式(7.104)和式(7.105)来说明晶体量子态的能量和波函数性质。

在利用式(7.103)和式(7.104)或式(7.105)求解晶体态能量和波函数过程中需要考虑$\left|V_{\boldsymbol{G}}\right|$与$\left|E_0(\boldsymbol{k}) - E_0(\boldsymbol{k}+\boldsymbol{G})\right|$之间的数量关系以作出近似和简化，$\left|E_0(\boldsymbol{k}) - E_0(\boldsymbol{k}+\boldsymbol{G})\right|$值的大小由波矢 $\boldsymbol{k}$ 决定，不同 $\boldsymbol{k}$ 的$\left|E_0(\boldsymbol{k}) - E_0(\boldsymbol{k}+\boldsymbol{G})\right|$值差异很大，因此可以按$\left|E_0(\boldsymbol{k}) - E_0(\boldsymbol{k}+\boldsymbol{G})\right|$取值大小对 $\boldsymbol{k}$ 进行大致分类，为了理解这个分类，这里考虑一维情形，如图 7.13 所示。考虑第一布里渊区右半边中的点，如图中 A 点，其波矢值 $\boldsymbol{k} = k$，取 $\boldsymbol{G}$ 为第一倒格点即 $\boldsymbol{G} = -2\pi/a$，于是 $\boldsymbol{k}+\boldsymbol{G} = k - 2\pi/a$，该波矢值对应于图中的 A' 点，于是 $E_0(\boldsymbol{k})$ 和 $E_0(\boldsymbol{k}+\boldsymbol{G})$ 分别表示自由电子的色散曲线上点 A 和 A' 的纵向高度。由自由电子色散曲线特征可见：当 A 点从原点向右变化时，$E_0(\boldsymbol{k})$ 逐渐增加，而 A' 点也随之向右变化，因此 $E_0(\boldsymbol{k}+\boldsymbol{G})$ 逐渐减小，这意味着随着 k 值逐渐增加，$\left|E_0(\boldsymbol{k}) - E_0(\boldsymbol{k}+\boldsymbol{G})\right|$ 逐渐减小。在倒易原点时，$\left|E_0(\boldsymbol{k}) - E_0(\boldsymbol{k}+\boldsymbol{G})\right|$ 值最

大，其为 $4\pi^2\hbar^2/(2ma^2)$，当 k 增加到第一布里渊区边界 π/a 时(图中 C 点)，$E_0(\boldsymbol{k})$ 与 $E_0(\boldsymbol{k}+\boldsymbol{G})$ 相等即 $|E_0(\boldsymbol{k})-E_0(\boldsymbol{k}+\boldsymbol{G})|=0$，而当 $\boldsymbol{k}$ 位于第一布里渊区边界附近(如图中 B 点)时，$|E_0(\boldsymbol{k})-E_0(\boldsymbol{k}+\boldsymbol{G})|$ 就很接近 0。上述的分析也适用于其他布里渊区边界以及三维的情形，因此 $|E_0(\boldsymbol{k})-E_0(\boldsymbol{k}+\boldsymbol{G})|$ 的取值反映了波矢 $\boldsymbol{k}$ 距离布里渊区边界的距离。由于决定晶体量子态性质的是 $|E_0(\boldsymbol{k})-E_0(\boldsymbol{k}+\boldsymbol{G})|$ 和 $|V_{\boldsymbol{G}}|$ 的相对大小关系，因此下面按 $|E_0(\boldsymbol{k})-E_0(\boldsymbol{k}+\boldsymbol{G})|$ 和 $|V_{\boldsymbol{G}}|$ 的关系对 $\boldsymbol{k}$ 进行分类讨论；由于不同 $\boldsymbol{k}$ 表征了不同的量子态，因此对 $\boldsymbol{k}$ 进行分类研究就表示对晶体量子态进行分类研究。

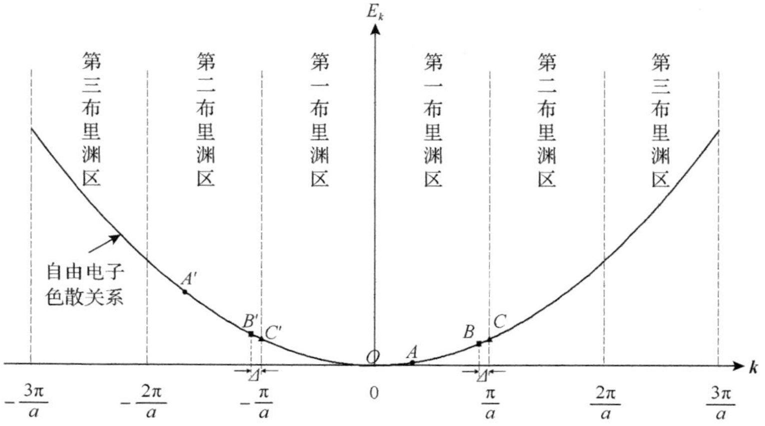

图 7.13　一维晶格的近自由电子色散关系

7.6.2.1　$|E_0(\boldsymbol{k})-E_0(\boldsymbol{k}+\boldsymbol{G})|\gg|V_{\boldsymbol{G}}|$ 情形：远离布里渊区边界的量子态

在 $|E_0(\boldsymbol{k})-E_0(\boldsymbol{k}+\boldsymbol{G})|\gg|V_{\boldsymbol{G}}|$ 情形下，式(7.103)中根式里的 $|V_{\boldsymbol{G}}|$ 可以忽略，于是晶体的能带结构 $E(\boldsymbol{k})$ 分别为

$$E_+(\boldsymbol{k})\simeq E_0(\boldsymbol{k}),\qquad E_-(\boldsymbol{k}+\boldsymbol{G})\simeq E_0(\boldsymbol{k}+\boldsymbol{G}) \tag{7.106}$$

这表示两个自由电子的能带。把 $E(\boldsymbol{k})=E_+(\boldsymbol{k})\simeq E_0(\boldsymbol{k})$ 代入式(7.104)可得

$$\frac{c_{\boldsymbol{G}}(\boldsymbol{k})}{c_0(\boldsymbol{k})}=\frac{V_{\boldsymbol{G}}}{E_0(\boldsymbol{k})-E_0(\boldsymbol{k}+\boldsymbol{G})}\simeq 0 \tag{7.107}$$

这表示对应于晶体能量 $E_+(\boldsymbol{k})\simeq E_0(\boldsymbol{k})$ 的晶体波函数中波矢为 $\boldsymbol{k}+\boldsymbol{G}$ 平面波成分可以忽略，因此对应该能量的晶体波函数为 $A\mathrm{e}^{\mathrm{i}\boldsymbol{kr}}$；把 $E(\boldsymbol{k})=E_-(\boldsymbol{k})\simeq E_0(\boldsymbol{k}+\boldsymbol{G})$ 代入式(7.105)则得

$$\frac{c_0(\boldsymbol{k})}{c_{\boldsymbol{G}}(\boldsymbol{k})}=\frac{V_{\boldsymbol{G}}^*}{E_0(\boldsymbol{k}+\boldsymbol{G})-E_0(\boldsymbol{k})}\simeq 0 \tag{7.108}$$

这表示对应晶体能量 $E_-(\boldsymbol{k}) \simeq E_0(\boldsymbol{k}+\boldsymbol{G})$ 的晶体波函数中波矢为 $\boldsymbol{k}$ 平面波成分可以忽略，由此可得对应该能量的晶体波函数为 $A\mathrm{e}^{\mathrm{i}(\boldsymbol{k}+\boldsymbol{G})\boldsymbol{r}}$ 。以上结果意味着晶体的量子态为两个独立的自由电子的量子态。

7.6.2.2　$E_0(\boldsymbol{k}) = E_0(\boldsymbol{k}+\boldsymbol{G})$ 情形：布里渊区边界处的量子态

$E_0(\boldsymbol{k}) = E_0(\boldsymbol{k}+\boldsymbol{G})$ 意味着 $\boldsymbol{k}^2=(\boldsymbol{k}+\boldsymbol{G})^2$ ，该式等价于如下表达式：

$$\boldsymbol{G}\cdot\left(\boldsymbol{k}+\frac{1}{2}\boldsymbol{G}\right)=0 \tag{7.109}$$

与式(7.55)比较可知满足式(7.109)的 $\boldsymbol{k}$ 处于与 $-\boldsymbol{G}$ 对应的布里渊区边界上，因此 $E_0(\boldsymbol{k}) = E_0(\boldsymbol{k}+\boldsymbol{G})$ 的条件意味着 $\boldsymbol{k}$ 处在布里渊区边界上。

把 $E_0(\boldsymbol{k}) = E_0(\boldsymbol{k}+\boldsymbol{G})$ 代入式(7.103)可得晶体的两个能量 $E(\boldsymbol{k})$ ：

$$E_+(\boldsymbol{k}) = E_0(\boldsymbol{k})+|V_{\boldsymbol{G}}|, \qquad E_-(\boldsymbol{k}) = E_0(\boldsymbol{k})-|V_{\boldsymbol{G}}| \tag{7.110}$$

这表明在布里渊区边界处晶体形成两个能量不同的量子态，两个态的能量差为

$$E_+(\boldsymbol{k})-E_-(\boldsymbol{k})=2|V_{\boldsymbol{G}}| \tag{7.111}$$

这个差称为能隙 E_{g} ，即

$$E_{\mathrm{g}} \equiv 2|V_{\boldsymbol{G}}| \tag{7.112}$$

这个结果表明：即使单粒子势很弱，在布里渊区边界处也会形成不同于自由电子态的晶体量子态，两个量子态之间的能量差是晶体势在相应倒格点的傅里叶展开系数的 2 倍。

再考虑与两个能量对应的波函数，把 $E_+(\boldsymbol{k})$ 代入式(7.104)可得

$$\frac{c_{\boldsymbol{G}}(\boldsymbol{k})}{c_0(\boldsymbol{k})}=\frac{V_{\boldsymbol{G}}}{E_0(\boldsymbol{k})+|V_{\boldsymbol{G}}|-E_0(\boldsymbol{k}+\boldsymbol{G})}=\frac{V_{\boldsymbol{G}}}{|V_{\boldsymbol{G}}|}=-1 \tag{7.113}$$

式(7.113)中假设了 $V_{\boldsymbol{G}}$ 为实数，由于单粒子势的傅里叶展开系数总是小于零，因此取值为–1，把 $E_-(\boldsymbol{k})$ 代入式(7.104)则得

$$\frac{c_{\boldsymbol{G}}(\boldsymbol{k})}{c_0(\boldsymbol{k})}=\frac{V_{\boldsymbol{G}}}{E_0(\boldsymbol{k})-|V_{\boldsymbol{G}}|-E_0(\boldsymbol{k}+\boldsymbol{G})}=\frac{V_{\boldsymbol{G}}}{-|V_{\boldsymbol{G}}|}=1 \tag{7.114}$$

把式(7.113)和式(7.114)代入式(7.98)，则得与能量 $E_+(\boldsymbol{k})$ 和 $E_-(\boldsymbol{k})$ 分别对应的波函数：

$$\psi_+(\boldsymbol{r})=B\left[\mathrm{e}^{\mathrm{i}\boldsymbol{k}\boldsymbol{r}}-\mathrm{e}^{\mathrm{i}(\boldsymbol{k}+\boldsymbol{G})\boldsymbol{r}}\right], \qquad \psi_-(\boldsymbol{r})=B\left[\mathrm{e}^{\mathrm{i}\boldsymbol{k}\boldsymbol{r}}+\mathrm{e}^{\mathrm{i}(\boldsymbol{k}+\boldsymbol{G})\boldsymbol{r}}\right] \tag{7.115}$$

下面把上述结论用于一维情形。在一维情形下 $\boldsymbol{k}^2=(\boldsymbol{k}+\boldsymbol{G})^2$ 变为

$$k^2=\left(k+\frac{2n\pi}{a}\right)^2 \tag{7.116}$$

其中 $\frac{2n\pi}{a}$ 表示第 $|n|$ 个倒格点，n 可取正整数值也可取负整数值，取正整数时倒格点 $\frac{2n\pi}{a}$ 在倒空间正半轴，取负整数时倒格点 $\frac{2n\pi}{a}$ 在倒空间负半轴，两个倒格点关于倒易原点是对称的，这里仅考虑 n 为正整数的情况。这时由式(7.116)可得 $k=-\frac{n\pi}{a}$，这表示 k 在第 n 个布里渊区边界处。把 $k=-\frac{n\pi}{a}$ 代入式(7.115)则有

$$\begin{aligned}\psi_+(x)&=A\left[\mathrm{e}^{-\mathrm{i}\frac{n\pi}{a}x}-\mathrm{e}^{\mathrm{i}\frac{n\pi}{a}x}\right]=-2A\sin\left(\frac{n\pi}{a}x\right)\\ \psi_-(x)&=A\left[\mathrm{e}^{-\mathrm{i}\frac{n\pi}{a}x}+\mathrm{e}^{\mathrm{i}\frac{n\pi}{a}x}\right]=2A\cos\left(\frac{n\pi}{a}x\right)\end{aligned} \tag{7.117}$$

确定归一化常数 A 后，可得归一化的波函数：

$$\begin{aligned}\psi_+(x)&=\sqrt{2/L}\sin\left(\frac{n\pi}{a}x\right)\\ \psi_-(x)&=\sqrt{2/L}\cos\left(\frac{n\pi}{a}x\right)\end{aligned} \tag{7.118}$$

式(7.118)结果表明晶体波函数是两个强度相等但方向相反的平面波 $\mathrm{e}^{-\mathrm{i}\frac{n\pi}{a}x}$ 和 $\mathrm{e}^{-\mathrm{i}\frac{n\pi}{a}x}$ 的叠加，两个波相减叠加则形成高能晶体态 $\psi_+(x)$，相加叠加则形成低能晶体态 $\psi_-(x)$，其能量则分别为：$\hbar^2(n\pi/a)^2/2m+|V_{2n\pi/a}|$ 和 $\hbar^2(n\pi/a)^2/2m-|V_{2n\pi/a}|$，两个量子态的能量差为 $2|V_{2n\pi/a}|$。两个量子态的电荷密度空间分布如图 7.14 所示。可以看到在晶体态 $\psi_-(x)$ 中电子主要集中在原子附近，而随着距离原子越远则电荷密度下降越少，晶体态 $\psi_+(x)$ 的电子分布正好相反，这与两个态的能量高低一致。电子越集中在原子附近，则电子与原子之间的库仑作用越强，由于库仑作用能为负数，因此电子集中在原子附近的态 $\psi_-(x)$ 的能量更低。量子态 $\psi_+(x)$ 和 $\psi_-(x)$ 与自由电子态的一个重要区别是自由电子波函数是行波波函数，行波具有非零的相速度，对自由电子而言就是电子的速度，而驻波的相速度为零，可理解为晶体态 $\psi_+(x)$ 和 $\psi_-(x)$ 所描述的电子速度为零，晶体中的电子速度更详细地将在稍后的 7.9.2 节给出。

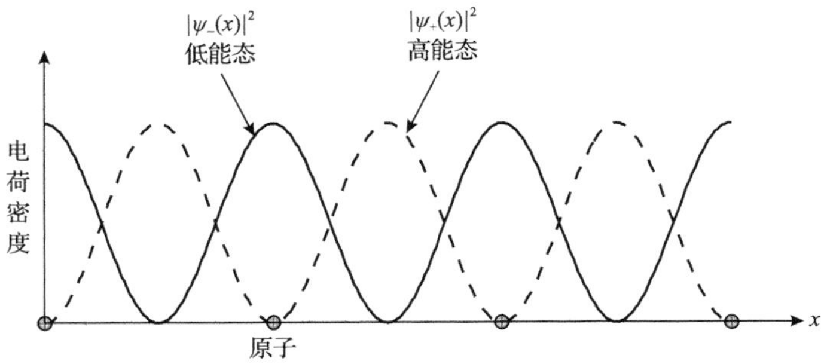

图 7.14　布里渊区边界处两个晶体态的电荷密度分布

7.6.2.3　$E_0(\boldsymbol{k}) \approx E_0(\boldsymbol{k}+\boldsymbol{G})$ 情形：近布里渊区边界处的量子态

下面考虑 $E_0(\boldsymbol{k}) \approx E_0(\boldsymbol{k}+\boldsymbol{G})$ 的情形，相当于波矢 $\boldsymbol{k}$ 处在布里渊区边界很近时的情形。为简单起见，先考虑一维晶格且 $\boldsymbol{k}$ 处于第一布里渊区边界附近。一维晶格两个第一个布里渊区边界为 $\pi/a, -\pi/a$，现在考虑处于布里渊区边界 π/a 附近的波矢 $\boldsymbol{k}$：

$$\boldsymbol{k} = \frac{\pi}{a} - \varDelta \tag{7.119}$$

其中 $\varDelta$ 表示一个很小的量。取倒格矢 $\boldsymbol{G} = -2\pi/a$，于是有

$$\boldsymbol{k} + \boldsymbol{G} = -\frac{\pi}{a} - \varDelta \tag{7.120}$$

可见该波矢处于布里渊区边界 $-\pi/a$ 附近，与波矢 $\boldsymbol{k}$ 和 $\boldsymbol{k}+\boldsymbol{G}$ 相应的平面波的能量分别为

$$E_0(\boldsymbol{k})=\frac{\hbar^2}{2m}\left(\frac{\pi}{a}-\varDelta\right)^2, \qquad E_0(\boldsymbol{k}+\boldsymbol{G})=\frac{\hbar^2}{2m}\left(-\frac{\pi}{a}-\varDelta\right)^2 \tag{7.121}$$

能量差为

$$E_0(\boldsymbol{k}) - E_0(\boldsymbol{k}+\boldsymbol{G}) = -\frac{2\pi\hbar^2}{ma}\varDelta \tag{7.122}$$

下面分别计算波矢为 $\boldsymbol{k}$ 的晶体量子态能量和波函数。

1) 能带结构

把式(7.121)代入决定晶体能量的方程(7.103)，并考虑到 $|V_{-2\pi/a}| = |V_{2\pi/a}|$（见附录 I）则有

$$E_{\pm}(\boldsymbol{k})=\frac{1}{2}\left[E_0(\boldsymbol{k})+E_0(\boldsymbol{k}+\boldsymbol{G})\right]\pm\frac{1}{2}\sqrt{\left[E_0(\boldsymbol{k})-E_0(\boldsymbol{k}+\boldsymbol{G})\right]^2+4\left|V_{2\pi/a}\right|^2}$$
$$=\frac{1}{2}\left\{\left[E_0(\boldsymbol{k})+E_0(\boldsymbol{k}+\boldsymbol{G})\right]\pm 2\left|V_{2\pi/a}\right|\sqrt{1+\frac{\left[E_0(\boldsymbol{k})-E_0(\boldsymbol{k}+\boldsymbol{G})\right]^2}{4\left|V_{2\pi/a}\right|^2}}\right\} \tag{7.123}$$

当 $\boldsymbol{k}$ 很接近布里渊区边界时 Δ 很小，因此 $E_0(\boldsymbol{k})-E_0(\boldsymbol{k}+\boldsymbol{G})$ 就很小，这里考虑 Δ 小到使 $\left|E_0(\boldsymbol{k})-E_0(\boldsymbol{k}+\boldsymbol{G}_1)\right|\ll\left|V_{2\pi/a}\right|$ 的情形，在这种情形下式(7.123)中根式可做形如 $\sqrt{1+x}\approx 1+x/2$ 的近似，于是式(7.123)变为

$$E_{\pm}(\boldsymbol{k})\simeq\frac{1}{2}\left\{\left[E_0(\boldsymbol{k})+E_0(\boldsymbol{k}+\boldsymbol{G})\right]\pm\left[2\left|V_{2\pi/a}\right|+\frac{\left[E_0(\boldsymbol{k})-E_0(\boldsymbol{k}+\boldsymbol{G})\right]^2}{4\left|V_{2\pi/a}\right|}\right]\right\} \tag{7.124}$$

把式(7.121)和式(7.122)代入式(7.124)并简化，则有

$$E_{+}(\boldsymbol{k})\simeq\frac{\hbar^2}{2m}\left(\frac{\pi}{a}\right)^2+\left|V_{2\pi/a}\right|+\frac{\hbar^2\Delta^2}{2m}\left[1+\frac{\frac{\hbar^2}{m}\left(\frac{\pi}{a}\right)^2}{\left|V_{2\pi/a}\right|}\right] \tag{7.125}$$

$$E_{-}(\boldsymbol{k})\simeq\frac{\hbar^2}{2m}\left(\frac{\pi}{a}\right)^2-\left|V_{2\pi/a}\right|-\frac{\hbar^2\Delta^2}{2m}\left[1+\frac{\frac{\hbar^2}{m}\left(\frac{\pi}{a}\right)^2}{\left|V_{2\pi/a}\right|}\right] \tag{7.126}$$

$\Delta=0$ 表示波矢 $\boldsymbol{k}$ 处于布里渊区边界，易见 $\Delta=0$ 时式(7.125)与式(7.110)一致。

上述结论很容易推广到其他布里渊区边界，下面给出在第 n 个布里渊区边界附近的能带结构关系：

$$\begin{aligned}E_{n,+}(\boldsymbol{k})&\simeq\frac{\hbar^2}{2m}\left(\frac{n\pi}{a}\right)^2+\left|V_{2n\pi/a}\right|+\frac{\hbar^2\Delta^2}{2m}\left[1+\frac{\frac{\hbar^2}{m}\left(\frac{\pi}{a}\right)^2}{\left|V_{2n\pi/a}\right|}\right]\\E_{n,-}(\boldsymbol{k})&\simeq\frac{\hbar^2}{2m}\left(\frac{n\pi}{a}\right)^2-\left|V_{2n\pi/a}\right|-\frac{\hbar^2\Delta^2}{2m}\left[1+\frac{\frac{\hbar^2}{m}\left(\frac{\pi}{a}\right)^2}{\left|V_{2n\pi/a}\right|}\right]\end{aligned} \tag{7.127}$$

第 n 个布里渊区边界处能隙 $E_{n,\mathrm{g}}$ 为

$$E_{n,\mathrm{g}} = 2\left|V_{2n\pi/a}\right| \tag{7.128}$$

2) 晶体波函数

晶体的波函数表达式(7.98)在当前 k 值情形下变为

$$\psi(x) = A\left[\mathrm{e}^{\mathrm{i}\boldsymbol{k}x} + \frac{c_{G_1}(\boldsymbol{k})}{c_0(\boldsymbol{k})}\mathrm{e}^{\mathrm{i}(\boldsymbol{k}+\boldsymbol{G})x}\right] \tag{7.129}$$

决定波函数中系数比的式(7.104)则为

$$\frac{c_{G_1}(\boldsymbol{k})}{c_0(\boldsymbol{k})} = \frac{V_{2\pi/a}}{E(\boldsymbol{k}) - E_0(\boldsymbol{k} - 2\pi/a)} \tag{7.130}$$

把式(7.125)中的 $E_+(\boldsymbol{k})$ 代入式(7.130)，则得

$$\frac{c_{G_1}(\boldsymbol{k})}{c_0(\boldsymbol{k})} \simeq \frac{V_{2\pi/a}}{\left|V_{2\pi/a}\right| - \dfrac{\hbar^2}{m}\left(\dfrac{\pi}{a}\right)\Delta + \dfrac{\hbar^2\Delta^2}{2m}\dfrac{\dfrac{\hbar^2}{m}\left(\dfrac{\pi}{a}\right)^2}{\left|V_{2\pi/a}\right|}} \tag{7.131}$$

把 $E_-(\boldsymbol{k})$ 代入式(7.130)则有

$$\frac{c_{G_1}(\boldsymbol{k})}{c_0(\boldsymbol{k})} \simeq \frac{V_{2\pi/a}}{-\left|V_{2\pi/a}\right| - \dfrac{\hbar^2}{m}\left(\dfrac{\pi}{a}\right)\Delta - \dfrac{\hbar^2\Delta^2}{2m}\left[2 + \dfrac{\dfrac{\hbar^2}{m}\left(\dfrac{\pi}{a}\right)^2}{\left|V_{2\pi/a}\right|}\right]} \tag{7.132}$$

由式(7.131)可见，当 Δ 减小时，$\left|c_{G_1}(\boldsymbol{k})/c_0(\boldsymbol{k})\right|$ 逐渐增大，这表示晶体波函数中的波矢为 $\boldsymbol{k}+2\pi/a$ 的平面波所占比例随着 $\boldsymbol{k}$ 接近布里渊区边界而逐渐增加，当 Δ 减小到 0 时，$\left|c_{G_1}(\boldsymbol{k})/c_0(\boldsymbol{k})\right|$ 达到最大值 1，表示在布里渊区边界处 $k+2\pi/a$ 的平面波与波矢为 $\boldsymbol{k}$ 的平面波达到相同的比例，只是对 E_+ 态 $c_{G_1}(\boldsymbol{k})/c_0(\boldsymbol{k})=1$，而对 E_- 态 $c_{G_1}(\boldsymbol{k})/c_0(\boldsymbol{k})=-1$。在物理上通常把平面波 $\mathrm{e}^{\mathrm{i}(\boldsymbol{k}+\boldsymbol{G}_1)x}$ 看成是 $\mathrm{e}^{\mathrm{i}\boldsymbol{k}x}$ 被晶格散射形成的波，散射波在布里渊区边界最强可理解成电子波的布拉格衍射的结果，布拉格公式 $2d\sin\theta=\lambda$ 在这里则变为 $2a=\lambda$，这里 a 是晶格周期，λ 是电子波长，这一布拉格条件 $k=\pi/a$ 即布里渊区边界条件。

7.6.3　自由电子与近自由电子的比较

为了比较近自由电子和自由电子的区别，把两者的色散关系曲线绘于图 7.15

中。由图 7.15(a)可以看出，在远离布里渊区的位置，近自由电子近似给出的色散曲线与自由电子的色散曲线基本重合，只是接近布里渊区边界时近自由电子的色

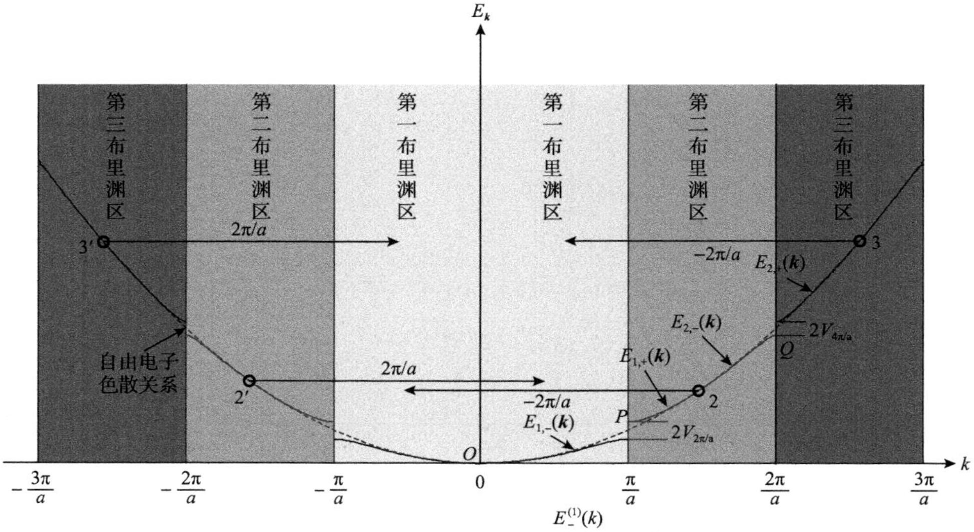

(a)

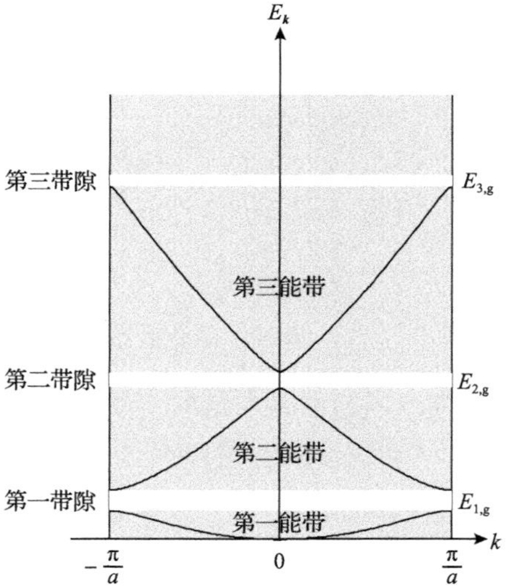

(b)

图 7.15　一维晶体近自由电子色散关系与自由电子色散关系的比较

(a)扩展布里渊区表示，(b)简约布里渊区表示。近自由电子的能量色散曲线由实曲线表示，而自由电子的色散曲线由虚曲线表示。在图(a)中，处于两个相邻布里渊区边界之间的色散关系实际上由两段构成，左端段由式(7.127)中的 $E_+(k)$ 描述，右端段由式(7.127)中的 $E_-(k)$ 描述，如图 7.15(a)中 PQ 段的左半部分大致上由 $E_{1,+}(k)$ 描述，右半部分大致上由 $E_{2,-}(k)$ 描述。(b)中的简约布里渊区表示通过平移扩展布里渊区中各不同布里渊区分段而获得，把能带 2 和 3 左移一个倒格矢 $2\pi/a$，把能带 2′和 3′右移一个倒格矢 $2\pi/a$ 即得到简约布里渊区表示的能带结构

散曲线偏离自由电子的色散曲线，在布里渊区边界处偏离值达到最大，偏离值为单粒子势在相应倒格点的傅里叶展开系数，布里渊区边界两侧的色散曲线偏离的方向正好相反，左边的色散曲线向下偏离，右边的色散曲线向上偏离，这导致近自由电子的色散曲线在布里渊区边界处发生间断，从而形成能隙，能隙值则是对应倒格点傅里叶展开系数的 2 倍。从这些结果可得到如下的结论：①近自由电子的能量在布里渊区边界形成能隙，于是能量不再连续，而是以布里渊区边界为界形成一系列能带；②能量越高的能带宽度越大，这是由于平方色散关系 $E\sim k^2$ 的结果；③能隙宽度随着能量的增加而减小，这是由于能隙等于相应倒格矢单粒子势傅里叶分量的 2 倍，能量越高对应于越大的倒格矢，而单粒子势傅里叶分量随着倒格矢增加而减小。

定义 m_+^* 为

$$m_+^* \equiv m \Bigg/ \left(1+\frac{\dfrac{\hbar^2}{m}\left(\dfrac{\pi}{a}\right)^2}{\left|V_{2\pi/a}\right|}\right) = m \Bigg/ \left(1+\frac{\dfrac{\hbar^2}{2m}\left(\dfrac{\pi}{a}\right)^2}{E_{\mathrm{g}}}\right) \tag{7.133}$$

式中，$E_{\mathrm{g}}=2\left|V_{-2\pi/a}\right|$ 表示在布里渊区边界 π/a 处的带隙，用 m_+^* 则式(7.125)可简化为

$$E_+(k)\simeq\frac{\hbar^2}{2m}\left(\frac{\pi}{a}\right)^2+\left|V_{2\pi/a}\right|+\frac{\hbar^2\varDelta^2}{2m_+^*}=E_+^0\left(\frac{\pi}{a}\right)+\frac{\hbar^2\varDelta^2}{2m_+^*} \tag{7.134}$$

其中，$E_+^0\left(\dfrac{\pi}{a}\right)$ 表示第二能带的带底。类似地定义 m_-^*：

$$m_-^* \equiv -m \Bigg/ \left(1+\frac{\dfrac{\hbar^2}{m}\left(\dfrac{\pi}{a}\right)^2}{\left|V_{2\pi/a}\right|}\right) = -m \Bigg/ \left(1+\frac{\dfrac{\hbar^2}{2m}\left(\dfrac{\pi}{a}\right)^2}{E_{\mathrm{g}}}\right) \tag{7.135}$$

则式(7.126)可写为

$$E_-(k)\simeq\frac{\hbar^2}{2m}\left(\frac{\pi}{a}\right)^2-\left|V_{2\pi/a}\right|+\frac{\hbar^2\varDelta^2}{2m_-^*}=E_-^0\left(\frac{\pi}{a}\right)+\frac{\hbar^2\varDelta^2}{2m_-^*} \tag{7.136}$$

其中 $E_-^0\left(\frac{\pi}{a}\right)$ 表示第一能带的带顶。式(7.134)和式(7.136)分别表示第二能带带底和第一能带带顶附近的色散关系，它们都表现出抛物线型的 $E(k)\sim\hbar^2\varDelta^2/(2m_\pm^*)$ 关系，与自由电子的色散关系 $E(k)\sim\hbar^2\varDelta^2/(2m)$ 几乎相同，所不同的是 $m_\pm^*$ 替代了 m。这个结果可以理解为在第一能带带顶和第二能带带底的能带电子分别是有效质量为 m_-^* 和 m_+^* 的自由电子。

由式(7.133)和式(7.135)可见一个电子的有效质量由对应单粒子势的傅里叶展开系数决定，因此有效质量是纳入了晶体势作用的电子质量。有效质量绝对值随单粒子势傅里叶展开系数的增加而增加，这表明单粒子势越强则电子有效质量(的绝对值)就越大。由式(7.135)可见第一能带带顶附近电子的有效质量 $m_-^*<0$，这意味着处于这些量子态的电子如同一个负质量的粒子，这似乎是一个没有物理意义的结果，对此结果的理解将在 7.9 节给出，这里只是指出这样量子态的电子被理解为有效质量为正但电荷为正的空穴，由此解释了反常(即正系数的)霍尔效应(Pierls, 1929 年)，是能带论早期的重要成果之一。

7.6.4　近自由电子近似方法的简要总结

近自由电子近似方法是以平面波为基函数求解晶体单粒子方程的方法，晶体的电子态最终由一个矩阵本征值方程决定，而其中的本征矩阵则由晶体单粒子势的傅里叶展开系数决定。在近似情况下只需几个傅里叶展开系数就可以表示本征矩阵，由此可以获得晶体中电子的性质，为计算和理解晶体中的电子行为提供了一种简单而富有成效的方法。这种方法给出的晶体电子态可以理解为：晶体电子态是晶格对自由电子波散射和干涉的结果，晶体电子态具有如下特征：①在远离布里渊区的量子态非常接近自由电子态，在布里渊区边界附近的量子态则是具有全新性质的量子态；②晶体中电子态的能量不再像自由电子那样连续分布，而是在布里渊区边界出现能隙，能隙宽度正比于单粒子势的傅里叶展开系数；③傅里叶边界附近的电子可大致看成质量为有效质量的自由电子，而有效质量大小由单粒子势强弱决定，单粒子势越强则有效质量越大。从能带结构角度看，能带宽度越大和能隙越小的能带电子有效质量就越小。

7.7　紧束缚近似

紧束缚近似方法是 1928 年布洛赫在求解晶体电子态时所使用的方法，因此它是用量子力学研究晶体电子态最早的方法。就数学方面而言它是以原子轨道为基函数的方法，即 LCAO 方法，在晶体情形下并不是直接以原子轨道作为基函数而是以它们组成的所谓布洛赫和作为基函数，这是与晶体的平移对称性适配的基函数，解决了直接用原子轨道作为基函数所造成的数学困难。采用原子轨道作为基函数导致紧束缚近似方法的出发点是原子轨道，因此该方法把晶体电子态理解成组成晶体的原子轨道相互作用和连接的结果，连接导致原子能级扩展为能带，能隙则是孤立原子能级差与能级展宽的结果；而晶体中公有化的电子是原子中电子从一个原子跳跃到另一个原子的结果，因此在紧束缚近似中的电子观念是巡游电子的观念。当晶体中原子对电子的束缚特别强时，电子在原子间共享的程度就低，如离子晶体就是这种性质的晶体，紧束缚近似方法特别适宜于处理这种性质的晶体，这正是紧束缚近似名称的来由。下面首先说明简单晶格中的紧束缚近似方法，然后通过几个简单模型晶体实例说明该方法的应用和意义，接着简要说明复式晶格中的紧束缚近似方法，最后对紧束缚近似方法所导致的观念和主要物理结果做简要总结。

7.7.1　紧束缚近似方法的基本方程

这里考虑简单晶格的晶体，也就是每个基元中只有一个原子的情形，如图 7.16 所示。第 n 个基元中原子的 l 轨道为

$$\varphi_l(\boldsymbol{r}-\boldsymbol{R}_n) \tag{7.137}$$

其中 $\boldsymbol{R}_n$ 表示第 n 个格点的位置，也是 n 个基元中原子中心的位置，每个原子可以有不同的轨道，如 s 轨道和 p 轨道等，不同的原子轨道用 l 来标识。作为原子轨道，满足如下的薛定谔方程：

$$\left[-\frac{\hbar^2\nabla^2}{2m}-V_{\mathrm{a}}\left(\boldsymbol{r}-\boldsymbol{R}_n\right)\right]\varphi_l(\boldsymbol{r}-\boldsymbol{R}_n)=E_l\varphi_l(\boldsymbol{r}-\boldsymbol{R}_n) \tag{7.138}$$

其中，$V_{\mathrm{a}}\left(\boldsymbol{r}-\boldsymbol{R}_n\right)$ 是位于格点 $\boldsymbol{R}_n$ 原子的势，下标 a 表示原子。对每个原子轨道 $\varphi_l(\boldsymbol{r}-\boldsymbol{R}_n)$ 可构造如下形式的**布洛赫和**(Bloch sum)或**布洛赫函数**(Bloch function)：

$$\chi_{\boldsymbol{k}l}(\boldsymbol{r})\equiv\frac{1}{\sqrt{N}}\sum_{n=1}^{N}\mathrm{e}^{\mathrm{i}\boldsymbol{k}\cdot\boldsymbol{R}_n}\varphi_l(\boldsymbol{r}-\boldsymbol{R}_n) \tag{7.139}$$

求和对所有 N 个原胞进行，布洛赫和的这种构造方式意味着它包含晶体的周期性质。每个布洛赫和由 $\boldsymbol{k}$ 和 l 两个量标识，也就是说对每个波矢 $\boldsymbol{k}$ 和 l 都有一个与之对应的布洛赫和，一个晶体中独立的 $\boldsymbol{k}$ 值个数等于晶体所含的原胞(或基元)数 N，对于这里讨论的简单晶格晶体而言，l 值的个数则等于每个原子所包含的总轨道数 N_{o}。紧束缚近似的核心就是把晶体波函数 $\psi_{\boldsymbol{k}}(\boldsymbol{r})$ 展开为(具有相同 $\boldsymbol{k}$ 值)布洛赫和 $\chi_{\boldsymbol{k}l}(\boldsymbol{r})$ 的线性组合，这样晶体的每个波函数就由一组展开系数表示，把

该线性组合表达式代入晶体单粒子薛定谔方程则得到关于系数的线性方程组，该方程组为 N_0 元一次方程组。按照数学理论，该方程组的系数矩阵为 N_0 阶矩阵，该矩阵有 N_0 个本征值和相应的本征矢量，每个本征值给出一个晶体量子态能量，相应的本征矢则是展开系数，由它可得与该能量对应的波函数。对每一个波矢 $\boldsymbol{k}$ 都有一个线性方程组，遍历第一布里渊区所有的 $\boldsymbol{k}$ 值就会得到 N 个方程(因为第一布里渊区中所包含的 $\boldsymbol{k}$ 值个数为 N 即晶体中原胞个数)，由于每个方程给出 N_0 个量子态，因此所有方程给出 $N\cdot N_0$ 个量子态，该值正是晶体中所含的所有原子轨道数，按照量子态守恒的原则，这意味着上述的方法得到了晶体中所有的量子态。

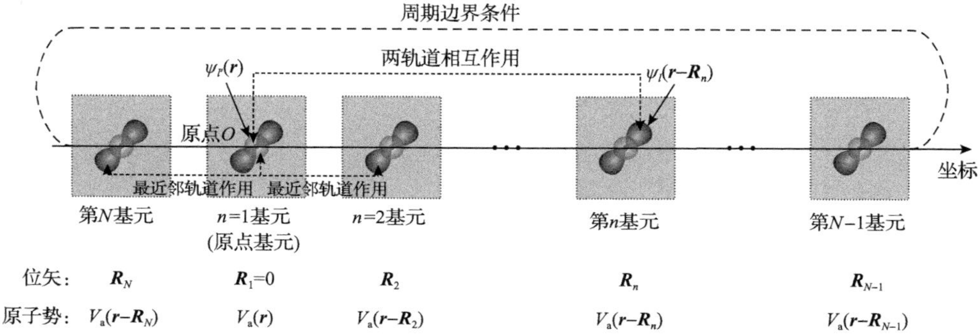

图 7.16　紧束缚近似方法中轨道相互作用示意图

本图的例子中每个基元包含一个原子，原子中心位置取为与该基元相应的格点，因此每个原子的中心位置由相应格矢 $\boldsymbol{R}_n$ 表征。图中每个原子包含两个原子轨道即 l 轨道和 l' 轨道，为形象起见两个轨道分别用哑铃形和球形表示。两端带箭头的连线表示两个轨道的相互作用，由于原子轨道高度的局域性质，两个原子轨道之间的交叠和相互作用随着距离迅速减小，通常对轨道交叠积分只需考虑同一位置轨道之间的交叠，对哈密顿交叠积分只需考虑最近邻轨道之间的作用积分

为什么用布洛赫和作为基函数来展开晶体的波函数呢？紧束缚方法的本质为原子轨道线性组合即第 6 章中所述的 LCAO 方法，对于晶体采用该方法就意味着把晶体波函数表达为晶体中所有原子轨道波函数的线性组合，而宏观晶体包含阿伏伽德罗常数(～10^{23})量级的原子，而每个原子又包含数个原子轨道，这意味着需要10^{23} 数量级以上的展开系数，最终则要求解10^{23} 阶以上的矩阵本征值问题，即便用现在最先进的计算机，这也是一个不可能完成的任务。然而晶体具有平移对称性，也就是说一旦基元给定，整个晶体只是基元按照特定晶格模式的重复，直接把晶体波函数表达为所有原子轨道线性叠加的方法没有利用这一特性。群论方法则可以从原子轨道出发构造出满足晶体平移对称性的基函数，也就是**对称性适配的线性组合**(symmetry-adapted linear combination, SALC)，布洛赫和实际上就是这样的线性组合函数，有关基本构造法见附录 G。利用布洛赫和为基函数展开

晶体波函数只需要考虑基元中所包含的原子轨道，而无需考虑整个晶体中的原子轨道，这是由于布洛赫和已经纳入了由晶体平移导致的重复的原子轨道，结果是以布洛赫和作为基函数表达一个晶体波函数只需要 N_0 个基函数，这意味着只需求解 N_0 阶的矩阵本征值问题。对于复式晶格晶体来说，N_0 表示每个原胞中所有原子轨道数，许多晶体的 N_0 通常只是一个很小的数。例如，NaCl 晶体每个基元中包含一个 Na^+ 离子和一个 Cl^- 离子，而 Na^+ 离子只需考虑 3s 轨道(1 个轨道)，Cl^- 离子则只需考虑 3p 轨道(包括 3 个轨道)，也就是说每个基元中只有 4 个原子轨道，从而利用布洛赫和作为基函数展开只需要求解四阶的矩阵本征值问题；再如，Si 晶体每个基元中包含两个 Si 原子，每个硅原子需要考虑 1 个 3s 和 3 个 3p 轨道共 4 个轨道，因此硅晶体每个基元包含 8 个原子轨道，这意味着利用布洛赫和为基函数只需要求解 8 阶的矩阵本征值问题。

布洛赫和的重要性质是它满足布洛赫定理。由布洛赫和定义式(7.139)出发可得

$$\begin{aligned}\chi_{\boldsymbol{k}l}(\boldsymbol{r}+\boldsymbol{R}_{n'}) &= \frac{1}{\sqrt{N}}\sum_{n=1}^{N}\mathrm{e}^{\mathrm{i}\boldsymbol{k}\cdot\boldsymbol{R}_n}\varphi_l(\boldsymbol{r}+\boldsymbol{R}_{n'}-\boldsymbol{R}_n)\\ &= \frac{1}{\sqrt{N}}\sum_{n=1}^{N}\mathrm{e}^{\mathrm{i}\boldsymbol{k}\cdot(\boldsymbol{R}_n-\boldsymbol{R}_{n'})}\mathrm{e}^{\mathrm{i}\boldsymbol{k}\cdot\boldsymbol{R}_{n'}}\varphi_l[\boldsymbol{r}-(\boldsymbol{R}_n-\boldsymbol{R}_{n'})]\\ &= \mathrm{e}^{\mathrm{i}\boldsymbol{k}\cdot\boldsymbol{R}_{n'}}\frac{1}{\sqrt{N}}\sum_{n''=n'+1}^{N+n'}\mathrm{e}^{\mathrm{i}\boldsymbol{k}\cdot\boldsymbol{R}_{n''}}\varphi_l(\boldsymbol{r}-\boldsymbol{R}_{n''})\\ &= \mathrm{e}^{\mathrm{i}\boldsymbol{k}\cdot\boldsymbol{R}_{n'}}\frac{1}{\sqrt{N}}\sum_{n''=1}^{N}\mathrm{e}^{\mathrm{i}\boldsymbol{k}\cdot\boldsymbol{R}_{n''}}\varphi_l(\boldsymbol{r}-\boldsymbol{R}_{n''})\\ &= \mathrm{e}^{\mathrm{i}\boldsymbol{k}\cdot\boldsymbol{R}_{n'}}\chi_{\boldsymbol{k}l}(\boldsymbol{r})\end{aligned} \tag{7.140}$$

式中，$\boldsymbol{R}_{n''}=\boldsymbol{R}_n-\boldsymbol{R}_{n'}$ 是另一个正格矢，表示格点从 $\boldsymbol{R}_n$ 平移了 $\boldsymbol{R}_{n'}$ 而变成了 $\boldsymbol{R}_{n''}$，也就是格点 n 变为 n''，所以在式(7.140)的第三个等式中格点标识符号由 n 改写成 n''；而由循环边界条件可知平移任何的正格矢并不改变格点系统，只是使格点的编号发生改变，求和从 $n'+1$ 到 $n'+N$ 与从 1 到 N 是相同的，因此把式(7.140)第四个等式中的求和写成 1～N 的求和；比较式(7.140)第四个等式与布洛赫和的定义即可得最后等式的结果。

下面说明以布洛赫和为基函数计算晶体波函数及能量的基本程序。以布洛赫和为基函数的晶体波函数 $\psi_{\boldsymbol{k}}(\boldsymbol{r})$ 可表达为

$$\psi_{\boldsymbol{k}}(\boldsymbol{r})=\sum_{l=1}^{N_0}c_{\boldsymbol{k}l}\chi_{\boldsymbol{k}l}(\boldsymbol{r}) \tag{7.141}$$

其中，$c_{\boldsymbol{k}l}$ 为展开系数。把式(7.141)代入晶体单粒子薛定谔方程式(7.14)，然后分别左乘以 $\chi_{\boldsymbol{k}l'}^*(\boldsymbol{r})(l'=1,2,\cdots,N_{\mathrm{o}})$ 并积分，再经过简单变换后得到如下方程：

$$\sum_{l=1}^{N_{\mathrm{o}}}\left[H_{l'l}(\boldsymbol{k})-ES_{l'l}(\boldsymbol{k})\right]c_{\boldsymbol{k}l}=0 \qquad l'=1,2,\cdots,N_{\mathrm{o}} \tag{7.142}$$

其中 $S_{l'l}(\boldsymbol{k})$ 和 $H_{l'l}(\boldsymbol{k})$ 分别为

$$\begin{aligned} S_{l'l}(\boldsymbol{k}) &\equiv \int \chi_{\boldsymbol{k}l'}^*(\boldsymbol{r})\chi_{\boldsymbol{k}l}(\boldsymbol{r})\mathrm{d}\boldsymbol{r} \\ H_{l'l}(\boldsymbol{k}) &\equiv \int \chi_{\boldsymbol{k}l'}^*(\boldsymbol{r})H^{\mathrm{SP}}\chi_{\boldsymbol{k}l}(\boldsymbol{r})\mathrm{d}\boldsymbol{r} \end{aligned} \tag{7.143}$$

式(7.142)是关于组合系数 $c_{\boldsymbol{k}l}(l=1,2,\cdots,N_{\mathrm{o}})$ 的 N_{o} 元一次方程组，它可以写成如下矩阵形式：

$$\begin{pmatrix} H_{11}(\boldsymbol{k})-ES_{11}(\boldsymbol{k}) & H_{12}(\boldsymbol{k})-ES_{12}(\boldsymbol{k}) & \cdots & H_{1N_{\mathrm{o}}}(\boldsymbol{k})-ES_{1N_{\mathrm{o}}}(\boldsymbol{k}) \\ H_{21}(\boldsymbol{k})-ES_{21}(\boldsymbol{k}) & H_{22}(\boldsymbol{k})-ES_{22}(\boldsymbol{k}) & \cdots & H_{2N_{\mathrm{o}}}(\boldsymbol{k})-ES_{2N_{\mathrm{o}}}(\boldsymbol{k}) \\ \vdots & \vdots & & \vdots \\ H_{N_{\mathrm{o}}1}(\boldsymbol{k})-ES_{N_{\mathrm{o}}1}(\boldsymbol{k}) & H_{N_{\mathrm{o}}2}(\boldsymbol{k})-ES_{N_{\mathrm{o}}2}(\boldsymbol{k}) & \cdots & H_{N_{\mathrm{o}}N_{\mathrm{o}}}(\boldsymbol{k})-ES_{N_{\mathrm{o}}N_{\mathrm{o}}}(\boldsymbol{k}) \end{pmatrix}\begin{pmatrix} c_{\boldsymbol{k}1} \\ c_{\boldsymbol{k}2} \\ \vdots \\ c_{\boldsymbol{k}N_{\mathrm{o}}} \end{pmatrix}=0 \tag{7.144}$$

于是求解薛定谔方程的问题就转化为求解上述矩阵方程的问题。晶体的能量 E 由系数矩阵行列式为零给出，即由如下方程

$$\begin{vmatrix} H_{11}(\boldsymbol{k})-ES_{11}(\boldsymbol{k}) & H_{12}(\boldsymbol{k})-ES_{12}(\boldsymbol{k}) & \cdots & H_{1N_{\mathrm{o}}}(\boldsymbol{k})-ES_{1N_{\mathrm{o}}}(\boldsymbol{k}) \\ H_{21}(\boldsymbol{k})-ES_{21}(\boldsymbol{k}) & H_{22}(\boldsymbol{k})-ES_{22}(\boldsymbol{k}) & \cdots & H_{2N_{\mathrm{o}}}(\boldsymbol{k})-ES_{2N_{\mathrm{o}}}(\boldsymbol{k}) \\ \vdots & \vdots & & \vdots \\ H_{N_{\mathrm{o}}1}(\boldsymbol{k})-ES_{N_{\mathrm{o}}1}(\boldsymbol{k}) & H_{N_{\mathrm{o}}2}(\boldsymbol{k})-ES_{N_{\mathrm{o}}2}(\boldsymbol{k}) & \cdots & H_{N_{\mathrm{o}}N_{\mathrm{o}}}(\boldsymbol{k})-ES_{N_{\mathrm{o}}N_{\mathrm{o}}}(\boldsymbol{k}) \end{vmatrix}=0 \tag{7.145}$$

给出，与此能量相应的系数则给出晶体的波函数。

要确定方程(7.144)中所有的 $H_{l'l}(\boldsymbol{k})(l',l=1,2,\cdots,N_{\mathrm{o}})$ 和 $S_{l'l}(\boldsymbol{k})(l',l=1,2,\cdots,N_{\mathrm{o}})$ 才能最终确定方程，所有 $H_{l'l}(\boldsymbol{k})$ 和 $S_{l'l}(\boldsymbol{k})$ 可看成是 $N_{\mathrm{o}}\times N_{\mathrm{o}}$ 阶方阵的矩阵元，而相应的矩阵通常称为**哈密顿矩阵**(Hamiltonian matrix)和**交叠矩阵**(overlapping matrix)，下面说明如何计算和确定这些矩阵元。

首先说明交叠矩阵元的计算。由其定义式(7.143)可得交叠矩阵元 $S_{l'l}(\boldsymbol{k})$：

$$\begin{aligned}S_{l'l}(\boldsymbol{k}) &= \frac{1}{N}\sum_{n'=1}^{N}\sum_{n=1}^{N}\mathrm{e}^{\mathrm{i}\boldsymbol{k}\cdot(\boldsymbol{R}_{n'}-\boldsymbol{R}_n)}\int\varphi_{l'}^{*}(\boldsymbol{r}-\boldsymbol{R}_{n'})\varphi_l(\boldsymbol{r}-\boldsymbol{R}_n)\mathrm{d}\boldsymbol{r}\\ &= \frac{1}{N}\sum_{n'=1}^{N}\sum_{n=1}^{N}\mathrm{e}^{\mathrm{i}\boldsymbol{k}\cdot(\boldsymbol{R}_{n'}-\boldsymbol{R}_n)}\int\varphi_{l'}^{*}(\boldsymbol{r})\varphi_l[\boldsymbol{r}-(\boldsymbol{R}_n-\boldsymbol{R}_{n'})]\mathrm{d}\boldsymbol{r}\\ &= \frac{1}{N}\sum_{n'=1}^{N}\sum_{n''=1}^{N}\mathrm{e}^{\mathrm{i}\boldsymbol{k}\cdot\boldsymbol{R}_{n''}}\int\varphi_{l'}^{*}(\boldsymbol{r})\varphi_l(\boldsymbol{r}-\boldsymbol{R}_{n''})\mathrm{d}\boldsymbol{r}\\ &= \sum_{n''=1}^{N}\mathrm{e}^{\mathrm{i}\boldsymbol{k}\cdot\boldsymbol{R}_{n''}}\int\varphi_{l'}^{*}(\boldsymbol{r})\varphi_l(\boldsymbol{r}-\boldsymbol{R}_{n''})\mathrm{d}\boldsymbol{r}\\ &= \sum_{n=1}^{N}\mathrm{e}^{\mathrm{i}\boldsymbol{k}\cdot\boldsymbol{R}_n}\int\varphi_{l'}^{*}(\boldsymbol{r})\varphi_l(\boldsymbol{r}-\boldsymbol{R}_n)\mathrm{d}\boldsymbol{r}\end{aligned} \tag{7.146}$$

式(7.146)第二个等式的推导过程中采用积分变量的变换：$\boldsymbol{r}\to\boldsymbol{r}-\boldsymbol{R}_{n'}$，相当于对自变量做了平移变换，在此变换下格点 $\boldsymbol{R}_n$ 变为 $\boldsymbol{R}_{n''}$，即 $\boldsymbol{R}_n\to\boldsymbol{R}_{n''}=\boldsymbol{R}_n-\boldsymbol{R}_{n'}$，于是格点的标记由 n 变为 n''，因此在第三个等式中求和号中用 n'' 取代了 n；由于求和对所有格点进行，在循环边界条件下平移前后格点是完全相同的，平移的作用只是改变格点的编号，因此平移后求和结果不变；在式(7.146)的第三个等式中求和函数与 n' 无关，因此该式对 n' 的求和结果是提出因子 N，由此得到第四个等式；对格点求和的结果与对格点的标记符号无关，为表达简洁在最后一个等式中把格点标识符号 n'' 换成了 n。式(7.146)中的 $\int\varphi_{l'}^{*}(\boldsymbol{r})\varphi_l(\boldsymbol{r}-\boldsymbol{R}_n)\mathrm{d}\boldsymbol{r}$ 称为**交叠积分**，它表示位于原点基元内的 l' 原子轨道和位于位矢为 $\boldsymbol{R}_n$ 的基元内的 l 原子轨道之间的交叠积分，如图 7.16 所示。由于原子轨道高度的局域性质，只有同一原子中的原子轨道有可观的交叠，不同原子间的交叠通常可以忽略，这实际上就是第 7 章的休克尔近似中的轨道交叠近似，又考虑到同一原子轨道之间的交叠积分是正交归一化的，于是交叠积分通常近似为

$$\int\varphi_{l'}^{*}(\boldsymbol{r})\varphi_l(\boldsymbol{r}-\boldsymbol{R}_n)\mathrm{d}\boldsymbol{r}\simeq\delta(\boldsymbol{R}_n)\delta_{l'l} \tag{7.147}$$

把式(7.147)代入式(7.146)则得

$$S_{l'l}(\boldsymbol{k})=\sum_{n=1}^{N}\mathrm{e}^{\mathrm{i}\boldsymbol{k}\cdot\boldsymbol{R}_n}\delta(\boldsymbol{R}_n)\delta_{l'l}=\delta_{l'l} \tag{7.148}$$

下面计算哈密顿矩阵元 $H_{l'l}(\boldsymbol{k})$。按照与式(7.146)类似的处理方法可得

$$H_{l'l}(\boldsymbol{k})=\sum_{n=1}^{N}\mathrm{e}^{\mathrm{i}\boldsymbol{k}\cdot\boldsymbol{R}_n}\int\varphi_{l'}^{*}(\boldsymbol{r})H^{\mathrm{SP}}\varphi_l(\boldsymbol{r}-\boldsymbol{R}_n)]\mathrm{d}\boldsymbol{r} \tag{7.149}$$

其中的积分 $\int \varphi_{l'}^*(\boldsymbol{r})H^{\mathrm{SP}}\varphi_l(\boldsymbol{r}-\boldsymbol{R}_n)]\mathrm{d}\boldsymbol{r}$ 称为**哈密顿积分**，它表示位于原点基元内的 l' 原子轨道和位于位矢为 $\boldsymbol{R}_n$ 基元内的 l 原子轨道之间的相互作用，如图 7.16 所示，该积分具有能量量纲。计算该积分需要给出晶体的单粒子哈密顿量 H^{SP}，但获得准确 H^{SP} 通常是十分困难的，通常有两种方法来处理这个问题，一是不直接求解 H^{SP}，而是把由它导致的哈密顿矩阵元用少数几个参数来表示，然后通过与实验比较来获得这几个参数；二是采用近似的 H^{SP} 来计算，用这种方法能获得半定量到定量的晶体量子态，这种方法尤其对于定性讨论晶体量子态有价值，下面首先通过第二种方法说明哈密顿积分的计算过程和基本性质，第一种方法将在稍后的实例中说明。把 H^{SP} 看成所有孤立原子势的叠加是一种很好的近似，在这种近似下 H^{SP} 可写成如下形式：

$$H^{\mathrm{SP}} \simeq -\frac{\hbar^2\nabla^2}{2m}+\sum_{n=1}^{N}V_{\mathrm{a}}(\boldsymbol{r}-\boldsymbol{R}_n) \tag{7.150}$$

其中 $V_{\mathrm{a}}(\boldsymbol{r}-\boldsymbol{R}_n)$ 为位于 $\boldsymbol{R}_n$ 处的基元中的原子势。把式(7.150)中的势部分进行拆分，于是 H^{SP} 可以写成如下的形式：

$$H^{\mathrm{SP}} \simeq -\frac{\hbar^2\nabla^2}{2m}+V_{\mathrm{a}}(\boldsymbol{r})+V'(\boldsymbol{r})=H_{\mathrm{a}}(\boldsymbol{r})+V'(\boldsymbol{r}) \tag{7.151}$$

其中，$V_{\mathrm{a}}(\boldsymbol{r})$ 表示原点基元中原子的势；$V'(\boldsymbol{r})$ 为其他原子所形成的势，即

$$V'(\boldsymbol{r})=\sum_{n'\neq 1}^{N}V_{\mathrm{a}}(\boldsymbol{r}-\boldsymbol{R}_{n'}) \tag{7.152}$$

$H_{\mathrm{a}}(\boldsymbol{r})$ 为原点基元中原子的哈密顿量，把式(7.151)代入式(7.149)得

$$\begin{aligned}\int \varphi_{l'}^*(\boldsymbol{r})H^{\mathrm{SP}}\varphi_l(\boldsymbol{r}-\boldsymbol{R}_n)]\mathrm{d}\boldsymbol{r} &\simeq \int \varphi_{l'}^*(\boldsymbol{r})\left[H_{\mathrm{a}}(\boldsymbol{r})+V'(\boldsymbol{r})\right]\varphi_l(\boldsymbol{r}-\boldsymbol{R}_n)\mathrm{d}\boldsymbol{r}\\ &=\int \varphi_{l'}^*(\boldsymbol{r})H_{\mathrm{a}}(\boldsymbol{r})\varphi_l(\boldsymbol{r}-\boldsymbol{R}_n)\mathrm{d}\boldsymbol{r}+\int \varphi_{l'}^*(\boldsymbol{r})V'(\boldsymbol{r})\varphi_l(\boldsymbol{r}-\boldsymbol{R}_n)\mathrm{d}\boldsymbol{r}\end{aligned} \tag{7.153}$$

式中第一项表示原点基元中的原子轨道 $\varphi_{l'}(\boldsymbol{r})$ 与位于 $\boldsymbol{R}_n$ 处的基元中的原子轨道 $\varphi_l(\boldsymbol{r}-\boldsymbol{R}_n)$ 在哈密顿量 $H_{\mathrm{a}}(\boldsymbol{r})$ 作用下的积分，由于原子轨道的局域性以及势 $H_{\mathrm{a}}(\boldsymbol{r})$ 的短程性，该积分只有在 $\boldsymbol{R}_n=0$ 时才值得考虑，其他情况下可近似为零，如图 7.16 所示。当 $\boldsymbol{R}_n=0$ 时，它表示位于原点基元中原子轨道之间的哈密顿矩阵元，由原子的量子力学可知，此矩阵元在 $l'=l$ 时表示原子轨道 $\varphi_l(\boldsymbol{r})$ 的能量 E_l，而当 $l'\neq l$ 时值为零，于是式(7.153)的第一项可表达为 $\delta(\boldsymbol{R}_n)\delta_{l'l}E_l$，即

$$\int \varphi_{l'}^*(\boldsymbol{r}) H_{\mathrm{a}}(\boldsymbol{r}) \varphi_l(\boldsymbol{r}-\boldsymbol{R}_n) \mathrm{d}\boldsymbol{r} = \delta(\boldsymbol{R}_n) \delta_{l'l} E_l \tag{7.154}$$

下面考虑式(7.153)中第二项，把$V'(\boldsymbol{r})$的表达式(7.152)代入式(7.153)，该项为

$$\begin{aligned}\int \varphi_{l'}^*(\boldsymbol{r}) V'(\boldsymbol{r}) \varphi_l(\boldsymbol{r}-\boldsymbol{R}_n) \mathrm{d}\boldsymbol{r} &= \int \varphi_{l'}^*(\boldsymbol{r}) \left[\sum_{n'\neq 1}^{N} V_{\mathrm{a}}(\boldsymbol{r}-\boldsymbol{R}_{n'})\right] \varphi_l(\boldsymbol{r}-\boldsymbol{R}_n) \mathrm{d}\boldsymbol{r} \\ &= \sum_{n'\neq 1}^{N} \int \varphi_{l'}^*(\boldsymbol{r}) V_{\mathrm{a}}(\boldsymbol{r}-\boldsymbol{R}_{n'}) \varphi_l(\boldsymbol{r}-\boldsymbol{R}_n) \mathrm{d}\boldsymbol{r}\end{aligned} \tag{7.155}$$

其中的积分表示位于原点基元中的原子轨道$\varphi_{l'}(\boldsymbol{r})$与位于$\boldsymbol{R}_n$处的基元中的原子轨道$\varphi_l(\boldsymbol{r}-\boldsymbol{R}_n)$与位于$\boldsymbol{R}_{n'}$处的势$V_{\mathrm{a}}(\boldsymbol{r}-\boldsymbol{R}_{n'})$相互作用的积分，由于这个积分涉及三个位置的函数，即位于原点的$\varphi_{l'}^*(\boldsymbol{r})$、位于$\boldsymbol{R}_n$的$\varphi_l(\boldsymbol{r}-\boldsymbol{R}_n)$和位于$\boldsymbol{R}_{n'}$的势$V_{\mathrm{a}}(\boldsymbol{r}-\boldsymbol{R}_{n'})$，因此称其为三中心积分，一般的三中心积分的计算具有很大的数学困难，考虑到原子轨道及势在空间局域化的特征，如果势$V_{\mathrm{a}}(\boldsymbol{r}-\boldsymbol{R}_{n'})$的中心$\boldsymbol{R}_{n'}$和波函数$\varphi_l(\boldsymbol{r}-\boldsymbol{R}_n)$的中心$\boldsymbol{R}_n$不同，那么它们的乘积总是很小，只有当$\boldsymbol{R}_{n'}=\boldsymbol{R}_n$时，式(7.155)中的积分才有可观的值，这意味着式(7.155)中的求和只需考虑$n'=n$的项，在这种近似下式(7.155)则变为

$$\int \varphi_{l'}^*(\boldsymbol{r}) V'(\boldsymbol{r}) \varphi_l(\boldsymbol{r}-\boldsymbol{R}_n) \mathrm{d}\boldsymbol{r} \simeq \int \varphi_{l'}^*(\boldsymbol{r}) V_{\mathrm{a}}(\boldsymbol{r}-\boldsymbol{R}_n) \varphi_l(\boldsymbol{r}-\boldsymbol{R}_n) \mathrm{d}\boldsymbol{r} \equiv I_{l'l}(\boldsymbol{R}_n) \tag{7.156}$$

式中，积分$I_{l'l}(\boldsymbol{R}_n)$是一个双中心积分(两个中心分别是原点和$\boldsymbol{R}_n$)。

由式(7.156)、式(7.154)、式(7.153)和式(7.149)则得到哈密顿矩阵元$H_{l'l}(\boldsymbol{k})$：

$$\begin{aligned}H_{l'l}(\boldsymbol{k}) &\simeq \sum_{n=1}^{N} \mathrm{e}^{\mathrm{i}\boldsymbol{k}\cdot\boldsymbol{R}_n} \left[\delta(\boldsymbol{R}_n)\delta_{l'l}E_l + \int \varphi_{l'}^*(\boldsymbol{r}) V_{\mathrm{a}}(\boldsymbol{r}-\boldsymbol{R}_n) \varphi_l(\boldsymbol{r}-\boldsymbol{R}_n) \mathrm{d}\boldsymbol{r}\right] \\ &= \delta_{l'l}E_l + \sum_{n=1}^{N} \mathrm{e}^{\mathrm{i}\boldsymbol{k}\cdot\boldsymbol{R}_n} I_{l'l}(\boldsymbol{R}_n)\end{aligned} \tag{7.157}$$

其中$I_{l'l}(\boldsymbol{R}_n)$定义为

$$I_{l'l}(\boldsymbol{R}_n) \equiv \int \varphi_{l'}^*(\boldsymbol{r}) V_{\mathrm{a}}(\boldsymbol{r}-\boldsymbol{R}_n) \varphi_l(\boldsymbol{r}-\boldsymbol{R}_n) \mathrm{d}\boldsymbol{r} \tag{7.158}$$

$I_{l'l}(\boldsymbol{R}_n)$通常称为**跳跃积分**(hopping integral)，它表示原点基元中原子轨道与$\boldsymbol{R}_n$处基元中原子轨道的能量相互作用，如图 7.16 所示。由于原子轨道的局域性，$I_{l'l}(\boldsymbol{R}_n)$的大小随$\boldsymbol{R}_n$的增加会很快减小，也就是说随着远离原点基元$I_{l'l}(\boldsymbol{R}_n)$会迅速减小，因此在式(7.157)中求和可以只考虑与原点基元最近邻的基元，这种近似即为第 6 章中的休克尔近似。在这种近似下，式(7.157)可写为

$$H_{l'l}(\boldsymbol{k}) \simeq \delta_{l'l}E_l + \sum_{\text{最近邻}n} \mathrm{e}^{\mathrm{i}\boldsymbol{k}\cdot\boldsymbol{R}_n} I_{l'l}(\boldsymbol{R}_n) \tag{7.159}$$

于是哈密顿矩阵元可由 E_l 和 $I_{l'l}(\boldsymbol{R}_n)$(最近邻的$\boldsymbol{R}_n$) 等少数几个参数表示，通常人们并不直接计算这两个参数，而是通过比较由这两个参数计算所得的能带结构与实验所测的能带结构反过来确定这些参数。

紧束缚近似方法从把晶体波函数表达为布洛赫和的线性叠加出发，把求波函数和能带结构的问题变为如式(7.144)所示的矩阵本征值问题，而矩阵元则由晶体中所有原子轨道之间的交叠积分和哈密顿积分决定，这意味着晶体中原子轨道之间的相互作用决定了晶体的电子结构，因此紧束缚近似方法是一种从原子轨道的相互作用角度来理解晶体电子行为的方法，这与第 6 章中轨道相互作用的基本法则在本质上是一致的，可以看成是 LCAO 方法的晶体版本。在实际计算中往往只需要计算最近邻轨道之间的跳跃积分，也就是只需要少数几个参数就能确定晶体的电子结构，而这些参数可以通过实验拟合来获得。下面通过几个简单实例来具体说明紧束缚近似方法在理解晶体电子结构中的应用。

7.7.2　一维单轨道原子链

本节用紧束缚近似方法求解一维单原子链模型晶体的量子态。在该模型中每个原子只含一个原子轨道，先讨论原子轨道是球形的 s 轨道的情形，再简要说明原子轨道是哑铃形的 p 轨道的情形。

7.7.2.1　单 s 轨道原子链

如图 7.17 所示，考虑晶格常数为 a 的一维单原子链，每个单原子只有一个球形 s 轨道，例如设想 Na 原子或者 H 形成的一维排列就是这样一个晶体。这个模型晶体是一个简单晶格一维晶体，每个基元只包含一个原子，因此每个基元只包含一个原子轨道即 $N_\mathrm{o}=1$，因此该晶体的布洛赫和只有一个。取原点处的原子编号为 1，则第 n 个原子位置在 na 处，其轨道波函数记为 $\varphi_\mathrm{s}(x-na)$，由于每个原子中只有一个原子轨道，因此无需用下标 l 表示该轨道，相应的布洛赫和也无需下标 l，因此该晶体布洛赫和 $\chi_{\boldsymbol{k}}(x)$ 为

$$\chi_{\boldsymbol{k}}(x) = \sum_{n=1}^{N} \mathrm{e}^{\mathrm{i}\boldsymbol{k}\cdot\boldsymbol{R}_n} \varphi_\mathrm{s}(x-na) \tag{7.160}$$

其中 $\boldsymbol{R}_n=na\mathbf{i}$ 为第 n 个原子的坐标，由此可把晶体的波函数表达为

$$\psi_{\boldsymbol{k}}(x) = c_{\boldsymbol{k}}\chi_{\boldsymbol{k}}(x) = c_{\boldsymbol{k}}\sum_{n=1}^{N} \mathrm{e}^{\mathrm{i}\boldsymbol{k}\cdot\boldsymbol{R}_n} \varphi_\mathrm{s}(x-na) \tag{7.161}$$

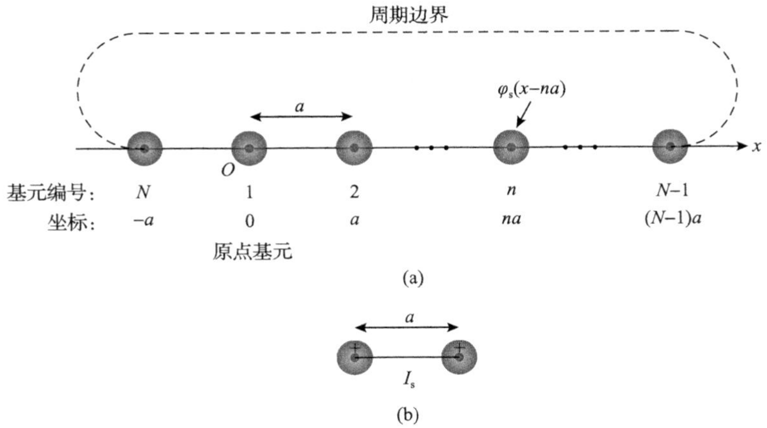

图 7.17　一维单 φ_s 轨道原子链的示意图

$N_o=1$ 意味着决定晶体波函数系数的矩阵方程(7.144)是一个一阶矩阵方程，也就是只有一个矩阵元 $H_{11}(\boldsymbol{k})-ES_{11}(\boldsymbol{k})$，因此确定系数实际上无需解任何方程，系数完全由归一化条件决定。由此可得归一化的波函数：

$$\psi_k(x)=\frac{1}{\sqrt{Na}}\sum_{n=1}^{N}\mathrm{e}^{\mathrm{i}\boldsymbol{k}\cdot\boldsymbol{R}_n}\varphi_s(x-na) \tag{7.162}$$

晶体量子态的能量本征值 E 由式(7.145)决定，在这里则变为

$$H_{11}(\boldsymbol{k})-ES_{11}(\boldsymbol{k})=0 \tag{7.163}$$

由式(7.148)可得矩阵元 $S_{11}(\boldsymbol{k})=1$。只考虑最近邻轨道之间相互作用，$H_{11}(\boldsymbol{k})$ 可由式(7.159)计算，即

$$H_{11}(\boldsymbol{k})\simeq E_s^0+\sum_{\text{最近邻}n}\mathrm{e}^{\mathrm{i}\boldsymbol{k}\cdot\boldsymbol{R}_n}I_{l'l}(\boldsymbol{R}_n) \tag{7.164}$$

其中 E_s^0 表示原子轨道 $\varphi_s(x)$ 的能量，由图 7.17 可见原点原子有两个最近邻原子，坐标分别是 $\boldsymbol{R}_1=a\boldsymbol{i}$ 和 $\boldsymbol{R}_2=-a\boldsymbol{i}$，波矢写成矢量形式则为 $\boldsymbol{k}=k\boldsymbol{i}$，$I_{l'l}(\boldsymbol{R}_n)$ 是相邻原子间的跳跃积分，对格点 $\boldsymbol{R}_1$ 和 $\boldsymbol{R}_2$ 则是

$$\begin{aligned}I(\boldsymbol{R}_1)&=\int\varphi_s^*(x)V_a(x+a)\varphi_s(x+a)\mathrm{d}x\\I(\boldsymbol{R}_2)&=\int\varphi_s^*(x)V_a(x-a)\varphi_s(x-a)\mathrm{d}x\end{aligned} \tag{7.165}$$

由对称性可知 $I(\boldsymbol{R}_2)=I(\boldsymbol{R}_1)$，定义 I_s 表示这一积分，即

$$I_s \equiv I(\boldsymbol{R}_1) = I(\boldsymbol{R}_2) \tag{7.166}$$

所以 I_s 表示两个相邻 φ_s 轨道的跳跃积分，如图 7.17(b)所示。对球形轨道总有 $\varphi_s(x) > 0$，而势 $V_a(x+a) < 0$，所以上述的两个积分总是小于 0，即 $I_s < 0$。把两个积分值 I_s 代入式(7.164)则得

$$H_{11}(k) \simeq E_s^0 + I_s(e^{ika} + e^{-ika}) = E_s^0 + 2I_s\cos(ka) \tag{7.167}$$

把式(7.167)和 $S_{11}(\boldsymbol{k}) = 1$ 代入式(7.163)则得晶体量子态 $\psi_{\boldsymbol{k}}(x)$ [式(7.161)]的能量：

$$\text{一维晶格：}\quad E(k) = E = E_s^0 + 2I_s\cos(ka) \tag{7.168}$$

对含 N 个原子的一维单轨道单原子晶体，共包含 N 个量子态即 N 个晶体轨道，每个轨道由第一布里渊区一个点即 k 值标识，该晶体第一布里渊区的范围是 $[-\pi/a, \pi/a]$，该区内的 N 个波矢由下式给出：

$$k = k_p = p\frac{2\pi}{Na} \qquad p = \begin{cases} \pm 1, \pm 2, \cdots, \pm N/2, & N\text{为偶数} \\ 0, \pm 1, \pm 2, \cdots, \pm(N-1)/2, & N\text{为奇数} \end{cases} \tag{7.169}$$

把式(7.169)中给定的所有 k_p 代入式(7.161)和式(7.168)则得到模型晶体所有的波函数和能量。由此可以看到，最后的波函数和能量中只含有两个参数 E_a 和 I_s，当然可以直接从晶体结构及其中原子特性出发求解这两个参数，这即为从头计算方法；另一种方法是基于所计算的能带结构和实验比较来确定这两个参数，这称为半经验方法。当然对于这里十分简单的模型晶体，半经验方法没有必要，但在许多实际问题中采用半经验方法是更为简单和有效的方法。

模型晶体能量对波矢的依赖关系即能带结构如图 7.18 中的 s 能带所示。如果晶体中所含原子数 N 很大，波矢 k 的间隔就很小，所得到的能带结构实际上就是一条连续的曲线，也就是说分离的能级变成连续的能带。能带的最高点为 $E_s^0 - 2I_s$，最低点为 $E_s^0 + 2I_s$，原子轨道能级 E_s^0 位于能带的中点，这表示当原子由孤立状态结合成晶体时形成新的晶体量子态，分立的原子 s 能级变成连续的晶体 s 能带，能带展宽相对原子能级是对称的，分别有 $2I_s$ 的上升和下降，能带的宽度为 $W = 4|I_s|$。

7.7.2.2　单 p 轨道

本节求解一维原子链的量子态问题，每个原子轨道是哑铃形 φ_p 轨道，如图 7.19 所示。处理方法完全和上述的一维 φ_s 轨道原子链相同，结果也十分相似，其中波函数只需把式(7.162)中的 $\varphi_s(x-na)$ 换成 $\varphi_p(x-na)$，能量表达式也与式(7.168)

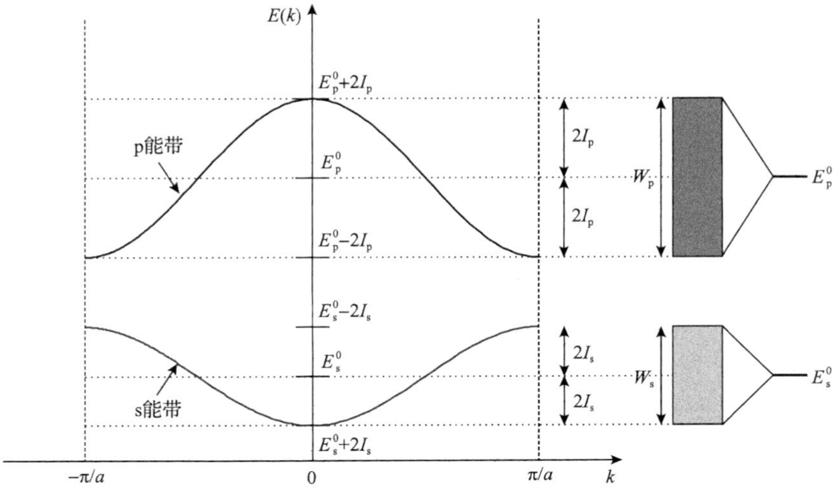

图 7.18　一维单原子链模型晶体在第一布里渊区的能带结构

形式上一样，只需把 I_s 换成 I_p，即该模型晶体的能带结构为

$$E(k)=E=E_p^0+2I_p\cos(ka) \tag{7.170}$$

其中，E_p^0 是原子轨道的能级；I_p 表示相邻 φ_p 轨道之间的跳跃积分，即

$$I_p\equiv I\int\varphi_p^*(x)V_a(x+a)\varphi_p(x+a)\mathrm{d}x \tag{7.171}$$

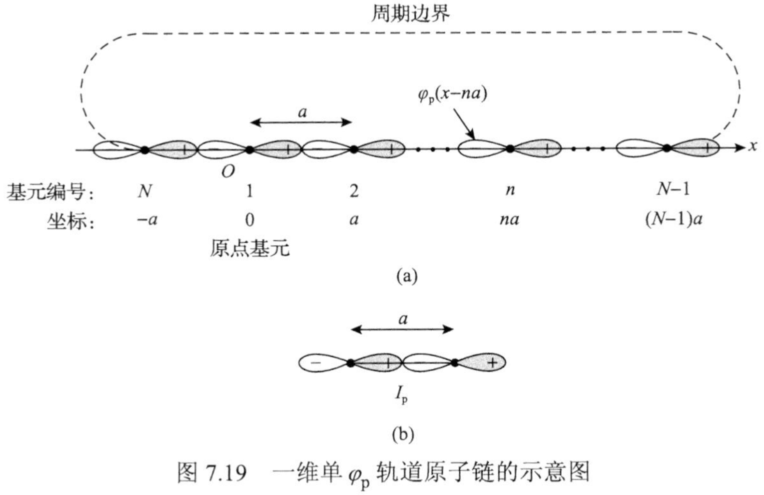

图 7.19　一维单 φ_p 轨道原子链的示意图

由图 7.19 可知，上述积分中同一位置波函数 $\varphi_p^*(x)$ 和 $\varphi_p(x+a)$ 的符号总是相反，

因此两者乘积总为负，而势$V_a(x+a)$总为负，因此上述积分值$I_p>0$。由式(7.170)可得模型晶体在第一布里渊区的能带结构，如图7.18中p能带所示。该能带最高点值为$E_p^0+2I_p$，最低点为$E_p^0-2I_p$，原子轨道能级E_p^0位于能带的中点，表示当原子由孤立状态结合成晶体时原子分立的p能级变成连续的晶体p能带，能带展宽相对原子能级是对称的，能带的宽度为$W=4I_p$。一般而言，由于φ_p轨道比φ_s轨道有更大的空间扩展，有$|I_p|>|I_s|$，因此p能带比s能带有更大的展宽。

7.7.3 一维单轨道情形下电子的有效质量

在近自由电子近似方法中由色散关系引入了电子有效质量的概念，从紧束缚近似方法所得到的色散关系也可以引入有效质量的概念。下面分别说明s能带带顶和p能带带底附近即两个能带在布里渊区边界附近电子态对应的有效质量。

先考虑s能带带顶。当$\boldsymbol{k}$接近π/a时，$\boldsymbol{k}$可以表达为$k=\pi/a-\Delta$，其中Δ是一个很小的波矢，表示距离布里渊区边界π/a的距离，于是由s能带色散关系(7.168)为

$$E(k)=E_s^0+2I_s\cos(\pi-a\Delta)=E_s^0-2I_s\cos(a\Delta) \tag{7.172}$$

对式(7.172)中余弦函数做级数展开(考虑到$I_s<0$)则有

$$E(k)\simeq E_s^0-2I_s+I_sa^2\Delta^2=E_s^0-2I_s-|I_s|a^2\Delta^2=E_{st}-|I_s|a^2\Delta^2 \tag{7.173}$$

其中E_{st}为

$$E_{st}=E_s^0-2I_s \tag{7.174}$$

它表示s能带带顶的能量，把$E(k)$写成如下形式：

$$E(k)=E_{st}+\frac{\hbar^2\Delta^2}{2m_{st}^*} \tag{7.175}$$

其中m_{st}^*则是处于s能带带顶附近电子的有效质量，比较式(7.175)和式(7.173)，得

$$m_{st}^*=-\frac{\hbar^2}{a^2|I_s|} \tag{7.176}$$

可见有效质量m_{st}^*是负值，该式相当于近自由电子近似方法中的式(7.135)。

再考虑p能带带底。同样把$\boldsymbol{k}$表达为$k=\pi/a-\Delta$，其中Δ是一个很小的波矢，表示与布里渊区边界π/a的距离，于是由p能带色散关系(7.170)可得

$$E(k)=E_{\rm p}^{0}+2I_{\rm p}\cos(\pi-a\Delta)=E_{\rm p}^{0}-2I_{\rm p}\cos(a\Delta) \tag{7.177}$$

对式(7.177)中余弦函数做级数展开(考虑到 $I_{\rm p}>0$)则有

$$E(k)\simeq E_{\rm p}^{0}-2I_{\rm p}+I_{\rm p}a^{2}\Delta^{2}=E_{\rm pb}+I_{\rm p}a^{2}\Delta^{2} \tag{7.178}$$

其中 $E_{\rm pb}=E_{\rm p}^{0}-2I_{\rm p}$ 表示 p 能带的带底，把 $E(k)$ 写成如下形式：

$$E(k)=E_{\rm pb}+\frac{\hbar^{2}\Delta^{2}}{2m_{\rm pb}^{*}} \tag{7.179}$$

其中 $m_{\rm pb}^{*}$ 表示 p 能带带底附近的有效质量，比较式(7.179)和式(7.178)，可得

$$m_{\rm pb}^{*}=\frac{\hbar^{2}}{a^{2}I_{\rm p}} \tag{7.180}$$

该式相当于近自由电子近似中的式(7.133)。

由式(7.176)和式(7.180)可知紧束缚近似得到与近自由电子近似类似的结论，所不同的是在紧束缚近似中决定电子有效质量的是跳跃积分，跳跃积分绝对值越大则有效质量绝对值越小，表示电子越容易移动，因此跳跃积分表示晶体中原子之间的连接性，其值越大则连接性越好，也就是表示电子在两个原子之间的共享程度越高，相当于电子在原子间跳跃越容易，因而有效质量越小。另外，跳跃积分越大则能带越宽，因此可以说能带越宽就意味着电子有效质量的绝对值越小。

7.7.4　一维双轨道原子链

本节讨论当一维原子链中每个原子包含两个原子轨道即球形的 $\varphi_{\rm s}$ 和哑铃形的 $\varphi_{\rm p}$ 轨道时，原子链模型晶体中的量子态如图 7.20 所示。

如图 7.20 所示，该模型晶体是一个简单晶格一维晶体，每个基元只包含 1 个原子，每个原子包含 2 个原子轨道，因此每个基元包含 2 个原子轨道，所以 $N_{\rm o}=2$，因此该晶体的布洛赫和有 2 个。取原点处的原子编号为 1，则第 n 个原子位置在 na 处，其原子轨道波函数分别为 $\varphi_{\rm s}(x-na)$ 和 $\varphi_{\rm p}(x-na)$，因此该晶体的两个布洛赫和分别为

$$\chi_{k{\rm s}}(x)=\sum_{n=1}^{N}{\rm e}^{{\rm i}\boldsymbol{k}\cdot\boldsymbol{R}_n}\varphi_{\rm s}(x-na),\qquad \chi_{k{\rm p}}(x)=\sum_{n=1}^{N}{\rm e}^{{\rm i}\boldsymbol{k}\cdot\boldsymbol{R}_n}\varphi_{\rm p}(x-na) \tag{7.181}$$

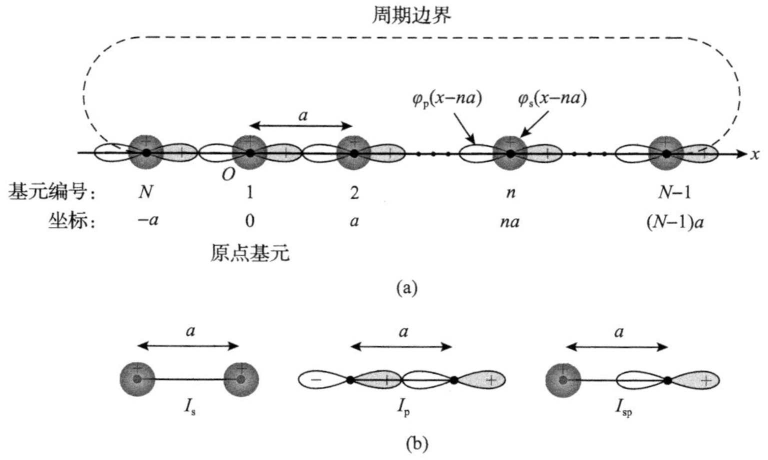

图 7.20　一维双轨道原子链示意图

由此可把晶体的波函数表达为

$$\psi_{\boldsymbol{k}}(x)=c_{\boldsymbol{k}\mathrm{s}}\chi_{\boldsymbol{k}\mathrm{s}}(x)+c_{\boldsymbol{k}\mathrm{p}}\chi_{\boldsymbol{k}\mathrm{p}}(x)=c_{\boldsymbol{k}\mathrm{s}}\sum_{n=1}^{N}\mathrm{e}^{\mathrm{i}\boldsymbol{k}\cdot\boldsymbol{R}_n}\varphi_{\mathrm{s}}(x-na)+c_{\boldsymbol{k}\mathrm{p}}\sum_{n=1}^{N}\mathrm{e}^{\mathrm{i}\boldsymbol{k}\cdot\boldsymbol{R}_n}\varphi_{\mathrm{p}}(x-na) \quad (7.182)$$

波函数包含两个系数，决定系数矩阵方程(7.144)在这里则变成一个二阶矩阵方程，即

$$\begin{pmatrix} H_{\mathrm{ss}}(\boldsymbol{k})-ES_{\mathrm{ss}}(\boldsymbol{k}) & H_{\mathrm{sp}}(\boldsymbol{k})-ES_{\mathrm{sp}}(\boldsymbol{k}) \\ H_{\mathrm{ps}}(\boldsymbol{k})-ES_{\mathrm{ps}}(\boldsymbol{k}) & H_{\mathrm{pp}}(\boldsymbol{k})-ES_{\mathrm{pp}}(\boldsymbol{k}) \end{pmatrix}\begin{pmatrix} c_{\boldsymbol{k}\mathrm{s}} \\ c_{\boldsymbol{k}\mathrm{p}} \end{pmatrix}=0 \quad (7.183)$$

其中的交叠矩阵元由式(7.148)可得

$$S_{\mathrm{ss}}=1,\qquad S_{\mathrm{sp}}=0,\qquad S_{\mathrm{ps}}=0,\qquad S_{\mathrm{pp}}=1 \quad (7.184)$$

原点原子只有两个最近邻，于是很容易进行式(7.159)中的求和，于是式(7.183)中哈密顿矩阵元表达式为

$$\begin{aligned} &H_{\mathrm{ss}}(\boldsymbol{k})=E_{\mathrm{s}}^{0}+2I_{\mathrm{s}}\cos(ka), && H_{\mathrm{sp}}(\boldsymbol{k})=2\mathrm{i}I_{\mathrm{sp}}\sin(ka) \\ &H_{\mathrm{ps}}(\boldsymbol{k})=2\mathrm{i}I_{\mathrm{ps}}\sin(ka), && H_{\mathrm{pp}}(\boldsymbol{k})=E_{\mathrm{p}}^{0}+2I_{\mathrm{p}}\cos(ka) \end{aligned} \quad (7.185)$$

其中 E_{s}^{0} 和 E_{p}^{0} 分别表示原子轨道 φ_{s} 和 φ_{p} 的能级；I_{s}、I_{sp}、I_{ps} 和 I_{p} 分别表示两个轨道之间的跳跃积分，即

$$I_{\rm s} \equiv \int \varphi_{\rm s}^*(x)V_{\rm a}(x+a)\varphi_{\rm s}(x+a){\rm d}x, \qquad I_{\rm sp} \equiv I\int \varphi_{\rm s}^*(x)V_{\rm a}(x+a)\varphi_{\rm p}(x+a){\rm d}x$$
$$I_{\rm ps} \equiv \int \varphi_{\rm p}^*(x)V_{\rm a}(x+a)\varphi_{\rm s}(x+a){\rm d}x, \qquad I_{\rm p} \equiv I\int \varphi_{\rm p}^*(x)V_{\rm a}(x+a)\varphi_{\rm p}(x+a){\rm d}x \tag{7.186}$$

由于 $\varphi_{\rm s}$ 和 $\varphi_{\rm p}$ 为实函数，所以有 $I_{\rm sp} = I_{\rm ps}$，因此四个跳跃积分实际上只有三个参数，分别表示两个轨道(由下标标识)的相互作用，如图 7.20(b)所示。由上述的定义可见这里的 $I_{\rm s}$ 和 $I_{\rm p}$ 分别与 7.7.2 节和 7.7.3 节中单 s 轨道和单 p 轨道的跳跃积分具有相同的意义。于是式(7.183)中的矩阵为

$$\begin{pmatrix} E_{\rm s}^0 + 2I_{\rm s}\cos(ka) - E & 2{\rm i}I_{\rm sp}\sin(ka) \\ 2{\rm i}I_{\rm sp}\sin(ka) & E_{\rm p}^0 + 2I_{\rm p}\cos(ka) - E \end{pmatrix}\begin{pmatrix} c_{\boldsymbol{k}{\rm s}} \\ c_{\boldsymbol{k}{\rm p}} \end{pmatrix} = 0 \tag{7.187}$$

该方程系数矩阵的本征值方程[即方程(7.145)]为

$$\begin{vmatrix} E_{\rm s}^0 + 2I_{\rm s}\cos(ka) - E & 2{\rm i}I_{\rm sp}\sin(ka) \\ 2{\rm i}I_{\rm sp}\sin(ka) & E_{\rm p}^0 + 2I_{\rm p}\cos(ka) - E \end{vmatrix} = 0 \tag{7.188}$$

此方程给出两个能量本征值，分别表示一维模型晶体的本征态能量，然后把两个本征值分别代入方程(7.187)就得到两组系数，分别表示一维模型晶体的本征态波函数系数，把系数代入方程(7.182)则得到本征态波函数。下面只讨论两个本征态能量。

方程(7.187)是关于能量 E 的一元二次方程，即如下方程：

$$E^2 - [E_{\rm p}^0 + E_{\rm s}^0 + 2(I_{\rm p} + I_{\rm s})\cos(ka)]E + [E_{\rm p}^0 + 2I_{\rm p}\cos(ka)][E_{\rm s}^0 + 2I_{\rm s}\cos(ka)]$$
$$+4I_{\rm sp}^2\sin^2(ka) = 0 \tag{7.189}$$

该方程有两个解：

$$E_\pm(k) = \frac{1}{2}\Big\{E_{\rm p}^0 + E_{\rm s}^0 + 2(I_{\rm p} + I_{\rm s})\cos(ka)$$
$$\pm\sqrt{[(E_{\rm p}^0 - E_{\rm s}^0) + 2(I_{\rm p} - I_{\rm s})\cos(ka)]^2 - 4I_{\rm sp}^2\sin^2(ka)}\Big\} \tag{7.190}$$

这两个解即模型晶体的能带结构，每个解分别代表一个能带。由式(7.190)可以看到当 $I_{\rm sp} = 0$ 时，式(7.190)变为

$$E_+(k) = E_{\rm p}^0 + 2I_{\rm p}\cos(ka), \qquad E_+(k) = E_{\rm s}^0 + 2I_{\rm s}\cos(ka) \tag{7.191}$$

这两个能带结构表达式分别是式(7.170)和式(7.168)所示的由p能级和s能级交叠形成的能带，分别称为纯p能带和纯s能带。式(7.190)表明I_{sp}导致了p能态和s能态的混合，但导致两个能态混合程度的量是两个原子轨道的能级差$E_p^0 - E_s^0$与I_{sp}的相对大小，当I_{sp}比$E_p^0 - E_s^0$小许多时，E_+能带和E_-能带分别等同于纯p能带和纯s能带，这反映出这种情况下两个能态基本上依然是独立的；只有当I_{sp}与$E_p^0 - E_s^0$接近时，E_+能带和E_-能带严重偏离纯的能带，如图7.21所示。

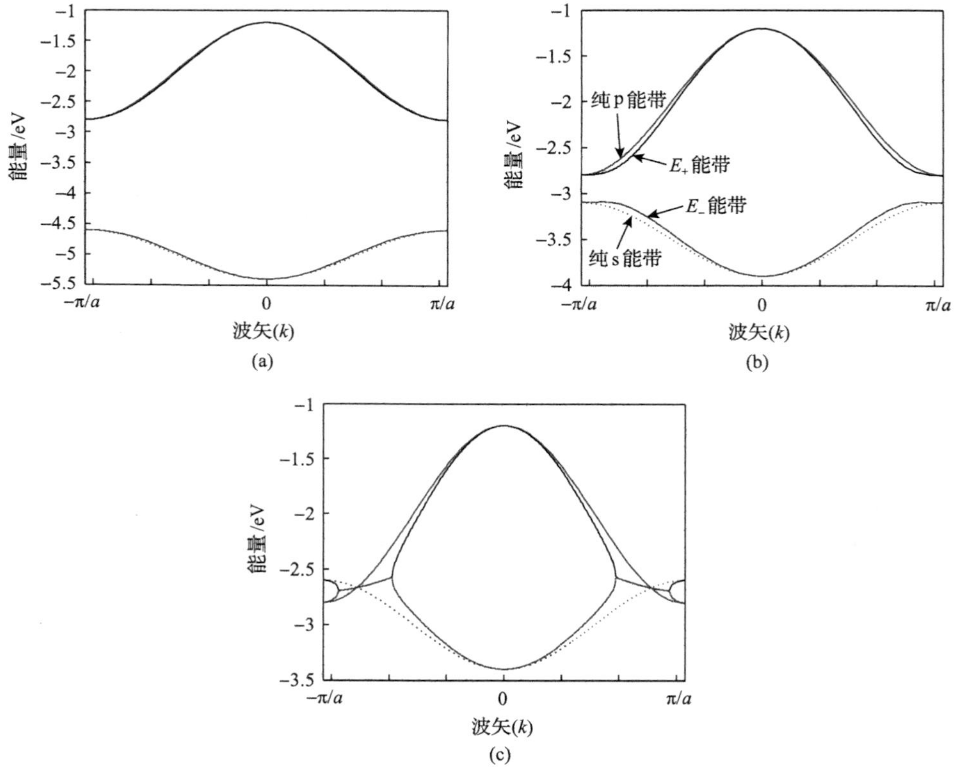

图7.21　双轨道一维原子链的能带结构

(a)、(b)和(c)表示不同的$E_p - E_s$差。图中实线表示E_+能带，间段线表示E_-能带，密点线和疏点线分别表示纯p能带和纯s能带。图中由式(7.190)得到，式中的共同参数为：$E_p = -2$，$I_s = -0.2$，$I_p = 0.4$，$I_{sp} = 0.3$，E_s值在(a)、(b)和(c)中的值分别是：−5.0eV、−3.5eV和−3.0eV

7.7.5　二维和三维单轨道原子晶体的能带结构

上述关于单轨道一维原子链晶体的处理很容易推广到单原子二维平方晶格和三维立方晶格。对于这样的二维和三维晶格，每个基元同样只包含一个原子，而每个原子同样只包含一个轨道，因此布洛赫和只有一个，要解决的矩阵本征值问题是一阶的矩阵本征值问题，二维和三维与一维的差别在于原子的最近邻原子数量发生了变化，从而导致哈密顿矩阵元计算公式中的求和项数发生了变化。二维及三维单轨道单原子晶体中原子最近邻环境如图 7.22 所示，图中以球形的 s 轨道为例，但也适用于其他类型轨道。下面讨论二维和三维情形下的能带结构，并给出关于能带宽度与配位数关系的公式。

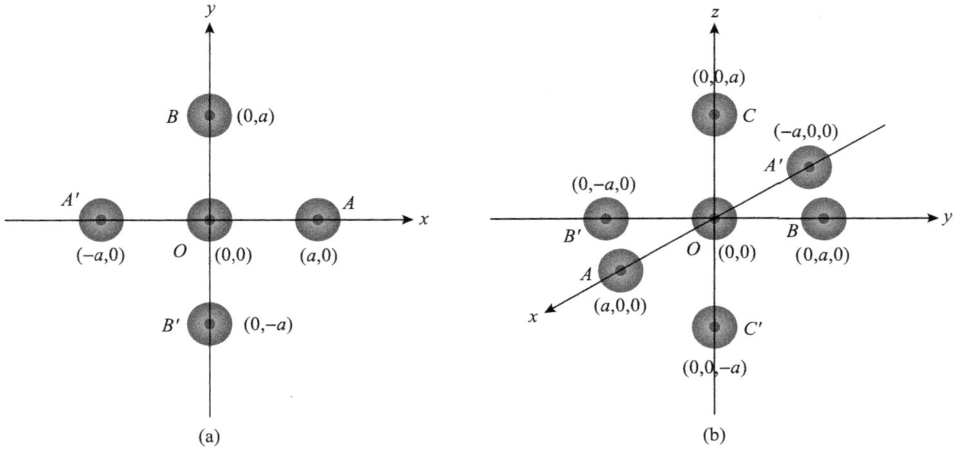

图 7.22　单 s 轨道二维平方晶格(a)和三维立方晶格(b)晶体中原点基元原子的最近邻原子及其坐标

对于二维晶体，如图 7.22(a)所示，原点 O 处原子共有 4 个最近邻原子，它们分别是 A、A'、B 和 B'，坐标如图 7.22 所示。在二维情形下 $\boldsymbol{k}=k_x\boldsymbol{i}+k_y\boldsymbol{j}$，于是哈密顿矩阵元计算式(7.159)中的求和式则为

$$\begin{aligned}\sum_{\text{最近邻}n}\mathrm{e}^{\mathrm{i}\boldsymbol{k}\cdot\boldsymbol{R}_n}I_{l'l}(\boldsymbol{R}_n)&=\sum_{n=A,A',B,B'}\mathrm{e}^{\mathrm{i}(k_x\boldsymbol{i}+k_y\boldsymbol{j})\cdot\boldsymbol{R}_n}I(\boldsymbol{R}_n)\\&=\mathrm{e}^{(k_x\boldsymbol{i}+k_y\boldsymbol{j})\cdot a\boldsymbol{i}}I(\boldsymbol{R}_A)+\mathrm{e}^{-(k_x\boldsymbol{i}+k_y\boldsymbol{j})\cdot a\boldsymbol{i}}I(\boldsymbol{R}_{A'})\\&\quad+\mathrm{e}^{(k_x\boldsymbol{i}+k_y\boldsymbol{j})\cdot a\boldsymbol{j}}I(\boldsymbol{R}_B)+\mathrm{e}^{-(k_x\boldsymbol{i}+k_y\boldsymbol{j})\cdot a\boldsymbol{j}}I(\boldsymbol{R}_{B'})\\&=2I\cos k_xa+2I\cos k_ya\end{aligned}\tag{7.192}$$

式(7.192)推导中利用 $I(\boldsymbol{R}_A)=I(\boldsymbol{R}_{A'})=I(\boldsymbol{R}_B)=I(\boldsymbol{R}_{B'})=I$，这是基于原点基元中原子与最近邻四个原子间的跳跃积分相同的事实，于是由式(7.164)可得二维平方晶格情形下唯一的哈密顿矩阵元：

$$H_{11}\simeq E_{\mathrm{a}}^0+2I\cos k_xa+2I\cos k_ya\tag{7.193}$$

其中， E_a^0 是原子轨道的能量，把该矩阵元代入关于晶体能量 E 的本征值方程(7.145)可得

$$\text{二维晶格：}\quad E(\boldsymbol{k}) = E_a^0 + 2I(\cos k_x a + \cos k_y a) \tag{7.194}$$

其中的 $\boldsymbol{k} = k_x\boldsymbol{i} + k_x\boldsymbol{j}$ 遍及二维平方晶格中第一布里渊区的所有点。由式(7.194)可得二维情况下的能带宽度为 $W = 8I$ 。

对于三维情形用同样的方法，则得到晶体量子态的能量：

$$\text{三维晶格：}\quad E(\boldsymbol{k}) = E_a^0 + 2I(\cos k_x a + \cos k_y a + \cos k_z a) \tag{7.195}$$

其中 $\boldsymbol{k} = (k_x, k_y, k_z)$ 遍及三维立方晶格中第一布里渊区的所有点。由式(7.195)可得三维情况下的能带宽度为 $W = 12I$ 。

比较三种维度情形下的能带宽度公式，可把能带宽度统一地表示为

$$W = 2zI \tag{7.196}$$

其中 z 为晶体中一个原子最邻近的原子个数，也就是晶体中原子的配位数，对于一维、二维和三维情形， z 分别是 2、4 和 6。这个关系表明，原子之间成键数量(即 z 值越大)越多，成键越强(即 I 值越大)，能带宽度就越大。从紧束缚近似的角度来看，电子在晶体中移动的过程实际上是跳跃的过程，跳跃积分 I 越大，电子就越容易移动， z 越大则电子移动的路径越多，由此可以预计能带宽度越大的晶体中电子的迁移率越大，也就意味着电子的有效质量就越小，群速度越大，有关电子的有效质量和群速度将在 7.9 节进一步说明。

7.7.6　复式晶格紧束缚近似方法简介

紧束缚近似方法中出发点是原子轨道，认为晶体电子态是原子轨道相互作用的结果，因此要对每个原子轨道进行完整的描述。在简单晶格中每个原胞中只有一个原子，因此每个原子只需要指明原胞的位置，在复式晶格中每个原胞包含两个以上的原子，因此清楚说明一个原子轨道不仅要说明这个原子属于哪个原胞，还要说明属于原胞中哪个原子，原胞的位置由其对应格点的正格矢 $\boldsymbol{R}_n$ 表征，而原子的位置由其基元坐标系中的位矢 $\boldsymbol{t}_j$ 表征，因此任一个原子轨道 l 用如下的形式表示：

$$\varphi_l(\boldsymbol{r} - \boldsymbol{R}_n - \boldsymbol{t}_j) \tag{7.197}$$

该原子轨道的布洛赫和则为

$$\chi_{\boldsymbol{k}jl}(\boldsymbol{r})=\frac{1}{\sqrt{N}}\sum_{n'}\mathrm{e}^{\mathrm{i}\boldsymbol{k}\cdot\boldsymbol{R}_{n'}}\varphi_l(\boldsymbol{r}-\boldsymbol{t}_j-\boldsymbol{R}_{n'}) \tag{7.198}$$

求和对所有 N 个原胞进行，与简单晶格的布洛赫和相比，这里的布洛赫和多了原子标识 j。这样的布洛赫和 $\chi_{\boldsymbol{k}jl}(\boldsymbol{r})$ 也满足布洛赫定理，证明如下：

$$\begin{aligned}\chi_{\boldsymbol{k}lj}(\boldsymbol{r}+\boldsymbol{R}_{n''})&=\frac{1}{\sqrt{N}}\sum_{n'}\mathrm{e}^{\mathrm{i}\boldsymbol{k}\cdot\boldsymbol{R}_{r'}}\varphi_l(\boldsymbol{r}+\boldsymbol{R}_{n''}-\boldsymbol{t}_j-\boldsymbol{R}_{n'})\\&=\frac{1}{\sqrt{N}}\sum_{n'}\mathrm{e}^{\mathrm{i}\boldsymbol{k}\cdot(\boldsymbol{R}_{n'}-\boldsymbol{R}_{n''})}\mathrm{e}^{\mathrm{i}\boldsymbol{k}\cdot\boldsymbol{R}_{n''}}\varphi_l[\boldsymbol{r}-\boldsymbol{t}_j-(\boldsymbol{R}_{n'}-\boldsymbol{R}_{n''})]\\&=\mathrm{e}^{\mathrm{i}\boldsymbol{k}\cdot\boldsymbol{R}_{n''}}\frac{1}{\sqrt{N}}\sum_{n}\mathrm{e}^{\mathrm{i}\boldsymbol{k}\cdot\boldsymbol{R}_n}\varphi_l(\boldsymbol{r}-\boldsymbol{t}_j-\boldsymbol{R}_n)=\mathrm{e}^{\mathrm{i}\boldsymbol{k}\cdot\boldsymbol{R}_{n''}}\chi_{\boldsymbol{k}lj}(\boldsymbol{r})\end{aligned} \tag{7.199}$$

式中，$\boldsymbol{R}_n=\boldsymbol{R}_{n'}-\boldsymbol{R}_{n''}$ 是另一个正格矢，求和对所有正格矢进行，与用来标记正格矢的符号无关，因此在式(7.199)导数第二个等式推导中采用 n 来标记正格矢。布洛赫和的个数等于原胞中所有原子所包含的总轨道数，如果每个原胞中有 N_{a} 个原子(atom)，而第 j 个原子中的轨道数为 $N_{\mathrm{o}j}$，则每个原胞中总轨道数 N_{to} (下标 to 表示 total orbital)为

$$N_{\mathrm{to}}=\sum_{j=1}^{N_{\mathrm{a}}}N_{\mathrm{o}j} \tag{7.200}$$

于是晶体波函数 $\psi_{\boldsymbol{k}}(\boldsymbol{r})$ 可表达为它的线性组合，即

$$\psi_{\boldsymbol{k}}(\boldsymbol{r})=\sum_{j=1}^{N_{\mathrm{a}}}\sum_{l=1}^{N_{\mathrm{o}j}}c_{\boldsymbol{k}jl}\chi_{\boldsymbol{k}jl}(\boldsymbol{r}) \tag{7.201}$$

与简单晶格相比，这里多了对原子 j 的求和，该求和遍及原胞中所有原子，因此展开系数 $c_{\boldsymbol{k}jl}$ 的个数等于每个原胞中的总轨道数 N_{to}。把式(7.201)代入单电子薛定谔方程式(7.14)，然后分别左乘 $\chi_{\boldsymbol{k}j'l'}(\boldsymbol{r})(j'=1,2,\cdots,N_{\mathrm{a}};l'=1,2,\cdots,N_{\mathrm{o}})$ 并积分，则得

$$\sum_{j=1}^{N_{\mathrm{a}}}\sum_{l=1}^{N_{\mathrm{o}j}}\left[H_{j'l',jl}^{\mathrm{SP}}(\boldsymbol{k})-ES_{j'l',jl}(\boldsymbol{k})\right]c_{\boldsymbol{k}jl}=0\qquad j'=1,2,\cdots,N_{\mathrm{a}};l'=1,2,\cdots,N_{\mathrm{o}} \tag{7.202}$$

其中 $H_{j'l',jl}^{\mathrm{SP}}(\boldsymbol{k})$ 和 $S_{j'l',jl}(\boldsymbol{k})$ 分别为

$$
\begin{aligned}
S_{j'l',jl}(\boldsymbol{k}) &\equiv \int \chi_{\boldsymbol{k}j'l'}(\boldsymbol{r})\chi_{\boldsymbol{k}jl}(\boldsymbol{r})\mathrm{d}\boldsymbol{r} \\
H^{\mathrm{SP}}_{j'l',jl}(\boldsymbol{k}) &\equiv \int \chi_{\boldsymbol{k}j'l'}(\boldsymbol{r})H^{\mathrm{SP}}\chi_{\boldsymbol{k}jl}(\boldsymbol{r})\mathrm{d}\boldsymbol{r}
\end{aligned}
\tag{7.203}
$$

该式为紧束缚近似方法在复式晶格情形下的基本方程，相当于晶格中的方程(7.144)。对每个给定的 $\boldsymbol{k}$ ，式(7.202)是关于 N_{to} 个系数 $c_{\boldsymbol{k}jl}$ 的 N_{to} 元一次方程组，解该方程则得 N_{to} 个本征值 $E^{(1)}, E^{(2)}, \cdots, E^{(i)}, \cdots, E^{(N_{\mathrm{to}})}$ ，每个本征值表示一个晶体能量，对每个能量 $E^{(i)}$ 有一组系数 $c^{(i)}_{\boldsymbol{k}jl}$ ，它表示晶体波函数对布洛赫和的展开系数；遍历布里渊区中所有的 $\boldsymbol{k}$ ，则得到晶体中所有的能量和波函数。同一级的所有 $\boldsymbol{k}$ 值的能量则形成一个能带，因此所有量子态形成 N_{to} 个能带。

求解方程(7.202)需要确定其中的 N^2_{to} 个哈密顿积分 $H^{\mathrm{SP}}_{j'l',jl}(\boldsymbol{k})$ 和交叠积分 $S_{j'l',jl}(\boldsymbol{k})$ 。与上述简单晶格情形类似，交叠 $S_{j'l',jl}(\boldsymbol{k})$ 为

$$
\begin{aligned}
S_{j'l',jl}(\boldsymbol{k}) &= \frac{1}{N}\sum_{n''=1}^{N}\sum_{n'=1}^{N} \mathrm{e}^{\mathrm{i}\boldsymbol{k}\cdot(\boldsymbol{R}_{r'}-\boldsymbol{R}_{r''})}\int \varphi^*_{l'}(\boldsymbol{r}-\boldsymbol{t}_{j'}-\boldsymbol{R}_{n''})\varphi_l(\boldsymbol{r}-\boldsymbol{t}_j-\boldsymbol{R}_{n'})\mathrm{d}\boldsymbol{r} \\
&= \frac{1}{N}\sum_{n=1}^{N}\sum_{n'=1}^{N} \mathrm{e}^{\mathrm{i}\boldsymbol{k}\cdot\boldsymbol{R}_r}\int \varphi^*_{l'}(\boldsymbol{r}-\boldsymbol{t}_{j'})\varphi_l(\boldsymbol{r}-\boldsymbol{t}_j-\boldsymbol{R}_n)\mathrm{d}\boldsymbol{r} \\
&= \sum_{n=1}^{N} \mathrm{e}^{\mathrm{i}\boldsymbol{k}\cdot\boldsymbol{R}_n}\int \varphi^*_{l'}(\boldsymbol{r}-\boldsymbol{t}_{j'})\varphi_l(\boldsymbol{r}-\boldsymbol{t}_j-\boldsymbol{R}_n)\mathrm{d}\boldsymbol{r}
\end{aligned}
\tag{7.204}
$$

其中的积分称为**交叠矩阵元**(overlap matrix elements)，它表示位于原点基元内原子 j' 的 l' 轨道和位于位矢为 $\boldsymbol{R}_n$ 的基元内原子 j 的 l 轨道之间的交叠，求和表示对所有基元进行，也就是考虑所有其他基元中原子 j 的 l 轨道与位于原点基元中原子 j' 的 l' 轨道交叠。由于原子轨道高度的局域性质，只有同一原子中的原子轨道有可观的交叠，也就是说属于不同基元中的原子或同一基元中的不同原子的轨道交叠通常可以忽略，而同一原子中不同的轨道具有正交的性质，因此交叠矩阵元通常采用如下的近似：

$$
\int \varphi^*_{l'}(\boldsymbol{r}-\boldsymbol{t}_{j'})\varphi_l(\boldsymbol{r}-\boldsymbol{t}_j-\boldsymbol{R}_n)\mathrm{d}\boldsymbol{r} = \delta_{l'l}\delta_{j'j}\delta(\boldsymbol{R}_n)
\tag{7.205}
$$

这实际上就是休克尔近似中的轨道交叠近似。将式(7.205)代入式(7.204)则有

$$
S_{j'l',jl}(\boldsymbol{k}) = \delta_{l'l}\delta_{j'j}
\tag{7.206}
$$

该式相当于简单晶格中的式(7.148)。

再考虑哈密顿积分 $H^{\mathrm{SP}}_{j'l',jl}(\boldsymbol{k})$，采用与式(7.204)类似的推导过程可将 $H^{\mathrm{SP}}_{j'l',jl}(\boldsymbol{k})$ 化简为

$$H^{\mathrm{SP}}_{j'l',jl}(\boldsymbol{k})=\sum_{n=1}^{N}\mathrm{e}^{\mathrm{i}\boldsymbol{k}\cdot\boldsymbol{R}_n}\int\varphi^*_{l'}(\boldsymbol{r}-\boldsymbol{t}_{j'})H^{\mathrm{SP}}\varphi_l(\boldsymbol{r}-\boldsymbol{t}_j-\boldsymbol{R}_n)\mathrm{d}\boldsymbol{r} \tag{7.207}$$

其中的积分称为**哈密顿矩阵元**(Hamiltonian matrix elements)，它表示位于原点基元内原子 j' 的 l' 轨道和位于位矢为 $\boldsymbol{R}_n$ 的基元内原子 j 的 l 轨道之间的相互作用，具有能量量纲，表示这两个轨道之间相互作用的强弱，求和表示对所有基元进行，也就是考虑所有其他基元中原子 j 的 l 轨道与位于原点基元中原子 j' 的 l' 轨道之间的相互作用。式(7.207)还可进一步简化，这里从略，只是指出类似于简单晶格的情形，N^2_{to} 个 $H^{\mathrm{SP}}_{j'l',jl}(\boldsymbol{k})$ 积分通常用参数来表示，并通过经验方法和拟合方法得到。

7.7.7　紧束缚近似方法的简要总结

紧束缚近似方法是以原子轨道(准确地说是原子轨道组成的布洛赫和)为基函数来计算晶体电子态的方法，电子态由一个矩阵本征值方程决定，本征值矩阵则由原子轨道之间的哈密顿矩阵元和轨道交叠矩阵元确定，而这些矩阵元则由晶体单粒子势决定，在许多近似下并不需要知道单粒子势，而直接用少数几个跳跃积分参数就能表示这些矩阵元，这不仅能给出晶体态许多特定性质，而且常是计算晶体电子态的实用方法。

紧束缚近似方法把晶体态看成是原子轨道组合的结果，组合导致分立的原子能级形成能带，能带的宽度则由轨道之间的跳跃积分决定，跳跃积分越大，能带越宽，所以跳跃积分表示轨道交叠和连通的程度；能带展宽通常比原子的能级差小，两者之间的间隙则是能隙，因此跳跃积分越大，能隙则越小。在紧束缚近似中电子通过原子间的跳跃而成为公有化电子，这是巡游电子的观念，跳跃积分越大，则电子巡游越容易，也就是电子的有效质量越小。从能带结构角度看，能带宽度越大和能隙越小的能带，电子有效质量就越小，这与近自由电子近似的结论完全一致。

7.8　能态密度和费米面

晶体单粒子薛定谔方程的每个解称为一个布洛赫态，每个布洛赫态有特定的能量，在热平衡时，所有布洛赫态按照能量最低原理和泡利不相容原理被占据，晶体的性质则取决于所有布洛赫态被占据的情况以及在外部作用下被占据情况的改变。本节说明表征布洛赫态被占据特性的能态密度和费米面。

7.8.1 能态密度

能态密度 $\rho(E)$ 是指在能量 E 处单位能量范围内单位体积所包含的量子态数，它反映了量子态数对能量的依赖关系，下面推导 $\rho(E)$ 的表达式。图 7.23 是态空间的示意图，图中 $\mathrm{S}(E)$ 表示能量为 E 的等能面，它是三维态空间中的封闭曲面，$\mathrm{S}(E)$ 的方程为 $E(\boldsymbol{k})=E$，$\mathrm{S}(E+\mathrm{d}E)$ 是能量为 $E+\mathrm{d}E$ 的等能面，其方程为 $E(\boldsymbol{k})=E+\mathrm{d}E$，其中 $\mathrm{d}E$ 为能量无限小增量。等能面 $\mathrm{S}(E+\mathrm{d}E)$ 与 $\mathrm{S}(E)$ 之间的布洛赫格点数即为能量在 $E\sim E+\mathrm{d}E$ 之间的布洛赫态数 $\mathrm{d}Z$，于是能量 E 处的能态密度 $\rho(E)$ 为

$$\rho(E)=\frac{1}{V}\frac{\mathrm{d}Z}{\mathrm{d}E} \tag{7.208}$$

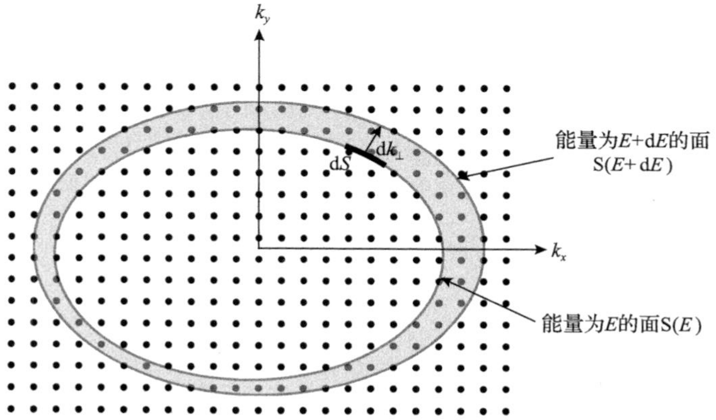

图 7.23 能态密度的推导

其中 V 为晶体的体积。态空间中布洛赫格点密度为 $V/(2\pi)^3$ [式(7.45)]，因此等能面 $\mathrm{S}(E)$ 与 $\mathrm{S}(E+\mathrm{d}E)$ 之间的布洛赫格点数等于两个等能面包围的体积乘以格点密度，另外考虑到每个态可以容纳自旋不同的两个电子，因此 $\mathrm{d}Z$ 为

$$\mathrm{d}Z=2\cdot\frac{V}{(2\pi)^3}\int_E^{E+\mathrm{d}E}\mathrm{d}\boldsymbol{k} \tag{7.209}$$

式(7.209)表示在两个等能面之间体积的积分。由图 7.23 可见 $\mathrm{d}E$ 表达为

$$\mathrm{d}E=\left|\nabla_{\boldsymbol{k}}E(\boldsymbol{k})\right|\mathrm{d}k_\perp \tag{7.210}$$

其中 $\mathrm{d}k_\perp$ 表示在 $\mathrm{S}(E)$ 某位置法线方向上等能面 $\mathrm{S}(E)$ 与 $\mathrm{S}(E+\mathrm{d}E)$ 之间的距离；$\left|\nabla_{\boldsymbol{k}}E(\boldsymbol{k})\right|$ 为能带结构在 $E(\boldsymbol{k})$ 位置处梯度的大小，态空间中体积元 $\mathrm{d}\boldsymbol{k}_\perp$ 可表达为

$\mathrm{d}\boldsymbol{k}=\mathrm{d}S\mathrm{d}k_{\perp}$，其中 $\mathrm{d}S$ 表示等能面 $\mathrm{S}(E)$ 上的面积元，于是式(7.209)可表达为

$$\mathrm{d}Z=\frac{V}{4\pi^3}\int_E^{E+\mathrm{d}E}\mathrm{d}S\mathrm{d}k_{\perp}=\frac{V}{4\pi^3}\int_0^{\mathrm{d}k_{\perp}}\left(\int\limits_{\mathrm{S}(E)}\mathrm{d}S\right)\mathrm{d}k_{\perp} \tag{7.211}$$

式(7.211)积分范围为两个等能面之间的区域，而在等能面 $\mathrm{S}(E)$ 上任何位置两个等能面的间距都是无限小的 $\mathrm{d}E$，因此式(7.211)的积分可以先沿着等能面 $\mathrm{S}(E)$ 进行再沿着 $\mathrm{d}k_{\perp}$ 方向进行，于是有

$$\mathrm{d}Z=\frac{V}{4\pi^3}\int_0^{\mathrm{d}k_{\perp}}\left(\int\limits_{\mathrm{S}(E)}\mathrm{d}S\right)\mathrm{d}k_{\perp}=\frac{V}{4\pi^3}\left(\int\limits_{\mathrm{S}(E)}\mathrm{d}S\right)\mathrm{d}k_{\perp} \tag{7.212}$$

把式(7.210)代入式(7.212)则有

$$\mathrm{d}Z=\left(\frac{V}{4\pi^3}\int\limits_{\mathrm{S}(E)}\frac{1}{\left|\nabla_{\boldsymbol{k}}E(\boldsymbol{k})\right|}\mathrm{d}S\right)\mathrm{d}E=P(E)\mathrm{d}E \tag{7.213}$$

其中 $P(E)$ 表示括号中的量，由式(7.213)可得

$$P(E)=\frac{\mathrm{d}Z}{\mathrm{d}E} \tag{7.214}$$

将式(7.214)与式(7.208)比较即可得能态密度 $\rho(E)$：

$$\rho(E)=\frac{P(E)}{V}=\frac{1}{4\pi^3}\int\limits_{\mathrm{S}(E)}\frac{1}{\left|\nabla_{\boldsymbol{k}}E(\boldsymbol{k})\right|}\mathrm{d}S \tag{7.215}$$

由式(7.215)可见晶体的能态密度由晶体能带结构 $E(\boldsymbol{k})$ 决定，能态密度与能态结构的梯度大小成反比。特别地，当 $\left|\nabla_{\boldsymbol{k}}E(\boldsymbol{k})\right|\to 0$ 时，能态密度会趋于无穷大，具有这种特性的晶体通常在 $\left|\nabla_{\boldsymbol{k}}E(\boldsymbol{k})\right|=0$ 处具有特别的性质，使 $\left|\nabla_{\boldsymbol{k}}E(\boldsymbol{k})\right|=0$ 的态称为**范霍夫奇点**(van Hove singularity)。

7.8.2　费米面

考虑处于热力学零度时的晶体中电子在各布洛赫态的分布。根据能量最低原理和泡利不相容原理，能量低的布洛赫态先被占据，而每个布洛赫态最多容纳两个自旋不同的电子，按照这种占据规则，到某一特定能量处晶体中所有的电子刚好填完，该能量即为晶体的费米能 E_{F}。在热力学零度时，费米能以下的布洛赫态被占据的概率为 1，而费米能以上布洛赫态被占据的概率为 0，即零度时费米-狄

拉克分布为

$$f^{\mathrm{FD}}(E)=\begin{cases}1 & E \leqslant E_{\mathrm{F}} \\ 0 & E > E_{\mathrm{F}}\end{cases} \tag{7.216}$$

于是按照统计力学方法，晶体中的电子数 N_e 可由如下表达式给出

$$N_{\mathrm{e}}=\int_0^{\infty}\rho(E)f^{\mathrm{FD}}(E)\mathrm{d}E=\int_0^{E_{\mathrm{F}}}\rho(E)\mathrm{d}E \tag{7.217}$$

式(7.217)是关于费米能的方程，求解式(7.217)可得晶体的费米能。三维晶体的态空间是三维空间，因此能量为费米能的等能面为三维态空间中的曲面，其曲面方程为

$$E(\boldsymbol{k})=E_{\mathrm{F}} \tag{7.218}$$

该面称为**费米面**(Fermi surface)。在热力学零度时，费米面以下填满了电子，而费米面以上则全空，因此费米面是占据态和非占据态的分界面。当外界的温度升高时，晶体中的电子会获得动能从而越过费米面到达更高能量的布洛赫态，然而即使1500K 的高温，电子所获得的能量也只有 130meV，而材料费米能的大小通常在几eV，考虑到泡利不相容原理，这意味着只有费米面附近很少比例的电子才能响应外界的扰动，或者说只有费米面附近的电子才会对晶体的热性质有贡献(详细讨论请参考第 3 章 3.7 节)。类似地，电子从外电场所获得的能量也通常只有几十 meV，这意味着只有费米面附近的电子才会对晶体的导电性质有贡献。上述讨论说明确定费米面及其附近的布洛赫态是了解晶体性质的基础。由式(7.217)和式(7.218)可知晶体的费米面由晶体的能带结构决定，而能带结构函数并非连续函数，在布里渊区边界出现间断，因此晶体的费米面是具有孔洞的曲面，图 7.24 给出了铜的费米面图像。费米面可以通过实验来测定，有关细节可参考有关文献[12]。

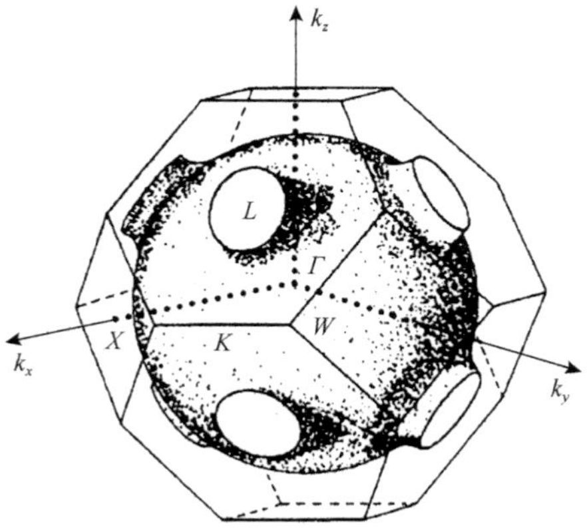

图 7.24　金属铜的费米面

7.9　布洛赫电子的本质

能带论的出发点是单粒子势场中的薛定谔方程，每个解称为一个布洛赫态，每个布洛赫态被占据就意味着存在一个电子，该电子的行为完全由相应布洛赫态的性质决定，这个电子称为布洛赫电子，每个布洛赫电子由与之关联的布洛赫态的波矢来标识。这样的布洛赫态和布洛赫电子的观念可以解释晶体的许多性质，如晶体吸收和发射光可以解释为布洛赫态之间的跃迁，吸收和发射光子的能量等于布洛赫态的能级差。

上述布洛赫态和布洛赫电子的观念在解释晶体的导电性时遇到微妙的问题，布洛赫态的一个基本特性是属于整个晶体，因此对于理想化晶体(没有任何缺陷的刚性晶格)，布洛赫电子的输运不会有电阻，也就是说理想的晶体都是超导体，这显然不符合实际情况，其根本原因在于实际晶体总是有缺陷(如杂质、空位及晶格扭曲等)，另外在非热力学零度时原子核总是做偏离其平衡位置的振动，这些都会导致薛定谔方程中单粒子势偏离严格的周期势，这种偏离可以理解成在严格周期势中形成了微扰，而微扰会造成布洛赫态的偏离，或者说对布洛赫态的散射，这从波动观念说明了晶体中电阻的形成机制，由此发展了定量的电阻理论，详细的理论将在本书下册第六部分给出。

基于布洛赫态理解晶体电阻的另一个观念是半经典电子观念，在这种观念中电子被看成是布洛赫态叠加而成的波包，而波包具有空间局域性，这样就解决了由单个布洛赫波表示的电子属于整个晶体的问题。在以下的讨论中将会看到，尽管每个电子波包包含多个不同波矢的布洛赫波，每个波包仍然由一个布洛赫波矢(即波包的中心波矢)来标识，这与表示单个布洛赫态的布洛赫电子形式上相同，因此电子波包通常也被称为布洛赫电子。电子波包由量子的布洛赫态波函数构造而成，但它的基本性质却具有经典的粒子特性，特别是在波包电子的观念下晶体中的电阻问题就等同于理想气体中的气体粒子输运问题，因此这样的波包电子称为半经典的电子。本节将先给出电子波包定义，然后说明波包的基本性质，包括波包的速度、有效质量和表观动量以及它遵循的运动方程，最后说明空穴概念的形成和它的基本性质。电子波包常直接称为电子，它与空穴是理解晶体中电子输运性质的两个基本概念，在半导体中称为两种载流子。值得强调的是，无论是把单个布洛赫态理解为电子，还是把由多个布洛赫态叠加而成的波包理解为电子或空穴，晶体中的电子和空穴概念都是由晶体单粒子薛定谔方程的解衍生而来，它们都不是通常所指的自由电子或者汤姆孙电子。

波包电子性质的确立基于两个基本关系：一是波包的速度公式，二是波包的运动方程，这两个关系可以通过不严格的经典物理方法获得，也可以通过严格的量子力学方法而获得，前者具有简单直观的优点，本节中将按这种方法推导这两个关系，后者的推导过程比较复杂，数学过程将在附录 J 中给出。

7.9.1 布洛赫电子波包及其波函数

在波动理论中波包是指以某一波矢 $\boldsymbol{k}_0$ 为中心的一定波矢范围 $\Delta\boldsymbol{k}$ 内多个单色波叠加而成的复合波或波群，波包在空间上具有局域性质，波群的空间尺度大约为 $2\pi/\Delta\boldsymbol{k}$，也就是说参与构成波包的单色波波矢范围越大，则波包的空间尺度就越小。波包另一个基本特征是在空间以特定的速度运动，该速度即媒质中的群速度 $\nabla_{\boldsymbol{k}}\omega(\boldsymbol{k})$，其中 $\omega(\boldsymbol{k})$ 为媒质的色散关系。在色散媒质中波包作为稳定的独立整体存在必须满足 $\Delta\boldsymbol{k}$ 足够小的条件，因为在色散媒质中不同 $\boldsymbol{k}$ 值的单色波速度是不同的，如果 $\Delta\boldsymbol{k}$ 太大，则波包中单色波的速度差别就会太大，其结果就是随着传播波包中各单色成分就会严重分离，从而波包将不再存在，有关波包详细的介绍请参看附录 C。借助波包的概念可以构造电子波包，这样就可以从扩展态的布洛赫态得到局域化的电子波包，从而为理解晶体中的电子输运提供一个基本的概念实体。下面说明波包概念的形成和定义。

布洛赫波函数的一般表达式为

$$\psi_{\boldsymbol{k}'}(\boldsymbol{r},t)=u_{\boldsymbol{k}'}(\boldsymbol{r})\mathrm{e}^{\mathrm{i}\boldsymbol{k}'\cdot\boldsymbol{r}} \tag{7.219}$$

以 $\boldsymbol{k}_0$ 为中心且三个波矢分量都在 $-\Delta/2$ 到 $\Delta/2$ 范围内的波矢 $\boldsymbol{k}'$ 可表达为

$$\boldsymbol{k}'=\boldsymbol{k}_0+\boldsymbol{k}\qquad -\Delta/2<k_x,k_y,k_z<\Delta/2 \tag{7.220}$$

其中 k_x、k_y、k_z 为 $\boldsymbol{k}$ 的三个分量，所有波矢 $\boldsymbol{k}'$ 的布洛赫波叠加所形成的波 $\overline{\psi}_{\boldsymbol{k}_0}(\boldsymbol{r},t)$ 则为

$$\begin{aligned}
\overline{\psi}_{\boldsymbol{k}_0}(\boldsymbol{r})&=\int_{-\Delta/2}^{\Delta/2}\mathrm{d}k_z\int_{-\Delta/2}^{\Delta/2}\mathrm{d}k_y\int_{-\Delta/2}^{\Delta/2}\psi_{\boldsymbol{k}'}(\boldsymbol{r},t)\mathrm{d}k_x\\
&\simeq\int_{-\Delta/2}^{\Delta/2}\mathrm{d}k_z\int_{-\Delta/2}^{\Delta/2}\mathrm{d}k_y\int_{-\Delta/2}^{\Delta/2}u_{\boldsymbol{k}_0}(\boldsymbol{r})\mathrm{e}^{\mathrm{i}\boldsymbol{k}_0\cdot\boldsymbol{r}}\mathrm{e}^{\mathrm{i}\boldsymbol{k}\cdot\boldsymbol{r}}\mathrm{d}k_x\\
&=\psi_{\boldsymbol{k}_0}(\boldsymbol{r})\int_{-\Delta/2}^{\Delta/2}\mathrm{e}^{\mathrm{i}k_xx}\mathrm{d}k_x\int_{-\Delta/2}^{\Delta/2}\mathrm{e}^{\mathrm{i}k_yy}\mathrm{d}k_y\int_{-\Delta/2}^{\Delta/2}\mathrm{e}^{\mathrm{i}k_zz}\mathrm{d}k_z\\
&=\psi_{\boldsymbol{k}_0}(\boldsymbol{r})\Delta^3\frac{\sin\left(\dfrac{\Delta}{2}x\right)}{\dfrac{\Delta}{2}x}\frac{\sin\left(\dfrac{\Delta}{2}y\right)}{\dfrac{\Delta}{2}y}\frac{\sin\left(\dfrac{\Delta}{2}z\right)}{\dfrac{\Delta}{2}z}\\
&=\psi_{\boldsymbol{k}_0}(\boldsymbol{r})\Delta^3\,\mathrm{sinc}\left(\frac{\Delta}{2}x\right)\mathrm{sinc}\left(\frac{\Delta}{2}y\right)\mathrm{sinc}\left(\frac{\Delta}{2}z\right)
\end{aligned} \tag{7.221}$$

式(7.221)第二个等式中采用$u_{\boldsymbol{k}'}(\boldsymbol{r}) \simeq u_{\boldsymbol{k}_0}(\boldsymbol{r})$的近似，即忽略$u_{\boldsymbol{k}'}(\boldsymbol{r})$随$\boldsymbol{k}$的变化，最后一式中的函数$\mathrm{sinc}(x)=\sin(x)/x$。图 7.25 是函数$\mathrm{sinc}(x)$的示意图，由图可见$\mathrm{sinc}(x)$是以$x$为中心的具有局域性质的函数，$\mathrm{sinc}(\Delta x/2)\mathrm{sinc}(\Delta y/2)\mathrm{sinc}(\Delta z/2)$是波群$\psi_{\boldsymbol{k}_0}(\boldsymbol{r},t)$的包络函数，它使得$\psi_{\boldsymbol{k}_0}(\boldsymbol{r},t)$成为一个空间局域函数，也就是使波包具有空间局域性。函数$\mathrm{sinc}(\Delta x/2)$距中心最近的两个零点分别为$\pm 2\pi/\Delta$，这两个零点之间距离的一半即$2\pi/\Delta$大致可以作为波包$\bar{\psi}_{\boldsymbol{k}_0}(\boldsymbol{r},t)$在$x$方向的尺度，即$L=2\pi/\Delta$，如图 7.25 所示，在$y$和$z$方向波包具有相同的尺度。每个波包由中心波矢$\boldsymbol{k}_0$标识。

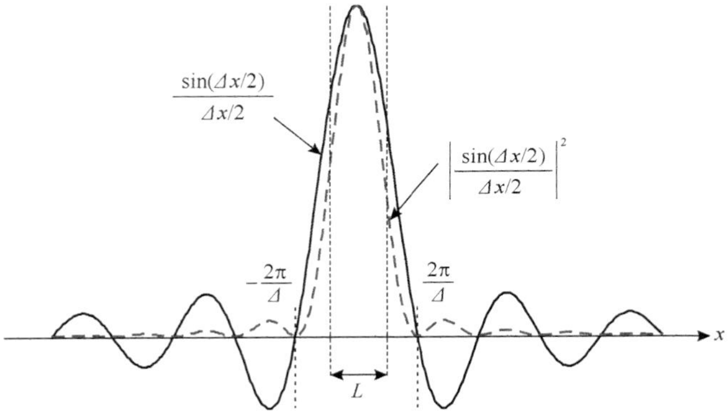

图 7.25　波包的包络函数示意图

晶体中第一布里渊区的边界为π/a，为保证波包的稳定性，波包的波矢范围Δ必须远小于布里渊区线度$2\pi/a$，即$\Delta \ll 2\pi/a$，其中a是晶体的晶格常数，由此可得波包的尺度L具有如下的性质：

$$L=2\pi/\Delta \gg a \tag{7.222}$$

也就是说在晶体中波包总是远大于晶格常数，这意味着波包概念只有满足这个条件才具有意义。波包概念用于理解晶体中电子的输运过程，则意味着只有当外场的特征尺度λ远大于L时波包概念才有意义，因此半经典模型的电子概念有意义的条件可表达为$\lambda \gg L \gg a$，如图 7.26 所示。

7.9.2　布洛赫电子的速度

由附录 C 可知，电子波包的群速度$\boldsymbol{v}_{\boldsymbol{k}}=\nabla_{\boldsymbol{k}}\omega(\boldsymbol{k})$，由德布罗意关系$E=\hbar\omega$可得$\omega(\boldsymbol{k})=E(\boldsymbol{k})/\hbar$，$E(\boldsymbol{k})$为电子的能带结构，于是电子波包$\bar{\psi}_{\boldsymbol{k}}(\boldsymbol{r})$的速度$\boldsymbol{v}_{\boldsymbol{k}}$为

$$\boldsymbol{v}_{\boldsymbol{k}}=\frac{1}{\hbar}\nabla_{\boldsymbol{k}}E(\boldsymbol{k}) \tag{7.223}$$

可见波包的速度完全由电子的能带结构决定，它可以看成是能带结构函数的斜率。电子波包的速度公式可以用量子力学方法获得，它表示布洛赫态 $\psi_{\boldsymbol{k}}(\boldsymbol{r})$ 的速度平均值，推导过程见附录 J。

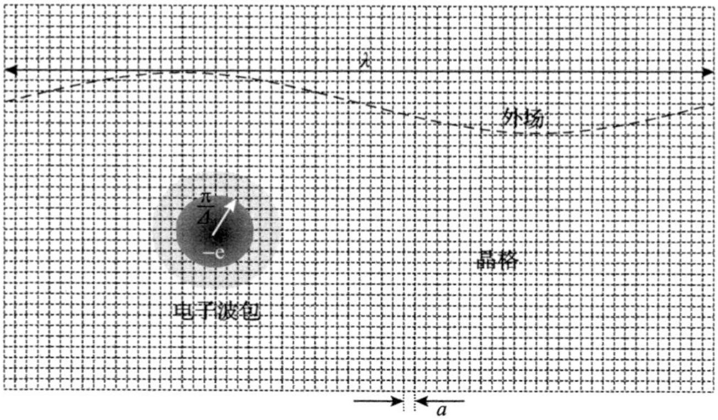

图 7.26　半经典模型中晶体中电子波包尺度、晶格常数和外场特征尺度的比较示意图

7.9.3　电子波包的运动方程

考虑外场力 $\boldsymbol{F}$ 作用于电子波包，在时间 $\mathrm{d}t$ 内外场做功为 $\boldsymbol{F}\cdot\boldsymbol{v}_{\boldsymbol{k}}\mathrm{d}t$，而能量变化为 $\nabla_{\boldsymbol{k}}E\cdot\mathrm{d}\boldsymbol{k}$，按照做功等于能量增加的功能原理，则有

$$\boldsymbol{F}\cdot\boldsymbol{v}_{\boldsymbol{k}}\mathrm{d}t=\nabla_{\boldsymbol{k}}E\cdot\mathrm{d}\boldsymbol{k} \tag{7.224}$$

利用式(7.223)，式(7.224)右边可表达为

$$\nabla_{\boldsymbol{k}}E\cdot\mathrm{d}\boldsymbol{k}=\hbar\boldsymbol{v}_{\boldsymbol{k}}\mathrm{d}\boldsymbol{k}=\hbar\boldsymbol{v}_{\boldsymbol{k}}\frac{\mathrm{d}\boldsymbol{k}}{\mathrm{d}t}\mathrm{d}t \tag{7.225}$$

联合式(7.225)和式(7.224)，有

$$\left(\hbar\frac{\mathrm{d}\boldsymbol{k}}{\mathrm{d}t}-\boldsymbol{F}\right)\cdot\boldsymbol{v}_{\boldsymbol{k}}=0 \tag{7.226}$$

这表明外力 $\boldsymbol{F}$ 与 $\hbar\mathrm{d}\boldsymbol{k}/\mathrm{d}t$ 在平行于 $\boldsymbol{v}_{\boldsymbol{k}}$ 方向上的分量相等，另外采用其他方法可以证明在垂直于 $\boldsymbol{v}_{\boldsymbol{k}}$ 方向上 $\boldsymbol{F}$ 与 $\hbar\mathrm{d}\boldsymbol{k}/\mathrm{d}t$ 的分量也相等，因此有

$$\boldsymbol{F}=\frac{\mathrm{d}(\hbar\boldsymbol{k})}{\mathrm{d}t} \tag{7.227}$$

此即**波包运动方程**，该方程严格的量子力学证明请参考附录 J。

由式(7.227)可见，晶体动量 $\hbar\boldsymbol{k}$ 是波包 $\bar{\psi}_{\boldsymbol{k}}(\boldsymbol{r})$ 的表观动量，就是波包响应外场

作用所表现出的动量，把 $\hbar\boldsymbol{k}$ 当作波包的动量，波包运动方程就如同经典的牛顿方程一样。

7.9.4 电子的有效质量

由运动方程出发可以定义波包的有效质量。对式(7.223)两边进行时间微分，则有

$$\frac{\mathrm{d}\boldsymbol{v}}{\mathrm{d}t}=\frac{1}{\hbar}\frac{\mathrm{d}}{\mathrm{d}t}\nabla_{\boldsymbol{k}}E(\boldsymbol{k})=\frac{1}{\hbar}\nabla_{\boldsymbol{k}}\cdot[\nabla_{\boldsymbol{k}}E(\boldsymbol{k})]\frac{\mathrm{d}\boldsymbol{k}}{\mathrm{d}t} \tag{7.228}$$

利用式(7.227)，则式(7.228)变为

$$\frac{\mathrm{d}\boldsymbol{v}}{\mathrm{d}t}=\frac{1}{\hbar^2}\nabla_{\boldsymbol{k}}^2E(\boldsymbol{k})\boldsymbol{F} \tag{7.229}$$

写成牛顿方程的形式为

$$\frac{\mathrm{d}\boldsymbol{v}}{\mathrm{d}t}=\frac{1}{m^*}\boldsymbol{F} \tag{7.230}$$

其中 m^* 为电子波包的有效质量，将式(7.230)改写为矩阵形式：

$$\begin{pmatrix}\dfrac{\mathrm{d}\boldsymbol{v}_x}{\mathrm{d}t}\\ \dfrac{\mathrm{d}\boldsymbol{v}_y}{\mathrm{d}t}\\ \dfrac{\mathrm{d}\boldsymbol{v}_z}{\mathrm{d}t}\end{pmatrix}=\begin{pmatrix}\dfrac{1}{m_{xx}} & \dfrac{1}{m_{xy}} & \dfrac{1}{m_{xz}}\\ \dfrac{1}{m_{yx}} & \dfrac{1}{m_{yy}} & \dfrac{1}{m_{yz}}\\ \dfrac{1}{m_{zx}} & \dfrac{1}{m_{zy}} & \dfrac{1}{m_{zz}}\end{pmatrix}\begin{pmatrix}\boldsymbol{F}_x\\ \boldsymbol{F}_y\\ \boldsymbol{F}_z\end{pmatrix} \tag{7.231}$$

式(7.231)表明 $m^*(\boldsymbol{k})$ 是一个二阶张量，其各分量的表达式为

$$\frac{1}{m_{ij}^*(\boldsymbol{k})}=\frac{1}{\hbar^2}\frac{\partial^2E(\boldsymbol{k})}{\partial k_i\partial k_j}\qquad i,j=x,y,z \tag{7.232}$$

式(7.232)表明电子波包的有效质量完全由能带结构决定，可以看成是能带结构函数的曲率。这里定义的有效质量与近自由电子近似和紧束缚近似中所定义的有效质量是完全一致的。

7.9.5 一维紧束缚近似下电子波包的性质

为了说明电子波包速度和有效质量的基本性质，这里讨论一维紧束缚近似中

电子的速度和有效质量。一维紧束缚近似下的能带结构 $E(k)$ 为[式(7.168)]:

$$E(k) = E_s^0 + 2I_s \cos(ka) \tag{7.233}$$

把式(7.233)分别代入式(7.223)和式(7.232)即可得紧束缚近似下不同电子态电子波包的速度和有效质量，如图 7.27 所示。由图 7.27 可见，布里渊区可分为两个段，分界点是 $k_c = \pi/(2a)$，该点即能带结构函数 $E(k)$ 的拐点(inflection point)，即 $E(k)$ 的曲率 $d^2E(k)/dk^2 = 0$ 的点；在 $0 \sim k_c$ 段电子波包的速度随着 k 值的增加而单调增加，在 k_c 处达到最大值，有效质量开始几乎保持不变，在 k_c 附近时有效质量开始快速增加，在 k_c 处则趋于无穷大；在 $k_c \sim \pi/a$ 段电子波包的速度随着 k 值的增加而单调减小，直到在布里渊区边界处 π/a 降为 0，有效质量在 k_c 处为负无穷大，随着远离 k_c 而迅速上升并很快到达一个稳定值，随后一直保持这个值到布里渊区边界，值得注意的是在 $k_c \sim \pi/a$ 范围内有效质量总是负值。有效质量为负可以解释如下：有效质量由电子波包的牛顿方程式(7.230)定义，质量为负意味着

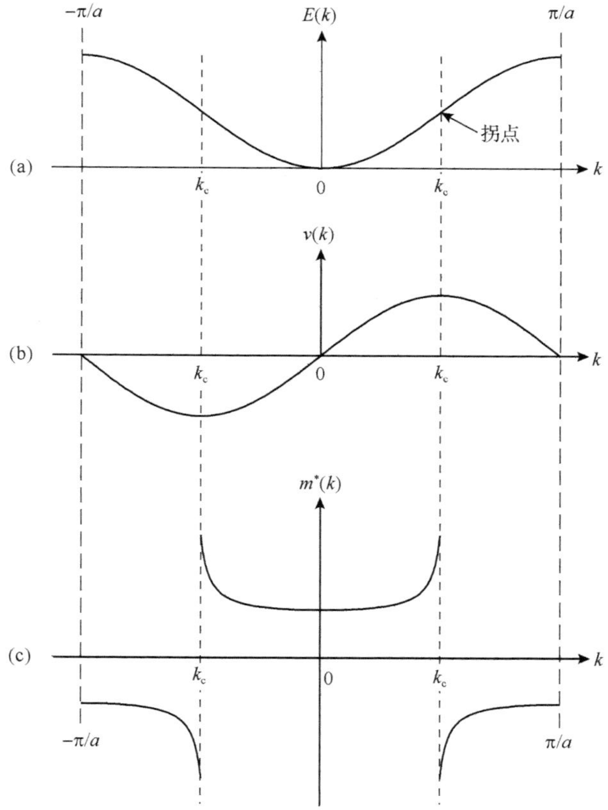

图 7.27 一维晶体中的能带结构(a)、电子速度(b)和有效质量(c)

在相同的外力作用下 k 值处于 $k_c \sim \pi / a$ 之间的电子波包所受的力与 k 值处于 $0 \sim k_c$ 之间的电子波包会产生相反的加速度，这说明处于这个范围的电子波包会显示出相反的输运性质，这个结果最初解释了反常霍尔效应，在这里的例子中 k_c 处于布里渊区中心和边界连线中点的位置，在一般情况下 k_c 处于更接近布里渊区边界附近的位置，因此在带顶位置附近的电子波包总是表现出负的有效质量，下面将会看到这些有效质量为负的电子波包被理解成有效质量为正却带正电荷的空穴。

7.9.6　空穴

这里首先证明每个全满能带中所有电子的电流密度总和为零。波矢为 $\boldsymbol{k}$ 的电子波包所产生的电流密度为 $-e\boldsymbol{v}(\boldsymbol{k})/V$，$-e$ 为电子的电荷，V 为晶体的体积，因此一个满能带中所有电子形成的电流密度为

$$\boldsymbol{j} = \frac{1}{V}(-e)\sum_{\boldsymbol{k}} \boldsymbol{v}(\boldsymbol{k}) \tag{7.234}$$

求和对第一布里渊区中所有波矢进行。任何晶体的能带结构满足关系 $E(-\boldsymbol{k}) = E(\boldsymbol{k})$ [式(7.61)]，而电子波包速度定义式(7.223)可得如下关系：

$$\boldsymbol{v}(-\boldsymbol{k}) = \frac{1}{\hbar}\nabla_{\boldsymbol{k}} E(-\boldsymbol{k}) = -\frac{1}{\hbar}\nabla_{\boldsymbol{k}} E(\boldsymbol{k}) = -\boldsymbol{v}(\boldsymbol{k}) \tag{7.235}$$

也就是说波矢为 $-\boldsymbol{k}$ 的电子波包速度与波矢为 $\boldsymbol{k}$ 的电子波包速度方向相反，对于满带每个 $\boldsymbol{k}$ 都有一个对应的 $-\boldsymbol{k}$，因此式(7.234)的结果为零，即满带中所有电子波包的总电流密度和 $\boldsymbol{j} = 0$。当有外加电场时，虽然满带中每个电子波包的波矢 $\boldsymbol{k}$ 会改变，但其电流密度和总为零，因此满带中电子对电流没有贡献。

现在考虑一个能带中仅缺少一个电子就达到全满情况下该能带所产生的电流密度。假设这个唯一空的态的波矢为 $\boldsymbol{k}_1$，如图 7.28 所示，该带中电子所产生的电流密度为

$$\boldsymbol{j} = \frac{1}{V}(-e)\sum_{\substack{\text{所有}\boldsymbol{k} \\ \boldsymbol{k}\neq\boldsymbol{k}_1}} \boldsymbol{v}(\boldsymbol{k}) = \frac{1}{V}(-e)\sum_{\text{所有}\boldsymbol{k}} \boldsymbol{v}(\boldsymbol{k}) - \frac{1}{V}(-e)\boldsymbol{v}(\boldsymbol{k}_1) = \frac{e}{V}\boldsymbol{v}(\boldsymbol{k}_1) \tag{7.236}$$

式(7.236)第一个等式中求和对除 $\boldsymbol{k}_1$ 外的所有第一布里渊区中波矢进行，由满带总电流密度为零则可得式(7.236)第二个等式中求和结果为零，于是式(7.236)变为

$$\boldsymbol{j} = \frac{e}{V}\boldsymbol{v}(\boldsymbol{k}_1) \tag{7.237}$$

这表明 $\boldsymbol{k}_1$ 态空的能带所产生的电流密度相当于一个正电荷 e 所产生的电流密度。如果把 $\boldsymbol{k}_1$ 态的电子波包看成是带正电荷 e 的实体，那么它在外电场 $\boldsymbol{E}$ 中的受力为 $\boldsymbol{F}'=e\boldsymbol{E}$ 。另外， $\boldsymbol{k}_1$ 态电子波包牛顿方程为

$$\frac{\mathrm{d}\boldsymbol{v}}{\mathrm{d}t}=\frac{1}{m^*(\boldsymbol{k}_1)}\boldsymbol{F}=\frac{1}{m^*(\boldsymbol{k}_1)}(-e)\cdot\boldsymbol{E}=\frac{1}{-m^*(\boldsymbol{k}_1)}e\cdot\boldsymbol{E}=\frac{1}{m_{\mathrm{h}}^*(\boldsymbol{k}_1)}\boldsymbol{F}' \tag{7.238}$$

式(7.238)表明如果把 $\boldsymbol{k}_1$ 态电子波包看成带正电荷 e 和有效质量为 $m_{\mathrm{h}}^*(\boldsymbol{k}_1)=-m^*(\boldsymbol{k}_1)$ 的实体，那么该实体的运动方程与电子波包的运动方程相同，这样的实体称为空穴。在热平衡条件下，电子按照能量最低原理和泡利不相容原理分布在能带中，也就是说电子总是先占据能量较低的态，于是空态 $\boldsymbol{k}_1$ 总是位于能带的顶部，也就是说在热平衡时空穴总是处于能带的顶部，而由 7.9.5 节中的讨论可知这些位于能带顶部的电子态具有负的有效质量。

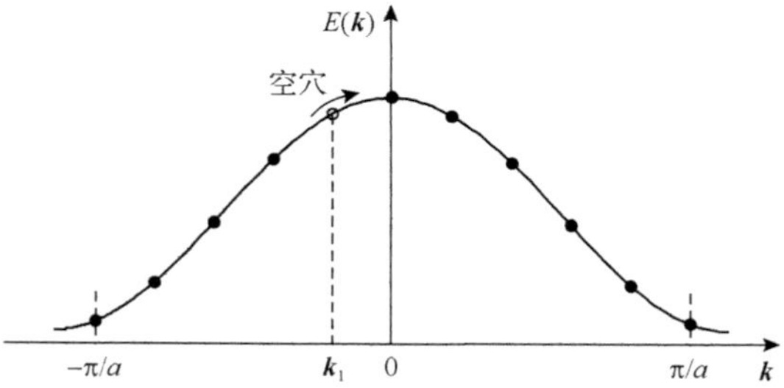

图 7.28　空穴的概念

在热平衡时，由于电子总是先占据能量更低的位置，因此空穴总是处于能带顶部附近的位置，如果由于光激发，在能量低的位置出现一个空穴，它也会很快弛豫到带顶附近，如同装满水的瓶子中的气泡总是浮到瓶子的顶部

7.9.7　晶体中的两种实体

上面的讨论表明，在晶体的电子输运问题中电子可以看成自由空间中的两种实体：一是处于能带底部、质量为 $m^*(\boldsymbol{k})$ 和电荷为 $-e$ 的电子，二是处于能带顶部、质量为 $\left|m^*(\boldsymbol{k})\right|$ 和电荷为 e 的空穴，两者都是空间局域性的准粒子，由布洛赫波矢 $\boldsymbol{k}$ 标识，动量为 $\hbar\boldsymbol{k}$ ，动量与外力的关系满足牛顿方程，速度由 $\boldsymbol{v}(\boldsymbol{k})$ 表征，有效质量和速度最终由晶体的能带结构 $E(\boldsymbol{k})$ 决定，这些性质概括在图 7.29 中。在用这两个实体考虑晶体在外场中输运问题时完全不用考虑晶格的作用，就如同它们是自由空间中的粒子受到外场作用而迁移，这是由于晶格的作用已被包含在有效质量中。这两个实体在半导体物理中被称为载流子，是半导体性质的基础。最后需要指出的是，这两种实体概念只能用于外界电磁场的特征尺度远大于晶格常数情形下的输运问题。

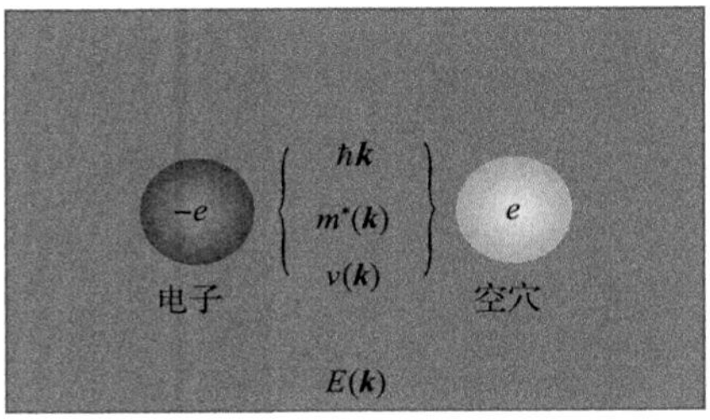

图 7.29　晶体中的两种载流子：电子和空穴

7.9.8　金属、半导体和绝缘体的区分

能带论的一个重要成就在于说明金属、半导体和绝缘体区别的本质。图 7.30 为一维晶体能带结构的示意图，由它可以说明金属、半导体和绝缘体的区别。能带中能量最高的完全填充的能带称为价带，价带之上的能带称为导带，价带和导带之间的能量间隔称为能隙。导带部分填充的晶体属于金属，导带全空时则分为三种情况，①室温下带隙大于 2eV 时则晶体属于**绝缘体**(insulator)(如金刚石 5.5eV)；②室温下带隙小于 2eV 但大于零时晶体属于**半导体**(semiconductor)（如 Si 1eV)；③室温下带隙为零的晶体则称为**半金属**(semimetal)(如 Bi)。

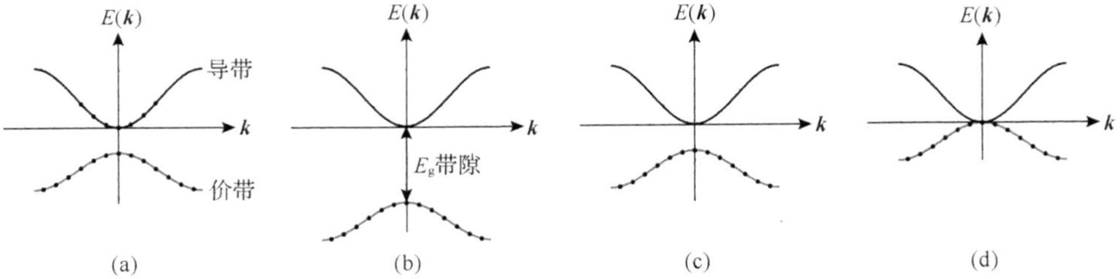

图 7.30　一维晶体中能带结构与导电性的关系

(a) 金属；(b) 绝缘体；(c) 半导体；(d) 半金属

能带结构与导电性的关系归结于满带不会在外场下产生电流，这个结论前面已经论证过，还有一种常见的基于半经典方法中运动方程的方法来论证这个结论。这种方法从考虑布洛赫波矢 $\boldsymbol{k}$ 在外电场 E 作用下的改变出发，如图 7.31 所示，按照半经典的电子波包的运动方程，波矢 $\boldsymbol{k}$ 的变化由运动方程 $\mathrm{d}k/\mathrm{d}t=-eE/\hbar$ 决定，也就是说同一能带中第一布里渊区中所有的 $\boldsymbol{k}$ 点以相同的速度向右运动，因此并不改变均匀填充各 $\boldsymbol{k}$ 点的分布，在布里渊区边界处的 A 和 A' 点，两者实际表示的是同一个态，因此 A 点向右移动移出布里渊区实际上等于从 A' 移进布里渊区，因此整个布里渊区中总的状态不变，满带电流为零。这里指出这种论证方法实际上违反了泡利不相容原理。电子在直流电场中所获得的最大能量通常只有几十 meV，对于上面有带

隙的能带，电子无法获得能量进入上面的带隙，而满带内又没有空位，按照泡利不相容原理，满带内的任何电子实际上无法改变状态，也就是说其 $\boldsymbol{k}$ 值不会发生改变，因此形式化地利用 $\mathrm{d}k/\mathrm{d}t=-eE/\hbar$ 方程来确定 $\boldsymbol{k}$ 值的变化实际上是没有意义的。

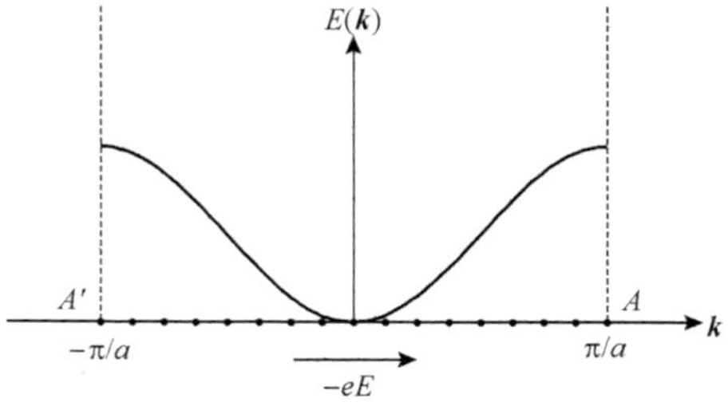

图 7.31　充满的能带中电子的运动

7.9.9　有效质量为什么小于自由电子质量且为负值

在前面 7.4.1 节中说明了 $\hbar\boldsymbol{k}$ 不是电子的真正动量，而电子波包的运动方程式则说明了 $\hbar\boldsymbol{k}$ 可以理解为电子波包的表观动量。一个处于布洛赫态 $\psi_{\boldsymbol{k}}(\boldsymbol{r})$ 的电子的真实动量为 $m\boldsymbol{v}(\boldsymbol{k})$，其中 m 为自由电子的质量，$\boldsymbol{v}(\boldsymbol{k})$ 为处于该态电子的速度平均值，该电子不仅要受到外场力 $\boldsymbol{F}_{\text{ext}}$ 的作用，还要受到晶格所施加的力 $\boldsymbol{F}_{\text{lat}}$ 的作用，因此其牛顿方程为

$$m\frac{\mathrm{d}\boldsymbol{v}}{\mathrm{d}t}=\boldsymbol{F}_{\text{ext}}+\boldsymbol{F}_{\text{lat}}\tag{7.239}$$

采用有效质量的好处在于它消除了未知的晶格作用力 $\boldsymbol{F}_{\text{lat}}$，从而使得电子的牛顿方程变为

$$m^*\frac{\mathrm{d}\boldsymbol{v}}{\mathrm{d}t}=F_{\text{ext}}\tag{7.240}$$

比较式(7.240)和式(7.239)可见，有效质量可表达为

$$m^*=m\frac{F_{\text{ext}}}{F_{\text{ext}}+F_{\text{lat}}}\tag{7.241}$$

从式(7.241)可以解释有效质量的定性特征。为此考察一维简单晶格系统中两个特殊的电子态，即图 7.32(a)中处于布里渊区边界上由点 A 和 B 所表示的电子态 $\psi_-(x)$ 和 $\psi_+(x)$，这两个点实际上分别代表半导体中的价带顶和导带底，其中 A 表示的态属于第一能带，其有效质量为负值，B 表示的态属于第二能带，其有效质量为正值。图 7.32(b)所示，由于格点原子核带正电，因此它会对电子产生库仑

吸引作用，此即晶格力 $\boldsymbol{F}_{\mathrm{lat}}$；由于在每个电子态中电荷分布在一维空间，因此可以用电荷分布的重心与格点原子核的库仑作用定性分析晶格力 $\boldsymbol{F}_{\mathrm{lat}}$ 对电子的作用。考虑在方向向右外力 $\boldsymbol{F}_{\mathrm{ext}}$（取向右为大于零的方向，所以 $\boldsymbol{F}_{\mathrm{ext}}>0$）的作用下，两个态所示的电荷分布会向右移动，结果是两个态在两个格点之间的每个电荷重心都会向右移动，其中 $\psi_-(x)$ 态的电荷重心会略微向右偏离格点原子核，$\psi_+(x)$ 态的电荷重心则略微向右偏离两个格点间中心点的位置，由于 $\psi_-(x)$ 态的电荷中心距离它左侧的格点原子核更近，因此它受到的 $\boldsymbol{F}_{\mathrm{lat}}$ 方向向左，即 $\boldsymbol{F}_{\mathrm{lat}}<0$，而 $\psi_+(x)$ 态的电荷中心距离它右侧的格点原子核更近，因此它受到的净的 $\boldsymbol{F}_{\mathrm{lat}}$ 方向向右，即 $\boldsymbol{F}_{\mathrm{lat}}>0$。对于 $\psi_+(x)$ 态，$\boldsymbol{F}_{\mathrm{lat}}$ 和 $\boldsymbol{F}_{\mathrm{ext}}$ 方向相同，因此 $\boldsymbol{F}_{\mathrm{ext}}+\boldsymbol{F}_{\mathrm{lat}}>\boldsymbol{F}_{\mathrm{ext}}>0$，于是由式(7.241)可得 $\psi_+(x)$ 态电子的有效质量 $0<m^*<m$，即 $\psi_+(x)$ 态电子有效质量为正值但小于自由电子有效质量；对于 $\psi_-(x)$ 态，$\boldsymbol{F}_{\mathrm{lat}}$ 和 $\boldsymbol{F}_{\mathrm{ext}}$ 方向相反，$\boldsymbol{F}_{\mathrm{lat}}$ 是晶格尺度的库仑作用，因此它远大于 $\boldsymbol{F}_{\mathrm{ext}}$，这意味着 $\boldsymbol{F}_{\mathrm{ext}}+\boldsymbol{F}_{\mathrm{lat}}<0$，于是 $\boldsymbol{F}_{\mathrm{ext}}+\boldsymbol{F}_{\mathrm{lat}}<0<\boldsymbol{F}_{\mathrm{ext}}$，从而由式(7.241)可得 $\psi_-(x)$ 态电子的有效质量 $m^*<0$。以上讨论说明了有效质量实际上是包含了晶格力作用的表观质量，不同态具有不同的有效质量是由于受到不同晶格力的作用，价带顶附近的电子有效质量为负是由于晶格力与外场中方向相反且大于外场力，在导带底附近有效质量小于自由电子则是由于晶格力与外场力相同。

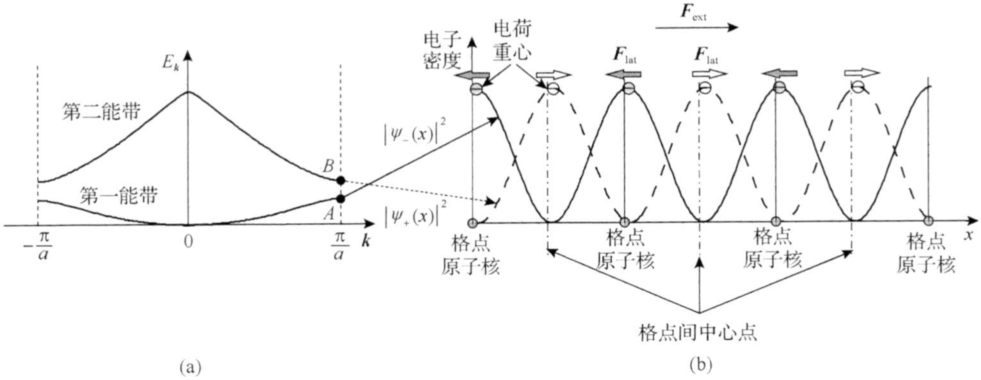

图 7.32　负有效质量的解释

图(b)中的两个电子态 $\psi_+(x)$ 和 $\psi_-(x)$ 分别是由点 A 和 B 标识的两个量子态，这两个态都处于布里渊区边界，其波函数由式(7.118)给出，电荷密度分布来自图 7.14。$\psi_+(x)$ 态相当于磁悬浮列车中的运行态，$\psi_-(x)$ 相当于磁悬浮列车中的刹车态

7.10　能带结构实例

函数 $E_n(\boldsymbol{k})$ 称为能带结构，它表达晶体中所有量子态 $(n,\boldsymbol{k})$ 的能量。同一 n 值

的所有 $E_n(\boldsymbol{k})$ 形成一个连续曲面，称为一个能带，每个能带中 $\boldsymbol{k}$ 取值遍及晶体第一布里渊中所有布洛赫波矢点，其数量等于晶体中原胞的个数 N，宏观晶体原胞个数在阿伏伽德罗常数量级。理论上计算 $E_n(\boldsymbol{k})$ 归结于求解晶体哈密顿矩阵的本征值问题，对每个 $\boldsymbol{k}$ 值都有一个相应的矩阵本征值问题，实际中不可能计算所有 $\boldsymbol{k}$ 值的能量，因此需要在第一布里渊区中有策略地选择 $\boldsymbol{k}$ 点，从而仅需计算尽可能少的 $\boldsymbol{k}$ 点就能充分表达能带结构。对三维晶体而言，能带结构 $E_n(\boldsymbol{k})$ 是三个自变量的函数，不能直接用图像表达 $E_n(\boldsymbol{k})$，这使得难以直接把晶体的性质与 $E_n(\boldsymbol{k})$ 关联起来，因此人们发展了以二维图形的方式来表达 $E_n(\boldsymbol{k})$，了解这种表达方式是理解电子性质的基础。本节将通过几个实例来说明能带结构的表示方式以及如何由它理解晶体的基本电子性质。下面要讨论的实例晶体包括 Cu、Si、GaAs、LiF 和 $SrTiO_3$，有关它们的晶体结构和晶格结构请参考 7.2 节，这些晶体除 $SrTiO_3$ 外都具有面心立方晶格，因此下面首先说明面心立方晶格的第一布里渊区结构和性质，然后说明如何描述这些晶体的能带结构，最后说明简单立方晶格 $SrTiO_3$ 的第一布里渊区结构和能带结构。

7.10.1　面心立方晶体第一布里渊区

面心立方晶体的第一布里渊区结构如图 7.33 所示，由图可见其高度的空间对称性，下面首先说明第一布里渊区中高对称线和高对称点的描述。第一布里渊区对称线和点被分成两类：一是位于内部的对称线和点，这些线和点用希腊字母标识，如布里渊区中心点用 Γ 表示，二是位于表面的对称点，这些点用罗马字母表示，如表面上正六边形中心的点用 L 表示，中心点 Γ 和表面点 L 之间的连线位于布里渊区内部，则用希腊字母 Λ 标记。

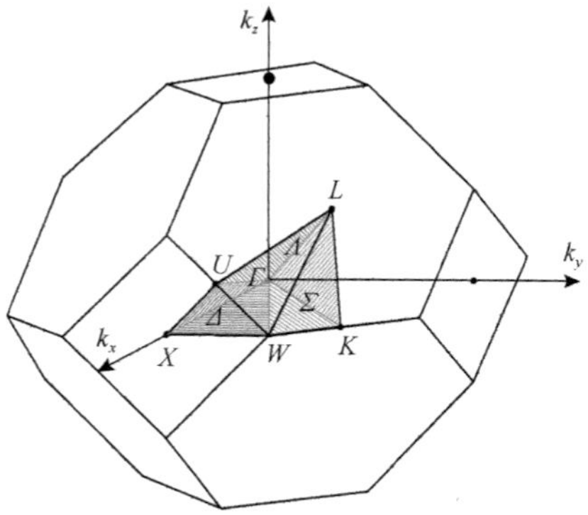

内部对称点或线:
(用希腊字母表示)
中心点: Γ
对称线: $\Lambda(\Gamma\text{-}L)$, $\Delta(\Gamma\text{-}X)$, $\Sigma(\Gamma\text{-}K)$

表面对称点
(用罗马字母表示)
X, K, U, W

$\Gamma = (2\pi/a)(0, 0, 0)$
$X = (2\pi/a)(1, 0, 0)$
$L = (2\pi/a)(1/2, 1/2, 1/2)$
$K = (2\pi/a)(3/4, 3/4, 0)$
$W = (2\pi/a)(1, 1/2, 0)$

图 7.33　面心立方第一布里渊区中的对称点、线以及标记符号

图中由高对称线所形成的面 ΓXW、ΓWK、ΓKL、ΓLU、ΓUX 与布里渊区表面上的三角形 UXW、WKL 及 WLU 所围成区域为不可约布里渊区，计算能带结构时只需计算该区域内布洛赫点的能带结构，因为其他区域能带结构只是该区域的重复，这是面心立方晶体对称性的结果

面心立方的对称性意味着只需要确定布里渊区中由高对称性线 ΓX - ΓW - ΓK - ΓL - ΓU 和第一布里渊区表面所围成区域中的能带结构；其次，能带结构函数具有连续性，这意味着高对称线包围区域内布洛赫点处的能量值在高对称线上布洛赫点处能量值之间，因此只要确定高对称线上布洛赫点处的能量即可表示整个布里渊区的能带结构，这意味着对任何面心立方晶体只需要考虑高对称线上的能带结构。

7.10.2 铜

晶体铜(Cu)的晶体结构和晶格结构相同，其晶格为面心立方结构，每个原胞包含一个铜原子，它的第一布里渊区如图 7.33 所示，它的能带结构由图 7.34(b)所示。能带结构图是一个二维图，横坐标用来表示不同的 $\boldsymbol{k}$ 值，纵坐标表示能量；由图 7.34(b)可见，横坐标是由多段组成的，每一段表示第一布里渊区中的一条高对称线，如 $L\Gamma$ 段表示布里渊区中心点 Γ 到表面点 L 之间的对称线 Λ，ΓX 段表示布里渊区中心点 Γ 到表面点 X 之间的对称线 Δ，利用这种方式可以把布里渊区中所有高对称线连接起来形成横坐标；对横坐标上的每个 $\boldsymbol{k}$ 值以其对应的能量 $E_n(\boldsymbol{k})$ 值作为纵坐标绘出一个点，则所有这些点形成一条能带曲线，不同的 n 值则形成不同的能带曲线，这样就得到晶体铜的能带结构图。影响晶体性质的电子

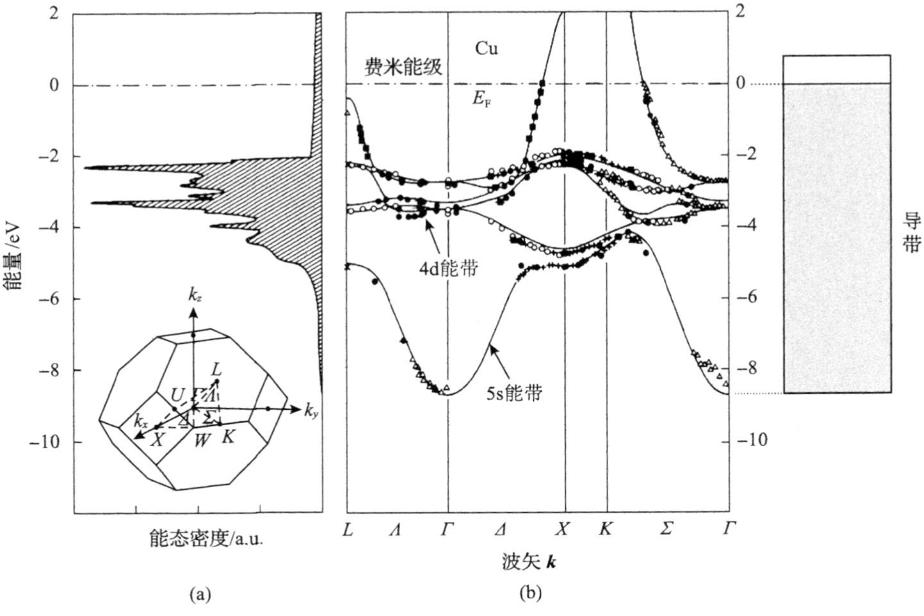

图 7.34 Cu 的态密度(a)和能带结构(b)

图(b)中离散的点为实验值，连续的曲线为理论计算值[13]

主要是费米面附近的电子，因此在能带结构图中一般会将晶体费米能 E_F 的位置标出。另外，能态密度对理解晶体的性质非常重要，因此在能带结构图中经常包括能态密度图。由 7.8.1 节可知，能态密度完全由能带结构决定，大致上说，它反比于能带结构函数斜率的绝对值，也就是说能带越平坦的位置能态密度越大，而越垂直的位置能态密度越小，如图 7.34(a)所示。

图 7.34(b)所示的能带结构中包含 6 个能带，这 6 个能带被标记为一个 5s 能带和 5 个 4d 能带，这种标记分别对应于铜原子(其电子构型为 $1s^2 2s^2 2p^6 3s^2 3p^6 3d^{10} 4s^2 4p^6 \underline{4d^{10} 5s^1}$，其中下划线部分为价电子构型)的 6 个价电子轨道，即 1 个 5s 轨道和 5 个 4d 轨道。晶体铜的能带并非只有这 6 个能带，只是这 6 个能带是能量最高的填有电子的能带，铜的费米能处于该能带能量范围内，因此该能带中的电子对铜的性质有重要影响；对应于其他低能量的原子能级则有处于更低能量位置的晶体能带，但这些能带中的电子通常不会影响铜的性质，因此在能带图中经常会略去。由图 7.34 可见，6 个能带能量相互重叠，因此它们一起形成晶体铜的导带。由紧束缚近似理论可知，铜晶体中的电子数和量子态数分别等于组成铜晶体的所有铜原子的电子数和量子态数之和，此即电子数和量子态数守恒规则，利用此规则可以由铜的能带结构说明铜属于金属。设铜晶体包含 N 个原胞，而铜晶体的原胞只包含一个铜原子，由价电子构型 $4d^{10}5s^1$ 可知每个铜原子有 11 个价电子和 6 个价轨道即量子态，因此铜晶体包含 $11N$ 个价电子和 $6N$ 个量子态，这 $11N$ 个价电子和 $6N$ 个量子态即导带所包含的电子和量子态，而导带中 $6N$ 个量子态可容纳 $12N$ 个电子，因此晶体铜导带中电子填充度为 11/12，也就是说铜的导带为部分填充，从而铜为导体。从这个例子可以看到，一个能带电子的填充程度等于原胞中电子数和相应能级量子态数的比值。从图 7.34(b)可见铜的费米能 E_F 位置正好处于导带中，因此铜的导电性质主要由 E_F 处能态密度决定，由图 7.34(a)可见，E_F 处的态密度并不大，这意味着铜对导电性有贡献的电子并不多，尽管铜的导带中电子数量很多，三维态空间中铜的费米面如图 7.24 所示。

7.10.3　硅

晶体硅(Si)属于金刚石结构，每个原胞中包含 2 个硅原子，其晶格为面心立方晶格，因此它的第一布里渊区结构由图 7.33 表示。硅的能带结构如图 7.35 所示，该能带图中包含 8 个能带，对应于硅原子(其电子结构为 $1s^2 2s^2 2p^6 \underline{3s^2 3p^2}$，下划线部分表示价电子构型)的 8 个价电子量子态，每个硅原子有 4 个价电子和 4 个与价电子相关的量子态，而由于晶体硅每个原胞包含 2 个硅原子，因此每个原胞中包含 8 个价电子和 8 个价电子量子态。这 8 个能带分为两组，一组是能量较低且相互重叠的 4 个能带，该组能带形成价带，另一组是能量较高且相互重叠的 4 个能带，该组能带形成导带，两个带之间的能量间隔即带隙为 1.17eV。设晶体硅包含 N 个原胞，则导带和价带中包含的量子态数都为 $4N$，因此每个带都可容纳 $8N$ 个电子，而晶体中共有 $8N$ 个价电子，按照能量最低原理，$8N$ 个价电子刚好填满价带，于是形成价带全满和导带全空的能带结构。考虑到带隙仅为 1.17eV，在常温下有一定数量的价带电子可以通过热激发导带，从而硅具有一定程度的导电性，因此硅为半导体。

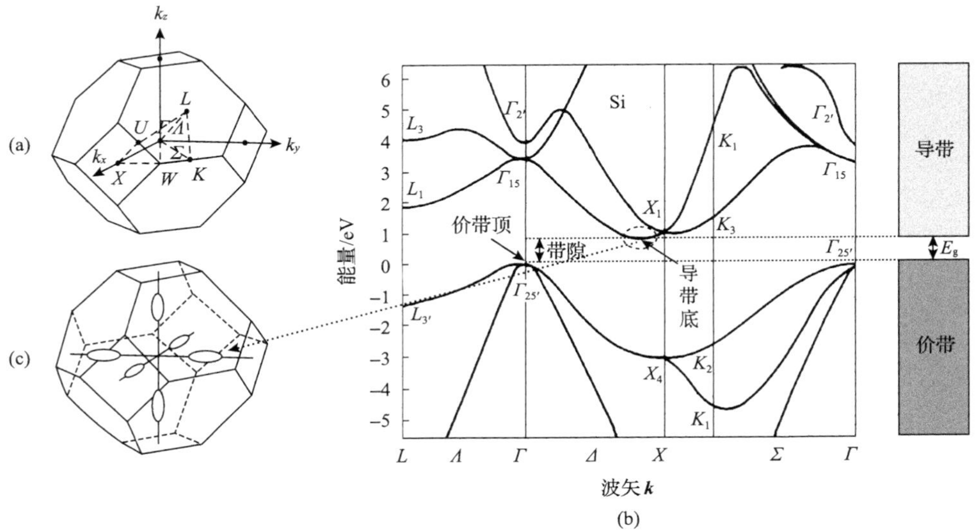

图 7.35　Si 的能带结构

图 (b) 中能带由赝势方法计算得到[9]

导带的最低点称为导带底，价带的最高点的位置称为价带顶，这两个点在半导体中具有特别重要的作用，因为在通常温度时导带中的电子总是处在导带底附近，而价带中的空穴则总是处在价带顶的位置，这些电子和空穴决定了半导体输运性质。值得指出的是，硅是三维晶体，因此导带底和价带顶在态空间中处于 6 个不同的位置，如图 7.35(c) 所示，这样的能带结构在半导体物理中被称为多谷 (many-valley) 结构。硅能带结构另一个重要特征是导带底和价带顶并不在同样的 $\boldsymbol{k}$ 值处，这个性质将会导致晶体硅不能成为发光材料，能带结构具有这个特征的半导体称为**间接带隙半导体** (indirect-gap semiconductor)。

7.10.4　砷化镓

砷化镓 (GaAs) 晶体属于闪锌矿结构，每个原胞包含一个 Ga 原子和一个 As 原子，晶格是面心立方结构，其能带结构如图 7.36 所示。Ga 原子和 As 原子的价

电子组态分别为 $4s^2 4p^1$ 和 $4s^2 4p^3$，每个 Ga 原子提供一个 4s 轨道和三个 4p 轨道形成导带，这四个量子态交叠成 4 个晶体能带，它们形成晶体的导带，每个 As 原子提供 3 个 4p 轨道，这 3 个轨道交叠形成 3 个晶体能带，它们形成晶体的价带。每个 Ga 原子中的 3 个价电子和每个 As 原子中 4p 轨道上 3 个电子公有化成晶体电子，这 6 个电子填充 6 个晶体价电子能带，按照能量最低原理，能量更低的价带首先被填充，因此价带刚好被填满，导带则全空，考虑到带隙为 1.52eV，因此 GaAs 为半导体。

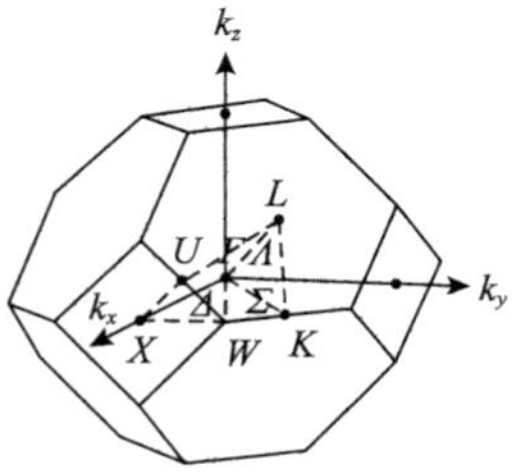

(a)

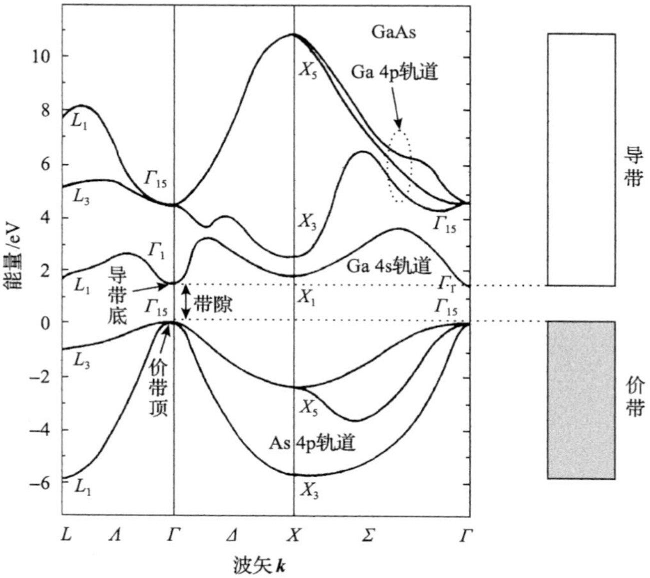

(b)

图 7.36　GaAs 的能带结构

图(b)中能带结构由正交平面波方法计算得到[14]

GaAs 与硅能带结构的一个显著不同是其导带底和价带顶在相同的 $\boldsymbol{k}=0$ 处即 Γ 点，具有这种能带结构的半导体称为**直接带隙半导体**(direct-gap semiconductor)，这种结构使得 GaAs 可以成为发光材料。比较 GaAs 和 Si 的导带底可看到 GaAs 导带底的能带结构曲线曲率更大，这意味着 GaAs 导带底的电子有效质量更小。

7.10.5　氟化锂

氟化锂(LiF)具有氯化钠结构，每个原胞包含一个 Li^+ 离子和一个 F^- 离子，也属于面心立方晶体，其能带结构如图 7.37 所示。LiF 晶体中 Li^+ 离子(价电子构型为 $2s^0$)的 2s 能级交叠形成晶体的 1s 能带，该能带形成全空的导带，F^- 离子(价电子构型为 $2p^6$)的三个 2p 能级交叠形成晶体的三个 2p 能带，该能带形成全满的价带，两个带之间的带隙约 15eV，因此 LiF 为典型的绝缘体。导带底和价带顶都在 $\Gamma(\boldsymbol{k}=0)$ 处。

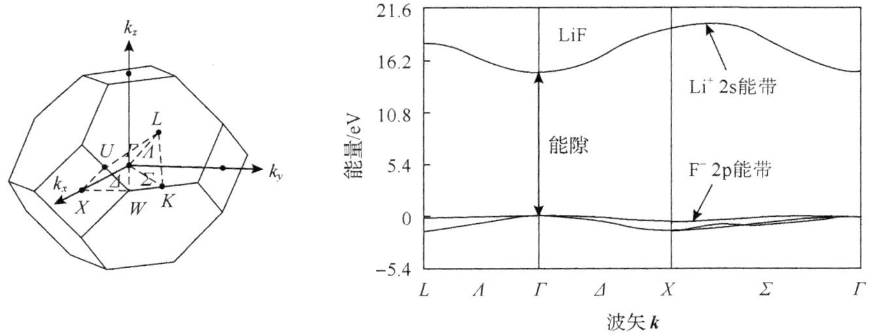

图 7.37　LiF 的能带结构

7.10.6　钛酸锶

钛酸锶($SrTiO_3$)具有钙钛矿结构，每个原胞包含 5 个离子：1 个 Sr^{2+} 离子(价电子构型：$5s^0$)、1 个 Ti^{4+} 离子(价电子构型：$3d^0 4s^0$)和 3 个 O^{2-} 离子(价电子构型：$2p^6$)，属于简单立方晶体，其布里渊区结构如图 7.38(a)所示，能带结构如图 7.38(b)所示。由于简单立方晶格的对称性，其能带结构图只需要表达如图 7.38(a)所示的第一布里渊区中高对称线上的能带结构，因此图 7.38(b)所示能带结构图中的横轴与这些高对称线对应。由图 7.38(b)可见，$SrTiO_3$ 的能带结构从上向下分为能量上分割开的三个群，最上面的群包含 10 个能带，它们是由 Ti^{4+} 离子的 9 个轨道(5 个 3d 轨道、1 个 4s 轨道和 3 个 4p 轨道)和 1 个 Sr^{2+} 的 5s 轨道叠加而成，该群构

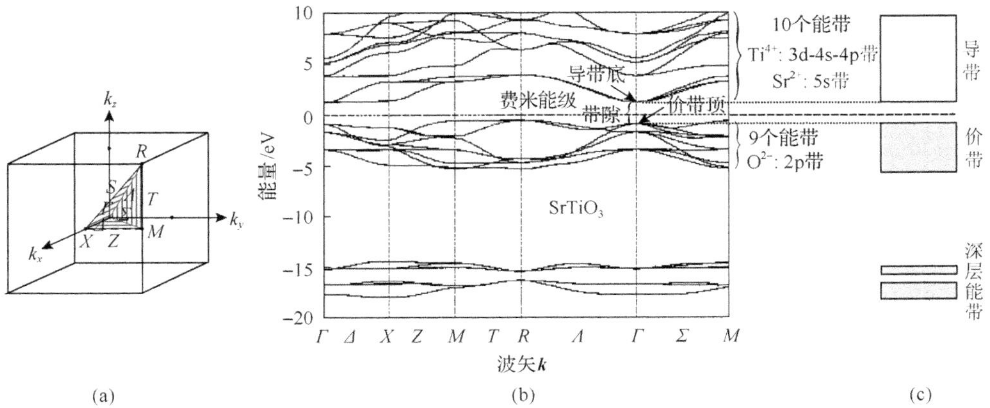

图 7.38　$SrTiO_3$ 晶体第一布里渊区结构(a)、能带结构(b)以及能带填充示意图(c)[15]

由线性糕模轨道方法计算得到，其中的带隙为 2.2eV，$SrTiO_3$ 带隙的实验值为 3.2eV

成 $SrTiO_3$ 的导带；中间的群包含 9 个轨道，它们由 3 个 O^{2-}（每个 O^{2-} 有 3 个 2p 轨道）的 9 个 2p 轨道交叠形成，它们构成 $SrTiO_3$ 的价带；最下面的群是由能量更低的非价电子原子轨道交叠形成，它们不对晶体性质有直接影响。$SrTiO_3$ 每个原胞中 5 个离子共包含 18 个价电子（Sr^{2+} 和 Ti^{4+} 离子中价电子为 0，3 个 O^{2-} 离子则有 18 个电子），这 18 个电子按能量最低原理填入 9 个价带晶体轨道中，刚好使价带全满，而能量更高的导带轨道则全空，实验证明价带和导带间带隙为 3.2eV，因此 $SrTiO_3$ 为绝缘体。由能带图可见，$SrTiO_3$ 的价带顶和导带底在 $\Gamma(\boldsymbol{k}=0)$ 处，因此 $SrTiO_3$ 为直接带隙材料。

7.11 有效质量方程

理想晶体的晶格具有严格周期性，然而实际晶体中总是存在杂质及各种缺陷而使晶格偏离严格周期性，这会使晶体中电子态发生显著的变化，实际上人们正是通过对半导体的掺杂来控制半导体的性质，因此理解非理想晶体情况下晶体中的电子态是十分重要的。理想晶体的薛定谔方程完全由周期性的单粒子势 $V^{SP}(\boldsymbol{r})$ 决定，当晶体中存在杂质或缺陷时，晶体的主体依然是周期晶格，杂质等的引入相当于引进了一个扰动势 $H'(\boldsymbol{r})$，于是晶体中就变为 $V^{SP}(\boldsymbol{r})+H'(\boldsymbol{r})$，决定晶体中电子行为的薛定谔方程为

$$[-\hbar^2\nabla^2/(2m)+V^{SP}(\boldsymbol{r})+H'(\boldsymbol{r})]\psi(\boldsymbol{r})=E\psi(\boldsymbol{r}) \tag{7.242}$$

有效质量近似是求解这个方程的一种数学方法，它把上述的薛定谔方程变成一个仅包含扰动势 $H'(\boldsymbol{r})$ 的等效薛定谔方程：

$$\left[\frac{-\hbar^2\nabla^2}{2m^*}+H'(\boldsymbol{r})\right]f(\boldsymbol{r})=E'f(\boldsymbol{r}) \tag{7.243}$$

其中 m^* 为理想晶体中电子的有效质量，等效方程中只包含扰动势，晶体势 $V^{SP}(\boldsymbol{r})$ 的效应包含在有效质量 m^* 中，方程(7.243)被称为有效质量方程，该方程为求解杂质态提供了一种简单的方法。有效质量方程的建立通常是通过瓦尼尔函数这一数学工具完成的，因此本节首先说明瓦尼尔函数，然后说明如何得到有效质量方程，该方程在确定半导体中杂质的应用则在第 8 章给出。

7.11.1 瓦尼尔函数

瓦尼尔函数是 1937 年瓦尼尔(Wannier)在研究晶体激发态电子性质时所引入的一类数学函数，它定义为布洛赫函数的傅里叶展开，每个瓦尼尔函数对应于一个晶格格点，是以所对应晶格格点为中心的局域化函数，所有瓦尼尔函数形成正交、归

一和完备的函数基，这表示任何的量子态波函数都可以展开为瓦尼尔函数的线性组合，通过这种表示把求解波函数的微分方程问题变成关于求系数的代数方程问题。由于瓦尼尔函数在空间局域化的性质，这意味着瓦尼尔函数适用于研究波函数具有空间局域性的量子态问题，因为这样的量子态波函数只需要少数几个瓦尼尔函数就可以充分表示，从而简化其中的数学过程。例如，在布洛赫电子的半经典理论中，电子被理解成一个波包，而波包是一个具有空间局域性的对象，因此在这种场合中瓦尼尔函数就是最好的基函数选择，实际上从以下的讨论中可以看到每个电子波包的波函数正好就是一个瓦尼尔函数。本小节先给出瓦尼尔函数的定义，然后说明它的空间局域化的性质，最后说明它的正交归一性和完备性。

瓦尼尔函数由下式定义：

$$a_n(\boldsymbol{r}-\boldsymbol{R}_j) \equiv \frac{1}{\sqrt{N}} \sum_{\boldsymbol{k}\in \boldsymbol{BZ}} \mathrm{e}^{-\mathrm{i}\boldsymbol{k}\cdot\boldsymbol{R}_j} \psi_{n,\boldsymbol{k}}(\boldsymbol{r}) \tag{7.244}$$

其中 $\psi_{n,\boldsymbol{k}}(\boldsymbol{r})$ 表示一个布洛赫函数，也就是晶体单粒子薛定谔方程的解，求和对第一布里渊区(记为 $\boldsymbol{BZ}$)中所有 $\boldsymbol{k}$ 进行。每个瓦尼尔函数由 n 和 $\boldsymbol{R}_j$ 两个参数标识，其中 n 源于布洛赫函数的能带指数，因此它对应于晶体不同的能带，其取值则为所有的自然数； $\boldsymbol{R}_j$ 为晶体正格矢或正格点，因此每个正格点都对应一个瓦尼尔函数，一个晶体中的格点数等于晶体中原胞的个数 N，因此对于每个 n 值，瓦尼尔函数 $a_n(\boldsymbol{r}-\boldsymbol{R}_j)$ 包含 N 个不同 $\boldsymbol{R}_j$ 值的函数；由于 n 可以取所有的自然数，一个晶体包含无穷多个瓦尼尔函数。晶体的每个布洛赫函数 $\psi_{n,\boldsymbol{k}}$ 由 n 和 $\boldsymbol{k}$ 两个参数表征，其中 n 为能带指数，取值为所有自然数，而 $\boldsymbol{k}$ 为晶体第一布里渊区中的波矢，其个数等于晶体中原胞的个数 N。布洛赫函数 $\psi_{n,\boldsymbol{k}}$ 的基本参数之一是波矢 $\boldsymbol{k}$，这表明它具有波模的本质，这意味着它在空间上属于整个晶体，瓦尼尔函数 $a_n(\boldsymbol{r}-\boldsymbol{R}_j)$ 的基本参数之一是正格矢 $\boldsymbol{R}_j$，这表明它是位置的函数，它是以 $\boldsymbol{R}_j$ 为中心的具有空间局域性质的函数。

瓦尼尔函数的根本特性是局域性。对任何的 n 值，$a_n(\boldsymbol{r}-\boldsymbol{R}_j)$ 是局域在格点 $\boldsymbol{R}_j$ 附近的函数，不同的 n 值只是影响局域性质的细节。为说明这个事实，下面考虑晶格常数为 a 的简单立方晶格中的瓦尼尔函数，设该晶体中的布洛赫函数为

$$\psi_{n,\boldsymbol{k}}(\boldsymbol{r}) = \frac{1}{\sqrt{N}} u_n(\boldsymbol{r}) \mathrm{e}^{\mathrm{i}\boldsymbol{k}\cdot\boldsymbol{r}} \tag{7.245}$$

其中 $u_n(\boldsymbol{r})$ 为与某一能带对应的胞腔函数； N 为晶体中原胞个数，晶体的体积 $V = Na^3$。由于晶体中布洛赫波矢 $\boldsymbol{k}$ 的密集性，对 $\boldsymbol{k}$ 的求和常用对 $\boldsymbol{k}$ 的积分代替，利用 $\boldsymbol{k}$ 空间中的状态密度 $V/(2\pi)^3$ [式(7.45)]，瓦尼尔函数可表达为如下积分形式：

$$a_n(\boldsymbol{r}-\boldsymbol{R}_j)=\frac{1}{\sqrt{N}}\sum_{\boldsymbol{k}\in BZ}\mathrm{e}^{-\mathrm{i}\boldsymbol{k}\cdot\boldsymbol{R}_j}\psi_{n,\boldsymbol{k}}(\boldsymbol{r})=\frac{1}{\sqrt{N}}\frac{V}{(2\pi)^3}\int_{\Omega_{\boldsymbol{k}}}\mathrm{e}^{-\mathrm{i}\boldsymbol{k}\cdot\boldsymbol{R}_j}\psi_{n,\boldsymbol{k}}(\boldsymbol{r})\mathrm{d}\boldsymbol{k} \quad (7.246)$$

把式(7.245)中的布洛赫函数代入式(7.246)则有

$$\begin{aligned}
a_n(\boldsymbol{r}-\boldsymbol{R}_j)&=\frac{1}{N}\frac{Na^3}{(2\pi)^3}\int_{\Omega_{\boldsymbol{k}}}u_n(\boldsymbol{r})\mathrm{e}^{\mathrm{i}\boldsymbol{k}\cdot(\boldsymbol{r}-\boldsymbol{R}_j)}\mathrm{d}\boldsymbol{k}\\
&=\frac{1}{N}\frac{Na^3}{(2\pi)^3}u_n(\boldsymbol{r})\int_{-\pi/a}^{\pi/a}\mathrm{e}^{-\mathrm{i}k_x\cdot(x-x_j)}\mathrm{d}k_x\int_{-\pi/a}^{\pi/a}\mathrm{e}^{-\mathrm{i}k_y\cdot(y-y_j)}\mathrm{d}k_y\int_{-\pi/a}^{\pi/a}\mathrm{e}^{-\mathrm{i}k_z\cdot(z-z_j)}\mathrm{d}k_z\\
&=u_n(\boldsymbol{r})\cdot\frac{\sin\left[\dfrac{(x-x_j)}{a/\pi}\right]}{\dfrac{(x-x_j)}{a/\pi}}\cdot\frac{\sin\left[\dfrac{(y-y_j)}{a/\pi}\right]}{\dfrac{(y-y_j)}{a/\pi}}\cdot\frac{\sin\left[\dfrac{(z-z_j)}{a/\pi}\right]}{\dfrac{(z-z_j)}{a/\pi}}\\
&=u_n(\boldsymbol{r})\cdot\mathrm{sinc}\left[\frac{(x-x_j)}{a/\pi}\right]\cdot\mathrm{sinc}\left[\frac{(y-y_j)}{a/\pi}\right]\cdot\mathrm{sinc}\left[\frac{(z-z_j)}{a/\pi}\right]
\end{aligned} \quad (7.247)$$

式(7.247)表明瓦尼尔函数是周期函数$u_n(\boldsymbol{r})$与三个$\mathrm{sinc}[(x-x_j)/(\pi/a)]$型函数的乘积，而每个$\mathrm{sinc}[(x-x_j)/(\pi/a)]$函数是以$x_j$为中心并随着远离中心而很快衰减的函数，如图7.39所示，因此对于任何的$u_n(\boldsymbol{r})$，瓦尼尔函数$a_n(\boldsymbol{r}-\boldsymbol{R}_j)$是以$\boldsymbol{R}_j=(x_j,y_j,z_j)$为中心的局域化的函数，而函数$u_n(\boldsymbol{r})$决定了$a_n(\boldsymbol{r}-\boldsymbol{R}_j)$瓦尼尔函数的细节。比较式(7.221)和式(7.247)可见，电子波包的波函数就是一个瓦尼尔函数。

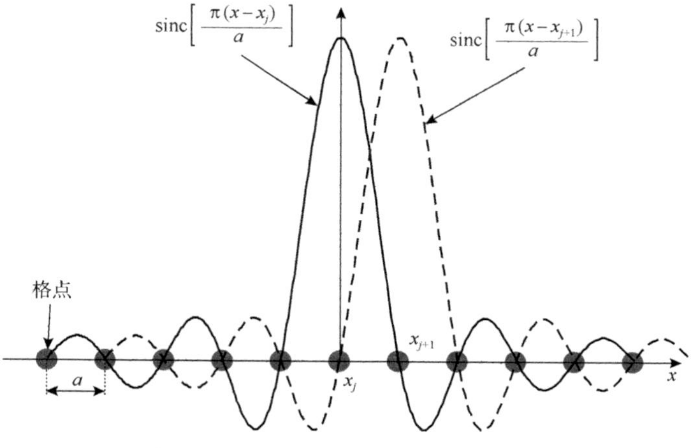

图7.39　瓦尼尔函数在x方向的包络

每个包络是以格点为中心的局域函数，随着远离中心格点函数以振荡方式快速衰减

瓦尼尔函数具有正交归一化的性质，证明如下：

$$\int_V a_{n'}^*(\boldsymbol{r}-\boldsymbol{R}_{j'})a_n(\boldsymbol{r}-\boldsymbol{R}_j)\mathrm{d}\boldsymbol{r}=\frac{1}{N}\int_V\sum_{\boldsymbol{k}'\in BZ}\sum_{\boldsymbol{k}\in BZ}\mathrm{e}^{\mathrm{i}\boldsymbol{k}'\cdot\boldsymbol{R}_{j'}}\psi_{n',\boldsymbol{k}'}(\boldsymbol{r})\mathrm{e}^{-\mathrm{i}\boldsymbol{k}\cdot\boldsymbol{R}_j}\psi_{n,\boldsymbol{k}}(\boldsymbol{r})\mathrm{d}\boldsymbol{r}$$
$$=\frac{1}{N}\sum_{\boldsymbol{k}'\in BZ}\sum_{\boldsymbol{k}\in BZ}\mathrm{e}^{\mathrm{i}\boldsymbol{k}'\cdot\boldsymbol{R}_{j'}}\mathrm{e}^{-\mathrm{i}\boldsymbol{k}\cdot\boldsymbol{R}_j}\int_V\psi_{n',\boldsymbol{k}'}(\boldsymbol{r})\psi_{n,\boldsymbol{k}}(\boldsymbol{r})\mathrm{d}\boldsymbol{r}=\frac{1}{N}\sum_{\boldsymbol{k}'\in BZ}\sum_{\boldsymbol{k}\in BZ}\mathrm{e}^{\mathrm{i}\boldsymbol{k}'\cdot\boldsymbol{R}_{j'}}\mathrm{e}^{-\mathrm{i}\boldsymbol{k}\cdot\boldsymbol{R}_j}\delta_{nn'}\delta_{\boldsymbol{k}\boldsymbol{k}'}$$
$$=\delta_{nn'}\frac{1}{N}\sum_{\boldsymbol{k}\in BZ}\mathrm{e}^{\mathrm{i}\boldsymbol{k}\cdot(\boldsymbol{R}_{j'}-\boldsymbol{R}_j)}=\delta_{nn'}\delta_{j'j} \tag{7.248}$$

其中第三个等式推导中利用了布洛赫函数 $\psi_{n,\boldsymbol{k}}(\boldsymbol{r})$ 正交归一化性质，最后一个等式推导中利用了附录 K 中的求和公式。

下面证明任何的布洛赫函数都可以表达为瓦尼尔函数的线性组合，为此对式(7.244)两边乘以 $\mathrm{e}^{\mathrm{i}\boldsymbol{k}'\cdot\boldsymbol{R}_j}$ 然后对所有 $\boldsymbol{R}_j$ 求和，则有

$$\sum_{\boldsymbol{R}_j}a_n(\boldsymbol{r}-\boldsymbol{R}_j)\mathrm{e}^{\mathrm{i}\boldsymbol{k}'\cdot\boldsymbol{R}_j}=\frac{1}{\sqrt{N}}\sum_{\boldsymbol{R}_j}\sum_{\boldsymbol{k}\in BZ}\mathrm{e}^{-\mathrm{i}(\boldsymbol{k}-\boldsymbol{k}')\cdot\boldsymbol{R}_j}\psi_{n,\boldsymbol{k}}(\boldsymbol{r})=\frac{1}{\sqrt{N}}\sum_{\boldsymbol{k}\in BZ}\psi_{n,\boldsymbol{k}}(\boldsymbol{r})\sum_{\boldsymbol{R}_j}\mathrm{e}^{-\mathrm{i}(\boldsymbol{k}-\boldsymbol{k}')\cdot\boldsymbol{R}_j}$$
$$=\frac{1}{\sqrt{N}}\sum_{\boldsymbol{k}\in BZ}\psi_{n,\boldsymbol{k}}(\boldsymbol{r})N\delta_{\boldsymbol{k},\boldsymbol{k}'}=\sqrt{N}\psi_{n,\boldsymbol{k}'}(\boldsymbol{r}) \tag{7.249}$$

式(7.249)中第三个等式的推导中利用了附录 K 中的求和公式，由式(7.249)即得

$$\psi_{n,\boldsymbol{k}}(\boldsymbol{r})=\frac{1}{\sqrt{N}}\sum_{\boldsymbol{R}_j}\mathrm{e}^{\mathrm{i}\boldsymbol{k}\cdot\boldsymbol{R}_j}a_n(\boldsymbol{r}-\boldsymbol{R}_j) \tag{7.250}$$

比较式(7.250)和瓦尼尔函数的定义式(7.244)可见布洛赫函数和瓦尼尔函数是傅里叶变换和逆变换的关系。按照数学，一个厄米算符的所有本征函数形成一个完备函数基[11]，晶体单粒子哈密顿是一个厄米算符，因此它的所有本征函数即所有布洛赫函数 $\psi_{n,\boldsymbol{k}}(\boldsymbol{r})$ 形成一个完备函数基，式(7.250)表明任何一个布洛赫函数可写成瓦尼尔函数的线性组合，这表明所有 n 值(即所有自然数)和所有正格矢 $\boldsymbol{R}_j$ (共 N 个)瓦尼尔函数形成一个完备函数基。

7.11.2　有效质量近似方法

有效质量方法处理的原始问题是：在晶体中存在微扰势 $H'(\boldsymbol{r})$ 时晶体中的量子态问题，也就是如下的薛定谔方程的求解问题：

$$[H^{\mathrm{SP}}(\boldsymbol{r})+H'(\boldsymbol{r})]\psi(\boldsymbol{r})=E\psi(\boldsymbol{r}) \tag{7.251}$$

其中 $H^{\mathrm{SP}}(\boldsymbol{r})=-\hbar^2\nabla^2/(2m)+V^{\mathrm{SP}}(\boldsymbol{r})$ 为理想晶体的单粒子哈密顿量，$V^{\mathrm{SP}}(\boldsymbol{r})$ 是晶体的单粒子周期势，$H^{\mathrm{SP}}(\boldsymbol{r})$ 满足：

$$H^{\mathrm{SP}}(\boldsymbol{r})\psi_{n,\boldsymbol{k}}(\boldsymbol{r})=E_n(\boldsymbol{k})\psi_{n,\boldsymbol{k}}(\boldsymbol{r}) \tag{7.252}$$

$\psi_{n,\boldsymbol{k}}$ 为晶体的布洛赫函数。有效质量近似方法的出发点是将要求解的波函数 $\psi(\boldsymbol{r})$ 展开为晶体的瓦尼尔函数线性组合，即

$$\psi(\boldsymbol{r})=\sum_{n,\boldsymbol{R}_j} f_n(\boldsymbol{R}_j)a_n(\boldsymbol{r}-\boldsymbol{R}_j) \tag{7.253}$$

式中，$a_n(\boldsymbol{r}-\boldsymbol{R}_j)$ 为瓦尼尔函数[由式(7.244)定义]；$f_n(\boldsymbol{R}_j)$ 为展开系数，求和对所有的整格矢 $\boldsymbol{R}_j$ 和所有的 n 进行。把式(7.253)代入式(7.251)且两边乘以 $a^*_{n'}(\boldsymbol{r}-\boldsymbol{R}_{j'})$，然后进行晶体体积范围的积分，于是有

$$\begin{aligned}&\sum_{n,\boldsymbol{R}_j}\int_V a^*_{n'}(\boldsymbol{r}-\boldsymbol{R}_{j'})H^{\mathrm{SP}}(\boldsymbol{r})a_n(\boldsymbol{r}-\boldsymbol{R}_j)f_n(\boldsymbol{R}_j)\mathrm{d}\boldsymbol{r} \quad \leftarrow \mathrm{I}\\ &\quad+\sum_{n,\boldsymbol{R}_j}\int_V a^*_{n'}(\boldsymbol{r}-\boldsymbol{R}_{j'})H'(\boldsymbol{r})a_n(\boldsymbol{r}-\boldsymbol{R}_j)f_n(\boldsymbol{R}_j)\mathrm{d}\boldsymbol{r} \quad \leftarrow \mathrm{II}\\ &\quad=\sum_{n,\boldsymbol{R}_j}\int_V a^*_{n'}(\boldsymbol{r}-\boldsymbol{R}_{j'})Ea_n(\boldsymbol{r}-\boldsymbol{R}_j)f_n(\boldsymbol{R}_j)\mathrm{d}\boldsymbol{r} \quad \leftarrow \mathrm{III}\end{aligned} \tag{7.254}$$

下面分别简化式(7.254)中的三项。项 I 为

$$\begin{aligned}\mathrm{I}&=\sum_{n,\boldsymbol{R}_j}\int_V a^*_{n'}(\boldsymbol{r}-\boldsymbol{R}_{j'})H^{\mathrm{SP}}(\boldsymbol{r})a_n(\boldsymbol{r}-\boldsymbol{R}_j)f_n(\boldsymbol{R}_j)\mathrm{d}\boldsymbol{r}\\ &=\sum_{n,\boldsymbol{R}_j}\int_V a^*_{n'}(\boldsymbol{r}-\boldsymbol{R}_{j'})\frac{1}{\sqrt{N}}\sum_{\boldsymbol{k}\in \boldsymbol{BZ}}\mathrm{e}^{-\mathrm{i}\boldsymbol{k}\cdot\boldsymbol{R}_j}H^{\mathrm{SP}}\psi_{n,\boldsymbol{k}}(\boldsymbol{r})f_n(\boldsymbol{R}_j)\mathrm{d}\boldsymbol{r}\\ &=\sum_{n,\boldsymbol{R}_j}\int_V a^*_{n'}(\boldsymbol{r}-\boldsymbol{R}_{j'})\frac{1}{\sqrt{N}}\sum_{\boldsymbol{k}\in \boldsymbol{BZ}}\mathrm{e}^{-\mathrm{i}\boldsymbol{k}\cdot\boldsymbol{R}_j}E_n(\boldsymbol{k})\psi_{n,\boldsymbol{k}}(\boldsymbol{r})f_n(\boldsymbol{R}_j)\mathrm{d}\boldsymbol{r}\\ &=\frac{1}{\sqrt{N}}\sum_{n,\boldsymbol{R}_j}\sum_{\boldsymbol{k}\in \boldsymbol{BZ}}\mathrm{e}^{-\mathrm{i}\boldsymbol{k}\cdot\boldsymbol{R}_j}E_n(\boldsymbol{k})f_n(\boldsymbol{R}_j)\int_V a^*_{n'}(\boldsymbol{r}-\boldsymbol{R}_{j'})\psi_{n,\boldsymbol{k}}(\boldsymbol{r})\mathrm{d}\boldsymbol{r}\end{aligned} \tag{7.255}$$

用式(7.250)中的瓦尼尔函数的线性组合代替式(7.255)中的 $\psi_{n,\boldsymbol{k}}(\boldsymbol{r})$，然后利用瓦尼尔函数的正交归一化性质，则式(7.255)变为

$$\begin{aligned}
\mathrm{I} &= \frac{1}{\sqrt{N}}\sum_{n,\boldsymbol{R}_j}\sum_{\boldsymbol{k}\in BZ}\mathrm{e}^{-\mathrm{i}\boldsymbol{k}\cdot\boldsymbol{R}_j}E_n(\boldsymbol{k})f_n(\boldsymbol{R}_j)\frac{1}{\sqrt{N}}\sum_{\boldsymbol{R}_{j''}}\mathrm{e}^{\mathrm{i}\boldsymbol{k}\cdot\boldsymbol{R}_{j''}}\int_V a_{n'}^*(\boldsymbol{r}-\boldsymbol{R}_{j'})a_n(\boldsymbol{r}-\boldsymbol{R}_{j''})\mathrm{d}\boldsymbol{r} \\
&= \frac{1}{\sqrt{N}}\sum_{n,\boldsymbol{R}_j}\sum_{\boldsymbol{k}\in BZ}\mathrm{e}^{-\mathrm{i}\boldsymbol{k}\cdot\boldsymbol{R}_j}E_n(\boldsymbol{k})f_n(\boldsymbol{R}_j)\frac{1}{\sqrt{N}}\sum_{\boldsymbol{R}_{j''}}\mathrm{e}^{\mathrm{i}\boldsymbol{k}\cdot\boldsymbol{R}_{j''}}\delta_{nn'}\delta_{j'j''} \\
&= \frac{1}{N}\sum_{n,\boldsymbol{R}_j}\sum_{\boldsymbol{k}\in BZ}\mathrm{e}^{-\mathrm{i}\boldsymbol{k}\cdot\boldsymbol{R}_j}E_n(\boldsymbol{k})f_n(\boldsymbol{R}_j)\mathrm{e}^{\mathrm{i}\boldsymbol{k}\cdot\boldsymbol{R}_{j'}}\delta_{nn'} = \sum_{\boldsymbol{R}_j}f_{n'}(\boldsymbol{R}_j)\left[\frac{1}{N}\sum_{\boldsymbol{k}\in BZ}\mathrm{e}^{-\mathrm{i}\boldsymbol{k}\cdot(\boldsymbol{R}_j-\boldsymbol{R}_{j'})}E_{n'}(\boldsymbol{k})\right]
\end{aligned} \tag{7.256}$$

定义如下的表达式：

$$E_{n,\boldsymbol{R}_j} \equiv \frac{1}{N}\sum_{\boldsymbol{k}\in BZ}\mathrm{e}^{-\mathrm{i}\boldsymbol{k}\cdot\boldsymbol{R}_j}E_n(\boldsymbol{k}) \tag{7.257}$$

利用上式定义的 $E_{n,\boldsymbol{R}_j}$，则式(7.256)可表达为

$$\mathrm{I} = \sum_{\boldsymbol{R}_j}E_{n',\boldsymbol{R}_j-\boldsymbol{R}_{j'}}f_{n'}(\boldsymbol{R}_j) \tag{7.258}$$

项 II 可简化为

$$\mathrm{II} = \sum_{n,\boldsymbol{R}_j}H_{n'n}(\boldsymbol{R}_{j'},\boldsymbol{R}_j)f_n(\boldsymbol{R}_j) \tag{7.259}$$

其中

$$H_{n'n}(\boldsymbol{R}_{j'},\boldsymbol{R}_j) = \int_V a_{n'}^*(\boldsymbol{r}-\boldsymbol{R}_{j'})H'(\boldsymbol{r})a_n(\boldsymbol{r}-\boldsymbol{R}_j)\mathrm{d}\boldsymbol{r} \tag{7.260}$$

它表示两个瓦尼尔函数 $a_{n'}(\boldsymbol{r}-\boldsymbol{R}_{j'})$和$a_n(\boldsymbol{r}-\boldsymbol{R}_j)$ 之间的微扰哈密顿积分。项III简化为

$$\begin{aligned}
\mathrm{III} &= \sum_{n,\boldsymbol{R}_j}E(\boldsymbol{k})f_n(\boldsymbol{R}_j)\int_V a_{n'}^*(\boldsymbol{r}-\boldsymbol{R}_{j'})a_n(\boldsymbol{r}-\boldsymbol{R}_j)\mathrm{d}\boldsymbol{r} \\
&= \sum_{n,\boldsymbol{R}_j}Ef_n(\boldsymbol{R}_j)\delta_{n'n}\delta_{\boldsymbol{R}_{j'}\boldsymbol{R}_j} = Ef_{n'}(\boldsymbol{R}_{j'})
\end{aligned} \tag{7.261}$$

综合以上结果则方程(7.254)表达为

$$\sum_{\boldsymbol{R}_j}E_{n',\boldsymbol{R}_j-\boldsymbol{R}_{j'}}f_{n'}(\boldsymbol{R}_j) + \sum_{n,\boldsymbol{R}_j}H_{n'n}(\boldsymbol{R}_{j'},\boldsymbol{R}_j)f_n(\boldsymbol{R}_j) = Ef_{n'}(\boldsymbol{R}_{j'}) \tag{7.262}$$

$E_n(\boldsymbol{k})$ 是无扰动时晶体单粒子薛定谔方程的能带结构，用算符 $-\mathrm{i}\nabla$ 代替作为 $E_n(\boldsymbol{k})$ 的自变量，则得到函数算符 $E_n(-\mathrm{i}\nabla)$，考虑该函数算符对任一函数 $f(\boldsymbol{r})$ 作用的结果。为此，先对式(7.257)两边乘以 $\mathrm{e}^{\mathrm{i}\boldsymbol{k}'\cdot\boldsymbol{R}_j}$ 并对所有正格矢求和，再利用附录K中的求和公式，则有

$$\sum_{\boldsymbol{R}_j}\mathrm{e}^{\mathrm{i}\boldsymbol{k}'\cdot\boldsymbol{R}_j}E_{n,\boldsymbol{R}_j}=\sum_{\boldsymbol{k}\in BZ}E_n(\boldsymbol{k})\left[\frac{1}{N}\sum_{\boldsymbol{R}_j}\mathrm{e}^{\mathrm{i}(\boldsymbol{k}'-\boldsymbol{k})\cdot\boldsymbol{R}_j}\right]=\sum_{\boldsymbol{k}\in BZ}E_n(\boldsymbol{k})\delta_{\boldsymbol{k}'\boldsymbol{k}}=E_n(\boldsymbol{k}') \tag{7.263}$$

即

$$E_n(\boldsymbol{k})=\sum_{\boldsymbol{R}_j}\mathrm{e}^{\mathrm{i}\boldsymbol{k}\cdot\boldsymbol{R}_j}E_{n,\boldsymbol{R}_j} \tag{7.264}$$

用算符 $-\mathrm{i}\nabla$ 代替式(7.264)中的 $\boldsymbol{k}$，并对式(7.264)中指数函数做泰勒级数展开，则有

$$\begin{aligned}E_n(-\mathrm{i}\nabla)f(\boldsymbol{r})&=\sum_{\boldsymbol{R}_j}E_{n,\boldsymbol{R}_j}\mathrm{e}^{\mathrm{i}\boldsymbol{R}_j\cdot(-\mathrm{i}\nabla)}f(\boldsymbol{r})=\sum_{\boldsymbol{R}_j}E_{n,\boldsymbol{R}_j}\left[1+\boldsymbol{R}_j\cdot\nabla+\frac{1}{2}(\boldsymbol{R}_j\cdot\nabla)^2+\cdots\right]f(\boldsymbol{r})\\&=\sum_{\boldsymbol{R}_j}E_{n,\boldsymbol{R}_j}\left\{f(\boldsymbol{r})+\boldsymbol{R}_j\cdot\nabla f(\boldsymbol{r})+\frac{1}{2}\left[R_{jx}^2\frac{\partial^2 f(\boldsymbol{r})}{\partial x^2}+R_{jy}^2\frac{\partial^2 f(\boldsymbol{r})}{\partial y^2}+R_{jz}^2\frac{\partial^2 f(\boldsymbol{r})}{\partial z^2}\right]+\cdots\right\}\\&=\sum_{\boldsymbol{R}_j}E_{n,\boldsymbol{R}_j}f(\boldsymbol{r}+\boldsymbol{R}_j)\end{aligned} \tag{7.265}$$

利用上式的结果，则式(7.262)中第一项可表达为

$$\sum_{\boldsymbol{R}_j}E_{n',\boldsymbol{R}_j-\boldsymbol{R}_{j'}}f_{n'}(\boldsymbol{R}_j)=\sum_{\boldsymbol{R}_j}E_{n',\boldsymbol{R}_j-\boldsymbol{R}_{j'}}f_{n'}[\boldsymbol{R}_{j'}+(\boldsymbol{R}_j-\boldsymbol{R}_{j'})]=E_{n'}(-\mathrm{i}\nabla)f_{n'}(\boldsymbol{R}_{j'}) \tag{7.266}$$

于是式(7.262)变为

$$E_{n'}(-\mathrm{i}\nabla)f_{n'}(\boldsymbol{R}_{j'})+\sum_{n,\boldsymbol{R}_j}H_{n'n}(\boldsymbol{R}_{j'},\boldsymbol{R}_j)f_n(\boldsymbol{R}_j)=Ef_{n'}(\boldsymbol{R}_{j'}) \tag{7.267}$$

式(7.267)是关于展开系数 $f_{n'}(\boldsymbol{R}_{j'})$ 的方程，该式是精确的方程，下面对其进行近似和简化。

首先，如果引入的扰动 $H'(\boldsymbol{r})$ 不强，比如给晶体施加一直流电场 $\boldsymbol{E}$（由此导致的扰动哈密顿 $H'(\boldsymbol{r})=-\boldsymbol{E}\cdot\boldsymbol{r}$），则扰动并不会引起电子状态从一个能带跃迁到另一个能带，即不会引起带间转变，而只是引起电子在同一能带内的状态发生改变，

这意味着式(7.267)中的 $H_{n'n}(\boldsymbol{R}_{j'},\boldsymbol{R}_j)$ 可以近似如下：

$$H_{n'n}(\boldsymbol{R}_{j'},\boldsymbol{R}_j) \simeq \delta_{nn'}\int_V a_{n'}^*(\boldsymbol{r}-\boldsymbol{R}_{j'})H'(\boldsymbol{r})a_n(\boldsymbol{r}-\boldsymbol{R}_j)\mathrm{d}\boldsymbol{r} \tag{7.268}$$

式(7.268)积分是位于两个格点 $\boldsymbol{R}_{j'}$ 和 $\boldsymbol{R}_j$ 处瓦尼尔函数的哈密顿积分，它是一个三中心积分，由于瓦尼尔积分的局域性质(见图 7.39)，上述积分只有 $\boldsymbol{R}_{j'}=\boldsymbol{R}_j$ 或 $\boldsymbol{R}_{j'}$ 和 $\boldsymbol{R}_j$ 比较接近时积分值才值得考虑，如果扰动 $H'(\boldsymbol{r})$ 在格点 $\boldsymbol{R}_{j'}$ 和 $\boldsymbol{R}_j$ 之间变化很小，那么式(7.268)积分中的 $H'(\boldsymbol{r})$ 可近似用 $H'(\boldsymbol{R}_j)$ 替代，于是式(7.268)可近似为

$$\int_V a_{n'}^*(\boldsymbol{r}-\boldsymbol{R}_{j'})H'(\boldsymbol{r})a_n(\boldsymbol{r}-\boldsymbol{R}_j)\mathrm{d}\boldsymbol{r} \simeq H'(\boldsymbol{R}_j)\int_V a_{n'}^*(\boldsymbol{r}-\boldsymbol{R}_{j'})a_n(\boldsymbol{r}-\boldsymbol{R}_j)\mathrm{d}\boldsymbol{r} = H'(\boldsymbol{R}_j)\delta_{jj'} \tag{7.269}$$

式(7.269)最后一个等式推导中利用了瓦尼尔函数的正交归一性。在宏观尺度上给晶体施加的电磁场在晶格尺度上的变化总是很小的，即使在晶体中存在因掺杂形成扰动势 $H'(\boldsymbol{r})$，上述近似也大致有效。综合以上两个近似则 $H_{n'n}(\boldsymbol{R}_{j'},\boldsymbol{R}_j)$ 可表达为

$$H_{n'n}(\boldsymbol{R}_{j'},\boldsymbol{R}_j) \simeq H'(\boldsymbol{R}_j)\delta_{jj'}\delta_{nn'} \tag{7.270}$$

将式(7.270)代入式(7.267)则得

$$[E_{n'}(-\mathrm{i}\nabla)+H'(\boldsymbol{R}_{j'})]f_{n'}(\boldsymbol{R}_{j'}) = Ef_{n'}(\boldsymbol{R}_{j'}) \tag{7.271}$$

把式(7.271)中能带标识 n' 改成 n，于是变为

$$[E_n(-\mathrm{i}\nabla)+H'(\boldsymbol{R}_{j'})]f_n(\boldsymbol{R}_{j'}) = Ef_n(\boldsymbol{R}_{j'}) \tag{7.272}$$

该方程在形式上是关于展开系数 $f_n(\boldsymbol{R}_{j'})$ 的方程，它是如下关于连续函数 $f(\boldsymbol{r})$ 的微分方程

$$[E_n(-\mathrm{i}\nabla)+H'(\boldsymbol{r})]f_n(\boldsymbol{r}) = Ef_n(\boldsymbol{r}) \tag{7.273}$$

在 $\boldsymbol{r}=\boldsymbol{R}_{j'}$ 处的特例。方程(7.273)中的能量 E 即为原始方程(7.251)中的能量本征值，这意味着可通过求解该方程就能够获得电子的能量本征值，稍后将说明在更进一步有效质量近似下该方程的求解可以十分容易，从而为求解包含扰动势晶体中电子性质提供了一个方便的方法。

基于上述结果，完整地求解包含扰动势的晶体薛定谔方程(7.251)有如下步骤：①求解无扰动势的晶体薛定谔方程得到布洛赫函数 $\psi_{n,\boldsymbol{k}}(\boldsymbol{r})$ 和能带结构 $E_n(\boldsymbol{k})$；

②由 $E_n(\boldsymbol{k})$ 得到 $E_n(-\mathrm{i}\nabla)$，然后求解有效质量方程(7.273)得到 E 和 $f_n(\boldsymbol{r})$，E 即为要求解的电子的本征值；③由 $\psi_{n,\boldsymbol{k}}(\boldsymbol{r})$ 通过式(7.244)得到瓦尼尔函数 $a_n(\boldsymbol{r}-\boldsymbol{R}_j)$，由步骤②中 $f_n(\boldsymbol{r})$ 得到 $f_n(\boldsymbol{R}_j)$，然后由式(7.253)得到要求电子的波函数。由式(7.253)可见 $f_n(\boldsymbol{r})$ 相当于波函数 $\psi(\boldsymbol{r})$ 的包络函数，通常它是一个在晶格尺度上缓慢变化的函数。

由前面关于能带结构的讨论可知，在晶体的导带底和价带顶色散关系(即能带结构)与自由电子类似，只不过用有效质量代替自由电子质量，也就是说 $E_n(\boldsymbol{k})$ 可采用如下的近似：

$$E_n(\boldsymbol{k}) \simeq \hbar^2\boldsymbol{k}^2/(2m_n^*) \tag{7.274}$$

其中 m_n^* 为与能带 n 相关的无扰动晶体中布洛赫电子的有效质量，在该近似下 $E_n(-\mathrm{i}\nabla)$ 则为

$$E_n(-\mathrm{i}\nabla) = -\frac{\hbar^2\nabla^2}{2m_n^*} \tag{7.275}$$

于是式(7.273)变为

$$\left[-\frac{\hbar^2\nabla^2}{2m_n^*} + H'(\boldsymbol{r})\right]f_n(\boldsymbol{r}) = Ef_n(\boldsymbol{r}) \tag{7.276}$$

此即**有效质量方程**(effect-mass equation)，式(7.274)所采用的近似称为有效质量近似。有效质量方程的特点是不再包含晶体单粒子势 $V^{\mathrm{SP}}(\boldsymbol{r})$，而只包含扰动势场 $H'(\boldsymbol{r})$，因此看起来就像是扰动势场 $H'(\boldsymbol{r})$ 中自由电子的薛定谔方程，晶体势的作用则包含在有效质量 m_n^* 中。值得说明的是，有效质量 m_n^* 本身是一个张量，而式(7.276)中的 m_n^* 则通常是一个标量，另外 m_n^* 依赖于能带 n 和布洛赫波矢 $\boldsymbol{k}$，因此需要根据具体情况赋予 m_n^* 适当的值。

有效质量方程是研究半导体中杂质态的基本工具，杂质态就是在半导体中掺入杂质时所产生的新的电子态，掺入杂质相当于在半导体晶体中引入扰动势，因此杂质态的量子态特性由有效质量方程(7.276)求解。半导体中杂质可分为施主杂质和受主杂质，两种杂质量子态分别与晶体的导带和价带相关联，因此在决定施主杂质态的方程(7.276)中 m^* 通常取导带底的有效质量，而在决定受主杂质态的方程(7.276)中 m^* 通常取价带顶的有效质量。采用式(7.274)所示的近似意味着取 $\boldsymbol{k}=0$ 处为能量的零点，对于施主杂质态则意味着导带底为能量的零点，对受主杂质态则意味着价带顶为能量的零点。方程(7.276)中的 $f_n(\boldsymbol{r})$ 并非杂质态的波函数，

而只是真正波函数的包络函数，但在杂质态情形下通常用 $f(\boldsymbol{r})$ 来表示杂质态的空间范围，在第 8 章中将利用这里的结论说明硅晶体中杂质量子态的基本性质。

参 考 文 献

[1] Aschroft N W, Mermin N D. Solid State Physics. New York: Saunders College Publishing, 1976: 2-27

[2] Hoddeson I H, Baym G. The development of the quantum mechanical electron theory of metals: 1900-28. Proc R Soc Lond A, 1980, 371: 8-23

[3] Bloch F. Heisenberg and the early days of quantum mechanics. Phys Today, 1976: 23-27

[4] Bloch F. Memories of electrons in crystals. Proc R Soc Lond A, 1980, 371: 24-27

[5] Peierls R E. Recollections of early solid state physics. Proc R Soc Lond A, 1980, 371: 28-38

[6] Wilson A H. Solid state physics 1925-33: opportunities missed and opportunities seized. Proc R Soc Lond A, 1980, 371: 39-48

[7] Hermann F. Calculation of the energy band structure of the diamond and germanium crystals by the method of orthogonalized plane waves. Phys Rev, 1954, 93: 1214-1225

[8] Callaway J. Electron energy bands in sodium. Phys Rev, 1958, 112: 322-325

[9] Cohen M L, Bergstresser T K. Band structures and pseudopotential form factors for fourteen semiconductors of the diamond and zinc-blende structures. Phys Rev, 1966, 141: 789-796

[10] Grosso G, Parravicini G P. Solid State Physics. Singapore: Elsevier, 179-242

[11] 苏汝铿. 量子力学. 2 版. 北京: 高等教育出版社, 2009: 95-100

[12] Mizutani U. Introduction to the Electron Theory of Metals. New York: Cambridge University Press, 2003: 148-189

[13] Ibach H, Lüth H. Solid-State Physics: An Introduction to Principles of Materials Science. Berlin: Springer-Verlag, 2009: 175

[14] Herman F, Spicer W E. Spectral analysis of photoemissive yields in GaAs and related crystals. Phys Rev, 1968, 174: 906-908

[15] Ahuja R, Eriksson O, Johanson B. Electronic and optical properties of $BaTiO_3$ and $SrTiO_3$. J Appl Phys, 2001, 90: 1854-1859

第 8 章　若干特殊电子态

第 7 章所研究的晶体是没有缺陷、杂质以及表面的理想晶体，然而所有真实的晶体总是包含不同种类和浓度的缺陷和杂质，任何晶体也一定包含表面，这些非理想结构会导致新的电子态和电子性质，这增加了材料电子性质的复杂性和多样性。理解和控制这些特别的电子性质对于材料的实际应用具有重要的意义，如半导体器件成为信息社会的基础就在于可以方便和可靠地通过掺杂来控制其导电行为，不仅可控制导电类型(电子导电或空穴导电)，还可以控制导电能力(电导率)；异质催化是许多化学工业的基础，其核心问题是固体表面的电子转移问题。本章将对由杂质、缺陷、激发、晶格畸变以及表面导致的电子态进行介绍性说明。

8.1　杂　质　态

许多半导体材料可通过掺杂而控制其导电行为。在硅中掺入五价的元素(如 P、As 和 Sb)，相当于在硅的导带中注入电子，这些电子来自五价元素，因此这些掺入的原子称为施主(donor)，这些由掺杂而形成的导带电子使得硅的导电性显著提高，由于导电主要依靠电子的迁移实现，而电子电荷为负(negative)，这样的掺杂半导体称为 n 型半导体。在硅中掺入三价元素(如 B、Al 和 Ga)，相当于在硅的价带中注入空穴，空穴的形成是由于价带中的电子进入杂质原子的轨道，因此这些杂质原子称为受主(acceptor)，由此产生的价带空穴也使硅的导电性显著提高，而空穴电荷为正(positive)，这样的半导体称为 p 型半导体。掺杂的本质在于在半导体中引入新的杂质态，它们是晶体中引入杂质时薛定谔方程的解。在热力学平衡下，杂质态和晶体的布洛赫态达到热力学平衡，与非掺杂情况相比，这导致布洛赫态中电子或空穴数量的巨大改变，从而改变了半导体的导电性质。本节以 Si 中掺 P 为例说明杂质态的量子力学模型和基本性质。

8.1.1　杂质态的类氢离子模型及解

理想晶体硅是严格周期性的晶体，当硅晶体中掺入磷(P)时，P 原子替代 Si 原子的位置而形成替位式掺杂，如图 8.1(a)所示。假设 $V_0(\boldsymbol{r})$ 为理想晶体硅的周期势，那么掺杂 P 相当于引入扰动势 $V'(\boldsymbol{r})$，于是晶体中总势 $V(\boldsymbol{r})=V_0(\boldsymbol{r})+V'(\boldsymbol{r})$；按照第 7 章中的有效质量近似方法，$V(\boldsymbol{r})=V_0(\boldsymbol{r})+V'(\boldsymbol{r})$ 势场中的问题可以看成是

扰动势场 $V'(\boldsymbol{r})$ 中的问题，也就是 $V(\boldsymbol{r})$ 势场中的薛定谔方程可由如下的有效质量方程[式(7.276)]替代：

$$\left[-\frac{\hbar^2\nabla^2}{2m^*}+V'(\boldsymbol{r})\right]f(\boldsymbol{r})=Ef(\boldsymbol{r}) \tag{8.1}$$

式中，m^* 为晶体电子的有效质量，在这里为理想晶体导带底电子的有效质量；E 为以导带底为参考零点的电子态能量。在掺杂浓度比较小的情形下，杂质之间的相互作用可以忽略，因此式(8.1)中 $V'(\boldsymbol{r})$ 可以近似成单个 P 原子所造成的势场扰动，扰动势 $V'(\boldsymbol{r})$ 即因掺入 P 原子形成的势与理想晶体势的差，Si 原子和 P 原子都可以近似看成点粒子，考虑到 Si 原子的价态为 4，P 原子的价态为 5，那么扰动势 $V'(\boldsymbol{r})$ 可以看成是氢原子势，即

$$V'(\boldsymbol{r})=-\frac{1}{4\pi\varepsilon_0\varepsilon_{\mathrm{r}}}\frac{e^2}{|\boldsymbol{r}|} \tag{8.2}$$

其中，ε_{r} 为硅的介电常数。由以上分析可见施主掺杂导致的电子态问题相当于介电常数为 ε_{r} 的介质中氢原子的量子态问题，只是电子的有效质量要换成理想晶体导带底电子的有效质量，能量的参考零点为导带底，如图 8.1(b)所示。

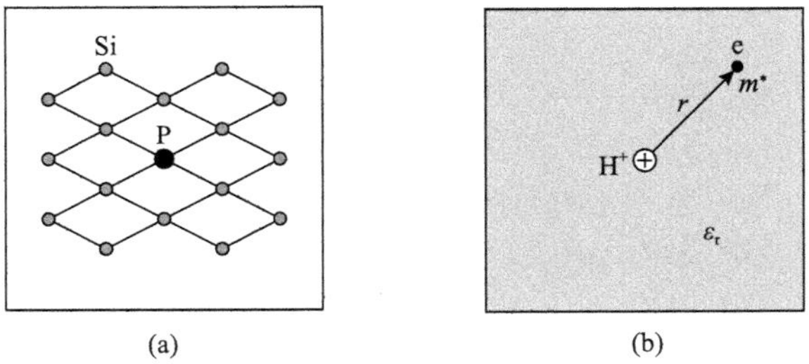

图 8.1　(a)磷掺杂的硅晶格示意图；(b)硅杂质态的类氢原子模型

直接类比氢原子的能级公式[式(5.37)]可得到杂质能级表达式：

$$E_n=-\frac{e^4m^*}{2(4\pi\varepsilon_0\varepsilon_{\mathrm{r}})^2\hbar^2}\frac{1}{n^2}\simeq-13.6\frac{m^*/m_{\mathrm{e}}}{\varepsilon_{\mathrm{r}}^2}\frac{1}{n^2}\quad(\mathrm{eV})\qquad n=1,2,\cdots \tag{8.3}$$

对于硅而言，$\varepsilon_{\mathrm{r}}=12$，$m^*=0.02m_{\mathrm{e}}$，基态杂质能级 $E_1=-0.02\mathrm{eV}=-20\mathrm{meV}$，这表示杂质能级处于导带底以下 20meV 的位置，如图 8.2(a)所示。这意味着需要 20meV 的能量可使杂质能级上的电子进入导带，该能量值称为**施主电离能**(ionization energy)或**施主成键能**(binding energy)，而施主电离能的实验值为 45meV[1]，这表明这个简单的模型大体上反映了杂质能级的性质。由于室温(300K)下热平衡系统

中微观粒子的平均热能为 26meV，这意味着杂质能级上的电子几乎全部进入导带，因此导带中电子的浓度几乎等于杂质的浓度。从式(8.3)可以看到杂质能级的能量完全由理想晶体的性质决定，与掺入的杂质种类没有关系，这个结论只是近似正确的，如实验表明掺入 As 和 Sb 时施主电离能分别是 49meV 和 39meV[1]。

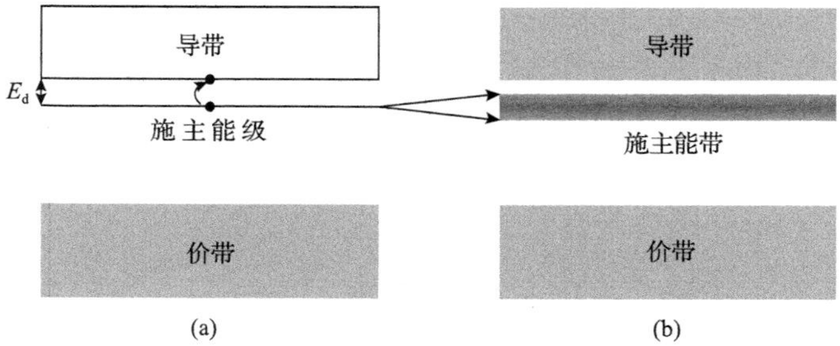

图 8.2　半导体能带(a)、杂质能级以及杂质能带(b)
E_d 表示施主电离能

杂质态波函数的空间范围可大致用类氢原子的玻尔半径来表征，利用氢原子的玻尔半径表达式[式(5.34)]，可得杂质态的玻尔半径 R：

$$R = 4\pi\varepsilon_0\varepsilon_r \frac{\hbar^2}{m^* e^2} \simeq 0.53 \frac{\varepsilon_r}{m^* / m_e} \quad (\text{Å}) \tag{8.4}$$

对于晶体硅可得 $R = 3.2\text{nm}$，因此杂质态波函数主要集中在以杂质为中心、半径为 $R = 3.2\text{nm}$ 的空间内，如图 8.3(a)所示。晶体硅中 Si 原子之间的距离为 3.8Å，因此杂质态半径大约等于 9 个晶格间距，这意味着杂质态是有一定空间扩展性的电子态，与完全局域化的原子内电子态相比具有更大的扩展性，但还不能达到完全属于整个晶体的程度。杂质态的这种空间扩展性意味着硅晶体可以近似看成连续媒质，因此在扰动势 $V'(\boldsymbol{r})$ 中介电常数为晶体硅的介电常数而非真空介电常数。

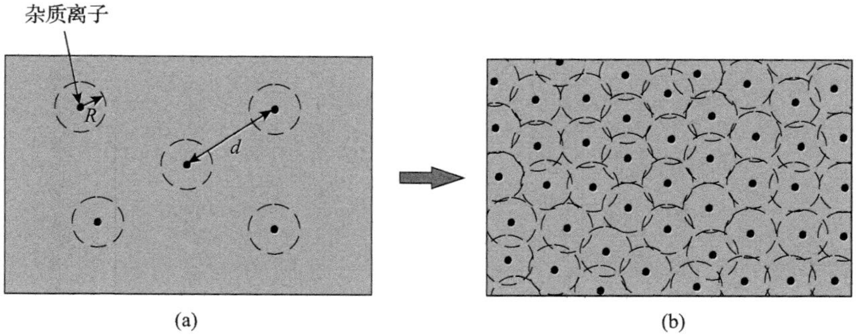

图 8.3　(a)杂质态的空间分布和范围；(b)杂质浓度足够高时杂质态波函数发生交叠

8.1.2　杂质带

如果杂质浓度比较高，杂质态的波函数将会发生重叠，即杂质轨道将发生交叠，这意味着杂质能级将扩展成杂质能带，如图 8.2(b)所示，交叠越大则杂质能带展宽越大，在交叠足够大时杂质能带甚至可以和导带发生交叠。杂质轨道的充分交叠意味着杂质态变成属于整个晶体的电子态，这将大大提高半导体的导电性。下面估算杂质态发生交叠所需要的杂质浓度。设 n_d 为杂质浓度，那么杂质之间的平均间距 $d \simeq n_\mathrm{d}^{-1/3}$，当 d 等于杂质态的玻尔半径 R 时就会发生杂质轨道的交叠，但通常用 $d=4R$ 作为轨道交叠的标准，由此可得杂质浓度 n_d：

$$n_\mathrm{d}=(4R)^{-3} \tag{8.5}$$

对于硅中掺杂磷的情形，该浓度约为 10^{19}atom/cm^3。

8.2　色　心　态

当加热或者用电子束辐照 KBr 晶体，就会使无色的晶体变成紫色，许多碱金属-卤素晶体具有类似的性质。物质的颜色是它吸收一定频率范围内可见光的结果，由于这种选择性吸收，透过的可见光为可见光中去除吸收频率以外的部分，透射光的频率决定了物质的颜色，透射光的颜色称为吸收光颜色的补色，晶体的颜色就是晶体吸收光颜色的补色。KBr 的带隙为 7.6eV，而可见光光子的能量范围为 1.77～3.10eV，也就是说能量最高的可见光光子也远小于 KBr 的带隙，这意味着 KBr 不能吸收任何可见光，也就是说可见光会完全通过 KBr，因此 KBr 应当是无色的，这正是通常 KBr 的情形。被加热或者电子束辐照的 KBr 显示紫色，而紫色的补色为黄色，也就是说被处理过的 KBr 能够吸收黄色的光，这意味着在 KBr 中形成了能级间隔相当于黄色光子能量的电子态，这种电子态被称为色心，也常称为 F-center(F 来自德语单词 Farbe，意为“颜色”)或 F 心，本节说明色心的形成和基本性质。

KBr 中的色心是阴离子缺失而导致的缺陷电子态。当 KBr 晶体被加热或者辐照时，Br 原子会发生以下反应 $\mathrm{Br+Br}\longrightarrow\mathrm{Br_2}$(气)而从晶体中失去，于是许多 Br 晶格位出现空位，由于晶体保持电中性的需要，在空位附近会俘获一个电子，如图 8.4 所示，该电子形成的量子态即为色心态。色心的模型可以看成是以晶格常数 a 为边长的箱中的电子，因此其能级[式(2.189)]为

$$E = \frac{h^2}{8ma^2}(n_x^2 + n_y^2 + n_z^2) \qquad n_x, n_y, n_z = 1, 2, 3, \cdots \tag{8.6}$$

由此可得基态($n_x = n_y = n_z = 1$)的能量为 $E_0 = 3h^2/(8ma^2)$，第一激发态(如 $n_x = 2$，$n_y = n_z = 1$)能量为 $E_1 = 6h^2/(8ma^2)$，两个能态的能量差 $\Delta E = E_1 - E_0 = 3h^2/(8ma^2)$，把 KBr 的晶格常数 6.6Å 代入其中则可得到 $\Delta E \simeq 2.2$ eV，该能量相当于 560nm 的光子能量，这意味着 KBr 的色心能够吸收 560nm 波长的黄光，而黄光的补色正是紫色，因此具有色心的 KBr 呈现出紫色。

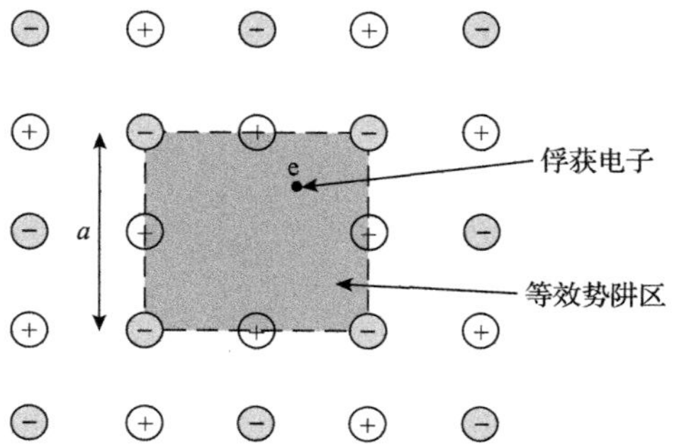

图 8.4　色心电子态的模型：箱中的电子

图 8.5 是 KBr 在温度为 20K 时的吸收光谱和发射光谱，吸收峰位大致在 2.2eV，这与上述的基态和激发态的能级差基本一致，说明上述简单模型的有效性。图 8.5 中发射峰的位置大致在 0.8eV，与吸收峰位有很大的偏差，这个偏差可解释如下：色心电子吸收 2.2eV 光子后从基态跃迁到激发态，这导致电子态在空间的扩展，由此导致晶格膨胀。由于电子在激发态能够停留较长的时间(约 10^{-8}s)，在此期间晶格会充分弛豫到晶格常数 a 增加的状态，也就是说在激发态时色心模型中“箱

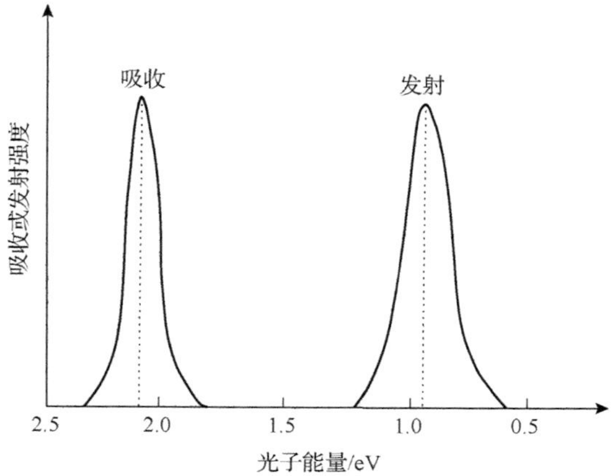

图 8.5　KBr 在 20K 时的吸收光谱和发射光谱[2]

子”的尺度 a 增加了，由式(8.6)中 $E\sim 1/a^2$ 关系可知，激发态的能量比原先晶格尺度时的激发态能量要小，最终色心从激发态跃迁回基态并释放出光子，该光子能量等于新晶格尺度下色心基态和激发态的能量差，该光子能量即为发射峰的位置，因此发射峰能量要小于吸收峰能量。这种发射峰和吸收峰位置的差异称为斯托克斯移动，是固体发光中普遍存在的现象，是电子和晶格耦合作用的结果。

8.3　激　子　态

本节讨论晶体中电子的激发。电子被激发意味着其波函数的重新分布，从而形成晶体中电荷重心的分离，这意味着形成了一个带负电的电子和带正电的空穴，这两者之间由于库仑作用而形成一个二体系统，这个具有空间局域性质的系统可以在晶体中迁移，因此激发态可以看成是一个准粒子，这种具有准粒子性质的激发态称为**激子**(exciton)[3]。下面分别考虑不同晶体系统中的激子形成和性质。

8.3.1　自由激子

首先考虑半导体中激发态的形成，由能带论可知半导体是价带全满和导带全空的晶体，当电子被激发时会从价带跃迁到导带，其结果是一方面在导带中形成一个电子，另一方面则在价带形成一个空穴，从实空间看就是在空间某处形成一个缺电子的空穴区域，而在另一处形成一个富电子的电子区域，两者由于库仑作用而形成关联的二体系统，即激子。按照第 7 章的有效质量近似方法(见 7.11.2 节)，激子可以看成一个类氢原子，如图 8.6(a)所示，只是这里的质子为空穴，电子为布洛赫电子，两者的质量 m_{h}^* 和 m_{e}^* 分别由晶体的色散关系给出。在通常的半导体材料中，激子基态时空穴和电子之间的距离即**激子半径**(exciton radius)跨越许多晶格，因此空穴和电子之间的晶体可以看成连续介质，空穴和晶体之间的库仑作用势为介质中的库仑势：$-e^2/(4\pi\varepsilon_0\varepsilon_{\mathrm{r}}r)$，其中 ε_{r} 为半导体的介电常数。于是由氢原子的能级公式可得激子的能级：

$$E_n \simeq -13.6\frac{\mu/m_{\mathrm{e}}}{\varepsilon_{\mathrm{r}}^2}\frac{1}{n^2}\quad (\mathrm{eV})\qquad n=1,2,\cdots \tag{8.7}$$

其中，m_{e} 为自由电子的质量；μ 为电子和空穴的折合质量，其表达式为

$$\mu=\frac{m_{\mathrm{h}}^* m_{\mathrm{e}}^*}{m_{\mathrm{h}}^*+m_{\mathrm{e}}^*} \tag{8.8}$$

激子半径表达式为

$$R_n \simeq 0.53 \frac{\varepsilon_r}{\mu / m_e} n^2 \quad (\text{Å}) \qquad n = 1, 2, \cdots \tag{8.9}$$

GaAs 的有关参数为：$\varepsilon_r = 12.8$，$m_e^* = 0.067 m_e$，$m_h^* = 0.2 m_e$，把这些参数代入式(8.7)和式(8.9)则可得激子在基态的能量 $E_1 = 4.2\text{meV}$ 和激子半径 $R_1 = 13\text{nm}$，而 GaAs 的晶格常数为 5.65Å，可见 GaAs 中激子的确横跨多个晶格常数尺度。

与氢原子的玻尔半径和基态能级相比，半导体中激子的半径通常在几纳米到数十纳米的范围，而一般晶体的晶格常数为几埃，也就是激子半径跨越多个晶胞，如图 8.6(b)所示。激子基态能的大小 $|E_1|$ 称为**激子束缚能**(binding energy)，它表示完全分离电子和空穴所需要的能量，与氢原子基态电离能相比，半导体中激子的基态能量要小得多，其数值通常在几 meV 到数十 meV 的范围内，这样的激子称为弱束缚激子或**自由激子**(free exciton)，也常称为**瓦尼尔激子**(Wannier exciton)或**瓦尼尔-莫特激子**(Wannier -Mott exciton)。某些半导体中的激子半径和束缚能列于表 8.1 中。

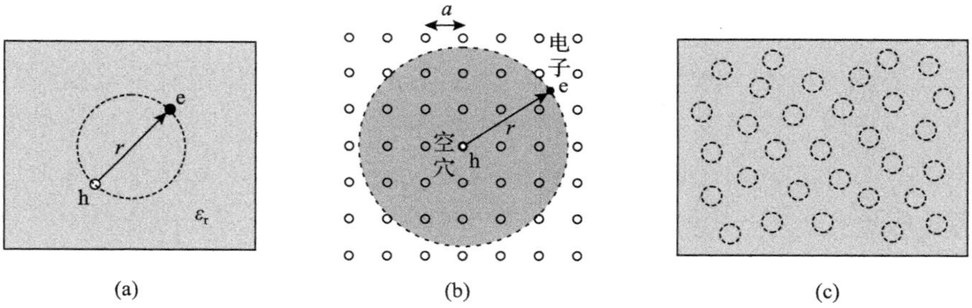

图 8.6　(a)自由激子示意图；(b)激子氢原子模型；(c)激子在晶体中的空间分布

表 8.1　晶体中激子的基本性质[4,5]

自由激子				紧束缚激子		
晶体	带隙/eV	激子束缚能/meV	激子半径/nm	晶体	带隙/eV	激子束缚能/eV
GaN	3.5	23	3.1	LiF	13.7	0.9
ZnSe	2.8	20	4.5	NaF	11.5	0.8
CdS	2.6	28	2.7	KF	10.8	0.9
ZnTe	2.4	13	5.5	RbF	10.3	0.8
CdSe	1.8	15	5.4	NaCl	8.8	0.9
CdTe	1.6	12	6.7	KCl	8.7	0.9
GaAs	1.5	4.2	13	KBr	7.4	0.7
InP	1.4	4.8	12	KI	6.3	0.4
GaSb	0.8	2.0	23	NaI	5.9	0.3

自由激子能量公式是以导带底为参考零点的，因此有的书中把激子能量式写为

$$E_n \simeq E_g - 13.6\frac{\mu / m_e}{\varepsilon_r^2}\frac{1}{n^2} \quad (\text{eV}) \tag{8.10}$$

其中，E_g表示晶体的带隙，式(8.10)实际上是以无穷远为能量零点的激子能量表达式，图 8.7(a)为自由激子能级示意图，其中的分立能级即为类氢原子的激子能级，激子束缚能即为激子电离能，当处于基态的激子获得这个能量激子中的电子就会转化为导带中的布洛赫电子。激子的这种能级结构导致激子具有如图 8.7(b)所示的吸收光谱。当入射光子能量大于带隙E_g时，价带电子可以跃迁到导带，于是在吸收谱的E_g能量以上部分是连续的带间转变吸收曲线，低于E_g部分的分立吸收线对应于不同激子能级到导带底的跃迁，最左边的吸收线对应激子基态到导带底的跃迁，由于激子基态能级占据的电子数最多，对应吸收线的强度最大，这种低于带隙的分立吸收线是激子基本特征。值得说明的是，束缚能在 26meV(室温时平均热能)以下的激子在室温下是不稳定的，因此通常自由激子的特征吸收谱只有在低温下才能获得，图 8.8 是 GaAs 在温度为 1.2K 时的吸收谱。由图可见激子基态($n=1$)的吸收峰位于 1.515eV 处，而 GaAs 的$E_g=1.519$eV，两者的差值 4meV 即为激子束缚能，这与由式(8.10)所得到的结果一致，激子的第一激发态($n=2$)的吸收峰位置在 1.518eV，它与E_g的差值为 1meV，与式(8.10)所得到的结果也一致。

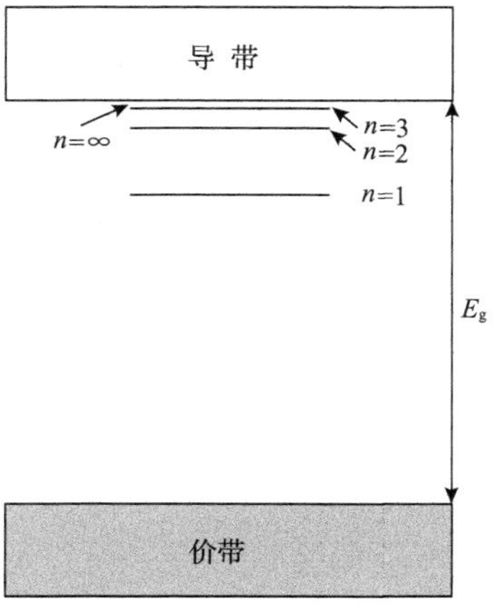

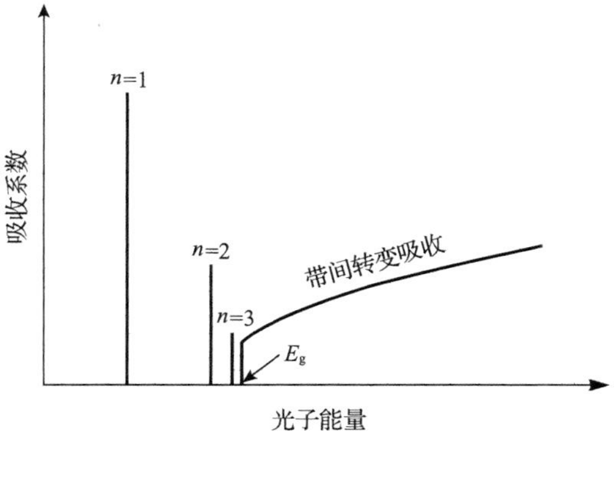

图 8.7　自由激子的能级(a)以及吸收光谱示意图(b)

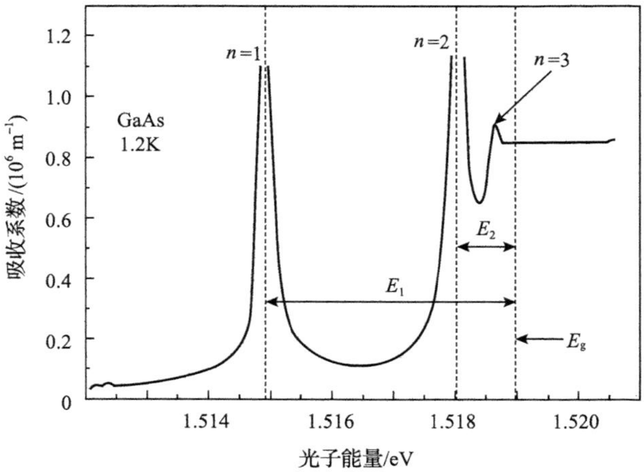

图 8.8　GaAs 在 1.2K 时的吸收谱[6]

n=1, 2, 3 的吸收峰来自表示不同激子态的转变

8.3.2　紧束缚激子

紧束缚激子是束缚能较大(通常在 0.1～1eV)和激子半径(通常在最近邻原子间距以内)很小的激子，主要出现在离子晶体和分子晶体中。这里以离子晶体 NaCl 为例说明其中激子的形成和激子性质，如图 8.9 所示。NaCl 是 Na^+和 Cl^-构成的晶体，两种离子的电子构型都为稳定的满壳层结构。考虑处于图中心的 Cl^-离子，当其被激发时则有一个电子离开满壳层，于是 Cl^-离子的电荷数变为 0。激发电子受到该 Cl^-离子的库仑作用，另外还受到最近邻 6 个 Na^+离子的库仑作用，其他次近邻及其更远的离子作用可以忽略；考虑到每个 Na^+离子只有六分之一属于所考

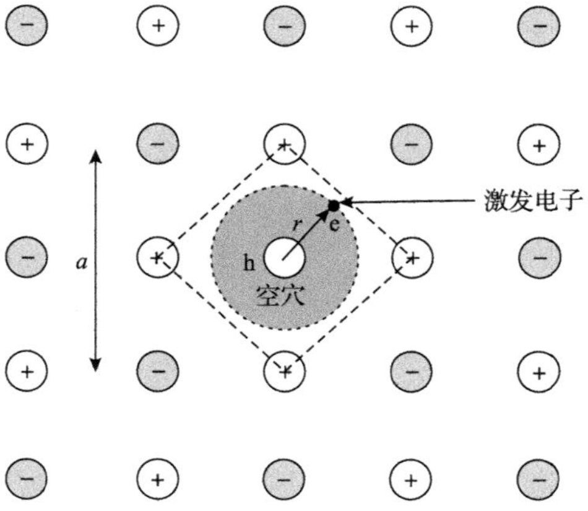

图 8.9　离子晶体中的紧束缚激子模型

虑 Cl^-离子所在的晶胞以及 Na^+离子分布的空间对称性，因此 6 个 Na^+离子的电荷重心位于中心 Cl^-离子处，电荷数为+1，于是激发电子受到的总的作用相当于位于中心的+1 价电荷的库仑作用，这个+1 价的正电荷重心相当于空穴，这意味着激发态的电子系统相当于一个电子-空穴二体系统，此即激子。这里激子半径小于最近邻离子间距，与上述的自由激子半径相比，这里激子半径要小得多，这意味着电子-空穴间的库仑能大，这种激子称为**紧束缚激子**(tightly bounded exciton)，也常称为**弗仑克尔激子**(Frenkel exciton)。激子波函数与相邻原子波函数总是存在交叠，因此激子态总有一定的概率会转移到相邻的晶胞，这就形成激子的迁移。在离子晶体中激子可以看成是能在晶体中迁移的原子激发，因此该激子有时称为原子激子。

紧束缚激子核心是电子-空穴二体系统，因此可以用类氢原子模型来描述其量子性质，也就是用式(8.7)和式(8.9)来描述其能级和激子半径。但与自由激子不同的是，由于紧束缚激子空间范围局限在晶格常数尺度内，因此不能把晶体看成连续媒质，两式中的介电常数不再是晶体的介电常数，而是处在真空介电常数($\varepsilon_r=1$)和晶体介电常数(离子晶体 $\varepsilon_r\sim 2$)之间的值，由于离子晶体中离子之间轨道交叠较小，因此离子晶体中电子和空穴的有效质量接近自由电子的有效质量。与自由激子类似，紧束缚激子在带隙以下具有分离的激子能级，图 8.10 为 NaCl 和 LiF 晶体的吸收光谱，由此可见在能量低于带隙位置处的激子吸收峰，吸收峰的位置分别 7.9eV 和 12.8eV，而两种晶体的带隙分别是 8.8eV 和 13.7eV，由此可得两种激子的束缚能都为 0.9eV，显然这里的束缚能远大于自由激子数十 meV 的束缚能。某些离子晶体中激子束缚能的数据列于表 8.1。

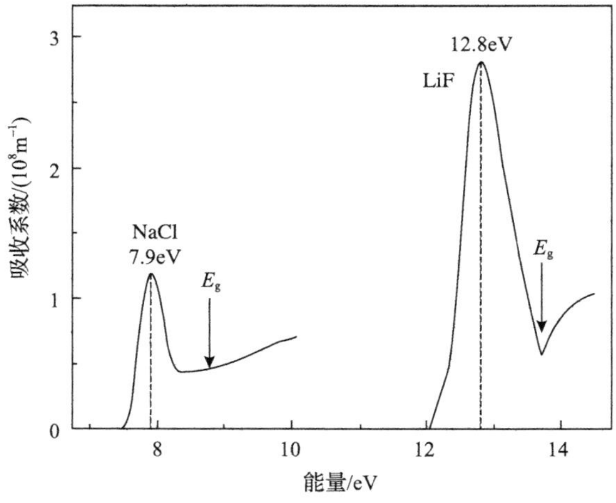

图 8.10　NaCl 和 LiF 晶体的吸收光谱[7]

图中的吸收峰对应晶体中所形成的紧束缚激子的基态吸收

8.3.3　电荷转移激子

分子晶体是以分子(尤其有机分子)为基元的晶体，如蒽晶体就是以分子蒽(三个苯环以线性方式连接在一起的分子)为基元的晶体，干冰就是以 CO_2 为基元的晶体，分子晶体中分子之间的作用力通常是弱的范德瓦耳斯作用。分子晶体中会出现两类激子：一类是电子和空穴在同一分子内，这类激子的半径小于最近邻分子之间的间距，因此属于紧束缚激子，分子晶体中的紧束缚激子可看成是能在晶体中移动的分子激发，因此分子中的紧束缚激子有时称为分子激子；另一类是电子和空穴分别属于最近邻的两个分子或次近邻的两个分子，如图 8.11 所示的两个激子，这类激子半径在最近邻分子距离到次近邻或第三近邻分子距离之间的激子称为电荷转移激子(charge-transfer exciton)，常简称 CT 激子，有关 CT 激子详细的性质可参考有关文献[8]。

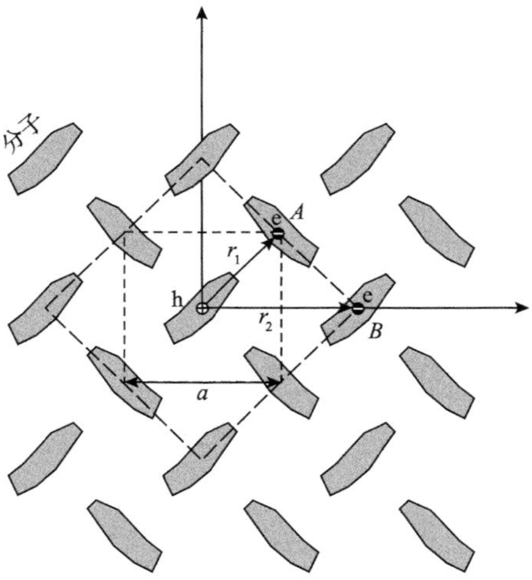

图 8.11　分子晶体中的 CT 激子示意图

图中显示了两种 CT 的激子：一是空穴处于原点和电子处于最近邻原子的半径为 r_1 的激子，二是空穴处于原点和电子处于次最近邻原子的半径为 r_2 的激子

8.3.4　激子与能带结构的关系

由激子能级和激子半径的式(8.7)和式(8.9)可知，激子性质主要由电子和空穴的质量与晶体的介电常数决定，前者由晶体能带结构决定，后者也与能带结构有紧密关系。一般来说，带宽越小，晶体中相邻原子轨道之间交叠比较小，因此电子更难在晶体中迁移，这意味着电子和空穴的有效质量越大，而带宽越小通常意味着带隙越大，因此带隙越大的材料中电子和空穴的有效质量越大，于是由式(8.7)

可推断带隙越大的材料中激子有更强的束缚能，这个定性的结论可以从表 8.1 中的激子数据得到验证。

8.3.5　激子的意义

激子实质是在晶体中迁移的激发态，这种迁移可以传输能量，因此激子是晶体中传输能量的方式之一。与电导方式传输能量不同的是激子传输能量不引起电荷的输运，这是由于激子为电中性准粒子。激子具有类似原子的线状能级，线状能级意味着好的单色性，因此可用激子态的跃迁产生激光。例如，人们研究了利用 ZnO 中激子态制备激光的可能性，其激子态(束缚能为 60meV)可以在室温下稳定存在。

8.4　极　化　子

固体能带论的基本假设之一是玻恩-奥本海默近似，该近似认为晶格是刚性的，在电子输运过程中保持不变，但实际情况并非完全如此。考虑电子在离子晶体中的迁移，由于电子与离子之间的库仑作用，正的离子会向电子靠近，同时负的离子会远离电子，如图 8.12(a)所示，这就导致晶格的变化，称为晶格极化，这种效应在离子晶体中尤为显著。足够大的极化效应意味着玻恩-奥本海默近似的失效，因此能带论的结论就不再准确甚至失效。例如，极化效应导致电子(或空穴)的有效质量将会比能带论给出的要大，在极端情形下电子会完全陷于晶格某处而成为局域化的电子，这称为电子的自陷(self-trap)，这相当于电子的有效质量为无穷大，因此极化能显著地改变晶体中电子的输运规律。为了描述极化效应下的电子行为，人们引入了**极化子**(polaron)的概念，它是一个准粒子，可以理解成携带晶格畸变的电子，其性质的计算需要复杂的量子场论的方法，本节仅简单说明极化子的基本概念和性质。极化子通常分为两类，一类称为**小极化子**(small polaron)，另一类称为**大极化子**(large polaron)，大极化子也常称为 Frölich 极化子，

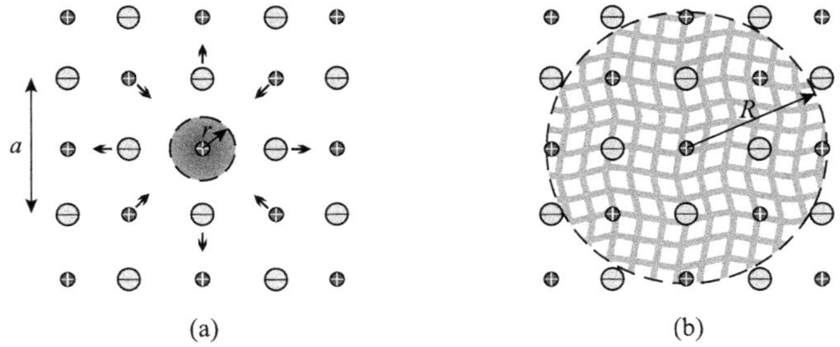

(a)　　(b)

图 8.12　极化子的示意图

(a) 小极化子；(b) 大极化子

前者是指电子引起晶格畸变的范围小于晶格常数，后者是指电子引起的极化范围跨越多个晶格，两种极化子的示意图分别如图 8.12(a)和(b)所示。

8.4.1　小极化子

小极化子意味着电子局域于某个晶胞内，而能带论中电子是属于整个晶体的公有化电子，那么为什么电子在晶格严重极化时不再公有化而是局域化呢？为理解这个问题，需要分析电子在晶体中公有化和局域化的原因。从紧束缚近似理论可知，晶体中电子公有化的原因在于公有化使得整个电子系统的总能量降低，能量降低的大小可由能带宽度的一半即 $W/2$ 表征。小极化子的形成也是由于极化导致电子能量降低，下面分析小极化子情形下极化导致的能量降低。如图 8.12(a)所示，小极化子意味着电子活动范围局限于一个晶胞内，忽略电子与更远的次近邻以外离子的作用，则电子只受到晶胞内离子的库仑作用，而一个晶胞内所有离子的中心位于中心离子处，则小极化子情形下电子的轨道可以用以中心离子为中心和半径为 r 的轨道来表示，于是中心离子与电子的库仑能为点电荷的库仑能。假设没有晶体存在时库仑能为 $-e^2/(4\pi\varepsilon_0 r)$，在晶体中时则库仑能为 $-e^2/(4\pi\varepsilon_0\varepsilon_{st} r)$，其中 ε_{st} 为晶体的静态介电常数，于是晶体极化导致的电子能量变化为

$$\Delta E = -\frac{e^2}{4\pi\varepsilon_0 r}\left(1-\frac{1}{\varepsilon_{st}}\right) \tag{8.11}$$

由于静态介电常数 ε_{st} 包括离子极化和电子极化，而电子极化由光频介电常数 ε_{opt} 表征，由电子引起的极化能变化为

$$\Delta E_e = -\frac{e^2}{4\pi\varepsilon_0 r}\left(1-\frac{1}{\varepsilon_{opt}}\right) \tag{8.12}$$

两者的差值即为晶格离子极化引起电子能量的变化：

$$\Delta E_i = \Delta E - \Delta E_e = -\frac{e^2}{4\pi\varepsilon_0 r}\left(\frac{1}{\varepsilon_{opt}}-\frac{1}{\varepsilon_{st}}\right) \tag{8.13}$$

当离子极化导致的电子能量降低大于电子因公有化而导致的能量降低时，即

$$|\Delta E_i| \geqslant W/2 \tag{8.14}$$

时电子就会成为自陷的小极化子。由上述条件可以判断在窄带隙材料和静态介电常数与光频介电常数差别大的晶体中更容易形成小极化子，而离子晶体通常具有

这个特性，因此离子晶体中常出现小极化子，另外在许多非晶材料以及聚合物中也会出现极化子。

由于小极化子的完全局域化特征，其传输过程是晶格位到相邻晶格位的跳跃(hopping)过程，其迁移率具有如下形式：

$$\mu \propto T^{-1}\mathrm{e}^{-E_{\mathrm{a}}/k_{\mathrm{B}}T} \tag{8.15}$$

其中，E_{a} 为跳跃势垒，这意味着以极化子为载流子的晶体(如氧化物 $Co_{1-x}Fe_{2+x}O_4$ [9])的导电特性完全不同于以布洛赫电子为载流子的晶体(如金属)。

8.4.2　大极化子

假设大极化子的半径为 R，如图 8.12(b)所示，大极化子可以看成是边长为 $2R$ 箱中的电子，则其动能为

$$E_{\mathrm{kin}} = \frac{h^2}{2m^* R} \tag{8.16}$$

其中，h 为普朗克常量；m^* 为能带电子的有效质量，由离子极化而导致的电子势能为

$$\Delta E_{\mathrm{i}} = -\frac{e^2}{4\pi\varepsilon_0 R}\left(\frac{1}{\varepsilon_{\mathrm{opt}}} - \frac{1}{\varepsilon_{\mathrm{st}}}\right) \tag{8.17}$$

对电子总能量 $E = E_{\mathrm{kin}} + \Delta E_{\mathrm{i}}$ 求 R 的微分，则可得 R 的最小值[9]：

$$R_{\min} = -\frac{8\pi\varepsilon_0 h^2}{e^2 m^*}\left(\frac{1}{\varepsilon_{\mathrm{opt}}} - \frac{1}{\varepsilon_{\mathrm{st}}}\right)^{-1} \tag{8.18}$$

如果 $R_{\min}$ 大于多个晶格常数，则在该晶体中形成大极化子。另一个判断大极化子是否形成的参数是如下的 Frölich 耦合常数[9]：

$$\alpha = \frac{e^2}{4\pi\varepsilon_0 h}\left(\frac{m^*}{2\hbar\omega_{\mathrm{v}}}\right)^{1/2}\left(\frac{1}{\varepsilon_{\mathrm{opt}}} - \frac{1}{\varepsilon_{\mathrm{st}}}\right) \tag{8.19}$$

其中，m^* 表示能带电子的有效质量；ω_{v} 表示晶格的振动频率。α 值越大则越容易形成大极化子。例如，GaAs、KCl 和 $SrTiO_3$ 的 α 值分别为 0.03、3.7 和 4.5，可见离子晶体中有较大的 α 值，而在共价晶体中 α 值较小。

大极化子的输运类似能带电子，只是电子的有效质量有所增加，大极化子的有效质量表达式为[9]

$$m_{\mathrm{P}}=\begin{cases}m^*(1+\alpha/6) & \alpha\ll 1\\ m^*\times 0.02\alpha^4 & \alpha\gg 1\end{cases} \tag{8.20}$$

大极化子的迁移率具有如下形式[9]：

$$\mu\propto \mathrm{e}^{\theta/T}-1 \tag{8.21}$$

其中 $\theta=\hbar\omega_{\mathrm{LO}}/k_{\mathrm{B}}T$ 为晶体德拜温度，ω_{LO} 为纵光学声子频率。

8.5 表　面　态

表面态是局域于固体表面附近的量子态，仅由晶体在表面终止而导致的表面态称为**本征表面态**(intrinsic surface state)，晶体表面由于吸附其他原子或分子或者在表面存在缺陷等而导致的表面态称为**异质表面态**(extrinsic surface state)，另外，当一个电子存在于固体(尤其是金属)表面时，电子与金属的相互作用导致电子处于一系列**镜像势表面态**(image-potential induced surface state)[10-13]，通常所指的表面态为本征表面态，这是本节讨论的内容。

表面态的概念最早由塔姆(Igor Tamm, 1895—1971)在 1932 年提出，塔姆的方法相当于用紧束缚近似方法研究了具有端点(即表面)的一维模型晶体的薛定谔方程，发现该薛定谔方程存在波矢为虚数形式的解，解波函数在表面两侧均随着远离表面而以指数方式下降，这意味着虚数解表征了局域于表面的量子态，该解的能量处于晶体带隙之中，这种以紧束缚近似方式得到的表面态称为**塔姆态**。1939 年，肖克利(William Shockley, 1910—1989) 以近自由电子近似的方式求解了表面的薛定谔方程，得到了另一种形式的解，这种形式的表面态解称为**肖克利态**。紧束缚近似方法适用于求解过渡金属、宽带隙半导体和绝缘体材料，近自由电子近似适用于主族金属以及窄带隙半导体。表面态对理解半导体器件是不可或缺的[14]，它曾在晶体管的发现过程中起到关键的作用[15]，也是理解许多表面现象的基础。

在第 7 章中所考虑的晶体是没有边界(玻恩-冯卡门边界条件)的晶体，但实际晶体总是包含其他物质的界面，界面的存在导致晶体薛定谔方程存在不同于布洛赫态的解。下面考虑当晶体存在表面时薛定谔方程的表面态解。首先介绍基于近自由电子近似方法，然后介绍紧束缚近似方法。

8.5.1　肖克利态：近自由电子近似方法求解表面态

近自由电子近似方法与第 7 章所介绍的方法完全相同，该方法的核心是把系统波函数表达为不同波矢平面波的线性叠加，平面波表示自由电子的波函数，在该近似下系统波函数表达为两个平面波的叠加即可得到有意义的结果，因此这种近似称为近自由电子近似。在表面态问题中，晶体内的势为晶体周期势，其中的波函数用近自由电子近似，晶体外的势为常数，因此晶体外波函数为平面波，表面态则由两个波函数在表面的连续性和导数连续性决定。与体态不同的是，在表面态问题中晶体中的波函数具有虚数波矢，这导致局域于晶体表面的波函数。为简单起见，这里仅考虑一维晶体的情形，如图 8.13 所示。

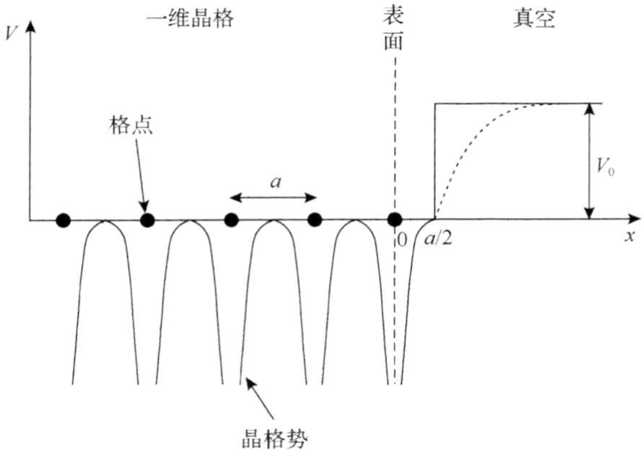

图 8.13　一维半无限晶体模型

其中 a 为晶格常数，V_0 为真空中的常数势，晶体表面在 $z=0$ 处

8.5.1.1　一维原子链晶体模型和薛定谔方程

图 8.13 中一维原子链模型的薛定谔方程为

$$\left[-\frac{-\hbar^2}{2m}\frac{\mathrm{d}^2}{\mathrm{d}x^2}+V(x)\right]\psi(x)=E\psi(x) \tag{8.22}$$

其中

$$V(x)=\begin{cases}V(na+x) & x\leqslant a/2\\ V_0 & x>a/2\end{cases} \tag{8.23}$$

8.5.1.2　晶体中薛定谔方程求解：虚波矢解

在近自由电子近似下，晶体势 $V(x)$ 的傅里叶分解式为

$$V(x) = \sum_{n=0}^{\infty} V_n e^{i\frac{2\pi n}{a}x} \tag{8.24}$$

如果晶体势比较平滑，则其傅里叶展开系数中的高阶项就很小，金属晶体中的势就属于这种情形，作为近似这里假设傅里叶展开系数只有 V_0 和 V_1 两项值得考虑，其他系数则可忽略，即只考虑倒格矢为 $G_0 = 0$ 和 $G_1 = -2\pi / a$ 对应的傅里叶展开系数，于是晶体势可表达为

$$V(x) \simeq V_0 + V_1 e^{-i\frac{2\pi}{a}x} \tag{8.25}$$

波函数可表达为

$$\psi_k(x) = c_0 e^{ikx} + c_1 e^{i\left(k - \frac{2\pi}{a}\right)x} \tag{8.26}$$

决定系数的方程[式(7.99)]为

$$\begin{pmatrix} \dfrac{\hbar^2 k^2}{2m} - E(k) & V_{G_1}^* \\ V_{G_1} & \dfrac{\hbar^2 (k+G_1)^2}{2m} - E(k) \end{pmatrix} \begin{pmatrix} c_0(k) \\ c_1(k) \end{pmatrix} = 0 \tag{8.27}$$

代入薛定谔方程(8.22)，并得到如下的久期方程(式 7.100)：

$$\begin{vmatrix} \dfrac{\hbar^2 k^2}{2m} - E(k) & V_{G_1}^* \\ V_{G_1} & \dfrac{\hbar^2 (k+G_1)^2}{2m} - E(k) \end{vmatrix} = 0 \tag{8.28}$$

该方程给出如下的两个能量本征值：

$$E_{\pm}(k) = \frac{1}{2}\left[\frac{\hbar^2 k^2}{2m} + \frac{\hbar^2 (k - 2\pi / a)^2}{2m} \pm \sqrt{\left[\frac{\hbar^2 k^2}{2m} - \frac{\hbar^2 (k - 2\pi / a)^2}{2m} \right]^2 + 4\left|V_{-2\pi/a}\right|^2} \right] \tag{8.29}$$

和波函数：

$$\psi_k(x)=A\left[\mathrm{e}^{\mathrm{i}kx}+\frac{V_{-2\pi/a}}{E(k)-\dfrac{\hbar^2(k-2\pi/a)^2}{2m}}\mathrm{e}^{\mathrm{i}\left(k-\frac{2\pi}{a}\right)x}\right] \tag{8.30}$$

在晶体能带论中 k 为实数，这里考虑具有如下复数形式的波矢 k：

$$k=\frac{\pi}{a}+\mathrm{i}\kappa \tag{8.31}$$

其中 κ 为实数，这里规定 $\kappa>0$。将复数形式的 k 代入能量表达式(8.29)可得晶体中电子态的能量：

$$E_{\pm}(\kappa)=\frac{\hbar^2}{2m}\left[\left(\frac{\pi}{a}\right)^2-\kappa^2\right]\pm\sqrt{\left|V_{-2\pi/a}\right|^2-\left(\frac{\pi\hbar^2\kappa}{ma}\right)^2} \tag{8.32}$$

用 κ 代替 k 来标识不同的态。由式(8.32)可见，如果 κ 的取值范围满足下式：

$$0\leqslant\kappa\leqslant\kappa_{\max}=\frac{ma}{\pi\hbar^2}\left|V_{-2\pi/a}\right| \tag{8.33}$$

则系统的能量值为一实数。将式(8.31)所示的复数形式 k 代入波函数表达式(8.30)，则得如下的波函数：

$$\psi_\kappa(x)=A\left[\mathrm{e}^{\mathrm{i}\left(\mathrm{i}\kappa+\frac{\pi}{a}\right)x}+\frac{1}{\mathrm{i}\dfrac{\pi\hbar^2\kappa}{ma}\pm\sqrt{1-\left(\dfrac{\pi\hbar^2\kappa}{maV_{-2\pi/a}}\right)^2}}\mathrm{e}^{\mathrm{i}\left(\mathrm{i}\kappa-\frac{\pi}{a}\right)x}\right] \tag{8.34}$$

式(8.34)中用 κ 标识不同的态，式中的正负号分别对应于能量 $E_+(\kappa)$ 和 $E_-(\kappa)$。由式(8.33)可知 $0\leqslant\dfrac{\pi\hbar^2\kappa}{ma\left|V_{-2\pi/a}\right|}\leqslant1$，因此可定义

$$\sin(2\delta)\equiv\frac{\pi\hbar^2\kappa}{maV_{-2\pi/a}} \tag{8.35}$$

考虑晶体势的傅里叶分量 $V_{-2\pi/a}<0$，因此有 $-1\leqslant\sin(2\delta)\leqslant0$，由此可得 2δ 值在第三象限和/或第四象限的范围，这里取 2δ 在第四象限内，则 δ 的范围为

$$3\pi/4\leqslant\delta\leqslant\pi \tag{8.36}$$

利用式(8.35)定义的$\sin(2\delta)$，并考虑2δ在第四象限内，因此式(8.34)中根式为

$$\sqrt{1-\left(\frac{\pi\hbar^2\kappa}{maV_{-2\pi/a}}\right)^2}=\cos(2\delta) \tag{8.37}$$

于是式(8.34)可表达为

$$\psi_\kappa(x)=A\mathrm{e}^{-\kappa x}\left[\mathrm{e}^{\mathrm{i}\frac{\pi}{a}x}+\frac{1}{\mathrm{i}\sin(2\delta)\pm\cos(2\delta)}\mathrm{e}^{-\mathrm{i}\frac{\pi}{a}x}\right] \tag{8.38}$$

先考虑式(8.38)中取加号的情形，这时波函数为

$$\begin{aligned}\psi_{\kappa+}(x)&=A\mathrm{e}^{-\kappa x}\left[\mathrm{e}^{\mathrm{i}\frac{\pi}{a}x}+\frac{1}{\mathrm{i}\sin(2\delta)+\cos(2\delta)}\mathrm{e}^{-\mathrm{i}\frac{\pi}{a}x}\right]=A\mathrm{e}^{-\kappa x}\left[\mathrm{e}^{\mathrm{i}\frac{\pi}{a}x}+\mathrm{e}^{-\mathrm{i}2\delta}\mathrm{e}^{-\mathrm{i}\frac{\pi}{a}x}\right]\\&=A\mathrm{e}^{-\kappa x}\mathrm{e}^{-\mathrm{i}\delta}\left[\mathrm{e}^{\mathrm{i}\left(\frac{\pi}{a}x+\delta\right)}+\mathrm{e}^{-\mathrm{i}\left(\frac{\pi}{a}x+\delta\right)}\right]=2A\mathrm{e}^{-\mathrm{i}\delta}\mathrm{e}^{-\kappa x}\cos\left(\frac{\pi}{a}x+\delta\right)\\&=A'_+\mathrm{e}^{-\kappa x}\cos\left(\frac{\pi}{a}x+\delta\right)\end{aligned} \tag{8.39}$$

其中，$A'_+\equiv 2A\mathrm{e}^{-\mathrm{i}\delta}$表示波函数的归一化系数；$\psi_{\kappa+}(x)$表示能量为$E_+(\kappa)$的量子态波函数。用类似的方法处理式(8.38)中取负号的情形，则得如下的波函数

$$\psi_{\kappa-}(x)=A'_-\mathrm{e}^{-\kappa x}\cos\left(\frac{\pi}{a}x-\delta\right) \tag{8.40}$$

其中，$A'_-\equiv 2\mathrm{i}A\mathrm{e}^{i\delta}$表示归一化系数；$\psi_{\kappa-}(x)$表示能量为$E_-(\kappa)$的量子态波函数。

8.5.1.3　晶体表面外薛定谔方程的解

在$z>a/2$区域薛定谔方程为

$$\left(-\frac{-\hbar^2}{2m}\frac{\mathrm{d}^2}{\mathrm{d}x^2}+V_0\right)\psi_\mathrm{v}(x)=E\psi_\mathrm{v}(x)\qquad x\geqslant a/2 \tag{8.41}$$

边界条件为

$$x\to\infty,\qquad \psi_\mathrm{v}(x)\to 0 \tag{8.42}$$

满足上述边界条件的解为

$$\psi_{\mathrm{v}}(x)=B\mathrm{e}^{-\frac{\sqrt{2m(V_0-E)}}{\hbar}x} \tag{8.43}$$

其中，B 为归一化常数。

8.5.1.4　虚波矢本征值 κ 的确定

复波矢中的 κ 值由表面处波函数及其导数连续条件决定，本节说明这个数学过程。波函数及其导数在边界 $z=a/2$ 处的连续性条件可归并为波函数导数与波函数比值连续，即

$$\left.\frac{\psi_{\kappa}'(x)}{\psi_{\kappa}(x)}\right|_{a/2}=\left.\frac{\psi_{\mathrm{v}}'(x)}{\psi_{\mathrm{v}}(x)}\right|_{a/2} \tag{8.44}$$

由式(8.39)和式(8.43)分别可得

$$\left.\frac{\psi_{\kappa}'(x)}{\psi_{\kappa}(x)}\right|_{a/2}=-\kappa+\left(\frac{\pi}{a}\right)\mathrm{ctg}\delta,\qquad \left.\frac{\psi_{\mathrm{v}}'(x)}{\psi_{\mathrm{v}}(x)}\right|_{a/2}=-\sqrt{2m(V_0-E)}/\hbar \tag{8.45}$$

把式(8.45)代入式(8.44)则得

$$\kappa-\left(\frac{\pi}{a}\right)\mathrm{ctg}\delta=\sqrt{2m(V_0-E)}/\hbar \tag{8.46}$$

左边 δ 是 κ 的函数 $\delta(\kappa)$ [式(8.35)]，右边 E 也是 κ 的函数 $E(\kappa)$ [式(8.32)]，因此式(8.46)是关于表面态波矢 κ 的方程，由它可确定 κ，获得 κ 后由式(8.32)即可获得表面态的能量 E。

利用图像方法可以求解方程(8.46)。为此，把式(8.46)左边的定义为 $f(\kappa)$，右边定义为 $g_{\pm}(\kappa)$，$g_{\pm}(\kappa)$ 中正负号分别对应能量 $E_{\pm}$，即

$$f(\kappa)\equiv\kappa-\left(\frac{\pi}{a}\right)\mathrm{ctg}\delta(\kappa),\qquad g_{\pm}(\kappa)\equiv\sqrt{2m(V_0-E_{\pm}(\kappa))}/\hbar \tag{8.47}$$

以 κ 为自变量在 $[0,\kappa_{\max}]$ 范围内绘制函数 $f(\kappa)$ 和 $g_{\pm}(\kappa)$ 的曲线，则两者曲线交点对应的 κ 即为表面态的波矢，一个典型的例子如图 8.14 所示，κ_+ 和 κ_- 分别表示 $f(\kappa)$ 与 $g_+(\kappa)$ 和 $g_-(\kappa)$ 交点处的 κ 值，两个值表示有两个表面态。

8.5.1.5　表面态及其特定性质

按照上述的方法所得到的表面态能量处于晶体体能带中。由式(8.39)和式(8.40)可知，表面态的波函数在晶体表面内以振荡形式指数衰减，由式(8.43)可知在晶体表面外则以直接的指数形式衰减，如图 8.15 所示。

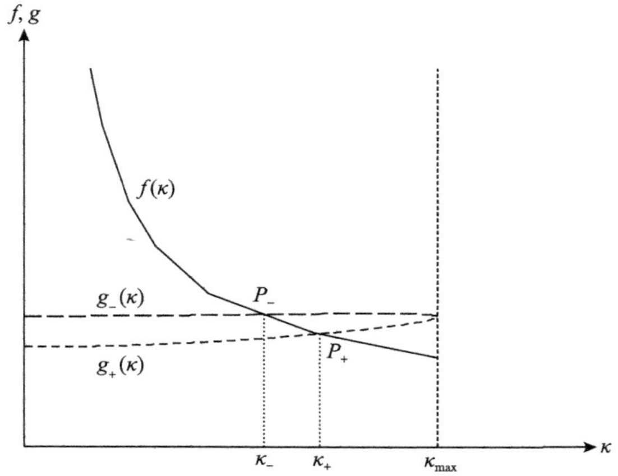

图 8.14　图像法求解式(8.46)

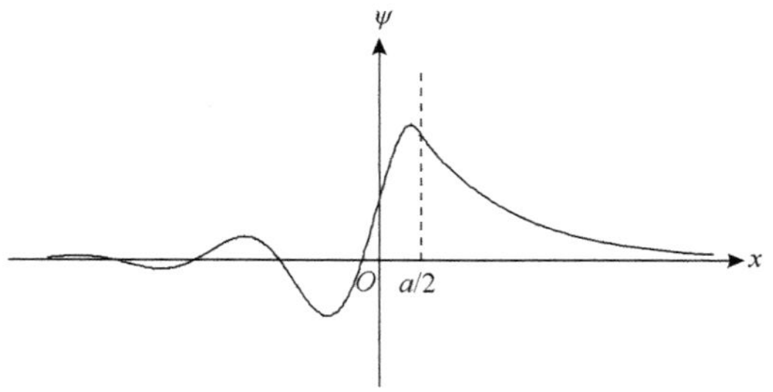

图 8.15　由近自由电子近似得到的表面态波函数

8.5.2　塔姆态：紧束缚近似方法求解表面态

用紧束缚近似方法来求解薛定谔方程所得到的解称为塔姆态，紧束缚近似方法的核心是把系统的波函数表达为系统原子波函数的线性叠加，因此该方法从原子轨道相互作用角度来理解系统的量子态。这里采用 J. Heinrichs 所给出的方法来求解薛定谔方程[16]。

8.5.2.1　一维原子链模型和薛定谔方程

一维原子链模型如图 8.16 所示。模型晶体的薛定谔方程：

$$\left[\frac{\mathrm{d}^2}{\mathrm{d}x^2}+\frac{2m}{\hbar^2}(E-V)\right]\psi(x)=0 \tag{8.48}$$

其中，$V=V(x)$ 为晶体势。

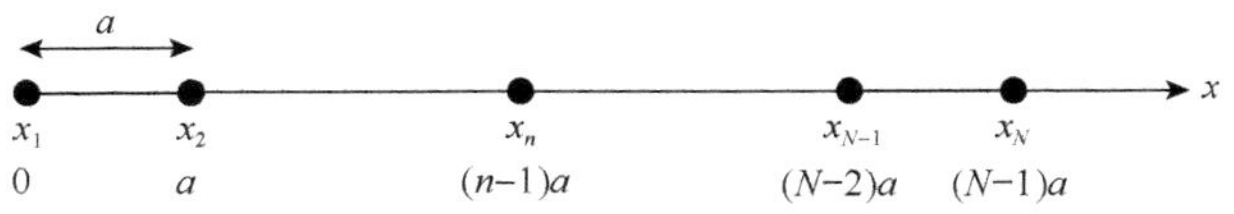

图 8.16　一维原子链模型

8.5.2.2　紧束缚近似方法

紧束缚近似方法的基本点就是把晶体波函数表示为组成晶体各原子波函数的线性组合：

$$\psi(x)=\sum_{n=1}^{N}c_n\varphi(\rho_n) \tag{8.49}$$

其中，$\varphi(\rho_n)$ 为第 n 个原子在孤立状态时的原子波函数，ρ_n 由下式定义：

$$\rho_n\equiv x-x_n \tag{8.50}$$

波函数 $\varphi(\rho_n)$ 由如下孤立原子的薛定谔方程决定：

$$\frac{\mathrm{d}^2\varphi(\rho_n)}{\mathrm{d}\rho_n{}^2}+\frac{2m}{\hbar^2}[E-U(\rho_n)]\varphi(\rho_n)=0 \tag{8.51}$$

其中，$U(\rho_n)=U(x-x_n)$ 表示原子 n 的原子势。这里仅考虑每个原子只有一个原子轨道 $\varphi(\rho_n)$，且该轨道波函数是球对称的 s 态原子波函数，其能量为 E_0。

把式(8.49)波函数代入式(8.48)，并利用式(8.51)，则有

$$\sum_{n=1}^{N}c_n\{E-E_0-[V(x)-U(\rho_n)]\}\varphi(\rho_n)=0 \tag{8.52}$$

对式(8.52)两边乘以 $\varphi^*(\rho_m)$ 并对全空间积分，则有

$$\sum_{n=1}^{N}c_n\int_{-\infty}^{\infty}\varphi^*(\rho_m)\{E-E_0-[V(x)-U(\rho_n)]\}\varphi(\rho_n)\mathrm{d}x=0 \qquad m=1,2,\cdots,N \tag{8.53}$$

采用如下的休克尔近似：

$$\int_{-\infty}^{\infty}\varphi^*(\rho_m)\varphi(\rho_n)\mathrm{d}x=\delta_{mn} \tag{8.54}$$

$$\int_{-\infty}^{\infty}\varphi^*(\rho_m)[V(x)-U(\rho_n)]\varphi(\rho_n)\mathrm{d}x=\begin{cases}-\alpha & m=n\neq 1\text{ 或 }N\\ -\alpha' & m=n=1\text{ 或 }N\\ -\beta & m=n\pm 1\\ 0 & \text{其他情况}\end{cases} \tag{8.55}$$

式(8.55)中的 $-\alpha$ 表示位于原子链内部的原子在原子态 $\varphi(\rho)$ 的能量，$-\alpha'$ 则为位于原子链两端原子也即表面原子在原子态 $\varphi(\rho)$ 的能量，这两项能量均为负数，因此 α 和 α' 都大于零，$-\beta$ 为相邻原子之间的成键积分，可理解为相邻原子的相互作用能，原子态波函数为 s 态波函数，则 $\varphi(\rho_n)>0$，而 $V(x)-U(\rho_n)<0$，这意味着轨道相互作用能小于零，由此可得 $\beta>0$。利用式(8.54)和式(8.55)定义的物理量，则方程(8.53)可表达为

$$\begin{cases}(E-E_0+\alpha')c_1+\beta c_2=0\\ \beta c_{n-1}+(E-E_0+\alpha)c_n+\beta c_{n+1}=0 \qquad n=2,3,\cdots,N-1\\ \beta c_{N-1}+(E-E_0+\alpha')c_N=0\end{cases} \tag{8.56}$$

这是决定系数 $c_i(i=1,2,\cdots,N)$ 的 N 元一次线性方程组。定义如下两个量：

$$\varepsilon\equiv E-(E_0-\alpha), \qquad \Delta\alpha\equiv\alpha-\alpha' \tag{8.57}$$

ε 表示以 $E_0-\alpha$ 为零点的晶体量子态能级；$\Delta\alpha$ 表示内部原子轨道和表面原子轨道的能量差，如果表面原子轨道能量高于内部原子轨道的能量则 $\Delta\alpha>0$，反之则 $\Delta\alpha<0$。利用 ε 和 $\Delta\alpha$，式(8.56)可表达为

$$\begin{cases}\dfrac{\varepsilon-\Delta\alpha}{\beta}c_1+c_2=0\\ c_{n-1}+\dfrac{\varepsilon}{\beta}c_n+c_{n+1}=0 \qquad n=2,3,\cdots,N-1\\ c_{N-1}+\dfrac{\varepsilon-\Delta\alpha}{\beta}c_N=0\end{cases} \tag{8.58}$$

上式相当于紧束缚近似下的薛定谔方程，该方程包含 N 个解，每个解给出一个能量 ε 和一组系数 $c_i(i=1,2,\cdots,N)$，它们分别表示一个量子态的能量和波函数[以 N 个原子轨道 $\varphi(\rho_n)$ 为基函数]的展开系数。

8.5.2.3　紧束缚近似方程的求解数学

本节说明求解方程(8.58)的数学方法。定义 2×2 的矩阵 $\hat{\boldsymbol{T}}$：

$$\hat{\boldsymbol{T}}\equiv\begin{pmatrix}-\varepsilon/\beta & -1\\ 1 & 0\end{pmatrix} \tag{8.59}$$

于是式(8.58)中第二式可表达为

$$\begin{pmatrix}c_{n+1}\\ c_n\end{pmatrix}=\hat{\boldsymbol{T}}\begin{pmatrix}c_n\\ c_{n-1}\end{pmatrix} \qquad n=2,3,\cdots,N-1 \tag{8.60}$$

由上式的推导关系可得

$$\begin{pmatrix} c_{n+1} \\ c_n \end{pmatrix} = \hat{\boldsymbol{T}}^{n-1} \begin{pmatrix} c_2 \\ c_1 \end{pmatrix} \qquad n = 2,3,\cdots,N-1 \tag{8.61}$$

由式(8.61)和式(8.58)中第一式及第三式可得

$$(\hat{\boldsymbol{T}}^{N-2})_{21} - \frac{\beta}{\varepsilon - \Delta\alpha}(\hat{\boldsymbol{T}}^{N-2})_{22} = -\frac{\varepsilon - \varepsilon_0}{\beta}(\hat{\boldsymbol{T}}^{N-2})_{11} + (\hat{\boldsymbol{T}}^{N-2})_{12} \tag{8.62}$$

上式中的下角标表示矩阵的矩阵元，如$(\hat{\boldsymbol{T}}^{N-2})_{21}$表示矩阵$\hat{\boldsymbol{T}}^{N-2}$第 2 行第 1 列的矩阵元。另外，由式(8.61)和式(8.58)中第一式可得

$$\frac{c_n}{c_1} = -\frac{\varepsilon - \Delta\alpha}{\beta}(\hat{\boldsymbol{T}}^{n-2})_{11} + (\hat{\boldsymbol{T}}^{n-2})_{12} \tag{8.63}$$

下面计算$\hat{\boldsymbol{T}}^{n-2}$和$\hat{\boldsymbol{T}}^{N-2}$的解析表达式，为此先求$\hat{\boldsymbol{T}}$的本征值。由$\hat{\boldsymbol{T}}$的定义式(8.59)可得其本征值方程为：

$$\begin{vmatrix} \lambda + \varepsilon / \beta & 1 \\ -1 & \lambda \end{vmatrix} = 0 \tag{8.64}$$

其中λ为本征值，式(8.64)即

$$\lambda^2 + \frac{\varepsilon}{\beta}\lambda + 1 = 0 \tag{8.65}$$

解该方程可得两个本征值

$$\lambda_{1,2} = -\frac{1}{2}\varepsilon / \beta \pm \frac{1}{2}\sqrt{(\varepsilon / \beta)^2 - 4}] \tag{8.66}$$

定义q为

$$\varepsilon \equiv -2\beta \cos q \tag{8.67}$$

这里q为一个实数或复数，这里研究具有如下形式的q取值：①q为实数，q的范围在$[0,\pi]$之间；②q为复数，具有$q = k\pi + \mathrm{i}\kappa$ $(k = 0,1,\cdots)$的形式，其中κ为实数。下面将要看到q具有波矢的意义，q为实数对应于通常的布洛赫态即体态，而q为虚数则对应于表面态。

用式(8.67)定义的q可将式(8.66)变成如下形式：

$$\lambda_{1,2} = -\frac{1}{2}\varepsilon / \beta \pm \frac{1}{2}\sqrt{(\varepsilon / \beta)^2 - 4}] = \cos q \pm \sqrt{-(1-\cos^2 q)} = \cos q \pm \mathrm{i}\sin q = \mathrm{e}^{\pm \mathrm{i}q} \tag{8.68}$$

式(8.68)不仅适用于 q 为实数，也适用于 $q=k\pi+\mathrm{i}\kappa$ 型的复数，下面对复数的正确性做简单证明。把 q 的复数形式代入式(8.67)有

$$\varepsilon=-2\beta\cos q=-2\beta\cos(k\pi+\mathrm{i}\kappa)=-2\beta(-1)^k\operatorname{ch}\kappa \tag{8.69}$$

其中 $\operatorname{ch}\kappa=(\mathrm{e}^{\kappa}+\mathrm{e}^{-\kappa})/2$ 为双曲余弦函数，式(8.69)推导中利用了双曲函数与三角函数关系式 $\cos(\mathrm{i}\kappa)=\operatorname{ch}\kappa$，由此可得 $\varepsilon/\beta=-2(-1)^k\operatorname{ch}\kappa$，于是有

$$(\varepsilon/\beta)^2-4=4(\operatorname{ch}^2\kappa-1)=4\left(\frac{\mathrm{e}^{\kappa}-\mathrm{e}^{-\kappa}}{2}\right)^2 \tag{8.70}$$

由此可得

$$\lambda_{1,2}=\operatorname{ch}\kappa\pm\left|\frac{\mathrm{e}^{\kappa}-\mathrm{e}^{-\kappa}}{2}\right| \tag{8.71}$$

利用双曲函数的数学性质 $\operatorname{ch}\kappa=\operatorname{ch}|\kappa|$ 以及关系 $\left|(\mathrm{e}^{\kappa}-\mathrm{e}^{-\kappa})/2\right|=(\mathrm{e}^{|\kappa|}-\mathrm{e}^{-|\kappa|})/2$，式(8.71)可表达为

$$\lambda_{1,2}=\operatorname{ch}|\kappa|\mp\left(\frac{\mathrm{e}^{-|\kappa|}-\mathrm{e}^{|\kappa|}}{2}\right)=\operatorname{ch}|\kappa|\mp\operatorname{sh}|\kappa| \tag{8.72}$$

式中 $\operatorname{sh}\kappa=(\mathrm{e}^{-\kappa}-\mathrm{e}^{\kappa})/2$ 为双曲正弦函数，利用双曲函数与三角函数的关系 $\operatorname{ch}\kappa=\cos(\mathrm{i}\kappa)$ 和 $\operatorname{sh}\kappa=-\mathrm{i}\sin(\mathrm{i}\kappa)$，式(8.72)变为

$$\lambda_{1,2}=\cos(\mathrm{i}|\kappa|)\pm\mathrm{i}\sin(\mathrm{i}|\kappa|)=\mathrm{e}^{\pm\mathrm{i}|\kappa|} \tag{8.73}$$

式(8.73)为 $q=\mathrm{i}|\kappa|$ 形式的式(8.68)，这表明式(8.68)对复数形式的 q 也成立，因此可以用它讨论任何形式的 q 值问题。

由矩阵本征值的数学性质可得，下列的矩阵 $\hat{\boldsymbol{U}}$ 及其逆矩阵 $\hat{\boldsymbol{U}}^{-1}$

$$\hat{\boldsymbol{U}}=\begin{pmatrix}\mathrm{e}^{\mathrm{i}q} & \mathrm{e}^{-\mathrm{i}q}\\ 1 & 1\end{pmatrix},\qquad \hat{\boldsymbol{U}}^{-1}=\frac{1}{2\mathrm{i}\sin q}\begin{pmatrix}1 & -\mathrm{e}^{-\mathrm{i}q}\\ -1 & \mathrm{e}^{\mathrm{i}q}\end{pmatrix} \tag{8.74}$$

可使得矩阵 $\hat{\boldsymbol{T}}$ 对角化，即

$$\hat{\boldsymbol{U}}^{-1}\hat{\boldsymbol{T}}\hat{\boldsymbol{U}}=\begin{pmatrix}\lambda_1 & 0\\ 0 & \lambda_2\end{pmatrix} \tag{8.75}$$

由式(8.75)可得

$$\hat{\boldsymbol{T}}^m = \hat{\boldsymbol{U}}(\hat{\boldsymbol{U}}^{-1}\hat{\boldsymbol{T}}\hat{\boldsymbol{U}})^m \hat{\boldsymbol{U}}^{-1} = \hat{\boldsymbol{U}}\begin{pmatrix} \lambda_1 & 0 \\ 0 & \lambda_2 \end{pmatrix}^m \hat{\boldsymbol{U}}^{-1} = \frac{1}{\sin q}\begin{pmatrix} \sin[(m+1)q] & -\sin(mq) \\ \sin(mq) & -\sin[(m-1)q] \end{pmatrix} \tag{8.76}$$

取 $m = N-2$ 则可得 $\hat{\boldsymbol{T}}^{N-2}$，将其代入式(8.62)可得

$$\frac{1}{\sin q}\left[\left(\frac{\varepsilon-\Delta\alpha}{\beta}\right)^2 \sin(N-1)q + 2\left(\frac{\varepsilon-\Delta\alpha}{\beta}\right)\sin(N-2)q + \sin(N-2)q\right] = 0 \tag{8.77}$$

式(8.77)为决定 q 的久期方程，q 称为本征值，每个 q 对应一个量子态。

定义如下的参数 t：

$$t \equiv \frac{\Delta\alpha}{\beta} \tag{8.78}$$

它表征表面原子轨道与内部原子轨道能级差与相邻原子相互作用能之间的比值，利用 t 则式(8.77)表达为

$$\frac{1}{\sin q}\left[\left(\frac{\varepsilon}{\beta}-t\right)^2 \sin(N-1)q + 2\left(\frac{\varepsilon}{\beta}-t\right)\sin(N-2)q + \sin(N-3)q\right] = 0 \tag{8.79}$$

由式(8.79)决定 q 后，由式(8.57)和式(8.67)可得量子态 q 的能量：

$$E(q) = E_0 - \alpha + \varepsilon = E_0 - \alpha - 2\beta\cos q \tag{8.80}$$

由式(8.63)则可得量子态 q 的波函数的展开系数 c_n：

$$c_n(q) = \frac{1}{\sin q}\left\{\sin q + \frac{\Delta\alpha}{\beta}\sin[(n-1)q]\right\}a_1 \tag{8.81}$$

式(8.79)、式(8.80)和式(8.81)是求解一维原子链量子态波函数和能量的基本公式，久期方程(8.77)决定了波矢 q 的允许取值，是确定所有量子态的基础，下一节首先讨论如何确定本征值 q，随后的小节则说明如何计算量子态能量和波函数。

8.5.2.4　本征值 q 的确定

本节利用图像法来说明方程(8.79)解的特定性质。把式(8.67)中的 ε 代入方程(8.79)中，则得到：

$$\frac{[(2\cos q+t)^2]\cos q-2(2\cos q+t)}{1-(2\cos q+t)^2}=\sin q\cot[(N-2)q] \tag{8.82}$$

定义等号左边为函数 $f(q)$：

$$f(q)\equiv\frac{[(2\cos q+t)^2]\cos q-2(2\cos q+t)}{1-(2\cos q+t)^2} \tag{8.83}$$

等号右边为函数 $g(q)$：

$$g(q)\equiv\sin q\cot[(N-2)q] \tag{8.84}$$

以 q 为横轴绘制函数 $f(q)$ 和 $g(q)$ 的曲线，则两个曲线的每个交点对应方程(8.82)的一个解，交点的横坐标给出解的 q 值。下面以 $N=6$ 为例说明解的个数，此时函数 $f(q)$ 和 $g(q)$ 曲线如图 8.17 所示，图中的各分图对应于不同的参数 t 值。

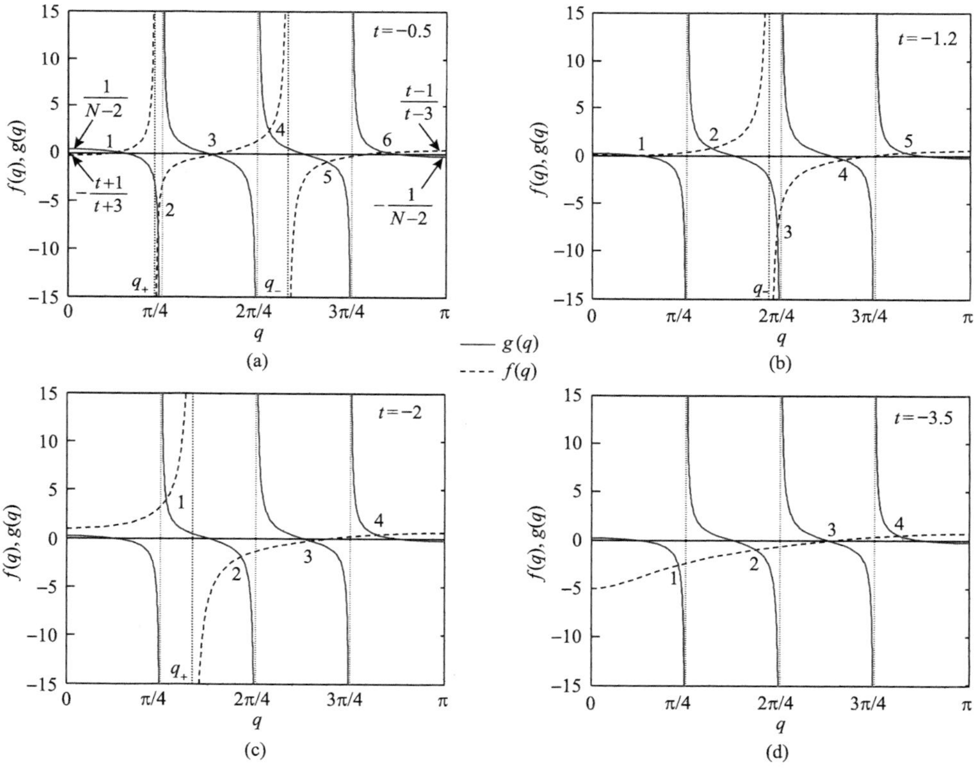

图 8.17　N=6 情形下函数 $f(q)$ 和 $g(q)$ 的曲线图

(a)、(b)、(c)和(d)分别对应于不同的 t 值，图中实曲线表示函数 $g(q)$，线段曲线表示函数 $f(q)$，图中数字用来标记两个曲线交点

先讨论曲线 $g(q)$ 的基本特性。由图 8.17 可见，曲线 $g(q)$ 包含四个分支，从左到右四个分支的区间分别为：$[0,\pi/4)$、$(\pi/4,2\pi/4)$、$(2\pi/4,3\pi/4)$ 和 $(3\pi/4,\pi]$，最左边分支称为 0 分支，曲线单调下降，在左边界 $q=0$ 处有最大值 $1/4$，在右边界 $q=\pi/4$ 处趋于无穷小；最右边分支称为 π 分支，曲线单调下降，在左边界 $q=3\pi/4$ 处趋于无穷大，在右边界 $q=\pi$ 处为 $-1/4$；中间的两个分支曲线变化特征基本相同，都是从左边界的无穷大单调下降到右边界的无穷小。函数 $g(q)$ 这种特性容易推广到任何 N 值的情形。对于一般的 N 值，曲线 $g(q)$ 分为 $N-2$ 个分支，各分支的区间分别为

$$\underbrace{\left[0,\frac{\pi}{N-2}\right)}_{f(q)\text{的0分支区间}},\underbrace{\left(\frac{\pi}{N-2},\frac{2\pi}{N-2}\right),\cdots,\left(\frac{(N-2)\pi}{N-2},\frac{(N-1)\pi}{N-2}\right)}_{f(q)\text{的0中间分支区间，共}N-4\text{个}},\underbrace{\left(\frac{(N-1)\pi}{N-2},\pi\right]}_{f(q)\text{的}\pi\text{分支区间}} \tag{8.85}$$

最左边的 0 分支曲线变化特征和 $N=6$ 情形下的 0 分支变化特征一致，该分支在左边界的最大值为 $1/(N-2)$；最右边的 π 分支与 $N=6$ 情形下的 π 分支变化特征也一致，该分支在右边界的最大值为 $-1/(N-2)$，中间 $N-4$ 个分支则与 $N=6$ 情形中两个中间分支变化特征一致。

再讨论曲线 $f(q)$ 的基本特性。曲线 $f(q)$ 的特性依赖于参数 t 的取值，图 8.17 中四个分图分别对应于不同的 t 值。为说明曲线 $f(q)$ 的性质，这里先讨论函数 $f(q)$ 的极点，即函数 $f(q)$ 分母为零的点，因此极点由公式 $1-(2\cos q+\ \ t)^2=0$ 决定，即极点的 q 值由下式决定：

$$\cos q=(-t\pm 1)/2 \tag{8.86}$$

由于 $|\cos q|\leqslant 1$，因此式(8.86)解的个数或者 $f(q)$ 极点个数与 t 的取值有关，下面分别讨论。①如果 $-1<t<1$，则式(8.86)有两个解 $q_+=\cos^{-1}[(-t+1)/2]$ 和 $q_-=\cos^{-1}[(-t-1)/2]$，易见 $q_+<q_-$；②如果 $-3<t<-1$，则式(8.86)只有一个解 $q_-=\cos^{-1}[(-t-1)/2]$；③如果 $1<t<3$，则式(8.86)只有一个解 $q_+=\cos^{-1}[(-t+1)/2]$；④如果 $3<t$ 或者 $t<3$，则式(8.86)无解。由于极点是分母为零的点，因此当 q 趋于极点时，函数 $f(q)$ 趋于无穷大，这意味着曲线在极点处发生间断，因此 $f(q)$ 极点的个数决定了曲线 $f(q)$ 分段情况。

下面按极点个数来讨论曲线的特性。①双极点情形，即 $-1<t<1$ 的情形，如图 8.17(a)所示。此时曲线 $f(q)$ 分为三个分支，从左到右三个分支的区间分别是左分支 $[0,q_-)$、中分支 (q_+,q_-) 和右分支 $(q_-,\pi]$，在左分支内，函数从左边界 0 处的 $-(t+1)/(t+3)$ 单调上升到右边界 q_- 处的无穷大；在中分支内，函数从左边界 q_- 处的无穷大单调降低到右边界 q_+ 的无穷小；在右分支内，函数从左边界 q_- 处的无穷小单调上升到右边界的 $(t-1)/(t-3)$。②单极点情形，即 $-3<t<-1$（或

$1<t<3$)的情形，如图 8.17(b)和(c)所示，曲线 $f(q)$ 只有两个分支，即左分支 $[0,q_-)$ 和右分支 $(q_-,\pi]$ (或左分支 $[0,q_+)$ 和右分支 $(q_+,\pi]$)，两个分支曲线的性质与双极点情形下左边和右边两个分支曲线的性质基本相同。③无极点情形，即 $3<t$ 或者 $t<3$ 的情形，此时曲线 $f(q)$ 从 $q=0$ 处的负值单调地增加到 $q=\pi$ 的正值，如图 8.17(d)所示。

现在考虑曲线 $f(q)$ 和 $g(q)$ 之间形成交点的数量。

(1)双极点情形(即 $-1<t<1$)。在这种情形下，$f(q)$ 的中分支与 $g(q)$ 的 $N-2$ 个中间分支形成 $N-2$ 个交点，$f(q)$ 的左分支与 $g(q)$ 的 0 分支以及最左边的中间分支相交形成两个交点，$f(q)$ 的右分支与 $g(q)$ 的 π 分支以及最右边的中间分支相交形成两个交点，于是两个曲线一共形成 N 个交点，即

$$-1<t<1:\quad N\text{个交点} \tag{8.87}$$

如图 8.17(a)所示。

(2)单极点情形(即 $-3<t<-1$ 或 $1<t<3$)。在 $-3<t<-1$ 情形下的交点数与在 $1<t<3$ 的交点数相同，这里以 $-3<t<-1$ 的情形为例来说明单极点情形下两个曲线形成的交点个数。在这种情形下，$f(q)$ 的中分支不再存在，于是 $f(q)$ 的中分支与 $g(q)$ 的 0 分支不再形成交点，导致 $f(q)$ 与 $g(q)$ 交点减少一个，这个交点的位置在区间 $\left[0,\dfrac{\pi}{N-2}\right)$ 内，当 N 很大时 $\pi/(N-2)$ 很小，因此该消失的交点在 $q=0$ 的附近，这个消失的交点可称为**近 0 交点**。$f(q)$ 中分支的消失导致 $f(q)$ 只有两个分支，其中右分支与 $g(q)$ 中间的 $N-4$ 个分支形成 $N-4$ 个交点，与 $g(q)$ 的 π 分支形成一个交点；$f(q)$ 的左分支与 $g(q)$ 最左边的中间分支形成一个交点，与 $g(q)$ 的 0 分支能否形成交点则取决于 t 值，如果 t 满足如下条件：

$$-(t+1)/(t+3)<1/(N-2)\qquad\text{或}\qquad -(N+1)/(N-1)<t \tag{8.88}$$

则曲线 $f(q)$ 在 $q=0$ 处的位置低于曲线 $g(q)$ 在 $q=0$ 处的位置，此时 $f(q)$ 和 $g(q)$ 的 0 分支可以形成交点，图 8.17(b)所示，在这种情况下 $f(q)$ 和 $g(q)$ 形成 $N-1$ 个交点，即

$$-(N+1)/(N-1)<t<-1:\quad N-1\text{个交点} \tag{8.89}$$

如果条件(8.88)不满足，则在 $q=0$ 处的交点不再存在，这个交点可称为**等 0 交点**，如图 8.17(c)所示，这时 $f(q)$ 和 $g(q)$ 形成 $N-2$ 个交点，即

$$-3<t<-(N+1)/(N-1):\quad N-2\text{个交点} \tag{8.90}$$

对于$1<t<3$有类似结果，即取决于t值有$N-1$或$N-2$个交点，也就是与$1<t<3$情形相比减少了两个交点，所不同的是减少的两个交点一个在$q=\pi$附近，另一个在$q=\pi$处，分别相当于$-3<t<-1$情形中的近 0 交点和等 0 交点，这里的两个交点可分别称为**近 π 交点**和**等 π 交点**。$1<t<3$情形下的交点数量与t的关系可归纳如下：

$$\begin{aligned} &1<t<(N+1)/(N-1):\ N-1\text{个交点} \\ &(N+1)/(N-1)<t<3:\ N-2\text{个交点} \end{aligned} \tag{8.91}$$

(3) 无极点情形(即$t<-3$和$3<t$)，如图 8.17(d)所示。由图可见，在这种情况下曲线$f(q)$是一个从$q=0$为负值到$q=\pi$为正值的单调增加的连续曲线，它与$g(q)$的$N-2$个分支各形成一个交点，与$-1<t<1$情形相比，在$q=0$和$q=\pi$处的两个交点不再存在，结果$f(q)$和$g(q)$形成$N-2$个交点，即

$$t<-3\quad\text{和}\quad t>3:\ N-2\text{个交点} \tag{8.92}$$

曲线$f(q)$和曲线$g(q)$交点数等于方程(8.82)实数解的个数，因此实数解的个数由参数t决定，其依赖关系如图 8.18 所示。①在$-1<t<1$时方程有N个实数解，这意味着方程所有解为实数；②在$-(N+1)/(N-1)<t<-1$或$1<t<(N+1)/(N-1)$时方程有$N-1$个实数解，这意味着在该条件下方程有一个复数解；③在$-3<t<-(N+1)/(N-1)$或$(N+1)/(N-1)<t<3$)以及$t<-3$或$t>3$时方程有$N-2$个实数解，这意味着方程有两个复数解。由图可见方程(8.82)的解表现出对t的对称性，由前面讨论可见$t<0$的复数解与近 0 交点和等 0 交点相关，而$t>0$的复数解与近 π 交点和等 π 交点相关，这意味着$t<0$的复数解对应于$q=\mathrm{i}\kappa$，$t>0$的复数解对应于$q=\pi+\mathrm{i}\kappa$，即

$$t<0: q=\mathrm{i}\kappa,\qquad t>0: q=\pi+\mathrm{i}\kappa \tag{8.93}$$

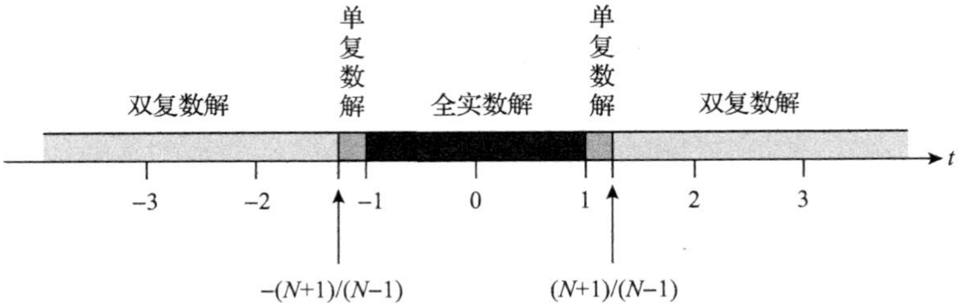

图 8.18　方程(8.82)解的个数与参数t的关系

下面求解q为这两种形式复数时的量子态。下面将说明复数解的能量处于体态的能带之外，波函数则局域于表面，因此复数解对应于模型晶体的表面态。

8.5.2.5 表面态的求解

本节求解 $q = \mathrm{i}\kappa$ 和 $q = \pi + \mathrm{i}\kappa$ 时模型晶体的量子态，也就是求解此两种形式 q 下式(8.79)、式(8.80)和式(8.81)。首先需要利用式(8.79)确定具体的 κ 值，为此，先把 $q = \mathrm{i}\kappa$ 和 $q = \pi + \mathrm{i}\kappa$ 代入公式 $\varepsilon = -2\beta\cos q$ ，由此可得

$$\varepsilon = -2\beta\cos q = \begin{cases} -2\beta\,\mathrm{ch}\,\kappa & q = \mathrm{i}\kappa \\ 2\beta\,\mathrm{ch}\,\kappa & q = \pi + \mathrm{i}\kappa \end{cases} \tag{8.94}$$

再把式(8.94)以及 q 的具体形式代入式(8.79)，利用如下双曲函数和三角函数的关系式(其中 $\mathrm{cth}\,\kappa = \mathrm{ch}\,\kappa / \mathrm{sh}\,\kappa$ 为双曲余切函数)

$$\sin(\mathrm{i}\kappa) = \mathrm{i}\,\mathrm{sh}\,\kappa, \qquad \cos(\mathrm{i}\kappa) = \mathrm{ch}\,\kappa, \qquad \mathrm{ctg}\,q(\mathrm{i}\kappa) = -\mathrm{i}\,\mathrm{cth}\,\kappa \tag{8.95}$$

可将方程(8.82)变为

$$\frac{1}{\mathrm{sh}\,\kappa}\Big[(2\,\mathrm{ch}\,\kappa \pm t)^2\,\mathrm{sh}[(N-1)\kappa] - 2(2\,\mathrm{ch}\,\kappa \pm t)\,\mathrm{sh}[(N-2)\kappa] + \mathrm{sh}[(N-3)\kappa]\Big] = 0 \tag{8.96}$$

其中正负号分别对应 $q = \mathrm{i}\kappa$ 和 $q = \pi + \mathrm{i}\kappa$，也即正负号分别对应于 $t < 0$ 和 $t > 0$ 的情形。由双曲函数的性质 $\mathrm{ch}(-\kappa) = \mathrm{ch}\,\kappa$ 以及 $\mathrm{sh}(-\kappa) = -\mathrm{sh}\,\kappa$ ，式(8.96)对 κ 和 $-\kappa$ 是完全相同的，也就是仅与 κ 的大小即 $|\kappa|$ 有关，因此式(8.96)可表达为

$$\frac{1}{\mathrm{sh}|\kappa|}\Big[(2\,\mathrm{ch}|\kappa| \pm t)^2\,\mathrm{sh}[(N-1)|\kappa|] - 2(2\,\mathrm{ch}|\kappa| \pm t)\,\mathrm{sh}[(N-2)|\kappa|] + \mathrm{sh}[(N-3)|\kappa|]\Big] = 0 \tag{8.97}$$

定义 $r \equiv \mathrm{e}^{|\kappa|}$ ，则有 $r^{-1} \equiv \mathrm{e}^{-|\kappa|}$ ，于是有

$$\mathrm{sh}|\kappa| = \frac{1}{2}(r - r^{-1}), \qquad \mathrm{ch}|\kappa| = \frac{1}{2}(r + r^{-1}), \qquad \mathrm{cth}|\kappa| = \frac{r + r^{-1}}{r - r^{-1}} \tag{8.98}$$

把式(8.98)代入式(8.96)并整理，则有

$$[r^{(N-1)} - r^{-(N-1)}](r + r^{-1} \pm t)^2 - 2[r^{(N-2)} - r^{-(N-2)}](r + r^{-1} \pm t) + [r^{(N-3)} - r^{-(N-3)}] = 0 \tag{8.99}$$

记 $p \equiv r + r^{-1} \pm t$ ，则式(8.99)变为

$$[r^{(N-1)\kappa} - r^{-(N-1)\kappa}]p^2 - 2[r^{(N-2)\kappa} - r^{-(N-2)\kappa}]p + [r^{(N-3)\kappa} - r^{-(N-3)\kappa}] = 0 \tag{8.100}$$

式(8.100)可看成是关于 p 的二元一次方程，注意到 $r > r^{-1}$，由求根公式可得

$$p = \frac{[r^{(N-2)} - r^{-(N-2)}] \pm (r - r^{-1})}{r^{(N-1)} - r^{-(N-1)}} \tag{8.101}$$

把 p 的定义式代入式(8.101)，则有

$$\begin{aligned} r + r^{-1} + t &= \frac{[r^{(N-2)} - r^{-(N-2)}] \pm (r - r^{-1})}{r^{(N-1)} - r^{-(N-1)}} \qquad t < 0 \\ r + r^{-1} - t &= \frac{[r^{(N-2)} - r^{-(N-2)}] \pm (r - r^{-1})}{r^{(N-1)} - r^{-(N-1)}} \qquad t > 0 \end{aligned} \tag{8.102}$$

整理式(8.102)则有

$$\begin{aligned} t &= -\frac{r^N - r^{-N}}{r^{(N-1)} - r^{-(N-1)}} \pm \frac{r - r^{-1}}{r^{(N-1)} - r^{-(N-1)}} = h_\pm^{t<0} \qquad t < 0 \\ t &= \frac{r^N - r^{-N}}{r^{(N-1)} - r^{-(N-1)}} \pm \frac{r - r^{-1}}{r^{(N-1)} - r^{-(N-1)}} = h_\pm^{t>0} \qquad t > 0 \end{aligned} \tag{8.103}$$

第一个等式左边为 t，它由系统的性质决定，第一个等式右边为 r 的函数，也就是所要求解的 κ 的函数，因此式(8.103)是关于 κ 的隐式方程。

可以利用图像法讨论方程(8.103)的解。为此把该方程等式右边的函数分别定义为函数 $h_\pm^{t<0}(r)$ 和 $h_\pm^{t>0}(r)$，以 r 为横坐标绘制两个函数的曲线，则该曲线与纵坐标为 t 的直线交点即为方程(8.103)的解，交点的横坐标给出方程解的 r 值，由此横坐标值 $r(= e^{|\kappa|})$ 即可得到要求解的 $|\kappa|$。方程中 $t < 0$ 和 $t > 0$ 的情形下的求解是完全类似的，这里只讨论 $t < 0$ 情形，对 $t > 0$ 的情形只给出结论。图 8.19 是函数 $h_\pm^{t<0}(r)$ 曲线典型的例子，由图可见函数 $h_+^{t<0}(r)$ 和 $h_-^{t<0}(r)$ 在整个定义域范围 $(0,\infty)$ 内是单调下降的函数，在 $r \to 1$ 处两者有最大值，其值为

$$\lim_{r\to 1} h_\pm^{t<0}(r) = \lim_{r\to 1}\left[\frac{r^N - r^{-N}}{r^{(N-1)} - r^{-(N-1)}} \pm \frac{r - r^{-1}}{r^{(N-1)} - r^{-(N-1)}}\right]' = \begin{cases} h_+^{t<0}(r): & -1 \\ h_-^{t<0}(r): & -\dfrac{N+1}{N-1} \end{cases} \tag{8.104}$$

在图 8.19 中 AB 和 CD 分别表示纵坐标为两个最大值的直线。由图 8.19(a)可见，方程(8.103)的解可分为如下几种情况：① $t > -1$，此时以 t 为纵坐标的直线不会与 $h_+(r)$ 和 $h_-(r)$ 两个曲线中任何一个相交，也就是说方程无解；② $-(N+1)/(N-1) < t < -1$，此时以 t 为纵坐标的直线只能与曲线 $h_+(r)$ 形成一个交点，这意味着方程有一个解；③ $t < -(N+1)/(N-1)$，此时以 t 为纵坐标的直线与 $h_+(r)$ 和

$h_-(r)$ 两个曲线都相交，因此方程有两个解。这些结果与前面关于解个数的讨论一致。

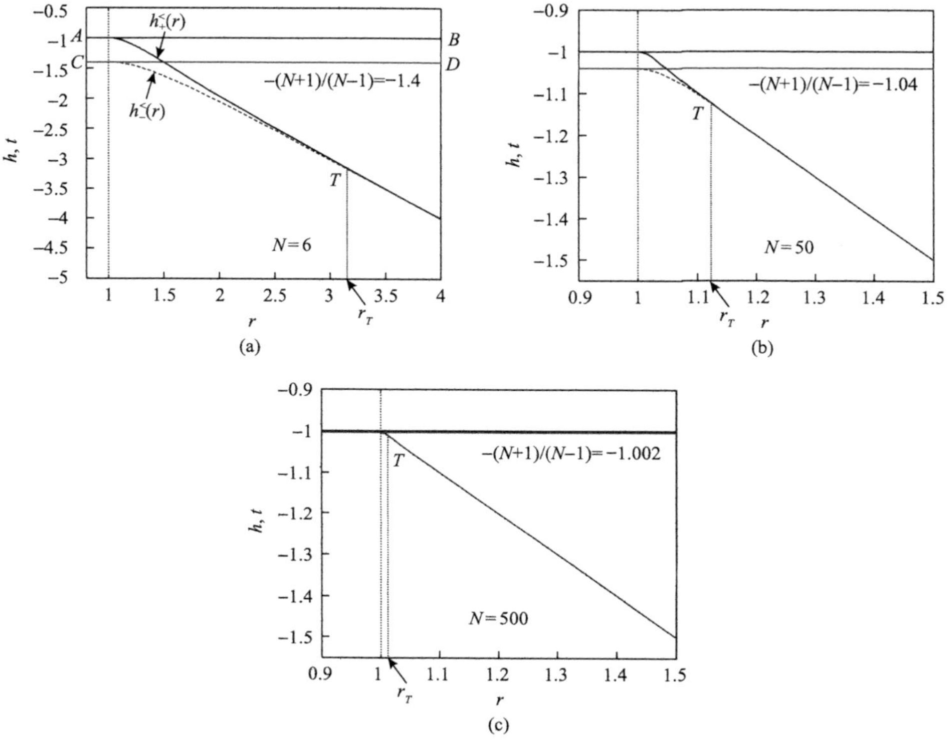

图 8.19　方程(8.103)的图像法求解

(a)、(b)和(c)分别对应 $N = 6$、50 和 500。图中的实曲线表示函数 $h_+^{t<0}(r)$，线段曲线表示函数 $h_-^{t<0}(r)$，两个函数在大的 r 值会趋于相同，图中所标的 T 点表示两者变得一致的转变点。直线 AB 和 CD 分别表示纵坐标为-1 和 $-(N+1)/(N-1)$ 的直线

由图 8.19 可见，当 r 足够大时函数 $h_+^{t<0}(r)$ 和 $h_-^{t<0}(r)$ 的曲线趋于一致，两者变得一致的转变点 r_T 随着 N 的增加而减小，由图可见当 $N = 500$ 时转变点 r_T 几乎移到 $r=1$ 处，这意味着当一维原子链中包含大量原子时，函数 $h_+(r)$ 和 $h_-(r)$ 在几乎整个定义域范围内是相同的，这是当 N 很大时 $-(N+1)/(N-1) \to -1$ 的自然结果。对于实际的晶体，N 值总是很大，函数 $h_+^{t<0}(r)$ 和 $h_-^{t<0}(r)$ 几乎是重合的，因此方程(8.103)的两个解的 r 值实际上是相同的。下面考虑当 N 很大时的解。由于 $r = e^{|\kappa|} > 1$，当 N 很大时，$r^{N-1} \to \infty$ 和 $r^{-(N-1)} \sim r^{-N} \to 0$，而 $r - r^{-1}$ 为有限大小的量，因此式(8.103)中第二项近似为零，于是式(8.103)可近似为

$$t \simeq -\frac{r^N}{r^{(N-1)}} = -r \tag{8.105}$$

即

$$e^{|\kappa|} = -\frac{\Delta\alpha}{\beta}, \qquad t = \frac{\Delta\alpha}{\beta} < 0 \tag{8.106}$$

此式给出要求的 κ 值。类似地，$t > 0$ 情形下的 κ 值由下式给出：

$$e^{|\kappa|} = \frac{\Delta\alpha}{\beta}, \qquad t = \frac{\Delta\alpha}{\beta} > 0 \tag{8.107}$$

确定 κ 后就可求解系统能量和波函数，首先求解表面态的能量。把 $q = i\kappa$ 和 $q = \pi + i\kappa$ 代入式(8.80)可得两个表面态的能量：

$$E(\kappa) = \begin{cases} E_0 - \alpha - 2\beta\,\mathrm{ch}\,\kappa = E_0 - \alpha - \beta(e^{\kappa} + e^{-\kappa}) & q = i\kappa\text{或}t < 0 \\ E_0 - \alpha + 2\beta\,\mathrm{ch}\,\kappa = E_0 - \alpha + \beta(e^{\kappa} + e^{-\kappa}) & q = \pi + i\kappa\text{或}t > 0 \end{cases} \tag{8.108}$$

由数学等式 $e^{\kappa} + e^{-\kappa} > 2$，考虑到 $\beta > 0$，则可得这两个表面态能量值具有如下特征：

$$\begin{aligned} &t > 0\text{时},\quad E(\kappa) > E_0 - \alpha + 2\beta \\ &t < 0\text{时},\quad E(\kappa) < E_0 - \alpha - 2\beta \end{aligned} \tag{8.109}$$

在紧束缚近似中体态的波矢 q 为实数，其能量式为 $E(q) = E_0 - \alpha - 2\beta\cos q$ [式(8.80)]，其中 $E_0 - \alpha$ 表示单个原子能级，β 表示相邻原子之间的轨道交叠积分或成键能量，该能量式表示原子能级由于轨道交叠而形成能带，能带的下边界为 $E_0 - \alpha - 2\beta$，而能带上边界为 $E_0 - \alpha + 2\beta$，如图 8.20(a)和(b)所示。与体态能量比较可见，表面态的能量要么高于能带的上边界，要么低于能带的下边界，这意味着表面态的能量在体态能带之外。如果考虑模型晶体中多个原子态，那么每个原子态能级形成一个能带，能带之间形成能隙，因此表面态的能量处于能隙之中，这正是表面态能量的基本特征。

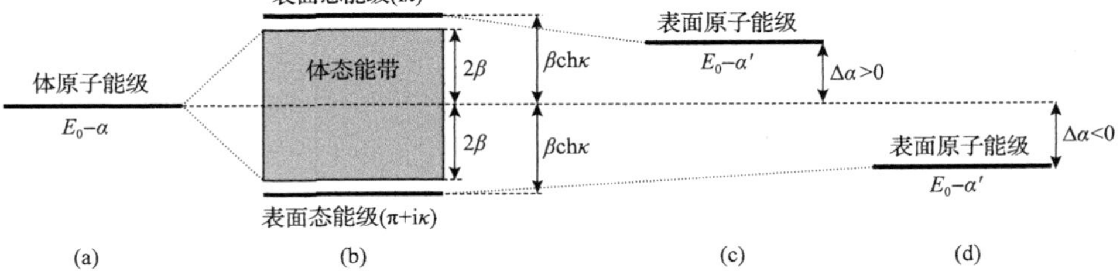

图 8.20　体原子能级、表面原子能级、体态及表面态能级的相对关系

把式(8.106)代入式(8.80)即可得在 N 值很大时表面态能量的近似解析表达式。$t<0$ 情形下(此时 $q=\mathrm{i}\kappa$)表面态的能量为

$$E(\kappa)=E_0-\alpha-2\beta\cos(\mathrm{i}\kappa)=E_0-\alpha-2\beta\,\mathrm{ch}\,\kappa=E_0-\alpha-\beta\left(\frac{\Delta\alpha}{\beta}+\frac{\beta}{\Delta\alpha}\right) \tag{8.110}$$

$t>0$ 情形下(此时 $q=\pi+\mathrm{i}\kappa$)表面态的能量为

$$E(\kappa)=E_0-\alpha-2\beta\cos(\pi+\mathrm{i}\kappa)=E_0-\alpha+2\beta\,\mathrm{ch}\,\kappa=E_0-\alpha+\beta\left(\frac{\Delta\alpha}{\beta}+\frac{\beta}{\Delta\alpha}\right) \tag{8.111}$$

由于 $\mathrm{ch}\,\kappa=\mathrm{ch}|\kappa|$，因此以上两式表明表面态的能量仅与 $|\kappa|$ 的大小有关。

再求解表面态的波函数。把式(8.106)或式(8.107)代入式(8.81)则得量子态波函数的展开系数:

$$\begin{aligned}
c_n(\kappa)&=\frac{1}{\sin(\mathrm{i}\kappa)}\left\{\sin[n(\mathrm{i}\kappa)]+\frac{\varepsilon_0}{\beta}\sin[(n-1)(\mathrm{i}\kappa)]\right\}a_1=\frac{1}{\mathrm{i}\,\mathrm{sh}\,\kappa}\left\{\mathrm{i}\,\mathrm{sh}(n\kappa)+\mathrm{i}\frac{\varepsilon_0}{\beta}\mathrm{sh}[(n-1)\kappa]\right\}a_1\\
&=\frac{1}{(\mathrm{e}^{\kappa}-\mathrm{e}^{-\kappa})}\left\{\mathrm{e}^{n\kappa}-\mathrm{e}^{-n\kappa}+\frac{\varepsilon_0}{\beta}[\mathrm{e}^{(n-1)\kappa}-\mathrm{e}^{-(n-1)\kappa}]\right\}a_1\\
&=\frac{1}{(\mathrm{e}^{\kappa}-\mathrm{e}^{-\kappa})}\left\{\mathrm{e}^{n\kappa}-\mathrm{e}^{-n\kappa}-\mathrm{e}^{\kappa}[\mathrm{e}^{(n-1)\kappa}-\mathrm{e}^{-(n-1)\kappa}]\right\}a_1\\
&=\frac{\mathrm{e}^{-(n-2)\kappa}-\mathrm{e}^{-n\kappa}}{(\mathrm{e}^{\kappa}-\mathrm{e}^{-\kappa})}a_1=\frac{\mathrm{e}^{-n\kappa}(\mathrm{e}^{2\kappa}-1)}{\mathrm{e}^{-\kappa}(\mathrm{e}^{2\kappa}-1)}a_1=\mathrm{e}^{-(n-1)\kappa}a_1
\end{aligned} \tag{8.112}$$

这意味着当 $\kappa>0$ 时有

$$c_n(\kappa)=\mathrm{e}^{-(n-1)|\kappa|}a_1 \tag{8.113}$$

这表示随着从模型原子链的表面原子($n=1$)深入到晶体内部(n 值增加)，波函数以指数方式下降。当 $\kappa<0$ 时，由式(8.112)可得

$$a_1=\mathrm{e}^{(n-1)\kappa}c_n=\mathrm{e}^{-(n-1)|\kappa|}c_n \tag{8.114}$$

这表示波函数随着 n 值的增加而呈指数增加，这意味着随着从模型链另一端表面原子($n=N$)深入到晶体内部(n 值减小)的过程中波函数以指数方式下降。因此 $q=\pm\mathrm{i}\kappa$ 的两种表面态波函数分别局域于模型原子链的两端即表面，这种波函数局域于表面的性质正是表面态的特性。考虑到表面态的能量仅与 $|\kappa|$ 有关，因此

$q=\pm\mathrm{i}\kappa$ 所对应的两个表面态是简并的。对 $t>0$ 的情形(即 $q=\pi\pm\mathrm{i}\kappa$)可得到完全类似的结论。

8.5.2.6　紧束缚近似方法的物理理解

按照紧束缚近似理论，当原子聚集成晶体时，能量接近的原子能级能扩展成晶体能带。如图 8.20 所示，在本问题中有两类原子态，一类是位于模型原子链内的原子态，其能量为 $E_0-\alpha$，另一类是位于一维链端点的表面原子态，其能量为 $E_0-\alpha'$，由于所处的环境不同，这两类原子态的能量并不相同，而是有能量差 $\Delta\alpha=\alpha-\alpha'$。按照轨道相互作用理论，只有能量接近的轨道才能相互作用形成晶体轨道，能量接近的准则是原子轨道的能量差不能远大于原子轨道之间的成键积分；在本问题中这意味着如果原子内部原子与表面原子的能量差 $\Delta\alpha$ 远大于原子轨道之间的相互作用 β，则内部原子轨道不能和表面原子轨道发生相互作用，这时表面原子轨道就不能和内部原子轨道发生混合，而是形成独立的表面态。当表面原子轨道的能量大于内部原子轨道能量即 $\Delta\alpha>0$ 时，如图 8.20(c)所示，这时表面态的形成条件为 $t=\Delta\alpha/\beta>1$ (这里 $\beta>0$)；当表面原子轨道的能量小于内部原子轨道能量即 $\Delta\alpha<0$ 时，如图 8.20(d)所示，这时表面态的形成条件为 $t=\Delta\alpha/\beta<-1$ (这里 $\beta>0$)，这正是前面讨论得到的结果。表面态能级由表面原子能级转化而来，这是整个原子链势作用于表面原子能级的结果，表面态能级处于体态能带之外，如图 8.20 所示。按照轨道数守恒原则，模型原子链有两个表面轨道，因此形成的表面态也只有两个。对于三维晶体，表面原子处于一个二维面上，因此表面态轨道之间由于能量接近而相互交叠，从而表面态会形成表面态能带，表面态波函数则会遍及整个表面，如图 8.21 所示。在表面化学中位于表面的轨道常称为**悬挂键**(dangling bond)，由悬挂键轨道交叠形成的二维表面电子态称为**悬挂键态**。

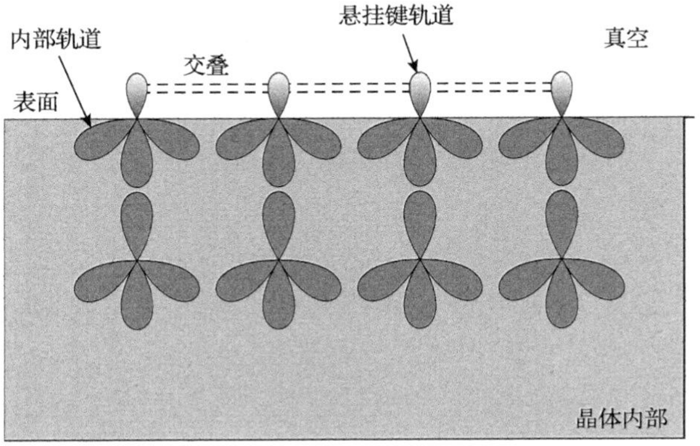

图 8.21　悬挂键和悬挂键态的示意图

参 考 文 献

[1] Grundmann M. The Physics of Semiconductors. 2nd ed. Berlin: Springer, 2010: 195

[2] Gebhart W, Kühnert H. Temperature dependence of F-centre absorption and emission. Phys Lett, 1964, 11: 15-16

[3] Liang W Y. Excitons. Phys Edu, 1970, 5: 226-228

[4] García Solé J, Bausá L E, Jaque D. An Introduction to the Optical Spectroscopy of Inorganic Solids. West Sussex: John Wiley & Sons, 2005: 142

[5] Fox M. Optical Properties of Solids. 2nd ed. Oxford: Oxford University Press, 2010: 97

[6] Fehrenbach G W, Schäfer W, Ulbrich R G. Excitonic versus plasma screening in highly excited gallium arsenide. J Luminescence, 1985, 30: 154-161

[7] García Solé J, Bausá L E, Jaque D. An Introduction to the Optical Spectroscopy of Inorganic Solids. West Sussex: John Wiley & Sons, 2005: 143

[8] Pope M, Swenberg C E. Electronic Processes in Organic Crystals and Polymers. 2nd ed. New York: Oxford University Press, 1999: 73-78

[9] Cox P A. The Electronic Struture and Chemistry of Solids. Oxford: Oxford University Press, 1987: 179-185

[10] Oura K, Lifshits V G, Saranin A A, et al. Surface Science: An Introduction. Berlin: Spinger-Verlag, 2003: 266-269

[11] Ibach H. Physics of Surface and Interface. Berlin: Springer, 2006: 401-403

[12] Fauster T, Petek H, Wolf M. Surface states and adsorbate-induced electronic structure//Bowensiepen U, Petek H, Wolf M. Dynamics at Solid State Surfaces and Interfaces. Weinheim: Wiley-VCH, 2012: 121-124

[13] Voigtländer B. Scanning Probe Microscopy. Berlin: Springer-verlag, 2015: 139-140

[14] 黄昆. 半导体物理基础. 北京: 科学出版社, 1979: 259-261

[15] Bardeen J. Semiconductor research leading to the point contact transistor. Nobel Lecture, 1956

[16] Heinrichs J. Tight-binding surface states in finite crystals. J Physcond Matter, 2000, 12: 5565-5573

附录A　三角函数求和公式

此附录证明如下求和公式：

$$\sum_{p=1}^{N}\cos^2\frac{n\pi p}{N+1}=\sum_{p=1}^{N}\sin^2\frac{n\pi p}{N+1}=\frac{1}{2}N \tag{A.1}$$

其中 n 和 N 都为正整数，$n\leqslant N$。

为证明此公式，先证明如下公式：

$$\sum_{p=1}^{N}\cos(2p\cdot x)=\cos 2x+\cos 4x+\cdots+\cos 2Nx=\sin(N+1)x\cdot\frac{\cos Nx}{\sin x} \tag{A.2}$$

利用公式 $\mathrm{e}^{\mathrm{i}\cdot 2nx}=\cos 2nx+\mathrm{i}\sin 2nx$，其中i是虚数单位，有

$$\sum_{p=1}^{N}\cos(2p\cdot x)=\mathrm{Re}\sum_{p=1}^{N}\mathrm{e}^{\mathrm{i}\cdot 2px} \tag{A.3}$$

其中 $\mathrm{Re}\sum_{p=1}^{N}\mathrm{e}^{\mathrm{i}\cdot 2px}$ 表示求和 $\sum_{p=1}^{N}\mathrm{e}^{\mathrm{i}\cdot 2px}$ 的实部，该求和是一等比级数，很容易得到：

$$\begin{aligned}\sum_{p=1}^{N}\mathrm{e}^{\mathrm{i}\cdot 2px}&=\frac{\mathrm{e}^{\mathrm{i}\cdot 2(N+1)x}-\mathrm{e}^{\mathrm{i}\cdot 2x}}{\mathrm{e}^{\mathrm{i}\cdot 2x}-1}=\frac{\mathrm{e}^{\mathrm{i}\cdot(2N+1)x}-\mathrm{e}^{\mathrm{i}\cdot x}}{\mathrm{e}^{\mathrm{i}\cdot x}-\mathrm{e}^{-\mathrm{i}\cdot x}}\\&=\frac{\sin(2N+1)x+\sin x}{2\sin x}+\mathrm{i}\cdot\frac{\cos x-\cos(2n+1)x}{2\sin x}\\&=\sin(N+1)x\frac{\cos Nx}{\sin x}+\mathrm{i}\cdot\sin(N+1)x\frac{\sin Nx}{\sin x}\end{aligned} \tag{A.4}$$

上式最后一个等式推导中运用了三角函数的基本公式：$\sin x+\sin y=2\sin\frac{x+y}{2}\cos\frac{x-y}{2}$ 和 $\cos x-\cos y=-2\sin\frac{x+y}{2}\sin\frac{x-y}{2}$。于是有

$$\sum_{p=1}^{N}\cos(2p\cdot x)=\mathrm{Re}\sum_{p=1}^{N}\mathrm{e}^{\mathrm{i}\cdot 2px}=\sin(N+1)x\frac{\cos Nx}{\sin x} \tag{A.5}$$

利用三角函数公式 $\cos^2 x=\frac{1}{2}(1+\cos 2x)$，有

$$\sum_{p=1}^{N}\cos^2\frac{n\pi p}{N+1}=\sum_{i=1}^{N}\frac{1}{2}\left(1+\cos\frac{2n\pi p}{N+1}\right)=\frac{1}{2}N+\frac{1}{2}\sum_{p=1}^{N}\cos\left(2p\cdot\frac{n\pi}{N+1}\right) \tag{A.6}$$

上式中最后一式求和公式可由式(A.5)求得，其为

$$\sum_{p=1}^{N}\cos\left(2p\cdot\frac{n\pi}{N+1}\right)=\sin\left[(N+1)\cdot\frac{n\pi}{N+1}\right]\cdot\frac{\cos\left(N\cdot\frac{n\pi}{N+1}\right)}{\sin\frac{n\pi}{N+1}}=0 \tag{A.7}$$

由于 n 为正整数，因此上式中最后一个等式中 $\sin\left[(N+1)\cdot\frac{n\pi}{N+1}\right]=\sin n\pi=0$，而由于 $n\leqslant N$，故分母 $\sin\frac{n\pi}{N+1}\neq 0$，因此上式成立。于是有

$$\sum_{p=1}^{N}\cos^2\frac{n\pi p}{N+1}=\frac{1}{2}N \tag{A.8}$$

利用公式 $\sin^2 x=\frac{1}{2}(1-\cos 2x)$，有

$$\sum_{p=1}^{N}\sin^2\frac{n\pi p}{N+1}=\sum_{i=1}^{N}\frac{1}{2}\left(1-\cos\frac{2n\pi p}{N+1}\right)=\frac{1}{2}N-\frac{1}{2}\sum_{p=1}^{N}\cos\left(2p\cdot\frac{n\pi}{N+1}\right)=\frac{1}{2}N \tag{A.9}$$

附录 B　三对角矩阵本征值和本征矢

三对角矩矩阵就是具有如下 $\boldsymbol{M}$ 形式的 $n\times n$ 实矩阵：

$$\boldsymbol{M}=\begin{pmatrix}\alpha & \beta & & & & & \\ \beta & \alpha & \beta & & & & \\ & \beta & \alpha & \beta & & & \\ & & \ddots & \ddots & \ddots & & \\ & & & \ddots & \alpha & \beta & \\ & & & & \beta & \alpha & \beta \\ & & & & & \beta & \alpha\end{pmatrix} \tag{B.1}$$

即除了对角元和近邻对角元的矩阵元非零外其他矩阵元都为零的矩阵。三对角矩阵可以分解为如下的两个矩阵之和：

$$\boldsymbol{M}=\alpha\begin{pmatrix}1 & & & & & & \\ & 1 & & & & & \\ & & 1 & & & & \\ & & & \ddots & & & \\ & & & & 1 & & \\ & & & & & 1 & \\ & & & & & & 1\end{pmatrix}+\beta\begin{pmatrix}0 & 1 & 0 & & & & \\ 1 & 0 & 1 & & & & \\ & 1 & 0 & 1 & & & \\ & & \ddots & \ddots & \ddots & & \\ & & & \ddots & 0 & 1 & \\ & & & & 1 & 0 & 1 \\ & & & & & 1 & 0\end{pmatrix}=\alpha\boldsymbol{I}+\beta\boldsymbol{T} \tag{B.2}$$

式中，$\boldsymbol{I}$ 为 $n\times n$ 单位矩阵，$\boldsymbol{T}$ 为右边的矩阵。易见 $\boldsymbol{M}$ 的本征矢和 $\boldsymbol{T}$ 的本征矢相同，$\boldsymbol{M}$ 的本征值 μ 和 $\boldsymbol{T}$ 的本征值 λ 有如下关系：

$$\mu=\alpha+\beta\lambda \tag{B.3}$$

因此求 $\boldsymbol{M}$ 的本征值和本征矢只需求更简单的 $\boldsymbol{T}$ 的本征值和本征矢即可，下面求 $\boldsymbol{T}$ 的本征值和本征矢。

记 $\lambda=2c$ 为 $\boldsymbol{T}$ 的本征值，$\boldsymbol{V}=(v_1,v_2,\cdots,v_n)^{\mathrm{T}}$ 是一个本征矢，T 表示矩阵的转置，于是本征值方程为

$$0=(\boldsymbol{T}-\lambda\boldsymbol{I})=\begin{pmatrix}-2c & 1 & & & & & \\ 1 & -2c & 1 & & & & \\ & 1 & -2c & \ddots & & & \\ & & \ddots & \ddots & \ddots & & \\ & & & \ddots & -2c & 1 & \\ & & & & 1 & -2c & 1 \\ & & & & & 1 & -2c\end{pmatrix}\begin{pmatrix}v_1\\ v_2\\ v_3\\ \vdots\\ v_{n-2}\\ v_{n-1}\\ v_n\end{pmatrix}=\begin{pmatrix}-2cv_1+v_2\\ v_1-2cv_2+v_3\\ \vdots\\ v_{k-1}-2cv_k+v_{k+1}\\ \vdots\\ v_{n-2}-2cv_{n-1}+v_n\\ v_{n-1}-2cv_n\end{pmatrix} \tag{B.4}$$

如果定义两个新的量 $v_0=0$ 和 $v_{n+1}=0$，上式矩阵方程可统一地写成如下形式：

$$v_{k-1}-2cv_k+v_{k+1}=0 \qquad k=1,2,\cdots,n \tag{B.5}$$

上式是以 $v_0=0$ 和 $v_{n+1}=0$ 为边界条件的二阶常系数差分方程。按通常做法，可试探形如 $v_k=r^k$ 的特解，把该形式解代入(B.5)则有

$$r^2-2cr+1=0 \tag{B.6}$$

该方程的解为

$$r_{\pm}=c\pm\sqrt{c^2-1} \tag{B.7}$$

因此 r_+^k 和 r_-^k 都能满足方程(B.5)，但这两个特解不能满足边界 $v_0=0$ 和 $v_{n+1}=0$。为此构造如下形式的解：

$$v_k=Ar_+^k+Br_-^k \qquad k=0,1,\cdots,n \tag{B.8}$$

该解是 r_+^k 和 r_-^k 的线性组合，因此必能满足方程(B.5)，但其中包含两个待定参数，可调整这两个参数从而使上述解满足边界条件 $v_0=0$ 和 $v_{n+1}=0$。记 $r_+=r$，由(B.7)可得 $r_+r_-=1$，于是 $r_-=1/r$，由式(B.8)所示的解可写为

$$v_k=Ar^k+Br^{-k} \qquad k=0,1,\cdots,n \tag{B.9}$$

考虑上式满足条件 $v_0=0$ 和 $v_{n+1}=0$，由 $v_0=0$ 可得 $A+B=0$，由此 v_k 必有如下形式：

$$v_k=A(r^k-r^{-k}) \qquad k=0,1,\cdots,n \tag{B.10}$$

再由 $v_{n+1}=0$ 可得

$$A(r^{n+1}-r^{-(n+1)})=0 \tag{B.11}$$

非平凡解要求 $A \neq 0$，因此必有

$$r^{n+1} - r^{-(n+1)} = 0 \qquad \text{或} \qquad r^{2(n+1)} = 1 \tag{B.12}$$

上式意味着：

$$|r| = 1 \tag{B.13}$$

于是 r 可写成如下形式：

$$r = \mathrm{e}^{\mathrm{i}\theta} \tag{B.14}$$

其中 θ 是任意一个实数，把此表达式代入式(B.12)中的 $r^{2(n+1)} = 1$ 可得 $\mathrm{e}^{2\mathrm{i}(n+1)\theta} = 1$，这意味着 θ 的取值要满足下式：

$$2(n+1)\theta = 2p\pi \qquad p\text{为整数} \tag{B.15}$$

也就是 θ 取如下值：

$$\theta = \theta_p = \frac{p\pi}{n+1} \qquad p\text{为整数} \tag{B.16}$$

尽管 p 可取任何的整数，但 $r = \mathrm{e}^{\mathrm{i}\theta_p}$ 是个周期函数，只有 n 个独立的值，为方便 p 一般取 $1 \leqslant p \leqslant n$ 的 n 个正整数值，于是所有 r 取值可写为

$$r = r_p = \mathrm{e}^{\mathrm{i}\theta_p} \qquad p = 1, 2, \cdots, n \tag{B.17}$$

对每个 r_p，由式(B.10)有

$$v_k = v_k^{(p)} = A \cdot 2\mathrm{i} \cdot \sin\frac{kp\pi}{n+1} \qquad k = 1, 2, \cdots, n \tag{B.18}$$

把上式的解代入式(B.5)，可得 $\boldsymbol{T}$ 的 n 个本征值 λ：

$$\lambda = 2c = 2\cos\frac{p\pi}{n+1} = \lambda_p \qquad p = 1, 2, \cdots, n \tag{B.19}$$

选择 $A=1/(2\mathrm{i})$ 可使本征矢 V 归一化，由式(B.18)可得矩阵 $\boldsymbol{T}$ 的 n 个本征矢：

$$\boldsymbol{V}^{(p)} = \left(\sin\frac{p\pi}{n+1}, \sin\frac{2p\pi}{n+1}, \cdots, \sin\frac{np\pi}{n+1}\right)^{\mathrm{T}} \qquad p = 1, 2, \cdots, n \tag{B.20}$$

矩阵 $\boldsymbol{M}$ 的本征矢由式(B.20)给出，本征值由式(B.19)和式(B.3)可得出。

附录 C　波速和波包

摆动一根绳子可以看到波的传播，投一块石头到池塘中可以看到涟漪的传播，这些都是波传播的实例，然而无论是绳上的波还是水面的涟漪，在其传播过程中绳本身和池塘中的水本身并没有远程的移动，也就是说所观察到的波传播并非波赖以存在的媒质质点的迁移，既然媒质质点没有迁移，那么观察到的波传播是什么？回答这个问题需要仔细考察波传播的过程。考虑对平静的媒质中的某处施加一个作用，也就是在媒质中造成了扰动，例如向平静的池塘中投入一块石头，这种作用就会导致媒质中被作用位置的质点偏离平衡位置；由于媒质质点间的相互作用，被扰动处质点的偏离会引起相邻质点的偏离，然后近邻质点又会扰动与它近邻的质点，这种过程不断重复就导致扰动的传播。另外，质点一旦偏离平衡位置就会受到周围媒质所产生的恢复力作用，因此媒质质点对平衡位置的偏离不会一直进行下去，而是在达到某一最大值之后就会又返回平衡位置，这个最大偏离距离称为振幅，因此媒质质点总是围绕其平衡位置来回做周期运动。媒质质点间作用越强，则振幅就越小，如在固体中原子偏离平衡位置的最大距离不超过 1Å，因此波的传播并非媒体质点的传播，而是扰动的传播，这是波传播的本质。

波是扰动的传播，而扰动的形式是多种多样的，例如一片树叶掉在池塘表面和一块石头砸入池塘所造成的扰动是不同的，用一块石头以不同的速度砸入水面所造成的扰动也是不同的。波包是一种普遍而又重要的扰动形式，例如石头砸入水中所形成的扰动是一个波包，一个光脉冲是一个电磁波波包，电子也常被看成是一个波包，它是理解许多物理问题的基础，本附录后面三节则说明波包的结构及其意义。

波传播的一个基本量是波传播的速度即波速，由以上讨论可知波速即扰动传播速度。确定扰动传播速度需要在给定距离的两点之间确定扰动传播所需的时间，由于扰动总是有一定时间持续范围，因此对扰动到达某一位置要有一致的标准，如扰动到达某点的时刻是指媒质质点处于最大偏离的时刻，这意味着波速是指同位相点的传播速度。一个单色波只有一种同位相点，因此每个单色波只有一种波速即相速度，两个及两个以上波的叠加形成的合成波或者波群却有两种同位相点，它们对应两个不同的速度，一个称为相速度，另一个则称为群速度，本附录的前三节则说明这两种波速的定义、意义以及两者之间的关系。

C.1　波的相速度

考虑由如下表达式

$$\psi(x,t) = A\cos(kx - \omega t) \tag{C.1}$$

所描述的单色波，$\psi(x,t)$ 的值表示一维媒质中质点偏离平衡位置的大小。为了考察 $\psi(x,t)$ 随时间的变化，图 C.1 绘制了从某一时刻 t 开始时间间隔为 δt 的一系列时刻 $\psi(x,t)$ 的空间分布。图 C.1 中的 $A_i(i=1\sim 6)$ 点是波峰的位置，即正向偏离平衡位置最大的媒质质点位置，所有 A_i 点满足 $kx - \omega t = \pi/2$。由图 C.1 可见波峰点随着时间向右移动，该点移动的速度表示扰动传播速度，也就是波的速度。如果追踪其他具有相同位相点(如满足 $kx - \omega t = 0$ 的 B 点)位置随时间的变化会得到同样的结果，因此扰动传播的速度实际上就是任何同位相点的传播速度，因此该速度称为**相速度**(phase velocity)。同位相点的特征是

$$kx - \omega t = 常数 \tag{C.2}$$

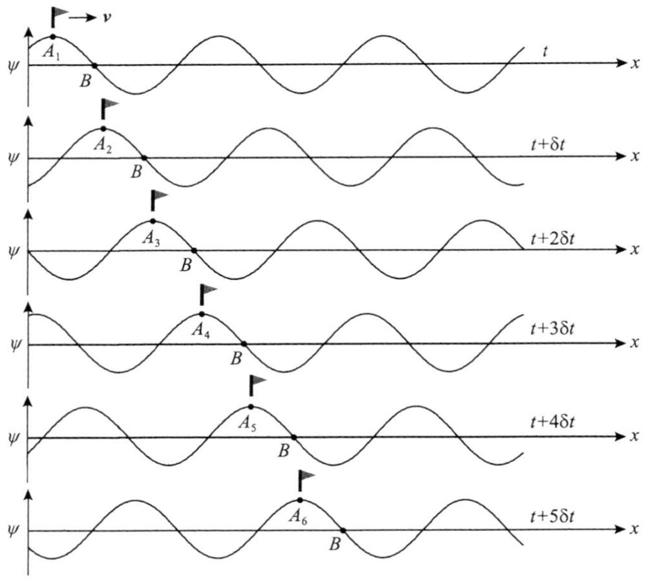

图 C.1　单色波的传播过程

$A_i(i=1,\cdots,6)$ 点和所有 B 点分别表示同位相点，前者对应的位相为 $\pi/2$，后者对应的位相为 0

考察同位相点 A 的传播，在 t_1 时刻相位为 $\pi/2$ 的点处于坐标为 x_1 的 A_1 点，即对 A_1 点有 $kx_1 - \omega t_1 = \pi/2$，在 t_2 时刻相位为 $\pi/2$ 的点处于坐标为 x_2 的 A_2 点，对 A_2 点有 $kx_2 - \omega t_2 = \pi/2$，于是有 $kx_1 - \omega t_1 = kx_2 - \omega t_2$，由该等式可得

$$\frac{x_2 - x_1}{t_2 - t_1} = \frac{\omega}{k} \tag{C.3}$$

在 $\Delta t = t_2 - t_1$ 的时间内同位相点移动了 $\Delta x = x_2 - x_1$，因此同位相点移动速度 v_p 为

$$v_p = \frac{\Delta x}{\Delta t} = \frac{x_2 - x_1}{t_2 - t_1} = \frac{\omega}{k} \tag{C.4}$$

其中 $\omega = \omega(k)$ 为媒质的色散关系，因此相速度写为

$$v_p = \frac{\omega(k)}{k} \tag{C.5}$$

$\omega(k)$ 由媒质质点的相互作用决定，由求解媒质的运动方程获得。如果一个媒质的色散关系为 $\omega(k) = ck$，其中 c 为常数，则这样的媒质称为无色散媒质，媒质中的相速度与波长无关，也就是所有波长或波矢波的速度都是相同的，如真空对于电磁波就是一**非色散媒质**(nondispersive media)，更多媒质的 $\omega(k)$ 与 k 的关系是非线性的，这样的媒质为**色散媒质**(dispersive media)，色散媒质中一个波的速度与其波矢或波长相关。

C.2　波的群速度

下面考虑两个波矢和频率接近的单色波叠加所形成波的传播速度。两个单色波的表达式分别是

$$\psi_1(x,t) = A\cos(k_1 x - \omega_1 t), \qquad \psi_2(x,t) = A\cos(k_2 x - \omega_2 t) \tag{C.6}$$

这两个单色波具有相同的振幅及接近的波矢和频率，即 $k_1 \simeq k_2$ 和 $\omega_1 \simeq \omega_2$。两波叠加的结果为

$$\psi(x,t) = \psi_1 + \psi_2 = 2A\cos\left[\frac{(k_2 - k_1)}{2}x - \frac{(\omega_2 - \omega_1)}{2}t\right]\cos\left[\frac{(k_2 + k_1)}{2}x - \frac{(\omega_2 + \omega_1)}{2}t\right] \tag{C.7}$$

定义两个量 ω_0 和 k_0 分别为

$$\omega_0 \equiv \frac{(\omega_2 + \omega_1)}{2}, \qquad k_0 \equiv \frac{(k_2 + k_1)}{2} \tag{C.8}$$

它们分别表示两个波的平均圆频率和平均波矢，另外定义 Δk 和 $\Delta\omega$ 为

$$\Delta k \equiv \frac{(k_2 - k_1)}{2}, \qquad \Delta \omega \equiv \frac{(\omega_2 - \omega_1)}{2} \tag{C.9}$$

由于两个波的波矢和频率接近，因此 Δk 和 $\Delta\omega$ 都是很小的量。用这些新的符号，则式(C.7)可表达为

$$\psi(x,t) = A(x,t)\cos(k_0 x - \omega_0 t) \tag{C.10}$$

其中 $A(x,t)$ 为

$$A(x,t) = 2A\cos(\Delta k \cdot x - \Delta\omega \cdot t) \tag{C.11}$$

图 C.2 绘制了从某时刻 t 开始时间间隔为 δt 一系列渐进时刻 $\psi(x,t)$ 的空间分布。图 C.2 中实线为式(C.10)中 $\psi(x,t)$ 的图像表示，它代表不同位置的媒质质点偏离平衡位置的大小，图 C.2 中的虚线为式(C.11)中 $A(x,t)$ 的图像表示，它称为 $\psi(x,t)$ 的包络(envelope)函数。$\psi(x,t)$ 的同位相点[如图 C.2 中 $\psi(x,t)$ 的 A 点]的特征是 $k_0 x - \omega_0 t =$ 常数(对图 C.2 中 A 点常数为 $\pi/2$)，由此可得 $\psi(x,t)$ 的同位相点速度为

$$v_{\rm p} = \frac{\omega_0}{k_0} \tag{C.12}$$

此即 $\psi(x,t)$ 的相速度，然而该速度并不是扰动传播速度。考察图 C.2 中的 B 点，它是扰动 $\psi(x,t)$ 的最大值点，因此它的传播速度才表示扰动传播速度，所有 B 点是包络函数 $A(x,t)$ 的同位相点，它满足 $\Delta k \cdot x - \Delta\omega \cdot t = \pi/2$，因此扰动传播速度由包络函数的同位相点的传播速度决定。包络函数的同位相点的基本性质是

$$\Delta k \cdot x - \Delta\omega \cdot t = \text{常数} \tag{C.13}$$

采用与上式解类似的分析，由上式定义的同位相点的传播速度为

$$v_{\rm g} = \frac{\Delta\omega}{\Delta k} \tag{C.14}$$

该速度 $v_{\rm g}$ 称为**群速度**(group velocity)。群速度表示两个波长或波矢相近的波叠加形成的合成波传播的速度。在连续媒质中色散关系 $\omega = \omega(k)$ 是波矢 k 的函数，在 Δk 很小时有 $\Delta\omega \simeq \frac{{\rm d}\omega}{{\rm d}k}\Delta k$，其中 $\frac{{\rm d}\omega}{{\rm d}k}$ 表示色散关系对波矢的导数，因此群速度的表达式一般为

$$v_{\rm g} = \frac{{\rm d}\omega(k)}{{\rm d}k} \tag{C.15}$$

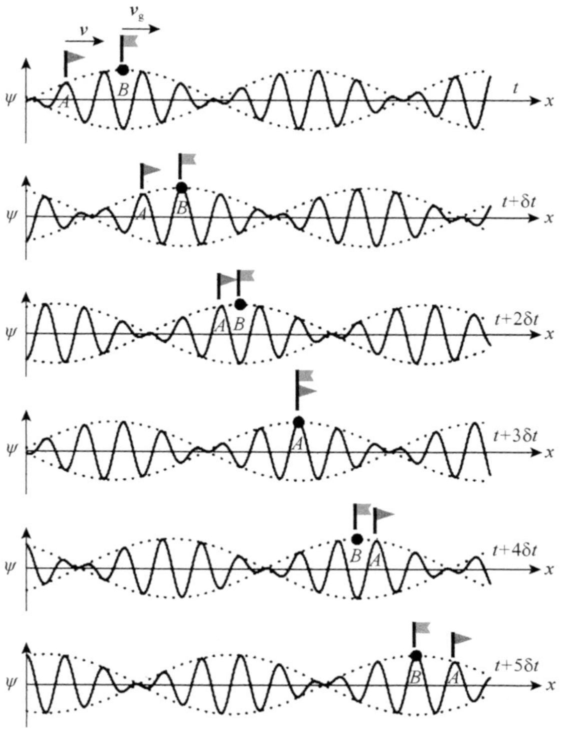

图 C.2　两个波矢接近的单色波形成的叠加波的传播过程(相速度大于群速度)

C.3　相速度和群速度关系

由(C.5)得 $\omega(k)=kv_{\mathrm{p}}$，将其代入式(C.15)，可得

$$v_{\mathrm{g}}=\frac{\mathrm{d}kv_{\mathrm{p}}}{\mathrm{d}k}=v_{\mathrm{p}}+k\frac{\mathrm{d}v_{\mathrm{p}}}{\mathrm{d}k}=v_{\mathrm{p}}+k\frac{\mathrm{d}v_{\mathrm{p}}}{\mathrm{d}\lambda}\frac{\mathrm{d}\lambda}{\mathrm{d}k} \tag{C.16}$$

由 $k=2\pi/\lambda$ 可得 $\mathrm{d}\lambda/\mathrm{d}k=-\lambda/k$，将其代入式(C.16)则有

$$v_{\mathrm{g}}=v_{\mathrm{p}}-\lambda\frac{\mathrm{d}v_{\mathrm{p}}}{\mathrm{d}\lambda} \tag{C.17}$$

上式给出了相速度和群速度的关系。对于大多数材料，$\mathrm{d}v_{\mathrm{p}}/\mathrm{d}\lambda>0$，所以 $v_{\mathrm{g}}<v_{\mathrm{p}}$，这称为**正常色散**(normal dispersion)材料；但对于有些材料，$\mathrm{d}v_{\mathrm{p}}/\mathrm{d}\lambda<0$，因此 $v_{\mathrm{g}}>v_{\mathrm{p}}$，这称为**反常色散**(anomalous dispersion)材料；如果 $\mathrm{d}v_{\mathrm{p}}/\mathrm{d}\lambda=0$，则称为无色散材料。

C.4　多个离散单色波形成的波包及其速度

下面考虑由多个波长或波矢接近的单色波叠加所形成的合成波的传播。合成波的表达式为

$$\psi(x,t)=\sum_j a_j\cos(k_jx-\omega_jt) \tag{C.18}$$

其中各单色波的波矢 $k_j=k_0,k_0\pm\delta k,k_0\pm 2\delta k,\cdots,k_0\pm n\delta k$，它们是以 k_0 为中心和间隔为 δk 的 $2n+1$ 个波矢，波矢的分布如图 C.3(a)所示，波矢范围 $\Delta k=2n\cdot\delta k$；与这些波矢对应的频率则分别为：$\omega_j=\omega_0,\omega_0\pm\delta\omega,\omega_0\pm 2\delta\omega,\cdots,\omega_0\pm n\delta\omega$，这些频率是以 ω_0 为中心和间隔为 $\delta\omega$ 的 $2n+1$ 个频率；每个波的振幅取相等的值即对所有 j 有 $a_j=a$，把这些波矢、频率和振幅值代入式(C.18)则得合成波表达式：

$$\psi(x,t)=\sum_{j=-n}^{j=n}a_j\cos[(k_0+j\delta k)x-(\omega_0+j\delta\omega)t] \tag{C.19}$$

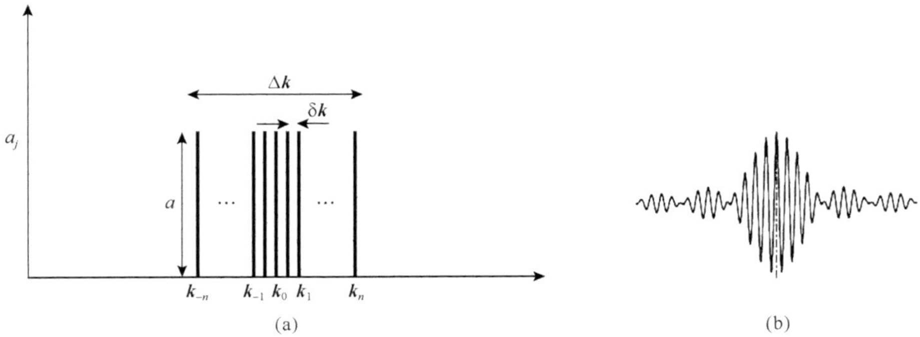

图 C.3　多个离散单色波叠加形成的波包

(a)各单色波的波矢及其振幅；(b)某一时刻波包的典型形状

写成复数形式，则为

$$\psi(x,t)=a\,\mathrm{Re}\left\{\mathrm{e}^{\mathrm{i}(k_0x-\omega_0t)}\sum_{j=-n}^{j=n}[\mathrm{e}^{(\delta k\cdot x+\delta\omega\cdot t)}]^n\right\} \tag{C.20}$$

利用等比级数求和方法，则式(C.20)化简为

$$\psi(x,t)=A(x,t)\cos(k_0x-\omega_0t) \tag{C.21}$$

其中 $A(x,t)$ 为

$$A(x,t)=a\frac{\sin[(n+1)(\delta k\cdot x-\delta\omega\cdot t)/2]}{\sin[(\delta k\cdot x-\delta\omega\cdot t)/2]} \tag{C.22}$$

式(C.21)所示的合成波在 $t=0$ 时刻为

$$\psi(x,0)=a\frac{\sin[(n+1)(\delta k\cdot x)/2]}{\sin[(\delta k\cdot x)/2]}\cos(k_0x) \tag{C.23}$$

该波形实际上表示起始时刻外界在媒质中所导致的扰动的形状，其典型的空间分布如图 C.3(b)所示，由该图可见它具有如下特点：具有一个中心点，在中心点扰动最大，远离中心点扰动迅速衰减，也就是说这是媒质中一个具有局域性的扰动，这样的扰动称为一个**波包**(wave packet)，一块石头击入水中就会在水面引起一个这样形状的扰动。

由 C.2 节的分析可知，波包的速度是包络函数(C.22)中同位相点的传播速度，即合成波的群速度 v_g，这里合成波中包含 $2n+1$ 个单色波，因此群速度的概念表示波群的速度，通过类比 C.2 节结论，可得群速度 v_g：

$$v_g=\frac{\delta\omega}{\delta k} \tag{C.24}$$

C.5　连续波长单色波形成的波包及其速度

上节例子中构成波包的各单色波的波矢及频率是离散的，这里讨论由一定波矢范围内连续波长单色波叠加形成的波包，其表达式为

$$\psi(x,t)=\int a(k)\cos(kx-\omega t)\mathrm{d}k \tag{C.25}$$

这里假设组成波包的各单色波的波矢范围及其振幅如图 C.4(a)所示，即各单色波波矢是以 k_0 为中心和宽度为 Δk 范围内的连续波矢，其中波矢宽度 $\Delta k \ll k_0$(这一要求的理由稍后给出)，组成波包的所有单色波振幅都为 a，即单色波的振幅取值由下式给出：

$$a(k)=\begin{cases}a, & |k-k_0|\leqslant \Delta k/2\\ 0, & |k-k_0|>\Delta k/2\end{cases} \tag{C.26}$$

把式(C.26)代入式(C.25)则得波包的波形：

$$\psi(x,t)=a\int_{k_0-\Delta k/2}^{k_0+\Delta k/2}\cos(kx-\omega t)\mathrm{d}k \tag{C.27}$$

上式中的 $\omega=\omega(k)$ 是媒质的色散关系，对它进行泰勒级数展开并考虑到 $\Delta k \ll k_0$，则有

$$\omega \simeq \omega_0+\alpha(k-k_0) \tag{C.28}$$

其中

$$\alpha \equiv \left(\frac{\mathrm{d}\omega}{\mathrm{d}k}\right)_{k=k_0} \tag{C.29}$$

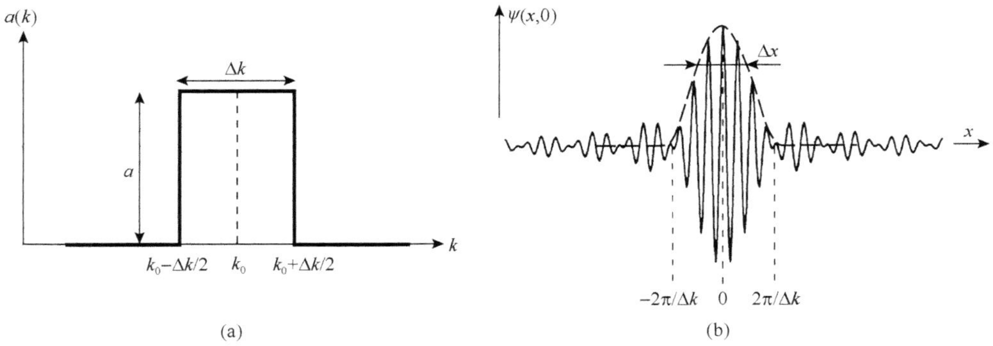

图 C.4　波矢连续的单色波波叠加形成的波包

(a) 单色波的波矢范围及其振幅；(b) 某一时刻波包的形状，忽略波包许多细小的振荡，则其轮廓[图 (b) 中虚线] 呈迅速下降的钟形，钟形轮廓的半高宽 Δx 可以大致表征波包的尺度，$\pm 2\pi/\Delta k$ 表示波包的两个距离中心最近的零点

于是式 (C.27) 中的位相因子 $kx-\omega t$ 可表达为

$$kx-\omega t=kx-[\omega_0+\alpha(k-k_0)]t=k(x-\alpha t)-\beta t \tag{C.30}$$

其中 $\beta=\omega_0-\alpha k_0$。为求 (C.27) 中积分，引入新的积分变量 $\xi \equiv k(x-\alpha t)-\beta t$，因此有

$$\mathrm{d}\xi=(x-\alpha t)\mathrm{d}k \tag{C.31}$$

于是式 (C.27) 可表达为

$$\psi(x,t)=a\int_{\xi_1}^{\xi_2}\frac{\cos\xi}{(x-\alpha t)}\mathrm{d}\xi \tag{C.32}$$

其中 $\xi_1=(k_0-\Delta k/2)(x-\alpha t)-\beta t$ 和 $\xi_2=(k_0+\Delta k/2)(x-\alpha t)-\beta t$，积分式 (C.32)，则有

$$\psi(x,t)=\frac{a}{x-\alpha t}(\sin\xi_2-\sin\xi_1) \tag{C.33}$$

利用三角求和公式，则式(C.33)变为

$$\psi(x,t)=A(x,t)\cos(k_0x-\omega_0t) \tag{C.34}$$

其中 $A(x,t)$ 为

$$A(x,t)=a\Delta k\frac{\sin[\Delta k(x-\alpha t)/2]}{\Delta k(x-\alpha t)/2} \tag{C.35}$$

式(C.34)表示一个波矢为 k_0 和频率为 ω_0 的波，而式(C.35)中的 $A(x,t)$ 则是该波的包络函数。在 $t=0$ 时，式(C.34)变为

$$\psi(x,0)=a\Delta k\frac{\sin(\Delta kx/2)}{\Delta kx/2}\cos(k_0x) \tag{C.36}$$

式(C.36)是式(C.23)在连续波矢情形下的对应式，它所表达的形状如图 C.4(b)所示，显然该形状与离散波矢情形下波包形状基本相同。

波包的传播速度为合成波的群速度 v_g，类比于离散情况下波包的波速，可得 v_g：

$$v_g=\alpha=\frac{d\omega}{dk} \tag{C.37}$$

在一般连续媒质中色散关系 $\omega=\omega(k)$ 是波矢 k 的连续函数，因此群速度是色散关系对波矢的导数，该式与群速度式(C.15)完全一致。

从上述波包的定义看，波包是一定频率范围内单色波叠加所形成的合成波，而合成波则表现出空间局域性的特征。由图 C.4(b)可见，波包的振幅随着远离其中心而迅速下降，其轮廓呈现出迅速下降的钟形，距中心最近的零点可以看成波包的边界，因此可以用两个与中心最近零点之间的距离表征波包的尺度。由式(C.36)可得 $\psi(x,0)$ 的距离波包中心最近的两个零点位置 x 由 $\Delta kx/2=\pm\pi$ 决定，由此可得这两个零点位置为 $x=\pm2\pi/\Delta k$，于是两个零点之间的间距为 $x=4\pi/\Delta k$。但通常情况下波包的尺度 Δx 用两个零点距离的一半来表征，即 $\Delta x=2\pi/\Delta k$，由此得

$$\Delta x\cdot\Delta k=2\pi \tag{C.38}$$

上式表明一个波包的空间尺度与波包所含的单色波的波矢宽度乘积等于一定值，这称为**带宽定理**(bandwidth theorem)。带宽定理表明：一个波包的空间尺度越小，则其中所含的单色波成分就越多。

C.6　三 维 波 包

C.4 节和 C.5 节的结果说明多个波长的单色波可以叠加成一个具有空间局域性的波包，而构造波包的基本式(C.25)实际上是余弦函数形式的波包$\psi(x,t)$的傅里叶展开式，更一般的复指数形式傅里叶展开式为

$$\psi(x,t)=\int_{-\infty}^{\infty}a(k)\mathrm{e}^{\mathrm{i}(kx-\omega t)}\mathrm{d}k \tag{C.39}$$

其中$a(k)$表示构成波包的单色波的振幅分布，称为波包$\psi(x,t)$的频谱，C.5 节所构造的波包只是波包构造的一个特例，在该特例中规定频谱$a(k)$在给定的频率范围内为常数而在其他的频率为零。

式(C.39)所示一维波包构造公式可以推广到三维媒质，此即三维空间的傅里叶展开式：

$$\psi(\boldsymbol{r},t)=\int a(\boldsymbol{k})\mathrm{e}^{\mathrm{i}(\boldsymbol{k}\cdot\boldsymbol{r}-\omega t)}\mathrm{d}\boldsymbol{k}=\int_{-\infty}^{\infty}\mathrm{d}k_x\int_{-\infty}^{\infty}\mathrm{d}k_y\int_{-\infty}^{\infty}a(\boldsymbol{k})\mathrm{e}^{\mathrm{i}[\boldsymbol{k}\cdot\boldsymbol{r}-\omega(\boldsymbol{k})t]}\mathrm{d}k_z \tag{C.40}$$

给定三维频谱$a(\boldsymbol{k})$后即可得到波包的表达式，典型的三维频谱$a(\boldsymbol{k})$是一维情形频谱式(C.26)的三维推广，即波包由以某个波矢$\boldsymbol{k}_0=(k_{0x},k_{0y},k_{0z})$为中心的$\Delta k$范围内连续波矢的单色波组成，即$a(\boldsymbol{k})$具有如下形式：

$$a(\boldsymbol{k})=\begin{cases}1 & |k_x-k_{0x}|,|k_y-k_{0y}|,|k_z-k_{0z}|<\Delta k\\ 0 & |k_x-k_{0x}|,|k_y-k_{0y}|,|k_z-k_{0z}|>\Delta k\end{cases} \tag{C.41}$$

这样的波包则仍然满足带宽定理，即波包在三个方向的空间尺度Δx、Δy、Δz与频带宽度Δk满足如下公式：

$$\Delta x\cdot\Delta k=2\pi,\quad \Delta y\cdot\Delta k=2\pi,\quad \Delta z\cdot\Delta k=2\pi \tag{C.42}$$

三维空间中波包的速度即波包的群速度，在直角坐标中表达式为

$$\boldsymbol{v}_{\mathrm{g}}=\frac{\partial\omega(\boldsymbol{k})}{\partial k_x}\boldsymbol{i}+\frac{\partial\omega(\boldsymbol{k})}{\partial k_y}\boldsymbol{j}+\frac{\partial\omega(\boldsymbol{k})}{\partial k_z}\boldsymbol{k} \tag{C.43}$$

其中$\omega=\omega(\boldsymbol{k})$为媒质的色散关系，$e_x$、$e_y$、$e_z$为直角坐标三个方向的单位矢量，写成一般的矢量，则表达为

$$\boldsymbol{v}_{\mathrm{g}}=\nabla_{\boldsymbol{k}}\omega(\boldsymbol{k}) \tag{C.44}$$

其中$\nabla_{\boldsymbol{k}}$表示对波矢的梯度运算。由式(C.44)可见波包速度完全由媒质的色散关系

决定，这反映了媒质中波的速度由媒质中物质相互作用决定的本质。

值得说明的是，按照正统的理解，电动力学中的电磁波和量子力学中的电子波问题中根本没有媒质，但是却有色散关系，而且波包的速度依然用式(C.44)来计算。关于电磁波的媒质问题，历史上有过长期争论，直到现在仍存在争论，而关于电子的本质从量子力学早期到现在也依然没有得到令人满意的理解。

C.7　波包的意义

波包概念的重要意义在于它表明如何由空间上无限的波形成一个空间上局域的波包，带宽定理则说明波包的空间尺度与其频谱宽度成反比。在很多情形下波包可以看成是一个稳定的、独立的和具有粒子属性的实体，例如真空中的光脉冲就是一个电磁波包，量子力学中的电子也常被看成一个波包。在色散媒质中，每个单色波的速度都不相同，如果一个波包的波矢宽度太宽，则所含的各个单色波将会有很大的速度差异，于是随着时间的推移，单色波就会分离，这意味着波包的分崩离析，如一块石头砸入水面所形成的波包很快消失就是由于其中各单色波分离的结果。因此，波包作为一个相对稳定的实体，其波矢宽度 Δk 必须足够小，要满足 $\Delta k \ll k_0$ 的条件，这时波包的速度就是中心波矢 k_0 处的群速度。

在量子力学中，哥本哈根诠释认为电子根本上是一个点粒子，但电子的位置和动量满足海森伯测不准关系，可以通过把电子看成一个波包来解释这个关系。电子的空间不确定性相当于波包的空间尺度 Δx，电子的动量不确定性 Δp 则源于电子波包的频带宽度 Δk，由德布罗意关系可得 $\Delta p=\hbar\Delta k$，由带宽定理式(C.38)可得

$$\Delta x \cdot \Delta p = h \tag{C.45}$$

此即量子力学中的海森伯测不准关系，这表明电子可以从波动的观念来理解。

在晶体的能带理论中，电子由晶体中单粒子薛定谔方程的解即布洛赫态所描述，这意味着晶体中的电子即布洛赫电子从根本上是一个波，但在解释电子在外场作用下的行为时将其看成一个波包。波包的速度则由布洛赫电子的色散关系决定，而该色散关系由求解晶体的单粒子薛定谔方程给出，因此可以把电子波包理解为晶体中某种媒质中的波包扰动，而这种媒质的性质由布洛赫电子的色散关系所描述。作为波包的电子包含一定波矢范围的单色波，而在晶体中不同波矢的单色波具有不同的相速度，如果电子波包所包含的单色波的波矢范围太宽，则电子波包随着时间而分崩离析，因此通常要求电子波包中波矢宽度足够小，对于晶体中的布洛赫电子则要求其远小于第一布里渊区边界处的波矢值。

附录 D　统计力学的补充材料

D.1　经典态空间体积与状态数的比例系数

统计力学中的一个根本问题是对微观态计数，经典物理中一个系统的微观态由其包含的所有粒子的坐标和动量描述，坐标和动量组成相空间或状态空间，体积越大的相空间所包含的微观态就越多，那么对于给定的相空间体积包含多少个微观态？或者说相空间体积和微观态的比例系数是多少？在经典物理中这个问题是无法解决的，因为经典物理中描述微观态的坐标和动量是连续的、不可计数的。量子力学的出现则使得这个问题得到解决，因为在量子力学中系统的微观态是离散的和可计数的。下面说明如何由量子力学确定相空间体积和微观态数的比例系数。

考虑处于确定温度边长为 L 的立方体箱中的自由粒子，在经典情形下单粒子态由其坐标和动量 $(x,y,z;p_x,p_y,p_z)$ 描述，箱的边长为 L 意味着粒子的位置只能在箱内，在正则系综观念下系统处于确定温度意味着粒子的动量取值在负无穷大到正无穷大，也就是经典情形下单粒子所有的微观态由下式确定：

$$0<x,y,z<L, \qquad -\infty<p_x,p_y,p_z<\infty \tag{D.1}$$

于是系统总的微观态数为

$$\Omega^{经典}=C\int_{-\infty}^{\infty}\mathrm{d}p_x\int_{-\infty}^{\infty}\mathrm{d}p_y\int_{-\infty}^{\infty}\mathrm{d}p_z\int_0^L\mathrm{d}x\int_0^L\mathrm{d}y\int_0^L\mathrm{d}z=C\cdot L^3\int_{-\infty}^{\infty}\int_{-\infty}^{\infty}\int_{-\infty}^{\infty}\mathrm{d}p_x\mathrm{d}p_y\mathrm{d}p_z \tag{D.2}$$

C 为微观态数与相空间的比例系数，或者说单位经典相空间体积中的微观态数。

在量子情形下粒子的态即量子态，而量子态为薛定谔方程的解，边长为 L 的箱中单个粒子薛定谔方程的解为［式(2.189)］：

$$\begin{cases}\psi_{n_x,n_y,n_z}(x,y,z)=\sqrt{\dfrac{8}{L}}\sin\left(\dfrac{n_x\pi}{L}x\right)\sin\left(\dfrac{n_y\pi}{L}y\right)\sin\left(\dfrac{n_z\pi}{L}z\right)\\ E=E_{n_x,n_y,n_z}=\dfrac{\pi^2\hbar^2}{2mL^2}(n_x^2+n_y^2+n_z^2)\end{cases} \quad n_x,n_y,n_z=1,2,3,\cdots \tag{D.3}$$

由上式可见量子情形下单粒子的微观态由 n_x 、 n_y 、 n_z 描述，而 n_x,n_y,n_z 是离散的和可计数的。系统总的微观态数为

$$\Omega^{量子}=\sum_{n_z=1}^{\infty}\sum_{n_y=1}^{\infty}\sum_{n_x=1}^{\infty}1 \tag{D.4}$$

式(D.4)可用积分表示为(详细推导见正文 3.6.2 节)：

$$\Omega^{量子}=\int_0^{\infty}\int_0^{\infty}\int_0^{\infty}\mathrm{d}n_x\mathrm{d}n_y\mathrm{d}n_z \tag{D.5}$$

由解(D.3)可得处于微观态 n_x、n_y、n_z 的粒子在 x、y、z 三个方向波长分别为 $2L/(n_x)$、$2L/(n_y)$、$2L/(n_z)$，由德布罗意的动量-波长关系 $p=h/\lambda$ 可得粒子在三个方向的动量

$$p_x=\frac{h}{2L}n_x,\qquad p_y=\frac{h}{2L}n_y,\qquad p_z=\frac{h}{2L}n_z \tag{D.6}$$

用式(D.6)的动量替代式(D.5)中的量子数则变为

$$\begin{aligned}\Omega^{量子}&=\left(\frac{2L}{h}\right)^3\int_0^{\infty}\int_0^{\infty}\int_0^{\infty}\mathrm{d}p_x\mathrm{d}p_y\mathrm{d}p_z=\left(\frac{2L}{h}\right)^3\frac{1}{8}\int_{-\infty}^{\infty}\int_{-\infty}^{\infty}\int_{-\infty}^{\infty}\mathrm{d}p_x\mathrm{d}p_y\mathrm{d}p_z\\&=\frac{L^3}{h^3}\int_{-\infty}^{\infty}\int_{-\infty}^{\infty}\int_{-\infty}^{\infty}\mathrm{d}p_x\mathrm{d}p_y\mathrm{d}p_z\end{aligned} \tag{D.7}$$

注意式(D.7)中第一个积分区域为三维动量空间的第一象限，后面的两个积分区域是整个动量空间，因为第一象限占整个空间的 1/8，所以改变积分区域时前面要乘以 1/8 的因子。

经典和量子系统描述的是同样的对象，因此所描述的总微观态数是相同的。于是比较式(D.7)和式(D.2)可得

$$C=\frac{1}{h^3} \tag{D.8}$$

对于 N 个粒子体系，用上述的方法可得单位相空间体积与所包含的微观态数系数为

$$C=\frac{1}{h^{3N}} \tag{D.9}$$

D.2　由正则配分函数计算热力学量

本节给出如何用正则配分函数计算系统的热力学量：熵、压强和亥姆霍兹自由能。正则系综方法的三个基本公式如下：

(1) 系统处于微观态 r 的概率 p_r

$$p_r = \frac{e^{-\beta E_r}}{Z} \tag{D.10}$$

(2) 配分函数 Z 公式

$$Z(T,V) = \sum_r e^{-\beta E_r} \tag{D.11}$$

(3) 系统在平衡态(给定温度 T)的某一物理量 A 的平均值为

$$\overline{A} = \sum_r p_r A_r \tag{D.12}$$

A_r 为系统在微观态 r 时物理量 A 的值。

D.2.1 熵

下面说明如何由正则配分函数计算系统的熵。考虑由很多个系统构成的系综，每个系统可处于由 $1,2,\cdots,r,\cdots$ 标识的微观态，在热平衡时处于各态的概率为 $p_1,p_2,\cdots,p_r,\cdots$。当系综中所包含系统的个数 ν 足够大时，系综中处于 r 微观态的系统的个数为

$$\nu_r = \nu \cdot p_r \tag{D.13}$$

如果系综中有 ν_1 个态处于 1 态，ν_2 个态处于 2 态，等等，则这时整个系综的统计权重 Ω_ν 等于与这个分布相应的所有可能微观态数，这相当于把 ν 个球分成不同的组而每组中球数分别为 $\nu_1,\nu_2,\cdots,\nu_r,\cdots$ 情况下所有可能的方式数，其为

$$\Omega_\nu = \frac{\nu!}{\nu_1!\nu_2!\cdots\nu_r!\cdots} \tag{D.14}$$

按照玻尔兹曼的熵定义式 $S = k_B \ln \Omega$ 与此分布对应的系综熵 S_ν 为

$$S_\nu = k_B \ln \Omega_\nu = k_B \ln \frac{\nu!}{\nu_1!\nu_2!\cdots\nu_r!\cdots} = k_B\left[\nu\ln\nu - \sum_r \nu_r \ln\nu_r\right] \tag{D.15}$$

式(D.15)最后一个等式推导中利用了数学中的 Stirling 公式，即当 n 很大时有 $\ln\nu! = \nu\ln\nu - \nu$。把式(D.13)中的 $\nu_r = \nu p_r$ 代入式(D.15)则有

$$\begin{aligned} S_\nu &= k_B\left[\nu\ln\nu - \sum_r \nu_r\ln\nu_r\right] = k_B\left[\nu\ln\nu - \sum_r \nu p_r \ln(\nu p_r)\right] \\ &= k_B\left[\nu\ln\nu - \nu\ln\nu\sum_r p_r - \nu\sum_r p_r \ln p_r\right] = -k_B\nu\sum_r p_r\ln p_r \end{aligned} \tag{D.16}$$

式(D.16)最后一个等式推导中利用了概率 p_r 的归一化条件 $\sum_r p_r = 1$。注意到式(D.16)中的 S_ν 是整个系综的熵，而这个系综中包含 ν 个系统，考虑到系综的熵是一个广延量，因此每个系统的熵 S 为

$$S = -k_{\mathrm{B}} \sum_r p_r \ln p_r \tag{D.17}$$

该式常被作为熵的另一种定义式，值得说明的是这种形式的熵定义式是信息论中的基本公式。把公式 $p_r = \dfrac{\mathrm{e}^{-\beta E_r}}{\sum_r \mathrm{e}^{-\beta E_r}} = \dfrac{\mathrm{e}^{-\beta E_r}}{Z}$ [式(3.25)]代入式(D.17)则得

$$\begin{aligned} S &= -k_{\mathrm{B}} \sum_r p_r \ln p_r = -k_{\mathrm{B}} \sum_r p_r (-\beta E_r - \ln Z) \\ &= \frac{\sum_r p_r E_r}{T} + k_{\mathrm{B}} \ln Z \sum_r p_r = \frac{\overline{E}}{T} + k_{\mathrm{B}} \ln Z \end{aligned} \tag{D.18}$$

把式(3.29)中的 $\overline{E}$ 代入式(D.18)则可得到由 Z 计算熵 S 的表达式：

$$S = k_{\mathrm{B}} T \frac{\partial \ln Z}{\partial T} + k_{\mathrm{B}} \ln Z = k_{\mathrm{B}} \frac{\partial (T \ln Z)}{\partial T} \tag{D.19}$$

D.2.2　压强

下面说明如何由配分函数计算系统的压强。压强是一个宏观量，在微观尺度没有压强的概念，因而在微观描述中没有压强，压强影响系统是通过改变系统的体积来实现的，因此压强是通过研究体积改变导致系统能量的变化来确定的。在温度不变的情形下，系统体积会通过两种方式改变系统能量，一种方式是通过外部环境对系统做功来改变系统的能量，做功的大小由系统的压强 P 和体积改变量 ΔV 乘积 $P\Delta V$ 来度量，另一种方式是体积的改变会导致系统内粒子微观态的重新分布从而改变系统的总能量。更仔细的研究表明：当体积改变的过程无限缓慢时系统内粒子的微观态分布不会发生改变，这个结论称为**埃伦菲斯特原理**(Ehrenfest principle)[1]。在热力学中把这种无限缓慢的过程称为准静态过程，埃伦菲斯特原理意味着在准静态过程中由体积变化导致的系统能量变化完全由外部环境的压强做功所致。综合以上讨论可知：对温度不变的情形下，当系统(处于能量为 E_r 的微观态)以准静态过程产生了 ΔV 的体积变化时，则系统的能量变化量为 $\Delta E_r = -P_r \Delta V$，其中 P_r 为系统的压强，负号表示体积缩小

$(\Delta V<0)$时外界对系统做正功(即$\Delta E_r>0$)，这样就能保证压强具有非负值，由此可见如下定义的系统压强：

$$P_r \equiv \left(-\frac{\partial E_r}{\partial V}\right)_{T,\text{准静态}} \tag{D.20}$$

确实表示了热力学中的压强。按照系综的基本方法，宏观系统的压强P是所有可能微观态压强的概率平均，即

$$P=\sum_r p_r P_r=\sum_r p_r\left(-\frac{\partial E_r}{\partial V}\right)_T \tag{D.21}$$

由于通常的热力学讨论中的热力学过程都是准静态过程，因此这里省略了准静态的下标。将$\ln Z$对V求导数(保持T不变)，则有

$$\left(\frac{\partial \ln Z}{\partial V}\right)_T=\frac{1}{Z}\left(\frac{\partial Z}{\partial V}\right)_T=\beta\sum_r\frac{\mathrm{e}^{-\beta E_r}}{Z}\left(-\frac{\partial E_r}{\partial V}\right)_T=\beta\sum_r p_r P_r \tag{D.22}$$

比较式(D.21)和式(D.22)得

$$P=k_{\mathrm{B}}T\left(\frac{\partial \ln Z}{\partial V}\right)_T \tag{D.23}$$

此即由配分函数计算系统压强的计算公式。

D.2.3　亥姆霍兹自由能

把式(D.18)重排可得

$$-k_{\mathrm{B}}T\ln Z=\overline{E}-TS \tag{D.24}$$

式中，$\overline{E}=\sum_r p_r E_r$即为系统在平衡态时的热力学能，在热力学中该能量常记为U，将该式与热力学中的亥姆霍兹自由能定义式$F=U-TS$比较可得F：

$$F(T,V,N)=-k_{\mathrm{B}}T\ln Z \tag{D.25}$$

该式是从微观角度计算的亥姆霍兹自由能的公式。在正则系综方法中F可以表达计算系统所有的热力学量，而且在形式上比巨配分函数更加简洁[2]，因此在某种程度上可以代替配分函数。例如，用亥姆霍兹自由能可很简洁地表达如下的热力学量：

$$U = -\left(\frac{\partial F}{\partial \beta}\right)_V, \qquad P = -\left(\frac{\partial F}{\partial V}\right)_T, \qquad S = -\left(\frac{\partial F}{\partial T}\right)_V \tag{D.26}$$

D.3　经典理想气体的熵

本节说明由正则配分函数计算单原子理想气体的熵。把理想气体的正则配分函数[式(3.49)]

$$Z = \frac{1}{N!}\left(\frac{2\pi m k_{\mathrm{B}} T}{h^2}\right)^{\frac{3}{2}N} V^N \tag{D.27}$$

代入熵计算式(D.19)，并利用 Stirling 公式 $\ln N! = N\ln N - N$ 则有

$$S = Nk_{\mathrm{B}}\left\{\frac{5}{2} + \ln\left[\frac{V/N}{\left(h/\sqrt{2\pi m k_{\mathrm{B}} T}\right)^3}\right]\right\} \tag{D.28}$$

此即单原子理想气体的 **Sackur-Tetrode 公式**。利用在 3.5 节定义的粒子之间的平均距离 $d = (V/N)^{1/3}$ 和热波长 $\lambda = h/\sqrt{2\pi m k_{\mathrm{B}} T}$，则 Sackur-Tetrode 公式可表达为

$$S = Nk_{\mathrm{B}}\left[\frac{5}{2} + 3\ln\left(\frac{d}{\lambda}\right)\right] \tag{D.29}$$

如果在配分函数中不引入吉布斯修正因子，那么由此得到的熵计算式就是错误的。如果采用无吉布斯修正因子的配分函数[式(3.48)]计算熵，则得到如下的熵公式：

$$S^{\text{非G修正}} = Nk_{\mathrm{B}}\left\{\frac{3}{2} + \ln\left[\frac{V}{\left(h/\sqrt{2\pi m k_{\mathrm{B}} T}\right)^3}\right]\right\} = Nk_{\mathrm{B}}\left[\frac{3}{2} + \ln V - \ln\left(h/\sqrt{2\pi m k_{\mathrm{B}} T}\right)^3\right] \tag{D.30}$$

这个熵公式给出了体积为 V 和温度为 T 盒子中单原子气体的熵。假设把这个盒子分成体积相等的两个部分，则每个部分中的粒子数为 $N/2$，体积为 $V/2$，按照上式则每个部分的熵为

$$S_{\text{半}}^{\text{非G修正}} = \frac{N}{2}k_{\mathrm{B}}\left[\frac{3}{2} + \ln\frac{V}{2} - \ln\left(h/\sqrt{2\pi m k_{\mathrm{B}} T}\right)^3\right] \tag{D.31}$$

于是两个部分熵的和则为

$$S_{半}^{非G修正}+S_{半}^{非G修正}=Nk_{\mathrm{B}}\left[\frac{3}{2}+\ln\frac{V}{2}-\ln\left(h/\sqrt{2\pi mk_{\mathrm{B}}T}\right)^3\right] \tag{D.32}$$

比较这两个部分熵的和与整个系统的熵 S 可见 $S_{半}^{非G修正}+S_{半}^{非G修正}\neq S^{非G修正}$，这意味着式(D.30)给出的熵不具有广延性质，这称为**吉布斯佯谬**[3]。易于证明由采用吉布斯修正因子的配分函数得到的熵[式(D.28)]具有这个性质。

D.4　由巨正则配分函数计算热力学量

本节给出如何用巨正则配分函数计算系统的热力学量：热力学能、压强和巨势。巨正则系综三个基本公式如下：

(1) 系统处于微观态 Nr (其中 N 表示系统中粒子数，r 表示粒子数为 N 系统的某一个量子态) 的概率 p_{Nr} 为

$$p_{Nr}=\frac{\mathrm{e}^{\beta(\mu N-E_{Nr})}}{\mathcal{Z}} \tag{D.33}$$

(2) 巨配分函数 $\mathcal{Z}$ 公式

$$\mathcal{Z}(T,V,\mu)\equiv\sum_{N=0}^{\infty}\sum_{n_1,n_2,\cdots}^{(N)}\mathrm{e}^{\beta(\mu N-E_{Nr})}=\sum_{Nr}\mathrm{e}^{\beta(\mu N-E_{Nr})} \tag{D.34}$$

(3) 系统在平衡态(给定温度 T 和化学势 μ)的某一物理量 A 的平均值为

$$\overline{A}=\sum_{Nr}p_{Nr}A_{Nr} \tag{D.35}$$

A_{Nr} 为系统在微观态 Nr 时物理量 A 的值。

D.4.1　内能

在实际应用中往往需要知道系统在给定平衡条件下的能量，下面说明如何从巨正则配分函数计算该量。按照巨正则系综的方法，平衡时系统的能量为所有微观态能量的加权平均，即

$$\overline{E}=\sum_{Nr}p_{Nr}E_{Nr} \tag{D.36}$$

将 $\ln\mathcal{Z}$ 对 β 进行求导计算则可得

$$\begin{aligned}\frac{\partial \ln \mathcal{Z}}{\partial \beta}&=\frac{1}{\mathcal{Z}}\frac{\partial \mathcal{Z}}{\partial \beta}=\frac{1}{\mathcal{Z}}\frac{\partial}{\partial \beta}\left[\sum_{Nr}\mathrm{e}^{\beta(\mu N-E_{Nr})}\right]=-\frac{1}{\mathcal{Z}}\sum_{Nr}(\mu N-E_{Nr})\mathrm{e}^{\beta(\mu N-E_{Nr})}\\&=-\mu\sum_{Nr}\frac{\mathrm{e}^{\beta(\mu N-E_{Nr})}}{\mathcal{Z}}N+\sum_{Nr}\frac{\mathrm{e}^{\beta(\mu N-E_{Nr})}}{\mathcal{Z}}E_{Nr}=-\mu\overline{N}+\overline{E}\end{aligned} \tag{D.37}$$

比较以上两式可得

$$\overline{E}=\mu\overline{N}+\frac{\partial \ln \mathcal{Z}}{\partial \beta}=\mu\overline{N}+k_{\mathrm{B}}T^2\frac{\partial \ln \mathcal{Z}}{\partial T} \tag{D.38}$$

D.4.2　熵

由式(D.17)可知采用正则系综方法系统熵计算公式为 $S=-k_{\mathrm{B}}\sum_r p_r \ln p_r$，从推导过程可见这一公式在巨正则系综方法中依然适用，只不过求和改为系统在巨正则系综中所有允许的微观态，即在巨正则系综方法中系统在平衡条件下的熵表达式为

$$S=-k_{\mathrm{B}}\sum_{Nr}p_{Nr}\ln p_{Nr} \tag{D.39}$$

把式(D.33)中 p_{Nr} 代入式(D.39)，则有

$$S=-k_{\mathrm{B}}\sum_{Nr}p_{Nr}[\beta\mu N-\beta E_{Nr}-\ln \mathcal{Z}]=\frac{\overline{E}}{T}-\frac{\mu\overline{N}}{T}+k_{\mathrm{B}}\ln \mathcal{Z} \tag{D.40}$$

把 $\overline{N}$ 的表达式 $\overline{N}=k_{\mathrm{B}}T\left(\dfrac{\partial \ln \mathcal{Z}}{\partial \mu}\right)_{T,V}$ [式(3.85)]和式(D.38)中的 $\overline{E}$ 代入式(D.40)，则有

$$S=k_{\mathrm{B}}T\frac{\partial \ln \mathcal{Z}}{\partial T}+k_{\mathrm{B}}\ln \mathcal{Z}=k_{\mathrm{B}}\frac{\partial (T\ln \mathcal{Z})}{\partial T} \tag{D.41}$$

D.4.3　压强

下面说明如何通过巨正则配分函数计算系统的宏观压强。通过巨正则配分函数计算压强的出发点是确定压强如何影响巨配分函数，压强是一个宏观量，在微观上并没有压强的概念，压强影响巨配分函数是通过影响系统体积实现的。在巨系综方法中系统体积变化通过三种方式影响系统能量：一是外界环境通过 $-P_r\Delta V$

对系统做功，其中 P_r 是系统处于某微观态 r 的压强，ΔV 是系统的体积变化，负号表示当系统体积缩小时外界对系统做正功；二是体积变化时系统中的粒子的能态分布会发生改变，从而系统能量会改变，但在通常的准静态过程中这个能量变化可以忽略(即埃伦菲斯特原理，详见 D.2.2 节)；三是体积改变会导致系统中粒子数发生改变，由此带来系统能量的改变，在给定的温度 T 和化学势 μ 情形下，如果体积改变 ΔV 导致粒子数的变化为 ΔN，则由式 $G(T,P,N)=\mu N$ [式(3.139)]可知由此导致的系统能量变化为 $\mu\Delta N$。总结以上讨论可得：对处于微观态 r、温度为 T 和化学势为 μ 的系统，如果以准静态方式发生了体积变化 ΔV，那么系统的能量变化 $\Delta E_{Nr}=-P_r\Delta V+\mu\Delta N$，其中 P_r 是在这个过程中外部环境的压强，在准静态过程中外部环境压强和系统压强始终相等，因此 P_r 也就是系统压强，ΔN 为系统中粒子数的变化量，由此可得

$$\left(\frac{\partial E_{Nr}}{\partial V}\right)_{T,\mu}=-P_r+\mu\left(\frac{\partial N}{\partial V}\right)_{T,\mu} \tag{D.42}$$

把 $\ln\mathcal{Z}$ 在保持 T 和 μ 不变条件下对 V 求导数，则有

$$\left(\frac{\partial\ln\mathcal{Z}}{\partial V}\right)_{T,\mu}=\frac{1}{\mathcal{Z}}\left(\frac{\partial\mathcal{Z}}{\partial V}\right)_{T,\mu}=\frac{1}{\mathcal{Z}}\sum_{Nr}\mathrm{e}^{\beta(\mu N-E_{Nr})}\beta\left[\mu\left(\frac{\partial N}{\partial V}\right)_{T,\mu}-\left(\frac{\partial E_{Nr}}{\partial V}\right)_{T,\mu}\right] \tag{D.43}$$

把式(D.42)中的 $\left(\frac{\partial E_{Nr}}{\partial V}\right)_{T,\mu}$ 代入式(D.43)，则有

$$\left(\frac{\partial\ln\mathcal{Z}}{\partial V}\right)_{T,\mu}=\beta\sum_{Nr}\frac{\mathrm{e}^{\beta(\mu N-E_{Nr})}}{\mathcal{Z}}P_r=\beta\sum_{Nr}p_rP_r \tag{D.44}$$

由于系统的热力学压强为系统压强的系综平均，由式(D.44)可得系统热力学压强 P：

$$P=\sum_{Nr}p_rP_r=k_{\mathrm{B}}T\left(\frac{\partial\ln\mathcal{Z}}{\partial V}\right)_{T,\mu} \tag{D.45}$$

此即用巨正则配分函数计算系统压强的公式。

D.4.4　巨势

重排式(D.40)可得

$$-k_{\mathrm{B}}T\ln\mathcal{Z}=\overline{E}-TS-\mu\overline{N} \tag{D.46}$$

由 3.6.1 节中可知 $\mu\overline{N}$ 即为系统吉布斯自由能 G，而热力学中 G 的定义为 $G=U+PV-TS$，用该式右边代替式(D.46)中的 $\mu\overline{N}$ 并注意到 $\overline{E}$ 即是 U，由此可得

$$k_{\mathrm{B}}T\ln\mathcal{Z}=PV \tag{D.47}$$

人们在巨正则系综方法中定义了如下的巨势 Φ：

$$\Phi\equiv\Phi(T,V,\mu)=-k_{\mathrm{B}}T\ln\mathcal{Z} \tag{D.48}$$

于是有如下的关系：

$$\Phi(T,V,\mu)=-PV \tag{D.49}$$

巨势 Φ 在某种程度上可以代替巨配分函数，可用它更加简洁表达和计算系统所有的热力学量，例如用巨势表达如下的热力学量[4]：

$$\overline{N}=-\left(\frac{\partial\Phi}{\partial\mu}\right)_{T,V},\qquad S=-\left(\frac{\partial\Phi}{\partial T}\right)_{V,\mu},\qquad P=-\frac{\Phi}{V} \tag{D.50}$$

D.5　统计分布律的一种推导方法

这里给出三种统计分布律的另外一种推导方法，该方法不再依赖抽象的巨正则系综方法，而是将该问题变为一个直截了当的概率统计问题，这使得该方法能清晰地反映出微观粒子的统计本性如何决定系统在热平衡时的微观性质，这对于理解微观粒子的本质十分有益。

在这种方法中把系统看成是一个完全孤立的系统，系统中的所有粒子处于单粒子态，按照能量从低到高的顺序把所有单粒子态标记为

$$\varepsilon_1\leqslant\varepsilon_2\leqslant\cdots\leqslant\varepsilon_i\leqslant\cdots \tag{D.51}$$

ε_i 中下标 i 用来标识单粒子能级。每个单粒子能级通常都会包含多个单粒子态，ε_i 能级中所含的单粒子态数 g_i 称为 ε_i 能级的简并度。在宏观系统(如金属中的电子系统)中单粒子能级的间隔通常十分密集，能级能量几乎是连续的，在这种情况下可以把能级分成不同的群，如图 D.1 所示。每个群中能级的能量十分接近从而可用同一个能量表示，该能量就相当于分立能级的能量，每个群中的单粒子态数则相当于分立能级的简并度。

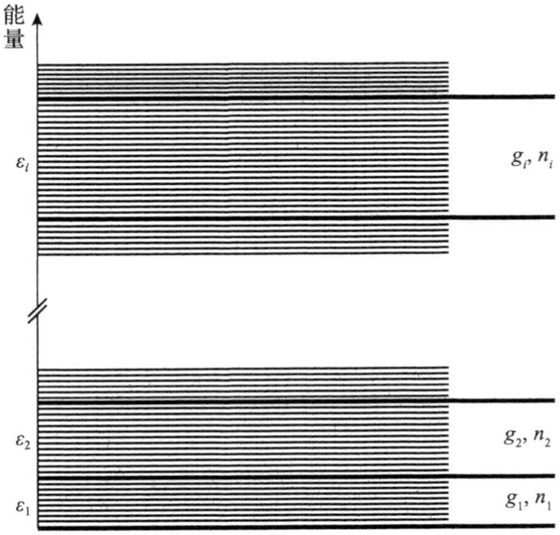

图 D.1 连续能级系统中单粒子能级

这里单粒子能级分成间隔很小的群，每个群中单粒子态的能量可用其中一个单粒子态能量表示，该能量相当于分立能级系统中能级能量，群中的单粒子态数则相当于分立能级系统中每个能级中的简并度

系统微观态由各单粒子能级上的粒子占据数 n_i 描述，即系统的每个微观态由如下的数组表示：

$$(n_1, n_2, \cdots, n_i, \cdots) \tag{D.52}$$

由于这里考虑的系统是完全孤立的，也就是系统的总粒子数 N 和总能量 E 是确定的，因此单粒子态占有数 $(n_1, n_2, \cdots, n_i, \cdots)$ 必须满足如下约束条件：

$$\sum_i n_i = N, \qquad \sum_i n_i \varepsilon_i = E \tag{D.53}$$

下面考虑系统热平衡的条件。如上所述系统的微观态由单粒子态的占有数描述，系统在微观态的变化意味着其占有数发生变化，在达到平衡时单粒子态占有数达到某一特定的分布，该分布记为

$$(\hat{n}_1, \hat{n}_2, \cdots, \hat{n}_i, \cdots) \tag{D.54}$$

求解该分布是这里所讲方法的根本目标。按照玻尔兹曼原理，孤立系统在热平衡态时具有最大熵，而熵 S 与微观态数 Ω 具有如下关系 $S = k_B \ln \Omega$，这意味着单粒子态占有数 $(\hat{n}_1, \hat{n}_2, \cdots, \hat{n}_i, \cdots)$ 是在满足式(D.53)所要求的条件下能产生最大熵或最大 $\ln \Omega$ 的占有数分布，此即决定 $(\hat{n}_1, \hat{n}_2, \cdots, \hat{n}_i, \cdots)$ 的基本准则。由于 $(\hat{n}_1, \hat{n}_2, \cdots, \hat{n}_i, \cdots)$ 能产生最大的微观态数 Ω，因此 $(\hat{n}_1, \hat{n}_2, \cdots, \hat{n}_i, \cdots)$ 称为最可几分布。以上分析表明求 $(\hat{n}_1, \hat{n}_2, \cdots, \hat{n}_i, \cdots)$ 包含两个问题：①求解 $(n_1, n_2, \cdots, n_i, \cdots)$ 与由它形成微观态数的数量关系 $\Omega(n_1, n_2, \cdots, n_i, \cdots)$；②求在约束条件［式(D.53)］下 $\ln \Omega(n_1, n_2, \cdots,$

$n_i,\cdots)$ 的极值问题，第一个问题是统计问题，第二个问题是微积分极值问题，下面分别说明这两个问题，其他问题将在随后具体计算中说明。

单粒子态占有数与它产生的系统微观态数根本上取决于单粒子的统计本性，而单粒子的这种本性是在人们对物质本性的研究中逐步形成的，例如光子本性是在研究电磁场的热辐射性质中逐渐建立的，电子的本性是在量子力学发展中形成的。由是否具有可分辨性将微观粒子分为两类：一类是可分辨的经典粒子；另一类是不可分辨的量子粒子，量子粒子又分为玻色子和费米子。尽管经典粒子是可分辨的，但正如稍后所述的那样，经典粒子也必须有某种不可分辨性，否则会导致不合理的后果。量子粒子都是不可分辨的，玻色子和费米子的区别在于一个单粒子态上能容纳多少个粒子，每个单粒子态上只能容纳一个粒子的系统称为费米子系统，每个单粒子态上可容纳任意多个粒子的系统称为玻色子系统。量子物理和量子场论的研究指出具有半整数自旋的粒子为费米子(如电子属于费米子，其自旋为1/2)，而具有整数自旋的粒子为玻色子(如光子属于玻色子，其自旋为 1)。粒子是否可分辨和在单粒子态上占有数的性质会导致截然不同的微观态数，下面按经典粒子、费米子和玻色子分别说明不同性质系统单粒子占有数及其所产生的微观态数。

D.5.1　经典粒子系统

本小节说明经典粒子系统中单粒子态分布 $(n_1,n_2,\cdots,n_i,\cdots)$ 所形成的系统微观态数。解决这一问题的基本方法就是按所给占有数分布逐能级填充各单粒子态，能够形成的不同的填充方式即为该分布形成的微观态数。

先考虑第一个能级即 ε_1 能级的填充方式数。按分布该能级中要填 n_1 个粒子，而系统中共有 N 个粒子，由于粒子是可分辨的，这意味着 ε_1 能级填 n_1 个粒子的方式数等于从 N 个粒子中选择 n_1 个粒子的方式数，按照数学中关于组合的结果，这个方式数为

$$\frac{N!}{n_1!(N-n_1)!} \tag{D.55}$$

其次，每个 ε_1 能级包含 g_1 个态，而 n_1 个粒子中的每一个都有 g_1 种可能性占据 ε_1 能态，于是所有 n_1 个粒子占据 ε_1 能态的方式数为 $g_1^{n_1}$ 。综合以上两点可得 n_1 个粒子占据 ε_1 能级的总方式数为

$$\frac{N!g_1^{n_1}}{n_1!(N-n_1)!} \tag{D.56}$$

接着考虑第二个能级的填充。ε_1 能级填充后系统中剩下 $(N-n_1)$ 个粒子，重

复第一个能级的填充过程，可得 n_2 个粒子占据 ε_2 能级的方式数：

$$\frac{(N-n_1)!g_2^{n_2}}{n_2!(N-n_1-n_2)!} \tag{D.57}$$

以此类推，由 $(n_1,n_2,\cdots,n_i,\cdots)$ 给定的单粒子态分布产生的所有可能微观态数为

$$\begin{aligned}\Omega^{\mathrm{MB}}(n_1,n_2,\cdots,n_i,\cdots)&=\frac{N!g_1^{n_1}}{n_1!(N-n_1)!}\cdot\frac{(N-n_1)!g_2^{n_2}}{n_2!(N-n_1-n_2)!}\cdot\frac{(N-n_1-n_2)!g_3^{n_3}}{n_3!(N-n_1-n_2-n_3)!}\cdots\\&=\frac{N!g_1^{n_1}g_2^{n_2}g_3^{n_3}\cdots g_i^{n_i}\cdots}{n_1!n_2!n_3!\cdots n_i!\cdots}=N!\prod_i\frac{g_i^{n_i}}{n_i!}\end{aligned} \tag{D.58}$$

上述最后等式中的符号为连乘符号，连乘对所有单粒子态 i 进行，实际上单粒子态往往是有无穷多个，Ω^{MB} 中上标 MB 是为了标识这是一个经典粒子系统，因为它最终导致麦克斯韦-玻尔兹曼分布，所以用 MB 标识。

上述计算得到的微观态数表达式会最终导致系统的熵不具有广延量的加和性质，即吉布斯佯谬(见 3.3.2 节)，原因在于不能把经典粒子完全看成是可分辨的，必须考虑经典粒子具有某种不可分辨性，下面对此进行说明。如果把经典粒子看成是不可分辨的，则 $N!$ 种排列实际上只对应一种微观态，于是需要对式(D.58)中除以 $N!$ 的因子，于是式(D.58)变为

$$\Omega^{\mathrm{MB}}(n_1,n_2,\cdots,n_i,\cdots)=\prod_i\frac{g_i^{n_i}}{n_i!} \tag{D.59}$$

此即经典粒子在 $(n_1,n_2,\cdots,n_i,\cdots)$ 分布时所能形成的微观态数的最终公式。需要说明的是，如果经典粒子是完全不可分辨的，那么从 N 个粒子中选 n_1 个粒子的所有方式数只能是 1，也就是说式(D.55)中所示的项 $\dfrac{N!}{n_1!(N-n_1)!}$ 及式(D.57)中的 $\dfrac{(N-n_1)!}{n_1!(N-n_1-n_2)!}$ 等项也都为 1，最终结果就是式(D.58)和式(D.59)中的 $\Omega^{\mathrm{MB}}=\prod_i g_i^{n_i}$，但对于经典粒子，人们却采用式(D.59)来计算 $(n_1,n_2,\cdots,n_i,\cdots)$ 所形成的微观态数，这意味着这里的经典粒子只具有某种程度上的不可分辨性而并非完全不可分辨的。

下面确定使 $\ln\Omega^{\mathrm{MB}}$ 取最大值的单粒子态分布 $(\hat{n}_1,\hat{n}_2,\cdots,\hat{n}_i,\cdots)$，这个问题由变分方法解决。考虑到 $(n_1,n_2,\cdots,n_i,\cdots)$ 要满足式(D.53)所给出的约束条件，于是由

变分方法的一般原理(见附录 F)，可处理如下的无约束变分问题：

$$K^{\mathrm{MB}}[n_1,n_2,\cdots,n_i,\cdots]=\ln\Omega^{\mathrm{MB}}(n_1,n_2,\cdots,n_i,\cdots)-\alpha\sum_i n_i-\beta\sum_i n_i\varepsilon_i \tag{D.60}$$

其中 α 和 β 为引入的参数，称为拉格朗日因子，也就是说使 K^{MB} 取最大值的 $(n_1,n_2,\cdots,n_i,\cdots)$ 也一定使 $\ln\Omega^{\mathrm{MB}}$ 取最大值，但在使 K^{MB} 取最大值的方程中所有 $n_i(i=1,2,\cdots)$ 不再受式(D.53)的约束而是无关的。按变分法的数学，使 K^{MB} 取最大值 $(\hat{n}_1,\hat{n}_2,\cdots,\hat{n}_i,\cdots)$ 由如下变分方程决定：

$$\delta K^{\mathrm{MB}}=0 \tag{D.61}$$

由式(D.60)可得

$$\delta K^{\mathrm{MB}}=\delta\ln\Omega^{\mathrm{MB}}-\alpha\sum_i\delta n_i-\beta\sum_i\varepsilon_i\delta n_i \tag{D.62}$$

把式(D.58)所示的 Ω^{MB} 代入 $\ln\Omega^{\mathrm{MB}}$，则得

$$\ln\Omega^{\mathrm{MB}}=\ln N!+\sum_i[n_i\ln g_i-n_i\ln(n_i!)] \tag{D.63}$$

对式(D.63)用 Stirling 公式可得

$$\ln\Omega^{\mathrm{MB}}=\ln N!+\sum_i[n_i\ln g_i-n_i\ln n_i+n_i] \tag{D.64}$$

把式(D.64)代入式(D.62)，并由式(D.61)得

$$\begin{aligned}\delta K&=\sum_i[\ln g_i\delta n_i-\ln n_i\delta n_i-\delta n_i+\delta n_i]-\alpha\sum_i\delta n_i-\beta\sum_i\varepsilon_i\delta n_i\\&=\sum_i(\ln g_i-\ln n_i-\alpha-\beta\varepsilon_i)\delta n_i=0\end{aligned} \tag{D.65}$$

由于该式中所有 $\delta n_i(i=1,2,\cdots)$ 是无关的，意味着式(D.65)中括号中的量为 0，即

$$\ln g_i-\ln\hat{n}_i-\alpha-\beta\varepsilon_i=0\qquad i=1,2,\cdots \tag{D.66}$$

由该式得

$$\hat{n}_i=g_i\mathrm{e}^{-\alpha-\beta\varepsilon_i}\qquad i=1,2,\cdots \tag{D.67}$$

如果把 β 理解为 $\beta=1/(k_{\mathrm{B}}T)$，把 α 理解为 $\alpha=-\beta\mu$，则式(D.67)为

$$\hat{n}_i=g_i\mathrm{e}^{-\beta(\varepsilon_i-\mu)}\qquad i=1,2,\cdots \tag{D.68}$$

于是经典粒子系统中每个单粒子态上的粒子数 $\hat{n}_i^{\mathrm{MB}}$ 为

$$\hat{n}_i^{\mathrm{MB}}=\frac{\hat{n}_i}{g_i}=\mathrm{e}^{-\beta(\varepsilon_i-\mu)}=\overline{n}^{\mathrm{MB}}\qquad i=1,2,\cdots\tag{D.69}$$

由式(D.69)可见 $\hat{n}_i^{\mathrm{MB}}$ 与由巨正则系综方法所得到麦克斯韦-玻尔兹曼分布 $\overline{n}^{\mathrm{MB}}$［式(3.118)］相同，这也意味着最可几分布等同于平均数分布。

D.5.2　费米子系统

费米子的统计本性如下：一是它为不可分辨粒子；二是每个单粒子态只能占据一个粒子。下面计算由分布 $(n_1,n_2,\cdots,n_i,\cdots)$ 所能形成微观态的数量，所用的方法与上述的类似，就是计算按给定分布逐能级填充各能级的方式数。首先考虑 ε_1 能级的填充。ε_1 能级有 n_1 个粒子占据，而该能级有 g_1 个态，第一个粒子填充 ε_1 能级有 g_1 种方式，第二个粒子有 (g_1-1) 种方式，以此类推，第 n_1 个粒子填充有 $[g_1-(n_1-1)]$ 种方式，因此 n_1 个粒子填充 ε_1 能级所有方式数为

$$g_1\times(g_1-1)\times(g_1-2)\times\cdots\times[g_1-(n_1-1)]=\frac{g_1!}{(g_1-n_1)!}\tag{D.70}$$

其次，由于 n_1 个粒子的全同性，式(D.70)中还需要除以 $n_1!$，于是填充第一个能级的方式数有

$$\frac{g_1!}{n_1!(g_1-n_1)!}\tag{D.71}$$

其他能级的填充方式数与上述第一个能级的情况类似，一般地填充第 i 个单粒子能级的方式数为

$$\frac{g_i!}{n_i!(g_i-n_i)!}\tag{D.72}$$

由于各能级的填充是相互独立的，因此按分布 $(n_1,n_2,\cdots,n_i,\cdots)$ 填充所有可能的方式数为填充各能级方式数的乘积，即

$$\varOmega^{\mathrm{FD}}(n_1,n_2,\cdots,n_i,\cdots)=\prod_i\frac{g_i!}{n_i!(g_i-n_i)!}\tag{D.73}$$

于是有

$$\ln\varOmega^{\mathrm{FD}}=\sum_i[\ln g_i!-\ln n_i!-\ln(g_i-n_i)!]\tag{D.74}$$

利用 Stirling 公式，则有

$$\ln \Omega^{\mathrm{FD}} = \sum_i [g_i \ln g_i - n_i \ln n_i - (g_i - n_i)\ln(g_i - n_i)] \tag{D.75}$$

与处理经典粒子中的情形类似，求式(D.75)在约束(D.53)下的极值问题等同于处理如下量 K 的无约束极值问题：

$$K(n_1, n_2, \cdots, n_i, \cdots) = \ln \Omega^{\mathrm{FD}} - \alpha \sum_i \delta n_i - \beta \sum_i \varepsilon_i \delta n_i \tag{D.76}$$

其中 α 和 β 为拉格朗日因子，即 $(\hat{n}_1, \hat{n}_2, \cdots, \hat{n}_i, \cdots)$ 由如下变分极值条件决定：

$$\delta K = 0 \tag{D.77}$$

对式(D.76)进行变分运算，可得

$$\delta K = \sum_i [-\ln n_i + \ln(g_i - n_i) - \alpha - \beta\varepsilon_i]\delta n_i = 0 \tag{D.78}$$

由于各 $n_i(\mathrm{i}, 2, \cdots)$ 的无关性，于是有

$$-\ln \hat{n}_i + \ln(g_i - \hat{n}_i) - \alpha - \beta\varepsilon_i = 0 \qquad i = 1, 2, \cdots \tag{D.79}$$

由此可得

$$\hat{n}_i = \frac{g_i}{\mathrm{e}^{\alpha + \beta\varepsilon_i} + 1} \qquad i = 1, 2, \cdots \tag{D.80}$$

同样地，把 β 理解为 $\beta = 1/(k_{\mathrm{B}}T)$ 和把 α 看成 $\alpha = -\beta\mu$，则式(D.80)表达为

$$\hat{n}_i = \frac{g_i}{\mathrm{e}^{\beta(\varepsilon_i - \mu)} + 1} \qquad i = 1, 2, \cdots \tag{D.81}$$

于是费米子系统处于平衡态时每个单粒子态上的粒子数 $\hat{n}_i^{\mathrm{FD}}$ 为

$$\hat{n}_i^{\mathrm{FD}} = \frac{\hat{n}_i}{g_i} = \frac{1}{\mathrm{e}^{\beta(\varepsilon_i - \mu)} + 1} = \overline{n}_i^{\mathrm{FD}} \qquad i = 1, 2, \cdots \tag{D.82}$$

可见最可几分布 $\hat{n}_i^{\mathrm{FD}}$ 与由巨正则系综方法推导的单粒子态平均占有数 $\overline{n}_i^{\mathrm{FD}}$ 公式相同[式(3.115)]。

D.5.3 玻色子系统

玻色子的统计本性如下：一是它为不可分辨粒子，二是每个单粒子态可被任意数量的粒子所占据。对于给定的分布 $(n_1, n_2, \cdots, n_i, \cdots)$，考虑一个 ε_i 能级的填充

方式数，ε_i 能级中有 n_i 个粒子，该能级包含 g_i 个态。为了确定 n_i 个玻色子分布在 g_i 单粒子态有多少种方式，设想把这 n_i 个粒子排成一条直线，然后用 g_i-1 个隔板把这些粒子分成 g_i 个组，这每个组对应一个单粒子态，如图 D.2 所示，于是这 n_i 个粒子和 g_i-1 个隔板形成的每种排列方式对应一种玻色子分布方式，反过来每种玻色子的填充方式必对应于一种粒子和隔板的排列方式，在图 D.2 所示的例子中，单粒子能级上占据 7 个玻色子，该能级中有 5 个简并态，这 5 个简并态中分别有1、3、2、0、1 个玻色子。在这种类比下，求玻色子在 ε_i 能级的填充方式数就等于求 n_i 个粒子和 g_i-1 个隔板形成的排列方式数。

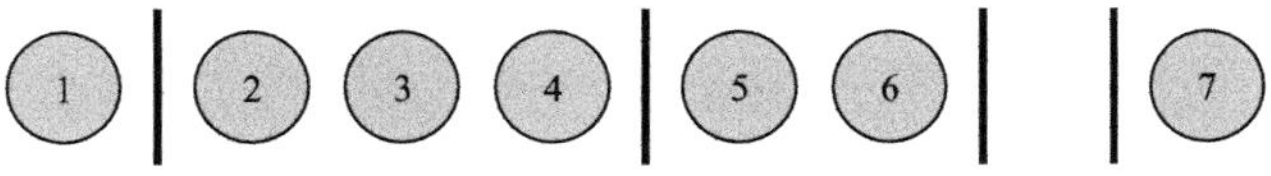

图 D.2　一个简并度为 5 的能级填充有 7 个玻色子形成一种分布方式（$n_i=7, g_i=5$）

n_i 个粒子和 g_i-1 个隔板共有 (n_i+g_i-1) 个位置，因此它们形成所有排列的方式数是 $(n_i+g_i-1)!$；但所有 n_i 个粒子是不可分辨的，也就是说交换粒子的位置实际上对应相同的状态，而交换 n_i 个粒子位置的方式数为 $n_i!$；同样地交换 g_i-1 个隔板位置不会导致不同的状态，而交换 g_i-1 个隔板的方式数为 $(g_i-1)!$；于是 ε_i 能级中 n_i 个粒子分布在 g_i 个单粒子态的所有方式数为

$$\frac{(n_i+g_i-1)!}{n_i!\cdot(g_i-1)!} \tag{D.83}$$

由于各能级的填充是相互独立的，因此按分布 $(n_1,n_2,\cdots,n_i,\cdots)$ 填充所有可能的方式数 $\varOmega^{\mathrm{BE}}$ 为填充各能级方式数的乘积，即

$$\varOmega^{\mathrm{BE}}(n_1,n_2,\cdots,n_i,\cdots)=\prod_i\frac{(n_i+g_i-1)!}{n_i!\cdot(g_i-1)!} \tag{D.84}$$

于是有

$$\ln\varOmega^{\mathrm{BE}}(n_1,n_2,\cdots,n_i,\cdots)=\sum_i[\ln(n_i+g_i-1)!-\ln n_i!-\ln(g_i-1)!] \tag{D.85}$$

由 Stirling 公式，式(D.85)可近似为

$$\ln\varOmega^{\mathrm{BE}}\approx\sum_i[(n_i+g_i-1)\ln(n_i+g_i-1)-n_i\ln n_i-(g_i-1)-\ln(g_i-1)!] \tag{D.86}$$

与处理前述的经典粒子和费米子方法相同，求式(D.86)在约束(D.53)下的极值问题等同于处理如下量 K^{BE} 的无约束极值问题：

$$K^{\mathrm{BE}}(n_1,n_2,\cdots,n_i,\cdots)=\ln W^{\mathrm{BE}}-\alpha\sum_i n_i-\beta\sum_i \varepsilon_i n_i \tag{D.87}$$

其中 α 和 β 为拉格朗日因子，即 $(\hat{n}_1,\hat{n}_2,\cdots,\hat{n}_i,\cdots)$ 由如下变分极值条件决定：

$$\delta K^{\mathrm{BE}}=0 \tag{D.88}$$

将式(D.87)中的 K^{BE} 对 n_i 变分并使其为零，则有

$$\delta K^{\mathrm{BE}}=\sum_i[\ln(n_i+g_i-1)-\ln n_i-\alpha-\beta\varepsilon_i]\delta n_i=0 \tag{D.89}$$

由于所有 n_i 的无关性，因此由式(D.89)可得 $(\hat{n}_1,\hat{n}_2,\cdots,\hat{n}_i,\cdots)$ 满足如下方程：

$$\ln(\hat{n}_i+g_i-1)-\ln\hat{n}_i-\alpha-\beta\varepsilon_i=0 \qquad i=1,2,\cdots \tag{D.90}$$

由式(D.90)可得玻色子系统各能态的最可几占有数：

$$\hat{n}_i=\frac{g_i+1}{\mathrm{e}^{\alpha+\beta\varepsilon_i}-1}\approx\frac{g_i}{\mathrm{e}^{\alpha+\beta\varepsilon_i}-1} \qquad i=1,2,\cdots \tag{D.91}$$

式(D.91)最后一个等式是考虑在宏观系统中 $g_i\gg 1$ 而得。同样地，如果把 β 理解为 $\beta=1/(k_{\mathrm{B}}T)$ 和把 α 理解为 $\alpha=-\beta\mu$，则式(D.91)表达为

$$\hat{n}_i=\frac{g_i}{\mathrm{e}^{\beta(\varepsilon_i-\mu)}-1} \qquad i=1,2,\cdots \tag{D.92}$$

于是玻色子系统处于平衡态时每个单粒子态上的粒子数 $\hat{n}_i^{\mathrm{BE}}$ 为

$$\hat{n}_i^{\mathrm{BE}}=\frac{\hat{n}_i}{g_i}=\frac{1}{\mathrm{e}^{\beta(\varepsilon_i-\mu)}-1}=\overline{n}_i^{\mathrm{BE}} \qquad i=1,2,\cdots \tag{D.93}$$

可见这里所得到的 $\hat{n}_i^{\mathrm{BE}}$ 正是与巨正则系综方法所得到的玻色-爱因斯坦分布 $\overline{n}_i^{\mathrm{BE}}$ [式(3.113)]相同。

参 考 文 献

[1] Mandel F. 统计物理学. 范印哲, 译. 北京: 人民教育出版社, 1981: 93
[2] Pathria R K. 统计力学. 上册. 湛垦华, 方锦清, 译. 北京: 高等教育出版社, 1985: 84
[3] Pathria R K. 统计力学. 上册. 湛垦华, 方锦清, 译. 北京: 高等教育出版社, 1985: 32-37
[4] Mandel F. 统计物理学. 范印哲, 译. 北京: 人民教育出版社, 1981: 339

附录 E　索末菲展开

索末菲展开就是求解积分

$$I(\mu)=\int_0^{\infty}\frac{\varphi(E)}{\mathrm{e}^{\frac{E-\mu}{k_{\mathrm{B}}T}}+1}\mathrm{d}E \tag{E.1}$$

的数学计算公式，其中 $\varphi(E)$ 为任意解析函数。该公式最早由索末菲研究，用于求解自由量子电子气的比热容问题。

为计算上述积分，引入新变量 x，

$$x=\frac{E-\mu}{k_{\mathrm{B}}T} \tag{E.2}$$

则积分转化为

$$\begin{aligned}I(\mu)&=k_{\mathrm{B}}T\int_{-\mu/k_{\mathrm{B}}T}^{\infty}\frac{\varphi(\mu+k_{\mathrm{B}}Tx)}{\mathrm{e}^x+1}\mathrm{d}x\\&=k_{\mathrm{B}}T\int_{-\mu/k_{\mathrm{B}}T}^{0}\frac{\varphi(\mu+k_{\mathrm{B}}Tx)}{\mathrm{e}^x+1}\mathrm{d}x+k_{\mathrm{B}}T\int_0^{\infty}\frac{\varphi(\mu+k_{\mathrm{B}}Tx)}{\mathrm{e}^x+1}\mathrm{d}x\end{aligned} \tag{E.3}$$

对第一个积分做变量替换，用 $-x$ 替换 x，由此可得

$$\begin{aligned}\int_{-\mu/k_{\mathrm{B}}T}^{0}\frac{\varphi(\mu+k_{\mathrm{B}}Tx)}{\mathrm{e}^x+1}\mathrm{d}x&=\int_0^{-\mu/k_{\mathrm{B}}T}\frac{\varphi(\mu-k_{\mathrm{B}}Tx)}{\mathrm{e}^{-x}+1}\mathrm{d}x\\&=\int_0^{-\mu/k_{\mathrm{B}}T}\varphi(\mu-k_{\mathrm{B}}Tx)\left(1-\frac{1}{\mathrm{e}^x+1}\right)\mathrm{d}x\\&=\int_0^{-\mu/k_{\mathrm{B}}T}\varphi(\mu-k_{\mathrm{B}}Tx)\mathrm{d}x-\int_0^{-\mu/k_{\mathrm{B}}T}\frac{\varphi(\mu-k_{\mathrm{B}}Tx)}{\mathrm{e}^x+1}\mathrm{d}x\\&=\frac{1}{k_{\mathrm{B}}T}\int_0^{\mu}\varphi(z)\mathrm{d}z-\int_0^{-\mu/k_{\mathrm{B}}T}\frac{\varphi(\mu-k_{\mathrm{B}}Tx)}{\mathrm{e}^x+1}\mathrm{d}x\end{aligned} \tag{E.4}$$

其中

$$z=\mu-k_{\mathrm{B}}Tx \tag{E.5}$$

于是，原来积分 $I(\mu)$ 为

$$I(\mu)=\int_0^{\mu}\varphi(z)\,\mathrm{d}z+k_{\mathrm{B}}T\int_0^{\infty}\frac{\varphi(\mu+k_{\mathrm{B}}Tx)}{\mathrm{e}^x+1}\mathrm{d}x-k_{\mathrm{B}}T\int_0^{-\mu/k_{\mathrm{B}}T}\frac{\varphi(\mu-k_{\mathrm{B}}Tx)}{\mathrm{e}^x+1}\mathrm{d}x \tag{E.6}$$

这里仅考虑

$$\frac{\mu}{k_{\mathrm{B}}T}\gg 1 \tag{E.7}$$

条件下积分 $I(\mu)$ 的求积问题。当这个条件满足时，式(E.6)中第三个积分的上限可近似看成无穷大，能这样近似是由于积分 $I(\mu)$ 中第三个积分中的被积函数随 x 增加迅速减小，因此把积分限提到无穷大不会显著改变积分值，于是式(E.6)变为

$$I(\mu)=\int_0^{\mu}\varphi(z)\mathrm{d}z+k_{\mathrm{B}}T\int_0^{\infty}\frac{\varphi(\mu+k_{\mathrm{B}}Tx)-\varphi(\mu-k_{\mathrm{B}}Tx)}{\mathrm{e}^x+1}\mathrm{d}x \tag{E.8}$$

把函数 $\varphi(\mu+k_{\mathrm{B}}Tx)$ 和 $\varphi(\mu-k_{\mathrm{B}}Tx)$ 在 $k_{\mathrm{B}}Tx$ 处做泰勒级数展开，则有

$$\begin{aligned}\varphi(\mu+k_{\mathrm{B}}Tx)&\approx\varphi(\mu)+k_{\mathrm{B}}Tx\frac{\mathrm{d}\varphi(\mu)}{\mathrm{d}\mu}+\cdots\\ \varphi(\mu-k_{\mathrm{B}}Tx)&\approx\varphi(\mu)-k_{\mathrm{B}}Tx\frac{\mathrm{d}\varphi(\mu)}{\mathrm{d}\mu}+\cdots\end{aligned} \tag{E.9}$$

同样由于 $\dfrac{\mu}{k_{\mathrm{B}}T}\gg 1$，只考虑展开式的前几项就能得到很好的近似结果，后面的高阶项可以忽略，于是有

$$\varphi(\mu+k_{\mathrm{B}}Tx)-\varphi(\mu-k_{\mathrm{B}}Tx)\approx 2k_{\mathrm{B}}Tx\frac{\mathrm{d}\varphi(\mu)}{\mathrm{d}\mu}+\cdots \tag{E.10}$$

把其代入式(E.8)，则有

$$I(\mu)=\int_0^{\mu}\varphi(z)\mathrm{d}z+2(k_{\mathrm{B}}T)^2\frac{\mathrm{d}\varphi(\mu)}{\mathrm{d}\mu}\int_0^{\infty}\frac{x}{\mathrm{e}^x+1}\mathrm{d}x \tag{E.11}$$

第二项积分 $\displaystyle\int_0^{\infty}\frac{x}{\mathrm{e}^x+1}\mathrm{d}x$ 有确定值 $\dfrac{\pi^2}{12}$，于是得到积分 $I(\mu)$ 的表达式：

$$\int_0^{\infty}\frac{\varphi(E)}{\mathrm{e}^{\frac{E-\mu}{k_{\mathrm{B}}T}}+1}\mathrm{d}E=\int_0^{\mu}\varphi(z)\mathrm{d}z+\frac{\pi^2}{6}(k_{\mathrm{B}}T)^2\frac{\mathrm{d}\varphi(\mu)}{\mathrm{d}\mu}+\cdots \tag{E.12}$$

这一结果称为**索末菲展开公式**，注意该公式在满足式(E.7)所展示的条件时才是成立的。

附录 F　泛函的数学基础

在物理中，经典物质、电磁场和量子物质系统的运动都存在两种描述形式，一是微分形式的描述，二是变分形式的描述。微分形式的描述就是系统的运动由微分方程来描述，经典物质、电磁场和量子物质运动的微分方程分别是：牛顿方程、麦克斯韦方程和薛定谔方程。三种物质的变分描述可以统一地概括成：系统的态函数是使系统的总能量取极小值的函数。两种描述是等价的，变分描述更具有概括性。在变分描述中系统的能量随系统的态函数不同而不同，在数学上就说能量是态函数的泛函，变分原理在数学上就是求能量泛函的极值问题。本书主要介绍薛定谔方程的求解，因此这里先简要说明量子系统的变分表述。

对于哈密顿量为 H 的量子系统，其能量由如下积分决定：

$$E[\psi(\boldsymbol{r})]=\frac{\int\psi^{*}(\boldsymbol{r})H\psi(\boldsymbol{r})\mathrm{d}\boldsymbol{r}}{\int\psi^{*}(\boldsymbol{r})\psi(\boldsymbol{r})\mathrm{d}\boldsymbol{r}}\tag{F.1}$$

其中，$\psi(\boldsymbol{r})$ 是系统的波函数。量子系统变分表述的核心是：系统的波函数是使上述积分取极小值的函数，而最小的能量值即为系统的能量。可以从数学上证明薛定谔方程和该表述是等价的，也就是这两种方法确定的波函数和能量是相同的，这将在本附录最后给出。两种不同的表述方式意味着两种不同求解系统波函数和能量的数学方法，微分形式的表述意味着求解微分方程来获得系统的波函数和能量，除了氢原子和一些模型系统，这种方法对于多粒子薛定谔方程是不可能的，而变分方法则提供了实际可行的路径来获得系统波函数和能量，人们现在使用的求解电子系统量子态的两大从头计算方法(HF 方法和密度泛函方法)都源于变分方法。下面对相关数学计算做基本的介绍。

以数为自变量的函数，自变量和值都是数，泛函则是以函数为自变量的函数，自变量为函数，函数值为一个数。泛函在物理应用上的核心问题是：确定使泛函取极值的自变量函数和极值本身，此即泛函的极值问题；这与函数的极值问题相类似，函数的极值问题是：确定函数取极值时的自变量值和极值本身。函数的极值由导数为零的条件决定，这其实是一个代数方程，其解给出极值点；对于泛函的极值，则有泛函导数概念，泛函极值则由泛函导数为零的条件决定，这是一个微分方程，方程的解给出极值时的自变量函数。本附录说明泛函及极值问题的数学基础。

F.1　泛函的定义

泛函是以函数为自变量的函数。例如，一个函数 $y(x)$ 在区间 $[x_1, x_2]$ 的积分是一个泛函，记为 $S[f(x)]$，即

$$S[y(x)] = \int_{x_1}^{x_2} y(x)\mathrm{d}x \tag{F.2}$$

一个函数 $f(x)$ 在区间 $[x_1, x_2]$ 的曲线长度是一个泛函，记为 $L[f(x)]$：

$$L[y] = L[y(x)] = \int_{x_1}^{x_2} \sqrt{1 + \left(\frac{\mathrm{d}y}{\mathrm{d}x}\right)^2}\,\mathrm{d}x \tag{F.3}$$

式(F.1)表达的也是一个泛函，也就是波函数 $\psi(\boldsymbol{r})$ 为自变量的泛函，积分则表示的是系统的能量。泛函(functional)和通常的函数(function)的区别在于函数的自变量是一个数或一组数，而泛函自变量是一个函数或多个函数，为了显示这个区别，函数的自变量写在一个圆括号中，而泛函自变量写在一个方括号中。

F.2　泛函变分和泛函导数的定义与运算规则

变分形式的量子力学的基本任务是求式(F.1)中所示泛函的极值，泛函的极值问题与普通函数的极值问题十分类似。一个函数的极值通过函数的导数为零所确定，导数为零的条件实际上给出了一个代数方程，该方程的解给出极值点，再把极值点代入函数则得到函数极值。例如，求函数 $y(x) = x^2 - 2x$ 的极值，极值点则由其导数 $\frac{\mathrm{d}y}{\mathrm{d}x} = 0$ 确定，该条件给出方程 $2x - 2 = 0$，该方程解给出极值点 $x = 1$，把 $x = 1$ 代入函数 $y(x)$ 则得到函数极值为 -1。在泛函中，人们引入了泛函导数和泛函变分的概念，用它们来确定和计算泛函的极值，下面介绍这两个概念。

考虑如下形式的泛函：

$$J[y] = \int_{x_1}^{x_2} F(x, y, y_x)\,\mathrm{d}x \tag{F.4}$$

其中，$y = y(x)$ 表示泛函的自变量函数；$y_x = \mathrm{d}y/\mathrm{d}x$ 表示 $y(x)$ 的导数。当自变量函数变化 δy 时，这里的 δy 表示一个自变量为 x 的函数 $\delta y(x)$，泛函变为 $J[y + \delta y]$，把泛函值变化中正比于 δy 的部分或者线性部分称为泛函 $J[y]$ 的变分(variation)，

记为 δJ，其中的系数称为泛函的导数，记为 $\dfrac{\delta J}{\delta y}$，泛函变分和导数的关系则写为

$$\delta J=\int \frac{\delta J}{\delta y}\cdot \delta y\,\mathrm{d}x \tag{F.5}$$

下面通过两个例子来说明这两个概念。设泛函 $J[y]$ 为

$$J[y]=\int y^{5/3}(x)\,\mathrm{d}x \tag{F.6}$$

则 $J[y+\delta y]$ 为

$$\begin{aligned} J[y+\delta y]&=\int (y+\delta y)^{5/3}\,\mathrm{d}x \\ &=\int\left(y^{5/3}+\frac{5}{3}y^{2/3}\delta y+\frac{5}{9}y^{-1/3}(\delta y)^2+\cdots\right)\mathrm{d}x \end{aligned} \tag{F.7}$$

于是

$$J[y+\delta y]-J[y]=\int\left(\frac{5}{3}y^{2/3}\delta y+\frac{5}{9}y^{-1/3}(\delta y)^2+\cdots\right)\mathrm{d}x \tag{F.8}$$

由式(F.8)可见，自变量函数变化 δy 会导致泛函发生 $J[y+\delta y]-J[y]$ 的变化。如果 δy 很小，泛函的变化主要来自第一项，后面的项会很小，当 δy 趋于无穷小时，后面的项就可完全忽略，泛函的变化完全由第一项决定。而第一项正是和 δy 成比例的项，这也就是为什么只关注泛函变化中与 δy 成比例的项。按照上述的定义，第一项称为泛函变分 δJ，即

$$\delta J=\int \frac{5}{3}y^{2/3}\delta y\,\mathrm{d}x \tag{F.9}$$

按上述泛函导数的定义，上式中 δy 前的系数 $\dfrac{5}{3}y^{2/3}$ 即为泛函导数 $\dfrac{\delta J}{\delta y}$。泛函导数是变量 x 的函数，所以常写为 $\dfrac{\delta J}{\delta y}(x)$。

另一个经典的例子是经典的电子与电子之间的库仑作用泛函：

$$J[\rho]=\frac{1}{2}\iint \frac{\rho(\boldsymbol{r})\rho(\boldsymbol{r}')}{|\boldsymbol{r}-\boldsymbol{r}'|}\,\mathrm{d}\boldsymbol{r}\mathrm{d}\boldsymbol{r}' \tag{F.10}$$

这里 $\boldsymbol{r}$ 表示 x,y,z ，$\mathrm{d}\boldsymbol{r}=\mathrm{d}x\mathrm{d}y\mathrm{d}z$ 是体积元，该泛函表达了密度分布 $\rho(\boldsymbol{r})$ 的电荷之间库仑排斥能的平均值，现求其导数。由式(F.10)可知，当自变量函数由 $\rho(\boldsymbol{r})$ 变化 $\delta\rho(\boldsymbol{r})$ 而变为 $\rho(\boldsymbol{r})+\delta\rho(\boldsymbol{r})$ 时，泛函变为

$$\begin{aligned}J[\rho+\delta\rho]&=\frac{1}{2}\iint\frac{[\rho(\boldsymbol{r})+\delta\rho(\boldsymbol{r})][\rho(\boldsymbol{r}')+\delta\rho(\boldsymbol{r}')]}{|\boldsymbol{r}-\boldsymbol{r}'|}\mathrm{d}\boldsymbol{r}\mathrm{d}\boldsymbol{r}'\\&=\frac{1}{2}\iint\frac{\rho(\boldsymbol{r})\rho(\boldsymbol{r}')+\rho(\boldsymbol{r}')\delta\rho(\boldsymbol{r})+\rho(\boldsymbol{r})\delta\rho(\boldsymbol{r}')+\delta\rho(\boldsymbol{r})\delta\rho(\boldsymbol{r}')}{|\boldsymbol{r}-\boldsymbol{r}'|}\mathrm{d}\boldsymbol{r}\mathrm{d}\boldsymbol{r}'\end{aligned}\tag{F.11}$$

泛函的变化为

$$\begin{aligned}J[\rho+\delta\rho]-J[\rho]&=\frac{1}{2}\iint\frac{\rho(\boldsymbol{r}')\delta\rho(\boldsymbol{r})+\rho(\boldsymbol{r})\delta\rho(\boldsymbol{r}')+\delta\rho(\boldsymbol{r})\delta\rho(\boldsymbol{r}')}{|\boldsymbol{r}-\boldsymbol{r}'|}\mathrm{d}\boldsymbol{r}\mathrm{d}\boldsymbol{r}'\\&=\frac{1}{2}\iint\frac{\rho(\boldsymbol{r}')\delta\rho(\boldsymbol{r})+\rho(\boldsymbol{r})\delta\rho(\boldsymbol{r}')}{|\boldsymbol{r}-\boldsymbol{r}'|}\mathrm{d}\boldsymbol{r}\mathrm{d}\boldsymbol{r}'+\frac{1}{2}\iint\frac{\delta\rho(\boldsymbol{r})\delta\rho(\boldsymbol{r}')}{|\boldsymbol{r}-\boldsymbol{r}'|}\mathrm{d}\boldsymbol{r}\mathrm{d}\boldsymbol{r}'\\&=\iint\frac{\rho(\boldsymbol{r}')}{|\boldsymbol{r}-\boldsymbol{r}'|}\delta\rho(\boldsymbol{r})\mathrm{d}\boldsymbol{r}\mathrm{d}\boldsymbol{r}'+\frac{1}{2}\iint\frac{\delta\rho(\boldsymbol{r})\delta\rho(\boldsymbol{r}')}{|\boldsymbol{r}-\boldsymbol{r}'|}\mathrm{d}\boldsymbol{r}\mathrm{d}\boldsymbol{r}'\end{aligned}\tag{F.12}$$

当自变量函数变化 $\delta\rho(\boldsymbol{r})$ 很小时，式(F.12)中第二项就是高阶小量，泛函的变化 $J[\rho+\delta\rho]-J[\rho]$ 则取决于第一项，第一项正好是泛函变化中与 $\delta\rho(\boldsymbol{r})$ 成正比的部分，按照上述定义，该部分称为泛函变分 δJ ，即

$$\delta J=\iint\frac{\rho(\boldsymbol{r}')}{|\boldsymbol{r}-\boldsymbol{r}'|}\delta\rho(\boldsymbol{r})\mathrm{d}\boldsymbol{r}\mathrm{d}\boldsymbol{r}'=\int\left(\int\frac{\rho(\boldsymbol{r}')}{|\boldsymbol{r}-\boldsymbol{r}'|}\mathrm{d}\boldsymbol{r}'\right)\delta\rho(\boldsymbol{r})\mathrm{d}\boldsymbol{r}\tag{F.13}$$

其中比例系数则为泛函倒数 $\dfrac{\delta J}{\delta y}$，即

$$\frac{\delta}{\delta\rho}\frac{1}{2}\iint\frac{\rho(\boldsymbol{r})\rho(\boldsymbol{r}')}{|\boldsymbol{r}-\boldsymbol{r}'|}\mathrm{d}\boldsymbol{r}\mathrm{d}\boldsymbol{r}'=\int\frac{\rho(\boldsymbol{r}')}{|\boldsymbol{r}-\boldsymbol{r}'|}\mathrm{d}\boldsymbol{r}'\tag{F.14}$$

在电子结构理论中，该泛函导数称为 Hartree 势。

作为另一个重要例子，下面求电子系统能量泛函的变分，该泛函为

$$E[\psi]=\int\psi^{*}H\psi\mathrm{d}\boldsymbol{r}\tag{F.15}$$

当自变量函数变化 $\delta\psi$ 时，泛函变化为

$$
\begin{aligned}
E[\psi+\delta\psi]-E[\psi] &= \int(\psi+\delta\psi)^* H(\psi+\delta\psi)\mathrm{d}\boldsymbol{r} - \int\psi^* H\psi\mathrm{d}\boldsymbol{r} \\
&= \int(\delta\psi^* H\psi + \psi^* H\delta\psi + \delta\psi^* H\delta\psi)\mathrm{d}\boldsymbol{r}
\end{aligned} \tag{F.16}
$$

上述泛函变分是与 $\delta\psi$ 成正比的部分，而上式中第三项包含 $\delta\psi^*$ 与 $\delta\psi$ 乘积，相当于 $(\delta\psi)^2$ 乘积项，为高阶小量，因此不属于 E 的变分，于是能量泛函 E 的变分 δE 为

$$
\delta E = \int(\delta\psi^* H\psi + \psi^* H\delta\psi)\mathrm{d}\boldsymbol{r} \tag{F.17}
$$

即

$$
\delta\int\psi^* H\psi\mathrm{d}\boldsymbol{r} = \int(\delta\psi^* H\psi + \psi^* H\delta\psi)\mathrm{d}\boldsymbol{r} \tag{F.18}
$$

由此可见，对泛函的变分运算在形式上类似于函数的微分运算。

以上的例子说明，泛函变分和导数运算在形式上类似于函数的微分和导数运算。正因为如此，人们用 δJ 和 $\dfrac{\delta J}{\delta y}$ 表示泛函变分和导数，与函数的微分和导数分别用 $\mathrm{d}f$ 和 $\dfrac{\mathrm{d}f}{\mathrm{d}x}$ 表示相比，在泛函中只是用记号 δ 代替了 d。从后面讨论可以看到，泛函变分和导数是处理泛函极值问题的基本工具，这与函数微分和导数是处理函数极值问题的基本工具也是十分相似的。

由上述的泛函导数定义，可以得到一个方便的泛函导数公式[1]：

$$
\lim_{t\to 0}\left(\frac{J[y+t\eta]-J[y]}{t}\right) = \left(\frac{\mathrm{d}J[y+t\eta]}{\mathrm{d}t}\right)_{t=0} = \int\frac{\delta J}{\delta y}\cdot\eta(x)\,\mathrm{d}x \tag{F.19}
$$

其中，$\eta(x)$ 是任意的函数，但要求它在两个端点或边界点 x_1、x_2 为零，即要求 $\eta(x_1)=\eta(x_2)=0$。

泛函导数也有如下的加法规律：

$$
\frac{\delta(c_1 J_1(y) + c_2 J_2(y))}{\delta y} = c_1\frac{\delta J_1(y)}{\delta y} + c_2\frac{\delta J_2(y)}{\delta y} \tag{F.20}
$$

以及乘法规律：

$$
\frac{\delta(J_1(y)J_2(y))}{\delta y} = \frac{\delta J_1(y)}{\delta y}J_2(y) + J_1(y)\frac{\delta J_2(y)}{\delta y} \tag{F.21}
$$

其中，$J_1[y]$、$J_2[y]$ 是两个泛函；c_1、c_2 是任意两个常数。

F.3　泛函极值条件的两种表达式

上述定义的泛函变分和泛函倒数是讨论泛函极值的基本工具。下面通过讨论式(F.4)所示泛函的极值来说明泛函极值问题求解的一般思路[2]。求$J[y]$极值的基本问题是：找到使$J[y]$取极大值或极小值的函数$y(x)$。在泛函相关问题中，函数$y(x)$在两个端点x_1、x_2的值是固定的，分别记为y_1、y_2。$y(x)$在平面坐标中表示一条曲线，因此这里的极值问题可以用图F.1表示：求以(x_1,y_1)，(x_2,y_2)为两个端点的曲线$y(x)$，它使$J[y]$取极值。

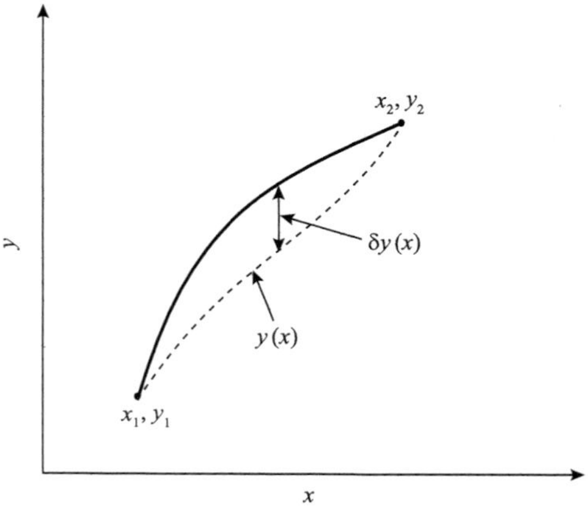

图 F.1　变分的示意图

假定$y(x)$是过两个端点的一条曲线，如图F.1中虚线所示，现在让曲线变化，也就是使泛函的自变量函数变化，变化后的曲线由实线所示，$\delta y(x)$表示曲线的变化，当然不同x处变化量不同，也就是说$\delta y(x)$是x的函数。引进一个新函数$\eta(x)$和参数α来表示$\delta y(x)$，即

$$\delta y(x)=\alpha\eta(x) \tag{F.22}$$

其中，α用来描述$\delta y(x)$的大小，它可以取任何值，$\alpha=0$则表示曲线没有变化；$\eta(x)$可以是任意连续和可微的函数，为适应曲线在两端点取值固定的要求，规定$\eta(x)$在两个端点为零，即

$$\eta(x_1)=\eta(x_2)=0 \tag{F.23}$$

用这些定义，变化后的曲线可用$y(x,\alpha)$表示，$y(x,0)$则表示没有变化的曲线，于是有

$$y(x,\alpha)=y(x,0)+\alpha\eta(x) \tag{F.24}$$

假定 $y(x,0)$ 为所求的使 $J[y]$ 取极值的曲线，下面求 $y(x,0)$ 要满足的条件。把式(F.24)代入式(F.4)，得到：

$$J[y(x,\alpha)]=\int_{x_1}^{x_2}F(x,y(x,\alpha),y_x(x,\alpha))\mathrm{d}x=J(\alpha) \tag{F.25}$$

显然这个泛函值依赖于 α，因此把它记为 α 的函数 $J(\alpha)$，注意 $J(\alpha)$ 是一个自变量为 α 的普通函数而不是一个泛函。泛函 $J[y(x,\alpha)]$ 取极值的必要条件要求：

$$\left[\frac{\partial J(\alpha)}{\partial\alpha}\right]_{\alpha=0}=0 \tag{F.26}$$

式中 $\alpha=0$ 时取极值是因为我们把 $\alpha=0$ 的曲线定为极值曲线。把式(F.25)代入式(F.26)有

$$\frac{\partial J(\alpha)}{\partial\alpha}=\int_{x_1}^{x_2}\left(\frac{\partial F}{\partial y}\frac{\partial y}{\partial\alpha}+\frac{\partial F}{\partial y_x}\frac{\partial y_x}{\partial\alpha}\right)\mathrm{d}x=0 \tag{F.27}$$

需要说明的是，这里的 $F(x,y,y_x)$ 自变量中也有 y、y_x，但它是一个函数而不是一个泛函，因为在这里 y 和 y_x 没有函数的意义，而只是作为一个普通变量，也就是说 x、y、y_x 是这个函数完全独立的、处在同等地位的自变量。由式(F.24)，有

$$\frac{\partial y(x,\alpha)}{\partial\alpha}=\eta(x) \qquad 和 \qquad \frac{\partial y_x(x,\alpha)}{\partial\alpha}=\frac{\mathrm{d}\eta(x)}{\mathrm{d}x} \tag{F.28}$$

于是式(F.27)变为

$$\frac{\partial J(\alpha)}{\partial\alpha}=\int_{x_1}^{x_2}\left(\frac{\partial F}{\partial y}\eta(x)+\frac{\partial F}{\partial y_x}\frac{\partial\eta(x)}{\partial x}\right)\mathrm{d}x=0 \tag{F.29}$$

对上式第二项分部积分，并考虑到式(F.23)，有

$$\begin{aligned}\int_{x_1}^{x_2}\frac{\partial F}{\partial y_x}\frac{\partial\eta(x)}{\partial x}\mathrm{d}x&=\int_{x_1}^{x_2}\frac{\partial F}{\partial y_x}\mathrm{d}\eta(x)=\frac{\partial F}{\partial y_x}\eta(x)\Big|_{x_1}^{x_2}-\int_{x_1}^{x_2}\frac{\mathrm{d}}{\mathrm{d}x}\frac{\partial F}{\partial y_x}\eta(x)\mathrm{d}x\\&=-\int_{x_1}^{x_2}\frac{\mathrm{d}}{\mathrm{d}x}\frac{\partial F}{\partial y_x}\eta(x)\mathrm{d}x\end{aligned} \tag{F.30}$$

于是式(F.29)变为

$$\frac{\partial J(\alpha)}{\partial \alpha}=\int_{x_1}^{x_2}\left(\frac{\partial F}{\partial y}-\frac{\mathrm{d}}{\mathrm{d}x}\frac{\partial F}{\partial y_x}\right)\eta(x)\mathrm{d}x=0 \tag{F.31}$$

在式(F.31)推导过程中，除要求$\eta(x)$满足边界条件(F.23)和连续可微条件外，没有对$\eta(x)$有其他任何要求，这意味着上式对任何的满足边界条件的连续可微函数都成立，按照有关数学定理，这意味着积分中括号里的量为零[2]，即

$$\frac{\partial F}{\partial y}-\frac{\mathrm{d}}{\mathrm{d}x}\frac{\partial F}{\partial y_x}=0 \tag{F.32}$$

这是关于函数 $y(x)$ 的微分方程，通常称为**欧拉方程**，有时也称**欧拉-拉格朗日方程**，该方程的解 $y(x)$ 即为使泛函(F.4)取极值的函数。

F.4　泛函极值条件

可以从另一个角度看式(F.31)。对给定的某个函数$\eta(x)$，当α变化量为$\Delta\alpha$时，从式(F.31)可知泛函值J的变化ΔJ为

$$\Delta J=\frac{\partial J}{\partial \alpha}\Delta\alpha=\int_{x_1}^{x_2}\left(\frac{\partial F}{\partial y}-\frac{\mathrm{d}}{\mathrm{d}x}\frac{\partial F}{\partial y_x}\right)\cdot\Delta\alpha\cdot\eta(x)\mathrm{d}x \tag{F.33}$$

其中，$\Delta\alpha\cdot\eta(x)$反映了由α变化$\Delta\alpha$而导致的自变量函数的变化，该变化记为$\Delta y(x)$，因此式(F.33)可以看成是由于自变量函数变化$\Delta y(x)$时所产生的泛函变化，即

$$\Delta J=\frac{\partial J}{\partial \alpha}\Delta\alpha=\int_{x_1}^{x_2}\left(\frac{\partial F}{\partial y}-\frac{\mathrm{d}}{\mathrm{d}x}\frac{\partial F}{\partial y_x}\right)\cdot\Delta y(x)\mathrm{d}x \tag{F.34}$$

可见泛函变化ΔJ和自变量变化Δy成正比，按照前面对泛函变分和导数的定义，式(F.34)中的ΔJ就是自变量变化δy时泛函的变分δJ，即

$$\delta J=\int_{x_1}^{x_2}\left(\frac{\partial F}{\partial y}-\frac{\mathrm{d}}{\mathrm{d}x}\frac{\partial F}{\partial y_x}\right)\cdot\delta y(x)\mathrm{d}x \tag{F.35}$$

由式(F.32)可知，函取极值的条件是上式圆括号中表达式为零，这意味着极值条件下上式为零，或者说式(F.4)所示泛函取极值时的条件为

$$\delta J[y]=0 \tag{F.36}$$

这是**泛函变分形式的极值条件**。另外，按照前面对泛函导数的定义，式(F.34)中圆括号里的量正是泛函导数$\dfrac{\delta J}{\delta y}$，因此有

$$\frac{\delta J}{\delta y}=\frac{\partial F}{\partial y}-\frac{\mathrm{d}}{\mathrm{d}x}\frac{\partial F}{\partial y_x} \tag{F.37}$$

极值条件式(F.32)相当于泛函导数为零，即

$$\frac{\delta J}{\delta y}=0 \tag{F.38}$$

这是**泛函导数形式的极值条件**。由以上讨论可见，一个泛函取极值的条件可由泛函变分和导数为零表征，这与普通函数的极值条件是其导数为零的条件在形式上十分相似。以上讨论说明泛函的极值条件有两种等价的表达式，在实际使用中可根据具体场合而选择方便的形式。

上述的结论是由式(F.25)所示的一维自变量函数推导的，但结论仍然适用于多维的情形，这里不做推导，可参考相关文献[3]。

下面通过求两点之间最短长度的曲线来说明该方法应用。两点之间曲线的长度是曲线函数的泛函，该泛函由式(F.3)给出，即

$$L[y]=L[y(x)]=\int_{x_1}^{x_2}\sqrt{1+\left(\frac{\mathrm{d}y}{\mathrm{d}x}\right)^2}\,\mathrm{d}x=\int_{x_1}^{x_2}\sqrt{1+y_x^2}\,\mathrm{d}x=\int_{x_1}^{x_2}F(x,y,y_x)\mathrm{d}x \tag{F.39}$$

其中

$$F(x,y,y_x)=\sqrt{1+y_x^2} \tag{F.40}$$

把式(F.40)代入式(F.38)，有

$$\frac{\partial F}{\partial y}-\frac{\mathrm{d}}{\mathrm{d}x}\frac{\partial F}{\partial y_x}=0-\frac{\mathrm{d}}{\mathrm{d}x}\frac{1}{2}\frac{1}{\sqrt{1+y_x^2}}=0 \tag{F.41}$$

由式(F.41)得

$$\sqrt{1+y_x^2}=C \tag{F.42}$$

其中C为常数，上式为一微分方程，易于求解得到其解

$$y=ax+b \tag{F.43}$$

其中，a、b为待定常数。考虑到曲线$y(x)$过两个端点(x_1,y_1)和(x_2,y_2)，由此可确定出a、b的值，最后得满足条件的$y(x)$：

$$y=\frac{y_2-y_1}{x_2-x_1}x+\frac{x_2y_1-x_1y_2}{x_2-x_1} \tag{F.44}$$

该 $y(x)$ 是一条过两个端点 (x_1,y_1) 和 (x_2,y_2) 的直线，这个结果其实表达了两点之间直线最短这一常识。

F.5 欧拉-拉格朗日公式

泛函的极值可通过泛函导数为零表述，因此求一个泛函的导数是研究泛函极值的基础，按照前面泛函导数的定义式求解泛函导数经常十分麻烦，这里讨论一个常用的求泛函导数的公式，用于求如下形式泛函的导数，该泛函为

$$J[u]=\iiint F(x,y,z,u,u_x,u_y,u_z)\mathrm{d}x\mathrm{d}y\mathrm{d}z \tag{F.45}$$

其中，$u=u(x,y,z)$ 是一个函数；$u_x=\dfrac{\partial u}{\partial x}$、$u_y=\dfrac{\partial u}{\partial y}$、$u_z=\dfrac{\partial u}{\partial z}$ 分别表示该函数的三个偏导数，这里的积分为定积分，只是为了书写方便略去了积分限。该泛函是式(F.4)所示泛函的三维推广，物理上许多常见的泛函都是该泛函的特例，因此该泛函涵盖了一大类常见的泛函。与式(F.4)所示泛函的情形类似，这里的 $F(x,y,z,u,u_x,u_y,u_z)$ 是一个函数而不是一个泛函，u 及 u_x 等不再有函数的意义，x,y,z,u,u_x,u_y,u_z 是这个函数的完全独立的、处在同等地位的自变量。

求式(F.45)的泛函导数出发点是式(F.19)，但该式中泛函自变量函数 $y(x)$ 是一维变量函数，因此需要把式(F.19)推广到三维情形，如下式所示：

$$\lim_{t\to 0}\left(\frac{J[u+t\eta]-J[u]}{t}\right)=\left(\frac{\mathrm{d}J[u+t\eta]}{\mathrm{d}t}\right)_{t=0}=\int\frac{\delta J}{\delta u}\eta(\boldsymbol{r})\mathrm{d}\boldsymbol{r}=\iiint\frac{\delta J}{\delta u}\eta(x,y,z)\mathrm{d}x\mathrm{d}y\mathrm{d}z \tag{F.46}$$

其中 $\mathrm{d}\boldsymbol{r}=\mathrm{d}x\mathrm{d}y\mathrm{d}z$ 表示三维空间中体积元，$\eta=\eta(\boldsymbol{r})=\eta(x,y,z)$ 是任意的连续可微函数，在边界处为零，为简洁起见，式中的积分略去了积分限。由式(F.46)有

$$\begin{aligned}\iiint\frac{\delta J}{\delta u}\eta(x,y,z)\mathrm{d}x\mathrm{d}y\mathrm{d}z&=\left[\frac{\mathrm{d}}{\mathrm{d}t}\iiint F(x,y,z,u+t\eta,u_x+t\eta_x,u_y+t\eta_y,u_z+t\eta_z)\mathrm{d}x\mathrm{d}y\mathrm{d}z\right]_{t=0}\\&=\left[\frac{\mathrm{d}}{\mathrm{d}t}\iiint\left(\frac{\partial F}{\partial u}t\eta+\frac{\partial F}{\partial u_x}t\eta_x+\frac{\partial F}{\partial u_y}t\eta_y+\frac{\partial F}{\partial u_z}t\eta_z\right)\mathrm{d}x\mathrm{d}y\mathrm{d}z\right]_{t=0}\\&=\iiint\left(\frac{\partial F}{\partial u}\eta+\frac{\partial F}{\partial u_x}\eta_x+\frac{\partial F}{\partial u_y}\eta_y+\frac{\partial F}{\partial u_z}\eta_z\right)\mathrm{d}x\mathrm{d}y\mathrm{d}z\end{aligned} \tag{F.47}$$

其中，η_x、η_y、η_z 分别表示 $\dfrac{\partial\eta}{\partial x}$、$\dfrac{\partial\eta}{\partial y}$、$\dfrac{\partial u}{\partial z}$。考虑上式积分中第二项，对其做分部积分，则有

$$\begin{aligned}\iiint\frac{\partial F}{\partial u_x}\eta_x\mathrm{d}x\mathrm{d}y\mathrm{d}z&=\iiint\frac{\partial F}{\partial u_x}\frac{\partial\eta}{\partial x}\mathrm{d}x\mathrm{d}y\mathrm{d}z=\iiint\frac{\partial F}{\partial u_x}\mathrm{d}\eta\mathrm{d}y\mathrm{d}z\\&=\iint\frac{\partial F}{\partial u_x}\cdot\eta(x)\Big|_{x_1}^{x_2}\mathrm{d}y\mathrm{d}z-\iiint\frac{\partial}{\partial x}\frac{\partial F}{\partial u_x}\eta(x)\mathrm{d}x\mathrm{d}y\mathrm{d}z\\&=-\iiint\frac{\partial}{\partial x}\frac{\partial F}{\partial u_x}\eta(x)\mathrm{d}x\mathrm{d}y\mathrm{d}z\end{aligned}\tag{F.48}$$

由于 $\eta(x)$ 在边界处为零，式(F.48)中第三个等式中第一项为零。式(F.47)中第三项、第四项与第二项类似，可直接写出结果，分别为

$$\begin{aligned}\iiint\frac{\partial F}{\partial u_y}\frac{\partial\eta}{\partial y}\mathrm{d}x\mathrm{d}y\mathrm{d}z&=-\iiint\frac{\partial}{\partial y}\frac{\partial F}{\partial u_y}\eta(x)\mathrm{d}x\mathrm{d}y\mathrm{d}z\\\iiint\frac{\partial F}{\partial u_z}\frac{\partial\eta}{\partial z}\mathrm{d}x\mathrm{d}y\mathrm{d}z&=-\iiint\frac{\partial}{\partial z}\frac{\partial F}{\partial u_z}\eta(x)\mathrm{d}x\mathrm{d}y\mathrm{d}z\end{aligned}\tag{F.49}$$

于是式(F.47)变为

$$\iiint\frac{\delta J}{\delta u}\eta(x)\mathrm{d}x\mathrm{d}y\mathrm{d}z=\iiint\left(\frac{\partial F}{\partial u}-\frac{\partial}{\partial x}\frac{\partial F}{\partial u_x}-\frac{\partial}{\partial y}\frac{\partial F}{\partial u_y}-\frac{\partial}{\partial z}\frac{\partial F}{\partial u_z}\right)\eta(x)\mathrm{d}x\mathrm{d}y\mathrm{d}z\tag{F.50}$$

于是可得

$$\frac{\delta J}{\delta u}=\frac{\partial F}{\partial u}-\frac{\partial}{\partial x}\frac{\partial F}{\partial u_x}-\frac{\partial}{\partial y}\frac{\partial F}{\partial u_y}-\frac{\partial}{\partial z}\frac{\partial F}{\partial u_z}\tag{F.51}$$

此即为**欧拉或欧拉-拉格朗日方程**，是式(F.37)的三维推广。

下面给出利用此式的几个实例。

1) Thomas-Fermi 动能泛函

电子结构中的 Thomas-Fermi 动能泛函描述了自由电子气动能和电子密度的关系，1927 年由 Thomas 和费米提出，其为

$$T_{\mathrm{TF}}[\rho]=\int c_{\mathrm{F}}\rho^{\frac{5}{3}}(x,y,z)\mathrm{d}x\mathrm{d}y\mathrm{d}z=\int F[\rho]\mathrm{d}x\mathrm{d}y\mathrm{d}z\tag{F.52}$$

其中 $\rho(x,y,z)$ 是电子密度，$c_{\mathrm{F}}=\dfrac{3}{10}(3\pi^2)^{2/3}$ 为常数。由上式可得

$$F[\rho] = c_{\mathrm{F}}\rho^{\frac{5}{3}}(x,y,z) \tag{F.53}$$

于是由式(F.51)有

$$\frac{\delta J}{\delta\rho} = \frac{\partial F}{\partial\rho} = \frac{5}{3}c_{\mathrm{F}}\rho^{\frac{2}{3}}(x,y,z) \tag{F.54}$$

2) Weitzsäcker 动能泛函

1935 年，Weitzsäcker 对 Thomas-Fermi 动能增加了一个修正项，修改后的动能称为 Weitzsäcker 动能，该修正表明电子气的能量不仅与密度有关，还与密度梯度有关。Weitzsäcker 动能为

$$T_{\mathrm{W}}[\rho] = \frac{1}{8}\int\frac{\nabla\rho\cdot\nabla\rho}{\rho}\mathrm{d}x\mathrm{d}y\mathrm{d}z = \int F[\rho,\rho_x,\rho_y,\rho_z]\mathrm{d}x\mathrm{d}y\mathrm{d}z \tag{F.55}$$

其中，$\nabla\rho = \frac{\partial\rho}{\partial x}\boldsymbol{i} + \frac{\partial\rho}{\partial y}\boldsymbol{j} + \frac{\partial\rho}{\partial z}\boldsymbol{k} = \rho_x\boldsymbol{i} + \rho_y\boldsymbol{j} + \rho_z\boldsymbol{k}$ 是电荷密度 ρ 的梯度。由式(F.55)得

$$F(\rho,\rho_x,\rho_y,\rho_z) = \frac{1}{8}\frac{\nabla\rho\cdot\nabla\rho}{\rho} = \frac{1}{8}\frac{\rho_x^2+\rho_y^2+\rho_z^2}{\rho} \tag{F.56}$$

做微分计算有

$$\frac{\partial F}{\partial\rho} = -\frac{1}{8}\frac{\rho_x^2+\rho_y^2+\rho_z^2}{\rho^2} \tag{F.57}$$

$$\frac{\partial}{\partial x}\frac{\partial F}{\partial\rho_x} = -\frac{1}{8}\frac{\partial}{\partial x}\frac{2\rho_x}{\rho^2} = \frac{1}{4}\left(\frac{1}{\rho}\frac{\partial\rho_x}{\partial x} - \frac{1}{\rho^2}\rho_x^2\right) = \frac{1}{4}\left(\frac{1}{\rho}\frac{\partial^2\rho}{\partial x^2} - \frac{1}{\rho^2}\rho_x^2\right) \tag{F.58}$$

$\frac{\partial}{\partial y}\frac{\partial F}{\partial\rho_y}$ 和 $\frac{\partial}{\partial z}\frac{\partial F}{\partial\rho_z}$ 和上式类似，这里不再写出，把上述计算代入欧拉方程(F.51)可得 $T_{\mathrm{W}}[\rho]$ 的泛函导数：

$$\frac{\delta T_{\mathrm{W}}}{\delta\rho} = \frac{1}{8}\frac{\rho_x^2+\rho_y^2+\rho_z^2}{\rho^2} - \frac{1}{4}\frac{1}{\rho}\left(\frac{\partial^2\rho}{\partial x^2}+\frac{\partial^2\rho}{\partial y^2}+\frac{\partial^2\rho}{\partial z^2}\right) = \frac{1}{8}\frac{|\nabla\rho|^2}{\rho^2} - \frac{1}{4}\frac{\nabla^2\rho}{\rho} \tag{F.59}$$

3) 动能泛函

在量子力学中，动能算符为 $-\frac{\hbar^2}{2m}\nabla^2$，一个处于量子态为 $\psi(\boldsymbol{r})$ 的电子的动能为

$$\int\psi^*(\boldsymbol{r})\left(-\frac{\hbar^2}{2m}\nabla^2\right)\psi(\boldsymbol{r})\mathrm{d}\boldsymbol{r}=J[\psi^*] \tag{F.60}$$

该动能可以看成是波函数ψ的泛函，当然也可以看成是ψ^*的泛函，这里看成是ψ^*泛函。下面求该泛函对ψ^*的导数。对式(F.60)运用格林定理，有

$$\begin{aligned}\int\psi^*(\boldsymbol{r})\left(-\frac{\hbar^2}{2m}\right)\nabla^2\psi(\boldsymbol{r})\mathrm{d}\boldsymbol{r}&=\left(-\frac{\hbar^2}{2m}\right)\left[\int\psi^*(\boldsymbol{r})\nabla\psi(\boldsymbol{r})\mathrm{d}\sigma-\int\nabla\psi^*(\boldsymbol{r})\cdot\nabla\psi(\boldsymbol{r})\mathrm{d}\boldsymbol{r}\right]\\&=\frac{\hbar^2}{2m}\int\nabla\psi^*(\boldsymbol{r})\cdot\nabla\psi(\boldsymbol{r})\mathrm{d}\boldsymbol{r}\\&=\frac{\hbar^2}{2m}\iiint(\psi_x^*\psi_x+\psi_y^*\psi_y+\psi_z^*\psi_z)\mathrm{d}x\mathrm{d}y\mathrm{d}z\\&=\frac{\hbar^2}{2m}\iiint F(\psi_x^*,\psi_y^*,\psi_z^*)\mathrm{d}x\mathrm{d}y\mathrm{d}z\end{aligned} \tag{F.61}$$

第一个等式左边的积分是对整个空间的积分，第一个等式右边第一项积分是对面的积分，该面实际上是指包含整个空间的表面，也就是无穷远处的表面，由于波函数的连续性和有限性，其在无穷远处为零，因此该积分值为零，于是第二个等式成立。由欧拉方程(F.51)有

$$\begin{aligned}\frac{\delta J[\psi^*]}{\delta\psi^*}&=\frac{\hbar^2}{2m}\left(\frac{\partial F}{\partial\psi^*}-\frac{\partial}{\partial x}\frac{\partial F}{\partial\psi_x^*}-\frac{\partial}{\partial y}\frac{\partial F}{\partial\psi_y^*}-\frac{\partial}{\partial z}\frac{\partial F}{\partial\psi_z^*}\right)\\&=-\frac{\hbar^2}{2m}(\psi_{xx}+\psi_{yy}+\psi_{zz})=-\frac{\hbar^2}{2m}\nabla^2\psi\end{aligned} \tag{F.62}$$

把式(F.60)和式(F.62)写在一起，有

$$\frac{\delta}{\delta\psi^*}\int\psi^*(\boldsymbol{r})\left(-\frac{\hbar^2}{2m}\right)\nabla^2\psi(\boldsymbol{r})\mathrm{d}\boldsymbol{r}=-\frac{\hbar^2}{2m}\nabla^2\psi \tag{F.63}$$

F.6　有约束条件下泛函极值条件

量子力学变分表述的基本问题是式(F.1)所表示的泛函的极值问题，也就是找到使式(F.1)取极值的函数$\psi(\boldsymbol{r})$，根据量子力学的基本理论，函数$\psi(\boldsymbol{r})$必须是归一化的函数，即满足如下方程：

$$\int\psi^*(\boldsymbol{r})\psi(\boldsymbol{r})\mathrm{d}\boldsymbol{r}=1 \tag{F.64}$$

这个方程称为变分问题的约束条件，因此变分表述的基本问题是满足约束条件的泛函极值问题。在其他物理领域中，也经常遇到约束条件下的变分极值问题。例如，在密度泛函理论中，基本的问题是关于电子密度的变分极值问题，但电子密度的空间积分必须等于总电荷数，这就是对电子密度的约束条件。数学上对解决这类问题发展了一套系统的方法，这里简要介绍其主要结果。

仍以式(F.4)所示的泛函为例来介绍求约束条件下泛函的极值，也就是如下泛函

$$J[y]=\int_{x_1}^{x_2} F(x,y,y_x)\mathrm{d}x \tag{F.65}$$

的极值，但这里要求泛函中的函数 $y(x)$ 满足特定的约束条件：

$$R[x,y,y_x]=0 \tag{F.66}$$

求解该问题的方法是拉格朗日因子法，具体的论证过程可参考有关文献[4]，这里给出主要结果。构造一个新的泛函：

$$K[y]=\int_{x_1}^{x_2} F(x,y,y_x)\mathrm{d}x-\lambda R[x,y,y_x] \tag{F.67}$$

其中 λ 称为拉格朗日因子，这是一个待定的数。上述约束条件下的极值问题等价于泛函 $K[y]$ 在无约束条件下的泛函极值问题，即

$$\delta K[y]=0 \qquad 或 \qquad \frac{\delta K}{\delta y}=0 \tag{F.68}$$

确定了原来问题中的 $y(x)$，拉格朗日因子 λ 在求解上式所表示的微分问题中自动得到确定。

式(F.68)是以简单的单变量函数为例说明了约束条件下的泛函极值求解方法，对于多变量函数的形如式(F.45)所示的泛函约束问题，其方法是十分相似的，就是按式(F.67)的方式构造一个包含约束条件的新泛函，然后求解无约束条件下的新泛函无约束极值问题。

参 考 文 献

[1] Parr R G, Yang W. Density-Functional Theory of Atoms and Molecules. New York:Oxford University Press, 1989: 246

[2] Arfken G B, Weber H J, Harris F E. Mathematical Methods for Physicists. 7th ed. Oxford: Elsevier, 2013: 1081-1085

[3] Arfken G B, Weber H J, Harris F E. Mathematical Methods for Physicists. 7th ed. Oxford: Elsevier, 2013: 1100-1101

[4] Arfken G B, Weber H J, Harris F E. Mathematical Methods for Physicists. 7th ed. Oxford: Elsevier, 2013: 1111-1113

附录G 群论基础

群论始于1830年伽罗瓦(Evariste Galois，1811—1832)对于一元多项式方程的研究，随后Sophus Lie(1842—1899)将其扩展到微分方程的研究，现在已发展成一个新的数学分支并影响到数学各个分支的发展。群论是研究微分方程的有力工具，而物理中描述各种物质运动的方程都是微分方程，因此群论成为研究物理、化学和材料性质的基本工具。特别地，求材料的电子结构实际上就是求解薛定谔方程，现在群论已成为描述电子性质和计算电子结构不可或缺的方法。本附录将主要说明群论的基本思想、数学基础以及在研究薛定谔方程中的应用。

G.1 群论方法的基本思想

群论是一个抽象的数学理论，它能够用来求解多项式方程和微分方程的思想是神奇的，本节通过群论如何有助于求解多项式方程来说明其核心思想。

伽罗瓦的理论奠定了群论的基础，它最初的作用是解决一个著名的历史性难题：一般的五次一元多项式方程的解是否可以用其系数的加减乘除和根式运算给出？此即五次方程的根式解问题。下面说明伽罗瓦理论处理这一问题所涉及的基本思想。一般的一元n阶多项式方程可写为

$$x^n - I_1 x^{n-1} + I_2 x^{n-2} - \cdots + (-1)^n I_n = 0 \tag{G.1}$$

方程由n个系数$I_k(k=1,2,\cdots,n)$确定。方程的n个根为$x_1,x_2,\cdots,x_n$，则系数与根有如下的关系[韦达定理(Vièta theorem)]：

$$\begin{aligned}
I_1 &= \sum_{i=1}^{n} x_i = x_1 + x_2 + \cdots + x_n \\
I_2 &= \sum_{i<j}^{n} x_i = x_1x_2 + x_1x_3 + \cdots + x_1x_n + x_2x_3 + \cdots + x_{n-1}x_n \\
&\ \ \vdots \\
I_n &= \sum_{i<j<\cdots<k}^{n} x_i x_i \cdots x_k = x_1 x_2 \cdots x_n
\end{aligned} \tag{G.2}$$

从该关系式可见：方程的n个系数$I_k(k=1,2,\cdots,n)$对改变根的顺序是不变的。既

然改变根的顺序不改变系数，则改变根的顺序就不会改变方程。这种不变性看起来是一个平凡的结果，但从方程的角度看它意味着多项式方程具有一个基本属性：方程对于根的顺序变化具有不变性，这种不变性也称对称性。把方程的性质与这种变换不变性或对称性相联系起来是群论的第一个核心观念。如果把方程所有的根写为有序数组的形式$(x_1,x_2,\cdots,x_n)$，改变根的顺序就相当于对数组做一个置换(permutation)操作。例如，互换x_1和x_2的位置就相当于对数组$(x_1,x_2,x_3,\cdots,x_n)$中处于第1位和第2位的数做置换操作，该置换通常记为(12)，再如把x_1变为x_2，x_2变为x_3，最后再把x_3变为x_1也是一个置换操作，操作结果是把数组$(x_1,x_2,x_3,\cdots,x_n)$变为$(x_2,x_3,x_1,x_4,\cdots,x_n)$，这个置换记为(123)，等等。$n$维数组$(x_1,x_2,\cdots,x_n)$共有$n!$种置换操作，如一次方程包含$1!=1$个对称操作，三次方程包含$3!=6$个对称操作，五次方程包含$5!=120$个对称操作等。由方程对置换操作的不变性可知，所有$n!$种置换操作保持方程(G.1)不变。伽罗瓦理论指出：这$n!$种置换操作之间具有特定的关系，它们形成一个具有特定数学性质的集合，这个集合称为**伽罗瓦群**，多项式方程的根式可解性则由**伽罗瓦群**的性质决定。伽罗瓦的工作实质上是发现了对于多项式方程存在一个称为群的数学结构，方程的性质可以通过相关的群的性质来获得，这是群论的第二个核心观念。伽罗瓦的群论方法彻底地解决了一般的一元n次多项式方程的根式解问题，有关的细节和实例请参考有关的参考文献[1]。

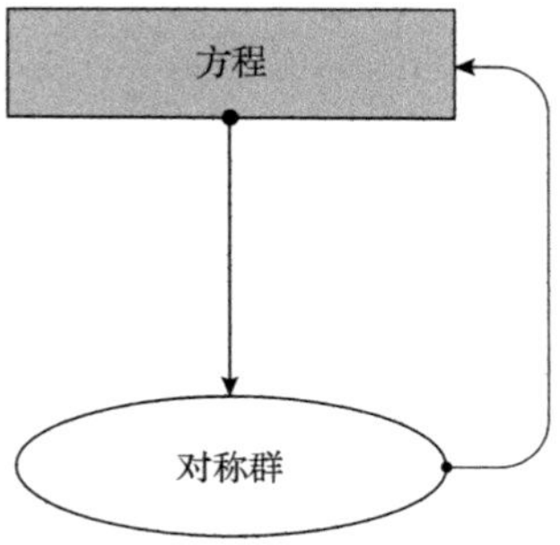

图 G.1　方程和对称群的关系

伽罗瓦的思想后来被成功拓展到研究微分方程。尽管微分方程不同于多项式方程，但群论方法的核心思想却是一致的，可以由图 G.1 所示。首先，确定使方程保持不变的变换或操作所形成的群，即确定这个方程相关的对称群；其次，从群的数学性质获得方程的性质和求解方法。

G.2　群论研究薛定谔方程的理论框架

首先需要说明的是，群论并不是一个完全求解薛定谔方程的方法，它对求解薛定谔方程的价值主要体现在两方面：一是在不解方程的情况下获得解的某些特定性质，二是可以用来简化薛定谔方程的求解。群论方法所涉及的数学过程相当曲折复杂，这就使得初学者在学习时常陷入繁杂数学推理中，为避免这个问题，这里先对群论方法研究薛定谔方程的基本框架进行说明，有关的具体数学细节则在后面的部分阐述。图 G.2 表示用群论方法研究薛定谔方程的基本框架。首先，薛定谔方程所描述的对象是原子、分子或固体系统，这里简称为系统。系统的物理属性由系统的量子态(即波函数和能量)描述，而这些属性由薛定谔方程的解给出。系统的(不含时)薛定谔方程 $H\psi = E\psi$ 由系统的哈密顿量 H 决定，而 H 由系统在原子层级的几何结构决定(见第 4 章)，也就是说系统的物理属性由系统的几何结构决定。就系统的几何属性而言，每个分子和固体都具有特定几何对称性，也就是在诸如旋转、反射等对称操作(记为 R)下几何结构保持不变的特性。数学研究表明每个分子或固体所有对称操作形成数学中的群(记为 $\boldsymbol{G}_R$)，它完全由系统的几何属性决定。由于对称操作并不改变系统的几何结构，因此对称操作保持系统的薛定谔方程不变，于是按照群论的思想，由群本身的性质就能够获得薛定谔方程的许多信息，这就是群论研究薛定谔方程的核心思想。

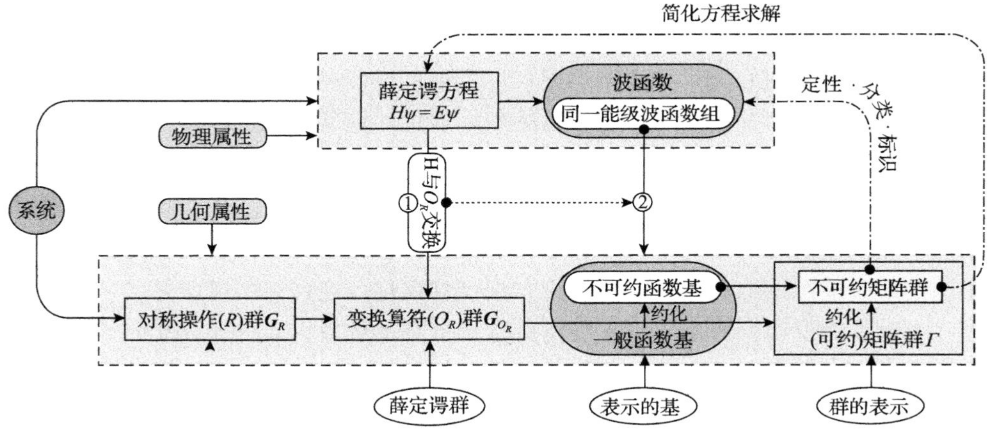

图 G.2 系统、薛定谔方程和群的关系

下半部分表示系统由群表达的几何性质，上半部分表示系统由薛定谔方程及解表达的物理性质。通过群的性质可以对薛定谔方程解进行定性、分类和表示以及简化求解。其中①和②表示两个定理，前者表示 H 与 O_R 两个算符是可交换算符，后者表示薛定谔方程同一能级的波函数一定是系统对称群不可约表示的基，见 G.8 节

由对称操作形成的群 $\boldsymbol{G}_R$ 不能直接用来处理系统的薛定谔方程，因为群中的对称操作 R 作用的对象为几何对象的原子，然而薛定谔方程是关于函数的方程，因此要引入与对称操作 R 作用等价的但作用对象是函数的对称操作，在量子力学中作用于函数的数学工具通常称为算符，于是人们对每个对称操作 R 定义了与其作用等价的对称操作 O_R (见 G.4 节)，称其为变换算符。与系统的所有对称操作 R 形成群 $\boldsymbol{G}_R$ 相对应，系统的所有变换算符操作 O_R 形成变换算符群 $\boldsymbol{G}_{O_R}$，它是使薛定谔方程保持不变的对称群，用群论研究薛定谔方程实际上就是由群 $\boldsymbol{G}_{O_R}$ 的性质获得薛定谔方程的性质，其作用相当于多项式方程中的伽罗瓦群，该群通常称为**薛定谔群**。在许多文献中对群 $\boldsymbol{G}_R$ 和群 $\boldsymbol{G}_{O_R}$ 并没有严格区分，因此群 $\boldsymbol{G}_R$ 也常被称为薛定谔群。

用群论处理薛定谔方程还需要进行所谓的群表示步骤：①引进一组基函数，

这组函数通常称为函数基；②使 $\boldsymbol{G}_{O_R}$ 中的每个变换算符 O_R 作用于该函数基，其结果是形成一个矩阵，而所有算符对应的矩阵则形成一个矩阵的集合，该矩阵集合形成一个群，该群与群 $\boldsymbol{G}_{O_R}$ 或 $\boldsymbol{G}_R$ 等价，可看成群 $\boldsymbol{G}_{O_R}$ 或 $\boldsymbol{G}_R$ 的矩阵表示形式，因此称为群 $\boldsymbol{G}_{O_R}$ 和 $\boldsymbol{G}_R$ 的一个表示(representation)，通常用符号 $\varGamma$ 来标记群的一个表示。群的表示与所选的函数基有关，因此群表示涉及两方面的对象：一是函数基，二是一组矩阵。对于给定的群，选择不同的函数基就会得到不同的表示矩阵集合，因此每个群实际上有无穷多个表示。数学研究表明，基于某些函数基的表示矩阵具有最简的形式，这样的表示称为群的**不可约表示**(irreducible representation)，相应的函数基则称为**不可约表示的基**。对于随便选定的函数基得到的表示矩阵通常有更复杂的形式，这样的矩阵群则称为群的**可约表示**(reducible representation)，相应的函数基组则称为**可约表示的基**。尽管群的表示基于函数基，但一个群不可约表示的个数与函数基无关，它是群的根本属性，它等于群的共轭类的个数。群表示的概念具有重要意义：它将群与函数基关联起来，是群论方法研究薛定谔方程的纽带。通过这个纽带可以实现两个目标：①群的不可约表示反映系统的根本属性，因此直接采用群的不可约表示结构能够对薛定谔方程解进行定性、分类和标识；②通过不可约表示**约化**的群论方法能够简化薛定谔方程的求解。

下面具体说明群论如何用于获得薛定谔方程的性质，首先给出群的定义和基本数学性质(G.3 节)，然后引入和讨论变换算符群(G.4 节)，再接着讨论群的表示(G.5 节)及其在电子结构计算中的意义，最后阐明群论如何用来获得薛定谔方程的特定性质(G.6 节)。

G.3　群的定义和基本性质

G.3.1　群的定义

设 $\boldsymbol{G}=\{R_1,R_2,R_3,\cdots,R_h\}$ 是一个集合；该集合的元素间定义“积”运算“·”，如元素 R_i 和 R_j 的积记为 $R_i\cdot R_j$；称 $\boldsymbol{G}$ 形成一个群，如果 $\boldsymbol{G}$ 中元素及其积运算满足如下的四条规则：

(1) **封闭性**。任何两个元素的积仍然属于群，一个元素与自身的积也属于群。

(2) **单位元存在性**。群中存在一个元素，它与任何元素的积运算结果依然是该元素，这样的元素称为单位元(identity element)，通常用 E 表示。

(3) **积运算满足结合律**。对群中任何 R_i、R_j 和 R_k，下式成立：$R_i\cdot(R_j\cdot R_k)=(R_i\cdot R_j)\cdot R_k$；

(4) **逆元存在性**。对群中每个元素 R_i 一定存在一个元素 R_j，它们的积运算结果为单位元素，即 $R_i \cdot R_j = R_j \cdot R_i = E$ ，则称元素 R_j 为元素 R_i 的逆元素(reverse element)，常记为 R_i^{-1} 。

集合中元素的个数 h 称为群阶(group order)。

G.3.2　实例：H_2O 分子的对称群

在材料研究中，研究的对象通常是分子或者固体，与之相关的群为点群(分子)或空间群(固体)，下面以 H_2O 分子满足的群为例来说明群的定义及某些基本性质。

H_2O 分子的原子结构如图 G.3 所示。由该图可见 H_2O 分子包含四个对称操作：沿 z 轴的 180°旋转(记为 C_2)、以 xz 平面为镜面的反射(记为 σ_{xz})、以 yz 平面为镜面的反射(记为 σ_{yz})和恒等操作 E，显然这四个对称操作保持 H_2O 分子不变。如果先进行这四个操作中的一个，然后再进行另一个操作，这样两个连续对称操作的结果等于另一个对称操作的结果，例如先进行 C_2 操作再进行 σ_{xz} 操作，其结果等于进行一次 σ_{yz} 操作，如果定义两次连续操作为这两次操作的积，那么上述的例子可表达为 $\sigma_{xz} \cdot C_2 = \sigma_{yz}$ 。按如此定义的积运算，容易得到所有四个对称操作积运算的结果，这些结果列于表 G.1。由表 G.1 可知，如果把四个对称操作看成一个集合的四个元素，把上述定义的积作为元素间的积运算，则容易验证这四个对称操作元素及其积运算满足群的定义，即乘法满足封闭性及结合律，E 为单位元，每个对称操作的逆元分别是自身。由此可知：集合 $\left\{E, C_2, \sigma_{xz}, \sigma_{yz}\right\}$ 在所定义的积运算下形成群，这个群通常称为 $\boldsymbol{C}_{2\mathrm{v}}$ 点群。表 G.1 称为群 $\boldsymbol{C}_{2\mathrm{v}}$ 的乘法表，它表达了群中所有元素的乘法关系。一般地，群的所有属性包含在乘法表中，因而群乘法表是获得群各种性质的根本出发点。如果两个群的乘法表是相同的，则意味着两个群是等价的。$\boldsymbol{C}_{2\mathrm{v}}$ 群中包含 4 个元素，因此群阶为 4。

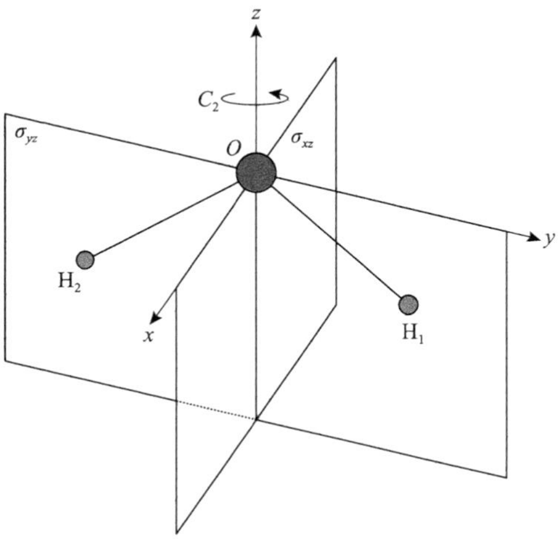

图 G.3　H_2O 分子的几何结构和对称操作

表 G.1　群 C_{2v} 的乘法表

C_{2v}	E	C_2	σ_{xy}	σ_{xz}
E	E	C_2	σ_{xy}	σ_{xz}
C_2	C_2	E	σ_{xz}	σ_{xy}
σ_{xy}	σ_{xy}	σ_{xz}	E	C_2
σ_{xz}	σ_{xz}	σ_{xy}	C_2	E

G.3.3　群的共轭类

设 R_i 和 R_j 为群 **G** 的两个元素，如果群中存在一个元素 X，使得 $R_j = X^{-1} \cdot R_i \cdot X$ 成立，那么称元素 R_i 和 R_j 相互共轭(conjugate)。共轭有三个基本性质：①每个元素和自身共轭，因为对任何元素式 $R_i = E^{-1} \cdot R_i \cdot E$ 成立；②两个元素的共轭是相互的，因为 $R_j = X^{-1} \cdot R_i \cdot X$ 成立，该式左右两侧分别乘以 X 和 X^{-1} 则有 $X \cdot R_j \cdot X^{-1} = R_i = (X^{-1})^{-1} \cdot R_j \cdot X^{-1}$；③如果 R_i 和 R_j 共轭，R_j 和 R_k 共轭，则 R_i、R_j 和 R_k 三者相互共轭。一个群中相互共轭的元素具有某种共性，所有共轭的元素属于一个**共轭类**或简称**类**(Class)。上述的 $\boldsymbol{C}_{2v}$ 群包含四个类，即每个元素自成一类。数学研究表明一个群所包含的不同共轭类数是群的基本属性，一个群类的个数等于该群不可约表示的个数，关于不可约表示将在 G.5 节中详述。

G.4　变换算符群

上述的 H_2O 分子及其对称群 $\boldsymbol{C}_{2v}$ 的例子中，群中的元素为四种对称操作，操作的对象是 H_2O 分子中作为点粒子的 H 原子和 O 原子。然而在电子结构研究中核心的问题是求解薛定谔方程，这意味着要研究的群是使薛定谔方程不变的对称群，也就是群中的元素要以函数为作用对象，这就要求引入新的作用于函数的对称操作。为此，人们引入了与上述对称操作对应的变换算符来解决这一问题，这些变换算符形成的群则称为变换算符群。

G.4.1　变换算符 O_R 的定义

一个与对称操作 R 相对应的作用于函数的变换算符 O_R 可以通过如下所述的方式定义。设 f 是直角坐标 x_1、x_2 和 x_3 的函数 $f(x_1,x_2,x_3)$，作用于几何对象的对称操作 R 将空间点 (x_1,x_2,x_3) 变换为另一个点 (x_1',x_2',x_3')，即

$$(x_1,x_2,x_3) \xrightarrow{R} (x_1',x_2',x_3') \tag{G.3}$$

与 R 对应的 O_R 则作用于以坐标 (x_1,x_2,x_3) 为自变量的函数 $f(x_1,x_2,x_3)$，其结果是把它变成另一个以 (x_1',x_2',x_3') 为自变量的函数 $g(x_1',x_2',x_3')$，即

$$f(x_1,x_2,x_3) \xrightarrow{O_R} g(x_1',x_2',x_3') = O_R f(x_1',x_2',x_3') \tag{G.4}$$

为了显示新函数 g 与 R 和 f 的关系，通常把 g 记为 $O_R f$，即式(G.4)中 $O_R f(x_1',x_2',x_3')$ 表示以 $O_R f$ 为函数名和以 (x_1',x_2',x_3') 为自变量的函数。函数 $O_R f(x_1',x_2',x_3')$ 具体形式通过下述方式定义：

$$(O_R f)(x_1',x_2',x_3') \equiv f(x_1,x_2,x_3) \tag{G.5}$$

即函数 $O_R f$ 在点 (x_1',x_2',x_3') 的取值定义为函数 f 在 (x_1,x_2,x_3) 的取值[2]，为清楚起见，式(G.5)的函数名 $O_R f$ 有时写在圆括号中。这个定义意味着如果知道函数 $f(x_1,x_2,x_3)$ 的表达式和对称操作 R 对空间点 (x_1,x_2,x_3) 的变化结果就可以得到函数 $(O_R f)(x_1',x_2',x_3')$ 的具体表达式。下面通过实例来说明变换算符作用于函数所得到的新函数的形式。

G.4.2 实例：C_{2v} 群中的变换算符

这里考虑与群 $\boldsymbol{C}_{2v}$ 中各对称操作相关的变换算符。群 $\boldsymbol{C}_{2v}$ 中包含 E、C_2、σ_{xz} 和 σ_{yz} 共四个对称操作，与它们对应的变换算符分别记为 O_E、O_{C_2}、$O_{\sigma_{xz}}$ 和 $O_{\sigma_{yz}}$，下面研究这些变化算符对函数 $2s$、$2p_x$、$2p_y$ 和 $2p_z$ 的变换，这里 $2s = F(r)(2 - Zr/a_0)$、$2p_x = F(r)x$、$2p_y = F(r)y$ 和 $2p_z = F(r)z$ 分别为氢原子的 2s 和三个 2p 原子轨道(见第 5 章 5.1 节)，其中 $F(r) = 1/(4\sqrt{2\pi})(Z/a_0)^{5/2}\mathrm{e}^{-Zr/(2a_0)}$，$r = \sqrt{x^2+y^2+z^2}$。

1) 变换算符 O_E

单位对称操作 E 实际上就是保持不动的操作，因此 E 对点 (x,y,z) 的操作结果为

$$E: \quad x \to x' = x, \quad y \to y' = y, \quad z \to z' = z \tag{G.6}$$

对称操作前后的 (x,y,z) 和 (x',y',z') 的关系可以写成矩阵形式：

$$E: \begin{pmatrix} x' \\ y' \\ z' \end{pmatrix} = \begin{pmatrix} 1 & 0 & 0 \\ 0 & 1 & 0 \\ 0 & 0 & 1 \end{pmatrix} \begin{pmatrix} x \\ y \\ z \end{pmatrix}, \quad \begin{pmatrix} x \\ y \\ z \end{pmatrix} = \begin{pmatrix} 1 & 0 & 0 \\ 0 & 1 & 0 \\ 0 & 0 & 1 \end{pmatrix} \begin{pmatrix} x' \\ y' \\ z' \end{pmatrix} \tag{G.7}$$

与 E 对应的变换算符 O_E 对函数 $2s$ 的作用结果是形成以 (x',y',z') 为自变量的函数 $(O_E 2s)(x',y',z')$，由定义式(G.5)，该函数为

$$(O_E 2s)(x',y',z') = 2s(x,y,z) = F(\sqrt{x^2+y^2+z^2})(2 - Z\sqrt{x^2+y^2+z^2}/a_0) \tag{G.8}$$

利用式(G.7)中右边的矩阵式把式(G.8)中的(x,y,z)用(x',y',z')替代，则有

$$\begin{aligned}(O_E 2s)(x',y',z') &= F(\sqrt{x'^2+y'^2+z'^2})(2-Z\sqrt{x'^2+y'^2+z'^2}/a_0)\\ &= 2s(x',y',z') = 2s(x,y,z)\end{aligned} \tag{G.9}$$

也就是O_E对函数$2s(x_1,x_2,x_3)$的作用为

$$2s(x_1,x_2,x_3)\xrightarrow{O_E}2s(x_1',x_2',x_3') \tag{G.10}$$

同样地，O_E对p_x的作用结果是形成新的以(x',y',z')为自变量的函数$(O_E p_x)(x',y',z')$，由定义式(G.5)可得

$$(O_E p_x)(x',y',z') = 2p_x(x,y,z) = F(\sqrt{x^2+y^2+z^2})x \tag{G.11}$$

利用式(G.7)中右边的矩阵式把式(G.11)中的(x,y,z)用(x',y',z')替代，则有

$$(O_E 2p_x)(x',y',z') = F(\sqrt{x'^2+y'^2+z'^2})x' = 2p_x(x',y',z') = 2p_x \tag{G.12}$$

也就是O_E对函数p_x的作用为

$$2p_x(x_1,x_2,x_3)\xrightarrow{O_E}2p_x(x_1',x_2',x_3') \tag{G.13}$$

类似地，O_E对函数$2p_y$和$2p_z$的作用为

$$\begin{aligned}2p_y(x_1,x_2,x_3)&\xrightarrow{O_E}2p_y(x_1',x_2',x_3')\\ 2p_z(x_1,x_2,x_3)&\xrightarrow{O_E}2p_z(x_1',x_2',x_3')\end{aligned} \tag{G.14}$$

2) 变换算符O_{C_2}

由图G.4可知，对称操作C_2对点(x,y,z)的操作结果为

$$C_2:\quad x\to x'=-x,\quad y\to y'=-y,\quad z\to z'=z \tag{G.15}$$

操作前后的(x,y,z)和(x',y',z')的关系可以写成矩阵形式：

$$C_2:\ \begin{pmatrix}x'\\y'\\z'\end{pmatrix}=\begin{pmatrix}-1&0&0\\0&-1&0\\0&0&1\end{pmatrix}\begin{pmatrix}x\\y\\z\end{pmatrix},\quad \begin{pmatrix}x\\y\\z\end{pmatrix}=\begin{pmatrix}-1&0&0\\0&-1&0\\0&0&1\end{pmatrix}\begin{pmatrix}x'\\y'\\z'\end{pmatrix} \tag{G.16}$$

采用与上述求O_E同样的方法可得变换算符O_{C_2}对函数$2s$和三个$2p$函数的作用结果为

$$
\begin{aligned}
&2s(x_1,x_2,x_3)\xrightarrow{O_{C_2}}2s(x_1',x_2',x_3')\\
&2p_x(x_1,x_2,x_3)\xrightarrow{O_{C_2}}-2p_x(x_1',x_2',x_3')\\
&2p_y(x_1,x_2,x_3)\xrightarrow{O_{C_2}}-2p_y(x_1',x_2',x_3')\\
&2p_z(x_1,x_2,x_3)\xrightarrow{O_{C_2}}2p_z(x_1',x_2',x_3')
\end{aligned}
\tag{G.17}
$$

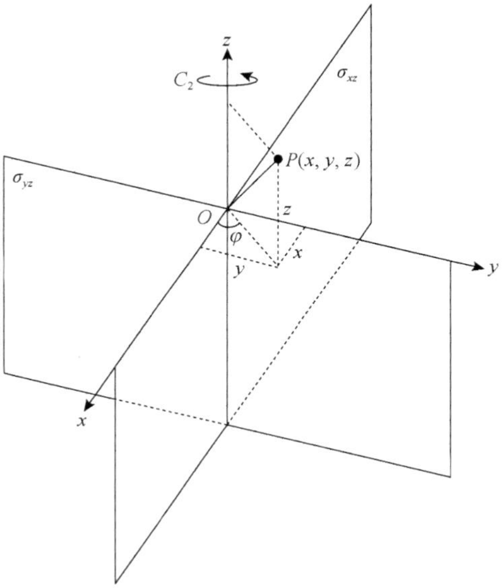

图 G.4　$\boldsymbol{C}_{2\mathrm{v}}$ 群对空间点的变换

3) 变换算符 $O_{\sigma_{xz}}$

类似以上的处理，反射操作 σ_{xz} 对空间点的操作可用如下的公式联系：

$$
\sigma_{xz}:\ \begin{pmatrix}x'\\y'\\z'\end{pmatrix}=\begin{pmatrix}1&0&0\\0&-1&0\\0&0&1\end{pmatrix}\begin{pmatrix}x\\y\\z\end{pmatrix},\quad \begin{pmatrix}x\\y\\z\end{pmatrix}=\begin{pmatrix}1&0&0\\0&-1&0\\0&0&1\end{pmatrix}\begin{pmatrix}x'\\y'\\z'\end{pmatrix}
\tag{G.18}
$$

由此可得 $O_{\sigma_{xz}}$ 对 $2s$ 函数和三个 $2p$ 函数的变换结果：

$$
\begin{aligned}
&2s(x_1,x_2,x_3)\xrightarrow{O_{\sigma_{xz}}}2s(x_1',x_2',x_3')\\
&2p_x(x_1,x_2,x_3)\xrightarrow{O_{\sigma_{xz}}}2p_x(x_1',x_2',x_3')\\
&2p_y(x_1,x_2,x_3)\xrightarrow{O_{\sigma_{xz}}}-2p_y(x_1',x_2',x_3')\\
&2p_z(x_1,x_2,x_3)\xrightarrow{O_{\sigma_{xz}}}2p_z(x_1',x_2',x_3')
\end{aligned}
\tag{G.19}
$$

4) 变换算符 $O_{\sigma_{yz}}$

反射操作 σ_{yz} 对空间点的操作可用如下的公式联系：

$$\sigma_{yz}: \begin{pmatrix} x' \\ y' \\ z' \end{pmatrix} = \begin{pmatrix} -1 & 0 & 0 \\ 0 & 1 & 0 \\ 0 & 0 & 1 \end{pmatrix} \begin{pmatrix} x \\ y \\ z \end{pmatrix}, \quad \begin{pmatrix} x \\ y \\ z \end{pmatrix} = \begin{pmatrix} -1 & 0 & 0 \\ 0 & 1 & 0 \\ 0 & 0 & 1 \end{pmatrix} \begin{pmatrix} x' \\ y' \\ z' \end{pmatrix} \tag{G.20}$$

变换算符 $O_{\sigma_{yz}}$ 对 $2s$ 函数和三个 $2p$ 函数的变换结果为

$$\begin{aligned} &2s(x_1,x_2,x_3) \xrightarrow{O_{\sigma_{yz}}} 2s(x_1',x_2',x_3') \\ &2p_x(x_1,x_2,x_3) \xrightarrow{O_{\sigma_{yz}}} -2p_x(x_1',x_2',x_3') \\ &2p_y(x_1,x_2,x_3) \xrightarrow{O_{\sigma_{yz}}} 2p_y(x_1',x_2',x_3') \\ &2p_z(x_1,x_2,x_3) \xrightarrow{O_{\sigma_{yz}}} 2p_z(x_1',x_2',x_3') \end{aligned} \tag{G.21}$$

G.4.3 变换算符群的定义

可以证明[2]，由式(G.5)定义的变换算符 O_R 与群元素 R 具有如下的对应关系：对于任何群元素 R_i、R_j 和 R_k，如果有 $R_k = R_j R_i$，与之相应的变换算符 O_{R_i}、O_{R_j} 和 O_{R_k} 则满足 $O_{R_k} = O_{R_j} O_{R_i}$。这个性质表明变换算符之间的积运算与原来的点群元素之间的积运算具有对应关系，这意味着所有变换算符的集合 $\{O_{R_1}, O_{R_2}, O_{R_3}, \cdots\}$ 也构成一个群，而且该群与原来的群有相同的乘法表，这个群称为**变换算符群**，记为 $\boldsymbol{G}_{O_R}$。变换算符群与原群具有相同乘法表意味着两者具有相同的对称性，但前者的群元素作用对象为函数，而后者则作用于几何对象。需要指出的是，在许多书中把对称操作 R 和与之相应的变换算符 O_R 不加区分。

G.5 群的表示

群的表示本质上是一个与原群等价的以矩阵为元素的群。矩阵群通过把变换算符作用于一组基函数而形成，因而群的表示涉及两个方面：函数基和与之关联的矩阵。采用群论研究薛定谔方程中，薛定谔方程的解波函数形成表示的基函数，而系统的对称性则由矩阵群刻画，正是通过群的表示将系统的对称性与系统的波函数联系起来，群的表示是应用群论求解方程的核心环节。

G.5.1 群表示的定义

选取一组函数 $\{f_1, f_2, \cdots, f_n\}$，用变换算符群 $\boldsymbol{G}_{O_R}$ 中的元素 O_R 作用于该函数集

合中的函数 $f_i(i=1,2,\cdots,n)$，如果所得到的函数 $O_R f_i$ 可以表达为 $\{f_1,f_2,\cdots,f_n\}$ 中函数的线性组合，则称函数组 $\{f_1,f_2,\cdots,f_n\}$ 是群 $\boldsymbol{G}_{O_R}$ 一个**表示的基**，函数组中函数个数称为基的维度。由此定义可见，一方面，不是任何的一组函数都能成为表示的基；另一方面，对于给定的群能成为表示基函数的函数组通常无穷多，这将从 G.5.2 节给出的例子中可见。

按上述表示的基的定义，如果 $\{f_1,f_2,\cdots,f_n\}$ 是群 $\boldsymbol{G}_{O_R}$ 表示的基，则群中每个元素 O_R 对基函数 f_i 的作用可表达为

$$O_R f_i=\sum_{j=1}^{n}D_{ji}(R)f_j \qquad i=1,2,\cdots,n \tag{G.22}$$

其中，$D_{ji}(R)$ 为展开系数，式(G.22)可以写为矩阵形式，即

$$O_R\begin{pmatrix}f_1\\f_2\\\vdots\\f_n\end{pmatrix}=\begin{pmatrix}D_{11}(R) & D_{21}(R) & \cdots & D_{n1}(R)\\D_{12}(R) & D_{22}(R) & \cdots & D_{n2}(R)\\\vdots & \vdots & & \vdots\\D_{1n}(R) & D_{2n}(R) & \cdots & D_{nn}(R)\end{pmatrix}\begin{pmatrix}f_1\\f_2\\\vdots\\f_n\end{pmatrix}=D(R)\begin{pmatrix}f_1\\f_2\\\vdots\\f_n\end{pmatrix} \tag{G.23}$$

这意味着选定一组表示的基函数，每个变换算符对应于一个矩阵，矩阵的阶等于基函数组的维度。

可以证明如下的结果[3]：如果变换算符 O_{R_i} 、O_{R_j} 和 O_{R_k} 有如下关系 $O_{R_i}O_{R_j}=O_{R_k}$，则相应的矩阵 $D(R_i)$ 、$D(R_j)$ 和 $D(R_k)$ 满足 $D(R_i)D(R_j)=D(R_k)$ 。这表明由式(G.23)定义的矩阵集合 $\{D(R_i),D(R_j),D(R_k),\cdots\}$ 形成一个矩阵群 $\boldsymbol{G}_D$，因此矩阵群 $\boldsymbol{G}_{\boldsymbol{D}}$ 在数学上等价于群 $\boldsymbol{G}_R$ 和 $\boldsymbol{G}_{O_R}$，称为群 $\boldsymbol{G}_R$ 和 $\boldsymbol{G}_{O_R}$ 的**表示**。由式(G.22)可知，矩阵群 $\boldsymbol{G}_D$ 的具体形式与所选的基函数有关，不同的基函数会形成不同的矩阵群，也就是不同的表示，由于每个群可有无穷多个基函数，因此每个群会有无穷多个表示。

需要说明的是，按照群表示的定义，群的一个表示是指与原群等价的矩阵群，但在许多场合也用来指表示群中的矩阵或函数基，如群的表示是二维表示，指表示的矩阵是二阶的，或者函数基是二维的。

G.5.2 实例：群 C_{2v} 的各种表示

下面通过实例说明其在不同基函数下的表示。

1) 在基 $2s$ 下的表示

从式(G.10)、式(G.17)、式(G.19)和式(G.21)可见，变换算符群 $O_{C_{2v}}$ 中所有算符操作把函数 $2s$ 变成其本身，因此 $2s$ 是群 $O_{C_{2v}}$ 表示的一个基，该基中只包含一

个函数，因此该基的维度为 1。由上述四个公式可得 $O_{C_{2v}}$ 中四个算符对基函数 $2s$ 变换为

$$O_E 2s = 1\cdot 2s,\quad O_{C_2} 2s = 1\cdot 2s,\quad O_{\sigma_{xz}} 2s = 1\cdot 2s,\quad O_{\sigma_{yz}} 2s = 1\cdot 2s \tag{G.24}$$

按照表示的定义式(G.23)，四个算符对应的矩阵分别是

$$\text{基}2s:\quad O_E :1,\qquad O_{C_2} :1,\qquad O_{\sigma_{xz}} :1,\qquad O_{\sigma_{yz}} :1 \tag{G.25}$$

每个表示矩阵是一个数，也就是表示矩阵是一阶的，这四个矩阵实际上是四个一阶单位矩阵。

2)在基 $2p_x$、$2p_y$ 和 $2p_z$ 下的表示

从式(G.13)、式(G.14)、式(G.19)和式(G.21)可见，$2p_x$、$2p_y$ 和 $2p_z$ 也分别是群 $O_{C_{2v}}$ 表示的一维基，按照表示定义式(G.22)及式(G.23)，在这三个基下的表示矩阵分别为

$$\begin{aligned}
&\text{基}2p_x:\quad O_E :1,\qquad O_{C_2} :-1,\qquad O_{\sigma_{xz}} :1,\qquad O_{\sigma_{yz}} :-1\\
&\text{基}2p_y:\quad O_E :1,\qquad O_{C_2} :-1,\qquad O_{\sigma_{xz}} :-1,\qquad O_{\sigma_{yz}} :1\\
&\text{基}2p_z:\quad O_E :1,\qquad O_{C_2} :1,\qquad O_{\sigma_{xz}} :1,\qquad O_{\sigma_{yz}} :1
\end{aligned} \tag{G.26}$$

上述三个表示矩阵都是一个数，因此三个表示矩阵都是一阶的。另外，在基 $2p_z$ 下所得到的表示矩阵和在基 $2s$ 下得到的表示矩阵相同，这表示基函数不同，但表示却可以是相同的。

3)在基 xy 下的表示

现在考虑群 C_{2v} 在基函数 $f = xy$ 下的表示。首先说明 $f = xy$ 可成为群 C_{2v} 表示的基。由于对称操作 E 实际上不做任何操作，因此有 $x \to x' = x, y \to y' = y$，根据这一关系用 x'、y' 替换 x、y，则有

$$(O_E f)(x', y') = xy = x'y' = f(x', y') = f \tag{G.27}$$

在对称操作 C_2 作用下(见图 G.4)，$x \to x' = -x, y \to y' = -y$，因此算符 O_{C_2} 对 $f = xy$ 的变换结果为

$$(O_{C_2} f)(x', y') = xy = x'y' = f(x', y') = f \tag{G.28}$$

在对称操作 σ_{xz} 下(见图 G.4)，$x \to x' = x, y \to y' = -y$，因此 O_{C_2} 对 $f = xy$ 的变换结果为

$$(O_{\sigma_{xz}}f)(x',y') = xy = -x'y' = -f(x',y') = -f \tag{G.29}$$

在对称操作σ_{yz}下， $x \to x' = x, y \to y' = y$ ，因此$O_{\sigma_{yz}}$对$f = xy$的变换结果为

$$(O_{\sigma_{yz}}f)(x',y') = xy = -x'y' = -f(x',y') = -f \tag{G.30}$$

式(G.27)～式(G.30)表明$f = xy$可称为群$\boldsymbol{C}_{2\text{v}}$表示的基。而且表示矩阵为

$$\text{基}xy:\quad O_E:1,\qquad O_{C_2}:1,\qquad O_{\sigma_{xz}}:-1,\qquad O_{\sigma_{yz}}:-1 \tag{G.31}$$

这里的表示矩阵也是一个数，也就是说表示是一阶的。

4) 在基$(2p_x, 2p_y)$下的表示

以上的例子中基都是一维的，因而表示矩阵都是一阶的。这里给出一个基是二维的例子，即基为$(2p_x, 2p_y)$。由式(G.26)可知，O_E对两个基函数$2p_x$和$2p_y$的变换结果为$O_E(2p_x) = 2p_x$和$O_E(2p_y) = 2p_y$，因此有

$$O_E\begin{pmatrix}2p_x\\2p_y\end{pmatrix} = \begin{pmatrix}1 & 0\\0 & 1\end{pmatrix}\begin{pmatrix}2p_x\\2p_y\end{pmatrix} \tag{G.32}$$

按照矩阵表示的定义式(G.23)，上式中的二阶矩阵即为O_E的表示矩阵，它是一个二阶单位矩阵。用同样方法可以获得其他算符的表示矩阵，把它们写在一起为

$$\begin{aligned}&\text{基}(2p_x,2p_y):\quad O_E:\begin{pmatrix}1 & 0\\0 & 1\end{pmatrix},\qquad O_{C_2}:\begin{pmatrix}-1 & 0\\0 & -1\end{pmatrix},\\&\qquad\qquad O_{\sigma_{xz}}:\begin{pmatrix}1 & 0\\0 & -1\end{pmatrix},\qquad O_{\sigma_{yz}}:\begin{pmatrix}-1 & 0\\0 & 1\end{pmatrix}\end{aligned} \tag{G.33}$$

5) 在基$(2p_x, 2p_y, 2p_z)$下的表示

类似地，可以证明函数组$(2p_x, 2p_y, 2p_z)$是群$C_{2\text{v}}$的一个三维基，在这个基下得到$\boldsymbol{C}_{2\text{v}}$的一个三维表示，其为

$$\begin{aligned}&\text{基}(2p_x,2p_y,2p_z):\quad O_E:\begin{pmatrix}1 & 0 & 0\\0 & 1 & 0\\0 & 0 & 1\end{pmatrix},\qquad O_{C_2}:\begin{pmatrix}-1 & 0 & 0\\0 & -1 & 0\\0 & 0 & 1\end{pmatrix},\\&\qquad\qquad O_{\sigma_{xz}}:\begin{pmatrix}1 & 0 & 0\\0 & -1 & 0\\0 & 0 & 1\end{pmatrix},\qquad O_{\sigma_{yz}}:\begin{pmatrix}-1 & 0 & 0\\0 & 1 & 0\\0 & 0 & 1\end{pmatrix}\end{aligned} \tag{G.34}$$

其中与O_E对应的是三阶单位矩阵。

G.6 可约表示和不可约表示

上述 $\boldsymbol{C}_{2v}$ 的各种表示的实例表明：选取不同的基就能得到不同的表示，而基的选择实际上是无穷多的，因而每个群实际上有无穷多个表示。比较上述例子中以 $2p_x$ 和 $2p_y$ 为基的两个一维表示[式(G.26)]和以 $(2p_x,2p_y)$ 为基的二维表示[式(G.33)]，对每个变换算符，其二维表示矩阵中左上角对角元实际上就是以 $2p_x$ 为基的一维表示的矩阵，而右下角对角元实际上就是以 $2p_y$ 为基的一维表示的矩阵，二维表示矩阵的非对角元则为 0，这说明该二维表示实际上是两个一维表示的简单叠加；考察以 $(2p_x,2p_y,2p_z)$ 为基的三维表示矩阵可见[式(G.34)]，三维表示矩阵中从左上到右下的三个对角元分别对应于以 $2p_x$ 、$2p_y$ 和 $2p_z$ 为基的三个一维表示的矩阵，因此这个三维表示实际上是三个一维表示的简单叠加。由矩阵之间的乘法性质可知，这里二维和三维表示矩阵之间的乘法实质上只是三个一维表示矩阵乘法的简单堆叠，因此只需要考虑更简单的一维矩阵群即可。一般地，如果一个群的表示矩阵可以通过相似变化变为对角块的形式，则该表示称为**可约表示**，如果表示矩阵不能通过相似变化变为对角块形式，则该表示称为**不可约表示**。例如，上述例子中的二维和三维表示就是可约表示，那些一维表示就是不可约表示。

G.6.1 不可约表示的性质及其意义

群的不可约表示在用群论研究薛定谔方程中具有重要的意义。就其本质而言不可约表示是一个与 $\boldsymbol{G}_R$ 和 $\boldsymbol{G}_{O_R}$ 等价的群，但它是最简单的对称群。数学研究表明[4]：一个群不可约表示数量是特定的，其等于群的共轭类数。对于点群而言，共轭类是有限的，所以不可约表示个数也是有限的，如上述例子中的 $\boldsymbol{C}_{2v}$ 群的共轭数为 4，而不可约表示数量也为 4。群的不可约表示的个数及维度与基函数无关，它反映了群的本质属性；在 G.8 节中定理二将证明一个群不可约表示的个数和维度直接反映了系统的能级结构。这意味着系统的几何结构直接决定了系统的能级结构，而群不可约表示的结构则是连接几何属性和物理属性的纽带。

群的每个不可约表示实际上就是和群元一一对应的一组矩阵，这意味着完整描述群的一个不可约表示，就要给出所有群元对应的矩阵。但在大多数实际应用中，并不需要给出完整的矩阵，而只要给出每个矩阵对角元之和[也称矩阵的迹(trace)]即可，这个对角元之和称为群元的**特征标**(character)。如果表示是一维的，每个矩阵就是一个数，这时每个群元的特征标和矩阵是相同的。常见群所有不可约表示的特征标已被人们归纳成表，此即特征标表。数学研究指出：相互共轭的群元的特征标是相同的，因此在群表示特征标表中，共轭群元的特征标总是写在一起。表 G.2 显示了群 $\boldsymbol{C}_{2v}$ 的所有不可约表示。

表 G.2 群 C_{2v} 的不可约表示的特征标、基函数

C_{2v}	E	C_2	σ_{xy}	σ_{xz}	基函数	
A_1	1	1	1	1	z	x^2, y^2, z^2
A_2	1	1	–1	–1		xy
B_1	1	–1	1	–1	x	xz
B_2	1	–1	–1	1	y	yz

每个群元的特征标随表示的不同而不同，为了区分不同的不可约表示，人们规定了专门的符号。如果表示是一维的，则用 A 或 B 标识，两者区别为 A 用于最高阶旋转操作的特征标值为 1 的表示，而 B 对应于最高阶旋转操作的特征标值为–1 的表示，当同类型的表示超过一个时，再通过对 A 或 B 右下角加 1 和 2 等加以区分。由表 G.2 可见 $\boldsymbol{C}_{2v}$ 共四个不可约表示，全部是一维表示，$\boldsymbol{C}_{2v}$ 中只有一个旋转操作 C_2，其特征标为 1 或–1，特征标为 1 的记为 A，特征标为–1 的则记为 B，因此 $\boldsymbol{C}_{2v}$ 的 4 个不可约表示分别为 A_1、A_2、B_1 和 B_2。在许多群的不可约表示中有二维和三维的表示，它们分别用字母 E 和 T 标记。在不可约表示的标记符号中，常会遇到字母右下角标有 g 或 u，如 A_g、B_u、E_g 或 T_u 等，这两个符号用于标识有反演操作群的不可约表示：如果不可约表示中反演操作的特征标为 1，则不可约表示字母的右下角加字母 g（g 是德语单词 gerade 的词首字母，表示“偶数的”）；如果不可约表示中反演操作的特征标为–1，则在相应字母右下角加 u（u 是德语单词 ungerade 的词首字母，表示“奇数的”）。

G.6.2 不可约表示的基及其意义

群的表示是群的变换算符作用于某个函数基的结果，也就是说任何表示都关联一个函数基。如果在某个函数基下得到的表示为可约表示，则该函数基称为**可约表示的基**，如果得到的是不可约表示则该基函数组称为**不可约表示的基**。例如，函数 z(或 x^2、y^2、z^2) 是群 $\boldsymbol{C}_{2v}$ 不可约表示 A_1 的基，这就是说以函数 z 为基则得到表示矩阵是数值为 1 的一维矩阵(即一维单位矩阵)，即表 G.2 中第一行所列的矩阵；从函数角度看，函数 z(或 x^2、y^2、z^2) 在群 $\boldsymbol{C}_{2v}$ 的所有对称操作下保持不变，因此不可约表示 A_1 的表示矩阵反映了基函数 z(或 x^2、y^2、z^2) 的对称性质。函数 xy 是不可约表示 A_2 的基，由它生成的各个矩阵(表 G.2 中第二行)可知，函数 xy 在对称操作 E 和 C_2 作用下保持不变，而在对称操作 σ_{xz} 和 σ_{yz} 下变成它的负值，显

然这与函数 z(或 x^2、y^2、z^2) 对称性质不同，因此不可约表示 A_2 刻画了函数 xy 对称性。对不可约表示 B_1 和 B_2 及其函数基的分析能得到类似的结果。这些分析表明：属于同一不可约表示的基函数对于群中的变换遵循相同的变换规则，而属于不同不可约表示的基函数对于群中的变换则遵循不同的变换规则，基函数在群对称变换下遵循某个变换规则通常称为基函数具有某种变换对称性或简称对称性，因此群的不可约表示具有刻画基函数对称性质的功能，从而利用它可以对函数进行分类和标识，通常一个函数属于某个不可约表示 Γ_μ 和一个函数具有 Γ_μ 对称性是等价的。

在上述群 $\boldsymbol{C}_{2\mathrm{v}}$ 特征标表的例子中，所列的基函数有 x (y和z) 型、x^2 (y^2和z^2) 型和 xy (xz和yz) 型等三种类型，之所以只包括这三种类型的函数是因为常见的原子轨道波函数一定和这三种函数中的某一个具有相同的对称性，因此这些函数实际上代表了原子轨道的对称性。例如，氢原子的 $2s$ 轨道函数为 $2s=F(r)(2-Zr/a_0)$，其中 $F(r)=1/(4\sqrt{2\pi})(Z/a_0)^{5/2}\mathrm{e}^{-Zr/(2a_0)}$，$r=\sqrt{x^2+y^2+z^2}$。由 r 表达式可见它与函数 x^2 有相同的变换性质，也就是对 $\boldsymbol{C}_{2\mathrm{v}}$ 中所有对称变换都保持不变，即 r 具有 A_1 对称性，易见函数 $F(r)$ 也具有 A_1 对称性或全对称性，于是 $2s$ 轨道具有 A_1 对称性。由于在 A_1 对称性中函数对所有的对称变换都保持不变，因此 A_1 对称性也常称为全对称性(totally symmetric)。氢原子的 $2p_x$ 轨道函数为 $2p_x=F(r)x$，由于其中的 $F(r)$ 具有全对称性，因而 $2p_x$ 轨道函数的变换性质与函数 x 的变换性质相同，由于基函数 x 的变换性质由不可约表示 B_1 标识，因此 $2p_x$ 轨道函数具有 B_1 对称性。

在用群论研究薛定谔方程的问题中，基函数通常就是薛定谔方程的解。可以证明(见 G.8 节定理二)：属于同一能量的薛定谔方程的所有解波函数是系统对称群的不可约表示基。

G.6.3 可约表示的约化

G.6.3.1 约化的数学

在用群论处理薛定谔方程的过程中，经常涉及可约表示分解成不可约表示的问题，这个过程称为**约化**。这里首先说明约化的数学含义和方法，然后给出一个约化的实例，最后说明约化在电子结构计算中的意义。

设 $f_1^\Gamma, f_2^\Gamma, \cdots, f_n^\Gamma$ 为群 $\boldsymbol{G}_{O_R}=\{O_{R_1}, O_{R_2}, \cdots, O_{R_h}\}$ 的一个函数基，把群中的变换算符作用于该函数基，对任一个算符 O_{R_i} 则会得到一个相应的矩阵 $D_\Gamma(R_i)$：

$$O_{R_i}\begin{pmatrix} f_1^{\Gamma} \\ f_2^{\Gamma} \\ \vdots \\ f_n^{\Gamma} \end{pmatrix} = D_{\Gamma}(R_i)\begin{pmatrix} f_1^{\Gamma} \\ f_2^{\Gamma} \\ \vdots \\ f_n^{\Gamma} \end{pmatrix} \tag{G.35}$$

Γ 用来标识特定的基和与之相关联的表示。在通常所选的函数基下，所得到的矩阵 $D_{\Gamma}(R_i)$ 具有复杂的形式，群论研究表明：恰当地线性组合原来函数基 f_1^{Γ}，$f_2^{\Gamma},\cdots,f_n^{\Gamma}$ 中各函数可得到一个新的函数基，在这个新的函数基下表示矩阵变为如下的块对角化的形式：

$$O_{R_i}\begin{pmatrix} \cdot \\ \cdot \\ \cdot \\ g_1^{\mu} \\ \vdots \\ g_{d_\mu}^{\mu} \\ \cdot \\ \cdot \\ \cdot \end{pmatrix} = \begin{pmatrix} \boxed{} & & \\ & \boxed{D_{\mu}(R_i)} & \\ & & \boxed{} \end{pmatrix}\begin{pmatrix} \cdot \\ \cdot \\ \cdot \\ g_1^{\mu} \\ \vdots \\ g_{d_\mu}^{\mu} \\ \cdot \\ \cdot \\ \cdot \end{pmatrix} \tag{G.36}$$

其中每个对角块都是该群的一个不可约表矩阵，如 $D_{\mu}(R_i)$ 是属于群不可约表示 Γ_{μ} 的矩阵(这里用希腊字母 μ 来标记不可约表示)。对应于每个块对角化矩阵[如 $D_{\mu}(R_i)$]，新的函数基中有对应的子函数组(如 $g_1^{\mu},g_2^{\mu},\cdots,g_{d_\mu}^{\mu}$)，它们满足如下关系：

$$O_{R_i}\begin{pmatrix} g_1^{\mu} \\ g_2^{\mu} \\ \vdots \\ g_{d_\mu}^{\mu} \end{pmatrix} = D_{\mu}(R_i)\begin{pmatrix} g_1^{\mu} \\ g_2^{\mu} \\ \vdots \\ g_{d_\mu}^{\mu} \end{pmatrix} \tag{G.37}$$

这意味着 $g_1^{\mu},g_2^{\mu},\cdots,g_{d_\mu}^{\mu}$ 是不可约表示 Γ_{μ} 的基，其中 d_{μ} 是不可约表示 Γ_{μ} 的维度和矩阵 $D_{\mu}(R_i)$ 的阶数(这个结论的证明请参考有关文献[5,6])。上述把一个一般的可约表示矩阵变为对角化矩阵的程序称为可约表示的**约化**。对于给定的函数基和由它得到的约化矩阵，约化要解决的两个问题：①获得块对角化矩阵的具体形式；②获得与每个块对角化矩阵对应的函数基。由于块对角化矩阵中的每个对角块是一个不可约表示，而一个群所有不可约表示都是由群本身决定的，或者说是确定的和已知的，因此确定块对角化矩阵的具体形式就是要确定哪些不可约矩阵会出现在块对角化矩阵中以及出现的次数，这个问题由如下约化公式(reduction formula)解决[7]：

$$a_{\mu}=\frac{1}{h}\sum_{k=1}^{h}\chi_{\mu}(R_k)\cdot\chi_{\Gamma}(R_k) \tag{G.38}$$

其中，a_{μ} 表示属于不可约表示 Γ_{μ} 的矩阵出现的次数；$\chi_{\mu}(O_{R_k})$ 为变换算符 O_{R_k} 在不可约表示 Γ_{μ} 下的特征标；$\chi_{\Gamma}(O_{R_k})$ 为可约表示矩阵的特征标；h 为群的阶数，求和对群中所有群元进行。

与块对角化矩阵[如 $D_{\mu}(R_i)$]相对应的函数基由如下称为投影公式(projection formula)的公式给出[7,8]：

$$P_{\mu}f_i^{\Gamma}=\left[\sum_{k=1}^{h}\chi_{\mu}(R_k)R_k\right]f_i^{\Gamma}\qquad i=1,2,\cdots \tag{G.39}$$

其中，P_{μ} 称为投影算符。投影公式的作用是由可约基函数得到与块对角化矩阵 $D_{\mu}(R_i)$ 相适配的新的函数基，该函数基也是不可约表示 Γ_{μ} 的函数基。如果不可约表示 Γ_{μ} 是 d_{μ} 维的，则与 $D_{\mu}(R_i)$ 相适配的函数基中包含 d_{μ} 个函数，因此要从可约函数基出发产生 d_{μ} 个适配函数才能完全确定与 $D_{\mu}(R_i)$ 适配的函数。一般方法是：在可约基函数 f_i^{Γ} 中任意选择 d_{μ} 个不同函数 f_i^{Γ}，分别利用投影公式就可得到 d_{μ} 个新的函数，它们即为要求的与 $D_{\mu}(R_i)$ 适配的函数。值得说明的是，上述的投影公式称为不完全投影公式，它是完全投影公式的特例，有关完全投影公式及其应用请参考有关文献[8]。

G.6.3.2　约化实例

这里给出一个实例以说明如何应用上述的两个公式对一个可约表示进行约化。群 $\boldsymbol{C}_{2v}$ 以氢原子的两个 $1s_{H_1}$ 和 $1s_{H_2}$ 函数为基函数的表示，这个表示是一个可约表示，记为 Γ_{H}，下面说明这一表示以及如何把它分解成不可约表示。按照表示的定义，考察这两个基函数在 $\boldsymbol{C}_{2v}$ 中各种变换算符下的变换。单位元算符 O_E 保持两个函数不变，即 $1s_{H_1}\xrightarrow{O_E}1s_{H_1}$，$1s_{H_2}\xrightarrow{O_E}1s_{H_2}$，因此算符 O_E 的表示矩阵为

$$D_{\Gamma^{H}}(O_E)=\begin{pmatrix}1&0\\0&1\end{pmatrix} \tag{G.40}$$

参考图 G.3 可见，算符 O_{C_2} 对两个基函数变换为：$1s_{H_1}\xrightarrow{O_{C_2}}1s_{H_2}$，$1s_{H_2}\xrightarrow{O_{C_2}}1s_{H_1}$，由此算符 O_{C_2} 的表示矩阵为

$$D_{\Gamma^{H}}(O_{C_2})=\begin{pmatrix}0&1\\1&0\end{pmatrix} \tag{G.41}$$

算符 $O_{\sigma_{xz}}$ 对两个基函数变换为：$1s_{H_1}\xrightarrow{O_{\sigma_{xz}}}1s_{H_2}$，$1s_{H_2}\xrightarrow{O_{\sigma_{xz}}}1s_{H_1}$，由此算符 $O_{\sigma_{xz}}$

的表示矩阵为

$$D_{\Gamma^{\mathrm{H}}}(O_{\sigma_{xz}})=\begin{pmatrix}0 & 1\\ 1 & 0\end{pmatrix} \tag{G.42}$$

算符 $O_{\sigma_{yz}}$ 对两个基函数变换为: $1s_{\mathrm{H}_1}\xrightarrow{O_{\sigma_{yz}}}1s_{\mathrm{H}_1}$，$1s_{\mathrm{H}_2}\xrightarrow{O_{\sigma_{yz}}}1s_{\mathrm{H}_2}$，由此算符 $O_{\sigma_{yz}}$ 的表示矩阵为

$$D_{\Gamma^{\mathrm{H}}}(O_{\sigma_{yz}})=\begin{pmatrix}1 & 0\\ 0 & 1\end{pmatrix} \tag{G.43}$$

由以上四个表示矩阵可得各表示矩阵的特征标(即各矩阵的对角元素和)，结果如表 G.3 所示。

表 G.3　Γ^{H} 的特征标

C_{2v}	E	C_2	σ_{xy}	σ_{xz}
χ	2	0	0	2

经过约化后，上述的二维矩阵就会变成块对角化矩阵，每个对角块对应群 $\boldsymbol{C}_{2v}$ 的一个不可约表示，由于群 $\boldsymbol{C}_{2v}$ 所有不可约表示都是一维矩阵，因此这里的对角块就是一个数。由约化公式(G.38)可得每个不可约表示矩阵出现的次数:

$$\begin{aligned}
a_{A_1}&=\frac{1}{4}[2\times1+0\times1+0\times1+2\times1]=1\\
a_{A_2}&=\frac{1}{4}[2\times1+0\times1+0\times(-1)+2\times(-1)]=0\\
a_{B_1}&=\frac{1}{4}[2\times1+0\times(-1)+0\times1+2\times(-1)]=0\\
a_{B_2}&=\frac{1}{4}(2\times1+0\times(-1)+0\times(-1)+2\times1)=1
\end{aligned} \tag{G.44}$$

式(G.44)结果意味着约化后的各表示矩阵为

$$D(O_E)=\begin{pmatrix}D_{A_1}(O_E) & 0\\ 0 & D_{B_2}(O_E)\end{pmatrix},\quad D(O_{C_2})=\begin{pmatrix}D_{A_1}(O_{C_2}) & 1\\ 1 & D_{B_2}(O_{C_2})\end{pmatrix},$$
$$D(O_{\sigma_{xz}})=\begin{pmatrix}D_{A_1}(O_{\sigma_{xz}}) & 1\\ 1 & D_{B_2}(O_{\sigma_{xz}})\end{pmatrix},\qquad D(O_{\sigma_{yz}})=\begin{pmatrix}D_{A_1}(O_{\sigma_{yz}}) & 0\\ 0 & D_{B_2}(O_{\sigma_{yz}})\end{pmatrix} \tag{G.45}$$

也就是所有矩阵的左上角为不可约表示 A_1 的矩阵，右下角为不可约表示 B_2 的矩

阵。在群论中，通常写为

$$\Gamma^{\mathrm{H}} = A_1 \oplus B_2 \tag{G.46}$$

这称为可约表示是两个不可约表示的**直和**。

现在求与块对角化矩阵相适配的基函数。由式(G.39)，不可约表示 A_1 的对称适配函数为

$$\begin{aligned} g^{A_1} &= (1\cdot E + 1\cdot C_2 + 1\cdot \sigma_{xz} + 1\cdot \sigma_{yz})1s_{\mathrm{H}_1} = 1s_{\mathrm{H}_1} + 1s_{\mathrm{H}_2} + 1s_{\mathrm{H}_2} + 1s_{\mathrm{H}_1} \\ &= 2(1s_{\mathrm{H}_1} + 1s_{\mathrm{H}_2}) \end{aligned} \tag{G.47}$$

由于不可约表示是一维的，适配函数只有一个，因此只需在可约表示的基函数 $1s_{\mathrm{H}_1}$ 和 $1s_{\mathrm{H}_2}$ 任选一个运用投影公式即可，这里选择了 $1s_{\mathrm{H}_1}$。同样地，不可约表示 B_2 的对称适配函数为

$$\begin{aligned} g^{B_2} &= (1\cdot E - 1\cdot C_2 - 1\cdot \sigma_{xz} + 1\cdot \sigma_{yz})1s_{\mathrm{H}_1} = 1s_{\mathrm{H}_1} - 1s_{\mathrm{H}_2} - 1s_{\mathrm{H}_2} + 1s_{\mathrm{H}_1} \\ &= 2(1s_{\mathrm{H}_1} - 1s_{\mathrm{H}_2}) \end{aligned} \tag{G.48}$$

可以验证，利用所得到的适配函数为基函数，的确能使表示矩阵对角化，即

$$O_R \begin{pmatrix} g^{A_1} \\ g^{B_2} \end{pmatrix} = D(O_R) \begin{pmatrix} g^{A_1} \\ g^{B_2} \end{pmatrix} = \begin{pmatrix} D_{A_1}(O_R) & 0 \\ 0 & D_{B_2}(O_R) \end{pmatrix} \begin{pmatrix} g^{A_1} \\ g^{B_2} \end{pmatrix} \tag{G.49}$$

这意味着表示矩阵能写成更简单的形式：

$$O_R g^{A_1} = D_{A_1}(O_R) g^{A_1}, \qquad O_R g^{B_2} = D_{B_2}(O_R) g^{B_2} \tag{G.50}$$

式中，$D_{A_1}(O_R)$ 和 $D_{B_2}(O_R)$ 分别是 O_R 对应的不可约表示矩阵(见表 G.3)。

G.7　约化在薛定谔方程求解中的意义

G.7.1　在分子轨道理论中的应用

约化在电子结构计算中具有重要的意义。在分子轨道理论中，一个最常见的方法是原子轨道线性组合(LCAO)近似，该方法的出发点就是用构成分子的原子轨道波函数的线性组合来作为分子的波函数，即用如下形式的波函数作为分子轨道波函数：

$$\psi = \sum_{i=1}^{n} c_i \varphi_i \tag{G.51}$$

其中，$c_i(i=1,2,\cdots n)$为n个待定的系数；$\varphi_i(i=1,2,\cdots n)$为分子中$n$个选定的参与成键的原子轨道。群论对薛定谔的研究表明(见G.8节)：分子轨道波函数一定是分子所属点群的不可约表示的基，或者说分子轨道要满足特定的对称性；按式(G.51)所构造的分子轨道通常并不具备所要求的对称性，其结果就是要处理阶数很大的矩阵特征值问题；如果能直接从原子轨道构造出符合对称性的分子轨道，则只需要求解更小的矩阵特征值问题(请参考第6章分子轨道理论部分)。因此构造出满足对称性的原子轨道的线性组合是LCAO方法的通常做法，这样的原子轨道组合称为**对称性适配的轨道组合**(symmetry-adapted linear combinations of orbitals, SALCO)，而能完成这一任务的系统性方法就是上述的约化方法。下面通过一个简单问题来说明。

在H_2O分子中，H_2O分子中两个氢原子的原子轨道分别记为$1s_{H_1}$和$1s_{H_2}$，如何找到满足对称要求的两个原子轨道的线性组合？满足对称要求实际上就是得到的线性组合为H_2O分子所属点群$\boldsymbol{C}_{2v}$某个不可约表示的基。解决这个问题实际上就是上述的约化方法。首先，把这两个原子轨道函数作为二维函数基$(1s_{H_1},1s_{H_2})$来求群$\boldsymbol{C}_{2v}$的表示，由上面的讨论子可知在基$(1s_{H_1},1s_{H_2})$下$\boldsymbol{C}_{2v}$的表示是一个可约表示Γ^{H}［式(G.45)］；其次，对该可约表示约化，由上面的讨论子可知可约表示Γ^{H}可分解为两个不可约表示的直和$A_1\oplus B_2$［式(G.46)］；最后，获得属于直和中出现的不可约表示函数基，即属于A_1的基$g^{A_1}=2(1s_{H_1}+1s_{H_2})$［式(G.47)］和属于$B_2$的$g^{B_2}=2(1s_{H_1}-1s_{H_2})$［式(G.48)］，这两个函数基$g^{A_1}$和$g^{B_2}$即为所求的对称性适配轨道组合。当然这里得到的$g^{A_1}$和$g^{B_2}$还不是$H_2O$分子的分子轨道，但由它们可以很容易构造出满足对称性的分子轨道，有关详情请参考第6章分子轨道理论部分。

上述例子给出了约化方法的一般程序，实际上约化方法是从原子轨道来构建满足对称要求的分子轨道的系统性的方法，这里对其做简要总结。在这种方法中包含三个环节：①把所涉及的原子轨道作为可约表示的多维基，得到分子所属群在该基下的可约表示和特征标；②利用约化公式(G.38)把可约表示分解为不可约表示的直和，这个分解说明了原子轨道的线性组合能形成哪些不可约表示的基；③利用投影公式(G.39)得到属于上述分解中包含的不可约表示的基，这些基即是满足分子对称性要求的原子轨道的线性组合，它们就可以直接用来构造满足对称性的轨道波函数。值得说明的是，尽管一个分子中包含多个原子轨道，在投影公式中往往只需从一个原子轨道出发就能构建出满足分子对称性的轨道，而不必动用所有的原子轨道。

G.7.2 晶体平移群的约化及其物理意义

晶体可以看成是一个宏观分子，上述的方法实际上也能用来获得满足晶体对称性的晶体轨道。晶体的对称性不同于普通分子的点群对称性，它具有平移对称性，相应的对称群为平移群。晶体具有空间周期性，因此对晶体做位移为任何正格矢 $\boldsymbol{R}_{mnp}=m\boldsymbol{a}+n\boldsymbol{b}+p\boldsymbol{c}$（$m$、$n$、$p$ 为任何的整数，$\boldsymbol{a}$、$\boldsymbol{b}$、$\boldsymbol{c}$ 为晶体的三个正格基矢）的平移 $T_{\boldsymbol{R}}$ 则晶体保持不变，仔细分析证明所有 $T_{\boldsymbol{R}_{mnp}}$ 形成群，此即晶体的平移群[9]。在玻恩-冯卡门边界条件下，包含 N 个原胞晶体的平移群是一个 N 阶群，该群的不可约表示是 N 个一维不可约表示，每个不可约表示由一个波矢 $\boldsymbol{k}$ 标识，每个 $\boldsymbol{k}$ 对应于布里渊区中的一个点，群元 $T_{\boldsymbol{R}_{mnp}}$ 属于不可约表示 $\boldsymbol{k}$ 的矩阵元或特征标为 $\chi_{\boldsymbol{k}}(T_{\boldsymbol{R}_{mnp}})=\mathrm{e}^{-\mathrm{i}\boldsymbol{k}\cdot\boldsymbol{R}_{mnp}}$。由这些群的知识，运用投影公式(G.39)可以从晶体中一个原子的波函数得到一个满足晶体平移对称性的晶体轨道或对称性适配轨道组合：

$$\psi_{\boldsymbol{k}}(\boldsymbol{r})=\sum_{m,n,p}\chi_{\boldsymbol{k}}(T_{\boldsymbol{R}_{mnp}})T_{\boldsymbol{R}_{mnp}}\varphi(\boldsymbol{r})=\sum_{m,n,p}\mathrm{e}^{-\mathrm{i}\boldsymbol{k}\cdot\boldsymbol{R}_{mnp}}\varphi(\boldsymbol{r}-\boldsymbol{R}_{mnp}) \tag{G.52}$$

此即能带论中紧束缚近似中的晶体轨道表达式，是布洛赫在讨论晶体波函数时最早提出的晶体波函数的近似表达式，现在常称为布洛赫和或布洛赫函数。从群论角度看，它是晶体平移对称群不可约表示的基函数。每个布洛赫和在对称性上都满足晶体薛定谔方程的解，它可以看成薛定谔方程的一个近似解，当然通常这是一个过于粗糙的近似，一种提高的办法就是用多个不同的布洛赫和的线性组合作为晶体实际的波函数，然后利用变分法优化组合系数以得到晶体的波函数，此即能带中紧束缚近似方法，实践证明这是一种十分有效的方法[10]。作为比较，考虑直接用分子轨道理论的最原始形式去求解晶体的电子结构。宏观晶体中原子数在约 10^{23} 的数量级，所涉及的原子轨道数则更多，按通常的分子轨道理论就要构造超过 10^{23} 个原子轨道的线性组合，这意味着要求解阶数超过 10^{23} 的矩阵本征值问题，这是完全不可能的。

G.8 群与薛定谔方程

本节讨论群论在求解薛定谔方程应用中的几个定理，这些定理是群论用来处理薛定谔方程的基础。

G.8.1 定理一

如果一个系统的对称性由群 $\boldsymbol{G}_{O_R}$ 描述，则 $\boldsymbol{G}_{O_R}$ 中的所有变换算符 $\boldsymbol{O}_R$ 与体系的哈密顿算符可交换，即满足 $[\boldsymbol{O}_R\ \boldsymbol{H}]=\boldsymbol{0}$。

该定理的证明见参考文献[11]。值得指出的是，一些书中并不区分对称操作 R 和变换算符 O_R，因此上面定理经常写成 $[R\ H]=0$，该式的严格数学证明是不可能的，因为对称操作 R 本质上作用于几何对象而不能作用于函数对象，因此通常

$[R\ H]=0$ 的结论都不加证明。定理一是证明下面定理二的基础。

G.8.2　定理二

属于同一能量的哈密顿的本征函数形成不可约表示的基；不同的本征函数属于特定的不可约表示。

设一个量子系统的哈密顿量为 H，E^μ 是系统的某一能级能量，该能级的简并度为 n_μ，这意味着能级 E^μ 具有 $\psi_1^\mu,\psi_2^\mu,\cdots,\psi_{n_\mu}^\mu$ 个本征函数，即有

$$H\psi_i^\mu = E^\mu \psi_i^\mu \qquad i=1,2,\cdots,n_\mu \tag{G.53}$$

利用定理一 H 与 O_R 的交换性，有

$$HO_R\psi_i^\mu = O_R H\psi_i^\mu = O_R E^\mu \psi_i^\mu = E^\mu O_R \psi_i^\mu \qquad i=1,2,\cdots,n_\mu \tag{G.54}$$

这意味着 $O_R\psi_i^\mu$ 也是系统属于能级 E^μ 的本征函数。

另外，如果 $\psi_1^\mu,\psi_2^\mu,\cdots,\psi_{n_r}^\mu$ 是系统属于能级 E^μ 的本征函数，则 n_r 个本征函数的线性组合 $c_1\psi_1^\mu + c_2\psi_2^\mu + \cdots + c_{n_\mu}\psi_{n_\mu}^\mu$ [$c_i(i=1,2,\cdots,n_\mu)$ 为任意常数]也是 E^μ 的本征函数，而且它一般性地表达了所有属于 E^μ 的本征函数[12]。

由以上讨论可得，$O_R\psi_i^\mu$ 总是 $\psi_1^\mu,\psi_2^\mu,\cdots,\psi_{n_r}^\mu$ 的线性组合。按照群表示的定义，$\psi_1^\mu,\psi_2^\mu,\cdots,\psi_{n_r}^\mu$ 形成系统对称群的表示的基，而且是不可约表示的基。详细的讨论请参考文献[12]。

由于不可约表示的基可以按照群的不可约表示进行分类，因此定理二意味着一个量子系统的能级及简并度结构与系统的对称群的不可约表示结构相一致：如果一个系统对称群包含一个维度为 d_μ 的不可约表示 $\varGamma_\mu$，那么该系统一定有一个简并度为 d_μ 的能级。如前所述，属于一个不可约表示的基函数一定满足与该不可约表示相适应的变换性质或对称性质，因此定理二意味着一个量子系统的波函数必定满足与其所属的不可约表示一致的对称性质，从而量子系统的每个波函数都可按照不可约表示进行分类和标识。在分子轨道理论中，一种有效和常用的近似是用原子轨道的线性组合来近似作为分子轨道，按照定理二，所构建的分子轨道必须满足分子所属点群的不可约表示所要求的对称性，这就使得只有属于同一不可约表示的原子轨道才能组合在一起成为一个分子轨道，这对于理解分子中原子轨道间的相互作用和简化运算都是不可缺少的。

G.8.3　定理三

设量子系统的哈密顿量为 H 和对称群为 $\boldsymbol{G}_{O_R}$，函数 $f(\boldsymbol{r})$ 和 $g(\boldsymbol{r})$ 分别属于群 $\boldsymbol{G}_{O_R}$ 两个不可约表示的基函数，则有如下结论：

$$\begin{aligned} &\int f(\boldsymbol{r})g(\boldsymbol{r})\mathrm{d}\boldsymbol{r} = 0 \\ &\int f(\boldsymbol{r})Hg(\boldsymbol{r})\mathrm{d}\boldsymbol{r} = 0 \end{aligned} \tag{G.55}$$

该定理的证明从略，详情请参考有关文献[13]。该定理意味着：只有当两个函数 $f(\boldsymbol{r})$ 和 $g(\boldsymbol{r})$ 属于同一不可约表示时，$f(\boldsymbol{r})g(\boldsymbol{r})$ 和 $f(\boldsymbol{r})Hg(\boldsymbol{r})$ 的积分才不为零。在分子轨道理论中，$f(\boldsymbol{r})$ 和 $g(\boldsymbol{r})$ 分别表示两个不同原子的原子轨道，上式中的第二个积分表示两个原子轨道之间的相互作用能，如果两个原子轨道所属分子点群的不可约表示是不同的，该积分就为零，这意味着这两个轨道没有相互作用，因而两个轨道就不能线性组合形成一个分子轨道，这些结果能简化分子轨道中的计算，有关详细的讨论见第 6 章。

参 考 文 献

[1] Gilmore R.Lie Groups, Physics, and Geometry. Cambridge: Cambridge University Press, 2008: 1-21

[2] Bishop D M. Group Theory and Chemistry.New York: Dover Publications, 1973: 86-101

[3] Bishop D M. Group Theory and Chemistry. New York: Dover Publications, 1973: 90

[4] Bishop D M. Group Theory and Chemistry. New York: Dover Publications, 1973: 139

[5] Bishop D M. Group Theory and Chemistry. New York: Dover Publications, 1973: 117-123

[6] Cotton F A. Chemical Applications of Group Theory. 3rd ed. New York: John Wiley & Sons, 1990: 79-81

[7] Bishop D M. Group Theory and Chemistry. New York: Dover Publications, 1973: 123-128

[8] Cotton F A. Chemical Applications of Group Theory. 3rd ed. New York: John Wiley & Sons, 1990: 114-119

[9] Altmann S L. Band Theory of Solids: An Introduction from the Point of View of Symmetry. Oxford: Oxford University Press, 1991: 86-101

[10] Kaxiras E. Atomic and Electronic Structure of Solid. Cambridge: Cambridge University Press, 2003: 121-136

[11] Bishop D M. Group Theory and Chemistry. New York: Dover Publications, 1973: 160-163

[12] Bishop D M. Group Theory and Chemistry. New York: Dover Publications, 1973: 154-155

[13] Bishop D M. Group Theory and Chemistry. New York: Dover Publications, 1973: 158-160

附录 H　电子的自旋态

量子力学的薛定谔方程是关于电子轨道波函数ψ的方程，然而电子的总波函数不仅包括轨道波函数，还包括自旋波函数，轨道波函数ψ是以空间坐标为自变量的通常意义上的函数，而自旋波函数看起来只是用一个数学符号来表示，这常引起一些困惑，本附录对此作一些说明。

H.1　自旋概念的产生

电子自旋的概念来源于实验。1921 年和 1922 年施特恩(Otto Stern)和格拉赫(Walter Gerlach)的实验表明磁场能够使一个处于基态的 Ag 原子束分裂为两束，这表明磁场能和 Ag 原子产生相互作用，然而基态 Ag 原子的轨道角动量为零，按照基本的物理原理，Ag 原子磁矩为零，即不会和磁场产生相互作用。除此之外，人们在原子光谱实验中普遍观察到精细结构，也就是说当提高光谱仪的分辨率后，人们发现原来观察到的单一谱线实际上包含很接近的两个谱线，而这意味着原子中有一种新的未知的作用。Samuel A. Goudsmit 和 George E. Uhlenbeck 在 1925 年提出电子自旋的概念，也就是把电子看成是自转或自旋的荷电球体，自旋运动导致核电球体形成环形的电流或者自旋环流，这个环流不同于电子绕原子核公转而形成的轨道环流。按照磁学的基本原理，封闭的环流可以和磁场发生相互作用而改变电子的能量，这就是施特恩-格拉赫实验以及光谱精细结构的根源，然而这样的理解导致电子球表面的速度超过光速从而与相对论矛盾，因此这个解释被放弃了。但是上述实验的结果表明电子存在内部的运动，尽管电子球自旋的解释被放弃了，但人们仍用自旋的称呼来描述电子的内部运动。电子存在内部运动意味着完整地描述电子的运动就必须也要说明其内部运动，在量子力学中微观粒子的态由波函数描述，因此完整的电子波函数应当包括电子内部自旋运动的信息，量子力学提出电子总波函数ϕ可以写成轨道波函数ψ和自旋波函数σ的乘积即$\phi=\psi\sigma$的形式。然而关于电子的内部运动依然没有被真正地了解，因此电子自旋波函数不像轨道波函数那样具有直观的物理意义，而只是一套形式化的表示方法。电子内部自旋运动通过自旋角动量描述，它遵循量子力学角动量理论的一般规律，具体的算符表达式由泡利于 1927 年提出。

H.2　自旋角动量和自旋函数的规定

量子力学中的轨道角动量是经典物理中轨道角动量 $\boldsymbol{l}=\boldsymbol{r}\times\boldsymbol{p}$ 的算符化，即在量子力学中用 $\boldsymbol{l}=-i\hbar\boldsymbol{r}\times\nabla$ 来表示轨道角动量，一个系统的角动量值由该算符作用于波函数获得，而波函数是薛定谔方程的解。例如，氢原子的薛定谔方程给出的量子态为 $\psi_{nlm}(r,\theta,\varphi)$，但 $\psi_{nlm}(r,\theta,\varphi)$ 却不是算符 $\boldsymbol{l}$ 的本征函数，这意味着处于量子态 $\psi_{nlm}(r,\theta,\varphi)$ 的氢原子的角动量 $\boldsymbol{l}$ 没有确定的值或者恒定的值，因此轨道角动量不能直接用 $\boldsymbol{l}$ 来表征，但 $\psi_{nlm}(r,\theta,\varphi)$ 是角动量平方算符 $\boldsymbol{l}^2$ 和分量算符 $\boldsymbol{l}_z$ 的本征函数，它们对波函数的作用为

$$\begin{aligned}&\boldsymbol{l}^2\psi_{nlm}=l(l+1)\hbar^2\psi_{nlm}\\&\boldsymbol{l}_z\psi_{nlm}=m\hbar\psi_{nlm}\qquad m=-l,-l+1,\cdots,l-1,l\end{aligned}\tag{H.1}$$

由此轨道角动量总是用 $\boldsymbol{l}^2$ 和 $\boldsymbol{l}_z$ 来表征，其本征值分别是 $l(l+1)\hbar^2$ 和 $m\hbar$。$\sqrt{l(l+1)}\hbar$ 表达轨道角动量的大小，l 称为轨道角动量量子数，m 称为磁量子数，表达轨道角动量的分量，对给定的 l 值，m 可有 $2l+1$ 个取值。因此，量子数组合 (l,m) 可以区分和表征轨道角动量态。

然而人们对电子内部自旋运动的本质并不真正理解，所以只能用抽象的数学符号来描述自旋角动量和自旋波函数，当然这样的符号必须能够解释和计算由自旋运动导致的实验结果，其实量子力学中所有的物理量都是用算符和波函数来描述的，因此采用一套形式符号表征自旋并不奇怪。泡利提出用如下形式的算符来描述自旋角动量 $\boldsymbol{s}=s_x+s_y+s_z$ 的三个分量：

$$s_x=\frac{\hbar}{2}\begin{pmatrix}0&1\\1&0\end{pmatrix},\qquad s_y=\frac{\hbar}{2}\begin{pmatrix}0&-\mathrm{i}\\\mathrm{i}&0\end{pmatrix},\qquad s_z=\frac{\hbar}{2}\begin{pmatrix}1&0\\0&-1\end{pmatrix}\tag{H.2}$$

其中的矩阵称为泡利矩阵，自旋波函数则由如下形式的列矢量描述：

$$\alpha=\begin{pmatrix}1\\0\end{pmatrix},\qquad \beta=\begin{pmatrix}0\\1\end{pmatrix}\tag{H.3}$$

如此定义的自旋角动量和自旋波函数满足量子力学角动量的一般规律，下面加以简要说明。

由式(H.2)可得自旋角动量平方的算符 $\boldsymbol{s}^2$：

$$\boldsymbol{s}^2=s_x^2+s_y^2+s_z^2=\frac{3\hbar^2}{4}\begin{pmatrix}1&0\\0&1\end{pmatrix}\tag{H.4}$$

于是有

$$
\begin{aligned}
\boldsymbol{s}^2\sigma &= \frac{3\hbar^2}{4}\begin{pmatrix}1 & 0\\ 0 & 1\end{pmatrix}\sigma = \frac{3\hbar^2}{4}\sigma = \frac{1}{2}\left(\frac{1}{2}+1\right)\hbar^2\sigma \\
s_z\sigma &= \frac{\hbar}{2}\begin{pmatrix}1 & 0\\ 0 & -1\end{pmatrix}\sigma = m_s\hbar\sigma, \qquad m_s = -\frac{1}{2},\frac{1}{2}
\end{aligned}
\tag{H.5}
$$

其中，$\sigma=\alpha,\beta$ 表示自旋波函数，可见由式(H.2)和式(H.3)所定义的自旋角动量和自旋波函数完全类似于由式(H.1)所描述的角动量的一般规律，并由此可知自旋角动量量子数 $s=1/2$，其分量量子数 m_s 只能是–1/2 或 1/2。自旋运动的根本物理效应就是磁场对原子的效应，施特恩和格拉赫的实验表明电子的自旋态只有两种状态，这与自旋角动量分量的两种取值完全一致，人们把两种自旋态称为自旋向上态和自旋向下态，分别对应 α 态和 β 态，对应的动量分量分别为 $\hbar/2$ 和 $-\hbar/2$。与轨道角动量情形类似，用量子数组合 (sm_s) 可以区分和表述不同的自旋态，如单电子的两个自旋态分别是 $\left(\frac{1}{2}\frac{1}{2}\right)$ 和 $\left(\frac{1}{2}-\frac{1}{2}\right)$。

H.3　两个电子系统自旋角动量和波函数

与单个电子的内部自旋运动由 (sm_s) 描述一样，两个电子系统的总自旋运动也由总自旋角动量和总自旋波函数描述，即由 (Sm_S) 描述，这里 S 是总自旋角动量 $\boldsymbol{S}=\boldsymbol{s}_1+\boldsymbol{s}_2$ 的量子数，m_S 是总自旋角动量分量 $\boldsymbol{S}_z=\boldsymbol{s}_{1z}+\boldsymbol{s}_{2z}$ 的量子数，它们可由两单电子的轨道角动量量子数 $(s_i m_{s_i})(i=1,2)$ 求出。按照量子力学角动量的一般理论，如果 m_{s_1} 和 m_{s_2} 是电子 1 和 2 的单电子自旋角动量分量量子数，那么两个电子形成的系统的总角动量量子数 S 的取值包括：

$$
\left|m_{s_1}-m_{s_2}\right|,\left|m_{s_1}-m_{s_2}\right|+1,\cdots,\left|m_{s_1}+m_{s_2}\right|-1,\left|m_{s_1}+m_{s_2}\right| \tag{H.6}
$$

对于给定的角动量量子数 S，相应的磁量子数 m_S 的可能取值为

$$
-S,-S+1,\cdots,S-1,S \tag{H.7}
$$

把这两个一般结论用于自旋角动量即可得到两个电子总自旋的角动量量子数。由 $m_{s_1}=\pm 1/2$ 和 $m_{s_2}=\pm 1/2$ 可知 S 取值只有两个，即 $S=0,1$。对于 $S=0$，相应的磁量子数 $m_S=0$；对于 $S=1$，相应的磁量子数 $m_S=-1,0,1$，这意味着两个电子形成的自旋运动按量子数 S 和 m_S 分成两组：一组是由 $S=0$、$m_S=0$ 表征的自旋态 (00)，该组自旋态包含一个态，因此称为自旋单重态，另一组是由 $S=1$、

$m_S = -1, 0, 1$ 表征的自旋态 $(1-1)$、(10) 和 (11)，该组自旋态包含三个态，通常称为自旋三重态，因此两个电子一共形成四个自旋态。

下面考虑这四个态的本征函数。两个电子系统的自旋波函数可以写为单个电子自旋波函数的乘积，如 $\alpha(1)\beta(2)$ 表达一个系统自旋波函数，它表示电子 1 的自旋波函数为 α 和电子 2 的自旋波函数为 β。两个电子系统这样的组合一共有 4 个：$\alpha(1)\alpha(2)$、$\alpha(1)\beta(2)$、$\beta(1)\alpha(2)$ 和 $\beta(1)\beta(2)$，表达了两电子系统有四个自旋态，然而这四个态波函数中只有 $\alpha(1)\alpha(2)$ 和 $\beta(1)\beta(2)$ 是算符 $\boldsymbol{S}^2$ 和 $\boldsymbol{S}_z$ 的本征函数，而 $\alpha(1)\beta(2)$ 和 $\beta(1)\alpha(2)$ 并不是，但人们发现 $\alpha(1)\beta(2)$ 和 $\beta(1)\alpha(2)$ 的线性组合却是 $\boldsymbol{S}^2$ 和 $\boldsymbol{S}_z$ 的本征函数，于是得到如下四个自旋态的本征函数：

$$\text{单重态：}\quad \chi_{00} = \frac{1}{\sqrt{2}}[\alpha(1)\beta(2) - \alpha(2)\beta(2)]$$

$$\text{三重态：}\quad \begin{cases} \chi_{11} = \alpha(1)\alpha(2) \\ \chi_{10} = \dfrac{1}{\sqrt{2}}[\alpha(1)\beta(2) + \alpha(2)\beta(2)] \\ \chi_{1-1} = \beta(1)\beta(2) \end{cases} \tag{H.8}$$

每个自旋波函数下标表示该态对应的 Sm_S 值。下面证明式(H.8)中的四个自旋是 $\boldsymbol{S}^2$ 和 $\boldsymbol{S}_z$ 的本征波函数。由式(H.2)和式(H.4)可得算符 $\boldsymbol{S}^2$ 的矩阵表达式：

$$\begin{aligned} \boldsymbol{S}^2 &= (\boldsymbol{s}_1 + \boldsymbol{s}_2)^2 = \boldsymbol{s}_1^2 + \boldsymbol{s}_2^2 + 2(\boldsymbol{s}_{1x}\boldsymbol{s}_{2x} + \boldsymbol{s}_{1y}\boldsymbol{s}_{2y} + \boldsymbol{s}_{1z}\boldsymbol{s}_{2z}) \\ &= \frac{3}{2}\hbar^2\begin{pmatrix}1 & 0\\0 & 1\end{pmatrix}_1 + \frac{3}{2}\hbar^2\begin{pmatrix}1 & 0\\0 & 1\end{pmatrix}_2 + \frac{1}{2}\hbar^2\begin{pmatrix}0 & 1\\1 & 0\end{pmatrix}_1\begin{pmatrix}0 & 1\\1 & 0\end{pmatrix}_2 + \\ &\quad \frac{1}{2}\hbar^2\begin{pmatrix}0 & -i\\i & 0\end{pmatrix}_1\begin{pmatrix}0 & -i\\i & 0\end{pmatrix}_2 + \frac{1}{2}\hbar^2\begin{pmatrix}1 & 0\\0 & -1\end{pmatrix}_1\begin{pmatrix}1 & 0\\0 & -1\end{pmatrix}_2 \end{aligned} \tag{H.9}$$

其中矩阵右下角的 1 和 2 用来表示电子 1 和 2，标有 1 的矩阵只作用于电子 1 的波函数 $\alpha(1)$ 和 $\beta(1)$，标有 2 的矩阵只作用于电子 2 的波函数 $\alpha(2)$ 和 $\beta(2)$，类似地可得到 $\boldsymbol{S}_z$ 的矩阵表达式：

$$\begin{aligned} \boldsymbol{S}_z &= \boldsymbol{s}_{1z} + \boldsymbol{s}_{2z} \\ &= \frac{1}{2}\hbar\begin{pmatrix}1 & 0\\0 & -1\end{pmatrix}_1 + \frac{1}{2}\hbar\begin{pmatrix}1 & 0\\0 & -1\end{pmatrix}_2 \end{aligned} \tag{H.10}$$

把以上两算符作用于 χ_{11}，则有

$$\begin{aligned}
\boldsymbol{S}^2\chi_{11} &= \boldsymbol{S}^2\alpha(1)\alpha(2) \\
&= \frac{3}{2}\hbar^2\left[\begin{pmatrix}1 & 0\\0 & 1\end{pmatrix}_1\alpha(1)\right]\alpha(2)+\frac{3}{2}\hbar^2\alpha(1)\left[\begin{pmatrix}1 & 0\\0 & 1\end{pmatrix}_2\alpha(2)\right] \\
&\quad+\frac{1}{2}\hbar^2\left\{\left[\begin{pmatrix}0 & 1\\1 & 0\end{pmatrix}_1\alpha(1)\right]\left[\begin{pmatrix}0 & 1\\1 & 0\end{pmatrix}_2\alpha(2)\right]+\left[\begin{pmatrix}0 & -\mathrm{i}\\\mathrm{i} & 0\end{pmatrix}_1\alpha(1)\right]\left[\begin{pmatrix}0 & -\mathrm{i}\\\mathrm{i} & 0\end{pmatrix}_2\alpha(2)\right]\right. \\
&\quad\left.+\left[\begin{pmatrix}1 & 0\\0 & -1\end{pmatrix}_1\alpha(1)\right]\left[\begin{pmatrix}1 & 0\\0 & -1\end{pmatrix}_2\alpha(2)\right]\right\} \\
&= 2\hbar^2\alpha(1)\alpha(2) = 1\times(1+1)\hbar^2\chi_{11}
\end{aligned} \tag{H.11}$$

$$\begin{aligned}
\boldsymbol{S}_z\chi_{11} &= \boldsymbol{S}_z\alpha(1)\alpha(2) = \frac{1}{2}\hbar\left[\begin{pmatrix}1 & 0\\0 & -1\end{pmatrix}_1\alpha(1)\right]\alpha(2)+\frac{1}{2}\hbar\alpha(1)\left[\begin{pmatrix}1 & 0\\0 & -1\end{pmatrix}_2\alpha(2)\right] \\
&= \hbar\alpha(1)\alpha(2) = 1\times\hbar\chi_{11}
\end{aligned} \tag{H.12}$$

可见 χ_{11} 确实是 $\boldsymbol{S}^2$ 和 $\boldsymbol{S}_z$ 的本征波函数，且两个量子数分别是 $S=1$ 和 $m_S=1$，用同样的方法可以证明其他三个自旋波函数也是 $\boldsymbol{S}^2$ 和 $\boldsymbol{S}_z$ 的本征波函数。这些结果可以一般地写成

$$\left.\begin{aligned}
\boldsymbol{S}^2\chi_{Sm_S} &= \sqrt{S(S+1)}\hbar^2\chi_{Sm_S} \\
\boldsymbol{S}_z\chi_{Sm_S} &= m_S\hbar\chi_{Sm_S}
\end{aligned}\right\}(Sm_S)=(00),(11),(10),(1-1) \tag{H.13}$$

可见这四个自旋波函数的量子数 (Sm_S) 正好为前面由角动量推导出的四组量子数。

由式(H.8)可以看到，自旋单重态 χ_{00} 具有交换反对称性，也就是如果交换电子坐标 1 和 2，则 χ_{00} 变成它的负值，而三个自旋三重态 χ_{1m_S} 则在交换两个电子坐标下保持不变，因而具有交换对称性。

H.4　电子系统的全波函数

由于电子包含内在的自旋运动，完整表述电子的状态不仅要说明轨道运动，还要说明自旋运动，也就是说电子的全波函数 ϕ 不仅包括轨道波函数 ψ，还包括自旋波函数 σ，全波函数为两者的乘积。例如，氢原子基态的全波函数为 $\psi_{100}\alpha$ 或 $\psi_{100}\beta$，He 原子基态的波函数可写为 $\psi_{100}(\boldsymbol{r}_1)\psi_{100}(\boldsymbol{r}_2)\chi_{00}$，其中 $\psi_{100}(\boldsymbol{r}_1)\,\psi_{100}(\boldsymbol{r}_2)$ 是基态两个单电子空间轨道的乘积，它表示全波函数的空间部分，χ_{00} 即为上述的双电子自旋单态波函数，它表示全波函数的自旋部分。在材料性质的单电子理论中(见第 4 章)，电子通常被认为处于单电子态中，而每个单电子态完整的全波

函数通常为$\psi(\boldsymbol{r}_i)\alpha(i)$或$\psi(\boldsymbol{r}_i)\beta(i)$，其中$i$是电子的编号。

按照量子力学的基本原理，任何电子系统的全波函数具有交换反对称性，也就是说如果交换一对电子的坐标，系统的全波函数就会变为它的负值。由于全波函数等于轨道波函数乘以自旋波函数，就会出现以下结果：如果一个电子系统的轨道波函数具有交换对称性，那么相应的自旋波函数就一定有交换反对称性；反之如果轨道波函数有交换反对称性，则自旋波函数一定有交换对称性。这个原则使得系统的轨道波函数和自旋波函数相适配需要满足总波函数反对称性。例如，He 基态全波函数为$\psi_{100}(\boldsymbol{r}_1)\psi_{100}(\boldsymbol{r}_2)\chi_{00}$，交换两个电子的位置坐标，全波函数中轨道波函数$\psi_{100}(\boldsymbol{r}_1)\psi_{100}(\boldsymbol{r}_2)$保持不变，也就是交换对称的，因此自旋波函数就必须是反对称的，而双电子系统的自旋波函数只有单重态波函数χ_{00}是反对称的，因此自旋部分只能是χ_{00}而不能是χ_{11}、χ_{10}或χ_{1-1}。在 HF 理论中，系统的全波函数是一个斯莱特项列式型的波函数，满足全波函数反对称性要求，在第 6 章的分子价键理论中也是利用这个原则确定氢分子的基态波函数。所以尽管自旋波函数看起来只是一个符号表示，但它却通过全波函数具有反对称性的原子来制约系统的轨道波函数以及系统能量。

附录 I　傅里叶展开和变换

周期函数的傅里叶展开是把该函数表达为正弦和余弦函数或复指数函数的级数和，这样周期函数就由一系列的系数表示，而一系列的正弦和余弦函数或复指数函数则是基函数。利用这种基函数展开方法就把决定周期函数的微分方程变为一个矩阵本征值方程，因而傅里叶展开是求解微分方程的基本工具，这一方法源于傅里叶(Joseph Fourier，1768—1830)于 1807 年采用它求解了热传导方程，因此这种方法称为傅里叶展开方法。这种方法后来推广到处理非周期函数，研究非周期函数的傅里叶方法称为傅里叶变换，傅里叶变换把一个以坐标为自变量的函数转化为另一个以波矢为自变量的函数，从而把求解关于一个以坐标为自变量的函数的微分方程变成另一个关于以波矢为自变量的微分方程，而后者在很多情况下更容易求解。傅里叶展开和傅里叶变换通称为傅里叶分析，构成数学的一个分支。晶体中的单电子薛定谔方程和 KS 方程是周期势场中的偏微分方程，傅里叶展开方法用于前者形成了能带论中的近自由电子近似方法，用于后者(连同赝势理论)则形成了赝势(pseudo-potential, PP)平面波(plane-wave, PW)方法即 PP-PW 方法，PP-PW 方法已成为从头计算材料性质最重要的方法之一。

本附录将说明以复指数级数形式的傅里叶展开和傅里叶变换的基础。首先说明周期函数的傅里叶展开基本公式，然后把它用于晶体中的周期势和波函数；其次说明傅里叶变换的基本概念，然后给出 δ 函数傅里叶变换公式，最后计算库仑势型函数的傅里叶变换。

I.1　周期函数的傅里叶展开

I.1.1　一维情形

周期函数的复指数级数形式的傅里叶展开就是把周期函数表达为若干个(通常是无限个)复指数函数的级数和。设 $f(x)$ 为周期为 L 的函数，即 $f(x+L)=f(x)$，那么 $f(x)$ 为

$$f(x)=\sum_{n=-\infty}^{\infty} c_n \mathrm{e}^{\mathrm{i}\frac{2n\pi}{L}x} \tag{I.1}$$

其中，c_n 为展开系数；$\mathrm{e}^{\mathrm{i}\frac{2n\pi}{L}x}$ 为复指数函数(n 为任何整数)。易于证明复指数函数

具有如下的正交性质：

$$\int_{-L/2}^{L/2} e^{-i\frac{2m\pi}{L}x} e^{i\frac{2n\pi}{L}x} dx = L\delta_{mn} \tag{I.2}$$

式中，δ_{mn} 为克罗内克符号，当 $m=n$ 时 δ_{mn} 为 1，当 $m \neq n$ 时 δ_{mn} 为 0。给式(I.1)两边乘以 $e^{-i\frac{2m\pi}{L}x}$ 并从 $-L/2$ 到 $L/2$ 积分，利用上述正交性条件则有

$$\int_{-L/2}^{L/2} e^{-i\frac{2m\pi}{L}x} f(x)\, dx = \sum_{n=-\infty}^{\infty}\left(c_n \int_{-L/2}^{L/2} e^{-i\frac{2m\pi}{L}x} e^{i\frac{2n\pi}{L}x} dx\right) = L\sum_{n=-\infty}^{\infty}\left(c_n\delta_{mn}\right) = Lc_m \tag{I.3}$$

由式(I.3)得到展开系数 c_n：

$$c_n = \frac{1}{L}\int_{-L/2}^{L/2} e^{-i\frac{2n\pi}{L}x} f(x) dx \tag{I.4}$$

在物理学中 $e^{i\frac{2n\pi}{L}x}$ 表示波长为 $\lambda_n = L/n$ 的一维平面波，其波矢为

$$k_n = \frac{2\pi}{L}n \qquad n\text{为任何整数} \tag{I.5}$$

采用波矢记法，则式(I.1)写为

$$f(x) = \sum_{n=-\infty}^{\infty} c_n e^{ik_n x} \tag{I.6}$$

展开系数式(I.4)则为

$$c_n = \frac{1}{L}\int_{-L/2}^{L/2} e^{-ik_n x} f(x) dx \tag{I.7}$$

式(I.6)和式(I.7)是傅里叶展开中的基本公式，前者表明周期函数可展开为无穷多个特定波矢平面波的叠加，而展开系数则由后者给出，波矢 k_n 的取值[式(I.5)]和系数公式中的积分都取决于函数的周期 L。

I.1.2　三维情形

在三维情形下函数的一般形式为 $f(\boldsymbol{r})$，其周期性可一般性地表达为

$$f(\boldsymbol{r}+\boldsymbol{L}) = f(\boldsymbol{r}) \tag{I.8}$$

其中，$\boldsymbol{L}$ 是一个矢量，在直角坐标中形式为

$$\boldsymbol{L} = L_x \boldsymbol{i} + L_y \boldsymbol{j} + L_z \boldsymbol{k} \tag{I.9}$$

L_x、L_y 和 L_z 分别表示三个坐标轴方向的周期性。函数 $f(\boldsymbol{r})$ 的傅里叶展开则为

$$f(\boldsymbol{r}) = \sum_{n_z=-\infty}^{\infty} \sum_{n_y=-\infty}^{\infty} \sum_{n_x=-\infty}^{\infty} c_{n_x n_y n_z} \mathrm{e}^{\mathrm{i}\frac{2n_x\pi}{L_x}x} \mathrm{e}^{\mathrm{i}\frac{2n_y\pi}{L_y}y} \mathrm{e}^{\mathrm{i}\frac{2n_z\pi}{L_z}z} \tag{I.10}$$

式(I.10)两边乘以 $\mathrm{e}^{-\mathrm{i}\frac{2n'_x\pi}{L_x}x} \mathrm{e}^{-\mathrm{i}\frac{2n'_y\pi}{L_y}y} \mathrm{e}^{-\mathrm{i}\frac{2n'_z\pi}{L_z}z}$ 并分别对 x、y 和 z 从 $-L_x/2$ 到 $L_x/2$、从 $-L_y/2$ 到 $L_y/2$ 和从 $-L_z/2$ 到 $L_z/2$ 积分，利用指数函数的正交性质[式(I.2)]可得式(I.10)中展开系数 $c_{n_x n_y n_z}$：

$$c_{n_x n_y n_z} = \frac{1}{L_x L_y L_z} \int_{-L_z/2}^{L_z/2} \int_{-L_y/2}^{L_y/2} \int_{-L_x/2}^{L_x/2} \mathrm{e}^{-\mathrm{i}\frac{2n_z\pi}{L_z}z} \mathrm{e}^{-\mathrm{i}\frac{2n_y\pi}{L_y}y} \mathrm{e}^{-\mathrm{i}\frac{2n_x\pi}{L_x}x} f(\boldsymbol{r}) \mathrm{d}x\mathrm{d}y\mathrm{d}z \tag{I.11}$$

定义如下矢量 $\boldsymbol{K}(n_x, n_y, n_z)$：

$$\boldsymbol{K}(n_x, n_y, n_z) \equiv n_x \frac{2\pi}{L_x} \boldsymbol{i} + n_y \frac{2\pi}{L_y} \boldsymbol{j} + n_z \frac{2\pi}{L_z} \boldsymbol{k} \qquad n_x, n_y, n_z \text{为任何整数} \tag{I.12}$$

则式(I.10)可表达为

$$f(\boldsymbol{r}) = \sum_{n_z=-\infty}^{\infty} \sum_{n_y=-\infty}^{\infty} \sum_{n_x=-\infty}^{\infty} c_{n_x n_y n_z} \mathrm{e}^{\mathrm{i}\boldsymbol{K}(n_x, n_y, n_z)\cdot \boldsymbol{r}} \tag{I.13}$$

为标记方便，定义 $\boldsymbol{K}_n$ 为

$$\boldsymbol{K}_n \equiv \boldsymbol{K}(n_x, n_y, n_z) \qquad n = (n_x, n_y, n_z) \tag{I.14}$$

于是式(I.13)变为

$$f(\boldsymbol{r}) = \sum_n c_{\boldsymbol{K}_n} \mathrm{e}^{\mathrm{i}\boldsymbol{K}_n \cdot \boldsymbol{r}} \tag{I.15}$$

其中对 n 的求和是对式(I.13)中三重求和的简单记法，即

$$\sum_n = \sum_{n_z=-\infty}^{\infty} \sum_{n_y=-\infty}^{\infty} \sum_{n_x=-\infty}^{\infty} \tag{I.16}$$

式(I.15)中的 $c_{\boldsymbol{K}_n}$ 是式(I.13)中 $c_{n_x n_y n_z}$ 简洁记法，即

$$c_{\boldsymbol{K}_n} \equiv \frac{1}{L_x L_y L_z}\int_{-L_z/2}^{L_z/2}\int_{-L_y/2}^{L_y/2}\int_{-L_x/2}^{L_x/2} \mathrm{e}^{-\mathrm{i}\boldsymbol{K}(n_x,n_y,n_z)\cdot\boldsymbol{r}} f(\boldsymbol{r})\,\mathrm{d}x\mathrm{d}y\mathrm{d}z$$
$$= \frac{1}{V}\int_{L_x,L_y,L_z\text{围成的体积}} \mathrm{e}^{-\mathrm{i}\boldsymbol{K}_n\cdot\boldsymbol{r}} f(\boldsymbol{r})\mathrm{d}\boldsymbol{r} \tag{I.17}$$

其中，$\mathrm{d}\boldsymbol{r}=\mathrm{d}x\mathrm{d}y\mathrm{d}z$ 表示体积微元，$V=L_xL_yL_z$ 为积分区域的体积。

式(I.15)[或式(I.10)]和式(I.17)是三维情形中傅里叶展开的基本公式。在物理学中 $\mathrm{e}^{\mathrm{i}\boldsymbol{K}\cdot\boldsymbol{r}}$ 表示波矢为 $\boldsymbol{K}$ 的平面波，因此式(I.15)表示把周期函数 $f(\boldsymbol{r})$ 表述为一系列波矢为 $\boldsymbol{K}_n$ 平面波的线性组合，$\boldsymbol{K}_n$ 的取值特性由函数的周期特性(即 L_x,L_y,L_z)和一个数组 (n_x,n_y,n_z) 决定[式(I.12)]。人们把每个 $\boldsymbol{K}_n$ 看成三维空间的一个点，(n_x,n_y,n_z) 则是这个点的坐标，这样的空间称为波矢空间，而波矢空间的基矢则定义为

$$\boldsymbol{b}_1 \equiv \frac{2\pi}{L_x}\boldsymbol{i},\qquad \boldsymbol{b}_2 \equiv \frac{2\pi}{L_y}\boldsymbol{j},\qquad \boldsymbol{b}_3 \equiv \frac{2\pi}{L_z}\boldsymbol{k} \tag{I.18}$$

在波矢空间中波矢 $\boldsymbol{K}_n$ 可以表达为

$$\boldsymbol{K}_n = \boldsymbol{K}(n_x,n_y,n_z) = n_x\boldsymbol{b}_1 + n_y\boldsymbol{b}_2 + n_z\boldsymbol{b}_3 \qquad n_x,n_y,n_z\text{为任何整数} \tag{I.19}$$

由于 n_x,n_y,n_z 都为整数，因此每个 $\boldsymbol{K}_n$ 对应于波矢空间中一个整数点，对 $\boldsymbol{n}$ 的求和就是对波矢空间中的所有整数点的求和。与一维情形相同，三维情形下傅里叶展开的两个基本量是波矢 $\boldsymbol{K}_n$ 的取值和决定系数的积分，在波矢空间观念下，$\boldsymbol{K}_n$ 的取值由空间的基矢决定，而基矢的取值是由函数的周期特性决定的[式(I.18)]，而决定系数的积分区域(即空间周期的体积)也由函数周期性确定[式(I.17)]。

I.2 晶体势的傅里叶展开

I.1 节说明了如何将一个三维周期函数展开为傅里叶级数，晶体电子理论中的晶体势 $V(\boldsymbol{r})$ 是三维周期函数，因此也可以展开为傅里叶级数。傅里叶展开的本质就是把周期函数表达为无穷多个特定波矢平面波的叠加，因此基本的问题就是确定波矢的特定取值。从 I.1 节的讨论可知，波矢的取值是由函数的周期特性决定的，晶体势函数 $V(\boldsymbol{r})$ 周期性质实际上就是晶格的周期性质，一般情况下晶体中的周期性质不同于 I.1 节中三维周期函数的周期性质，因此波矢的取值也不同，下面说明这种差异。I.1 节中三维周期函数的周期性表现在三个相互垂直的方向上，即周期

性可由直角坐标系中 $\boldsymbol{i}$、$\boldsymbol{j}$、$\boldsymbol{k}$ 三个基矢方向的长度 L_x、L_y、L_z 表征，也就是说在 $\boldsymbol{i}$、$\boldsymbol{j}$、$\boldsymbol{k}$ 三个方向上分别移动 L_x、L_y、L_z 的距离，函数保持不变；而三维晶格(即布拉维格子)也具有平移不变性，但一般情况下不存在保持晶格具有平移不变的三个相互垂直方向，这意味着晶格与 I.1 节中考虑的函数具有不同的周期性质，因此需要考虑在一般的情形下如何确定傅里叶展开中平面波的波矢值。

决定傅里叶展开中平面波波矢值的根本因素是函数的周期性质，在晶体情形下就是晶格的周期性质或者晶格的平移不变性。由晶体布拉维格子的理论可知，晶格的平移不变性由三个正格子基矢 $\boldsymbol{a}_1$、$\boldsymbol{a}_2$、$\boldsymbol{a}_3$ 表征，三个基矢满足当对晶格进行 $\boldsymbol{a}_1$、$\boldsymbol{a}_2$、$\boldsymbol{a}_3$ 或其整数倍的平移时晶格保持不变，可见 $|\boldsymbol{a}_1|$、$|\boldsymbol{a}_2|$、$|\boldsymbol{a}_3|$ 则分别表示晶体在 $\boldsymbol{a}_1$、$\boldsymbol{a}_2$、$\boldsymbol{a}_3$ 三个方向的最小周期长度，因此 $\boldsymbol{a}_1$、$\boldsymbol{a}_2$、$\boldsymbol{a}_3$ 表征晶格的周期性质，但一般情况下 $\boldsymbol{a}_1$、$\boldsymbol{a}_2$、$\boldsymbol{a}_3$ 三个基矢并不相互垂直。在 I.1 节例子中引入波矢空间中点来表达周期函数傅里叶展开中平面波波矢的取值，在晶格情形中波矢空间则是晶体物理中的倒空间(见第 7 章 7.2 节)，倒空间的基矢 $\boldsymbol{b}_1$、$\boldsymbol{b}_2$、$\boldsymbol{b}_3$ 为

$$\boldsymbol{b}_1 = 2\pi\frac{\boldsymbol{a}_2\times\boldsymbol{a}_3}{\boldsymbol{a}_1\times(\boldsymbol{a}_2\times\boldsymbol{a}_3)},\qquad \boldsymbol{b}_2 = 2\pi\frac{\boldsymbol{a}_3\times\boldsymbol{a}_1}{\boldsymbol{a}_1\times(\boldsymbol{a}_2\times\boldsymbol{a}_3)},\qquad \boldsymbol{b}_3 = 2\pi\frac{\boldsymbol{a}_1\times\boldsymbol{a}_2}{\boldsymbol{a}_1\times(\boldsymbol{a}_2\times\boldsymbol{a}_3)} \tag{I.20}$$

其中，$\boldsymbol{a}_1$、$\boldsymbol{a}_2$、$\boldsymbol{a}_3$ 即晶格的正格子基矢，这意味着倒空间基矢取决于晶格的周期性性质。这样定义的倒空间基矢具有如下的性质：

$$\boldsymbol{a}_i\cdot\boldsymbol{b}_j = 2\pi\delta_{ij}\qquad i,j=1,2,3 \tag{I.21}$$

倒空间中坐标为 (m_1,m_2,m_3) 的点称为倒格点，在倒空间中它表示一个矢量：

$$\boldsymbol{G}_{m_1m_2m_3} \equiv m_1\boldsymbol{b}_1 + m_2\boldsymbol{b}_2 + m_3\boldsymbol{b}_3\qquad m_1,m_2,m_3\text{为整数} \tag{I.22}$$

该矢量称为倒格矢，每个倒格矢表示晶体势 $V(\boldsymbol{r})$ 傅里叶展开式中一个平面波波矢值，由于 m_1、m_2、m_3 为任何整数，因此倒空间中每个整数点对应一个波矢值，也就是说晶体势 $V(\boldsymbol{r})$ 傅里叶展开式中的每个平面波波矢对应倒空间中一个格点。倒格矢之所以能成为傅里叶展开中的平面波波矢是因为傅里叶展开中的指数 $\mathrm{e}^{\mathrm{i}\boldsymbol{G}_{m_1m_2m_3}\cdot\boldsymbol{r}}$ 具有 $\boldsymbol{a}_1$、$\boldsymbol{a}_2$、$\boldsymbol{a}_3$ 的平移周期性，即

$$\mathrm{e}^{\mathrm{i}\boldsymbol{G}_{m_1m_2m_3}\cdot(\boldsymbol{r}+\boldsymbol{a}_i)} = \mathrm{e}^{\mathrm{i}\boldsymbol{G}_{m_1m_2m_3}\cdot\boldsymbol{r}}\mathrm{e}^{\mathrm{i}(m_1\boldsymbol{b}_1+m_2\boldsymbol{b}_2+m_3\boldsymbol{b}_3)\cdot\boldsymbol{a}_i} = \mathrm{e}^{\mathrm{i}\boldsymbol{G}_{m_1m_2m_3}\cdot\boldsymbol{r}} = \mathrm{e}^{\mathrm{i}\boldsymbol{G}_{m_1m_2m_3}\cdot\boldsymbol{r}}\qquad i=1,2,3 \tag{I.23}$$

式(I.23)推导中利用了式(I.21)。为表达简洁起见，用 $\boldsymbol{G}$ 表示倒格点，即

$$\boldsymbol{G} = \boldsymbol{G}_{m_1m_2m_3} \tag{I.24}$$

易于验证 I.1 节所述的平面波波矢式(I.19)只是式(I.22)的特例。$\boldsymbol{a}_1$、$\boldsymbol{a}_2$、$\boldsymbol{a}_3$ 分别对应 $\boldsymbol{a}_1 = L_x\boldsymbol{i}, \boldsymbol{a}_2 = L_y\boldsymbol{j}, \boldsymbol{a}_3 = L_z\boldsymbol{k}$ ，把这些 $\boldsymbol{a}_i$ 代入式(I.20)可得相应的基矢：$\boldsymbol{b}_1 = \dfrac{2\pi}{L_x}\boldsymbol{i}, \boldsymbol{b}_2 = \dfrac{2\pi}{L_y}\boldsymbol{j}, \boldsymbol{b}_3 = \dfrac{2\pi}{L_z}\boldsymbol{k}$ ，可见与式(I.18)所给出的基矢一致。因此式(I.20)给出的基矢公式是一般情形下波矢空间基矢的表达式，而式(I.18)只是在 $\boldsymbol{a}_1$、$\boldsymbol{a}_2$、$\boldsymbol{a}_3$ 相互垂直情形下的特例。

现在利用上述的概念来对晶体势进行傅里叶展开。晶体中的单电子势 $V(\boldsymbol{r})$ 具有如下的周期性质：

$$V(\boldsymbol{r} + \boldsymbol{a}_i) = V(\boldsymbol{r}) \qquad i = 1,2,3 \tag{I.25}$$

类比式(I.15)可把 $V(\boldsymbol{r})$ 表达为如下的傅里叶展开式：

$$V(\boldsymbol{r}) = \sum_{\boldsymbol{G}} V_{\boldsymbol{G}} \mathrm{e}^{\mathrm{i}\boldsymbol{G}\cdot\boldsymbol{r}} \tag{I.26}$$

其中，$\boldsymbol{G}$ 为倒格矢[式(I.22)]，对 $\boldsymbol{G}$ 的求和表示对倒空间中所有与整数格点对应的倒格矢的求和，其中的展开系数 $V_{\boldsymbol{G}}$ 为

$$V_{\boldsymbol{G}} = \frac{1}{\Omega} \int_{\text{原胞}} \mathrm{e}^{-\mathrm{i}\boldsymbol{G}\cdot\boldsymbol{r}} V(\boldsymbol{r}) \mathrm{d}\boldsymbol{r} \tag{I.27}$$

其中的积分范围为由正格基矢 $\boldsymbol{a}_1$、$\boldsymbol{a}_2$、$\boldsymbol{a}_3$ 形成的原胞，式中 Ω 为原胞的体积，即 $\Omega = \boldsymbol{a}_1 \cdot (\boldsymbol{a}_2 \times \boldsymbol{a}_3)$。

为了证明式(I.27)的正确性，对式(I.26)两边乘以 $\mathrm{e}^{\mathrm{i}\boldsymbol{G}'\cdot\boldsymbol{r}}$ 并在原胞范围内进行体积积分，于是可得

$$\int_{\text{原胞}} V(\boldsymbol{r}) \mathrm{e}^{-\mathrm{i}\boldsymbol{G}'\cdot\boldsymbol{r}} \mathrm{d}\boldsymbol{r} = \sum_{m} V_{\boldsymbol{G}} \int_{\text{原胞}} \mathrm{e}^{\mathrm{i}(\boldsymbol{G}-\boldsymbol{G}')\cdot\boldsymbol{r}} \mathrm{d}\boldsymbol{r} \tag{I.28}$$

考虑式(I.28)中积分，当 $\boldsymbol{G} - \boldsymbol{G}' = 0$ 时，积分为

$$\int_{\text{原胞}} \mathrm{e}^{\mathrm{i}(\boldsymbol{G}-\boldsymbol{G}')\cdot\boldsymbol{r}} \mathrm{d}\boldsymbol{r} = \int_{\text{原胞}} \mathrm{d}\boldsymbol{r} = \Omega \tag{I.29}$$

下面证明当 $\boldsymbol{G} - \boldsymbol{G}' \neq 0$ 时

$$\int_{\text{原胞}} \mathrm{e}^{\mathrm{i}(\boldsymbol{G}-\boldsymbol{G}')\cdot\boldsymbol{r}} \mathrm{d}\boldsymbol{r} = 0 \tag{I.30}$$

由于 $\boldsymbol{G}$ 和 $\boldsymbol{G}'$ 是倒格矢，因此其差值 $\boldsymbol{G}-\boldsymbol{G}'$ 也是一个倒格矢，即 $\boldsymbol{G}-\boldsymbol{G}'$ 可以写成 $\boldsymbol{G}-\boldsymbol{G}'=\boldsymbol{G}''$，其中 $\boldsymbol{G}''$ 是一个倒格矢，因此要证明式(I.30)，相当于证明

$$\int_{\text{原胞}} \mathrm{e}^{\mathrm{i}\boldsymbol{G}''\cdot\boldsymbol{r}}\mathrm{d}\boldsymbol{r}=0 \qquad \boldsymbol{G}''\neq 0 \tag{I.31}$$

为证明此式，考虑如下的积分：

$$I=\int_{\text{原胞}} \mathrm{e}^{\mathrm{i}\boldsymbol{G}''\cdot(\boldsymbol{r}+\boldsymbol{t})}\mathrm{d}\boldsymbol{r}=\mathrm{e}^{\mathrm{i}\boldsymbol{G}''\cdot\boldsymbol{t}}\int_{\text{原胞}} \mathrm{e}^{\mathrm{i}\boldsymbol{G}''\cdot\boldsymbol{r}}\mathrm{d}\boldsymbol{r} \tag{I.32}$$

其中，$\boldsymbol{t}$ 是任意的正空间中矢量，为求此积分，做坐标变换 $\boldsymbol{r}+\boldsymbol{t}\to\boldsymbol{r}'$，该变换相当于空间平移 $\boldsymbol{t}$ 的变换，在该变换下 $\mathrm{d}\boldsymbol{r}\to\mathrm{d}\boldsymbol{r}'$，坐标变换使得积分区域从原来的原胞变成新的原胞，于是式(I.32)中积分在变换下为

$$I=\int_{\text{新原胞}} \mathrm{e}^{\mathrm{i}\boldsymbol{G}''\cdot\boldsymbol{r}'}\mathrm{d}\boldsymbol{r}'=\int_{\text{新原胞}} \mathrm{e}^{\mathrm{i}\boldsymbol{G}''\cdot\boldsymbol{r}}\mathrm{d}\boldsymbol{r} \tag{I.33}$$

式中把 $\boldsymbol{r}'$ 换为 $\boldsymbol{r}$ 是因为积分与积分变量的选择无关。由于被积函数 $\mathrm{e}^{\mathrm{i}\boldsymbol{G}''\cdot\boldsymbol{r}}$ 具有晶格周期性[式(I.23)]，因此它的积分与原胞的位置无关，从而式(I.33)中积分区域可以换为原来的原胞，即

$$I=\int_{\text{原胞}} \mathrm{e}^{\mathrm{i}\boldsymbol{G}''\cdot\boldsymbol{r}}\mathrm{d}\boldsymbol{r} \tag{I.34}$$

比较式(I.34)和式(I.32)可得

$$\mathrm{e}^{\mathrm{i}\boldsymbol{G}''\cdot\boldsymbol{t}}\int_{\text{原胞}} \mathrm{e}^{\mathrm{i}\boldsymbol{G}''\cdot\boldsymbol{r}}\mathrm{d}\boldsymbol{r}=\int_{\text{原胞}} \mathrm{e}^{\mathrm{i}\boldsymbol{G}''\cdot\boldsymbol{r}}\mathrm{d}\boldsymbol{r} \tag{I.35}$$

式(I.35)成立只有两种可能性：一是 $\mathrm{e}^{\mathrm{i}\boldsymbol{G}''\cdot\boldsymbol{t}}=1$；二是积分为 0。如果第一种可能性成立，那么意味着 $\boldsymbol{G}''\cdot\boldsymbol{t}$ 为 2π 整数倍，由于前面假定 $\boldsymbol{G}''\neq 0$，而 $\boldsymbol{t}$ 的取值是任意的，因此不可能对任何 $\boldsymbol{t}$ 值能使 $\boldsymbol{G}''\cdot\boldsymbol{t}$ 为 2π 整数倍，也就说第一种可能性不可能成立，那么就只能是第二种可能性成立，即式(I.31)成立，这意味着式(I.30)成立。综合式(I.29)和式(I.30)可得

$$\int_{\text{原胞}} \mathrm{e}^{\mathrm{i}(\boldsymbol{G}-\boldsymbol{G}')\cdot\boldsymbol{r}}\mathrm{d}\boldsymbol{r}=\delta_{\boldsymbol{G}\boldsymbol{G}'}\Omega \tag{I.36}$$

把式(I.36)代入式(I.28)即可得

$$\int_{\text{原胞}} V(\boldsymbol{r})\mathrm{e}^{-\mathrm{i}\boldsymbol{G}'\cdot\boldsymbol{r}}\mathrm{d}\boldsymbol{r} = \sum_{\boldsymbol{G}} V_{\boldsymbol{G}}\Omega\delta_{\boldsymbol{G}\boldsymbol{G}'} = \Omega V_{\boldsymbol{G}'} \tag{I.37}$$

由此式可得式(I.27)。

式(I.26)和式(I.27)是晶体中晶体势傅里叶展开的基本公式，其中涉及两个基本量：一是两式中倒格矢 $\boldsymbol{G}$ 的取值，二是式(I.27)中的积分区域(及其体积)，这两个基本量都由晶体势的周期性质[式(I.25)]即 $\boldsymbol{a}_i(i=1,2,3)$ 决定。这一结果能很容易应用到晶体中单电子波函数的傅里叶展开。

当晶体势 $V(\boldsymbol{r})$ 为实数时，由式(I.27)可得如下的结果：

$$V_{-\boldsymbol{G}} = \frac{1}{\Omega}\int_{\text{原胞}} \mathrm{e}^{\mathrm{i}\boldsymbol{G}\cdot\boldsymbol{r}}V(\boldsymbol{r})\mathrm{d}\boldsymbol{r} = \left(\frac{1}{\Omega}\int_{\text{原胞}} \mathrm{e}^{-\mathrm{i}\boldsymbol{G}\cdot\boldsymbol{r}}V(\boldsymbol{r})\mathrm{d}\boldsymbol{r}\right)^* = V_{\boldsymbol{G}}^* \tag{I.38}$$

I.3　晶体波函数的傅里叶展开

在能带论中，单电子波函数 $\psi(\boldsymbol{r})$ 满足玻恩-冯卡门边界条件，即如下的边界条件：

$$\psi(\boldsymbol{r}+N_i\boldsymbol{a}_i) = \psi(\boldsymbol{r}) \qquad i=1,2,3 \tag{I.39}$$

其中，N_1、N_2、N_3 分别表示晶体在 $\boldsymbol{a}_1$、$\boldsymbol{a}_2$、$\boldsymbol{a}_3$ 三个方向上的原胞数目。该边界条件实际上给出了波函数分别以 $N_1\boldsymbol{a}_1$、$N_2\boldsymbol{a}_2$、$N_3\boldsymbol{a}_3$ 为基本周期，即以晶体在三个方向上的宏观长度为周期，而晶体势是以 $\boldsymbol{a}_1$、$\boldsymbol{a}_2$、$\boldsymbol{a}_3$ 为周期，即以三个方向上相邻格点间微观距离为周期。用 $N_1\boldsymbol{a}_1$、$N_2\boldsymbol{a}_2$、$N_3\boldsymbol{a}_3$ 分别取代 $\boldsymbol{a}_1$、$\boldsymbol{a}_2$、$\boldsymbol{a}_3$，然后由式(I.20)可得在晶体波函数周期条件下其波矢空间的三个基矢：

$$\frac{\boldsymbol{b}_1}{N_1},\qquad \frac{\boldsymbol{b}_2}{N_2},\qquad \frac{\boldsymbol{b}_3}{N_3} \tag{I.40}$$

于是波函数波矢空间中倒格点 $\boldsymbol{q}_{m_1m_2m_3}$ 具有如下形式：

$$\begin{aligned}\boldsymbol{q}_{m_1m_2m_3} &= m_1\frac{\boldsymbol{b}_1}{N_1}+m_2\frac{\boldsymbol{b}_2}{N_2}+m_3\frac{\boldsymbol{b}_3}{N_3}\\ &= \frac{m_1}{N_1}\boldsymbol{b}_1+\frac{m_2}{N_2}\boldsymbol{b}_2+\frac{m_3}{N_3}\boldsymbol{b}_3 \qquad m_1\text{、}m_2\text{、}m_3\text{为任何整数}\end{aligned} \tag{I.41}$$

其中，m_1、m_2、m_3分别是波函数波矢空间中倒格点的坐标，如果以$\boldsymbol{b}_1$、$\boldsymbol{b}_2$、$\boldsymbol{b}_3$为基矢，则把倒格点的坐标看成是$\frac{m_1}{N_1}$、$\frac{m_2}{N_2}$、$\frac{m_3}{N_3}$。式(I.41)中每个$\boldsymbol{q}_{m_1m_2m_3}$即是晶体波函数$\psi(\boldsymbol{r})$傅里叶展开式中平面波波矢值，满足式(I.41)的所有$\boldsymbol{q}_{m_1m_2m_3}$也都是晶体波函数$\psi(\boldsymbol{r})$展开平面波的波矢。

确定了傅里叶展开中每个平面波波矢值后，晶体波函数的傅里叶展开为

$$\psi(\boldsymbol{r})=\sum_{\boldsymbol{q}}c_{\boldsymbol{q}}\mathrm{e}^{\mathrm{i}\boldsymbol{q}\cdot\boldsymbol{r}} \tag{I.42}$$

其中，$\boldsymbol{q}$是$\boldsymbol{q}_{m_1m_2m_3}$的简写，即$\boldsymbol{q}=\boldsymbol{q}_{m_1m_2m_3}$，对$\boldsymbol{q}$的求和即对由式(I.41)定义的所有$\boldsymbol{q}_{m_1m_2m_3}$的求和，也就是$m_1$、$m_2$、$m_3$取所有整数的求和。与式(I.27)类比即可得展开系数表达式：

$$c_{\boldsymbol{q}}==\frac{1}{V}\int_{\text{晶体}}\mathrm{e}^{-\mathrm{i}\boldsymbol{q}\cdot\boldsymbol{r}}\psi(\boldsymbol{r})\mathrm{d}\boldsymbol{r} \tag{I.43}$$

在这里由于波函数三个方向的周期是三个方向晶体的宏观长度，因此积分范围变为整个晶体，而式(I.27)中的体积则变为晶体的体积V。

I.4　展开一个函数所需要的平面波的个数

傅里叶展开技术的根本目的在于用平面波函数表示要研究的周期函数，然后把要研究函数的微分方程变为一个矩阵本征值方程，由此提供了求解微分方程的新途径。一般情况下严格的级数展开需要无穷多项，这意味着最后要解决一个无穷阶的矩阵本征值问题，因此在实际中总是用有限项的展开，这就要求有限项的展开确实能很好地近似要展开的函数，具体需要多少项取决于要展开函数的性质，这里给出一个大致的判断准则。傅里叶展开中用平面波型的基函数即正弦、余弦或其等价的复指数函数为基函数，该类函数的基本特性是其波长λ或波矢$k=2\pi/\lambda$，波长表示基函数在空间的起伏振荡尺度；基函数不能表达起伏振荡的空间尺度比其波长更短的周期函数，这意味着在傅里叶展开中基函数组中最小的λ值不能大于周期函数起伏振荡的特征空间尺度l，$\lambda\sim l$大致可以作为基函数组中最小波长值，用波矢表达则为$k\sim 2\pi/l$，这意味着对于特征长度为l的周期函数，至少需要波矢为$k\simeq 2\pi/l$的基函数才能比较好地近似周期函数，k值越大，意味着需要更多的平面波才能充分地表达周期函数。简言之，一个周期函数的振荡起伏的空间尺度l大致上决定了傅里叶展开中所需要的平面波个数，也就是最终

要求解的本征值矩阵的阶数。对于晶体中的电子波函数而言，其在每个原子核附近会有密集的振荡行为，也就是说其特征空间尺度 l 很小，这意味着用平面波展开表达该波函数时需要大量的平面波，如对于硅晶体中与硅原子 1s 轨道相应的晶体波函数需要 10^6 个平面波叠加才能得到比较准确的描述，这意味着求解 $10^6 \times 10^6$ 的矩阵本征值问题[1]，这是一个十分困难的数学问题。在晶体电子结构的计算发展中，人们发现可以用一个弱的赝势来代替强的真实势，从而使展开晶体波函数所用的平面波数大大减少，该方法成为现代电子结构计算的支柱之一。

I.5 傅里叶变换

前面所述的傅里叶展开处理的对象是周期函数，但这种方法可以推广到处理非周期函数，称为傅里叶变换(Fourier transform)。傅里叶变换的根本目的就是把坐标空间的函数变换成一个动量空间的函数，而原来坐标空间函数满足的微分方程则变成另一个关于动量空间函数的微分方程，这个新方程更容易求解，于是解这个新的方程得到关于动量空间的函数，然后再通过逆傅里叶变换得到坐标空间的函数，因此傅里叶变换是一种求解微分方程的方法[2]。该方法在求解电子结构中的薛定谔方程及 Kohn-Sham 方程中是基本的方法，其实质就是把原来坐标空间方程中的各量[如晶体势 $V(\boldsymbol{r})$ 和波函数 $\psi(\boldsymbol{r})$]进行傅里叶变换得到其动量空间的对应量[如晶体势 $V(\boldsymbol{G})$ 和波函数 $\psi(\boldsymbol{k})$]，原方程则变成关于这些对应量的方程，而该方程更容易求解。因此傅里叶变换是计算和理解电子结构不可或缺的基本工具。

这里以一维函数为例来说明傅里叶变换。非周期函数可以看成周期为无穷大的周期函数，因此处理非周期函数的傅里叶变换可以从周期函数的傅里叶展开出发，然后使周期区域无穷大，这时得到的结果实际上就是非周期函数的傅里叶变换。考虑 I.1 节中所研究的周期为 L 的函数 $f(x)$，该函数满足 $f(x+L)=f(x)$，于是由式(I.6)和式(I.7)可得

$$\begin{aligned} f(x) &= \sum_{n=-\infty}^{\infty}\left(\frac{1}{L}\int_{-L/2}^{L/2} e^{-i\frac{2\pi n}{L}x} f(x)\mathrm{d}x\right) e^{i\frac{2\pi n}{L}x} = \sum_{n=-\infty}^{\infty}\left(\int_{-L/2}^{L/2} e^{-i\frac{2\pi n}{L}x} f(x)\mathrm{d}x\right) e^{i\frac{2\pi n}{L}x}\frac{1}{L} \\ &= \sum_{n=-\infty}^{\infty}\left(\int_{-L/2}^{L/2} e^{-i\frac{2\pi n}{L}x} f(x)\,\mathrm{d}x\right) e^{i\frac{2\pi n}{L}x}\left[\frac{n}{L}-\frac{(n-1)}{L}\right] \end{aligned} \tag{I.44}$$

定义 k_n 和 Δk 分别为

$$k_n \equiv \frac{2\pi n}{L}, \qquad \Delta k \equiv k_n - k_{n-1} = \frac{2\pi}{L} \qquad n\text{为整数} \tag{I.45}$$

则式(I.44)变为

$$f(x) = \frac{1}{2\pi}\sum_{n=-\infty}^{\infty}\left(\int_{-L/2}^{L/2} \mathrm{e}^{-\mathrm{i}k_n x} f(x)\mathrm{d}x\right)\mathrm{e}^{\mathrm{i}k_n x}\Delta k_n \tag{I.46}$$

定义 $F(k_n)$ 为

$$F(k_n) \equiv \int_{-L/2}^{L/2} \mathrm{e}^{-\mathrm{i}k_n x} f(x)\,\mathrm{d}x \tag{I.47}$$

则式(I.46)变为

$$f(x) = \frac{1}{2\pi}\sum_{n=-\infty}^{\infty} F(k_n)\mathrm{e}^{\mathrm{i}k_n x}\Delta k_n \tag{I.48}$$

上式中求和即是高等数学中求积分的黎曼和，当 $L \to \infty$ 时，$\Delta k \to 0$，k_n 变成连续的参量，记为 k，上式中对 n 的求和变成对参量 k 的积分，即

$$f(x) = \lim_{L\to\infty}\left\{\frac{1}{2\pi}\sum_{n=-\infty}^{\infty} F(k_n)\mathrm{e}^{\mathrm{i}k_n x}\Delta k_n\right\} = \frac{1}{2\pi}\int_{-\infty}^{\infty} F(k)\mathrm{e}^{\mathrm{i}kx}\mathrm{d}k \tag{I.49}$$

其中 $F(k)$ 为

$$F(k) = \lim_{L\to\infty}\int_{-L/2}^{L/2} \mathrm{e}^{-\mathrm{i}k_n x} f(x)\mathrm{d}x = \int_{-\infty}^{\infty} \mathrm{e}^{-\mathrm{i}kx} f(x)\mathrm{d}x \tag{I.50}$$

则式(I.49)为

$$f(x) = \frac{1}{2\pi}\int_{-\infty}^{\infty} F(k)\mathrm{e}^{\mathrm{i}kx}\mathrm{d}k \tag{I.51}$$

式(I.50)称为函数 $f(x)$ 的傅里叶变换，变换的结果是把以坐标为自变量的函数变成以波矢 k 为自变量的函数；式(I.51)称为逆傅里叶变换(inverse Fourier transform)，它把 $F(k)$ 变回到原来的 $f(x)$。

比较式(I.51)及式(I.50)与式(I.6)及式(I.7)，可见傅里叶变换中的式(I.51)和式(I.50)分别相当于傅里叶展开中的式(I.6)和式(I.7)。式(I.51)表示傅里叶变换将函数 $f(x)$ 分解为一系列不同波矢值 k 的平面波 $\mathrm{e}^{\mathrm{i}kx}$ 的线性叠加，其中的系数 $F(k)$ 则表示波矢为 k 的平面波所占的权重，这与傅里叶展开的含义是相同的，不同的是这里 k 的取值是连续的，而在傅里叶展开中 k 值是分立的。

在三维情况下傅里叶变换和逆傅里叶变换则分别由以下两式给出：

$$F(\boldsymbol{k}) = \int \mathrm{e}^{-\mathrm{i}\boldsymbol{k}\cdot\boldsymbol{r}} f(\boldsymbol{r}) \mathrm{d}\boldsymbol{r} \tag{I.52}$$

$$f(\boldsymbol{r}) = \frac{1}{(2\pi)^3} \int F(\boldsymbol{k}) \mathrm{e}^{\mathrm{i}\boldsymbol{k}\cdot\boldsymbol{r}} \mathrm{d}\boldsymbol{k} \tag{I.53}$$

以上两式中的积分是指对全空间的积分。

这里简要总结傅里叶展开和傅里叶变换的异同。①两者都是将一个函数展开成平面波线性组合，前者用于周期函数，后者用于非周期函数，傅里叶变换可以看成是傅里叶展开在周期为无穷大的极限；②傅里叶展开中波矢取值是相应的波矢空间中的所有整数点，而傅里叶变换中波矢取值是整个波矢空间；③两者最终都由两个基本公式决定，一是展开公式，二是系数公式，在傅里叶展开中系数公式中的积分范围是周期函数空间周期的范围，而傅里叶变换中的积分是全空间，这是空间周期趋于无穷大的极限情况，即 $\int\limits_{\text{周期空间}} \mathrm{d}\boldsymbol{r} \to \int\limits_{\text{全空间}} \mathrm{d}\boldsymbol{r}$；在展开式中傅里叶展开是对离散波矢的求和，而傅里叶变换中是对连续波矢的积分，这也是空间周期区域无穷大的极限情况，因为波矢 $k_i\,(i=1,2,3)$ 是空间周期 $L_i\ (i=1,2,3)$ 的倒数即 $k_i = 2\pi / L_i$ ，当空间周期 $L_i \to \infty$ 时，k_i 变为连续的，于是求和变为积分，即 $\frac{1}{V}\sum\limits_{k} \to \frac{1}{(2\pi)^3}\int \mathrm{d}k$ 。

I.6 δ 函数的傅里叶变换公式

$\delta(x)$ 函数是具有如下两个性质的特殊函数：

$$\begin{gathered} \delta(x) = 0 \qquad x \neq 0 \\ \int_{-\infty}^{\infty} \delta(x) f(x) \mathrm{d}x = f(0) \end{gathered} \tag{I.54}$$

三维情形下 $\delta(\boldsymbol{r})$ 定义为

$$\delta(\boldsymbol{r}) \equiv \delta(x)\delta(y)\delta(z) \tag{I.55}$$

由式(I.54)可得 $\delta(\boldsymbol{r})$ 的性质：

$$\begin{gathered} \delta(\boldsymbol{r}) = 0 \qquad \boldsymbol{r} \neq 0 \\ \int \delta(\boldsymbol{r}) f(\boldsymbol{r}) \mathrm{d}\boldsymbol{r} \equiv \int_{-\infty}^{\infty}\int_{-\infty}^{\infty}\int_{-\infty}^{\infty} \delta(x)\delta(y)\delta(z) f(x,y,z) \mathrm{d}x\mathrm{d}y\mathrm{d}z = f(0,0,0) \equiv f(\boldsymbol{0}) \end{gathered} \tag{I.56}$$

下面求函数$\delta(\boldsymbol{r}-\boldsymbol{r}')$的傅里叶变换，由式(I.52)有

$$F(\boldsymbol{k})=\int \mathrm{e}^{-\mathrm{i}\boldsymbol{k}\cdot\boldsymbol{r}}\delta(\boldsymbol{r})\mathrm{d}\boldsymbol{r}=\mathrm{e}^{-\mathrm{i}\boldsymbol{k}\cdot\boldsymbol{0}}=1 \tag{I.57}$$

把所得的$F(\boldsymbol{k})$代入式(I.53)可得如下等式：

$$\delta(\boldsymbol{r})=\frac{1}{(2\pi)^3}\int \mathrm{e}^{\mathrm{i}\boldsymbol{k}\cdot\boldsymbol{r}}\mathrm{d}\boldsymbol{k} \tag{I.58}$$

按式(I.53)中规定这里积分是对全波矢空间的积分。交换上式中$\boldsymbol{k}$和$\boldsymbol{r}$位置则得到如下等式：

$$\delta(\boldsymbol{k})=\frac{1}{(2\pi)^3}\int \mathrm{e}^{\mathrm{i}\boldsymbol{k}\cdot\boldsymbol{r}}\mathrm{d}\boldsymbol{r} \tag{I.59}$$

这里积分也是对全空间的积分。

I.7 库仑势的傅里叶变换

在材料的电子性质中，最基本的作用是电荷之间的库仑作用，因此许多场合需要库仑势的傅里叶变换。库仑势函数的基本特点是$1/|\boldsymbol{r}|$的空间依赖性，如真空中一个电荷q的库仑势表达式为

$$V(|\boldsymbol{r}|)=\frac{q}{4\pi\varepsilon_0}\frac{1}{|\boldsymbol{r}|} \tag{I.60}$$

下面求函数$1/|\boldsymbol{r}|$的傅里叶变换，即求如下积分：

$$J(\boldsymbol{k})\equiv\int \mathrm{e}^{-\mathrm{i}\boldsymbol{k}\cdot\boldsymbol{r}}\frac{1}{|\boldsymbol{r}|}\mathrm{d}\boldsymbol{r}=\int \mathrm{e}^{-\mathrm{i}\boldsymbol{k}\cdot\boldsymbol{r}}\frac{1}{r}\mathrm{d}\boldsymbol{r} \tag{I.61}$$

其中，$r=|\boldsymbol{r}|$。为求积分$J(\boldsymbol{k})$，先计算如下积分：

$$I(\eta)=\int\frac{\mathrm{e}^{-\eta r}}{r}\mathrm{e}^{-\mathrm{i}\boldsymbol{k}\cdot\boldsymbol{r}}\mathrm{d}\boldsymbol{r} \tag{I.62}$$

积分$J(\boldsymbol{k})$是积分$I(\eta)$在$\eta=0$的特例。下面计算式(I.62)中积分$I(\eta)$，将积分变量转换成球坐标，即得

$$I(\eta)=\int\frac{\mathrm{e}^{-\eta r}}{r}\mathrm{e}^{-\mathrm{i}\boldsymbol{k}\cdot\boldsymbol{r}}\mathrm{d}\boldsymbol{r}=\int_0^{2\pi}\mathrm{d}\varphi\int_0^{\pi}\mathrm{d}\theta\int_0^{\infty}r\sin\theta\mathrm{e}^{-\eta r}\mathrm{e}^{-\mathrm{i}kr\cos\theta}\mathrm{d}r \tag{I.63}$$

其中 $k=|\boldsymbol{k}|$，表示波矢的大小，令 $\cos\theta = w$，则 $\mathrm{d}\theta = -\mathrm{d}w/\sin\theta$，则式(I.63)变为

$$\begin{aligned}I(\eta) &= 2\pi\int_0^\infty\int_{-1}^1 r\mathrm{e}^{-\eta r}\mathrm{e}^{-\mathrm{i}kwr}\mathrm{d}r\mathrm{d}w = 2\pi\int_0^\infty r\mathrm{e}^{-\eta r}\mathrm{d}r\int_{-1}^1 \mathrm{e}^{-\mathrm{i}kwr}\mathrm{d}w \\ &= 2\pi\int_0^\infty r\mathrm{e}^{-\eta r}\frac{1}{-\mathrm{i}kr}\mathrm{e}^{-\mathrm{i}kwr}\Big|_{-1}^1\mathrm{d}r = \frac{2\pi}{-\mathrm{i}k}\int_0^\infty\left[\mathrm{e}^{-(\eta+\mathrm{i}k)r} - \mathrm{e}^{-(\eta-\mathrm{i}k)r}\right]\mathrm{d}r \\ &= \frac{2\pi}{-\mathrm{i}k}\left[\frac{1}{-(\eta+\mathrm{i}k)} - \frac{1}{-(\eta-\mathrm{i}k)}\right] = \frac{4\pi}{\eta^2+k^2}\end{aligned} \tag{I.64}$$

于是有

$$J(\boldsymbol{k}) = I(0) = \int \mathrm{e}^{-\mathrm{i}\boldsymbol{k}\cdot\boldsymbol{r}}\frac{1}{|\boldsymbol{r}|}\mathrm{d}\boldsymbol{r} = \frac{4\pi}{|\boldsymbol{k}|^2} \tag{I.65}$$

库仑势的傅里叶变换是把库仑势表达为一系列不同波矢 $\boldsymbol{k}$ 平面波的叠加，$J(\boldsymbol{k})$ 则表示波矢为 $\boldsymbol{k}$ 平面波所占的成分，由式(I.65)可见一个平面波所占的比例随着波矢值 $|\boldsymbol{k}|$ 的增加而迅速减小，这意味着对于库仑势的傅里叶变换中只需小波矢的平面波成分，高波矢的平面波成分可以忽略。

在电子结构理论中，Hartree 势是电子之间相互作用的最重要部分，其本质是电子之间库仑势的平均，计算其傅里叶变换是 PP-PW 方法的基本任务。Hartree 势的基本表达式为

$$V_H(\boldsymbol{r}) = \frac{e}{4\pi\varepsilon_0}\int\frac{\rho(\boldsymbol{r}')}{|\boldsymbol{r}-\boldsymbol{r}'|}\mathrm{d}\boldsymbol{r}' \tag{I.66}$$

其傅里叶变换为

$$V_H(\boldsymbol{G}) = \int V_H(\boldsymbol{r})\mathrm{d}\boldsymbol{r} = \frac{e}{4\pi\varepsilon_0}\int\int\frac{\rho(\boldsymbol{r}')}{|\boldsymbol{r}-\boldsymbol{r}'|}\mathrm{e}^{-\mathrm{i}\boldsymbol{G}\cdot\boldsymbol{r}}\mathrm{d}\boldsymbol{r}'\mathrm{d}\boldsymbol{r} \tag{I.67}$$

利用式(I.65)的结果，则有

$$\begin{aligned}V_H(\boldsymbol{G}) &= \frac{e}{4\pi\varepsilon_0}\int\rho(\boldsymbol{r}')\mathrm{e}^{-\mathrm{i}\boldsymbol{G}\cdot\boldsymbol{r}'}\mathrm{d}\boldsymbol{r}'\int\frac{\mathrm{e}^{-\mathrm{i}\boldsymbol{G}\cdot(\boldsymbol{r}-\boldsymbol{r}')}}{|\boldsymbol{r}-\boldsymbol{r}'|}\mathrm{d}\boldsymbol{r} \\ &= \frac{e}{4\pi\varepsilon_0}\frac{4\pi}{|\boldsymbol{G}|^2}\int\rho(\boldsymbol{r}')\mathrm{e}^{-\mathrm{i}\boldsymbol{G}\cdot\boldsymbol{r}'}\mathrm{d}\boldsymbol{r}' \\ &= \frac{e}{4\pi\varepsilon_0}\frac{4\pi}{|\boldsymbol{G}|^2}\rho(\boldsymbol{G})\end{aligned} \tag{I.68}$$

其中 $\rho(\boldsymbol{G})$ 为

$$\rho(\boldsymbol{G}) = \int \rho(\boldsymbol{r}')\mathrm{e}^{-\mathrm{i}\boldsymbol{G}\cdot\boldsymbol{r}'}\mathrm{d}\boldsymbol{r}' \tag{I.69}$$

它是材料中电荷分布 $\rho(\boldsymbol{r})$ 的傅里叶变换。

参 考 文 献

[1] Grosso G, Parravicini G P. Solid State Physics. 2nd ed. Oxford: Elsevier, 2014: 191

[2] Arfken G B, Weber H J, Harris F E, Mathematical Methods for Physicists. 7th ed. Oxford: Elsevier, 2013: 963-965

附录 J　布洛赫电子的群速度和运动方程

本附录用量子力学方法推导布洛赫电子群速度的公式以及在直流电场 $-e\boldsymbol{E}$ 作用下的运动方程，这里所描述的方法主要来自文献[1]。一般直流电场对电子所做的功只会引起电子在能带内状态的改变，而不会引起电子跨越能带的**带间转变**(interband transition)，因此在本附录的讨论中标记电子态能带序号的量子数 n 被略去，电子态只用 $\boldsymbol{k}$ 来标识。

J.1　布洛赫电子的群速度

周期势场 $V(\boldsymbol{r})$ 中的单电子方程

$$\left[-\frac{\hbar^2}{2m}\nabla^2+V^{\mathrm{SP}}(\boldsymbol{r})\right]\psi(\boldsymbol{r})=E\psi(\boldsymbol{r}) \tag{J.1}$$

的傅里叶展开解为[第 7 章中式(7.89)]：

$$\psi_{\boldsymbol{k}}(\boldsymbol{r})=\mathrm{e}^{\mathrm{i}\boldsymbol{k}\cdot\boldsymbol{r}}\sum_{\boldsymbol{G}}c_{\boldsymbol{G}}(\boldsymbol{k})\mathrm{e}^{\mathrm{i}\boldsymbol{G}\cdot\boldsymbol{r}}=\sum_{\boldsymbol{G}}c_{\boldsymbol{G}}(\boldsymbol{k})\mathrm{e}^{\mathrm{i}(\boldsymbol{k}+\boldsymbol{G})\cdot\boldsymbol{r}} \tag{J.2}$$

其中，$c_{\boldsymbol{G}}(\boldsymbol{k})$ 为傅里叶展开系数，考虑 $\psi_{\boldsymbol{k}}(\boldsymbol{r})$ 对晶体体积 V 归一化条件：

$$\int_V\psi_{\boldsymbol{k}}^*(\boldsymbol{r})\psi_{\boldsymbol{k}}(\boldsymbol{r})\mathrm{d}\boldsymbol{r}=\int_V\sum_{\boldsymbol{G}}c_{\boldsymbol{G}}^*(\boldsymbol{k})c_{\boldsymbol{G}}(\boldsymbol{k})\mathrm{d}\boldsymbol{r}=V\sum_{\boldsymbol{G}}\left|c_{\boldsymbol{G}}(\boldsymbol{k})\right|^2=1 \tag{J.3}$$

则 $c_{\boldsymbol{G}}(\boldsymbol{k})$ 满足如下公式：

$$\sum_{\boldsymbol{G}}\left|c_{\boldsymbol{G}}(\boldsymbol{k})\right|^2=\frac{1}{V} \tag{J.4}$$

在量子力学中动量算符为 $\boldsymbol{p}=-\mathrm{i}\hbar\nabla$，而动量 $\boldsymbol{p}$ 与速度 $\boldsymbol{v}$ 之间的关系为 $\boldsymbol{p}=m\boldsymbol{v}$，其中 m 为电子的质量，于是速度算符为 $\boldsymbol{v}=-\mathrm{i}\hbar\nabla/m$。按照量子力学平均值计算公式，处于布洛赫态 $\psi_{\boldsymbol{k}}(\boldsymbol{r})$ 电子的速度平均值 $\boldsymbol{v}$ 为

$$\boldsymbol{v}=\int_V\psi_{\boldsymbol{k}}^*(\boldsymbol{r})\frac{-\mathrm{i}\hbar\nabla}{m}\psi_{\boldsymbol{k}}(\boldsymbol{r})\mathrm{d}\boldsymbol{r} \tag{J.5}$$

为计算式(J.5)，先推导以下两个公式：

$$\nabla\psi_{\boldsymbol{k}}(\boldsymbol{r})=\nabla\sum_{\boldsymbol{G}}c_{\boldsymbol{G}}(\boldsymbol{k})\mathrm{e}^{\mathrm{i}(\boldsymbol{k}+\boldsymbol{G})\cdot\boldsymbol{r}}=\sum_{\boldsymbol{G}}\mathrm{i}(\boldsymbol{k}+\boldsymbol{G})\mathrm{e}^{\mathrm{i}(\boldsymbol{k}+\boldsymbol{G})\cdot\boldsymbol{r}}c_{\boldsymbol{G}}(\boldsymbol{k}) \tag{J.6}$$

$$\nabla^2\psi_{\boldsymbol{k}}(\boldsymbol{r})=-\sum_{\boldsymbol{G}}(\boldsymbol{k}+\boldsymbol{G})^2\mathrm{e}^{\mathrm{i}(\boldsymbol{k}+\boldsymbol{G})\cdot\boldsymbol{r}}c_{\boldsymbol{G}}(\boldsymbol{k}) \tag{J.7}$$

由以上两式可得平均速度

$$\begin{aligned}\boldsymbol{v}&=\frac{\hbar}{m}\int_V\sum_{\boldsymbol{G}',\boldsymbol{G}}c_{\boldsymbol{G}'}^*(\boldsymbol{k})\mathrm{e}^{-\mathrm{i}(\boldsymbol{k}+\boldsymbol{G}')\cdot\boldsymbol{r}}(\boldsymbol{k}+\boldsymbol{G})\mathrm{e}^{\mathrm{i}(\boldsymbol{k}+\boldsymbol{G})\cdot\boldsymbol{r}}c_{\boldsymbol{G}}(\boldsymbol{k})\mathrm{d}\boldsymbol{r}\\&=\frac{\hbar}{m}\sum_{\boldsymbol{G}',\boldsymbol{G}}(\boldsymbol{k}+\boldsymbol{G})c_{\boldsymbol{G}'}^*(\boldsymbol{k})c_{\boldsymbol{G}}(\boldsymbol{k})\int_V\mathrm{e}^{\mathrm{i}(\boldsymbol{G}-\boldsymbol{G}')\cdot\boldsymbol{r}}\mathrm{d}\boldsymbol{r}\\&=\frac{\hbar}{m}\sum_{\boldsymbol{G}',\boldsymbol{G}}(\boldsymbol{k}+\boldsymbol{G})c_{\boldsymbol{G}'}^*(\boldsymbol{k})c_{\boldsymbol{G}}(\boldsymbol{k})V\delta(\boldsymbol{G}-\boldsymbol{G}')=\frac{\hbar V}{m}\sum_{\boldsymbol{G}}(\boldsymbol{k}+\boldsymbol{G})\left|c_{\boldsymbol{G}}(\boldsymbol{k})\right|^2\end{aligned} \tag{J.8}$$

下面计算式(J.8)右边的求和，这是一个冗长的过程。

把式(J.2)代入式(J.1)，并利用式(J.7)则有

$$\frac{\hbar^2}{2m}\sum_{\boldsymbol{G}}(\boldsymbol{k}+\boldsymbol{G})^2c_{\boldsymbol{G}}(\boldsymbol{k})\mathrm{e}^{\mathrm{i}(\boldsymbol{k}+\boldsymbol{G})\cdot\boldsymbol{r}}+\sum_{\boldsymbol{G}}V^{\mathrm{SP}}(\boldsymbol{r})c_{\boldsymbol{G}}(\boldsymbol{k})\mathrm{e}^{\mathrm{i}(\boldsymbol{k}+\boldsymbol{G})\cdot\boldsymbol{r}}=E(\boldsymbol{k})\sum_{\boldsymbol{G}}c_{\boldsymbol{G}}(\boldsymbol{k})\mathrm{e}^{\mathrm{i}(\boldsymbol{k}+\boldsymbol{G})\cdot\boldsymbol{r}} \tag{J.9}$$

将式(J.9)两边乘以 $\mathrm{e}^{-\mathrm{i}(\boldsymbol{k}+\boldsymbol{G})\cdot\boldsymbol{r}}$ 并对整个晶体积分，则有

$$\begin{aligned}&\frac{\hbar^2}{2m}\sum_{\boldsymbol{G}}(\boldsymbol{k}+\boldsymbol{G})^2c_{\boldsymbol{G}}(\boldsymbol{k})\int_V\mathrm{e}^{\mathrm{i}(\boldsymbol{G}-\boldsymbol{G}')\cdot\boldsymbol{r}}\mathrm{d}\boldsymbol{r}+\sum_{\boldsymbol{G}}c_{\boldsymbol{G}}(\boldsymbol{k})\int_V V^{\mathrm{SP}}(\boldsymbol{r})\mathrm{e}^{\mathrm{i}(\boldsymbol{G}-\boldsymbol{G}')\cdot\boldsymbol{r}}\mathrm{d}\boldsymbol{r}\\&=E(\boldsymbol{k})\sum_{\boldsymbol{G}}c_{\boldsymbol{G}}(\boldsymbol{k})\int_V\mathrm{e}^{\mathrm{i}(\boldsymbol{G}-\boldsymbol{G}')\cdot\boldsymbol{r}}\mathrm{d}\boldsymbol{r}\end{aligned} \tag{J.10}$$

式(J.9)中第二项积分为

$$\begin{aligned}\int_V V^{\mathrm{SP}}(\boldsymbol{r})\mathrm{e}^{\mathrm{i}(\boldsymbol{G}-\boldsymbol{G}')\cdot\boldsymbol{r}}\mathrm{d}\boldsymbol{r}&=N\int_\Omega V^{\mathrm{SP}}(\boldsymbol{r})\mathrm{e}^{\mathrm{i}(\boldsymbol{G}-\boldsymbol{G}')\cdot\boldsymbol{r}}\mathrm{d}\boldsymbol{r}=N\Omega\frac{1}{\Omega}\int_\Omega V^{\mathrm{SP}}(\boldsymbol{r})\mathrm{e}^{\mathrm{i}(\boldsymbol{G}-\boldsymbol{G}')\cdot\boldsymbol{r}}\mathrm{d}\boldsymbol{r}\\&=VV^{\mathrm{SP}}(\boldsymbol{G}-\boldsymbol{G}')\end{aligned} \tag{J.11}$$

其中，N 为晶体中原胞的个数；Ω 为原胞体积；$V=N\Omega$ 表示晶体体积等于所有原胞体积和。以 V 和 Ω 为积分范围的积分分别表示对整个晶体和对原胞的积分，由于晶体的周期性，对整个晶体体积的积分等于对单个原胞积分的 N 倍，式中 $V^{\mathrm{SP}}(\boldsymbol{G}-\boldsymbol{G}')$ 表示单粒子势的傅里叶系数。考虑第一项和第三项的积分为

$\delta(\boldsymbol{G}-\boldsymbol{G}')$，于是式(J.10)可表达为

$$\frac{\hbar^2}{2m}(\boldsymbol{k}+\boldsymbol{G}')^2 c_{\boldsymbol{G}'}(\boldsymbol{k})+V\sum_{\boldsymbol{G}}V^{\mathrm{SP}}(\boldsymbol{G}-\boldsymbol{G}')c_{\boldsymbol{G}}(\boldsymbol{k})=E(\boldsymbol{k})c_{\boldsymbol{G}'}(\boldsymbol{k}) \tag{J.12}$$

由于$\boldsymbol{G}$和$\boldsymbol{G}'$都是倒格矢，因此交换两者式(J.12)依然成立，于是有

$$\frac{\hbar^2}{2m}(\boldsymbol{k}+\boldsymbol{G})^2 c_{\boldsymbol{G}}(\boldsymbol{k})+V\sum_{\boldsymbol{G}'}V^{\mathrm{SP}}(\boldsymbol{G}'-\boldsymbol{G})c_{\boldsymbol{G}'}(\boldsymbol{k})=E(\boldsymbol{k})c_{\boldsymbol{G}}(\boldsymbol{k}) \tag{J.13}$$

式(J.13)的复共轭为：

$$\frac{\hbar^2}{2m}(\boldsymbol{k}+\boldsymbol{G})^2 c^*_{\boldsymbol{G}}(\boldsymbol{k})+V\sum_{\boldsymbol{G}'}V^{\mathrm{SP}}(\boldsymbol{G}'-\boldsymbol{G})c^*_{\boldsymbol{G}'}(\boldsymbol{k})=E(\boldsymbol{k})c^*_{\boldsymbol{G}}(\boldsymbol{k}) \tag{J.14}$$

对式(J.13)两边乘以$\nabla_{\boldsymbol{k}}c^*_{\boldsymbol{G}}(\boldsymbol{k})$再做$\sum\limits_{\boldsymbol{G}}$求和，然后对式(J.14)两边乘以$\nabla_{\boldsymbol{k}}c_{\boldsymbol{G}}(\boldsymbol{k})$再做$\sum\limits_{\boldsymbol{G}}$求和，最后把两式的两边分别相加，其结果为

$$\begin{aligned}&\frac{\hbar^2}{2m}\sum_{\boldsymbol{G}}(\boldsymbol{k}+\boldsymbol{G})^2\nabla_{\boldsymbol{k}}[c^*_{\boldsymbol{G}}(\boldsymbol{k})c_{\boldsymbol{G}}(\boldsymbol{k})]+V\sum_{\boldsymbol{G}}V^{\mathrm{SP}}(\boldsymbol{G}'-\boldsymbol{G})[c_{\boldsymbol{G}'}(\boldsymbol{k})\nabla_{\boldsymbol{k}}c^*_{\boldsymbol{G}}(\boldsymbol{k})+c^*_{\boldsymbol{G}'}(\boldsymbol{k})\nabla_{\boldsymbol{k}}c_{\boldsymbol{G}}(\boldsymbol{k})]\\&=E(\boldsymbol{k})\sum_{\boldsymbol{G}}[c_{\boldsymbol{G}}(\boldsymbol{k})\nabla_{\boldsymbol{k}}c^*_{\boldsymbol{G}}(\boldsymbol{k})+c^*_{\boldsymbol{G}}(\boldsymbol{k})\nabla_{\boldsymbol{k}}c_{\boldsymbol{G}}(\boldsymbol{k})]\end{aligned} \tag{J.15}$$

式(J.15)右边的求和可简化为

$$\begin{aligned}&\sum_{\boldsymbol{G}}[c_{\boldsymbol{G}}(\boldsymbol{k})\nabla_{\boldsymbol{k}}c^*_{\boldsymbol{G}}(\boldsymbol{k})+c^*_{\boldsymbol{G}}(\boldsymbol{k})\nabla_{\boldsymbol{k}}c_{\boldsymbol{G}}(\boldsymbol{k})]\\&=\sum_{\boldsymbol{G}}\nabla_{\boldsymbol{k}}[c_{\boldsymbol{G}}(\boldsymbol{k})c^*_{\boldsymbol{G}}(\boldsymbol{k})]=\nabla_{\boldsymbol{k}}\sum_{\boldsymbol{G}}[c_{\boldsymbol{G}}(\boldsymbol{k})c^*_{\boldsymbol{G}}(\boldsymbol{k})]\\&=\nabla_{\boldsymbol{k}}\sum_{\boldsymbol{G}}(|c_{\boldsymbol{G}}(\boldsymbol{k})|^2)=\sum_{\boldsymbol{G}}\nabla_{\boldsymbol{k}}\frac{1}{V}=0\end{aligned} \tag{J.16}$$

该式最后第二等式推导中利用了式(J.4)，于是式(J.15)变为

$$\frac{\hbar^2}{2m}\sum_{\boldsymbol{G}}(\boldsymbol{k}+\boldsymbol{G})^2\nabla_{\boldsymbol{k}}[c^*_{\boldsymbol{G}}(\boldsymbol{k})c_{\boldsymbol{G}}(\boldsymbol{k})]+V\sum_{\boldsymbol{G}}V^{\mathrm{SP}}(\boldsymbol{G}'-\boldsymbol{G})[c_{\boldsymbol{G}'}(\boldsymbol{k})\nabla_{\boldsymbol{k}}c^*_{\boldsymbol{G}}(\boldsymbol{k})+c^*_{\boldsymbol{G}'}(\boldsymbol{k})\nabla_{\boldsymbol{k}}c_{\boldsymbol{G}}(\boldsymbol{k})]=0 \tag{J.17}$$

对式(J.13)两边进行$\nabla_{\boldsymbol{k}}$运算然后左乘$c^*_{\boldsymbol{G}}(\boldsymbol{k})$，最后进行$\sum\limits_{\boldsymbol{G}}$求和，则得

$$\frac{\hbar^2}{m}\sum_{G}(\boldsymbol{k}+\boldsymbol{G})\left|c_{\boldsymbol{G}}(\boldsymbol{k})\right|^2+\frac{\hbar^2}{2m}\sum_{G}(\boldsymbol{k}+\boldsymbol{G})^2 c_{\boldsymbol{G}}^*(\boldsymbol{k})\nabla_{\boldsymbol{k}}c_{\boldsymbol{G}}(\boldsymbol{k})$$
$$+V\sum_{G}\sum_{G'}V^{\mathrm{SP}}(\boldsymbol{G}'-\boldsymbol{G})c_{\boldsymbol{G}}^*(\boldsymbol{k})\nabla_{\boldsymbol{k}}c_{\boldsymbol{G}'}(\boldsymbol{k})=\sum_{G}\left|c_{\boldsymbol{G}}(\boldsymbol{k})\right|^2\nabla_{\boldsymbol{k}}E(\boldsymbol{k})+E(\boldsymbol{k})\sum_{G}c_{\boldsymbol{G}}^*(\boldsymbol{k})\nabla_{\boldsymbol{k}}c_{\boldsymbol{G}}(\boldsymbol{k}) \tag{J.18}$$

同样地，对式(J.14)两边进行$\nabla_{\boldsymbol{k}}$运算然后右乘$c_{\boldsymbol{G}}(\boldsymbol{k})$，最后进行$\sum_{G}$求和，则得

$$\frac{\hbar^2}{m}\sum_{G}(\boldsymbol{k}+\boldsymbol{G})\left|c_{\boldsymbol{G}}(\boldsymbol{k})\right|^2+\frac{\hbar^2}{2m}\sum_{G}(\boldsymbol{k}+\boldsymbol{G})^2 c_{\boldsymbol{G}}(\boldsymbol{k})\nabla_{\boldsymbol{k}}c_{\boldsymbol{G}}^*(\boldsymbol{k})+V\sum_{G}\sum_{G'}V^{\mathrm{SP}}(\boldsymbol{G}'-\boldsymbol{G})c_{\boldsymbol{G}}(\boldsymbol{k})\nabla_{\boldsymbol{k}}c_{\boldsymbol{G}'}^*(\boldsymbol{k})$$
$$=\sum_{G}\left|c_{\boldsymbol{G}}(\boldsymbol{k})\right|^2\nabla_{\boldsymbol{k}}E(\boldsymbol{k})+E(\boldsymbol{k})\sum_{G}c_{\boldsymbol{G}}(\boldsymbol{k})\nabla_{\boldsymbol{k}}c_{\boldsymbol{G}}^*(\boldsymbol{k}) \tag{J.19}$$

把式(J.18)和式(J.19)两边分别相加并合并有关项，则有

$$\begin{aligned}&\frac{2\hbar^2}{m}\sum_{G}(\boldsymbol{k}+\boldsymbol{G})\left|c_{\boldsymbol{G}}(\boldsymbol{k})\right|^2+\frac{\hbar^2}{2m}\sum_{G}(\boldsymbol{k}+\boldsymbol{G})^2\nabla_{\boldsymbol{k}}[c_{\boldsymbol{G}}^*(\boldsymbol{k})c_{\boldsymbol{G}}(\boldsymbol{k})]\\&+V\sum_{G}\sum_{G'}V^{\mathrm{SP}}(\boldsymbol{G}'-\boldsymbol{G})[c_{\boldsymbol{G}}(\boldsymbol{k})\nabla_{\boldsymbol{k}}c_{\boldsymbol{G}'}(\boldsymbol{k})+c_{\boldsymbol{G}}(\boldsymbol{k})\nabla_{\boldsymbol{k}}c_{\boldsymbol{G}'}^*(\boldsymbol{k})]\\&=2\sum_{G}\left|c_{\boldsymbol{G}}(\boldsymbol{k})\right|^2\nabla_{\boldsymbol{k}}E(\boldsymbol{k})+E(\boldsymbol{k})\sum_{G}\nabla_{\boldsymbol{k}}[c_{\boldsymbol{G}}^*(\boldsymbol{k})c_{\boldsymbol{G}}(\boldsymbol{k})]\\&=2\nabla_{\boldsymbol{k}}E(\boldsymbol{k})\sum_{G}\left|c_{\boldsymbol{G}}(\boldsymbol{k})\right|^2+E(\boldsymbol{k})\sum_{G}\nabla_{\boldsymbol{k}}\left|c_{\boldsymbol{G}}(\boldsymbol{k})\right|^2\\&=2\nabla_{\boldsymbol{k}}E(\boldsymbol{k})\sum_{G}\left|c_{\boldsymbol{G}}(\boldsymbol{k})\right|^2+E(\boldsymbol{k})\nabla_{\boldsymbol{k}}\sum_{G}\left|c_{\boldsymbol{G}}(\boldsymbol{k})\right|^2=2\nabla_{\boldsymbol{k}}E(\boldsymbol{k})/V\end{aligned} \tag{J.20}$$

该式最后一个等式推导中利用了式(J.4)，式(J.20)中左边第二项和第三项和即式(J.17)左边，因此其为零，于是式(J.20)简化为

$$\frac{\hbar^2 V}{m}\sum_{G}(\boldsymbol{k}+\boldsymbol{G})\left|c_{\boldsymbol{G}}(\boldsymbol{k})\right|^2=\nabla_{\boldsymbol{k}}E(\boldsymbol{k}) \tag{J.21}$$

比较式(J.21)与式(J.8)，可得

$$\boldsymbol{v}=\frac{1}{\hbar}\nabla_{\boldsymbol{k}}E(\boldsymbol{k}) \tag{J.22}$$

J.2　布洛赫电子的运动方程

下面推导布洛赫电子在直流外电场

$$\boldsymbol{F} = -e\boldsymbol{E} \tag{J.23}$$

中的运动方程，其中 $-e$ 是电子的电荷，$\boldsymbol{E}$ 为外加电场强度，这里假设 $\boldsymbol{E}$ 在晶体中处处相同，因此 $\boldsymbol{F}$ 在晶体中也处处相同。为了考虑在外加电场中布洛赫态波矢 $\boldsymbol{k}$ 随时间 t 的变化规律，尽管外场并不包含时间，这里仍采用量子力学中含时微扰论方法，有关细节参考文献[2]。出发点是晶体单粒子势场 $V^{\mathrm{SP}}(\boldsymbol{r})$ 和外场 $\boldsymbol{F}\cdot\boldsymbol{r}$ 中的含时薛定谔方程：

$$\mathrm{i}\hbar\frac{\partial\psi(\boldsymbol{r})}{\partial t} = \left[-\frac{\hbar^2}{2m}\nabla^2 + V^{\mathrm{SP}}(\boldsymbol{r}) - \boldsymbol{F}\cdot\boldsymbol{r}\right]\psi(\boldsymbol{r}) = [H^{\mathrm{SP}}(\boldsymbol{r}) - \boldsymbol{F}\cdot\boldsymbol{r}]\psi(\boldsymbol{r}) \tag{J.24}$$

其中，$H^{\mathrm{SP}}(\boldsymbol{r})$ 表示晶体的单粒子哈密顿量。相对于晶体场，外场 $-e\boldsymbol{E}$ 的作用只是一个微扰，外场 $\boldsymbol{F}=0$ 时方程(J.24)就变为通常的周期势场 $H^{\mathrm{SP}}(\boldsymbol{r})$ 中的单粒子方程，即

$$H^{\mathrm{SP}}\psi_{\boldsymbol{k}}(\boldsymbol{r}) = E(\boldsymbol{k})\psi_{\boldsymbol{k}}(\boldsymbol{r}) \tag{J.25}$$

$\psi_{\boldsymbol{k}}(\boldsymbol{r})$ 即布洛赫态波函数。

求解方程(J.24)的基本思路是把它的解 $\psi(\boldsymbol{r},t)$ 展开为布洛赫态波函数 $\psi_{\boldsymbol{k}}(\boldsymbol{r})$ 的叠加，即

$$\psi(\boldsymbol{r},t) = \sum_{\boldsymbol{k}} a_{\boldsymbol{k}}(t)\psi_{\boldsymbol{k}}(\boldsymbol{r}) = \int \alpha(t)\psi_{\boldsymbol{k}}(\boldsymbol{r})\mathrm{d}\boldsymbol{k} \tag{J.26}$$

这里为数学方便用 $\boldsymbol{k}$ 的积分来代替求和，这样方程(J.24)的解就由包含时间因子的展开系数 $a_{\boldsymbol{k}}(t)$ 表达，把上述展开式代入方程(J.24)则得到关于 $a_{\boldsymbol{k}}(t)$ 的方程，求解该方程则给出 $a_{\boldsymbol{k}}(t)$，这样再利用式(J.26)即可得到方程(J.24)的解。下面推导 $a_{\boldsymbol{k}}(t)$ 所满足的方程，这里根本目的不是求解方程(J.24)，而只是利用该方程推导布洛赫电子波矢 $\boldsymbol{k}$ 在外场 $\boldsymbol{F}$ 下随时间的变化关系。

把式(J.26)代入式(J.24)并考虑方程(J.25)，则有

$$\mathrm{i}\hbar\int\dot{\alpha}(\boldsymbol{k},t)\psi_{\boldsymbol{k}}(\boldsymbol{r})\mathrm{d}\boldsymbol{k} = \int E(\boldsymbol{k})\alpha(\boldsymbol{k},t)\psi_{\boldsymbol{k}}(\boldsymbol{r})\mathrm{d}\boldsymbol{k} - \int(\boldsymbol{F}\cdot\boldsymbol{r})\alpha(\boldsymbol{k},t)\psi_{\boldsymbol{k}}(\boldsymbol{r})\mathrm{d}\boldsymbol{k} \tag{J.27}$$

对式(J.27)乘以 $\psi^*_{\boldsymbol{k}'}(\boldsymbol{r})$ 并对晶体体积 V 积分，利用布洛赫函数的正交归一化关系：

$$\int_V \psi^*_{\boldsymbol{k}'}(\boldsymbol{r})\psi_{\boldsymbol{k}}(\boldsymbol{r})\mathrm{d}\boldsymbol{r} = \delta_{\boldsymbol{k}'\boldsymbol{k}} \tag{J.28}$$

可得

$$\mathrm{i}\hbar\dot{\alpha}(\boldsymbol{k}',t) = E(\boldsymbol{k}')\alpha(\boldsymbol{k}',t) - \int\boldsymbol{F}\cdot\left[\int_V \psi^*_{\boldsymbol{k}'}(\boldsymbol{r})\boldsymbol{r}\alpha(\boldsymbol{k},t)\psi_{\boldsymbol{k}}(\boldsymbol{r})\mathrm{d}\boldsymbol{r}\right]\mathrm{d}\boldsymbol{k} \tag{J.29}$$

由布洛赫定理 $\psi_{\boldsymbol{k}}(\boldsymbol{r})$ 可写为 $\psi_{\boldsymbol{k}}(\boldsymbol{r})=\mathrm{e}^{\mathrm{i}\boldsymbol{k}\cdot\boldsymbol{r}}u_{\boldsymbol{k}}(\boldsymbol{r})$，于是式(J.29)右边第二项中的空间积分为

$$\begin{aligned}\boldsymbol{X}&=\int_V \psi_{\boldsymbol{k}'}^*(\boldsymbol{r})\boldsymbol{r}\alpha(\boldsymbol{k},t)\psi_{\boldsymbol{k}}(\boldsymbol{r})\mathrm{d}\boldsymbol{r}=\int_V \mathrm{e}^{-\mathrm{i}\boldsymbol{k}'\cdot\boldsymbol{r}}u_{\boldsymbol{k}'}^*(\boldsymbol{r})\boldsymbol{r}\alpha(\boldsymbol{k},t)\mathrm{e}^{\mathrm{i}\boldsymbol{k}\cdot\boldsymbol{r}}u_{\boldsymbol{k}}(\boldsymbol{r})\mathrm{d}\boldsymbol{r}\\&=\mathrm{i}\int_V(\nabla_{\boldsymbol{k}'}\mathrm{e}^{-\mathrm{i}\boldsymbol{k}'\cdot\boldsymbol{r}})u_{\boldsymbol{k}'}^*(\boldsymbol{r})\alpha(\boldsymbol{k},t)\mathrm{e}^{\mathrm{i}\boldsymbol{k}\cdot\boldsymbol{r}}u_{\boldsymbol{k}}(\boldsymbol{r})\mathrm{d}\boldsymbol{r}\\&=\mathrm{i}\int_V\{\nabla_{\boldsymbol{k}'}[\mathrm{e}^{-\mathrm{i}\boldsymbol{k}'\cdot\boldsymbol{r}}u_{\boldsymbol{k}'}^*(\boldsymbol{r})]-\mathrm{e}^{-\mathrm{i}\boldsymbol{k}'\cdot\boldsymbol{r}}\nabla_{\boldsymbol{k}'}u_{\boldsymbol{k}'}^*(\boldsymbol{r})\}\alpha(\boldsymbol{k},t)\mathrm{e}^{\mathrm{i}\boldsymbol{k}\cdot\boldsymbol{r}}u_{\boldsymbol{k}}(\boldsymbol{r})\mathrm{d}\boldsymbol{r}\\&=\mathrm{i}\left\{\int_V\nabla_{\boldsymbol{k}'}\psi_{\boldsymbol{k}'}^*(\boldsymbol{r})\cdot\psi_{\boldsymbol{k}}(\boldsymbol{r})\mathrm{d}\boldsymbol{r}-\int_V\mathrm{e}^{-\mathrm{i}(\boldsymbol{k}'-\boldsymbol{k})\cdot\boldsymbol{r}}\nabla_{\boldsymbol{k}'}u_{\boldsymbol{k}'}^*(\boldsymbol{r})\cdot u_{\boldsymbol{k}}(\boldsymbol{r})\mathrm{d}\boldsymbol{r}\right\}\alpha(\boldsymbol{k},t)\end{aligned}\tag{J.30}$$

式(J.30)中第一项积分为

$$\int_V\nabla_{\boldsymbol{k}'}\psi_{\boldsymbol{k}'}^*(\boldsymbol{r})\cdot\psi_{\boldsymbol{k}}(\boldsymbol{r})\mathrm{d}\boldsymbol{r}=\nabla_{\boldsymbol{k}'}\int_V\psi_{\boldsymbol{k}'}^*(\boldsymbol{r})\cdot\psi_{\boldsymbol{k}}(\boldsymbol{r})\mathrm{d}\boldsymbol{r}=\delta_{\boldsymbol{k}'\boldsymbol{k}}\nabla_{\boldsymbol{k}'}\tag{J.31}$$

式(J.30)第二项积分中的 $u_{\boldsymbol{k}}(\boldsymbol{r})$ 是任何正格矢 $\boldsymbol{R}$ 的周期函数，因此 $\nabla_{\boldsymbol{k}'}u_{\boldsymbol{k}'}^*(\boldsymbol{r})$ 也是正格矢的周期函数，从而积分中 $\nabla_{\boldsymbol{k}'}u_{\boldsymbol{k}'}^*(\boldsymbol{r})\cdot u_{\boldsymbol{k}}(\boldsymbol{r})$ 是正格矢的周期函数，定义 $f(\boldsymbol{r})=\nabla_{\boldsymbol{k}'}u_{\boldsymbol{k}'}^*(\boldsymbol{r})\cdot u_{\boldsymbol{k}}(\boldsymbol{r})$，则对任何正格矢 $\boldsymbol{R}$ 有 $f(\boldsymbol{r}+\boldsymbol{R})=f(\boldsymbol{r})$，于是第二项积分可表达为

$$\int_V\mathrm{e}^{-\mathrm{i}(\boldsymbol{k}'-\boldsymbol{k})\cdot\boldsymbol{r}}f(\boldsymbol{r})\mathrm{d}\boldsymbol{r}\tag{J.32}$$

下面证明当 $\boldsymbol{k}'\neq\boldsymbol{k}$ 时上述积分为零。为此，做坐标变换 $\boldsymbol{r}\to\boldsymbol{r}'+\boldsymbol{R}$，其中 $\boldsymbol{R}$ 为任一正格矢，于是式(J.32)中积分变为

$$\int_V\mathrm{e}^{-\mathrm{i}(\boldsymbol{k}'-\boldsymbol{k})\cdot\boldsymbol{r}}f(\boldsymbol{r})\mathrm{d}\boldsymbol{r}=\int_{V'}\mathrm{e}^{-\mathrm{i}(\boldsymbol{k}'-\boldsymbol{k})\cdot(\boldsymbol{r}+\boldsymbol{R})}f(\boldsymbol{r}+\boldsymbol{R})\mathrm{d}(\boldsymbol{r}+\boldsymbol{R})=\mathrm{e}^{-\mathrm{i}(\boldsymbol{k}'-\boldsymbol{k})\cdot\boldsymbol{R}}\int_{V'}\mathrm{e}^{-\mathrm{i}(\boldsymbol{k}'-\boldsymbol{k})\cdot\boldsymbol{r}}f(\boldsymbol{r}+\boldsymbol{R})\mathrm{d}\boldsymbol{r}\tag{J.33}$$

其中积分范围 V' 表示平移了 $\boldsymbol{R}$ 的晶体体积，由于玻恩-冯卡门边界条件晶体平移 $\boldsymbol{R}$ 后晶体体积保持不变，另外考虑到 $f(\boldsymbol{r}+\boldsymbol{R})=f(\boldsymbol{r})$，式(J.33)积分变为

$$\mathrm{e}^{-\mathrm{i}(\boldsymbol{k}'-\boldsymbol{k})\cdot\boldsymbol{R}}\int_{V'}\mathrm{e}^{-\mathrm{i}(\boldsymbol{k}'-\boldsymbol{k})\cdot\boldsymbol{r}}f(\boldsymbol{r}+\boldsymbol{R})\mathrm{d}\boldsymbol{r}=\mathrm{e}^{-\mathrm{i}(\boldsymbol{k}'-\boldsymbol{k})\cdot\boldsymbol{R}}\int_V\mathrm{e}^{-\mathrm{i}(\boldsymbol{k}'-\boldsymbol{k})\cdot\boldsymbol{r}}f(\boldsymbol{r})\mathrm{d}\boldsymbol{r}\tag{J.34}$$

比较式(J.34)和式(J.33)可得

$$(\mathrm{e}^{-\mathrm{i}(\boldsymbol{k}'-\boldsymbol{k})\cdot\boldsymbol{R}}-1)\int_V \mathrm{e}^{-\mathrm{i}(\boldsymbol{k}'-\boldsymbol{k})\cdot\boldsymbol{r}} f(\boldsymbol{r})\mathrm{d}\boldsymbol{r}=0 \tag{J.35}$$

由于 $\boldsymbol{R}$ 为任意正格矢而 $\boldsymbol{k},\boldsymbol{k}'$ 为布洛赫波矢，$(\boldsymbol{k}'-\boldsymbol{k})\cdot\boldsymbol{R}\neq 2\pi n$ (n为整数)，因此式(J.35)成立的条件为

$$\int_V \mathrm{e}^{-\mathrm{i}(\boldsymbol{k}'-\boldsymbol{k})\cdot\boldsymbol{r}} f(\boldsymbol{r})\mathrm{d}\boldsymbol{r}=0 \tag{J.36}$$

也就是说当 $\boldsymbol{k}'\neq\boldsymbol{k}$ 时式(J.30)第二项中的积分为零，于是该积分可一般地表达为

$$\int_V \mathrm{e}^{-\mathrm{i}(\boldsymbol{k}'-\boldsymbol{k})\cdot\boldsymbol{r}}\nabla_{\boldsymbol{k}'}u^*_{\boldsymbol{k}'}(\boldsymbol{r})\cdot u_{\boldsymbol{k}}(\boldsymbol{r})\mathrm{d}\boldsymbol{r}=\delta_{\boldsymbol{k}'\boldsymbol{k}}\int_V \nabla_{\boldsymbol{k}'}u^*_{\boldsymbol{k}'}(\boldsymbol{r})\cdot u_{\boldsymbol{k}}(\boldsymbol{r})\mathrm{d}\boldsymbol{r} \tag{J.37}$$

于是由式(J.37)和式(J.31)，式(J.30)为

$$\boldsymbol{X}=\mathrm{i}\delta_{\boldsymbol{k}'\boldsymbol{k}}\nabla_{\boldsymbol{k}'}\alpha(\boldsymbol{k},t)-\mathrm{i}\alpha(\boldsymbol{k},t)\delta_{\boldsymbol{k}'\boldsymbol{k}}\int_V \nabla_{\boldsymbol{k}'}u^*_{\boldsymbol{k}'}(\boldsymbol{r})\cdot u_{\boldsymbol{k}}(\boldsymbol{r})\mathrm{d}\boldsymbol{r} \tag{J.38}$$

把式(J.38)结果代入式(J.29)，则得

$$\mathrm{i}\hbar\dot{\alpha}(\boldsymbol{k}',t)=\alpha(\boldsymbol{k}',t)E(\boldsymbol{k}')-\mathrm{i}\boldsymbol{F}\cdot\nabla_{\boldsymbol{k}'}\alpha(\boldsymbol{k}',t)+\mathrm{i}\alpha(\boldsymbol{k}',t)\boldsymbol{F}\cdot\int\nabla_{\boldsymbol{k}'}u^*_{\boldsymbol{k}'}(\boldsymbol{r})\cdot u_{\boldsymbol{k}'}(\boldsymbol{r})\mathrm{d}\boldsymbol{r} \tag{J.39}$$

为简化标记，把式(J.39)中的 $\boldsymbol{k}'$ 换为 $\boldsymbol{k}$，则有

$$\mathrm{i}\hbar\dot{\alpha}(\boldsymbol{k},t)=\alpha(\boldsymbol{k},t)E(\boldsymbol{k})-\mathrm{i}\boldsymbol{F}\cdot\nabla_{\boldsymbol{k}'}\alpha(\boldsymbol{k},t)+\mathrm{i}\alpha(\boldsymbol{k},t)\boldsymbol{F}\cdot\int\nabla_{\boldsymbol{k}}u^*_{\boldsymbol{k}}(\boldsymbol{r})\cdot u_{\boldsymbol{k}}(\boldsymbol{r})\,\mathrm{d}\boldsymbol{r} \tag{J.40}$$

对式(J.40)取复共轭可得

$$\mathrm{i}\hbar\dot{\alpha}^*(\boldsymbol{k},t)=\alpha^*(\boldsymbol{k},t)E(\boldsymbol{k})+\mathrm{i}\boldsymbol{F}\cdot\nabla_{\boldsymbol{k}}\alpha^*(\boldsymbol{k},t)-\mathrm{i}\alpha^*(\boldsymbol{k},t)\boldsymbol{F}\cdot\int\nabla_{\boldsymbol{k}}u_{\boldsymbol{k}}(\boldsymbol{r})\cdot u^*_{\boldsymbol{k}}(\boldsymbol{r})\,\mathrm{d}\boldsymbol{r} \tag{J.41}$$

对式(J.40)乘以 $\alpha^*(\boldsymbol{k},t)$，对式(J.41)乘以 $-\alpha(\boldsymbol{k},t)$，然后再将两式左右两边分别加起来，则得

$$\mathrm{i}\hbar\frac{\partial\left|\alpha(\boldsymbol{k},t)\right|^2}{\partial t}=-\mathrm{i}\boldsymbol{F}\cdot\nabla_{\boldsymbol{k}}\left|\alpha(\boldsymbol{k},t)\right|^2+\mathrm{i}\left|\alpha(\boldsymbol{k},t)\right|^2\boldsymbol{F}\cdot\int[u_{\boldsymbol{k}}(\boldsymbol{r})\nabla_{\boldsymbol{k}}u^*_{\boldsymbol{k}}(\boldsymbol{r})+u^*_{\boldsymbol{k}}(\boldsymbol{r})\nabla_{\boldsymbol{k}}u_{\boldsymbol{k}}(\boldsymbol{r})]\mathrm{d}\boldsymbol{r} \tag{J.42}$$

考虑到布洛赫波函数 $\psi_{\boldsymbol{k}}(\boldsymbol{r})$ 的归一化，则有

$$\int \psi_{\boldsymbol{k}}^{*}(\boldsymbol{r})\psi_{\boldsymbol{k}}(\boldsymbol{r})\mathrm{d}\boldsymbol{r} = \int u_{\boldsymbol{k}}^{*}(\boldsymbol{r})u_{\boldsymbol{k}}(\boldsymbol{r})\mathrm{d}\boldsymbol{r} = 1 \tag{J.43}$$

将式(J.43)两边对 $\boldsymbol{k}$ 进行微分运算，则得

$$\int [u_{\boldsymbol{k}}(\boldsymbol{r})\nabla_{\boldsymbol{k}}u_{\boldsymbol{k}}^{*}(\boldsymbol{r}) + u_{\boldsymbol{k}}^{*}(\boldsymbol{r})\nabla_{\boldsymbol{k}}u_{\boldsymbol{k}}(\boldsymbol{r})]\,\mathrm{d}\boldsymbol{r} = 0 \tag{J.44}$$

式(J.44)表明式(J.42)右边第二项为零，于是式(J.42)变为

$$\mathrm{i}\hbar\frac{\partial|\alpha(\boldsymbol{k},t)|^2}{\partial t} = -\mathrm{i}\boldsymbol{F}\cdot\nabla_{\boldsymbol{k}}|\alpha(\boldsymbol{k},t)|^2 \tag{J.45}$$

式(J.45)可改写为

$$\left[\frac{\partial}{\partial t} + \frac{\boldsymbol{F}}{\hbar}\cdot\nabla_{\boldsymbol{k}}\right]|\alpha(\boldsymbol{k},t)|^2 = 0 \tag{J.46}$$

由式(J.26)可知，$|\alpha(\boldsymbol{k},t)|^2$ 表示外场中的布洛赫电子态 $\psi_{\boldsymbol{k}}(\boldsymbol{r},t)$ 在时刻 t 时处于布洛赫态 $\psi_{\boldsymbol{k}}(\boldsymbol{r})$ 的概率，式(J.46)则是决定 $|\alpha(\boldsymbol{k},t)|^2$ 的方程。

另外，由于外场 $\boldsymbol{F}\cdot\boldsymbol{r}$ 并不包含时间，按照含时微扰论则 $|\alpha(\boldsymbol{k},t)|^2$ 与时间无关，也就是 $|\alpha(\boldsymbol{k},t)|^2$ 对时间的微分为零，即

$$\frac{\mathrm{d}}{\mathrm{d}t}|\alpha(\boldsymbol{k},t)|^2 = 0 \tag{J.47}$$

由于 $|\alpha(\boldsymbol{k},t)|^2$ 中的 $\boldsymbol{k}$ 与时间有关，因此 $|\alpha(\boldsymbol{k},t)|^2$ 的时间微分为

$$\frac{\mathrm{d}}{\mathrm{d}t}|\alpha(\boldsymbol{k},t)|^2 = \left(\frac{\partial}{\partial t} + \frac{\mathrm{d}\boldsymbol{k}}{\mathrm{d}t}\nabla_{\boldsymbol{k}}\right)|\alpha(\boldsymbol{k},t)|^2 = 0 \tag{J.48}$$

式(J.48)是关于 $|\alpha(\boldsymbol{k},t)|^2$ 的方程，应当与式(J.46)相同，比较式(J.48)则有

$$\hbar\frac{\mathrm{d}\boldsymbol{k}}{\mathrm{d}t} = \boldsymbol{F}(= -e\boldsymbol{E}) \tag{J.49}$$

此即布洛赫电子的运动方程，它表示外场如何影响布洛赫电子状态(由 $\boldsymbol{k}$ 表征)的变化。与经典的牛顿方程比较，可把 $\hbar\boldsymbol{k}$ 理解为布洛赫电子表观动量。

参 考 文 献

[1] Hamaguchi C. Basic Semiconductor Physics. 2nd ed. Heidelberg: Springer, 2010: 89-97

[2] 苏汝铿. 量子力学. 2 版. 北京：高等教育出版社, 2002: 195-198

附录 K　正格矢及倒格矢的求和公式

K.1　倒格矢求和公式

这里证明关于布里渊区中倒格矢的求和公式：

$$\sum_{\boldsymbol{k}\in BZ} \mathrm{e}^{\mathrm{i}\boldsymbol{k}\cdot\boldsymbol{R}_n} = N\delta(\boldsymbol{R}_n) \tag{K.1}$$

其中，N 为晶体中的原胞总数；$\boldsymbol{R}_n$ 为任一正格矢；$\boldsymbol{k}\in BZ$ 表示求和遍及第一布里渊区中所有波矢 $\boldsymbol{k}$ 。

如果 $\boldsymbol{k}_i$ 是第一布里渊区的波矢，即 $\boldsymbol{k}_i\in BZ$ ，那么对任何第一布里渊区的一个波矢 $\boldsymbol{k}_0$ ，$\boldsymbol{k}_i+\boldsymbol{k}_0$ 是一个布里渊区波矢与某一个倒格矢 $\boldsymbol{G}_i$ 之和，即

$$\boldsymbol{k}_i+\boldsymbol{k}_0=\boldsymbol{k}_i'+\boldsymbol{G}_i \tag{K.2}$$

其中，$\boldsymbol{k}_i'$ 是布里渊区中的一个波矢；$\boldsymbol{G}$ 是一个倒格矢(包括 $\boldsymbol{G}=0$)，利用正格矢和倒格矢的关系 $\boldsymbol{G}\cdot\boldsymbol{R}_n=2\pi n$ (n为整数)，于是有

$$\sum_{\text{所有}\boldsymbol{k}_i\in BZ} \mathrm{e}^{\mathrm{i}(\boldsymbol{k}_i+\boldsymbol{k}_0)\cdot\boldsymbol{R}_n} = \sum_{\text{所有}\boldsymbol{k}_i'\in BZ} \mathrm{e}^{\mathrm{i}(\boldsymbol{k}_i'+\boldsymbol{G}_i)\cdot\boldsymbol{R}_n} = \sum_{\text{所有}\boldsymbol{k}_i'\in BZ} \mathrm{e}^{\mathrm{i}\boldsymbol{k}_i'\cdot\boldsymbol{R}_n} = \sum_{\text{所有}\boldsymbol{k}_i\in BZ} \mathrm{e}^{\mathrm{i}\boldsymbol{k}_i\cdot\boldsymbol{R}_n} \tag{K.3}$$

式(K.3)最后一个等式推导中只是把求和变量 $\boldsymbol{k}_i'$ 换成 $\boldsymbol{k}_i$，这并不改变求和结果。式(K.3)意味着：

$$\sum_{\text{所有}\boldsymbol{k}\in BZ} \mathrm{e}^{\mathrm{i}\boldsymbol{k}\cdot\boldsymbol{R}_n} = \sum_{\text{所有}\boldsymbol{k}\in BZ} \mathrm{e}^{\mathrm{i}(\boldsymbol{k}+\boldsymbol{k}_0)\cdot\boldsymbol{R}_n} = \mathrm{e}^{\mathrm{i}\boldsymbol{k}_0\boldsymbol{R}_n} \sum_{\text{所有}\boldsymbol{k}\in BZ} \mathrm{e}^{\mathrm{i}\boldsymbol{k}\cdot\boldsymbol{R}_n} \tag{K.4}$$

式(K.4)成立的条件是

$$\mathrm{e}^{\mathrm{i}\boldsymbol{k}_0\boldsymbol{R}_n}=1 \qquad \text{或} \qquad \sum_{\text{所有}\boldsymbol{k}\in BZ} \mathrm{e}^{\mathrm{i}\boldsymbol{k}\cdot\boldsymbol{R}_n}=0 \tag{K.5}$$

如果是前一个条件成立，则必有 $\boldsymbol{R}_n=0$ ，在这种情况下则有

$$\sum_{\text{所有}\boldsymbol{k}\in BZ} \mathrm{e}^{\mathrm{i}\boldsymbol{k}\cdot\boldsymbol{R}_n} = \sum_{\text{所有}\boldsymbol{k}\in BZ} 1 = N \tag{K.6}$$

式(K.6)最后一个等式成立是因为第一布里渊区中的波矢点数为 N 。如果是后一

个条件成立，则直接有

$$\sum_{\text{所有}\boldsymbol{k}\in BZ} \mathrm{e}^{\mathrm{i}\boldsymbol{k}\cdot\boldsymbol{R}_n} = 0 \tag{K.7}$$

综合式(K.6)和式(K.7)则有

$$\sum_{\text{所有}\boldsymbol{k}\in BZ} \mathrm{e}^{\mathrm{i}\boldsymbol{k}\cdot\boldsymbol{R}_n} = N\delta(\boldsymbol{R}_n) \tag{K.8}$$

K.2　正格矢求和公式

这里证明关于布里渊区中正格矢求和公式：

$$\sum_{\text{所有}\boldsymbol{R}_n} \mathrm{e}^{\mathrm{i}\boldsymbol{k}\boldsymbol{R}_n} = N\delta(\boldsymbol{k}-\boldsymbol{G}) \tag{K.9}$$

其中，$\boldsymbol{k}$ 为任一波矢；N 为晶体中的原胞总数；$\boldsymbol{G}$ 为任一倒格矢。

由玻恩-冯卡门边界条件可知正格矢 $\boldsymbol{R}_n$ 具有循环性，因此对任何正格矢 $\boldsymbol{R}_0$，有

$$\sum_{\text{所有}\boldsymbol{R}_n} \mathrm{e}^{\mathrm{i}\boldsymbol{k}\cdot\boldsymbol{R}_n} = \sum_{\text{所有}\boldsymbol{R}_n} \mathrm{e}^{\mathrm{i}\boldsymbol{k}\cdot(\boldsymbol{R}_n+\boldsymbol{R}_0)} = \mathrm{e}^{\mathrm{i}\boldsymbol{k}\cdot\boldsymbol{R}_0}\sum_{\text{所有}\boldsymbol{R}_n} \mathrm{e}^{\mathrm{i}\boldsymbol{k}\cdot\boldsymbol{R}_n} \tag{K.10}$$

式(K.10)成立条件是

$$\mathrm{e}^{\mathrm{i}\boldsymbol{k}\cdot\boldsymbol{R}_0} = 1 \qquad \text{或} \qquad \sum_{\text{所有}\boldsymbol{R}_n} \mathrm{e}^{\mathrm{i}\boldsymbol{k}\cdot\boldsymbol{R}_n} = 0 \tag{K.11}$$

如果是前一个条件成立，则意味着 $\boldsymbol{k}$ 是某一倒格矢 $\boldsymbol{G}$ 即 $\boldsymbol{k}=\boldsymbol{G}$，这时则有

$$\sum_{\text{所有}\boldsymbol{R}_n} \mathrm{e}^{\mathrm{i}\boldsymbol{k}\cdot\boldsymbol{R}_n} = \sum_{\text{所有}\boldsymbol{R}_n} \mathrm{e}^{\mathrm{i}\boldsymbol{G}\cdot\boldsymbol{R}_n} = \sum_{\text{所有}\boldsymbol{R}_n} 1 = N \tag{K.12}$$

式(K.12)第二个等式的推导利用了 $\boldsymbol{G}\cdot\boldsymbol{R}_n = 2\pi n$($n$为整数)的性质，最后一个等式推导利用了晶体中的总正格点数为 N。如果后一个条件成立，则直接有

$$\sum_{\text{所有}\boldsymbol{R}_n} \mathrm{e}^{\mathrm{i}\boldsymbol{k}\cdot\boldsymbol{R}_n} = 0 \tag{K.13}$$

综合式(K.12)和式(K.13)则有

$$\sum_{\text{所有}\boldsymbol{R}_n} \mathrm{e}^{\mathrm{i}\boldsymbol{k}\cdot\boldsymbol{R}_n} = N\delta(\boldsymbol{k}-\boldsymbol{G}) \tag{K.14}$$